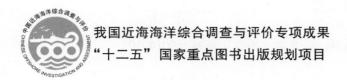我国近海海洋综合调查与评价专项成果
"十二五"国家重点图书出版规划项目

南黄海辐射沙脊群
环境与资源

王　颖　主编

海洋出版社
2014·北京

图书在版编目（CIP）数据

南黄海辐射沙脊群环境与资源/王颖主编．—北京：海洋出版社，2014.10
ISBN 978 – 7 – 5027 – 8581 – 9

Ⅰ.①南…　Ⅱ.①王…　Ⅲ.①黄海 – 海底地貌 – 潮流输沙 – 自然环境 – 研究②黄海 – 海底
地貌 – 潮流输沙 – 自然资源 – 研究　Ⅳ.①P737.272.5

中国版本图书馆 CIP 数据核字（2013）第 116687 号

责任编辑：张　荣
责任印制：赵麟苏

海洋出版社　出版发行

http：//www.oceanpress.com.cn
北京市海淀区大慧寺路 8 号　邮编：100081
北京画中画印刷有限公司印刷　新华书店北京发行所经销
2014 年 10 月第 1 版　2014 年 10 月第 1 次印刷
开本：889mm×1194mm　1/16　印张：45.75
字数：1200 千字　定价：268.00 元
发行部：62132549　邮购部：68038093　总编室：62114335

海洋版图书印、装错误可随时退换

江苏近海海洋综合调查与评价专项（908 专项）
领导小组成员名单

组　　　长：黄莉新

副 　组　长：宋家新　吴沛良　齐乃昌

成　　　员：黄晓平　姚晓晴　沈　毅　蒋跃建　伍　祥　史照良

办公室主任：沈　毅（兼）

江苏近海海洋综合调查与评价（908 专项）
技术组成员名单

组　　　长：张长宽

顾　　　问：王　颖

成　　　员：高　抒　王晓蓉　王义刚　杨桂山　张　鹰

　　　　　　刘兆普　仲霞铭　盛建明　余　宁

江苏近海海洋综合调查与评价专项（908专项）
成果编制委员会

《南黄海辐射沙脊群环境与资源》
编写人员名单

主　　编：王　颖

副 主 编：张长宽　高　抒　张　鹰　田　淳

编写人员：（按姓氏笔画为序）

<table>
<tr><td>王国祥</td><td>王艳红</td><td>刘金娥</td><td>刘培廷</td><td>李海宇</td></tr>
<tr><td>张　东</td><td>张落成</td><td>陆培东</td><td>陈　君</td><td>陈　爽</td></tr>
<tr><td>罗　锋</td><td>周丰年</td><td>周年兴</td><td>赵爱博</td><td>晁祥飞</td></tr>
<tr><td>徐　亮</td><td>殷　勇</td><td>高　抒</td><td>高敏钦</td><td>黄祖英</td></tr>
<tr><td>黄震方</td><td>龚　政</td><td>梁晓红</td><td>彭　模</td><td>谢伟军</td></tr>
<tr><td>魏爱泓</td><td></td><td></td><td></td><td></td></tr>
</table>

江苏近海海洋综合调查与评价专项（908专项）
主要参加人员名单

（按姓氏笔画为序）

丁贤荣	丁艳峰	于文金	于竹青	于 堃	于雯雯	于 谦	万正松	万里明
马 良	马荣华	马洪蛟	王万芳	王义刚	王卫平	王习达	王元磊	王 元
王五姐	王 文	王文胜	王书寅	王正军	王 宁	王在峰	王 刚	王华强
王庆亚	王安东	王 芳	王丽娟	王坚红	王秀玲	王国祥	王 建	王娅娜
王艳红	王真祥	王晓蓉	王海明	王敏京	王 琳	王晶晶	王景艳	王 嵘
王 强	王韫玮	王 鹏	王 颖	王 静	王 震	王 巍	韦玉春	韦翠娥
牛战胜	毛志刚	仇 乐	卞曙光	方南娟	孔 锐	邓仲浩	左 平	石少华
石纪章	卢兴祥	卢 峰	申 超	叶光生	叶志娟	叶 春	田大川	田 园
田海涛	田 野	田 淳	史国辉	史幼贵	冉 琦	付 蓉	白凤龙	白世彪
仝长亮	丛 宁	冯卫兵	冯志轩	曲伟秀	吕春光	吕艳美	吕 赢	朱大奎
朱天明	朱玉林	朱永华	朱丽娟	朱国琴	朱 昂	朱晓平	朱晨曦	朱 瑞
仲霞铭	任化准	任丽娟	任 磊	华祖林	向立平	庄洪锦	庄雪峰	刘广明
刘守明	刘训猛	刘传勇	刘兆峰	刘兆普	刘旭英	刘 冲	刘兴远	刘兴健
刘红玉	刘运令	刘芳百惠	刘秀英	刘秀娟	刘佰琼	刘 欣	刘金娥	刘绍文
刘 玲	刘艳春	刘桂平	刘晓东	刘晓玫	刘海燕	刘培廷	刘 超	刘斯琦
刘 晴	刘 群	刘燕春	闫 珺	汤建华	汤晓鸿	许小燕	许广平	许方军
许叶华	许金朵	许宝华	许建国	许 勇	许 海	许程林	阮仁宗	孙伟红
孙贤斌	孙典红	孙 诚	孙祝友	孙 磊	孙悦官	花卫华	严一诺	严 祥
苏伟忠	苏 莹	苏 燕	杜文超	杜晓琴	李书恒	李玉凤	李由家	李仕强
李 刚	李 伟	李延军	李 欢	李 青	李 枫	李 杰	李俊义	李彦明
李彦涛	李洪灵	李国华	李洪燕	李恒鹏	李 峰	李海宇	李海清	李彩丽
李 琴	李 瑛	李 靖	李 静	李 蔚	杨 山	杨江峰	杨红利	杨肖丽

杨旸	杨劲松	杨桂山	杨海萍	杨家新	杨彬	杨耀中	吴卫强	吴丹丹
吴以桥	吴江	吴祥柏	吴维登	吴敬文	吴福权	吴磊	何华春	何厚军
何瑜	何新华	余宁	余燕	邹宏海	邹欣庆	辛本荣	闵凤阳	汪吉东
汪亚平	汪辉	沙润	沈正平	沈永明	沈春迎	沈海星	沈理	沈婕
沈德华	沈毅	宋广蕙	宋建联	宋晓村	宋家新	迟金和	张子衡	张少宝
张长宽	张书亮	张正农	张东生	张东	张宁	张永江	张永战	张亚东
张军	张弛	张志刚	张芸	张岩	张丽萍	张兵	张良平	张君伦
张武根	张茂恒	张虎	张佳佳	张美富	张振克	张晓祥	张继才	张继妹
张博	张落成	张雯雯	张晶	张富存	张婷婷	张瑞	张蓉蓉	张鹏
张静	张鹰	陆广萍	陆飞	陆建康	陆培东	陆勤勤	陈允亚	陈永平
陈永军	陈先宏	陈丽	陈君	陈建妙	陈建明	陈荣	陈莉	陈晔
陈爱晶	陈效民	陈理凡	陈彬彬	陈爽	陈铭达	陈雷	陈鹏	陈蕴真
陈霞	邰佳爱	武征	青平	苗志红	苗春生	茆泽圣	茅华	林剑
林祥	罗伟光	季小梅	季子修	岳建利	金红梅	周卫	周丰年	周年兴
周伟	周丽娅	周岩	周语明	周辉	周辉云	周崴	郑青松	郑林
郑晓丹	郑浩	孟红明	赵林	赵钧	赵耕毛	赵梅	赵辉	赵善道
赵瑜	赵新伟	贲成恺	郝敬锋	郝新建	胡小海	胡国栋	胡海旭	封辉
查勇	柏春广	冒士凤	冒红	钟俊生	钦佩	段翠兰	侯杰	施金金
施晓冬	闻卫东	姜小三	姜青	姜翠玲	洪军	费志良	费锡安	姚琪
贺秋华	袁广旺	袁宝华	袁镇彪	耿金菊	耿姗姗	贾海霞	贾培宏	夏非
夏宇	顾小丽	顾才群	顾云娟	顾莉	顾益兵	顾雪元	顾慧娜	顾燕
晁祥飞	倪志斌	钱一婧	钱传俊	钱谊	钱燕	倪金俤	徐文君	徐伟伟
徐军	徐兵	徐昕	徐咏飞	徐虹	徐保华	徐亮	徐效军	徐敏
徐猛	徐蓉	徐慧	殷勇	殷淑芳	高抒	高秀美	高建华	高峻
高健	高继先	高创新	高银生	高敏钦	高磊	郭伟	郭传江	郭仲仁
郭红岩	郭杜姣	郭忠良	郭洪涛	郭赞峰	涂彬华	诸刚	陶旭	陶菲
陶建峰	黄毕	黄曲红	黄青	黄金田	黄春贵	黄家祥	黄惠明	黄震方
黄鹤忠	萧家仪	梅肖乐	曹平	曹军	龚明劢	龚政	龚晓辉	龚培培

盛　青　　盛建明　　盛海洋　　崔丹丹　　崔　岑　　崔彩霞　　崔雁玲　　矫新明　　康彦彦
商志远　　阎斌伦　　盖建军　　梁　中　　寇伟锋　　隆小华　　葛小平　　葛　松　　葛海祥
葛晨东　　董恕志　　蒋自巽　　蒋松柳　　韩方明　　韩龙喜　　景　康　　程立刚　　程　江
程军利　　程丽巍　　程　珺　　程　璐　　傅光翩　　储　鏖　　温忠辉　　谢文静　　谢东风
谢伟军　　谢　丽　　谢金赞　　谢　燕　　虞　明　　慈　慧　　褚克坚　　蔡　辉　　裴大平
谭　亚　　熊　瑛　　樊祥科　　黎　刚　　滕厚锋　　颜梅春　　潘少明　　潘　洁　　潘　洁
潘恒楚　　潘雪峰　　薛德华　　薛延丰　　薛竞爽　　薛银刚　　戴亚南　　戴科伟　　戴俣俣
戴煜暄　　魏有兴　　魏　灵　　魏爱泓　　魏　微

江苏省海洋与渔业局 908 专项办公室
人员名单

陈先宏　费志良　庄雪峰　黄　青　夏　宇　姜　青
宋晓村　邓仲浩　陈　丽　张　岩　封　辉　许小燕

序
Preface

　　南黄海辐射沙脊群位于江苏北部东侧的内陆架浅海。沙脊群由 70 多条沙脊与潮流通道组成,以新川港为主轴,呈褶扇状向海展布,水深界于 0~25 m 之间,总面积达 22 470 km²,是世界浅海最大的堆积体系。其中,约 3 800 km² 为出露于水面以上的沙洲及潮滩,是新生的土地资源;大型潮流通道为平原海岸提供深水港口航道之利;领海基线通过水下沙脊远端的干出点。

　　"八五"期间出版的《黄海陆架辐射沙脊群》专著,总结了沙脊群的环境特点与形成发展变化,奠定了科学基础。随着我国对海洋经济发展以及海洋疆域的关注,2004 年启动了"我国近海海洋综合调查与评价"专项调查研究。经过 4 年的调查,对南黄海辐射沙脊群海域环境的变化,资源开发利用状况有了深入的认识,积累了丰富的多学科调查研究成果,为人地和谐相关地开发利用内陆架沙脊群与生态保护做出重要贡献。

　　新一轮的科学成果进一步论证:

　　(1)南黄海沙脊群的形成发展,充分反映了中国海岸海洋以河海交互作用为主要动力的自然环境特色与历史时期人类活动的影响。沙脊群的主体是晚更新世末古长江由琼港一带入海时汇入的大量细砂与粉砂,形成大范围河口三角洲。曾多次受到黄河的粉砂质淤泥补给,尤其是北宋时黄河因人工掘堤改道入黄海的影响,黄河多次影响是这次研究的发现。在冰后期海平面上升过程中,海底受太平洋前进潮波与山东半岛反射潮波所形成的辐聚、辐散潮波的改造,形成呈辐射状分布的沙脊群体与其间潮流通道的组合形态。沙脊主要沿潮流场分布,而主干沙脊具有对称坦峰的带状体形态,反映出季风波浪效应对潮流沙脊之"修饰"。辐射沙脊群具有潮流与激浪双重动力的形成作用,以潮流动力为主导,与国外呈线状的潮流沙脊有明显的区别。

　　研究与建立沙脊群沉积体系,加深了对苏北平原海岸海洋发育过程的认识:由海湾冲积平原→沙坝-潟湖海岸→水下沙脊群的发展阶段,丰富了海陆交互带地貌发育理论。

　　(2)长期处于陆海相互作用环境的巨大沙脊群中储存着河口与海岸

变化、海平面升降、气候与海洋环境变化的信息遗证；沙脊群掩蔽海岸段淤长滩涂是新生的土地资源，潮流通道深水港口资源，浅海的海洋动能与生物资源以及沙脊体中潜在的油气资源等，对人口众多的苏北平原海岸及长江三角洲地区人民生活以及发展海洋经济意义重大。提出资源开发利用及规划原则是本次调查的突出成就。

2009年6月江苏沿海地区发展列入国家战略规划，围垦沿海滩涂、增加新的土地资源成为国家重要的关注点，进一步推动了对富有淤长滩涂新生土地资源、深水航道资源和海洋生物资源的辐射沙脊群的重视与深入研究，总结近期成果，出版《南黄海辐射沙脊群环境与资源》专著。它反映着科学进步与时代需求，调查研究变化中的沙脊群的自然环境现状，既总结河-海相关的内陆架演变的科学规律，又开辟了沙脊群海岸海洋开发利用的新篇章与生态、环境的健康发展。

本专著由5篇21章组成，共120万字。

第0章为绪论；

第1~5章组成第1篇，总结南黄海辐射沙脊群的自然环境，内容充实（有沙脊群自然组成、气象、水文、沉积组成、矿物等）；潮流动力机制一章内容精炼，立论明确；

新增加：①地震活动、海平面与沙脊群发育趋势分析各节，②沙脊群沉积动力过程、机理和演化趋势整整一章；

第2篇（第6~10章）"辐射沙脊群资源与开发利用"，包括港口资源条件、开发前景和可持续性开发途径，滩涂资源开发潜力与布局分析，生态与生物资源，可再生能源与油气资源以及旅游资源与开发等全部为新增的成果总结；

第3篇（第11~13章）"南黄海辐射沙脊群环境保护与生态建设"，是新增写的章节，包括沙脊群自然灾害（气象、生态与环境灾害），自然保护区建设与保护（珍禽、麋鹿、牡蛎礁），自然遗产的保护与海岸海洋自然资源环境管理等；

第4篇（第14~16章）"南黄海辐射沙脊群区域开发与政策保障"，是新总结的篇章，包括开发机遇、战略、前景、政策等；

第5篇（第17~19章）"南黄海辐射沙脊群测量与监测运行系统"，新增加的有关海岸海洋地形与潮位测量技术，海平面与理论深度基准面确定，水深遥感探测与沙脊群遥感测量分析，海岸海洋"4S"技术，浅地层技术与集成，遥感图像与冲淤分析。首次建立"数字辐射沙脊群资源环境系统建设"；

5篇20章是迄今该海域最为系统、全面的科学专著，体现了江苏多学科科技力量交叉合作的努力，代表着江苏省海岸海洋研究的进步与重大成就。

全书20章均由参加"南黄海辐射沙脊群海洋综合调查与评价"专题调查研究的有关院校，科研与事业单位的人员通力协作，历经两年多的时间总结完成。各章分工撰写的成员如下：

"绪论"与第1章"辐射沙脊自然组成"由南京大学王颖执笔；第2章"辐射沙脊群自然环境"由河海大学龚政执笔，其中2.3节地震活动由南京大学殷勇执笔；第3章"辐射沙脊群潮流动力机制"由龚政、张长宽执笔；第4章"辐射沙脊群地质地貌成因"由王颖执笔，其中4.5.4"当代辐射沙脊群冲淤变化"由南京大学高敏钦、徐亮分析总结，4.5.5"辐射沙脊群遥感地形冲淤变化分析"由南京师范大学张鹰分析、总结与执笔；第5章"辐射沙脊群沉积动力过程、机理和演化趋势"由南京大学高抒执笔；第6章"辐射沙脊群港口资源开发利用条件与发展方式分析"，其中6.1节由王颖执笔，6.2、6.3、6.4和6.5节由南京水利科学院王艳红、陆培东执笔；第7章"辐射沙脊群滩涂资源"由张长宽、陈君、龚政执笔；第8章"辐射沙脊群生态与生物资源"由江苏省海洋水产研究所刘培廷执笔；第9章"辐射沙脊群地区可再生能源与油气资源"由殷勇执笔；第10章"辐射沙脊群旅游资源"由南京师范大学周年兴、黄震方执笔；第11章"辐射沙脊群区域自然灾害"由江苏省海洋环境监测预报中心黄祖英、彭模、罗锋、赵爱博等执笔；第12章"辐射沙脊群海域环境现状"由江苏省海洋环境监测预报中心魏爱泓、晁祥飞执笔；第13章"辐射沙脊群区自然保护区建设与保护"由南京师范大学王国祥、刘金娥执笔；第14章"辐射沙脊群区域开发历史与现状"由中国科学院地理与湖泊研究所张落成、陈爽执笔；第15章"辐射沙脊群区开发前景分析"由陈爽、张落成执笔；第16章"辐射沙脊开发政策和保障措施"由陈爽、张落成执笔；第17章"辐射沙脊群地形测量"由长江口水文水资源勘测局周丰年执笔；第18章"辐射沙脊群遥感测量技术"由张鹰执笔；第19章"海岸海洋'4S'技术与应用"由南京大学李海宇执笔；第20章"'数字辐射沙脊群'资源与环境系统建设"由南京师范大学张东、江苏省海洋与渔业信息中心谢伟军执笔。

全稿完成经过讨论汇总，成文后，主编进行了全书阅读、统稿与初次审校。遥感、"4S"技术及辐射沙脊群资源环境系统3章特请南京大学冯学智教授评阅与提出意见。第4章的有关有孔虫鉴定部分由天津地质研究所王强研究员审核校对。全部书稿均由南京大学傅光翩负责编辑：统一章节、文字图表与参考文献，均按出版要求编辑，反馈修改意见与打印成文等编辑工作。文稿经初次统稿与评审后，又返交各章执笔专家修改后完成全部书稿，验收会后又做了修改。这部专著集中各方面专家调查研究之成果，众志成城，完成一部系统的有关南黄海辐射沙脊群资源环境，开发利用技术多学科集成的系统专著，反映出我国海洋科学技术在陆架研究之进展，尤其在南黄海海域综合调查研究与开发利用之进步。同时，在书稿的编写过程中体现百家争鸣的科学态度：用不同的方法表达对一事物的分析与认识，结论不全一致，但符合探求真理的科学精神。

个人感觉不足之处：因资料汇集与总结撰写同时进行，对"我国近海海洋综合调查与评价"成果资料的消化应用尚需加强；各章节间衔接尚有不足；江苏海岸海洋应包括外侧深水部分，人为分工不利对客观规律之总结。专著全体作者衷心期望：总结出河－海交互作用与陆架形成演变的科学规律；在开发利用这一特殊海域环境资源与发展海洋经济过程中，发挥人地和谐相关的科学贡献。

本书由王颖主编，由张长宽、高抒、张鹰、田淳任副主编。在项目建立、经费与调研、总结工作中，始终得到国家海洋局与江苏省海洋与渔业局领导的支持。在此对专著的作者及各方面领导一并致以深深的感谢。

中国科学院院士、南京大学教授　王颖

2011 年 11 月 15 日

目次

第2篇 南黄海辐射沙脊群资源与开发利用

第3篇　南黄海辐射沙脊群环境保护与生态建设

0 绪论[①]

0.1 海底沙脊群定义、分布与成因概述

沙脊群是在大陆架浅海形成的大型海底堆积体组合，以线形或条带形的水下沙脊为主体，包括出露于海面的沙洲、沙岛以及周边的沙席。分布在有丰富的砂质沉积与强潮流作用的海域，尤以晚第四纪冰期时丰富的砂质沉积为基础，在全新世海面上升过程中，伴随着浅海波浪作用的潮流动力作用的侵蚀、分割与再塑造形成。其特征是沙体与潮流方向平行，长度可达数千米至数十千米，高出海底数米至数十米，宽度数百米至数千米，沙脊间隔以潮流通道，在海底分布与潮流场的规模和分布形式相当。

潮流沙脊在中国海分布广泛：黄海北端鸭绿江口至汉江口外有与岸线大体垂直，而相互间大体平行的潮流沙脊（滩）群；渤海海峡西侧偏北处分布着辽东浅滩指状沙脊群，指形沙脊是流出渤海海峡的潮流动力分散的反映，而沙砾质沉积主要来源于辽东湾东侧的辽河沉溺河谷，为古河口末端之砂质沉积。同时，加入来自海峡的侵蚀产物——砂砾质；南黄海辐射状沙脊群；东海大陆架外缘沙脊群、组以及琼州海峡西端的指状沙脊等。沙脊群分布处均有晚第四纪以来大河泥沙堆积，映证河 – 海交互作用是中国边缘海的环境动力特征（王颖等，2007）。黄海海域沙脊群分布广泛，分布于北端湾顶及黄海东西两侧，与黄海多河流泥沙汇入有关——尤其是长江、鸭绿江和汉江等大河汇入，在半封闭海域受潮流动力强劲作用与季风波浪的修饰成坦峰状沙脊群与其间的潮流通道之组合。

国外研究潮流沙脊是对英吉利海峡（English Channel）及北美大西洋沿岸海底沙脊群研究（Off T.，1963），两处均有冰积与冰水积砂砾层。其后，相继有多人研究，如：Kenyon，N. H.（1970，1981）；Caston V. N. D.（1970，1972）；Swift D. J. P.（1975）；Dyer K. R.，Hunltey D. A.（1999）等。分布在欧洲英格兰西南的凯尔特海（Celtic Sea）大陆架的砂砾脊规模最大（Tesser B.，et al，2000）：沙脊群分布在水深 100～170 m 处，平行的海底沙脊高50 m，宽5～7 km，长4～120 km，各沙脊间的间隔达16 km。它们是18 000 年前晚冰期最盛时期，当时，海面较现海面低120 m，强力的潮流伴随北海常强的风浪，改造冰碛物成为厚达50 m 沉积的巨型砂砾脊。

潮流沙脊形成的基本条件是海底已有厚层的松散沙或砂砾质沉积物，有强力的潮流作用，当流速为 0.25～2.5 m/s 时，潮流可在海底搬运泥沙形成冲刷槽及线状堆积体（Off，1963）。实际上潮流沙脊形成在开阔浅海，风浪作用掀簸泥沙，促进潮流冲刷效应与搬运泥沙堆积成脊，沙脊群海域的浅水激浪作用又展宽沙脊成为条带状。所以，沙脊体组合发育的动力作用

---

① 本章由王颖执笔。

是潮流与风浪组合式的。当原始海底有古河谷、古侵蚀槽或沟谷洼地，潮流沿原始沟谷进一步侵蚀为潮流通道，并将侵蚀产物加积于沙脊。沙脊群的沙脊与相间深槽的形成过程，与深槽中产生横向环流，使泥沙自槽向沙脊搬运，促进了脊槽的发育。潮流在海底沙脊顶部流速较小，而在沙脊之间的潮流深槽中通常流速较大，这种相邻的流速差异，导致横向环流。潮流深槽中的底层流向外扩散，在沙脊顶部流向内辐合，这样的横向环流与潮流主流相叠加，形成前进型的螺旋状环流。环流引起底层泥沙运动，冲刷沟槽的泥沙堆积到脊顶，使沙脊壮大，高差加大。在对欧洲北海南部海底沙脊群的观测发现，沙脊两侧潮流流速不相等（Caston，1972；Stride，1974），沙脊一侧涨潮流占优势，另一侧落潮流占优势，而形成深槽底部水向沙脊顶汇聚，在潮流深槽中产生横向环流，而在涨潮水道与落潮水道之间易形成沙脊的堆积。模型试验也证实了潮流沙脊中潮流通道或深槽中的环流作用是潮流沙脊形成的重要动力条件，环流引起泥沙的输移，使沙脊形成（王颖，2002）。

0.2 南黄海辐射沙脊群研究历史

南黄海处于半封闭的浅海，太平洋前进潮波与黄海驻潮波辐聚、辐散，海区内潮差变化大，潮流作用强，在古河口、古河道砂质富集区，具备形成潮流沙脊群的优良条件（任美锷主编，1986；朱大奎、傅命佐，1986a，1986b）。南黄海辐射沙脊群分布于江苏海岸外侧的内陆架，南北长 199.6 km（32°00′—33°48′N），东西宽 140 km（120°40′—122°10′E），由 70 多条沙脊与潮流通道组成，大体上以岸边的弶港为枢纽集结，呈褶扇状向海辐散展开，其脊槽相间，水深界于 0～25 m，总面积约为 22 470 km²，其中出露于水面以上的面积为3 782 km²——大部分已成为沙洲。

南黄海海域为半日潮型。涨潮时，潮流自 N、NE、E 和 SE 方向涌向弶港海岸；落潮时，潮流以弶港为中心，呈 150°的扇面向外逸散，形成以弶港为中心的放射状潮流场。沙脊群分布的地形与潮流场的大势吻合。

关于辐射沙脊群的研究，始于 20 世纪 60 年代。最早仅从苏北渔民及 20 世纪 30 年代的英版海图上，得知南黄海近海海底有"五条沙"。笔者于 1960 年偕同北京大学李荣全等四位学生一起乘风帆木船沿苏北黄海调查，茫茫黄水，风大流急，因缺少现代化仪器装备，无获而返，"五条沙"是个谜。对江苏岸外南黄海进行系统的海底地质、地貌、沉积以及涉及黄海沙脊群的研究，始自 60 年代。1963 年，中国科学院海洋研究所对苏北沿海进行了海洋水文和地质地貌调查，于 80 年代初，对该海域的沙脊地形、沉积组成及成因做了分析总结（李成治等，1981）。

70 年代，地质部海洋地质调查局，进行了南黄海西部海底地形地貌、沉积物和矿产调查，出版了调查报告、图集及说明书等研究成果（周长振等，1981；杨长恕，1985）。

1980—1985 年，以江苏省为全国海岸带与海涂调查试点单位，开展了江苏海岸带与海涂资源综合调查工作，对辐射沙脊群进行了首次规模性的调查，积累地形、地貌、地质、气象水文、泥沙和生物等系统资料，阐明辐射沙脊群的动力环境——潮波、海流、波浪、悬沙等特征及作用过程，海底地貌特征，表层沉积物组成，泥沙来源、成因等分析（任美锷，1986；朱大奎、傅命佐，1986a，1986b；傅命佐、朱大奎，1986）。

1987—1988 年为射阳河口可否建港，南京大学海洋研究中心对射阳河口及口外两侧海岸进行了海洋水文、泥沙与地质、地貌调查研究，提出射阳河口可以建设 5 000 吨级的煤码头与港口。完成了射阳港建港的可行性研究报告。积累了现代辐射沙脊群北端海域资料。

1988—1989 年，南通市计委、如东县人民政府委托南京大学、河海大学进行在江苏省洋口港建设海港的可行性研究。两校的海岸海洋科学、海洋工程学系科的师生数十人，在辐射沙脊群黄沙洋及小洋口（原称洋口港）海域进行了数月的海洋动力、沉积与地貌的调查测验工作：水下沙脊群地形测量，水文、泥沙测验，短期站点水位与波浪观测及风浪计算，关键潮流通道的多频道浅层地震剖面探测，底质与柱状采样与分析，卫星与航测相片对比分析，潮流数学模型计算及港口工程研究等，共同完成了江苏省洋口港建设预可行性研究报告（河海大学、南京大学，1989）。积累了辐射沙脊群枢纽部的海域资料。

1992 年南通市及如东县人民政府为建设洋口港，委托南京大学海岸与海岛开发国家试点实验室承担"洋口港海域稳定性研究"，为建设深水大港进行建港自然条件的可行性论证。该项目由王颖教授负责，组织 20 多名师生对辐射沙脊群枢纽部两条主潮流通道——烂沙洋与黄沙洋海域开展了多项海洋地质与海洋动力调查研究：底质与柱状取样，多频道地震剖面测量，关键断面全潮水文泥沙测验，沉积物粒度、矿物与化学分析，遥感与地理信息系统研究，地层及沉积环境分析等。在完成大型海港选址调查研究的同时，对南黄海辐射沙脊群积累了系统的科学资料，该项目总结完成"江苏岸外辐射沙洲形成演变及洋口港区水道稳定性研究报告"（南京大学海岸与海岛开发国家试点实验室，1993）。

继之，1992 年大丰县人民政府委托南京大学、河海大学进行对大丰县王港建港的可行性研究。南京大学主要负责研究辐射沙脊群北部西洋主潮流通道的稳定性及建设 30 000 ~ 50 000 吨级船舶航道的可行性。南京大学对西洋潮流通道及邻近的沙脊群海域进行了水深地形、海域动力、地貌结构及沉积组成等多项测量研究。提出西洋为沙脊群北部最大潮流深槽，−10 m 深槽从大丰王港直接联通外海，−20 m 深槽长达 10 km，具有建设万吨级深水航道条件，成为大丰港建设的科学依据。该项工作，在完成"江苏省大丰岸外西洋潮流通道稳定性及王港建港可行性研究报告"（南京大学海岸与海岛开发国家试点实验室，1993 年），同时也积累了辐射沙脊群北部海域资料。上述研究启迪了应对辐射沙脊群进行系统研究的思路。

1993—1996 年，由南京大学海岸与海岛开发国家试点实验室王颖负责，联合河海大学海洋工程研究所、同济大学海洋地质与地球物理系、中国科学院海洋研究所共同申请，获批准承担国家自然科学基金委"八五"海洋重点研究项目："南黄海辐射沙洲形成演变研究"（国家自然科学基金委地球科学部项目：49236120 号）。其中包括四方面课题：

（1）辐射沙洲水动力条件分析研究，由河海大学薛鸿超、张东生及严以新三教授负责；

（2）辐射沙洲地貌与沉积特点及其形成演变规律，由南京大学王颖、朱大奎两教授负责；

（3）冰后期弶港辐射沙洲的形成演变，由同济大学李从先教授负责；

（4）黄海海底辐射沙洲不稳定性遥感研究，由中国科学院海洋研究所李成治与黄海军两位研究员负责。

当时是首次针对辐射沙脊群所开展的大规模调查研究，首次对包括沙脊群主体沙脊与潮流通道进行了 600 km 长地震剖面探测、全潮或半潮水文泥沙测验以及大范围底质采样分析。获得辐射沙洲系由 70 多条沙脊与脊间潮流通道组成，总面积达 22 470 km²，其中出露于水面以上的沙洲面积为 3 782 km²，绝大部分位于水下，尤其是水深 10 ~ 15 m 以深，主体组成为水下沙脊，沙脊群由细砂组成，主要源于古长江在晚更新世时自苏北入海时所沉积。沙脊由潮流通道所间隔，沙脊群枢纽部的主潮流通道——黄沙洋与烂沙洋系承袭古长江河谷而发育，小庙洪是古长江南迁时的河道遗留。沙脊群东北部为全新世辐射状潮流塑造的脊槽地貌，北部系海侵冲蚀槽、脊，并有黄河在历史时期夺淮入黄海的粉砂黏土质补给。总之，沙脊群系河海交互作用形成的组合地貌体系，历经全新世海侵，由潮流作用塑造的巨大辐射状沙脊群。所以，客观的定名应为沙脊群，根据"八五"项目的第一、二课题及多年积累的研究成果总结出版了《黄海陆架辐射沙脊群》（王颖，2002）及先后发表的数十篇论文，该专著是首部关于该客体系统研究的科学著作，同时，亦客观地将原辐射沙洲定名为"南黄海辐射沙脊群"。沙脊群包括已成陆的沙洲，亦包含着正在成陆中的沙脊。从"五条沙"到正式阐明为"辐射状沙脊群"，经历了60年的认识过程。

需要指出的是，2001年8月，杨子赓等在《海洋地质与第四纪地质》的21卷3期上，专文论述了"南黄海潮流沙脊群的演化模式"，划分冰消期、海侵初期的古潮流沙脊群、全新世中期的埋藏古潮流沙脊群及现代南黄海沙脊群，三期沙脊群反映出水动力减弱之变化以及南、北黄海沙脊群演化有相似的历史（杨子赓等，2001）。

21世纪之始，由国家海洋局领导组织全国主要海洋科研与事业单位，开展了"中国近海海洋综合调查与评价"专项（"908专项"），其中，江苏省近海海洋综合调查与评价工作涉及内陆架辐射沙脊群，由南京大学负责地貌与沉积调研及信息系统分析，对沙脊群进行了1 100 km的地震剖面调查，系统底质采样分析，并结合相关的自然基金项目，选择主要沙脊与潮流通道首次钻取了9个沉积孔，获得沙脊群主要沉积结构与环境变迁的沉积信息。多个钻孔的柱状剖面表明黄河的泥沙汇入南黄海，与对沙脊群的影响远早于南宋时期。晚更新世以来，黄河泥沙曾多次汇入南黄海，辐射沙脊群从发生之始即为河–海交互作用的产物。古黄河泥沙继古长江泥沙之后，对南黄海的影响，亦为顾兆峰与张志珣的论文所阐明（顾兆峰等，2009）。当代研究成果促动本文作者联想：山东半岛曾是一大型的古陆连岛，即经历过海岛成陆之阶段。当需进一步研究。

"908专项"是大型的综合调查，包括由河海大学负责的水动力调查，由南京师范大学负责的遥感与动态分析，江苏省海洋环境监测预报中心负责环境保护、灾害预防及生态建设，江苏省海洋研究所负责的渔业与生态研究，以及南京水利科学研究院关于海港建设等项目。集合多学科研究成果，总结撰写《南黄海辐射沙脊群环境与资源》专著，其珍贵性在于反映21世纪初沙脊群状况，而新一轮研究成果在多学科的广泛性与科学研究的深度性，均有很大进步。辐射沙脊群研究进入开发利用与环境生态可持续发展相关的新阶段，面临着尚需全方位大面积的同期测量与基础性深入调研规划。

0.3 本专著的编写目的、依据、出版意义

21世纪初明确了南黄海辐射沙脊群的自然环境特性与发展形成，其规模之大与脊槽相交的海底地貌变化，举世无双，是亚洲大陆与太平洋之交边缘海特有的内陆架地貌体系。通过"908专项"调查，进一步认识了其环境与资源特性及价值，尤其是水下沙脊加积为沙洲、淤长的滩涂，深水的潮流通道成为人口最多、经济最发达的江苏省的新生土地与平原海岸珍贵的深水港航资源，为经济的持续发展带来巨大的潜力。在原有的《黄海陆架辐射沙脊群》专

著的基础上，总结"908 专项"成果，出版《南黄海辐射沙脊群资源与环境》是一项重要的进展，它总结了该沙脊群变化现况，全面评价了海岸、滩涂、水动力、海洋生物、港口航道等资源，探讨并提出人、地和谐相关的开发途径，灾害防御与生态环境保护所需遵循的原则。以科学成果指导生产实践，是人类根据自然发展规律开发利用资源并保证生存环境健康发展的必经之途。

本书内容是据多学科调查的实际资料，经过试验、分析而总结成文，凝聚了江苏海、陆交互地带研究的科学成果，以专著形式出版，为在该海域的交通与生产活动，提供了科学数据和重要的科学规律，又为对该特殊海洋的发展变化提供对比分析依据，它的出版意义重大。

另一方面，这部专著具有承上启下之作用，辐射沙脊群范围广大，地形与水动力变化多端，尚需不断地调查研究，以揭示"海上迷宫"的真面目，阐明其近 10 万年以来的发展变化历史，探求海底油气资源矿藏。同时，根据其所显示而又不知其因的现象，追踪求源，既分析判断其发展变化趋势，又进一步为探求与其成因相关的江河大三角洲的研究奠定科学研究之基础。

参考文献

傅命佐，朱大奎 . 1986. 江苏岸外海底沙脊群的物质来源 . 南京大学学报（自然科学版），22（3）：536 - 544.

顾兆峰，张志珣 . 2009. 南黄海西部浅部地层地震层序及其沉积特征 . 海洋地质与第四纪地质，29（4）：95 - 105.

李成治，李本川 . 1981. 苏北沿海暗沙成因研究 . 海洋与湖沼，12（4）：321.

任美锷 . 1986. 江苏省海岸带和海涂资源综合调查报告 . 北京：海洋出版社 .

王颖，傅光翮，张永战 . 2007. 河海交互作用沉积与平原地貌发育 . 第四纪研究，27（5）：674 - 689.

王颖 . 2002. 黄海陆架辐射沙脊群 . 北京：中国环境科学出版社 .

杨长恕，1985. 弶港辐射沙脊成因探讨 . 海洋地质与第四纪地质，5（3）：35 - 44.

杨子赓，王圣洁，张光威，等 . 2001. 冰消期海侵进程中南黄海潮流沙脊的演化模式 . 海洋地质与第四纪地质，21（3）：1 - 10.

周长振，孙家淞 . 1981. 讨论苏北岸外浅滩的成因 . 海洋地质研究，1（1）：83 - 92.

朱大奎，傅命佐 . 1986a. 江苏岸外辐射沙洲的初步研究// 江苏省科委海涂办公室编 . 江苏海岸带东沙滩综合调查文集 . 北京：海洋出版社 .

朱大奎，傅命佐 . 1986b. 江苏海岸带东沙滩地貌与表层沉积特征//江苏省科委海涂办公室编 . 江苏海岸带东沙滩综合调查文集 . 北京：海洋出版社 .

Caston V N D. 1972. Linear sand banks in the Southern North Sea. Sedimentology, 18：63 - 76.

Caston V N D, Stride A H. 1970. Tidal sand movement between some linear sand banks in the North Sea off northeast Norfolk. Marine Geology, 9：38 - 42.

Dyer K R, Hunltey D A. 1999. The origin classification and modeling of sand banks and ridges. Continental Shelf Research, 19：1 285 - 1 330.

Kenyon N H. 1970. Sand ribbons of European tidal seas. Marine Geology, (9)：25 - 39.

Kenyon N H, Belderson R H, Stride A H, et al. 1981. Offshore tidal sand banks as indicators of net sand transport and as potential deposits. Special Publication International Association of Sedimentology, 5：257 - 268.

Off T. 1963. Rhythmic linear sand bodies caused by tidal currents. American Association of Petroleum Geologic Bulletin, 47：304 - 341.

Stride A H. 1974. Indication of long term, tidal control of net sand loss or gain by European Coasts. Estuarine and Coastal Marine Science, (2): 27 – 36.

Swift D J P, Duance D B, Mckimey T E. 1973. Ridge and swale topography of the middle Atlantic Bight, North American: Secular response to the Holocene Hydraulic regime. Marine Geology, 15: 227 – 247.

Swift D J P. 1975. Tidal sand ridge and shoal-retreat massifs. Marine Geology, 18: 105 – 134.

Swift D J P, Parker G, Lanfredi N W, et al. 1978. Shoreface - connected sand ridges on American and European shelves: A comparison. Estuarine and Coastal Marine, (7): 257 – 273.

Swift D J P, Field M E. 1981. Evolution of a classic sand ridge field: Maryland sector, North American inner shelf. Sedimentology, (28): 461 – 482.

Tessier B, et al. 2000. Transitory tidal resonance during last transgression as recorded in the deep shelf sand banks of the Celtic Sea. Dynamics, Ecology and Evolution of the Tidal Flats, Seoul National University, 149 – 153.

第1篇　南黄海辐射沙脊群自然环境

第1章　辐射沙脊群自然组成[①]

1.1　辐射沙脊群的地理位置、范围、面积与基本构成

辐射沙脊群分布于江苏北部海岸带外侧、黄海南部陆架海域，其范围大体上自射阳河口向南至长江口北部的蒿枝港：南北范围界于 32°00′—33°48′N，长达 199.6 km；东西范围界于 120°40′—122°10′E，宽度为 140 km。大体上以弶港与洋口港之间的黄沙洋为主轴，自岸至海呈展开的褶扇状向海辐射，由 70 多条沙脊与分隔沙脊的潮流通道组成。脊槽相间分布，水深界于 0～25 m，很少超过 40 m。

由于辐射沙脊群海域至今仍缺乏对全海域同期重新测量的资料，历次测量，仅在成陆的沙洲、沙脊群内侧与主要潮流通道（建港与预建港处）有新的水深资料补充，但尚无一次性大面积全方位的测量资料。基本水深地形数据仍以 2002 年发表的由南京大学委托海军测绘研究所朱鉴秋负责绘制的 1∶250 000 辐射沙脊群海底地形图为依据，该图是根据 1979 年的大部分经实测与补充资料而制成的海图，以 1992 年卫星遥感影像修编海岸线，将外海补充了 1965—1967 年的实测资料，并以墨卡托投影制作的，是目前唯一的水深地形全图，可作为研究沙脊群冲淤变化的基础图件（图 1.1）。将辐射沙脊群水深地形全图投影改正为横轴墨卡托投影（UTM 投影），应用计算机测量获得辐射沙脊群的面积为 22 470 km^2（王颖，2002），辐射沙脊群分布于水下 0～25 m 之间，实为内陆架沙脊群。2006 年，据我国近海海洋综合调查与评价专项（简称"908 专项"），开展了"江苏近海海洋综合调查与评价"专项（简称"江苏 908 专项"），由于至今尚未对整个海域进行全范围测深，为比较冲淤变化，在利用西洋与烂沙洋两个建港区 1∶100 000 的水下地形图的基础上，应用可见光遥感测深技术建立水下地形遥感反演模型，制作了辐射沙脊群海域 1∶250 000 遥感测量水下地形图，范围：新洋港以南至南通吕四海岸，西自沿海滩涂，向东延至领海基线外缘线以东，面积约 15 100 km^2[②]。以此部分海图与 1979 年实测海图比较，以期获得冲淤变化的趋势对比（表 1.1）。

表 1.1　南黄海辐射沙脊群面积量计比较

范围	不同年代测计面积/km^2		
	2002 年[*]	1979 年[**]	2006 年[**]
总体	22 470		
出露海面的沙洲	3 782	2 445.67（0 米等深线面积）	2 047.05
0～5 m 沙脊	2 611.0	2 594.13	2 877.67

[①]　本章由王颖执笔。
[②]　据张鹰 2009 年辐射沙脊群遥感地形冲淤变化分析。

续表

范围	不同年代测计面积/km²		
	2002 年*	1979 年**	2006 年**
5～10 m 沙脊	4 004.0	4 424.45	3 961.26
10～15 m 沙脊	6 825.0		
>15 m 沙脊	5 045.0		

注：*据黄海陆架辐射沙脊群，2002；**据"江苏 908 专项"，2006—2010。

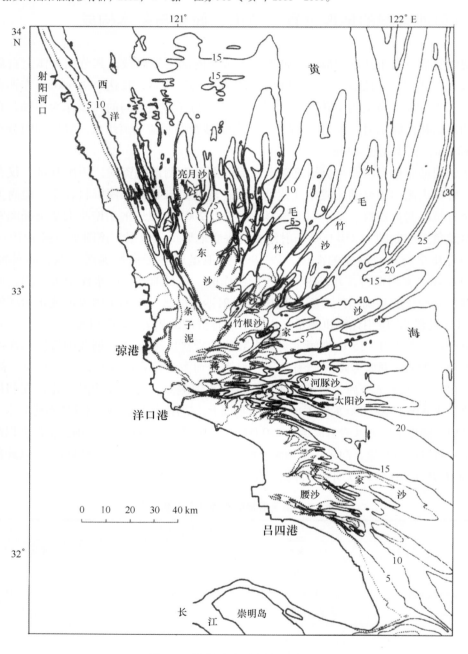

图 1.1 辐射沙脊群水深地形图

资料来源：据朱鉴秋绘制，2001；王颖主编，2002

辐射沙脊群中主干沙脊约21列，从北向南依次为：小阴沙、孤儿沙、亮月沙、东沙（沙洲与水下延伸的沙脊部分）、太平沙、麻菜珩（大北槽东侧沙）、毛竹沙、外毛竹沙、元宝沙、苦水洋沙、蒋家沙、黄沙洋口沙、河豚沙、太阳沙、西太阳沙、大洪梗子、火星沙、冷家沙、腰沙、乌龙沙与横沙。分隔主干沙脊的潮流通道主要有：西洋（东通道与西通道）、小夹槽、小北槽、大北槽、陈家坞槽、草米树洋、苦水洋、黄沙洋、烂沙洋、网仓洪、小庙洪等11条，均为水深超过10 m的大型潮流通道，深度向海递增。沙脊群中主干沙脊与潮流通道的基本形态数据，按2002年全面统计列为表1.2，可为今后对比依据。

表1.2　辐射沙脊群主干沙脊与潮流通道形态数据

沙脊名称	走向	长度*/km	两侧潮流通道			水深/m	
			名称	走向	长度/km	口门	内端
小阴沙	NW—SE	34.1	西洋西	NW	65.0	13.6	5.0
			西洋东	NW	42.5	13.0	10.0
孤儿沙	N—SW	15.5	西洋东	NW	42.5	13.0	5.0
			西洋东分岔	NS	50.5	13.0	5.0
亮月沙	N—S	41.6	西洋东分岔	NS	50.5	13.0	5.0
			小夹槽	NS	41.3	14.0	5.0
东沙	N—S	48.5	西洋	NW	90.0	14.8	4.0
			小北槽	NS	73.0	14.2	5.0
太平沙	NNW	34.1	小北槽	NW	50.0	14.4	10.0
			大北槽	NNW	50.0	13.4	10.0
麻菜珩（大北槽东沙）	N—S—SW	77.9	大北槽	NNW SW	72.5	13.4	5.0
			陈家坞槽	NE	82.5	16.0	5.0
毛竹沙	NE—SW	68.2	陈家坞槽	NE	70.0	16.0	10.0
			草米树洋	NE	68.0	12.0~15.0	10.0
外毛竹沙（外磕脚里磕脚）	N—S—SW	84.3	草米树洋	NE	75.0	17.0	5.0~10.0
			苦水洋	NE	107.5	20.0	10.0
元宝沙—竹根沙（与毛竹沙、外毛竹沙衔接）	NE	4.4	江家坞东洋	NE	30.0	10.0	5.0
			苦水洋	NE	/	10.0	0~5.0
苦水洋沙	NE	21.6	苦水洋	NEE		18.0	15.0
蒋家沙	NEE	94.3	苦水洋	NEE	50.0	13.0	5.0
			黄沙洋	NEE	80.0	14.0	5.0~10.0
黄沙、洋口沙	EW	17.4	黄沙洋	NEE	/	17.0	17.0
						12.0	13.0
河豚沙	EW	23.6	黄沙洋	NEE	/	13.0	10.0
						10.0	5.0
太阳沙	EW	35.1	黄沙洋	EW	/	17.0	13.0
			烂沙洋大洪	EW	/	20.0	5.0
火星沙	SEE	27.1	烂沙洋大洪	SEE	/	14.0	10.0
			烂沙洋小洪	SEE	/	13.0	10.0

续表

沙脊名称	走向	长度*/km	两侧潮流通道			水深/m	
			名称	走向	长度/km	口门	内端
冷家沙	SEE	61.3	烂沙洋	SEE	75.0	12.0	10.0
			网仓洪	SEE	57.5	13.0	5.0
腰沙	EW	29.1	网仓洪	SEE	30.0	10.0	1.0
				EW	32.5	5.0	2.0
乌龙沙 横沙	SEE	40.1	网仓洪	SEE	42.5	14.0	5.0
			小庙洪	SE	35.0	12.0	6.0

*沙脊长度按至 −10 m 等深线量，并合沙脊分界在 0 m 处或 1/2 界限处。

资料来源：王颖．南黄海陆架辐射沙脊群，2002。

辐射沙脊群各沙脊面积，据 20 世纪 80 年代江苏海岸带综合调查所获得的数据列表，为对比依据（表 1.3）。

表 1.3　辐射沙脊群各沙脊面积

沙脊名称	沙　洲		沙脊名称	沙　洲	
	名称	面积/km²		名称	面积/km²
东沙	东沙	693.73	太阳沙	鳓鱼沙	7.56
	三丫子	15.93		茄儿叶子	1.35
	亮月沙（3）	43.92		茄儿叶子	12.24
	顺水尖	1.08		河鲀沙	1.26
	其他（2）	6.03		太阳沙	1.62
麻菜珩	太平沙	6.93		西太阳沙	11.61
	麻菜珩（7）	15.84		火星沙	1.89
毛竹沙	竹根沙	125.10	冷家沙	凳儿沙	24.30
	北条子泥	23.58		冷家沙	107.28
	三角沙	18.36		其他（8）	8.55
	十船珩	27.72	腰沙—乌龙沙	腰沙	200.43
	毛鱼珩	5.40		小沙	0.36
外毛竹沙	元宝沙（3）	29.34		新沙	0.36
	里磕脚	8.64		新涨沙	1.17
	外磕脚	0.63		横沙	7.92
蒋家沙	西蒋家沙	124.65		乌龙沙	0.72
	新泥	18.81	条子泥	泡灰脊	221.67
	烂沙	16.83		条子泥	171.63
	八仙角	14.49		高泥	111.60
	巴巴珩	15.30			
	牛角沙	11.34	总计		2 125.45
	其他（6）	8.28			

资料来源：任美锷主编，1986，季子修等，1986。

表 1.2 和表 1.3 提供了 20 世纪 80 年代关于辐射沙脊群主体构成单元的基本数据，可为今后该海域地貌的面积与水深变化比较的基础依据。

据"江苏 908 专项"测算主干沙脊在 0 m 水深以上的面积变化，除内部与岸并连的条子泥与腰沙的面积因加积而增大外，其余各沙脊面积均减少。蒋家沙略有增加，但量计范围各家亦有区别（表 1.4）。

表 1.4　辐射沙脊群主干沙脊 0 m 以上面积变化 *

沙脊	据 1979 年海图	据 2006 年测计
东沙	774.99	577.84
麻菜珩	22.99	21.60
毛竹沙	202.14	161.84
外毛竹沙	39.32	44.78
蒋家沙	219.03	272.69
太阳沙	37.73	22.33
冷家沙	138.03	90.00
腰沙	219.38	327.62
条子泥	381.51	528.82
总面积	2 035.12	2 047.52

* 表中由于量计方法与量计界限标准各异，数据供宏观比较参考。

资料来源："江苏 908 专项"，JS－908－01－05－02，2011。

1.2　辐射沙脊群地貌成因组合

南黄海辐射沙脊群是自弶港—洋口港之间的海岸外端，向海呈辐射状分布的大型陆架浅海堆积体。它包括已淤长出露于海面以上的沙洲，大面积的隐伏于海面以下的沙脊及沙脊间的潮流深槽通道。

辐射沙脊群地貌反映了有着波浪作用叠加于潮流沙脊群之组合式地貌。晚更新世期间，由古长江与古黄河汇入南黄海的巨量泥沙沉积，在全新世海面上升的过程中，从太平洋经东海传至黄海的前进潮波，受阻于山东半岛形成反射潮波往 SE 方向传播，前进潮波和反射潮波两系统在苏北海域辐聚，在废黄河口外出现无潮点（34°30′N，121°10′E），并环绕无潮点形成逆时针的旋转潮波系统。前一个旋转潮波同后一个前进潮波两波峰线汇合，沿弶港（32°45′N，120°50′E）NE 北一带海域形成驻潮波波幅区。弶港以东 15 km 处（条子泥）是辐射沙脊群顶点，以旋转潮波与前进潮波辐聚为特征的辐射沙脊群海域，其潮流场呈辐射状分布，与沙脊群潮流通道相一致，涨潮时，潮流自 N、NE、E 和 SE 方向涌向弶港海岸；落潮时，潮流以弶港为中心，呈 150° 的扇面向外逸散，形成以弶港为中心的放射状潮流场（张东生等，1998），潮流作用改造古河口外海底泥沙形成辐射状潮流沙脊群，继之，潮流通道中横向环流冲刷槽底泥沙，并向沙脊顶堆积，加大了脊、槽间高差，浅海波浪于沙脊群处破碎与激浪水流展宽沙脊体，遂发育成现代辐射沙脊地貌形式。总之，辐射沙脊群主体是晚更新世末期低海面时的陆源沉积物，主要是古长江的细砂质沉积，在冰后期海平面上升的过程中，受潮流和波浪侵蚀改造形成。其总体形态反映辐射潮流场的水流分布形式，也反映了对原始地貌的承袭特点。沙脊群的主干沙脊具有对称坦峰的带状体形态，是浅海波浪作用对线状潮流脊改造所成。这是南黄海陆架沙脊群与国内外其他海底沙脊群成因方面的重要区别，原因在于黄海是半封闭的、开阔的陆缘海，具有强潮与季风波浪的双重动力。而细砂底质更易为激浪作用掀扬与塑造坦峰形态。沙脊群北部海域底质与钻孔柱体的深部均出现陆源粉砂沉积（层），源于历史时期黄河夺淮河改道流入黄海之沉积，而深部的厚层均质的粉砂与粉土沉积层，启迪着我们识别到黄河泥沙影响在晚更新世时曾屡有存在，引发我们进一步追索山东半岛的成因，是否由海岛、陆连岛逐步淤积、而发育成为半岛。

（1）沙脊体主要分布于 0 ~ −25 m 水深范围内，黄海辐射沙脊群区域图（图 1.2）基本反映出沙脊群分布的水深。其中条子泥、部分东沙与竹根沙淤积成陆（绿色）。大型的沙脊：外毛竹沙、毛竹沙、麻菜珩（大北槽东侧沙）与蒋家沙，均沿辐射状潮流主要流路分布，沙体长大，均延伸至水深 20 m 处，但是，蒋家沙与大北槽东沙均遭受冲蚀而退缩。次一级的沙脊多半为沙脊的蚀余残留或分支生长出的沙脊，形态与水深多变：其中较大的为分布于南部的冷家沙、乌龙沙—横沙，分布于北部的太平沙、亮月沙、小阴沙；其余如苦水洋沙、太阳沙、西太阳沙、火星沙、河豚沙、孤儿沙等，均为分布于主要潮流通道附近，是蚀、积变化迅速的沙体。

（2）潮流通道。潮流通道是辐射沙脊群地貌组合中的动脉，潮水集中往返的路径。潮流通道为水浅、激浪活跃的坦平粉砂质潮滩海岸提供了天然的航海通途。其中的主要潮流通道均有优良的水深。

水深条件最佳的为：黄沙洋，界于蒋家沙与河豚沙之间，呈 NEE 流路，内端与口门水深均达 17 m，是晚更新世（在 4.6 万 ~ 3.4 万年前）古长江的河谷，现在是辐射潮流的主流路之一。与黄沙洋南邻的烂沙洋大洪，介于太阳沙与火星沙之间，其水深在 WE 向通道的外端为 20 m，但内端浅，仅为 5 m；SEE 流路通道内端水深 10 m，外端 14 m，此潮流通道经浚深后，可为 20 万吨级深水港，宜与黄沙洋衔接，组合利用。

东北部潮流通道多为深水谷地，苦水洋通道是介于外毛竹沙与蒋家沙之间的 NE 向流路，其内端水深 10 m，而口门水深达 20 m，其 NEE 向流路内端水深 15 m，口门达 18 m，均为天然深水航道，唯内端距岸陆较远，海陆衔接工程大。其他如大北槽、小北槽、陈家坞槽与草米树洋，内端水深均达 10 m，口门处水深加大，分别为 13 m、14.4 m、16.0 m、15 m 及 17 m 等，均具有航行价值。

北部的西洋潮流通道，口外水深均达 13 m，内端水深 5 m，唯向北开口，冬季风浪大，但水深均具有利用价值。

（3）通过"八五"期间的研究阐明，辐射沙脊群是由三部分各具特征的地貌组合而成（王颖等，2002）：① 辐射沙脊的枢纽部与南部为继承型成因，黄沙洋与烂沙洋具有继承长江古河谷发育为现代潮流主干通道的特点，网仓洪、小庙洪是古长江南迁过程中的分支河道，现为潮流通道。与上述潮流通道毗邻的沙脊体——蒋家沙、河豚沙、太阳沙、冷家沙以及腰沙、乌龙沙、横沙为古河道及古河口堆积层，经潮流冲刷与波浪改造而成的大型带状沙脊体，以及经受冲蚀与退缩变化的沙体残留。② 辐射状潮流场冲刷—堆积的大沙脊与潮流通道。分布于沙脊群的东北部，如麻菜珩（大北槽东侧沙）、毛竹沙、外毛竹沙、元宝沙、竹根沙、

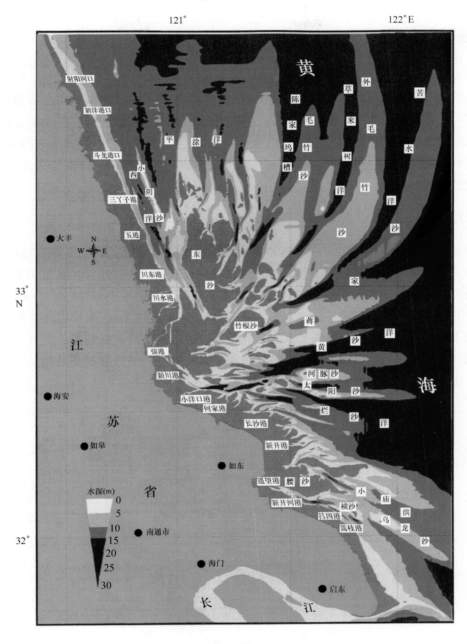

图 1.2 辐射沙脊群区域

苦水洋沙等大型沙脊体，以及大北槽、陈家坞槽、草米树洋及苦水洋等潮流通道。后者的规模小于沿古长江谷地发育的潮流通道，但仍不失为平行于沙脊、顺直的潮流深槽。沙脊与深槽的延伸方向均与全新世海侵中期以来的辐射潮流场相符，而且沙脊尾端略呈逆时针方向偏移，反映受现代旋转潮波之影响。沉积层结构表明大沙脊体具有多层叠置，是在晚更新世已存在砂质与粉砂质沉积上发育的。③ 潮流冲刷型，北部的沙脊——小阴沙、孤儿沙及月亮沙，均为南北向的小沙脊，是原沙脊群受现代潮流冲刷后的残留部分，分布与潮流方向一致。西洋潮流通道与岸平行、呈近南北向延伸，长度达 60 ~ 90 km，是遭受强潮冲刷侵蚀而成，潮流通道的基底及西洋东西通道间的沙脊底部，为海侵前的陆地平原。

15

1.3 成陆的沙洲

分布于沙脊群内侧，邻近海岸的沙脊，由于有外侧沙脊受蚀所产生的泥沙，被潮流携带向岸的补给，逐渐淤积加高，出露于海面而成陆，是为沙洲。处于辐射沙脊群内侧枢纽部分的条子泥与高泥已相连并与岸滩拼接成陆，其次为位于条子泥东北侧西洋东侧的东沙，以及位于高泥东侧的竹根沙，亦部分成陆。出露于海面以上的沙洲，实为淤长中的海积型沙岛，以条子泥—高泥为例，1979 年 0 m 等深线以浅的面积为 381.51 km²，2006 年为 528.82 km²，其东侧淤长显著，西侧与岸滩相连。

1.3.1 东沙

东沙是面积最大的沙脊，并且是在北部外缘受冲蚀的基础上，内侧不断在增高的沙洲。1983 年 6 月底至 8 月 6 日，江苏省海岸带综合调查队首次进入东沙沙脊，从事测量与多学科考察。当时标定：东沙地处辐射沙脊群的西北部，地处 32°53.5′—33°18.4′N，121°01.2′—121°17.5′E 之间，西部与东台、大丰以西洋相隔，相距 20～30 km，南端以西洋东大港潮流通道与条子泥、蒋家沙为邻，东南、东、北部被毛竹沙、麻菜珩、泥螺珩、亮月沙等水下沙脊相环围，南、东、北、西四个方向有江家坞槽、陈家坞槽、平涂洋的小北槽及西洋潮流通道相隔（图 1.3）。

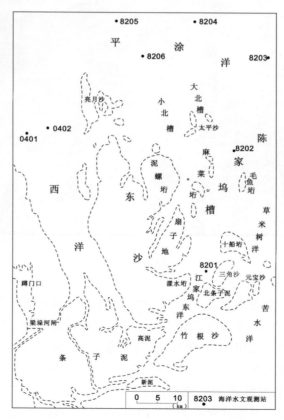

图 1.3 东沙区域

东沙总体上呈近 NS 向分布（NW10°），长约 90 km（自南端江家坞槽向北至 −10 m 等深线），最大宽度 23 km，最高处高程 5.8 m，0 m 等深线以上面积为 760.69 km²，其中 693.73 km² 为沙洲（季子修等，1986）。上述 0 m 等深线以上的面积与 2006 年测计的 0 m 线以上面积（577.84 km²）相比，减少了 182.85 km²，将 2006 年测得的数据与同一方法测计的 1979 年海图面积相比较，减少了 197.15 km²（表 1.4）。由于量计的方法不同，所获得的数值不同，所确定的是：东沙 0 m 线以上面积在减少，具体数据可能均有扩大，仅供参考。东沙处于辐射沙脊北部冲刷海域——迎向偏北向强浪及辐聚潮流冲刷，东沙沙脊周边遭受侵蚀与退缩是显著而持续的，冲刷主要发生在风暴潮时及大潮涨潮时，潮流辐聚而力量增强，冲刷之泥沙又被带向北部的瓢儿沙，三丫子及亮月沙外缘水下滩涂有所淤长。当前的态势是每当风暴潮时，东沙沙脊面上常被潮水淹覆。据 1982 年对东沙首次全面考察的资料，东沙沙洲的面积与潮滩分带情况见表 1.5 和表 1.6。

表 1.5　东沙沙洲面积量算数值

海图依据	高程/m	面积		量算方法
		km²	万亩*	
1979 年测量 1:200 000 海图	0 ~ 1	110.71	16.61	用方格法与称重法所得结果之平均
	1 ~ 2	165.90	24.88	
	2 ~ 3	198.47	29.77	
	3 ~ 4	172.04	25.81	
	4 ~ 5	35.36	5.30	
	>5	11.25	1.69	
	总计	693.73	104.06	

* 亩为非法定计量单位，1 亩 = 1/15 hm²。

资料来源：据季子修等，1986。

表 1.6　东沙潮滩分带数据

潮滩分带	海图高程/m	面积/万亩	滩面微地貌特点
高潮滩（小潮高潮位以上）	>5.1	1.2	碟形浅洼地，d：1 ~ 2 m，h：4 ~ 10 cm，底平有落潮流痕及藻类
中潮滩（小潮高潮位—小潮低潮位）	5.1 ~ 3.3	27.7	潮流冲刷、洼地串通；潮水沟发育宽 1 ~ 8 m，蟹穴与波痕 L：5 ~ 8 cm，h：1 cm
低潮滩（小潮低潮位—海图零点）	3.3 ~ 0	75.2	波痕不对称型，L：8 ~ 9 cm，h：1.5 cm，低洼处有迭百状流痕，潮水沟曲流式，d > 10 m
小计		104.1	

资料来源：据季子修等，1986。

汇录 20 世纪 80 年代东沙的面积与潮滩分带数据为基础，可作为日后东沙沙洲变化的对比依据。判断该沙洲的冲蚀变化趋势与变化数据，对开发利用东沙有意义。

东沙沉积物属粗粉砂—细砂（中值粒径 M_d 为 0.04 ~ 0.10 mm，M_ϕ 为 3.4 ~ 4.6），分选

好，以细颗粒占优势，表明系潮流沉积。

东沙表层沉积的分布：东部与北部低潮滩为细砂（M_d：0.6～1.0 mm），西部低潮滩 M_d：0.6～0.7 mm，西南部低潮滩为粗粉砂（M_d 为 0.5 mm），粒级之分布反映滩面经受的动力强弱。东沙沙洲在 1980 年尚无稳定的植被，在 5.8 m 高处，仅大潮与风暴潮时海水浸淹，该处生长着密集的盐蒿（Suaeda salsa）。在碟形洼地及低潮水边线附近有硅藻及蓝藻，多为近岸低盐温暖性种。硅藻为浮游植物，种类多，分布广，在东沙潮滩上检出的硅藻为：肋逢藻属（Frustulia）、斜纹枣属（Pleurosigma）、布纹枣属（Cryrosigma）、龙骨藻属（Tropidneis）、舟形枣属（Navicula）、盒形枣属（Biddulphia）。蓝藻种类亦多，常见的阿氏颤藻在高 3 m 以上的洼地积水中检到，黄绿色，长数毫米，簇状体，蓝藻在东沙检出的有阿氏颤藻（Oscillataria agardhii）、关节颤藻浅海变种（O. articulate var. submarina）、匀质颤藻（O. homogenea）、弯顶颤藻（O. okenii）、泥汀颤藻（O. linosa）、优美裂面藻（Merismopedia elegans）。东沙的动物主要为蟹贝，高潮滩有蟹类、青蛤、四角蛤；中潮滩生物量大，有文蛤、四角蛤、泥螺与蜗螺；低潮滩除无青蛤与四角蛤外，其他均有。

成陆的沙洲是江苏围垦开发的重点，需注意合宜的开发途径与开发利用面积，因东沙周围多与潮流通道相衔接，需注意滩涂围垦不要形成纳潮量减少，而招致西洋等处港口（或可建港口处）的淤浅。

1.3.2　条子泥

条子泥，位于川水港与琼港海岸段以东，呈近 NS 向延伸，大体上介于 32°46′—33°01′N 之间，西侧已与海岸相连，东侧与高泥拼合，基本上成为海岸带滩陆。

条子泥东北侧与东沙的西南方相对，其间隔以宽 3～5 km 的东大港，由于处于东大港与江家坞槽汇水之处，涨潮时，两股潮水于条子泥处相遇，顶托消能、造成泥沙淤积，条子泥向东淤积迅速。据"江苏 908 专项"成果：1979 年条子泥 0 m 等深线内的面积为 381.51 km²，2006 年量计为 528.82 km²，增加了 147.3 km²，条子泥淤长明显。1979 年时，条子泥与周围沙脊如东沙、毛竹沙、蒋家沙之间以东大港、江家坞槽东洋、王家槽、小洋沟等潮流通道相隔，但至 2006 年，潮沟均出现大范围淤积，摆动幅度大，而条子泥在淤积扩展。

总之，成陆的沙洲为新生土地，可利用的条件成熟，需注意规划水流动向与泥沙源、量，以期做到围填滩涂利用与潮流通道深水航道利用两相宜，此为平原海岸发展的至关重要之处。

参考文献

季子修，蒋自巽，梁海棠．1986．江苏海岸东沙滩自然地理特征的初步调查//江苏省海岸带东沙滩综合调查（文集）．北京：海洋出版社，33–49．

任美锷．1986．江苏省海岸带和海涂资源综合调查报告．北京：海洋出版社．

王颖．2002．黄海陆架辐射沙脊群．北京：中国环境科学出版社．

张东生，张君伦，张长宽，等．1998．潮流塑造—风暴破坏—潮流恢复—试释黄海海底辐射沙脊群形成演变的动力机制．中国科学，28（5）：394–402．

第2章　辐射沙脊群海陆自然环境[①]

本章讨论了江苏沿海地区及海域的自然环境，主要包括气象气候、海洋水文、地震活动等。其中，气象气候、地震活动等特性在这一地域范围具有一定的一致性，因此可用以代表辐射沙脊群海陆的相关自然环境。

2.1　气象气候

2.1.1　区位气候带、气温、日照、季节特点

江苏沿海地区位于北亚热带与暖温带之间，兼受海洋性和大陆性气候的双重影响，气候类型以灌溉总渠为界，渠南属北亚热带季风气候，渠北属暖温带季风气候。

年均气温北低南高，渠北 13 ~ 14℃，渠南 14 ~ 15℃；受海洋调节，气温年、日变化较内地小；冬半年偏暖，夏半年偏凉，春季回暖迟，秋季降温慢。太阳总辐射在渠北为 493.9 ~ 503.3 kJ/（cm² · a），渠南为 460.4 ~ 493.9 kJ/（cm² · a），全年总辐射量的 60% 集中在 5 月中旬至 9 月中旬。

图 2.1 为江苏近岸海域冬、夏季节海面平均气温分布图。冬季海面气温由陆向海增温显著；海面平均气温为 6.17℃，而沿岸气温在 3℃ 以下，离岸 100 km 内温度变化急剧，等值线十分密集；冬季平均气温零度等温线在陆地上大致与灌溉总渠所在的纬度重合，沿海边零度等温线由 WE 走向转为 NS 走向。冬季废黄河口以北等温线沿经线分布，气温向海递增，废黄河口以南到辐射沙洲北缘等温线大致沿纬线分布，向南温度递减，辐射沙脊区在王港海域以东有一低温中心，向四周温度递增。

夏季海面平均气温为 28.36℃，比岸线附近低 1℃ 左右，气温基本沿纬线变化，南北差异不大。夏季江苏近海以王港海域以东为高温中心，温度向南向北递减。

2.1.2　气旋活动与降水

沿海因受季风气候影响，降水较多，暴雨频繁。本区多年平均（1956—2000 年）降雨量 995 mm（表 2.1），约是全国平均值的 1.55 倍，为湿润区。多年平均降雨量由南向北递减，年际变化较大，丰水年 1 164 mm，特枯年 679 mm。夏季降水可达全年的 40% ~ 60%，冬季仅 5% ~ 10%。

[①]　本章由龚政执笔。

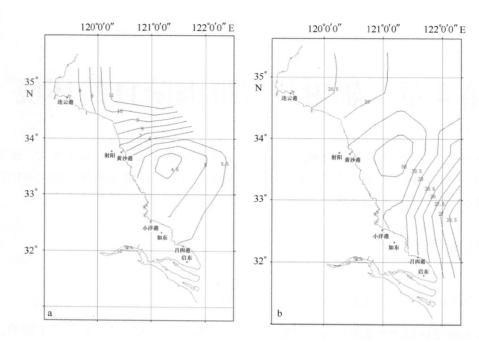

图 2.1　江苏近岸海域冬、夏季节海面气温平面分布图

a：冬季；b：夏季

表 2.1　江苏省沿海地区多年平均降水量统计表（1956—2000 年）　　　　　　　单位：mm

地区	不同频率年降水量				
	均值	20%	50%	75%	95%
南通市	1 060.1	1 233.2	1 046.0	910.5	737.1
连云港市	904.2	1 051.8	892.2	776.6	628.7
盐城市	1 008.8	1 189.3	992.6	851.6	673.5
沿海地区	994.5	1 164.0	980.0	847.4	678.9

2.1.3　风

　　江苏近岸海域冬、夏季海面风速与风向分布见图 2.2。冬季海面平均风速为 4.21 m/s，以 N、NW 或 NE 向为最大风频。夏季江苏近海海面平均风速为 2.76 m/s，以 S 或 SW 向为最大风频。

　　冬季江苏沿岸盛行 NE—ENE 向风，风速相对较大，北部海州湾内有低速的向岸风，近岸还有与盛行风向相反的 SE 向的沿岸风，中部辐射沙脊群海域以 NW 向为主，风速较近岸低，弶港以南有低速近 E 向风。夏季，江苏近海风向较为一致，以 SE—SSE 为主，受海岸线的影响，废黄河口以北海区以 SE 为主，以南为 SSE 为主。在弶港以南有 NW 向风。总的来说，江苏沿岸风向都与海岸平行，而弶港以南到长江口是江苏沿岸风速风向变化较复杂的海区。

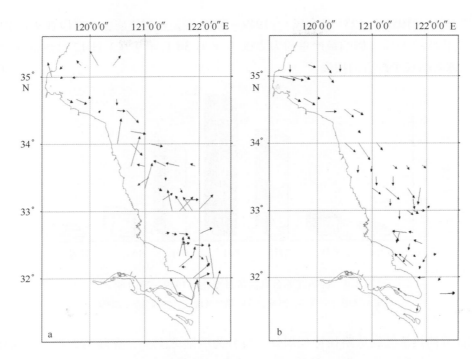

图 2.2　江苏近海海域夏、冬季节近岸风速风向
a：冬季；b：夏季

2.1.4　台风与寒潮

2.1.4.1　台风

　　台风是发源于热带海洋上的热带气旋，台风引起大浪、海岸增水及暴雨，是影响江苏的主要灾害性天气之一。强热带气旋往往带来区域性的大到暴雨，甚至特大暴雨，同时伴有大风天气，造成严重的经济损失，人民生命财产安全受到影响。

　　西太平洋生成的热带气旋平均每年有 29 个，其中影响江苏省热带气旋平均每年有 3.1 个，最多年份可达 7 个（1990 年），最少年份只有 1 个，个别年份没有出现影响江苏的热带气旋，如 2003 年（图 2.3）。每年热带气旋影响江苏省的时间在 5—11 月，影响集中期是 7—9 月，其中 8 月最多（图 2.4）。影响最早的是 5 月 18 日（2006 年 0601 号台风），影响最晚

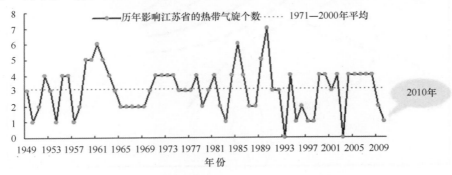

图 2.3　1949—2010 年历年影响江苏省的热带气旋个数
资料来源：项瑛等，影响江苏的热带气旋气候特征分析，2009

的是 11 月 25 日（1952 年 5231 号台风）。1949—2009 年，热带气旋影响时段在 9 月份的有 51 个，占影响总数的 27%。影响最严重的为 2000 年 8 月 30 日至 9 月 1 日 12 号热带气旋"派比安"，对江苏省造成了严重的损失。

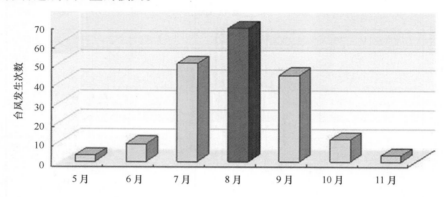

图 2.4 影响江苏台风次数月变化（1949—2010 年）
资料来源：项瑛等，影响江苏的热带气旋气候特征分析，2009

影响江苏的热带气旋从路径特征划分，可分为登陆北上类、登陆消失类、正面登陆类、近海活动类、南海穿出类 5 类（图 2.5）。登陆北上类是指热带气旋中心在 23°—30°N 的福建、浙江沿海登陆，并北上至 30°—35°N 的内陆活动，此类路径的热带气旋个数最多，按热带气旋中心在 30°—35°N 的活动范围又可分为东路、中路和西路，在太湖以东的陆地北上的为东路，在 115°E 以西活动的为西路，在前两者之间北上的为中路。登陆消失类是指热带气

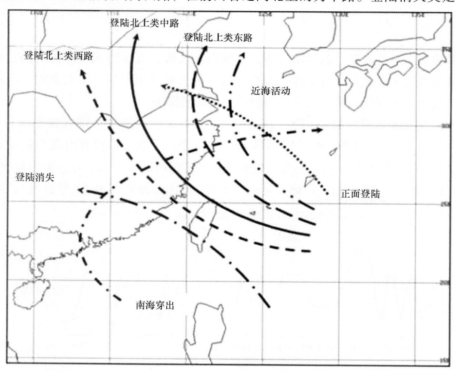

图 2.5 影响江苏的各类热带气旋路径示意图
资料来源：项瑛等，影响江苏的热带气旋气候特征分析，2009

旋中心在 23°—30°N 的福建、浙江沿海登陆，并在 30°N 以南的大陆上活动或消失。正面登陆类是指热带气旋中心在 30°—35°N 的长江口、上海和江苏沿海登陆，并继续北上或西行消失，此类路径的热带气旋次数最少。近海活动类是指热带气旋中心在 125°E 以西的我国东部沿海海域活动或北上。南海穿出类是指热带气旋中心在 23°N 以南的广东沿海登陆后向 NE 方向移动，并在 23°—30°N 之间的沿海再次入海。

根据 1949—2009 年影响江苏的热带气旋记录分析，近 60 年来影响江苏的台风历史记录共有 186 次：登陆北上型出现 77 次（占 42%），其中登陆北上东 32 次（占 17%）、登陆北上西出现 17 次（占 9%）、登陆北上中出现 30 次（占 16%）；正面登陆类型出现 5 次（占 3%）；登陆消失型出现 39 次（占 21%）；南海穿出型出现 20 次（占 11%）；沿海活动型出现 43 次（占 23%）。

2.1.4.2　寒潮

寒潮，俗称寒流，是冬季主要天气现象之一，一般而言，寒潮是指一高气压在北方生成，冷高压沿着西风槽后之西北气流，向南侵袭，最后出海变性。在寒潮侵袭期间，冷空气造成当地气温骤降，地面气压骤升，有时会造成强风和大浪。寒潮和强冷空气通常带来的大风和降温天气是我国冬半年主要的灾害性天气。

冬季寒潮大风对黄海中南部和江苏沿海的影响时间长，从每年的 10 月开始一直影响至次年 3 月底；影响频率高，冬季寒潮大风每年对江苏沿海影响达 15～20 次，月平均 3～4 次；影响强度大，寒潮影响时常伴有 6～7 级大风，阵风可达 9～10 级，同时还有雨雪等恶劣天气。

2.2　海洋水文

2.2.1　现场观测

为了准确、可靠、系统地获取海洋调查数据，对海洋环境作出科学、合理、准确的评价，为海洋经济发展、海洋开发利用、海洋减灾防灾、海洋环境保护、海洋权益维护和海洋可持续发展提供科学的数据和信息，由长江水利委员会长江口水文水资源勘测局于 2006 年夏季和 2007 年冬季对辐射沙脊群海域的流速、流向、悬移质含沙量、悬移质颗分、床沙颗分、风向、风速、水温、水色、透明度、盐度等进行了调查和分析。

2.2.1.1　测验站网布设

在废黄河口以南至长江口辐射状沙脊群海域共布置 16 个测验站。其中，8 个站位进行一次准同步大潮和小潮全潮测验；其他 8 个站位进行一次准同步大潮全潮测验（图 2.6）。

观测站 Y9、Y10、Y11 和 Y12 位于西洋通道，Y+1、Y+2、R22、R23 和 R24 位于烂沙洋通道，R20 位于黄沙洋通道，R11 位于东沙北段小夹槽海域，R10 位于平涂洋，Y13、Y14、Y15 和 Y16 位于小庙洪水道。Y15 和 Y16 因故未收集到资料。

2.2.1.2　测验方法与手段

测验海域北起废黄河口、南至长江口，属黄海南部和东海北部。由于测验海域大，各

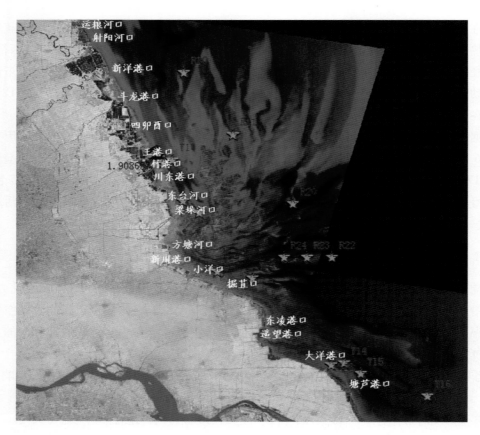

图 2.6　辐射状沙脊群海域测验站位

站高低潮出现时间不同。各测站均要求从低潮开始，进行准同步观测 27 h 左右，每小时整点施测各水文要素，在涨急、落急时段半小时加密施测流速和流向，因此各站具体测验的开始和结束时间根据实际潮汐和潮流闭合的要求确定。夏季和冬季各测站的具体测验时间见表 2.2 和表 2.3。

表 2.2　2006 年夏季废黄河口至长江口海域各测站测验时间

测区	测站	观测时间	备注
新洋港	R10	8 月 24 日 6：00 至 25 日 10：00	大潮
大丰王港	R11	8 月 24 日 5：00 至 25 日 8：00	大潮
		8 月 31 日 9：00 至 9 月 1 日 12：00	小潮
川东港	Y10、Y12	8 月 24 日 6：00 至 25 日 11：00	大潮
川东港	Y9、Y11	8 月 24 日 6：00 至 25 日 11：00	大潮
		8 月 31 日 7：00 至 9 月 1 日 13：00	小潮
川东港外	R20	8 月 24 日 6：00 至 25 日 9：00	大潮
		8 月 31 日 8：00 至 9 月 1 日 12：00	小潮
小洋口—吕四	Y＋2、R22、R23	8 月 24 日 6：00 至 25 日 8：00	大潮
小洋口—吕四	Y＋1、R24、Y13、Y14	8 月 24 日 6：00 至 25 日 8：00	大潮
		8 月 31 日 8：00 至 9 月 1 日 12：00	小潮

表 2.3　2007 年冬季废黄河口至长江口海域各测站测验时间

测区	测站	观测时间	备注
新洋港	R10	1 月 3 日 17：00 至 4 日 19：00	大潮
大丰王港	R11	1 月 3 日 18：00 至 4 日 19：00	大潮
		1 月 11 日 5：00 至 12 日 7：00	小潮
川东港	Y10、Y12	1 月 3 日 17：00 至 4 日 13：00	大潮
川东港	Y9、Y11	1 月 3 日 17：00 至 4 日 13：00	大潮
		1 月 11 日 5：00 至 12 日 7：00	小潮
川东港外	R20	1 月 3 日 17：00 至 4 日 19：00	大潮
		1 月 11 日 5：00 至 12 日 7：00	小潮
小洋口—吕四	Y＋2、R22、R23	1 月 3 日 17：00 至 4 日 21：00	大潮
小洋口—吕四	Y＋1、R24、Y13、Y14	1 月 3 日 17：00 至 4 日 21：00	大潮
		1 月 11 日 5：00 至 12 日 8：00	小潮

　　按《海洋调查规范》（GB 12763－91）、《水文资料整编规范》（SL247－1999）等的要求，对现场实测水文数据进行合理性验证。对个别因天气影响、仪器故障等因素造成的缺陷或数据明显不合理等现象，按规范有关要求作补充和修改，据此分别整理出大、小潮的水文数据。

2.2.2　海水温度、盐度、密度

　　本区海域平均最低水温在 2 月，最高水温在 8 月。2006 年冬、夏季节的表层温度分布见图 2.7。无论是冬季还是夏季，在废黄河北侧和弶港岸外均存在一个低温中心，冬季弶港海域的低温中心较为显著，温度为 6℃，而连云港岸外海域为高温中心，水温可达 11℃；夏季

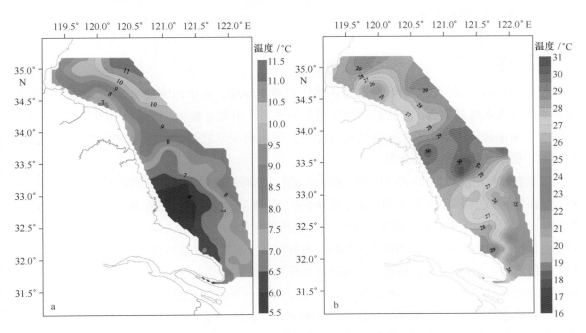

图 2.7　江苏近岸海域 2006 年冬、夏季节表层温度分布

a：冬季；b：夏季

废黄河北侧的低温中心较为显著，表层水温可达 26℃，而射阳河口形成高温中心，水温达30℃，弶港海域为 27~28℃。

2006 年冬、夏季节的表层盐度分布见图 2.8。受陆地径流入海的影响，冬季盐度相对较高，夏季盐度相对较低。无论是冬季还是夏季，盐度从岸向海逐渐增加，以连云港外海域和辐射沙洲外缘盐度较高，可达 31 以上。冬季，在弶港海域形成低盐度的中心，盐度最低为 27。

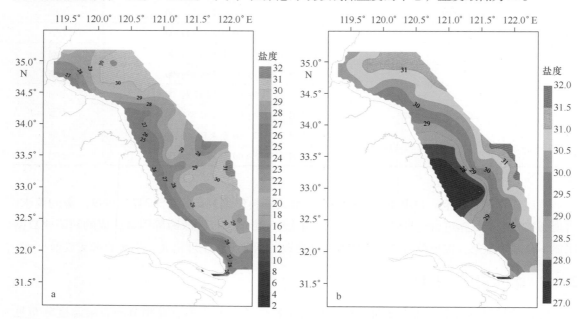

图 2.8 江苏近岸海域冬、夏季表层海水盐度分布

a：夏季；b：冬季

2.2.3 潮汐与潮流

2.2.3.1 潮波系统

位于南黄海西部的江苏沿海海域为一独特的潮汐环境。由于东海边界甚为复杂，太平洋前进潮波进入东海陆架后，在传播过程中遇朝鲜半岛、山东半岛和辽东半岛后发生潮波反射，使潮波方向偏转；遇海岸发生潮波反射与干涉，形成响应潮波系统；海域或海湾宽度的减小与增大，使潮波能量集中与分散。

以该海域控制性的 M_2 潮波分析潮波系统的变化。东海潮波数值模拟得到的 M_2 分潮同潮时线和等振幅线分别见图 2.9 和图 2.10；江苏沿海平面二维潮波数值模拟得到的 M_2 分潮同潮时线、等振幅线见图 2.11。太平洋前进潮波中的 M_2 分潮波从东南方向传来，经东海大陆架到南黄海，潮波转北向继续传往北黄海，再转西向传入渤海；南黄海部分前进潮波遇到山东半岛南侧岸壁发生发射，反射潮波往东南偏南方向传播。前进潮波和反射潮波两系统在江苏沿海北部海域辐合，在废黄河口外出现 M_2 潮波无潮点（34.6°N，121.4°E），并形成环绕无潮点的逆时针旋转潮波系统。旋转潮波和前进潮波两个系统相遇，在江苏沿海南部海域辐聚，前一个旋转潮波同后一个前进潮波两波峰线汇合，沿弶港向 NE 一带海域形成驻潮波波幅区。弶港 ESE 15 km 处（条子泥）是辐射沙脊群顶点，该处旋转潮波与前进潮波辐聚，潮流场呈辐射状分布，与沙脊群潮流通道相一致。

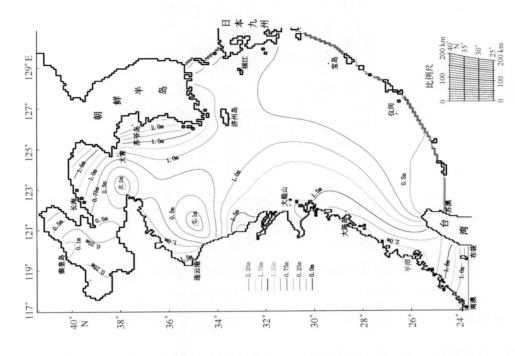

图 2.10　东中国海 M_2 分潮波等振幅线
（张东生等，1996）

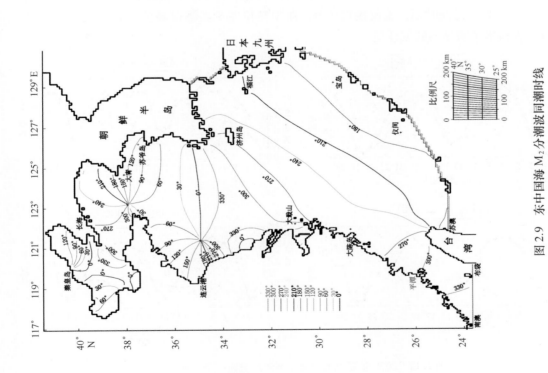

图 2.9　东中国海 M_2 分潮波同潮时线
（张东生等，1996）

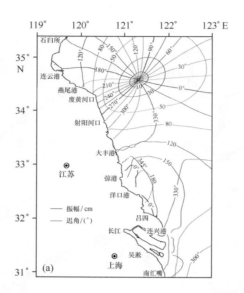

图 2.11　江苏沿海 M_2 分潮波同潮时线、等振幅线（陶建峰等，2009）

粗实线为等振幅线，单位（cm）；细实线为同潮时线，单位（°）

2.2.3.2　驻波特性

在辐射沙脊群海域的深水区，前进型潮波的波速与波面呈同相位。当潮波在向岸传播的过程中，受地形摩擦及反射的影响，潮波发生变形。当波速与波面相位差达到 1/4 波周期时，则为驻波。

以 2006 年夏季大潮期为例，西洋海域代表站 Y9、Y10、Y11 和 Y12 的流速—全水深过程见图 2.12。在高、低潮时刻，流速接近于 0，在中潮位时刻，涨落潮流速达到最大，因此，西洋海域表现出了明显的驻波性质。

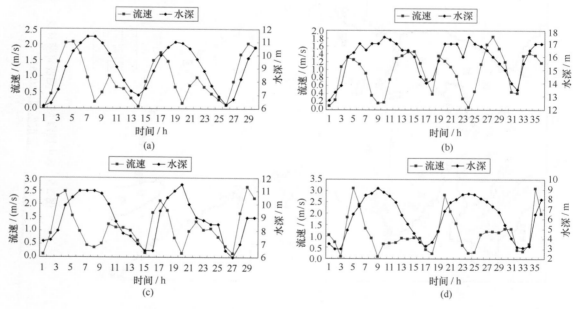

图 2.12　2006 年夏季大潮西洋观测站流速—全水深关系

（a）Y9；（b）Y10；（c）Y11；（d）Y12

烂沙洋海域代表站 Y + 1、R24、R23、R22 的流速—全水深过程见图 2.13。由于烂沙洋顶端潮波的反射作用，Y + 1 呈驻波特性，往外海方向逐步过渡到前进波特性，至 R22 基本呈前进波特性。

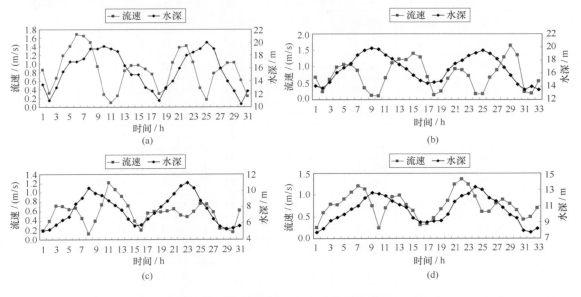

图 2.13　2006 年夏季大潮烂沙洋观测站流速—全水深关系

（a）Y + 1；（b）R24；（c）R23；（d）R22

小庙洪海域代表站 Y13、Y14 的流速—全水深过程见图 2.14。由于小庙洪通道顶端潮波的反射作用，Y13、Y14 均呈驻波特性。

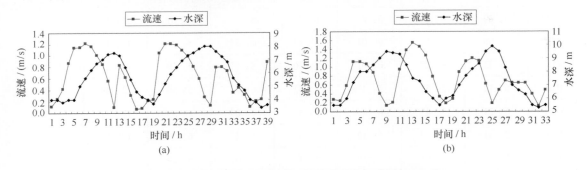

图 2.14　2006 年夏季大潮小庙洪观测站流速—全水深关系

（a）Y13；（b）Y14

2.2.3.3　潮汐特征

本海域深水区潮汐类型为正规半日潮，在近岸浅水区浅海分潮显著，潮汐过程发生明显的变形，涨、落潮历时明显不等，为非正规半日潮。

以 2006 年夏季大、小潮潮位观测资料统计涨落潮历时，分析潮汐不对称性。由于旋转流不出现憩流现象，因此，只统计呈往复流现象的各调查站的憩流时间和涨、落潮历时。

从夏季大潮涨落潮历时统计表 2.4，以及夏季小潮涨、落潮历时统计表 2.5 可以看出：废黄河口以南至小洋口港海域，近岸测站 Y9、Y + 1、Y + 2、Y13 等的涨潮历时大于落潮历时，深槽内或外海水深处的 Y10、Y11、Y12、R24、Y14 等的落潮历时长于涨潮历时。

表2.4 夏季大潮各测站涨、落潮历时统计

测站	前半潮		后半潮		平均涨潮历时	平均落潮历时	平均涨落潮历时	涨潮历时/落潮历时
	涨潮	落潮	涨潮	落潮				
R10	6：21	6：04	5：30	6：31	5：55	6：18	12：13	0.94
R11	7：55	4：46	6：28	5：17	7：11	5：02	12：13	1.43
Y9	6：58	5：33	5：58	5：58	6：28	5：46	12：13	1.12
Y10	5：34	6：57	4：50	7：03	5：12	7：00	12：12	0.74
Y11	6：22	6：22	5：03	6：55	5：42	6：39	12：21	0.86
Y12	5：13	7：14	4：23	7：35	4：48	7：24	12：13	0.65
R20	6：49	5：25	6：55	5：14	6：52	5：20	12：11	1.29
Y+1	6：08	5：58	6：20	5：58	6：14	5：58	12：12	1.04
Y+2	6：54	5：40	6：47	5：07	6：51	5：23	12：14	1.27
R24	5：53	6：56	4：50	6：29	5：22	6：42	12：04	0.80
Y13	7：31	4：26	7：49	4：15	7：40	4：21	12：00	1.76
Y14	6：13	6：55	5：35	5：55	5：54	6：25	12：19	0.92

表2.5 夏季小潮各测站涨、落潮历时统计

测站	前半潮		后半潮		平均涨潮历时	平均落潮历时	平均涨落潮历时	涨潮历时/落潮历时
	涨潮	落潮	涨潮	落潮				
R11	6：00	7：53	5：04	6：20	5：32	7：07	12：39	0.78
Y9	6：08	5：51	7：01	5：22	6：35	5：37	12：11	1.17
Y11	5：43	6：22	6：01	6：16	5：52	6：19	12：11	0.93
R20	6：42	5：53	5：47	5：55	6：14	5：54	12：09	1.06
Y+1	6：34	5：45	6：45	5：34	6：39	5：39	12：19	1.18
R24	5：21	6：53	6：12	6：04	5：47	6：28	12：15	0.89
Y13	6：55	5：01	7：19	5：42	7：07	5：22	12：28	1.33
Y14	5：30	6：02	6：14	6：59	5：52	6：31	12：23	0.90

从涨、落潮历时比来看，西洋水域涨、落潮时间比为 0.65 ~ 1.17，小庙洪水域为 0.9 ~ 1.76，烂沙洋水域为 0.89 ~ 1.33，黄沙洋水域为 1.06 ~ 1.29，潮汐不对称性明显。

本海域平均潮差较大，为 2.5 ~ 4 m，弶港—洋口海域平均潮差最大，以弶港为中心向南北两侧逐渐减小，中心部位长沙港平均潮差达 6.45 m，东沙为 5.44 m。在江苏如东县岸外，黄沙洋、烂沙洋是最大潮差区域，在洋口港外黄沙洋水道中实测最大潮差达 9.28 m（我国沿海最大的潮差记录），长沙港外烂沙洋水道，实测最大潮差为 7.64 m，弶港外水道为 5.72 m（叶和松等，1986）。

2.2.3.4　潮流

1）潮流平面特征

受江苏沿海弶港岸外移动性驻潮波的控制，涨潮时涨潮流自 N、NE、E 和 SE 诸方向朝弶港集聚；落潮时落潮流以弶港为中心，呈 150°的扇面角向外辐散。数值模拟得到的涨、落急流场见图 2.15。辐射沙脊群海域 M_2 分潮全潮矢量图见图 2.16。辐射沙脊群海域为旋转流，北区潮流椭圆多数较扁，北区和南区的潮流椭圆长轴均指向弶港。在近岸西洋、烂沙洋和小庙洪等潮流通道，受地形影响，基本为沿深槽的往复流。其中，在射阳河口至弶港之间，平均大潮流速超过 1.5 m/s，涨潮流往 SE、落潮流向 NW；弶港以南至如东长沙镇岸外，平均大潮流速为 1.5 m/s，涨潮流为 WNW，落潮流为 ESE；小洋口岸外涨落潮流速均可达1.8 m/s；吕四小庙洪潮流通道涨潮流可达 2 m/s 以上，落潮流平均 1.75 m/s，涨、落潮流速均较大，曾有 4.0 m/s 以上的记录。

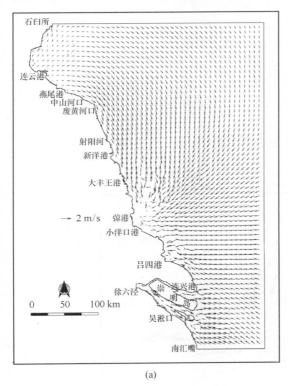

(a)

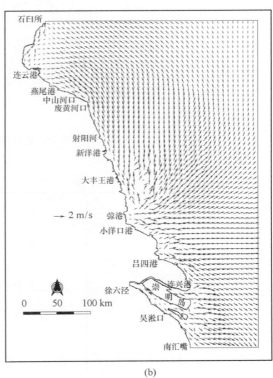

(b)

图 2.15　江苏近海潮流场（杨耀中，2010）

（a）涨急；（b）落急

2006 年夏季大、小潮垂线平均潮流椭圆见图 2.17 和图 2.18，2007 年冬季大、小潮垂线平均潮流椭圆见图 2.19 和图 2.20。Y9、Y10、Y11 和 Y12 点位于王港西洋水域，受旋转潮波系统控制，西洋涨潮流从 NW 向 SE，落潮流从 SE 向 NW，涨落潮流基本呈往复流；位于东沙北端小夹槽海域 R11、位于平涂洋 R10 也基本为 NS 向的往复流；Y+1、Y+2、R22、R23和 R24 位于烂沙洋通道，由于 Y+1、Y+2 处于近岸深槽内，受东海前进潮波系统控制，涨、

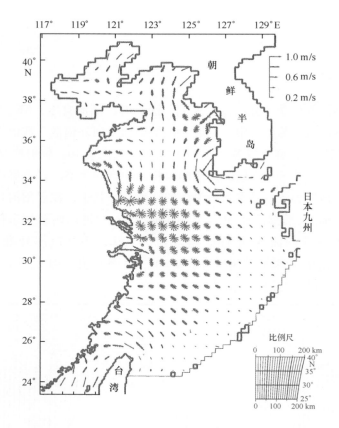

图 2.16　辐射沙脊群海域 M_2 分潮全潮流矢量图

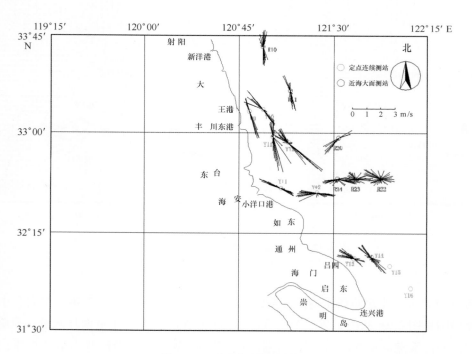

图 2.17　夏季大潮潮流椭圆

落潮为往复流，涨潮流为 W 向，落潮流为 E 向，随着离岸距离增加，自 R24 至 R22，逐渐过渡为旋转流；位于黄沙洋通道 R20 也基本为 WE 向的往复流；Y13、Y14 位于小庙洪水道，涨落潮流基本呈往复流，涨潮流自 SE 向 NW，落潮流则相反。

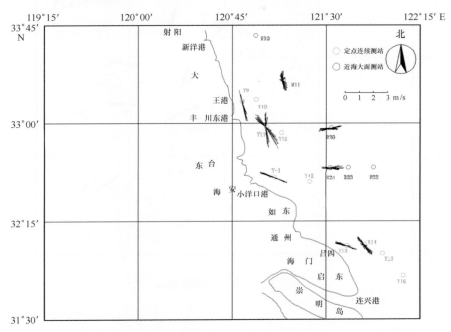

图 2.18　夏季小潮潮流椭圆

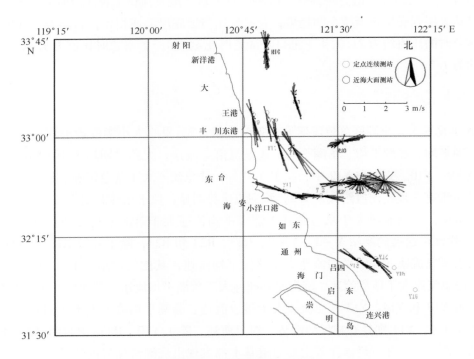

图 2.19　冬季大潮潮流椭圆

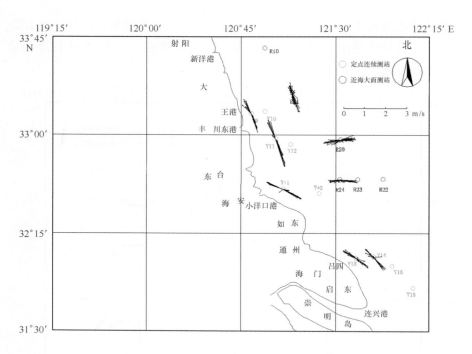

图 2.20　冬季小潮潮流椭圆

2）潮流立面特征

2006 年夏季大潮涨、落急时刻分层流速见图 2.21。废黄河口至长江口海域，不同垂线上流速均呈从表层到底层逐渐减小的趋势，表层流速与近底层流速相比，新洋港口外的 R20 调查站涨落急时的比值约为 2；大丰王港口外涨急时比值为 1.7，落急时比值为 1.8；其余各站比值均约为 1.5。

3）潮流不对称性

2006 年夏季大、小潮涨落急流速见表 2.6 和表 2.7，夏季大小潮潮段平均流速见表 2.8。不管是全潮平均、涨潮平均、落潮平均，还是涨落急流速，大潮时期均大于小潮时期。西洋海域测站 Y9、Y10、Y11 和 Y12 中，除了 Y10 外，涨急流速大于落急流速、涨潮平均流速大于落潮平均流速，且其比值约大于 1.5，涨潮流优势明显；位于东沙北端小夹槽海域 R11、位于平涂洋 R10，涨急流速大于落急流速、涨潮平均流速大于落潮平均流速，其比值约小于 1.5；位于烂沙洋通道的测站 Y + 1、Y + 2、R22、R23 和 R24，除了外海 R23 和 R24 外，涨急流速大于落急流速、涨潮平均流速大于落潮平均流速，其比值约小于 1.6；位于黄沙洋通道 R20，涨急流速大于落急流速、涨潮平均流速大于落潮平均流速，其比值约小于 1.5；位于小庙洪水道 Y13 和 Y14，Y13 涨急流速大于落急流速、涨潮平均流速大于落潮平均流速，其比值约小于 1.6，Y14 则具有相反的趋势。综上所述，除了 Y10、R23、R24 和 Y14 外，辐射沙脊海域西洋、黄沙洋、烂沙洋等主要通道基本都表现出涨潮流优势的特征，该特性对于泥沙向辐射沙脊海域汇聚具有重要的作用。

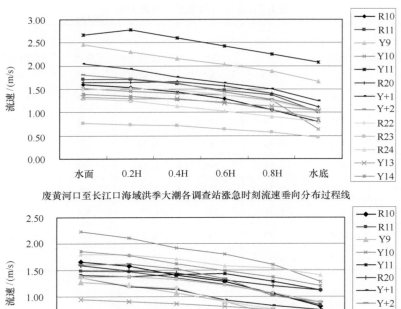

废黄河口至长江口海域洪季大潮各调查站涨急时刻流速垂向分布过程线

废黄河口至长江口海域洪季大潮各调查站落急时刻流速垂向分布过程线

图2.21　夏季大潮涨、落急分层流速

表2.6　夏季大潮潮流流速最大值

测站	涨潮				落潮			
	垂线平均流速 / (m/s)	流向 / (°)	测点流速 / (m/s)	流向 / (°)	垂线平均流速 / (m/s)	流向 / (°)	测点流速 / (m/s)	流向 / (°)
Y9	2.08	160	2.45	163	0.96	343	1.27	345
Y10	1.31	141	1.52	139	1.84	322	2.23	326
Y11	2.49	171	2.67	169	1.35	359	1.43	5
Y12	3.12	129	3.34	134	1.33	313	1.44	313
R10	1.30	178	1.60	170	1.30	7	1.66	16
R11	1.50	165	1.70	174	1.25	340	1.49	339
Y+1	1.69	295	2.04	293	1.03	121	1.36	115
Y+2	1.49	261	1.81	269	1.35	96	1.62	101
R22	1.37	299	1.52	303	0.99	101	1.36	96
R23	0.66	323	0.76	325	1.22	86	1.38	87
R24	1.07	260	1.30	261	1.65	98	1.81	99
R20	1.52	220	1.64	232	1.36	80	1.59	83
Y13	1.21	279	1.32	280	0.83	133	0.95	127
Y14	1.20	309	1.39	309	1.55	138	1.86	143

表 2.7 夏季小潮潮流流速最大值

测站	涨潮				落潮			
	垂线平均流速 /（m/s）	流向 /（°）	测点流速 /（m/s）	流向 /（°）	垂线平均流速 /（m/s）	流向 /（°）	测点流速 /（m/s）	流向 /（°）
Y9	1.50	164	2.00	170	0.83	345	1.00	344
Y11	1.83	151	2.28	150	1.17	321	1.31	318
R11	0.78	163	0.98	169	0.74	2	0.85	6
Y+1	1.06	292	1.24	292	0.87	133	1.00	144
R24	0.60	275	0.74	273	0.98	88	1.30	95
R20	0.89	255	1.01	253	0.77	80	0.91	76
Y13	0.85	294	0.99	299	0.74	110	0.76	109
Y14	0.72	322	0.87	317	0.96	142	1.15	141

表 2.8 夏季大、小潮潮段平均流速   单位：m/s

测站	大潮				小潮			
	涨潮平均流速	落潮平均流速	全潮平均流速	涨潮流速/落潮流速	涨潮平均流速	落潮平均流速	全潮平均流速	涨潮流速/落潮流速
Y9	1.18	0.55	0.87	2.15	0.89	0.47	0.68	1.89
Y10	0.83	1.04	0.94	0.80	/	/	/	/
Y11	1.25	0.84	1.05	1.49	0.95	0.60	0.78	1.58
Y12	1.34	0.79	1.07	1.70	/	/	/	/
R10	0.75	0.64	0.70	1.17	/	/	/	/
R11	0.69	0.53	0.61	1.30	0.43	0.32	0.38	1.34
Y+1	0.95	0.68	0.82	1.40	0.63	0.54	0.59	1.17
Y+2	0.99	0.81	0.90	1.22	/	/	/	/
R24	0.59	0.87	0.73	0.68	0.37	0.46	0.42	0.80
R20	0.93	0.82	0.88	1.13	0.49	0.34	0.42	1.44
Y13	0.70	0.45	0.58	1.56	0.49	0.37	0.43	1.32
Y14	0.70	0.71	0.71	0.99	0.42	0.55	0.49	0.76

4）优势流与净潮量

优势流是指涨、落潮流中的优势者，它以潮流过程线与时间坐标轴的闭合面积中落潮流部分的面积与全潮流面积的比值表示。比值大于 50%，为落潮流占优势；小于 50%，为涨潮流占优势。

2006 年夏季大、小潮各测站优势流统计见表 2.9 和表 2.10。废黄河口至长江口海域，除川东港以北的 Y10 站、小洋口港以东的 R24 站和吕四港外的 Y14 站为落潮流优势流外，其余各测站均为涨潮流优势流。

表 2.9　夏季大潮各测站的优势流统计　　　　　　　　　　　　　　　　　　　　　%

测站	相对水深						垂线平均
	表层	0.2H	0.4H	0.6H	0.8H	底层	
R10	46.8	45.3	44.8	47.0	49.3	50.3	46.6
R11	33.5	33.7	34.2	36.6	38.3	37.6	35.4
Y9	27.3	28.2	29.0	29.5	27.8	27.1	28.3
Y10	69.2	66.4	64.1	59.9	55.9	57.4	62.6
Y11	42.0	41.6	42.7	42.4	42.5	40.3	42.0
Y12		42.9		44.5	43.3		43.8
R20	42.7	42.4	40.6	40.0	39.8	40.3	41.0
Y+1	32.8	36.2	39.0	40.7	39.8	37.5	38.0
Y+2	35.7	36.9	39.0	41.7	42.2	43.3	39.5
R24	63.5	64.5	64.3	64.3	64.5	66.9	64.5
Y13		26.2		30.9	32.6		29.3
Y14	49.2	50.3	51.1	51.3	51.4	51.9	50.8

表 2.10　夏季小潮各测站的优势流统计　　　　　　　　　　　　　　　　　　　　　%

测站	相对水深						垂线平均
	表层	0.2H	0.4H	0.6H	0.8H	底层	
R11	45.9	47.6	48.4	48.4	46.7	44.8	47.5
Y9	28.4	29.4	30.2	30.8	31.5	32.0	30.2
Y11	36.8	36.1	38.1	39.9	40.7	38.4	38.3
R20	44.3	43.9	42.3	40.9	39.9	38.0	41.8
Y+1	40.0	40.8	41.0	42.6	42.1	40.9	41.4
R24	60.1	59.9	58.5	57.6	56.6	55.4	58.3
Y13		34.8		39.4	41.0		37.6
Y14	58.1	57.9	57.8	57.6	56.3	56.6	57.5

　　2006 年夏季大小潮各测站单宽潮量统计见表 2.11。与优势流相对应的 3 个落潮流占优势的测站单宽潮量为净落，以大潮期为例，在川东港以北的 Y10 站净落量最大，为 $33.56 \times 10^4 \text{ m}^3$；其余各站单宽潮量为净涨，在川东港以北的 Y9 站净涨量最大，为 $31.32 \times 10^4 \text{ m}^3$。

表 2.11　废黄河口至长江口海域夏季各测站的单宽潮量统计　　　单位：×10⁴ m³

潮型	测站	前半潮		后半潮		全潮净输水量
		涨潮	落潮	涨潮	落潮	
大潮	R10	30.54	19.64	21.56	26.02	−6.43
	R11	27.04	6.80	14.58	15.96	−18.85
	Y9	30.43	10.11	21.38	10.38	−31.32
	Y10	26.94	37.14	22.73	46.10	33.56
	Y11	26.99	16.69	20.74	17.93	−13.11
	Y12	17.91	10.81	14.60	14.52	−7.18
	R20	30.40	20.07	30.97	22.52	−18.78
	Y+1	37.75	20.79	33.38	22.89	−27.46
	Y+2	42.41	29.18	45.16	27.97	−30.42
	R24	22.88	35.76	16.09	35.20	31.98
	Y13	10.33	4.41	11.00	4.41	−12.52
	Y14	11.46	16.68	11.68	7.21	0.76
小潮	R11	10.78	13.30	9.31	4.89	−1.91
	Y9	18.58	8.75	20.78	8.25	−22.36
	Y11	19.68	12.10	20.89	13.06	−15.41
	R20	17.99	13.27	13.01	8.97	−8.75
	Y+1	27.98	18.57	23.69	17.95	−15.15
	R24	13.24	22.91	13.48	14.44	10.63
	Y13	7.35	4.76	7.35	4.08	−5.85
	Y14	8.28	9.88	8.54	12.88	5.94

注：（＋）为净落量；（－）为净涨量。

2.2.4　波浪

2.2.4.1　临近陆架区深水波

河海大学在洋口港建港可行性研究时，统计了港址附近的风资料，分析了南黄海风况，并指出"本地区受季风影响较大，夏季盛行东南风，冬季盛行西北风。常风向为 ESE，频率占 9.3%，其次为 SE、NNE、ENE 和 NE。多年平均风速为 2.7 m/s，实测极大风速为34 m/s"。经内陆－海岸风速订正和海岸－海上风速订正，得到了海上不同重现期风速。与风场对应，《江苏省海岸带和海涂资源综合调查报告》（1986 年）指出，"沙脊群区的波浪是以风浪为主的混合浪。全年盛行偏北向浪，频率为 63%，主浪向东北偏东。沙脊群北部为波浪辐聚区"。根据常风向和常浪向的分布，取 NE 和 ESE 两个代表风向，平均年最大风速为17.74 m/s，25 年一遇风速为 26.7 m/s，按 JONSWAP 波能谱推算得外围南黄海相应的有效波高为 2.64 m 和 5.46 m。

据统计，在 1956—1991 年的 33 年中，对洋口港影响较大的台风有 8 次，其中 6207 号和7708 号台风的风速较大，其海上风速分别为 40 m/s 和 30 m/s。因此，采用的 25 年一遇风速相当于海上较强台风的风速，其对应的波高分布相当于台风过境时的波高分布。采用的平均年最大风速 17.74 m/s，相当于两年一遇的风速，其波高分布相当于平均年最大波况。

2.2.4.2　辐射沙脊区浅水波

1）基于 2006 年夏冬季节波浪大面观测资料的有效波高分布

以 2006 年夏季和 2007 年冬季波浪观测资料，分析江苏近岸海域波浪的空间分布特征，有效波高分布如图 2.22 所示。如东外海、海州湾及川东港口海域波高较大，而废黄河口海域波高相对较小。夏季是全年中波高最小的季节，并且近岸波高普遍小于远海，而冬季则相反，近海波高普遍高于远海，且其分布由北向南逐渐增大；大部分海域有效波高小于 1 m，但如东及川东港口附近离岸海域波浪较大，有效波高大于 1 m，向岸方向波高显著降低，可能与波浪在浅水区因摩擦效应能量损耗有关。需要说明的是，这是不同时刻大面走航观测结果，并非同步波浪观测结果，仅供参考。

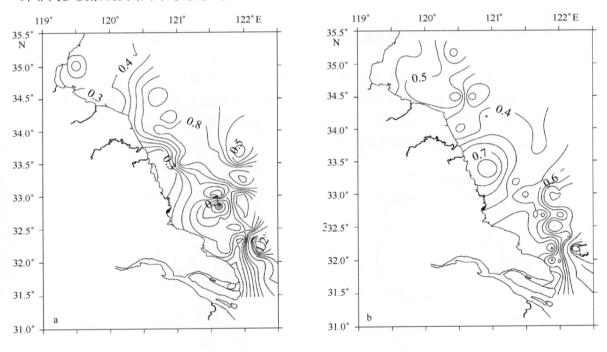

图 2.22　江苏近岸海域冬、夏季节有效波高分布
a：夏季；b：冬季

2）基于沿海代表站长期、短期波浪资料统计分析

江苏近海地理环境差异较大，海岸走向不尽相同，波高分布变化差异明显。自北向南 700 km 余仅有连云港和吕四两个长期国家海洋观测站，另外，有一些为了工程建设需要而进行的短期波浪观测，如滨海港、响水风电、洋口港人工岛等，总体上波浪资料匮乏。因此，很难准确表述江苏海域整体的波浪特性及其时空变化规律。根据收集到的辐射沙脊群南部海区，以及吕四海区等水域的长期或者短期资料进行统计分析，结果分述如下。

（1）如东海区。如东海域没有长期波浪站，为了人工岛建设，于 1996—1997 年间进行了为期一年的风速风向、波浪要素等内容的观测。该海域的常浪向为 N（NNE），发生频率为 27.5%，NE 向为强浪向，实测有效波高达到 4.20 m，最大波高为 6.9 m（图 2.23 和图 2.24）。

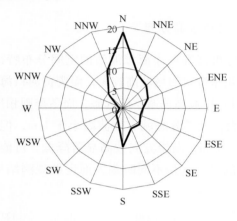

图 2.23　如东海域各向波高频率

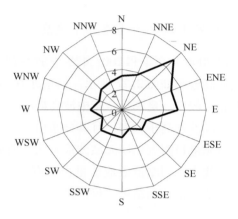

图 2.24　如东海域最大波高玫瑰图

（2）吕四海区。对吕四海洋站（1969—2001 年）资料分析可知，该水域常浪向为 N，频率为 6%；次常浪向为 NE，频率为 6%。强浪向为 NE，实测最大波高为 3.8 m；次强浪向为 NNW，实测最大波高为 3.5 m（图 2.25 和图 2.26）。吕四海域波浪总的来说比较小，无浪天约占全年的 50%，水域各方向平均波高为 0.53 m。

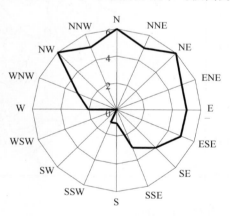

图 2.25　吕四海域各向波高频率

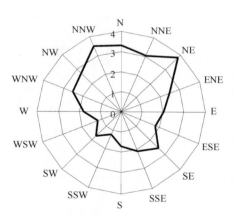

图 2.26　吕四海域最大波高玫瑰图

同时，根据吕四海洋站外侧的冷家沙（2008 年 9 月至 2009 年 11 月）观测资料统计，该海域的常浪向为 SE 向，发生频率为 10.48%，其次为 ESE 向和 SSE 向，发生频率分别为 9.84% 和 8.51%；强浪向为 WNW 向，实测最大波高 $H_{1/10}$ 为 4.25 m，其次为 W、NW 向，实测最大波高 $H_{1/10}$ 分别为 3.87 m 和 3.84 m（图 2.27 和图 2.28）。

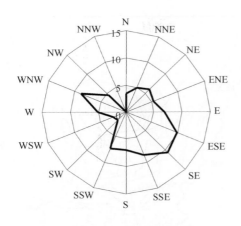

图 2.27　冷家沙海域各向波高频率

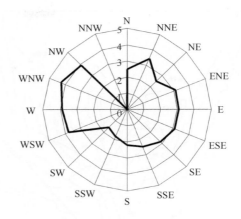

图 2.28　冷家沙海域最大波高玫瑰图

2.2.4.3　风暴过程中的波浪

由于风暴期间的波浪观测比较困难，本书采用台风浪数值模拟成果分析辐射沙脊群海域风暴过程中的波浪。如前所述，25 年一遇风速 26.7 m/s，相当于海上较强台风时的风速，按 JONSWAP 波能谱推算得外围南黄海相应的有效波高 5.46 m。采用逆波向线折射数学模型（张长宽等，1997），分别取平均高潮位、平均潮位和平均低潮位，两个外海代表波向 NE 和 ESE，计算得到辐射沙脊群海域波高分布，即相当于台风过境时的波高分布。

平均潮位下外海 NE 和 ESE 波向 25 年一遇风速（深水波高 5.46 m）时的波高分布见图 2.29。外围深水波浪传播进入沙脊群海域，折射与破碎造成波浪显著和激烈的变形和波能损耗，波高减小，等波高线环绕辐射沙脊群顶点弶港，呈弧形分布，并构成较大范围的和波高较小的波掩蔽区。各主要潮汐通道内，都是外海一端的波高值大于内陆一侧的波高值；如以黄沙洋为界将沙脊群海域分为南北两片，北片 NE 向波浪的波高大于 ESE 向，南片 ESE 向波浪的波高大于 NE 向；北片中的西洋由于位于沙脊群最西侧，除了 N 向浪外，其他方向的波高均较小，草米树洋、苦水洋、黄沙洋和烂沙洋由于水域开敞，波浪较大；在辐射沙脊群海域顶端弶港以外约 50 km² 的水域为小浪区，一般情况下其波高均小于 1 m。

2.2.5　入海河流

本区沿岸属长江流域及淮河流域，在连绵 700 km 余的海岸线上，主要入海河流 60 余条，平均每年排入黄海径流量超过 200×10^8 m³，最大入海径流量 251.8×10^8 m³（1963 年），最小入海径流量 71.0×10^8 m³（1978 年）；入海河流挟带的泥沙仅 526×10^4 t/a。从废黄河口到长江口，主要入海河道包括里下河地区四大港（射阳河、黄沙港、新洋港、斗龙港），王港、川东港、梁垛河、小洋口、大洋港等。这些入海河流，承担者沿海及腹部地区防洪排涝的任务，一般 7—8 月径流量最大，夏季径流量占全年径流量的 70%～80%，其他季节占 30%～40%。由于沿海入海河道基本已建闸控制，改变了入海河道径流下泄的自然过程，入海港道闸下淤积是一个普遍而严重的现象。四大港（射阳河、黄沙港、新洋港、斗龙港）作为江苏沿海主要的洪水排海通道，其排海平均流量占沿海总排水量的 62%～71%。由于闸下港道淤积，与 1991 年比，射阳河闸、黄沙港闸、斗龙港闸 2006 年、2003 年平均排水能力均小于

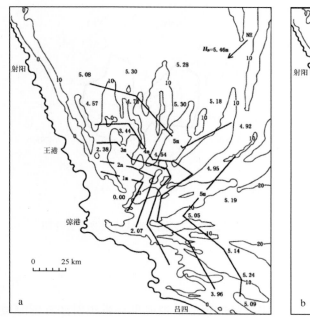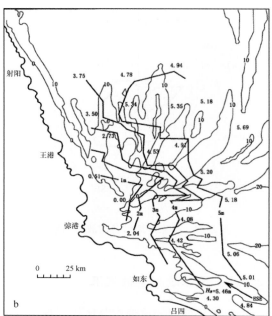

图 2.29　平均潮位下深水波高 5.46 m 辐射沙脊群海域波高分布

a 为外海波向 NE，b 为外海波向 ESE

1991 年，下降幅度达 30% 左右，其中黄沙港闸排涝能力下降幅度最大，超过 40%；新洋港闸因闸下港道清淤及局部裁弯取直，排涝能力基本维持 1991 年水平。因此，四大港除新洋港外，其他三港的排涝能力总体上下降幅度都较大。

长江在本区南部入海，入海径流主要偏向南运移，夏季汛期时有一部分径流伸向东及偏北，淡水舌指向济州岛。1950—2000 年长江大通站的年均径流量达 $9\,051 \times 10^8$ m³，其中丰水年（1954 年）的年径流量为 $13\,590 \times 10^8$ m³，枯水年（1978 年）的年径流量为 $6\,760 \times 10^8$ m³。近年来，长江入海泥沙逐年减少，2000 年大通站年输沙量只有 3.39×10^8 t，2001 年为 2.76×10^8 t，2002 年为 2.75×10^8 t，2003 年为 2.06×10^8 t，2004 年为 1.47×10^8 t。

2.2.6　泥沙及泥沙运动

2.2.6.1　悬沙含沙量分布特征

江苏近岸海域冬、夏季节表层悬沙浓度平面分布见图 2.30。从图 2.30 可以看出，悬沙浓度等值线与大陆岸线基本平行（高值中心区除外），近岸含沙量高，向海逐渐降低。海州湾附近海域为本区的最低值分布区，废黄河口—辐射沙脊群近海海域是表层悬沙浓度的高值区，连云港外海域冬、夏季悬沙浓度均低于 10 mg/L 以下，辐射沙脊群区的高值中心位置随季节变动，夏季偏南，冬季偏北。冬季悬沙浓度明显高于夏季，冬季射阳河口近岸海域、长江口北支海域悬沙浓度均较高，可达 1 000 mg/L 以上；但在夏季，海域悬沙浓度均小于 100 mg/L。

2006 年夏季大潮测点涨落潮期间含沙量最大值见表 2.12。由于 R22、R23 为旋转流，表 2.13 列出了该两测站在一个太阳日周期中的最大值和平均值。2006 年夏季小潮测点涨落潮期

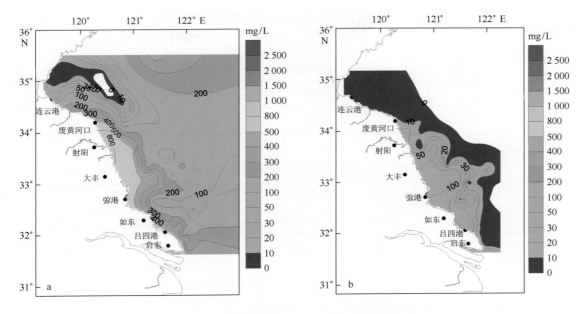

图 2.30　江苏近岸海域冬、夏季节表层悬沙浓度平面分布

a：冬季；b：夏季

间含沙量最大值见表 2.14。废黄河口至长江口海域，涨、落潮垂线平均最大含沙量变化趋势为大潮期大于小潮期，近岸大于近海，垂向在底层出现最大值。以大潮期为例，涨、落潮垂线平均最大含沙量在西洋通道 Y9、Y10、Y11 和 Y12 较高，为 1.0 ~ 1.6 kg/m³，其次为小庙洪通道 Y13 和 Y14，为 0.4 ~ 0.8 kg/m³；烂沙洋通道 Y + 1、Y + 2，R22、R23 和 R24 为 0.1 ~ 0.9 kg/m³。

表 2.12　夏季大潮测点及垂线含沙量最大值　　　　　　　　　　单位：kg/m³

测站	涨潮			落潮		
	测点	相对水深	垂线平均	测点	相对水深	垂线平均
R10	1.38	近底	0.527	1.32	近底	0.760
R11	1.09	近底	0.386	0.692	近底	0.255
Y9	2.59	近底	1.12	2.26	近底	1.25
Y10	1.26	近底	0.998	1.85	近底	0.942
Y11	2.30	近底	1.09	2.32	近底	1.36
Y12	2.39	0.8H	1.42	3.12	0.8H	1.65
R20	0.264	近底	0.135	0.258	0.6H	0.212
Y + 1	0.919	近底	0.354	2.09	近底	0.892
Y + 2	0.510	0.8H	0.335	0.515	近底	0.268
R24	0.454	近底	0.140	0.468	近底	0.220
Y13	1.10	近底	0.790	1.29	近底	0.697
Y14	0.749	近底	0.434	1.10	近底	0.694

表 2.13　夏季大潮呈回转式潮流调查站含沙量特征值　　　　　　　　单位：kg/m³

测站	最大值			一个太阳日所有测次的算术平均
	测点	相对水深	垂线平均	
R22	1.15	近底	0.308	0.136
R23	0.699	0.4H	0.568	0.117

表 2.14　夏季小潮测点及垂线含沙量最大值　　　　　　　　　　单位：kg/m³

测站	涨潮			落潮		
	测点	相对水深	垂线平均	测点	相对水深	垂线平均
R11	0.293	近底	0.204	0.641	近底	0.251
Y9	2.40	近底	1.13	1.49	近底	1.16
Y11	2.36	近底	1.02	2.50	近底	1.03
R20	0.301	0.8H	0.208	0.388	近底	0.309
Y+1	1.12	近底	0.358	0.607	近底	0.254
R24	0.208	近底	0.120	0.212	近底	0.115
Y13	0.631	近底	0.398	0.578	0.8H	0.393
Y14	0.493	近底	0.412	0.654	近底	0.438

　　悬沙浓度的垂向分布见图 2.31。图 2.31 中剖面位于江苏中部射阳河口附近海域，介于废黄河口和弶港之间。该剖面悬沙浓度值终年较高，底部通常维持在 200 mg/L 以上。各个季节均表现出悬沙浓度从底至表递减的现象，表层约为底层浓度的 1/3。冬季剖面悬沙浓度最高，底部可达 1 500 mg/L，近岸区域表层可达 800 mg/L；春、夏季节较低。不同季节悬沙浓度高值中心的位置有所变化，可能与物源及与水动力状况有关。

2.2.6.2　优势输沙分析

　　优势输沙的计算原理和方法与优势流相同。优势输沙是指涨、落潮流输沙中的优势者，它以含沙量过程线与时间坐标轴的闭合面积中落潮流输沙部分的面积与全潮输沙面积的比值表示。比值大于 50%，为落潮输沙占优势；小于 50%，为涨潮输沙占优势。

　　2006 年夏季大、小潮各调查站优势输沙统计见表 2.15 和表 2.16。除川东港以北的 Y10 测站、小洋口港以东的 R24 测站和吕四港外的 Y14 测站为落潮输沙占优势外，其余各测站均为涨潮输沙占优势，这与优势流的分布趋势一致。

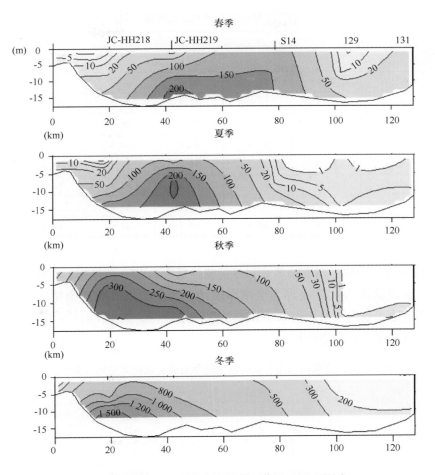

图2.31　悬沙浓度垂向分布（剖面位置：33.66°N）

表2.15　夏季大潮各调查站的优势输沙统计　　　　　　　　　　　　　　%

测站	相对水深						垂线平均
	表层	0.2H	0.4H	0.6H	0.8H	底层	
R10	44.2	48.8	47.8	44.2	48.1	51.5	47.3
R11	47.3	36.4	22.3	23.1	29.2	30.3	28.0
Y9	30.2	31.7	32.2	29.2	25.0	25.1	28.6
Y10	64.6	64.6	66.2	61.1	55.7	55.0	61.9
Y11	54.6	45.5	44.5	42.6	43.9	42.5	43.6
Y12		47.9		44.3	49.9		47.5
R20	49.4	49.3	46.8	41.6	39.2	45.8	44.3
Y+1	34.1	41.1	41.8	49.1	49.5	42.6	45.1
Y+2	41.3	32.8	33.4	39.7	37.5	44.9	36.9
R24	78.6	69.1	63.9	66.5	67.1	65.6	67.2
Y13		21.0		24.9	30.0		25.4
Y14	72.0	69.4	65.7	63.1	59.3	61.0	64.0

表 2.16　夏季小潮各调查站优势输沙统计 %

测站	相对水深						垂线平均
	表层	0.2H	0.4H	0.6H	0.8H	底层	
R11	52.4	49.6	51.8	52.0	49.7	52.2	50.9
Y9	22.2	18.4	26.6	27.2	27.7	28.2	25.7
Y11	27.3	31.5	41.6	48.6	48.9	42.5	43.9
R20	49.7	50.7	45.5	40.9	44.1	44.9	45.6
Y+1	36.9	35.2	34.7	36.8	39.4	33.6	36.4
R24	64.2	62.0	61.4	62.5	62.4	54.7	61.8
Y13		33.2		29.6	33.1		33.4
Y14	74.3	71.9	65.3	63.2	65.5	63.8	65.7

2006 年夏季大、小潮各调查站单宽输沙量统计见表 2.17，落潮输沙占优势表现为全潮净输沙量为正，涨潮输沙占优势表现为全潮净输沙量为负。以大潮期为例，在川东港以北的 Y10 测站全潮净输沙量为正值，即表示该站位落潮净输沙，为 171 t；在川东港以北的 Y9 测站全潮涨潮净进量最大，为 269 t。

表 2.17　废黄河口至长江口海域夏季各调查站的单宽输沙量统计 单位：t

潮型	测站	前半潮		后半潮		全潮净输沙量
		涨潮	落潮	涨潮	落潮	
大潮	R10	120	68.7	93.2	122	-22.2
	R11	78.5	12.6	28.3	28.9	-65.3
	Y9	259	86.7	189	92.7	-269
	Y10	143	207	130	238	171
	Y11	236	155	171	159	-92.9
	Y12	136	109	164	163	-28.1
	R20	26.4	16.6	28.6	27.2	-11.2
	Y+1	96.6	80.8	84.5	68.3	-32.0
	Y+2	106	62.2	85.1	49.4	-79.6
	R24	25.1	29.1	10.1	42.9	36.8
	Y13	57.5	20.6	70.1	22.9	-84.1
	Y14	31.2	86.2	26.8	16.8	45.0
小潮	R11	14.1	23.6	12.6	4.10	0.982
	Y9	142	52.7	162	52.4	-199
	Y11	134	90.2	161	65.7	-139
	R20	21.5	16.8	22.1	19.8	-7.05
	Y+1	73.0	38.5	42.0	27.3	-49.2
	R24	8.96	21.0	10.4	10.2	11.9
	Y13	20.0	11.8	21.9	9.27	-20.8
	Y14	18.1	32.4	18.8	38.2	33.7

注：（＋）为落潮输沙占优势；（－）为涨潮输沙占优势。

2.2.6.3 泥沙颗粒分析

1）悬沙

2006年夏季大、小潮各垂线涨落急、涨落憩时悬沙中值粒径最大值分别见表2.18和表2.19。大潮期的粒径一般粗于小潮期；涨、落急的粒径一般粗于涨、落憩，这与涨、落潮的水动力状况是相对应的。各测站的中值粒径均小于0.062 mm，说明所测海域的悬沙主要由黏土和粉沙组成。以大潮期为例，烂沙洋海域悬沙最大中值粒径为0.02~0.04 mm；西洋海域悬沙最大中值粒径约0.01 mm；小庙洪海域悬沙最大中值粒径略小，约0.009 mm。

表2.18 夏季大潮各测站的悬沙中值粒径最大值统计　　　　　　　单位：mm

测站	涨急	涨憩	落急	落憩
R10	0.010 8	0.008 7	0.009 8	0.009 8
R11	0.021 3	0.012 9	0.012 2	0.011 0
Y9	0.010 3	0.008 7	0.009 6	0.008 0
Y10	0.011 3	0.010 0	0.009 6	0.008 9
Y11	0.009 9	0.009 1	0.014 1	0.009 8
Y12	0.012 4	0.009 1	0.013 4	0.009 7
R20	0.085 8	0.012 4	0.016 4	0.011 6
Y+1	0.030 1	0.030 9	0.039 9	0.014 8
Y+2	0.018 6	0.013 0	0.014 4	0.015 0
R22	0.029 9	0.016 0	0.011 6	0.009 7
R23	0.037 9	0.012 6	0.040 4	0.013 6
R24	0.030 5	0.012 8	0.035 1	0.012 9
Y13	0.007 2	0.008 9	0.008 6	0.007 7
Y14	0.014 0	0.009 0	0.010 7	0.008 0

表2.19 夏季小潮各测站的悬沙中值粒径最大值统计　　　　　　　单位：mm

测站	涨急	涨憩	落急	落憩
R11	0.008 5	0.012 3	0.009 7	0.013 1
Y9	0.007 4	0.007 8	0.007 8	0.007 6
Y11	0.012 0	0.009 0	0.014 2	0.009 2
R20	0.010 2	0.009 3	0.011 8	0.026 2
Y+1	0.014 5	0.009 7	0.010 8	0.011 1
R24	0.014 1	0.009 3	0.025 9	0.012 9
Y13	0.006 3	0.006 5	0.008 6	0.009 1
Y14	0.010 9	0.007 9	0.009 6	0.007 3

2) 底沙

2006 年夏季大、小潮各垂线床沙颗粒级配分别见表 2.20 和表 2.21。所测海域各测站沉积物以砂为主，其次是粉砂。其中，西洋海域 Y9 ~ Y12 测站床沙粒径相对较粗，主要以砂为主；吕四港口小庙洪海域 Y13 和 Y14 床沙粒径较细。

表 2.20 夏季大潮各测站床沙粒度分析成果

测站	各组分含量/（%）			沉积物类型	粒度参数/mm		
	砂粒 (0.062 ~ 2.0)	粉砂 (0.004 ~ 0.062)	黏粒 (<0.004)		平均粒径	中值粒径	最大粒径
R10	12.1	69.1	18.8	粉砂	0.031 5	0.019 0	0.611
R11	47.2	42.2	10.6	粉砂质砂	0.077 0	0.056 1	0.827
Y9	85.4	14.6	0.0	砂	0.098 6	0.093 3	0.273
Y10	68.5	28.0	3.5	粉砂质砂	0.104	0.091 7	0.568
Y11	64.7	30.3	5.0	粉砂质砂	0.110	0.089 3	0.872
Y12	65.1	34.9	0.0	粉砂质砂	0.082 3	0.074 6	0.279
R20	91.4	7.9	0.7	砂	0.159	0.149	0.440
Y + 1	22.1	61.7	16.2	砂质粉砂	0.047 4	0.024 4	1.15
Y + 2	92.5	7.1	0.4	砂	0.190	0.179	0.611
R22	72.2	24.9	2.9	粉砂质砂	0.097 2	0.089 5	0.370
R23	96.1	3.8	0.1	砂	0.153	0.142	0.440
R24	76.0	22.2	1.8	粉砂质砂	0.112	0.101	0.440
Y13	19.1	59.3	21.6	黏土质粉砂	0.042 7	0.014 8	1.09
Y14	53.0	37.9	9.1	粉砂质砂	0.084 2	0.066 7	0.962

表 2.21 夏季小潮各测站床沙粒度分析成果

测站	各组分含量/（%）			沉积物类型	粒度参数/mm		
	砂粒 (0.062 ~ 2.0)	粉砂 (0.004 ~ 0.062)	黏粒 (<0.004)		平均粒径	中值粒径	最大粒径
R11	45.5	43.6	10.9	粉砂质砂	0.074 5	0.052 7	0.827
Y9	81.6	18.1	0.3	砂	0.095 8	0.090 2	0.263
R20	56.8	35.6	7.6	粉砂质砂	0.092 6	0.080 1	0.388
Y11	78.0	19.8	2.2	粉砂质砂	0.119	0.105	0.609
Y + 1	19.2	61.8	19.0	粉砂	0.041 3	0.019 1	0.872
R24	90.2	9.5	0.3	砂	0.133	0.124	0.388
Y13	27.2	54.9	17.9	砂质粉砂	0.055 0	0.023 8	0.962
Y14	26.1	57.7	16.2	砂质粉砂	0.053 7	0.027 0	0.962

2.2.6.4　泥沙运动

南黄海辐射沙脊群的物质来源存在多种论说，如：① 现代长江口向北沿岸输沙与废黄河三角洲侵蚀来沙（李从先等，1979）；② 古长江水下三角洲是其物质基础，后受长江、废黄河，特别是废黄河大量被侵蚀泥沙的影响（何浩明，1979；周长振等，1981）；③ 古长江与废黄河水下三角洲是其物质基础（李成治等，1981；任美锷等，1986）；④ 主要来源于古长江口或古长江水下三角洲，现代沉积物受到废黄河和长江的补给，废黄河泥沙对沙脊群的形成不起重要作用（朱大奎等，1993；王颖等，1998）；⑤ 主要来自黄河和淮河（张光威，1991）；⑥ 来自陆架沙漠体（赵松龄，1991）。上述论说中，关于辐射沙脊群形成的物质基础的观点尚不一致，但现代辐射沙脊群受到废黄河和长江入海泥沙补给的观点是基本一致的。

2.2.7　风暴潮

在江苏沿海地区，台风中心气压极低的涡旋系统引起台风增水，在台风中心区局部海面会被抬高数米之多，从而造成海面升高、海水入侵等，是沿海地区台风期间的主要致灾因子之一。1950—1981 年影响江苏的台风计 99 次，其中 93 次影响沿海地区。有重大影响的台风：南通市段出现 8 次，占总数的 23.5%；盐城市段出现 6 次，占总数的 17.6%；连云港市段出现 5 次，占 14.7%。据连云港、射阳河口、吕四等 7 个站的资料，1971—1981 年中，造成 1.5 m 以上增水的台风 13 次，增水 2 m 以上的有 6 次，1 ～ 1.5 m 增水的有 20 次。

台风对江苏沿海海区的影响程度，与台风路径密切相关。对江苏沿海造成大的风暴潮灾害的台风路径主要是以下两种：一是台风中心在长江口附近登陆，并继续向西北方向移动，此种路径的台风约占北上台风的 8% 左右，增水较大，苏北中、南部沿海增水达 2.0 m 以上；二是到达北纬 35° 左右的台风中心改向东北偏北方向并在朝鲜沿岸登陆。这种移动路径的台风在江苏沿岸出现最多，约占北上台风的 62%，增水也较大。

2.3　地震活动①

南黄海辐射沙脊群海域属于我国沿海中强地震频发区域，每隔 1 ～ 5 年发生一次中强震。随着江苏沿海大开发的展开，海上港口、码头、航道和人工岛等海洋工程设施将越来越多，如何保证它们少受或免受地质灾害、尤其是地震灾害的威胁是研究工作者必须严肃认真对待的问题。鉴于此，有必要对辐射沙脊群海域的地震活动规律，包括地震频度、烈度、历史地震以及未来地震预测和监测进行简要的论述，为该地区海岸带稳定性评价以及海洋工程防灾和减灾提供科学依据。

2.3.1　地震活动带归属

辐射沙脊群位于江苏岸外废黄河三角洲以南至长江三角洲冲积平原以北 0 ～ 30 m 水深海域，地质构造上隶属于扬子地块东北部的南黄海盆地，包括南黄海南部坳陷区和勿南沙隆起

---

① 本节由殷勇执笔。

区，这两个区域是江苏沿海地震频度和强度最高的区域，历史时期多次发生 6 级以上的地震（图 2.32 和图 2.33）。

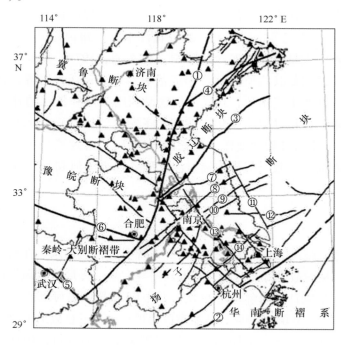

图 2.32　江苏及邻区地震构造背景图（黄耕等，2008）

① 郯城—庐江断裂；② 江山—绍兴断裂；③ 淮阴—响水断裂；④ 烟台—五莲断裂；⑤ 广济—襄樊断裂；⑥ 肥中断裂；⑦ 海州—泗阳断裂；⑧ 盐城—南洋岸断裂；⑨ 陈家堡—小海断裂；⑩ 泰州—东台断裂；⑪ 苏北—滨海断裂；⑫ 拼茶河断裂；⑬ 无锡—宿迁断裂；⑭ 湖州断裂。小三角为地震台站

　　地震区（带）是指地震活动特点和地震地质条件密切相关的地区，主要划分依据是受同一组（条）新活动的深大断裂带或同一活动特征的断陷盆地控制的地震密集地带。1971—1976 年国家地震局在编制全国地震烈度区划图时，认为南黄海隶属于长江中下游地震亚区扬州—铜陵地震带。鉴于南黄海海区地震的强度和频度要远远超过陆上的扬州—铜陵带，孙寿成和朱书俊（1985）建议将南黄海海区从扬州—铜陵地震带中划分出来，成为一个独立的地震区带，其在地震区带划分序次级别上相当于地震带。根据目前普遍认可的划分意见，南黄海辐射沙脊群及其沿岸属于华北地震区的南部，长江中下游—南黄海地震带的一部分，其中辐射沙脊群所在区域（南黄海南部坳陷区和勿南沙隆起区）地震活动最为强烈，历史时期共发生 1 次 7 级地震和 9 次 6~6.9 级地震（谢华章等，1998）。因此有人把它归入"相对安全类"和"相对危险类"地震兼而有之的区域。李培英等（2007）对中国海岸带进行了专门的地震区（带）划分，根据划分方案，南黄海辐射沙脊群属于华中—朝鲜地震区、苏浙—西南黄海地震带。

　　地震活动与控震断裂密切相关，江苏沿海发育 NE 向、NNE 向、NW 向和近 EW 向断裂（图 2.32）。NE 向断裂有泰州—东台断裂、陈家堡—小海断裂、盐城—南洋岸断裂和淮阴—响水断裂。NNE 向断裂主要有海州—泗阳断裂带以及毗邻江苏沿海的郯城—庐江断裂带、茅东断裂带等。NW 向断裂有苏北—滨海断裂以及毗邻江苏沿海的无锡—宿迁断裂带

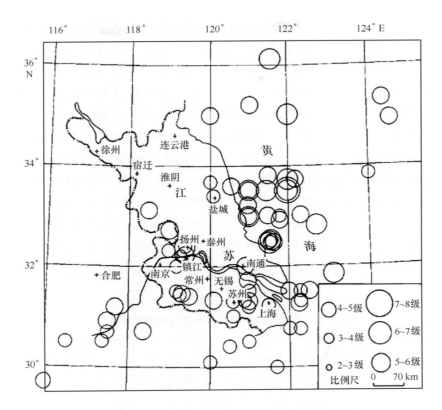

图 2.33　江苏及沿海地震震中和震级分布（谢华章等，1998）

等。苏北—滨海断裂从废黄河口以北向东南方向延伸至毛竹沙西南，全长超过 170 km，该断裂切割第四纪上部地层，属于一条全新世活动断裂带。沿断裂带及其附近地区，历史上发生过 10 余次破坏性地震，1984 年 5 月 21 日南黄海发生的 Ms6.5 级地震就位于该断裂带的中南段（王斌等，2008）。近 WE 向断裂主要有连云港断裂带、冯庄—大汛港断裂带、南通—新余断裂带和拼茶河断裂带等。拼茶河断裂带呈 WE 向分布于海安县城以东，倾向 N，属正断层。沿断裂带重力场表现为梯级带。断裂带北侧重力异常值低，南侧重力异常值高。该断裂带不仅为一条第四纪活动断裂带，而且是一条全新世仍在活动的断裂带。沿断裂带曾在 1975 年 9 月 2 日和 1984 年 5 月 21 日分别在海域冷家沙附近、南黄海发生了 Ms5.0 级和 Ms6.2 级破坏性地震。

　　研究结果表明，江苏沿海 NE 向断裂带形成时代早、规模大，是构成该地区早期构造骨架的主要断裂带，属背景性构造。而 NEE 向、NW 向和近 WE 走断裂带发育时代新、活动性强，并多处切割了 NE 向断裂带，是本区重要的控震、发震断裂构造（王斌等，2008）。本区震源应力场主压应力轴为 NEE 向，而这一方向的构造应力场有利于使 NW 向和 NNE 向断层发生挤压兼走滑运动，形成逆走滑断层。由此可见，江苏沿海及南黄海地区地震活动构造与 NW 向和 NNE 向断层活动有着密切的关系（王斌等，2008）。

2.3.2　地震频度、烈度

　　南黄海是我国东部中强地震活动最频繁地区之一，每隔 1～5 年发生一次中强地震。根据地震目录，499—1984 年，其间共发生大于 4.75 级地震 39 次（表 2.22 和表 2.23）。根据历史分析法，以世（10^3）、期（10^2）和幕（10^1）将南黄海地震划分为两个活跃世和一个平静世（表 2 - 22）。1 500 年以前因史料不全，不作论述。1502—1984 年（历时 483 年），江苏沿海进入第二个活跃世（第一个活跃世在 499—1501 年），共发生中强地震 33 次，年频度 0.07 次/a。其中又可分为五个活跃期和四个平静期。1520—1524 年进入第 I 活跃期，积累时间 23 年，地震数 3 个，频度 0.13 次/a，释放能量 84.3×10^{13} J；1605—1679 年进入第 II 活跃期，积累时间 75 年，地震个数 10 个，频度 0.13 次/a，释放能量 7.9×10^{13} J；1720—1764 年进入第 III 活跃期，积累时间 45 年，地震数 3 次，频度 0.07 次/a，释放能量 9.17×10^{13} J；1846—1853 年进入第 IV 个活跃期，积累时间 8 年，发生地震 3 次，频度 0.38 次/a，释放能量 252.42×10^{13} J。自 1910 年进入第 V 活跃期，至 1984 年已经历 75 年，发生中强地震 13 次，地震年频度达 0.18 次/a。第 V 活跃期又可划分为两个活跃幕和一个平静幕，第一个活跃幕经历 40 年，发生地震数 7 个，年频度为 0.18 次/a，释放总能量 153.81×10^{13} J；第二个活跃幕经历了 14 年，共发生中强地震 6 次，频度为 0.40 次/a，释放能量 29.52×10^{13} J（胡连英等，1988）。

表 2.22　江苏及南黄海中强地震活动周期和频度

起止时间	累积时间 /a	地震数 /n	释放能量 /J	年均频度 /(次/a)	周期划分 世	期	幕	年频度示意图/(次/a) 世	期	幕
499—1399	901	6	2.30×10^{13}	0.007	活跃					
1400—1501	102	0	0.00	0.00	平静					
1502—1524	23	3	84.30×10^{13}	0.13	二	I 活跃				
1525—1604	80	0	0.00	0.00		I 平静				
1605—1679	75	10	7.90×10^{13}	0.13		II 活跃				
1680—1719	40	0	0.00	0.00		II 平静				
1720—1764	45	3	9.17×10^{13}	0.07		III 活跃				
1765—1845	81	0	0.00	0.00		III 平静				
1846—1853	8	3	252.42×10^{13}	0.38		IV 活跃				
1854—1909	56	0	0.00	0.00		IV 平静				
1910—1949	40	7	153.81×10^{13}	0.18		V	1 活跃			
1950—1970	21	0	0.00	0.00		V	1 平静			
1971—	14	6	29.52×10^{13}	0.40			2 活跃			

表 2.23 江苏南黄海及沿海地区历史地震（M≥5 级）记录

编号	发震时间	地点	震级	纬度（E）	经度（N）
1	1764 – 06 – 27	南黄海	6	32.8°	121.0°
2	1846 – 08 – 04	南黄海	7	24.2°	121.9°
3	1852 – 12 – 16	南黄海	6.75	33.3°	121.8°
4	1852 – 12 – 16	南黄海	6.25	33.3°	121.8°
5	1853 – 04 – 14	南黄海	6.75	33.5°	121.5°
6	1853 – 04 – 15	南黄海	6.5	33.5°	121.5°
7	1853 – 04 – 16	南黄海	6.25	33.5°	121.5°
8	1853 – 04 – 17	南黄海	6	33.2°	121.5°
9	1853 – 04 – 19	南黄海	5.75	33.2°	121.5°
10	1853 – 04 – 20	南黄海	5.75	33.2°	121.5°
11	1853 – 04 – 22	南黄海	6	32.7°	122.0°
12	1853 – 04 – 23	南黄海	6	33.0°	122.0°
13	1853 – 04 – 24	南黄海	6	33.2°	121.5°
14	1872 – 09 – 21	南黄海	6	32.3°	122.0°
15	1879 – 04 – 04	南黄海	6.25	33.8°	123.0°
16	1903 – 01 – 06	南黄海	6.5	34.0°	122.5°
17	1910 – 01 – 08	南黄海	6.75	34.0°	122.0°
18	1910 – 05 – 06	南黄海	5.6	33.0°	121.5°
19	1916 – 04 – 05	南黄海	5.25	33.0°	122.3°
20	1921 – 12 – 01	南黄海	6.5	33.7°	121.6°
21	1927 – 02 – 03	南黄海	6.5	33.5°	121.0°
22	1927 – 02 – 03	南黄海	6.25	33.5°	121.0°
23	1927 – 02 – 22	南黄海	5.5	33.4°	121.0°
24	1927 – 06 – 08	南黄海	5.25	33.5°	121.0°
25	1942 – 07 – 27	南黄海	5	33.0°	121.1°
26	1949 – 01 – 14	南黄海	5.75	33.2°	121.0°
27	1975 – 09 – 02	南黄海	5.3	32°54′	121°48′
28	1984 – 05 – 21	南黄海	5.7	32°28′	121°37′
29	1984 – 05 – 21	南黄海	6.2	32°29′	121°35′
30	1975 – 09 – 02	冷家沙	5.3	32°43′	121°44′
31	1984 – 05 – 22	南黄海	6.3	32°29′	121°35′
32	1987 – 02 – 17	射阳	5.1	33°35′	120°32′
33	1992 – 01 – 23	黄海	5.3	35°12′	121°04′
34	1996 – 11 – 09	南黄海	6.1	31°50′	123°06′
35	1997 – 07 – 28	南黄海	5.1	33°43′	122°10′

资料来源；孙寿成等，1985。

　　南黄海辐射沙脊群往往地震震级较高，常常造成沿岸有感范围广阔、震感强烈，但是波及陆地部分烈度并不高，一般小于Ⅵ级。但东台市城区受 1624 年扬州 6 级地震波及，烈度达Ⅵ～Ⅶ度；受 1668 年山东郯城 8.5 级大地震波及，烈度达Ⅶ度；受南黄海历次 6～7 级地震影响，烈度达Ⅵ～Ⅶ度。

　　以 1984 年南黄海 6.2 级地震为例，这次地震发生于 1984 年 5 月 21 日 23 点 38 分 54 秒，此后发生一系列余震，最大余震为 4.9 级。在主震之前 54 秒，曾发生一次 5.7 级前震，震源深度约 15 km。此次地震陆地上有感范围相当广阔，北起山东省青岛、临沂，西至江苏省徐州、安徽铜陵，南至浙江省金华、永嘉均有感。特别是人口稠密的上海市和南通市均有较强震感，有相当一部分人于熟睡中惊醒逃出室外（李端璐等，1985）。

　　根据震后勾绘的等烈度线分布图，等烈度线长轴呈北 20°西方向延伸，与历史上以往南黄海地震的大多数情况类似（图 2.34）。本次地震最大烈度为Ⅵ度，分布于如东县东北部沿海地带，包括卫海、北渔和北坎三个乡的部分村落，其形态为向海域开口之圆弧形，面积仅 11 km²。质量较差的房屋损坏严重，如墙体开裂、纵横墙结合部位震开。当地渔民普遍反映震感十分强烈，明显感到两次以上的强烈震动，入睡的人几乎全被震醒，惊慌外逃；夜间正在行走中的人，感到地面剧烈颠动；搁置在海边沙滩上的渔船剧烈地颠簸。Ⅴ度区北起大丰、东台，西至泰县、靖江，南至常熟、昆山、上海县。陆地面积约为 1.9×10^4 km²，最大震中

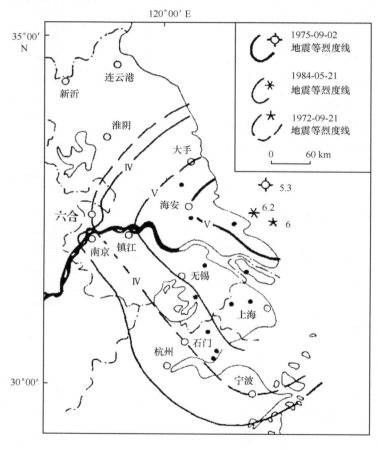

图 2.34　南黄海近代两次地震及历史地震等烈度线

（朱书俊等，1986）

距约为 150 km。本区少数房屋遭到损坏，往往出现屋角裂缝，抹灰层剥落，屋脊脊瓦部分甩落等，个别年久失修之险房损失较重。Ⅳ度区北起江苏省射阳、建湖、宿迁，西至安徽省天长、江苏省六合、南京，南至浙江省德清、宁波，陆地面积达 7.5×10^4 km^2，最大震中距为 280 km，西南部震感较强、西北部震感相对较弱。该区室内多数人有感，一些人从睡梦中惊醒，房屋掉土，碗盏碰撞有声，门窗玻璃及箱环作响，电灯明显晃动，水在容器中摇荡起波甚至溢出（李端璐等，1985）。

2.3.3　地震灾害（历史、未来趋势）

2.3.3.1　历史地震

江苏地震灾害最早记载于《汉书·文帝纪》："汉文帝元年四月，齐、楚地震，二十九山同日崩，大水溃出。"自西汉文帝元年（公元前 179 年）至 1987 年，根据史料和近代地震仪器记录分析，江苏全境（包括部分黄海海域）共记录地震资料 6 000 余条，共有千余次地震。地震强度、频度上均属中等活动水平。震级最高的是 1846 年 8 月 4 日黄海 7 级地震，此次震中在 33.5°N、122.0°E，影响范围南北长达 1 200 km，东西长达约 850 km，江苏常熟地大震，万人惊醒，太仓缸水尽翻，人声鼎沸。江、浙沿海一带屋瓦横飞，居民狂奔，呐喊之声山鸣谷应，从山东、江苏、上海、浙江的沿海，到安徽东部以及朝鲜半岛的汉城等，均受到地震波及，此次地震虽然影响如此之大，但史料中未记载较严重的震害情况。1976 年 11 月 2 日，盐城境内发生 M4.6 级地震，"全区震感强烈，破坏大"，根据震后实地调查，这次地震的宏观震中位于盐城市盐都区大纵湖镇北宋庄，据调查，大纵湖镇共有 115 户烟囱倒塌，墙裂者 500 余户，质量较差的土坯房遭破坏（江苏省地方志编纂委员会，1994）。1987 年 2 月 17 日盐城市射阳县中路港发生 Ms5.1 级地震，震中烈度达Ⅵ度，据震后实地调查，土坯房和薄砖空心瓦房普遍出现墙体裂缝，造成当地的经济损失直接达 400 万元（王斌等，2008）。

2.3.3.2　未来趋势

辐射沙脊群为未来江苏沿海潜在的地震多发区，区内历史上曾多次发生 6 级左右的地震，且重复率高，近代小震活动频繁，为江苏境内近代小震最频繁的地区，模式识别是一地震危险区，震级上限定为 7.0 级。南黄海地震带从 1971 年开始进入 1400 年以来第二个活跃期的第 3 个活跃幕，今后一段时间在江苏东部至南黄海海域发生 5 ~ 6 级或 6 级以上地震的可能性较大（谢华章等，1998）。因此，必须加强对地震活动的监测，首先要对强震观测实现全面数字化和远程自动化，其次要在海底架设强震观测台网，提高南黄海地震的预报水平。

参考文献

何浩明.1979.江苏海岸地貌弶港辐射沙洲//江苏省海岸带海涂资源综合开发利用学术论文选编第一集.

胡连英，李灼华.1988.江苏及南黄海中强地震的中期预报探索地震地质，10（1）：51 – 60.

李成治，李本川.1981.苏北沿海暗沙成因的研究.海洋与湖沼，12（4）：321 – 331.

李从先，王靖泰，李萍.1979.长江三角洲沉积相的初步研究.同济大学学报（海洋地质版），（2）：1 – 14.

李端璐，徐映深，丁政，等.1985.南黄海 6.2 级地震宏观烈度地震学刊，（1）：83 – 87.

李培英，杜军，刘乐军，等.2007.中国海岸带灾害地质特征及评价.北京：海洋出版社，161 – 192.

任美锷, 史运良. 1986. 黄河输沙及其对渤海、黄海沉积作用的影响. 地理科学, (1): 1 – 12, 101.

孙寿成, 朱书俊. 1985. 南黄海区域地震重复周期. 地震研究, 8 (5): 515 – 521.

陶建峰, 张东生, 龚政. 2009. 江苏近海潮汐潮流的数值模拟//第十四届中国海洋（岸）工程学术讨论会. 呼和浩特: 559 – 562.

王斌, 梁雪萍, 周健. 2008. 江苏及其周边地区断裂活动性与地震关系的分析. 高原地震, 20 (1): 38 – 43.

王颖, 朱大奎, 等. 1998. 南黄海辐射沙脊群沉积特点及其演变. 中国科学 ［D］辑, 28 (5): 386 – 393.

项瑛, 陶玫, 陈钰文, 等. 影响江苏的热带气旋气候特征分析 ［OL］. (2009 – 8 – 8)［2011 – 07 – 06］. http: //www. jsmb. gov. cn/service/folder42/folder69/2009/08/08/2009 – 08 – 0816110. html.

谢华章, 田建明. 1998. 长江中下游——南黄海地震带地震活动趋势分析. 地震学刊, (3): 1 – 6.

杨耀中. 2010. 南黄海辐射沙脊群悬沙通量数值研究. 南京: 河海大学博士论文.

叶和松, 王文清, 房宪英. 1986. 江苏省海岸带东沙滩海域水动力、泥沙状况. 江苏省海岸带东沙滩综合调查. 北京: 海洋出版社.

张长宽, 张东生. 1997. 黄海辐射沙洲波浪折射数学模型. 河海大学学报, 25 (4): 3 – 9.

张东生, 张君伦. 1996. 黄海海底辐射沙洲区的 M_2 潮波. 河海大学学报, 24 (5): 37 – 42.

张光威. 1991. 南黄海陆架沙脊的形成与演变. 海洋地质与第四纪地质, 11 (2): 25 – 33.

赵松龄. 1991. 苏北浅滩成因的最新研究. 海洋地质与第四纪地质, 11 (3): 103 – 112.

周长振, 孙家松. 1981. 讨论苏北岸外浅滩的成因. 海洋地质研究, 1 (1): 83 – 92.

朱书俊, 孙寿成. 1986. 关于南黄海地震区带的厘定及其有关的问题. 地震地质, 8 (1): 33 – 39.

朱大奎, 安芷生. 1993. 江苏岸外辐射沙洲的形成与演变//任美锷八十华诞论文集. 南京: 南京大学出版社.

第3章　辐射沙脊群潮流动力机制[①]

南黄海辐射沙脊群规模巨大，其槽脊相间，平面呈辐射状分布，垂向剖面脊宽槽深，形成了一独特的海岸海洋地貌形态。如此独特地貌形态的孕现、生长、发育和演化过程，也具有其独特的、稳定的动力环境。

"波浪掀沙、潮流输沙"是粉砂淤泥质海岸演变的主要动力机制，波浪将海岸带泥沙淘刷、掀动，并使其悬浮于水体，再由潮流挟带，做长距离运移。因此，潮流和波浪是主要的动力因素。对于强潮河口和海岸地区，较强的涨落急流速对泥沙的起动和悬扬作用也很显著，对长时间尺度的海岸地貌形态的塑造作用将比波浪更为显著和重要。当然，波浪和风暴流场对于短时间尺度的海岸地形变化也是不容忽视的。潮流、波浪和风暴流场等河口海岸水动力与河口海岸地貌演变间是耦合作用，因此，辐射沙脊群独特的地貌形态，必然存在与此响应的潮流场和波浪场等。

由于辐射沙脊群海域范围广、槽脊不同位置的动力条件差异大，很难得到准同步和大范围的实测资料进行动力机制研究。因此，采用了潮流场、波浪场、泥沙输运等数值模拟手段开展研究，其中，潮流悬沙输送是研究辐射沙脊群动力机制的关键。

3.1　辐射沙脊群潮流场及潮流输沙

3.1.1　潮波及潮流

3.1.1.1　东海潮波系统

如第2章所述，由于东海边界甚为复杂，太平洋前进潮波进入东海陆架后，在传播过程中遇朝鲜半岛、山东半岛、辽东半岛后发生潮波反射，使潮波方向偏转，遇海岸发生潮波反射与干涉，形成响应潮波系统，海域或海湾宽度的减小与增大，使潮波能量集中与分散。

张东生等（1996）对东海及南黄海辐射沙脊群海区 M_2 分潮波进行了数值模拟。太平洋前进潮波中的 M_2 分潮波从东南方向传来，经东海大陆架到南黄海，潮波转北向继续传往北黄海，再转西向传入渤海；南黄海部分前进潮波遇到山东半岛南侧岸壁发生反射，反射潮波往东南偏南方向传播。前进潮波和反射潮波两系统在江苏沿海北部海域辐合，在废黄河口外出现 M_2 潮波无潮点（34.6°N，121.4°E），并形成环绕无潮点的逆时针旋转潮波系统。旋转潮波和后继的东海前进潮波两个系统相遇，在江苏沿海南部海域辐聚，前一个旋转潮波同后一个前进潮波两波峰线汇合，沿弶港向东北一带海域形成驻潮波波辐区。该驻潮波由于受海底摩擦的影响，表现出向前传播的特征，故称之为移动性驻潮波（图3.1）。

---

① 本章由龚政、张长宽执笔。

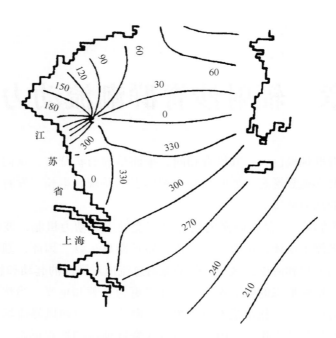

图 3.1　辐射沙脊群区 M_2 分潮同潮时线

3.1.1.2　辐射状潮流场

1）现代海岸

在东海潮波模拟的基础上，进一步对辐射沙脊群海域进行计算网格加密处理，提高辐射沙脊群海域潮流场模拟的空间分辨率。为分析现代海岸下的潮流场，采用现代海岸作为陆地边界条件，模拟得到现代海岸下辐射沙脊群海域潮流场。数值模拟得到的 M_2 分潮涨落急流场见图 3.2。

江苏沿海弶港岸外移动性驻潮波在弶港附近喇叭状岸形的制约下，以 100 km/h 左右的速度呈弧状快速向岸边推进，形成了以弶港为中心的辐射状潮流场。涨潮时，涨潮流自 N、NE、E 和 SE 诸方向朝弶港集聚；落潮时，落潮流以弶港为中心，呈 150° 的扇面角向外辐散。弶港以南的涨、落潮主流向呈 SE 至 NW 向分布；弶港以北又可分为近岸和远岸两部分，近岸部分为顺岸的往复流，远岸部分为 NE—SW 向辐射状往复流。流场的这种分布与沙脊群的平面形态是吻合的，从而说明辐射状潮流场是形成和发育辐射沙脊群的动力条件。

2）古海岸

现代海岸线比 7 000 年前的全新世古海岸线平均向海推进 20 km（王颖，2002），古长江口的位置相当于现代的弶港一带，而现代的南通市其时还淹没于水下。为了分析在古海岸情况下的流场特性，以及由古海岸演变到现代海岸进程中流场的变化，以江苏古海岸为陆地边界条件，江苏外海的水下地形定为斜坡 1:15 万，水边界的选用与现代海岸的相同。

以古海岸为边界的潮波数值模拟得到的古海岸下 M_2 分潮在河口湾顶低潮位和高潮位时

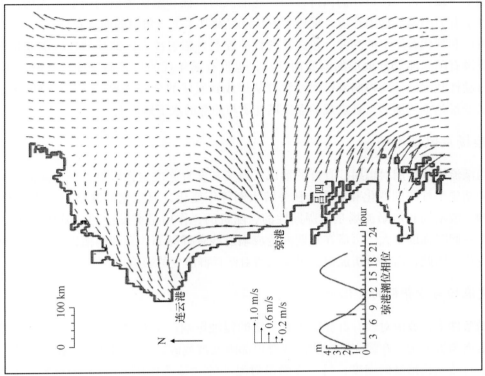

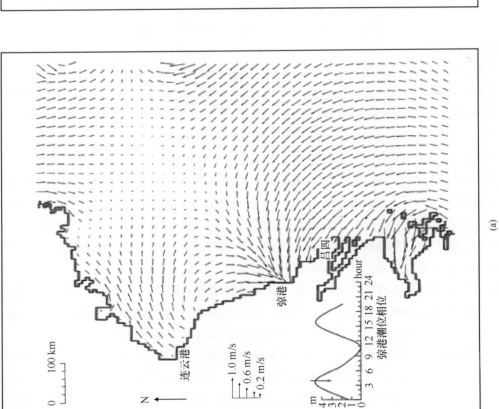

图3.2　辐射沙脊群海域M$_2$分潮流场（王颖，2002）

(a) 涨急；(b) 落急

刻的流场见图3.3。从图3.3可以看出，在江苏古海岸 M_2 分潮波控制下的潮流场在总体上与现代海岸下基本一致，古长江口外仍保持移动性驻潮波的特征和辐聚辐散的扇形潮流场，为古长江口提供了有力的输沙动力环境，促进了古长江口及其水下三角洲的演变发育。

比较古海岸和现代海岸下的潮波分布，发现目前控制着辐射沙洲区的移动性驻潮波是极为稳定的，既没有随岸滩局部地形的演变而迁移，也没有随年代的更替而蜕变。从而说明，弶港外海的移动性驻潮波始终控制着辐射沙脊群从形成到发展的全部过程。因此，潮流场是辐射沙脊群演变最基本的动力，且宏观的潮流场性质与局部的水下地形无关。

3.1.2　波浪场及风暴流场

周期性的潮流输沙作用对辐射沙脊群的形成、演变和发育起决定性影响，虽然潮流也有大、中、小的朔望半月周期变化和春分、秋分特大潮等年变化，但变化幅度是比较确定的、作用是持续的。波浪场和风暴流场是非周期性的、随机的，作用是突发性的，但其强度大，同大潮组合在一起时强度更大，可能在短期内造成辐射沙脊群局部沙脊和沟槽以及沿海岸滩的剧烈冲淤变化。因此，需要分析波浪、风暴水流对沙脊群演变的影响。

3.1.2.1　波浪场与沙脊群的变化

在一定的条件下，波浪对沙脊群和岸滩有一定的侵蚀影响。岸滩被波浪淘刷后，可能会被波致沿岸流或潮流带走，在缓流区沉积。沙脊顶部因波浪或破碎波浪剧烈的"掀沙作用"，一方面减缓了自然淤长抬高的速度；另一方面是对泥沙的"筛选作用"，掀起的细颗粒泥沙随流漂移，岸滩和沙脊群顶部泥沙粗化，形成所谓"铁板沙"。因此，需要分析波浪场对沙脊群变化的作用。

由于辐射沙脊群海域的现场测波资料较少，因此，采用数值模拟手段探讨辐射沙脊群海域波浪场特征是一种重要的途径。张东生等（1998）采用波谱方程，建立逆波向线折射数值模型，选择 NE 和 ESE 两个外海代表波向，分别以25年一遇风速（26.7 m/s，相当于莆氏10级，属台风，深水有效波高5.46 m）和平均年最大风速（17.74 m/s，约相当于2年一遇，深水有效波高2.64 m），推算得到辐射沙脊群海域浅水波浪要素。

由于潮位高低变化使水下沙脊群沉没或显露，对波浪传播途径影响显著，取三种代表性潮位：平均高潮位2.98 m、平均潮位0.53 m、平均低潮位 -1.92 m（废黄河零点，距海图基面为3.68 m），来比较其传播途径的差异。研究表明，在高潮位时，波浪传播途径受水下地形的影响较小，随着潮位的降低，水下地形对波浪传播的影响逐渐显著，至低潮位时，外海波浪仅能沿潮汐通道深槽传入，并不能跨越沙脊传播。

外围深水波浪传播进入沙脊群海域，折射与破碎造成波浪显著和激烈的变形和波能损耗，波高减小，等波高线环绕辐射沙脊群顶点弶港，呈弧形分布，并构成较大范围的、波高较小的掩蔽区。各主要潮汐通道内，都是外海一端的波高值大于内陆一侧的波高值；如以黄沙洋为界将沙脊群海域分为南北两片，北片 NE 向波浪的波高大于 ESE 向，南片 ESE 向波浪的波高大于 NE 向；北片中的西洋由于位于沙脊群最西侧，除了北向浪外，其他方向的波高均较小，草米树洋、苦水洋、黄沙洋和烂沙洋由于水域开敞，波浪较大；在辐射沙脊群海域顶端弶港以外约 50 km² 的水域为小浪区，一般情况下其波高均小于 1 m。

不同潮位下外海 NE 波向25年一遇的波浪（深水波高5.46 m）在沙脊群海域的波高分布

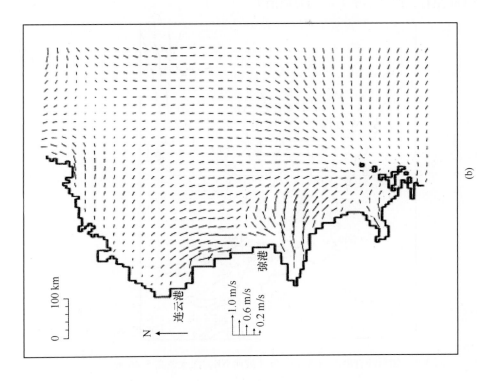

(b)

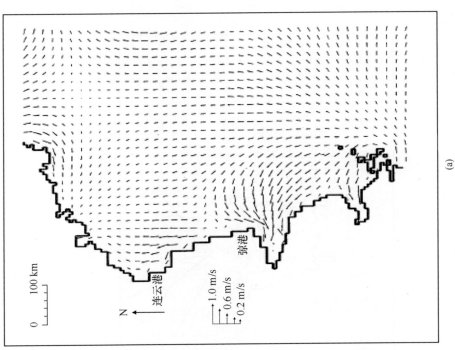

(a)

图 3.3　古海岸下辐射沙脊群海域 M_2 分潮流场（王颖，2002）

(a) 涨急；(b) 落急

见图 3.4 至图 3.6。可见，潮位高低变化对波高分布影响显著，低潮位时 5 m 波高线在 90 km 以外，弶港外有 2 000 km² 海域波高小于 1 m；高潮位时整个波高分布图向岸压缩，5 m 波高线向岸推进 15 km 左右，波高小于 1 m 的海域消失。

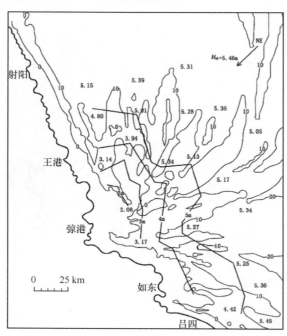

图 3.4　辐射沙脊群海域波高分布（波向 NE，深水波高 5.46 m）

平均高潮位

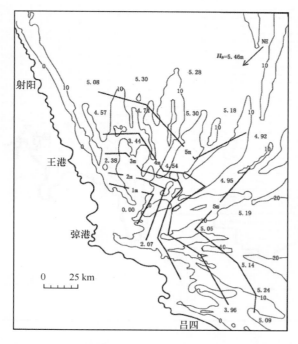

图 3.5　辐射沙脊群海域波高分布（波向 NE，深水波高 5.46 m）

平均潮位

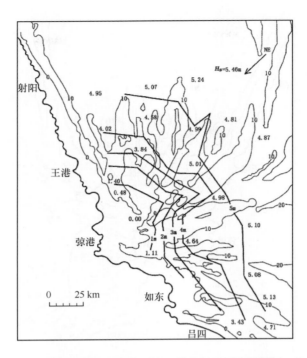

图 3.6　辐射沙脊群海域波高分布（波向 NE，深水波高 5.46 m）
平均低潮位

　　不同潮位下外海 ESE 波向 25 年一遇的波浪（深水波高 5.46 m）在沙脊群海域的波高分布见图 3.7 至图 3.9。ESE 方向波浪受沙脊群水下地形的阻隔较多，致使北半部海域的波高减小。潮位高低变化对波高分布影响依然显著，低潮位时 5 m 波高线在 100 km 以外，弶港外波高小于 1 m 的海域与 NE 波向时相同；高潮位时整个波高分布也向岸压缩，5 m 波高线也向岸推进 15 km 左右，但 4 m 和 2 m 波高线向岸推进比 NE 波向要小 5 km 左右，虽然波高小于 1 m 的海域也为显示，估计会有一小范围，小于 2 m 波高的海域比 NE 波向时范围大很多。

　　平均潮位下外海 NE 和 ESE 波向平均年最大风速（深水波高 2.64 m）时的波高分布见图 3.10 和图 3.11。两者的等波高线很相似，都呈弧形分布，2 m 波高线中部弧形重合，两翼则错开，NE 波向南翼离岸远，ESE 波向北向离岸远。两者在弶港外海域都有 3 000 km² 小于 1 m 波高的掩蔽区，ESE 波向掩蔽区还稍大。与深水波高 5.46 m 在平均潮位时的波高分布相比，两种波向都是 1 m 与 2 m 等波高线的位置同 5.46 m 深水波高时 2 m 和 4 m 等波高线的位置相近。

　　总体而言，在平均年最大风速下，沙脊区的波高一般为 2 m 左右，当水位在中潮位以下时，波高更小，而且区域性的差异较大。因此，可以认为，一般情况下的波浪对局部的微地貌形态有一定影响，如：展宽了线型沙脊体，而对宏观的沙脊群地形，不论是平面形态还是剖面形态，其作用相对于潮流的作用都是次一级的。当风速为 25 年一遇时，沙脊区高潮位时的波高一般在 4 m 左右。因此，在台风和寒潮大风等恶劣天气下，沙脊区的波浪会较大，对沙脊群演变将产生较为显著的影响。

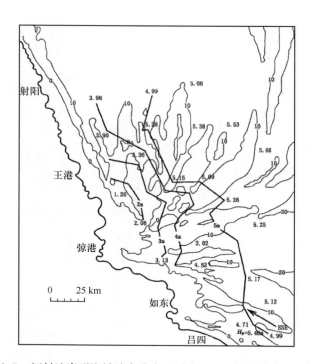

图 3.7 辐射沙脊群海域波高分布（波向 ESE，深水波高 5.46 m）

平均高潮位

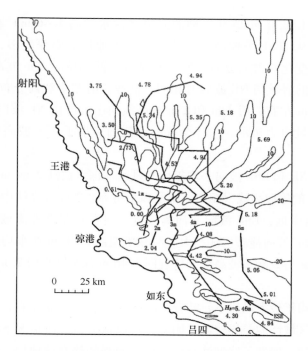

图 3.8 辐射沙脊群海域波高分布（波向 ESE，深水波高 5.46 m）

平均潮位

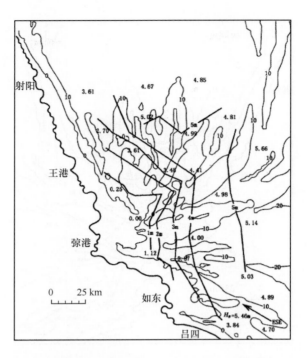

图 3.9　辐射沙脊群海域波高分布（波向 ESE，深水波高 5.46 m）

平均低潮位

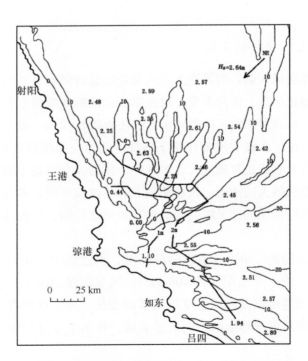

图 3.10　辐射沙脊群海域波高分布（波向 NE，深水波高 2.64 m）

平均潮位

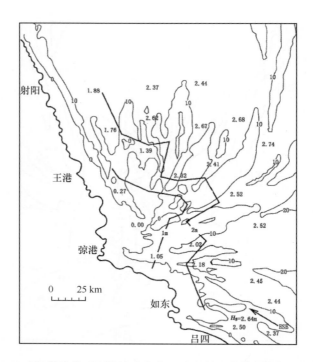

图 3.11　辐射沙脊群海域波高分布（波向 ESE，深水波高 2.64 m）
平均潮位

3.1.2.2　风暴流场与沙脊群的变化

辐射沙脊区经常受台风侵袭，台风增水和风暴流场是台风灾害的两个重要方面。台风风暴流场涉及范围大，流速湍急，流向多变，对近岸浅水区的地貌形态有着比正常潮流大若干倍的破坏力和再塑力。台风袭来时，沙脊区水位往往抬高 1~2 m，波高为 4 m 左右，风暴水流流速达 1 m/s 左右。由于水流和波浪作用下的挟沙能力与流速和波高的某个次方成正比，因此，此时的动力条件具有比正常潮流大得多的挟沙能力，会对处于潮流长期作用下已达到相对稳定的海底形态形成巨大的冲击。风暴流的方向与潮流不同，多与沙脊和潮流槽的走向斜交，其与台风波浪共同作用的结果将会造成沙脊和滩地冲刷，而被冲刷的滩地泥沙落入深槽，导致深槽淤积。

台风引起的风暴流场是一个巨大的逆时针涡漩，涡漩的中心相对于台风中心有一定偏移，涡漩的范围南北可跨 4 个纬距（约 400 km）。风暴涡漩的中心位置、流速的强度和方向随台风的路径、移动速度以及台风强度等因素而变化。为既能宏观上跟踪台风中心的移动路径，又能反映近岸局部地形影响下的风暴流场，张东生等（1998）建立了东海风暴潮数学模型。

影响江苏沿海的台风主要有三种类型，即海上北上型、长江口登陆型和海上转向型。后两种类型台风的风暴流场对辐射沙脊区有重大影响。"7708 号"台风（长江口登陆型）和"8114 号"台风（海上转向型）的计算结果显示，两次台风在吕四一带海域均产生 2 m 左右的增水。它们在登陆或转向前，其风暴流涡漩的中心在长江口东南方，漩涡范围涉及整个辐射沙脊水域。沙脊区的风暴流为逆时针涡漩的一个部分，其流向基本沿岸线自北向南，流速可超过1 m/s。琼港以北水域的风暴流向与沙脊和槽沟走向的交角较小，以南水域则与沙脊和槽沟的走向交角较大，甚至可能正交。图3.12为1977年9月11日2时"7708号"台风的风暴流场。此时，台风中心位于崇明岛正东约70 km处，巨大的逆时针风暴流涡漩，南可及杭州湾南侧，北可达江苏射阳河口附近。

台风风暴的作用毕竟是短暂的，台风过后潮流又在沙脊区起主导作用，被风暴"改造"过的沙脊形态又会在潮流的作用下逐渐恢复到风暴前的状态。

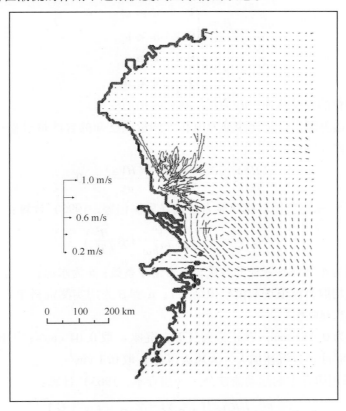

图3.12 "7708号"台风风暴流场（1977年9月11日）

（张东生等，1998）

3.1.3 潮流输沙及悬沙通量

3.1.3.1 潮流输沙数值模拟

1）潮流输沙数学模型

潮流场是沙脊地形演变最基本的动力，充足的沙源是沙脊群演变的物质基础。因此，在潮流场研究的基础上，进一步采用悬沙输送模型和底床变形模型分析在该潮流场下泥沙的输运过程及沙脊群海域地形的演变趋势。

悬沙输送方程：

$$\frac{\partial(HS)}{\partial t} + \frac{\partial(HUS)}{\partial x} + \frac{\partial(HVS)}{\partial y} + \alpha\omega(\gamma s - \beta S_*) = 0 \qquad (3.1)$$

67

海床变形方程：

$$\gamma_0 \frac{\partial Z_b}{\partial t} = \alpha\omega\beta(S - S_*) \tag{3.2}$$

式中，H 为全水深；U、V 分别为垂线平均流速在 x、y 方向的分量；Z_b 为床面高程；S 为垂线平均含沙量；ω 为泥沙沉降速度；S_* 为水流挟沙能力；α 为泥沙沉降几率；γ_0 为泥沙干容重。

$$\beta = \begin{cases} 1 & u \geqslant u_c \\ 0 & u < u_c \end{cases} \tag{3.3}$$

$$\gamma = \begin{cases} 0 & u \geqslant u_f \\ 1 & u < u_f \end{cases} \tag{3.4}$$

式中，u_c 为泥沙颗粒的起动流速；u_f 为泥沙颗粒的扬动流速。

当水流流入开边界时，设定含沙量为饱和含沙量或已知的含沙量过程；当水流流出开边界时，含沙量由下式确定：

$$\frac{\partial(HS)}{\partial t} + \frac{\partial(HUS)}{\partial x} + \frac{\partial(HVS)}{\partial y} = 0 \tag{3.5}$$

水流挟沙能力 S_* 采用窦国仁挟沙能力公式（窦国仁等，1995）计算：

$$S_* = \alpha \frac{\gamma\gamma_s}{\gamma_s - \gamma}\left(\frac{V^3}{C^2 h\omega} + \beta \frac{H^2}{hT\omega}\right) \tag{3.6}$$

式中，γ 和 γ_s 分别为水和泥沙颗粒的容重；C 为谢才系数；h 为水深；V 为流速；H 和 T 分别为波高和波周期（均取自波浪场数值模拟结果）；α 和 β 为用实测资料率定得到的系数，$\alpha = 0.005 \sim 0.009$，$\beta = 0.0006$。

泥沙中值粒径为 0.013 mm。在正常天气下，沉速 ω 取 0.04 cm/s；大风天大风浪的作用使悬沙粒径增大，泥沙颗粒沉速加大，大风天沉速 ω 取 0.1 cm/s。

起动流速 u_c 采用唐存本的起动流速公式（唐存本，1963）计算：

$$u_c = \frac{m}{m + 1}\left(\frac{h}{D}\right)^{1/m}\left[3.2\frac{\gamma_s - \gamma}{\gamma}gD + \left(\frac{\gamma'}{\gamma'_0}\right)\frac{C}{\rho D}\right]^{1/2} \tag{3.7}$$

式中，m 为指数律流速分布中的幂，在天然河道中约取为 6；D 为泥沙粒径；γ'_0 为泥沙稳定湿容重，取 1.6 g/cm³；γ' 为淤泥的不稳定湿容重，与淤积历时有关；$C = 2.9 \times 10^{-4}$ g/cm，$\rho = 1.02 \times 10^{-3}$ gs²/cm⁴。

扬动速度 u_f 采用下式（洪大林等，1994）计算：

$$u_f = 1.61\left(\frac{\delta}{\delta_0}\right)^5\left(\frac{\zeta}{\rho d}\right)^{1/2} \tag{3.8}$$

式中，δ_0 为淤泥的稳定湿容重，$\delta_0 = 1.6$ g/cm³；ξ 为稳定容重下的黏结力系数，$\xi = 0.915 \times 10^{-4}$ g/cm；$\rho = 1.02 \times 10^{-3}$ gs²/cm⁴。

2）海域悬沙含沙量场

2006 年泥沙现场观测表明，辐射沙脊群海域各测站悬沙中值粒径均小于 0.062 mm，说明所测海域的悬沙主要由黏土和粉砂组成；所测海域各调查站底质沉积以砂为主，其次是粉砂。考虑到该海域泥沙运动以悬沙运动为主，因此，模型中仅考虑悬沙输送。模拟范围包括江苏沿海及长江口附近海域，杨耀中（2010）模拟了2006年冬、夏季大小潮的含沙量场。总体趋势为冬季含沙量高于夏季，大潮含沙量大于小潮。

夏季大潮全潮平均含沙量场见图3.13。从图3.13中可以看出，高含沙量区位于辐射沙脊群中心部位，主要集中在东沙、条子泥附近和如东外海的腰沙附近。该区域是各条沙脊会集的地方，水深较浅，涨潮时各个方向的水流沿着沙脊间的潮流水道向此处汇聚，落潮时从此处向各个方向辐散，形成辐射状流场，该海域水动力强劲，泥沙易于悬浮。自辐射沙脊群中心往外，随着水深加大，含沙量逐渐降低，其分布与等深线大体一致（图3.14）。

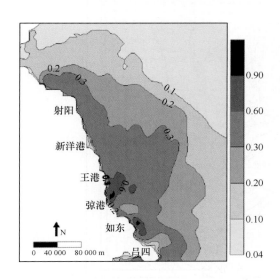

图3.13　夏季大潮全潮平均含沙量（kg/m^3）

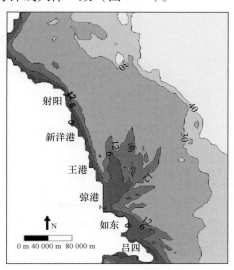

图3.14　平均潮位地形

3.1.3.2　悬沙通量分析

泥沙来源是沙脊群演变的物质基础，因此，泥沙通量分析可以从宏观上研究沙脊群海域冲淤演变总体趋势。由于缺乏最新的辐射沙脊群外边界含沙量实测资料，因此，通过潮流场、波浪场和含沙量场数值模拟得到沙脊群周边含沙量过程，并与1985年完成的《江苏省海岸带和海涂资源综合调查》报告中由实测数据概算的悬沙通量进行比较（杨耀中，2010）。

将断面上连续两个潮周期的悬沙净输移量定义为该断面的悬沙通量。按照"八五调查"所示区域在辐射沙脊群海域设定一组边界（图3.15），分别按夏季大潮、夏季小潮、冬季大潮、冬季小潮的顺序求出边界上悬沙通量。以夏季大潮为例，夏季大潮单宽悬沙通量见图3.15。悬沙主要从断面2西端、断面8和断面13进入，从断面2的东端和断面6输出。断面2上输沙方向并不一致，其西端悬沙通量指向沙脊群内部，表明从废黄河水下三角洲一带的海蚀物质向SE输运，进入辐射沙脊群；随着断面向外海延伸，有少量悬沙通过断面2向外海输送。断面6横跨外毛竹沙，净输沙方向顺着沙脊指向外海。断面8位于苦水洋、黄沙洋和烂沙洋海域，此断面净输沙方向指向沙脊群内部，此处水深大、断面宽，输沙方向一致，整体输沙量较大。断面13位于辐射沙脊群与长江口之间，断面上净输沙方向并不完全一致，但总体指向沙脊群内部，这表明长江来沙对辐射沙脊群有一定的影响。

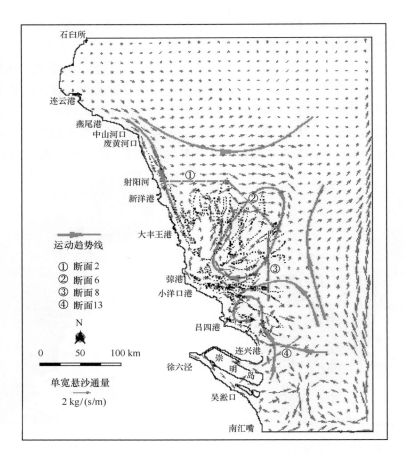

图 3.15   夏季大潮单宽悬沙通量运动趋势

为了比较，在图 3.15 中用粗曲线表示沙脊群外围海域悬沙运动趋势。在射阳以北海域，悬沙净输运方向指向 SE，到了射阳以东海域分成两股，一股仍然沿着 SE 方向朝着西洋内部输运；另一股在逆时针旋转潮波的控制下向 E 方向输运。在断面 6 处，悬沙从外毛竹沙附近输向外海，待其向 NE 方向运动一段距离后，又返回沙脊群内部，形成顺时针输沙回路。在吕四近岸海域，有一股悬沙从 SE 往 NW 向运动，同时在东海前进潮波的影响下，另一股悬沙从外海向近岸运动，这两股在吕四岸外合成一股，继续北上。在如东外海，由于北面顺时针环流阻挡，悬沙在如东—吕四沿岸腰沙附近形成闭合回路。结合辐射沙脊群地形可以发现，两个回路的位置与沙脊群南北两块沙脊聚集体的位置相吻合。这说明回路的存在与沙脊的形成密切相关。

对夏季和冬季大小潮悬沙通量分别进行平均，并换算到各季节的时间尺度，得到夏季和冬季悬沙通量（表 3.1）。以夏季大潮、夏季小潮、冬季大潮、冬季小潮悬沙通量的平均值，按时间放大到一年的时间尺度后求出了年悬沙通量，并与"八五调查"估算数据列出作为对比（表 3.2）。由表 3.2 可见，各个断面悬沙通量绝对值都有所减小，但是整个海域悬沙通量增大，这是由于断面 6 向外海输沙减少造成的。

表 3.1 夏季、冬季悬沙通量 单位：$\times 10^8$ t

季节	断面 2	断面 6	断面 8	断面 13	总计
夏季	0.15	-0.12	0.44	0.07	0.54
冬季	0.31	-0.14	0.52	0.05	0.74

表 3.2 年悬沙通量对比 单位：$\times 10^8$ t

数据来源	断面 2	断面 6	断面 8	断面 13	总计
"八五"调查	1.09	-1.62	2.03	0.36	1.86
数模计算	0.91	-0.53	1.93	0.25	2.56

综上所述，辐射沙脊群海域悬沙通量为正，泥沙由外海向沙脊群内部输运。在北面有废黄河水下三角洲的供给，在东面有东海前进潮波带来的长江水下三角洲的悬沙，在南面有来自现代长江口的泥沙。只有在 NE 方向有悬沙输出。

3.2 中尺度潮流动力特征与运动效应

江苏黄海辐射沙脊群规模巨大、形态独特，其形成演变发育的机制需要从两个层面去研究。一是前面阐述的宏观尺度的潮流动力系统与沙脊群演变间的关系；二是中观尺度的槽、脊间动力结构与槽、脊泥沙运动间的关系。

3.2.1 辐射沙脊群潮流沙脊动力模型

辐射沙脊群是平面形态呈独特辐射状的一种潮流沙脊海底地貌。近 50 年来，国内外学者对潮流沙脊有不少研究。Off（1963）提出了潮流沙脊的重要概念，首先将这种特殊的海底地貌与水动力条件结合起来，并认为强潮流塑造了这种脊、槽相间的水下地形，从而改变了传统的残留沉积或构造沉积等论点。Off 通过研究 12 条潮流沙脊的实际资料后认为，如果潮流流速在 0.25～2.5 m/s，又有丰富的泥沙供应，就能形成潮流沙脊。之后，许多学者对欧洲北海、北美中部大西洋陆架、南美陆架、澳洲陆架以及中国和朝鲜陆架也进行了研究，提出了次生环流模型和底床稳定性模型。

根据 Off（1963）提出的潮流沙脊演变理论，需要将海底地貌与水动力条件相结合，从微观的槽、脊动力结构研究沙脊演变动力机制。严以新等建立了沙脊群海域三维潮流数学模型，研究了槽脊横向环流等，本节引用代表性纵、横剖面潮流模拟成果说明相应的潮流特征。模型南至启东塘芦港，北至大丰斗龙港，包括西洋、黄沙洋、烂沙洋和小庙洪等主要通道，最高空间分辨率为 1 km（图 3.16）。

3.2.2 潮流沙脊的发育条件

前人研究表明，较强的定向往复潮流与丰富的沙质沉积场是潮流沙脊发育的必要条件。如第 2 章所述，旋转潮波和前进潮波两个系统相遇，在弶港 ESE 15 km 处（条子泥）形成以

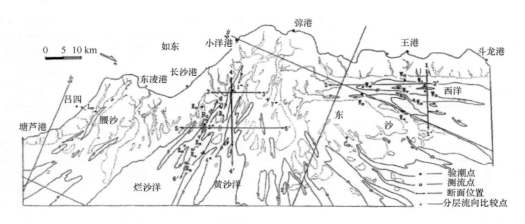

图 3.16　沙脊群海域三维潮流数学模型范围

辐射沙脊群顶点为中心的辐射状潮流场。沙脊群海域的外缘主要为旋转流，潮波从外海向近岸推进，除浅滩上潮流矢量比较散乱外，辐射沙脊群中心一般都呈现比较强的往复流性质。辐射沙脊群的独特辐射状形态正与该潮流场相适应。

定向的潮流要塑造沙脊，还必须有一定的潮流强度。流速太小，潮流不至于带动泥沙运动；流速太大，海床发生强烈冲刷，不利于沙脊顶的堆积。据 Off 统计，潮流速度 0.5 ~ 2 m/s 有利于潮流沙脊的发育。数值模拟结果表明，近岸沙滩及沙脊顶上平均流速一般小于 0.5 m/s，有利于泥沙沉积；大部分海域平均流速 0.6 ~ 0.8 m/s，深槽处为 0.8 ~ 1.0 m/s，有利于潮流沙脊的塑造和维持。大致以弶港为界，北部海域涨急流速大于落急流速，南部海域则相反。这种涨、落急流速分布，有利于北部海域泥沙向沙脊群中心输送，使得北部海域沙脊发育较快，沙脊较长，弶港中心沙脊呈淤长之势；在南部海域，则有利于泥沙向外海输送，不利于沙脊发育。

前述的泥沙通量分析也表明，辐射沙脊群海域悬沙通量总体为正，即泥沙由外海向内部输运。在北面有废黄河水下三角洲的供给，在东面有东海前进潮波带来的长江水下三角洲的悬沙，在南面有来自现代长江口的泥沙。只有在东北方向有悬沙输出。因此，对沙脊群演变而言，具有形成潮流沙脊的物质条件。

3.2.3　潮流剖面特征

辐射沙脊群海域中观尺度的潮流垂向结构或立面特征，可以反映出该海域复杂的海底地貌特征，有利于剖析辐射沙脊群的中观动力机制。为反映潮流的纵剖面特征，分别沿西洋、黄沙洋和烂沙洋深槽选取三个纵剖面进行分析，2 - 2′在西洋深槽，4 - 4′在黄沙洋深槽，6 - 6′在烂沙洋深槽；为反映潮流的横剖面特征，分别跨西洋、黄沙洋和烂沙洋深槽选取三个剖面进行分析，1 - 1′横跨西洋深槽，3 - 3′横跨黄沙洋深槽，5 - 5′横跨黄沙洋和烂沙洋深槽（图 3.16）。

深槽纵剖面流场的主要特征是：整个流场较规则，顺地势变化略有起伏，当岸滩外水下地势陡降时，水流下切与上升现象明显；整个剖面涨、落潮流基本上方向一致，即全剖面在某一时刻为涨潮流或落潮流；表、中层流速相差不大，底层流速较小，底层潮流先于表层潮流转流或憩流。

深槽横剖面流场的主要特征是：涨、落潮时，深槽两侧浅滩上存在垂直于主槽涨、落潮流的下切流和上升流；深槽底层横向水流很小，深槽表层和浅滩的横向水流相对较强，由此形成了深槽内的横向环流。

3.3　辐射沙脊群演变动力机制

从潮流场、波浪场、风暴流场与沙脊群地貌间关系的研究可以看出，潮流是形成和维持辐射沙脊群的主要动力。沙脊区潮波的驻波性质、大潮差以及辐射状潮流场营造了沙脊群在平面上的辐射状分布和剖面上滩阔槽深的结构形态。朝鲜半岛、山东半岛和江苏海岸带构成的黄海轮廓，决定了在江苏东部海区出现潮波辐聚的必然性。由潮波辐聚形成的移动性驻潮波，在古海岸时期为古长江口水下堆积体的形成提供了必要的动力环境；在现代海岸时期为形成和维持辐射状沙脊群提供了必要条件。一般情况下波浪对沙脊地形的作用不显著，台风时，台风浪和风暴流场的综合作用可使得辐射沙脊区水下地形表现出"风暴破坏—潮流恢复—风暴再破坏—潮流再恢复"这样一种演变特征，但这种循环并不是一个完全封闭的过程，作用的结果会使局部地形产生明显变化。另外，沙脊群海域在北面有废黄河水下三角洲的供给，在东面有东海前进潮波带来的长江水下三角洲的悬沙，在南面有来自现代长江口的泥沙供给，为沙脊群地貌演变提供了物质基础。

辐射沙脊群海域槽脊间次生环流等，对于沙脊、深槽等中尺度地貌形态演变具有重要的作用。研究表明，涨落潮时，深槽两侧浅滩上存在垂直于主槽涨、落潮流的下切流和上升流；深槽底层横向水流很小，深槽表层和浅滩的横向水流相对较强，由此形成了深槽内的横向环流，有助于沙脊体的泥沙补给与形态塑造。关于深槽和沙脊的中尺度地貌演变，需要采用空间高分辨率的三维水动力、泥沙中长期地貌演变数学模型进行研究，这也是目前的研究热点。

参考文献

窦国仁，董凤舞，窦希兵. 1995. 潮流和波浪的挟沙能力. 科学通报，40（5）：443 – 446.

洪大林，唐存本. 1994. 泥沙扬动试验研究. 水利水运科学研究，(4) 285 – 296.

唐存本. 1963. 泥沙起动规律. 水利学报，(2) 1 – 12.

王颖. 2002. 黄海陆架辐射沙脊群. 北京：中国环境科学出版社.

杨耀中. 2010. 南黄海辐射沙脊群悬沙通量数值研究. 南京：河海大学.

张东生，张君伦. 1996. 黄海海底辐射沙洲区的 M_2 潮波. 河海大学学报，24（5）：37 – 42.

张东生，张君伦，张长宽，等. 1998. 潮流塑造—风暴破坏—潮流恢复——试释黄海海底辐射沙脊群形成演变的动力机制. 中国科学（D）辑，28（5）：394 – 402.

Off T. 1963. Rhythmic linear sand bodies caused by tidal currents. Am Assoc Pet Geol Bull, 47：304 – 341.

第4章 辐射沙脊群地质地貌成因

4.1 地质基础[①]

4.1.1 地质构造

南黄海辐射沙脊群位于扬子准地台的苏北—南黄海凹陷带，其北部以淮阴—响水—燕尾港一线为界与华北地台的胶辽隆起相接，西侧与南侧为扬子褶皱带。地形上尚可辨视出低山、丘陵断续环绕的洼湾——大体上是自大运河—湖泊带的山丘向东延伸至黄海。

辐射沙脊群地处苏北—南黄海凹陷之中，基底为一整套古生代地层，在中生代与新生代经受强烈的构造运动，形成大型的沉积盆地，盆地中积累着中、新生代的沉积地层。大体上，上古生代和三叠纪为浅海相灰岩与泥岩；三叠纪末的印支运动使苏北—南黄海凹陷呈 NE 向展开的喇叭状雏形盆地，沉积了中、下侏罗纪的灰绿色的砂质泥岩及泥质砂岩，以及白垩纪红色碎屑岩系、紫色砂岩及砂质泥岩等陆相地层，该时经印支—燕山运动发生强烈褶皱、断块和差异升降；新生代喜马拉雅山运动多次发生升降与断块活动，使凹陷盆地大幅度下降，并堆积了厚达 2 000 m 的灰色、棕色砂岩、泥岩、杂色泥岩夹砂岩，形成了厚层新生代沉积盆地。喜马拉雅山运动是多旋回的，运动强度是东强西弱，使苏北—南黄海凹陷自西向东倾斜，沉积层向海域增厚。

苏北—南黄海凹陷主体受 NNE 和 NWW 两组断裂控制，其次受 NE 及 NW 向断裂影响，均为规模宏大的深大断裂，控制着晚第三纪以来的沉积范围，并成为苏北—南黄海地区新构造与地貌的分区界线。第四纪新构造运动是有继承断裂控制的断块升降性质，沿断裂带形成一系列呈 NW 向分布的湖泊：太湖、高邮湖、洪泽湖、骆马湖、微山湖、独山湖、蜀山湖等。江苏北部的海岸线大体上呈 NW 向，系受 NW 向大断裂及南黄海大断裂所控制。区域新构造运动使苏北凹陷区扩大，沉积中心南迁，沉降速度最大的区域在长江三角洲的沉降中心—吕四附近，而苏北凹陷第四纪沉积中心在大丰、东台一带，即现代沉降中心处于向南迁过程中（任美锷，1986）。

4.1.2 第四纪沉积

苏北沿海第四纪沉积地层厚度为 100~400 m，有两处沉积中心（图4.1）：其中北部海州湾一带较薄；自废黄河口向南始，至东台—海安处沉积厚度增大，而且是自陆向海——自盐城—东台—海岸增厚，以致超过 300 m；其次是吕四—栟茶区，沉积厚度自南通市向海增加至 150 m、200 m，至吕四超过 300 m。两个沉积中心既反映出构造沉降之背景，同时，亦显

---

① 本节由王颖执笔。

示出古长江出口之影响。

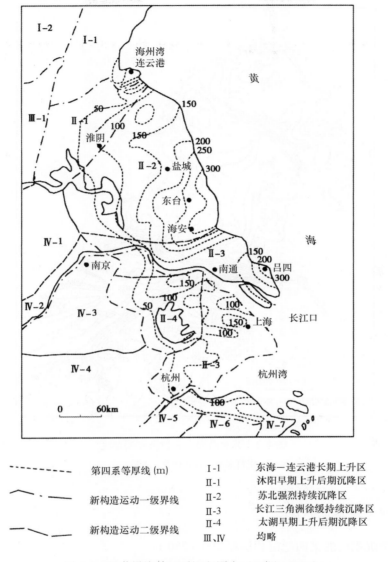

图 4.1　江苏沿海第四系沉积厚度（王颖，2002）

4.1.2.1　东台—海安沉降中心

东台—海安是苏北沿海最大的沉降中心，第四纪沉积层厚度 340 m。

（1）更新世早中期是河湖相砂层、黏土层，夹海相细砂层，厚度 100～150 m。

（2）更新世晚期是淡水湖相与海相环境交替演变的环境，沉积层厚度 80～100 m，其中底部 40 m 是灰黄、灰绿色黏土夹砂层，含广盐性有孔虫、介形虫及瓣鳃类化石；其上有 1 m 厚的淡水相的浅灰色砂质黏土；再上是一层厚约 40 m 的海相灰色、灰绿色砂层及黏土，富含浅海、滨海相有孔虫、介形类、瓣鳃类和腹足类化石。

（3）全新世沉积层厚约 40 m：上部为河湖相棕黄色、灰黄色亚黏土，亚砂质黏土；下部为 30 m 厚的海相沉积，含有灰黄色亚黏土、亚黏土夹粉砂，属潮滩相，青灰色粉砂亚黏土为浅海相，各层均含海相微体动物化石及贝壳碎屑。全新世沉积层分布厚度见图4.2。

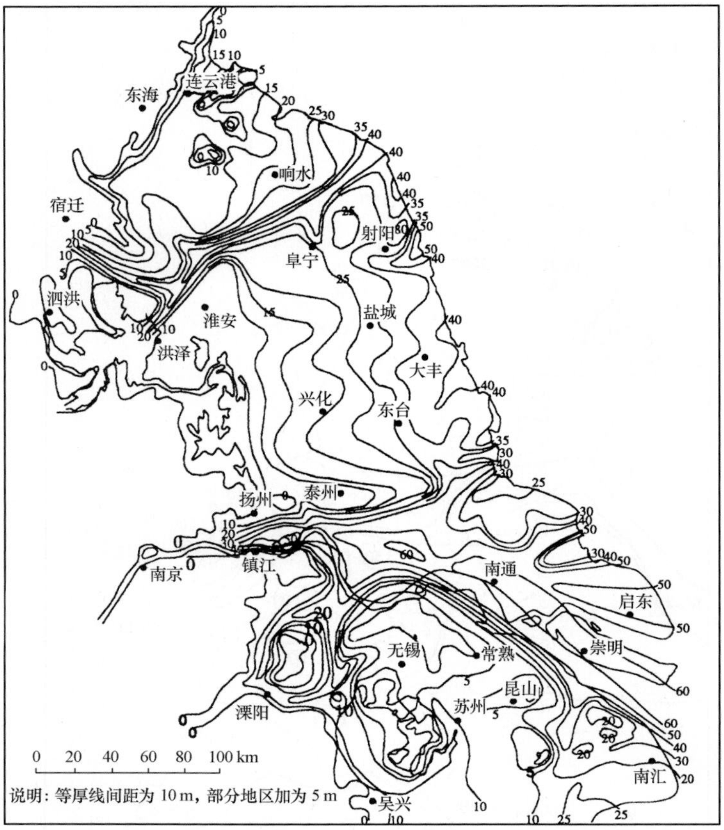

图 4.2　苏北沿海全新世沉积层厚度

资料来源：张宗祜等，1990

4.1.2.2　吕四—栟茶沉积区

吕四—栟茶沉积区的第四纪沉积层厚 200～250 m。

（1）更新世中、下部为河湖相，灰绿色黏土，灰黄色泥质砂层或砂层。

（2）更新世上部为灰白色泥质粉砂层，是湖河相向海滨相的过渡。

（3）全新世沉积层厚 20～30 m，底部是河流沉积，灰色细砂、粉砂、夹黏土质粉细砂，有清晰的斜交层理与交错层理，含浅海有孔虫及淡水的介壳碎屑，此底部层属河流下游感潮段沉积；中层为浅海潮滩相的灰色淤泥质黏土和粉砂质黏土，富含有孔虫—凸背卷转虫、暖水卷转虫、筛九字虫以及介形虫、海胆刺等生物与生物残迹，中层反映出海侵沉积相；顶层主要是河口—潮滩相的灰色细砂层和砂质黏土，有孔虫壳体较小，有较多植物碎屑。

4.1.3　第四纪地层剖面

进一步分析辐射沙脊群所在地区的第四纪地层基础与较确切的区域地层对比，选择苏北平原第四纪地层综合表（表4.1），综合着新洋港、斗龙港、王港钻孔，代表辐射沙脊群北部的新洋港第四纪地层综合剖面（表4.2）；综合着川东港、东台河、琼港、如东县钻孔，琼港剖面（表 4.3）代表着较多陆地部分的三个综合剖面；以东台弶港 Py2r 钻孔（图 4.3）和如东北坎的 Ph2 钻孔（图 4.4），作为阐明辐射沙脊群发育的地区地质基础和区域地层结构的依据。苏北平原与新洋港第四纪地层综合剖面与辐射沙脊群沉积结构吻合密切，均反映出辐射沙脊群濒临的海岸带自晚更新世以来沉积层为海陆过渡相。上更新统由下部的河湖相沉积转为中部的河口—滨海相沉积，和上部的浅海—河口相沉积，为海侵的记录。全新统的下部为潟湖—河口相，中部为浅海—滨海相，上部为河口—滨海沉积。

表 4.1　苏北平原第四纪地层

地质时代		苏北平原		
全新世	淤尖组 c. m	上段 Q_4^3 灰褐色，灰黑色粉砂与褐黄、棕黄色亚黏土、亚砂土互层，含较多有孔虫		
		中段 Q_4^2（7.5 m）深灰褐色粉砂与亚砂土互层，可见毕克卷转虫，属滨岸相		
		下段 Q_4^1（4.5 m）灰黑色淤泥质亚黏土夹薄层粉砂（潮滩）		
上更新世	新兴组 90 m（盐城地区）al-m	上段 Q_3^2（40 多 m）青灰、灰黑色粉砂与灰黑色、褐棕、棕黄、褐黄色亚黏土、黏土及亚砂土互层，夹巨厚海相层，属海陆过渡相及浅海相		
		下段 Q_3^1（40 m）青灰色、褐黄色、灰色夹锈黄色亚黏土与粉细砂互层，夹有海相层，属滨海→潟湖→河口相		
中更新世 Q2	东 80 m 台（西）组 120 m（东）al-m	上段、中段 Q_2^2（25 m）顶板埋深 80 m，顶部有黄灰色亚黏土，灰色含腐殖质细砂及粗砂		
		下段 Q_2^1（50 m）顶有薄层黑灰色古土壤层，浅灰色中细砂、粉砂夹薄层亚黏土		
早更新世 Q1	弶港组 120 m Al or Estuary-al	上段（55 m）顶板埋深 150 m，灰色含砾细砂、粗砂及粉砂互层，粒径 10～80 mm		
		中段（40 m）灰绿色亚黏土、灰色细粉砂、细砂含砾，是典型的河相		
		下段（30 m）顶是淤泥质亚黏土。灰色粉细砂与含砾粗砂互层		

资料来源：张宗祜，1990。

表 4.2　新洋港第四纪沉积综合剖面

界	系	统	群	代号	柱状图	厚度/m	岩性描述
新生界	第四系	全新统		Q_4	T/π	30—36	上部岩性，除射阳河有薄层亚黏土外，均为亚砂土，根据层内所鉴定的十余种有孔虫，介形虫化石及植物孢粉组合，反映该层为河口—滨海相沉积； 中部岩性，以灰、灰黑色粉砂为主，局部有薄层亚黏土和亚砂土层，根据层内有廿余种有孔虫和十余种介形虫化石、植物孢粉组合反映浅海—滨海相沉积； 下部岩性，为灰、灰黑色亚黏土夹黏砂土，底部为含淤泥质的亚黏土，富含有机质和螺贝壳。化石孢粉反映潟湖—河口相沉积
		上更新统		Q_3	T/π T−M/π	35—67	岩性上部为以褐黄色亚黏土与亚砂土互层为主，含钙质结核和贝壳化石；中部为灰黑色亚黏土、亚砂土，夹淤泥质黏土；底部为灰色粉细砂，全层含螺贝壳碎片和碳化木碎片。层内见三段化石组成组合群；上段反映湖相和浅海—河口相沉积；中段反映河口—滨海相沉积；下段反映河湖相沉积
		中更新统		Q_2	T−M/π T−M/π T/π M/π	74—101	岩性以灰黑，局部为褐黄色亚黏土为主，间夹灰黑色、灰黄色粉砂、细砂，普含贝壳碎片，在砂土中见有碳化木，化石组合群反映上段为河口—潟湖相沉积；下段为河湖相沉积
		下更新统		Q_1	T−M/π T−M/π T−M/π	47—109	岩性为棕黄、灰绿色亚黏土，黏土夹灰黄、灰黑色粉细砂，含钙质结核。具两个化石组合段；上段反映以河相沉积为主，局部河口—滨海相沉积，下段反映为湖相，局部河流相沉积

资料来源：江苏省测绘总局，1986。

Q_4　全新统

Q_3　上更新统

Q_2　中更新统

Q_1　下更新统

黏土

淤泥质黏土

亚黏土

淤泥质亚黏土

亚砂土

亚黏土与亚砂土互层

T/π　粉砂

M/π　细砂

C/π　中砂

K/π　粗砂

表4.3 弶港第四纪沉积综合剖面

界	系	统	群	代号	柱状图	厚度/m	岩 性 描 述
新 生 界	第 四 系	全 新 统		Q_4		31 — 55	上部：灰黄色亚砂土、粉质亚黏土及灰色粉砂 中部：灰色、灰黄色粉砂、亚砂土为主夹薄层亚黏土 下部：灰色亚砂土、亚黏土夹薄层砂、有机质及螺贝壳 含毕克卷转虫、缝裂希望虫、厚壁卷转虫、东台新单角介、典型中华美花介和禾本科、蕨类、水龙骨、松、栎等有孔虫、介形虫、植物孢粉生物组合
		上 更 新 统		Q_3^3		40	灰黄、棕褐、灰绿等杂色亚黏土为主，部分灰、灰黄色细砂、中细砂或亚砂土 含布氏土星介、放射土星介、玻璃介未定种和松、杉、桦、柳、菊、藜科、水龙骨等介形虫、植物孢粉生物组合
				Q_3^2			灰、褐黄色粉砂、细砂，局部中砂和亚砂土 含腐植质及螺壳碎片 含毕克卷转虫、奈良上口虫、典型中华美花介、东台新单角介、布氏纯艳花介和青冈栎、藜栎、水龙骨、水蕨等生物
				Q_3^1		105	灰、灰黄色细砂、粉砂、中粗砂和灰褐色亚砂土、亚黏土 含小玻璃介未定种、金星介和禾本科、柏、栎、松、榆、桦、冷杉、云杉、菊科等介形虫、植物孢粉生物组合
		中 更 新 统		Q_2^2		90	弶港地区以南，主要为灰、灰黄色细砂夹中粗砂、粉砂及薄层杂色亚黏土 以北：为棕黄、黄褐等杂色黏土、亚黏土 含毕克卷转虫、霜粒希望虫、厚壁卷转虫和藜栎、青冈栎、水龙骨、水蕨、榆、松等有孔虫、植物孢粉生物组合及蓝蚬等
				Q_2^1		120	弶港地区以南：为棕黄、黄褐、灰绿色黏土、亚黏土。以北：灰、灰黄色粉砂、细砂，夹含砾中粗砂或亚砂土 含布氏土星介、粗糙土星介和藜栎、松、榆、柏科、云杉、冷杉等介形虫、植物孢粉生物组合
		下 更 新 统		Q_1^2		85	含钙结核杂色亚黏土、黏土为主，间夹砂层 含毕克卷转虫、厚壁卷转虫、典型中华美花介和青冈栎、枫香、水蕨、水龙骨等有孔虫、介形虫、植物孢粉生物组合
				Q_1^1		110	灰、黑色、浅灰色粉砂、细砂和含砾中粗砂，夹薄层亚黏土、黏土 含布氏土星介、纯净小玻璃介和禾本科、松、柏、杉、柳、菊科等介形虫、植物孢粉化石生物
	上第三系	上 新 统		N		>90	为杂色黏土、亚黏土，夹粉砂、细砂层

Q_4 全新统   黏土   粉砂与亚黏土互层

Q_3 上更新统   亚黏土 $T/π$ 粉砂

Q_2 中更新统   淤泥质亚黏土 $M/π$ 细砂

Q_1 下更新统   亚砂土 $C/π$ 中砂

N 上第三系上新统   淤泥质亚砂土 $K/π$ 粗砂

含砾石

东台弶港 Py2r 钻孔及如东县北坎 Ph2 钻孔，均反映出：晚更新世至全新世早期为冲积与海积砂层，厚度超过 50 m，为中砂、细砂，粗砂层，将粉砂层亦包括在内，则厚度超过 100 m，为辐射沙脊群陆源供沙的重要证据（图 4.3 和图 4.4）。

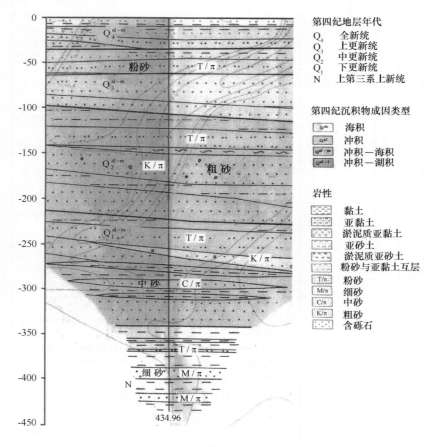

图 4.3　东台弶港 Py2r 钻孔图
资料来源：江苏省测绘总局，1986

4.1.4　辐射沙脊群内侧现代海岸潮滩钻孔

如东县北渔乡北坎钻孔代表着辐射沙脊群所濒临的海岸带环境。为取得现代潮滩发育的沉积环境、沉积层结构及沉积层沉积物砂样，南京大学在北渔乡三明村海堤（1974 年建）外及大丰王港闸外的现代潮滩上部各钻进一孔，三明孔至 60 m 深，未能打穿底部沙层。但该层正好衔接北坎孔的第二层，是古长江砂层，砂层的厚度超过 50 m，为辐射沙脊群发育找到沙源根据（图 4.5）。

4.1.4.1　三明孔

三明孔位于江苏省如东县北渔乡三明村海堤（1974 年海堤）外现代潮滩，海堤堤顶高出废黄河零点 7.5 m，堤前滩地高出海面 3.5 m，三明村海岸带最大高潮位为 5.25 m，特大潮汛时，海水可淹至堤基。三明孔由南京大学海岸与海岛开发国家试点实验室负责设计与解译。打钻时间为 1992 年 9 月，孔位为：32°27.8″N，121°18.6″E，孔口处标高 3.1 m，终孔深度为

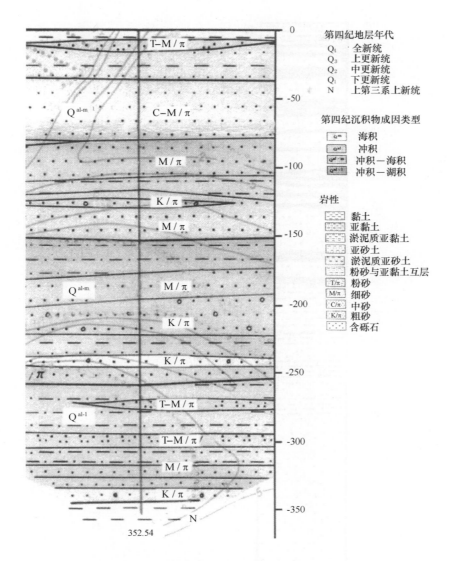

0

第四纪地层年代
Q_4　全新统
Q_3　上更新统
Q_2　中更新统
Q_1　下更新统
N　上第三系上新统

第四纪沉积物成因类型
Q^m　海积
Q^al　冲积
Q^al-m　冲积—海积
Q^al-l　冲积—潮积

岩性
黏土
亚黏土
淤泥质亚黏土
亚砂土
淤泥质亚砂土
粉砂与亚黏土互层
T/π　粉砂
M/π　细砂
C/π　中砂
K/π　粗砂
含砾石

图 4.4　如东县北坎 Ph2 钻孔图

资料来源：江苏省测绘总局，1986

60.25 m，柱状样采集率为 65%（−28.5 m 以上）至 68.5%（−40 m 以上层）。

经过作者的分析，整个三明孔沉积柱可分上、中、下三段不同的沉积相，反映出物质来源与沉积作用过程之差异。作为与沙脊群海域各钻孔之对比，现将三明孔再次录述之（王颖，2002）。

1）三明孔上段

从潮滩表层至 28.5 m 深处层，共划分出 45 个薄层。为潮滩相沉积层，可分辨出潮滩的内带、中带、外带三个沉积层，因海平面变化及筑堤①改变岸线位置，致使三个带的沉积层

---

①　三明村处因海岸淤长而保留三道海堤，1915 年海堤与 1957 年海堤均位于陆地农田之上，1974 年修建的为现代海堤，位于特大高潮线以上。

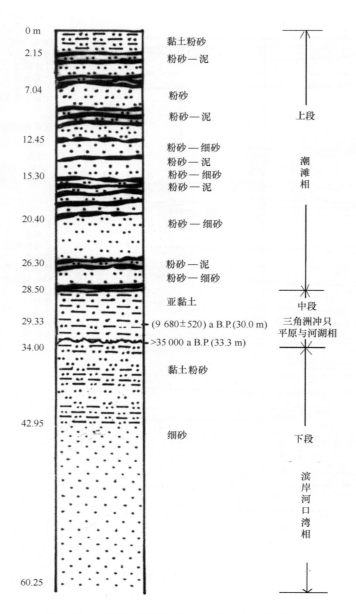

图 4.5　江苏省如东县北渔乡三明村三明孔柱状图

资料来源：王颖，2002

反复出现，并夹有薄层小河沉积夹层，但潮滩层总厚度未超过 30 m，相当于淤泥质海岸潮滩发育的一个时代旋回（朱大奎，1982），参考南京大学 1993 年在北部大丰王港闸外潮滩钻孔在 21.90~21.98 m 处潮滩相沉积层中的贝壳 ^{14}C 定年为 4 290±年，推论三明孔上段潮滩沉积相当于全新世中期海侵以来的沉积与上覆的现代潮滩沉积。三明孔反映出较好的潮滩沉积特点与相序：

① 具良好的潮汐水平纹层结构，层厚多为 10 cm、30 cm、60 cm 的层次变化，无均质厚层；

② 砂质层与泥质层交互层，或砂质与泥质纹层交互；

③ 沉积层中保存着潮滩微地貌造成之特征结构，如：虫孔、钙管、龟裂、楔辟、泥饼、

泥砾、虫粪、反卷层、沙涡漩、斜层理、鱼脊状交错层理、镶嵌的潮沟堆积沙层、小河堆积或其他充填结构、风暴沙层、透镜体或丘状体等；

④ 潮滩分带结构沉积相序：潮滩上带（内侧）的泥滩堆积；中带的沙、泥交互沉积层——粉砂与黏土，粉砂与细沙等；外带的粉砂—细砂堆积；因受冲刷而间断保留的分带结构——水平纹层、交互层理及粉砂细砂层以及反复三次的沉积层。

三明孔上段编录如下：

（1）0～22 cm　灰褐色均质粉砂层，含黏粒。具细微薄层理：浅黄色粉砂层厚1～2 mm，深色黏粒层理约0.5 mm厚。含凸镜状微细层理，波长（L）8 cm，峰高（h）1～2 cm。含贝壳，凸壳者具孔隙，平积者为碎片。

（2）15 cm厚，灰黄色黏土质粉砂层，具有微层理（1 mm厚），于柱体0.32 m处取贝壳样（SMK^{14}C-1号），经北京大学同位素加速器质谱仪AMS测定为现代沉积（第一次报告：小于1 000年，第二次报告基于与1950年现代碳量比较为（1.13±0.04）倍，老于1950年）。微层理中有旋转扰动、掀卷及细微倾斜的层面以及泥层残留，表明系内带潮滩遭受风暴潮侵袭之遗迹。与下层之间为间断性接触界面。

（3）10 cm厚，灰褐色粉砂黏土层，具页状层理（1 mm厚浅色细粉砂层与0.5 mm厚深色黏土层），底部为深褐色黏土层，具有龟裂结构：下部呈现拖曳状、泥裂内有粉砂填充为楔辟。此层显示潮滩上部龟裂带被侵淹，为特大高潮线活动范围。

（4）72 cm厚，灰褐色黏土质沉积，夹有细粉砂透镜体（厚约7 mm），沉积质地均一，具少量扰动结构，龟裂结构不明显，为小高潮线以上潮滩内侧淤泥带沉积。

（5）29 cm厚，泥沙交互沉积，泥质呈褐色条带厚0.5～1.0 cm，具纹层，粉砂质呈灰色，具细微层理。此层为潮滩中上部悬浮质泥沙沉降带。

（6）50 cm厚，褐灰色纯净粉砂层，具细纹层及少量波状层理，含贝壳。此层为潮滩外侧粉砂带堆积。

与（7）层间为侵蚀间断面接触。间断界面以上为厚约2 m之现代潮滩沉积。

（7）17 cm厚，上部9 cm厚细砂层，含泥饼、泥丸结构，泥饼个体3.5～4.0 cm长，厚1.3 cm；下部为8 cm厚极细砂层，具纹层与小型透镜体。此层为潮滩水边线沉积。海水浸淹冲刷潮滩形成侵蚀间断面，并于水边线一带堆积一个含泥质层带，它与上下层之间皆有侵蚀间断界面，具有极细砂质透镜体，颗粒较潮滩其他部位粗（为4～7φ，或8～10φ），泥质层与极细砂层之间无明显层理韵律。

（8）87 cm厚，为典型的潮滩中部地带沉积：粉砂与泥密集交互层，呈带状结构，泥带2～4 mm宽，粉砂2～5 mm宽，本层下部的粉砂条带加厚。此层中夹有极细砂凸镜体，底长7 cm，峰高3 cm，潮水沟沉积。此层底部泥条带增厚至1.3 cm宽，质地纯。

（9）72 cm厚，灰色粗粉砂层，底部粗，含石英、长石质极细砂以及云母，具微层理。具交错层理及含贝壳屑，为潮滩外带粉砂波痕带沉积。

（10）280 cm厚，灰褐色夹沙泥层，泥层因黏土质而泛褐色，呈条带状层，条带厚0.5～1.0 cm，最厚者达2.0 cm。泥层中夹有灰色极细砂与粗粉砂为主的透镜体（粒度集中于2～5φ间）。峰高1 cm、4 cm及7 cm，系潮滩风暴沉积，较多的透镜体反映风暴频繁。黏土层因受侵蚀出现空洞，沉积间断。

（11）20 cm厚，灰色均质粉砂层，夹灰褐色淤泥质粉砂及钙质成分，使粉砂层硬结。与上下层间颜色与质地差异而界限分明，系间断性沉积接触界面。

（12）厚 405 cm，灰黄色砂层，质纯细砂，含较多暗色矿物。此层中夹有泥片、泥饼、泥块及扁豆状泥砾。砂中含贝壳——小白蛤，为咸淡水交互环境的瓣鳃类。

在层位 13.9 m 取样 SMK[14]C 2 号，测定与 1950 年的现代碳量比为（1.07 ± 0.02）倍，老于 1950 年。

（13）30 cm 厚，青灰色粉砂、黏土层具水平纹层，具有鱼脊骨状交错层理，每层厚 6 cm，相交角度 15°。

（14）30 cm 厚，灰黄色细砂层。质地均匀，含贝壳。

作者认为自（12）到（14）层厚度约 5 m，具河口水流影响的沉积特征。砂层厚，具大型交错层理及咸淡水交互作用环境的贝壳。含有侵蚀形成的泥球和泥饼，为水流冲刷岸滩所致。

（15）90 cm 厚 黑灰色潮滩沉积，呈现为黏土条带与粉砂夹层，每黏土层厚 0.5 ~ 1.8 cm，内夹呈水平纹层的粉砂。此层中含有 4 ~ 10 cm 厚的丘状粉砂（4 ~ 5φ）透镜体，青灰色呈交错层理的细砂（2 ~ 3φ）层，底部为经侵蚀的黏土层，呈泥砾、泥块与泥球，均为潮滩经受风暴潮事件的遗证。选用 3 ~ 2φ 的石英砂粒用扫描电镜分析：颗粒形态介于棱角—次棱角及次圆之间，皆具撞击的贝状断口，但均具有 V 坑、V 痕、撞击点、弯曲沟等高能环境下的撞击形态。均系海岸带风暴潮、浪作用的标志。

（16）21 cm 厚，灰色粉砂质潮滩沉积，具水平层理与交错层理。

（17）6 cm 厚，黄灰色细砂、粉砂层，未见层理，内含泥片与泥饼。

～～～～～～～～～～～～～与下层间为侵蚀界面～～～～～～～～～～～～～～

（18）140 cm 厚，灰色粉砂层，夹有泥饼。

（19）15 cm 厚，黄灰色细砂、粉砂层，夹泥饼。

～～～～～～～～～～～～～与下层间为侵蚀界面～～～～～～～～～～～～～～

（20）15 cm 厚，灰色粉砂与黑灰色泥交互层，泥层具水平纹层，自上向下纹层厚 2.5 cm，2.0 cm 与 3.0 cm。

（21）50 cm 厚，黑灰色细砂—粉砂层，夹泥饼。

（22）35 cm 厚，灰色粉砂层。

（23）20 cm 厚，黄灰色粉砂细砂层，黄灰色细砂表明有陆源河砂供应。

（24）30 cm 厚，黑灰色泥质沉积。泥带厚 3 ~ 5 cm，夹丘状粉砂透镜体，3 cm 厚，含贝壳。

（25）30 cm 厚，贝壳与沙层。白色小贝壳，具双线纹，保存完整，可能为 *Sanguinolana diphos*，采样为 SMK[14]C - 3 号，未获测试结果。

（26）31 cm 厚，黑灰色粉砂层，呈砂—泥交互薄层理。

－－－－－－－－－－－－－与下层为过渡式接触－－－－－－－－－－－－－

（27）35 cm 厚，灰色粉砂层，中有黏土质条带。

（28）44 cm 厚，黄灰色细砂，均匀沉积，未见层理。砂层中间有 8 cm 厚的一段夹有泥条层。水边线以下潮滩下带沉积。

（29）7 cm 厚。黄褐色黏土层。似为洪水泛滥之沉积，质地均匀。

（30）66 cm 厚，青灰色粉砂层，含有泥质层，具泥斑与泥团，并具砂质斜层理。

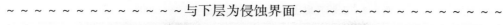

~ ～ ～ ～ ～ ～ ～ ～ ～ ～ ～ ～ ～与下层为侵蚀界面～ ～ ～ ～ ～ ～ ～ ～ ～ ～ ～ ～ ～ ～

（31）50 cm 厚，灰黄色泥质层，被粉砂层覆盖，顶部有泥饼。

~ ～ ～ ～ ～ ～ ～ ～ ～ ～ ～ ～ ～ ～沉积柱体有缺失～ ～ ～ ～ ～ ～ ～ ～ ～ ～ ～ ～ ～ ～

（32）50 cm 厚，灰褐色细砂与极细砂层，厚16 cm，夹泥饼；34 cm 厚极细砂与粉砂层，夹泥质，具交互层理。

（33）19 cm 厚，灰褐色砂层夹泥质。

（34）19 cm 厚，交互层理由泥层（1~2 cm 厚），极细砂与粉砂（2~3 cm 厚）组成。

（35）灰褐色粉砂细砂层，含泥质，不整合地覆盖在36层上。

~ ～ ～ ～ ～ ～ ～ ～ ～ ～ ～ ～ ～ ～ ～侵蚀界面～ ～ ～ ～ ～ ～ ～ ～ ～ ～ ～ ～ ～ ～ ～

（36）27 cm 厚，灰褐色黏土层，有龟裂纹构造，中间夹多次侵蚀面，使黏土层面起伏不平，龟裂隙中充填细粉砂，此层夹多个粉砂透镜体。系频繁风暴潮侵袭之结果。

~ ～ ～ ～ ～ ～ ～ ～ ～ ～ ～ ～ ～ ～ ～侵蚀界面～ ～ ～ ～ ～ ～ ～ ～ ～ ～ ～ ～ ～ ～ ～

（37）17 cm 厚，灰褐色黏土（0.5 cm 厚）与粉砂（1~2 cm 厚）互层沉积，具潮滩中部沉积特征。

（38）14 cm 厚，黄灰色细砂层，质地均一，含泥层。潮滩外带沉积。

（39）14 cm 厚（SMK63 段），灰褐色粉砂与黏土交互层，粉砂薄层厚度为1.0~2.0 cm，黏土薄层理厚0.5~1.0 cm。

（40）8 cm 厚，黑灰色粉砂层，潮下带沉积，质地均匀。

（41）22 cm 厚，灰褐色粉砂。呈现为2 cm 厚宽带，泥质为1 cm 厚带，互层。

（42）55 cm 厚，黑灰色粉砂与泥质互层，底部为15 cm 厚黑灰色细砂层。

（43）39 cm 厚，灰褐色黏土层，呈现为0.5，1.0，2.0 cm 厚的层理。黏土层中有0.5~1.0 cm 厚的粉砂夹层，此呈丘状透镜体。此层中有5 cm 厚的潮沟细沙镶嵌层，黏土为湍急水流侵蚀成涡漩穴，内有底移质细砂沉落于中。

（44）15 cm 厚，黄灰色细砂层，夹泥质，为潮下带沉积。

~ ～ ～ ～ ～ ～ ～ ～ ～ ～ ～ ～ ～ ～ ～侵蚀界面～ ～ ～ ～ ～ ～ ～ ～ ～ ～ ～ ～ ～ ～ ～

（45）35 cm 厚，灰褐色泥层，具水平层理，内夹有1 mm 厚的细粉砂薄层及交错层理（总厚度1.2 cm）。泥层表面受侵蚀成为2~4 cm 高的波形起伏。

2）三明孔中段

深度从 -28.5~ -34.0 m，层厚5~6 m，为河海交互作用的三角洲平原之河湖相沉积，包括河道、漫滩、洼地湖的潟湖沉积。泛黄色的黏土层（硬黏土层），似经流水搬运再堆积的下蜀土物质。内嵌粉砂、细砂透镜体，沙层中有少量贝壳，[14]C 测年数据大于3.5 万年（SMK [14]C -6号样）。它是上段潮滩得以发育的基底层，与上段以海侵的侵蚀面接触，与下段为间断性界面接触。

（46）330 cm 厚，青灰色与泛黄色的杂色亚黏土层，黏土含量为40%~50%，黏土微量元素含量见表4.4。黏土层中部夹有细粉砂透镜体层，内有树根状植物残体，[14]C 鉴定未获结果。于此段上部采得文蛤样，因混杂现代碳，鉴定年代有误。此层似为河海交互沉积的三角洲平原中的湖泊洼地沉积。

表 4.4　三明孔黏土层微量元素含量（王颖，2002）　　　　　　　　　　　×10⁻⁶

样深/m	Cu	Rb	Sr	Y	Zr	Nb	Hf	U	Th	Ni	Ba	Sn	Pb	As	Zn	Co	V	Cr
4.30	22.6	118	143	23.7	20.8	15.2	7.2		14.3	33	422		20.6	7.3	290	13	112	46
21.40	35.3	141	28.3	117	17.1	5.5	1.3	18.4	45	444		35.4	19.1	4 050	16	129	35	
30.05	38.8	128	111	30.6	220	17.8	6.7	1.8	17.2	49	540	17	35.9	8.2	5 154	17	136	65

（47）厚 210 cm，灰色黏土与粉砂层。每层黏土层厚度小于 20 cm，内含有虫孔；上部粉砂层厚约 40 cm，具有水平层理及斜层理，粉砂层中夹有泥质沉积；中部有多层镶嵌的砂质透镜体（长 10 cm，中间突起处高 4 cm）及波形起伏的呈斜层理砂层（3~5 cm 厚）。底部由灰色与灰褐色细砾组成。砂层中有密集的贝壳，经鉴定为淡水环境贝类，此层为河流相沉积，沉积层具有底部沙砾层与上部黏土质粉砂层的二元相沉积结构。贝壳种属分两大类：

A　腹足纲 Gastropoda

　　前鳃亚纲 Prosobranchia

　　中腹足纲 Mesogastropoda

　　　田螺科 Viviparidae

　　肺螺亚纲 Pulmonata

　　　扁卷螺科 Planorbidae

B　瓣鳃纲 Plameaibranchia

　　真瓣鳃目 Eulamellibranchia

　　蚌科 Vrionidae

　　珠蚌亚科 Vnioniael

再向底层，黏土质增多，不具层理。

在深度 34 m 处层中采集贝壳为 SMK¹⁴C‑6 号样，经北京大学测试（测量采用中国糖炭标准，¹⁴C‑6 样品中的 ¹⁴C 放射性比度为现代碳标准的（1.362±0.002）倍，年代数据均未做树轮年代校正），时代大于 35 000 年。

3）三明孔下段

自 34.0 m 深度向下，为海滨—河口湾相沉积（al‑m），出露厚度 30.5 m。沉积层具有明显的上、下两部分，显示其厚层河流二元相结构之特征。

上部：厚约 8.5 m，褐灰色黏土质粉砂层。黏土含量是自下而上增多，而粉砂含量是自下往上减少，粒径变细，具水平层理。它与本孔中段硬黏土层的区别在于本层颜色为灰色，含粉砂多，具层理。

下部：深度从 −42.95~−60.25 m，出露 22 m，未见底。为海滨—河口湾砂层。青灰色细砂，质地均一，未现明显的层理，唯具黑灰与黄灰色层之别。黄灰色层含砂多，各层中皆有白色薄壳小蛤。分层编录如下：

上部

（48）200 cm 厚，上部为 30 cm 厚浅灰色黏土质粉砂层，中部为呈褐色含粉砂质黏土层，微显纹层层理（厚 1 mm/层）。底部为浅灰色细粉砂层，无明显层次，可能为快速沉积。

（49）100 cm 厚，黑灰色粉砂与亚黏土互层，具极细纹层（<1 mm）。浅色层为细粉砂，多涡状扰动结构与扁豆状丘状沙体（体高 1.5 cm），两组结构时有相交。底部含泥质较多，具有斜层理（倾斜 6°，10°，14°）。

（50）310 cm 厚，含极细砂的黑灰色粗粉砂层，具不同层。

a 层：上部为砂层，无明显层理，但含有黏土与粉砂条斑。具虫穴扰动层，厚约 5 cm，其下砂层未现层理，具球状、扁圆状结构，可能为突发性急流或异重流所形成。

b 层：泥条带与砂相间成斜层理，具粉砂与黏土透镜体。

c 层：上部有虫穴，已充填为黏土或粉砂质条斑，或粉砂质团块，下部为沙涡漩结构，系风暴潮裂流沉积，沙涡漩高 9 cm。其下为侵蚀面，侵蚀面下具有粗粉砂质的瓣状斜层理。

d 层：多现粉砂质瓣状斜层理，局部黏土或砂质含量高，细砂成块状层镶嵌在沟状侵蚀面上。

e 层：30 cm 厚细砂粉砂层。色浅，未见层理，含黏土少，似为快速或突发性沉积。在第 50 层内已出现了 3 次，均位于层间界面处，总之，为水流侵蚀时的突发性或急流沉积。

下部

（51）仅获得 220 cm 长沉积柱，为灰黑色与黄灰色细砂层，不具明显的层次结构，层内均含少量贝壳（薄壳白色小蛤），为海滨—河口湾砂相沉积。此层中在本区的北坎孔中的第二层（Q3al－m）性质同，该层厚 50 m。作者认为此层为古长江入海段之沉积层，整个下段反映出以河流沉积为主体的二元相结构，是辐射沙脊群发育的沙源层。

三明钻孔剖面表明：辐射沙脊群集结的枢纽段发育于海、陆过渡相沉积层上。上段从 0～28.5 m 深处为潮滩沉积相；中段自 28.5～34.0 m 深处为河湖相的三角洲陆上沉积相；下段自 34～40 m 深处出现细砂与粉砂层，－40 m 以深出现厚层细砂层，为海滨—河口湾相。砂层的层位、厚度与辐射沙脊群晚更新世末老沙脊、老河谷的分布深度相呼应，可以认为北坎孔、三明孔的 40 m 深处，厚度超过 50 m 的上更新统沙层，是晚更新世古长江流经如东一带，汇入南黄海的有力证据，古长江的入海泥沙提供了沙脊群发育的物质基础。

4.1.4.2　辐射沙脊群北部王港钻孔[①]

王港钻孔位于江苏省大丰县王港闸外东南方 7 km 处的现代潮滩上，该处位于东沙的向陆侧隐蔽岸段，潮滩淤积速度快，岸滩宽度大。王港钻孔揭示了厚层的全新世沉积。

王港钻孔自地表起算，孔深 39.89 m，每米样，共获 36 筒样：16 筒样做了土力学分析，余 20 筒做了沉积物结构分析及有孔虫鉴定，将 21.90～21.98 m 处的贝壳碎屑层作了 ^{14}C 测年。所获信息如下：

（1）各层均含有有孔虫。在第一层及第四层中找到极少数陆相介形虫，该处为与陆地接壤的潮上带环境，全钻孔均为非陆相沉积环境。

（2）钻孔中没有出现晚更新世海侵地层中的特征种——暖水种施罗德假轮虫、美丽星轮虫，王港孔沉积均为全新世沉积。区域地质资料表明，该区全新世地层厚 40 m，下伏地层为全新世以前的河湖相沉积。

（3）钻孔剖面由下至上，沉积构造的变化为：块状体，偶见水平层理→水平层理、交错

---

①　本段由朱晓东执笔。

层理→波状层理、鱼骨状交错层等→粉砂与粉砂质泥交互层理。

有孔虫组合：由海相有孔虫混有个别陆相介形虫→全为海相有孔虫→海相有孔虫混有个别陆相介形虫的变化；

相应的沉积环境经历了潮下带→河口湾沙脊→潮间带→潮上带。为先海进而后陆地淤积而使海面退却之过程。

沉积物粒径递变：含粉砂的黏土→细砂、粉砂→粉砂夹泥→泥质粉砂、粉砂质泥。

（4）钻孔中埋深为 17.90～39.69 m 的细砂—粉砂层中出现的毕克卷转虫—丸桥卷转虫组合与西洋现代有孔虫组合相同，丰度也相似，量不多，缺乏胶结质有孔虫。推论该层沉积环境与现代的王港、西洋水道环境相似。

（5）钻孔的四层沉积层均有浮游有孔虫，与王港附近现代潮滩及西洋通道沉积中所含浮游有孔虫情况相似，浮游有孔虫表示与外海海水通畅，由潮流携运而来。推论当时潮流活动与现代相似，动力亦强劲。

（6）沉积环境决定该孔岩心以粉砂组成为主，黏土质仅以较薄夹层出现，且在 39.69 m 以下见有含粉砂之黏土层，出露 11 cm（钻孔未穿透底部）。

（7）在钻孔中埋深为 21.90～21.98 m 的贝壳碎屑层取样，经 ^{14}C 定年为（4 290±150）a B. P.。据此推论此层沉积后的沉积速率为 5 mm/a。因此，此地在千年时间尺度上的沉积速率不大。

以上，总结了南黄海辐射沙脊群分布地区的基岩地质基础，构造活动与第四纪沉积层分布厚度、沉积相以及沙脊群接陆带和潮滩钻孔的揭示等。范围由大及小，由外缘至核心区均作了系统综述，为分析辐射沙脊群发育演变提供了重要依据。有关沙脊群内的水下钻孔，将在地貌组成与发育中予以介绍。

4.2 辐射沙脊群地貌特点[①]

辐射沙脊群分布于黄海南部，是现代海岸带与内陆架上最大的海底地貌组合体。它由 70 多条沙脊、沙洲与相间分布的 23 条潮流通道组成。大体上，西部以弶港与洋口港之间的海岸潮滩与条子泥为集结段，即枢纽部位，沙脊与潮流通道分别向北、向东北、向东、向东南等海域，呈放射状散布，形态像一展开的中国褶扇。其分布范围南北长达 199.6 km，介于 32°00′—33°48′ N 之间，东西宽约 140 km，位于 120°40′—122°10′ E，所占海域面积为 22 470 km^2。

南黄海辐射沙脊群的特点：沙脊与潮流通道分布型式与潮流场吻合，但沙脊体宽坦，宽度 5～15 km，因有海岸激浪作用而与单纯的线型潮流脊有区别；沙脊体主要位于 10～15 m 水深范围，延伸至 20～25 m 水深，外毛竹沙与蒋家沙的外延范围可达 30 m。潮流通道大小不一，与沙脊相间分布，但水流均急湍，流速快，改变着沙脊形态。沙脊尾端多沿落潮流流势偏转。大沙脊体受潮浪侵蚀被分割，但蚀余的沙脊或沙体仍沿原长条形脊体分布；内侧沙脊，尤其是位于枢纽部的沙脊，如条子泥与东沙，则接受被潮流携运来的、由外部沙脊被冲刷而产生的泥沙，逐渐加速成块状的沙体与沙洲。总体上，辐射沙脊群的基本轮廓为古长江

---

① 本节由王颖执笔。

在弶港与洋口港之间的黄沙洋—烂沙洋出口时的河流大三角洲型式，全新世海侵改造古三角洲堆积体，形成目前的沙脊与潮流通道相间分布型式。其总体与辐聚—辐散的潮流场相当，但亦反映出由于海侵造成的外缘受蚀，细颗粒悬浮体泥沙向岸滩淤积，较粗的沙粒级泥沙向外海散布的势态；枢纽部沿古河谷发育的潮流通道——黄沙洋和烂沙洋，水深、流急，冲刷效果显著，呈现喇叭口状形式；北部浪强流急，沙脊冲刷成线型脊（小阴沙）与小沙体（亮月沙）。这是全新世以来海侵所造成的辐射沙脊群地貌的自然现况。根据辐射沙脊群的地貌成因与形成时代，将其分为四个类型区。

（1）北部的全新世至现代的冲蚀沙脊与潮流通道区。即西洋西通道、小阴沙、西洋东通道、亮月沙、东沙、小夹槽、泥螺珩，平涂洋、小北槽、太平沙，平涂洋大北槽、麻菜珩（或称大北槽东沙脊）。沙脊多经海蚀而减小，潮流通道多经冲蚀而水深加大，西洋西通道已经改造利用建成5万吨级的大丰港。

（2）东北部辐射状大沙脊与潮流通道，系晚更新世的沉积，主要经全新世海侵海平面上升，辐聚与辐射状潮流场动力所形成。如：麻菜珩、陈家坞槽、毛竹沙、草米树洋、外毛竹沙、苦水洋。其特点是沙脊体大，潮流通道长大，均沿NE向潮流向分布。苦水洋潮流通道港阔水深，具有建设深水海港的条件。

（3）枢纽部晚更新世5.0万～3.0万年前古长江河口区，其特点是沙脊与潮流通道均沿古长江河谷两侧分布，沙脊大，潮流通道深、大，古长江南迁后及全新世海侵以来经受冲蚀时间长，冲蚀强度大，泥沙亏损而少补给。其范围主要为蒋家沙、黄沙洋、河豚沙、太阳沙、烂沙洋、大洪、火星沙、小洪。烂沙洋潮流通道沿古长江谷地发育，水深稳定，不经疏浚已建为10万吨级航道，利用西太阳沙脊建成人工岛，组成洋口深水港。黄沙洋港阔水深，具有建设为航空母舰基地的优越条件。

（4）南部晚更新世末及全新世初期古长江南迁过程中的遗留地貌，冷家沙、网仓洪、腰沙、小庙洪及吕四港区。扩建的吕四渔港，实乃沿古长江自烂沙洋南迁过程中的支谷所发育的潮流通道兴建。

现就目前所掌握的资料，分区阐述地貌结构与特点。

4.2.1　北部，全新世冲蚀的沙脊与潮流通道——西洋、东沙、平涂洋、大北槽

北部区环境有两个特点：最接近废黄河三角洲淤泥物质供应，沙脊与潮流通道均迎向北方南下的强劲风浪和强劲的温带风暴潮。因此，遭受显著的冲刷侵蚀：

（1）原来的大沙脊麻菜珩（大北槽东沙）被侵蚀支离破碎，仅外缘 −10 m 等深线尚保持梭形条带形式，北段与周边尚与 −15 m 深度临近。

（2）麻菜珩西侧平涂洋向北敞口，水深为 11～14 m，内通道被残留沙脊分隔为大北槽（东部）、小北槽（中部）与小夹槽（西部）三个分支通道，水深均达 −10 m，冲蚀下来的泥沙，部分细粒的悬移质泥沙随潮流携运至潮流通道内端淤积，使麻菜珩西南侧泥螺珩与东沙沙脊相拼连，东沙沙脊发展成为块状堆积体。

（3）平涂洋西侧的亮月沙受蚀更为严重。西北端已被削掉，−10 m 等深线轮廓大部分消失，扩展了亮月沙西侧西洋东通道的开口，亮月沙仅在南部余 0 m 等深线残段，其东侧尚余部分 −10 m 和 −5 m 水下沙脊残体，其西侧受蚀坡度陡，−20 m 等深槽紧邻亮月沙残段，但至内端东沙并脊成沙洲。

（4）西洋是北部最长、最深的潮流通道，是全新世海侵冲刷冲积平原而成，也是最年轻的潮流通道。小阴沙是与基本岸线平行的分布于水深 5 m 处的线形沙脊，是平原侵蚀的残留部分（图 4.6）。小阴沙分隔了西洋潮流通道成为东通道与西通道两部分，并且亦隐蔽了西洋西通道，使其成为具有波稳条件之航道。

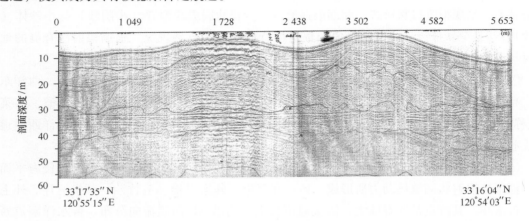

图 4.6　小阴沙地震地层剖面

资料来源：王颖，2002

现选择代表性的脊槽剖面与钻孔，按照从西向东，从老至新的顺序，加以介绍北部沙脊与潮流通道的沉积结构与所反映的发育过程。

4.2.1.1　西洋西通道

东界为小阴沙、瓢儿沙与三丫子沙西南侧，南端为条子泥，西侧为岸陆平原（斗龙港—王港—川东港之间）。通道为 NW 走向，长达 65 km，宽度约 5 km，除内端水深较浅外，通道大部分水深超过 11 m，底质沉积内端为细砂，通道中为黏土质粉砂（受废黄河三角洲泥沙补给之影响），为年轻的冲刷型潮流通道。

（1）地震地层横剖面界于小阴沙与西端点（33.499°N，120.93°E）之间，穿过西洋西通道（图 4.7），具两个沉积层次。

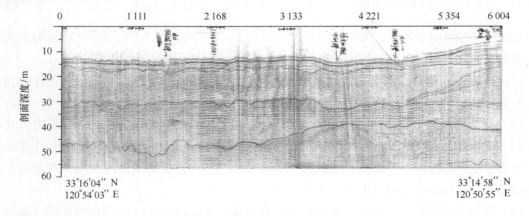

图 4.7　西洋西潮流通道地震地层横剖面

资料来源：王颖，2002

① 晚更新世砂质沉积，10～20 m 厚，经过侵蚀而具脊形起伏的老地面，位于海底36 m深处。上覆全新世早期的粉砂与淤泥沉积，厚15 m，具水平层理与二元结构，系河流沉积，与上下沉积层间皆以侵蚀面为界。

② 全新世中期与晚期沙层沉积，厚13 m，具有斜交层理、斜层理，脊、槽形态以及湖盆状沉积结构，上部层为具水平层理之淤泥层，两者构成二元结构。

现代西洋西通道海底因冲刷而形成凹槽、陡坎与涡穴，沉积中含掏蚀出的硬黏土碎块、砂、粉砂、黏土等物质，表明目前仍处于侵蚀过程中。

（2）西洋西通道纵剖面，自 32.08°N，20.897°E 点至 33.150°N，120.936°E，海底各层沉积层厚度大体为 13～15 m，均具水平层理。全新世中、晚期沙层较厚，具脊、槽形态与斜交层理，后期多侵蚀谷，并被沉积物充填。现代海底冲刷显著，冲刷槽宽数百米，深度 1～2 m，位置与底部埋藏谷对应、上叠，全新世晚期的沙脊发育于前期谷地的沙层中（图4.8）。

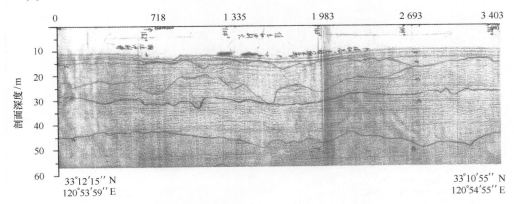

图4.8　西洋西潮流通道地震地层纵剖面
资料来源：王颖，2002

（3）自 2007 年以来，南京大学海岸与海岛开发教育部重点实验室，在执行"中国近海海域调查与评价"的项目中（"908 专项"），结合国家自然基金委项目（编号：40776023）支持，在南黄海辐射沙脊群海域打了 9 个钻孔（图4.9 和表4.5），通过对钻孔岩芯材料分析，进一步了解到沙脊与潮流通道的沉积结构，再据此分析地貌发育。为探求辐射沙脊群各区地貌和沉积结构，形成年代与发展过程，在该区海域进行了系列钻探，本章选择下列已经分析的钻孔：北部冲刷型西洋潮流通道 07SR01 孔；东北部辐射状潮流沙脊麻菜珩 07SR03 孔及辐射状潮流通道苦水洋 07SR04 孔；枢纽区承袭古长江河道之烂沙洋主潮流通道 07SR09 孔及南部小庙洪 07SR11 孔，进一步重塑各类地貌形成与演化过程。

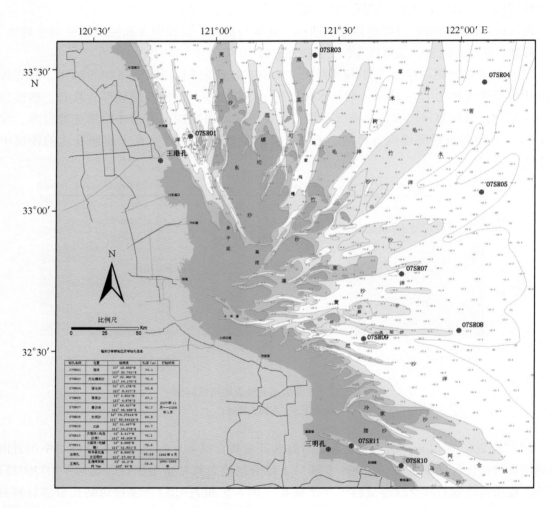

图4.9 辐射沙脊群区域钻孔分布

表 4.5　南黄海辐射沙脊群区历年钻孔位置

钻孔编号	位置	经纬度	孔深 /m	地貌部位	备注	打钻时间
07SR01	西洋	33°15.840′N，120°53.761′E	36.1	北部潮流通道	全新世冲刷区	2007 年 11 月至 2008 年 1 月
07SR03	麻菜珩	33°32.982′N，121°24.170′E	70.3	东北部水下沙脊	大北槽东辐射状沙脊主体	
07SR04	苦水洋	33°27.178′N，122°5.617′E	30.8	东北部潮流通道	辐射状主潮流通道	
07SR05	蒋家沙	33°3.902′N，122°4.978′E	67.1	枢纽部水下沙脊	枢纽部老沙脊	
07SR07	黄沙洋	32°46.517′N，121°45.489′E	41.3	枢纽部潮流通道	古长江河谷	
07SR08	太阳沙	32°34.374 14′N，121°59.564 18′E	56.5	水下沙脊		
07SR09	烂沙洋	32°32.647′N，121°36.275′E	66.7	枢纽部潮流通道	大洪，古长江河谷	
07SR10	大湾洪	32°5.417′N，121°45.609′E	70.2	南部潮流通道	乌龙沙南	
07SR11	小庙洪	32°8.988′N，121°32.821′E	70.9	南部潮流通道	牡蛎礁	
三明孔	如东县北渔乡	32°27.8′N，121°18.6′E	60.25	枢纽部潮滩		1992 年 9 月
王港孔	王港闸外东南约 7 km	33°10.2′N，120°46′E	39.8	北部海岸潮滩上	东沙向陆侧。揭露全新世沉积	1992—1993 年

在西洋西潮流通道的钻孔编号为 07SR01（代表 2007 年沙脊群钻孔 1 号），位于该潮流通道的中段、王港东北方的深槽中。其位置为 33°15.840′N，120°53.76′E，起钻于海底表层，该处水深为 15.4 m，孔深约 36.1 m。

07SR01 孔具有明显的海侵相沉积特点，与地震地层剖面反映的图像一致；陆源供沙的效果显著，沉积柱绝大部分由黄棕色（或偏黄棕色）的黏土（为主），或黏土与粉砂交互沉积，此与北部废黄河三角洲供沙关系密切，细砂仅片断地出现于近 20 m 以深；具典型的潮流通道沉积相；未出现厚层的细砂沉积层。分析认为：古长江未经此处入海；地层年代混乱，原因可能在于：大丰港航道开挖与浚深，抛泥倒置；夹有远处火山喷发物飘落沉积等，故表层中出现火山灰胶结之块粒；含贝壳与炭质层，^{14}C 鉴定年代，出现大于 43 000 a B. P. 之沉积夹于上、下两层（3 500 ±150）a B. P. 之间。但是，年代可据就近的钻孔对比判断：王港闸外潮滩孔在 21.90～21.98 m 深处的贝壳定年为（4 290 ±150）a B. P.；三明孔在 34 m 深处硬黏土层的细砂透镜体中贝壳定年大于 35 000 a B. P.，此与 07SR01 孔 16 m 深处硬黏土层定年：（35 495 ±140）a B. P. 相当，因此，可略去以上的大于 43 000 年资料。

根据沉积层的颜色、粒度组合、沉积结构、层面间接触关系及古生物化石等为依据，综合分析 07SR01 孔，进一步可细分为 9 个沉积相段，总体上反映其发育过程与目前所处的海侵冲蚀环境。自海底表层起钻处向下划分为序。

第1段：0～3 m深处，黏土、黏土质粉砂、粉砂交互成层，具潮汐层理，波痕，含贝壳，为海岸带浅海沉积相。

第2段：3～3.95 m，粉砂为主或粉砂与黏土互层，具沙波结构、羽状交错层，多向潮汐双向层理，钙质有孔虫丰富，有少量浮游有孔虫，此段为潮流通道沉积相，^{14}C测年为（3 920±35）a B.P.，与海底表层年代相似，反映出全新世中期后以来，西洋已为潮流通道。

第3段：自3.95～9.99 m处，浅黄棕色与橄榄灰色黏土与粉砂交互成层，系潮滩相沉积，潮滩上部、中部、下部层多次相叠，具潮水沟沉积与沙波痕，在6.6～6.8 m深处发现一尼龙渔网丝，表明此段仍受到人为影响扰动，故^{14}C测定大于43 000年不予采用。

第4段：9.99～10.36 m，为潮滩上部水边线附近贝壳滩沉积，贝壳层已压实。贝壳为似沼螺、玉螺、篮蛤（未定种），为海岸与河口相沉积。通常，海岸带的贝壳滩多发生于淤泥潮滩被侵蚀阶段，潮滩中贝壳被激浪挖掘并抛至高潮水边线处沉积。第4段地层与上、下层皆以侵蚀面相邻。

第5段：自10.36～14.74 m，为海岸带浅海及潟湖沼泽相，橄榄灰与深黄棕色黏土沉积，灰黑色有机质黏土沉积中夹有风暴沉积的贝壳砂层，11.68 m深处有一大螺，12.7 m处发现一火山砾（3.3 cm×0.3 cm），贝壳多为近岸相厚茧舌形螺、斑玉螺、无线卷蜒螺，牡蛎碎片，淡水河口相华丽篮蚬、黑龙江篮蛤、沼螺（未定种），以及在11.3～13.5 m处的浅海有孔虫：多变假轮虫、同现卷转虫，为全新世沉积。AMS^{14}C测定黏土质粉砂有机碳为（8 820±40）a B.P.（实验室编号北大BA101050，下同）。大约在12 m深处应为全新世下界。

自14.74～15.72 m，为滨海泛滥平原河湖相沉积层，深黄棕色、中黄棕色，或浅黄棕色黏土层或粉砂与黏土夹层，含有淡水湖泊或缓流小溪相的纹沼螺，河口相的黑龙江篮蛤，平行须蚶以及丰度低的施罗德假轮虫，同现卷转虫等非正常浅海相有孔虫，滨海泛滥平原似应为晚更新世上界面，据北京大学加速器AMS^{14}C鉴定，南京大学在07SR01孔的12.42～12.45 m深柱体取粉土质粉砂中之有机碳测年为（19 890±80）a B.P.（北大BA101051）。

第6段：自15.72～18.14 m，出现中棕色黏土层，泛红色的黏土层拟为火山灰胶结，使黏土沉积已变为硬黏土，并发现有火山崩坠块、炙烤层及被炙压硬结的螺与文蛤碎块，反映出此段底部受火山喷发的火山灰飘落影响显著。在15.65～15.70 m深处含碳之砂质粉砂，经AMS^{14}C测年为（22 510±100）a B.P.（北大BA101052）；在16.3 m处贝壳样经^{14}C定年为（35 495±140）a B.P.，此层位深度年龄可与长江三角洲平原之硬黏土层相比较，故采用。反映出16～17 m深的柱体沉积时，即22 000年前及35 000年前时火山构造活动活跃，作者认为硬黏土形成与火山沙尘漂浮落积有关。底部为0.8 m厚，浅黄棕，橄榄灰色、灰棕色及暗黄绿色硬黏土层，含钙质瓷质壳类亚恩格五玦虫，窄室曲形虫及五玦虫，为滨海湖沼相沉积。

第7段：自18.14～19.55 m深处为海侵漫溢的泛滥平原沉积，上部0.6 m厚橄榄灰、橄榄黑及深黄棕色黏土层，未硬结。此层说明上一层的硬黏土系受火山灰炙烤硬结的推论有理，非硬压而成，因为位于下面的第7段上部层仍为黏土层，而非硬黏土层。下部1.6 m厚橄榄灰与黄棕色含粉砂黏土层，显水平层理，含有砂礓（2.6 cm×2.7 cm）、钙质结核及泥砾，粉砂层中具沙波痕。此层含有亚恩格五玦虫、窄室曲形虫及五玦虫等，是与自16.55～23.95 m

深处所含的有孔虫相同，为瓷质壳类，滨海至近岸浅海相，第7段为受海侵漫溢的泛滥平原沉积相。

第8段：自19.55~22.18 m，以黄棕色为主体的极细砂层（厚1.3 m）内含淡水湖泊相沼螺及炭质层，似受到火山尘影响，有火山沙砾与贝壳胶结成砾块。极细砂层之上，覆有0.4 m厚粉砂层与黏土层，上下两层组成河流二元结构沉积层。底部为1.1 m厚含极细砂之粉砂层。第8段为河流相沉积，初现火山尘埃影响。中部极细砂层中贝壳经^{14}C测定为（42 646 ±615）a B. P.。

第9段：自22.18~25.19 m，为潮滩相，深黄棕色与浅橄榄灰色的粉砂与黏土互层，具水平层理、沙波纹、虫斑、虫孔、龟裂等特征结构及小贝壳。

上述状况表明07SR01孔由晚更新世的潮滩发育为滨海冲积平原，进一步成为受火山活动影响的滨海河湖相泛滥平原，全新世海平面上升再次成为潮滩，中期后成为潮流通道，表现为现代海侵相浅海。附07SR01孔编录于后（图4.10）。

4.2.1.2 平涂洋

位于东沙北部海域，界于亮月沙与麻菜珩之间。

（1）平涂洋南部原为东沙沙脊的延伸部分，地震地层剖面反映出基底为晚更新世沙脊，残留厚度20 m，相对高出谷底约15 m，沙脊为对称形，宽度达5.6 km，脊顶位于海底以下28 m深处，顶部有冲蚀沟形态，反映出沙脊是处于水流环境中而非干燥的沙漠堆积。最上部为全新世中、后期海侵时的沉积盖层，是8 m厚的具有倾斜层理之沉积层（图4.11）。

（2）亮月沙形成于全新世中期，形成具有交错层理的沙脊及槽谷之雏形，嗣后继续堆积成浅滩及沙脊，亮月沙区的全新世堆积厚达40 m。实质上，它是在东沙沙脊受蚀后退的基础上，由冲刷产生的泥沙被落潮流之再堆积，说明辐射状的落潮流至亮月沙处流速已减低（图4.12）。

4.2.1.3 大北槽，亮月沙（大北槽西沙脊），麻菜珩（大北槽东沙脊）

大北槽是于亮月沙的小北槽与麻菜珩之间的潮流通道，内端宽度约500 m，向北逐渐增宽至2 500 m，它形成于全新世晚期，是因麻菜珩受蚀、分裂，而促成大北槽成型。其所以重要是因为地震剖面揭示在它的沉积层中具有四个时期的埋藏谷，而构成谷中谷地貌结构，老谷地方向与现代大北槽潮流通道横交。

（1）大北槽潮流通道中部的主体部分（自33.375° N，121.337° E至33.426° N，121.291°E），大北槽潮流通道下埋藏着三个时期的谷地。由下至上，从晚更新世至全新世，谷地的宽度加大，全新世晚期谷地深度变浅（图4.13）。

① 晚更新世末与全新世早期的埋藏谷地位于现代海底以下40~44 m深处。不对称的W形谷，反映出谷地向北侧展宽，谷宽500 m，相对深度4~5 m，谷内堆积着与谷形吻合的水平沉积层，谷底部分最厚的沉积层厚10 m，北部展宽谷地处沉积厚度约6 m。

② 全新世早 - 中期谷地位于海底30~33 m深处，不对称形宽谷，反映出阶地与谷肩形态，谷宽1 000 m余，深5~8 m；谷内沉积层厚度达20 m，呈现为脊、槽形态，沉积层内有全新世中期槽谷，槽谷中沉积具水平层次，承压而下弯，沙脊处的水平层已经扰动而不连续，上部沙脊实由下部脊、槽复合组成。

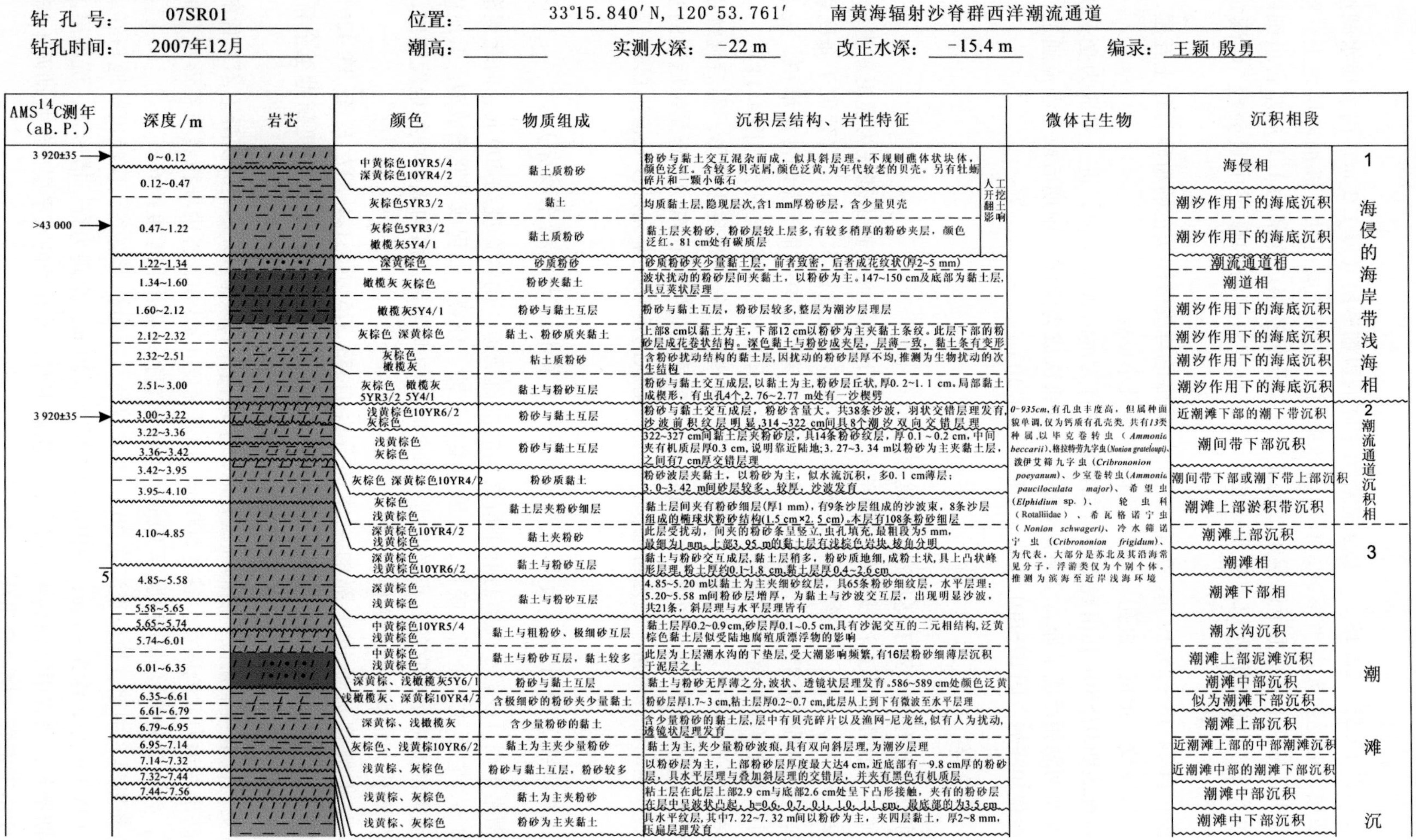

南黄海辐射沙脊群西洋潮流通道

钻孔号： 07SR01　　位置： 33°15.840′N, 120°53.761′　　潮高：　　实测水深： −22 m　　改正水深： −15.4 m　　编录： 王颖 殷勇

钻孔时间： 2007年12月

AMS¹⁴C测年 (aB.P.)	深度/m	岩芯	颜色	物质组成	沉积层结构、岩性特征	微体古生物	沉积相	沉积相段
3 920±35 →	0~0.12		中黄棕色10YR5/4 深黄棕色10YR4/2	黏土质粉砂	粉砂与黏土交互混杂而成，似具斜层理，不规则饼块状体，褐色泛红，含较多贝壳碎屑，颜色泛红，夹少碳质壳片和一颗小砾石		海侵相	1 海侵的海岸带浅海相
	0.12~0.47		深黄棕色10YR4/2				潮汐作用下的海底沉积	
>43 000 →	0.47~1.22		灰棕色5YR3/2 橄榄色5YR3/2 橄榄灰5Y4/1	黏土 砂质粉砂	均质黏土层，隐现层次，含1 mm厚砂粒，含少量贝壳		潮汐作用下的海底沉积	
	1.22~1.34		灰黄色 灰棕色	砂质粉砂	砂质粉砂少量富含土层，前有植物碎屑，波状层理		潮流通道相	
	1.34~1.60		橄榄棕 灰棕色	粉砂夹黏土	波状扰动的粉砂间夹黏土，具双向层理		潮道相	
	1.60~2.12		橄榄灰5Y4/1	粉砂与黏土互层	粉砂与黏土层，粉砂较多，整层为潮汐砂层		潮汐作用下的海底沉积	
	2.12~2.32		灰棕色 橄榄棕	黏土、粉砂质夹黏土层			潮汐作用下的海底沉积	
	2.32~2.51		灰棕色 橄榄灰5YR3/2、5Y4/1	黏土质粉砂			潮汐作用下的海底沉积	
	2.51~3.00		灰黄色	黏土与粉砂互层			潮汐作用下的海底沉积	
3 920±35 →	3.00~3.22		深灰棕色10YR5/4 灰棕色	粉砂与黏土互层			近潮堤下部的潮下带沉积	2 潮流通道沉积相
	3.22~3.36		灰棕色	粉砂与黏土互层			潮间带下部沉积	
	3.36~3.42		灰棕色	粉砂质黏土				
	3.42~3.95		灰棕色 深黄棕色10YR4/2	粉砂夹黏土层			潮间带下部或潮下带上部沉积	
	3.95~4.10		深黄棕色10YR6/2	黏土与粉砂互层			潮滩上部浆积相	
	4.10~4.85		深黄棕色 浅黄棕色	粉砂与黏土互层		0~935cm，有孔虫丰度高，但壳体种类贫乏，似单调，以有孔虫和介形类为主。其中2类种群繁盛，浅水广温有孔虫属 (Ammonia beccarii)，希瓦格转虫 (Cribronon schwageri)，冷水希瓦格转虫 (Cribronon frigidum)	潮滩上部沉积相	3
	4.85~5.58		中黄棕色10YR5/4 浅黄棕色	粉砂夹黏土			潮滩相	
5	5.58~5.65		深黄棕	黏土与粉砂互层			潮滩下部相	
	5.65~5.74		深黄棕色	粉砂质黏土			潮水沟中部沉积	
	5.74~6.01		深黄棕 浅黄棕色	黏土与粗砂层、极细砂层			潮滩上部泥滩沉积	
	6.01~6.35		中黄棕色 深黄棕色10YR4/2	黏土与细砂层、黏土较多			似为潮滩中部沉积	潮滩沉积
	6.35~6.61		深黄棕色10YR5/4 浅黄棕色	含少量粉砂			潮滩中部沉积	
	6.61~6.79		浅黄棕色10YR6/2	含较细的粉砂少份量			潮滩上部沉积	
	6.79~6.95		灰棕色 浅黄棕色	黏土夹少量黏土			潮滩上部中部潮滩沉积	
	6.95~7.14		灰棕色 浅黄棕	黏土与粉砂互层			近潮滩中部潮滩沉积	
	7.14~7.32		灰棕 灰黄色	粉砂夹黏土			近潮滩中下部潮滩沉积	
	7.44~7.56		浅黄棕色	粉砂夹黏土			潮滩中下部沉积	沉 潮 滩

图4.10 南黄海辐射沙脊群西洋潮流通道 07-SR-01 钻孔沉积剖面与编录 (1)

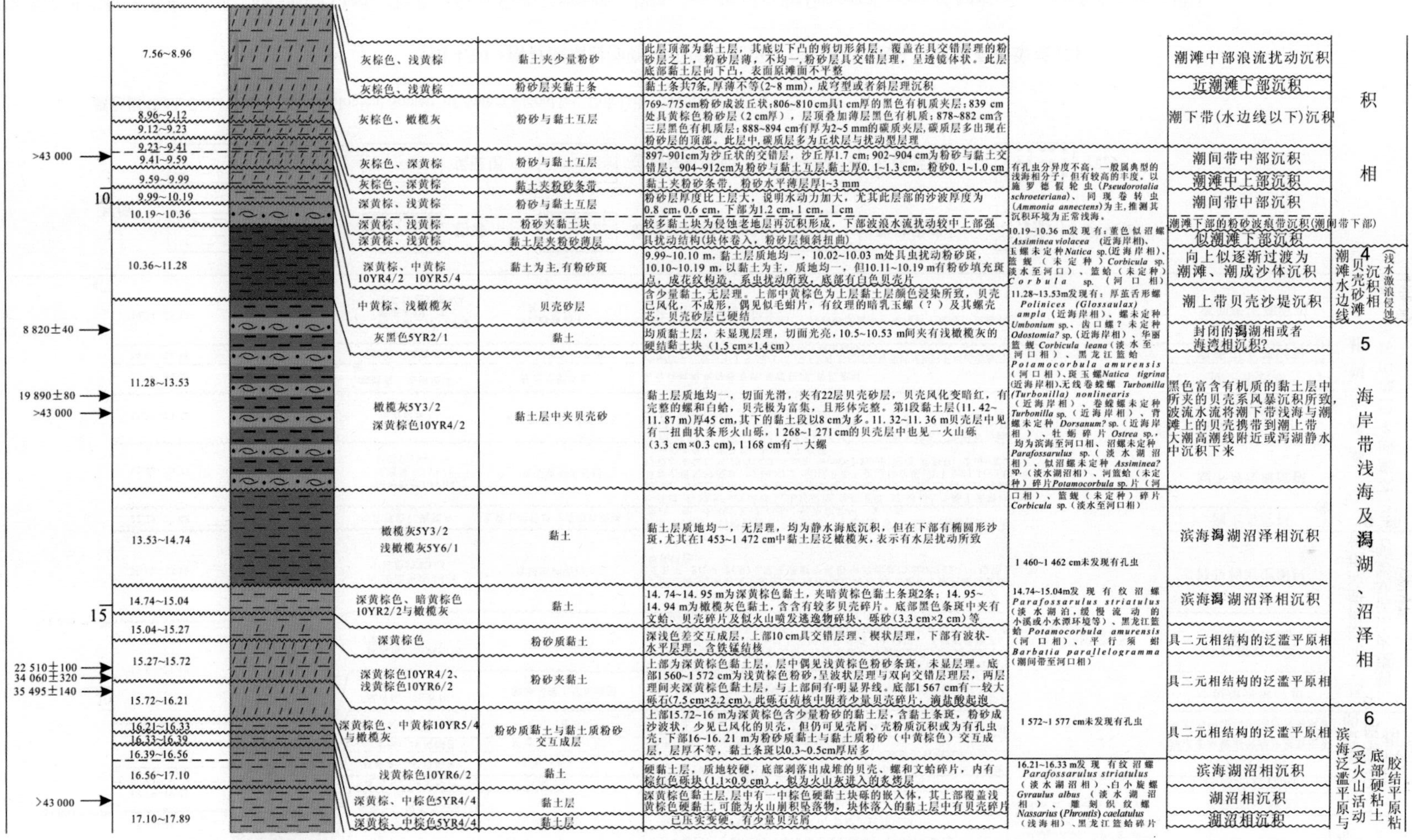

图 4.10　南黄海辐射沙脊群西洋潮流通道 07-SR-01 钻孔沉积剖面与编录 (2)

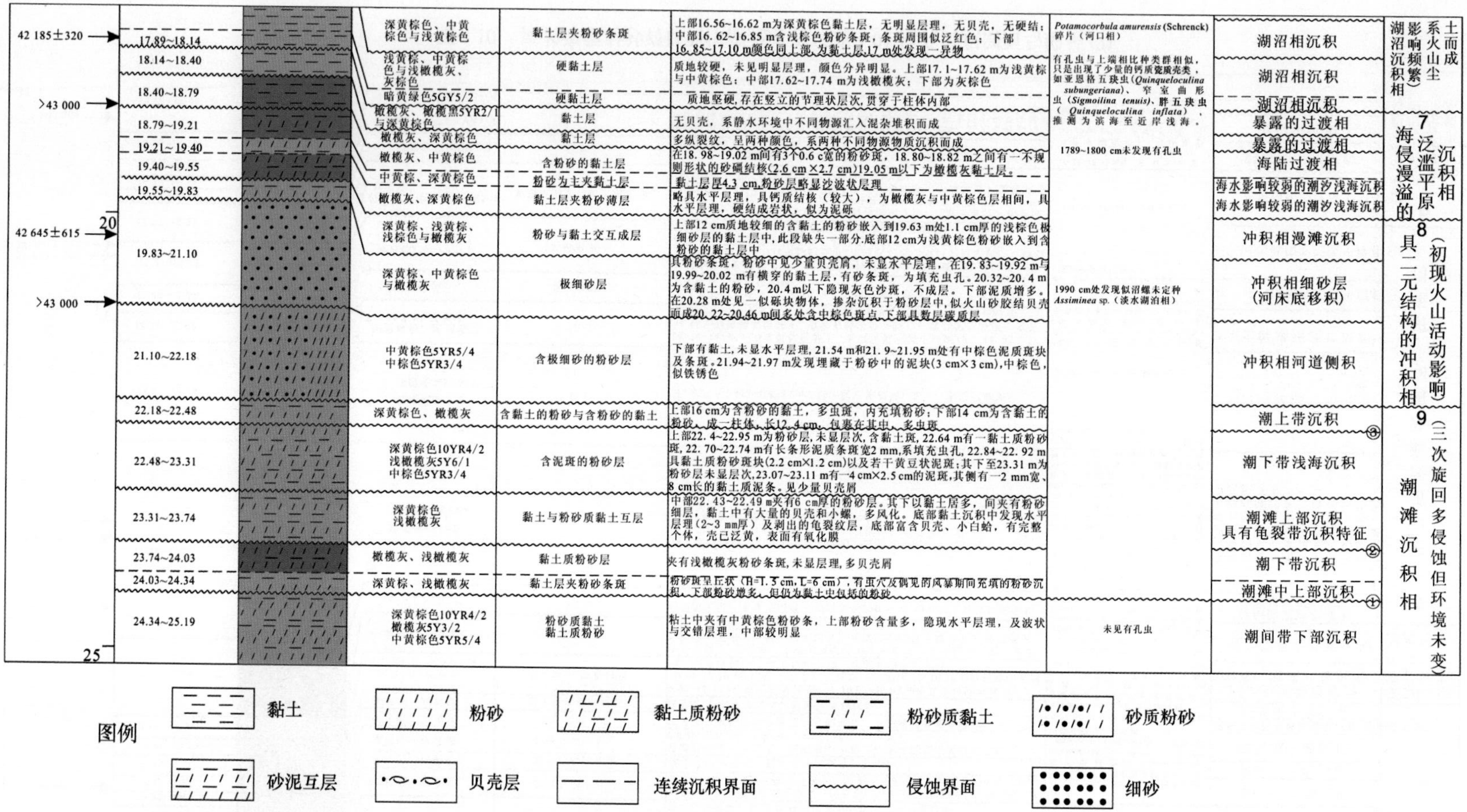

图 4.10 南黄海辐射沙脊群西洋潮流通道 07-SR-01 钻孔沉积剖面与编录 (3)

图例

黏土	黏土质粉砂	砂质粉砂
粉砂	粉砂质黏土	细砂
砂泥互层	连续沉积界面	
贝壳层	侵蚀界面	

颜色据 Rock Color Chart. The Geological Society of America Boulder, Colorado.

注：钻孔中记述的沉积层颜色据：Rock-color Chart, The Rock Color Chart Committee, 1948, Distributed by the Geological Society of American Boulder Colorador, 1951, 1963,1970,1975,1979, Printed in the Netherlands by Huyskes-Enschede, 1979 (以下多孔均用此)

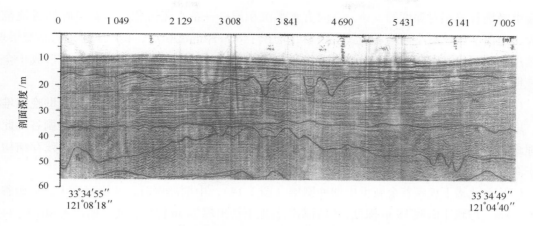

图 4.11　平涂洋地震地层剖面

资料来源：王颖，2002

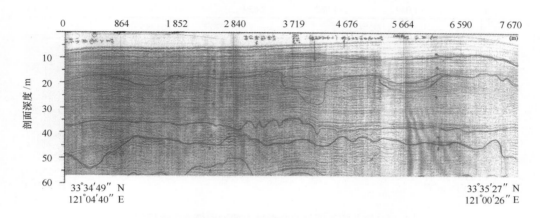

图 4.12　亮月沙地震地层剖面

资料来源：王颖，2002

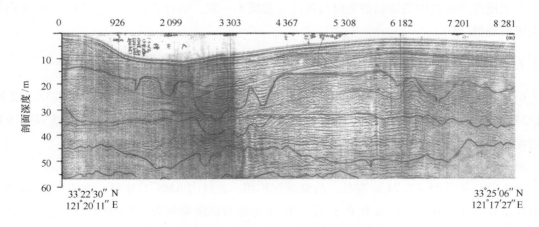

图 4.13　大北槽与麻菜珩间埋藏谷剖面

资料来源：王颖，2002

③ 全新世晚期谷地叠置于老谷种的 10 m 厚沉积层之上，位置相当而成为谷中谷型式。

全新世晚期谷地相对深度约 5 m，谷内有水平沉积层——系水流沉积。全新世晚期谷地范围较大，地面上多处有小河沟谷遗迹。嗣后，堆积了 8 m 厚的沉积层，具水平层理与斜交层理，连续过渡到现代海底。估计，此 8 m 厚沉积为大北槽潮流通道的沉积层，大北槽形成于全新世晚期。

（2）太平沙一带为沙脊堆积区，又是历经冲刷夷平的沙脊区，太平沙是全新世晚期堆积体，埋藏于海底以下 5 m 深处的沉积层中，沙脊呈拱形，脊宽约 3 km，顶部有冲刷谷。此沙脊埋藏于海底以下 5 m 厚的沉积层中。全新世早期与晚更新世沙脊已遭受侵蚀，残存结构埋藏于海底 28 m 及 38 m 深处。

（3）大北槽下埋藏着全新世中期冲刷槽（图 4.14），中期海侵时，冲刷强度大，原始谷地宽 3.7 km，埋藏于海底 18 m 深处，但后期该谷地下切出现 24 m 深槽，使深槽切入到海底 44 m 深的沉积层中，深槽宽度 1 km，槽谷形态显著，两侧有切割全新世中期沉积层而组成的阶地（北侧阶地由 7 m 厚沉积层组成，南侧仅 3 m），深槽内叠积着厚达 40 m 的水平砂质沉积层。

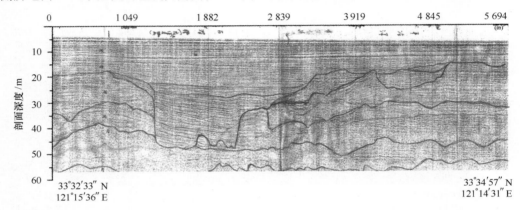

图 4.14　大北槽底埋藏的全新世中期冲刷槽地震地层剖面

资料来源：王颖，2002

大北槽底全新世中期冲刷槽走向与现代大北槽不一致，估计该区曾有一 NE—SW 走向的较大规模谷槽。

4.2.1.4　沉积孔 07SR03

位于麻菜珩沙脊东侧（原称大北槽东沙），被侵蚀沙脊的残留体中，位置为 33°32.982′N，121°24.170′E，海底水深 11.2 m，孔深达 70.3 m，保存沉积柱为 45.3 m（图 4.15 及编录）。经过综合分析，进一步将 07SR03 孔柱状沉积剖面归纳为 9 个沉积相段。

第 1 段：从海底表层至 3.35 m 深处，为水下沙脊沉积相。

第 2 段：从 3.35～7.74 m 深处，为潮滩沉积相。此段内 AMS^{14}C 定年：在 4.82 m 深处取木屑样定年为（6 335±50）a B.P.；在 5.36 m 处取有机碳定年为（7 450±40）a B.P.；在 6.22～6.25 m 处取贝壳定年为（4 600±40）a B.P.。可认为是全新世中期沉积。

第 3 段：从 7.74～14.90 m 深处为海岸带浅海沉积相。AMS^{14}C 定年：在 8.85～8.91 m 深处小螺定年为（7 715±40）a B.P.；在 14.63～14.65 m 处牡蛎样定年为（8 120±40）a B.P.；在 14.70 m 处取样定年为（8 165±40）a B.P.。全新世早期海侵沉积。

钻孔号：07SR03　　位置：33°32.982′N 121°24.170′E

钻孔时间：2007.12.16　　潮高：1.8 m　　实测水深：-13 m　　改正水深：-11.2 m　　编录：王颖 殷勇

AMS ^{14}C 测年（aB.P.）	深度(m)	岩芯	颜色	物质组成	沉积层结构 岩性特征	微体古生物	沉积相段	
	0~1.23		橄榄灰5Y5/2为主 夹深黄棕色10YR4/2	粉砂	含极细砂粉砂夹黏土条斑，13 cm以下有深黄棕色黏土条斑，114~119 cm有沙波痕，底部有泥质薄层		海相沉积 水下沙脊	1 水下沙脊相
	1.23~1.81		浅橄榄灰5Y5/2为主 夹深黄棕色10YR4/2	砂质粉砂	均质砂，未见层次结构。123~130 cm处有泥质条纹，底部有透镜状泥层，中部见完整玉螺		基底组成	
	1.81~2.13		橄榄灰5Y3/2	粉砂质黏土	含粉砂的黏土层，较多沙斑条和生物扰动			
	2.13~2.45		橄榄灰色5Y4/1夹 浅橄榄灰色5Y3/2	黏土	黏土为主，夹细砂纹层，沙斑、沙波、扰动			
	2.45~2.88		棕灰色5YR4/1	黏土	黏土为主，夹极细砂纹层，顶部和底部见透镜状沙波和虫斑构造		近岸浅海相	
	2.88~3.12		棕灰色	黏土	见非常细的粉砂纹层			
	3.12~3.35		棕灰色	粉砂质黏土	夹薄的黏土质粉砂层，含水流扰动构造，见水平层理	孔深90~732 cm，以光亮抱环虫(*Spirdoculina lucide*)，同现卷转虫(*Ammonia annectens*)，轮虫超科(Rotaliidae)，毕克卷转虫(*A. beccarii*)，亚窄室抱环虫(*S. subtenuis*)为代表，都是浅海环境的常见分子，推测其沉积环境为正常浅海		
	3.35~3.45		浅橄榄灰色5YR6/1	粉砂质黏土	见沙波与泥波，下部水平层理发育，侵蚀接触，黏土与粉砂交互成水平纹层			
	3.45~3.51		浅橄榄灰色	粉砂质黏土	水平层理发育较好，此层硬结，含钙质			2 潮滩沉积相
	3.51~4.82		棕灰色5YR4/1为主 夹浅橄榄灰5Y5/2	黏土	黏土与粉砂交互成层，中部多沙波和沙斑，452~482 cm颜色泛红		潮滩相 潮滩沉积	
6 335±50 7 450±40	4.82~5.36		棕灰色5YR4/1 夹橄榄灰5Y4/1	黏土	橄榄灰呈透镜状和斑状，505 cm以下有虫孔发育，见透镜状沙波和有机质碎片		具潮沙层理的近潮滩下部的潮下带沉积	
	5.36~5.90		棕灰色夹橄榄灰	黏土	见薄的粉砂纹层，有一透镜状沙波，见有贝壳碎片、蛤和螺			
4 600±45	5.90~6.32		棕灰色5YR4/1	黏土	黏土为主夹沙斑，下部622~625 cm处有贝壳，贝壳成团		风暴潮涡流卷入沉积	
	6.32~7.14		橄榄灰5Y4/1 夹浅橄榄灰5Y5/2	黏土	淤泥质的粉砂为基底，夹橄榄灰色细粉砂以及浅橄榄灰色沙波及倾斜条斑		潮滩下部与浅海沉积段	
	7.14~7.59		橄榄灰5Y4/1 过渡到浅黄棕色10YR6/2	粉砂质黏土	上部为粉砂质黏土夹沙斑，下部为粉砂		近潮滩下部沉积层	
	7.59~7.74		浅黄棕色	黏土质粉砂	黏土质粉砂，已干结，隐现微波状层理			

图4.15　南黄海辐射沙脊群07-SR-03钻孔沉积剖面与编录(1)

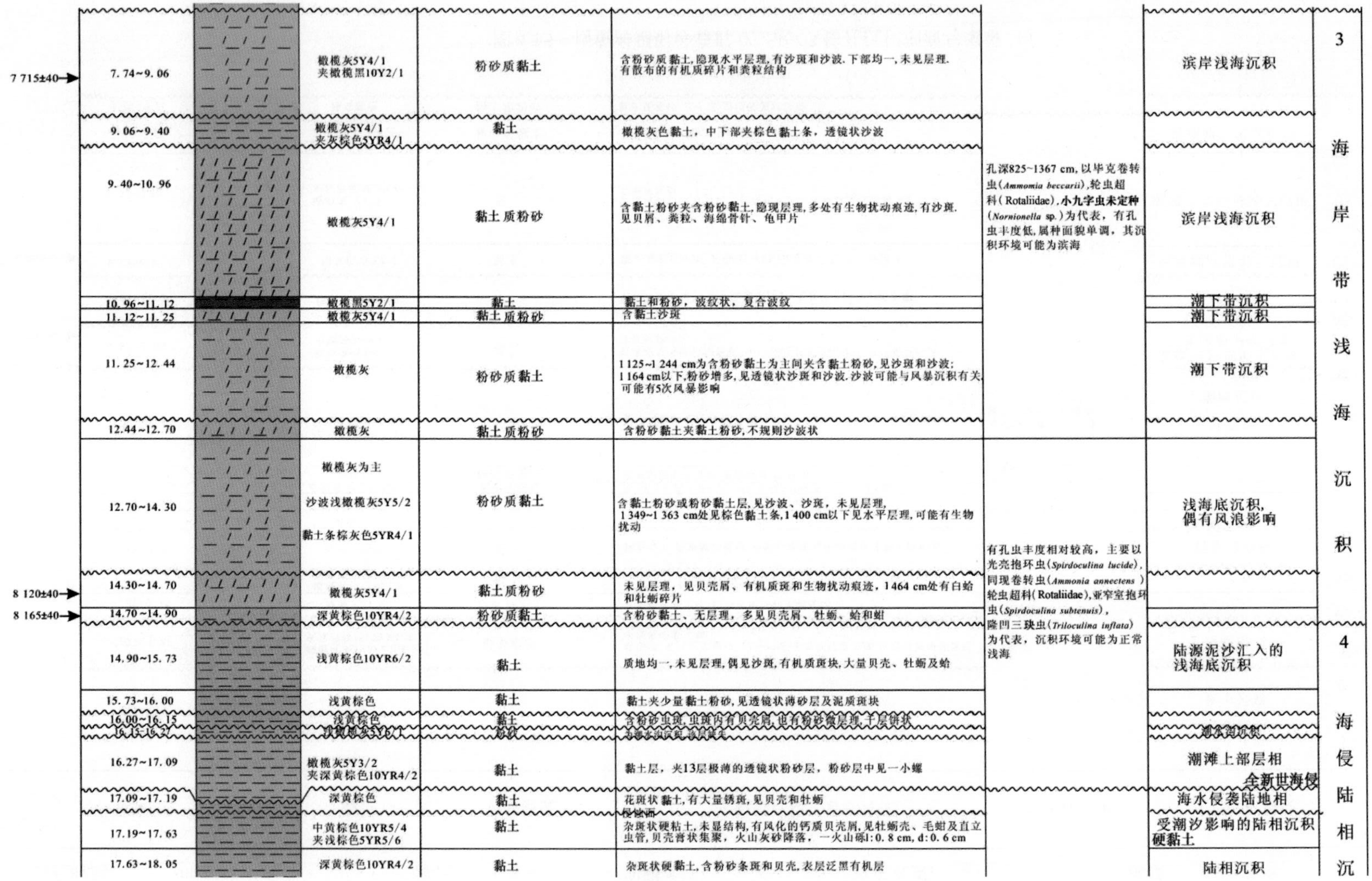

深度(m)	年代	颜色	岩性	描述	环境	沉积相
7.74~9.06	7715±40	橄榄灰5Y4/1 夹微橄榄黑10Y2/1	粉砂质黏土	含粉砂黏土,显现水平层理,有砂斑和砂波,下部均一,未见层理。有散布的有机质碎片和泥质结核		3 海岸带浅海沉积 — 滨岸浅海沉积
9.06~9.40		橄榄灰5Y4/1 夹灰绿色2.5GY4/1	黏土	橄榄灰色黏土,中下部夹褐色黏土层,透镜状砂波		
9.40~10.96		橄榄灰5Y4/1	黏土质粉砂	含黏土粉砂夹含粉砂黏土,隐现层理,多见有生物扰动痕迹,有沙斑。见贝壳,海豹,海绵骨针,龟甲片	孔深825~1367 cm,以毕克卷转虫(Ammonia beccarii),轮虫超科(Rotaliidae)、小九字虫未定种(Nonionella sp.)为代表,种丰度低,属种面貌单调,其沉积环境可能为滨海	滨岸浅海沉积
10.96~11.12		橄榄黑5Y2/1	黏土	黑色粉砂,波状纹,复杂波段		潮下带沉积
11.12~11.25		橄榄灰5Y4/1	黏土质粉砂	黑色粉砂,含量沙段		潮下带沉积
11.25~12.44		橄榄灰	粉砂质黏土	1125~1244 cm为含砂粉砂黏土,隐现层理,见沙斑和砂波。1164 cm以下粉砂增多,见透镜状沙波和砂波,沉积可能与风暴沉积有关,可能有5次风暴影响		潮下带沉积
12.44~12.70		橄榄灰	黏土质粉砂	含砂粉砂土夹黏土,不规则沙纹状		潮下带沉积
12.70~14.30		砂斑浅橄榄5Y5/2 黏土条带灰5YR4/1	粉砂质黏土	含黏土粉砂或黏粉砂黏土层,见沙波、沙斑,未见层理。1349~1363 cm处见黑褐色黏土条,1400 cm以下见水平层理,可能有生物扰动	有孔虫丰度相对较高,主要以同现壳超科(Rotaliidae)、同现卷转虫(Spiroloculina)为代表,轮虫超科(Rotaliidae)。水常指环虫(Spiroloculina anneciens)、隆凹三玦虫(Triloculina inflata)为代表。浅海	浅海底沉积,偶有风浪影响
14.30~14.70		橄榄灰5Y4/1	黏土质粉砂	未见层理,见贝壳片,有机质碎屑,多见贝壳屑,牡蛎		
14.70~14.90	8120±40 8165±40	深灰棕色10YR4/2	粉砂质黏土	含砂粉砂土,无层理状,见沙斑,有机质碎块,大量贝壳,牡蛎及蚬		4 海侵陆相沉积 — 陆源泥沙汇入的浅海底沉积
14.90~15.73		浅黄棕色10YR6/2	黏土	质地均一,未见层理,偶见沙斑,有机质碎块及砂团块		
15.73~16.00		浅黄棕色	黏土	黏土夹少量粉砂,见透镜状砂斑及黏质较低沉积层		潮滩上部层相
16.00~16.15		浅黄棕色	黏土	含黏砂黏土,宜顶有贝壳及粉砂夹层		含新世滨地相
16.15~16.27			黏土	黏土层,夹13层极细的透镜状粉砂层,粉砂层中见一小蟋		海水径影响的陆相沉积
16.27~17.09		橄榄色10YR4/2 夹深黄棕色	黏土	花斑状黏土,有大量锈斑,未显层理,锈显结构,有风化的浅棕黄质贝壳碎块,异壳钙结核,毛蚬及直立		受潮汐影响的陆相沉积
17.09~17.19		深黄棕色	黏土	浅褐黑黏土,显层块结构,见贝壳快聚集,火山灰砂块结,0.8 cm,d.0.6 cm		硬黏土
17.19~17.63		中黄色10YR5/4 夹深黄棕色5YR5/6	黏土	虫迹,贝壳清晰,火山灰砂碎块。一火山灰层见一小蟀		
17.63~18.05		深黄棕色10YR4/2	黏土	杂黑状硬黏土,含有粉砂条斑有见光。表层泛黑有机层		陆相沉积

图4.15 黄海辐射沙脊群 07-SR-03 钻孔沉积剖面与编录 (2)

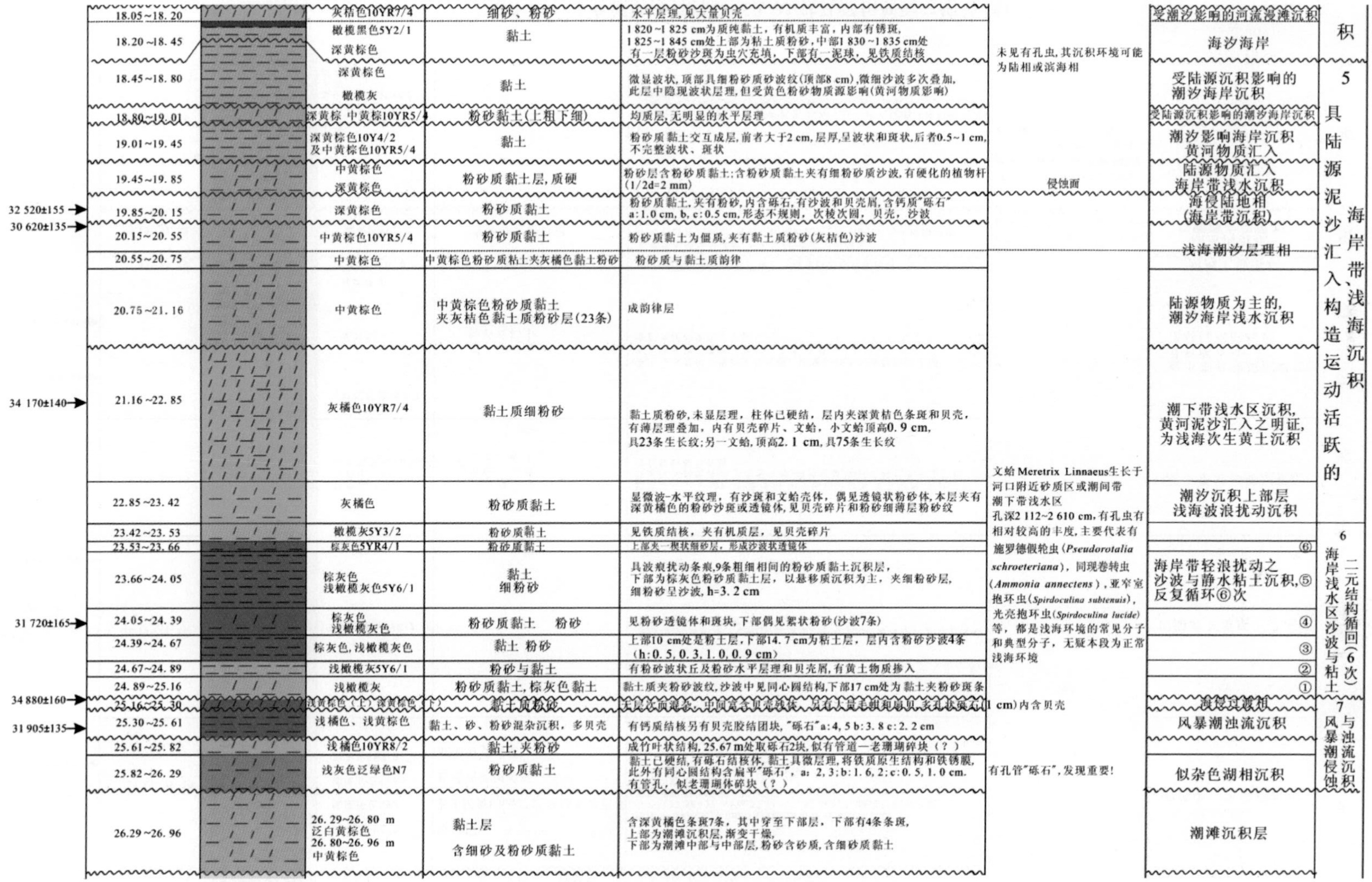

图4.15　黄海辐射沙脊群 07-SR-03 钻孔沉积剖面与编录（3）

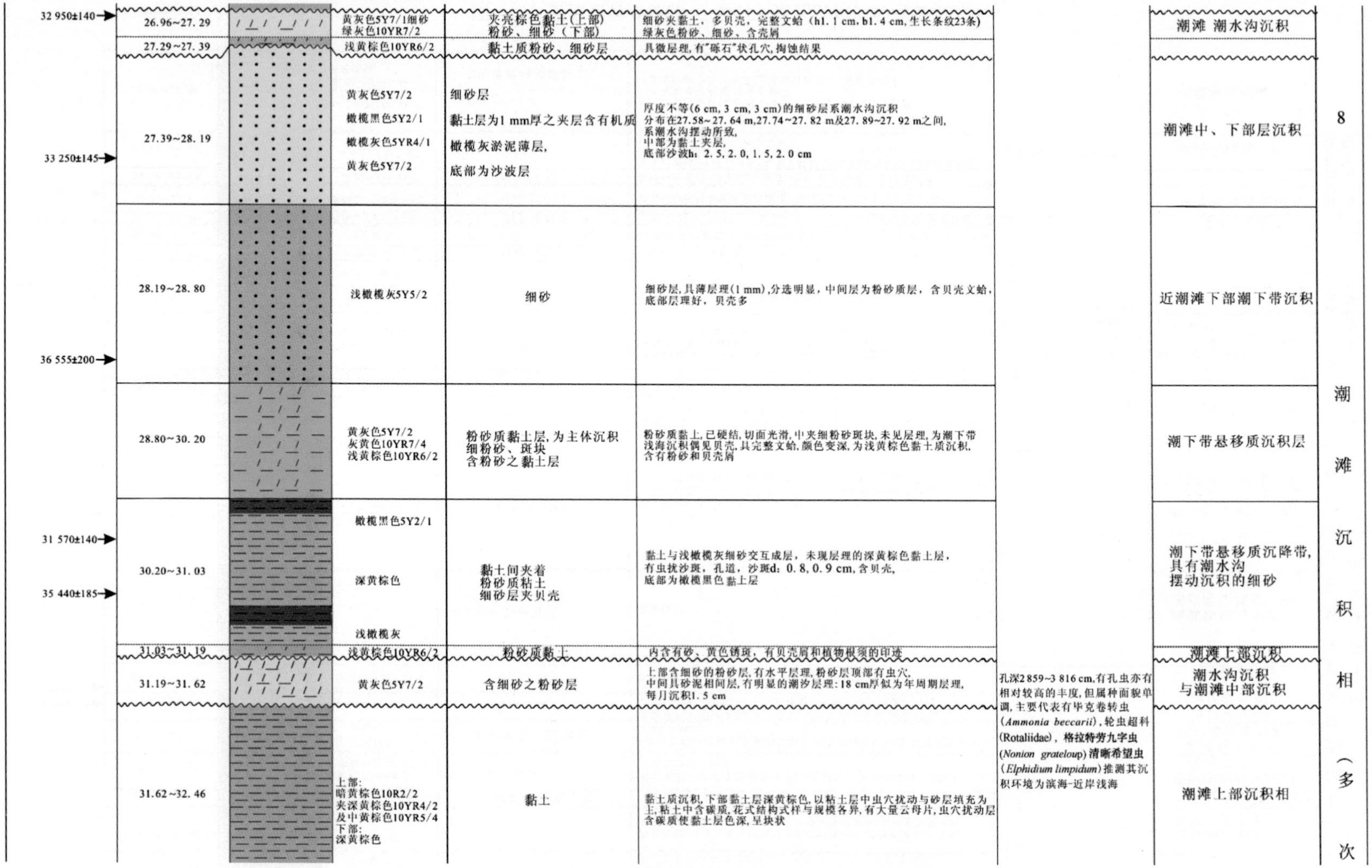

图4.15 黄海辐射沙脊群 07-SR-03 钻孔沉积剖面与编录（4）

沉积相：潮滩沉积相（多次）

年代	深度(m)	颜色	岩性	沉积特征	沉积相
32 950±140	26.96~27.29	黄灰色5Y7/1细砂 绿灰色10YR7/2	含贝壳粉砂、细砂 黏土质粉砂层	砂中夹黏土，多贝壳、完整文蛤（h1.1 cm、b1.4 cm，生长条纹23条） 细黄色粉砂，有"疏石"状孔穴，陶蚀结果	潮滩潮水沟沉积
33 250±145	27.29~27.39	浅灰褐色10YR7/2 黄灰色5Y7/2	细砂层 黏土层为1 mm厚之尖层含有机质 橄榄灰灰浆泥薄层 底部为沙波层	厚度不等（6 cm、3 cm）的细粉砂层系潮水沟沉积分布在右27.58~27.64 m、27.74~27.82 m及27.89~27.92 m之间，系潮水沟摆动所致 中部为黑色夹层，底部沙波纹系2.5、2.0、1.5、2.0 cm	潮滩中、下部层沉积
36 55±200	27.39~28.19	橄榄黑色5Y2/1 橄榄灰色5YR4/1 黄灰色5Y7/2	细砂	细砂层，具薄层理（1 mm），分选明显，中间层为粉砂质细，含光文蛤，底部层理好，贝壳多	近潮滩下部潮下带沉积
	28.19~28.80	浅橄榄灰5Y5/2	粉砂质黏土层，为主体沉积，含细粉砂，底及黏土层	粉砂质黏土上已硬结，切面光滑，小夹细粉砂暗斑块，未见层理，为潮下带浅滩沉积秋蛾觅见，其完整文蛤黄色黑上顶沉机。	潮下带悬移质沉积带层
31 570±140	28.80~30.20	黄灰色5Y7/2 灰灰色10YR7/4 浅黄褐色10YR6/2 橄榄黑色5Y2/1	黏土间夹着粉砂、黏土 细砂层夹贝壳	黏土与浅橄榄灰细粉砂交互成层，未见层理暗斑的双切物喂额的印迹 有虫迹斑层、孔道、粉砂层：0.8、0.9 cm，含贝壳。	潮下带悬移质沉降带，具有潮水沟摆动沉积的细砂
35 440±185	30.20~31.03	深灰棕色 浅橄榄灰	含细砂之粉砂层	内灰有色、黄色铁锈、有贝壳斑纹黏的双切物。以黏土层为显显、粉砂层间渐过速 中间夹粉砂薄间层，有机屑的潮沙层理：18 cm尺似似为年间期沉积 每刊沉积1.5 cm	潮滩水沟与潮滩中部沉积
	31.03~31.19	浅黄灰色10YR6/2 黄灰色5Y7/2	黏土		潮滩上部沉积
	31.19~31.62				
	31.62~32.46	上部：暗黄褐色10R2/2 夹中灰深黄褐色10YR4/2 底中灰黄褐色10YR5/4	黏土	黏土质沉机，下部黏土层深黄色，花斑状色块斑纹，含水量多，分散为灰，以黏土层中央沉动与砂层沉为为主含斑中部富钙层，花斑状料及片与浸根褐色异，有大量云母片，此次扰动层含碳质软黏土层色呈块状	潮滩上部沉积相

孔深2859~3 816 cm：有孔虫亦有相对较高的丰度，但属种南裂中讯，主要代表有毕克卷转虫（Ammonia beccarii）、光滑筏九字虫（Rotaliidae）、光滑希望虫（Nonion graciloup）滑稀希望虫（Elphidium limpidum）推测其沉积环境为滨海-近岸浅海

	32.46~32.70	浅橄榄灰5Y6/1	细砂质粉砂	含细小贝壳与云母	潮滩下部沉积	旋
	32.70~33.01	浅橄榄灰	粉砂质黏土	具水平层理，含贝壳碎片与碎屑	潮滩中、上部沉积	
	33.01~33.78	橄榄灰5Y4/1	黏土	黏土层为主，夹浅黄棕色粉砂沙波层（厚0.5 cm、1 cm、2 cm、3 cm），共10层，黏土层中夹贝壳壳屑与云母	潮滩中部沉积	回）
33 355±150	33.78~34.84	浅黄棕色10YR6/2	黏土	粉砂质黏土层，局部夹有粉砂细砂层，贝壳，多具水平层理	潮下带沉积	
	34.84~35.04	浅黄棕色 浅橄榄灰色5Y6/1	粉砂	含细砂层，3 491~3 494cm处贝壳屑富集，具水平层理	风暴漩涡沉积	
32 625±150	35.04~35.20	中黄棕色10YR5/4	细砂	含贝壳碎屑，未见层理，松散，未硬结，含腐殖质团粒	似古长江在水下沉积	
	35.20~35.29	中灰色N5	黏土	局部夹少量略含粉砂的黏土		
	35.29~36.35	中黄棕色	细砂	细砂层，3 560 cm处有腐殖质，3 610 cm处有一泥块（灰色坚硬），细砂层中夹泥质，隐现水平层理，富含贝壳，见腐殖质团	二元结构 为河流河口浅海沉积	9
	36.35~36.55	浅橄榄灰色5Y6/1	含粉砂质黏土	具水平层理，顶部富含有机质层，含贝壳		
	36.55~37.38	深黄棕色10YR4/2 浅橄榄灰色5Y5/2	黏土 细砂与黏土夹层 细砂（37.15~37.38 m）	深黄色黏土质，位于上部，13 cm厚，其下出现细砂与黏土夹层，15 cm厚，7 cm厚的黏土水平层理为粉砂间层，黏土为粉砂间层，层厚不均一波状 3 715~3 738 cm处为潮下带以深浅海，沉积之砂层，质地纯，期间夹一层波状黏土条带（0.2~0.5 cm宽）	具潮滩残留层的潮下带浅海沉积	海

图4.15　黄海辐射沙脊群07-SR-03钻孔沉积剖面与编录(5)

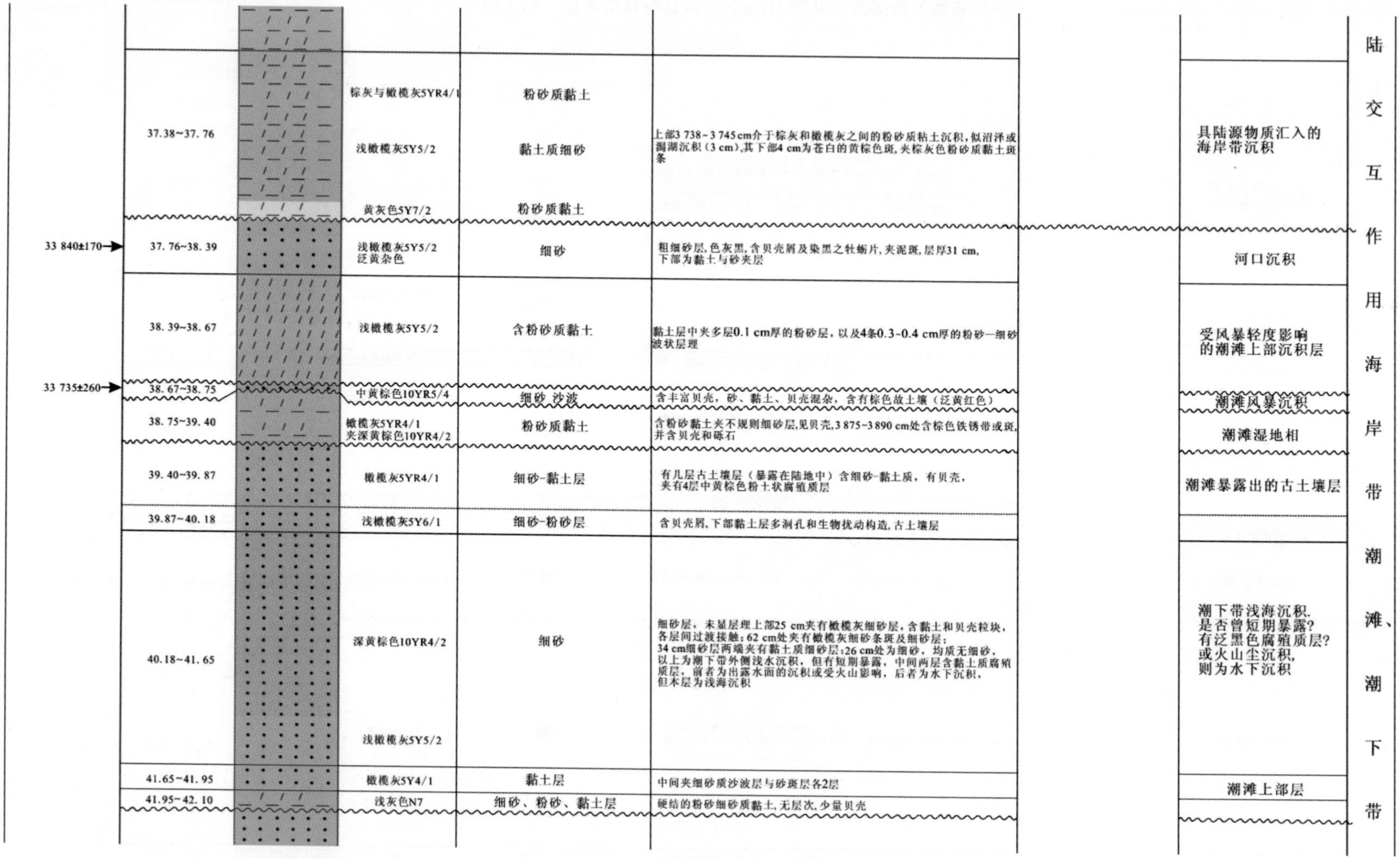

沉积相分带（顶部横向）：陆　交　互　作　用　海　岸　带　潮　滩、潮　下　带

沉积环境	沉积描述	岩性	颜色	深度(m)	年代
具陆源物质汇入的海岸带沉积	上部3738~3745 cm介于棕灰和橄榄灰之间的粉砂质黏土沉积，似淤泥或潟湖潮滩沉积(3 cm)，其下部4 cm为白的黄棕色斑，夹棕灰色与粉砂质黏土斑条	粉砂质黏土	棕灰与橄榄灰5YR4/1	37.38~37.76	
河口沉积	粗细砂层，色东黑，含贝壳有及黑之壮物作，层31 cm。	黏土质细砂	浅橄榄灰5Y5/2	37.76~38.39	33 840±170
		粉砂质黏土	黄灰色5Y7/2		
受风暴轻度影响的潮滩上部沉积层	黏土层中夹多层0.1 cm厚的粉砂层，以及4层0.3~0.4 cm厚的粉砂—细砂层	细砂	浅橄榄灰5Y5/2泛黄棕色	38.39~38.67	
潮滩风暴沉积	含粉细贝壳、砂、黏土、贝壳混杂	含粉砂质黏土	浅橄榄灰5Y5/2	38.67~38.75	33 735±260
潮滩湿地相	含粉砂黏土夹不规则细砂层，见贝壳，3875~3890 cm处含标色铁锈带浸染或斑	粉砂-沙波	中黄棕色10YR5/4	38.75~39.40	
潮滩暴露出的古土壤层	有儿层古土壤层(暴露在陆地中)含细砂—黏土层，有贝壳。夹和砾石中黄棕色铁锈-软海福烟层	粉砂质黏土	橄榄灰5YR4/1夹黑灰色层10YR4/2	39.40~39.87	
	含贝壳屑，下部黏土层多涡孔，和生物扰动构造，古土壤层	细砂-粉砂层	橄榄灰5YR4/1	39.87~40.18	
潮下带浅海沉积，是否曾明显暴露?有沉积短暂腐殖质层?或火山尘生沉积，则为水下沉积	细砂层，未显层理，上部25 cm厚有橄榄灰色黏土和贝壳块，含黏土的灰细砂层及细砂条层，26 cm处夹有橄榄灰细砂层，34 cm处夹再现有黏土质细砂层，以上为潮下潟湖外侧浅海大泥层，但有短期暴露，中间向混受火山尘影响，后者为露出水面前的沉积或海下沉积，顶界为浅海沉积	细砂	深黄棕色10YR4/2	40.18~41.65	
	中间夹细砂质砂坡层与砂斑2层	黏土层	浅橄榄灰5Y5/2	41.65~41.95	
潮滩上部层	碎钝的粉细砂质黏土，无显次，少量贝壳	细砂、粉砂、黏土层	橄榄灰5Y4/1 / 浅灰色N7	41.95~42.10	

图4.15　黄海辐射沙脊群07-SR-03钻孔沉积剖面与编录(6)

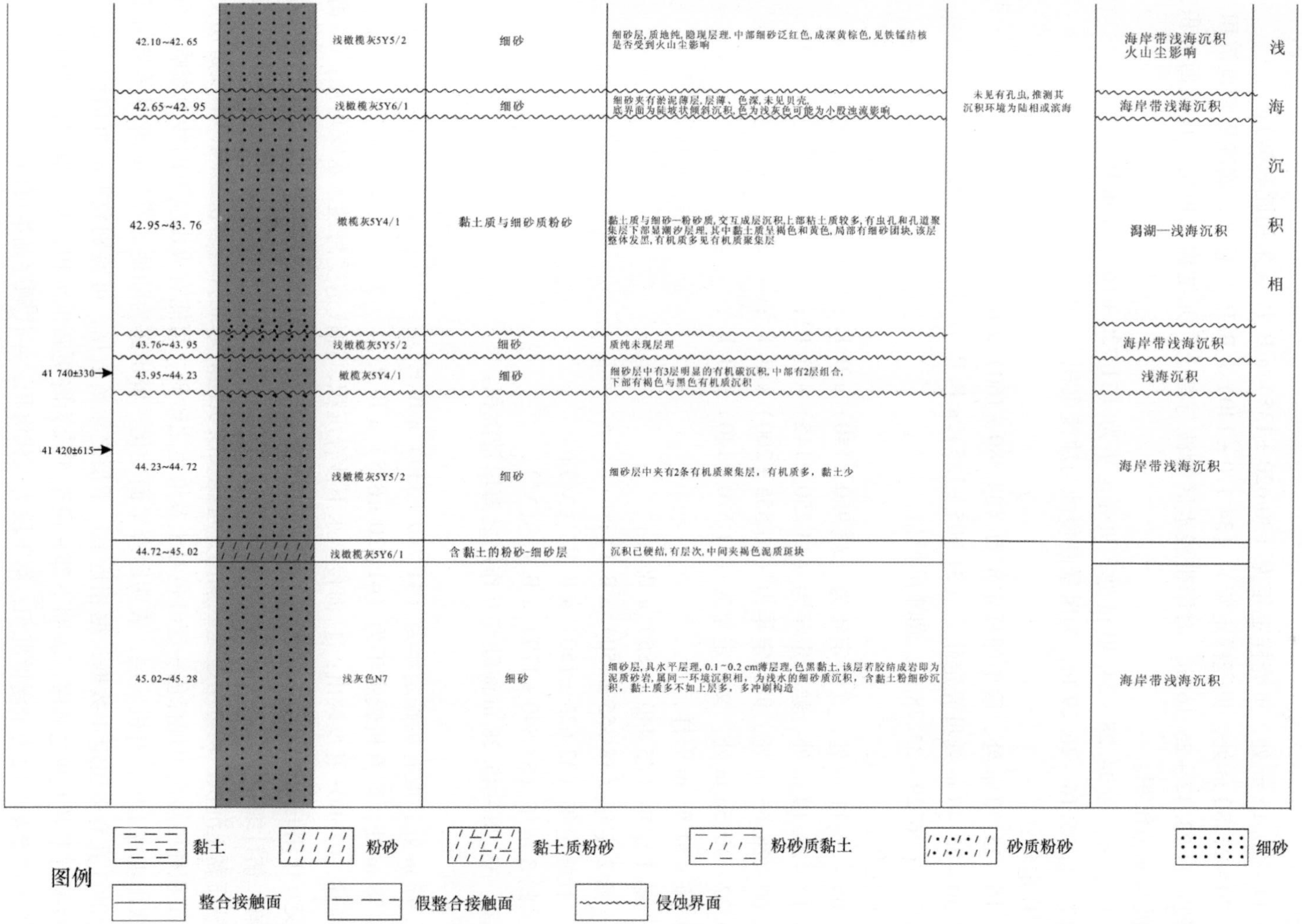

浅海沉积相

深度 (m)	颜色	岩性	描述	沉积相
42.10~42.65	浅橄榄灰5Y5/2	细砂	细砂层，质地纯，略现波状层理，中部细砂呈泛红色，成深黄褐色，见铁锰结核，是否受到钻进火山尘影响	海岸带浅海沉积 火山尘影响
42.65~42.95	浅橄榄灰5Y6/1	细砂	细砂夹有微细薄层，层理，色现，未见贝壳，整界面为起坎波状过渡沉积，底色为浅黄夹深黄色，见少量浅黄褐砂	海岸带浅海沉积
42.95~43.76	嫩黄灰5Y4/1	黏土质与细砂质粉砂	黏土质与细砂一般松散，交互成层层状沉积，上部黏土质较有，有虫孔及水渣聚集上部黄灰质尾，见中夹层褐色和浅色，简清不清细砂质黏土，淤层整体发黑，有机质丰富见有机质富集层	潟湖—浅滩沉积
43.76~43.95	浅橄榄灰5Y5/2	细砂	质地纯现层理	海岸带浅海沉积
43.95~44.23	嫩黄灰5Y4/1	细砂	细砂层中有3处明显的有机碳沉淀，中部有2处结合，下部有黑砂尾与黑色夹层有机质沉积	浅滩沉积
44.23~44.72	浅橄榄灰5Y5/2	细砂	细砂层中央有机质聚集层，有机质丰，有碎黏土沙，淤层次，中间夹碱色现灰黑块	海岸带浅海沉积
44.72~45.02	浅橄榄灰5Y6/1	含黏土的粉砂~细砂层	沉积已硬硬，有层次，中间夹碱色现灰黑块	海岸带浅海沉积
45.02~45.28	浅灰色N7	细砂	细砂层具水平层理，0.1~0.2 cm厚层理，色黑黏土，该层若胶的成份即为泥质状砂，圆同一环境沉积相，为积水的细砂质沉积，含黏土微薄砂沉积，黏土质多不如上层多，多冲刷构造	海岸带浅海沉积

41 740±330
41 420±615

未见有孔虫，据潮其
沉积环境为陆相和底滨积

图 4.15　黄海辐射沙脊群 07-SR-03 钻孔沉积剖面与编录 (7)

颜色据 Rock Color Chart. The Geological Socidty of America Boulder, Colorado, 1979.

图例

黏土	粉砂	黏土质粉砂	粉砂质黏土
砂质粉砂	细砂		
整合接触面	假整合接触面	侵蚀界面	

第4段：从14.90~18.45 m，为海侵的陆相沉积层。

第5段：从18.45~23.42 m，具陆源泥沙汇入，构造活动活跃的海岸带浅水沉积。

在19.18~20.01 m处，贝壳样定年为（32 520±135）a B. P.，此样取在侵蚀面上，可能有误差；

在20.11~20.15 m处，贝壳样定年为（30 620±135）a B. P.（采用此数据）；

在21.70~21.80 m处，贝壳样定年为（34 170±140）a B. P.。总之，属晚更新世沉积。

第6段：自23.42~25.16 m，海岸带浅水区沙波与黏土二元结构沉积层6次旋回沉积，为浅海微波与潮流沉积。

AMS^{14}C定年：在24.28~24.30 m处，贝壳定年为（31 720±165）a B. P.。

第7段：自25.16~26.29 m，为风暴潮侵蚀与浊流沉积。

AMS^{14}C定年：

在25.16~25.30 m处，取毛蚶样定年为（34 880±160）a B. P.；

在25.30~25.46 m处贝壳定年为（31 905±135）a B. P.。

第8段：自26.29~33.78 m，潮滩沉积相。

AMS^{14}C定年：

在27.05~27.11 m处，文蛤定年为（32 950±140）a B. P.；

在28.17~28.19 m处，蛤片定年为（33 250±145）a B. P.；

在28.60~28.65 m处，贝壳定年为（36 555±200）a B. P.；

在30.32~30.56 m处，文蛤定年为（31 570±140）a B. P.；

在30.86~30.93 m取样：

　　蛤1定年（35 440±185）a B. P.；

　　蛤2定年（38 355±150）a B. P.；

　　牡蛎定年（32 625±150）a B. P.（√）；

　　蛤3定年（33 840±170）a B. P.（√）。

第9段：33.78~45.28 m海陆交互作用之海岸带沉积。

AMS^{14}C定年：

在43.97 m处，取有机碳定年为（41 740±330）a B. P.。

在44.58 m处，取有机碳定年为（41 420±615）a B. P.。

综上所述，07SR03孔反映出：① 海侵型水下沙脊沉积，现代遭受海蚀，水深增加；② 海岸带海陆交互作用的浅海沉积经受潮汐作用的细砂层沉积，潮滩及潮下带沉积；③ 受陆源河流沉积物影响，估计细砂质为长江泥沙。在孔深15 m、21 m、31 m、36 m处出现棕黄色粉土，或含较多粉砂质黏土沉积，均可明显地区别出，可能反映黄河对苏北曾有多次影响，不仅是历史时期；④ 沉积柱中多次出现棕色—泛红色黏土及染色之砂砾，可能有火山喷发的沙尘影响。沉积层中多次出现古土壤、有机质层，表明因海平面变化，曾出露为陆地，或为滨海沼泽潟湖环境；⑤ 07SR03孔有多层定年数据，据相近上、下层之年龄数据，可鉴别数据的可信性，总体上，钻孔数据有下老上新之顺序，表明下部9段至5段为晚更新世沉积，其上有侵蚀间断的剥蚀面；自第5段至第2段为全新世沉积；第1段为现代沉积。年代顺序基本可信。

4.2.2　东北部辐射状大沙脊与潮流通道区

范围介于麻菜珩沙脊与蒋家沙沙脊之间，包括陈家坞槽、毛竹沙、草米树洋、外毛竹沙与苦水洋，均为呈 NE 方向延伸的大沙脊与潮流深槽，该处是在晚更新世江、河泥沙堆积的基础上，经全新世海平面上升以来，在南黄海以旋转潮波与前进潮波辐聚所形成的辐射状潮流场，由潮流动力冲刷、改造古江河泥沙而形成的辐射状脊槽，其延展方向与潮流动力往返方向符合，是辐射状沙脊的主体部分，沙脊经浅海波浪改造呈宽坦的峰顶，沙脊尾端略呈逆时针方向延伸，反映出现代旋转潮波之影响。

地震地层剖面①表明，辐射沙脊群中的东北部、枢纽部等处的大沙脊是在晚更新世沙体沉积的基础上，多层叠置发育而成，潮流通道亦具有谷中谷的继承特点，其发育形成时代，主要集中于全新世初期与中期海侵之时，现代又处于此过程中。以下，在阐明沙脊群地貌发育过程时，将分区选择主要沙脊与潮流通道以说明之。

4.2.2.1　陈家坞槽

介于麻菜珩与毛竹沙之间，地震剖面（自 33.281°N，121.428°E 至 33.313°N，121.376°E）展现：晚更新世地面低缓，埋藏于海底 40 m 厚沉积层之下；全新世早、中期砂层厚度超过 30 m，水流切割全新世砂层形成沙脊与谷槽。谷槽中堆积了全新世晚期的砂质透镜体，层厚 15 m；嗣后，此透镜体积聚的厚层砂又被水流冲刷成小型脊、槽起伏；后期砂层继续堆积为水下沙脊，由于陈家坞槽潮流冲刷，使全新世晚期沙脊被剥露（图 4.16）。

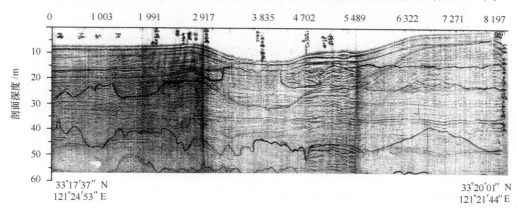

图 4.16　横跨陈家坞槽外段地震地层剖面

资料来源：王颖，2002

此剖面反映出全新世的沙脊是在冲刷老沙脊的堆积层基础上发育的，陈家坞槽是在全新世沙脊群中冲刷出的潮流通道。

4.2.2.2　毛竹沙

界于陈家坞槽与草米树洋之间，其长度与规模比西侧的麻菜珩、东侧的外毛竹沙均小。毛竹沙是在晚更新世沙体上发育的复式沙脊，因遭受海侵，绝大部分为 −5 m 和 −10 m 水深的水下沙脊，后者既是老沙脊冲刷之残留，亦有全新世砂质的再堆积。毛竹沙西南侧根部达

---

① 本章（篇）所用的地震地层剖面均选自《黄海陆架辐射沙脊群》（王颖，2002）。因为测图效果好，且为本章作者亲自参加测量所获，近期在该区所作的地震剖面因船速快，剖面穿透效果差，且测线不同。埋藏于现代沉积层下的剖面，基本无变化，而解译则因钻孔资料增加，而有新的认识，以下同，不再一一加注。

0 m 以上，与外毛竹沙相连。

4.2.2.3 草米树洋

界于毛竹沙与外毛竹沙之间，自海向陆呈 NE 向 SW 延伸。

（1）草米树洋内段狭窄，具有谷中谷的老谷地，其特点是：晚更新世地面脊、槽起伏，沙脊体宽大，脊顶埋于 22～36 m 厚的海底沉积层下，谷地位于 34～43 m 厚的沉积层下，脊槽间高差 8～12 m；上覆的全新世沉积层厚度超过 30 m，早期为水平层覆盖晚更新世起伏地面上，易于辨别；全新世中期发育侵蚀谷，切割显示为达 4～13 m 的沉积层盖于底部，侵蚀谷中具谷中谷结构，并切割砂层成透镜体；全新世晚期沉积为厚度约 10 m 的水平层，草米树洋内端展现界两侧沙脊之中（毛竹沙与外毛竹沙），为大型沙脊，全新世中期遭受侵蚀，解体为多个分支沙脊，与出现谷地，其中有 V 形深切谷，嗣后叠置着全新世晚期的侵蚀谷、次生沙体斜交沉积层与水下沙脊（图 4.17）。

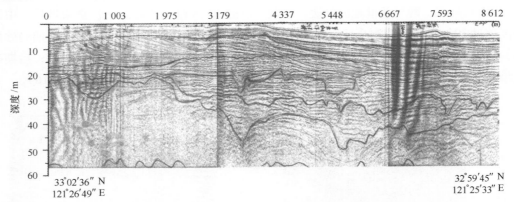

图 4.17 草米树洋内端谷中谷与两侧沙脊地貌结构

资料来源：王颖，2002

（2）草米树洋外段开阔，沉积剖面显示（图 4.18）：

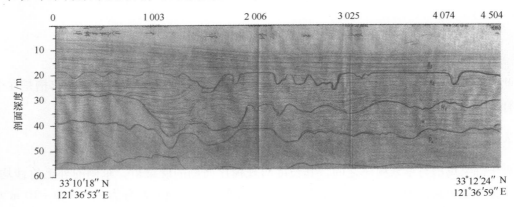

图 4.18 草米树洋外段地震地层剖面

资料来源：王颖，2002

① 晚更新世沉积埋藏于现代海底 33～36 m 深处，地面已经海水蚀低夷平；

② 全新世早期沉积砂层厚 10～15 m，略呈水平层理；全新世中期沉积厚度 15 m±，两层中均有侵蚀谷，呈谷中谷形式并有河床沙体沉积，沙体亦经水流切割成脊槽；

③ 全新世晚期为水平沉积层，层理清晰，具沙波与斜层理。

综上所述，草米树洋是发育于晚更新世末及全新世初期的槽谷。全新世沉积厚度大，全新世中期以来槽谷受海侵冲蚀使外段开阔喇叭口状，当地称该谷为洋，现代海底沉积为细砂。

4.2.2.4　外毛竹沙

外毛竹沙是辐射沙脊群主体部分的大沙脊，大部分为水深 10 m 以内的水下沙脊，组成物质为细砂。

外毛竹沙的主体是在晚更新世的砂质沉积上由水流堆积的大沙脊，晚更新世末及全新世初又遭受海侵冲刷，脊两侧具有经水流冲刷与泥沙填积的冲刷槽；上覆全新世厚度超过 20 m 的沉积层，使晚更新世沙脊成埋藏脊；全新世早、中期沉积层中具有侵蚀谷与扰动形态，全新世后期沉积具水平与斜交层理。全新世各层之间界面明显，具有水流冲刷痕迹，仍可从沉积层中判断出原始相对高度——脊槽间相差约 30 m，嗣后，由于沙脊顶部被侵蚀，泥沙向两侧槽内堆积，结果，保留于剖面中的相对高度约 15 m（图 4.19）。外毛竹沙主要为水下沙脊，既是老沙脊的侵蚀残余，又有全新世海蚀内部沙脊产生的沙质补给，可定为全新世水下沙脊。

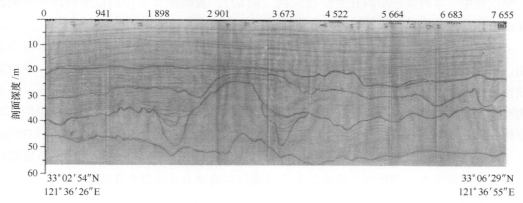

图 4.19　外毛竹沙地震地层剖面

资料来源：王颖，2002

4.2.2.5　苦水洋

苦水洋是介于蒋家沙与外毛竹沙之间的潮流通道，地震剖面显示全通道具有一致性的沉积结构，反映苦水洋是在全新世中期与晚期海侵冲刷而成，水流作用较强。现以内段为例说明，地震剖面（自 33.900°N，121.408°E 至 32.940°N，121.534°E）表明：

（1）晚更新世末地面位于海底 25～36 m 厚的沉积层下，为具有和缓起伏的砂质沉积层，具有洼地与侵蚀沟形态；

（2）全新世早期具有水平层理的砂层，覆盖于老地面之上，砂层受到水流侵蚀后，厚度为 4～10 m；

（3）全新世中期为水流湍急的砂质沉积，具有中型的脊槽起伏，其相对高度大于 10 m，宽度大于 500 m，沙脊呈不对称形，沉积层厚度为 12～25 m，具有斜层理、穹形层理、填充谷地的水平层理和斜层理（图4.20），此层被后期沉积所覆盖。

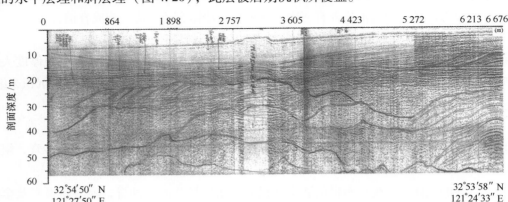

图 4.20　苦水洋内段地震地层剖面

资料来源：王颖，2002

（4）全新世晚期与现代海底沉积厚5～10 m，具有水平层理及微型沙波之峰（谷），反映出水流侵蚀改造老沙脊与次生堆积过程。

据剖面中一系列波形单斜丘之陡坡向西（向陆），表明此水流作用是来自海洋方向，是海洋潮流作用之结果。已成槽谷的现代潮流通道底具双向水流的沉积结构。

上述剖面均反映出，东北部沙脊群的基底为晚更新世砂层沉积，自晚更新世末与全新世初期，已有沙脊、谷槽或雏形沙脊形成，是海侵的明证；全新世早、中期沉积层，在全新世中期普遍遭受侵蚀，形成谷中谷与沙脊加积加大；此后，全新世晚期沉积层10～15 m厚又遭遇到晚期及现代海侵沉积；海侵与加积均具有节奏性，三次明显的海侵（早期、中期、晚期与现代），以中期海侵保存于地层中的记录显著，晚期与现代海侵是持续进展的，规模仍大；东北部沙脊与潮流通道均具有继承性特点，而以现代脊槽规模大，据估计，晚更新世期间的脊槽与海侵规模亦大。但辐射沙脊群的主体组成与潮流动力效应以东北部最为显著。

4.2.2.6　钻孔07SR04

钻孔 07SR04 位于外毛竹沙外段东侧的苦水洋海域中，位置为 33°27.178′N，122°5.617′E，海底水深12.5 m，自海底表层向下，钻孔进尺30.8 m，实获沉积柱体24.8 m，柱体结构表明系由晚更新世末期（大约 32 000 a B. P. 到 28 000 a B. P.）以陆源黏土为主体的海岸带浅海沉积相；在全新世中期海侵期间演变为受陆源沉积影响的海岸带浅海沉积相；至全新世后期及近代发育为潮流通道与蚀余的潮流沙脊相的发展过程，此钻孔特点在于：上段保存着潮流通道与蚀余沙脊沉积，下段出现多层黄棕色粉砂质黏土沉积，似受黄河泥沙之影响，并且有火山沙尘影响。根据沉积层的颜色、粒度、沉积层结构、微体古生物等状况，07SR04孔，可划分为三个相段：① 上段自 −12.5 m 水深的现代海底至 −3.40 m 深处为潮流通道海底沉积与蚀余的潮流沙脊相；② 自 −3.4 m 至 −15.14 m 深处为中段，为近岸浅海沉积相；③ 自 −15.14 m 至 −24.8 m 为下段，为陆源黏土为主体的浅海沉积相。全孔沉积表现为"海侵型近岸浅海沉积相"（图4.21）。

112　现将07−SR−04孔的沉积柱体特征总结如下。

钻　孔　号：07SR04　　位置：　　　　33°27.178′N, 122°5.617′E　南黄海辐射沙脊群苦水洋潮流通道

钻孔时间：2007.12　　潮高：　　　　实测水深：12 m　　改正水深：12.5 m　　编录：王颖　殷勇

AMS ^{14}C 测年aBP	深度(m)	岩芯	颜色	物质组成	沉积层结构　岩性特征	微体古生物	沉积相	沉积相段
	0~0.5		深黄棕色10YR4/2	细砂质粉砂层	比较单纯的薄层状质粉砂，无层次、分选较好，含有少量贝壳屑，层次向下递渐明显。与下层递渐过渡，夹带黏土已碳结		现代海底沉积海侵相与潮滚动方遍应	1
	0.5~0.89		浅橄榄棕5Y6/1 与橄榄灰5Y4/1	细粉砂、黏土质粉砂层	不同颜色粉砂相互成韵律明显，层次向下递渐明显。粉砂质地均匀，下层递渐过渡，此层是现海底沉积。含贝壳屑		潮流通道海底沉积	潮流通道沉积相
	0.89~1.36		浅橄榄棕5Y5/2	细砂质粉砂层	质地均匀，向下过渡粉砂为主。没有结构，与下层是现海底沉积		潮流通道海底沉积	
	1.36~1.80		浅橄榄灰5Y5/2	黏土质粉砂	上部2 cm浅不同颜色交互成薄粉层，成隐韵层理。质地较纯，中间夹黑色夹层（很薄）。底部18 cm出现明显更深带棕色粉砂		淹没的潮下带	
5 900±35	1.80~1.92		暗黄棕色10YR2/2 深黄棕色10YR4/2	粉砂质黏土或者黏土质粉砂层	有虫穴管道。岩芯2~0.4 cm，管道弯曲接近。虫穴中充填更深棕色粉砂		废黄河泥沙同或受潮流沙脊	
	1.92~2.41		浅橄榄灰、深橄榄灰	细砂质粉砂	此层为顶层的薄潮沙背沉积色，背著前群层理，浅色与薄黑色条纹互层，质颗薄土为粉砂层，夹有纯深黄薄。下层中粉质的粉砂层，似调稀的淡浆沉积		冲刷形成典型潮流沙脊	
	2.41~2.60		浅橄榄灰5Y6/1 深橄榄灰	粉砂层、黏土质粉砂	细砂粉与泥薄状夹层。其有均匀泥粉与薄砂压层层理。比较完整		潮流沙脊	潮流沙脊沉积相
	2.60~2.70		浅橄榄灰5Y5/2	细粉砂、黏土	夹0.1~0.3 cm厚的黏土质粉砂层（深灰棕色）成水平层理		潮流沙脊	
	2.70~2.91		橄榄黑	细粉砂、黏土	上部0.5 cm为海螺黏土，质地致密，下部有韵薄纹，与下部界限分明，下部12 cm为黏土质地纯的黏土层，均匀无层理，具虫穴薄纹理		潮流沙脊	
	2.91~3.40		橄榄黑、深橄榄灰5Y2/1	黏土	上部为薄黏土薄层，无层理。主要薄黏土层。后部界限明显，3 cm为薄层具斑状的黄薄层		潮流沙脊	
	3.40~3.60		深橄榄色5Y4/2 浅橄榄灰5Y5/2	含黏土粉砂夹粉砂质黏土	依次向下7 cm以细砂粉与为主，无本状纹理，上部以黏土为主，夹9条连续纹，波状斑细粒8 cm厚土		潮流沙脊	
	3.60~4.27		橄榄黑5Y2/1 浅橄榄灰5Y5/2	粉砂质黏土	基底6 cm处薄砂质纹多层，中部界薄黏薄层，底薄3 cm薄层黑薄纹层。顶部15~17层。较显薄黄状层理，与上下层间可能不整合		潮流沙脊	
2 005±40	4.27~5.02		橄榄黑5Y2/1, 浅橄榄灰5Y5/2	粉砂质黏土与粉砂互层	含黏土质粉砂夹中央纯的粉砂，为麻麻滑滑状层间，与下边的层次间间。可能是含水的斑状滚薄沉积层，18 cm以中央薄海底积层，具沙波泥薄，向下13 cm为粉质薄砂过点去-68 cm有1 cm厚的碳集中，和一沙滩中隔的浅色砂层。以下为薄纯黏土层，水深度大于上层，与下层间地薄重，因质地薄重，不透气薄致。为虫穴填充	0~6.26 m有孔虫相对丰度高。主要以中卷转虫(Ammonia beccarii)、粗面虫科(Rotaliidae)、同现卷转虫(Ammonia annectens)、冷水种九字虫(Cribronion frigidum)，希瓦格九字虫(Nonion schwageri)为代表。出现少别序属九种地球生虫和希望虫Elphidium sp.)为代表。出现少别序薄壳种地虫球土虫(Globigerina bulloides)，可能为近岸浅海	浅水海底(废黄河泥沙影响)	2
	5.02~5.24		橄榄黑	黏土	黏土层地均匀，有少量薄砂。含质薄砂，不透气薄重。水深薄气薄放，为虫穴填充			
	5.24~6.26		橄榄黑, 浅橄榄灰5Y5/2	黏土粉质黏土夹少细粉砂、黏土质粉砂	上部黏土为薄纯的黏土夹少层粉黑薄砂。相同为薄黏土层，间夹薄土质薄砂		海底沉积	具陆源泥沙
	6.26~7.90		橄榄黑, 浅橄榄灰5Y5/2	粉砂质黏土含粉砂	上部薄土层含薄砂，多因粉砂薄。下部薄土层更多，未薄层理，但其间夹有细薄砂质层，间夹土质薄沙层			
	7.90~8.33		橄榄黑5Y2/1	黏土为主间部夹粉砂斑	黏土以主间薄砂含薄砂，多薄粉砂薄。内夹小豆薄构，与下层变形纹理状填充薄，土薄渐渐薄。上薄面地薄发育有沙滚薄显			

图4.21　南黄海辐射沙脊群东北部苦水洋07SR04钻孔沉积剖面及编录（1）

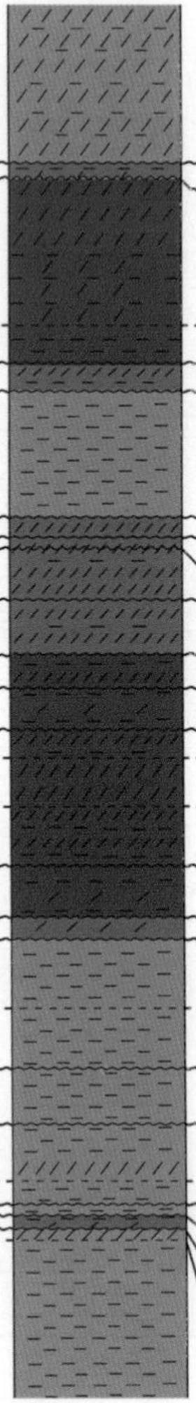

3 375±30	8. 33～9. 53	深黄棕色10YR4/2	黏土质粉砂	黏土质粉砂层，多砂斑，内含贝壳屑，939~941 cm处有贝壳富集层，毛蚶，无大片	6.26~24.8 m有孔虫丰度比上部低，主要以轮虫科(Rotaliidae)、毕克卷转虫(*Ammonia beccarii*)、希瓦格九字虫(*Nonion schwageri*)、冷水筛九字虫(*Cribrononion frigidum*)和格拉特劳九字虫(*Nonion grateloupi*)为代表，可能为滨海或近岸浅海		影响的海岸带浅海沉积相
	9. 53～9. 64	浅橄榄灰5Y5/2	粉砂质黏土	有微层理（泥质纹层），已硬结，与上下层不连续			
	9. 64～10. 71	橄榄灰5Y3/2、浅橄榄灰5Y5/2	粉砂、黏土质粉砂	964~1 030 cm,粉砂为主夹薄泥层,多浅橄榄灰色潮汐层理；1 030~1 071 cm,粉砂黏土为主,夹粉砂透镜体,至下部40 cm厚层之间仅有4~5条厚1.2~0. 3 cm的粉砂层		潮下带海底沉积	
	10. 71～10. 98	橄榄黑5Y2/1	黏土	无明显砂斑,底部水平纹层,为海底沉积		海底沉积	
	10. 98～11. 18	橄榄灰、浅橄榄灰	黏土质粉砂夹粉砂	具浅橄榄灰色细粉砂组成的波痕，波痕（1/2 波长：7 cm，6. 5 cm，6. 7 cm；波高：1. 5 cm，2 cm，0. 4 cm		海底沉积有轻浪作用	
	11. 18～12. 10	暗黄棕色10YR2/2	黏土夹少量黏土质粉砂	均质，没有层次，中间夹有少量的砂条与砂斑，并不见砂波纹（斜条与砂斑未见层理），黏土质海底受有砂质影响，1 145 cm、1 150 cm、1 180 cm、1 186 cm四处出现砂斑。明显不整合接触		黏土质海底	
4 290±40	12. 10～12. 25	浅橄榄灰5Y4/1	粉砂夹黏土	具水平层理，其间(1 220~1 221 cm)深色黏土薄层，内夹贝壳屑	凸扁镜蛤 *Dosinia(Phacosoma) gibba* Adams，滨海相至水深60 m		
	12. 25～12. 30	浅橄榄灰5Y6/1	黏土质粉砂	已硬结，看不到层次			
	12. 30～12. 70	橄榄灰5Y3/2	黏土质粉砂	未显层次，但在1 260~1 270 cm间隐含细虫穴斑，粉砂质海底沉积，与下层界线分明		海底沉积	
	12. 70～13. 10	橄榄灰 浅橄榄灰5Y5/2	含黏土粉砂夹粉砂	粉砂、浅橄榄灰，具丘状层理。底部见丘状层，L=6 cm，h=1. 5 cm；L=6 cm，h=0. 6 cm；L=6 cm，h=0. 7 cm			
	13. 10～13. 34	橄榄黑、橄榄灰 5Y2/1　5Y4/1	粉砂与黏土互层	粉砂层具有明显波状层理，使此层与上一层明显区别（有15条波纹）			
	13. 34～13. 64	橄榄黑、浅橄榄灰 5Y6/1	粉砂质黏土夹黏土、粉砂	粉砂质黏土与粉砂夹层，自底部向上夹有浅橄榄灰粉砂条斑			
	13. 64～13. 85	橄榄黑、橄榄灰 5Y4/1	黏土质粉砂夹粉砂	内显细条的砂波纹11条。L=1 cm，h=0.4 cm；L=1 cm，h=0.2 cm；L=6.5 cm，h=0.2 cm			
	13. 85～14. 20	橄榄黑	细粉砂、少量黏土	少量黏土，隐现层理(水平状，斑条状，不如上层连续，本层与上层无明显界线，是逐渐过渡式，但粉砂层理不如上层明显，故可区分			
	14. 20～14. 63	橄榄黑	黏土质粉砂夹粉砂	与上下层皆为丘状砂波痕相交，上部波痕层在1 420~1 426 cm处，下部沙丘波痕于1 456~1 462 cm处，中间粉砂层，未显波痕，但有隐伏状的砂条斑，此层受轻浪扰动，明显的交于下部层，以波状线相交		浅水海底受波浪影响	
	14. 63～15. 02	橄榄黑5Y2/1	粉砂质黏土夹粉砂	在顶部1 463~1 469 cm，1 475cm处有粉砂质波痕，L=6.5 cm，h=0.4 cm；L=6. 2 cm，h=1 cm。在1 480 cm以下为斑状砂，直径0. 4 cm、0. 6 cm			
	15. 02～15. 14	橄榄灰5Y4/1	粉砂质黏土	没有层次，有砂斑，不连续整合有侵蚀面			
	15. 14～15. 66	暗黄棕色10YR2/2 深黄棕色10YR4/2	黏土夹粉砂斑	可搓成细条，质地均一，本已干裂，在本层顶部7 cm处有砂斑痕，砂斑为深黄棕色，与下层逐渐过渡没有明显界线			3 陆源黏土
	15. 66～16. 10	暗黄棕色 橄榄灰5Y6/1	黏土夹粉砂	含有7条砂斑，1 574 cm处有0.4 cm厚的橄榄灰粉砂层，1 582 cm处为不连续的橄榄灰粉砂层，在1 592~1 600 cm处有4条砂条带，分别为1.5 cm、0.6 cm、0.4 cm、0.3 cm厚，颜色泛黄，为浅橄榄灰			
27 830±100	16. 10～16. 50	暗黄棕色10YR2/2	黏土	含有贝壳屑，在顶部3 cm处呈蜂窝状的贝壳碎片积聚，毛蚶碎片与扁玉螺，此为混杂沉积，贝壳碎片成团积聚于黏土层，有完整的小文蛤壳（2. 2 cm×2 cm）	华丽蓝蚬*Corbicula leana Prime*，东台群第四纪至现代半咸水至淡水；箱蚶（未定种）碎片*Arca(Arca)*sp.，滨海相，东台群二组晚更新世至现代	混杂沉积	
	16. 50～16. 91	暗黄棕色	黏土、粉砂	黏土、粉砂、贝壳屑，依次向下呈现，为混杂沉积，贝壳屑具水平沉积，大一些的贝壳屑在底部，说明有分选作用，与下层逐渐过渡			
	16. 91～17. 09	暗黄棕色、深黄棕色 10YR4/2	黏土	尘埃状，底部2 cm为深黄棕色黏土，在1 700 cm处含细小贝壳			
	17. 09～17. 14	暗黄棕色	黏土	有垂直孔穴，长2 cm×宽 0.7 cm，内充填粉砂，黏土层中有粪丸构造			
	17. 14～17. 26	浅橄榄灰色5Y5/2	粉砂质黏土	具微细层理，已硬结，有贝壳屑，上下层为侵蚀面接触			
	17. 26～17. 34	深黄棕色10YR4/2	粉砂、黏土	内有虫穴扰动痕迹，0.3 ~0.4 cm斑点，与下层逐渐过渡			
	17. 34～18. 60	暗黄棕色10YR2/2 浅橄榄灰色5Y5/2	黏土夹粉砂质黏土	内含63条浅橄榄灰粉土（比粉砂细），水平层（0.1 cm、0.2 cm、0.4 cm、0.5 cm厚）间隔沉积，质地均一，有砂波，水平砂痕，此层表明有陆源沉积物汇入沉降此地，有细微的波浪或轻浪影响，下部砂波L=1.8 cm，h=1.2 cm成极细水平层沉积；L=1.5 m，具有倾斜层理，细微的水平层理		陆源物质汇入	

图4.21　南黄海辐射沙脊群东北部苦水洋07-SR-04钻孔沉积剖面及编录(2)

为主体的海岸带浅海沉积相

图例

黏土　粉砂　黏土质粉砂　粉砂质黏土　砂质粉砂　砂泥互层

连续沉积界面　　侵蚀界面

颜色据 Rock Color Chart. The Geological Society of America Boulder, Colorado, 1979.

图4.21　南黄海辐射沙脊群东北部苦水洋07SR04钻孔沉积剖面及编录（3）

（1）上段：①现代潮流通道海底沉积。0.5 m 厚的深黄棕色（10YR4/2）细砂质粉砂，均质粉砂层，无层次，分选好，含贝壳屑。反映出苦水洋潮流通道中段动力环境，潮流与轻浪作用结合，动力较强，所以，在淤泥质浅海底有细砂沉积，但仍以潮流沉积的粉砂为主。由于水浅与浪流扰动作用，仍保留泥沙物源之原色，而未因海水中有机质作用而灰色化。

②表面 −0.5 m 沉积层以下至 −3.4 m，为 3.0 m 厚的沉积层，可分出上、下两个相组。

上组：−0.5 ~ −1.92 m 层，仍为现代潮流通道沉积层，为橄榄灰色（5Y4/1）与浅橄榄灰色（5Y2/1）细粉砂，细砂粉砂层与黏土质粉砂层交叠沉积的韵律层：粉砂质夹层厚0.15 cm、0.2 cm、0.4 cm、0.7 cm、1.0 cm 厚；含黏土夹层厚 0.1 ~ 0.4 cm；黏土质粉砂夹层厚 0.5 cm、1.0 cm、2.0 cm，已硬结。细砂质粉砂层中含贝壳屑。底部有 12 cm 厚暗黄棕色（10YR2/2）粉砂质黏土层，有虫穴，孔穴 $d = 0.2 ~ 0.4$ cm，内填充深黄棕色（10YR4/2）的粉砂，在海底沉积层中暗黄棕色黏土层出现，反映出历史时期废黄河泥沙之影响。上组各层间为连续过渡界面，与下组层间为侵蚀面接触。

下组：−1.92 ~ −3.4 m 厚为蚀余的潮流沙脊基底层沉积，上部被冲蚀掉。以浅橄榄灰色（5Y5/2）细粉砂层为主，夹有深黄棕色（10YR4/4）黏土质粉砂，或橄榄灰色（5Y4/1），棕灰色（5YR3/2）、橄榄黑色（5Y2/1）的黏土，具有斜层理，浅色细粉砂层与深色黏土质条纹互层，为潮汐层理结构。

① 在 −1.92 ~ −2.41 m 的潮流沙脊基部层中，表现出明显的不规则半日潮沉积记录：上部 9 cm 厚为深黄棕色黏土质与浅橄榄灰色粉砂质交互层，黏土纹层厚 0.2 cm、0.15 cm、0.3 cm、0.3 cm、0.1 cm、0.15 cm，共 25 纹层，保存着 6.25 d 潮汐沉积记录，沉积速率为1.5 cm/d；中部 16 cm 厚层中有 83 条纹层，估计为 21 d 潮汐沉积，速率为 0.76 ~ 0.8 cm/d；下部 16 cm 厚层中有薄层 47 条，沉积速率为 1.3 cm/d。

② 在 −2.41 ~ −2.91 m 为细粉砂与黏土质粉砂或与黏土夹层，黏土成脉状压扁层理及水平层理，呈深黄棕色或棕灰色，后者具虫穴痕迹与干裂，内有粉砂填充。总之，2.91 m 以上沉积层中，陆源深黄棕色黏土夹层出现频繁。

③ −2.91 ~ −3.4 m 段为橄榄灰色、浅橄榄灰色粉砂与橄榄黑色黏土交互成层，达 101层，估计为 30 d 或 31 d 不正规半日潮之沉积记录。月沉积厚度 0.49 m（0.5 m），而日沉积速率为 1.58 cm。此段底部与下面沉积层间为侵蚀面接触。

（2）中段：−3.4 ~ −15.14 m 为近岸浅海沉积相。特点是以黏土，粉砂质黏土与粉砂、黏土质粉砂交互成层，以橄榄黑色（5Y2/1）与浅橄榄灰色（5Y5/2）为主体色。具有微层理，或麻酥糖般的薄页状潮汐层理，粉砂质层具沙波或透镜体结构，黏土质层中含沙斑，贝壳屑与粉砂亦呈丘状堆积，缘于粉砂质沉积时，有轻微侵蚀与扰动。在近顶部（−3.6 ~ −4.27 m），中部（−8.33 ~ −9.53 m）及近下部层（−11.8 ~ −12.1 m）处夹有深黄棕色（10YR4/2）的黏土质粉砂，近下部层中黏土含量增加，具波痕与沙斑，多含贝壳屑（毛蚶碎片），沉积表明系陆源黏土质悬浮体加入在浅海沉积，海陆交互作用影响显著。中段与上、下段间均为侵蚀面接触。沉积层中的有孔虫组合反映出为近岸浅海环境：在上段与中段之间，即海底至 −6.26 m 深处，沉积层中有孔虫相对丰度高，主要以毕克卷转虫（*Ammonia beccarii*）、轮虫科（Rotaliidae）、冷水筛九字虫（*Cribrononion frigidum*）、希瓦格九字虫（*Nonion schwageri*）和希望虫（*Elphidum* sp.）为代表，个别为浮游类泡抱球虫（*Globigerina bulloidesw*）。均为近岸浅海种。

在中段与下段即 -6.26 ~ -24.8 m 间，有孔虫丰度比上部低，主要以轮孔虫科，毕克卷转虫、希瓦格九字虫、冷水筛九字虫和格拉特劳九字虫（*Nonion grateloupi*）为代表，可能为滨海或近岸浅海。在 -12.10 ~ -12.25 m 的浅橄榄灰色的夹黏土粉砂中，有凸扁镜蛤 [*Dosinia（Phacosoma）gibba*]，为滨海至水深 -60 m 处贝类；在 -16.10 ~ -16.50 m 段的暗黄棕色黏土中，含有华丽篮蚬（*Corbicula leana*），半咸水至淡水种，箱蚶碎片 [*Arca（Arca）sp.*]，晚更新世至今。

④ 沉积层年代：在 -6.58 ~ -6.66 m 层橄榄黑黏土层中取贝壳，经 AMS^{14}C 测年约（2 005 ±40）a B. P.（北大 BA090484）；在 -9.39 ~ -9.41 m 处深黄棕黏土质粉砂层中获取的毛蚶碎片，经 AMS^{14}C 测年约（3 375 ±30）a B. P.（北大 BA090485）；在 -12.20 ~ -12.21 m 的浅橄榄灰粉砂层中，取出凸扁镜蛤贝壳之碎片，经 AMS^{14}C 定年（4 290 ±40）a B. P.（北大 BAO90486）。上述定年序列是可信的。在上部 2.85 m 层中棕灰色黏土层中取样测年为（5 900 ±35）a B. P.（北大 AMS 90482），与下面年龄顺序不符，估计为侵蚀搬运之再沉积，故剔除。总之，上段与中段为全新世沉积是有确定依据的。

（3）下段：-15.02 ~ -24.8 m，陆源黏土为主体的浅海沉积。表层 -15.02 ~ -15.14 m 间以橄榄灰色（5Y4/1）粉砂质黏土薄层为界面，它与上下层之间均为侵蚀面接触，而该层以下至孔底的下段，均以暗黄棕色（10YR2/2）与深黄棕色（10YR4/4）的黏土层为主，粉砂成分明显减少，仅含 6 个橄榄灰色的粉砂质黏土薄层。质地、颜色与中段不同，定年数据老，故以 -15.14 m 处的侵蚀面即中段沉积之底层定为苦水洋海域沉积的全新世下界。

中部 -15.14 ~ -20.8 m 为浅海沉积。以暗黄棕色（10YR2/2）的黏土层为主体，夹有深黄棕色（10YR4/2）粉砂，浅黄棕色（10YR6/2）黏土质粉砂、粉尘，成薄层理，或沙波与沙斑，亦夹有浅橄榄灰（5Y5/2）或橄榄灰色（5Y3/2）粉砂质黏土薄层。黏土层质地均一，无层理，但在 -17.1 ~ -17.2 m 处，具虫穴孔道，（*d* = 0.7 cm，孔道长 1.0 ~ 2.0 cm），经侵蚀截断，孔道内填充粉砂，相接的下部黏土层中有虫粪粒，如芝麻状散布，似潮下带沉积。在 -16.1 ~ -16.5 m 深处的黏土层中，有窝状的贝壳碎屑（毛蚶与扁玉螺碎片），黏土中含有华丽篮蚬及箱蚶碎片，发现一保存完整的文蛤（2.2 cm × 2.0 cm），壳面已风化。其下为黏土—粉砂—贝壳混杂沉积，为海底泥质浊流沉积。该层贝壳经 AMS^{14}C 测年约（27 830 ±100）a B. P.（北大 BA090487），在 -19.28 ~ -19.3 m 处暗黄棕色黏土测年为（31 975 ±100）a B. P.（北大 BA090488），年序表明时代已至晚更新世，因此，定 -15.02 ~ -15.14 m 处上下均为侵蚀界面层为全新世沉积下限，是合理的。下段的黏土与含粉砂黏土层中具沙波，扁豆体状与水平层理，反映是具微波影响的潮汐层理，在 -22.5 ~ -23.5 m 间，细粉砂质黏土（粉土）层理，在 31 cm 厚的层中达 21 层，层厚 0.7 cm、0.8 cm、0.6 cm、0.1 cm、0.1 cm、0.3 cm、0.2 cm、0.5 cm、0.1 cm、0.1 cm、0.1 cm、0.2 cm、1.6 cm、3.0 cm、1.6 cm、0.4 cm、1.0 cm、0.6 cm、1.6 cm、1.4 cm、1.3 cm、0.2 cm、0.9 cm、2.1 cm 不等，其排列具有大、小潮间隔之特点。

自 -20.8 ~ -24.8 m 的孔段底，在 4 m 厚的底层中，有两层值得注意的沉积结构。

其一：自 -22.26 m 向上至 -21.89 m，出现棕灰色黏土、粉尘层，再向上至 -21.35 ~ -20.89 m 为橄榄灰色（5Y3/2）黏土与粉尘沉积，这两层颜色泛紫色或为炉渣色，与上、下层的深黄棕色（10YR4/2）迥异，此现象在烂沙洋07-SR-09钻孔中及苏北平原宝应1号孔中均有反映，作者认为是漂移的火山尘影响，即距今约31 000 年前曾是火山构造活动期。

117

其二：在 – 22.45 m 深处，保存着一层厚约 3.5 cm 的中黄棕色（10YR5/4）古土壤层，具团粒结构与孔隙未发现植物根系，但滴盐酸起泡，其下界为斜切层面。4 号沉积孔底部 – 23.71 ～ – 24.80 m 为暗黄棕色（10YR2/2）黏土层，夹有 37 层深黄棕色（10YR4/2）粉尘薄层（层厚 1.2 cm、0.8 cm、1.7 cm、2.7 cm、1.1 cm、1.9 cm、2.0 cm、2.9 cm、2.5 cm、0.9 cm、1.1 cm）及小于 0.1 cm、0.1 cm、0.2 cm 微层。这种现象可延至上部约 – 20 m 深层处，再结合火山尘之沉积，反映出苦水洋 04 孔下段沉积时，经常受到尘埃漂浮物之影响，即风力沉积效应频繁。据 04 孔底 – 24.37 ～ – 24.39 m 处黏土样品定年为（31 655 ± 170）a B.P.（北大 BA090489），故可推论距今 31 000 年左右，该区域经受到风尘沉积干扰。

4.2.3 辐射沙脊群枢纽部，蒋家沙、黄沙洋、河豚沙—太阳沙、烂沙洋

研究表明该处是晚更新世古长江流入南黄海的河口段，是辐射沙脊群陆源泥沙汇入的主要通道，堆积了厚层细砂并发育了河口沙脊与沙岛。晚更新世末，古长江南迁，经历全新世以来海平面上升，河口段已被冲刷后退，并微呈喇叭口状，海侵过程中，潮流及波浪作用，沿古长江河谷发育了潮流通道，原规模巨大的河口沙脊遭受海浪与双向潮流的持续充刷，已被蚀低、减小。现按从北向南的分布位置，加以介绍各条沙脊与潮流通道。

4.2.3.1 蒋家沙

蒋家沙位于黄沙洋北侧，是呈 ENE—WSW 方向分布的水下沙脊。从沙脊的外轮廓以 – 20 m 等深线为界，仍可辨识出蒋家沙曾为一宽体的大沙脊，但目前主要分布于 10 m 等深线以内，并且中段与西南部的内端已分裂多列小沙体与洼地间隔，除内端若干小沙体水深为 0 m 外，其余均为 5 m 及 10 m，并且 10 m 水深向内端伸展。原因在于古长江南迁，本区突失陆源泥沙补给，历经全新世海侵、海浪与双向潮流的强劲冲刷，蒋家沙遭受破坏严重。

地震探测地层的测线曾三次呈 NS 向穿越蒋家沙，现将该水下沙脊主体部分——中段与外段的地层剖面综介如下。

（1）在沙脊的中段自 32.757°N，121.597°E 点向北横穿沙脊的地震剖面显示出：蒋家沙是晚更新世末 – 全新世早期的沙脊与全新世中期、晚期沙脊叠覆而成的大型沙脊，后者有向海偏移之趋向。早期沙脊宽大（达 3 km），相对高度可达 20 m，具有圆穹形结构与单斜形结构的两种脊峰，圆穹形脊宽大，单斜形较多，目前均位于 35 ～ 45 m 厚的沉积层下。全新世中、晚期沙脊叠置于老沙脊之上，而沉积结构与下伏老沙脊相反，原因在于后期的水流作用，不对称结构的老沙脊被水流侵蚀后，泥沙堆积于反向坡，渐发育成穹形结构的新沙脊；而穹形结构脊被蚀后的堆积为单斜式。全新世早、中期沙脊层厚度界于 10 ～ 20 m 之间，一般多小于 20 m，此期沙脊已埋于海底 18 m 厚的沉积层下。全新世沙脊与侵蚀槽承袭老地形，但冲刷规模大。全新世晚期沙层沉积叠覆于上，具有明显的斜层理与双向斜层理，表明沙脊堆积过程仍在继续，但沉积规模小。现代蒋家沙脊顶较老沙脊脊顶偏离（图 4.22 和图 4.23），埋藏洼地的沉积层中出现气体上窜形成扰动沉积层的迹象。越过蒋家沙后，地层剖面中为叠置的水平沉积层，已不存在埋藏脊形态。但在起点（32.934°N，121.608°E）有全新世晚期沙脊层，双向倾斜，脊宽 3.8 km，沉积层厚度 8 ～ 13 m，被埋藏于海底 4 m 深处。

（2）蒋家沙中段在 32.736°N，121.467°E 点以南的蒋家沙外缘，沉积剖面显示出（图 4.24）：该处的水下沙脊是晚更新世末期所堆积的沙脊，高出相邻的槽谷 25 m，宽度达 2 km。

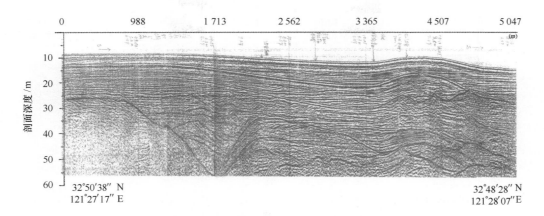

图4.22　蒋家沙中段叠复式大沙脊地震地层剖面
资料来源：王颖，2002

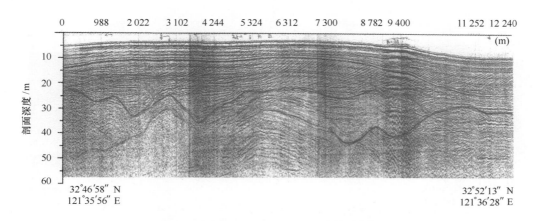

图4.23　蒋家沙中段叠复式大沙脊地震地层剖面
资料来源：王颖，2002

物质组成较现代海底沉积（细砂）要粗，可能是粗中砂，沉积结构以单向（向北）的斜层理为主，有数列小规模的反向层理——多位于脊顶冲刷沟两侧。该沙脊以单向堆积为主，后被全新世沉积覆盖，脊顶的砂质覆盖层厚19 m，具双向（向北、向南）倾斜层理。现代海底仍有具交错层理的微型沙波。此沙脊形成是水流沉积的沙体又被旁侧水流侵蚀成脊形，后期盖层使脊体增大并具有双向沉积结构（图4.24）。沉积层结构反映出晚更新世末沙脊成型时的水流方向与全新世沙层沉积时的水流方向不同。

（3）蒋家沙外段为水下沙脊，自32.846°N，121.768°E点至32.938°N，121.762°E点之间。地层剖面显示：晚更新世复合型沙脊—单斜式沙脊顶被侵蚀成小沟壑，上部又为近水平的沉积层覆盖成丘状对称形沙脊以及穹形沙脊；该层被蚀后，又为单向斜层理沉积层所叠覆，并被埋藏于18～26 m厚的沉积层下，构成蒋家沙水下沙脊的主体。其沉积层厚度（达30 m）、沙脊的高、宽（3 km左右）形态，即原始规模均比外毛竹沙的沙脊规模大。全新世沉积层呈双向层理或斜交层理状覆盖于老沙脊上，反映出该沙脊在全新世继续加积，但沉积厚度小（图4.25）。

（4）在同一段落的沙脊南侧，蒋家沙水下沙脊的蚀断部分，地层剖面反映出晚更新世沙脊

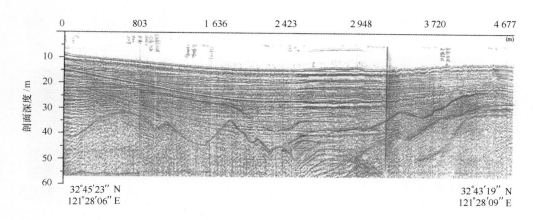

图 4.24　蒋家沙中段外缘沙脊结构地震地层剖面

资料来源：王颖，2002

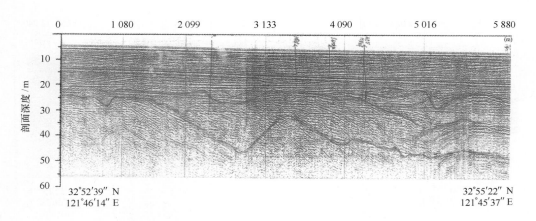

图 4.25　蒋家沙外缘水下沙脊地震地层剖面

资料来源：王颖，2002

被蚀低，在 20 m 厚的全新世砂层中，于中期发育成明显的沙脊与侵蚀槽，沙脊规模较小，侵蚀槽规模比沙脊更小。剖面表明：全新世中期的海侵过程中，老沙脊遭受冲蚀变低减小，而冲蚀下的泥沙又成为全新世次生沙脊的泥沙补给（图 4.26）。上部全新世晚期盖层厚 4 m，具明显的水平纹层；现代海底沉积含砂增多，厚度约 3 m。现代该处水流动力较全新世中期缓和。

在黄沙洋潮流通道外段的 132.756°N，121.751°E 点的横剖面中，反映出明显的全新世中期沙脊与冲蚀谷发育，而晚更新世老沙脊被蚀低的相同图像。

4.2.3.2　辐射沙脊群枢纽区主潮流通道——黄沙洋与烂沙洋

黄沙洋位于蒋家沙南侧与河豚沙的北侧，是一条自西向东，即自陆向海呈 WSW 向 ENE 延伸的潮流通道，水深绝大部界于 −16 ～ −17 m 之间，仅内端为 −13 ～ −14 m。

烂沙洋位于河豚沙与太阳沙的南侧，自外海向陆呈 WE 向、经大洪向岸延伸的潮流通道，大部分水深为 15 m，内端水深 10 m，外段水深达 20 m。

黄沙洋与烂沙洋之间隔以河豚沙与太阳沙，但在河豚沙以西的内段，相汇成为一条潮流通道，水深均为 10 m。前期研究阐明，黄沙洋—烂沙洋为古长江通道，河豚沙或许是长江向

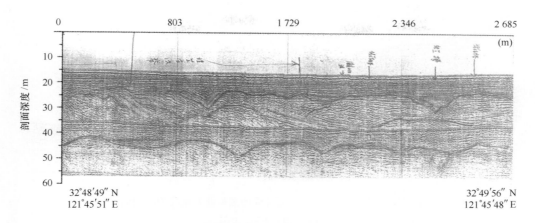

图4.26　蒋家沙外缘南侧被蚀的水下沙脊地震地层剖面

资料来源：王颖，2002

南迁移过程中南北分支间的河口沙脊，因为在黄沙洋与烂沙洋外缘浅水至 – 20 m 等深线轮廓呈扇形体，与蒋家沙、外毛竹沙的 – 20 m 等深线的长条状轮廓截然不同。这也是判断河豚沙、太阳沙为次生的沙体堆积，而非蚀余沙脊之缘由。多条穿越黄沙洋与烂沙洋的地震地层剖面反映出的沉积地层结构与揭示的地貌发展过程如下。

1）内段

（1）黄沙洋内侧的 121.35°E，32.64°N 点　海底地层为厚 15 m 的沙层，向东倾斜，在层深 6 m 深处具有沙波状起伏。于 3 033 m 处水深突然转折加大至 20 m，显示一海底陡坡。可能是海岸水下斜坡前缘坡折，当时的海岸外界在 – 15 m 处（图 4.27）。

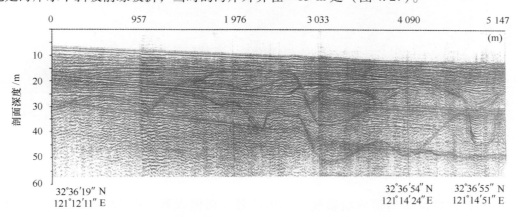

图4.27　黄沙洋古海岸外界地震地层剖面

资料来源：王颖，2002

（2）烂沙洋与黄沙洋汇合后的潮流通道，海底有一潮流槽，它自汇合段呈 NEE 方向延伸至黄沙洋，深度超过 10 m。于黄沙洋潮流槽的东端，所测地震剖面显示出：现代潮流槽底部有两级埋藏谷：① 在 26 ~ 40 m 深处，有一个两脊间的槽谷；② 在 20 ~ 35 m 深处，上叠另一埋藏谷，谷内有水平沉积层充填。现代潮流槽沿埋藏谷的北侧发育（图 4.28）。

（3）自 32.607° N，121.262° E 点跨越烂沙洋与黄沙洋汇合段深槽，至 32.586° N，

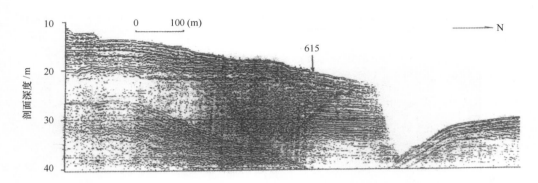

图4.28　烂沙洋与黄沙洋汇合成的潮流通道地震地层剖面

资料来源：王颖，2002

121.327°E点，地震剖面获得脊槽相间与继承性的谷中谷剖面（图4.29）：最底部切割于晚更新世沉积的V形谷，已埋于厚达37 m的沉积层下，谷内沉积的砂层具倾斜层理，厚度超过20 m，系全新世早期沉积。此砂层被侵蚀形成宽度达6 km的河谷，河谷相对深度达16 m，谷肩距现代海底约6 m，叠置于V形老谷之上；估计是全新世中期的侵蚀谷地，谷内沉积厚度超过15 m，具水平层理、交错层理及保存较好的河床型沉积，可能是古河流谷地，目前埋藏于17～25 m厚的沉积层下。因此推测，烂沙洋—黄沙洋潮流通道是自晚更新世末或全新世初以来就稳定于该处，沿古河谷发育的潮流通道。

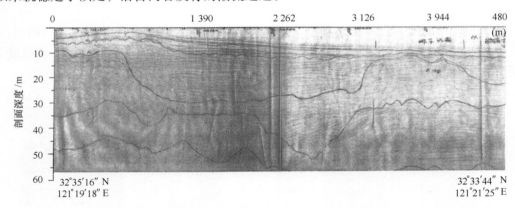

图4.29　沿河谷发育的烂沙洋与黄沙洋汇合成的潮流通道地震地层剖面

资料来源：王颖，2002

（4）沿黄沙洋潮流通道内端轴线八仙角沙脊东南侧探测，在32.64°N，121.35°E与32.672°N，121.447°E点之间（图4.29），地震剖面显示着稳定的水道沉积，沉积层厚度达50 m，自下而上分析其中晚更新世沉积的—砂与粉砂层厚10～15 m，上部界面呈剥蚀起伏与侵蚀沟形态；全新世早期沉积为13 m的砂与粉砂沉积（具不明显层理）；全新世中期沉积厚度稍大，超过15 m，为含砂沉积层，水平层理明显，上部界面具规模不大的脊、槽起伏形态，其间冲刷槽呈梯形剖面，内具水平沉积层与两侧的斜层理，反映出是水流作用形成。该层表明蒋家沙内段八仙角一带水下沙脊为全新世中期沉积层被水流改造而成；全新世后期沉积层厚4～6 m，为具水平层理与斜层理的沉积层。

2）中段

（1）烂沙洋潮流通道中段被太阳沙、大洪梗子等沙脊所夹峙，水流速度急湍，水深达20 m左右（18～28 m），地震剖面揭示出沙脊的堆积时期不尽相同。

① 邻近河豚沙与太阳沙交汇体西端32.586°N，121.327°E点，全新世早期沙脊沉积层厚达8～17 m，脊宽达2 km；沙脊上覆有具水平层理的全新世中期沉积盖层（4～5 m厚）及2 m左右的后期沉积。所以，该处沙脊是于全新世早期发育的。

② 位于大洪埂子以西，太阳沙与河豚沙交汇地段的南侧，自32.586°N，121.327°E点至32.553°N，121.537°E点之间，沿烂沙洋潮流通道，沙脊形成于全新世早期以来。剖面下部的晚更新世的沙层厚度变化于8～15 m之间，多为匀质砂层，层面缓坦，偶有沙波状起伏，未见成形的沙脊与脊、槽相间的形态。全新世早期沙层厚度为8～10 m，砂层已具有雏形脊、槽形态；全新世中期沙层厚6～10 m，具水平层，在一些谷地内可见二元相结构：具水平层的沉积层下为层理不明显的砂层；全新世晚期沉积约2 m厚；现代海底沉积1～2 m。这些情况反映着该处沙脊形成于全新世早期。烂沙洋潮流通道位置稳定，迁徙与旁蚀活动不显著（图4.30）。

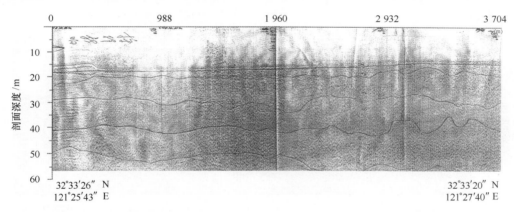

图4.30　烂沙洋潮流通道内段，大洪梗子以西（94101A－94102B）地震地层剖面

资料来源：王颖，2002

③ 烂沙洋主泓在32.553°N，121.537°E点以西，水深增大至15～20 m，该处为太阳沙西段，已被潮流蚀低，地层剖面明显反映出晚更新世沉积层厚度增大为20 m，脊、槽相间形态明显，上部为平坦的盖层，沉积厚度8～10 m。太阳沙主脊部分的剖面表明是在晚更新世沙沙脊基础（15 m厚砂层，宽缓、对称的脊峰）上，连续沉积着全新世的砂层。全新世砂层厚达16 m，上部具有水平层理，脊顶有小型冲蚀沟槽。太阳沙东端水下沙脊部分的剖面，表明曾遭受全新世海侵两次，使晚更新世老沙脊蚀低，全新世早期的沙层沉积被蚀成明显的脊、槽形状。

④ 斜穿大洪梗子沙脊剖面表明：该处基底为晚更新世的沙脊层，沙层厚度超过25 m，为匀质砂层，未现水平层理。大洪梗子是晚更新世大沙脊，因位于烂沙洋潮流通道主泓而受蚀。目前，大洪梗子为晚更新沙脊之残留部分。脊顶有侵蚀谷，沙脊两侧槽形显著，老沙脊上盖层厚度达10 m，具粗细粒相间的水平状层理（图4.31）。

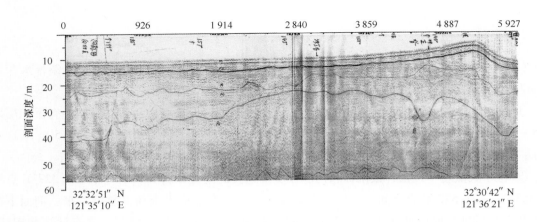

图4.31 大洪梗子沙脊地震地层剖面

资料来源：王颖，2002

⑤ 太阳沙与大洪梗子间的烂沙洋大洪深槽及小洪深槽，依此处脊槽组合特点判断，烂沙洋此段主泓水道发育于大洪梗子大沙脊以后，为晚更新世末期的水流深槽。晚更新世砂层蚀低为8~15 m厚，地面起伏缓坦，上覆全新世砂层与粉砂层，厚16~20 m，具明显的水平层理（图4.32）。

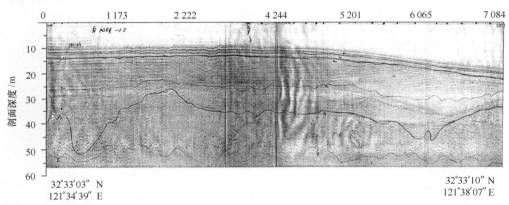

图4.32 烂沙洋大洪深槽及小洪深槽地震地层剖面

资料来源：王颖，2002

（2）黄沙洋潮流通道中段。

① 在32.736°N，121.467°E点与32.645°N，121.483°E点之间，为北南方向剖面，正好横切黄沙洋谷地，地震剖面显示出大型的埋藏谷中谷地形（图4.33）。最底部为晚更新世末期的谷地发育于该期的沙脊之间，宽度约10.42 km，谷地中仍保留着床槽、漫滩及小型沙波形态，被埋于30 m厚的沉积层之下，北岸V形深槽槽底位于−40 m处，谷肩位于−20 m（北岸）及−33 m（南岸）。

全新世谷地叠置于晚更新世老河谷之上，位于地层的−19 m（北岸谷肩）、−20 m（南岸谷肩）及−22 m与−25 m（谷底）深处，北岸深槽在−30 m处。全新世谷地的宽度略有缩小，北岸向南偏移约1 km，但深槽依然在北岸，反映出稳定的潮流作用。全新世早期沉积具有良好的水平层理，覆盖着下部老河谷；而全新世中期的沉积物堆积于全新世早期的河道中，

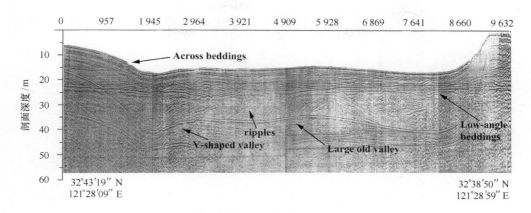

图 4.33　黄沙洋中段地震地层横剖面

资料来源：王颖，2002

堆积着具穹形结构的沙脊、填充沟谷的倾斜层理、起伏的沙波与水平沉积层。剖面反映出全新世中期的深槽与现代潮流深槽均向南偏移；全新世晚期沉积层（0～10 m 深处）厚度约 10 m，具双向沙波斜层理、沙穹结构、交错层理与保存于谷槽中的水平层理。黄沙洋中段剖面证明该潮流通道是沿古河谷发育的稳定的潮流通道，潮流深槽部位较通道谷底的深度大 10 m，表明流速、流向与潮差在黄沙洋内变化不明显，也反映出北半球潮流深槽位于谷地北侧，但有逐渐南移的趋势，以及潮流通道内沙波与潮流脊的发育形式。该剖面反映出黄沙洋在该处为晚更新世末期的深槽，已发育成为潮流通道。

②斜穿黄沙洋的剖面，自 32.645°N，121.483°E 点至 32.756°N，121.597°E 点（图 4.34），再次展现出大型的全新世中期与晚更新世末—全新世早期的谷中谷沉积结构。在上部全新世谷地中，保留着具单向倾斜层理的沙脊（形态不对称，倾向一侧坡缓）、对称形的具圈穹构造的沙脊，以及穹形结构覆盖着不对称结构的复式沙脊；具有较多形态的侵蚀谷，上部谷地有较老谷地向海移动趋向。重要的图像是：在古谷地堆积的沙层中，广泛发育着全新世中晚期沙脊，说明砂质堆积在先，而后被侵蚀成脊，该阶段可能是全新世后一阶段的海侵所造成的。这组图像可能揭示了沙脊的成因机理。该处的全新世沙脊已被上覆的沉积层（具斜层理与微型沙波起伏，但基本为水平盖层）掩埋，目前位于 6～10 m 厚的沉积层下。

3）外段

（1）烂沙洋外段：自 32.534°N，121.817°E 点向东。

①在海底 8 m 厚水平沉积层下出现全新世晚期沉积物组成的沙脊，由 7～8 m 厚砂层组成，具水平层理与倾斜层，并有侵蚀谷形态，反映为全新世中期海侵所形成。自该点向东 2 km 处（现该处水深 20 m），沙脊隐伏向海，倾斜尖灭，砂层厚度减为 3.5 m，上覆层厚达 15 m（图 4.35），为粉砂质沉积，全新世老沙脊倾伏带延伸约 5 km。至 32.522°N，121.885°E点向东约 1 km 处，则只有砂层沉积，而无脊形。目前，海图标出的水下沙脊的东端（水深 10 m），亦是埋藏老沙脊的东端，但目前该处水深 20 m。图 4.35 剖面表明：烂沙洋处沙脊向东延伸的范围在全新世中晚期以来已是潮流通道。

②烂沙洋外海口门段：自 32.464°N，121.964°E 点开始向西南，经 32.420°N，

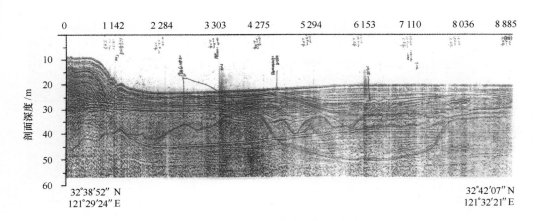

图 4.34   斜穿黄沙洋地震地层剖面

资料来源：王颖，2002

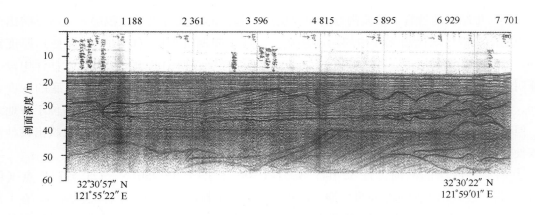

图 4.35   烂沙洋外段地震地层剖面

资料来源：王颖，2002

121.948°E 点至西南方约 8 km 处的 32.286°N，121.905°E 处，横切烂沙洋口门的 15 km 长剖面中，出现埋藏古河谷（图 4.36）。

　　a. 最底部埋藏着一个大谷，宽达 8.1 km，谷底埋深在 −38 m（北岸）及 −36 m（南岸）处；

　　b. 大谷底中部有一宽度达 1.78 km 的沙脊分隔谷底为两个部分，北部谷宽 3.84 km，沙脊以南谷宽 2.48 km；

　　c. 上部在 20 m 厚的沉积层中出现全新世埋藏谷地，谷地宽度约 6 km；

　　d. 谷内沉积着具有斜层理与水平层理的沙层，V 形的河槽内为坠落式杂乱砂层，部分具斜层理。

　　至此，烂沙洋在西部内段与东部口门的跨越潮流通道的地层剖面上皆出现埋藏谷，充分说明烂沙洋是发育于晚更新世末古河道上的潮流通道，其流路稳定、变化小。

　　③ 烂沙洋小洪口门段剖面指示出下列特点：

　　a. 已不出现明显脊形的高大沙脊形态；

　　b. 地层中多为平坦沙地，多沟壑，沟间为平底沙地；

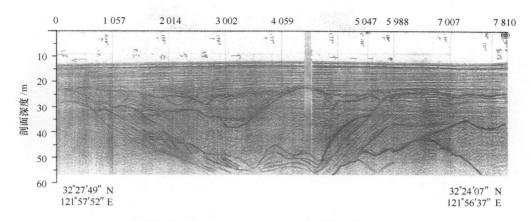

图4.36 横切烂沙洋口门的埋藏古河谷地震地层剖面

资料来源：王颖，2002

c. 在32.384°N，121.938°E点与32.363°N，121.931°E点之间出现埋藏的谷叠谷现象，切割晚更新世沉积的河谷出现于24 m沉积层下，谷底宽3 km，沿谷坡堆积着倾斜砂层，谷地中为近水平层，实际上已发育为宽型沙脊形态，说明次生沙脊是发育于谷地砂层中的，全新世谷地上叠于老谷地之上，它切割了部分次生沙脊形成宽浅的洼地，内亦堆积了砂层，并被切割成小型沟谷与小丘状。反映出沙脊与槽谷，无论规模大小，均为后日的水流切割沙层而成。全新世谷地埋藏于后期的厚度约18 m的具水平层理的砂与粉砂交互层下，反映出烂沙洋小洪口门的坦平海底是发育于被蚀低平的老沙脊与谷地之上。据此剖面的谷形、地层特点与埋深状况分析，埋藏的谷叠谷与洼地为一大型河口段古河道，河道宽6.5 km，当时水势急，水流散乱，局部冲刷变异大，分析为具双向水流的古河口段。

（2）黄沙洋口门段。

自32.756°N，121.751°E点向北，即自黄沙洋潮流通道中轴北侧至蒋家沙外段南侧，横穿黄沙洋1/2的横断面，展示出谷中谷现象，下部老谷埋藏于30多米厚的沉积层下，遭受侵蚀强烈，与古河口段双向水流交互作用有关；上覆的水平层厚约20 m，已被侵蚀称不对称的脊、槽起伏形态，脊宽数百米，相对高度约10 m；全新世中期与晚期沉积均具水平与交错层理，被水流侵蚀为不同规模脊槽，形成脊槽叠覆结构，后均被埋藏。在32.754°N，121.749°E点与32.614°N，121.240°E点之间，地震剖面显示出：均被侵蚀，但保留着晚更新世末—全新世初期、全新世中期切割形成的沙脊以及全新世晚期的沙脊，均被埋藏于5～10 m厚的现代海底水平沉积层之下，但是三期叠置的沙脊却清晰地保存着、残留沙脊以中期的规模大，而后期的脊槽形态完整（图4.37）。

上述结果表明：晚更新世末与全新世初的埋藏谷普遍存在于本区，形成规模的体系分布，古谷地中有河槽、漫滩、阶地、潮流深槽、小型沙脊与沙波以及原始沙脊被蚀，形成具双向斜层理的次生小单斜沙脊等，反映为潮汐性河道所在，按其规模与变迁，结合陆地研究结果，这条大河应是长江在晚更新世与全新世初期的出口处，主槽在黄沙洋，并有自黄沙洋向烂沙洋、向南部迁移的趋势。现代卫星照片亦反映出在黄沙洋和烂沙洋岸陆上，有两条色深的埋藏河道，均通向长江下游河道弯曲段，现代黄沙洋和烂沙洋向外海延展之脊槽组合外轮廓呈喇叭口状（图4.38）。

127

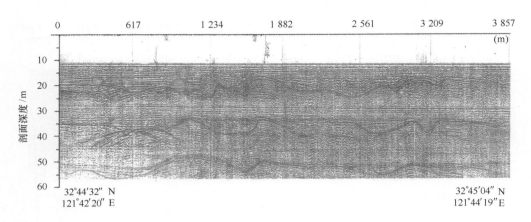

图 4.37　黄沙洋口门段三层沙脊层相叠加的地震地层剖面

资料来源：王颖，2002

图 4.38　卫星照片显示古河道

　　另一更重要的证据是，在黄沙洋—烂沙洋潮流通道外侧所测的海底地震地层剖面，获得了完整的河谷剖面，而黄沙洋—烂沙洋潮流通道是继承了老河谷的位置而发育（图 4.39）。该剖面自 32°38′52″N，121°29′24″E，向北经 32°42′07″N，121°32′21″E 至 32°45′22″N，121°35′48″E，剖面显示：在 38 m 厚的沉积层下，埋藏了一个 18 km 宽的谷地以及宽 1～8 km 的沙阶；老谷地之上叠置了约 15 km 宽的两个谷地，呈谷中谷型式，被埋藏于 5～10 m 及 10～20 m 厚的沉积层下。古长江虽在晚更新世末期—全新世早期时南迁，初至小庙洪，后继续南迁至长江北支……但是，由于全新世海平面上升，海侵沿古河谷冲流，发育了黄沙洋—

烂沙洋潮流通道，其每潮涨潮通量为 19.5×10^8 m³，落潮通量 21×10^8 m³，水深 16～23 m，为江苏海岸最大的潮流通道，且因落潮通量大，保持了通道水深。

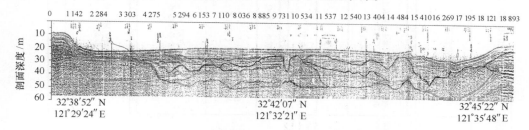

图4.39　黄沙洋—烂沙洋外侧埋藏河谷地震地层剖面

为进一步了解主潮流通道基底物质组成特性与确定地层年代，分别于黄沙洋潮流通道外端及烂沙洋主潮流通道中段及外段各钻取了一个沉积孔（07SR07，07SR09及07SR08）。现将已经过分析的烂沙洋中段钻孔（07SR09）综合阐述之。

07SR09孔位于烂沙洋中段，海深 −10.16 m 处，地理位置为 32°32.743 7′N，121°36.280 5′E（初孔，进尺 0～−22.4 m），及 32°32.647′N、121°36.275′E（复进尺孔，自 −22.4～−66.7 m）。该孔共进尺 66.7 m，因间有砂层失落，所获取的沉积柱芯为 46 m。该孔位置重要，是在承袭古长江河谷的潮流通道中。经分析，该孔柱具有三大沉积相段（图4.40）。

① 上段：自海底表层至 −18.4 m，为海侵淹没的潮滩沉积相。其特点是：橄榄灰色（5Y3/2）与浅橄榄灰色（5Y5/2），交互成层，或橄榄灰色（5Y4/1）与橄榄黑色（5Y2/1）的粉砂与黏土交互成页状层理，具有沙波与填充虫穴的沙泥斑纹结构，保存完好的月潮汐层理（29.5～31 d），以及具有陆源洪水影响之遗证（5～10 cm 厚的棕黄色粉砂间层，侵蚀界面）等。沉积层中保存着贝壳残体与有孔虫：如 −1 m 深处取得施罗德假轮虫（*Pscudorotalia schroeteriana*），同现卷转虫（*Ammonia annectens*）。贝壳碎片通过 AMS 定年为（2 815±80）a B.P.（北大 BA090438），同一层贝壳测定年代为（3 455±30）a B.P.（北大 BA090448），反映出该层蚀积速度快；在 −1.6～−1.7 m 处有上海尘氏螺（*Turbonilla shanghaiensus*）及黑龙江共蛤比较种（*Potamocorbula cf. amurensis*）均为近岸海滨生物；在 −1.93～−1.96 m 深处找到西格织纹螺（*Nassarius siguimjorensis*）；在 −3.04～−3.27 m 处找到雕刻织纹螺［*Nassarius (Phrantis) caelatulus*］及织纹螺未定种（*Nassariu* sp.）、红叶螺未定种（*Crassispira* sp.），均属浅海生物；在 −11.0 m 深处发现一扁玉螺（*Glossaulax didyma*），¹⁴C 定年为（7 255±35）a B.P.（北大 BA090430）。说明该处 7 200 多年以来，海底沉积层保存约 11 m 厚，均为海侵淹没的潮滩沉积层。同时反映出：早期沉积速率快，大约 2 m/ka；而近 2 700 年沉积厚度仅 1 m。目前尚未在该沉积孔中找到全新世初期的定年证据。拟以海侵的潮滩相为标志，初步将 −18.38 m 处定为全新世下界：该层下有明显的侵蚀面界限；侵蚀面以下，出现深黄棕色细砂层，石英、长石质细砂含黑色矿物以及较多贝壳，细砂层中夹有黄棕色黏土层，具有陆源河流形成之二元相沉积结构，黏土层经水流冲刷常现丘状结构，与上面潮滩相沉积在颜色、质地与结构均有显著的区别；侵蚀面以下是残留的河流相沉积层，顶部侵蚀面为全新世海侵所形成。深黄色二元相沉积层未在 −18.38 m 以浅出现，推论：全新世时，古长江南移，已不在烂沙洋与黄沙洋区。

② 中段：−18.4～−33.0 m 层段，为海侵型的河海交互沉积相。其特点是：具有海、陆

129

钻 孔 号： 07SR09

位置： 32°32.7437′N， 121°36.2805′E (进尺0~29.9 m，室内获岩芯0~22.4 m)
32°32.647′N， 121°36.275′E (进尺30.2~66.7 m，室内获岩芯22.4~66.7 m)

钻孔时间：2007年11月3~4日，2007年12月5~6日　　潮高： 3.84 m　　实测水深： 14 m　　改正水深： 10.16 m　　编录：王颖 殷勇(2010.10.1-3)

AMS ^{14}C测年	深度	岩芯	颜色	物质组成	沉积层结构 岩性特征	微体古生物	沉积相段
	0~0.14	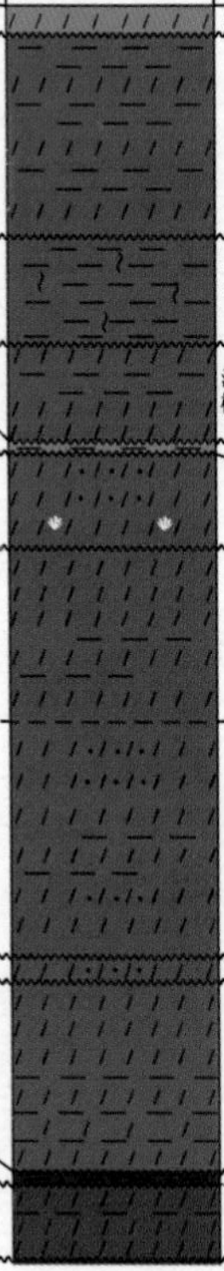	深黄棕色(10YR4/2)	粗粉砂，含黏土质条斑	均质粉砂层，受生物扰动后有悬移质黏土填充，与下层有侵蚀接触		现代潮流沉积
	0.14~1.1		橄榄灰(5Y3/2)浅橄榄灰(5Y5/2)	黏土层与极细粉砂间层	黏土为主，层厚21 cm和66 cm，中间有9cm厚的含极细砂的粉砂层，一侧呈斑驳状，似经水流冲刷后的沙质填充。上层黏土层中具虫穴，粉砂填充，下层黏土层中有壳屑(1 mm±)及白蛤碎片	1 m处取样鉴定为施罗德假轮虫(Pseudorotalia schroeteriana)及同现卷转虫(Ammonia annectens)	潮流往复沉积，落潮流沉积黏土，涨潮流沉积粉砂，有淘蚀
2 815±40 →	1.1~1.61		浅橄榄灰(5Y5/2)橄榄灰(5Y3/2)	黏土层，含细砂、粉砂条斑	质均黏土层，含砂条系虫穴堆积		潮下带沉积层
						上层粉砂(1.61~1.70 m)贝壳鉴定为上海尘毛螺(Turbonilla shanghaisus)及黑龙江河篮蛤比较种(Potamocorbula cf. Amurensis)，1.93~1.96 m 西格织纹螺(Nassariidae siguinjorensis)	近岸海滨相
	1.61~2.08		浅橄榄灰色(5Y5/2)橄榄灰色(5Y3/2)	粗粉砂层，层间有黏土层	粗粉砂层，均质，无层理，上层厚11 cm，下层后16 cm，含贝壳及成团状黏砂屑，粉砂以石英为主，含黑色矿物及云母。粉砂层间夹20cm厚的黏土层，多虫穴(10 cm×0.3 cm和0.5 cm×0.4 cm)		近岸海滨相
	2.08~2.13		黄棕色(10YR2/2)	黏土质	黏土质，均一，含石英与云母，一次洪水沉积4~6 cm		洪水沉积
	2.13~2.58		橄榄灰(5Y4/1)浅橄榄灰(5Y5/2)	含极细粉砂层粗粉砂粉砂层夹壳屑	多虫穴，内有泥斑填充，系与泥质条的落淤；粗粉砂层为石英、长石及黑色矿物。具细纹层理，为泥质条带(0.6 cm)与砂条互层(0.3 cm)		含黄色黏土质水流影响
	2.58~3.41		橄榄灰(5Y4/1)深黄棕色(10Y4/2)	粉砂层夹黏土质粉砂条带	粉砂层带厚1.9、0.2、0.5 cm，黏土质粉砂层厚0.4、0.6 cm，较多虫穴填充结构，含贝壳多	3.04~3.27 m，雕刻织纹螺 Nassarius(Phrontis) caelatulus 及 未 定 种 红叶螺 (Rassispira sp.)（浅海种）	落潮流干扰带，陆源物质沉积（浅海相）
	3.41~4.53		橄榄灰(5Y4/1)橄榄灰(5Y3/2)橄榄黑(5Y2/1)橄榄灰(5Y4/1)	粉砂层含极细砂，含黏土质粉砂条带，粉砂与含粉砂质黏土相交成层，泥斑块，填充虫穴。未分砂层含极细砂，多贝壳屑	粉砂层具不明显的水平--波状层理，含有极细砂及黏土质粉砂条带，粉砂与黏土质粉砂相互成层，具斜直状充填型的黏土质条带。匀质粉砂层，含极细砂及不明显虫穴		潮下带沉积（近低潮线处多极细砂与不明显虫穴）
	4.53~4.65		橄榄灰(5Y4/1)	含极细砂黄粉砂层	具不明显的波条层(0.2~0.5 cm厚)，上下层侵蚀面接触		风暴潮浪影响带（潮下带上部）
5	4.65~5.55		橄榄灰(5Y4/1)(5Y3/2)暗黄棕色(10Y2/2)	粉砂、黏土质粉砂、粉砂质黏土、粉砂	粉砂层厚47 cm，有不明显的泥质充填虫穴；黏土质粉砂层厚8 cm，其砂泥交互的水平层次；粉砂质黏土、粉砂与黏土质粉砂交互成层，陆源影响之潮下带		陆源沉积影响的潮上带，受江河悬沙影响
	5.55~5.61		橄榄黑(5Y2/1)夹黄	黏土层	质地均一黏土层，发黄，有不明显虫穴(球状，0.8 cm×0.5 cm)		潮下带底层侵蚀残留
	5.61~5.97		橄榄灰(5Y4/1)橄榄黑(5Y2/1)	粉砂层	粉砂层中具数列橄榄黑黏土质条带(0.1、0.5、0.2 cm)，上部层厚19 cm，下部粉砂层厚17 cm，上下层皆侵蚀接触		海侵结构

右侧纵向标注：1　海　侵

图 4.40　南黄海辐射沙脊群烂沙洋潮流通道 07SR09 钻孔沉积剖面及编录(1)

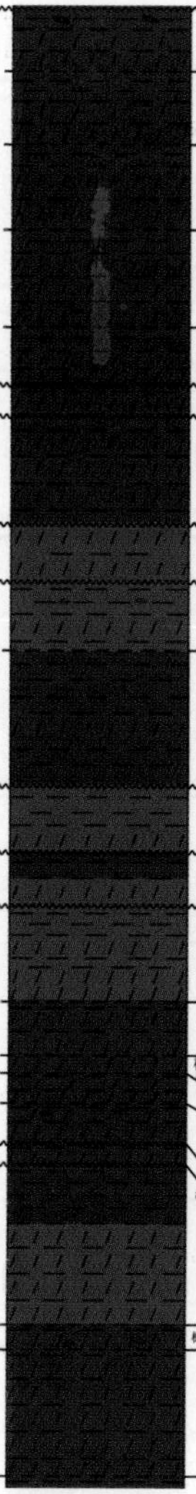

图 4.40　南黄海辐射沙脊群烂沙洋潮流通道 07SR09 钻孔沉积剖面及编录 (2)

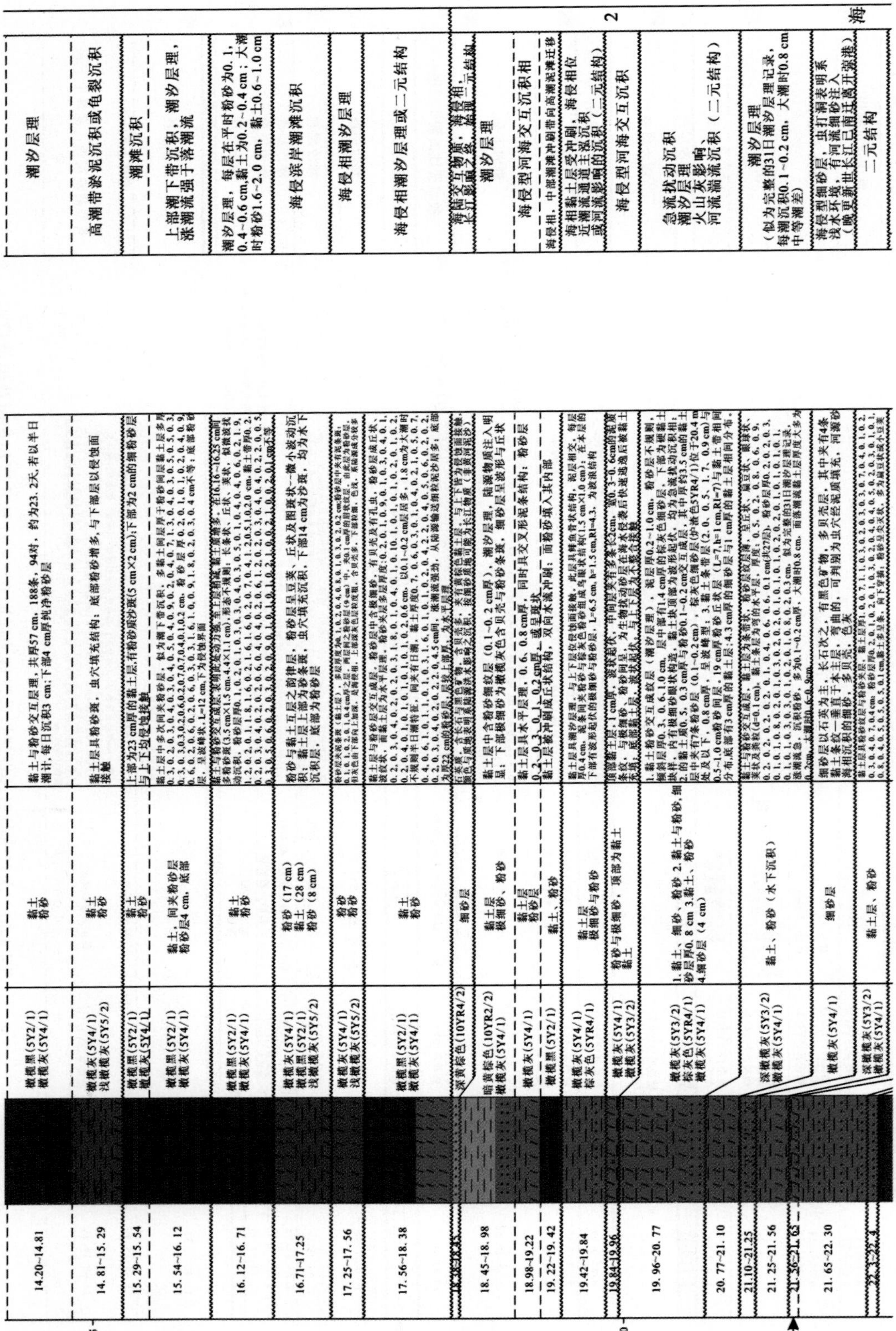

图 4.40　南黄海辐射沙脊群拦门沙洋潮流通道 07SR09 钻孔沉积剖面及编录（3）

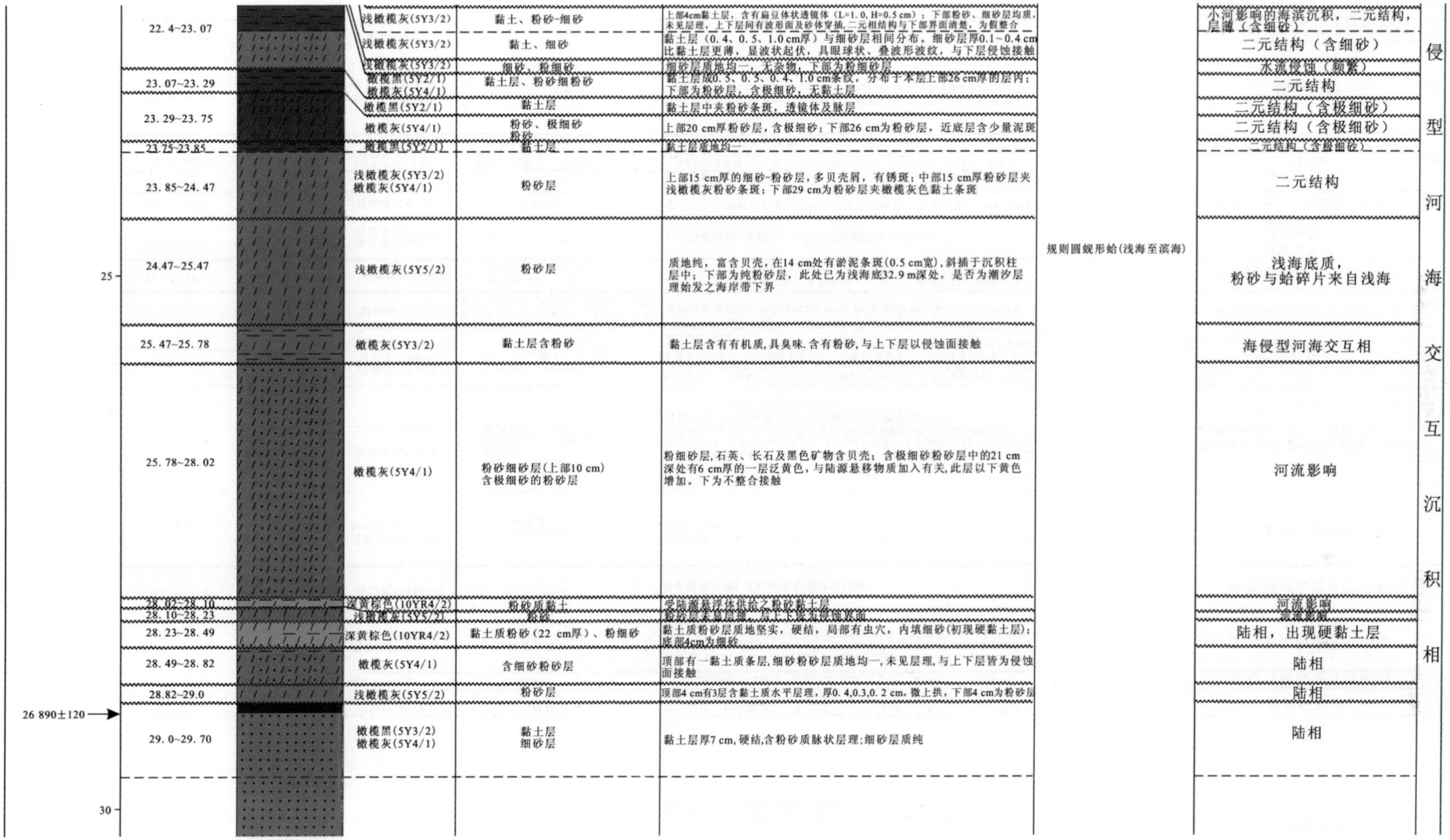

深度(m)	颜色	岩性	描述	沉积环境	
22.4~23.07	浅橄榄灰(5Y3/2)	黏土、粉砂-细砂	上部4cm黏土层,含有扁豆体状透镜体(L=1.0,H=0.5 cm);下部砂、细砂层均质,未见层理,上下层间有波形面及砂体穿插,二元相结构与下部界面消退,为假整合	小河影响的海滨沉积,二元结构,层薄〔含细砂〕	侵
	浅橄榄灰(5Y3/2)	黏土、细砂	黏土层(0.4、0.5、1.0cm厚)与砂砂层相间分布。细砂层厚0.1~0.4 cm比黏土层更薄,显波状起伏,具眼球状、叠球形波纹,与下层侵蚀接触	二元结构(含细砂)	型
	浅橄榄灰(5Y3/2)	细砂、粉细砂	细砂层质地均一,无杂物,下部为粉砂层	水流侵蚀(频繁)	
23.07~23.29	橄榄黑(5Y2/1)	黏土层、粉砂粉砂	黏土层0.5、0.5、0.4、1.0cm条纹,分布于本层上部26cm的层内;下部为粉砂层,含极细砂,无黏土层	二元结构	河
	橄榄灰(5Y4/1)				
23.29~23.75	橄榄黑(5Y2/1)	黏土层	黏土层中夹粉砂条纹、透镜体及脉层	二元结构(含极细砂)	海
	橄榄灰(5Y4/1)	粉砂、极细砂 粉砂	上部20cm厚粉砂层,含极细砂;下部26cm为粉砂层,近底层含少量泥斑	二元结构(含极细砂)	
23.75~23.85	橄榄黑(5Y2/1)	黏土层		二元结构(含极细砂)	交
23.85~24.47	浅橄榄灰(5Y3/2) 橄榄灰(5Y4/1)	粉砂层	上部15 cm厚的细砂-粉砂层,多贝壳屑,有锈斑;中部15 cm厚粉砂层夹浅橄榄灰粉砂条斑;下部29 cm为粉砂层夹橄榄灰色黏土条斑	二元结构	互
24.47~25.47	浅橄榄灰(5Y5/2)	粉砂层	质地纯,富含贝壳,在14 cm处有淤泥条斑(0.5 cm宽),斜插于沉积柱层中;下部为纯粉砂层,此处已为浅海底32.9m深处,是否为潮汐层理始发之海岸带下界	规则圆蜒形始(浅海至滨海) 浅海底质,粉砂与蛤碎片来自浅海	沉
25.47~25.78	橄榄灰(5Y3/2)	黏土层含粉砂	黏土层含有有机质,具臭味,含有粉砂,与上下层以侵蚀面接触	海侵型河海交互相	积
25.78~28.02	橄榄灰(5Y4/1)	粉砂细砂层(上部10 cm) 含极细砂的粉砂层	粉细砂层,石英、长石及黑色矿物含贝壳;含极细砂粉砂层中的21 cm深处有6cm厚的一层泛黄色,与陆源悬移物质加入有关,此层以下黄色增加。下为不整合接触	河流影响	相
28.02~28.10	泛黄棕色(10YR4/2)	粉砂质黏土	受陆源悬浮体供给之粉砂黏土层	河流影响	
28.10~28.23	浅黄棕色(5Y5/2)				
28.23~28.49	深黄棕色(10YR4/2)	黏土质粉砂(22 cm厚)、粉砂	黏土质粉砂层质地坚实,硬结,局部有虫穴,内填细砂(初现硬黏土层);底部4cm为细砂	陆相,出现硬黏土层	
28.49~28.82	橄榄灰(5Y4/1)	含细砂粉砂层	顶部有一黏土质条纹,细砂粉砂层质地均一,未见层理,与上下层皆以侵蚀面接触	陆相	
28.82~29.0	浅橄榄灰(5Y5/2)	粉砂层	顶部4cm有3层含黏土质水平层理,厚0.4,0.3,0.2 cm,微上拱,下部4cm为粉砂层	陆相	
29.0~29.70	橄榄黑(5Y3/2) 橄榄灰(5Y4/1)	黏土层 细砂层	黏土层厚7cm,硬结,含粉砂质脉状层理;细砂层质纯	陆相	

26 890±120 →

图4.40 南黄海辐射沙脊群烂沙洋潮流通道07SR09钻孔沉积剖面及编录(4)

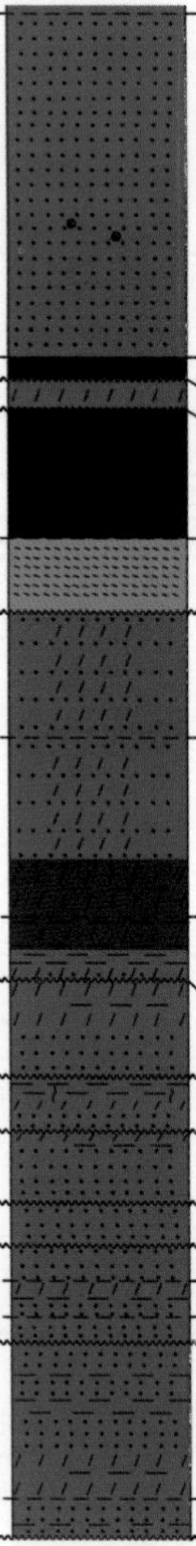

深度 (m)	颜色	岩性	描述	沉积相
29.70~31.6	橄榄灰 (5Y5/2)	细砂层	细砂层层底，在层内5cm处有泥条条，分布于13cm厚层内均匀、色深。此处为古海岸沉积带（海底52m深处）	古海岸沉积带
31.6~31.72	黑褐色 (10YR4/2) 橄榄黑 (5Y4/1)	细砂、粉砂质黏土 (4 cm)	均一细砂、粉砂质黏土、末夏层水、含贝壳屑、此处含为古海岸带下部碳化层、韵气变之变黑、粉砂层层与黏土层互层结构、其下为匀质细砂	海岸沉积带
31.72~31.89	橄榄灰 (5Y4/1)(5Y3/2)	粉砂层	2~2.5 cm厚粉砂质黏土、具波动状的脉状层理	海侵型河海交互沉积相
31.89~32.60	黑褐色 (10YR4/1) 橄榄灰 (5Y4/1)	粉砂质黏土、粉砂层	黑棕色（泛红）粉砂质黏土具具良好的脉状层理、同时赤有0.2cm的粉砂-黏土层、粉砂层中有厚水泥约2.3、生在苏北平原钻孔中相有	海侵型河海交互沉积相
32.6~33.0	中棕色 (5YR3/4)	粉土、硬结	沙陀色生界3~3.5 cm、无层次质地整硬	海侵型河海交互沉积相
33.0~33.7	浅橄榄灰 (5Y5/2) 橄榄灰 (5Y4/1)	粉砂质砂陀 粉细砂	沙陀间段2、2、6、7、7 cm生色深、粉生色深（似为间棕性浦砂） 中间的粉砂细砂为水流沉积（似为间棕性浦砂）	海侵河流与泛滥平原沉积相
33.70~34.68	橄榄灰 (5Y4/1) 橄榄黑	粉砂、细砂层 粉土质黏土 (4 cm)	具有潮汐层理结构 (11 cm厚)：黏土质粉砂2 cm、砂球0.4~1.5 cm、2 cm纹沙理（0.3 cm深色层）、粉砂球0.7 cm粉砂球有波纹层（1.0~1.5 cm厚）粉砂层中有横斜状的互层理、层状结构（0.3、0.3、0.2、0.1、0.4 cm），有云母屑及贝壳	滨海湖泊（季节变化）约62.7m深处出现细砂层，可与三明孔对比
34.68~35.04	橄榄灰 (5Y3/2) 浅橄榄灰 (5Y5/2)	黏土质粉土互 层 (6 cm厚)、粉砂层	粉砂质黏土（1 cm厚层、含一泥（1 cm厚粗层质、细粒状、其下为粉砂层、其下为粉砂土层。最底层（1.0~0.3 cm厚的潮化纹层层、黑云母层色已潮泥棕色已潮棕色不褐着水纹、粉砂纹层理纹沙层、H=4 cm、波度、H=1 cm、h=5 cm、h=10 cm、h=5.5 cm、h=2 cm、h=5 cm、L=1.2 cm	湖泊沉积 波痕微波作用
35.04~35.57	橄榄灰 (5Y3/2)	黏土质粉砂 (5 cm)	黏土层中有生物扰动穴道、有填充的粉砂、L=5、2、H=4 cm、L=6、H=3 cm粉砂与黏土互层、细粉砂层	海侵河流与泛滥平原沉积相
35.57~35.87	橄榄灰 (5Y4/1)	粉砂 (5 cm)	黏土层中有生物扰动穴道、有填充的粉砂、L=5、2、H=4 cm、有载石与泥层。中间沉积之从层到潮间的韵律、上述为自然河条沉积之从层	海侵河流与泛滥平原沉积相
35.87~36.27	橄榄灰 (5Y4/1) 浅橄榄灰 (5Y5/2)	细砂层	4 cm厚细砂层、含黏土、细砂层顶部有波起状界面	海陆交互结构 二元结构，潮汐层理
36.27~36.50 36.50~36.70	橄榄灰 (5Y4/1)	细砂、细砂	细砂层中的间断质含量继续层理、此底已经硬层、其真右硬层、L/2L=5、2、H=1.5 cm、细砂、含黏土。此底已经硬层	
36.70~36.90 36.9~37.04	浅橄榄灰 (5Y4/1) 浅橄榄灰 (5Y4/1)	粉砂、含黏土（含家） 细砂（含表齿）	12 cm厚含潮质合继续层理、含黏土层。块内有粉砂、当泥漂潮泥=无层理、粉砂真右硬层、L/2L=5、5、H=1.2 cm、L及及沙层见矿界面。含为 黑红色生界云母及有机质	海陆交互相 二元结构 潮汐层理
37.04~37.90	橄榄灰 (5Y4/1) 综灰色 (5Y3/2)	细砂、黏土质粉砂	粉砂层中的间潮顷质含继续层理、呈黏层理、细粒层、块内有粉砂波纹理波起细沙层、半波长分别为5、6.7 cm波纹别为1、3、1、8、2 cm、粉砂层理厚0.4、0.4、0.1、0.2、0.1、0.5、0.4 cm	潮汐层理
37.90~38.05 38.05~38.12	橄榄灰 (5Y3/2) 橄榄灰 (5Y4/1)	细砂、细砂含黏土	细砂含波纹层、含泥质条呈云母的细粉砂、混合沉积无层理	海侵河流与泛滥平原沉积相

海侵　3

30　35　>43 000

图 4.40 南黄海辐射沙脊群烂沙洋羊潮流通道 07SR09 钻孔沉积剖面及编录 (5)

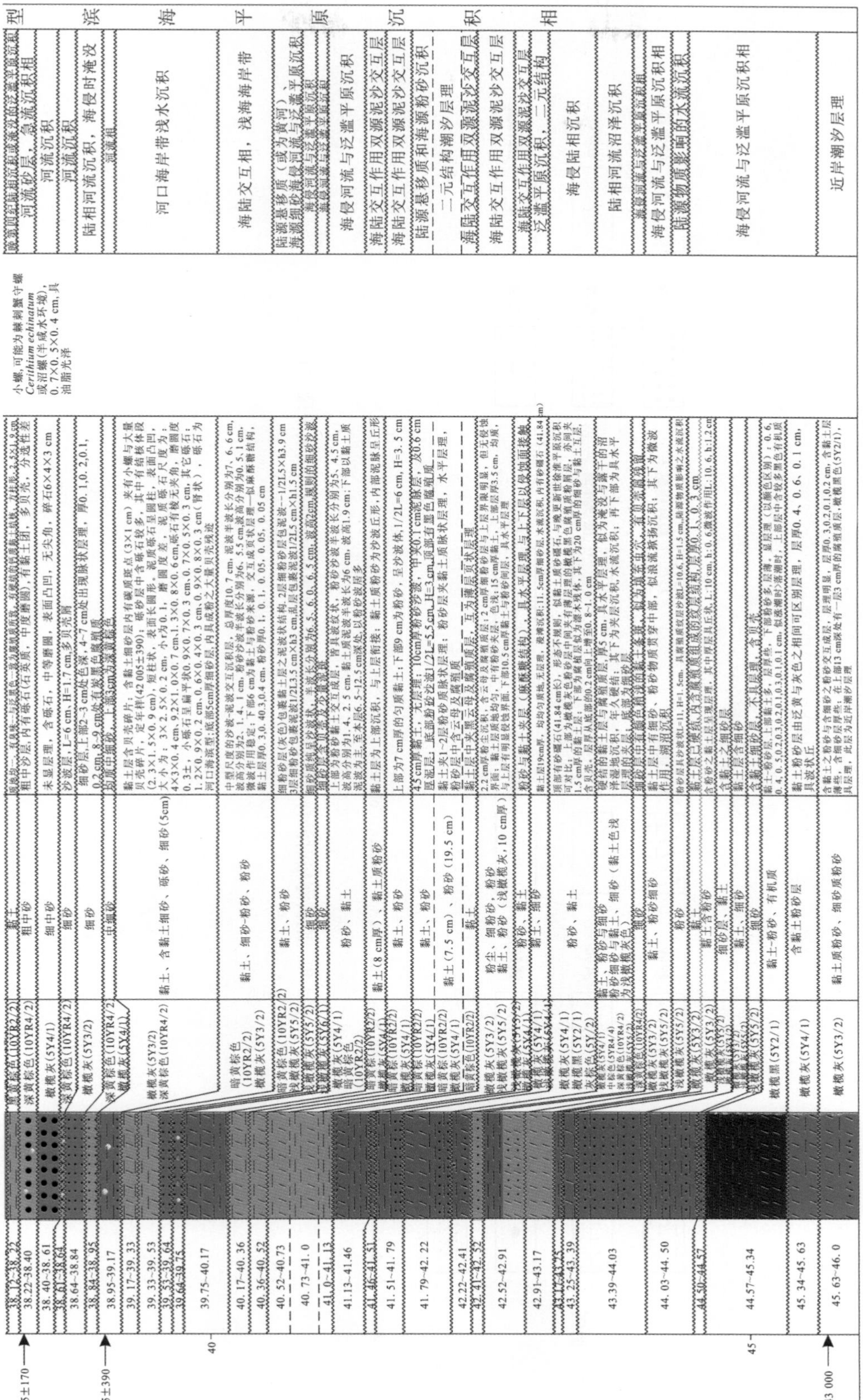

图4.40　南黄海辐射沙脊群烂沙洋潮流通道07SR09钻孔沉积剖面及编录 (6)

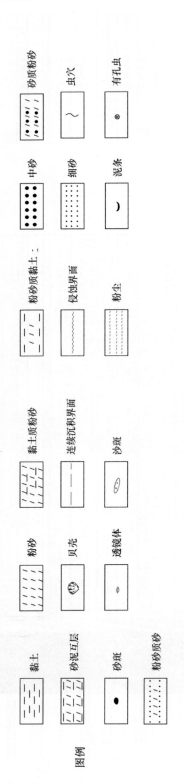

图例

黏土　砂泥互层　砂斑　粉砂质砂

粉砂　黏土质粉砂　中砂　砂质粉砂

贝壳　连续沉积界面　细砂　虫穴

透镜体　沙斑　泥条　有孔虫

粉砂质黏土　侵蚀界面　粉尘

颜色据 Rock Color Chart. The Geological Society of America Boulder, Colorado, 1979.

图4.40　南黄海辐射沙脊群烂沙洋潮流通道07SR09钻孔沉积剖面及编录 (7)

双向的泥沙供应，黏土、粉砂与细砂、极细砂，仍以海洋环境沉积的橄榄灰色系为主，但多次出现棕黄色河源细砂层；具有潮汐层理——粗细与颜色深浅相互交叠的页状层理，微波状层理，及多层具河流二元结构（粉砂质细砂与上覆之黏土叠层）的沉积层，以及泥丘、透镜体、眼球构造与交错层理等蚀余沉积结构。中段沉积仍以潮汐层理为主导结构，而且是保存完好的半日潮汐类型；沉积层中含浅海及滨海蛤贝及生物扰动结构。AMS^{14}C 定年 -21.5 m 处沉土层为 (15 190 ± 70) a B. P. （北大 BA090440），在 -29.05 m 处已硬结的粉砂黏土层取样定年为 (26 890 ± 120) a B. P. （北大 BA090442），表明中段为晚更新世沉积。

此外，在 -31.89 ~ -32.52 m 段，出现黑棕色（10YR4/2）粉砂质硬土与橄榄灰色（5Y4/1）粉砂，交互成 1 ~ 2 mm 厚的纹层沉积，间有粉砂团块（浅橄榄灰色）；-33.70 m 段有中棕色（5YR3/4）硬结粉尘沉积，含粉沙团块等。泛黑红色或炉渣色粉尘是火山喷发出的漂浮物沉积，值得注意。此前，在苏北平原宝应 1 号钻孔的深部，出现类似现象（王颖等，2006），反映着当时的区域构造活动效应，而炙热的火山沙尘是黏土烘干的原因。此现象在沙脊群钻孔中均出现，故可断定。

③ 下段： -33.0 ~ -45.91 m，该段相当于 -62.7 ~ -67.0 m 深处的沉积，为海侵型滨海平原沉积相。特点是：以橄榄灰（5Y4/1）与浅橄榄灰（5Y5/2）细砂、极细砂、粉砂为主导沉积，与橄榄黑（5Y2/1）粉砂质黏土，黏土，或腐殖质层交互成层，粗、细粒径与深浅色相间表现出二元相结构，细砂层成优势沉积，可与三明孔的下段相比对；具潮汐效应韵律：细砂层具波纹状或丘状结构，1/2 波长（L）为 5 cm、6 cm、7 cm，波高（h）为 1.3，1.5，2.0 cm，具 $d=1.0 ~ 1.5$ cm 的沙球结构以及轻微冲刷面；含有机质层，成为脉状腐殖质层及碳化腐殖质层，或为橄榄黑色片状层（厚 0.1 cm、0.2 cm、0.3 cm、0.4 cm），含云母及蛤屑；在 -38.2 m 以深至 -42.5 m，长达 4 m 多的沉积柱内，二元相沉积结构突出，以深黄棕色（10YR4/2）细砂为主体，上覆暗黄棕色（10YR2/2）黏土层的沉积组合，多次反复。沉积层中细砂层厚度 10.0 ~ 20 cm，间或达 40 cm，含砾砂；砾石多石英质，中等磨圆度（0.3 ±），砾径 6 cm × 4 cm × 3 cm，1.2 cm × 0.9 cm × 0.2 cm，0.6 cm × 0.4 cm × 0.3 cm，0.9 cm × 0.8 cm × 0.3 cm，多为扁平、肾状的海滨砾石；含片状泥砾，表面凹凸不平，粒径为 4 cm × 3 cm × 0.4 cm，9.2 cm × 1.0 cm × 0.7 cm，1.3 cm × 0.8 cm × 0.6 cm；含短柱状结核体的残段，剖面为椭圆形，粒径为 3 cm × 1.05 cm × 0.9 cm；细砂层中含碳斑，点（3 cm × 1 cm），多含贝壳。例如：在 -38.12 ~ -38.22 m 层为黑棕色（10YR2/2）黏土沉积，具臭味——与泛黑色表象一致，系有机质腐化后效应；黏土层中有硬结的钙质黏土结核，方柱形，粒径为 2.5 cm × 1.9 cm，其下（ -38.22 ~ -38.40 m）为深黄棕色（10YR4/2）粗中砂层（20 cm 厚），内有砾石，中等磨圆度，石英砾石，含黏土块。分选差的砂层为河流急流沉积，含半咸水的贝壳沼螺或为棘刺蟹守螺（Cerithium echinatun）0.7 cm × 0.5 cm × 0.4 cm 大小。层中所含碳屑经 AMS^{14}C 定年为 (30 695 ± 170) a B. P. （北大 BA090444），反映出在 3 万年前的晚更新世，该处为泛滥平原的河流沉积。

-38.40 m 以下至 -42.5 m 段多次出现以橄榄灰色（5Y5/2）或浅橄榄灰色（5Y6/1）的细砂、粉砂与暗黄棕色（10YR2/2）黏土相组合之二元相结构，皆具薄层理（水平页状，脉状波状层理），近下部多含腐殖质层，漂木残体沉积于含贝壳之细砂、黏土层中，沙蚕体（长达 41.84 cm）及硬结的黏土层等，为海侵的滨海沼泽与潟湖沉积，渐变为近岸浅海沉积。

－42.5 m 以下至柱体尾段 － 46.0 m 段均为橄榄灰色（5Y3/2）黏土与浅橄榄灰色（5Y5/2）粗砂、细砂或粉砂间层。细砂与粉砂层中具沙波（L：11 cm，h：1.5 cm），丘状层理（L：10 cm，10.6 cm，h：0.6 ~ 1.2 cm）；黏土层已硬结，内含腐殖质，组成 0.1 ~ 0.3 cm 厚纹层，细砂薄层稍厚。在孔底 － 45.76 ~ － 45.79 m 处取腐殖炭屑，经鉴定大于 43 000 a B.P.（北大 BA090447）。

综上所述，07SR09 孔，表明烂沙洋通道自晚更新世 43 000 a B.P. 以来，海、陆交互作用的沉积过程；大约在（42 005 ± 390）a B.P. ~（26 890 ± 120）a B.P. 之间陆源河流影响显著；自全新世初期以来，已无河流的直接影响，主要为海侵潮流通道。

4.2.4　南部冷家沙、小庙洪地区

主要范围包括冷家沙、网仓洪、腰沙—乌龙沙及小庙洪—大弯洪，总体呈 NW—SE 走向的沙脊与潮流通道，是古长江自烂沙洋向南迁徙过程中的遗留地貌。

4.2.4.1　冷家沙水下沙脊海域

该海域浪大流急，沙脊宽大，达 13 km，自 NW 向东南延伸，主要为 － 10 m 及 － 5 m 深度以内，0 m 等深线圈围的部分为 WNW—ESE 走向。冷家沙北侧濒临烂沙洋小洪，坡陡，水深 12 ~ 13 m，南侧隔以网仓洪潮流通道，但在中段以 10 m 深的水下沙脊与腰沙、乌龙沙相连接，水深 6 ~ 12 m 或 13 m。冷家沙为一大型沙脊，地震地层剖面显示，沙脊由三层沉积体组成（图 4.41）。

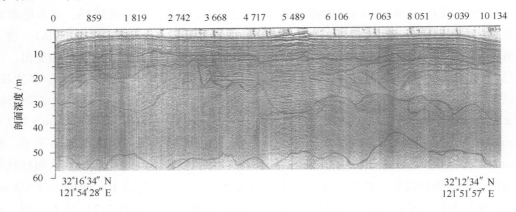

图 4.41　冷家沙地震地层剖面

资料来源：王颖，2002

（1）基底出露为 5 ~ 7 m 厚的砂层，表面波形起伏，局部沙层厚约 12 m，但未形成明显的脊槽，此层位于海底 50 m 以深处，估计为晚更新世末地面。

（2）中层为 30 ~ 40 m 厚砂质层，具宽缓的穹脊，表层脊峰与沟槽起伏，具明显侵蚀形态，较大谷地中尚有次生沙脊填充与覆盖，估计系全新世中期海侵形成冲刷，砂层系全新世早期沉积，估计全新世早期古长江曾自遥望港一带入海，堆积了厚达 40 m 砂层，而全新世中期海侵时，古长江已南迁。

（3）上层为厚约 15 m 的水平沉积盖层，由细砂（具沙波、斜层理）与粉砂质淤泥组成。

4.2.4.2　冷家沙以南

冷家沙以南地层剖面显示海底为由均质砂组成的地层，未显脊、槽相间的形态。从海底表层向下，沉积层结构具体情况如下：

（1）现代海底为淤泥质粉砂沉积，薄层，厚1~2 m；

（2）第2层为4 m厚的砂层沉积，可能形成于晚全新世，略显水平层理，以砂为主；

（3）第3层为4~8 m厚的砂层，略显水平层理。在全新世中、晚期沉积中普遍出现水平淤泥层，反映出该时期受到细颗粒泥沙来源（黄河、长江）的影响；

（4）第4层为8~10 m厚的均质砂层沉积，似为粗中砂；

（5）底层为厚度达20 m的砂层。此层段相当于晚更新世地层，未显示水平层理，不具脊、槽形态略具波状起伏。

以上各层间不连续界面接触。

4.2.4.3　腰沙—乌龙沙地区

地震剖面穿越腰沙与乌龙沙之间（地震剖面线测点8以南）的水下沙脊（图4.42）。

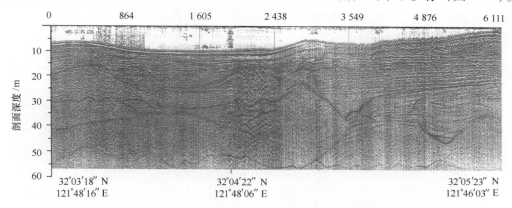

图4.42　腰沙与乌龙沙间水下沙脊之地震地层剖面

资料来源：王颖，2002

剖面揭示三层沙脊、脊槽相间的地貌叠置结构。各层皆有范围较大的堆积层与切割的谷地，既有沙脊叠覆沙脊，也有沙脊掩覆谷槽。

（1）基底沙脊埋藏在海底40~50 m厚的沉积层以下，估计是晚更新世末与全新世初期海侵切割晚更新世砂层所形成的，脊槽形式皆有，既有对称的圆穹形沙脊，也有单斜式沙脊，脊顶多有侵蚀谷，谷内堆积有水平沉积层，似为小河谷地沉积。

（2）中层沙脊分布于海底−25~−45 m处，沙脊沉积层厚达30 m，估计系全新世早、中期沉积的砂层，后经海水侵蚀切割，估计为全新世中期海侵，规模大，形成大谷地，内有具水平层理之沉积层，厚度10~20 m不等，并掩覆了脊顶，估计系潮流通道沉积。

（3）上部5~10 m厚水平沉积层，为全新世后期至现代沉积，局部发育了现代的小型水下沙脊，充分反映了该剖面之现代位置，此剖面是目前所获得的唯一现代水下沙脊结构图示。

139

4.2.4.4　小庙洪潮流通道区

该区自口门向内侧以 SE—NW 向沿潮流通道主泓及横切潮流槽获得的地层结构，展现出与横沙、与冷家沙完全不同的特点。

（1）小庙洪潮流通道发育于全新世晚期地面上，地层具明显的水平层，表现出砂与粉砂或淤泥物质交互堆积的特点，地层剖面仍显示河谷与洼地形态，估计该处系全新世晚期冲积平原。小庙洪潮流通道内现代沉积为具水平层理的砂与粉砂，厚度 2~4 m。

（2）下部的全新世中期地层具明显的水平层理与交错层，它掩覆了底部的起伏地形，使之平坦化。此层厚度从 1~2 m（覆盖脊顶的）至 20 多米不等。

（3）全新世早期为砂层，被剧烈切割，形成沙脊与谷地相伴形态，高差达 10~20 m，估计原砂层厚度超过 20 m。沙脊形态不对称，脊顶有小型沟渠，反映出当时的水流侵蚀作用。沙脊与谷地与晚更新世脊、谷相叠置，受老地形控制影响，但不完全相同。

4.2.4.5　沿小庙洪潮流通道的主槽自东向西所测剖面

自 32.142°N，121.667°E（测点 10）至 32.145°N，121.602°E（测点 11）之间的地震地层剖面，出现了全新世早期与中期冲刷的大型河谷相互叠置的形态，目前被埋藏于 23 m 及 36 m 厚的沉积层下（图 4.43）。

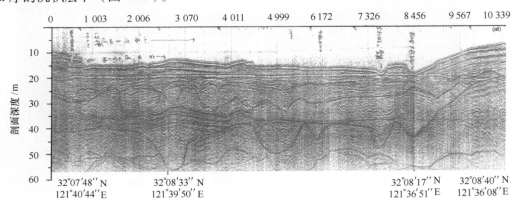

图 4.43　小庙洪埋藏谷地震地层剖面
资料来源：王颖，2002

（1）晚更新世地层被侵蚀的河谷宽达 9.5 km，谷地内有沙脊、沙波及分割的河道，构成沙脊的砂层厚度超过 20 m；

（2）全新世早期的砂层被冲刷成的谷地形态更为明显，谷地中有河槽、漫滩以及沙脊。河谷中仍保留着水流沉积物，河槽内具水平层理、斜层理与扰动层。

此埋藏谷地延伸方向或呈 SN 向与小庙洪潮流通道横交，或呈 NW—SE 向与之斜交；谷地延伸方向与十多千米宽的河谷规模，河床中多处深槽，并有自北向南深槽切割深度加大（切深达 20 m）等特点，均反映出为一条大河作用之结果。结合前述，卫星图片中仍隐现自黄沙洋、烂沙洋与长江相连的埋藏河谷影响及前人所写之文章等①，作者认为该剖面之埋藏河谷系古长江河谷在遥望港一带出口的遗证。河谷范围大致界于冷家沙与小庙洪—北汉道大湾洪与乌龙沙之间。冷家沙与腰沙两条沙脊的物质来源与该时的古长江直接补给有关，故砂层丰厚。古长江自遥望港一带出口的时间大约在晚更新世末及全新世早期。小庙洪潮流通道向南迁徙，残余支流可能延续到早、中期。小庙洪潮流通道则是在全新世中后期继承古河谷的基础上所发育的潮流通道。

鉴于枢纽部与南部区均发现古河谷遗迹，为使读者了解其分布位置，特将辐射沙脊群地震剖面测点航迹图（图4.44）及测点位置经纬度表附录（表4.6）。

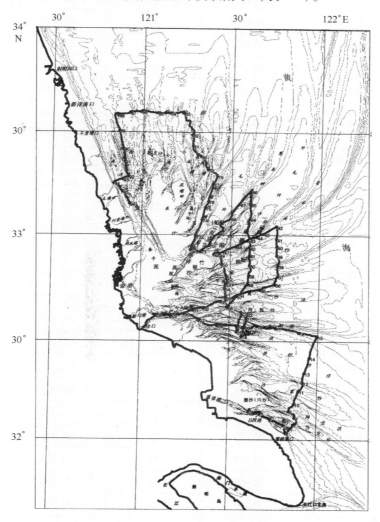

图4.44　南京大学辐射沙脊群地区地震剖面航迹图

① 贾建军，朱大奎．长江入海流路的演变及其机制研究（未刊稿）．1996.

表 4.6 辐射沙脊群地震剖面测量位置经纬度

点号	位 置		点号	位 置	
	经度（°E）	纬度（°N）		经度（°E）	纬度（°N）
01	121.607	32.152	25	121.534	32.527
02	121.602	32.145	26	121.428	32.557
03	121.667	32.142	27	121.327	32.586
04	121.726	32.107	28	121.083	32.608
05	121.796	32.079	29	121.170	32.607
06	121.810	32.042	30	121.240	32.614
07	121.854	32.082	31	121.290	32.632
08	121.860	32.116	32	121.350	32.640
09	121.829	32.149	33	121.447	32.672
10	121.857	32.183	34	121.546	32.704
11	121.882	32.244	35	121.667	32.729
12	121.906	32.285	36	121.751	32.756
13	121.915	32.330	37	121.767	32.796
14	121.944	32.403	38	121.768	32.846
15	121.987	32.504	39	121.761	32.895
16	121.885	32.522	40	121.762	32.938
17	121.756	32.543	41	121.760	32.975
18	121.650	32.554	42	121.761	33.037
19	121.562	32.505	43	121.687	33.001
20	121.580	32.549	44	121.649	32.985
21	121.590	32.592	45	121.599	32.969
22	121.596	32.614	46	121.534	32.940
23	121.561	32.619	47	121.462	32.913
24	121.537	32.553	48	121.408	32.900
49	121.438	32.898	73	121.304	32.989
50	121.453	32.854	74	121.342	33.071
51	121.477	32.796	75	121.360	33.129
52	121.481	32.784	76	121.379	33.161
53	121.472	32.757	77	121.406	33.244
54	121.467	32.736	78	121.428	33.281
55	121.473	32.693	79	121.376	33.313
56	121.483	32.645	80	121.337	33.375
57	121.535	32.698	81	121.291	33.426

续表

点号	位 置		点号	位 置	
	经度（°E）	纬度（°N）		经度（°E）	纬度（°N）
58	121.597	32.757	82	121.290	33.478
59	121.603	32.800	83	121.242	33.582
60	121.607	32.848	84	121.162	33.581
61	121.608	32.897	85	121.094	33.582
62	121.608	32.934	86	121.001	33.588
63	121.608	32.972	87	120.939	33.584
64	121.611	33.076	88	120.875	33.571
65	121.614	33.148	89	120.880	33.499
66	121.619	33.211	90	120.902	33.413
67	121.554	33.148	91	120.911	33.353
68	121.502	33.077	92	120.930	33.281
69	121.436	33.003	93	120.899	33.267
70	121.381	32.946	94	120.849	33.249
71	121.335	32.917	95	120.897	33.208
72	121.277	32.924	96	120.936	33.150

时代是晚更新世末与全新世中期。其影响范围估计界于冷家沙、北汊道与小庙洪之间，冷家沙与腰沙这两个大沙脊的物质来源应与该河的直接补给有关。自全新世晚期至近代，不再出现其直接影响。遥望港是否曾为古长江继烂沙洋之后在全新世时的另一出口？小庙洪潮流通道为全新世晚期的潮流冲刷槽。

4.2.4.6 辐射沙脊群南部小庙洪潮流通道内段牡蛎礁孔——07SR11

07SR11 号孔位于 $32°8.988'N$，$121°32.821'E$，起钻处于水深 2.5 m，进尺 70.9 m，为本次在辐射沙脊群一组钻孔中进尺最深的（次深的孔是 07SR10 为 70.2 m，在小庙洪潮流通道中段）。07SR11 孔获得的沉积层柱体长 51.20 m。沉积结构反映出小庙洪继承古长江支流汊道，因古长江南迁，在全新世发展成为潮流通道的过程。据孔心沉积特性，划分为五段沉积（图 4.45）。

（1）第 1 段，从现代海底（水深 2.5 m）～ −1.55 m 深处的侵蚀面是厚度为 1.55 m 的海底牡蛎礁层。

① 顶层是 0.44 m 厚的深黄棕色粉砂质黏土层，含较多浅黄棕色粉砂条斑，其顶部 5 cm 深处有一层 0.09 m 厚的牡蛎壳体与贝壳，为密鳞牡蛎（*Ostrea denselanmellosa*），为海相至滨海相牡蛎，可生活于潮下带及水深 30 m，为黄海、渤海常见种，其时代自晚更新世至现代。此处为生长在潮下带的牡蛎。

② 其下部为 0.21 m 厚中棕色黏土层，含浅黄棕色粉砂透镜体——是经侵蚀残留之波痕，波高为 1～2 mm。

③ 向下 0.35 m 厚灰棕色黏土与牡蛎礁层，有完整的牡蛎壳体（8 cm × 6.5 cm ×

143

钻孔号： 07SR11

钻孔时间： 2007.12.09

位置：

潮高：

实测水深： 3.2 m　　改正水深： 2.5 m

32°8.988′N, 121°32.821′E

编录： 殷勇　黎刚

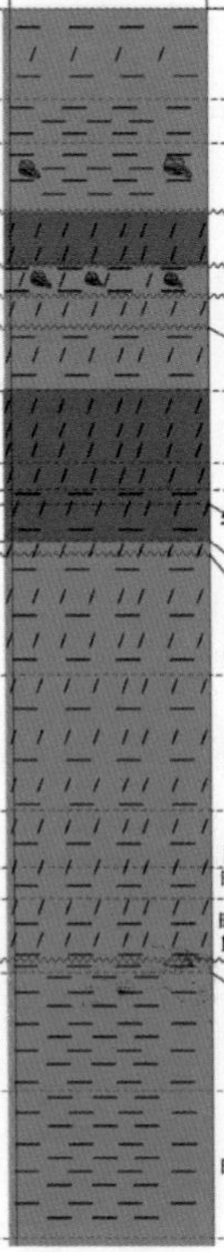

AMS¹⁴C测年	深度/cm	岩心	颜色	物质组成	沉积层结构岩性特征	微体古生物	沉积相段
530±30	0~44		深黄褐色10YR4/2	粉砂质黏土层	现代(牡蛎礁)，含有多处浅黄棕色细砂质薄透镜层，含贝壳，顶部2 cm含牡蛎壳	5 cm，密集牡蛎(Ostrea denselamellosa)；海相生活相；碎下带，全水深30m；黄海褐色等层种；东台群三舱变量种牡蛎壳	牡蛎礁（近岸海底通道内潮流 1）
	44~65		中棕色5Y3/4	黏土	含不规则带粉砂色透镜体，高~2mm，粉砂颜色为浅黄棕色10YR6/2		粉砂滩
360±30	65~100		灰棕色5YR3/2	黏土层	牡蛎礁层，黏土下整齐粉砂壳体(8 cm×6.5 cm×0.9 cm)，壳内有粉质粘土颗粒，顶上层内分布有栖蟹碎片。	90 cm，密集牡蛎壳(Ostrea denselamellosa Lischke)	牡蛎礁
535±30	100~125		橄榄灰、灰棕色 5Y4/1 5Y3/2	粉砂	100~106 cm均质概褐层(Mz=3.5)；106~111.5 cm粉砂质黏土(Mz=5.8)；111.5~125 cm为粉砂层(Mz=3.8)。顶部2 cm具有云母，植物碎屑较少。		潮下带波浪动力较强，水下沙坡发育牡蛎礁
	125~140		深灰褐、暗黄棕色 10YR4/2 10YR2/2	粉砂质黏土层	牡蛎壳土块混合层，这些牡蛎壳从粉砂泥强烈溶蚀风化，且溶地层块已褐黄石化，与粉砂不符合。		牡蛎礁
	140~155		暗黄棕色、微黄灰 10YR2/2 5Y4/1	粉砂、黏土质粉砂	粉砂层理显著，层理很薄，层内波纹，有机物含量多	147~149 cm，密集牡蛎碎片(Ostrea denselamellosa)	受微波影响的水边线以下潮下带微波影响的潮汐层理
	155~186		橄榄灰5Y4/1	黏土与粉砂	波状层里显著，层理粗细，放纹状，为微波动力环境，底部有生虫火扰动		微波影响的潮汐层理（2）
	186~223		微黄灰5Y4/1	粉砂为主	匹底纹层理，黏土夹层呈不无整齐。微波作用层，柔形状流长双向层	0~12.24m，有孔虫以钙质有孔虫为主要有条数钙壳为优势、双壳类底有钙壳、Bolivina striatula，斜特斯劳；	微波作用层
	223~236		橄榄灰、灰棕色5/2	粉砂	黏土与粉砂平行互层层里，底部多见双马丘状	九字虫(Nonion grateloupi)，中间距离层多，扁豆型、中间扁平；	微波影响的潮汐层理
	236~243			粉砂、黏土	粉砂夹黏土互层里	奇特虫(Ammonia beccarii)	微波影响的潮汐层理
	243~261			黏土、粉砂	黏土薄层里，为良好快纹理		
	261~267		5Y3/2 5Y4/1 微橄榄、深灰褐色	黏土顶面粉砂、黏土	黏土前面粉砂与黏通黏土薄脉状层里		潮下带浅水沉积
	267~326		暗黄褐、浅黄棕色 10YR2/2 10YR6/2	黏土、粉砂	黏土与粉砂的交互成层，为不规则层里，放纹状，底部有虫火扰动，滑动的变形层里	小九字虫亚表(Nonionella sp.)。活有钙质壳类象壳势的平组五珠表壳只占绝对优势，反复见快稀钻有孔虫占绝(Q.lamarckiana)等，未见胶结从所产出的底层有孔虫组合看，典型浅海的粉子，推测属属于下潮海-近岸浅海沉积环境	潮下带浅水沉积
	326~388		浅黄棕、深黄棕色 10YR6/2 10YR2/2	粉砂、黏土	含黏土的粉砂黏土互层，构成典型的放状层里，沙波内南可见消晰		潮下带浅水沉积
4 340±10	388~419		暗黄棕、深黄棕色 10YR2/2	黏土、粉砂	黏土与粉砂交互成层，粉砂为放状层里，黏土质地稀薄		微波作用层
	419~434		暗黄棕、深黄棕 暗黄棕、深灰棕黑	黏土、粉砂	黏土与粉砂交互成层，粉砂为放状层里		微波作用层
	434~464		暗黄棕色、深黄棕色 10YR2/2 10YR4/2	黏土、粉砂	黏土与粉砂交互成层，个别不连续里粉砂有粉透砂，个厚度很小		微波作用层（海侵型潮）
	464~470		浅黄棕色10YR6/2	黏土	黏土成薄层状，层内有砂波(h=2.6 cm)，沙波有棕色黏土包覆		微波作用层
	470~528		暗黄棕、深灰棕 10YR2/2 10YR4/2	黏土	以黏土层为主，夹薄色粉砂状层里，顶部黄褐色粉砂泥3 cm里，为正形及内部粉砂条夹的第三条有浅黄棕棕色的粉砂的纹层里		潮下带潮弱动力环境，顶部具潮汐层里理弱潮汐层里为波层
	528~600		暗黄棕、深黄棕	黏土	黏土层中有深黄棕色细粉砂色为波层		潮扰动下带潮弱动力环境，生物扰动强烈，具风暴

图4.45　南黄海辐射沙脊群小庙洪潮流通道内段07SR11孔剖面及编录 (1)

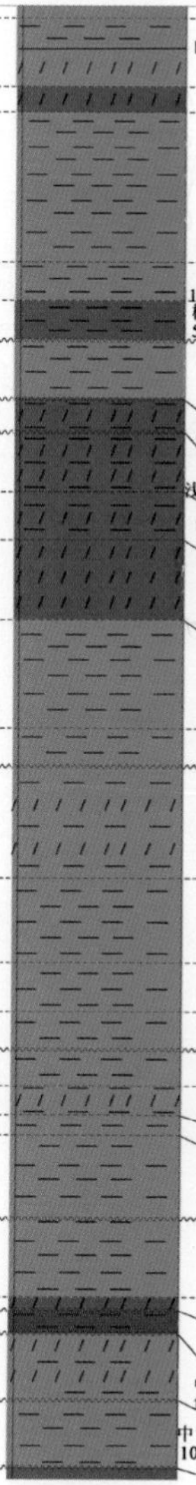

	600~640	暗黄棕、深黄棕色	黏土、细粉砂	具有似“二元相”的结构，上部20 cm为暗黄棕色黏土层，下部20 cm为深黄棕色细粉砂层。上部黏土有不规则变形层理，细条状垂直的粉砂层；底部有勺状水滴状沉积		潮水沟沉积	下带浅海沉积相
	640~655	浅橄榄灰5Y5/2	粉砂层	无层次结构，内有小螺或大有孔虫，其内被粉砂充填。		水下潮流通道沉积（潮滩潮下带）	
	655~743	暗黄棕色10YR2/2 浅橄榄灰5Y5/2 黄棕色10YR2/2	黏土为主	655~722 cm为暗黄棕色黏土层，并在其中夹有18条浅橄榄灰色粉砂波痕； 672~680 cm为黄棕色黏土层,基本上无波痕,有1 mm宽、6 mm长的砂条； 672~685 cm为黏土与粉砂波痕的交互层，其中共有9个波痕； 685~688.5 cm为黏土层，基本无沙波； 688.5~702 cm为黏土与粉砂交互层，共9个沙波； 702~706 cm为黏土层，基本上无沙波； 706~743 cm黏土层中夹有37条沙波		水下潮流通道沉积	
	743~764	浅黄棕、暗黄棕色 10YR6/2　10YR2/2	黏土	浅黄棕色黏土与暗黄棕色黏土层中有细粉砂质大波痕，丘顶朝下部		潮水通道沉积	
	764~789	橄榄灰、暗黄棕色 5Y4/1	粉土、黏土	上部16 cm为质地均匀的无层次粉土,下部9 cm为暗黄棕色黏土层，其中有5~6条细粉砂层。上下层之间为一浅橄榄灰波痕，峰朝底，内具薄层理		潮水通道沉积	
	789~824	暗黄棕色10YR2/2 浅橄榄灰5Y5/2	黏土	上部至804 cm为15 cm厚的黏土层,内有侵蚀低槽，为细粉砂充填，似反向沙波h=0.8~0.9 cm，其下充填层为3 cm;中部至815 cm为浅黄棕色粉土层，质地均匀，无层次；下部为浅橄榄灰色黏土层，无层次，含有贝壳，内有包裹的泥质砾块；下部为浅橄榄灰		水下岸坡较深海区海底沉积	
	824~843	浅橄榄灰、深黄棕色 5Y6/1　10YR4/2	细粉砂、黏土	浅橄榄灰色细粉砂与黏土交互成二元相，共有3层黏土，2层粉砂，粉砂黏土之间均为侵蚀界面		潮水沟或潮流通道沉积	
	843~878	浅橄榄灰、深黄棕色	粉砂、黏土	浅橄榄灰沙波（共17个）与深黄棕色黏土互层，上部12 cm为潮汐层理下部为潮流通道沙波与黏土的二元结构相		潮下带与潮水沟沉积	
	878~906	浅橄榄灰、暗黄棕 10YR2/2、深黄棕色	粉砂、黏土	浅橄榄灰粉砂质沙波与黏土互层，自下而上颜色由暗黄棕色过渡为深黄棕色。在本层中共有17条粉砂条		潮下带沉积层，具潮汐层理	
	906~953	橄榄灰5Y6/1 暗黄棕色10YR2/2 灰色	细粉砂为主	上部至930 cm以橄榄含黏土灰粉砂为主，中夹脏黄棕色2 cm厚的黏土，波峰状沉积，呈透镜状；中部至938 cm为纯黏土质粉砂，上部有隐形层理，但在其下断有一条“U”形沟状结构，本层基本无显著层理；下部至953 cm粉砂波痕结构明显，均为7条极细砂条斑		微波作用带	
	953~1017	暗黄棕色10YR2/2 浅橄榄灰5Y6/1 深黄棕色10YR4/2	黏土为主	以黏土沉积为主，夹有粉砂波状、斑状层理。上部至981 cm为暗黄棕色黏土，夹7条浅橄榄灰色含黏土粉砂的层理，粉砂层理呈半弧形、宽带状及穹状；中部至1 003 cm为深黄棕色黏土夹透镜状沙斑及连续沙纹层；下部为浅橄榄灰色含黏土粉砂层，夹上凸状黏土条纹		水下岸坡已深的浅海海底沉积	
	1 017~1 047	深黄棕色10YR4/2	黏土	均一的黏土质沉积		浅水海底沉积	
	1 047~1 115	浅橄榄灰5Y6/1 深黄棕色10YR4/2 浅黄棕色10YR6/2	粉砂、黏土	具纹层结构的细砂与黏土（黏土有浅黄棕色逐渐加深，至1 069 cm变为深黄棕色)交互沉积,纹层很细。在1 069 cm以上纹层厚度均小于0.1 cm，以下条纹则较上部粗。本层中粉砂层共有16个，黏土层有6个		海底静水沉积，有微波影响	
4 670±35 →	1 115~1 165	暗黄棕色10YR2/2 浅橄榄灰5Y6/1	黏土	以黏土为主，黏土与粉砂交互成层。粉砂层多呈上凸波形		受风暴影响的海底沉积	
	1 165~1 186	深黄棕色10YR4/2 浅橄榄灰5Y6/1	黏土	以黏土为主，间夹粉砂层理，本层与上一层相比在于颜色较浅		受风暴影响的海底沉积	
	1 186~1 209	深黄棕色 浅橄榄灰	黏土层	中部具浅橄榄灰的斑块，底部具浅橄榄灰色似眼球构造的粉砂球斑，黏土层未显层次		夹风暴层的浅海沉积	
	1 209~1 230	深黄棕色10YR4/2	黏土层	具隐形的含粉砂层的条斑层理		静水沉积	
	1 230~1 247	深黄棕、浅橄榄灰 10YR4/2　5Y6/1	黏土、粉砂	黏土与粉砂交互成层，粉砂层多，上部为双向交错层理；下部12 cm为海流沉积层的“眼球构造”		海流沉积	
	1 247~1 259	黄棕色、浅橄榄灰 10YR2/2　5Y6/1	黏土层	顶底具浅橄榄灰色沙波层与交错沙波层（共3 cm厚）		浅海沉积	
	1 259~1 308	深黄棕色10YR4/2 浅黄棕色10YR6/2 浅橄榄灰5Y6/1	黏土层	1 283 cm以上为深黄棕色黏土层,顶部交互沙波(共3 cm厚);1 283 cm以下黏土渐变为浅黄棕色，并夹有浅橄榄灰粉砂层		浅海沉积	
	1 308~1 354	暗黄棕色10YR2/2 深黄棕色10YR4/2	黏土层	上部黏土层为暗黄棕色，下部为深黄棕色。顶部具交错层理，有一沙波（h=2.2 cm）在其中间夹有3条粉砂沙波黏土层质地均一，无隐形结构		浅海沉积	
	1 354~1 362	浅橄榄灰5Y6/1	粉砂	交错叠置的粉砂沙波层		火山尘沉积粉砂与尘土层	3
	1 362~1 375	灰棕色、棕灰色 5YR3/2　5YR4/1	黏土层	略含粉砂的黏土层，上部2~7 cm处有3层棕灰色波痕状层理，其组成仍为黏土，但含有碳屑和云母碎片，下部黏土质地均一，无层理		火山尘沉积粉砂与尘土层	
	1 375~1 415	中黄棕色、暗黄棕色10YR2/2、暗灰色	黏土质粉砂	1 400~1403 cm夹有暗棕色黏土,底部泛暗色。整体为中黄棕色黏土质粉砂,内有薄层的粉砂；上部8 cm有斜层理；层内有火山尘沉积	1 395 m以下分析了25个有孔虫样品，仅在2个样中分别见到1枚有孔虫，其余样品均未见有孔虫	火山尘沉积粉砂与尘土层	
	1 415~1 455	中黄棕色、深黄棕色 10YR5/4　10YR4/2	黏土	底部1 447~1 455 cm为中黄棕色,含少量的细粉砂粉尘，向上因有炭黑色粉尘加入而色暗；中部为深黄棕色含粉砂的黏土，有炭黑色条斑；上部为黏土，炭黑色物质影响最重，颜色很深，其中含有贝壳屑		海底沉积，受临近火山喷发影响	

图4.45　南黄海辐射沙脊群小庙洪潮流通道内段07SR11孔剖面及编录(2)

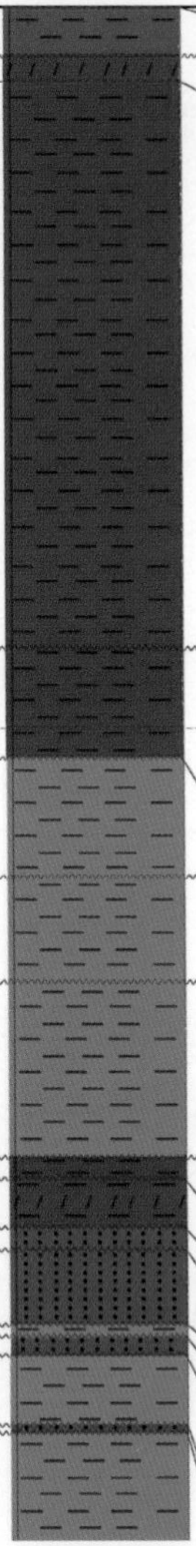

具 火 山 生 影 响 的 浅 海 沉 积 相

深度 (cm)	年代	颜色	岩性	特征描述	沉积相
1 455～1 478	5 855±30	橄榄灰SY4/1	受火山灰影响的黏土层	质地较均一，不显层理，其垂直的裂缝黑色染，有近水湖充等生物扰动，中部有虫孔（6 cm径）填	海底沉积，受临近火山喷发影响
1 478～1 493		棕灰色SYR4/1	角粉砂层	含黑粒，微显波形状，底结构，上部无明显层次	海底沉积，受临近火山喷发影响
1 493～1 814		灰棕色SYR3/2	黏土层	无显著次结构，基本为均质黏土，是浅海悬浮沉积堆积，具有韵层理，在1 530 cm处发现一水相	浅海沉积
1 814～1 859		灰棕色SYR3/2	黏土层	质地均一，无明显变化，本层特点是具有明显的细微夹层（1 mm厚，浅黄棕色细粉砂顶），上部的夹层呈交错的双向波形结构	海底沉积
1 859～1 876		灰棕色	黏土层	顶部为灰黄黄色丘状层理，蒸底具双层理，有机质腐殖薄，有粒状黄色黏色为丘形薄粒	海底沉积
1 876～1 942		暗黄棕色10YR2/2	细砂层	质地均一，为浅海悬浮体沉降沉积	浅海悬浮体沉降沉积
1 942～2 002		暗黄棕色	黏土层	具有韵形条斑，顶部有丘状层，其厚度为1.5 cm，为橄榄灰色嘴含粉砂；底部其橄榄灰色含粉砂的丘状层，h=2.5 cm，还有橄榄状块层h=1.5 cm	轻浪扰动浅海沉积
2 002～2 100	2075±30	暗黄棕色10YR2/2 橄榄灰SY4/1	黏土，粉砂	暗黄棕色黏土沉积为主，具有橄榄灰色薄层粉砂夹层，1 mm厚薄的纹层呈交错层理，2～3 mm呈为丘斑正状层理及腹差点	轻浪扰动浅海沉积
2 100～2 111		灰棕色SYR3/2 SY4/1	杂色黏土层	上部c为灰棕色黏土层，中部c为橄榄灰棕黄土薄的砂，下部c为黄棕色黏土；此层中正带薄面（3 mm宽），形态不规则	底部素流
2 111～2 139		深黄棕色10YR4/2			
2 139～2 152		灰棕色，橄榄灰 SY3/2、SY4/1	黏土，粉砂	黏土与粉砂交互沉积，具双坡理，其有31个薄土层理，其中3个薄土条带，30个粉砂薄层	底部素流
2 152～2 194		橄榄灰，深黄棕SY4/1、10YR4/2	粗砂层	含贝壳薄粒多，此层由不同颜色的细砂构成，"W"状层理	底部素流
2 198～2 201		橄榄灰棕SY4/1	细砂层	质地均匀，有粉砂薄层互为层理，含较多云母，下部182～2 186 cm与蓝	静水沉积过程中有微波与多向波浪扰动
2 200～2 211		橄榄黄棕色SY3/2	黏土	本层理，已橄榄	静水沉积过程中有微波与多向波浪扰动
2 211～2 251		橄榄灰，深黄棕色SY3/2、10YR4/2	细砂	上部c为橄榄灰色细砂层，色薄，未层层次，底层次，含中正；薄橄榄黄棕色黄薄砂次理，含有细砂理理，下部5.5 cm为水质层砂	浅海沉积过程与多向波浪流动
2 253.5～2 317		暗黄棕色10YR2/2 黄棕色10YR6/2	黏土层	可能受到火山灰影响形成暗色层；上部c为橄榄灰色细砂层，含有黄棕色黏细的砂薄层，1 mm厚c为中部交错处及暗色细粉砂薄条，粉橄薄条理中有5层，还有橄榄临状薄层；峰状面上，下部5.5 cm为水质层薄砂，交错层次为5层	浅海沉积（弱潮流动力）

图 4.45 南黄海辐射沙脊群小庙洪潮流通道内段 07SR11 孔剖面及编录 (3)

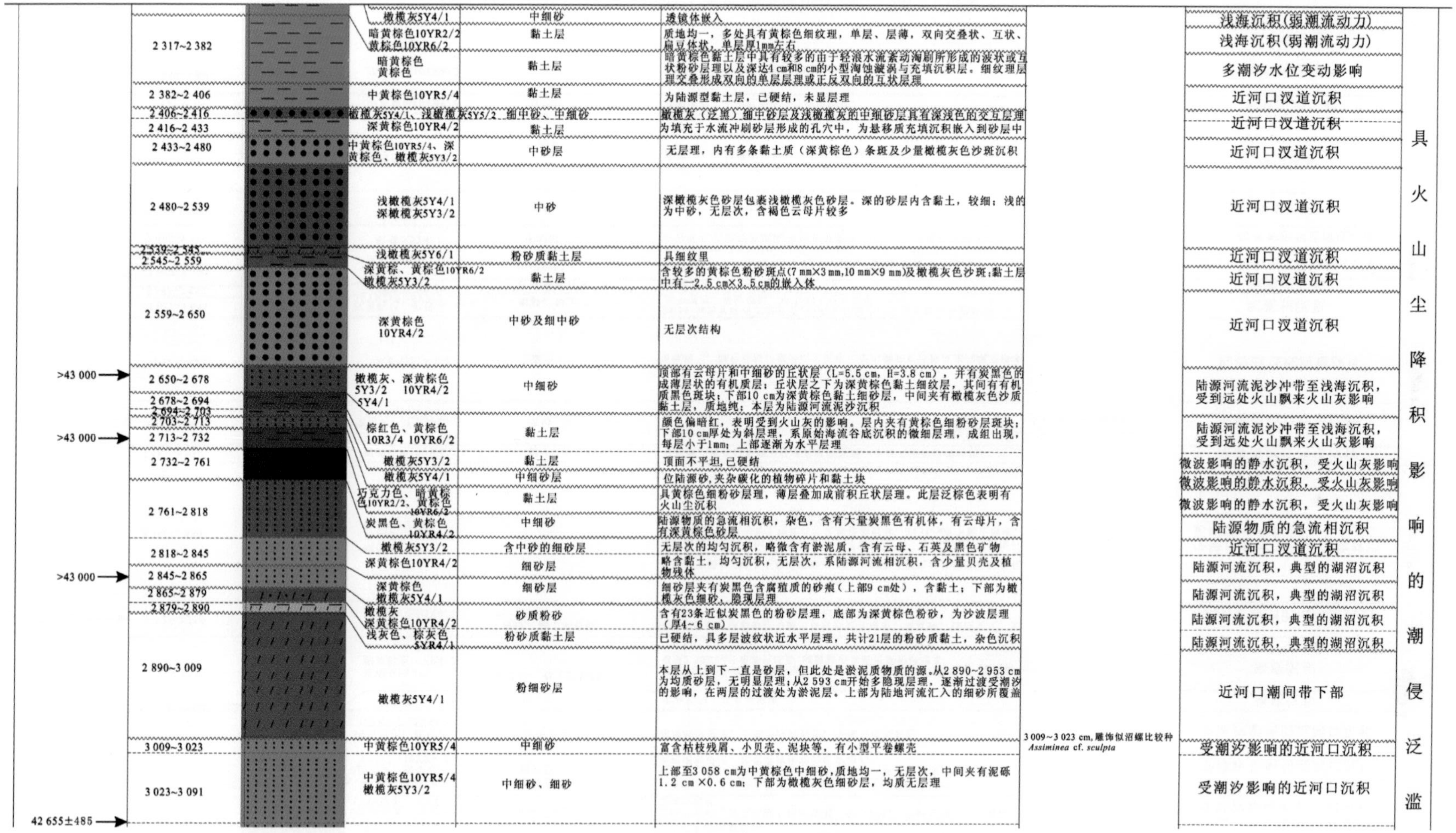

图 4.45　南黄海辐射沙脊群小庙洪潮流通道内段 07-SR-11 孔剖面及编录 (4)

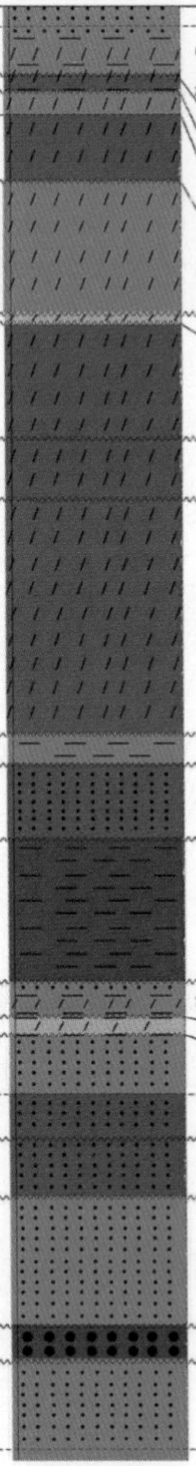

42 655±485 →	3 091~3 117 3 117~3 127 3 127~3 140	中黄棕色、炭黑色 10YR5/4 橄榄灰、橄榄黑 5Y3/2 5Y2/1	黏土、细中砂	顶部5 cm为中黄棕色细中砂层，有贝壳屑，呈沙波状、其上有厚度近2.3 cm的炭黑色沙波状有机质；接着为2 cm厚的炭黑色黏土层，其下为4 cm橄榄黑粉砂黏土层，有较多的贝壳和云母；中部为11 cm厚的橄榄灰细砂-粉砂-黏土-层，质地均一，无层次；下部为6.5 cm厚的炭黑色砂与黏土，具有波状层理5层		受潮汐影响的近河口沉积	平原沉积相
	3 140~3 178	浅橄榄灰、橄榄灰 5Y5/2 5Y4/1	粉砂、黏土	浅色的粉砂与深色的黏土相互成层，但以硬结，含较多的云母，粉砂层成沙波状		受潮汐影响的近河口沉积	
	3 178~3 245	深黄棕色10YR4/2	粉砂层	质地均一，其间夹有泥块（4.4 cm×3 cm），下层多泥质层理		受潮汐影响的近河口沉积	
		橄榄灰、深黄棕色 5Y3/2 10YR4/2	粉砂层	橄榄灰色粉砂层其间夹杂深黄棕色粉砂层，并逐渐过渡到下部的橄榄灰色细粉砂层，隐现潮汐影响的层理结构。		受潮汐影响的近河口沉积	
		深黄棕色、橄榄灰 10YR4/2 5Y4/1	均质粉砂层	隐现潮汐层理，上部为深黄棕色，下部为橄榄灰色		受潮汐影响的近河口沉积	
	3 245~3 250	浅灰色	粉土层	质地均匀，具有细层理		海底沉积	
	3 250~3 322	橄榄灰5Y4/1 深黄棕色10YR4/2	粉砂层、黏土质粉砂	与黏土质粉砂交互成层，层次明显，3 278 cm以下黏土质增多，而且底部从3 302 cm开始颜色泛黄，深黄棕色含黏土质粉砂增多		海底沉积	
42 965±300 →	3 322~3 356	橄榄灰5Y3/2 深绿灰色5GY4/1	粉砂、黏土质粉砂	泛黑的橄榄灰色粉砂层与黏土质粉砂交互成层，具层理，深浅交互。此层含有机质较多，从下至上粒径粗化，颜色变浅		受潮汐影响的近河口沉积	
	3 356~3 489	橄榄灰5Y4/1 深黄棕色10YR4/2 棕灰色5YR4/1	粉砂	本层颜色偏红，受火山灰的影响。3 356~3 397 cm橄榄灰色均质粉砂夹有泥质斑块(6 cm×2.9 cm)，系呈黏土质粉砂，为棕灰色，本段有虫穴，内部充填浅色粉砂及黏土，虫孔呈斜立式充填；3 397~3 434 cm为深黄棕色粉砂有潮汐层理内有生物扰动沙斑和植物残体；3434cm以下黏土增多，而且在3 452 cm之下粉砂与黏土交互层理显著		受陆地来水来沙及生物扰动影响的浅海沉积	
	3 489~3 505	深黄棕色10YR4/2	黏土	质地细，夹有似页状及杆状有机质层理，下部具潮汐层理结构		陆源源远性河道沙体	5 入
>43 000 →	3 505~3 547	橄榄灰、深黄棕色 5Y3/2 10YR4/2	细砂	在柱样边缘为橄榄灰色细砂，中间位深黄棕色中细砂，隐现层理，质地上下一致。在3 514 cm处有一小泥斑	3520~3524 cm，白小旋螺 *Gyraulus albus*（淡水湖沼相）	陆源源远性河道沙体	
	3 547~3 627	灰棕色5YR3/2	黏土	质地均一，颜色泛红，似火山尘沉积，层内偶夹有沙斑及虫穴填充砂条		陆源源远性河道沙体	
	3 627~3 646	深黄棕色、橄榄灰 10YR2/2 5Y3/2	细砂、黏土	3 634 cm为含砾石的细砂层，中间夹有黏土；下部为橄榄灰色砂层，有水平层理，质地硬结，砂与黏土交互成层		泻湖相沉积	
	3 646~3 657	浅灰色N7	粉砂质黏土	质地较硬		泻湖相沉积	
	3 657~3 690	深黄棕色10YR4/2 灰棕色5YR3/2	中细砂层	含云母多，未显层理，顶部有5 cm×3 cm的灰棕色黏土质泥块		近河口陆源相沉积边滩或心滩相	
	3 690~3 715	橄榄灰5Y4/1	中细砂	含云母多，含泥砾及泥块，有较多贝壳屑3 700 cm处发现有石英、云母		近河口陆源相沉积边滩或心滩相	
	3 715~3 748	橄榄灰	细砂	含有黏土，其间有扁平卷螺残体		混杂沉积	
	3 748~3 820	深黄棕色10YR4/2 橄榄灰5Y4/1	中细砂	底部10 cm夹橄榄灰色黏土，呈颜色深浅相交的层理		河口沙坝	
	3 820~3 840	中灰棕色10YR5/4	细中砂	未显层理，上部有黏土，似为陆源砂		典型的陆源砂	
	3 840~3 889	深黄棕色10YR4/2	中细砂	无结构，有贝壳屑、黑色矿物、云母、石英（有轻度磨圆）		典型的陆源砂	

图 4.45　南黄海辐射沙脊群小庙洪潮流通道内段 07-SR-11 孔剖面及编录 (5)

深度/cm、年代	岩性（颜色）	粒度	描述	沉积相
3 889~3 958	深黄综色10YR4/2 橄榄灰5Y3/2	细中砂	深黄综色细中砂夹橄榄灰色中细砂，质地均匀，未显层理。底部3.5 cm显灰色，粒度略细	河口沙坝
3 958~4 023	深黄综色10YR4/2	中细砂	上部3 958~3 986 cm深黄综色中细砂，质地均匀，近红色颗粒较多，右英颗粒为透明或呈呈油脂光泽，中部颜色泛红之下颜色又泛红。4 002 cm之下颜色又泛红	河口沙坝
4 023~4 117	深黄综色	中细砂	已未保留层理，中间夹有火山灰，结块（大小形态不规则），内夹较多的黏土或夏泥块，内有贝壳屑，黄页岩碎屑结构	河口沙坝
4 117~4 171　22 130±60	深黄综色10YR4/2 橄榄灰5Y3/2	中细砂	深黄综色中细砂夹橄榄灰色含黏土细砂，均匀混入	河口沙坝
4 171~4 219	深黄综色10YR4/2	中细砂	含有贝壳。夹有黏土块。在4 176 cm处发现一蛇发贝壳残体	河口沙坝
4 219~4 413		中细砂	深黄综色与橄榄灰色中细砂相互交叉，质地无变化，无层理，还有页泥结团块	浅海沉积
4 413~4 480	深黄综色10YR4/2 黄综色10YR6/2	中细砂	近下部有黄综色细砂，含黏土及贝壳屑	河口沙坝
4 480~4 610　785±30	灰综色5Y3/2 深黄综色10YR4/2 橄榄灰5Y3/2	中细砂、含粉砂的黏土	上部4 480~4 630 cm为砂的岭层，与下层界限分明，下部为黄综色中细砂，夹橄榄灰的含黏土的中细砂层	河口沙坝
4 610~4 707	中黄综色10YR5/4 橄榄综灰5Y3/2 深黄综色10YR4/2 灰综色5YR3/2 中综色5YR3/4	中细砂	上部4 610~4 630 cm两种岭层，同边橄榄色与中黄综色，包裹中间应橄榄灰色的5Y3/2，末显层理，下部以深黄综色的中细砂为主，4 700~4 707 cm为深黄综色的中细砂，中间综色为灰综色，夹杂中综色含细砂黏土，受到火山灰的影响	河口沙坝

4 052 cm，帽豆螺 *Parabithynia?* sp.

图4.45　南黄海辐射沙脊群小庙洪潮流通道内段07-SR-11孔剖面及编录（6）

颜色据 Rock Color Chart. The Geological Society of America Boulder, Colorado, 1979.

图 4.45　南黄海辐射沙脊群小庙洪潮流通道内段 07-SR-11 孔剖面及编录 (7)

0.9 cm），壳内有粉砂质黏土填充，黏土层内有牡蛎碎片。仍为密鳞牡蛎，分布于 0.9 m 深处，此处牡蛎壳经 AMS^{14}C 测年为（360±30）a B. P. （北大 BA090450）。

④ 0.25 m 厚橄榄灰色与灰棕色粉砂层，此层顶部有 6 cm 厚极细沙（M_z = 3.5），含云母及植物碎片；下为粉砂质黏土（M_z = 5.8）；下部为 14.5 cm 厚粉砂层。

⑤ 1.25 ~ 1.40 m 深处为深黄棕色粉砂质黏土层，含有密集的牡蛎碎片堆积层。此层牡蛎碎片测定年为（535±30）a B. P. （北大 BA090451）。沉积速率 0.002 3 ~ 0.002 6 m/a。

⑥ 1.40 ~ 1.55 m，深黄棕色与暗黄棕色粉砂与黏土质粉砂互层，粉砂层具波状丘（L：6 cm，h：2 cm），有碳化的牡蛎壳。

上述表明：此处底质为粉砂，牡蛎礁层中含粉砂黏土质夹层，牡蛎可于上繁殖，但发育不及硬质基底者适宜，该处为潮流通道内段，有一定的淡水影响，牡蛎礁形成后，却为后代提供了坚硬的生长基底[①]。在浪流一定的冲蚀作用与搬运再堆积情况下，牡蛎层的不同部位，其形成年代有差别，需在取样时注意。

（2）第 2 段，从 1.55 m 深处至 13.62 m 深层段，厚度为 11.57 m，属海侵型潮下带浅海沉积相，以深黄棕色黏土与暗黄棕色黏土质粉砂层为主体，夹有 5 层橄榄灰或浅橄榄灰色粉砂层（厚约 0.81 m，0.15 m，0.25 m，1.29 m，0.18 m）。黏土与含粉砂层交互成层，粉砂成沙波状薄层理、不连续的透镜体及扁豆体或断续纹层，黏土多为页状层理，黏土层中有虫穴，孔道及粉砂填充的斑点与条纹。潮汐层理结构显著，1 m 厚黏土层中有保存完好的月潮汐层理（半日潮型）。在 0 ~ –12.2 m 层中含有孔虫，钙质有孔虫为主，种属有条纹箭头虫（*Bolivoma striatula*）、格拉特劳九字虫（*Nonion grateloupi* sp.）、毕克卷转虫（*Ammonia beccarii*）、小九字虫（*Noninella* sp.）等，还有瓷质壳类的平坦五玦虫（*Quinqueloculina complannata*）及 *Q. lamarckiana* 等。底栖有孔虫居优势，仅见 1 枚浮游有孔虫，微体古生物群组反映为海滨—近岸浅海沉积环境。

① 在 –3.9 m 黏土层中取样，经 AMS^{14}C 测定为（4 340±40）a B. P. （北大 BA090452）。在 –11.3 m 黏土层中取样，经 AMS^{14}C 测定为（4 670±35）a B. P. （北大 BA090453），该黏土层沉积速率似为 2.12 cm/a。

② 自 –4.70 m 向上，沉积层从黏土层为主，渐转为黏土、粉砂层，至 –2.61 m 层向上成为以粉砂为主。反映出：自全新世中期以来，小庙洪潮流通道内段浪流增强，可能是海平面上升之效应。

（3）第 3 段，自 –13.62 ~ –21.94 m，浅海沉积相。其中，自 –13.62 ~ –18.76 m 层，具火山尘影响。以灰棕色与棕灰色黏土层为主，均含有橄榄灰色粉砂或粉砂质细薄层理（约 1 mm），黏土质地均一。

① 上部（–13.62 ~ –14.78 m）黏土层中粉砂质成波状层理与斜层理。含有碳屑、碳黑条斑与云母片，具虫孔与填充结构，上部层底部有 15 cm 厚的一层棕灰色细粉砂层。

② 中部（–14.78 ~ –18.76 m），其中有 3.91 m 厚（–14.93 ~ –18.14 m）棕灰色黏土层（泛红色），似火山尘持续降落沉积，具有隐层理。其下有 0.62 m 厚之灰棕色黏土层，特点是含浅黄棕色细粉砂夹层（1 mm），具有双向层理与有机质，底部具有泥斑，基底为橄榄灰色粉砂薄层。次灰棕色黏土层与上、下层间皆以侵蚀面相交，为水流沉积结构。中部层中

---

① 牡蛎适应于生长在咸淡水交互环境的基岩底质上，粉砂质底质经水流拍压较硬亦可生长。

大量火山尘降积，当时构造变动活跃。在 −14.78 ～ −14.93 m 棕灰色细粉砂层中之有孔虫及螺（无线卷蝶螺）^{14}C 测定为（5 855 ±30）a B. P. （北大 BA090454）。

③ 下部：−18.76 ～ −21.00 m 为暗黄棕色黏土层，质地较均一，但仍含有浅黄棕色细粉砂薄层理（1 mm），页状层理纹层以及丘状泥斑，亦具双向层理与侵蚀面。

④ 底层：−21.00 ～ −21.94 m。上部为灰棕—橄榄灰—深黄棕色夹杂的黏土层，含不规则的粉砂层；灰棕色、橄榄灰色黏土（31 层）与粉砂层（30 层）交互成波状水平层理，含交错层理状的黏土带，为保存完善之潮汐层理。底部为橄榄灰色细砂层，含黏土与粉砂，含贝壳屑与云母屑，细砂层底显现交错层，含黏土与粉砂，含贝壳屑与云母屑，细砂层底显现交错层，其下为侵蚀面。作者将此 22 m 厚层处定为全新世下限，细砂层反映系海平面上升动力加强之沉积，其下以侵蚀面与残留的硬黏土层相交——此为区域性晚更新世末代表层。小庙洪潮流通道沉积反映出始自全新世以来，历经侵蚀，但具河源泥沙，火山尘及生物礁堆积之特点，总体上，全新世沉积速率较大。

（360 ±30）a B. P. ～现代，沉积层净积率为 0.27 cm/a；

（535 ±30）a B. P. ～（360 ±30）a B. P.，沉积层净积率为 0.31 cm/a；

（4 340 ±40）a B. P. ～（535 ±30）a B. P.，沉积层净积率为 0.12 cm/a；

（4 670 ±35）a B. P. ～（4 340 ±40）a B. P.，沉积层净积率为 2.12 cm/a；

（5 855 ±30）a B. P. ～（4 670 ±30）a B. P.，沉积层净积率为 0.31 cm/a；

（5 855 ±30）a B. P. ～全新世始，沉积层净积率为 0.19 cm/a。

（4）第 4 段，−21.94 ～ −34.84 m 层，为潮侵、泛滥的滨海平原沉积相。

① 上部自 −21.94 ～ −31.40 m，为杂色沉积——橄榄灰与深、浅橄榄灰色细砂、中细砂层，黄棕与深、暗黄棕色黏土与中砂层，棕红色、巧克力色黏土层，浅灰色粉土层，浅灰与棕灰色粉砂质黏土层等，不同粒度层间均以侵蚀面交接。粗、细粒度层相接具有河流二元结构特点。中砂层均质无层次，可厚达 1 m，细砂层与黏土层多含粉砂薄层，水平或丘状层理，含碳黑质。细砂层中常见透镜体泥砾与有机质，黏土层中具粉砂条斑嵌入体、双向交互层理与交错层理。在 −30.09 ～ −30.23 m 中细砂层中发现雕饰似沼螺比较种（*Assimimea* cf. *sculpia*）及小型平卷螺。在 −30.91 m 处，木屑测年为（42 655 ±485）a B. P. （北大 BA090454）。硬结黏土不显层理，多次出现，在此孔中多为蚀余的残留层。杂色与硬黏土为陆相与海陆交互相沉积，砂与黏土交叠的沉积层具河流二元结构沉积特点，但细砂层、粉砂层与黏土层交互组成页状层理沉积赋有潮汐作用之结构，含浅海相贝壳化石等。结合下部硬黏土层与上覆潮汐层理之特点，将第 4 段定为潮侵的泛滥平原沉积，是海、陆双向动力交互作用之结果。

② 下部层自 −31.17 ～ −34.89 m 为橄榄灰色、深黄棕色粉砂层，与黏土质粉砂及粉土夹层，具页状潮汐层理，含硬结之黏土块。底部粉砂层中受火山影响，为灰棕色，黏土层中有生物扰动结构。此处沉积层结构特点又一次反映硬黏土形成与炙热的火山灰、尘、砂加入，使黏土层烘干失水之故。下部层在 33.4 m 处的有机质经 AMS^{14}C 测定为（42 965 ±300）a B. P. （北大 BA090460）。

第 4 段在 −26.6 m 处木质残体^{14}C 测定大于 43 000 a B. P. （北大 BA090456）；在 −27.8 m 处枯叶^{14}C 测定大于 43 000 a B. P. （北大 BA090457）；在 −28.5 m 处木屑^{14}C 测定大于 43 000 a B. P. （北大 BA090458）。上述三组测年均为木质残体漂浮而来，但可从 −33.4 m

测年值获得为（42 965±300）a B. P.。总之，第4段为晚更新世沉积。

（5）第5段：−34.89～−51.20 m为入海河流河口湾沉积相。

除顶部0.45 m厚的橄榄灰色细砂层之上有0.16 m深黄棕色黏土层，及细砂层受火山尘降积有0.8 m厚的灰棕色黏土层（含虫孔与沙斑）外，本段沉积为厚约15 m的中细砂层，个别层次为中砂，底部有细中砂及中粗砂层。石英、长石质砂为主，含云母与黑色矿物，以深黄棕色为砂层主色，亦有灰棕色、橄榄灰色含黏土之细砂层。上部层中，略现层理，偶见贝壳残体——−40.52 m处发现副豆螺（*Parabithynia* sp.），41.76 m处有一窝贝壳残体。下部层中（−46.1 m以下）砂层中保存完好的粗、细粒度与深浅色交互的水平层理，含螺壳（小旋螺、沼螺）、文蛤及毛蚶碎片。在−48.42 m中粗砂层中发现一火山弹（3.1 cm×2.5 cm）内嵌有贝壳及砂。下部层中表现出明显的河海交互相沉积，具潮汐层理，受火山沙尘影响，含浅海与淡水螺贝：−48.38 m处发现长角副豆螺（*Parabithynia lognicornis*），纹沼螺（*Parafossarulus striatulus*），−48.39 m处轭螺未定种（*Nassarius zeuxis* sp.）、（*Clatula* cf. *taiwanensis*），−48.40～−49.02 m发现白小旋螺比较种（*Gyraulus* cf. *albus*），亚角沼螺（淡水种 *Parafossarulus subangulatus*）；−48.75～−48.90 m处采到平行须蚶（*Barbatia parallelogramma*）为潮间带至数十米深浅海种、东台群二组、晚更新世至现代；−49.02～−49.07 m处见长角副豆螺（*Parabithynia lognicornis*），粗豆螺香港亚种（淡水种）（*Bithynia robusta hongkongensis*）；−49.45～−49.49 m采集到纹沼螺（*Parafossarulus striatulus*）及文蛤（*Meretrix* sp.），亦为东台群二组，晚更新世至现代种；−50.26～−50.40 m有无背卷蜷螺（*Turbonilla nonnota*）。第5段实为入海河流——古长江的河口湾沉积，在南黄海大河中唯有长江含有细砂与细中砂粒级及厚层沉积。第5段底部为灰棕色与浅橄榄灰色的粉砂质黏土沉积，具泥质纹层与粉砂质条斑，在−51.18～−51.20 m地层发现文蛤碎片（*Meretrix* sp.），为潮滩相沉积。

第5段沉积层定年，基本为晚更新世，但顺序有混乱，似测试样品不佳，贝壳碎片有现代碳质污染，木质碎屑为漂来沉积，时代偏老，有机质黏土与螺体所测年代较顺。各层测年结果：

在本段顶部−38.10 m处碳屑测年为大于43 000 a B. P.（北大 BA090461）；

在−41.3 m处有机质黏土取样为（22 130±60）a B. P.（北大 BA090462）；

此样品测年资料较上层年代少。

在−45 m处贝壳碎片定年为（785±30）a B. P.（北大 BA090463），在47.5 m处文蛤碎片^{14}C测定为（40 935±370）a B. P.（北大 BA090464），在−49.1 m处沼螺^{14}C测定为大于43 000 a B. P.，在−50.5 m处沼螺^{14}C测定为（34 440±235）a B. P.。与辐射沙脊群区其他沉积孔相比较，（34 440±235）a B. P. 及（22 130±60）a B. P. 资料似为合理。所以，小庙洪潮流通道细砂—细中砂为主的沉积层时代为（34 440±235）a B. P. 至（22 130±60）a B. P.。

综上所述，钻孔资料反映出：在辐射沙脊群的枢纽部分——如东潮滩的三明孔及弶港、烂沙洋07-SR-09孔，南部小庙洪07-SR-11孔均在30 m以深处揭示古长江沉积细砂层。北部西洋07-SR-01孔及东北部苦水洋07-SR-04孔均未现厚层细砂沉积，证实"八五"期间研究的成果，古长江层自弶港出海后南迁至小庙洪。经"908专项"调查研究后认为，大体上在（43 000～34 000）a B. P. 时，古长江曾在烂沙洋出口，至小庙洪大体上在

（34 440 ±235）a B. P. 及（22 130 ±60）a B. P. 之时，至全新世时，古长江已迁离苏北黄海海域。东北部沙脊与潮流通道是在全新世辐射状潮流场动力改造古海岸沉积所形成，北部西洋潮流通道是全新世冲蚀古海岸与滨海平原而成，系海侵冲蚀地貌。

4.3 辐射沙脊群沉积组成、矿物与地球化学元素含量特征与变化对比分析

4.3.1 辐射沙脊群沉积粒度组成与比较

4.3.1.1 "八五"期间调查成果

据1993—1996年"八五"期间对辐射沙脊群的深入调查，并通过对比研究所了解的底质沉积特点与分布状况如下（表4.7和表4.8）。

表4.7 1979—2000年南京大学在辐射沙脊群所采底质样点经纬度

样点号	经度（°E）	纬度（°N）	样点号	经度（°E）	纬度（°N）
9401	121.083	32.608	9419A	120.162	33.581
9402	121.170	32.607	9419B	121.094	33.582
9403A	121.350	32.460	9420	121.001	33.588
HSK	121.667	32.729	9420A	120.939	33.584
9404 +1	121.751	32.756	9421	120.857	33.571
9404A	121.768	32.846	9421A	120.880	33.499
9405	121.761	33.037	9422	120.930	33.281
9406	121.649	32.985	9423	120.897	33.208
9405A	121.534	32.940	9423A	120.926	33.150
9408	121.408	32.900	94101A	121.327	32.586
9409	121.438	32.898	94102	121.428	32.557
9409A	121.453	32.854	94102A	121.537	32.553
9409B	121.477	32.796	94102B	121.580	32.549
9409C	121.481	32.784	94115	121.562	32.505
9404D	121.472	32.757	94115A	121.590	32.592
9410	121.467	32.736	94116	121.596	32.614
9410A	121.483	32.645	94117	121.561	32.619
9411	121.597	32.757	94118	121.534	32.527
9411A	121.607	32.848	94102C	121.650	32.554
9411B	121.608	32.897	94102D	121.756	32.543
9411C	121.608	32.934	94103A	121.885	32.522
9411E	121.611	33.076	94104B	121.915	32.330

续表

样点号	经度（°E）	纬度（°N）	样点号	经度（°E）	纬度（°N）
9412	121.619	33.211	94104C	121.882	32.244
9413	121.436	33.003	94.104D	121.857	32.183
9414	121.381	32.946	94106	121.829	32.149
9415	121.335	32.917	94107	121.860	32.116
9416B	121.342	33.071	94108	121.810	32.042
9417	121.428	33.281	94109	121.796	32.079
9417A	121.376	33.313	94111	121.602	32.145
9418	121.337	33.375	94112	121.607	32.152
9418A	121.291	33.426	94110	121.667	32.142

资料来源：王颖，2002。

表4.8 辐射沙脊群20世纪90年代沉积物粒度分析

样品编号	地理位置	粒组含量/（%）			中值粒径	分选系数	偏态	室内定名
		砂	粉砂	黏土	Md（φ）	QD（φ）	SK（φ）	
9401	小洋港内端航道	94.0	6.0	—	2.9	0.35	0.05	细砂
9402	小洋港航道	95	5.0	—	3.3	0.25	0.05	细砂
9403A	黄沙洋内端，八仙角沙脊东南侧	92.0	8.0	—	3.2	0.35	0.05	细砂
HSK	黄沙洋深槽	13.4	77.6	9.0	4.9	0.95	0.35	粉砂
9404+1	黄沙洋口	21.8	78.2	—	4.7	0.60	0	砂质粉砂
9404A	黄沙洋北冷家沙南	79.0	21.0	—	3.7	0.20	0	粉砂质砂
9405A	苦水洋中段	96.0	4.0	—	3.3	0.2	-0.05	细砂
9406	苦水洋口	17.6	64.2	18.2	4.7	1.05	0.55	粗粉砂
9408	苦水洋内端	99.0	1.0	—	3.1	0.25	0.05	细砂
9409	苦水洋南蒋家沙	98.0	2.0	—	3.3	0.25	-0.05	细砂
9409B	蒋家沙	95.0	5.0	—	3.5	0.20	0	细砂
9409C	牛角沙	88.0	12.0	—	3.6	0.25	-0.05	细砂
9409D	蒋家沙	90.0	6.0	—	3.5	0.25	0.05	细砂
9410	蒋家沙南缘	98.0	2.0	—	3.0	0.40	0	细砂
9410A	黄沙洋南缘	98.0	2.0	—	2.8	0.25	-0.05	细砂
9411	黄沙洋与蒋家沙间	98.0	2.0	—	2.7	0.30	0	细砂
9411A	蒋家沙南侧	64.0	36.0	—	3.8	0.30	0	粉砂质砂
9411B	蒋家沙中部	98.0	2.0	—	2.6	0.45	0.05	细砂
9411C	蒋家沙北缘	90.0	10.0	—	3.3	0.40	0	细砂
9411E	毛竹沙中	99.0	1.0	—	3.0	0.30	0	细砂

续表

样品编号	地理位置	粒组含量/（%）			中值粒径 Md（φ）	分选系数 QD（φ）	偏态 SK（φ）	室内定名
		砂	粉砂	黏土				
9411F	毛竹沙北侧	98.0	2.0	—	3.2	0.25	0.05	细砂
9413	草米树洋内端	84.0	16.0	—	3.7	0.25	−0.05	细砂
9414	草米树洋内端	89.0	11.0	—	3.3	0.4	0	细砂
9415	草米树洋最内端	95.0	5.0	—	3.4	0.20	0	细砂
9416B	陈家坞槽	93.0	7.0	—	3.4	0.25	−0.05	细砂
9418	大北槽内端	100	—	—	2.7	0.20	0	细砂
9418A	大北槽中	83.0	17.0	—	3.7	0.2	0	细砂
9419A	平涂洋中部	98.0	2.0	—	2.8	0.25	0.05	细砂
9419B	平涂洋小平槽北	砾5.0/砂93.0	2.0	—	2.6	0.50	0	细砂
9421	西洋东通道口	33.2	62.8	4.0	4.8	1.15	0.15	砂质粉砂
9421A	西洋东通道外缘	30.1	39.6	30.3	6.0	2.05	−0.05	砂—粉砂—黏土
9422细	西洋东通道内段	28.1	71.9	—	4.6	0.60	0.1	砂质粉砂
9422粗	西洋东通道内段	98.0	2.0	—	3.0	0.30	0	细砂
9423	西洋西通道	15.6	55.2	29.2	5.4	1.85	0.75	黏土质粉砂
9423A	西洋西通道内端	91.0	9.0	—	3.5	0.25	−0.05	细砂
94101A	烂沙洋内端	99.0	1.0	—	2.9	0.30	0	细砂
94102	烂沙洋内端	26.8	73.2	—	5.0	1.05	−0.05	砂质粉砂
94012A	烂沙洋（大洪梗子）	40.6	48.3	11.1	4.5	0.80	0.1	砂质粉砂
94102B	烂沙洋大洪梗子西北侧	87.0	13.0	—	3.0	0.60	0	细砂
94102C	烂沙洋航道太阳沙南	96.0	4.0	—	3.3	0.30	0	细砂
94102D	烂沙洋航道太阳沙南	41.2	58.8	—	4.1	0.35	0.05	砂质粉砂
94103A	烂沙洋口	5.1	94.9	—	4.9	0.55	0.05	粗粉砂
94104B	烂沙洋口主泓	砾29.0/砂71.0	—	—	1.2	1.70	0.95	砾质砂
94104C	冷家沙	99.0	1.0	—	2.4	0.20	0	细砂
94104D	网仓港北侧	92.0	8.0	—	3.1	0.45	−0.05	细砂
94106	网仓港内侧	16.6	45.6	37.8	6.3	1.80	0	黏土质粉砂
94107	乌龙沙	53.6	46.4	—	4.0	0.25	−0.05	粉砂质砂
94108	小庙洪主泓	62.3	37.7	—	3.2	1.30	0.4	粉砂质砂
94109	小庙洪航道中部	37.1	62.9	—	4.1	0.35	0.05	砂质粉砂
94110	小庙洪中段	92.0	8.0	—	3.4	0.30	0	细砂
94111	小庙洪内端	99.0	1.0	—	2.7	0.25	0.05	细砂
94112	小庙洪内端北	97.0	3.0	—	3.2	0.35	0.05	细砂
94115A	烂沙洋近火星沙处	98.0	2.0	—	2.7	0.20	0	细砂

资料来源：王颖，2002。

辐射沙脊群主要由分选良好的细砂组成，细砂含量达90%以上。沙脊与潮流通道主要为细砂，但是，沉积物粒度级配与分布，亦反映出海域动力与沉积物来源的差异。

（1）细砂集中分布于辐射沙脊群的中枢地带，沿黄沙洋与烂沙洋大型潮流通道向陆地方向延展分布，是细砂物质来源于弶港一带古河谷的佐证。

（2）沉积物组成自海向陆逐渐变细及自潮流通道主泓向两侧变细——由细砂渐转为粉砂与黏土质粉砂等，这种情况，反映着在基底沉积组成上的次生改造作用，是现代潮流分选与运移作用的结果。

（3）20世纪90年代以来所采集的沉积物与80年代初期所采样品的比较，反映出粒度级配有粗化现象，反映在海平面上升过程中，沙脊与近岸底部的水动力扰动作用有所增强。

（4）沙脊群外缘海底，普遍出现含沙的泥质沉积，反映出辐射沙脊群的现代海岸带外缘分布在18～20 m水深处。北部海底出现硬泥沉积，系侵蚀出露的老冲积平原。

（5）沉积物粒度组合分布差异。

① 沙脊组成主要是细砂，局部低洼部分含有少量粉砂：细砂粒级中的砂成分占80%以上，甚至超过90%，其中极细砂含量多半大于60%；粉砂粒级一般少于20%；不含泥。细砂是沙脊群的基本组成。

遭受潮流与波浪冲蚀的沙脊或受到沿岸流影响的沙脊，如枢纽地带的蒋家沙南侧（濒临黄沙洋潮流通道）、烂沙洋大洪梗子与太阳沙、南部的乌龙沙等，则含粉砂成分增多，为粉砂质砂或砂质粉砂，均呈条带状分布，反映出现代潮流作用对沉积物的影响。

② 潮流通道的沉积物分布具有下列特点：通道的内端、内段与中段主要为细砂沉积，粉砂含量为2%～6%，最多为17%。通道的外段、口门或大型通道（黄沙洋、烂沙洋）的中段，水深大于15 m时，则粉砂含量增多，出现粉砂质砂或砂质粉砂（粉砂含量超过50%），均以粉砂质沉积为主。在辐射沙脊群北部的西洋潮流通道则是在水深10 m处即以粉砂沉积为主。无论南部或北部，在水深20 m处，沉积物主要是粉砂，北部西洋的粉砂沉积中出现黏土质，含量30%。

潮流通道的沉积物分布随深度而差异，近岸段落的物质粗于深水区域的物质，既有老沉积物的遗留特性，亦反映出现代波场沉积的影响。反映出辐射沙脊群虽以潮流为主要动力，但是，波浪的扰动作用仍很强。浅水区波浪效应明显，沉积颗粒较粗，深水区波浪扰动弱，细颗粒沉降增多。由此分析，在正常天气下，辐射沙脊群波浪扰动的衰减段在水深15～20 m。

③ 若干大通道的口门段先显示较强的潮流动力：如烂沙洋主泓深水超过15 m处，沉积物为砾质砂，"砾石"含量达29%，粒径2～4 mm，多数大于4 mm，为钙质胶结的贝壳砂。"砾石"实为古海岸的残留砂（含较多贝壳），长期沉溺于海底，由贝壳溶蚀与钙质再胶结而成。贝壳质砂砾遗积于海岸外缘海底，是海侵过程的表现。平涂洋口门段水深超过15 m处，细砂沉积中粒径2～4 mm的细粒含量达5%。该处虽邻近开阔海域，但水深加大，波浪对海底扰动作用减小，沉积物颗粒粒度仍粗，与周围沉积物有区别，反映出潮流通道的强大动力，细颗粒泥沙不易停积。

④ 西洋潮流通道内端沉积着细砂，粉砂含量亦大，出现黏土沉积：西洋潮流通道被小阴沙、孤儿沙沙脊相隔而分为东、西两个通道。西洋东通道底质沉积物自内段的粉砂质砂，渐变为砂质粉砂，低洼处（水深约20 m），沉积物为砂—粉砂—黏土，黏土含量高达30%。西

洋西通道沉积物为黏土质粉砂，黏土含量高达 29.2% ；至内端，不含黏土，粉砂含量也降低至 9%。在南北向的西洋潮流通道内，黏土含量自外端（北）向内（南）之骤减，反映出黏土物质来自北部的海域，即黄河夺淮入黄海时所汇入黏土质影响。沉积于辐射沙脊群北部的黏土质粉砂沉积与废黄河三角洲受冲刷，细粒泥沙向南、向海扩散有关，范围可至西洋、平涂洋与太平沙一带。辐射沙脊群南部底质黏土含量高达 37.8% 之点，位于遥望港外的海域，该处水深 10 m，卫片表明：来自长江口的悬浮体泥沙浊水流可影响到达该处。

⑤ 辐射沙脊群出露于海面以上的沉积物，与沙脊群后侧加积型潮滩的沉积物类同，其分布具有自水边线向陆逐渐变细的特征：从细砂—砂质粉砂—粉砂—泥质粉砂—粉砂质泥，这是潮流作用自海向陆沿潮滩移运，动力逐渐减弱所卸下的泥沙颗粒逐渐减少的结果。

4.3.1.2 "908 专项"调查成果

据 2006—2010 年"我国近海海洋综合调查与评价"专项，2006 年对黄海近海采取了 68 个底质样品，2007 年在辐射沙脊群海域采集了 57 个底质样品，分析结果表明[①]：

（1）调查海区底质以砂质粉砂和粉砂质砂为主。废黄河三角洲地区与辐射沙脊群的潮流通道中，黏土质含量增加，而在水下沙脊上，砂质含量增加或成为细砂。此情况与 20 世纪 90 年代资料有所区别，那时是以细砂为主。但底质沉积分布与动力条件仍适应。

（2）海州湾水域主要是粉砂质砂，平均粒径（M_z）多在 3 ~ 5ϕ，砂质含量 41% ~ 66%，粉砂质含量 6% ~ 45%，为改造型的残留沉积物。局部出现砂质粉砂，分选差，粗偏、中等峰态（3.0 ±）。

（3）废黄河水下三角洲地区主要为粉砂质沉积，包括粉砂、砂质粉砂与黏土质粉砂，局部出现细砂，粉砂质砂，沉积物具粗化现象，M_z 多为 6 ~ 7ϕ，粉砂含量 70% 以上，黏土含量 20% ~ 30%，中等分选，粗偏、正偏态，宽峰型（2.0 ~ 2.6）。

（4）辐射沙脊群主要为细砂、极细砂、粉砂质沉积，未见"砾石"沉积（可能取样深度未达到残留砂海底）。沙脊沉积为砂（M_z 2.5 ~ 3.5ϕ，细砂、极细砂），北部与南部潮流通道中多粉砂质沉积，潮流通道中沉积物由北向南为黏土质粉砂/砂质粉砂—粉砂质砂—砂质粉砂—黏土质粉砂之变化，反映出沙脊群北（废黄河）与南（长江）均有细颗粒黏土质泥沙补给。辐射沙脊群沉积物平均粒径（M_z）为 2.5 ~ 3.5ϕ，为细砂与极细砂，多数分选系数（δ_i）为 1，分选好，正偏态、粗偏、中—宽型峰态。现代辐射沙脊群区沉积，仍受波浪与潮流作用控制，沙脊与潮流通道沉积物分异选择性强，砂与粉砂沉积与水下地形呈良好的规律分布，总体分选好，粉砂成分向岸陆递增。

与 20 世纪 90 年代沉积粒度比较，具有变细的趋势，粉砂与黏土质含量有所增加（表 4.9）。

4.3.2 辐射沙脊群与毗邻海域的矿物组成与比较

据 1993—1996 年调查成果，辐射沙脊群沉积物中的轻矿物主要是石英与长石，石英含量可达 30%，颗粒形态多种，泛红色。长石含量约为 20%，含一定数量的方解石。

辐射沙脊群海域沉积物中，重矿物含量低于 2%，其分布具有以黄沙洋为界，北部脊槽

---

① 据邹欣庆"江苏 908 专项"底质粒度调查报告。

表 4.9 2006 年辐射沙脊群底质样粒度分析

站位	实测站点 经度(°E)	实测站点 纬度(°N)	地理位置	组成/(%) 砂	组成/(%) 粉砂	组成/(%) 黏土	粒度参数 M_z(φ)	粒度参数 M_d(φ)	粒度参数 δ_i(φ)	粒度参数 SK	粒度参数 Kg	定名 据F.P.Shapard	取样时期
JC-HH218	120.756 374	33.671 266	西洋北侧海域	30.98	58.76	10.26	5.19	5.03	2.14	1.44	2.75	砂质粉砂	2006 年夏季
JC-HH219	121.000 682	33.667 606	西洋北侧海域	15.39	70.43	14.18	5.93	5.76	1.85	1.28	2.39	砂质粉砂	2006 年夏季
JC-HH243	121.253 420	33.333 330	小北槽-10 m 等深线上	23.03	63.64	13.33	5.49	5.09	2.04	1.67	2.67	砂质粉砂	2006 年夏季
JC-HH244	120.992 562	33.353 013	西洋东侧-10 m 等深线上	14.66	71.50	13.84	5.81	5.49	1.87	1.53	2.48	砂质粉砂	2006 年夏季
SB-03	121.381 136	32.665 217	八仙角东侧-5 m 等深线上	45.34	50.85	3.81	4.35	4.11	1.52	1.75	2.44	粉砂质砂	2006 年夏季
SB-06	121.636 509	32.323 677	冷家沙	96.04	3.63	0.33	2.90	2.81	0.84	1.15	1.65	砂	2006 年夏季
SB-09	121.744 518	32.328 552	冷家沙	53.65	37.47	8.89	4.35	3.79	2.29	2.12	2.99	粉砂质砂	2006 年夏季
ZD-SB257	121.499 727	32.996 218	元宝沙	49.03	44.44	6.53	4.50	4.03	1.84	1.93	2.63	粉砂质砂	2006 年夏季
ZD-SB258	121.638 585	32.998 723	外磕脚	62.51	32.44	5.04	4.10	3.54	1.84	2.01	2.65	粉砂质砂	2006 年夏季
ZD-SB284	121.743 946	32.663 002	河豚沙-10 m 等深线上	69.82	28.59	1.60	3.71	3.56	1.23	1.54	2.20	粉砂质砂	2006 年夏季
ZD-SB285	121.640 231	32.675 106	河豚沙	30.54	60.95	8.51	5.06	4.73	1.89	1.67	2.55	砂质粉砂	2006 年夏季
ZD-SB286	121.501 021	32.669 808	河豚沙西侧海域	94.39	4.93	0.68	2.79	2.61	1.04	1.49	2.00	砂	2006 年夏季
ZD-SB287	121.879 703	32.333 111	烂沙洋	18.03	67.27	14.70	5.78	5.45	1.97	1.52	2.54	砂质粉砂	2006 年夏季
ZD-SB311	121.994 148	31.994 842	乌龙沙	12.41	72.64	14.95	6.02	5.79	1.80	1.41	2.28	砂质粉砂	2006 年夏季
JS14	121.384 880	33.674 960	平涂洋	24.10	66.86	9.04	5.29	4.85	1.82	1.64	2.47	砂质粉砂	2006 年夏季
JS18	122.132 873	32.318 948	烂沙洋	13.09	75.83	11.08	5.88	5.79	1.75	0.99	2.29	砂质粉砂	2006 年夏季
JS19	122.214 500	32.157 981	烂沙洋	11.71	75.38	12.91	5.90	5.68	1.83	1.24	2.44	砂质粉砂	2006 年夏季
JS20	122.261 252	31.993 105	烂沙洋	28.80	60.38	10.82	5.23	4.91	2.02	1.65	2.64	砂质粉砂	2006 年夏季
JS21	122.007 602	31.752 084	长江口北岸圆头角外海	41.50	49.14	9.35	4.95	4.75	2.15	1.70	2.69	砂质粉砂	2006 年夏季
JS22	122.248 133	31.741 974	长江口北岸圆头角外海-5 m 等深线上	10.03	71.19	18.78	6.33	6.31	1.85	0.60	2.38	黏土质粉砂	2006 年夏季
JS23	122.362 923	31.739 706	长江口北岸圆头角外海-10 m 等深线上	17.06	72.53	10.41	5.72	5.62	1.80	1.18	2.37	砂质粉砂	2006 年夏季
JS24	121.869 640	31.669 954	长江北支北岸岬	5.79	76.58	17.63	6.43	6.28	1.69	1.17	2.20	粉砂	2006 年夏季
JS25	121.862 882	31.617 662	长江北支口门	18.58	71.50	9.92	5.48	5.19	1.85	1.42	2.50	砂质粉砂	2006 年夏季

续表

站位	实测站点		地理位置	组成/（%）			粒度参数					定名 据 F. P. Shapard	取样时期
	经度（°E）	纬度（°N）		砂	粉砂	黏土	$M_z(\phi)$	$M_d(\phi)$	$\delta_i(\phi)$	SK	Kg		
JS26	121.624 789	31.719 441	长江北支内	9.43	69.12	21.45	6.57	6.64	1.86	-0.60	2.40	黏土质粉砂	2006 年夏季
76	121.889 383	31.922 633	乌龙沙南侧 -5 m 等深线内	89.59	9.86	0.54	3.16	3.02	0.98	1.26	1.76	砂	2007 年辐射
77	121.999 417	31.842 883	乌龙沙南侧 -5 m 等深线外	13.43	67.96	18.62	6.10	5.86	2.01	1.30	2.57	黏土质粉砂	2007 年辐射
78	122.124 517	31.756 450	乌龙沙南侧 -10 m 等深线上	2.25	72.18	25.56	7.08	7.05	1.54	-0.92	2.19	黏土质粉砂	2007 年辐射
79	122.134 717	31.825 383	乌龙沙南侧 -10 m 等深线外	9.54	72.86	17.60	6.26	6.12	1.80	1.29	2.26	黏土质粉砂	2007 年辐射
80	122.138 733	31.910 150	乌龙沙 -10 m 等深线外	40.27	49.31	10.41	5.00	4.45	2.02	1.94	2.67	砂质粉砂	2007 年辐射
81	121.877 267	32.081 200	乌龙沙 -5 m 等深线上	66.87	31.60	1.53	3.81	3.58	1.24	1.54	2.15	粉砂质砂	2007 年辐射
82	122.132 133	32.072 067	冷家沙 -10 m 等深线南侧	23.23	64.21	12.56	5.47	5.13	2.03	1.58	2.66	砂质粉砂	2007 年辐射
83	122.011 733	32.111 750	冷家沙 -10 m 等深线南侧	10.16	70.36	19.48	6.22	5.90	1.93	1.44	2.45	黏土质粉砂	2007 年辐射
84	121.994 417	31.909 750	冷家沙沙南侧 -10 m 等深线内侧	29.52	58.91	11.57	5.22	4.94	2.12	1.63	2.78	砂质粉砂	2007 年辐射
85	121.714 450	32.116 800	吕四港东侧 0 m 等深线上	60.63	34.18	5.19	3.97	3.33	1.97	2.07	2.78	粉砂质砂	2007 年辐射
86	121.757 817	32.214 067	冷家沙 -5 m 等深线南侧	78.21	20.08	1.71	3.48	3.20	1.35	1.68	2.30	砂	2007 年辐射
87	122.125 367	32.164 250	冷家沙 -10 m 等深线上	25.57	62.27	12.16	5.49	5.30	2.01	1.47	2.57	砂质粉砂	2007 年辐射
88	121.997 017	32.165 083	冷家沙 -5 m 等深线上	82.39	15.61	2.00	3.45	3.13	1.34	1.77	2.37	砂	2007 年辐射
89	121.672 367	32.243 433	腰沙 0 m 等深线上	81.32	17.89	0.79	3.37	3.20	1.10	1.33	1.86	砂	2007 年辐射
90	122.008 117	32.250 333	冷家沙 -10 m 等深线上	17.11	68.14	14.75	5.74	5.30	1.94	1.72	2.54	砂质粉砂	2007 年辐射
91	122.134 717	32.247 550	烂沙洋	24.42	63.88	11.70	5.40	5.24	2.11	1.31	2.72	砂质粉砂	2007 年辐射
92	121.998 817	31.326 050	烂沙洋	14.15	70.43	15.42	5.87	5.51	1.94	1.48	2.55	黏土质粉砂	2007 年辐射
93	121.924 667	32.417 017	烂沙洋	32.56	55.89	11.55	5.18	4.78	2.05	1.84	2.68	砂质粉砂	2007 年辐射
94	122.130 917	32.409 300	烂沙洋 -20 m 等深线上	18.62	68.11	13.27	5.75	5.44	1.91	1.46	2.44	砂质粉砂	2007 年辐射
95	122.001 867	32.415 500	烂沙洋	10.14	70.25	19.61	6.26	6.01	1.94	1.37	2.47	黏土质粉砂	2007 年辐射

续表

站位	实测站点 经度(°E)	实测站点 纬度(°N)	地理位置	组成/(%) 砂	组成/(%) 粉砂	组成/(%) 黏土	粒度参数 $M_z(\phi)$	粒度参数 $M_d(\phi)$	粒度参数 $\delta_i(\phi)$	粒度参数 SK	粒度参数 Kg	定名 据 F. P. Shapard	取样时期
96	121.994 617	32.513 783	烂沙洋-20 m 等深线北侧	9.63	73.44	16.93	6.16	5.86	1.82	1.51	2.33	黏土质粉砂	2007 年辐射
97	122.120 750	32.496 516	烂沙洋-20 m 等深线北侧	10.60	78.02	11.38	5.94	5.71	1.66	1.36	2.15	砂质粉砂	2006 年夏季
98	122.128 600	32.578 100	黄沙洋-20 m 等深线上	31.33	55.70	12.97	5.30	4.93	2.16	1.72	2.74	砂质粉砂	2007 年辐射
99	122.005 200	32.607 517	黄沙洋	24.87	65.56	9.57	5.28	5.08	1.93	1.56	2.60	砂质粉砂	2007 年辐射
100	121.892 417	32.618 200	黄沙洋	21.70	67.51	10.79	5.41	5.02	1.88	1.68	2.55	砂质粉砂	2007 年辐射
101	121.743 483	32.630 100	太阳沙-5 m 等深线上	79.35	18.89	1.76	3.25	2.89	1.46	1.79	2.42	粉砂质砂	2007 年辐射
102	121.748 917	32.727 850	黄沙洋	69.93	28.31	1.76	3.73	3.50	1.26	1.61	2.23	粉砂质砂	2007 年辐射
103	121.878 150	32.735 850	黄沙洋	90.85	8.90	0.25	2.53	2.30	1.11	1.39	1.87	砂	2007 年辐射
104	121.994 183	32.734 683	黄沙洋	59.24	38.52	2.24	4.03	3.81	1.23	1.66	2.27	粉砂质砂	2007 年辐射
105	122.126 300	32.730 350	黄沙洋	46.54	44.86	8.60	4.66	4.15	2.02	2.01	2.74	粉砂质砂	2007 年辐射
106	121.879 081	32.876 586	黄沙洋	29.60	59.36	11.04	5.25	4.85	1.98	1.79	2.63	砂质粉砂	2006 年夏季
107	122.000 900	32.939 167	黄沙洋-20 m 等深线外	68.49	28.64	2.87	3.73	3.36	1.61	1.86	2.51	粉砂质砂	2007 年辐射
108	122.133 817	32.960 800	黄沙洋-20 m 等深线外	26.69	61.86	11.45	5.27	4.90	2.00	1.73	2.65	砂质粉砂	2007 年辐射
109	121.757 167	32.917 117	蒋家沙-10 m 等深线内侧	93.61	5.99	0.40	2.76	2.61	0.99	1.31	1.81	砂	2007 年辐射
110	121.996 519	33.024 837	苦水洋-20 m 等深线内侧	96.67	3.33	0.00	2.92	2.86	0.71	0.87	1.26	砂	2006 年夏季
111	122.134 717	33.073 567	苦水洋-10 m 等深线外侧	88.88	10.40	0.71	3.18	2.99	1.05	1.37	1.86	砂	2007 年辐射
112	121.884 150	33.091 883	苦水洋-10 m 等深线上	92.24	7.34	0.42	2.99	2.84	0.96	1.25	1.74	砂	2007 年辐射
113	121.991 485	33.218 754	苦水洋	79.98	17.90	2.12	3.48	3.19	1.35	1.78	2.40	砂	2006 年夏季
114	122.055 317	33.335 567	苦水洋	86.57	12.57	0.86	3.23	3.04	1.09	1.41	1.92	砂	2007 年辐射
115	122.127 267	33.502 000	苦水洋	75.11	22.90	1.99	3.64	3.38	1.29	1.70	2.30	粉砂质砂	2007 年辐射
117	121.632 183	33.045 583	外毛脚-5 m 等深线上	80.49	17.67	1.84	3.34	3.00	1.41	1.78	2.39	砂	2007 年辐射

续表

站位	实测站点 经度(°E)	实测站点 纬度(°N)	地理位置	组成/(%) 砂	组成/(%) 粉砂	组成/(%) 黏土	粒度参数 $M_Z(\phi)$	粒度参数 $M_d(\phi)$	粒度参数 $\delta_i(\phi)$	粒度参数 SK	粒度参数 Kg	定名 据 F. P. Shapard	取样时期
118	121.742 785	33.159 759	外毛竹沙	95.48	4.27	0.25	2.87	2.77	0.85	1.13	1.61	砂	2006 年夏季
119	121.805 233	33.249 667	外毛竹沙	67.95	29.66	2.39	3.79	3.48	1.43	1.74	2.36	粉砂质砂	2007 年辐射
120	121.885 353	33.330 554	外毛竹沙	86.01	13.17	0.82	3.18	2.99	1.12	1.41	1.93	砂	2006 年夏季
121	121.895 797	33.502 790	外毛竹沙	60.48	35.05	4.47	4.03	3.65	1.79	1.94	2.63	粉砂质砂	2006 年夏季
122	121.662 900	33.257 100	外毛竹沙	58.83	35.82	5.36	4.25	3.73	1.73	2.00	2.62	粉砂质砂	2007 年辐射
123	121.738 133	33.328 600	草米树洋	57.39	37.34	5.26	4.27	3.77	1.72	1.98	2.61	粉砂质砂	2007 年辐射
124	121.809 017	33.508 650	草米树洋	26.21	59.96	13.83	5.48	4.98	2.02	1.85	2.63	砂质粉砂	2007 年辐射
125	121.506 033	33.112 800	元宝沙	42.03	53.51	4.46	4.47	4.19	1.54	1.78	2.47	砂质粉砂	2007 年辐射
126	121.503 050	33.254 267	毛竹沙北部	95.84	4.16	0.00	2.82	2.74	0.77	0.93	1.31	砂	2007 年辐射
127	121.555 167	33.332 817	毛竹沙北部	83.58	15.58	0.84	3.13	2.86	1.23	1.48	2.00	砂	2007 年辐射
128	121.595 683	33.505 950	毛竹沙北部	67.54	30.39	2.07	3.85	3.58	1.29	1.66	2.26	粉砂质砂	2007 年辐射
129	121.624 529	33.664 804	毛竹沙北侧海域	71.66	25.60	2.74	3.77	3.49	1.46	1.80	2.43	黏土质粉砂	2006 年夏季
130	121.838 967	33.659 517	毛竹沙北侧海域	13.18	71.07	15.75	5.92	5.57	1.90	1.57	2.48	黏土质粉砂	2007 年辐射
131	121.913 078	33.663 118	毛竹沙北侧海域	75.55	22.62	1.82	3.54	3.27	1.31	1.68	2.30	砂	2006 年夏季
132	122.158 950	33.652 117	外毛竹沙北侧海域	80.13	18.44	1.43	3.49	3.26	1.19	1.58	2.16	砂	2007 年辐射
133	121.382 150	33.091 350	十船桥	79.19	19.64	1.17	3.21	2.92	1.34	1.59	2.19	砂	2007 年辐射
134	121.331 400	32.998 567	三角沙左侧 -10 m 等深线内	44.92	47.97	7.12	4.60	4.16	1.85	1.98	2.70	砂质粉砂	2007 年辐射
135	121.342 541	33.172 495	陈家坞槽	74.94	20.48	4.59	3.70	3.09	1.83	2.18	2.80	粉砂质砂	2006 年夏季
136	121.393 833	33.249 183	陈家坞槽	67.51	30.04	2.44	3.74	3.45	1.48	1.75	2.40	粉砂质砂	2007 年辐射
138	121.296 700	33.243 650	麻菜珩	92.68	7.20	0.13	2.85	2.79	0.91	0.98	1.48	砂	2007 年辐射
139	121.192 183	33.424 833	小北槽	17.99	67.52	14.49	5.69	5.25	1.98	1.64	2.60	砂质粉砂	2007 年辐射

续表

站位	实测站点		地理位置	组成/(%)			粒度参数					定名	取样时期
	经度(°E)	纬度(°N)		砂	粉砂	黏土	$M_Z(\phi)$	$M_d(\phi)$	$\delta_i(\phi)$	SK	Kg	据 F. P. Shapard	
140	121.211 850	33.245 967	泥螺珩	98.09	1.91	0.00	2.62	2.57	0.69	0.79	1.18	砂	2007 年辐射
141	121.070 021	33.510 150	平涂洋	15.13	71.13	13.73	5.82	5.57	1.88	1.43	2.46	砂质粉砂	2006 年夏季
142	121.108 250	33.413 817	小夫槽	17.11	66.86	16.03	5.89	5.82	2.06	0.77	2.64	砂质粉砂	2007 年辐射
145	121.622 617	32.809 883	蒋家沙	72.32	26.47	1.21	3.52	3.42	1.24	1.45	2.12	粉砂质砂	2007 年辐射
F1	121.383 012	33.491 000	麻莱珩东北部	74.00	23.47	2.53	3.60	3.33	1.47	1.80	2.45	粉砂质砂	2006 年夏季
F2	121.691 743	32.499 608	烂沙洋	59.96	34.70	5.34	4.21	3.70	1.76	2.00	2.62	砂质粉砂	2006 年夏季
F3	121.911 633	32.502 443	烂沙洋-20 m 等深线上	23.51	66.38	10.11	5.27	4.75	1.78	1.91	2.52	砂质粉砂	2006 年夏季

资料来源:南京大学"江苏 908 项目"总结,2011。

沉积物中的重矿物含量低，南部脊槽中重矿含量普遍较高的特点。结合历次采样分析的结果，大多数样品中重矿物含量占样品总重量的 0.05% ~ 0.39%，但有两个相对高值区：南部的小庙洪与冷家沙，为 1.77% ~ 9.76%；北部的西洋与小阴沙，为 1.03% ~ 11.12%。缘由在于前者接近物源区——长江，后者为侵蚀区的蚀余堆积，细的悬浮物被潮流掀运走，残留的重矿相对富聚。重矿含量的另一特点是沙脊群辐聚的枢纽部分重矿含量在 1% 以上，而向外围降低至 0.05% ~ 0.39%；重矿在沙脊体两侧浅水处因激浪簸选作用而富聚、含量高，而在潮流通道、外侧与水深较大处，含量相对减少。

碎屑矿物多经风化，含水变色或于裂隙中已有次生充填物。碎屑中多岩屑，为凝灰岩、磁铁矿与石英衍生之碎屑，风化与次生变化反映沉积年代久远，非现代泥沙。

重矿组合以角闪石、帘石、褐铁矿、钛铁矿、磁铁矿的含量较高，成为主要的重矿物，其次为磷灰石、锆石、石榴子石、白钛石等（表 4.10）。重矿物组合形势有较大的变化，表明物源的多样性与不同来源在不同地区组合状况之不一致性。据重矿物组合特性可以分为四个区段：

① 北部潮流通道海域（西洋东通道，平涂洋及大北槽），重矿组合为角闪石、帘石类、褐铁矿、钛铁矿、石榴子石、金红石。其特征是角闪石含量高达 60% ~ 67%；帘石类、褐铁矿、钛铁矿的含量皆小于 20%；但褐、钛铁矿含量大于 5%，石榴子石含量皆小于 2%；平涂洋沉积中含较多锆石（6.49%）及少量金红石。

② 东北部辐射状沙脊群（外毛竹沙、竹根沙、蒋家沙），尤其以外毛竹沙与蒋家沙两个大沙体为典型，重矿含量不高，但类型丰富：角闪石、帘石类、石榴子石、褐铁矿、钛铁矿、锆石、白钛石、磷灰石以及新鲜的黑云母、绿泥石与方解石等。其中角闪石含量达 50%（蒋家沙的角闪石含量达 77.63%），帘石含量高达 20% 以上（蒋家沙帘石含量约 11%），含石榴子石，褐铁矿含量大于 2%，但低于 5%。

③ 黄沙洋与烂沙洋沙脊群枢纽区，重矿物以角闪石与帘石为主，其组合含量高达 60% ~ 80%。黄沙洋的重矿物与角闪石—帘石组合含量大于烂沙洋；其次为钛铁矿与锆石，并含有磷灰石、磁铁矿、金红石与电气石；含新鲜黑云母、绿泥石及方解石。

④ 南部的冷家沙与小庙洪区，角闪石与帘石的组合含量高达 72% ~ 86%。角闪石含量在辐射沙脊群高是总的特点，并具有自辐射沙脊群北部向南含量减少，而帘石含量自北向南增加之趋势，矿物组合中的主矿物差异反映出沉积物有两个物源区。冷家沙重矿物组合中，钛、磁铁矿含量大，并含有褐铁矿，三者含量皆大于 2%，与其他组明显区别。冷家沙的钛铁矿含量（10.12%）大于小庙洪（3.4%）；小庙洪的褐铁矿含量为 8.11%，大于冷家沙的含量（4.21%）。钛铁矿含量在辐射沙脊区南部重矿物中比例高是一个特征。

表 4.10　辐射沙脊群区底质沉积中的重矿含量　　　　　　　　　　%

地貌部位	西洋东通道内	东沙北平涂洋	大北槽中部	外毛竹沙	竹根沙	蒋家沙南缘	黄沙洋通道	黄沙洋通道内	烂沙洋口	冷家沙南	小庙洪内		
重矿物含量	1.08	0.39	0.30	0.14	0.34	0.05	0.22	1.08	0.29	1.92	1.77	0.37	1.21	2.33
角闪石	67.48	60.29	61.78	56.04	46.18	77.63	60.19	58.48	32.06	20.52	59.93	57.18	58.80	44.01
透闪石	0.02	—	0.07	0.05	少	—	0.25	0.10	0.17	少	0.01	少	少	少

续表

地貌部位	西洋东通道内	东沙北平涂洋	大北槽中部	外毛竹沙	竹根沙	蒋家沙南缘	黄沙洋通道	黄沙洋通道内	烂沙洋口	冷家沙南	小庙洪内			
帘石类	13.66	9.62	8.72	21.96	35.59	10.75	25.23	20.14	30.46	50.51	25.85	27.00	11.12	21.89
石榴子石	1.96	1.07	1.81	1.36	7.14	2.65	少	2.73	3.60	0.80	1.69	1.80	1.73	5.81
褐铁矿	2.71	4.38	16.66	4.79	4.47	2.08	5.05	6.39	3.60	4.21	8.11	2.70	4.33	2.55
钛铁矿	9.02	13.10	5.67	1.60	少	2.08	少	6.39	12.94	10.12	3.45	5.49	8.74	17.02
赤铁矿	1.56	1.68	2.98	1.12	1.40	1.69	1.36	0.90	1.10	8.09	0.29	0.15	3.74	4.17
锆石	1.42	6.49	0.47	2.39	2.72	1.04	5.50	2.40	8.21	3.19	0.31	4.29	3.80	0.33
磷灰石	0.32	1.15	0.31	1.28	1.29	少	2.29	0.80	5.13	0.70	0.06	—	0.56	0.25
白钛石	0.90	1.75	1.76	9.25	0.76	2.08	0.13	0.60	2.56	1.02	0.17	0.49	6.10	0.20
金红石	0.08	0.35	0.07	0.16	0.18	少	少	0.10	0.17	0.04	0.01	—	0.70	—
红柱石	—	—	—	0.07	—	—	—	—	0.80	—				
电气石	0.9	0.12	少	—	0.07	少	少	0.97	少	—	0.12	0.90	0.80	0.85
矽线石	—	—	—	少										
锐钛矿				0.18										
十字石	—	—												少
独居石	少	少			少	少		少						少
辉石									少					
片状黑云母	—	—	—	√	—	√	—	√	√					
绿泥石	—	—	—	√	—	√	√	—	√	—				
方解石	—	—	—	√	—	√	√	—	√	—				
榍石									少					
白云石													0.14	

资料来源：周旅复，1994；王颖等，2002。

黏土矿含量的区域差异不明显，辐射沙脊群以伊利石与绿泥石为主。据黏土矿物含量高低进一步组合后，可分为四个区段：北部为伊利石—蒙脱石—绿泥石组合，东北部为伊利石—绿泥石—高岭土组合，中部枢纽区为伊利石—绿泥石—蒙脱石—高岭石组合，南部为伊利石—绿泥石—高岭石—蒙脱石组合。

将辐射沙脊群区泥沙与陆源来沙对比，主要与长江、黄河的泥沙成分对比。

① 入海泥沙的重矿物对比。将辐射沙脊群沉积物所含重矿物与黄河及长江入海泥沙的重矿物对比（表4.11）。黄河泥沙的主要矿物组合是：角闪石、黑云母、绿帘石、赤褐铁矿、石榴子石、榍石、磁铁矿与锆石。其中以黑云母为特征矿物，含量高达54%，它在长江沉积物中含量少；长江泥沙的主要重矿物为角闪石、绿帘石、赤褐铁矿、石榴子石、辉石、绿泥石、锆石与磷灰石。其特征矿物为石榴子石、锆石、磷灰石，含量分别为4.0%、3.1%和2.5%，其次为辉石与绿泥石，而在黄河泥沙中，此类重矿物含量少。绿帘石在长江口泥沙中

含量高达 31.8% ，比黄河沉积物中的绿帘石含量高出 6 倍。稳定矿物的含量高也反映出长江入海泥沙的细砂粒级成分仍高。

重矿物分布的特点反映出辐射沙脊群的主体核心部分——毛竹沙、外毛竹沙、蒋家沙、黄沙洋与烂沙洋的泥沙受到长江与黄河两水系泥沙的双重补给；而主体沉积物是长江系统的细砂物质。

表 4.11　黄河、长江重矿物种类与含量　　　　　　　　　　　　　　　　%

重矿物含量	黄河							长江						
	兰州	龙门	三门峡	花园口	利津	黄河口	平均	宜昌	汉口	大通	南京	江阴	长江口	平均
磁铁矿	6.2	6.0	0.17	0.8	0.5	0.18	2.31	23.6	5.4	13.1	2.3	少	少	7.4
钛铁矿	少	26.3	—	—	—	—		少	少	—	—	—	—	
赤褐铁矿	14.7	25.9	6.9	少	13.4	2.5	10.51	32.3	30.7	4.2	2.0	1.9	14.1	14.2
角闪石	27.9	1.5	32.9	42.1	33.7	36.6	29.12	9.3	25.2	36.1	49.3	59.9	40.0	36.63
绿帘石	4.7	8.5	39.9	28.4	6.5	5.2	15.52	14.1	24.3	35.4	33.0	11.8	30.8	24.9
黑云母	26.5	6.6	19.6	2.6	24.9	54.0	22.36	少	少	1.4	1.6	13.0	0.6	2.77
普通辉石	0.1	—	—	—	—	—		9.2	1.2	2.2	3.0	痕	1.2	2.8
绿泥石	少	少	0.02	—	0.3	0.24		少	0.5	2.8	2.3	9.5	1.2	2.8
石榴子石	12.3	17.1	0.19	7.8	5.2	0.6	7.3	7.8	6.5	1.75	3.5	1.9	4.0	4.24
锆石	6.6	4.4	0.15	1.0	0.6	0.17	2.15	1.8	3.2	0.7	1.2	0.06	3.4	1.73
榍石	0.1	1.3	0.03	5.84	13.8	0.16	3.54	0.8	1.4	0.7	0.1	痕	1.5	0.75
电气石	0.2	0.17	少	0.08	0.4	0.03	0.15	0.2	少	1.1	少	1.9	0.6	0.63
磷灰石	0.07	0.5	0.05	0.21	0.6	0.16	0.26	0.1	0.9	0.3	1.4	痕	2.5	0.9
金红石	0.3	0.34	0.02	0.07	0.07	0.02	0.14	0.28	0.1	少	少	痕	少	0.06
十字石	—	少	—	—	—	—		少	少	痕	—	—	痕	
透闪石	—	—	—	—	—	0.01		0.02	—	—	—	—	—	
兰闪石	—	—	—	痕	痕	痕		—	—	—	—	—	—	
独居石	—	0.6	—	痕	—	—		—	—	—	—	—	—	
蓝晶石	—	少	—	—	—	痕		0.02	0.14	0.1	0.1	—	少	
铬铁矿	—	—	—	10.98	—	—		—	—	—	—	—	—	
锐铁矿	少	痕	痕	少	痕	痕		痕	少	—	—	—	—	
白钛石	少	0.06	0.04	0.06	少	0.03		0.2	0.1	痕	0.1	—	—	
重晶石	0.3	0.05	—	—	0.02	0.01		0.04	0.02	0.1	—	—	—	
黄铁矿	—	—	少	痕	—	痕		少	—	少	—	—	痕	
重矿物重/g	1.200 3	2.149	3.504 6	2.658 11	1.169 2	2.309 5		2.787 0	0.632	2.373	1.341	0.846	0.032 5	
占样重	2.4	4.3	7.01	5.32	2.34	4.62		5.57	1.26	4.75	2.68	1.70	0.1	2.68
主要矿物组合	黄河：角闪石—黑云母—绿帘石—赤褐铁矿—石榴子石—榍石—磁铁矿—锆石							长江：角闪石—绿帘石—赤褐铁矿—磁铁矿—石榴子石—辉石—绿泥石—锆石—磷灰石						

资料来源：据王腊春、陈晓玲，1997。

② 黏土矿物含量对比区域表明，辐射沙脊群区伊利石含量高达 70%，接近于东海的黏土成分；蒙脱石含量比长江高，更接近黄河物质；高岭石与绿泥石含量低，近似黄河黏土物质（表4.12），说明：辐射沙脊群区的细粒泥沙组分不完全由长江供给，也受到黄河的影响。即：沙脊群主体组成物—细砂，来源于古长江，而黏土质成分，明显地受到黄河泥沙的补给。

表 4.12　黏土矿物含量相关比较

黏土矿种类	区域样品黏土矿物含量/（%）						
	黄河（杨作升，1988）	黄海（何良彪，1989）	西洋	洋口	长江（杨作升）	东海（朱同）	2006—2010 年"908 专项"
伊利石	62	60 ~ 65	71（65 ~ 75）	70（62 ~ 72）	62	67 ~ 72	20 ~ 45
蒙脱石	16	6	16.5（15 ~ 20）	16（13 ~ 19）	0	6 ~ 11	0
高岭石	10	20 ~ 30	7（5 ~ 8）	7	14	18 ~ 22	20 ~ 40
绿泥石	12	10 ~ 15	7（58）	7	11	18 ~ 22	30 ~ 40

资料来源：王颖，2002。

据 2006—2010 年国家"908 专项"近海海洋综合调查，在苏北黄海海域采取 68 个底质样，进行矿物分析。

（1）重矿鉴定。

重矿总体含量低（占总样品重量的 0.03% ~ 0.93%），少数超过 2%，最高为 5.94%，平均为 0.74%（据"江苏 908 专项"，2006—2010 年）。重矿含量在江苏近海的分布具有规律：辐射沙脊群区重矿含量高，平均为 1.03%，尤其在东北部的辐射状大沙体中含量达到 1.70%，为全区最高，该区辐散潮流动力强，悬移质多被簸选扬起带走，重矿余留富聚。废黄河口区与长江三角洲北翼重矿含量低，与两大河悬移质汇入多有关。连云港近海，由于废黄河口泥沙的快速沉积，岛屿与海湾成陆，增加了细粒泥沙而致重矿含量低。按"江苏 908 专项"涉及南黄海近海海域，包括辐射沙脊群在内，重矿分布可分为 8 个分区（表 4.13）。

表 4.13　黄海近海江苏调查区重矿物组合特征

重矿物	海州湾北部（7）	连云港近海（7）	废黄河口（6）	辐射沙脊群				长江三角洲北翼（6）
				北部（8）	东北部（14）	中部（12）	南部（8）	
主要矿物（>15%）	绿帘石、角闪石	绿帘石、角闪石	绿帘石、角闪石	绿帘石、角闪石、赤褐铁矿	绿帘石、角闪石	绿帘石、角闪石	绿帘石、角闪石	绿帘石、角闪石
次要矿物（>5%）	赤褐铁矿、石榴石、锆石	赤褐铁矿、锆石	赤褐铁矿、锆石	磁铁矿、锆石	赤褐铁矿、磁铁矿、锆石	赤褐铁矿、锆石、磁铁矿	赤褐铁矿、磁铁矿、锆石	赤褐铁矿、磁铁矿
少量矿物（>1%）	磁铁矿、榍石、金红石	磁铁矿、石榴石、磷灰石、金红石	磁铁矿、磷灰石、绿泥石、石榴石	石榴石	石榴石、金红石	石榴石	石榴石	锆石、石榴石

续表

重矿物	海州湾北部（7）	连云港近海（7）	废黄河口（6）	辐射沙脊群				长江三角洲北翼（6）
				北部（8）	东北部（14）	中部（12）	南部（8）	
微量矿物（<1%）	磷灰石、绿泥石、钛铁矿、电气石、白钛石、锐钛等	绿泥石、榍石、钛铁矿、电气石、锐钛矿等	金红石、榍石、钛铁矿、电气等	金红石、磷灰石、绿泥石、榍石、钛铁矿、电气石、白钛石、锐钛矿等	磷灰石、榍石、绿泥石、钛铁矿、电气石、白钛石、锐钛矿等	金红石、磷灰石、绿泥石、榍石、钛铁矿、电气石、白钛石、锐钛矿等	金红石、绿泥石、榍石、磷灰石、钛铁矿、电气石、锐钛矿等	绿泥石、磷灰石、金红石、榍石、钛铁矿、电气石、锐钛矿等
自生矿物（个）	海绿石	黄铁矿	黄铁矿海绿石	海绿石	海绿石	海绿石	黄铁矿、海绿石	黄铁矿、海绿石

注：括弧中的数字代表分析的样品数。

资料来源："江苏908专项"，2006—2010年。

① 海州湾北部：重矿物组合为绿帘石—角闪石—赤褐铁矿—石榴石—锆石—磁铁矿—榍石—金红石，其特征是绿帘石平均含量高达46%，为江苏近海最高；角闪石平均含量21.8%，为江苏近海最低；赤褐铁矿、石榴石、锆石平均含量在5%~10%之间；磁铁矿、金红石、榍石的平均含量超过1%，但低于3.5%。其中金红石、石榴石的平均含量为全区最高，偶见自生矿物海绿石。

② 连云港近海：重矿物组合为绿帘石—角闪石—赤褐铁矿—锆石—磁铁矿—石榴石—磷灰石—金红石，其特征是绿帘石平均含量接近41%，在全区处于较低水平；角闪石平均含量接近24%；锆石、赤褐铁矿平均含量分别为9.1%和13.9%，磁铁矿、石榴石、金红石、磷灰石的平均含量超过1%，但小于5%。以稳定矿物锆石、磷灰石在全区高为其特征。

③ 废黄河口：重矿物组合特征为绿帘石—角闪石—赤褐铁矿—锆石—磁铁矿—磷灰石—绿泥石—石榴石，其特征是重矿物所占比重在全区最低，重矿物种类最少；角闪石含量在24.2%~29.7%之间变化，平均值为26%，在江苏近海处于较高水平，反映角闪石与黄河物源有关；磁铁矿、石榴石和金红石含量分布分别为3.48%、1.38%和0.62%，处于江苏近海最低水平。

④ 辐射沙脊群北部：重矿物组合为绿帘石—角闪石—赤褐铁矿—磁铁矿—锆石—石榴石，其特征是重矿物含量在全区处于次高水平，赤褐铁矿含量最高，磁铁矿和锆石处于较高水平；绿帘石含量最低，角闪石含量在11.6%~30.8%之间变化，平均含量25.4%。

⑤ 辐射沙脊群东北部：重矿物组合为绿帘石—角闪石—赤褐铁矿—磁铁矿—锆石—石榴石—金红石。其特征是重矿物含量在江苏近海处于最高水平1.70%，磁铁矿处于较高水平，绿帘石处于较低水平。未发现黄铁矿自生矿物。

⑥ 辐射沙脊群中部：重矿物组合为绿帘石—角闪石—赤褐铁矿—锆石—磁铁矿—石榴石。其特征为锆石含量在3.6%~29.1%之间，平均值为7.4%，在江苏近海处于较高水平，磁铁矿含量在4.4%~11.1%之间，平均值为6.89%，与江苏近海平均值持平。

⑦ 辐射沙脊群南部：重矿物组合为绿帘石—角闪石—赤褐铁矿—磁铁矿—锆石—石榴

石，其特征是重矿物含量在江苏近海较高，磁铁矿含量在 2.6% ~ 19.6% 之间波动，平均含量 9.2%，在江苏近海处于最高水平。绿帘石含量在 33.1% ~ 59.5% 之间波动，平均含量为 44.3%，在江苏近海处于较高水平。

⑧ 长江三角洲北翼：重矿物组合为绿帘石—角闪石—赤褐铁矿—磁铁矿—锆石—石榴石。其特征是重矿物含量较低，绿帘石含量在 36.3% ~ 48.3% 之间波动，平均值为 43.05%，在江苏近海处于较高水平。磁铁矿含量在 4% ~ 9.5% 之间波动，平均含量为 6.62%，在江苏近海处于中等偏高水平。稳定矿物石榴石、锆石、金红石、榍石在江苏近海处于最低水平。

上述特征反映出：海州湾北部、连云港近海以及废黄河口相对低的重砂矿物含量、磁铁矿含量，高的石榴子石、锆石含量表明物源主要与黄河有关。而辐射沙脊群与长江三角洲北翼高的重砂矿物、磁铁矿含量，低的石榴子石、锆石含量表明该地区泥沙来源偏向于长江（辐射沙脊群的基底是长江泥沙），但北部区和南部区绿帘石含量的相近，表明黄河来源的泥沙有一定掺混。

（2）黏土矿物分析。

黏土矿物分区和组合特征没有重砂矿物明显，但是从北到南伊利石、高岭石、绿泥石的含量还是表现出一定的变化规律（表 4.14）。伊利石含量由海州湾到废黄河口逐渐降低，从废黄河口到辐射沙脊再到长江三角洲北翼，伊利石含量逐渐升高。高岭石含量表现为从北到南逐渐降低，绿泥石表现出和高岭石相同的变化特征，其含量从北到南逐渐降低，但高岭石/绿泥石的比值各区域相差不大，波动范围较小。

表 4.14　黄海近海海域沉积物中黏土矿物含量及分布　　　　　　　　　　　%

黏土矿物	海州湾北部（7 个样平均）	连云港近海（7 个样平均）	废黄河口（6 个样平均）	辐射沙脊区				长江三角洲北翼（6 个样平均）
				北部（8 个样平均）	东北（14 个样平均）	中部（12 个样平均）	南部（8 个样平均）	
伊利石	28.6	29.3	26.7	30.6	27.3	32.1	35.0	34.2
高岭石	33.6	33.6	34.2	32.5	34.6	32.5	31.3	31 7
绿泥石	37.9	37.1	39.2	36.9	37.7	35.4	33.8	34.2
高岭石 + 绿泥石	71.4	70.7	73.3	69.4	72.3	67.9	65	65.8
高岭石/绿泥石	0.89	0.91	0.87	0.88	0.92	0.92	0.93	0.93

资料来源："江苏 908 专项"，2006—2010 年。

据表 4.12 可知，长江、黄河沉积物中黏土矿物组合都为伊利石 + 绿泥石 + 高岭石 + 蒙皂石，但长江沉积物中伊利石含量高于黄河；另外，黄河与长江沉积物中，差别最大的是蒙脱石，蒙脱石在黄河中的含量为 6.4%，长江中仅为 3.0%。长江沉积物中伊利石/蒙皂石比值都在 8 以上，黄河沉积物该比值都在 6 以下。由于长江沉积物蒙脱石含量低，如果矿物又产生非晶质化，有可能监测不到蒙脱石含量。

研究区黏土样品的伊利石含量较低，而且废黄河口区域最低，向北、向南均有增加的趋势，越靠近长江口，其含量越高，伊利石含量低，偏向于黄河沉积物源；另外，江苏近海黏土矿物中的蒙脱石很难监测到，说明蒙脱石含量低，接近于长江物源。江苏黄海近海的细颗粒组分一部分来自长江，黏土含量却由于黄河泥沙的补给影响。

（3）南黄海近海轻矿物含量与黄河、长江物质对比。

轻矿物虽没有重矿物稳定，但是在指示沉积物的矿物成熟度、搬运过程和水动力条件方面有一定的指示意义，逐步得到研究人员的重视。研究表明（王颖，2002）黄河、长江泥沙主要由长石、石英组成，普遍含有方解石，含量不超过 2%。长石和石英的平均含量均为长江多于黄河，长石在黄河中的最高含量为 29.2%，最低为 10%，平均为 17.23%；长石在长江中最高达 45.2%，最低值 11.8%，平均值 21.6%。石英在黄河中的最大值为 34.4%，最小为 19.6%，平均为 28.6%；在长江中最大值为 47%，最低为 13%，平均含量为 31.27%。另外长石和石英的变化幅度均为长江大于黄河。

对江苏近海 68 个样品进行统计（表 4.15），结果显示：各海区石英平均百分含量最高达 45.0%，最低 16.0%，平均值 28.4%；长石平均含量最高 9.6%，最低 1.9%，平均 4.1%。另将长石、石英百分含量从北到南按照 8 个分区分别统计发现：海州湾石英、长石含量最高，分别为 45.0% 和 9.6%；废黄河口以及长江三角洲北翼，石英含量最低，分别为 19.3% 和 16.0%；辐射沙脊群区域石英平均含量 28.8%，接近全区的总平均水平 28.4%。从北向南，石英百分含量出现高—低—高—低有规律的波动，海州湾北部是江苏唯一的砂质海岸，水动力条件强，因此石英含量偏高，废黄河口继承了原先的黄河沉积物，泥沙尚未经浪流长期分选作用，石英含量低。辐射沙脊群地区潮流动力强，泥沙经一定的簸选作用，因此石英含量上升，而长江三角洲北翼接收一定量的长江细颗粒物质，石英含量降低。因此，研究区石英百分含量的波动起伏与物源以及沉积区的水动力条件有关。

表 4.15　黄海近海海域主要轻矿物含量与黄河、长江的比较　　　　　　　%

矿物样品	黄河[①]			长江[②]			黄海近海江苏调查区（68 个样平均）								
	兰州	黄河口	平均	宜昌	长江口	平均	海州湾北部	连云港近海	废黄河口	辐射沙脊群				长三角北翼	平均
										北部	东北部	中部	东南部		
石英	27.0	26.8	28.6	34.6	13.0	31.3	45.0	34.3	19.3	25.9	32.7	28.6	25.6	16.0	28.4
长石	18.0	10.6	17.2	11.8	45.2	21.6	9.6	4.8	1.9	2.4	4.1	3.9	3.7	2.3	4.1
石英/长石	1.47	2.52	1.87	2.92	0.29	1.80	4.7	7.1	2.4	10.6	8.0	7.3	6.9	7.0	6.8

资料来源：①王颖等，2002，②王腊春等，1997。

4.3.3　辐射沙脊群沉积物元素地球化学特征[①]

对辐射沙脊群 57 个海底表层沉积物进行了常量元素与微量元素的地球化学特征分析，获得非常明显的环境指标与沉积物源效应的相关结果。

---

①　据南京大学葛晨东，沉积物元素地球化学特征，江苏近海海洋综合调查评价专项 JS - 908 - 01 - 05 - 02，2011（未刊稿）。

170

4.3.3.1　辐射沙脊群沉积物常量元素地球化学特征

对 57 个底质样品进行常量元素含量分析，包括 SiO_2、Al_2O_3、Fe_2O_3（全铁）、MgO、CaO、Na_2O、K_2O、TiO_2、P_2O_5、MnO_2 以及灼减量、碳酸盐与有机碳分析获得如下结果（表 4.16 和图 4.46 ~ 图 4.58）。

SiO_2 的百分比含量范围在 54.8% ~ 73% 之间，平均值为 66.93%。低值区分布在沙脊群海域以南，中部沉积物含量最高（图 4.46），因沙脊群主体由细砂组成，石英及长石质砂为主。

Al_2O_3 的百分比含量范围在 9.16% ~ 16.8% 之间，平均值为 10.7%。低值区分布在中部，向南、北逐渐富集（图 4.47），反映河流从陆地汇入影响，长江沙源与黄河粉砂源携入 Al_2O_3。

Fe_2O_3（全铁）的百分比含量范围在 2.99% ~ 7.83% 之间，平均值为 4.22%。高值区分布在南部，向北部降低（图 4.48），表明 Fe_2O_3 元素与长江入海泥沙有关。

MgO 的百分比含量范围在 1.52% ~ 2.87% 之间，平均值为 2.05%。低值区分布在中北部，向外海及南部逐渐升高（图 4.49），反映陆源河流供沙效应，长江为主，北部样品缺稀。

CaO 的百分比含量范围在 2.64% ~ 6.03% 之间，平均值为 4.55%，低值区分布在沿海地区，向外逐渐富集（图 4.50），$CaCO_3$ 含量北部高与黄河泥沙含 $CaCO_3$ 有关，向外海增多，与海洋生物壳屑含 Ca 高有关。

Na_2O 的百分比含量范围在 1.88% ~ 2.82% 之间，平均值为 2.27%。在整个取样区浓度较为一致，南部偏低（图 4.51），辐射沙脊群海域 Na_2O 含量一致，反映海洋沉积之特点以及北部废黄河泥沙之影响。

K_2O 的百分比含量范围在 1.73% ~ 3.315% 之间，平均值为 2.23%。低值区分布在辐射沙脊群区中部，并向外海降低。向南、向北 K_2O 含量逐渐富集（图 4.52）。K_2O 分布效果与 Na_2O 截然相反，是陆源泥沙供应处含量高，辐射沙脊群有两处泥沙源：北部的废黄河；南部长江，两处泥沙源之间，K_2O 含量低。

TiO_2 的百分比含量范围在 0.37% ~ 2.28% 之间，平均值为 0.72%。在整个取样区浓度变化较小，向外海及南部略有增加（图 4.53）。TiO_2 在辐射状沙脊处（沙脊群东北部）呈汇集的条带分布，该处与外毛竹沙大沙脊位置一致，反映该沙脊泥沙是潮流汇集南北水流与所携运之元素，向外海散射时之沉积。

P_2O_5 的百分比含量范围在 0.061% ~ 0.181% 之间，平均值为 0.09%。低值区分布在中北部，向外海及南部略有升高（图 4.54）。分布趋势和 TiO_2 的相似，同时，可能反映 NE 方向曾有老河道出口。

MnO_2 的百分比含量范围在 0.053% ~ 0.176% 之间，平均值为 0.08%。低值区分布在中北部，向外海及南部略有升高（图 4.55），海岸浅海区，NE 部及南部稍高，与现代潮流场主水流相关：汇集、携运与散布沉积。

灼失量的百分比含量范围在 3.23% ~ 9.39% 之间，平均值为 5.76%。低值区分布在中部，南、北部较为富集（图 4.56），显示陆源泥沙有长江与废黄河两处来源，河—海交互之证。

碳酸盐的百分比含量范围1.6%~8.9%，平均值为4.54%。低值区分布在中部，南、北部较为富集（图4.57），明显反映南部长江与北部废黄河两处陆源泥沙供应。

有机碳含量范围0.057%~1.32%，平均值为0.34%（图4.58），基本一致的海域环境，近长江口处微高。

4.3.3.2 辐射沙脊群沉积物微量元素地球化学特征

辐射沙脊群57个表层沉积物微量元素含量（Cu、Pb、Ba、Sr、V、Zn、Co、Ni、Cr、Zr）分析结果见表4.17。

Cu的含量范围在（7.92~27.72）×10^{-6}，平均值为13.06×10^{-6}（图4.59），可以看出本区Cu有两处泥沙来源，既来源于南部长江，亦来源于北部废黄河口，辐射沙脊群中部浓度最低，向南、北部逐渐升高，且北部较之南部富集。

Pb的含量范围在（18.19~31.80）×10^{-6}，平均值为23.49×10^{-6}（图4.60），可以看出，近河口与沿海靠近人类活动地区Pb相对富集，向外海逐渐降低，且北部比南部Pb含量相对较高，与北部港口船只活动频繁有关。

Ba的含量范围在（303.10~433.03）×10^{-6}，平均值为363.87×10^{-6}（图4.61），可以看出，Ba浓度自北向南逐步减低。

Sr的含量范围在（72.56~236.06）×10^{-6}，平均值为162.29×10^{-6}（图4.62），可以看出，沙脊群海域尤其是中北部相对富集，向外海部分Sr含量最高。

V的含量范围在（65.55~175.06）×10^{-6}，平均值为87.96×10^{-6}（图4.63），可以看出，中部向外海方向和南部V相对富集。

Zn的含量范围在（42.09~95.02）×10^{-6}，平均值为63.64×10^{-6}（图4.64），可以看出，低值区分布在辐射沙脊群中部，并向外海降低。南、北部Zn相对富集，南部长江口北支以外最高。

Co的含量范围在（7.83~18.01）×10^{-6}，平均值为11.27×10^{-6}（图4.65），可以看出，低值区分布在中北部，向南部逐渐升高。

Ni的含量范围在（20.15~47.61）×10^{-6}，平均值为27.55×10^{-6}（图4.66），可以看出，Ni浓度变化与Co相似，低值区同样分布在中北部，向南部逐渐富集。

Cr的含量范围在（48.33~123.90）×10^{-6}，平均值为69.75×10^{-6}（图4.67），可以看出，低值区分布在北部，并向南部及外海富集。

Zr的含量范围在（27.54~111.32）×10^{-6}，平均值为59.22×10^{-6}（图4.68），可以看出，辐射沙脊群东北部地区较富集，在南部Zr含量较高，沙脊群东部外缘Zr含量较西部高。

表 4.16　南黄海辐射沙脊群沉积物常量元素分析结果

站位	样品号	SiO_2	Na_2O	K_2O	MgO	CaO	Al_2O_3	Fe_2O_3（全铁）	TiO_2	MnO_2	P_2O_5	$CaCO_3$	Corg	L. O. I.
76	js0712-01	71.9	2.03	2.07	1.81	3.96	9.16	3.2	0.57	0.053	0.082	3.4	0.359 6	4.71
77	js0712-02	65.9	2.14	2.43	2.19	4.62	11.5	4.58	0.77	0.08	0.097	4.4	0.332 6	6.13
78	js0712-03	54.8	2	3.315	2.87	3.02	16.8	6.645	0.83	0.124	0.082 5	3.3	0.677 1	8.335
79	js0712-04	63.5	2.14	2.36	2.25	4.84	11.8	4.66	0.7	0.089	0.094	5.5	0.524 2	7.23
80	js0712-05	65.5	2.07	2.12	2.12	4.98	10.8	4.26	0.62	0.079	0.08	5.2	0.352 2	6.52
81	js0712-06	68.95	2.055	1.965	1.935	4.67	9.435	3.68	0.595	0.064 5	0.079	4.25	0.243 3	5.305
82	js0712-07	64.2	2.15	2.28	2.19	4.5	11	4.38	0.69	0.084	0.088	6	0.5577	7.15
83	js0712-08	63.7	2.28	2.41	2.21	4.83	12	4.3	0.68	0.078	0.092	5.1	0.522 3	7.12
84	js0712-09	63.05	2.335	2.545	2.34	4.455	12.3	4.655	0.69	0.082	0.087	4.75	0.405	7.2
85	js0712-10	66.6	2.25	2.45	2.23	4.2	11.3	4.5	0.71	0.084	0.088	3.5	0.370 7	5.54
86	js0712-11	70	2.295	2.25	1.985	4.305	9.85	3.745	0.535	0.059	0.077 5	3.95	0.343 5	5.22
87	js0712-12	68.2	2.3	2.39	2.21	4.58	10.5	4.09	0.74	0.071	0.091	3.7	0.175 9	5.26
88	js0712-13	66.3	2.44	2.55	2.11	5.32	11.2	3.83	0.64	0.069	0.086	6.4	0.435 8	6.41
89	js0712-14	69.15	2.085	2.05	2.015	4.54	9.345	3.63	0.58	0.058 5	0.084 5	3.35	0.3677	4.97
90	js0712-15	63.1	2.42	2.28	2.18	4.08	12.2	4.59	0.68	0.083	0.081	4.5	0.496 9	6.71
91	js0712-16	63.9	2.55	2.36	2.17	5.03	11.8	4.59	0.69	0.097	0.086	4.8	0.400 6	6.56
92	js0712-17	62.3	2.465	2.245	2.275	4.965	11.8	4.92	0.8	0.097 5	0.089 5	5.45	0.328 2	6.78
93	js0712-18	62.1	2.54	2.3	2.31	5.19	11.9	4.92	0.83	0.1	0.095	5.9	0.347 7	6.9
94	js0712-19	63.1	2.55	2.31	2.16	5.02	11.5	4.22	0.65	0.069	0.083	6.2	0.353 2	7.06
95	js0712-20	59.6	2.55	2.69	2.55	4.14	14.1	5.48	0.75	0.097	0.079	4.6	0.499 4	7.95
96	js0712-21a	61.3	2.82	2.41	2.32	5.4	12.3	4.42	0.66	0.085	0.085	6.5	1.317 8	8.08
98	js0712-22	67.8	2.09	2.24	2.115	4.695	11.1	4.315	0.705	0.076 5	0.083	5.05	0.406 3	6.11
99	js0712-23	61.7	2.18	2.19	2.19	5.62	11.6	4.54	0.62	0.09	0.085	6.8	0.361 3	7.86
100	js0712-24	64.05	1.98	2.085	2.14	5.485	11.15	4.4	0.66	0.086 5	0.088 5	6.95	0.332 3	7.27

续表

站位	样品号	SiO_2	Na_2O	K_2O	MgO	CaO	Al_2O_3	Fe_2O_3（全铁）	TiO_2	MnO_2	P_2O_5	$CaCO_3$	Corg	L. O. I.
101	js0712－25	71.2	1.99	2.01	1.63	3.34	9.56	3.72	0.63	0.084	0.075	2.7	0.104 5	4.06
102	js0712－26	71.4	2	1.895	1.77	4.625	9.235	3.395	0.665	0.063	0.085		0.234	5.025
103	js0712－27	72.6	1.88	1.92	1.79	2.77	9.79	4.6	0.69	0.117	0.088	1.6	0.104 2	3.23
104	js0712－28	71.3	2.02	1.83	1.75	4.75	9.49	3.43	0.74	0.066	0.104	4.9	0.384 7	5.37
105	js0712－29	71.1	2.045	1.855	2	4.845	9.365	3.63	0.85	0.077	0.104	3.85	0.281 8	4.935
107	js0712－30	67.2	2.03	2.16	1.93	4.53	10.4	3.9	0.62	0.074	0.081	5	0.359 4	5.65
108	js0712－31	63.2	2.115	2.295	2.34	5.38	11.45	4.62	0.83	0.085 5	0.089 5	6.2	0.474 9	6.895
109	js0712－32	71.6	2.09	1.93	1.98	3.68	9.2	4.59	1.03	0.093	0.096	2.2	0.072 1	3.8
111	js0712－33	69.9	2.165	2.165	1.91	4.44	9.39	3.93	0.83	0.083 5	0.096 5	3.05	0.128 9	4.49
112	js0712－34	62.6	2.13	1.73	2.6	5.73	9.58	7.83	2.28	0.176	0.181	2.5	0.347 3	4.21
113	js0712－35	70.4	2.39	2.18	1.84	4.32	9.82	3.88	0.73	0.083	0.092	3.5	0.165 3	4.62
114	js0712－36	67.85	2.175	1.85	2.16	4.86	9.655	5.385	1.385	0.117 5	0.117	3.15	0.310 7	4.55
115	js0712－37	71	2.36	2.23	1.77	3.85	9.67	4	0.84	0.079	0.092	2.9	0.056 7	4.04
117	js0712－38	71.2	2.33	2.1	1.87	4.23	9.74	4.34	0.98	0.091	0.107	2.8	0.093	4.11
119	js0712－39	70	2.19	2.06	1.76	4.48	9.83	3.7	0.67	0.078	0.086	3.5	0.231	4.58
122	js0712－40	63.9	2.31	2.41	2.09	5.59	11.1	4.25	0.64	0.081	0.086	6.5	0.342 8	6.69
123	js0712－41	66.15	2.41	2.225	1.94	5.46	10.85	3.75	0.6	0.067	0.084	6.3	0.310 8	6.16
124	js0712－42	63.3	2.43	2.45	2.11	5.73	11.6	4.28	0.62	0.077	0.089	6.7	0.444 3	7.13
125	js0712－43	73	2.28	2.115	1.79	3.91	9.71	3.48	0.54	0.063	0.080 5	2.9	0.214 5	4.165
126	js0712－44	71.2	2.28	2.03	1.8	3.95	9.36	3.44	0.56	0.065	0.073	2.8	0.140 9	4.3
127	js0712－45	72.6	2.33	2.14	1.65	3.37	9.59	3.49	0.57	0.067	0.077	2.2	0.199 2	3.76
128	js0712－46	68.95	2.31	2.025	1.74	4.715	9.6	3.43	0.6	0.065	0.081 5	4.7	0.304 5	5.15
130	js0712－47	60.7	2.59	2.55	2.28	5.88	12.1	4.45	0.64	0.083	0.09	7.5	0.381 5	8.2
132	js0712－48	68.7	2.17	1.75	2.17	5.29	9.23	4.28	1.05	0.094	0.126	3.5	0.445 7	4.91

续表

站位	样品号	SiO₂	Na₂O	K₂O	MgO	CaO	Al₂O₃	Fe₂O₃（全铁）	TiO₂	MnO₂	P₂O₅	CaCO₃	Corg	L.O.I.
133	js0712-49	72.05	2.375	2.2	1.7	3.17	9.755	3.7	0.56	0.069	0.083	2.25	0.072 3	3.7
134	js0712-50a	65.9	2.13	2.19	1.95	4.65	10.7	4.02	0.58	0.071	0.08	7	0.280 5	6.58
136	js0712-51	70.5	2.29	2.1	1.69	4.11	9.71	3.23	0.55	0.057	0.074	4.6	0.321 4	4.75
138	js0712-52	70.75	2.555	2.405	1.78	3.63	9.735	3.685	0.505	0.065	0.072	3.7	0.2013	4.605
139	js0712-53	61.8	2.21	2.3	2.2	5.29	11.7	4.52	0.68	0.081	0.091	7.9	0.552 6	8.04
140	js0712-54	72.7	2.76	2.74	1.52	2.64	9.93	2.99	0.37	0.054	0.061	2.2	0.094	3.39
142	js0712-55	56.3	2.39	2.76	2.69	6.03	13	5.09	0.66	0.091	0.08	8.9	0.473 2	9.39
145	js0712-56	70.8	2.36	2.11	1.79	3.89	9.87	3.63	0.53	0.072	0.078	3.9	0.314 4	4.67
146	js0712-57	72.7	2.35	2.09	1.79	3.97	9.59	3.31	0.57	0.06	0.075	3.5	0.323	4.59

资料来源:江苏近海海洋综合调查与评价专项成果 JS-908-01-05-02,2006—2010。

表 4.17　南黄海辐射沙脊群沉积物微量元素分析结果

站位	样品号	Cu	Pb	Ba	Sr	V	Zn	Co	Ni	Cr	Zr
76	js0712-01	71.9	2.03	2.07	1.81	3.96	9.16	3.2	0.57	0.053	0.082
77	js0712-02	65.9	2.14	2.43	2.19	4.62	11.5	4.58	0.77	0.08	0.097
78	js0712-03	54.8	2	3.315	2.87	3.02	16.8	6.645	0.83	0.124	0.082 5
79	js0712-04	63.5	2.14	2.36	2.25	4.84	11.8	4.66	0.7	0.089	0.094
80	js0712-05	65.5	2.07	2.12	2.12	4.98	10.8	4.26	0.62	0.079	0.08
81	js0712-06	68.95	2.055	1.965	1.935	4.67	9.435	3.68	0.595	0.064 5	0.079
82	js0712-07	64.2	2.15	2.28	2.19	4.5	11	4.38	0.69	0.084	0.088
83	js0712-08	63.7	2.28	2.41	2.21	4.83	12	4.3	0.68	0.078	0.092
84	js0712-09	63.05	2.335	2.545	2.34	4.455	12.3	4.655	0.69	0.082	0.087
85	js0712-10	66.6	2.25	2.45	2.23	4.2	11.3	4.5	0.71	0.084	0.088
86	js0712-11	70	2.295	2.25	1.985	4.305	9.85	3.745	0.535	0.059	0.077 5
87	js0712-12	68.2	2.3	2.39	2.21	4.58	10.5	4.09	0.74	0.071	0.091
88	js0712-13	66.3	2.44	2.55	2.11	5.32	11.2	3.83	0.64	0.069	0.086
89	js0712-14	69.15	2.085	2.05	2.015	4.54	9.345	3.63	0.58	0.058 5	0.084 5
90	js0712-15	63.1	2.42	2.28	2.18	4.08	12.2	4.59	0.68	0.083	0.081
91	js0712-16	63.9	2.55	2.36	2.17	5.03	11.8	4.59	0.69	0.097	0.086
92	js0712-17	62.3	2.465	2.245	2.275	4.965	11.8	4.92	0.8	0.0975	0.089 5
93	js0712-18	62.1	2.54	2.3	2.31	5.19	11.9	4.92	0.83	0.1	0.095
94	js0712-19	63.1	2.55	2.31	2.16	5.02	11.5	4.22	0.65	0.069	0.083
95	js0712-20	59.6	2.55	2.69	2.55	4.14	14.1	5.48	0.75	0.097	0.079
96	js0712-21a	61.3	2.82	2.41	2.32	5.4	12.3	4.42	0.66	0.085	0.085
98	js0712-22	67.8	2.09	2.24	2.115	4.695	11.1	4.315	0.705	0.076 5	0.083
99	js0712-23	61.7	2.18	2.19	2.19	5.62	11.6	4.54	0.62	0.09	0.085
100	js0712-24	64.05	1.98	2.085	2.14	5.485	11.15	4.4	0.66	0.086 5	0.088 5

续表

站位	样品号	Cu	Pb	Ba	Sr	V	Zn	Co	Ni	Cr	Zr
101	js0712－25	71.2	1.99	2.01	1.63	3.34	9.56	3.72	0.63	0.084	0.075
102	js0712－26	71.4	2	1.895	1.77	4.625	9.235	3.395	0.665	0.063	0.085
103	js0712－27	72.6	1.88	1.92	1.79	2.77	9.79	4.6	0.69	0.117	0.088
104	js0712－28	71.3	2.02	1.83	1.75	4.75	9.49	3.43	0.74	0.066	0.104
105	js0712－29	71.1	2.045	1.855	2	4.845	9.365	3.63	0.85	0.077	0.104
107	js0712－30	67.2	2.03	2.16	1.93	4.53	10.4	3.9	0.62	0.074	0.081
108	js0712－31	63.2	2.115	2.295	2.34	5.38	11.45	4.62	0.83	0.085 5	0.089 5
109	js0712－32	71.6	2.09	1.93	1.98	3.68	9.2	4.59	1.03	0.093	0.096
111	js0712－33	69.9	2.415	2.165	1.91	4.44	9.39	3.93	0.83	0.083 5	0.096 5
112	js0712－34	62.6	2.13	1.73	2.6	5.73	9.58	7.83	2.28	0.176	0.181
113	js0712－35	70.4	2.39	2.18	1.84	4.32	9.82	3.88	0.73	0.083	0.092
114	js0712－36	67.85	2.175	1.85	2.16	4.86	9.655	5.385	1.385	0.117 5	0.117
115	js0712－37	71	2.36	2.23	1.77	3.85	9.67	4	0.84	0.079	0.092
117	js0712－38	71.2	2.33	2.1	1.87	4.23	9.74	4.34	0.98	0.091	0.107
119	js0712－39	70	2.19	2.06	1.76	4.48	9.83	3.7	0.67	0.078	0.086
122	js0712－40	63.9	2.31	2.41	2.09	5.59	11.1	4.25	0.64	0.081	0.086
123	js0712－41	66.15	2.41	2.225	1.94	5.46	10.85	3.75	0.6	0.067	0.084
124	js0712－42	63.3	2.43	2.45	2.11	5.73	11.6	4.28	0.62	0.077	0.089
125	js0712－43	73	2.28	2.115	1.79	3.91	9.71	3.48	0.54	0.063	0.080 5
126	js0712－44	71.2	2.28	2.03	1.8	3.95	9.36	3.44	0.56	0.065	0.073
127	js0712－45	72.6	2.33	2.14	1.65	3.37	9.59	3.49	0.57	0.067	0.077
128	js0712－46	68.95	2.31	2.025	1.74	4.715	9.6	3.43	0.6	0.065	0.081 5
130	js0712－47	60.7	2.59	2.55	2.28	5.88	12.1	4.45	0.64	0.083	0.09
132	js0712－48	68.7	2.17	1.75	2.17	5.29	9.23	4.28	1.05	0.094	0.126

续表

站位	样品号	Cu	Pb	Ba	Sr	V	Zn	Co	Ni	Cr	Zr
133	js0712-49	72.05	2.375	2.2	1.7	3.17	9.755	3.7	0.56	0.069	0.083
134	js0712-50a	65.9	2.13	2.19	1.95	4.65	10.7	4.02	0.58	0.071	0.08
136	js0712-51	70.5	2.29	2.1	1.69	4.11	9.71	3.23	0.55	0.057	0.074
138	js0712-52	70.75	2.555	2.405	1.78	3.63	9.735	3.685	0.505	0.065	0.072
139	js0712-53	61.8	2.21	2.3	2.2	5.29	11.7	4.52	0.68	0.081	0.091
140	js0712-54	72.7	2.76	2.74	1.52	2.64	9.93	2.99	0.37	0.054	0.061
142	js0712-55	56.3	2.39	2.76	2.69	6.03	13	5.09	0.66	0.091	0.08
145	js0712-56	70.8	2.36	2.11	1.79	3.89	9.87	3.63	0.53	0.072	0.078
146	js0712-57	72.7	2.35	2.09	1.79	3.97	9.59	3.31	0.57	0.06	0.075

资料来源：据江苏近海海洋综合调查与评价专项成果 JS-908-01-05-02,2006—2010。

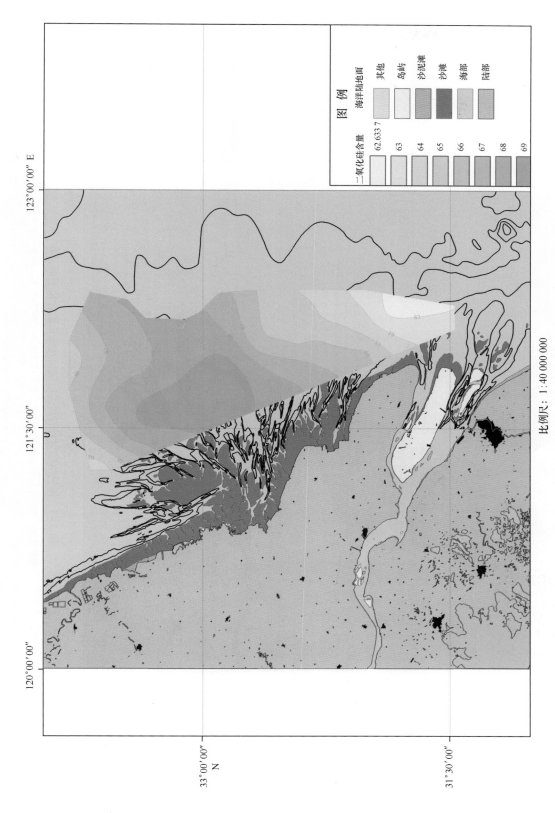

图 例

二氧化硅含量		海洋陆地面	
62.633 7		其他	
63		岛屿	
64		沙泥滩	
65		沙滩	
66		海部	
67		陆部	
68			
69			

比例尺: 1:40 000 000

图 4.46 南黄海辐射沙脊群表层沉积物二氧化硅含量平面分布

资料来源: 据江苏近海海洋综合调查与评价专项成果 JS-908-01-05-02, 2006—2010

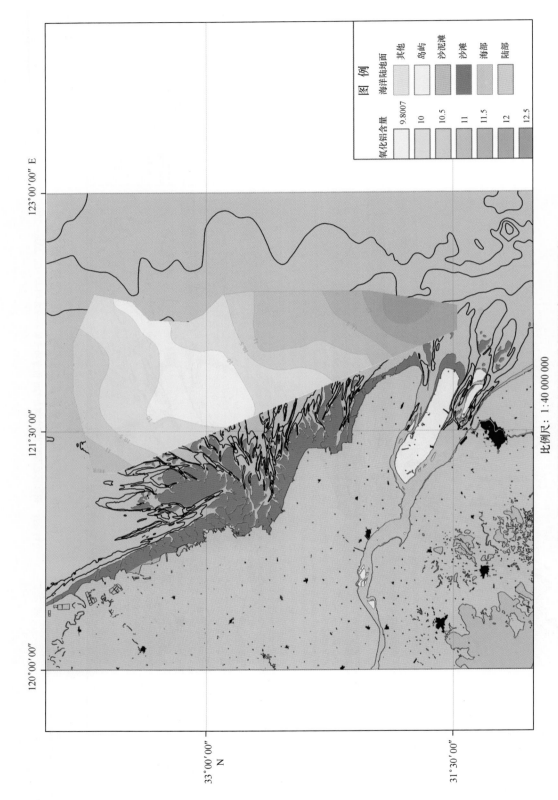

比例尺：1∶40 000 000

图 4.47　南黄海辐射沙脊群表层近现代沉积物氧化铝含量平面分布

资料来源：据江苏近海海洋综合调查与评价专项成果 JS-908-01-05-02，2006—2010

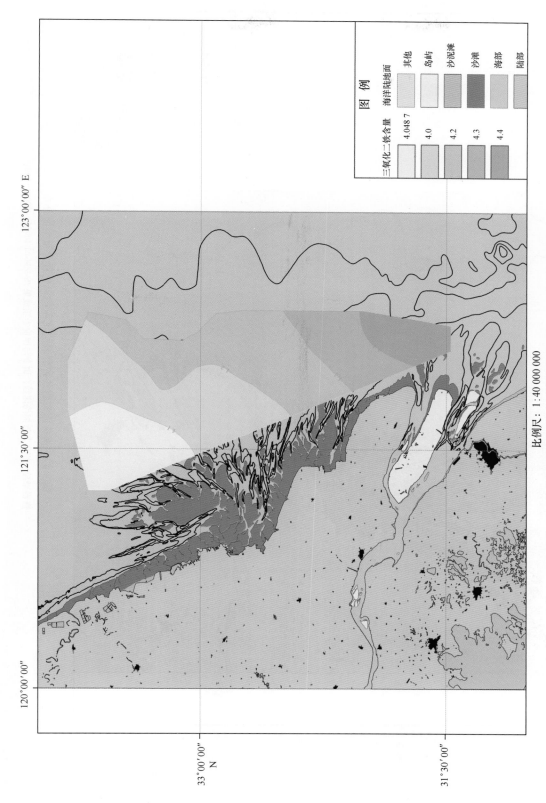

比例尺：1∶40 000 000

图 4.48　南黄海辐射沙脊群表层沉积物三氧化二铁含量平面分布

资料来源：据江苏近海海洋综合调查与评价专项成果 JS-908-01-05-02, 2006—2010

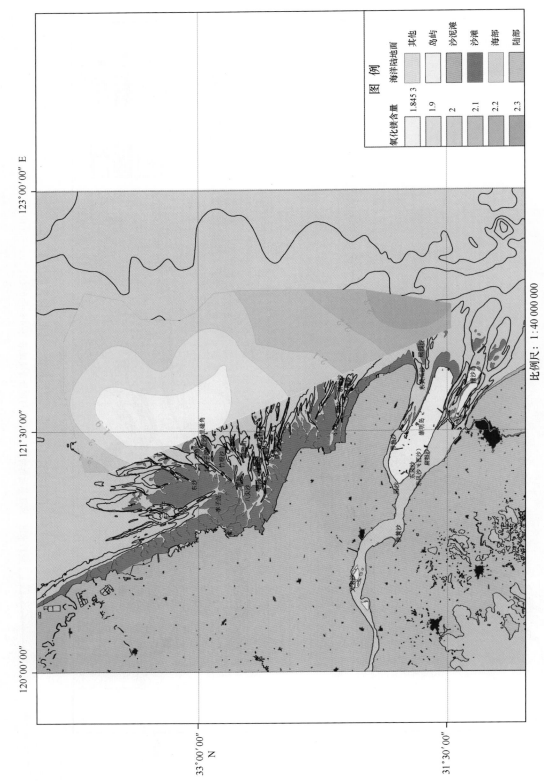

比例尺：1∶40 000 000

图4.49 南黄海辐射沙脊群表层沉积物氧化镁含量平面分布

资料来源：据江苏近海海洋综合调查与评价专项成果 JS-908-01-05-02，2006—2010

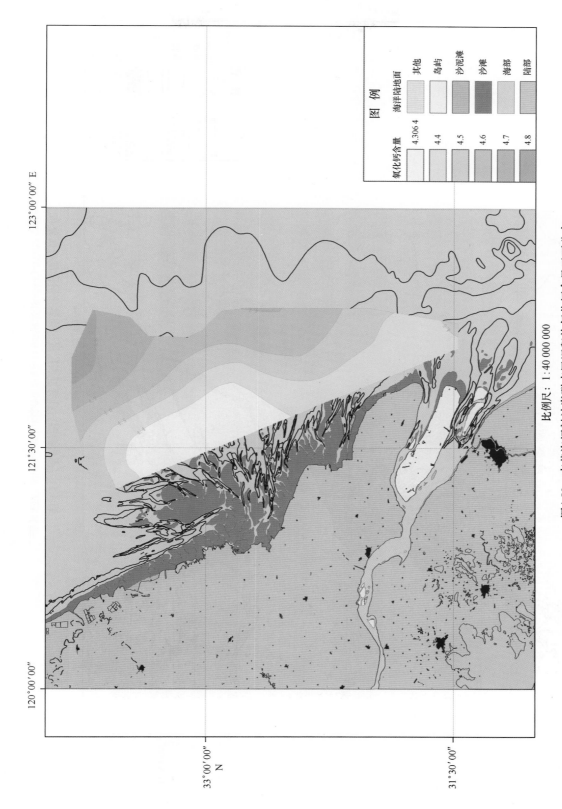

比例尺：1∶40 000 000

图4.50　南黄海辐射沙脊群表层沉积物氧化钙含量平面分布

资料来源：据江苏近海海洋综合调查与评价专项成果 JS-908-01-05-02, 2006—2010

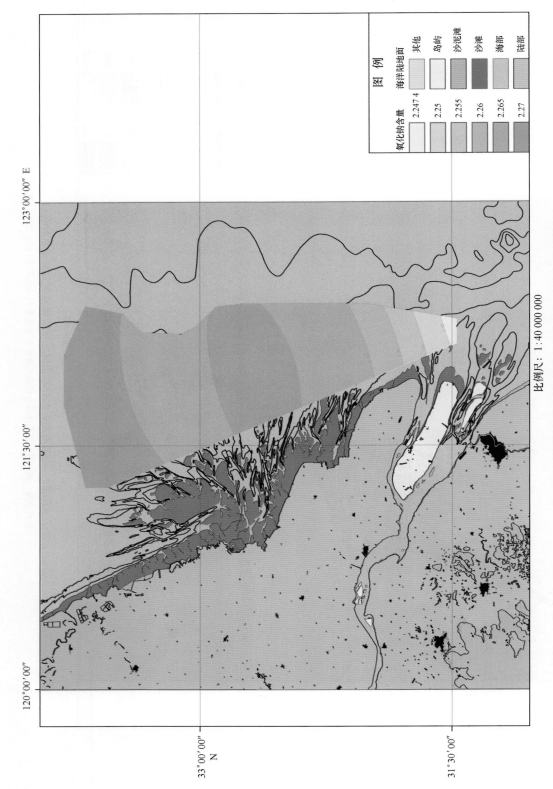

图 4.51　南黄海辐射沙脊群表层沉积物氧化钠含量平面分布

资料来源：据江苏近海海洋综合调查与评价专项成果 JS-908-01-05-02，2006—2010

比例尺：1:40 000 000

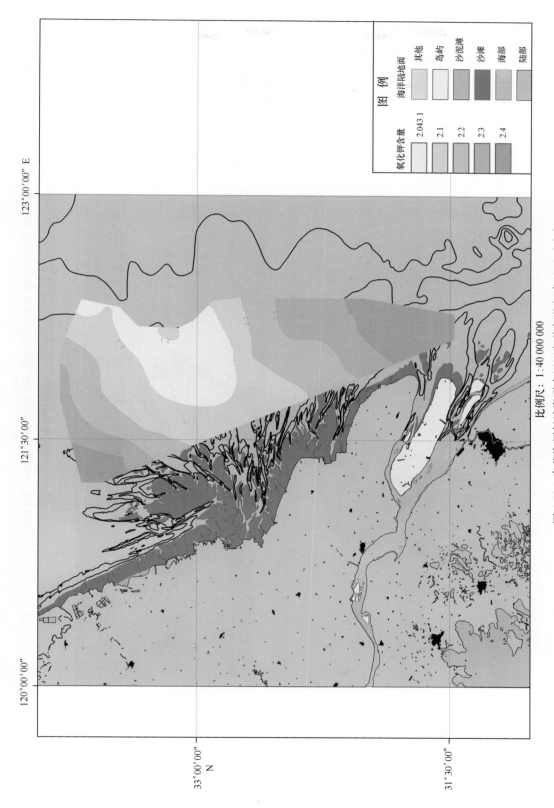

图 4.52　南黄海辐射沙脊群表层沉积物氧化钾含量平面分布

资料来源：据江苏近海海洋综合调查与评价专项成果 JS-908-01-05-02，2006—2010

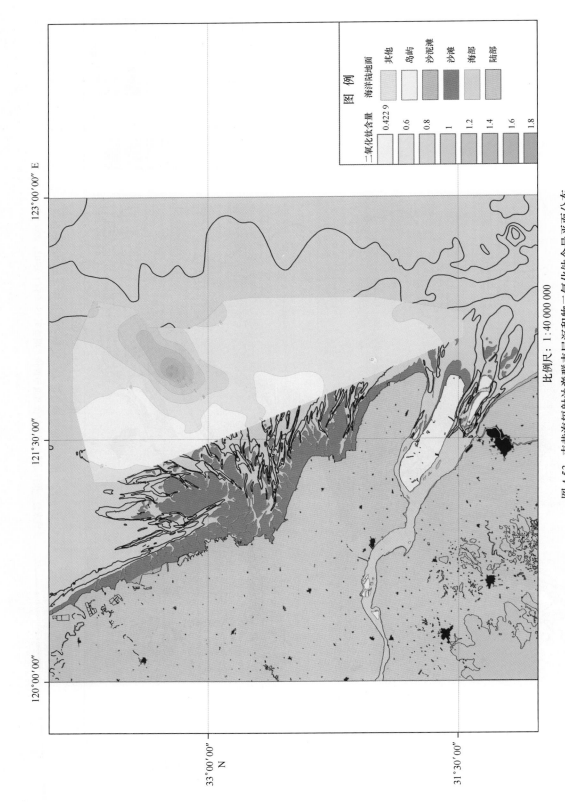

比例尺：1：40 000 000

图 4.53　南黄海辐射沙脊群表层沉积物二氧化钛含量平面分布

资料来源：据江苏近海海洋综合调查与评价专项成果 JS-908-01-05-02，2006—2010

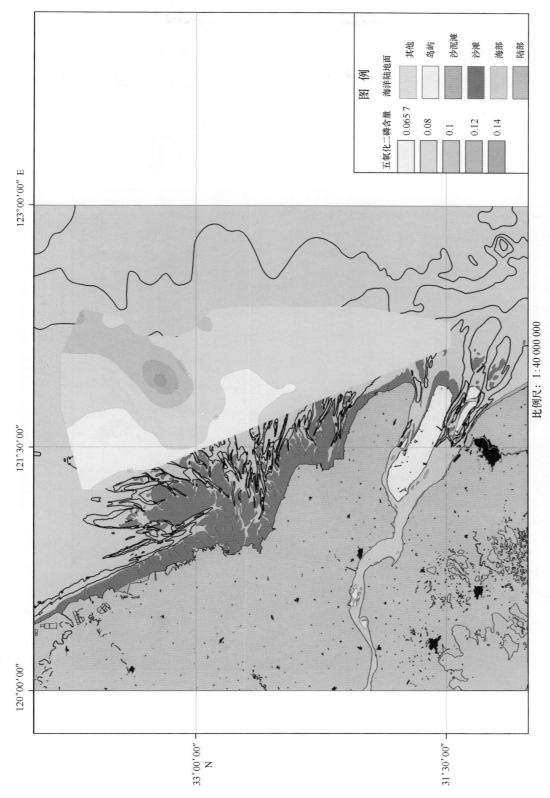

比例尺：1:40 000 000

图 4.54　南黄海辐射沙脊群表层沉积物五氧化二磷含量平面分布

资料来源：据江苏近海海洋综合调查与评价专项成果 JS-908-01-05-02, 2006—2010

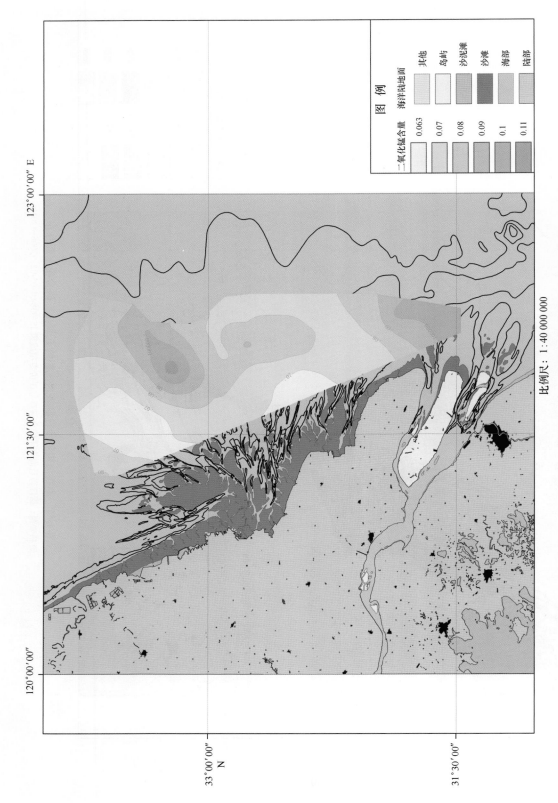

比例尺：1:40 000 000

图 4.55 南黄海辐射沙脊群表层沉积物二氧化锰含量平面分布

资料来源：据江苏近海海洋综合调查与评价专项成果 JS-908-01-05-02，2006—2010

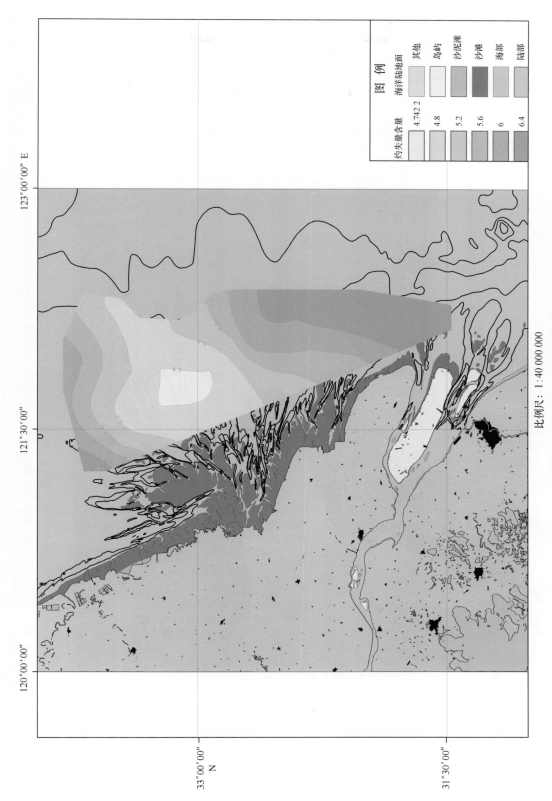

比例尺：1∶40 000 000

图 4.56　南黄海辐射沙脊群表层沉积物灼失量百分含量平面分布
资料来源：据江苏近海海洋综合调查与评价专项成果 JS-908-01-05-02, 2006—2010

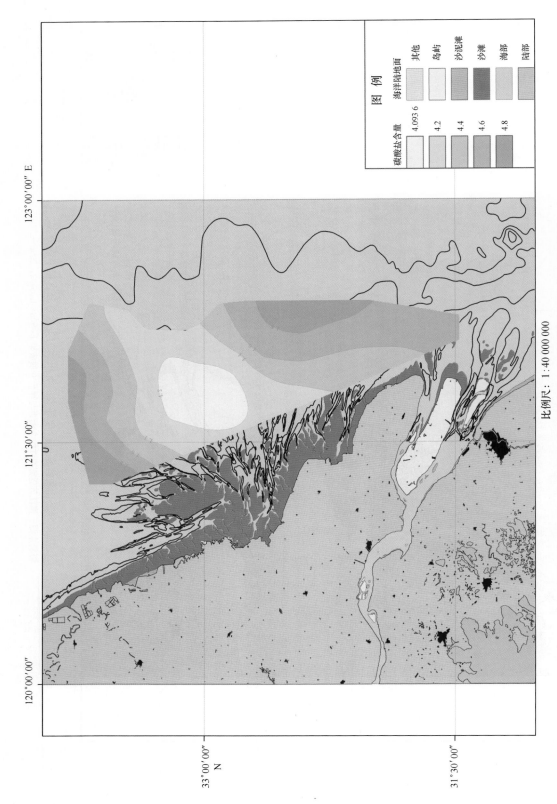

比例尺：1 : 40 000 000

图 4.57 南黄海辐射沙脊群沙脊表层沉积物碳酸盐百分含量平面分布

资料来源：据江苏近海海洋综合调查与评价专项成果 JS-908-01-05-02，2006—2010

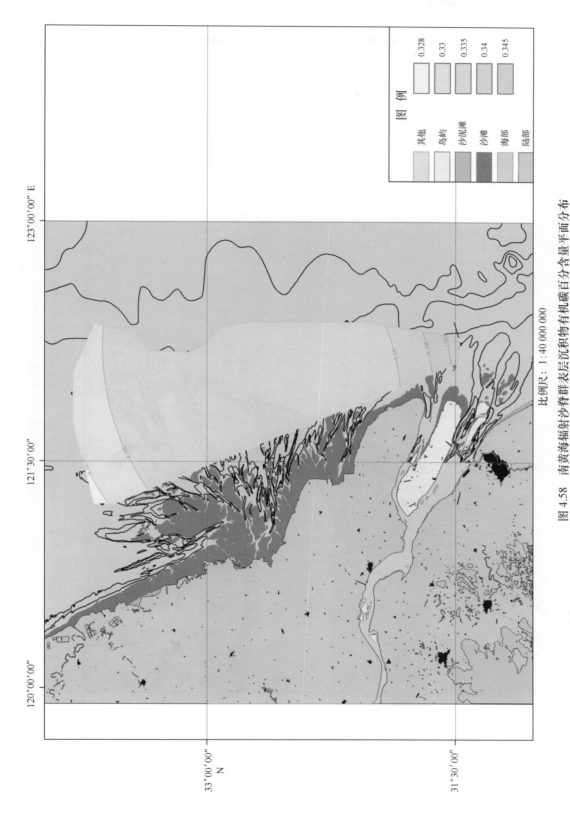

比例尺：1 : 40 000 000

图 4.58　南黄海辐射沙脊群表层沉积物有机碳百分含量平面分布

资料来源：据江苏近海海洋综合调查与评价专项成果 JS-908-01-05-02, 2006—2010

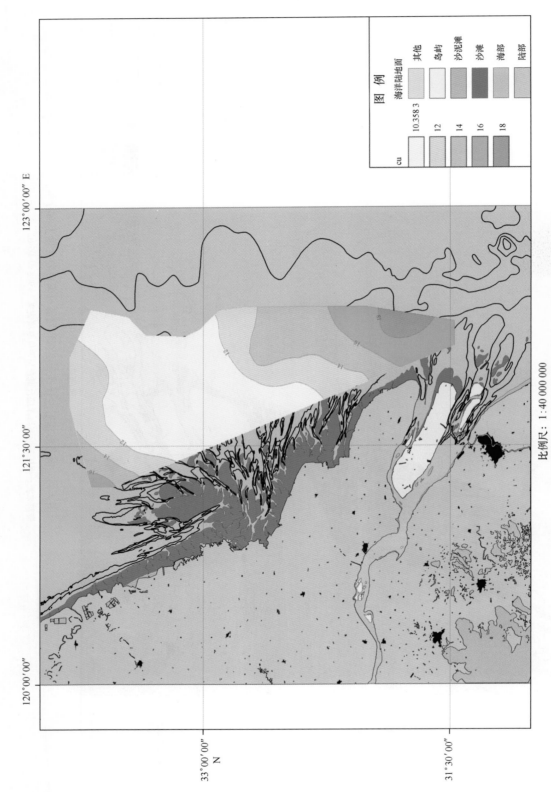

比例尺：1:40 000 000

图 4.59 南黄海辐射沙脊群沙群表层沉积物 Cu 含量平面分布

资料来源：据江苏近海海洋综合调查与评价专项成果 JS-908-01-05-02，2006—2010

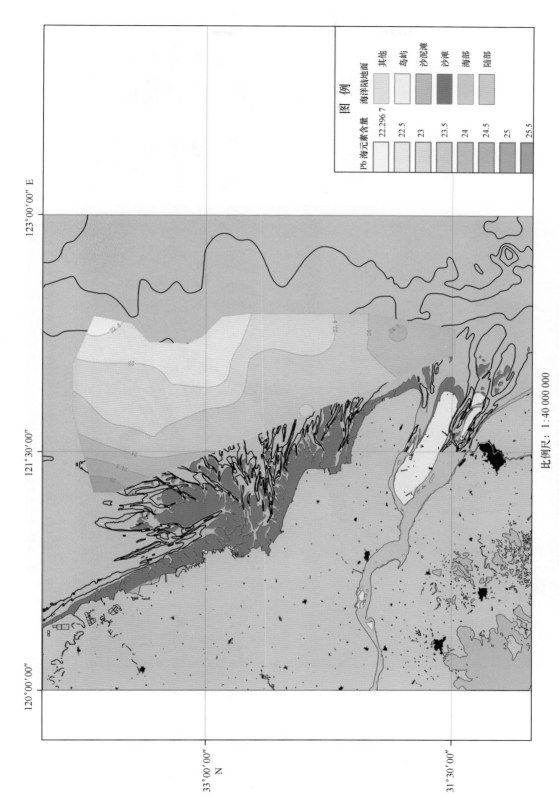

比例尺：1∶40 000 000

图 4.60　南黄海辐射沙脊群表层沉积物 Pb 含量平面分布

资料来源：据江苏近海海洋综合调查与评价专项成果 JS-908-01-05-02，2006—2010

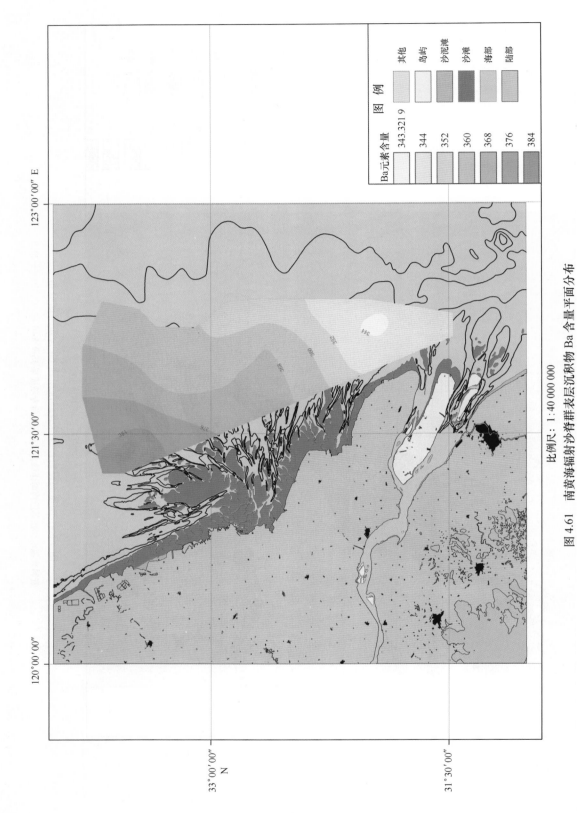

比例尺：1∶40 000 000

图 4.61　南黄海辐射沙脊群沉积物表层沉积物 Ba 含量平面分布

资料来源：据江苏近海海洋综合调查与评价专项成果 JS-908-01-05-02，2006—2010

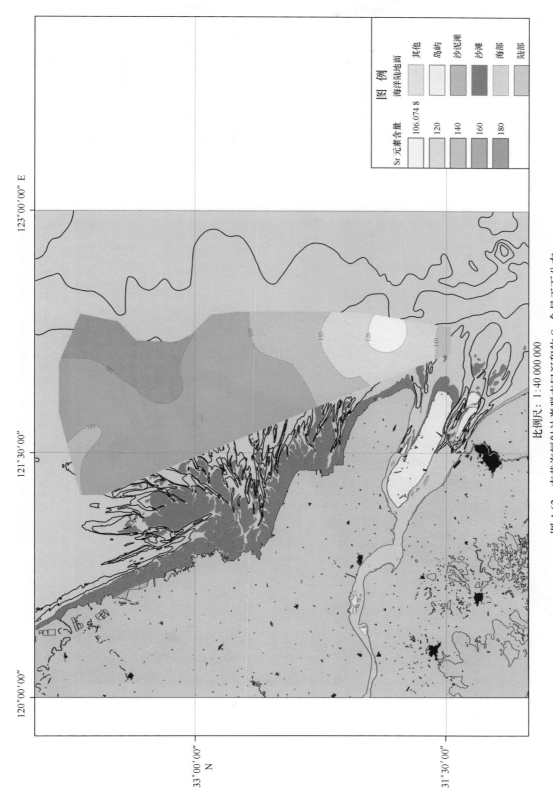

图 4.62　南黄海辐射沙脊群沉积物表层沉积物 Sr 含量平面分布

比例尺：1 : 40 000 000

资料来源：据江苏近海海洋综合调查与评价专项成果 JS-908-01-05-02，2006—2010

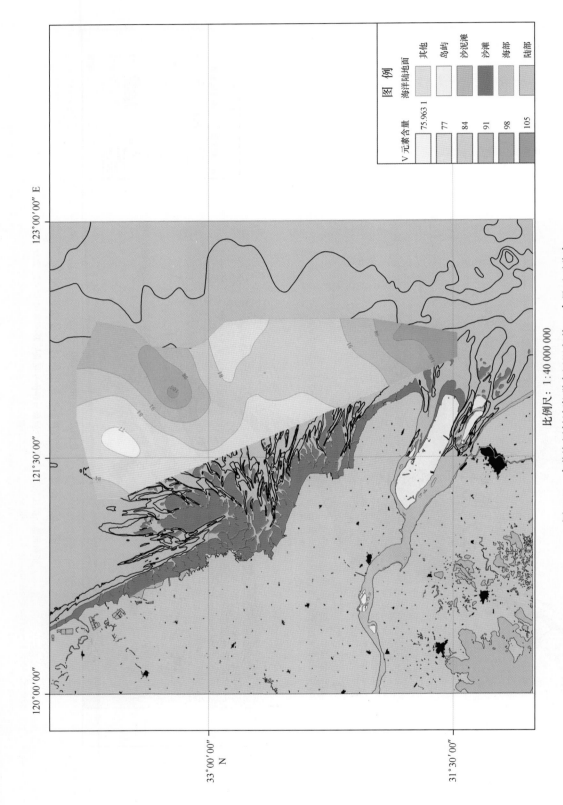

图 4.63　南黄海辐射沙脊群表层沉积物 V 含量平面分布

资料来源：据江苏近海海洋综合调查与评价专项成果 JS-908-01-05-02，2006—2010

比例尺：1：40 000 000

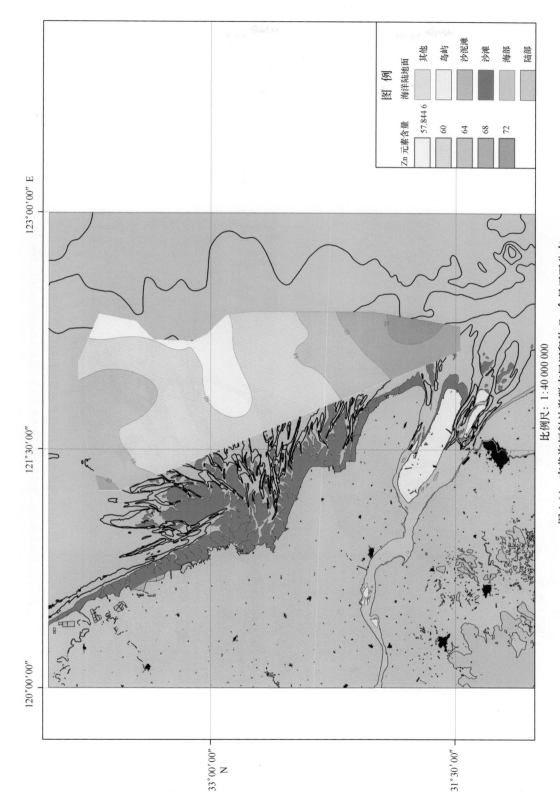

比例尺：1:40 000 000

图4.64　南黄海辐射沙脊群表层沉积物 Zn 含量平面分布

资料来源：据江苏近海海洋综合调查与评价专项成果 JS-908-01-05-02, 2006—2010

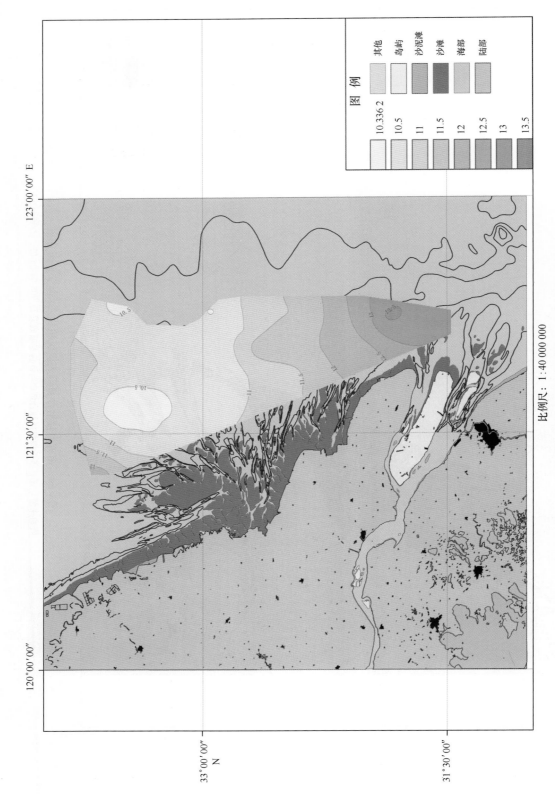

比例尺: 1 : 40 000 000

图 4.65 南黄海辐射沙脊群表层沉积物 Co 含量平面分布

资料来源: 据江苏近海海洋综合调查与评价专项成果 JS-908-01-05-02, 2006—2010

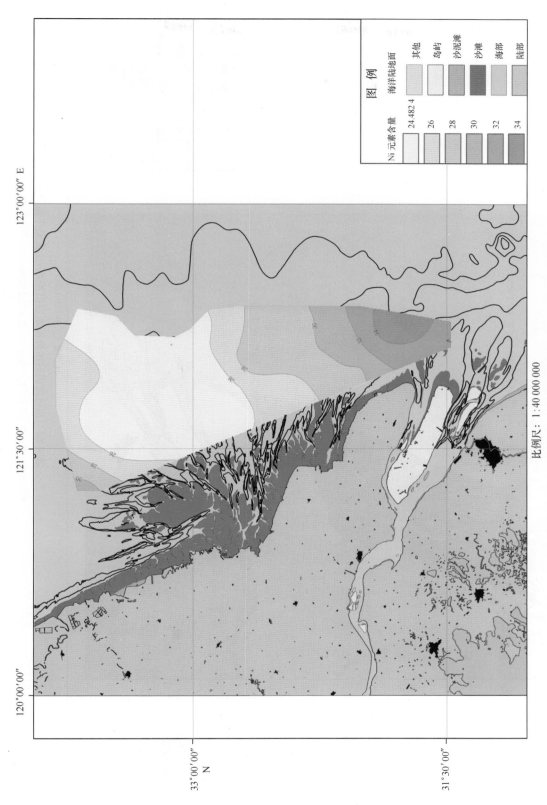

图 4.66　南黄海辐射沙脊群表层沉积物 Ni 含量平面分布

比例尺：1∶40 000 000

资料来源：据江苏近海海洋综合调查与评价专项成果 JS-908-01-05-02, 2006—2010

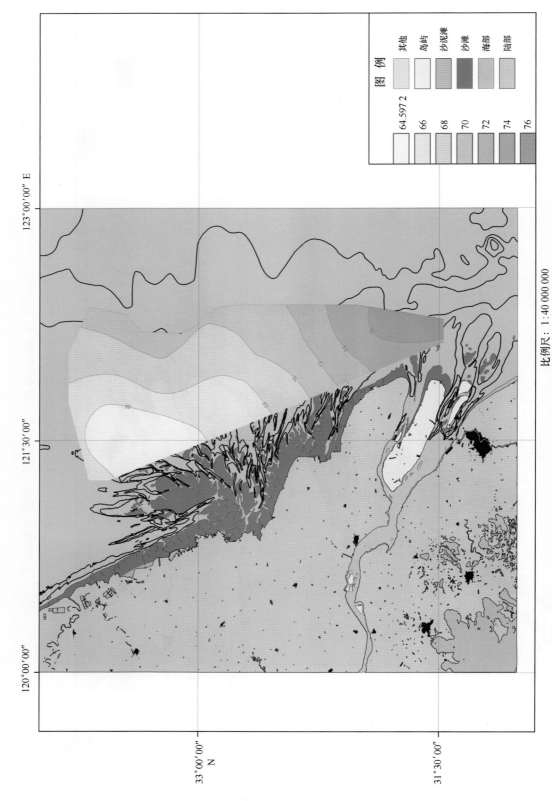

比例尺：1:40 000 000

图 4.67　南黄海辐射沙脊群沙脊群表层沉积物 Cr 含量平面分布

资料来源：据江苏近海海洋综合调查与评价专项成果 JS-908-01-05-02, 2006—2010

图　例

64.597 2

66

68

70

72

74

76

其他

岛屿

沙泥滩

沙滩

海部

陆部

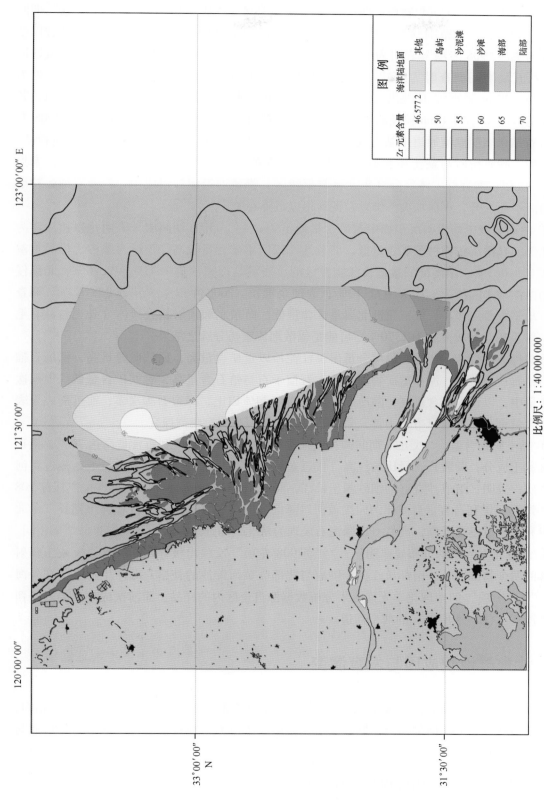

比例尺：1:40 000 000

图 4.68 南黄海辐射沙脊群沉积表层沉积物 Zr 含量平面分布

资料来源：据江苏近海海洋综合调查与评价专项成果 JS-908-01-05-02，2006—2010

综上所述可知：①沉积物前后两次（"八五"期间自然基金重点项目与"十一五"期间"江苏908专项"）大范围调查，表明辐射沙脊群的沉积组成与动力环境是一致的。沙脊以细砂组成为主，"908专项"表明为细砂与极细砂，潮流与激浪作用的双重环境；在潮流通道中，"八五"期间调查时为细砂（内端）与粉砂（中段，北部为10 m水深处，其他处为−15 m与−20 m深处），反映出该区波浪扰动主要在浅水，至水深15 m，扰动作用衰减，若干大通道口门尚有2～4 mm粒径的"砾石"——砂粒与贝壳屑胶结体，为残留沉积，"908专项"调查结果表明潮流通道中黏土成分增多，北部为黏土质粉砂，向南逐渐变为砂质粉砂，粉砂质砂，砂质粉砂与黏土质粉砂，此成果接近废黄河与长江口处海域黏土质增多，未见"砾石"沉积；沙脊群主体部分（东北区与枢纽区）潮流通道泥沙组成中，粉砂质细颗粒增多，与海平面上升，水深加大，细颗粒泥沙得以沉降有关。

② 两期调查中均表明沉积物中重矿含量低于2%。"八五"期间成果表明是以黄沙洋为界，北部的脊槽沉积物种重矿含量低，而黄沙洋以南重矿含量较高，重矿含量占总样品重量的0.05%～0.3%，但南部的接近长江物源区的小庙洪与冷家沙为1.77%～9.76%，北部侵蚀区的西洋与小阴沙为1.03%～11.12%，为蚀余堆积。2006年以来"江苏908专项"调查成果，却是废黄河区与长江三角洲北翼重矿含量低，而东北部辐射状大沙体（外毛竹沙、毛竹沙）中重矿含量较高，为1.70%，可能是辐散潮流簸扬分选之结果。

重矿种类组合基本相同，均可分辨出长江泥沙以重矿含量高，磁铁矿含量高，低的石榴子石与锆石；而黄河、泥沙重矿物却相反，石榴子石与锆石含量高，磁铁矿含量低。但前次重矿含量中，以角闪石含量高，除冷家沙外，均在44%以上，绿帘石为次多；而近期成果表明重矿含量百分比却以绿帘石为首，角闪石居次，原因为何？尚待探究。

③ 黏土矿物含量，"八五"期间调查成果是：辐射沙脊群区伊利石含量高达70%，接近于东海黏土成分；蒙脱石含量比长江高，接近黄河物质；高岭石与绿泥石含量低，接近黄河黏土物质；表明：组成沙脊群的细砂源于长江，而黏土质成分，受黄河泥沙影响。"江苏908专项"调查：伊利石含量自海州湾向废黄河口降低，但自废黄河到辐射沙脊群再到长三角北翼，伊利石含量逐渐升高，高岭石、绿泥石表现为从北到南逐渐降低，两期调查的结果相同。

④ 地球化学元素的分布规律明显，"江苏908专项"反映出极好的相关性：反映出辐射沙脊群的两个物源区——南部长江泥沙供应与北部废黄河泥沙的补给，海洋生物成分在外海居高。"908专项"的地球化学元素成果分析数据源自全区内的样品，而前次成果仅局限于西洋与烂沙洋（洋口港所在）的两个通道。

4.4 沙脊群地貌成因与发育演变

分布于南黄海内陆架，水深界于0～25 m的辐射沙脊群面积达22 470 km^2，其脊槽相间，平面呈辐射状分布，垂向剖面脊宽厚，槽道深，形成了巨大而独特的海洋地貌体，其形成与发育演变，备受关注。

4.4.1 河–海交互作用过程与沙脊群发育

辐射沙脊群分布的位置，物质组成与地貌结构等，反映出它形成于晚更新世至现代的河–海交互作用过程，至21世纪初，仍以自然发育过程为主导。

前期研究表明，辐射沙脊群物质的主体是细砂与粉砂，主要源于古长江，全新世晚期沉积层具水平层理，黏土成分增加，反映出受到黄河泥沙影响，现代粉砂与黏土级泥沙受到长江与废黄河泥沙补给的双重影响。

长江是流入东海的大河，在 20 世纪 80 年代，即修建三峡大坝及一系列的分水分沙工程之前，其年平均入海径流量为 $9\,323 \times 10^{8}\,m^{3}$，年平均输沙量为 $46\,144 \times 10^{4}\,t$，是中国第三大河，世界第一大河。在地质历史时期——晚更新世（中更新世？）时，长江曾自苏北、经李堡、弶港以及吕四一带入黄海，堆积了巨大的河流相与河湖相的细砂与砂质粉砂层，累积厚度超过 100 m。黄河平均年径流量 $431 \times 10^{8}\,m^{3}$，年平均输沙量 $11.2 \times 10^{8}\,t$，最高曾达 $16 \times 10^{8}\,t$，自 1128—1855 年黄河受人为影响，南下夺淮河流路入黄海，700 多年间，在苏北沿海不仅堆积了巨大的水下三角洲——前缘水深达 -15 m，而且使北宋时期修建的范公堤位于陆上，堤外滩涂向东淤长 40 km，黄河于 1855 年返归渤海后，苏北的废黄河三角洲后退迅速，冲蚀下来的泥沙，被沿岸流携运南下，可达辐射沙脊群北部，甚至枢纽部。近期沉积钻孔取样表明，黄河在晚更新世时期亦曾入黄海，辐射沙脊群东北部沉积柱中，多次出现次生的黄土状沉积层。可以推论，中、晚更新世时，长江、黄河在黄海南部堆积了巨大水下三角洲。晚更新世冰期寒冷气候，风化剥蚀作用强，形成的松散泥沙量大，江、河入海泥沙量大，在亚间冰期（？）气温回暖过程中，堆积了大三角洲，当时的古海岸可能在今 30 m 及 15 m 水深处，三角洲外缘北部约在 20 m 水深处，中、南部外缘在现今水深 45 m 处，三角洲斜坡可达水深 55 m，而枢纽部外缘水深在 50～60 m 之间，该三角洲保存尚完整，从现代海底水深等深线仍可辨识出其大部分轮廓。它是现代内陆架辐射沙脊群得以发育的物质基础。-60 m 以深，还有更老的三角洲残体环绕，本书暂不论述。

在大三角洲厚层泥沙堆积的基础上，经晚更新世末期及早全新世以来的海侵过程，海洋动力塑造了辐射沙脊群巨大的内陆架沙脊群与大三角体相比较，犹如小巫见大巫，不及大三角洲的 1/5。既是如此，辐射沙脊群的地貌型式与组成结构却是独特的，其孕育生长、发育演化过程与冰后期以来海洋的动力环境密切相关。辐射沙脊群是由潮流塑造、风暴破坏及再经潮流塑造而成（张东生等，1998）。

4.4.2　辐射沙脊群形成的动力机制

4.4.2.1　潮流场

自太平洋经东海传入南黄海部分前进潮波遇到山东半岛南侧岸壁发生反射，反射潮波往东南偏南方向传播。前进潮波和反射潮波两系统在江苏沿海北部海域辐合，在废黄河三角洲外出现无潮点（34°30′N，121°10′E），并形成环绕潮点的逆时针旋转的潮波系统。旋转潮波和前进潮波两系统相遇，在江苏沿海南部海域辐聚，前一旋转潮波同后一前进潮波两波峰线汇合，沿弶港（32°45′N，120°50′E）向东北一带海域形成驻波波幅区。在弶港 ESE 方向 15 km 处（条子泥）是辐射沙脊群顶点，以旋转潮波和前进潮波辐聚为特征的辐射沙脊群海域，其潮流场呈辐射状分布，与沙脊群潮流通道一致，就是这一独特的响应潮流场，是辐射状沙脊群形成的基本动力机制（张东生等，2002）。

究竟是海底地形影响潮流场，还是潮流塑造了沙脊群水下地形。为此，进行了形成辐射沙脊群的原潮流场研究，张东生等对 7 000 年前古海岸条件下的 M_2 潮波传播进行了数值模拟实验。图 4.69 为概化后的全新世江苏古海岸线，虚线表示现代海岸线，比古海岸线平均向海推进 20 km。长江古河口位置相当于现今弶港一带，而现在的南通市尚在海下。数值模拟以江苏古海岸为固体边界，江苏外海的海底为缓坡地形，坡降 1∶150 000。图 4.70 是江苏古海岸条件下 M_2 分潮波同潮时线分布，与图 4.71 现代海岸条件下 M_2 分潮波同潮时线分布，两者总体上是一致的。稍有不同的是，古海岸旋转潮波系统的无潮点位置向西南偏移约 30 km，而古长江口处，有一独立的潮波系统，此系统使 M_2 潮波在古河口辐聚。古河口外这个潮波系统即是现代海岸环境中弶港外海的移动性驻潮波。将图 4.70 和图 4.71 叠合，两张图中移动性驻潮波的 330° 同潮时线几乎完全重合。可以认为控制古河口地区和现代辐射沙脊群海域的是相同的潮波系统（张东生等，2002）。黄海的大轮廓——周边海岸与山东半岛横亘南北黄海间——不会改变，潮波系统不会大变。

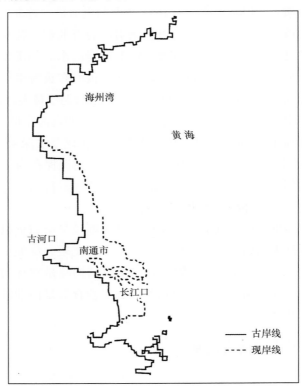

图 4.69　江苏 7 000 年前古海岸线概化

资料来源：据张东生，张君伦，张长宽，2002

　　河口口外的潮流辐聚和辐散现象是不难理解的，因为长江古河口外的形态是一个河口湾，在此特殊的河口湾内，潮波属于驻波性质，其波节在河口的口门附近。河口的顶点为驻波的波腹，另一个波腹则位于口外与河口顶端相对称的位置，即舟山群岛所在的经线处。口外波腹位置的潮点与古河口顶点的位相相反。驻潮波波腹处只有潮位的升降，流速为零。口外波腹处潮位上升时，水流自东西两侧再次辐聚；潮位下降时，水流自东西两侧辐散，即是长江古河口外出现潮流辐聚和辐散带的原因。

　　综上所述，东海及南黄海潮波系统和潮流场数值模拟结果提供了辐射沙脊群海域的潮波、潮汐和潮流特征，为沙脊群的形成和演变提供了分析依据，归纳起来有以下三个方面。

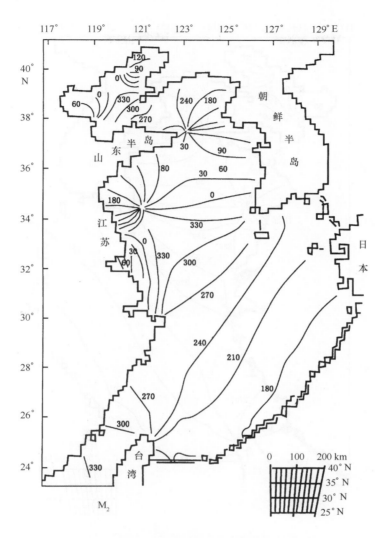

图 4.70　江苏古海岸 M_2 分潮同潮时线

资料来源：张东生，张君伦，张长宽，2002

（1）潮汐的驻波性质。无论是现代海岸还是全新世（7 000 年前）海岸，其沙脊群海域的潮汐和潮流都具有驻波的性质。这种驻波性质的潮位和潮流的关系，概括起来是高、低潮位时流速最小，半潮位时刻的流速最大。而此潮位和潮流的关系正是塑造辐射沙脊群脊宽、槽深地貌形态的动力条件。

（2）大潮差。弶港岸外海域由于潮波辐聚，出现大尺度潮差，此结论已为大量实测资料证实，黄沙洋尾部小洋口闸外 1981 年实测最大潮差 9.28 m，居全国之冠。特大潮差与沙脊群的演变发育关系十分密切。

（3）移动性驻潮波的潮流场。在现代海岸情况下，沙脊群海域的潮流场呈辐射状分布，为形成和维持沙脊群的辐射状特征提供了不可缺少的动力环境；在长江古河口历史条件下，口外出现潮流辐聚和辐散带，为古河口提供了独特的沉积环境。

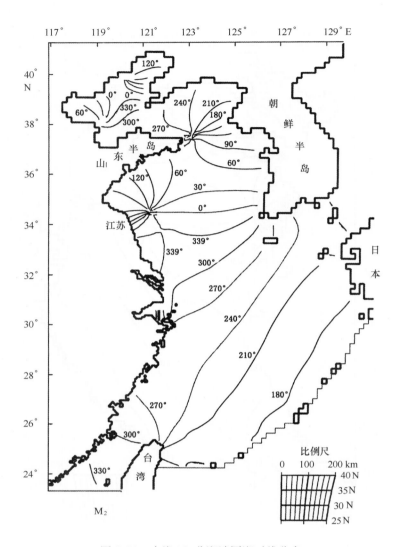

图 4.71　东海 M_2 分潮波同潮时线分布

资料来源：张东生，张君伦，张长宽，2002

4.4.2.2　辐射沙脊群波浪动力效应

江苏沿海中部与南部海域，辐射沙脊群独特的地貌形态，形成一良好的掩蔽波浪场，波浪对沙脊群的演变发育也有重要作用。外围南黄海波浪传播进入沙脊群海域，由于沙脊群水下地形独特，波浪发生复杂的折射和多次的破碎，波能损耗与波浪变形显著。浅水区波浪破碎，荡涤了沙脊体，使沙脊渐成平坦的带状，与单纯的线型潮流沙脊地貌形态显著区别。以弶港为顶点，周围 50 km 内海域波浪掩蔽良好，提供了优越的生态环境与开发环境。波浪折射和破碎是沙脊群海域响应波浪场的主要特征，外围南黄海不同方向传来的波浪对响应波浪场带来影响，而沙脊群海域潮位的高、低将使响应波浪场变化更显著，低潮位时波浪破碎与波能损耗使波浪显著消减。

南黄海地区受季风影响较大，夏季盛行东南风，冬季盛行西北风。常风向为 ESE，频率占全年的 9.3%，其次为 SE、NNE、ENE 和 NE。多年平均风速为 2.7 m/s，实测最大风速

34 m/s。辐射沙脊群大致以弶港为顶点呈 150°扇形分布（340°～138°），120 km 为半径，−25 m 等深线内海域面积约 2×10^4 km²，从 N—SE 方向，年平均风速都相近，偏北风大 25% 左右。

波浪场的特征与风场相应，沙脊群区的波浪是以风浪为主的混合浪。全年盛行偏 N 向浪，频率为 63%，主浪向 ENE，沙脊群北部为波浪辐聚区。据 20 世纪 80 年代江苏省海岸带与海涂资源调查报告，分析计算在高潮位时，NE 向和 E 向波浪折射，指出南黄海的江苏沿海有 5 个波浪辐聚区：① 灌河口至中山河口；② 废黄河口；③ 扁担河口以南；④ 射阳河口以南；⑤ 吕四和启东海岸。

据如东掘港气象站的风速资料，通过内陆—海岸风速订正，海岸—海上风速订正，获得南黄海海域海上不同重现期风速，可作为风速与大浪波高推算（表 4.18）。

表 4.18　南黄海海上不同重现期风速

单位：m/s

风向	重现期/a				平均年最大风速
	50	25	10	2	
N	29.6	27.8	24.8	15.8	18.58
NNE	30.2	27.1	24.2	18.7	19.24
NE	30.2	26.7	23.5	17.2	17.74
ENE	26.9	24.2	22.3	17.5	17.72
E	26.9	23.9	21.2	15.6	15.99
ESE	27.2	25.2	21.7	15.3	16.18
SE	23.9	22.5	20	12.8	14.97

资料来源：张东生，张君伦，张长宽，2002。

据表 4.18 可知，根据常风向和常浪向的分布，结合分析辐射沙脊群海域波浪，取 NE 和 ESE 为代表风向，年平均最大风速为 17.74 m/s，25 年一遇的风速为 26.7 m/s，按 JONSWAP 波能谱推算，辐射沙脊群外围南黄海的有效波高为 2.64 m 和 5.46 m。此可作为探求辐射沙脊群海域波浪场特征外围的原始波浪条件。

计算表明，在年平均最大风速下，沙脊群区的波高约为 2 m±，当水位在中潮位以下，波高更小，而且区域性的差异大，因此，一般情况下的波浪仅能对局部的微观地貌形态有一定的影响，而对宏观的沙脊群地形，不论是平面形态还是剖面形态，其作用相对于潮流作用都是次一级的。

当风速为 25 年一遇时，沙脊群高潮位时的波高约为 4 m，25 年一遇的风速为 26.7 m/s，相当于蒲福氏（Beaufort）风级 10 级，属台风。这就是说在台风和寒潮大风时，台风大浪和风暴浪及流场会对沙脊群地貌形成比平常潮流大若干倍的破坏力和再塑造力，但是，风暴过后，潮流会再次恢复。台风浪和风暴流场的综合作用，对水下地形表现出风暴浪破坏—潮流恢复—风暴浪再破坏—潮流再恢复，这样的变化特征。潮流是形成和维持沙脊群的主要动力，沙脊区潮波的驻波性质、大潮差以及辐射状潮流场营造了沙脊群在平面上的辐射状分布和剖面上的滩阔槽深的结构形态。

　　总之，辐射沙脊群形成于河－海交互作用过程：泥沙始于晚更新世的古长江在苏北——李堡、琼港、新川港、遥望港、川东港一带流入黄海所堆积的泥沙，是辐射沙脊群得以发育的物质基础。海底没有厚层的泥沙堆积，不可能形成大型沙脊与组合的沙脊群。但辐射沙脊得以成型，缘于晚更新世末，尤其是全新世的海侵旋回过程中。由于海平面上升、黄海南部得以扩展而山东半岛的阻挡效果突出，形成前进潮波与反射潮波的辐聚，继之以辐散的放射状潮流场为移动驻波的动力条件。没有辐射状潮流场，不可能冲蚀、搬运、再堆积，即塑造辐射状的沙脊堆积体与其间的潮流通道。由于南黄海具备了大河源泥沙与潮流动力两个必备条件结合之环境背景，才发育了大型的内陆架辐射状沙脊群，举世唯一。

4.4.3　河－海交互作用之地貌结构与阶段性发展过程

　　前述的地震地层剖面与钻孔沉积记录，反映出河－海交互作用之地貌结构与阶段性发展过程。

　　（1）东沙、毛竹沙、蒋家沙、冷家沙等大型沙脊分布海域的海底，均有埋藏的晚更新世末古河谷，河流供砂是沙脊体得以发育的主要来源。沙层堆积主要于中、晚更新世冰期低海面时，黄海海底大部露出为陆地时，陆地风化剥蚀强烈，位于中纬度的古长江携带大量粗粒（细砂），堆积于沿岸平原与海底，古黄河亦曾流入黄海（绕过山东半岛；或当时半岛尚未形成，为海岛？）汇入黄土状沉积物（看来当时已切割侵蚀中部黄土高原）。全新世沙脊规模小，或发育于前期谷地中，或叠置于前期沙脊之上，重要的是，全新世海侵既有侵蚀作用阶段，也有泥沙加积阶段，其泥沙非源于古长江直接汇入，因为长江已向南迁移至东海，泥沙源于海侵产物尤其是海底古大三角洲之沉积。

　　（2）脊、槽地貌的成型塑造具有阶段性，得经过三个侵蚀与加积的成型阶段：晚更新世末（30 000～20 000 a B.P.）与全新世初（10 000～8 000 a B.P.），侵蚀规模大，加积层次厚；全新世中期（5 000～4 500 a B.P.），侵蚀规模较大，侵蚀与扰动时间长，后期有加积；全新世晚期（2 000 a B.P.）与近代，侵蚀规模较小，加积持续。侵蚀阶段与海平面上升、潮流与激浪作用加强密切相关。现代侵蚀与加积过程仍继续，表现为沙脊群外部侵蚀过程为主，而近岸部分滩涂加积显著。

　　（3）沙脊体发育的水深以10～20 m为宜，该深度属波场作用范围。最深不超过－30 m。分布的水深反映出辐射沙脊群成因动力的复合性：既有潮流为主动力的塑造脊槽过程，也有浅水波浪冲刷掀沙与在谷槽中横向运积泥沙作用，因此，沙脊体成宽带状，与单纯的线型潮流脊的成因（Swift，1975，1978，1981）有所区别。辐射沙脊是以潮流动力为主体与波浪作用辐合形成的大型的内陆架地貌组合体。早期形成的沙脊个体大，后期的规模小，整个辐射状沙脊群是经全新世高海面时最后组成的。

4.4.4　沙脊群成因类型

　　南黄海辐射沙脊群是由沙脊与潮流谷槽组成的大型海底地貌组合体，沙脊群各部分存在着泥沙、物质来源、成因过程与发育时代之差异。

　　（1）三种沙脊成因类型：① 东北部是辐射潮流为主动力所形成之沙脊；② 枢纽部沙脊是经潮流侵蚀与堆积改造古河道堆积所形成的滩、脊；③ 次生堆积小沙体。如北部与东沙外围的小沙体是老沙脊被侵蚀产生的泥沙再堆积的。

（2）潮流通道——沙脊间的潮流谷槽，是在海侵过程中形成的潮流动力载体，也是泥沙运动、脊槽蚀积演变的主动脉。潮流通道形成过程有以下三种类型。

① 沿古河道发育的潮流通道，分布于沙脊群枢纽部的黄沙洋与烂沙洋曾是晚更新世的古长江河谷，小庙洪是古长江南迁过程中的一条支河谷。

② 承袭谷地型，分布于沙脊群东北部与南部。晚更新世末或全新世中期已有成型的谷地，谷地雏形或低洼地，后期的谷地大体因袭埋藏的老谷地，表明该处始终为谷地。后期谷地与埋藏谷地位置不全一致，或者斜交，但是，在现代潮流通道之下，均有埋藏谷。如，大北槽之下有晚更新世末及全新世早中期谷地，方向为NE—SW向与大北槽斜交，但可能曾是东沙泥沙的供应通道。陈家坞槽、草米树洋在全新世沉积层中均有古河谷，可能是毛竹沙、外毛竹沙的沙源通道；小庙洪是复合型成因的潮流通道，其内段现代潮流通道是全新世冲刷槽，中段谷地却有埋藏谷，方向与现代潮流通道斜交，估计是古长江在南迁过程中，经遥望港出口时之谷地，曾是冷家沙的泥沙来源通道。

③ 海侵冲蚀的潮流通道，以分布于北部的西洋与苦水洋为代表，谷底多冲蚀凹穴、深潭与冲刷槽，两通道均为全新世中后期海面上升过程中发展形成。

4.4.5　辐射沙脊群的发育时代与演变趋势

4.4.5.1　辐射沙脊群发育时代

辐射沙脊群是现代内陆架海底地貌体系，但其形成时代始自晚更新世，经过全新世以来历次海平面的变化，至今仍在变化发展之中。

（1）古河谷型、承袭谷地型潮流通道时代较老，可能始形成于晚更新世高海面时期，或者发育于晚更新世末与全新世初之海侵时期，现有的钻孔资料多偏向于后一时期。冲刷型潮流通道与次生小沙脊，可能形成于全新世中晚期以来。

（2）辐射沙脊群的枢纽部分发育时代较老，砂质堆积与沙体成型时代可能于30 000年前左右（42 000~25 000年前），相当于大理冰期副间冰期时，当时长江自海安—李堡—角斜[①]及黄沙洋—烂沙洋一带（或统称小洋口一带）入海时，当时海面约于现今-10 m处（图4.72），海岸带位于现代海岸以东。晚更新世沙脊埋藏深度一般为-30~-40 m处，与古海面位置适宜，正如前述沙脊发育的适宜水深为10~20 m，或较深，但不超过30 m。

东北区与南部的沙脊堆积时代较枢纽区晚，东北部沙质堆积可能与长江从李堡一带入海有关，南部沙质堆积与长江南迁至遥望港入海时有关。但沙体成型是与全新世中期高海面冲刷沙层与塑造脊槽密切相关。

4.4.5.2　辐射沙脊群演变规律分析

（1）辐射沙脊群发育具有叠加的阶段性特征：具有三个时段的脊、槽在地层中保存沉积记录；具有堆积泥沙与侵蚀造型的发育阶段；具有河流堆积沙体和沙层，潮流侵蚀沙体和沙层，使之成脊、槽相间的河-海交互作用的造型阶段，以及潮流进一步携运泥沙，沿潮流场塑造成辐射潮流沙脊，而浅海波浪冲刷、扰动与泥沙的横向运移再分布，改造线型潮流沙脊

---

① 贾建军，朱大奎. 长江入海流路的演变及其机制研究（未刊稿）. 1996.

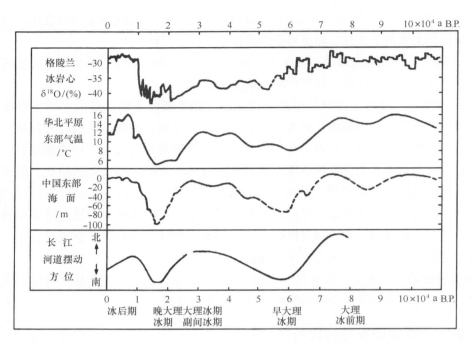

图 4.72　晚更新世以来的气候变化、海平面升降与长江河道摆动（杨怀仁，1990）

为宽体的带状沙脊——潮、浪复合作用使沙脊群成型阶段。南黄海内陆架海洋动力是促进沙脊群成型、变化的主要机制。

（2）南黄海辐射沙脊群成因的河－海交互作用过程，与气候变化、海平面升降密切相关。气候变化是引起区域海平面变化的促始原因，而海平面升降则是海岸带与内陆架浅海动力：河－海交互作用过程的关键"闸门"。

① 冰期与寒冷期，海平面降低，陆地河流下切而携运丰富的泥沙入海。低海面时，黄海不具备形成辐射潮流场的地形与水动力条件，因此，低海面时为"泥沙堆积期"，大河泥沙入海堆积是主导因素。

② 副间冰期、冰后期或温暖期，海平面上升至 －20 m 时，太平洋潮流传播至黄海，受山东半岛阻挡所形成的"海湾状"海岸地形轮廓促成了反射潮波形成，反射潮波与后续的前进潮波辐聚形成辐射潮流场，提供了潮流沙脊发育的动力条件。持续上升的海面，使潮流动力与波浪作用增强，侵蚀改造已堆积于近海波场内的厚层泥沙，并进一步塑造成沿辐射潮流场分布的宽大沙脊与潮流之槽地貌组合。没有潮流通道就显示不出潮流沙脊，所以，潮流侵蚀老沙体层，再搬运与堆积成辐射沙脊，这是"脊槽造型期"，潮流动力是主导因素。

必须指出：没有波浪掀沙和参与泥沙的再分布，即"夷平"与横向加积的"展宽"作用，不可能形成宽大的沙脊与宽深的潮流谷槽。这就是辐射沙脊群发育于波场作用带的内在原因。也是带状沙脊与线状潮流（砂、砾）脊在成因上的区别。所以，低海面时堆积砂层，高海面时侵蚀砂层塑造脊、槽，是在南黄海这一特定的海域环境与晚新生代地质历史过程条件下，大型的辐射状沙脊群发育的成因规律。此规律可概括为模块图示（图 4.73）。

海平面的再度改变，会形成新的泥沙堆积与脊槽发育。当代持续上升的海平面、导致沙脊体受蚀、变低与规模减小，侵蚀下来的泥沙，一部分会被涨潮流向岸陆携运，造成岸滩加

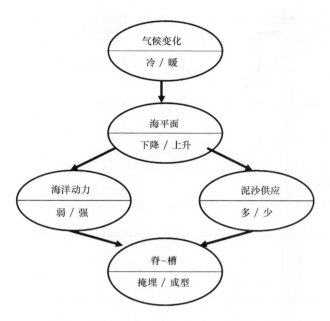

图 4.73　南黄海辐射沙脊群形成机制与发育规律模式

积。自然变化过程较缓慢，尤其是泥沙之蚀积的量化变动效果较滞后，不像风暴潮侵袭加剧或减少那么明显。但是，海平面上升，风暴潮加剧，河流入海泥沙减少（中上游筑堤，下游挡潮与沿流域分水等人工影响频加），如外海海底无泥沙"补充"，则沙脊群蚀低、消减的巨变是可能的。

4.5　海平面变化与沙脊群发育变化趋势分析

4.5.1　区域海平面变化，地质佐证与历史记录

辐射沙脊群的地貌成因与发育变化是河－海交互作用过程的结果，而海平面变化则是河－海交互作用的关键因素。图 4.73 表达了黄海辐射沙脊群形成机制的模式，进一步探索涉及辐射沙脊群所在的苏北南黄海区域海平面变化过程、海平面升降的幅度、变化的时代、变化的效应以及变化的趋势。目前仍难以全面回答上述问题，因为相关海域的海平面变化的地质记录尚未有系统的或一致的分析成果，也缺乏长期的现代观测数据。但各方面的区域研究亦在不懈的努力之中。

将晚更新世以来至冰后期以及历史时期近 2 000 年来北半球的气候变化比较，与我国东部海平面升降过程以及长江河道变迁进行综合分析与系统研究，具有里程碑意义的科学进展是由杨怀仁教授总结成的对比图式（图 4.72）。组成辐射沙脊群的厚层泥沙堆积与脊、槽成型正与其大理冰期的副间冰期海平面相当。本书采用其两幅代表性成果图作为分析苏北—南黄海海平面变化幅度与变化时代的基础依据（图 4.72 和图 4.74，据杨怀仁，1990）。

其次，全新世的海平面变化，采用江苏北部距西岗古海岗沙坝 5 km 的坝后潟湖洼地剖面，作为分析依据，附庆丰剖面（赵希涛，1990）。洼地地面海拔高程约 2 m，剖面出露地层 5 m，自上而下为：

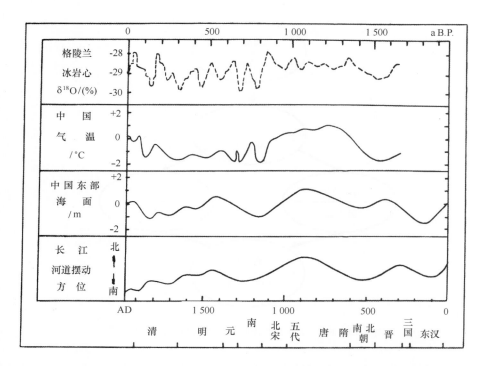

图 4.74　近 2 000 年来的气候变化、海平面升降与长江河道摆动

资料来源：杨怀仁，1990

填土　　　　　　　　　　　　　　　　　　　　　　　　　　　　　　　　38（30）① cm

全新统：

（7）青灰色黏土，含篮蛤（*Aloides* sp.）、珠带础螺（*Tympanotomus cinqulata*）、纵带锥螺（*Batillaria zonalis*）、河蚬（*Corbicula fluminae*）、铜锈环棱螺（*Bellamys aeruginosa*）以及方形环棱螺（*B. guadrata*）等白色小贝壳。　　　　　　　　　　　　　　　　　50（50）cm

（6）上部为青灰色含粉砂黏土，夹大量腐木；下部为浅灰色细砂与青灰色黏土的交替纹层。　　　　　　　　　　　　　　　　　　　　　　　　　　　　　　　　50（50）cm

（5）浅灰黄色黏土质粉砂，含原位原态的缢蛏（*Sinonovacula constricta*）和青蛤（*Cyclina sinensis*），见篮蛤、珠带础螺和少量的蚶（*Arca* sp.）。　　　　　　　　　　40（60）cm

（4）青灰色粉砂质黏土，夹 3 层贝壳密集层，分别位于该层顶部、中部和底部，以篮蛤与珠带础螺为主，另有青蛤、缢蛏、大连湾牡蛎（*Ostrea talienwanensis*）、日本棱蛤（*Libitina japonica*）和福氏玉螺（*Narita fortunei*）等。　　　　　　　　　　　　　　　80（65）cm

（3）青灰色粉砂质黏土，均匀分布有原位状态的缢蛏及小型篮蛤等。近底部有一层厚约 10 cm 的稳定细砂层，由数十个厚约 1 mm 的细砂纹层与黏土相间构成。　　　85（106）cm

（2）灰蓝色淤泥，上部含小型篮蛤，密集成层，中上部含原位的缢蛏，中、下部见大量中小型潜穴。　　　　　　　　　　　　　　　　　　　　　　　　　　　　　50（70）cm

（1）灰黑色泥炭质淤泥，含碳化植物残体，见钙化大型潜穴。　　　　　　　50（60）cm

晚更新统：灰黑色黏土，含大量泥化、碳化根管及由全新统层 1 向下延伸的钙化大型

---

① 括号内数字为前两次调查结果。

潜穴。

该剖面^{14}C年代测定结果如表4.19和图4.75所示。

表4.19 江苏庆丰剖面^{14}C年代测定结果

样品编号		层位	海拔/m	试料	^{14}C年代 /（a B. P.）	取样时间
野外	室内					
QFA21 – 2	XLLQ510	⑦层顶部	1.63 ~ 1.61	含有机质黏土	1 270 ±80	1989 – 11
J – 5 – 2	CG – 2462	⑥层上部	1.23 ~ 1.08	"泥化"木	2 425 ±95	1989 – 11
J – 5 – 4	CG – 2314	④层顶部	0.12 ~ 0.07	贝壳	5 355 ±95	1989 – 3
J – 5 – 8	CG – 2465	④层底部	– 0.47 ~ – 0.57	贝壳	6 390 ±110	1989 – 11
QFA5 – 1	XLLQ512	④层底部	– 0.52 ~ – 0.57	螺壳	6 500 ±110	1989 – 11
J – 5 – 9	CG – 2288	③层下部	– 1.22 ~ – 1.32	缢蛏	6 695 ± + 165 – 160	1988 – 6
QFA6 – 1	XLLQ513	②层上部	– 1.65 ~ – 1.70	淤泥	7 700 ±110	1989 – 11
J – 5 – 11A	CG – 2315	①层顶部	– 1.92 ~ – 2.02	泥炭质淤泥	9 195 ±115	1989 – 3
J – 5 – 11C	CG – 2289	①层底部	– 2.32 ~ – 2.42	泥炭质淤泥	10 085 ±320	1988 – 6
J – 5 – 12	CG – 2464	更新统上部	– 3.39 ~ – 3.49	含有机质黏土	12 660 ±160	1989 – 11

注：^{14}C半衰期5 570a，计年起点1950AD。

资料来源：据赵希涛，1996。

根据上述两位专家总结的海平面变化曲线，可以获得我国自晚更新世至历史时期海平面变化的大体概念。

（1）晚更新世海平面变化（据杨怀仁，1990）。

① 晚更新世大理冰前期，约80 000 a B. P.时，我国东部海平面约在现今的 – 10 m处；

② 晚更新世大理冰前期，约72 000 a B. P.时，我国东部海平面约在现今的2 m处；

③ 晚更新世早大理冰期时，约60 000 a B. P.时，我国东部海平面约在现今的 – 70 m处；

④ 大理冰期副间冰期前，约40 000 a B. P.时，我国东部海平面约在现今的 – 10 m处；

⑤ 大理冰期副间冰期时，约30 000 a B. P.时，我国东部海平面约在现今的 – 10 m处；

⑥ 大理冰期副间冰期时，约28 000 a B. P.时，我国东部海平面约在现今的 – 5 m处；

⑦ 晚大理冰期时，约在17 000 a B. P.时，我国东部海平面降至现今的 – 90 ~ 100 m处；

⑧ 冰后期，10 000 a B. P.时，海平面回升至 – 6 m处；

⑨ 全新世，约在6 000 a B. P.时，海平面位置约在0 m处。

（2）全新世与历史时期海平面，据江苏海积平原洼地庆丰剖面（赵希涛，1996）。

① （7 700 ±110）a B. P.时，海平面约在现今的 – 3.8 m处；

② （6 695 ±165） ~160 a B. P.时，海平面约在现今的0.3 m处；

③ （6 500 ±110）a B. P.时，海平面约在现今的1.0 m处（海平面上升）；

④ （6 390 ±110）a B. P.时，海平面约在现今的2.3 m处；{海平面曾高达3.5 m}

⑤ （5 355 ±95）a B. P.时，海平面约在现今的3.5 m或2.5 m处（点位不确定）；

⑥ （2 425 ±95）a B. P.时，海平面下落至 – 0.9 m处；{海平面低达 – 1.5 m}

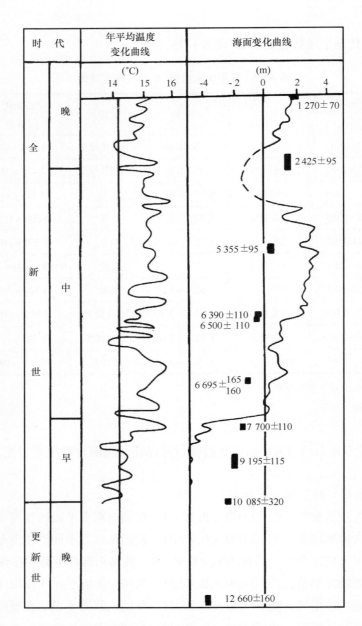

图 4.75　建湖庆丰剖面全新世地层综合剖面

资料来源：赵希涛，1996

⑦（1 270 ±70）a B. P. 时，海平面回升至 1.5 m 处；

据图 4.72 和图 4.75 估计数据，仅供判断升降趋势参考。两图式在全新世阶段衔接较好，在目前所发表的数据中，可信度高。

（3）据杨怀仁近 2 000 年来海平面变化图式，升降趋势与上述全新世图式大体相符，但具体数据稍有区别。

① 大体上在公元之始时，海平面接近 0 m。

② 东汉时，公元 1.5 世纪时海平面位于现今的 -1.5 m 处。

③ 在南北朝，公元 3—4 世纪时，海平面位于现今的 0.8 ~ 1.0 m 处。

④ 南北朝至隋时，5—6 世纪时，海平面降低，为 − 0. 5 m 处。

⑤ 唐朝，6—7 世纪时，海平面回升。

⑥ 8 世纪时，五代十国之时，海平面升至 1. 0 m 处，后海平面下降。

⑦ 至 12 世纪中叶，南宋时，海平面降至 − 1. 3 m 处，嗣后上升。

⑧ 至 14 世纪中叶，海平面至 0. 8 m 处。

⑨ 至 15 世纪初，明朝时，海平面是曲线形起伏，降至现今 − 0. 3 m 处。

⑩ 至 18 世纪，清朝时，海平面降低，位于现今 − 1. 1 m 处，嗣后回升。

⑪ 至 20 世纪初接近 0 m 处。

历史时期海平面变化介于 +1 m 与 −1 m 之间，也可说在 0 m 线处摆动，与气温变化相关，气候变为严酷时，对当时以农业为主要生计的国家，往往会影响到起义与朝代更替。

4.5.2　海平面变化与沙脊群地貌响应

地震地层所反映的辐射沙脊群的地貌结构，钻孔所反映出的地层物质结构与地质年代，与上述的海平面变化曲线有着良好的相关。不同作者于不同年代，在苏北平原陆地与南黄海海底所获得资料，可以客观地探解辐射沙脊群发育的环境与发育历史。

在已有的地震地层剖面中，沙脊与潮流通道地貌与沉积组成，记录其形成过程中的环境动力因素，择例说明。

4.5.2.1　横切烂沙洋的地震地层剖面（图 4.76）

（1）切穿 30 m 厚砂层，深切至 60 m 深处的大谷地（剖面仅显示出 1/2），谷底为晚更新世末的侵蚀地面，此 1/2 谷地，应为古长江河谷之残留。

（2）老谷地中上覆着早全新世的沙层沉积，埋藏在 − 45 m 以深，已被切割出次生谷地（宽 V 形），沙层被侵蚀改造成沙脊。

（3）位于 − 30 m 以深的 W 形谷地及谷内砂层应为全新世中期的河谷与砂层沉积。谷地一侧分布着二级侧叠的阶地，反映着该谷地发育过程中有自东（121°56′37″E）向西（121°57′52″E）偏移之趋势，在下部的②层中亦有类似结构，说明该谷地水流向西移，即自海向陆移。实为全新世中期海侵之遗证。

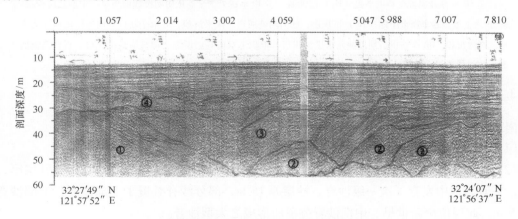

图 4.76　横切烂沙洋口门的地震地层剖面

（4）上覆全新世晚期时堆积的沙层，较中期砂层薄，其上部侵蚀面堆积了 10 m + 厚的水平沉积层（沙与粉砂，粉砂与黏土层），这是烂沙洋潮流通道的沉积层，属全新世晚期及近代沉积层。

4.5.2.2 东北部大北槽沉积剖面（图4.14）

剖面中反映出有四期侵蚀地面与海平面变化的阶段性相一致。

（1）晚更新世末侵蚀地面深埋于55 m厚的海底沉积下，为微具波形的起伏地面。

（2）40～50 m深处应为全新世早期（H_1）的侵蚀地面。

（3）30～40 m深处起伏较大的似为全新世中期（H_2）海面变动所形成的侵蚀面。

（4）20～30 m深处为全新世中、晚期侵蚀地面（H_2～H_3）。该时发育大北槽侵蚀谷，切割深度超过20 m，为承袭型谷地，主要形成于全新世中期以来。大北槽的出现，反映出向NE方向散射流出的辐射状潮流形成于全新世中–晚期间。

（5）厚层的海相水平层沉积，为全新世晚期及现代。

4.5.2.3 北部西洋通道（图4.77）

具潮流通道的特征沉积结构——以粉砂、细砂与淤泥、黏土交互的水平沉积层为主体结构，具有水流形成的斜层理，并且以双向的潮流层理为特色。

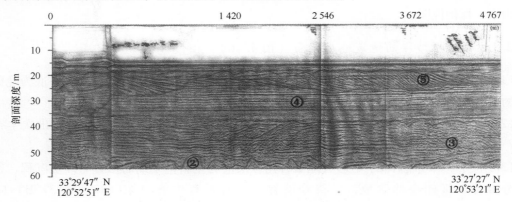

图4.77 西洋潮流通道外段地震地层剖面

注：② 40 m深处出现全新世早起（H_1）侵蚀面。③ 30 m深处为全新世中期侵蚀面与早、中期之沉积层。④ ③之上覆盖着全新世中期（H_2）沉积层，已为潮流通道之水平沉积，展示全新世中期后阶段西洋为平原或潮滩沉积。⑤ 全新世后期侵蚀元水平沉积层，堆积了双向具斜层理之潮流通道沉积层。现代潮流的蚀、积过程似趋于减缓。

4.5.2.4 南部冷家沙地震地层剖面

南部冷家沙地震地层剖面（图4.41）表明为水下大型沙脊。

（1）50 m厚沉积层下为晚更新世末期起伏地面。

（2）自–20 m深处至–50 m深处，为沙脊叠层。其中30 m以深的沙脊中，砂层厚，脊宽大，在其谷地中发育了次一级沙脊，沙层厚15 m，部分沙脊叠覆了下部沙脊；上部沙脊层厚约5 m。此层位全新世早、中期沙脊叠覆所形成之大型沙脊。

（3）海底10～15 m深处为全新世晚期侵蚀面，有侵蚀宽谷结构，其内沉积着水平层及斜层理，为现代海底沉积。

4.5.2.5　小庙洪潮流通道（图4.43）

海底30 m以深为全新世中期所形成的侵蚀谷，系长江自烂沙洋南迁过程中之遗迹。

上覆有全新世中期沉积，被全新世晚期侵蚀谷切割，晚期沉积扰动大，潮侵沉积特征；现代海底沉积趋向于平缓。

4.5.3　当代海平面变化、河流输沙与沙脊群变化趋势分析

4.5.3.1　当代海平面变化

20世纪全球平均气温上升了（0.6±0.2）℃，我国平均气温升幅为0.5~0.8℃；同期全球海平面上升速率为（1.7±0.5）mm/a，中国沿海海平面上升速率为2.5 mm/a。联合国政府间气候变化专业委员会（IPCC）2007年发布的第四次评估报告预计，未来100年全球气温将升高1.6~6.4℃，包括我国在内的北半球中高纬度升温幅度最大，全球海平面将升高0.22~0.44 m。区域间差异明显。

据国家海洋局对我国沿海验潮站长期海平面监测记录的分析表明（国家海洋局2000—2010年），我国沿海海平面近50年来呈上升趋势，平均每年以1.0~3.0 mm的速度上升。特别自1998—2000年以来，沿海海平面平均上升速率加快，为2.5 mm/a，高于全球海平面上升速率。东海沿海海平面上升速率达3 mm/a，黄海为2.6 mm/a，南海为2.3 mm/a，渤海为2.1 mm。长江三角洲海平面平均上升速率为3.1 mm/a，珠江三角洲海平面平均上升速率为1.7 mm/a。

沿海省、市、自治区中，浙江、广西、上海、海南、辽宁沿海海平面平均上升速率较大，都超过了3 mm/a，江苏、福建、天津、山东和广东沿海海平面平均上升速率为2 mm/a，河北为0.6 mm/a。图4.78表明与辐射沙脊群毗连海区的海平面上升速率，海区、重点海域长三角以及毗邻省、市、自治区海域，均为我国海平面上升最高处，地处南黄海与长三角北翼，估计辐射沙脊群年平均海平面上升速率约3.0 mm/a。

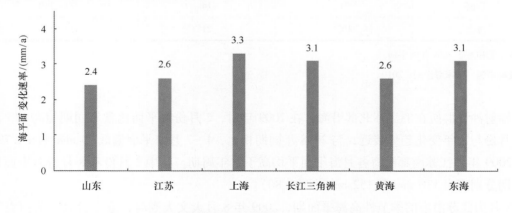

图4.78　与辐射沙脊群毗连海域近50年来海平面上升速率

中国海平面公报依据全球海平面监测系统（GLOSS）的约定，将1976—1993年的平均海平面定为常年平均海平面（简称常年）；该期间月平均海平面定为常年月平均海平面。以

2009 年为例，我国沿海呈波动上升趋势，平均上升速率 2.6 mm/a，沿海海平面为近 30 年之高位，比常年平均海平面高 68 mm，比 2008 年高 8 mm（表 4.20 和图 4.21）。

表 4.20　2009 年中国各海区海平面变化

海区	上升速率/（mm/a）	与常年比较/mm	与 2008 年比较	未来 30 年预测/mm[①]
渤海	2.3	53	−1	68～118
黄海	2.6	65	1	82～126
东海	2.9	62	15	86～138
南海	2.7	88	18	73～127
全海域	2.6	68	8	80～130

注：①相对于 2009 年海平面。

资料来源：国家海洋局，2010。

表 4.21　2009 年中国沿海省、自治区与直辖市海平面变化

沿海省（市、自治区）	与常年比较/mm	与 2008 年比较	未来 30 年预测/mm[①]
辽宁	48	−2	79～121
河北	43	−2	72～118
天津	48	1	76～145
山东	70	1	89～137
江苏	84	8	77～128
上海	55	8	98～148
浙江	56	17	88～140
福建	66	11	76～110
广东	91	16	83～149
广西	71	14	74～110
海南	107	21	82～123

注：①相对于 2009 年海平面。

资料来源：国家海洋局，2010。

辐射沙脊群所在的江苏北部沿海，在 2009 年时，2 月份海平面比常年同期偏高 133 mm，其他月份与常年变化趋势接近，与 2008 年同期相比，4—7 月海平面偏低 60 mm（图 4.79）。

2009 年，江苏南部沿海各月海平面平均高于常年周期，其中 2 月份和 8 月份海平面比常年周期分别高出 170 mm 和 152 mm（图 4.80）。

8 月为江苏沿海的季节性高海平面期，2009 年 8 月天文大潮时，适逢台风"莫拉克"过境，风暴潮憎水，三因素叠加。使海平面异常偏高，致使海上作业，海水养殖及海上堤防遭受较大损失。

今后 30 年江苏沿海上升值估计 77（低值）～128 mm（高值）时，对辐射沙脊群的影响是显著的，尤其是海平面上升达 12.8 cm 时，主要表现在 0 m 等深线以上的滩涂部分，从南

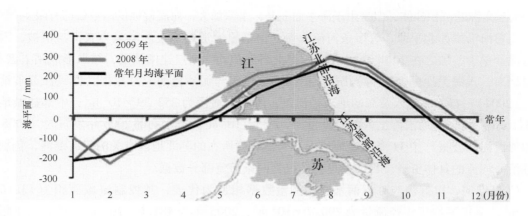

图 4.79　2009 年江苏北部连云港沿海海平面变化
资料来源：国家海洋局，2010

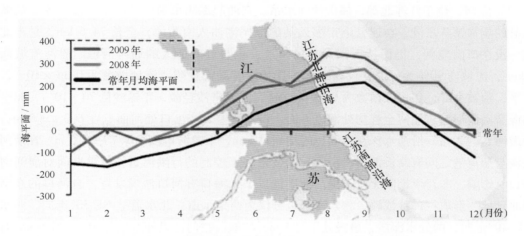

图 4.80　2009 年江苏南部吕四、南通沿海海平面变化
资料来源：国家海洋局，2010

至北均会受淹而蚀退，风暴潮期间滩涂破坏会加强；而东沙会经常被潮侵淹水；亮月沙、泥螺珩、竹根沙、元宝沙、十船珩、北条子泥及三丫子沙等滩涂会受淹而面积减小；分布于麻菜珩、太平沙、蒋家沙、河豚沙上的小沙滩会因冲蚀与沉没而消失，里磕脚与作为领海基线点的外磕脚，其沙滩不再出露，其影响是十分显著的。解决海平面上升对辐射沙脊浸淹的有效途径，可能是浚深潮流通道，以疏浚的泥沙填筑海中较高的滩、沙，在东沙及沿岸滩涂外缘筑堤，以确保有效的滩涂面积可供开发利用。

4.5.3.2　陆源河流入海泥沙现况

辐射沙脊群沉积组成的泥沙，主要是来自古长江的细砂、粗粉砂物质，亦有来自古黄河及历史时期黄河夺淮入黄海所输的泥沙，以粉砂与黏土物质为主。

既有河流直接入海输入的泥沙，也有间接由河流堆积于海底的泥沙所供应。目前辐射沙脊群已没有直接来源于长江与黄河的泥沙，因为黄河以北归流入渤海，长江已南迁，不再从苏北入海。但是，仍有间接河源泥沙——来自废黄河三角洲受侵蚀所产生的泥沙以及来自外陆架古扬子大三角洲的沉积沙体，但是由于海平面上升，水深加大，海底侵蚀供砂数量已有限。

南黄海沿岸苏北平原，有多条河流入海，但平原河道蜿蜒，两岸多为农田与植被，因此入海泥沙量少，加之在 20 世纪 60 年代，苏北各河流均在河口建闸挡潮，结果形成闸下淤积，河口堵塞，入海泥沙更少，至今仍缺乏沿岸河流径流与泥沙量的记录数据。据《江苏省地图集》（2004），自苏北汇入黄海的地表径流量：海州湾地区为 $252.39 \times 10^8 \text{ m}^3$；中部盐城地区为 $311 \times 10^8 \text{ m}^3$；南通沿海汇入的径流量为 $20.35 \times 10^8 \text{ m}^3$。据水利部 2006 年发布的《2005 年中国河流泥沙公报》中 11 条主要河流中，与沙脊群所在的苏北地区有关的仅有淮河，仍缺少江苏沿海河流的具体资料。目前搜集到的仅为两条河流部分数据。

（1）淮河，以蚌埠与临沂两水文站测量数据相加为代表，其控制流域面积为 $13.16 \times 10^4 \text{ km}^2$，多年平均年年径流量为 $290.7 \times 10^8 \text{ m}^3$，2005 年为 $481.6 \times 10^8 \text{ m}^3$，径流量年际变化大。淮河多年平均输沙量为 $1\,170 \times 10^4 \text{ t}$，2005 年为 $847 \times 10^4 \text{ t}$，水多沙少，输沙量年际变化大。

（2）灌河，位于江苏北部，属沂沭河水系。它西起淮阴市灌西县的东三汊，流经盐城市响水县的响水镇陈家港，在连云港市灌云县的燕尾港注入南黄海，全长 74.5 km，是苏北地区唯一没在口门建闸，仍保持天然河口的河流，也是苏北最大的通海河道。灌河流域面积 640 km²，流域内 90% 为平原，仅西北部宿迁境内有局部丘陵，流域坡度为 0.11×10^{-3}，地势低平，植被良好，年侵蚀模数为 0.29 km/m^3，流域来沙轻微，年输沙量 $70 \times 10^4 \text{ t}$，属平原区湖源型潮汐河流。灌河全程均处潮流界面，口门潮差大，出口处河面宽度 600～900 m，为上中游河宽的 2 倍。沿河水深在中潮位时均超过 5 m，下游河口段水深 7～10.5 m。在灌河口门堆沟与燕尾港之间有新沂河斜交汇入，后者系人工控制的行洪河道，行洪期间对灌河河床与河口有影响，非行洪期间无水下泄。燕尾港以下入海口有河口沙嘴发育，自河口的东南侧向西北延伸，形成拦门沙浅滩，将入海通道分汊为两条水道：北水道呈 NE 30° 走向，西水道为 NW 40° 走向，两处水深浅，最浅处不足 1 m，碍航。拦门沙以外水域开阔，离岸 9 km 有开山岛，水深增大（陈则实，1998）。

两条河流入海泥沙量之总和仅为 $1\,240 \times 10^4 \text{ t}$，影响小，陆源泥沙补给少，海平面持续上升、风暴潮灾害频繁，沙脊群遭受侵蚀的发展趋势是可预期的。

4.5.4 当代辐射沙脊群冲淤变化

南黄海辐射沙脊群是晚更新世以来，由于河－海交互作用形成于内陆架的巨型地貌体系，它不仅掩护了其后侧平原海岸免遭风浪侵蚀，而且沙脊群向海侧受风浪侵蚀所产生的泥沙，又被涨潮流携运至其背侧波影区堆积形成淤涨型潮滩。当代由于江、河汇入南黄海泥沙锐减，而海平面持续上升，沙脊群向陆供给滩涂的泥沙必然日渐减少，淤积型潮滩的加积速率会逐渐减低，这是必然的发展趋势。根据近期多年的冲淤对比分析，主要潮流通道总体有刷深现象，局部段落有缓淤；沙脊有季节或年度的冲淤变化，但沙脊群总体仍属于冲淤动态平衡。这种现象发人深省，联想到需探索陆架浅海区的泥沙源补给，需做进一步调查研究。据目前的分析结果认为：沙脊群内侧淤涨海岸滩涂围垦农业用地，宜在平均高潮线以上，不需大量填土处，其规模大约为 100 万亩[*1]。城市与工业用地从 ±0 m 水深

---

* 亩为非法定计量单位，1 亩 = 1/15 hm²。

至 -6 m 水深，需据实际发展需求，土方填料量由经费的可能性而定。大体上围涂1 km² 需 600×10^6 m³ 土方。

4.5.4.1　根据新、老海图与近期实测海深（局部）对比分析冲淤变化[①]

（1）海图采用海军司令部航海保证部 1:200 000 海图，以 1979 年所测的三丫子港至川腰港的海图为基本依据，与 1963—1968 年绘制的三丫子港至川腰港的海图做比较，以获得 1963—1968 年和 1979 年约 14 年期间之冲淤变化状况。

（2）以 1979 年海图为依据，与 2006 年完成的"我国近海海洋综合调查与评价"专项实测成果——1:100 000 西洋水深图、蒋家沙枢纽部及其邻近海域水深图，以及江苏省南通洋口港港务局于 2005 年实测的烂沙洋与黄沙洋区 1:75 000 水深图作对比（图 4.81 和表 4.22）。

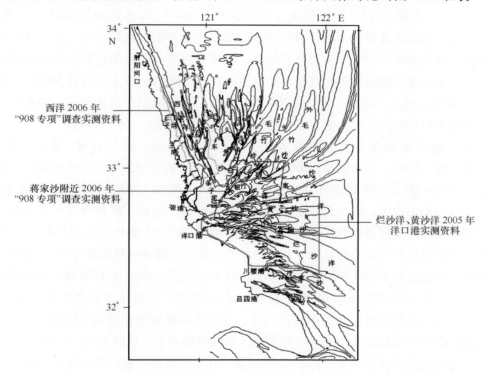

图 4.81　南黄海辐射沙脊群主体部分最新实测水深范围

表 4.22　南黄海辐射沙脊群现代冲淤对比资料依据

资料	经纬度范围	来源
1963—1968 年椰子港至川腰港 1:200 000 海图	32°12′—33°23′N，120°40′—122°30′E	中国人民解放军海军司令部航海保证部
1979 年三丫子港至川腰港 1:200 000 海图	32°12′—33°23′N，120°40′—122°30′E	中国人民解放军海军司令部航海保证部
2006 年西洋 1:100 000 水下地形图	32°50′—33°22′N，120°46′—121°8′E	"908 专项"调查

---

①　本节由南京大学地理与海洋科学学院研究生高敏钦、徐亮分析总结。

资料	经纬度范围	来源
2006 年蒋家沙枢纽部及其邻近海域 1:100 000 水下地形图	32°40′—33°03′N，121°4′—121°39′E	"908 专项"调查
2005 年烂沙洋、黄沙洋 1:75 000 水下地形图	32°11′—32°55′N，120°51′—122°20′E	洋口港

4.5.4.2　对比研究方法

（1）主要是应用地理信息系统（GIS）软件，利用水深资料建立数字高程模型（DEM）。DEM 是区域范围内规则格网点的平面坐标（X，Y）及其高程（Z）的数据集或者是经度（λ）、纬度（Φ）和海拔（h）的数据集（鲍英华等，1998）。构建 DEM 并验证后，利用 GIS 空间分析功能，通过叠置对比不同时期的 DEM，即可生成冲淤变化结果图，并可计算相应区域的冲淤量、冲淤面积、冲淤厚度及冲淤速率。其中，收集到的海图资料为栅格图像，均需经数字化与校正，生成相应的等深线和水深点数据；收集到的区域实测资料为计算机辅助设计（CAD）的 dwg 格式，所以需要对其进行格式转换，并与海图资料进行统一的投影、坐标转换，使所有资料具有统一的投影、坐标信息，避免计算误差。

（2）综合前人及相关海区的研究方法（胡红兵等 2008；吴华林等，2002；李鹏等，2005；周鸿权等，2007；李柏根等，2007），结合辐射沙脊群海区现有资料的可能，采用了下列具体工作方法：① 用 GIS 软件将 1963—1968 年和 1979 年的 1:200 000 海图进行配准校正，转换成具有统一地图投影、统一地理坐标的数字栅格地图；② 用 GIS 软件进行数字化，数字化过程以点模式和线模式采集数据，其中海图中的水深值已统一到理论深度基准面。③ 数据格式转换，实测资料的水深值均已统一到理论深度基准面，将 dwg 格式的 2006 年西洋、蒋家沙枢纽部及其邻近海域 1:100 000 水深资料及 2005 年烂沙洋、黄沙洋 1:75 000 水深资料均转换为统一投影、坐标信息的 shapefile 格式文件；④ DEM 建立，在 GIS 软件中用 Kriging 插值法对不同时期各个区域的水深点数据进行内插，分别生成栅格数据模型（GRID），进而生成DEM。利用 GIS 的空间分析功能，通过叠置对比不同时期各个区域的 DEM 生成冲淤变化结果图，以分层设色达到最佳显示效果；⑤ 冲淤计算，在 GIS 软件中根据已经建立的冲淤变化结果图，利用体积和面积的计算工具，计算不同时期各个区域的冲淤相关数值，了解当代辐射沙脊群主体部分冲淤的时空分布与变化趋势。

4.5.4.3　结果与分析

1）三丫子港至川腰港沙脊群主体部分的冲淤变化

辐射沙脊群面积广，地形变化复杂，浅海作业条件不稳定等原因，全面资料获取较为困难，目前覆盖全区的测量资料仍是 1979 年的测量数据。海司航保部门曾在 1963—1968 年和 1979 年所进行的大范围实测，尚未涵盖整个沙脊群海域，故研究区域从三丫子港至川腰港，南北范围界于 32°12′—33°23′N，东西范围界于 120°40′—122°30′E，研究范围未包括整个辐射沙脊群，但包含了辐射沙脊群的主体部分。

根据已经建立的三丫子港至川腰港地区 1963—1968 年和 1979 年的 DEM，在 GIS 软件中做这两个时段的冲淤图（图 4.82），并计算该区域的相关的冲刷和淤积数值，计算结果如表 4.23 所示。

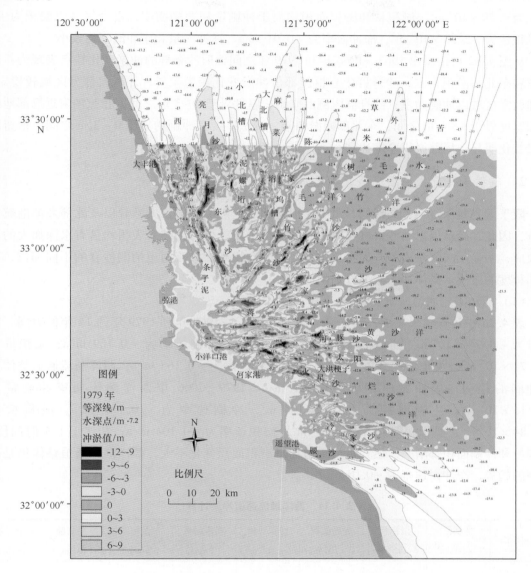

图 4.82　辐射沙脊群 1963—1968 年和 1979 年冲淤效果

（据 1963—1968 年，1979 年航保部海图）

表 4.23　1963—1968 年和 1979 年三丫子港至川腰港冲淤变化计算结果

时段/年	冲刷量 /（×10⁹ m³）	淤积量 /（×10⁹ m³）	冲刷面积 /（×10⁹ m²）	淤积面积 /（10⁹ m²）	年冲刷率 /（m/a）	年淤积率 /（m/a）	净冲淤量 /（×10⁹ m³）	净冲淤率 /（m/a）
1963—1968 年和 1979 年	−8.98	+11.36	8.56	9.76	−0.075	+0.083	+2.38	+0.01

注："−"表示冲刷，"＋"表示淤积。

资料来源：高敏钦等，2009。

冲淤计算结果显示，辐射沙脊群三丫子港至川腰港在1963—1968年和1979年这个时间段内冲刷量为 $-8.98 \times 10^9 \text{ m}^3$，淤积量为 $+11.36 \times 10^9 \text{ m}^3$，冲刷面积为 $8.56 \times 10^9 \text{ m}^2$，淤积面积为 $9.79 \times 10^9 \text{ m}^2$，淤积量和淤积面积均大于冲刷量和冲刷面积，整个区域以淤积为主，净淤积量为 $+2.38 \times 10^9 \text{ m}^3$，净冲淤率为 $+0.01$ m/a，净冲淤量和净冲淤率均较小。

从图 4.82 可以看出 1963—1968 年和 1979 年之间辐射沙脊群的冲淤变化特点表现为：以沿岸和东北部淤积为主，沙脊群中心枢纽部位冲淤变化较为频繁，外海大部分区域较稳定；北部西洋区域以冲刷为主；沙脊群内侧沿岸淤积厚度界于 0~3 m 之间，在弶港附近局部地区淤积厚度界于 3~6 m 之间；东北部冲淤相间，淤积厚度和冲刷均界于 0~3 m 之间；枢纽区冲淤变化明显，局部淤积厚度达到 6 m 以上，多处冲刷超过 6 m 以上。

2）辐射沙脊群主要潮流通道现代冲淤变化

限于重复测深资料是局部的，集中于枢纽部的主潮流通道、大沙脊以及北部大丰港航道部分，因此，尚难以总结沙脊群整体的冲淤变化。而三处对比结果表明均具有水深加大的冲蚀效应，明显反映海平面上升的积累效应，冲刷产物则在潮流通道两侧沙脊的不同部位，有不同程度的淤浅。具体冲淤状况分别阐述之。

（1）西洋潮流通道冲淤变化。

表 4.24 中计算结果显示，西洋潮流通道在 1963—1968 年和 1979 年约 14 年的时间，冲刷量为 $-6.54 \times 10^8 \text{ m}^3$，冲刷面积为 $2.76 \times 10^8 \text{ m}^2$，冲刷速率为 -0.169 m/a；淤积量为 $+5.71 \times 10^8 \text{ m}^3$，淤积面积为 $2.48 \times 10^8 \text{ m}^2$，淤积速率为 $+0.165$ m/a；西洋潮流通道整体呈现冲刷的趋势，净冲淤速率为 -0.011 m/a。1979—2006 年西洋潮流通道冲刷量达 $-9.16 \times 10^8 \text{ m}^3$，冲刷面积为 $3.05 \times 10^8 \text{ m}^2$，冲刷速率为 -0.111 m/a；淤积量为 $+6.84 \times 10^8 \text{ m}^3$，淤积面积为 $2.44 \times 10^8 \text{ m}^2$，淤积速率为 $+0.104$ m/a；相比于上个时间段，冲刷量和冲刷面积都增大，淤积量有所增加，淤积面积变化不大，西洋潮流通道整体仍是呈冲刷的趋势，净冲淤速率为 -0.016 m/a。

表 4.24　西洋潮流通道冲淤计算

时段/年	冲刷量 /($\times 10^8 \text{ m}^3$)	淤积量 /($\times 10^8 \text{ m}^3$)	冲刷面积 /($\times 10^8 \text{ m}^2$)	淤积面积 /($\times 10^8 \text{ m}^2$)	年冲刷率 /(m/a)	年淤积率 /(m/a)	净冲淤量 /(10^8 m^3)	净冲淤率 /(m/a)
1963—1968 年和 1979 年	-6.54	+5.71	2.76	2.48	-0.169	+0.165	-0.82	-0.011
1979—2006 年	-9.16	+6.84	3.05	2.44	-0.111	+0.104	-2.32	-0.016

注："-"表示冲刷，"+"表示淤积。

从 1963—1968 年和 1979 年西洋潮流通道冲淤对比结果图（图 4.83）反映出：在约 14 年的时间里，西洋潮流通道处于自然的冲刷状态，东通道比西通道冲刷强烈（东通道冲刷大于 9 m，西通道冲刷 3~6 m）；东通道的小阴沙与瓢儿沙之间，瓢儿沙与三沙丫子之间冲刷显著，连成一片，其中瓢儿沙和三沙丫子之间局部冲刷大于 12 m，原因是开口通向 NE 向强浪，内束狭，通道顺直，浪流冲刷效应显著（表 4.25）。

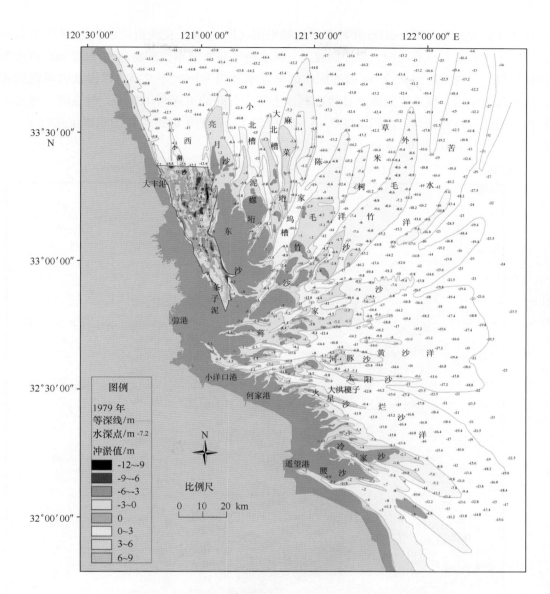

图 4.83　西洋潮流通道 1963—1968 年和 1979 年冲淤变化对比

资料来源：1963—1968 年，1979 年航保部海图

表 4.25　西洋潮流通道 1963—1968 年和 1979 年局部冲淤面积及冲淤变化值统计

经纬度范围	面积/（×10⁸ m²）	冲淤变化值/m
33°19′10″—33°21′45″N，120°48′47″—120°51′46″E	0.152	+0～3（局部＋3～9）
33°16′15″—33°22′30″N，120°55′06″—120°55′51″E	0.158	+0～3（局部＋3～9）
33°10′39″—33°20′50″N，120°53′04″—120°56′05″E	0.703	−3～−9
33°05′41″—33°18′44″N，120°52′19″—120°56′15″E	0.540	−0～−3
33°05′18″—33°16′05″N，120°57′43″—121°01′18″E	0.540	+3～6
32°56′04″—33°06′35″N，120°58′08″—121°06′10″E	0.50	−0～−9
32°49′07″—33°03′27″N，120°56′37″—121°07′03″E	1.15	0～3（局部3～9）

注：冲淤变化值"−"表示冲刷，"＋"表示淤积。

从西洋潮流通道1979—2006年冲淤对比结果图（图4.84）反映出：在长达27年的时间里，三沙丫子和瓢儿沙有冲刷，但冲刷减弱，深水槽呈间断分布，冲刷深度0~3 m；西洋西通冲刷加强，呈现大范围0~6 m的冲刷，部分深水通道冲刷大于9 m，原因是大丰港的建立，人工疏浚航道，促进了潮流的自然冲刷，达到了良好的水深利用效果。但在潮流通道内侧和两旁的沙脊却有淤积，淤积厚度0~3 m，局部在三沙丫子通道内部淤积厚度达到了6~9 m，三沙丫子局部淤积0~3 m（表4.26）。

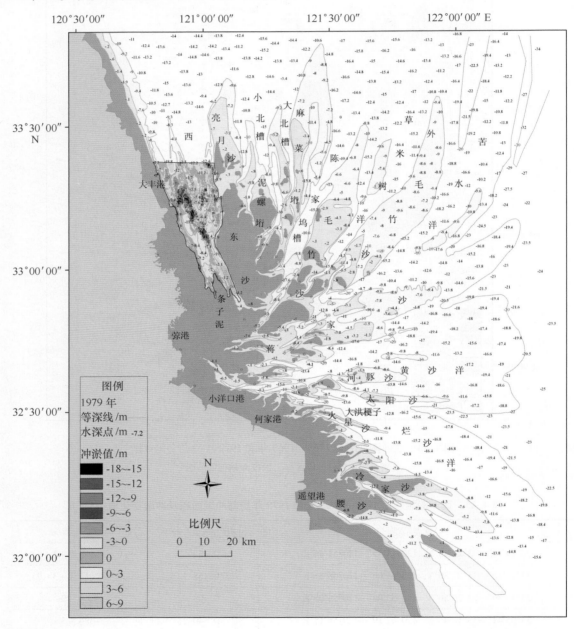

图4.84　西洋潮流通道1979—2006年冲淤变化对比

资料来源：1979年航保部海图，2006年"908专项"调查资料

表 4.26　西洋潮流通道 1979 年至 2006 年局部冲淤面积及冲淤变化值统计

经纬度范围	面积/（×10⁸ m²）	冲淤变化值/m
33°20′37″—33°22′57″N，120°49′14″—120°51′15″E	0.125	+0~6
33°11′12″—33°20′06″N，120°55′06″—120°59′52″E	0.466	+3~9
33°06′26″—33°21′37″N，120°48′40″—120°58′15″E	1.390	−3~−12
32°59′03″—33°12′07″N，120°52′47″—121°00′49″E	0.770	+0~3
32°55′14″—33°13′43″N，120°58′53″—121°02′17″E	0.884	+0~9

注：" − "表示冲刷，" + "表示淤积。

（2）枢纽区烂沙洋、黄沙洋潮流通道冲淤变化。

表 4.27 中计算结果显示，1963—1968 年和 1979 年，辐射沙脊群枢纽区烂沙洋、黄沙洋冲刷量为 − 12.68 × 10⁸ m³，冲刷面积 7.0 × 10⁸ m²，冲刷速率 − 0.085 m/a；淤积量 + 17.93 × 10⁸ m³，淤积面积 9.81 × 10⁸ m²，淤积速率为 + 0.131 m/a；烂沙洋和黄沙洋整体呈现冲淤动态平衡的趋势，净冲淤速率为 + 0.085 m/a。1979—2006 年烂沙洋和黄沙洋冲刷量 − 18.90 × 10⁸ m³，冲刷面积 8.55 × 10⁸ m²，冲刷速率 − 0.085 m/a；淤积量 + 30.33 × 10⁸ m³，淤积面积 14.87 × 10⁸ m²，淤积速率 + 0.078 m/a；相比于上个时间段，冲刷量和冲刷面积、淤积量和淤积面积都明显增大，净冲淤速率为 + 0.019 m/a。

表 4.27　辐射沙脊群枢纽区烂沙洋和黄沙洋潮流通道冲淤计算

年份	冲刷量/（×10⁸ m³）	淤积量/（×10⁸ m³）	冲刷面积/（×10⁸ m²）	淤积面积/（×10⁸ m²）	年冲刷率/（m/a）	年淤积率/（m/a）	净冲淤量/（×10⁸ m³）	净冲淤率/（m/a）
1963—1968 和 1979	− 12.68	+ 17.93	7.0	9.81	− 0.129	+ 0.131	+ 0.002	+ 0.085
1979—2005	− 18.90	+ 30.33	8.55	14.87	− 0.085	+ 0.078	+ 11.43	+ 0.019

注：" − "表示冲刷，" + "表示淤积。

辐射沙脊群枢纽区烂沙洋、黄沙洋 1963—1968 年和 1979 年冲淤对比结果图（图 4.85）反映出：除局部明显的淤积和冲刷外，辐射沙脊群枢纽区烂沙洋和黄沙洋潮流通道整体比较稳定。河豚沙和太阳沙之间通道冲刷断续，冲刷深度 0~3 m，太阳沙南侧冲刷 0~3 m，大洪梗子、火星沙冲刷 0~3 m。河豚沙西侧（32°34′26″—32°40′49″N，121°10′47″—121°35′16″E）淤积明显，淤积深度 3~9 m，沿岸淤积，淤积厚度 0~3 m（表 4.28）。

表 4.28　辐射沙脊群枢纽区烂沙洋、黄沙洋潮流通道 1963—1968 年和 1979 年
局部冲淤面积及冲淤变化值统计

经纬度范围	面积/（×10⁸ m²）	冲淤变化值/m
32°18′10″—32°37′42″N，120°55′24″—121°28′25″E	3.52	+0~3（局部 +3~6）
32°34′26″—32°40′49″N，121°10′47″—121°35′16″E	1.68	+3~9
32°38′20″—32°42′01″N，121°31′58″—121°50′35″E	0.796	+0~3

经纬度范围	面积/（×10⁸ m²）	冲淤变化值/m
32°35′18″—32°37′14″N，121°30′35″—121°56′42″E	0.72	0 ~ −3（局部 −3 ~ −6）
32°36′10″—32°37′27″N，121°20′45″—120°26′59″E	0.16	−3 ~ −12
32°31′30″—32°33′32″N，121°39′35″—121°57′48″E	0.527	0 ~ −3

注："−"表示冲刷，"+"表示淤积。

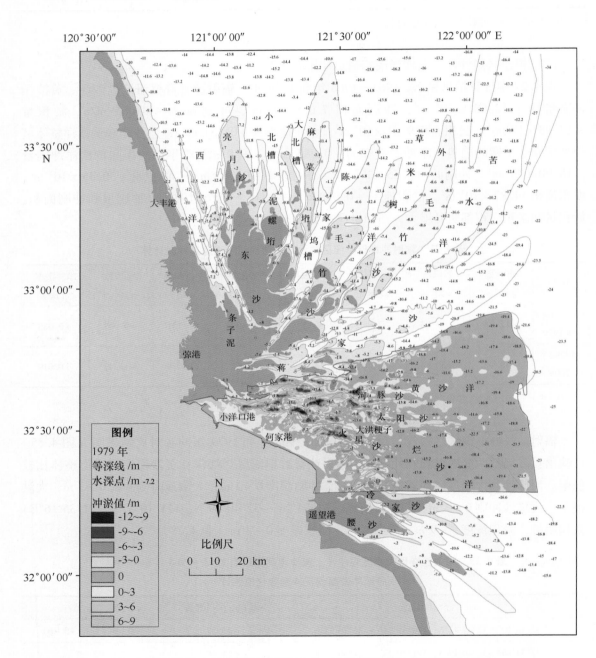

图4.85　烂沙洋、黄沙洋潮流通道1963—1968年和1979年冲淤变化对比

资料来源：1963—1968年，1979年航保部海图

辐射沙脊群枢纽区烂沙洋和黄沙洋 1979—2005 年冲淤对比结果图（图 4.86）反映出：
整个辐射沙脊群枢纽区烂沙洋和黄沙洋潮流通道内段变化的趋势是冲刷加深，潮流通道更加
成型。河豚沙与太阳沙之间水道大范围冲刷 0～3 m，内段冲刷为 6～9 m；太阳沙与大洪梗子

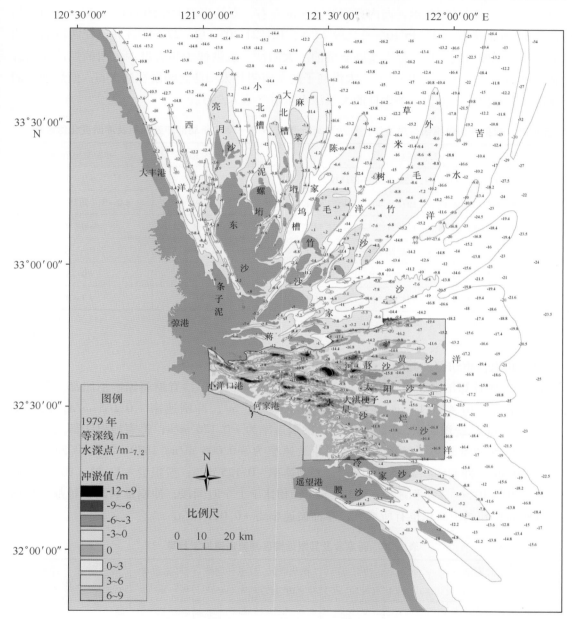

图 4.86   烂沙洋、黄沙洋潮流通道 1979—2005 年冲淤变化对比

资料来源：1979 年航保部海图，2005 年洋口港实测资料

之间水道内段冲刷 3～6 m，水道成型，太阳沙南侧与大洪梗子东侧淤积 0～3 m；大洪梗子与
火星沙之间烂沙洋潮流通道的水深冲刷 0～3 m。冲刷的原因既有局部的人工疏浚（如烂沙
洋），而主要原因是海平面上升，潮流沿潮流通道通畅的地方进出。变化特点是潮流通畅的
中段和内段普遍顺直与加深，局部冲刷深度大于 9 m，而冲刷下来的泥沙携运至黄沙洋潮流

通道外端、口门开宽处以及与河豚沙之间淤积，大部分加积 0 ~ 3 m，河豚沙东北侧淤积 3 ~ 6 m。河豚沙和太阳沙之间潮流通道顺直，其中河豚沙西南侧（32°36′09″—32°38′16″N，121°26′48″—121°32′03″E）水道内冲刷深度大于 9 m。黄沙洋、河豚沙和太阳沙之间曾是古长江的主通道，口门呈喇叭形，向内普遍冲刷 3 m 左右，断续出现大于 50 km 长的深水通道，局部有 3 ~ 6 m 的淤积（33°36′10″—32°39′27″N，121°21′20″—121°27′54″E）。该处两段潮流通道水深开阔，可为航空母舰等大型舰艇碇泊。太阳沙、大洪梗子和火星沙之间的烂沙洋内段冲刷 3 ~ 6 m，东南侧冲刷 0 ~ 3 m，大洪梗子的东南侧与太阳沙之间淤积达 3 m，但烂沙洋潮流通道水深变化小，仍为一条优良的天然深水航道（表 4.29）。

表 4.29　辐射沙脊群枢纽区烂沙洋、黄沙洋潮流通道 1979—2005 年局部冲淤面积及冲淤变化值统计

经纬度范围	面积/（×10⁸ m²）	冲淤变化值/m
32°18′11″—32°33′42″N，121°0′28″—121°29′11″E	2.25	+0 ~ 6
32°37′40″—32°48′47″N，121°26′40″—121°57′09″E	5.99	+0 ~ 3（局部 +3 ~ 9）
32°36′10″—32°39′28″N，121°21′20″—121°27′54″E	0.283	+0 ~ 9
32°34′35″—32°37′38″N，121°26′17″—121°51′18″E	1.79	+0 ~ -12
32°28′15″—32°33′57″N，121°29′30″—121°57′28″E	2.3	+0 ~ 3
32°26′28″—32°34′43″N，121°16′49″—121°41′16″E	1.91	+3 ~ 9

注："-"表示冲刷，"+"表示淤积。

（3）蒋家沙枢纽部及其邻近海域冲淤变化[①]。

表 4.30 中计算结果显示，1963—1968 年和 1979 年，辐射沙脊群蒋家沙枢纽部及其邻近海域冲刷量为 -10.47×10⁸ m³，冲刷面积 4.53×10⁸ m²，冲刷速率 -0.165 m/a；淤积量 +9.33×10⁸ m³，淤积面积 5.31×10⁸ m²，淤积速率为 +0.126 m/a；蒋家沙枢纽部及其邻近海域整体呈现冲淤动态平衡的趋势，净冲淤速率为 -0.008 m/a。1979—2006 年冲刷量 -19.39×10⁸ m³，冲刷面积 5.75×10⁸ m²，冲刷速率 -0.125 m/a；淤积量 +23.21×10⁸ m³，淤积面积 7.10×10⁸ m²，淤积速率 +0.121 m/a；相比于上个时间段，冲刷量和淤积量都明显增大，冲刷面积和淤积面积也有所增大，净冲淤速率为 +0.011 m/a。

表 4.30　蒋家沙及其附近海区潮流通道冲淤计算

时段/年	冲刷量/（×10⁸ m³）	淤积量/（×10⁸ m³）	冲刷面积/（×10⁸ m²）	淤积面积/（×10⁸ m²）	年冲刷率/（m/a）	年淤积率/（m/a）	净冲淤量/（×10⁸ m³）	净冲淤率/（m/a）
1963—1968 和 1979	-10.47	+9.33	4.53	5.31	-0.165	+0.126	-1.14	-0.008
1979—2006	-19.39	+23.21	5.75	7.10	-0.125	+0.121	+3.82	+0.011

注："-"表示冲刷，"+"表示淤积。

[①] 蒋家沙枢纽部及其邻近海域的范围包括在东沙东南部及黄沙洋之间一系列脊槽的西南端地区：包括蒋家沙、苦水洋、外毛竹沙—竹根沙、陈家坞槽等（范围见图 4.87）。

　　比较 1963—1968 年和 1979 年辐射沙脊群蒋家沙枢纽部及其邻近海域冲淤对比结果图（图4.87）和 1979—2006 年冲淤对比结果图（图4.88），竹根沙与蒋家沙冲淤变化显著：外毛竹沙内侧沿沙脊外缘形成了一个 V 形的深水区，冲刷深度大于 6 m，水深达 9 m 以上；毛竹沙内段整个刷深 0～3 m；而竹根沙淤积形成 NE—SW 向的长条形沙脊，淤积 0～3 m；蒋家沙内段北部冲刷 3～6 m，形成统一的近东西向的水道；南部形成两块水深超过 9 m 的深水区。冲蚀原因与海平面上升，浪流动力加强有关。冲刷下来的泥沙，又就近在深水区北部，深槽的南部的蒋家沙沙脊淤积，淤积厚度界于 3～6 m 之间（表4.31 和表4.32）。

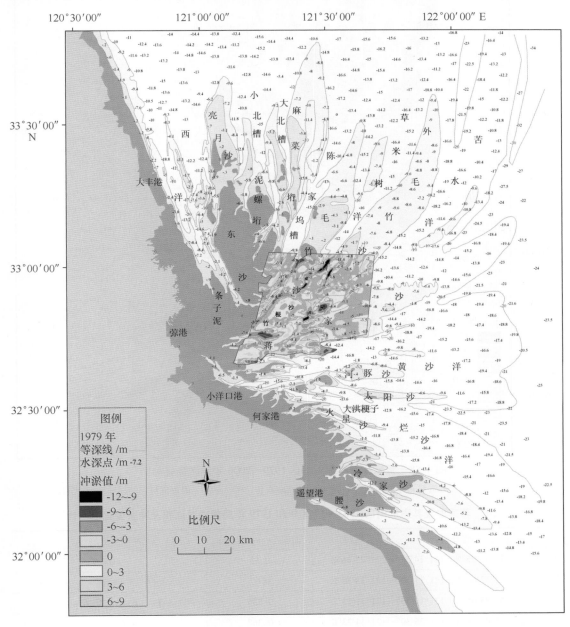

图 4.87　蒋家沙及其邻近海区 1963—1968 年和 1979 年冲淤变化对比

资料来源：1963—1968 年，1979 年航保部海图

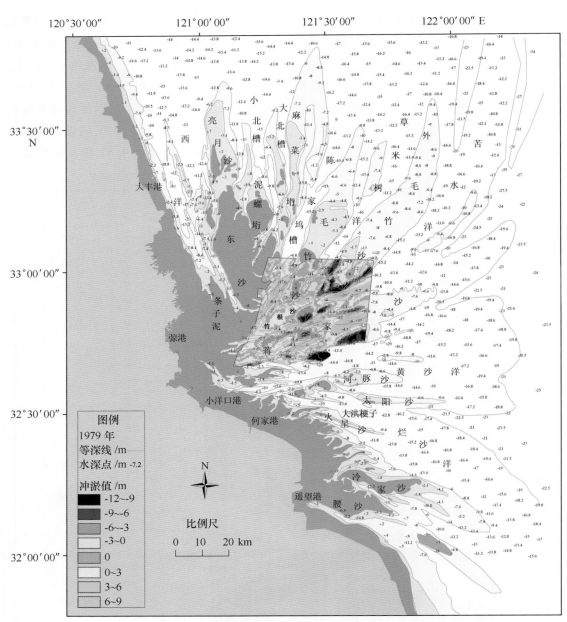

图 4.88 蒋家沙及其邻近海区 1979—2006 年冲淤变化对比

资料来源：1979 年航保部海图，2006 年"908 专项"调查资料

表 4.31 蒋家沙及其附近海区 1963—1968 年和 1979 年局部冲淤面积及冲淤变化值统计

经纬度范围	面积/（×10⁸ m²）	冲淤变化值/m
32°50′13″—32°54′25″N，121°14′51″—121°22′46″E	0.53	+0～6
32°42′55″—32°52′04″N，121°11′59″—121°23′32″E	0.67	+0～3（局部 +3～9）
32°47′51″—33°03′05″N，121°10′53″—121°31′13″E	0.555	−3～−6（局部 −6～−12）
32°55′22″—32°03′08″N，121°25′39″—121°34′23″E	0.368	−3～−6（局部 −6～−12）
32°44′53″—32°54′15″N，121°18′49″—121°29′16″E	0.64	0～−6（局部 −6～−12）
32°42′25″—32°55′43″N，121°20′11″—121°33′50″E	1.36	+0～3

注："−"表示冲刷，"+"表示淤积。

表 4.32 蒋家沙及其附近海区 1979—2006 年局部冲淤面积及冲淤变化值统计

经纬度范围	面积/（10^8 m²）	冲淤变化值/m
32°55′31″—33°03′31″N，121°25′54″—121°37541″E	0.93	−3 ~ −9（局部 −9 ~ −12）
32°50′26″—32°53′57″N，121°21′24″—121°30′35″E	0.51	−3 ~ −6（局部 −6 ~ −12）
32°45′26″—32°48′59″N，121°26′17″—121°28′19″E	0.51	−3 ~ −6
32°42′06″—32°44′36″N，121°23′40″—121°30′21″E	0.304	−6 ~ −12
32°45′45″—32°48′50″N，121°31′34″—121°38′35″E	0.41	−6 ~ −12
32°49′45″—32°53′59″N，121°14′47″—121°21′37″E	0.38	0 ~ −3
32°45′17″—32°51′46″N，121°14′33″—121°38′49″E	1.67	+3 ~9
32°49′03″—33°03′28″N，121°11′46″—121°20′31″E	1.21	+0 ~3（局部 6 ~9）
32°52′25″—32°59′42″N，121°26′49″—121°39′54″E	1.02	+0 ~9

注："−"表示冲刷，"+"表示淤积。

上述是对现有资料进行了冲淤对比分析，提供了辐射沙脊群大部分海域冲蚀与淤积状况，可供规划、工程建设及发展趋势研究参考。

① 1963—1968 年和 1979 年辐射沙脊群全区以沿岸和东北部淤积为主，沙脊群中心枢纽部位冲淤变化较为频繁，外海大部分区域较稳定。整个区域以淤积为主，净淤积量为 $+2.38 \times 10^9$ m³，净冲淤率为 +0.01 m/a，净冲淤量和净冲淤率均较小。

② 辐射沙脊群北部西洋潮流通道 1963—1968 年和 1979 年处于自然的冲刷状态，净冲淤速率为 −0.011 m/a，东通道比西通道冲刷强烈，浪流冲刷效应显著。1979—2006 年西洋潮流通道整体仍是呈冲刷的趋势，净冲淤速率为 −0.016 m/a，其中西通道冲刷显著加强，原因是大丰港的建立，人工疏浚航道促进了潮流的自然冲刷。

③ 辐射沙脊群枢纽区烂沙洋、黄沙洋潮流通道 1963—1968 年和 1979 年整体呈现冲淤动态平衡的趋势，净冲淤速率为 +0.085 m/a。1979—2005 年烂沙洋、黄沙洋潮流通道内段冲刷加深，潮流通道更加成型。其原因主要是海平面上升，潮流沿潮流通道通畅的地方进出，局部由于人工疏浚的原因使潮流通道冲刷加强（如烂沙洋）。

④ 辐射沙脊群蒋家沙枢纽部及其邻近海域 1963—1968 年和 1979 年呈现冲淤动态平衡的趋势，净冲淤速率为 −0.008 m/a。1979—2006 年相比于上个时间段，冲刷量和淤积量都明显增大，冲刷面积和淤积面积也有所增大，净冲淤速率为 +0.011 m/a。冲蚀原因与海平面上升，浪流动力加强有关。冲刷下来的泥沙，又就近在蒋家沙沙脊淤积。

⑤ 南部冷家沙、小庙洪等区域由于缺乏最新数据，尚不能进行冲淤对比研究。

4.5.5 辐射沙脊群遥感地形冲淤变化分析①

4.5.5.1 沙脊群遥感测深

在南黄海辐射沙脊群海域，潮间带坡度缓，潮滩宽阔，泥沙来源丰富，受风浪、潮流或

---

① 本节由张鹰执笔。

风暴潮等影响，冲蚀和淤积使沙脊群地形复杂多变，用传统的手段测量沙脊群地形费时费力、效率低，测量效果差，使用遥感技术来反演沙脊群水下地形，虽然目前还无法取代传统手段获得大比例尺水下地形图，然而用该方法可以得到历史地形信息进而监测地形变化，这无疑是一种科学有效的方法（张鹰等，2009）。水深遥感技术的探索和应用已有较长的历史，对河口、海岸水域也有一些尝试（Lyzenga，1978；平仲良，1982；李铁芳等，1991；许殿元，1992；党福星等，2003；李海宇等，2002；刘永学等，2004），并注意到这一水域泥沙含量高的特点，已有削弱悬沙影响的遥感方法经验，我们将这一经验尝试应用于沙脊群海域。

依据 2006 年辐射沙脊群调查水域内两块现场实测 1∶100 000 水下地形图，运用遥感反演技术，反演出 1.5×10^4 km² 该水域的水下地形，绘制出 1∶250 000 水下地形图。遥感测量沙脊群调查水域的方法和有关内容见本书第 18 章。

遥感反演地形图的 0 m 等深线位置示意图如图 4.89，表 4.33 则分别是 0 m、5 m 和 15 m 等深线所围的沙脊面积。

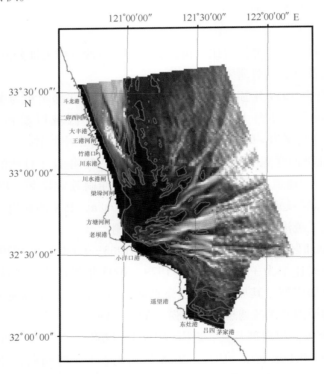

图 4.89　2006 年调查区 0 m 等深线位置

表 4.33　不同等深线所围沙脊面积　　　　　　　　　　　　　　单位：km²

年份	0 m 等深线	5 m 等深线	15 m 等深线
1979	2 445.67	5 039.80	9 264.25
2006	2 047.05	4 924.72	8 885.98
1979—2006	−398.62	−115.08	−378.27

注："−"代表某等深线所围沙脊面积 2006 年比 1979 年减少。

4.5.5.2　沙脊群冲淤量计算

水下地形冲淤计算，是用地理信息系统技术来定量分析近岸海域包括潮滩冲淤演变规律的一种方法。在本项任务中，是通过建立辐射沙脊群水域水下地形的数字高程模型，用地理信息系统对其进行管理；通过对辐射沙脊群不同时期水下地形数字高程模型的叠合分析，精确计算微地形变化量和变化速率，从而认识潮滩冲淤演变的历史状况，也为预测演变趋势提供依据。具体过程是：① 收集水域不同时期的水下地形图及相关遥感影像数据；② 用ArcInfo、ArcView 等 GIS 软件建立水域的数字地形模型；③ 水下地形资料不完整的水域，或某些重要时期缺乏水下地形资料，但可找到遥感数据，可以通过遥感测深技术反演获得水下地形信息；④ 将不同时期数字地形模型分组叠合、计算，取得时段内冲淤变化定量值，供水下地形的演变分析；⑤ 用 GIS 软件或 CAD 制图软件将各时段冲淤变化制成冲淤图，供水下地形的演变分析。

通过以上方法，完成了 1979—2006 年间的辐射沙脊群水下地形冲淤量（任意位置、按任意深度）的计算，也依据计算结果绘制出辐射沙脊群冲淤图（图 4.90）。

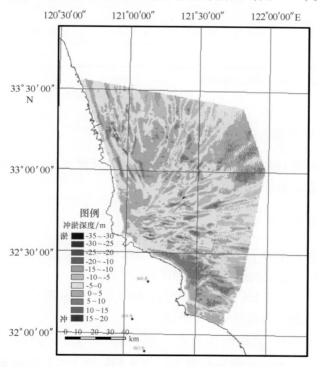

图 4.90　调查区 1979—2006 年冲淤变化示意图

因为整个辐射沙脊群的水下地形测量只在 1979 年进行过一次，有了 2006 年用遥感技术测量沙脊群地形的成果以后，对该海域的泥沙冲淤量计算就可以作为 1979—2006 年间整个时间段的结果，但是在该时间段之间的冲淤变化情况不得而知。表 4.34 的统计就是辐射沙脊群水域利用地理信息系统技术，以两个时相的水下地形数字栅格数据叠加方法计算的结果。

表 4.34　1979—2006 年沙脊群水域冲淤量统计

冲淤深度/m	面积/km²	体积/×10⁸ m³	冲淤状态
−35 ~ −30	0.28	0.01	淤
−30 ~ −25	0.65	0.02	
−25 ~ −20	1.34	0.07	
−20 ~ −15	9.17	0.19	
−15 ~ −10	198.01	3.47	
−10 ~ −5	1 537.10	37.44	
−5 ~ 0	4 788.60	188.90	
淤积计	6 535.15	230.10	
0 ~ 5	4 401.39	−137.97	冲
5 ~ 10	933.32	−14.56	
10 ~ 15	32.36	−0.46	
15 ~ 20	2.53	−0.03	
冲刷计	5 369.60	−153.03	
合计		77.07	淤

注：冲淤深度的"−"表示淤积，冲淤量体积的"−"表示冲刷量。

4.5.5.3　沙脊群冲淤分析

根据以上辐射沙脊群 1979—2006 年水下地形的冲淤计算和对冲淤变化图的分析，可以得到沙脊群水域冲淤的定量和地形变化分析。

1）冲淤量计算结果分析

1979—2006 年整体冲淤如下，总冲刷面积 5 369.60 km²，总冲刷量 153.03 × 10⁸ m³。总淤积面积 6 535.15 km²，总淤积量 230.10 × 10⁸ m³。

调查区冲刷的面积占 45.1%，淤积面积占 54.9%，净淤积量为：77.07 × 10⁸ m³；从 1979—2006 年，调查区淤积的范围略多于冲刷。

在淤积深度 −5 ~ 0 m，淤积面积最大，为 4 788.60 km²，淤积量最大，为 188.90 × 10⁸ m³；在冲刷深度 0 ~ 5 m，冲刷面积最大，为 4 401.39 km²，冲刷量最大，为 137.97 × 10⁸ m³。

2）从冲淤深度看地形变化

（1）淤积深度 35 ~ 15 m，主要分布在潮沟中，共有三种情况：第一种情况是东沙周围的潮沟，如东北部的小北槽、大北槽，整个潮沟都是处于淤积状态，淤积深度从 5 ~ 35 m 不等，集中分布在 15 ~ 30 m 之间，经过实地调研，发现这一情况的原因是：当地渔民在潮沟中大量进行紫菜养殖，所使用的养殖工具等阻拦泥沙，导致出现淤积。第二种情况是在陈家坞槽、苦米树洋、苦水洋、烂沙洋等潮沟处也出现了深度从 15 ~ 35 m 的淤积，初步分析原因：这些潮沟附近的沙脊体出现了冲刷，被冲刷下的泥沙汇集到了潮沟中，产生淤积。第三种情况是在条子泥周边的潮沟地区，如东大港，江家坞东洋，王家槽，小洋港等出现了零星的深度达到 15～35 m 不等的淤积。

（2）淤积深度 0～15 m，主要分布在条子泥及周边地区。说明条子泥在 1979—2006 年是淤积的。

（3）冲刷深度 0～10 m，包括了大多数沙脊，如东沙，毛竹沙等。

（4）冲刷深度 10～20 m：一种情况是分布在沙脊边缘，如东沙的西侧边缘，出现了长条状的冲刷而且冲刷深度达 10～20 m，经过实地调研，当地渔民及东沙管理人员也证实东沙的西侧冲刷明显。另一种情况是分布在潮沟，如西洋，西洋的部分水域冲刷严重，甚至冲刷深度超过 20 m。

总体而言，辐射沙脊群调查区的大部分沙脊有轻微的冲刷，大部分潮沟有不同程度的淤积。

不同等深线以上的沙脊面积见表 4.35。

表 4.35 沙脊面积计算 单位：km^2

等深线	1979 年面积	2006 年面积	面积变化
0 m 以上	2 445.67	2047.05	398.62
5 m 以上	5 039.80	4 924.72	115.08
15 m 以上	9 264.25	8 885.98	378.27
0～5 m	2 594.13	2 877.67	−283.54
5～15 m	4 224.45	3 961.26	263.19
0～15 m	6 818.58	6 838.93	−20.35

水深 0 m 的沙脊面积 1979 年为 2 445.67 km^2，2006 年为 2 047.05 km^2，2006 年比 1979 年减少 398.62 km^2。说明从 1979—2006 年，0 m 以上沙脊出现了冲刷，面积明显减少。

水深 0～5 m 的沙脊面积 1979 年为 2 594.13 km^2，2006 年为 2 877.67 km^2，2006 年比 1979 年增加了 283.54 km^2。这之间的面积从 1979—2006 年出现了明显的增加，说明 0～m 水深的潮沟存在着大范围的淤积，其沉积物应该来源于沙脊冲刷。

水深 5～15 m 的沙脊面积 1979 年为 4 224.45 km^2，2006 年为 3 961.26 km^2，2006 年比 1979 年减少 263.19 km^2。这个水深范围内面积出现减少，是由于潮沟的深度变浅所导致。

4.5.5.4 沙脊群主要沙脊 0 m 以上面积变化

辐射沙脊群调查区包括了以下主要沙脊：东沙、麻菜垳、毛竹沙、外毛竹沙、蒋家沙、太阳沙、冷家沙、腰沙、条子泥（图 4.91）。

各主要沙脊之间的分界情况：东沙位于西洋与平涂洋小北槽之间，走向北偏西；麻菜垳位于小北槽与平涂洋、陈家坞槽之间，走向北偏东；毛竹沙位于陈家坞槽与草米树洋之间，走向 NNE；外毛竹沙位于草米树洋与苦水洋之间，毛竹沙的外侧；蒋家沙位于苦水洋和黄沙洋之间，走向东偏北，外段弯向北偏东；太阳沙位于黄沙洋与烂沙洋之间，走向东偏南；冷

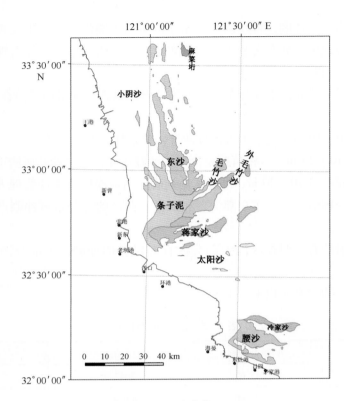

图 4.91　沙脊位置

家沙位于烂沙样与网仓洪之间，走向 SEE；腰沙—乌龙沙位于网仓洪与大弯洪（乌蛇洋）之间，走向 SEE（许殿元，1992）。

用 GIS 方法计算了 1979 年和 2006 年各沙脊的 0 m 线所围面积，结果见表 4.36。

表 4.36　沙脊群主要沙脊 0 m 以上面积　　　　　　　　　　　单位：km²

沙脊名称	1979 年图上面积	2006 年面积	冲淤面积（＋为淤积）
东沙	774.99	577.84	−197.15
麻菜垱	22.99	21.60	−1.39
毛竹沙	202.14	161.84	−40.30
外毛竹沙	39.32	44.78	5.46
蒋家沙	219.03	272.69	53.66
太阳沙	37.73	22.33	−15.40
冷家沙	138.03	90.00	−48.03
腰沙	219.38	327.62	108.24
条子泥	381.51	528.82	147.31
总面积	2 035.12	2 047.52	12.40

1）东沙

东沙 1979 年的 0 m 线内面积为 774.99 km²，2006 年为 577.84 km²，减少了

197.15 km²，是所有沙脊中面积减少最大的。从图 4.92 上看，2006 年的 0 m 范围要比
1979 年的明显收缩和破碎。在东沙的主体部分，2006 年 0 m 线从东西两个方向向中间收
缩，东边的泥螺圩、扇子地、团子沙等沙脊在 1979 年时都在 0 m 线以上，但是 2006 年时
0 m 范围都已看不到了，说明这些地方出现了大范围的冲刷，西边的冲刷也很明显，1979
年时的东沙观测站处于 0 m 线以内几千米，到 2006 年时已经处于 0 m 线边缘；东南部略有
延伸，向条子泥靠拢；东沙西北部的瓢儿沙和三丫子 2006 年出现了大范围的扩张，北部的
亮月沙也在距离东沙主体较远的北部出现了大面积的扩张，这些扩张有可能是由东沙主体
上冲刷下的泥沙堆积在此处形成。

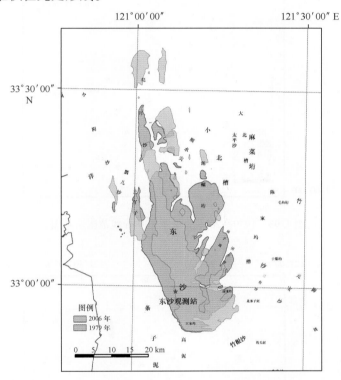

图 4.92 1979—2006 年东沙 0 m 线范围示意图

2）麻菜圩

麻菜圩 1979 年的 0 m 线内面积为 22.99 km²，2006 年为 21.60 km²，减少了 1.39 km²
（图 4.93）。从面积上看变化不大，但是位置却发生了很大变化：1979 年麻菜圩主要分布在小
北槽和陈家坞槽之间，呈零散分布；2006 年时原区域中已完全没有，而在小北槽向北十几千
米处出现新的 0 m 沙脊线，说明麻菜圩此处东南部冲刷，西北部淤积。

3）毛竹沙

毛竹沙 1979 年的 0 m 线内面积为 202.14 km²，2006 年为 161.84 km²，减少了 40.30 km²。
1979 年时，毛竹沙由竹根沙、北条子泥、三角沙、十船圩四个小沙脊组成；到 2006 年时已
经演变为两部分，一部分主体为竹根沙并向 NE 方向延伸；另一部分在三角沙与十船圩之间
（图 4.94）。

239

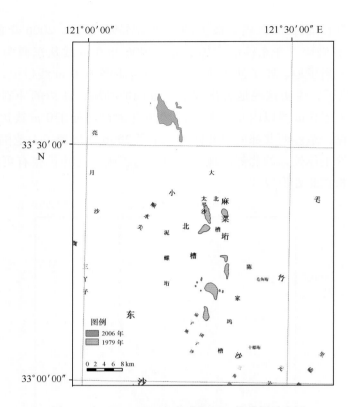

图 4.93   1979—2006 年麻菜珩 0 m 线范围示意图

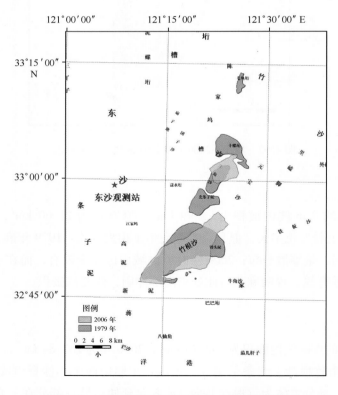

图 4.94   1979—2006 年毛竹沙 0 m 线范围示意图

4）外毛竹沙

1979 年的 0 m 线内面积为 39.32 km², 2006 年为 44.78 km², 增加了 5.46 km²。外毛竹沙由元宝沙、里磕脚、外磕脚三个小沙脊组成，1979—2006 年之间略有变化，但是面积和位置变化都不大（图 4.95）。

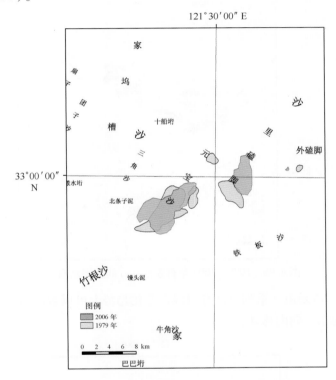

图 4.95　1979—2006 年外毛竹沙 0 m 线范围示意图

5）蒋家沙

蒋家沙 1979 年的 0 m 线内面积为 219.03 km²，2006 年为 272.69 km²，增加了 53.66 km²（图 4.96）。1979—2006 年蒋家沙的变化主要表现在以下几方面：① 1979 年时，新泥与西蒋家沙是分开的，有潮沟相隔，到了 2006 年新泥已经完全与蒋家沙合并，说明在此位置存在明显的淤积过程；② 1979 年南部的烂沙和八仙角是各自独立的两个小沙脊，2006 年时此处只剩一个明显沙脊，位置在原烂沙和八仙角之间；③ 1979 年时分开的巴巴圬和牛角沙，到 2006 年已连成一片面积较大的沙脊；④ 在蒋家沙的最东边，2006 年要比 1979 年多出一块面积较大的沙脊。

从以上几点可以看出蒋家沙的变化情况：整个沙脊存在着淤积，一方面在蒋家沙根部与条子泥相连处有明显淤积；另一方面整个沙脊向东方向延伸，东部原来分散的小沙脊淤积合并，并在最东部淤积出新的沙脊。

6）太阳沙

太阳沙 1979 年的 0 m 线内面积为 37.73 km²，2006 年为 22.33 km²，减少了 15.40 km²

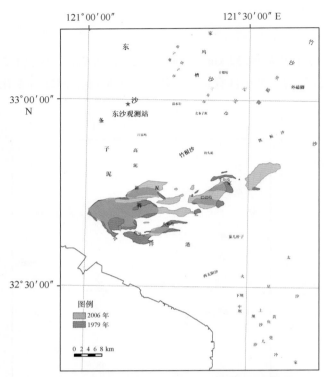

图 4.96　1979—2006 年蒋家沙 0 m 线范围示意图

（图 4.97）。由于太阳沙是由一系列小沙脊组成，变化趋势上可以看出面积减少较多，另外整个位置变化体现出向东、向南移动。

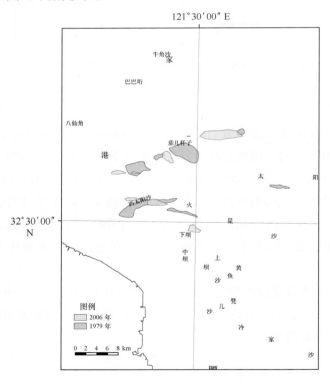

图 4.97　1979—2006 年太阳沙 0 m 线范围示意图

7）冷家沙

冷家沙 1979 年的 0 m 线内面积为 138.03 km²，2006 年为 90.00 km²，减少了 48.03 km²（图 4.98）。主要变化为凳儿沙，2006 年凳儿沙及附近小沙脊均已降到 0 m 线以下。

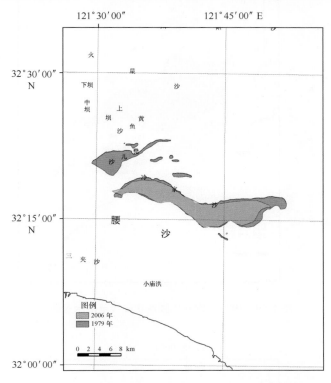

图 4.98　1979—2006 年冷家沙 0 m 线范围示意图

8）腰沙

腰沙 1979 年的 0 m 线内面积为 219.38 km²，2006 年为 327.62 km²，增加了 108.24 km²（图 4.99）。增加的主要范围为腰沙以南位置，说明腰沙以南存在着较大规模的淤积。

9）条子泥

条子泥 1979 年的 0 m 线内面积为 381.51 km²，2006 年为 528.82 km²，增加了 147.31 km²。说明条子泥在 1979—2006 年持续处于淤积增长状态。从图 4.100 看，整个条子泥向东淤积较为明显，在 1979 年时，条子泥与周围沙脊如东沙、毛竹沙、蒋家沙等之间都有潮沟相隔，如东大港、江家坞东洋、王家槽、小洋港。但在 2006 年，它们已淤积相连，变成一个大规模的 0 m 以上沙脊，原来潮沟处都出现了较大规模的淤积。

4.5.5.5　重点区域冲淤分析

1）西洋水域

西洋水域是南黄海辐射沙脊群内侧的潮汐水道，平面上呈向 NNW 开口的喇叭形，是南

243

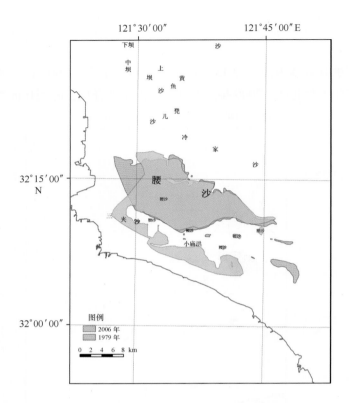

图 4.99　1979—2006 年腰沙 0 m 线范围示意图

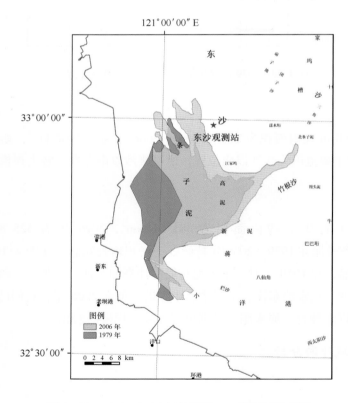

图 4.100　1979—2006 年条子泥 0 m 线范围示意图

黄海辐射沙脊群北部的最大的潮流通道，宽度在 12 ~ 25 km，最大水深近 40 m，长约 80 km。西洋深槽靠岸，水深浪小，槽内以小阴沙和瓢儿沙为界分为东西两水道。潮汐水道从斗龙港到川东港长 60 km，水域宽阔，水深条件好，10 m 等深线以上的深槽直通外海，深槽顺岸分布，沿岸可用的深水岸线最长，潮差较小，西洋水域位置见图 4.101。

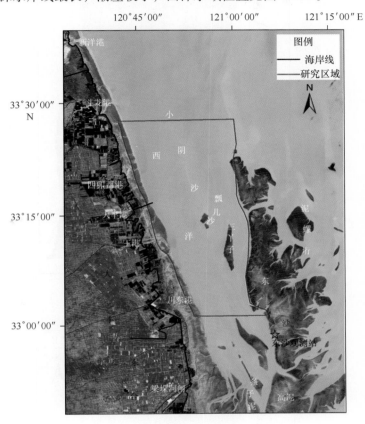

图 4.101　西洋水域研究区示意图

有些学者研究了西洋水道的稳定性，得出西洋水道是条稳定的潮汐通道，适宜建港，并具有很大的利用前景。目前选择在西洋西岸建设大丰港，西洋水道的冲淤变化直接关系到大丰港及航道的稳定性，对交通航运有重要影响，因此把西洋作为一个重点区域进行冲淤分析，可以为苏北海洋运输港口建设提供参考。

（1）数据来源。

DEM 数据：收集了 1979 年、1992 年和 2006 年的西洋水域实测水下地形图，其中 1992 年水深资料是通过水深遥感反演的方法获得。将海图经过扫描、配准、数字化后，得到水下数字高程模型（DEM）（图 4.102 ~ 图 4.104）。

分析方法：利用 GIS、DEM，可以用多种形式显示地形信息，产生多种比例尺的地形图和不同年份之间的冲淤变化图，快速计算不同年份之间的相对冲淤变化量，以提高地形演变分析的质量。在 DEM 冲淤的基础上，选择断面进行分析。

（2）西洋水域冲淤量计算。

通过 GIS 空间分析，对不同年份数字高程模型进行叠合，得到冲淤变化图（图 4.105 ~

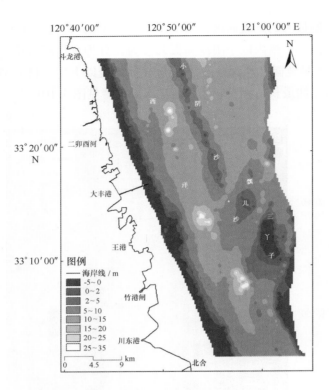

图 4.102　1979 年 DEM

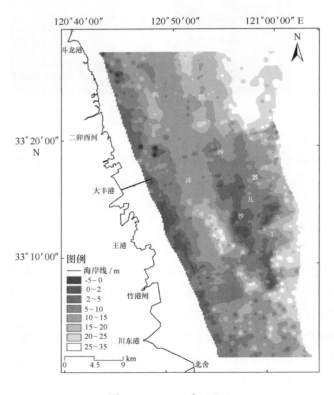

图 4.103　1992 年 DEM

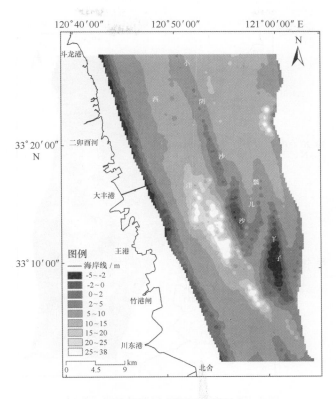

图4.104　2006年DEM

图4.107），计算水域不同年份间冲淤变化的面积和冲淤量（表4.37～表4.39）。

1979—1992年间，西洋水域以冲刷为主，冲刷的面积占总面积的78%，净冲刷量为48.5×10^8 m^3。西洋通道以及西洋水域东侧出现大面积冲刷，而小阴沙与瓢儿沙的通道呈现淤积状态，两者之间通道缩窄。瓢儿沙与三丫子的通道也呈现淤浅状态，故涨潮时潮水进入西洋水域的量将减少。

1992—2006年间，淤积的面积占总面积的73%，净淤积量为40.8×10^8 m^3，西洋水域以淤积为主。小阴沙的面积有所扩大，南部与瓢儿沙相连接，与瓢儿沙之间的通道在缩窄。水域近岸海域出现淤积，特别是大丰港引堤外侧出现淤浅。

纵观1979—2006年，西洋水域以冲刷为主，冲刷的面积占总面积的58%，净冲刷量为7.8×10^8 m^3。西洋水道一直处在一个不断刷深的过程中，特别是西洋深槽附近，刷深的程度最大。此外，整个近岸附近出现淤浅，小阴沙与瓢儿沙，以及瓢儿沙与三丫子之间通道呈现长条状淤浅，小阴沙—瓢儿沙—三丫子逐渐合并，并有向东沙并滩，扩大东沙面积的趋势。

（3）断面分析。

为了进一步研究西洋水域水下地形的演变情况，在研究区选取三个断面（图4.108），进行断面的时空演变分析。断面1的端点A（33.46°N，120.83°E）、B（33.20°N，120.91°E），位于小阴沙西侧；断面2的端点C（33.28°N，120.80°E）、D（33.29°N，121.02°E），位于大丰港引堤外侧，横跨西洋通道、小阴沙、瓢儿沙；断面3的端点E（33.20°N，120.03°E）、F（33.21°N，121.03°E），位于王港外侧，横跨西洋通道、三丫子。得出每个断面不同时期

247

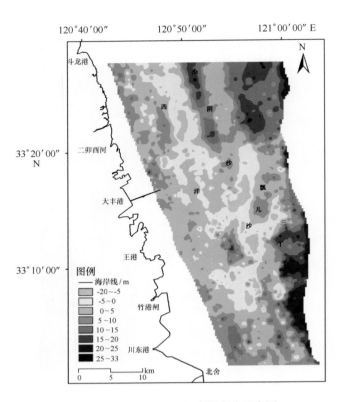

图 4.105　1979—1992 年冲淤变化示意图

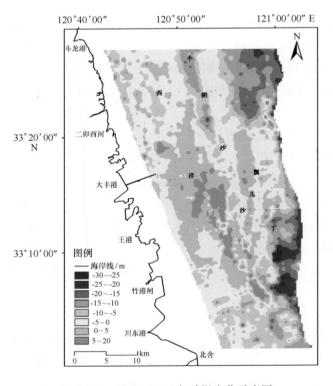

图 4.106　1992—2006 年冲淤变化示意图

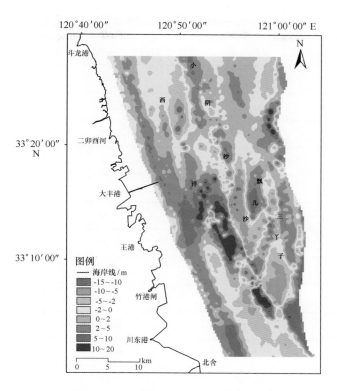

图 4.107　1979—2006 年冲淤变化示意图

表 4.37　1979—1992 年不同水深段冲淤量计算结果

冲淤深度/m	面积/km²	体积/（×10⁸ m³）	冲淤状态
-19.04~15	0.30	0.003	淤
-15~10	1.61	0.04	
-10~5	30.35	0.49	
-5~0	183.72	4.98	
淤积计	215.97	5.52	
0~5	362.06	28.69	冲
5~10	187.85	14.15	
10~15	113.32	7.42	
15~20	63.44	2.87	
20~25	26.03	0.81	
25~32.79	4.93	0.06	
冲刷计	757.63	54.00	
总计		48.48	冲

表 4.38　1992—2006 年不同水深段冲淤量计算结果

冲淤深度/m	面积/km²	体积/（×10⁸ m³）	冲淤状态
−31.6~25	2.80	0.04	淤
−25~20	21.62	0.51	
−20~15	60.53	2.47	
−15~10	98.09	6.54	
−10~5	167.77	12.61	
−5~0	365.72	26.02	
淤积计	716.53	48.20	
0~5	216.46	6.15	冲
5~10	30.22	1.05	
10~15	8.20	0.26	
15~20	2.00	0.02	
冲刷计	256.88	7.48	
总计		40.71	淤

表 4.39　1979—2006 年不同水深段冲淤量计算结果

冲淤深度/m	面积/km²	体积/（×10⁸ m³）	冲淤状态
−20~−15	0.37	0.01	淤
−15~−10	2.86	0.05	
−10~−5	47.73	0.96	
−5~0	350.67	8.41	
淤积计	401.63	9.43	
0~5	476.74	14.23	冲
5~10	77.21	2.28	
10~15	13.84	0.58	
15~20	5.58	0.15	
20~26	0.91	0.01	
冲刷计	574.28	17.26	
总计		7.83	冲

的水深（图4.109～图4.111），并进行对比分析如下。

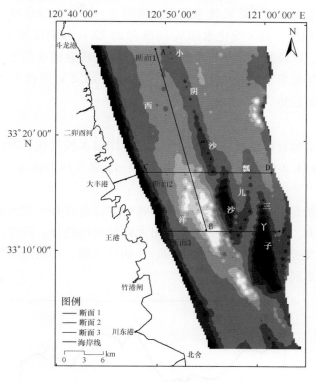

图4.108　断面位置示意图

断面1

自1979年以来，在断面1，北端发生逐年少量的淤涨，离起点7.5 km处，受到很大程度的淤浅，最大变化水深从1979年的21.4 m淤浅至2006年的11.3 m。在断面南端接近西洋深槽水域，水深陡然增加，最大变化水深从1979年的12.9 m增加至2006年的22.6 m。由于受到小阴沙的庇护，部分水域的水深变化不大。

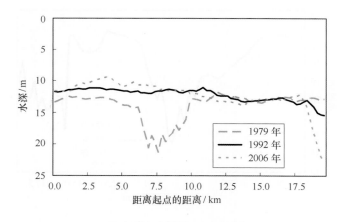

图4.109　断面1水深分布

断面 2

从断面 2 示意图上可看出，U 形处为西洋深槽附近，1979—1992 年水深变化不大，但到 2006 年个别处水深被刷深，最大变化水深从 1979 年的 12.6 m 刷深至 2006 年的 24.7 m。断面 2 横跨小阴沙南端，以及其与瓢儿沙之间的通道，可发现通道水深变化起伏较大，总体是淤浅的趋势，通道逐年缩窄，最大变化水深由 1979 年的 12.2 m 淤浅至 2006 年的 2.0 m。在瓢儿沙外侧有被刷深的趋势。

断面 3

在王港外侧近岸水域有小幅度的淤浅趋势，西洋深槽水域处在不断刷深的过程中，最大变化水深从 1979 年的 11.2 m 刷深至 2006 年的 35.0 m。瓢儿沙南端与三丫子之间的通道处在淤浅的过程中。

从三个断面的冲淤变化来看，西洋水域内部各处的稳定性有一定的差异。小阴沙西侧部分水域的水深变化不大，但是北部有一处显现出大幅淤积的趋势；西洋深槽处于不断刷深的过程中，1979—1992 年是刷深程度最大的时段；小阴沙南端，小阴沙与瓢儿沙、瓢儿沙与三丫子之间的通道都有不同程度的淤浅。

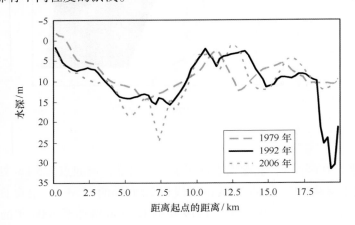

图 4.110　断面 2 水深分布

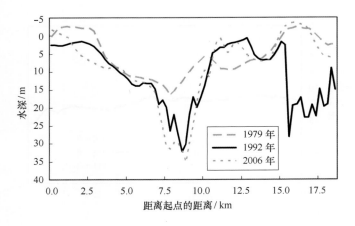

图 4.111　断面 3 水深分布

（4）西洋水域地形变化小结。

1979—2006 年期间，西洋水域以冲刷为主，冲刷的面积占总面积的 58%，净冲刷量为 $7.8 \times 10^8 \ m^3$。西洋深槽附近，刷深的程度最大。小阴沙的西侧和南侧出现淤积，小阴沙与瓢儿沙，以及瓢儿沙与三丫子之间通道呈现长条状淤浅；小阴沙—瓢儿沙—三丫子有逐渐合并，并有向东沙并滩的趋势。

通过断面分析，西洋水域内部各处的稳定性有差异。1979—1992 年是淤积程度最大的时段，1992—2006 年相对稳定西洋深槽处于不断刷深的过程中，1979—1992 年是刷深程度最大的时段；小阴沙南端，小阴沙与瓢儿沙、瓢儿沙与三丫子之间的通道都有不同程度的淤浅。

总体来说，从 1979—2006 年西洋深槽继续冲刷，西洋潮沟加深拓宽，西洋水道处于稳定状态，这与朱大奎（1982），黄海军（2004）的阐述相同；西洋西侧潮滩出现了侵蚀，与李海宇、王颖（2002）的阐述相同。

2）东沙沙脊

东沙位于江苏岸外辐射沙脊群北部，是该沙脊群中面积仅次于条子泥的第二大沙洲。东沙所在区域属半日潮，且为强潮流区，平均大潮流速为 1.29 m/s；辐射沙脊群北部为波浪辐聚区；东沙沙脊群的沉积物组成以细砂为主，还含有部分粗粉砂及少量细粉砂和黏土。东沙具有独特的地形地貌和水动力条件，对它进行冲淤分析为揭示整个辐射沙脊群及其邻近岸滩的动态演变都有益。

本章节所做的工作是选用不同时期低潮位遥感影像，经处理后采用"遥感沙脊线"这同一种新方法（见本书第 18 章）提取出东沙主要沙脊线，根据沙脊线的变动来表现和判断东沙的变化情况。

（1）数据来源。

收集了 1988—2008 年的多景美国陆地卫星 Landsat' TM 多波段数据，以这些几何分辨率较高、影像范围适中的数据为基础，运用"遥感沙脊线"方法来定量分析东沙变化。

对于东沙沙脊，我们在前期进行了实地调研工作，在盐城市海洋与渔业局的协助下，于 2008 年 7 月分别与东沙管理站工作人员、养殖承包人和熟悉东沙历史情况的当地渔民多人次座谈，掌握了大量东沙潮滩及周边潮沟冲淤变化的历史情况。

（2）沙脊线信息提取。

用第 19 章介绍的方法分别对 1988—2008 年的 6 景遥感影像进行处理，提取出 6 个时期东沙沙脊线（图 4.112）。

东沙沙脊线以"上"形分布，在主沙脊线右侧有两个分支。其中右上分支为 2003 年后才出现。总的来看，沙脊线从 1988 年开始往右移动，右侧下分支往北移动明显。

为了更准确地说明和更清晰地反映东沙沙脊线的变化情况，将以上 6 个时期分为 5 个时间段，分别对每一时段的沙脊线变化进行分析。

1988—1992 年（图 4.113 和图 4.114）：

① 从沙脊线长度来看，由于 1988 年资料缺少，主沙脊线长度变化不作考虑；沙脊线分支 L 长度 1992 年比 1988 年缩短了 3 772 m。

② 东沙沙脊线主线南部起始点往北移动，西北向移动约 2 578 m。

③ 整个主线往东偏移，以 33°3′20″N、121°6′32″E 点为界，此点以南往东移动，最大值

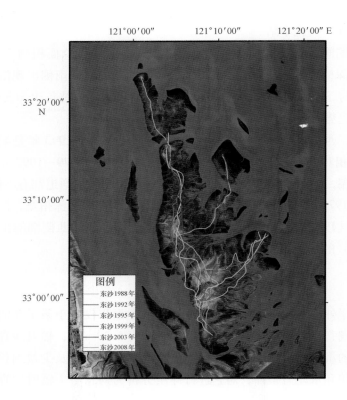

图 4.112　东沙 1988—2008 年沙脊线变化示意图

（以 2008 年遥感影像作为底图）

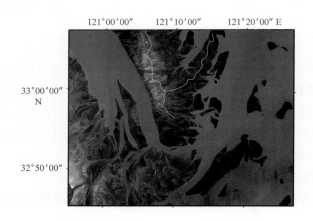

图 4.113　东沙 1988 年沙脊示意图

约 3 400 m，以北变化较小。

④ 分支 L 的分叉点出现了东移，幅度约 327 m。

⑤ 分支 L 的终点往南移动约 1 534 m，同时以 33°3′30″N、121°13′37″E 为界，此点以西，分支往北移动，最大值为 1 200 m，此点以东，分支往南移动，最大值为 880 m。

1992—1995 年（图 4.115）：

① 从沙脊线长度来看，主沙脊线长度 1995 年比 1992 年延长了 2 773 m；沙脊线分支长度 1995 年比 1992 年延长了 2 167 m。

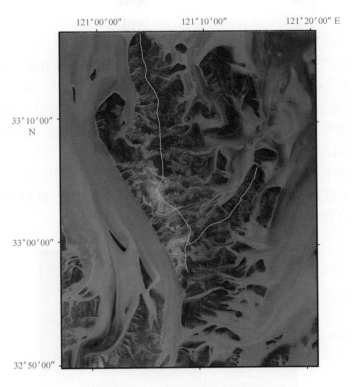

图 4.114　东沙 1992 年沙脊示意图

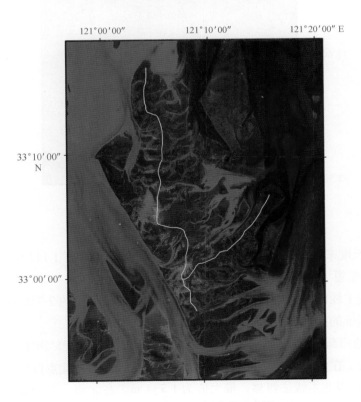

图 4.115　东沙 1995 年沙脊示意图

②东沙沙脊线主线南部起始点往东南移动，移动幅度在 658 m 左右；北部终点往西移动约 399 m。

③主线呈波浪式变化，两个年代的沙脊线不断交叉又分开，共有交叉点 7 处。整个主线的南部和北部情况不一样，在北部，以 33°4′25″N、121°5′52″E 为界，此点以南主线往东移，最大值为 2 100 m，此点以北主线往西移，最大值为 1 300 m。再北边有小幅度的东西摆动。主线南部从 32°59′15″N、121°8′33″E 起重叠 1 866 m 后往东南向偏移，最大值为 500 m。

④分支 L 的分叉点向西北北向移动，幅度约 1 200 m。

⑤分支 L 的终点往北移动约 1 644 m，同时以 33°4′23″N、121°14′11″E 为界，此点以西，分支往北移动，最大值为 1 400 m，此点以东，分支往东移动，最大值为 300 m。

1995—1999 年（图 4.116）：

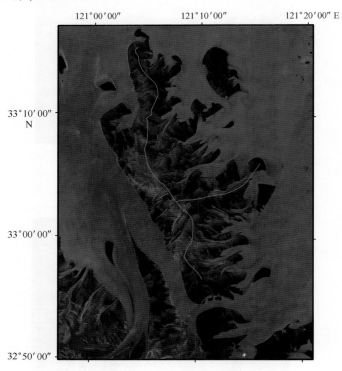

图 4.116   东沙 1999 年沙脊示意图

①从沙脊线长度来看，主沙脊线长度 1999 年比 1995 年缩短了 1 112 m；沙脊线分支长度 1999 年比 1995 年缩短了 4 252 m。

②东沙沙脊线主线南部起始点往东南移动，移动幅度较大，约 2 716 m 左右；同时北部终点也出现了大幅度的南移，移动距离约 3 000 m。

③整个主线的南部和北部变化情况不一，以 33°5′25″N、121°5′29″E 为界，南部变化剧烈，北部变化平缓。在南部，又以 33°2′31″N、121°8′22″E 为界，此点以南主线往东移，最大值为 2 624 m，此点以北主线往西移，最大值为 1 734 m。在北部，主沙脊线略东移，幅度在 1 000 m 以内，且两个年代的沙脊线有重叠处。

④分支 L 的分叉点移动非常剧烈，往北移动，约 5 381 m。

⑤ 分支 L 的终点往北移动约 1 568 m，同时以 33°4′3″N、121°13′39″E 为界，此点以西，分支往北移动，最大值为 5 000 m，呈喇叭口形由西向东逐渐缩小；此点以东，分支往东南移动，最大值为 300 m。

1999—2003 年（图 4.117）：

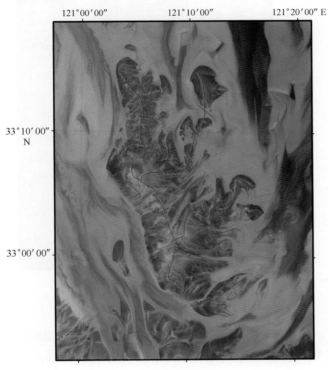

图 4.117　东沙 2003 年沙脊示意图

① 从沙脊线长度来看，主沙脊线长度 2003 年比 1999 年缩短了 2 173 m；沙脊线分支长度 2003 年比 1999 年延长了 1 792 m。

② 东沙沙脊线主线南部起始点往西移动，移动幅度较大，约 2 579 m 左右；北部终点也出现了西移，移动距离约 634 m。

③ 整个主线变化持续了 1995—1999 年变化趋势——南部变化剧烈，北部变化平缓，南北以 33°6′14″N，121°5′5″E 为界。在南部，又以 33°14′49″N，121°8′5″E 为界，此点以南主线往西移，最大值为 1 343 m，此点以北主线往东移，最大值为 1 984 m。在北部，主沙脊线呈波浪形东西摆动，摆动幅度在 300 m 以内。

④ 分支 L 的分叉点移动非常剧烈，往南移动，约 3 440 m。

⑤ 分支 L 的终点往西移动约 1 345 m，同时以 33°3′10″N，121°9′55″E 为界，此点以西，分支往南移动明显，最大值为 2 988 m；此点以东，呈波浪形变化，逐渐西偏至最大值 1 345 m。

⑥ 分支 M 出现，分叉点位于 33°5′57″N，121°5′38″E，向东延伸约 6 399 m 后北上，终点位于 33°14′49″N，121°10′45″E。

2003—2008 年（图 4.118）：

① 从沙脊线长度来看，主沙脊线长度 2008 年比 2003 年延长了 17 074 m；沙脊线分支 L

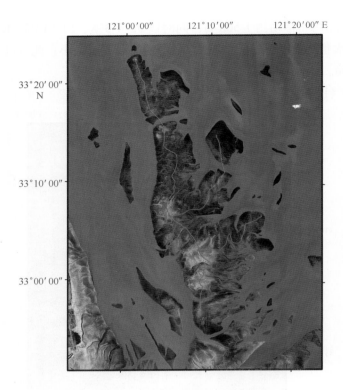

图 4.118 东沙 2008 年沙脊示意图

长度 2008 年比 2003 年延长了 1 224 m；分支 M 的长度 2008 年比 2003 年缩短了 1 141 m。

② 东沙沙脊线主线南部起始点往东移动 400 m 左右；北部终点出现大规模的西北向延伸，幅度达 13 907 m。

③ 2008 年主沙脊线整体都有往东移动的趋势，在 33°5′4″N 以南，东移较多，范围从 1 507 m 至 2 974 m 不等；在 33°5′4″N 以北，东移较小，范围在 1 000 m 以内。主沙脊线往北延长了 1/4，最北纬度达 33°22′42″N。

④ 分支 L 的分叉点往东北向移动，约 3 556 m。

⑤ 分支 L 的终点往东北方向移动 3 177 m，整个分支有往 NE 向的移动趋势。

⑥ 分支 M 的分叉点北移 1 217 m。

⑦ 分支 M 以 33°9′49″N，121°10′36″E 为界，此点以西往北偏移，约 1 281 m，此点以北变化微弱。

（3）沙脊线变化状况。

根据东沙沙脊线从 1988—2008 年间的不断移动，可以从沙脊线长度的变化和横向摆动来分析东沙沙脊的演变。

沙脊线长度变化：沙脊线的长度与端点相关，而端点的选取受到潮位的影响，产生一定误差，但由于本次调查所选用的都是较低潮位的影像，因潮位而产生的误差与沙脊线的长度相比很小，因此沙脊线长度的变化可以反映出沙脊的延伸和合并趋势。

除去 1988 年不作考虑外，共有 5 个时期的沙脊线长度，分别为：1992 年 38 803 m、1995 年 41 576 m、1999 年 40 464 m、2003 年 38 291 m 和 2008 年 55 365 m。可以看出从 1992 年起，主沙脊线开始增长，1995 年到达最大值后开始逐渐缩短，至 2003 年时缩短至最小值，而 2003—2008 年之间出现了剧烈的增长，该增长主要表现在北部，增长量达到 13 907 m。

根据以上情况可以得到：① 1995 年之前的主沙脊线是增长的，也就是东沙南北向范围在扩大；② 1995—2003 年间，主沙脊线缩短明显，该时段东沙南北向范围缩小；③ 2003—2008 年间，主沙脊线又出现了较大的延伸，主要出现在北部。

（2）沙脊线的摆动变化。

沙脊线的摆动可以很好地反映沙脊的横向偏移情况。

1988—1992 年整个东沙主沙脊线往东偏移，以 33°3′20″N、121°6′32″E 点为界，此点以南往东移动，最大值约 3 400 m，以北变化较小。

1992—1995 年沙脊线主线北部以 33°4′25″N、121°5′52″E 为界，此点以南主线往东移，最大值为 2 100 m，此点以北主线往西移，最大值为 1 300 m。再北边有小幅度的东西摆动。主线南部从 32°59′15″N、121°8′33″E 起重叠 1 866 m 后往 SE 向偏移，最大有 500 m。

1995—1999 年整个主线以 33°5′25″N、121°5′29″E 为界，南部变化剧烈，北部变化平缓。在南部，又以 33°2′31″N、121°8′22″E 为界，此点以南主线往东移，最大值为 2 624 m，此点以北主线往西移，最大值为 1 734 m。在北部，主沙脊线略东移，幅度在 1 000 m 以内，且两个年代的沙脊线有重叠处。

1999—2003 年沙脊线主线南部变化剧烈，北部变化平缓，南北以 33°6′14″N、121°5′5″E 为界。在南部，又以 33°14′49″N、121°8′5″E 为界，此点以南主线往西移，最大值为 1 343 m，此点以北主线往东移，最大值为 1 984 m。在北部，主沙脊线呈波浪形东西摆动，摆动幅度在 300 m 以内。

2003—2008 年主沙脊线整体都有往东移动的趋势，在 33°5′4″N 以南，东移较多，范围从 1 507～2 974 m 不等；在 33°5′4″N 以北，东移较小，范围在 1 000 m 以内。主沙脊线往北延长了 1/4，最北纬度达 33°22′42″N。

根据以上情况分析：

① 东沙主沙脊线 NS 向延伸，在 1988—2008 年间，主线南部不断东移且东移幅度明显，主线北部略有西移，但在 2003 年后开始往东移动。

② 主沙脊线以 33°8′30″N 为界，南部和北部变化情况不一，南部变化剧烈，移动幅度较大，北部变化平缓，移动幅度小。

③ 主沙脊线东西移动的分界点不断往北移动，从 1992 年的 33°3′20″N 一直到 2008 年的 33°5′4″N。

④ 1988—2008 年主沙脊线南部东移最大值出现在 33°1′43″N，往东移动了 6 000 m。

⑤ 主沙脊线南部根部摆动幅度较小，在 1 500 m 以内。

（4）东沙沙脊变化结论

根据 1988—2008 年之间东沙沙脊线的长度变化和摆动情况分析，可以得出以下结论。

① 沙脊北侧往北延伸：东沙的主沙脊线在 2003 年后有明显的往北延伸趋势，长度增加；其北部终点在 2003 年后也有明显北移现象。这说明东沙主体北部不断向北方淤长。

② 沙脊南侧往北收缩：东沙主沙脊线南部端点在 1999 年后再次往 NW 方向移动，这说明东沙主体有往北收缩的趋势。

③ 沙脊西侧东移，形成陡壁：从东沙主沙脊线的摆动情况看，整个沙脊线南部东移非常

明显，东移最大值出现在33°1′43″N，移动了6 000 m，南部根部移动不明显；北部在2003年后也开始出现东移。说明东沙主体西侧整体东移，并在东侧形成陡壁。这一点与许多研究者观点一致，也与当地渔政工作者及渔民们所观察到的现象一致。

④ 沙脊东侧东移：东沙的分支主要分布在东侧，说明东沙在东侧存在着生长点。而从两个分支沙脊线情况来看，在1999年和2003年后都出现了往东的延伸，说明东沙主体的东侧继续东移。这与黄海军观点一致。

通过遥感沙脊线方法对东沙调查得到的结果与前期调研中东沙管理工作人员及当地渔民等所反映的情况一致。主要表现为：东沙在1988—2008年间变化幅度较大，主要表现为东移和北移，而东移强于北移。东移主要表现在主沙脊不断往东摆动，两分支沙脊往东延伸，导致东沙西侧后退形成陡壁，东侧沙脊往东发展；北移主要表现在主沙脊的往北延伸，两分支叉点的北移以及分支沙脊的往北摆动。

3）小庙洪潮汐水道

小庙洪水道是辐射沙脊群区有代表性的一条淹没型潮汐汊道，它位于辐射沙脊群南部，也是距岸最近的一条潮汐水道，水道深槽距岸最近为5 km，位于南通市启东吕四岸外。本次调查用遥感和GIS技术，通过实测水下地形图比较方法和遥感潮沟中轴线方法（见本书第19章）分析小庙洪水道的历年冲淤变化。

（1）水下地形图的比较方法。

数据来源：本次收集了1979年和2003年的地形图资料。将地形图经过扫描、配准、数字化后，得到水下数字高程模型（DEM）。2006年水深数据通过遥感测深技术反演获得。

等深线比较：为了更好地反应1979—2003年间小庙洪水道的地形变化情况，将两个时期0 m、5 m、10 m等深线分别进行叠加分析（图4.119～图4.122）。

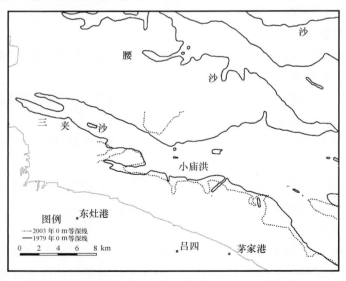

图4.119　1979年和2003年0 m等深线示意图

从图上可以看出在小庙洪水道南部0 m等深线往南后退，5 m等深线整体变化不大，10 m等深线在2003年出现。由此可以得出：小庙洪水道的南水道出现冲刷，而整个小庙洪水

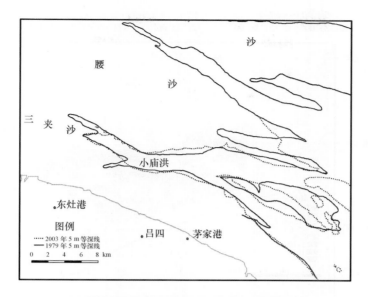

图 4.120 1979 年和 2003 年 5 m 等深线示意图

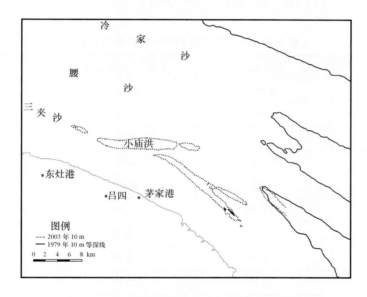

图 4.121 1979 年和 2003 年 10 m 等深线示意图

道中泓水深加大。

冲淤分析：用 1979 年、2003 年和 2006 年水下地形 DEM 进行冲淤分析。

从 1979—2003 年，小庙洪水道总冲刷面积 90.49 km²，总冲刷量 1.28 × 10⁸ m³；总淤积面积 43.51 km²，总淤积量 0.65 × 10⁸ m³。冲刷的面积占 67.5%，淤积的面积占 32.5%；净冲刷量为 0.65 × 10⁸ m³。说明小庙洪水道在 1979—2003 年以冲刷为主（图 4.122 和表 4.40）。

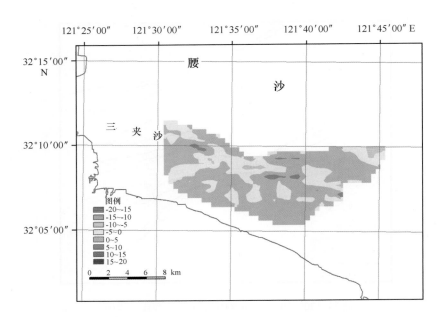

图 4.122　小庙洪水道 1979—2003 年冲淤变化示意图

表 4.40　小庙洪水道 1979—2003 年冲淤量

冲淤深度/m	面积/km²	体积/（×10⁸ m³）	冲淤状态
−8 ~ −6	0.65	0.004	淤
−6 ~ −4	3.62	0.04	
−4 ~ −2	7.86	0.14	
−2 ~ 0	31.38	0.44	
淤积计	43.51	0.63	
0 ~ 2	−67.50	−1.04	冲
2 ~ 4	−18.01	−0.19	
4 ~ 6	−4.16	−0.04	
6 ~ 8	−0.77	−0.01	
8 ~ 10	−0.06	−0.00	
冲刷计	−90.49	−1.28	
总计		−0.65	冲

从 2003—2006 年，小庙洪水道总冲刷面积 36.86 km²，总冲刷量 0.36×10⁸ m³；总淤积面积 97.14 km²，总淤积量 4.86×10⁸ m³。冲刷的面积占 27.5%，淤积的面积占 72.5%，净淤积量为 4.32×10⁸ m³。说明小庙洪水道在 2003—2006 年以淤积为主（图 4.123 和表4.41）。

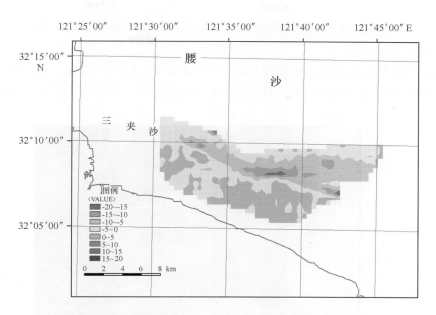

图 4.123　小庙洪水道 2003—2006 年冲淤变化示意图

表 4.41　小庙洪水道 2003—2006 年冲淤量

冲淤深/m	面积/km²	体积/（×10⁸ m³）	冲淤状态
−18.06 ～ −16	0.29	0.002	淤
−16 ～ −14	0.84	0.086	
−14 ～ −12	1.80	0.039	
−12 ～ −10	5.03	0.100	
−10 ～ −8	12.04	0.245	
−8 ～ −6	17.31	0.560	
−6 ～ −4	14.22	0.877	
−4 ～ −2	18.30	1.196	
−2 ～ 0	27.31	1.653	
淤积计	97.14	4.68	
0 ～ 2	−31.55	−0.342	冲
2 ～ 4	−5.29	−0.019	
4 ～ 6	−0.02	−0.000 2	
冲刷计	36.86	0.36	
总计		4.32	淤

（2）潮沟中轴线方法。

数据来源：本次调查所用遥感影像资料是 1979—2003 年的 6 景。对这 6 景影像用同样的控制点进行几何校正，误差控制在一个像元内。

小庙洪水道中轴线提取：用介绍的方法（见本书第18章）分别绘出6个时期的小庙洪水道中轴线，由此得到以下结果。

1979年：1979年小庙洪水道中轴线开始于32°12′11″N、121°21′48″E，总长36 740 m，走向呈NWW—SEE向，在32°8′35″N、121°35′29″E处向南弯曲，共有分支2个（图4.124）。

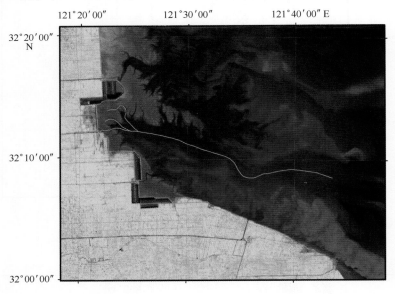

图4.124　小庙洪水道1979年中轴线示意图

1987年：1987年小庙洪水道中轴线开始于32°12′12″N、121°21′43″E，总长35 744 m，走向呈NWW—SEE向，较平缓，共有5个分支。在主线头部以北有分支3个。在主线头部以南有分支1个（图4.125）。

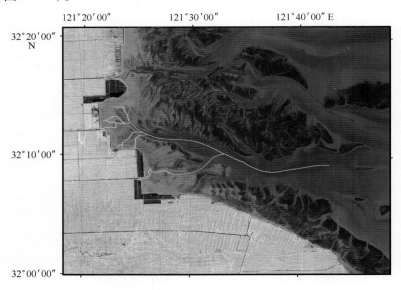

图4.125　小庙洪水道1987年中轴线示意图

1989年：1989年小庙洪水道中轴线开始于32°12′10″N、121°21′46″E，总长35 598 m，走

向呈 NWW—SEE 向，较平缓。共有分支 6 个。在主线头部以北有分支 3 个，在主线头部以南有 2 个分支，在主线中段以南有一个分支（图 4.126）。

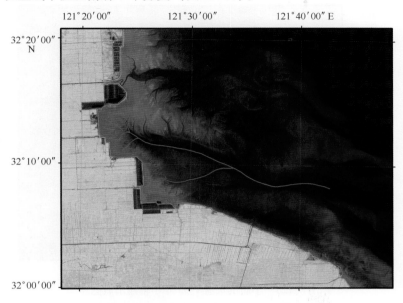

图 4.126　小庙洪水道 1989 年中轴线示意图

1993 年：1993 年小庙洪水道中轴线开始于 32°12′10″N、121°21′38″E，总长 34 023 m，走向呈 NWW—SEE 向，较平缓。共有分支 4 个，在主线头部以北有分支 1 个，在主线头部以南有 2 个分支，在主线中段以南有一个分支（图 4.127）。

图 4.127　小庙洪水道 1993 中轴线示意图

1995 年：1995 年小庙洪水道中轴线开始于 32°12′9″N、121°21′39″E，总长 37 095 m，走向呈 NWW—SEE 向，较平缓。共有分支 2 个，在主线头部以北有分支 1 个，在主线中段以南有一个分支（图4.128）。

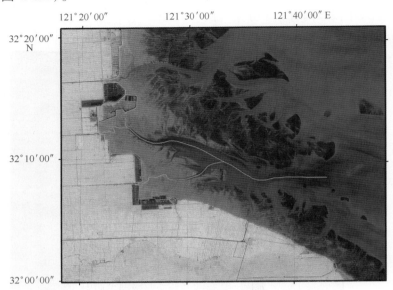

图4.128　小庙洪水道1995年中轴线示意图

2003年：2003年小庙洪水道中轴线开始于32°12′9″N、121°21′44″E，总长41 142 m，走向呈NWW—SEE向，较平缓。共有分支2个。在主线头部以北有分支1个。在主线中段以南有一个分支（图4.129）。

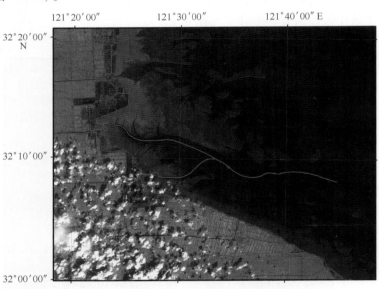

图4.129　小庙洪水道2003年中轴线示意图

中轴线分段分析：为了更清楚的对小庙洪水道进行分析，将中轴线划分为上、中、下三段。上段与中段的分界线为121°25′36″E；中段与下段的分界线为121°34′10″（图4.130）。上段变化反映出近岸滩涂处水道在闸外潮沟汇水的变化；中段反映出新开河港的出水情况；下段是水道深泓的摆动情况。

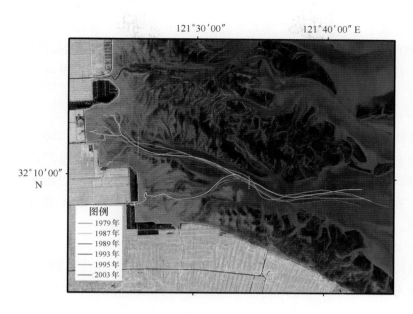

图 4.130 小庙洪水道 1979—2003 年中轴线变化示意图

小庙洪水道上段中轴线变化:

图 4.131 是小庙洪水道中轴线上段,在 121°25′36″E 以西。下面分别从 5 个时间段来说明中轴线上段的变化情况。

图 4.131 小庙洪水道上段 1979—2003 年中轴线变化示意图

① 1979—1987 年。

从中轴线长度看:1979 年上段长 6 202 m,1987 年长 7 444 m,延长了 1 242 m。

从中轴线主线看:起始点有微弱移动,西北向移动 132 m。两个年代的主线交叉在 32°12′15″N、121°24′57″E,交叉点以西北移 496 m,以东南移 700 m。

从分支情况看:1979 年在主线以北有 2 个分支,分别长 4 136 m 和 7 341 m,在

121°25′25″E、以西汇入主线。1987 年共有分支 4 个，在主线头部以北有分支 3 个，分别长 1 649 m、3 800 m 和 4 028 m，在 121°24′19″E 以西汇入主线。在主线头部以南有分支 1 个，在 32°9′54″N、121°34′10″E 处汇入主线，总长 4 585 m。1987 年比 1979 年多出 2 个分支，分别位于主线南、北部。

② 1987—1989 年。

从中轴线长度看：1987 年长 7 444 m，1989 年长 7 238 m，缩短了 206 m。

从中轴线主线看：整体变化不是很明显，主线略有南移，最大值为 252 m。

从分支情况看：1989 年比 1987 年在主线南部多出一个分支，起始于 32°11′42″N、121°22′59″E，在 32°12′35″N、121°24′21″E 处汇入主线，总长 3 021 m；北部一个分支的入主线点发生移动，东南向移动约 700 m。

③ 1989—1993 年。

从中轴线长度看：1989 年长 7 238 m，1993 年长 7 935 m，延长了 697 m。

从中轴线主线看：在 32°12′35″N、121°24′21″E 以西变化不多，移动主线向南移，移动幅度为 163 m。

从分支情况看：1993 年分支明显比 1989 年要减少，1989 年在主线以南有 2 个分支，以北有 3 个分支，1993 年主线以南有 2 个分支，以北 1 个分支；而且 1993 年的分支要比 1989 年缩短很多，1989 年的分支长度都在 3 000 m 以上，1993 年只有 1 000 m 左右；另外各分支的入主线点有轻微偏移，幅度在 100 m 以内。

④ 1993—1995 年。

从中轴线长度看：1993 年长 7 935 m，1995 年长 8 247 m，延长了 312 m。

从中轴线主线看：在 32°12′39″N、121°24′18″E 以西无明显变化，以东至 32°12′19″N、121°24′49″E 主线向北移，移动幅度为 163 m，再往东至 32°11′51″N、121°25′28″E 之间基本吻合，再往东开始略微南移。

从分支情况看：1995 年主线南部的两个分支已经消失，只剩主线以北分支一个，它比 1993 年北延了 482 m。

⑤ 1995—2003 年。

从中轴线长度看：1995 年长 8 247 m，2003 年长 9 101 m，延长了 854 m。

从中轴线主线看：在 32°12′6″N、121°25′7″E 以东往南移 157 m，以西至 32°12′39″N、121°23′50″E 之间变化微弱，再往西主线的弯曲点出现变化，向西北移 100 m 左右。

从分支情况看：1995 年原来的分支消失，2003 年出现了新的分支，起始于 32°13′7″N、121°22′7″E，在 32°12′45″N、121°22′46″E 处汇入主线，总长 1 562 m。

⑥ 综述。

上段中轴线的长度变化：上段中轴线的整体变化趋势是变长的，1989 年略有缩短。从 1979 年的 6 202 m 到 2003 年的 9 101 m，共增加了 2 899 m，增加近 47%。但是中轴线起点的变化却非常微弱，说明上段中轴线的弯曲度增加。

上段中轴线的主线摆动情况：以 121°24′57″E 为界，该线以西，中轴线往北摆动，最大值 724 m，该线以东，中轴线往南摆动，最大值达 860 m。整个主线的走势除 1979 年以外，其余 5 年走势基本相同。

上段中轴线分支变化：从分支分布来看，小庙洪水道上段中轴线的分支大部分分布在主线以北；从数量上看，1979—1989 年是分支的发展增长阶段，从 1979 年的 2 个分支到 1987 年的 4 个，1989 年时达到顶点，共有 5 个分支，1989 年后分支数量迅速减少，到 1995 年后只剩 1 个；从分支长度来看，同样 1989 年是长度最长的年份，各分支长度都在 3 000 m 左右，1993 年时各分支长度就明显减少至 1 000 m 左右。

小庙洪水道中段中轴线变化：

图 4.132 上是小庙洪水道中段中轴线，在 121°25′36″—121°34′10″E 之间。下面分 5 个时间段说明中段中轴线变化情况。

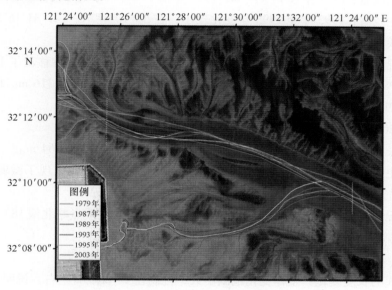

图 4.132　小庙洪水道中段 1979—2003 年中轴线变化示意图

① 1979—1987 年。

从中轴线长度看：1979 年中段长 14 145 m，1987 年长 14 229 m，略延长 84 m。

从中轴线主线看：在 32°11′17″N、121°29′54″E 以西主线向南移动 896 m，以东至 32°10′37″N、121°32′12″E 主线往北移东 193 m，再往东主线又南移 366 m。

从分支变化情况看：1979 年没有分支，1987 年在主线中段以南出现了新的分支，起始于 32°8′5″N、121°25′36″E，东北向流动后在 32°10′11″N、121°33′6″E 处汇入主线，总长 14 537 m。

② 1987—1989 年。

从中轴线长度看：1987 年长 14 229 m，1989 年长 14 137 m，缩短了 92 m。

从中轴线主线看：在 32°11′35″N、121°26′27″E 以西主线向南移动 178 m，以东至 32°11′22″N、121°28′30″E 主线往北移东 160 m，再往东主线又南移 357 m。

从分支变化情况看：1989 年的分支入主线点发生变化，东南向移动 1 600 m，往下游移动了 1 500 m 左右；分支在 32°8′45″N、121°27′50″E 以西基本重合，以东至 32°9′3″N、121°31′5″E 西北向移动 300 m 左右，再往 EES 向移动 677 m。1989 年分支长 15 545 m，比 1987 年延长 1 008 m。

③ 1989—1993 年。

从中轴线长度看：1989 年长 14 137 m，1993 年长 14 177 m，延长了 40 m。

从中轴线主线看：在32°11′28″N、121°27′30″E以西向南移191 m，以东往北移309 m。

从分支情况看：1993年的分支入主线点向NE向移动300 m，往下游移动了200 m左右；分支在32°8′39″N、121°28′0″E以西基本重合，以东至32°9′27″N、121°32′1″E往东南向移动397 m左右，再往东向北移动195 m。1993年分支长16 276 m，比1989年延长731 m。

④ 1993—1995年。

从中轴线长度看：1993年长14 177 m，1995年长14 456 m，延长了279 m。

从中轴线主线看：1993年至1995年变化较小，在32°10′54″N、121°31′16″E以西无明显变化，以东主线向北移，移动幅度为399 m。

从分支情况看：1995年的分支入主线点向西移动1 043 m，往上游移动了1 300 m左右；分支在32°9′6″N、121°31′26″E以西基本重合，以东往NW方向N移动316 m。1995年分支长13 842 m，比1993年缩短2 434 m。

⑤ 1995—2003年。

从中轴线长度看：1995年长14 456 m，2003年长14 392 m，缩短64 m。

从中轴线主线看：1995年至2003年整体变化不是很明显，主线出现了微弱的南北摆动，幅度在100 m左右。

从分支情况看：1995年至2003年分支变化同样不大，入主线点略北偏183 m。2003年分支长14 296 m，比1995年增长454 m。

⑥ 综述。

中段中轴线的长度变化：整体变化范围不大，控制在14 200 m左右，说明中段中轴线的弯曲度变化不大。

中段中轴线的主线摆动情况：1979年至2003年间中段中轴线以121°27′26″E为界，该线以西，中轴线往南摆动，最大值1 150 m，摆动幅度最大出现在1979年至1987年时间段；该线以东，中轴线往北摆动，最大值在500 m左右。整个主线的走势除1979年以外，其余5年走势基本相同。

中段中轴线分支变化：1987年开始在中段中轴线以南出现分支。从分支的入主线点来看，从1987年开始汇入点往下游移动，1987年至1989年移动幅度最大达1 500 m，1993年后又开始往上游移动；从分支的长度看，1987年至1993年分支为增长趋势达到最大值，之后开始缩短；从分支的摆动来看，以121°28′5″为界，以西摆动较小，以东往东南向摆动，最大幅度600 m。

小庙洪水道下段中轴线变化：

图4.133上是小庙洪水道下段中轴线，在121°34′10″E之东，分5个时间段说明下段中轴线变化情况。

① 1979—1987年。

从中轴线长度看：中段1979年长16 393 m，1987年长14 071 m，缩短了2 322 m。

从中轴线主线看：两年的中轴线有3个交点，分别表示为A（32°9′41″N、121°34′26″E），B（32°8′47″N、121°36′52″E），C（32°9′10″N、121°40′37″E），在A点以西，主线向南移动216 m，A点至B点间往北移动996 m，B点至C点间往南移动418 m，C点以东往北移953 m。

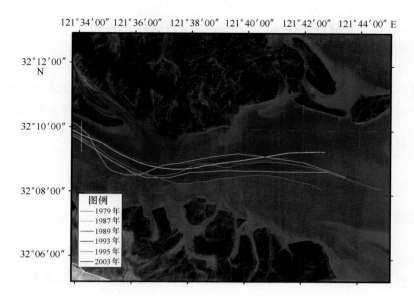

图4.133　小庙洪水道下段1979—2003年中轴线变化示意图

② 1987—1989 年。

从中轴线长度看：1987 年长 14 071 m，1989 年长 14 223 m，增长了 152 m。

从中轴线主线看：1989 年与 1987 年下段中轴线无交叉点，中轴线整体南移，由西至东南移的距离逐渐增大，从 120～2 109 m，说明尾部向南摆动明显。

③ 1989—1993 年。

从中轴线长度看：1989 年长 14 223 m，1993 年长 11 911 m，缩短了 2 312 m。

从中轴线主线看：1993 年与 1989 年下段中轴线无交叉点，中轴线整体北移，在 121°37′48″E 处北移幅度最大达 1 123 m，往两侧逐渐缩小。

④ 1993—1995 年。

从中轴线长度看：1993 年长 11 911 m，1995 年长 14 392 m，延长了 2 481 m。

从中轴线主线看：1995 年与 1993 年下段中轴线无交叉点，中轴线整体南移，在 121°36′35″E 处北移幅度最大达 825 m，往两侧逐渐缩小。

⑤ 1995—2003 年。

从中轴线长度看：1995 年长 14 392 m，2003 年长 17 699 m，延长 3 370 m。

从中轴线主线看：两个年代的中轴线有 3 个交点：分别表示为 A（32°9′11″N、121°34′51″E），B（32°8′42″N、121°35′47″E），C（32°8′43″N、121°42′53″E），在 A 点以西，主线向 NE 方向移动 82 m，A 点至 B 点间重合，B 点至 C 点间往北移动最大值 504 m。

⑥ 综述。

下段中轴线的长度变化：长度呈缩小后又增加的趋势，1993 年达到最小值，2003 年为最大值。

下段中轴线的主线摆动情况：下段中轴线的摆动范围在 32°9′15″N 和 32°8′16″N 之间，1979 年主线在最北端，1989 年到达最南端，之后在这两者之间摆动。

摆动分析：

综合考虑小庙洪水道上段整体趋势变长，弯曲度增加，分支主要分布在北部，有一个增长减少的过程；水道中段在南部出现一个新的分支；水道下段摆动较小。

小庙洪中轴线变化小结：从小庙洪水道分支的变化情况可以看出，小庙洪水道的上段处于淤长状态，分支逐渐减少；而水道中部南侧出现了新的分支。

整体来说小庙洪在1979—2003年期间总长度变化不大，出现了南北的摆动情况，但摆动范围较小，相对来说整个小庙洪水道中泓比较稳定。这与喻国华（1996）的论述相近。

4.5.5.6　辐射沙脊群发育变化趋势

1）滩涂变化现状

为便于对辐射沙脊群的水下地形作冲淤分析，将江苏沿海滩涂大致分近岸滩涂和辐射沙脊群滩涂。近岸滩涂的位置是由河海大学海洋学院在"908专项"调查期间实地测量得到；辐射沙脊群滩涂的地形由南京师范大学海洋信息技术室在"908专项"调查期间，部分海域实测、整个沙脊群海域运用遥感技术反演获得。由1979年和2006年地形数据得到以下滩涂变化现状结论：

（1）2006年全省近岸0 m线以上滩涂面积有2 677 km^2，而辐射沙脊群向岸一侧0 m线以上滩涂面积也有1 900 km^{2}左右。

（2）2006年辐射沙脊群0 m线以上滩涂面积有2 047 km^2，全省近岸及沙脊群0 m线以上滩涂面积有4 724 km^2。

（3）就整个辐射沙脊群不同深度的地形而言，1979—2006年冲刷的面积占45.1%，淤积的面积占54.9%，淤积面积大于冲刷面积。

（4）1979—2006年辐射沙脊群以淤积为主，泥沙净淤积量为77.07 × 10^8 m^3，即调查区冲刷量为153.03 × 10^8 m^3，淤积量为230.10 × 10^8 m^3。

2）滩涂淤长预测

辐射沙脊群调查区的潮滩，可能发生淤长的区域是条子泥、东沙周围的潮沟和部分近岸0 m线以上滩涂。

（1）条子泥。1979年0 m线以上沙脊面积381 km^2，2006年528 km^2，增加了147 km^2。在以往的1979—2006年，条子泥及周边的潮沟淤积深度0～15 m，东大港、江家坞东洋、王家槽、小洋港等地还出现部分水域深度达到15 m至35 m不等的淤积，这种现象还在继续。

（2）东沙周围的潮沟。东沙周围的潮沟如东北部的小北槽、大北槽，整个潮沟都处于淤积状态，淤积深度从5～35 m不等，集中分布在15～30 m之间；在陈家坞槽、草米树洋、苦水洋、烂沙洋等潮沟处也出现了深度从15～35 m的局部淤积。潮沟淤积有进一步加剧的趋势。

（3）近岸0 m线以上滩涂。近岸滩涂一直是围垦主要关注的地区，尤其是紧邻辐射沙脊群的滩涂，如条子泥等地潮滩淤长。但潮滩上分布着大量的潮沟，如西洋西部和内王家槽的潮滩、川东港、川水港和梁垛河闸潮沟（死生港潮沟）等，这些潮沟在自然条件和人工建筑的影响下摆动，对围垦有直接的影响。

3）滩涂冲刷预测

辐射沙脊群的可能冲刷区域是大部分沙脊，东沙沙脊边缘及西洋潮汐水道。

（1）大部分沙脊。如东沙，毛竹沙等。在1979年至2006年之间，东沙0 m面积减少了197.15 km²，毛竹沙0 m面积减少了40.30 km²，另外麻菜珩、太阳沙、冷家沙等沙脊都出现了大小不等的面积减少。这说明总体上来看调查区范围内的沙脊都存在着冲刷，而冲刷还在继续。

（2）东沙沙脊边缘。在东沙的西侧边缘，出现了长条状的冲刷而且冲刷深度达10～20 m，1979年时的东沙观测站位于0 m线以内几千米，到2006年时已经处于0 m线边缘，2009年6月观测站因地基溃塌而彻底倒塌。说明此处的冲刷一是冲刷深度大；二是冲刷范围广。

（3）西洋潮汐水道。西洋的部分水域冲刷严重，甚至个别地方有超过20 m的冲刷深度。随着西洋水道西岸围垦范围的不断扩大以及沿岸港口建设的影响，西洋水道有可能还会继续维持冲刷的态势。

参考文献

鲍英华，刘学会．1998. 1∶10 000DEM 试生产的几点体会．东北测绘，21（3）：33－34.

陈则实，等．1998. 中国海湾志．北京：海洋出版社．

党福星，丁谦．2003. 利用多波段卫星数据进行浅海水深反演方法研究．海洋通报，22（3）：55－59

高敏钦，徐亮，黎刚．2009. 基于 DEM 的南黄海辐射沙脊群冲淤变化初步研究．海洋通报，28（4）：168－176.

国家海洋局第一海洋研究所主编，中国科学院地理研究所绘制．1984. 1∶1 000 000 渤海、黄海地势图．北京：地图出版社．

国家海洋局．中国海平面公报［EB/OL］．北京：国家海洋局，2000—2010. http：//www. coi. gov. cn/hygb/hpm/.

黄海军．2004. 南黄海辐射沙洲主要潮沟的变迁．海洋地质与第四纪地质．24（2）：1－8.

胡红兵，胡刚，胡光道．2008. GIS 支持下长江口南支河道百年来的演变．海洋地质与第四纪地质，28（2）：24－26.

江苏省测绘总局．1986. 1∶20 万江苏省海岸带弶港、新洋港第四纪地图．

《江苏省地图集》编纂委员会．2004. 江苏省地图集．北京：中国地图出版社．

李伯根，张瑾，周鸿权，等．2007. 舟山岛马岙岸段海岸演变与水下岸坡冲淤动态．海洋学报，29（6）：70－71.

李海宇，王颖．2002. GIS 与遥感支持下的南黄海辐射沙脊群现代演变趋势分析．海洋科学，26（9）：61－65.

李鹏，杨世伦．2005. 长江口外高桥新港区岸段河槽冲淤 GIS 分析．地理与地理信息科学，21（4）：24－26.

李铁芳，等．1991. 浅海水下地形地貌遥感信息提取与应用．环境遥感，6（1）：22－29.

刘永学，张忍顺，等．2004. 应用卫星影像系列海图叠合法分析沙洲动态变化——以江苏东沙为例．地理科学，（2）：199－203.

任美锷．1986. 江苏省海岸带和海涂资源综合调查报告．北京：海洋出版社．

平仲良．1982. 可见光遥感测深的数学模型．海洋与湖沼，13（3）：225－229.

王腊春，陈晓玲．1997. 长江、黄河泥沙特性对比分析．地理研究，16（4）：71－79.

王颖．2002. 黄海陆架辐射沙脊群．北京：中国环境科学出版社．

王颖，张振克，朱大奎，等．2006. 河海交互作用与苏北平原成因．第四纪研究，26（3）：301－320.

吴华林，沈焕庭，胡辉，等．2002. GIS 支持下的长江口拦门沙泥冲淤定量计算．海洋学报，24（2）：

85 – 86.

杨怀仁 . 1990. 海面升降运动对海岸变迁的错综影响//中国海岸河口学会 . 海岸河口研究 . 北京：海洋出版社，16 – 23.

喻国华，陆培东 . 1996. 江苏吕四小庙洪淹设性潮汐汊道的稳定性 . 地理学报，31（2）：127 – 134.

张东生，张君伦，张长宽，等 . 1998. 潮流塑造—风暴破坏—潮流恢复—试释黄海海底辐射沙脊群形成演变的动力机制［J］. 中国科学，28（5）：394 – 402.

张东生，张君伦，张长宽 . 2002. 黄海辐射沙脊群动力环境//王颖 . 黄海陆架辐射沙脊群 . 北京：中国环境科学出版社，30 – 118.

张鹰，张东，张芸，等 . 2009. 南黄海辐射沙脊群海域的水深遥感，海洋学报，31（3）：39 – 45.

张宗祜 . 1990. 中华人民共和国及其邻近海区第四纪地质图 . 北京：中国地图出版社 .

赵希涛 . 1996. 中国海面变化 . 济南：山东科学技术出版社 .

周鸿权，李伯根 . 2007. 象山港航道冲淤变化初步分析 . 海洋通报，28（5）：37 – 39.

朱大奎，许廷官 . 1982. 江苏中部海岸发育与开发利用问题 . 南京大学学报（自然科学版），3：799 – 818.

Lyzenga D R. 1978. Passive remote Sensing techniques for mapping water depth and bottom features. Applied Optics, 17（3）.

Swift D J P. 1975. Tidal sand ridge and shoal-retreat massifs. Marine Geology, 18：105 – 134.

Swift D J P, Parker G, Lanfredi N W, et al. 1978. Shoreface-connected sand ridges on American and European shelves：A comparison. Estuarine and Coastal Marine,（7）：257 – 273.

Swift D J P, Field M E. 1981. Evolution of a classic sand ridge field：Maryland sector, North American inner shelf. Sedimentology,（28）：461 – 482.

第5章 辐射沙脊群沉积动力过程、机理和演化趋势[①]

5.1 江苏辐射沙脊群与其他潮流脊体系的对比

5.1.1 潮流脊形态特征

潮流脊是一种海底床面形态。床面形态（Bedforms）是在流体作用下沉积物运动而形成的微地貌，与之相联系的是波状起伏且有序排列的堆积体。根据堆积体脊线与主要水流方向的关系，床面形态可以划分为横向形态和纵向形态。横向床面形态的脊线几乎垂直于水流流向，主要是指波痕和海底沙丘。纵向形态以潮流脊（Tidal Ridges 或 Linear Sandbanks）为代表（Stride，1982），其脊线走向与水流方向近于平行，两者之间有一个较小角度的偏离，北半球脊线走向左偏于流向，而在南半球脊线走向右偏于流向，潮流脊的长度可达 10^2 km 量级，脊间距离为 $10^0 \sim 10^1$ km，脊间深槽底部与脊顶之间的高差可达 40 m 量级（Huthnance，1982a，1982b；Pattiaratchi et al.，1987；Collins et al.，1995；Dyer et al.，1999）。

研究表明，潮流脊的形成有两个基本条件（Stride，1982）：其一是丰富的粗颗粒沉积物供给，潮流脊建造的物质为砂、砾，因此必须要有这些物质来源；其二是潮流作用为主的水动力环境，不仅要有较大的潮流流速，而且潮流必须是往复流。现代潮流脊的典型实例之一见于欧洲北海，该区域海底平均坡度小，水深大多小于 50 m，潮流最大流速普遍超过 1 m/s，因此潮流脊广布。研究人员用钻孔和表层沉积物分析、浅地层剖面仪和旁视声呐探测、流速观测和分析、数值模拟等方法进行了多年的研究，经典的潮流脊理论就是从那里总结的。在其他地方，潮流脊通常形成于近岸水域，包括坡度平缓的内陆架水域和强潮河口。朝鲜半岛岸外内陆架（北黄海东部）的潮流脊，其分布范围不如北海那么大，但是以其相对规则的形态而闻名（Off，1963）。

在海岸岬角处，潮流流场受到地形的影响，可能形成条带状的强流速分布，如果有来自海岸侵蚀物质或沿岸漂砂进入这个区域，也会形成类似于潮流脊的形态（Bastos et al.，2002；Berthot et al.，2006），有时此类沙脊的一端会与岸线相连，形成"倚岸型沙脊"（Shore attached sandbanks）（Swift，1975）。但是，这类沙脊在成因上是不同于开放陆架上的潮流脊的，它们是局地潮流流场的产物，不一定在空间分布上重复脊的形态。

在水深相对较大的外陆架，浅地层剖面和旁视声呐显示也有大片的潮流脊地形存在，但根据水动力条件可知，这类潮流脊是历史上海平面位置较低时形成的，现在已不再运动，是失去活动性的潮流脊（Moribund tidal ridges）。在欧洲，Celtic 海陆架外缘就广泛分布这样的

沙脊（Stride，1982）；我国东海大陆架上也发现了许多古潮流脊，成为过去潮流作用的证据（朱永其等，1984；Yang & Sun，1988）。

我国陆架上的现代潮流脊体系分布较广，在北黄海、渤海海峡和渤海东部、南黄海江苏沿岸、台湾海峡、琼州海峡等地都有发现（Liu et al.，1998；刘振夏等，2004）。最具特色的是江苏省岸外的南黄海潮流脊体系（王颖，2002），它由70多条沙脊组合而成，呈辐射状排列，最长的沙脊长度超过200 km，脊间水道的水深达15～35 m，占据2万多平方千米的面积，这种形态在世界上是独一无二的。辐射沙脊区是重要的贝类栖息地，而沙脊的辐聚中心有大片的滩涂，脊间水道数量多、水深条件好，为江苏省提供了丰富的渔业、土地和港口资源。

5.1.2　潮流脊沉积物特征和来源

在欧洲北海，潮流脊形成的物质来源于下伏地层的冲刷。全新世高海面时期以来，更新世及更早期的含砂砾地层被潮流所冲刷，淘洗出来的物质堆积于沙脊顶部，而脊间水道则由于冲刷而露出老地层（Liu et al.，1998）。地层中的细颗粒物质被逐渐输运到邻近的海湾，堆积成潮滩。有时在潮流脊的背影区（局部形成于潮流脊一侧，通常是在迁移中的潮流脊的背流侧）发生堆积，因此在钻孔中有时见到泥质沉积。

沉积物来源地与堆积地的一致性曾经引发了潮流脊是先有形态还是先有潮流特征的困惑。但是，数值模拟的结果很快给出了答案：是先有潮流流场，后有潮流脊。在北海地区，即使把潮流脊的形态全部去掉，流场计算结果仍然显示了所观测到的特征（Pingree et al.，1979）。在我国，江苏海岸的潮流模拟也表示辐射状的潮流是先于辐射状潮流脊而存在的（张东生等，1998；诸裕良等，1998）。

我国渤海东部的潮流脊也是海底侵蚀提供物质的，但与北海不同的是，这里并不是脊堆积、深槽冲刷，而是从渤海海峡底部冲刷的物质被输运到渤海内部在那里堆积成潮流脊（刘振夏等，2004）。河口潮流脊和海岸岬角处局部形成的潮流脊还有不同的物源。在河口区，如在海平面较低时期（12 000～9 000 a B. P.）的长江河口，由于长江不断输入的砂质物质，潮流脊得到了充分发育（朱永其等，1984；Yang et al.，1988）。

江苏海岸辐射沙脊群的物源有其独特之处。两条世界著名大河——长江和黄河曾在这里入海，故现代河流沉积物应该是其物源之一。研究表明，全新世高海面时期的初期（约7 000 a B. P.），长江口是一个巨大的河口湾，7 000～2 000 a B. P. 时期长江入海物质主要是用于充填这个河口湾，向海输出的物质较少（Chen et al.，1985；Hori et al.，2001a，2001b）；2 000 a B. P. 以来，现代长江三角洲形成，有较大一部分长江物质向海输出（Milliman et al.，1985），同时三角洲岸线不断向海推进（Gao，2007）。另外，1128—1855 年间黄河在江苏海岸北部入海，带来的主要是细颗粒物质（粉砂和少量黏土），砂的含量很低，且大多堆积于岸线附近，形成淤长的三角洲海岸，后因黄河返归渤海，苏北北部的黄河泥沙补给被断绝；继之，三角洲受侵蚀，形成了现在的"废黄河三角洲"。但是，长江和黄河物质向海输出的部分有多少进入了辐射沙脊区？这个问题尚无定量的答案。根据辐射沙脊区全新世物质堆积总量与长江、黄河入海通量的对比，张家强等（1999）认为现代长江、黄河提供了主要的物源。然而，研究表明，目前长江入海物质在陆架环流体系中的输运方向主要是向南，输往江苏海岸中部的物质相对较少（金翔龙，1992）。辐射沙脊的物质主要是极细砂—细砂（粒径

0.063～0.25 mm），故黄河沉积物对辐射沙脊的贡献究竟有多大，也是有疑问的。

"908 专项"调查表明[①]，根据辐射沙脊区沉积物矿物组成和粒度特征，沙脊形成的沉积物除部分来自现代长江、黄河之外，可能来自古长江沉积的物质，来源于下部沉积层的改造。本区表层底质的重矿物和轻矿物主要显示出与长江物质的相似性，只有部分站位因与黄河沉积物混合而含有黄河的特征矿物。在浅层地球物理探测剖面上，与辐射沙脊形成时期相联系的沉积层平均厚度为 7～8 m，因此，如果本区的面积以 2×10^4 km^2 计，则沉积物的总量有 10^{11}～10^{12} m^3 量级，由于长江、黄河对本区的直接影响主要是过去的 2 000～3 000 年，其中黄河的影响主要是 1128—1855 年间，且沉积物大部分堆积于河流三角洲和海岸线附近，因此同期长江、黄河对辐射潮流脊区的沉积物供给总量至多为 10^{11} m^3 量级，少于堆积量。这也说明，全新世中—晚期沉积层与下伏地层的改造和重新堆积有关。

5.1.3　潮流脊形成的水动力条件

潮流脊形成的地方，大潮期间的最大流速通常都在 1 m/s 以上（Stride，1982）。除潮汐强劲外，水动力还要满足另一个条件，即潮流必须是往复流，旋转流环境不利于潮流脊形成。研究表明，大致上可以用潮流椭圆率来判断是否为往复流，其临界值为 0.4（刘振夏等，2004），超过此值时潮流为旋转流，潮流脊不能形成。

在江苏沿岸水域，获得潮流流速和流场特征的方法主要是全潮水文观测和数值模拟。全潮水文观测在固定站位上进行，通常每次观测持续两个潮周期，以一定的时间间隔测定水深、不同层位上的流速、流向、温盐度、悬沙浓度等参数。层位的选取一般采用 6 层法，即表、底 0.5 m 处及水深的 0.2、0.4、0.6、0.8 倍处；若水深小于 1.5 m，则在 0.6H 处测一层，水深为 1.5～2 m，在表、底 0.5 m 处各测一层，水深 2～4 m，在表、底 0.5 m 和 0.6H 处测三层。

对于一个固定地点而言，由于一年中有近 730 个潮周期，且潮汐有大小潮和其他周期性的变化，流场还受到季节性因素（如风场、河流入海径流、海平面高程等）的影响，因此一次全潮水文观测可能不具有代表性。虽然一次全潮水文观测的数据不能代表平均状况，但它能够显示潮流的一些总体特征。如果在较大空间范围的较多地点进行多次观测，则这样的观测结果在统计意义上就有了较好的代表性。从 20 世纪 80 年代初开始，已经积累了数以百计的全潮水文观测资料，可与"908 专项"的资料相比（部分观测站位见图 5.1）。

在"908 专项"执行期间，与 2006 年 8 月和 2007 年 1 月进行了大潮、小潮全潮水文观测，在辐射沙脊区 14 个站位，连云港岸外 8 个站位，辐射沙脊区共有 40 个站次[②③]。此前，在江苏辐射沙脊群海区进行的全潮水文观测举例如下。

（1）20 世纪 80 年代初期全国海岸带调查期间的全潮水文观测（任美锷，1986）。1980 年冬、夏两季在本区 46 个站进行了观测；1981 年有 6 个站，至少 6 个站次。1982 年 7 月国家海洋局第一海洋研究所和江苏省水产研究所共同承担了东沙附近水域的 8 个测站（用两船

---

① 南京大学，河海大学，南京师范大学 . 2011. 南黄海辐射状沙脊群调查与评价研究报告。

② 南京大学，江苏省海洋环境监测预报中心，河海大学，江苏省海洋水产研究所 . 2011. 江苏省"908"近岸海域基础调查项目研究报告。

③ 南京大学，河海大学，南京师范大学 . 2011. 南黄海辐射状沙脊群调查与评价研究报告。

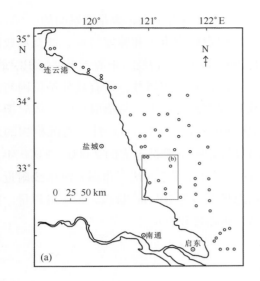
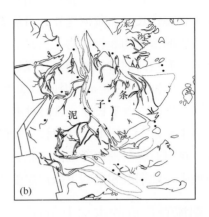

图 5.1　辐射沙脊区的部分全潮水文观测站位举例

（a）1980—1982 年全国海岸带调查期间的主要测站（任美锷，1986）；（b）1986—1987 年观测
站位（据张忍顺、陈才俊，1992；图框范围标注于（a）图）；（c）2006—2007 年"908 专项"
执行期间的观测站位

同步测量）的全潮水文观测。1980—1982 年间在北坎附近的 3 个测站、小洋口附近 3 个测站、新洋港附近 3 个测站、王港附近 3 个测站进行了三船同步观测。1980—1981 年在弶港岸外水域 10 个测站、1981 年在吕四岸外 7 个测站进行了大、小潮观测，共 21 个站次，1982 年又在其中一些站位进行了补充观测。

（2）1986—1990 年执行的江苏省科研项目"条子泥并陆可行性"研究期间，在条子泥潮滩的 25 个站位（张忍顺等，1992），于 1986—1987 年进行了观测。此项目执行期间，还进行了表层底质、短柱样采集和陆地钻孔（3 个地点，孔深 30 ~ 39 m）。

（3）在如东海岸，为洋口港建设，组织了多次全潮水文观测[①]。1992 年 8—9 月河海大学在西太阳沙水域 8 个站位组织实施了大、中、小潮全潮水文观测，获得 24 站次的数据。1996 年 10 月至 1997 年 9 月，国家海洋局第二海洋研究所进行了为期一年的气象、波浪、水位观测。2003 年 6—7 月，该研究所再次进行了 17 个站位的大、中、小潮观测，其中 8 个站位与 1992 年相同，因此有 51 个站次的数据。2003 年 7 月，南京大学又进行了补充调查，包括三条断面的走航式观测和 3 个站位的全潮水文观测。

（4）20 世纪 90 年代中期，在国家自然基金重点项目资助下，对辐射沙脊群进行了动力、地貌、沉积全方位调查（王颖，2002）。在西洋水域设置 7 个水文观测站，烂沙洋水域设 8 个水文观测站进行了全潮水文观测。此外，还进行了地震剖面探测，获得了 600 km 的侧线数据。

（5）在江苏省项目"条子泥促淤并陆工程实验研究"期间，于 1998 年 9—10 月在沙脊区的水道内的 21 个站位进行了全朝水文观测；于 2000 年 5 月在条子泥附近的水道中（潮水沟）进行了 9 个站位的观测（吴德安等，2007）。上述观测采用三船同步方式，每次同步测三个站位，其中在 B1、B2、B3 站中等潮和小潮期间各测了两个潮周期，故共有 33 站次数据。

（6）此外，还有其他零星进行的观测。如为了研究辐射沙脊海域的"激流"（潮流流速的大幅度脉动）现象，国家海洋局第一海洋研究所于 2001 年 6 月在西洋的三个站位进行了周日全潮观测，其中一个站位测了两昼夜（刘爱菊等，2002）。使用安德拉海流计，A1 站（两昼夜）放置于 10 m 层，A2 和 B 站放置于 6 m 层，三船同步观测。又如，2010 年 7 月南京大学海岸与海岛开发教育部重点实验室为执行海洋公益性专项项目"苏北浅滩怪潮灾害监测预警关键技术研究及示范应用"在如东海岸进行了 1 个站位的全朝水文观测。

"908 专项"的全潮水文观测数据分析结果（表 5.1）表明，本区潮流流速强劲。潮周期内，涨、落潮期间的平均流速大多介于 0.4～1.4 m/s 之间，时间 – 流速不对称的特征在多数站位表现为涨潮历时小于落潮历时，涨潮流速大于落潮流速。其中，较大的流速对应于大潮，而较小的流速对应于小潮。大潮期间最大垂线平均流速为 1.2～2.1 m/s，小潮为 0.4～0.7 m/s，强潮流区，大潮流速大于 1.5 m/s[②]。表 5.1 所列数据与过去历次观测的数据一致（如任美锷，1986）。M_2 分潮长短轴数据表明，这些站位的潮流均为往复流，椭圆率远小于 0.4。因此，本区潮流动力条件符合潮流脊形成的水动力条件。

表 5.1　"908 专项"江苏海岸辐射沙脊区全潮水文观测的流速特征值

站号	站位		观测时间	平均水深 /m	涨潮平均流速 / (m/s)	落潮平均流速 / (m/s)
R10	33°39.7′N	120°58.2′E	2006 – 08 – 24	15.9	0.74	0.66
R11	33°19.5′N	121°13.7′E	2006 – 08 – 24	11.8	0.68	0.51
Y9	33°10.3′N	120°51.8′E	2006 – 08 – 24	9.2	1.17	0.51

---

① 南京大学海岸与海岛开发教育部重点实验室 . 2003. 江苏洋口港沉积动力学条件与海底稳定性。

② 南京大学，江苏省海洋环境监测预报中心，河海大学，江苏省海洋水产研究所 . 2011. 江苏省"908"近岸海域基础调查项目研究报告。

站号	站位		观测时间	平均水深/m	涨潮平均流速/ (m/s)	落潮平均流速/ (m/s)
Y10	33°11.05′N	120°54.63′E	2006 – 08 – 24	16.0	0.81	1.07
Y11	32°58′N	120°57.9′E	2006 – 08 – 24	8.9	1.29	0.78
Y12	32°54.2′N	121°02.95′E	2006 – 08 – 24	6.3	1.43	0.75
R20	32°57.1′N	121°32.6′E	2006 – 08 – 24	13.5	0.98	0.80
Y + 1	32°35′N	121°08.8′E	2006 – 08 – 24	15.9	0.85	0.76
Y + 2	32°33′N	121°19.8′E	2006 – 08 – 24	18.1	0.99	0.84
R22	32°39.6′N	121°44.9′E	2006 – 08 – 24	10.8	0.71	0.52
R23	32°39.6′N	121°37′E	2006 – 08 – 24	8.1	0.47	0.56
R24	32°39.6′N	122°29.685 E ′	2006 – 08 – 24	17.0	0.59	0.93
Y13	32°04.6′N	121°44.6′E	2006 – 08 – 24	5.9	0.72	0.43
Y14	32°05.4′N	121°48.7′E	2006 – 08 – 24	7.6	0.74	0.69
Y15	32°02′N	121°53′E	2006 – 08 – 24	10.7	0.64	0.66
Y16	31°54′N	122°03′E	2006 – 08 – 24	14.7	0.74	0.59
R10	33°39.7′N	120°58.2′E	2007 – 01 – 03	15.8	0.60	0.56
R11	33°19.5′N	121°13.7′E	2007 – 01 – 03	12.4	0.68	0.20
Y9	33°10.3′N	120°51.8′E	2007 – 01 – 03	8.7	0.92	0.42
Y11	32°58′N	120°57.9′E	2007 – 01 – 03	10.5	0.76	0.78
Y12	32°54.2′N	121°02.95′E	2007 – 01 – 03	6.4	1.07	0.65
R20	32°57.1′N	121°32.6′E	2007 – 01 – 03	15.5	0.48	0.61
Y + 1	32°35′N	121°08.8′E	2007 – 01 – 03	15.3	0.90	0.73
Y + 2	32°33′N	121°19.8′E	2007 – 01 – 03	10.7	0.75	0.67
R22	32°39.6′N	121°44.9′E	2007 – 01 – 03	10.4	0.66	0.66
R23	32°39.6′N	121°37′E	2007 – 01 – 03	7.5	0.37	0.67
R24	32°39.6′N	122°29.685′E	2007 – 01 – 03	16.4	0.62	0.82
Y13	32°04.6′N	121°44.6′E	2007 – 01 – 03	10.1	0.65	0.62
Y14	32°05.4′N	121°48.7′E	2007 – 01 – 03	10.0	0.56	0.72
Y15	32°02′N	121°53′E	2007 – 01 – 03	10.4	0.53	0.78
Y16	31°54′N	122°03′E	2007 – 01 – 03	14.6	0.42	0.67

　　值得注意的是，"908 专项"和历史上的测站都靠岸较近，故岸外水深较大处的流场特征观测值较少。流场模拟计算结果表明（诸裕良等，1998），在近岸处潮流椭圆率很小，与全潮水文观测一致，而在岸外水深较大的水域南、北部有所不同：南部水域随着水深的加大逐渐转化为旋转流，而北部水域依旧保持为往复流。前人研究揭示，江苏南部岸外的扬子大浅滩的潮流为旋转流（刘振夏等，2004），与数值模拟结果一致（诸裕良等，1998），因此在该处不能形成潮流脊。这可以部分地解释辐射沙脊区南北两翼的差异：北翼潮流脊的分布范围大、脊线延伸远，而南翼潮流脊大多分布于近岸区域，外海水域潮流脊形态不明显。

5.1.4 江苏辐射沙脊群与其他潮流脊体系的异同

强劲的往复流和砂质物质的供给是潮流脊的一般特征。江苏辐射沙脊群与其他现代潮流脊体系一样，都是末次冰期以来（过去约 7 000 年以来）形成的，在强劲的往复潮流作用下，潮流脊向上堆积，而脊间水道被逐渐刷深，脊线走向与潮流流向接近。但是，由于潮流流场、沉积物供给等环境条件的不同，本区潮流脊也有与开敞陆架上的由粗粒沉积物形成的潮流脊（以欧洲北海为代表）不同的地貌特征。

首先，辐射状排列和较大的脊顶高程是本区潮流脊的鲜明特征。欧洲北海潮流脊所在区域潮流的流向是相近的，即使有变化，也是在大范围才能见，局地看潮流几乎是平行的；还有一个特点是潮流经过之处水深是缓变的，在潮流前进方向上水深的变化不大。这里潮流脊脊部的向上加积是由于环绕脊顶的沉积物环流所致，且形成的潮流脊位置相对稳定，其脊顶始终位于低潮位以下（Huthnance，1982a，1982b）。江苏海岸就不同了，流线辐聚于海岸的一定区域，在辐聚点以北，潮流平行于岸线，如西洋水道；在辐聚点以东，潮流近于垂直于岸线，如东沙以东水域的水道；而在辐聚点以南，潮流为 NW—SE 向，在这种格局下，流线之间的距离是变化的，由海向陆变窄，以至于最后消失。这样的流场分布使 Pattiaratchi 和 Collins（1987）所描述的环绕潮流脊的余流环流无法形成或者形态不够完整。且由于流场是辐射状的，因此在靠岸的一端往往由于潮流净输运方向的指向海岸而逐渐堆高，最终成为潮间带区域。

其次，沉积物粒度特征不同。本区的潮流脊物质组成主要为极细砂和粉砂质，粒径范围为 0.04~0.1 mm[①]，在强潮流作用下经常以悬移质的形式被搬运（见下述）。沉积物的高度活动性使得沙脊的位置不断迁移，即脊－沟位置的不断变换，正因为如此，本区的潮流脊并不符合脊始终生长、沟始终掘深的图景，普遍存在的平均厚度 7~8 m（最大厚度可达 15 m以上）的地层[②]就是沙脊经历水平迁移而形成的沉积层。

江苏辐射沙脊形态特征与经典潮流脊理论（以欧洲北海为原型）的差异中，有些可以用潮流流场特征来说明，如潮流脊脊线分布的差异是由于流场不同所致，欧洲北海的潮流是与岸线近于平行的，因此多道脊线也大致平行于岸线，且脊线之间也是近于相互平行的；江苏海岸则不同，由于涨潮流的流向辐聚于东台海岸，因此脊线也辐聚于该处。另一些差异则可以用沉积体的几何关系来解释，如辐聚中心处堆积体表面高程的提升。以下的分析表明这种现象是与潮流脊几何特征及沉积物质量守恒相关的。

对于陆架上的平行潮流脊体系而言，一个波长范围内的平均水深可表示为：

$$h = H - \frac{S}{W} \qquad\qquad (5-1)$$

式中：h 为平均水深；H 为脊间水道的最大水深；S 为潮流脊相对于 H（即脊间水道最深点以上的）横截面面积；W 为脊间距离。例如，当 $H=30$ m，$W=5$ km，$S=25\times10^3$ m^2 时，h 为 25 m。由于潮流脊之间是相互平行的，因此在脊的延伸方向上，h 将没有变化，即 $h=$ 常数，这就是经典潮流脊的状况。

---

① 南京大学，河海大学，南京师范大学 . 2011. 南黄海辐射状沙脊群调查与评价研究报告。
② 南京大学，河海大学，南京师范大学 . 2011. 南黄海辐射状沙脊群调查与评价研究报告。

对于江苏辐射状潮流脊，我们可以用以下示意性的算例来说明 h 是有沿程变化的。假定辐聚中心处脊线的开角为 5°，即每 5°方位内有一道脊形成，那么即使在岸外（距辐聚中心 L 处）的潮流脊形态参数与上述数值相同，这些参数也会随着脊的延伸方向（向着辐聚中心方向）发生变化。在脊线辐聚的条件下，当 L 取 50 km 时，形态参数与上述平行潮流脊例子中的参数相一致，这是因为：

$$h = H - S / (\frac{2}{72}\pi L) \approx 30 - 25 \times 10^3 / (0.1 \times 50 \times 10^3) = 25(m)$$

在距岸线 50 km 范围内，由于沉积物净输运方向是由海向陆的（见下述），因此沙脊在总体上是向岸迁移的。这就是说，在 50 km 处的一定体积的沉积物将在向岸运动途中堆积到逐渐减小的空间范围里，其效应是造成沿程水深的变化：

$$h = H - \frac{72S}{2\pi \cdot x} \qquad\qquad (5-2)$$

式中：x 为到辐聚中心的距离。在本算例的假设条件下，式（5-2）刻画的是沙脊向岸运动且其一端刚刚抵达岸线时的情形。由于海洋沉积的上限是高潮位，因此 h 不能超越此值，一旦到达充分靠近辐聚中的某个位置，h 就达到最大值。若滩面最高处为平均海面以上 3.5 m（即大潮潮差设为 7 m），则按照式（5-2）其相应的位置是在距岸线约 10.8 km 处。在距岸线 10.8~50 km 范围，h 可用上式计算。所获得 h 沿程变化特征如图 5.2 所示。虽然上述算例只是示意性的，但辐聚中心的东沙的潮间带浅滩的宽度确实达到了 10 km 量级，因而它在一定程度上揭示了脊部向上堆积的机理。

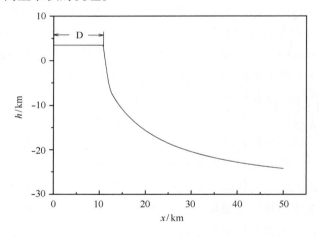

图 5.2　辐射沙脊区脊间水道轴线水深的由陆向海变化示意图，根据式（6-2）计算

值得注意的是，在上述估算中并未假定海域存在着一个原始坡度，若在原始时刻就有由海向陆变浅的原始地形，则到达如图所示的状况所需的时间会更加缩短。另外，随着沉积物向岸输运的进一步进行，辐聚中心处高于平均海面的部分（图 5.2 中"D"的范围）将逐渐增大，这可以看成是东沙、高泥、条子泥等辐聚中心滩地面积增大、高程增加的机理。正因为如此，东沙区域的潮间带具有围垦为大片土地的潜力。

江苏潮流沙脊的另一些特征，如演化速度、沙体的平面迁移、垂向冲淤变化等，则要从沉积物输运和堆积过程来解释。

5.2　辐射沙脊区沉积物输运与堆积过程

5.2.1　再悬浮过程和垂向通量

悬沙浓度是海底冲刷（再悬浮作用）和水层中悬沙沉降两个因素平衡的结果。当近底部潮流流速超过临界值时，床面的细颗粒物质被悬浮而进入水层，其通量［即单位海底平面面积、单位时间内进入水层的物质质量，以 kg/（m²/s）计］与流速平方和临界起动流速平方之差成正比（Ariathurai，1974）：

$$F = M_0\left(\frac{\tau}{\tau_{ct}} - 1\right) \tag{5-3}$$

式中：F 为悬浮通量；M_0 为与沉积物粒度等性质有关的系数；τ 为近底部切应力（是流速的函数），τ_{cr} 为沉积物悬浮的临界切应力。

Sternberg 等（1985）的研究表明（图 5.3），在潮汐环境中，通常粒径小于 0.08 mm 的物质，当流速超过临界值时就会进入悬浮状态，更粗的物质则随着粒径的增加悬浮物质的比例逐渐减小，当进入中砂范围（粒径 0.25 ~ 0.5 mm）时就难以进入悬浮状况了。辐射沙脊区脊部的物质以极细砂（其定义为粒径 0.063 ~ 0.125 mm）为主，在强潮流作用下有相当比例的物质进入悬浮状态；其他部位（如潮间带、脊间水道底部等）粒径更小，再悬浮易于发生。

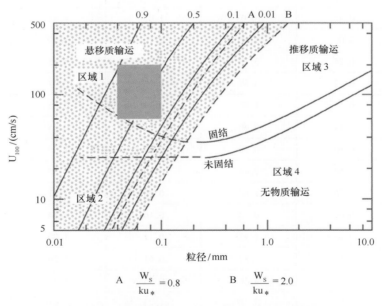

图 5.3　沉积物输运方式与流速、粒径的关系

图中 A、B 为历史文献中给出的推移质 – 悬移质输运界限的不同定义；阴影区表示江苏海岸数据在图上的典型分布区

资料来源：Sternberg et al.，1985

根据悬浮通量公式（Ariathurai，1974），江苏海岸在 1 m/s 流速下，再悬浮通量可达 10^{-4} kg/（m²/s），若涨、落潮期间的较高流速持续 10^4 s（约 4 h），则可以在 10 m 的水深中使悬沙浓度提高到 0.1 kg/m³ 量级。

283

另一方面，悬沙浓度也不能无限制提高，因为涨憩或落憩期间流速小，再悬浮的条件不满足，与此同时悬沙的沉降就发生了。沉降通量与悬沙浓度和沉积物沉降速度的乘积成正比，对于极细砂而言，其沉降速度为 10^{-3} m/s 量级，这样在悬沙浓度为 0.1 kg/m^3 时，沉降通量就可达 10^{-4} kg/(m^2/s) 量级。悬沙浓度越高，沉积通量就越大，正因为如此，随着潮流涨急、涨憩、落急、落憩的周期性变化。再悬浮、沉降作用交替发生，最终的结果是使悬沙浓度维持在一定的水平上。

"908 专项"的悬沙浓度观测结果表明（表 5.2），本区潮周期平均悬沙浓度为 0.1 ~ 1.0 kg/m^3 量级（邢飞等，2010），与上述分析一致。悬沙浓度冬季高于夏季，这是由于本区冬季的波浪作用相对较强（任美锷，1986），悬沙浓度的季节性差异代表了波浪掀沙的效应。悬沙浓度的总体时空分布格局与 20 世纪 80 年代的记录（任美锷，1986）相近。

表 5.2　"908 专项"江苏海岸辐射沙脊区全潮水文观测的悬沙浓度和输运率特征值

站号	涨潮平均悬沙浓度 /（kg/m^3）	涨潮平均输沙率 /（kg/m·s）	落潮平均悬沙浓度 /（kg/m^3）	落潮平均输沙率 /（kg/m·s）	净输沙率 /（kg/m·s）
R10	0.44	4.72	0.45	4.25	0.60
R11	0.22	2.13	0.19	1.16	0.76
Y9	0.87	9.69	0.90	4.10	2.99
Y10	0.52	7.15	0.57	8.87	1.92
Y11	0.88	10.04	0.94	6.12	1.12
Y12	0.94	10.03	1.02	4.82	0.72
R20	0.09	1.16	0.10	1.09	0.18
Y+1	0.24	3.78	0.34	3.95	0.40
Y+2	0.22	3.89	0.20	2.97	1.01
R22	0.18	1.58	0.13	0.65	0.62
R23	0.14	0.60	0.11	0.55	0.25
R24	0.10	0.90	0.10	1.55	0.51
Y13	0.54	2.44	0.50	1.36	0.99
Y14	0.26	1.50	0.38	2.21	0.51
Y15	0.09	0.73	0.16	1.14	0.18
Y16	0.12	1.47	0.11	1.00	0.23
R10	0.62	5.82	0.61	5.20	0.39
R11	0.48	4.16	0.53	1.27	1.81
Y12	1.32	10.07	1.23	5.01	2.09
R20	0.64	4.81	0.61	5.43	0.61
Y+1	0.43	7.23	0.51	4.85	1.92
Y+2	0.30	2.56	0.30	2.10	0.29
R22	0.56	3.60	0.53	3.61	1.09
R23	0.52	1.40	0.57	2.85	0.86

续表

站号	涨潮平均悬沙浓度 / (kg/m³)	涨潮平均输沙率 / (kg/m·s)	落潮平均悬沙浓度 / (kg/m³)	落潮平均输沙率 / (kg/m·s)	净输沙率 / (kg/m·s)
R24	0.41	3.74	0.51	7.30	2.15
Y13	0.20	1.31	0.23	1.43	0.11
Y14	0.28	1.51	0.30	2.29	0.76
Y15	0.26	1.47	0.32	2.66	0.80
Y16	0.29	1.93	0.39	3.81	1.04

注：Y9、Y11两站未测得悬沙浓度数据，故计算结果缺失。

5.2.2 悬沙输运—堆积过程

悬沙输运率（即单位宽度上、单位时间内通过的悬沙质量）与垂向平均流速、悬沙浓度及水深的乘积成正比。获取这些数据和资料的主要方法是对全潮水文观测所获的垂线分布和时间序列数据进行分析、计算。根据"908专项"执行期间在辐射沙脊区进行的全潮水文观测数据，进行了悬沙输运率特征值的计算，其结果见表5.2。

总体而言，辐射沙脊区具有潮流强、悬沙浓度高的特点。就平均状况而言，若潮流流速的量级为 10^0 m/s，悬沙浓度为 10^{-1} kg/m³ 量级，水深为10 m，则悬沙输运率为1 kg/(m/s) 量级，相当于每年在1 m宽度要通过 10^4 t悬沙，这样的输运率的确是惊人的。要注意的是，本区的潮流是往复性质的，涨、落潮输沙方向相反，相互抵消一部分之后，净输运强度小于上述数据。表5.2所列数据显示，涨、落潮悬沙输运率相减，净输运率大多比涨、落潮的值小一个量级或处于同一量级，大致上处于1 kg/(m/s) 量级。

粒度分析结果表明，沙脊的物质主要为极细砂和部分粉砂[①]。这样的物质在强大的潮流作用下，不会像中、粗砂那样只是以推移质方式运动，在Sternberg图上，本区的物质主要以悬移方式输运（图5.3阴影部分）。相对而言，大潮期间物质以悬移运动为主，小潮期间悬移运动强度有所降低，总的来说大潮是控制沉积物运动的主要因素。"908专项"的悬沙净输运观测结果（表5.2）显示，在大部分站位净输运是由海向陆的。

5.2.3 推移质输运和堆积过程

在潮汐环境中，推移质运动也是沉积物输运的一种形式。当流速超过临界起动流速时，一些较粗的颗粒不能进入悬浮状态，但以贴近床面的蠕移、跳跃等形式被输运，这部分物质称为推移质。推移质输运率受控于近底部流速和沉积物粒度，通常用经验公式来计算。在常用的推移质输运公式中，输运率与近底部流速的三次方成正比，表述为近底部流速、临界起动流速和沉积物中值粒径的函数（Hardisty，1983；Wang et al，2001）。辐射沙脊区粗颗粒物质以极细砂为主，含细砂和粗粉砂，中值粒径为0.1 mm左右，其临界起动流速为0.19 m/s。若近底部潮流流速为1 m/s量级，则按照Hardisty公式推移质输运率的量级为 10^{-1} kg/(m/s)量级。

[①] 南京大学，河海大学，南京师范大学，2011. 南黄海辐射状沙脊群调查与评价研究报告。

285

与本区实测的悬沙输运率相比，推移质输运率的量级小了一个数量级。这种差异与多种因素有关。例如，在悬沙构成中，不仅有 0.1 mm 的粒径组分，更大量的是比它更细的物质，砂质物质只占悬沙总量的一部分。又如，对于同一粒径的物质，悬浮于水层中的颗粒是以水质点运动的速度被输运，而推移质的运动位于海底边界层范围内，这里的流速比水层中流速为低，颗粒本身经常与底床接触，使颗粒运动速率低于流速，这样就进一步降低了推移质输运的重要性。按照 Sternberg 图上江苏海岸沉积物输运方式的分布位置（图 5.3），即使只考虑砂质物质，其悬移质输运率也要高于推移质输运率。

尽管如此，辐射沙脊区的推移质输运仍然是相对活跃的，在欧洲北海的粗颗粒沉积物分布区，推移质输运率的量级为 $10^{-2} \sim 10^{-1}$ kg/（m/s）量级。

5.3 辐射沙脊群形成的动力地貌过程

5.3.1 潮汐通道的冲刷过程和均衡态

潮流脊之间的水道是一种特殊类型的潮汐通道，是在没有两岸地形约束的情况下形成的。在最初海床为平底的情况下，怎么会出现空间上有冲有淤的状况呢？一个直观的解释是：当两种密度不同的介质出现相对运动时，在其界面上就会出现波动，松散沉积物的密度与上覆海水很不相同，当水流在底床运动时，就不可避免地可能产生局部冲淤，而局部冲淤一旦形成，则在潮流脊区沉积物宏观输运格局下会被不断放大，直至达到均衡态并得以继续维持（Collins et al，1995）。在微观上，初始冲淤的发生可能与湍流过程有关。在高频（如 500 Hz）观察下，紊动并非是随机的，而是有间歇性的，即在平均流速为常数的条件下，瞬间流速却可以有很大变化（Frisch，1995）。瞬间高流速可以造成床面物质运动，但会消耗掉紊动能量，当此水流到达下游点时，瞬间流速就会下降，这样就产生了床面物质运动强度的水平差异，而根据床面变形连续方程，在运动强度上升的方向上会出现冲刷，而在运动强度降低的方向上就会出现淤积。因此，从紊动时间尺度看，初始冲淤并不需要时均流速在前进方向上的减小，而只要部分紊动动能的消耗就可以实现。

在推移质运动的情形下，从潮汐通道冲刷出来的物质必须离开水道底部，水道才会继续刷深。一般而言，推移质离开水道底部的方式或者是向潮流脊脊部运动，或者是从潮汐通道两端溢出。前者是由于潮流主流方向与脊线走向有一定的差异而引起围绕潮流脊的环流所致，在这种情况下，粗颗粒物质被带往脊顶部位堆积（Patiaratchi et al.，1987）。Huthnance（1982a，1982b）模拟了这种状态下的水道刷深过程，发现潮流作用占优势的陆架环境下（往复潮流流速达到 1 m/s 量级），砂质物质的运动最终形成可以形成均衡态，此时的脊顶与水道底部的高程差通常为 15 ~ 30 m。后者是由于潮流具有时间 - 流速不对称而引起的，在此情形下，即使围绕潮流脊的环流不能形成，潮汐通道也可以向下冲刷，直至达到均衡态（谢东风等，2006）。

如前所述，江苏海岸潮流脊的脊线形态南北部有较大的差异，北部潮流脊主要以 NS 向长距离延伸，在辐聚中心附近才转向海岸，最终汇聚于东沙附近水域。潮汐通道较宽，向辐聚中心逐渐变窄。而南部潮流脊脊线较短，长度通常只有 $10^{0} \sim 10^{1}$ km 量级，呈断续状分布，延伸方向主要为 WE 向和 SE—NW 向，近岸处形成"一端靠岸"的沙脊。正是由于这个原因，西洋水道（位于东沙以西）西侧海岸的低潮线较为平直，而南通海岸的低潮线则是蜿蜒曲折，一道道沙脊向海延伸，且其与潮滩的结合部高程相对较低，形成当地所称的"马腰"地形。"马腰"所在地往往是"怪潮"（当地术语，指潮位短期迅猛上涨的现象）灾害发生的地方，在靠岸部分沙脊区作业的人员遭遇潮位快速上涨时，会倾向于沿着脊线撤退，然而在马腰处水位已先行上涨，结果被潮水淹没。这样的事故在如东海岸已经发生过多起。

对于如东岸外潮流沙脊的潮汐通道的形成过程已经进行了模拟计算（刘秀娟等，2010）。这里的近岸脊间深槽长度一般不超过 3 km，水深不超过 5 m，而岸外潮汐通道的长度为 10^1 km量级，水深最大可达25 m。在模拟中假设沉积物主要是以悬移质方式运动，且物质输运是由潮流引起的。在潮周期内计算悬沙的再悬浮通量（当近底部切应力大于临界值）和沉降通量（当近底部切应力小于于临界值），然后求出净通量和底床高程变化，之后更新底床高程，进行下一潮周期的冲淤计算，如此反复直至底床高程变化达到一个很小的值，此时的水深即为潮汐通道的均衡态水深。

图 5.4 所示的模型运行结果表明：潮汐通道的水深经过一段时间的冲刷，可以达到均衡态，其后剖面形态保持稳定，不随时间改变，在如东海岸的水动力条件下，达到均衡态所需的时间为 2～3 年，说明潮汐通道形态的均衡调整只需较短的时间；均衡态下潮汐通道的水深自岸向海加大，在岸线（平均海面处）向外 4～8 km 范围，均衡水深从 4～5 m 增加到 8～10 m，这与如东海岸实际情况相近；潮差和初始剖面的坡度影响潮流的强弱，因而是深槽冲刷深度的主要控制因素，但悬沙浓度对均衡冲刷深度的影响较小。

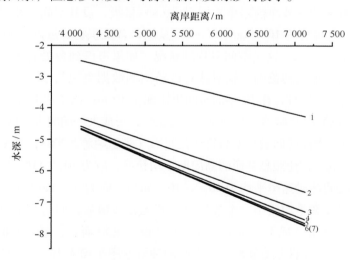

图 5.4　如东海岸"倚岸型"沙脊脊间水道冲刷模拟结果

注：剖面线 1－7 显示了从原始形态向均衡态演化的不同阶段

资料来源：刘秀娟等，2010

辐射沙脊群北部的潮流脊在辐聚中心附近才转向海岸，最终汇聚于东沙附近，因此也是"一端靠岸"的类型之一。岸外沙脊的组成物质主要为细砂，且潮流作用也不如近岸区那么强劲，因此这里推移质输运应占有重要的地位。由于"一端靠岸"的缘故，围绕潮流脊的环流也不完整。对此种情形，潮汐通道的水深演化可以用潮流的时间－流速不对称机制来说明。数值模拟结果表明（Xie et al.，2008），在水平环流不起作用的条件下，均衡态以及达到均衡态的时间尺度受到底质粒径的较大影响，最大冲刷深度与底质粒径之间存在负对数相关关系。在江苏海岸的条件下（最大潮流流速 1~2 m/s、沉积物粒径 0.1 mm），潮汐通道的均衡深度应为 20 m 量级，这与本区的脊间水深特征相一致。此外，模拟结果还显示，达到均衡态所需的时间为 10^2 年量级，比悬移质情形下的进程要慢得多（刘秀娟等，2010），说明推移质或悬移质的沉积物运动方式对地貌演化有很大影响。

5.3.2 沙脊和水道平面位置的稳定性

潮汐通道迁移的速率受控于沉积物输运率。在远离辐聚中心处，潮流脊的形态接近于经典理论所刻画的特征，不过由于沉积物粒度相对较细，在强劲潮流作用下很大一部分物质是以悬移方式运动。因此，床面活动性要高于中 – 粗砂底质条件下的潮流脊，无论是平面位置的变化和形态变化都很快。例如，据张忍顺、陈才俊（1992）的研究，江苏岸外沙体的地貌特征在 10^1 年尺度上就有较大变化。

沉积物输运方式的差异是江苏辐射沙脊的床面活动性远高于欧洲北海潮流脊的重要原因之一。按照床面沉积物的质量守恒原理，床面冲淤变化速率与沉积物输运率空间梯度成正比：

$$\frac{\partial h}{\partial t} + \frac{1}{\gamma} \frac{\partial q_s}{\partial x} = 0 \tag{5-4}$$

式中：h 为床面高程；q_s 为沉积物输运率；γ 为沉积物容重。

因此，可以从悬移质和推移质输运空间梯度的对比来判断两者对床面冲淤的相对贡献。如前所述，辐射沙脊区的悬沙净输运率 1 kg/(m·s) 量级，设其空间（水平距离）的尺度为 10^1 km 量级，则其空间梯度为 10^{-3} kg/(m²·s) 量级，若沉积物容量以 1 600 kg/m³ 计，则所引起的冲淤速率为 10^{-1} m/a。这是空间平均的状况，如果考虑到各处有不同的冲淤幅度，则实际的冲淤速率还应有更大的范围。辐射沙脊区的实测数据也说明了这一点，例如，辐聚区有一条水道从平底上开始发育，在 10 年的时间里刷深了 10 m；条子泥北部区域在 30 年时间内淤浅了约 5 m，许多浅滩由"暗沙"转化成了"明沙"，形成大片潮间带滩地（张忍顺，1984）。又如辐射沙脊区内侧的潮滩滩面淤长率为每年几厘米（张忍顺等，2003；王爱军等，2006）。相比之下，推移质的净输运，比照悬移质的潮周期平均状况，应为 10^{-1}~10^{-2} kg/(m/s) 量级，按照上述分析，所引起的冲淤速率平均为 10^{-4}~10^{-2} m/a，应为 0.1 kg/(m/s) 量级，按照上述分析，所引起的冲淤速率平均要小一个数量级。若无悬沙输运，则每年的床面高程变化只能达到厘米/年，100 年才能造成 1 m 级的变化。对于欧洲北海而言，那里的推移质净输运率为 10^{-2} kg/(m/s) 量级，按照上述分析，所引起的冲淤速率平均为 10^{-3}~10^{-2} m/a，这就是为什么 Hathnance（1982a，1982b）提出欧洲北海的潮流脊演化的时间尺度为 10^2 年，比江苏海岸慢得多。

5.3.3 潮流脊的向岸迁移和潮间带地貌演化

与开敞陆架或河口的环境相比，本区潮流的一个特点是流向的高度空间差异。辐聚辐散的潮流还使得涨潮流在前进方向上有显著的水深变化，由海向岸逐渐变浅；本区的时间 – 流速不对称特征是涨潮历时大于落潮历时（由于潮波变形的缘故），涨潮流速大于落潮流速，因此，推移质输运的方向是由海向陆的。如前所述，这些沉积物最终去了浅水区，那里床面高程随着堆积作用的进行而逐渐抬高。此外，潮流作用于一个水深逐渐变小的环境，这也符合潮滩形成的条件，于是细颗粒（泥质）物质也在此发生堆积，覆盖于沙体之上，滩面高程进一步加大，如东沙的顶部已高出平均大潮高潮位。由此可见，辐射沙脊的辐聚中心是一个潮流脊和潮滩的复合堆积体。

综上所述，江苏海岸辐射沙脊与其他潮流脊的差异主要是在辐聚中心附近，一是由于几何因素的控制这里不能继续维持脊状形态，而表现为连片沙洲，二是由于沉积物输运因素的控制造成辐聚中心的潮流脊－潮滩复合沉积，滩面高程大大超出低潮位，形成潮间带浅滩。

5.4　辐射沙脊群地区沉积体系特征和演化趋势

5.4.1　全新世中—晚期的潮汐沉积

辐射沙脊群南北两翼的钻孔均显示，本区自海平面达到最高值（约在 7 000 a B. P. ）以来形成了厚 10 ~ 15 m 的浅海沉积[①]。其北翼钻孔显示，表层潮流脊堆积体的厚度小于 5 m，而南翼钻孔的同期沉积表现为浅海或潮道充填堆积。这说明全新世中、后期本区的沉积层序为浅海沉积，这部分沉积受到以潮汐作用为主的水动力的改造，因而其层序的最上部与潮流脊或脊间水道相联系。

本区下伏地层中有相当一部分细粒物质[①]。由于在潮流作用下细粒物质有向岸搬运并堆积于潮间带上部的趋势，因此在沙脊辐射的辐聚中心（即东沙及其周边浅滩）形成了潮滩堆积，其层序以上部的细粒沉积和下部的粗粒沉积为特征。1128—1185 年间黄河物质的加入加快了潮滩的淤长，这对西洋水道的地貌演化有很大影响。西洋水道并非脊间水道，而是岸线与岸外沙洲（东沙）之间的大型潮流通道，这里的正、负地形虽然也是长条形、平行于潮流流向的，但其性质与潮流脊和脊间水道很不相同，它是潮流冲刷全新世海相地层的结果。

全新世早－中期经历了海面上升的事件，由于本区陆架的坡度相对较小，因此海面在一个固定位置的停留时间较短，形成的沉积层较薄。在"908 专项"的两个钻孔中，^{14}C 年代测定结果表明这一时期形成的沉积层可能只有 1 ~ 2 m，不超过 5 m，代表浅海或潮滩环境[①]。在浅层地球物理剖面上，这一时期的层序难以与上复的全新世中－晚期潮汐沉积层相区分，在沉积层序是连续的。在浅层地球物理探测剖面上，与下伏地层为不整合接触关系，说明其界面代表侵蚀面，它与下伏地层之间为不整合关系。因此，"908 专项"报告[①]所报道的地层不整合面既有可能是潮流脊层序与早期浅海－潮滩沉积的界面，也有可能是全新世海面上升时期形成的层序与下伏地层的界面。

5.4.2　更新世至全新世早期的古长江沉积

在全新世之前，本区北南两翼的沉积环境很不相同。北翼的钻孔显示在 2 800 a B. P. 前后有一短暂的滨岸环境时期，此前则为潮滩环境。在相近的高程上，南翼的钻孔却显示了河流沉积的特征[①]。这一差异表明现代辐射沙脊区南部在当时是被一条大型河流所占据，其规模应与现在的长江相当。目前，长江下游河道水深较大，堆积了河流沉积，而邻近的南通海岸却是海岸或浅海沉积。同样的道理，当时也可形成大河沉积与邻近地区浅海、滨岸沉积并

[①]　南京大学，河海大学，南京师范大学. 2011. 南黄海辐射状沙脊群调查与评价研究报告。

存的格局，这不仅造成了短距离内的沉积层序的差异，而且也为古长江沉积的寻找提供了线索。江苏近海区域是一个沉降区域（孙顺才，1981；Chen et al.，1993），古长江在这里入海使沉积物充填于这个凹陷区。按照这个看法，江苏海岸带应存在着巨厚的长江沉积层。钻孔的分析表明，更新世沉积物的确表现为长江来源的物质，浅层地球物理探测则揭示了更新世及以前的厚层沉积层[①]。江苏海岸对长江沉积物的圈闭作用还可解释为何在东海大陆架上难以找到古长江三角洲的堆积体。

5.4.3　南黄海辐射沙脊群演化趋势

江苏海岸沉积层序形成的历史表明，本区的沉积环境演化是与长江演化相联系的，而黄河物质的加入则是环境演化史上的一个插曲，主要是影响潮滩的快速形成和岸线淤长。自从黄河于1855年北归渤海后，其沉积物供给就中断了，此后岸线进入调整阶段，旧黄河三角洲岸线后退，而江苏海岸中部的岸线连续淤长。如果辐射沙脊群区所对应的岸线冲淤完全依赖于黄河沉积物的话，则岸线冲淤相抵，净变化应该较小。实际上，细粒沉积物能够在岸线附近被圈闭，这还要满足一个基本条件，即潮汐作用是主要的水动力（Reineck et al.，1980；Amos，1995），这个条件在细粒沉积物供给存在的前提下是可以满足的，但在沉积物供给中断时，潮流的向岸输运导致细粒物质在高潮位堆积，这使得潮间带变窄，进而使潮流的主导作用让位给波浪作用，最终使潮滩的淤长难以为继（Gao，2009a）。也就是说，在沉积物供给中断之后，经过一段时间的调整，海岸带各处潮滩的发育将会终止，岸线的淤长也将终止，甚至发生向冲刷状态的转变。当然，除黄河供给之外，长江的沉积物供给也是重要因素，问题是，长江目前的入海通量不断减小，且入海物质主要不是输往江苏海岸，因此江苏海岸潮滩今后的淤长也无法依赖于长江供给。剩下的一个来源是辐射沙脊群区本身的细粒物质，研究者认为这部分物质被淘洗并在潮流作用下向岸搬运（朱大奎等，1982），这是江苏海岸潮滩和东沙等沙脊辐聚区潮滩继续淤长的物质来源。

5.4.4　辐射沙脊区及江苏海岸淤长潜力

辐射沙脊区有多少细粒物质可供潮滩淤长？这个问题的答案也是江苏海岸今后土地淤长潜力有多大的答案。辐射沙脊群钻孔的粒度分析结果分析表明，本区全新世中-晚期沉积的砂质物质约占50%，而粉砂和黏土合起来约占50%[①]。潮滩上部的物质以细粉砂和黏土为主，即今后潮滩的淤长取决于这个粒级范围内的物质供应量的大小。若处于活动状态（即受到潮流脊形成作用影响的）地层厚度以8 m计，而其中的细粉砂和黏土以30%计，则可用于潮滩上部沉积体建造的物质总量约为 5×10^{10} m^3（地层覆盖面积设为 2×10^4 km^2）。如果这部分物质全部被淘洗出来并堆积于江苏中部200 km岸线上，且假设潮滩上部的泥质沉积层平均厚度为3 m量级（Gao，2009b），则岸线尚有向海推进约8 km的潜力，这可以看做是今后土地增加的上限。实际上，细粒物质中会有一部分残留于地层中，一部分向海逃逸，还有一部分堆积在岸外沙洲的潮间带，因此今后岸线淤长的潜力很可能不会超过5 km。当岸线淤长终止时，海岸带的水动力条件也会发生相应的变化，逐步以潮汐占优的条件向波浪占优的条件转化，因此今后海岸防护和湿地生态保护将面临新的挑战。

---

① 南京大学，河海大学，南京师范大学.2011.南黄海辐射状沙脊群调查与评价研究报告。

　　辐射沙脊区的潮流脊今后演化趋势将受到宏观地貌格局的影响。江苏海岸淤长的潮滩和岸外沙洲是土地围垦的对象，已经规划的近期围垦所造成的潮间带纳潮量的下降量将达到 $10^9 \sim 10^{10}$ m³量级，也就是说，这块水体在潮汐涨落过程中不再有势能向动能的转化，因此辐射沙脊区的潮流流速将有所下降。同时，随着细粒物质被淘洗，底质粒度将逐渐粗化，再加上流速下降的影响，今后沉积物以推移质方式被搬运的比例将上升。对于潮流脊演化而言，这可以提高脊间水道平面位置的稳定性。如果土地围垦规划得当，则潮流脊体系将为江苏海岸提供更多的海港资源，脊间水道的稳定可以创造良好的航道和锚泊条件。由于本区的沉积层是长江砂质物质的基础，因此对于潮流脊演化而言砂质沉积物的供给是充分的，沙脊的向上生长和脊间水道的刷深都不会受到海底松散沉积层厚度或基岩出露的制约。随着底质的粗化和潮流流速的下降，本区的水体含沙量今后也将逐步下降。

参考文献

金翔龙 . 1992. 东海海洋地质 . 北京：海洋出版社，524.

刘爱菊，修日晨，张自历，等 . 2002. 江苏近海的激流 . 海洋学报，24（6）：120 – 126.

刘秀娟，高抒，汪亚平 . 2010. 倚岸型潮流沙脊体系中的深槽冲刷：以江苏如东海岸为例 . 海洋通报，29（3）：271 – 276.

刘振夏，夏东兴 . 2004. 中国近海潮流沉积沙体 . 北京：海洋出版社，222.

任美锷 . 1986. 江苏省海岸带与海涂资源综合调查报告 . 北京：海洋出版社，517.

孙顺才 . 1981. 长江三角洲全新世沉积特征 . 海洋学报，（3）：97 – 113.

王爱军，高抒，贾建军 . 2006. 互花米草对江苏潮滩沉积和地貌演化的影响 . 海洋学报，28（1）：92 – 99.

王颖 . 2002. 黄海陆架辐射沙脊群 . 北京：中国环境科学出版社，433.

吴德安，张忍顺，沈永明 . 2007. 江苏辐射沙洲水道垂线平均余流的计算与分析 . 海洋与湖沼，38（4）：289 – 295.

谢东风，高抒，汪亚平 . 2006. 砂质底质潮汐水道均衡态模拟初探 . 海洋学报，28（6）：86 – 93.

邢飞，汪亚平，高建华，等 . 2010. 江苏近岸海域悬沙浓度的时空分布特征 . 海洋与湖沼，41（3）：459 – 468.

张东生，张君伦，张长宽，等 . 1998. 潮流塑造 – 风暴破坏 – 潮流恢复：试释黄海海底辐射沙脊群形成演变的动力机制 . 中国科学（D辑），28（5）：394 – 402.

张家强，李从先，丛友滋 . 1999. 苏北南黄海潮成沙体的发育条件及演变过程 . 海洋学报，（2）：65 – 71.

张忍顺 . 1984. 辐射沙洲与强港海岸发育的关系 . 南京大学学报（自然科学版），20（2）：369 – 380.

张忍顺，陈才俊 . 1992. 江苏岸外沙洲演变与条子泥并陆前景研究 . 北京：海洋出版社，124.

张忍顺，王艳红，吴德安，等 . 2003. 江苏岸外辐射沙洲区沙岛形成过程的初步研究 . 海洋通报，22（4）：41 – 47.

朱大奎，许廷官 . 1982. 江苏中部海岸发育和开发利用问题 . 南京大学学报（自然科学版），18（3）：799 – 814.

诸裕良，严以新，薛鸿超 . 1998. 南黄海辐射沙洲形成发育水动力机制研究 I . 潮流运动平面特征 . 中国科学（D辑），28（5）：403 – 410.

朱永其，曾成开，冯韵 . 1984. 东海陆架地貌特征 . 东海海洋，2（2）：1 – 7.

Amos C L. 1995. Siliciclastic tidal flats//Perillo G M E, ed. Geomorphology and Sedimentology of Estuaries. Elsevier, Amsterdam，273 – 306.

Ariathurai C R. 1974. A finite element model for sediment transport in estuaries. Ph. D. Thesis, University of California, Davis.

Bastos A C, Kenyon N H, Collins M B. 2002. Sedimentary processes, bedforms and facies associated with a coastal headland: Portland Bill, Southern UK. Marine Geology, 235 – 358.

Berthot A, Pattiaratchi C. 2006. Mechanisms for the formation of headland-associated linear sandbanks. Continental Shelf Research, 26: 987 – 1004.

Chen J Y, Zhu H, Dong Y, Sun J. 1985. Development of the Changjiang River estuary and its submerged delta. Continental Shelf Research, (4): 47 – 56.

Chen Z Y, Stanley D J. 1993. Yangtze delta, eastern China: 2. Late Quaternary subsidence and deformation. Marine Geology, 112: 13 – 21.

Collins M B, Shimwell S J, Gao S, et al. 1995. Water and sediment movement in the vicinity of linear sandbanks: the Norfolk Banks, southern North Sea. Marine Geology, 123 (3 – 4): 125 – 142.

Dyer K R, Huntley D A. 1999. The origin, classification and modelling of sand banks and ridges. Continental Shelf Research, 19 (10): 1 285 – 1 330.

Frisch U. 1995. Turbulence. Cambridge University Press, Cambridge, 296.

Gao S. 2007. Modeling the growth limit of the Changjiang Delta. Geomorphology, 85 (3 – 4): 225 – 236.

Gao S. 2009a. Geomorphology and sedimentology of tidal flats//Perillo G M E, Wolanski E, Cahoon D, et al. Coastal wetlands: an ecosystem integrated approach. Elsevier, Amsterdam, 295 – 316.

Gao S. 2009b. Modeling the preservation potential of tidal flat sedimentary records, Jiangsu coast, eastern China. Continental Shelf Research, 29 (16): 1 927 – 1 936.

Hardisty J. 1983. An assessment and calibration of formulations for Bagnold's bedload equation. Journal of Sedimentary Petrology, 53: 1 007 – 1 010.

Hori K, Saito Y, Zhao Q H, et al. 2001a. Sedimentary facies of the tide-dominated paleo-Changjiang (Yangtze) estuary during the last transgression. Marine Geology, 177: 331 – 351.

Hori K, Saito Y, Zhao Q H, et al. 2001b. Sedimentary facies and Holocene progradation rates of the Changjiang (Yangtze) delta, China. Geomorphology, 41: 233 – 248.

Huthnance J M. 1982a. On one mechanism forming linear sand banks. Estuarine, Coastal and Shelf Science, 14: 77 – 99.

Huthnance J M. 1982b. On the formation of sand banks of finite extent. Estuarine, Coastal and Shelf Science, 15: 277 – 299.

Liu Z X, Xia D X, Berne S, et al. 1998. Tidal deposition systems of China's continental shelf, with special reference to the eastern Bohai Sea. Marine Geology, 145: 225 – 253.

Milliman J D, Sheng H T, Yang Z S, et al. 1985. Transport and deposition of river sediment in the Changjiang estuary and adjacent continental shelf. Continental Shelf Research, (4): 37 – 45.

Off T. 1963. Rhythmic linear sand bodies caused by tidal currents. Bulletin of the American Association of Petroleum Geologists, 47: 324 – 341.

Pattiaratchi C, Collins M. 1987. Mechanisms for linear sandbank formation and maintenance in relation to dynamical oceanographic observations. Progress in Oceanography, 19: 117 – 176.

Pingree R D, Maddock L. 1979. The tidal physics of headland flows and offshore tidal bank formation. Marine Geology, 269 – 289.

Reineck H E, Singh I B. 1980. Depositional sedimentary environments. Springer, Berlin, 549.

Sternberg R W, Larsen L H, Miao Y T. 1985. Tidally driven sediment transport on the East China Sea continental-shelf. Continental Shelf Research，4（1/2）：105 – 120.

Stride A H. 1982. Offshore Tidal Sands. London：Chapman and Hall，222.

Swift D J P. 1975. Tidal sand ridges and shoal-retreat massifs. Marine Geology，105 – 134.

Wang Y P，Gao S. 2001. Modification to the Hardisty equation，regarding the relationship between sediment transport rate and grain size. Journal of Sedimentary Research（A），71：118 – 121.

Xie D F，Gao S，Wang Y P. 2008. Morphodynamic modelling of open-sea tidal channels eroded into a sandy seabed. Geo-Marine Letters，28（4）：255 – 263.

Yang C S，Sun J S. 1988. Tidal sand ridges on the East China Sea shelf//de Boer P L（Ed）. Tide-influenced sedimentary environments and facies. D. Reidel，23 – 28.

第 2 篇　南黄海辐射沙脊群
资源与开发利用

第6章 辐射沙脊群港口资源开发利用条件与发展方式分析

6.1 辐射沙脊群港口资源条件[①]

6.1.1 港口资源开发的重要意义

海港是船舰碇泊与陆海运输连接的枢纽，安全的停泊需要水深浪静、一定的容积与出入便利。我国海港建设的发展经历了两个阶段：单一的与复合式的。

第一阶段，大体上从 19 世纪晚期至 20 世纪 70 年代，海港建设主要选用河口与基岩海岸港湾，大型的港口，如广州的港口多沿珠江河口湾建设；上海利用黄浦江；青岛港、大连港、旅顺港、烟台港等，多利用水深条件适宜的基岩山地港湾，这与当时的海洋运输业的发展状况以及船舶的吨位有关，无论大、小港口，均为单一的港，很少或者说没有组合式港口。

第二阶段，约始自 20 世纪 80 年代后期至现代，由于集装箱运输的发展，大型油轮的利用，船舶吨位多在 10×10^4 t 以上，发展趋势以 $20 \times 10^4 \sim 30 \times 10^4$ t 的大型船舶为主，吃水深、抗浪与续航能力强，海港建设，渐从沿海陆地向外海深水区转移，利用岛屿或外滨沙坝（岛）（Offshore Sand Barrier 或 Barrier Island）建设离岸海港，或深浅水兼用建设复合式港口。

（1）上海港突破长江口拦门沙碍航，采取外迁方案，增强海港吞吐能力：① 自 1993 年实施外高桥深水港域方案，建设 1.6 km²，水深 13 m 港区，停泊 4 000 标准箱的集装箱船只；② 在杭州湾北岸，利用大、小洋山岛间平均 15 m 水深的海域建港，以 31 km 长的东海大桥与市区相连，港区有 5 个深水泊位，可停靠 $10 \times 10^4 \sim 20 \times 10^4$ t 远洋轮船。至 2020 年将有 52 个深水泊位，码头水深达 14.5 ~ 15.5 m，年处理 2 500 万标箱之能力（图 6.1）。

（2）唐山曹妃甸港，利用距岸 20 km 的古滦河沙坝曹妃甸（又称沙垒田岛）与渤海潮流主通道 30 m 深槽相毗邻的有利条件，在离岸沙坝基础上建成 $25 \times 10^4 \sim 30 \times 10^4$ t 的深水矿石码头与石油码头 3 处，并且填筑坝后浅滩为港区及首钢整体搬迁所需的陆地以及中小型船舶码头（图 6.2 和图 6.3）。

（3）苏北平原在长江三角洲北翼的平原海岸，利用内陆架的沙脊与沿古长江谷地发育的潮流通道组合，在西太阳沙填筑人工岛，建设了 10 万吨级的码头及堆场，即南通洋口港。

在南海，利用珊瑚环礁及潟湖组合建造海运码头及驻军营房，为卫护南海海疆权益与航海船舰安全，提供了重要保证。① 为美济礁，位于 9°52′—9°57′N，115°30′—115°35′E 之间，

---

① 本节由王颖执笔。

图 6.1　洋山港

资料来源：Kevin Cullinane 2004

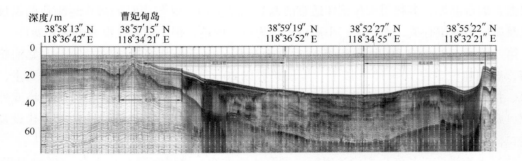

图 6.2　曹妃甸沙岛与潮流深槽剖面

图 6.3　唐山曹妃甸深水港

为 WE 向延长的椭圆形环礁，礁体面积为 45.31 km²，潟湖面积为 30.62 km²，礁盘面积 14.7 km²。利用潟湖西南部辟为锚地，可供运送货物与渔船避风，在礁盘上建了 4 个建筑群，并有直升机升降平台；② 为永暑礁（9°31′—9°42′N，112°52′—113°4′E），环礁内潟湖水深 5～11 m，礁盘向南方开口，有 SW 向与 S 向两条水道，礁盘上已建灯塔导航。1988 年联合国委托我国建海洋气象站，永暑礁已建有 4 000 吨级的船位码头，一座可容纳 200 人住宿的二层楼房一幢，有直升机升降平台设备以及蔬菜棚等。

海港建设向深水区转移的发展趋势，解决了平原区水浅无深水港湾的不足；在当代全球经济发展互相密切关联的情势下，海港扩建范围之增大，有力地促进了我国与海外的交通运输与经贸发展。

苏北平原海岸滩坡平缓（坡度小于 1‰），水浅沙多，善冲善淤，不利于建设海港。分布于海岸外侧与内陆架之上的辐射沙脊群，填补了不足，并为海港建设提供了"水深浪静"的天然优越条件：全新世海侵沿古江河谷槽发育为潮流通道，由于长江已南迁，该区已无大河向海输送大量泥沙，却有强劲的潮流往返荡涤，涨潮流流量为 19.5×10⁸ m³，落潮流流量达 21×10⁸ m³，在如此巨大的潮流动力作用下，使谷槽保持了水深流畅；两侧的沙脊具有为潮流通道掩蔽风浪的屏障功效，而且，沙脊具有厚层、经过压实与部分硬结的沙基，质地坚实，为建设码头与拓建人工岛的天然基础。因此，辐射沙脊群中沙脊与潮流通道的组合，为浅坦的平原提供了建设离岸深水港绝佳的天然港址。江苏省地居江、海之交，苏北平原是由古江河与海洋交互作用堆积形成。应据环境与资源特色，发展海、陆交通与形成高度发达的海洋经济，但是，与沿海 11 个省、市、自治区比较，江苏省国民生产总值位居前列，而海洋经济生产落后，反差显著。据《中国海洋统计年鉴》（国家海洋局，2001，2007，2009）可以看出，江苏省海洋经济是滞后的（表 6.1，图 6.4 和图 6.5）。

表 6.1　21 世纪初江苏省海洋经济生产值比较

年份	国民生产总值/亿元	位居全国	海洋经济总值/亿元	位居全国
2000	8582.73	2	146.04	7
2006	21645.08	3	1287.0	8
2008	30312.61	3	2114.5	6

资料来源：中国海洋统计年鉴，2001，2007，2009。

滞后的原因既有历史上的禁海，也有致力发展人口稠密的三角洲陆上地区，同时，更与传统的观念、平原海岸缺乏天然良港有关，在长达 884 km 的平原海岸未建深水海港，海洋交通贸易不发展，未形成外向型或内外结合的临海工、农业带有关。传统的海洋经济为捕鱼、制盐与海洋交通业，这些在江苏均有相当的基础，连云港为江苏的重要海港，它位于北部基岩港湾海岸，是中国的亚欧陆桥大通道之出口，但不在平原海岸段。新兴的海洋产业为：养殖、油气、旅游、医药、食品、海底通信与信息业，这些在江苏沿海逐步发展中。21 世纪海洋产业为：人工岛、海洋能源、采矿、天然气水合物、海水生物资源利用等。与外海发展的趋势相一致，结合江苏北部平原海岸的特点，人工岛、海水生物养殖、海岸带风力发电与潮能利用已在发展，未来发展海洋油气资源的前景广阔，因此，江苏发展海洋经济可直接从海洋产业发展入手，其中又以在平原海岸建设离岸深水港为关键。

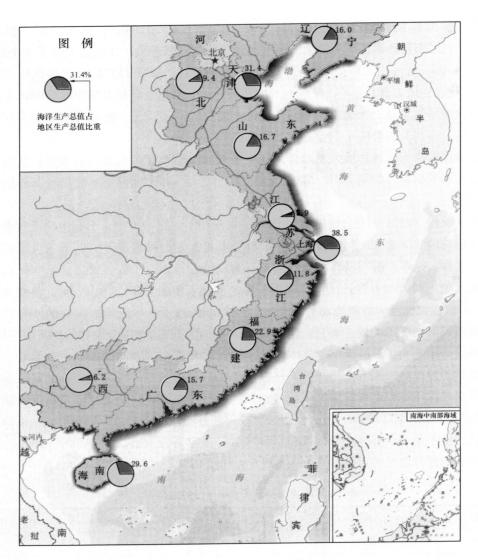

图 6.4　2006 年沿海地区海洋经济贡献

资料来源：中国海洋统计年鉴，2007

　　长江三角洲现有深水海港布局主要集中于三角洲南翼（图 6.6），如：洋山港、北仑港、宁波港及舟山群岛诸多的深水码头专用港。而长江三角洲北翼，经济发达的江苏省北部平原海岸却缺乏深水海港。建设中的洋口港已自力更生地崛起，需要国家的进一步关注与大力支持，以加速发展。苏北平原农业发达，是我国粮、棉、油、蔬、果、药材、林、牧与鱼、藻海产品的重要基地，有物产基础；有丰富的人力资源——高水平的中等教育基础，外向型务工经历，高度技术组合的建筑业大军以及建设海港的自然条件，这些组合是发展农产品与成品加工业结合、内销与外贸结合的有利条件。建设深水海港与港口群，发展外向型的沿海产业带，是促进苏北经济发展的必经之途，苏北经济的发展，进一步提高江苏省国民生产总值水平，必将增强与提高长江三角洲的经济实力与稳定的持续性发展。因此建设长江三角洲北翼海港意义重大。

　　江苏北部土地面积与人口均占全省的 2/3，人均国内生产总值约为全省人均的 0.6～0.7，

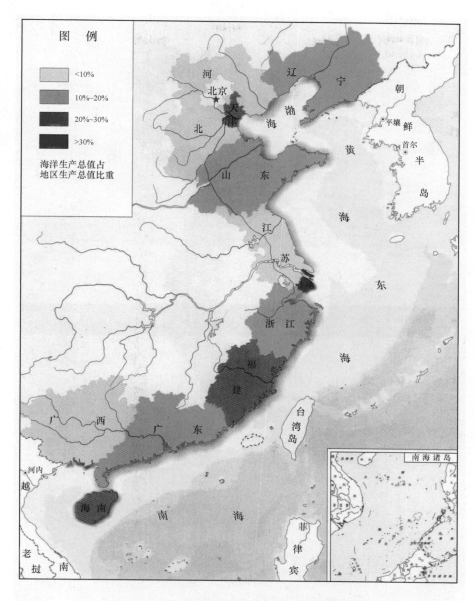

图 6.5　2008 年沿海地区海洋经济贡献

资料来源：中国海洋统计年鉴，2009

产值与资源相比较，江苏省经济发展的潜力在苏北，苏北发展是将丰富的农产品、优势的中等教育人力资源直接与海洋产业发展相结合，辐射沙脊群的沙脊与深水潮流通道组合为建设深水港的自然优势条件，为苏北外向型经济发展提供了极大的优势与发展前景。建设辐射沙脊群深水海港是苏北经济发展的重中之重的举措，苏北海洋经济发展是提高江苏省国民生产总值领先，发展长三角北翼海洋经济，为我国沿海经济发展做出重要贡献之关键。

6.1.2　开发利用辐射沙脊群港口资源

利用辐射沙脊群强大的潮流动力水深条件，沙脊体与潮流通道组合的海域环境，建设"堆积型沙岬与潮汐汊道港湾"式的深水海港是可行的，采用由国家与地方力量建设的，分

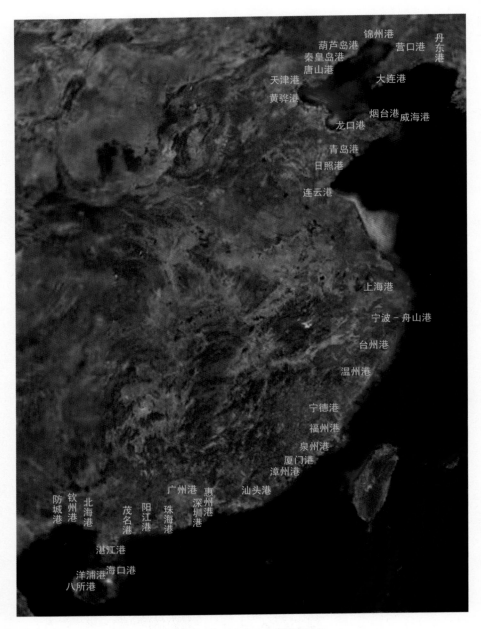

图 6.6　中国沿岸主要海港分布

区、分工的"大、中型港口结合"的港口群，弥补了 884 km 平原海岸无深水良港的空白，并且从一定意义上增强了对淮海地区的国防实力，有助于长江下游与沪、宁、杭区的安全。

　　（1）辐射沙脊群枢纽区潮流通道——黄沙洋与烂沙洋是承袭古长江河谷发育的现代潮流通道，长期保持位置稳定，目前已无陆源河流输沙，而潮流强劲，在黄沙洋曾测得我国最高的潮位 9.28 m。沙脊群枢纽区潮差为 4～6 m，加之海平面上升，持续加大水深，黄沙洋与烂沙洋总的轮廓反映出外宽内狭的"三角港"式海蚀特点。

　　黄沙洋一支 NNE 向通道的口门与内端水深均达 −17 m，多分支水道，水域宽阔，内端水深 10～13 m，地处苏北平原中部，岸域开阔，补给交通便利，该处适宜建为航空母舰基地。

　　烂沙洋未经疏浚，已在西太阳沙建 10 万吨级码头与航道，该潮流通道大部分水深达

16 m, 局部因施工影响而淤浅至 − 11 m, 疏浚可使航道通畅而建 20 万吨级码头港口。

（2）辐射沙脊群南部小庙洪通道已是吕四渔港所在, 该处曾有晚更新世时古长江南移中的一个入海通道, 经疏浚可辟为 5 万吨级港口。

（3）北部西洋西通道, 已建成 5 万吨级的大丰港。航道经人工浚深与潮流的持续冲刷在不断加深, 经规划设计与航道开挖可建为 10 万吨级的港口。

上述港口建设基本上改变着 884 km 平原海岸无海港的状况。辐射沙脊群还具有进一步建设海港的前景。

（4）根据"水深浪静"的原则, 沙脊群东北部的潮流通道具有适宜的水深条件, 其中又以苦水洋天然水深条件优越, 可建 10 万 ~ 20 万吨级海港。唯潮流通道内端距岸远, 但是, 由于发展的需求, 东沙、条子泥将进一步围滩, 不仅缩短了潮流通道与岸陆间的距离, 并且利用苦水洋等主潮流通道与沙脊组合, 可备选为离岸港口航道与码头之用。

表 6.2 和表 6.3 列出辐射沙脊群中可供建港利用的潮流通道数据。

表 6.2　辐射沙脊群主潮流通道长度与水深表

部位	潮流通道	潮流通道长度/km	水深/m	宜通行的船只吨位	
				天然水深/t	乘潮/t
枢纽部	黄沙洋	45	16 ~ 20	200 000	300 000
	烂沙洋（洋口港）	53	13 ~ 17	100 000	200 000
北部	（大丰港）西洋西通道	50	10 ~ 13（内段 17 ~ 18）	50 000	100 000
南部	小庙洪	28	8 ~ 12		50 000

表 6.3　辐射沙脊群东北部潮流通道长度与水深表

潮流通道名称	潮流通道长度/km	走向	水深/m	
			内端	口门
小北槽	50	NW	10.0	14.4
大北槽	50	NNW	10.0	13.4
陈家坞槽	70	NE	10.0	16.0
草米树洋	75	NE	5.0, 10.0	17.0
苦水洋	50	NEE	15.0	18.0

按沙脊群中潮流通道多有分叉, 以上表中所列是选用主通道水深条件较好者。

目前世界著名的海岸港口航道与水深如表 6.4, 供作对比参考。

表 6.4　世界著名海岸港口航道水深表

序号	港口	航道水深/m
1	新加坡	> 20
2	西雅图	20
3	鹿特丹	18.3

续表

序号	港口	航道水深/m
4	高雄	16.0
5	南通洋口港	16.0
6	洛杉矶	15.5
7	上海洋山港	15.5
8	香港	15.0
9	上海港	12.5

以上表明了在河-海交互作用历史发展过程中，辐射沙脊群弥补了苏北平原海岸无通海港口之不足，利用沙脊与潮流通道的天然组合，提供了通海航道与码头基础之优越条件。更有利者是沙脊群背侧的潮滩，因位于沙脊群波影区而淤高展宽，提供了港口的堆场与建筑用地，这对人多地少的长三角地区，尤为可贵。但是，海港的开发利用，必须做好动力与泥沙环境的调查研究，考虑到当前与长远所需，在深入研究基础上做好发展规划与科学设计，以达到最佳利用与良性发展。利用辐射沙脊群中潮流通道与沙脊之组合，建设大、中型海港，将彻底改变南黄海沿岸无深水海港的面目，与苏北沿岸、滨海、燕尾与射阳河口等处港口的结合，建成大、中、小型的南黄海港口群。不仅填补了空白，而且增强了南黄海海洋经济的发展，使我国从渤海→北黄海→南黄海→长三角→东海→台湾海峡→南海珠三角→湛江→海南岛→琼州海峡→北部湾，形成珠串般的海上门户与交通网络，其作用显著，意义重大。

6.2　辐射沙脊群港口资源的海岸稳定性条件各论[①]

新中国成立初期，我国沿海港口以河口港（上海港、广州港等）和港湾港（青岛港、大连港等）为主（顾民权，2002），为满足经济建设和对外贸易发展的需要，特别是随科研水平和筑港技术的提高，淤泥质海岸建港也取得了丰硕成果，天津新港和连云港的工程实践坚定了淤泥质海岸建大型深水港口的信心。20世纪80年代以来，全国海岸带和海洋资源综合调查及辐射沙脊与废黄河三角洲海岸建港条件的研究进一步突破了在南黄海粉砂淤泥质海岸不能建港的传统观念。近年来，随着经济社会发展对港口开发需求的日益增长、认识水平和筑港技术的不断提高，依托辐射沙脊群潮流通道建设港口已取得了重大突破，依托辐射沙脊北翼西洋水道的大丰港、辐射沙脊南翼烂沙洋水道的洋口港和小庙洪水道的吕四港均已建成通航，且均在开展进一步规模开发的前期研究和规划。在以项目带动港口开发前期研究取得进展的同时，如何认识本地港口资源状况，根据自身的建港条件确定海港建设的目标、规模和方向至关重要。在新的一轮建港热潮中，为避免各建港热点地区盲目、无序发展，需要从辐射沙脊群区自然条件和长三角北翼海港开发全局的角度，客观认识海港资源特征，摸清海港资源的类型、分布和建港的有利条件，明晰港口建设需克服的困难及解决的途径，确定海港资源可持续开发的方向。

---

① 本节由王艳红、陆培东执笔。

　　辐射沙脊群区以淤长型粉砂淤泥质海岸为主，近岸潮流通道水深条件较好，是该海域港口资源开发的主要依托（图 6.7）。但近岸浅滩宽阔，地形滩槽相间，动力地貌过程复杂，水道深槽和沙洲的冲淤动态活跃，给港口资源开发带来较大的难度，也是这一海岸深水港口建设的主要制约因素（王艳红等，2006）。

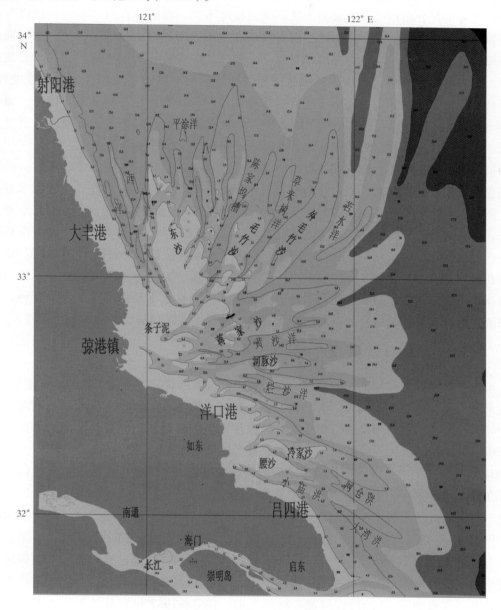

图 6.7　辐射沙脊群区水下地形格局

　　在辐聚—辐散的潮流作用下，形成了潮流通道间的沙脊群组合，这种组合也是辐射沙脊群区水道和沙洲与辐聚—辐散的潮流场相适应的表现（张东生等，1998）。大的沙脊群组合主要有西洋与陈家坞槽之间的东沙组，陈家坞槽与苦水洋之间的竹根沙组，苦水洋与黄沙洋之间的蒋家沙组，黄沙洋与烂沙洋之间的太阳沙组及烂沙洋与小庙洪之间的腰沙组。各沙脊组之间是宽深的楔形潮汐主槽水道，向外海开敞，与外海水体交换通畅，其主槽的摆动制约

305

着沙脊组的整体移动。而在同一沙脊组内，在两侧潮流主槽夹击下，内部的小沙脊又体现出合并为大沙脊的趋势（任美锷，1986）。由于同辐聚—辐散的流场形势相一致，上述五个大的"水道—沙脊"组合的态势基本稳定，在潮波系统及泥沙来源等大尺度自然条件没有显著变化的前提下，这种动力地貌格局具有稳定存在的基础。

值得注意的是，由于受两大潮波系统影响的程度不同，辐射沙脊内"水道—沙脊"系统的动态也存在一定差异。其中南部的小庙洪水道和北部的西洋水道分别主要受太平洋前进波和南黄海旋转驻波的控制，动力条件相对单一，且一侧有海堤作为固定边界，其动态变化波动较小。而中部陈家坞槽、苦水洋、黄沙洋和烂沙洋受两个潮波系统辐合的影响程度较大，动力条件比较复杂，两侧均没有固定边界。水道和沙脊的活动性也相对较强。此外，每一个"水道—沙脊"组合也并不是一个封闭的系统，特别在辐射沙脊中部，大的潮流通道之间相互串联，相邻系统之间存在着频繁的水沙交换，堆积和侵蚀的过程仍在持续。

辐射沙脊群区由于动力泥沙环境复杂、冲淤动态活跃，受到学术界的广泛关注。但限于传统观念在海岸带选建海港，而对在内陆架与利用沙脊群"脊槽"组合在外海建深水港认识不足，所以，未突破平原海岸为海港禁区的传统观念。自20世纪80年代以来，海岸带与滩涂调查，尤其是"八五"国家自然基金委重点项目，对辐射沙脊群水文泥沙、地貌沉积的系统调查，提出利用沿古长江河谷发育的潮流通道可建深水港是重大突破，洋口港建成10万吨级码头和航道，大丰港建成5万吨级港口，是成功之实践。20年来在北翼的西洋水道、南翼的烂沙洋水道、三沙洪水道和小庙洪水道等，积累了区域性水下地形和水文泥沙资料，也为分析潮流通道及其邻近的沙脊和岸滩的冲淤演变特征提供了港口建设条件的评价条件。

6.2.1 西洋水道

从水道长度、宽度和深槽水深等方面看，西洋是辐射沙脊群区最长大的冲刷型潮流通道，但这条水道的发育历史并不很长。黄河北归后，黄河入海泥沙的干扰逐渐减弱，近海潮流作用的主导地位增强，近岸潮流进一步活跃，为西洋水道的南延和刷深提供了动力条件，并使之成为废黄河三角洲侵蚀泥沙向辐射沙脊腹地搬运的重要通道。

1904年英版海图中显示，废黄河口南侧仍然有规模宏大的大沙，今大丰港外的西洋水道中段所在位置也分布有一系列小沙脊，可见其时的西洋水道尚未贯通。据1937年日版海图，废黄河三角洲向南已出现水深较大的水道，南延至大川港（今龙王庙正东），最大水深已达11 m。但1947年英版海图显示，该水道已南延至万庄子港（今四卯酉河口），水深普遍达12 m左右，最大水深14.6 m。显然，在20世纪40年代，西洋水道已延伸至四卯酉附近，并开始侵蚀四卯酉至笆斗山一带的并滩沙洲。从1957年的渔场图可以看出，西洋水道已南延至笆斗山附近（张忍顺等，1990），与现今格局类似；1963—1967年测量的海图资料显示，该水道已不再进一步向南延伸，但局部深槽水深进一步加大到20 m以上，1979年测图中最大水深点位于王港外，为28.5 m。1998年实测水下地形显示，该深槽位置变化不大，但最大水深进一步加深到-38 m。

从1979—1998年小阴沙以西的西洋水道等深线对比显示出该水域海床的冲淤变化特征（图6.8和图6.9）。

（1）西洋水道西槽水深进一步加大。主要表现为王港外深槽最大水深由1979年的28.5 m增深至1998年的38 m；深槽区-20 m线和-15 m线所包括的范围均有不同程度的扩

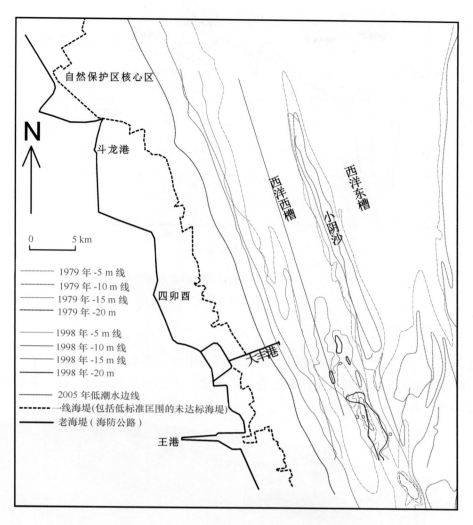

图 6.8 1979—1998 年西洋水道等深线对比

大。−5 m 和 −10 m 线分别平均向岸移动约 700 m 和 1 200 m，向东分别平均移动约 300 m 和 200 m，即小阴沙主体有东移的迹象，但幅度不大。

（2）小阴沙北端逐渐南退。1979—1998 年间，测图范围内小阴沙头部 −5 m 线和 −10 m 线分别向南后退约 5 km 和 3 km。

（3）西洋西侧表现为潮间带滩涂的淤长和水下岸坡的侵蚀，岸滩坡度进一步变陡。

西洋西水道的深槽的逐渐下蚀，为大丰港建设提供了较好的水深条件，但该深槽的口门段水深较浅，且长期以来变化不大，水深不足 13 m 的浅段在 30 km 以上，最浅点仅约 11.5 m。由于长期以来口门浅段外缺少实测地形，1998 年和 2005 年的实测水下地形范围均仅至斗龙港对出部位（1979 年小阴沙 −10 m 线头部附近），向北尚无新测的图。如果根据 1979 年海图水深判断，达到 15 m 水深及以深的开敞海域，其航距向 NE 约超过 20 km。

总体而言，西洋水道具有天然冲刷加深的有利条件，目前的水深已具备 5 万吨级船舶通航的基本条件，在外侧小阴沙和东沙掩护下，西洋水道内的泊稳条件良好。不足之处是朝向 N，NE 的开敞口门，间或遭受冬季 NE 向强浪影响。

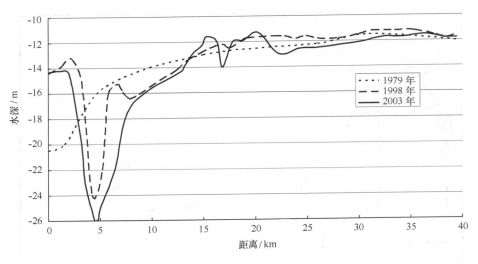

图 6.9　1979—2005 年西洋西槽断面水深变化

注：断面位置见图 6.8

6.2.2　烂沙洋水道①

烂沙洋水道位于辐射沙脊群枢纽部，其北面有太阳沙、茄儿秆子、茄儿叶子、鳓鱼沙与黄沙洋分隔，并被火星沙、西太阳沙等沙脊分隔成北、中、南三条水道。这三条水道的尾部相互贯通（图 6.10）。

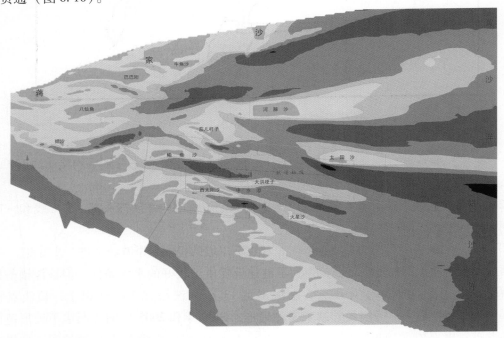

图 6.10　烂沙洋水域水下地形特征

据 2005 年 6 月 1∶7.5 万水下地形图

---

① 烂沙洋潮流通道与洋口港王颖做部分补充。

6.2.2.1　等深线变化

通过 1963—1967 年、1979 年、1994 年、2003 年和 2005 年烂沙洋海域水下地形资料，进行 0 m、−5 m、−10 m 等深线对比，以认识近 40 年来水道沙洲的动态①。

从 0 m 等深线变化来看（图 6.11 和图 6.12）：在 20 世纪 60 年代，西太阳沙还是东、中、西分布的三个小沙，彼此间相隔宽 1.5 ~ 3.0 km 的水道；1979 年，这三个小沙合并成西太阳沙，原东面的小沙脊消失，主体西移约 2 km；1994 年西太阳沙主体又东移至 60 年代的中部沙脊，并且与东侧火星沙的一部分相连。从西太阳沙周边沙脊和岸滩的变化来看，1963—1994 年间，这些沙脊、边滩的移动比较明显。如西太阳沙北部在 60 年代有一较大范围的 WE 向沙脊，1979 年该沙脊被分割成茄儿秆子、茄儿叶子两个沙脊，1994 年，这两个沙脊再次合并。伴随着西太阳沙 WE 向迁移，近岸浅滩总体上呈淤涨趋势，但岸滩与西太阳沙始终未能相连，且距离有扩大之势。由 1994—2005 年间的变化看，近 10 年来，西太阳沙的主体基本保持在 1994 年的位置，表面形态变化主要表现为北侧突出部分严重冲刷，原来突出部分的西侧新出现一个高程为 0.6 m 的小沙洲。西太阳沙北部的沙洲西移，南侧近岸的 0 m 线冲刷后退。上述现象反映，在波浪潮流共同作用下长沙港海域沙脊表层和浅滩的泥沙具有一定的活动性。

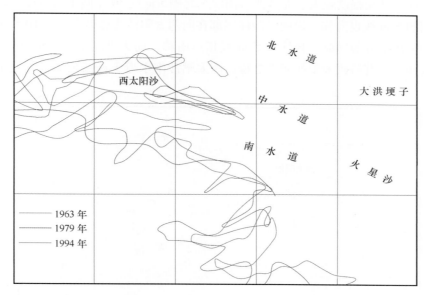

图 6.11　1963、1979、1994 年烂沙洋海域 0 m 等深线对比

由 5 m 等深线变化看出（图 6.13 和图 6.14）：20 世纪 60 年代，西太阳沙南水道的 5 m 线尚未贯通，头部只是间断分布的两个深潭，走向为 SW 方向。70 年代末南水道 5 m 线全线贯通，尾部仍为 SW 方向，中部较 60 年代的范围扩大 1 倍以上，宽度达 1.5 ~ 2.0 km。90 年代南水道中部 5 m 线宽度进一步扩大到 2.0 km 以上，尾部向 N 摆动转为 WE 向，并西延约 2 km。表明此 30 年间，南水道处于不断发展过程，整个水道不断顺直并西伸。在这期间，烂

---

① 喻国华，陆培东．江苏如东烂沙洋和西太阳沙近期动态和稳定性研究，南京水利科学研究院，2003；
　陆培东．江苏如东县人工岛工程西太阳沙稳定性研究，南京水利科学研究院，2003。

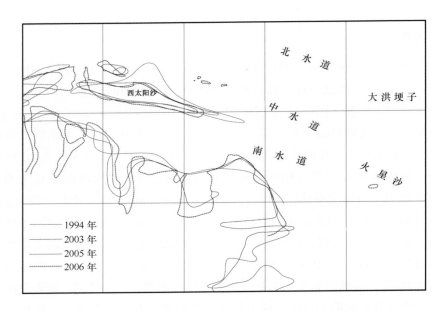

图 6.12　1994—2005 年烂沙洋海域 0 m 等深线对比

沙洋水道的 5 m 线摆动幅度较大，尤其西太阳沙东北侧 5 m 线 30 年间平均南移近 2 km，同时西太阳沙北侧的 5 m 线也南移，说明烂沙洋尾部在向西太阳沙北缘逼近。近 10 年来，伴随着西太阳沙北侧突出部分的冲刷，该区域 5 m 线相应南移，而大洪埂子的 5 m 区域范围扩大，并呈 WE 向延伸，具有与西太阳沙相连之势。西太阳沙南水道 5 m 线的宽度变化不大，仅尾部向西延伸。

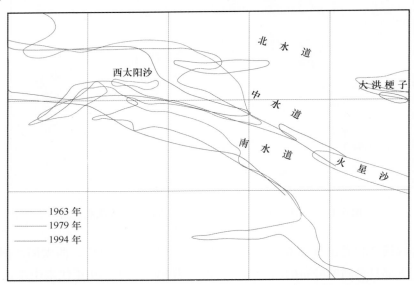

图 6.13　1963、1979、1994 年烂沙洋海域 –5 m 等深线对比

10 m 线等深线变化显示（图 6.15 和图 6.16）：西太阳沙南水道的 –10 m 区域在 20 世纪 60 年代只是局部一块，70 年代末，–10 m 线全线贯通并较大发展，90 年代时 –10 m 范围进一步扩大，尤其尾部平均增宽 550 m 左右。烂沙洋水道的 –10 m 线也有南移趋势。值得注意

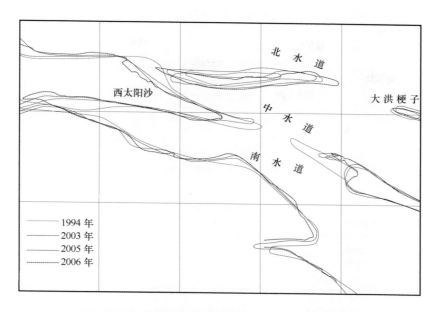

图 6.14　1994—2005 年烂沙洋海域 – 5 m 等深线对比

的是，西太阳沙东北侧又有一条 – 10 m 深槽楔入，同样反映出西太阳沙东北侧水流的增强。从 1994—2003 年的变化看，烂沙洋深槽尾部普遍向西延伸，反映近年来烂沙洋主槽水流动力增强，潮流通道由于无大量泥沙补给，而在自然刷深。而同期南水道及西太阳沙东北侧 – 10 m 深槽发展并不明显，尤其东北侧深槽的尾部还略有后退。

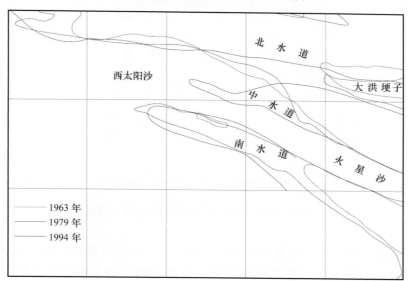

图 6.15　1963、1979、1994 年烂沙洋海域 – 10 m 等深线对比

烂沙洋 – 15 m 深槽主要发育在西太阳沙以北的北水道，且近数十年来稳定存在。南水道 – 15 m 深槽自 1994 年地形图中开始出现，之后趋向稳定发展（图 6.17 和图 6.18）。2003—2005 年（图 6.19），南水道 – 10 m、– 15 m 深槽均有所扩展，中水道 – 10 m 深槽西延500 m，西太阳沙东端相应萎缩；北水道 – 10 m 深槽向西延伸，– 15 m 深槽有南移迹

311

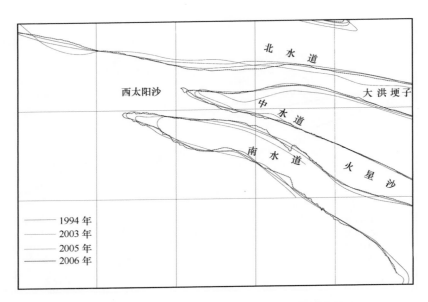

图 6.16　1994—2005 年烂沙洋海域 −10 m 等深线对比

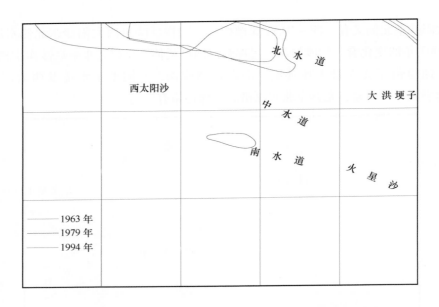

图 6.17　1963、1979、1994 年烂沙洋海域 −15 m 等深线对比

像，北水道潮流动力增强和主轴南逼的趋势依然存在。南水道深槽扩展中水道深槽西延和北水道深槽南逼反映西太阳沙东北侧潮流动力有所增强，西太阳沙东北侧岸坡明显冲刷后退。

　　地形对比显示，近 40 年来，烂沙洋水道尾部不断发展，主轴南移，西太阳沙北侧处于冲刷环境；西太阳沙南水道深槽在前 30 年处于从无到有，水深不断加大不断发展的状态，但后 10 年的发展变化已明显趋缓。

6.2.2.2　断面变化

　　为进一步认识"烂沙洋—西太阳沙—西太阳沙南水道"的动态变化，在此海域布设了 4

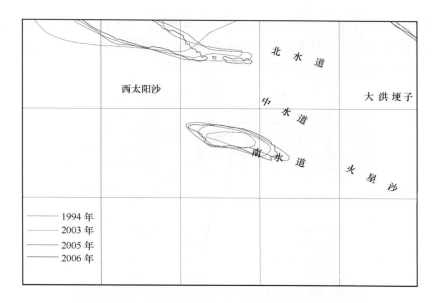

图 6.18　1994—2005 年烂沙洋海域 – 15 m 等深线对比

条断面（图 6.19），根据 1963 年、1979 年、1992 年、1994 年、1995 年、2002 年、2003 年和 2004 年的地形及断面监测资料进行固定断面的对比分析。

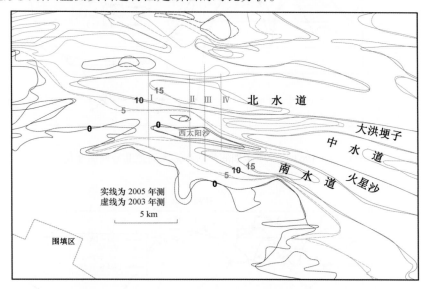

图 6.19　烂沙洋海域 2003—2005 年等深线变化

从 1963—1994 年间的变化看：Ⅰ号断面处于西太阳沙西端，自 20 世纪 60—90 年代，烂沙洋尾部处于刷深状态，水深由十几米增加到二十几米，南水道北部同时也向北摆动，西太阳沙西南端向 NE 方向萎缩（图 6.20）。Ⅱ号断面在 70 年代时，南水道已见雏形；至 90 年代，南水道北移并加深至 12 m 左右。随着南水道发展和西太阳沙合并，原分隔沙脊的深槽消失，西太阳沙聚合突起。与此同时，烂沙洋水道仍呈刷深状态（图 6.21）。Ⅲ号断面位于西太阳沙主体部位，断面变化反映 60 年代以来南水道冲刷加深，规模扩大，烂沙洋水道主轴南移并发展。在南北水道的夹击下，西太阳沙加积变高，但主体位置基本稳定，仅沙洲表面在

313

波浪和水流共同作用下存在较明显的冲淤变化（图 6.22）。位于西太阳沙东端的Ⅳ号断面变化显示，西太阳沙东端的烂沙洋水道主轴明显南摆，摆动幅度达 1～2 km，南水道加宽增深，最深点已近 –15 m。西太阳沙的宽度相应变窄（图 6.23）。

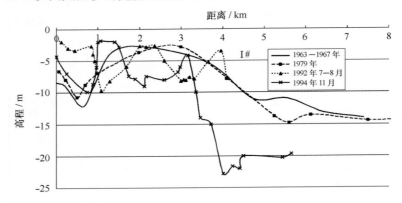

图 6.20　1963—1994 年期间烂沙洋潮流通道Ⅰ号断面变化

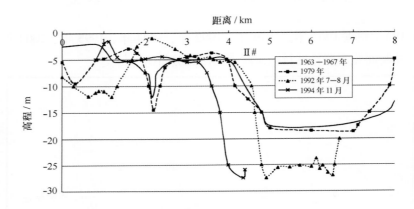

图 6.21　1963—1994 年期间烂沙洋潮流通道Ⅱ号断面变化

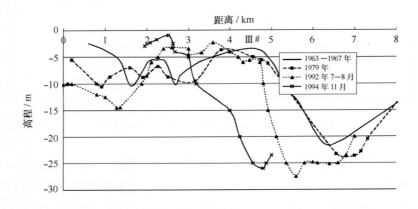

图 6.22　1963—1994 年期间烂沙洋潮流通道Ⅲ号断面变化

　　1994—2004 年的断面变化反映在烂沙洋主轴进一步南逼和南水道发展趋缓背景下水道、沙洲的动态（图 6.24～图 6.27），这一时期的变化具有如下特征：① 由于南水道发展趋缓，

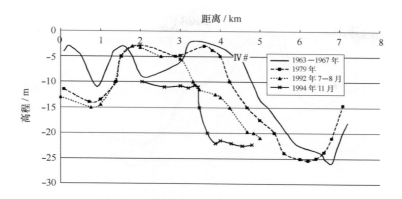

图 6.23　1963—1994 年期间烂沙洋潮流通道 Ⅵ 号断面变化

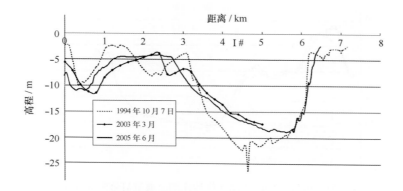

图 6.24　1994—2005 年期间烂沙洋潮流通道 Ⅰ 号断面变化

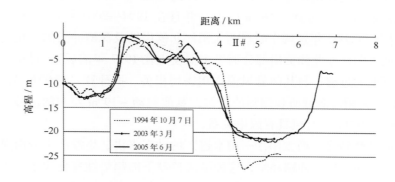

图 6.25　1994—2005 年期间烂沙洋潮流通道 Ⅱ 号断面变化

西太阳沙南侧岸坡基本稳定，仅 Ⅰ 号断面附近由于南水道尾部北摆，西太阳沙西端继续向 NE 方向萎缩。南水道中段和尾部深槽水深略有增大。② 西太阳沙表面仍存在较大的冲淤变化，其总的趋势是滩面增高，最高点南移。③ 西太阳沙北侧岸坡普遍冲刷，冲刷强度最大处在 Ⅲ 号断面，最大冲刷强度达 8 m，Ⅱ、Ⅳ 号断面冲刷强度也分别达 6 m 和 5 m。岸坡冲刷的同时，西太阳沙北侧深槽严重淤积，最大淤积幅度达 7 m（Ⅱ 号断面）。

　　1994—2004 年期间西太阳沙北侧原突出部分严重冲刷，前沿深槽相应淤积的现象是认识烂沙洋海域"水道—沙脊"系统动态特征的重要问题。根据波浪和水流共同作用下泥沙起动

315

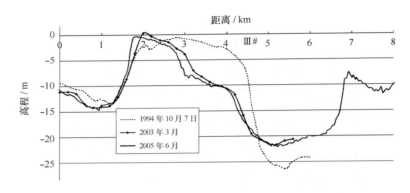

图 6.26　1994—2005 年期间烂沙洋潮流通道Ⅲ号断面变化

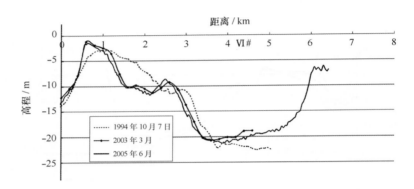

图 6.27　1994—2005 年期间烂沙洋潮流通道Ⅵ号断面变化

计算，平均波浪和潮流的作用仅能起动西太阳沙理论基面 - 1 m 以上的泥沙，而 NE 向 50 年一遇波浪时的泥沙起动水深可达 - 16 m 以上。并且在 1994—2003 年的变化中，1994 年与 1995 年以及 2002 年与 2003 年这两个时段西太阳沙北侧岸坡及深槽冲淤的变化均不大（遥感资料进一步证实西太阳沙原北侧突出部分消失主要发生在 1997 年前后），可见上述强烈滩冲槽淤变化并不是渐变的过程，与其间暴风浪作用密切相关。据计算，受 9711 号台风的影响，1997 年 8 月 18 日西太阳沙海域所观测到的波浪，竟能起动 - 19 m 左右的泥沙。西太阳沙北侧滩冲槽淤的突变与 9711 号台风具有因果关系。

　　因此，就目前"烂沙洋—西太阳沙—南水道"的动态来讲，烂沙洋主槽南逼致使西太阳沙北侧在今后较长时期内处于冲刷环境，这种潮流控制下的趋势性变化应予重视，同时需特别关注短期大浪造成的沙洲及岸坡冲刷。相对近岸的西太阳沙南水道形成于 20 世纪 70 年代，发育历史并不长，经过 70 年代至 90 年代的充分发展后，近期水道的发展已明显趋缓，目前尚没有充分的资料说明其以后的发展趋势，这也是在确定南水道利用可能性时需着重研究的问题。

6.2.3　小庙洪水道

　　小庙洪水道是辐射沙脊最南端的一条近岸大型潮流通道，其发育历史可追溯到晚更新世，当时为古长江在陆架上的延伸；在全新世早期的海侵、海退中，仍为长江支流的水下泄流汊道，以后随长江口南移，潮流作用逐渐取代径流，在潮流冲蚀下，水道进一步发展为潮流深槽[1]。目前水道走向基本与吕四海堤走向一致，呈 NNW—ESE 走向，深槽零米线距海堤 3.5～6.0 km。水道长约 38 km，口门宽 15 km，水道中段宽 4.5 km，尾部在如东浅滩消失。在辐射沙脊中，小庙洪水道为相对独立的水、沙系统，其尾部并不与相邻的潮汐水道相连通，并且腰沙将水道与北部的网仓洪深槽隔离，涨落潮过程中越过腰沙滩脊自由交换的潮量很少。小庙洪口门段有两条零米线以上的沙洲，将口门分成北、中、南三条水道。小庙洪水道内有三处 −10 m 以深的深槽，分别位于小庙洪南水道、水道中段和海门区段的蛎岈山北侧前缘（图6.28）。

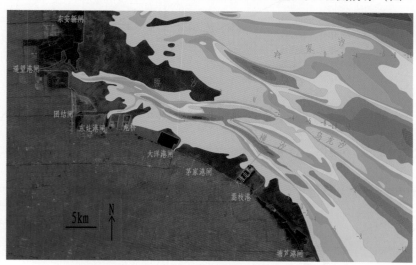

图 6.28　小庙洪水道海域形势

　　小庙洪水道受东海前进波单一的潮波系统控制，与相邻潮流通道的水沙交换少，水道及岸滩动态主要受内部各支汊消长的影响。海门区段相对靠近腰沙掩护的小庙洪水道尾部，水道地形及动力条件更趋单一。据小庙洪水道形成演变和稳定性研究，小庙洪水道深槽存在向南侧陆岸逼近、深泓逐渐加深的宏观动态。

6.2.3.1　水道平面变化

　　为了研究小庙洪水道近期的动态变化，对所收集到的 1968 年、1979 年、1989 年、1993 年、2000 年和 2003 年的地形资料进行了对比分析。从水道 0 m、−5 m、−10 m 等深线的对比分析中可得到水道平面形态变化的认识（图6.29～图6.34）[2]。

　　0 m 线的变化：从图6.29 可以看出，自 1968—1993 年的 25 年间，小庙洪水道平面形态和位置基本没有大的变化，但总体上有南移趋势。在水道北侧，60 年代存在的伸向腰沙长 7 km 的深槽到 70 年代后已消失，零米线向南推移约 1 km。但从 1993 年的资料看，这条线的变动不很大。在小庙洪的尾部，60 年代时具有两汊，经过 20 多年的变化，北汊逐渐消失，南汊有发展之势。在小庙洪口门段，零米线以上的沙洲变化较大。1992—2003 年间（图6.30）小庙洪南岸 0 m 线及港汊的位置与形态变化不大，尤其口门段 0 m 线的变化较小。

①　参见刘家驹、喻国华．吕四小庙洪水道建港初步可行性研究中之"潮汐深槽"，南京水利科学研究院，1998 年。
②　陆培东．江苏大唐吕四港电厂工程吕四小庙洪水道稳定性研究，南京水利科学研究院，2003 年。

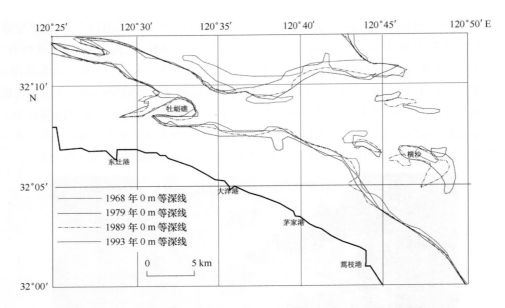

图 6.29　1968 年、1979 年、1989 年、1993 年小庙洪水道 0 m 等深线变化

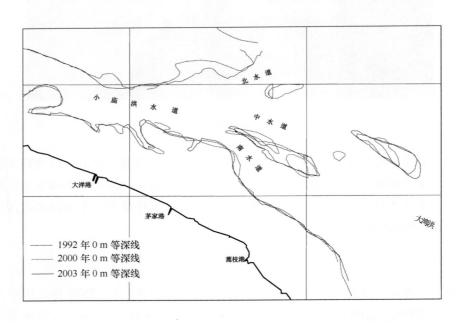

图 6.30　1992 年、2000 年、2003 年小庙洪水道 0 m 等深线变化

－5 m 等深线的变化：在 1968—1993 年间（图 6.31）小庙洪水道南侧的－5 m 线基本上没有变化，而北侧－5 m 线显著南移。1968 的北水道－5 m 深槽至 1979 年萎缩了 10 km，至 1989 年又萎缩了 1 km，宽度也逐渐变窄，到 1993 年这条原通向外海的深槽由于不断淤积已变成一条封闭的水道，所包围的面积还在继续缩小。同时，口门段环绕横沙的－5 m 线在六七十年代还是一条封闭的线，与口门外－5 m 线之间有一浅槽相隔，从大湾洪进入的潮量有一部分由此经北水道和中水道进入小庙洪。但到 1989 年时，横沙与乌龙沙－5 m 线相连，使由大湾洪进入北水道和中水道的潮量有所减少，这部分水体转由南水道进出小庙洪，导致横沙东南侧－5 m 线冲刷后退，从 1968—1989 年，平均每年北移 136 m。1993 年，虽然横沙与

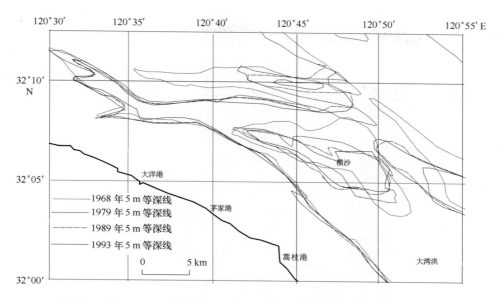

图 6.31　1968 年、1979 年、1989 年、1993 年小庙洪水道 – 5 m 等深线变化

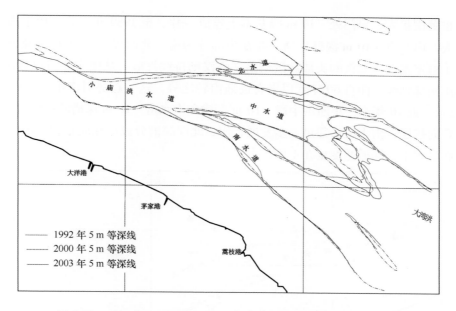

图 6.32　1992 年、2000 年、2003 年小庙洪水道 – 5 m 等深线变化

乌龙沙相连的 – 5 m 线又被冲刷出一条宽 400 m，深 6 m 的浅槽，但过水断面增加并不大，此时横沙东南侧 – 5 m 线与 1989 年相差不大。由 1993—2003 年的变化看（图 6.32）：小庙洪南侧尤其口门段 – 5 m 线基本稳定，横沙及南水道南、北汊头部 – 5 m 以浅的部分有东移趋势，横沙与乌龙沙之间仍处于动荡之中，北水道 – 5 m 以深的深槽已完全消失。

　　– 10 m 等深线变化：从图 6.33 看出，60 年代 – 10 m 深槽在南、北水道内均有出现，且北水道深槽长达 10 km，而南水道 – 10 m 线只在中段呈条状分布，口门附近只是不连续的深槽，反映 60 年代时，有很大一部分水体是从北水道进出小庙洪的。至 1979 年，北水道 – 10 m 以深的深槽已严重淤积，长度只有 4 km，深槽位置南移 600 m。同时，南水道中段

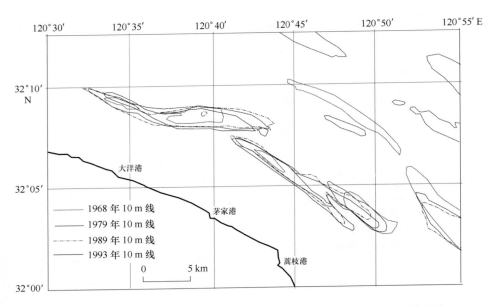

图 6.33　1968 年、1979 年、1989 年、1993 年小庙洪水道 - 10 m 等深线变化

- 10 m 深槽范围扩大，口门处 - 10 m 线基本上连成一片。至 1989 年，北、中水道 - 10 m 深槽全部消失，南水道 - 10 m 深槽贯通，并在头部分为南、北两汊。至 1993 年南水道 - 10 m 深槽进一步稳定发展，北汊的头部冲淤动荡，南汊则持续发展。从图中还可以看出，小庙洪口外大湾洪头部轴线方向自 60 年代以来有逐渐南转之势，这一趋势对南水道发展是有利的。

图 6.34 显示，近 10 年来，小庙洪中段 - 10 m 深槽和南水道 - 10 m 深槽的位置稳定，深槽的范围向 WE 向扩展，南水道头部进一步发展，南、北汊深槽分流口相应东移，南汊 - 10 m 深槽向东扩展过程中，深槽宽度也在不断扩大。

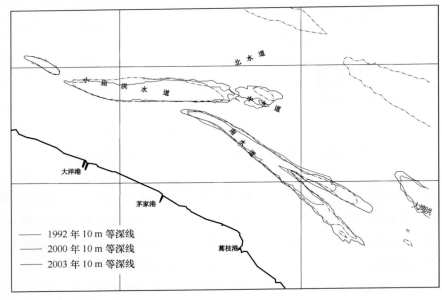

图 6.34　1992 年、2000 年、2003 年小庙洪水道 - 10 m 等深线变化

水道平面形态变化显示近 40 年来，小庙洪水道一直存在着北淤南冲的演变趋势，口门段的北水道深槽不断萎缩直至消失，南水道充分发展；自 80 年代南水道头部分成南北两汊以来，南汊始终处于发展的过程。

6.2.3.2　断面变化

为进一步认识小庙洪水道的动态特征，在小庙洪水道内选择了蒿枝港、茅家港、大洋港和小庙洪尾部四条断面进行分析，断面的方向均为 NS 向。

蒿枝港断面位于蒿枝港闸西侧 1 km。从图 6.35 看出，在小庙洪水道口门处，南水道深而窄，北水道和中水道宽而浅。水道的断面位置变化不大，但南水道自 60 年代以来主要处于冲刷过程，1979 年以后，北水道和中水道总的发展趋势是冲淤交替，以淤为主。1993—2000年间的变化显示（图 6.36），近 10 年来，南水道仍处于冲刷过程，最大水深有所增加，并且深槽有南逼趋势，但南侧 −5 ~ −15 m 之间水下岸坡的形态变化并不大，中水道有所拓宽，但水深减小。而北水道在 2000 年时已完全萎缩。

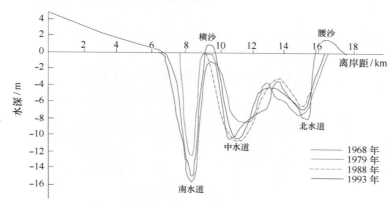

图 6.35　1968—1993 年蒿枝港断面水深变化

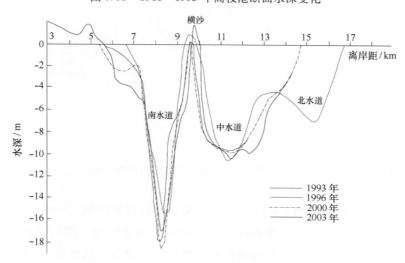

图 6.36　1993—2003 年蒿枝港断面水深变化

茅家港断面位于茅家港闸东侧 1.5 km，处在南、中水道分流口附近。从图 6.37 可以看出，60 年代时此区域的中水道还是一条较宽深的水道，最大水深近 6 m，后来逐渐淤积，1989 年以后，此水道已不复存在。同时南水道冲刷加深，1968—1979 年间刷深速度最快，平均每年刷深 0.5 m。1979—1993 年间，冲刷速率渐缓，但有展宽趋势，断面形态已没有大的变化。从 1993—2003 年的变化来看（图 6.38）水道的断面形态基本稳定，但水深有减小趋势，反映该断面附近的深槽经过 1968—1979 年强烈冲刷和 1979—1993 年冲刷减缓两个阶段后，已处于略有淤积的发展过程。

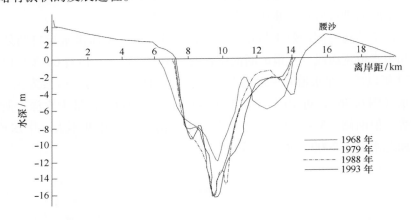

图 6.37　1968—1993 年茅家港断面水深变化

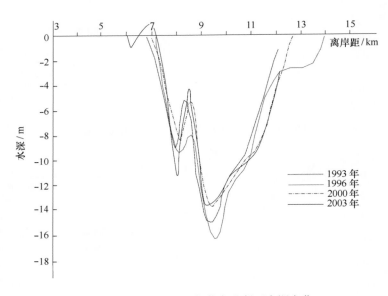

图 6.38　1993—2003 年茅家港断面水深变化

大洋港断面在大洋港闸东侧 0.8 km，位于小庙洪中段深槽区域。1968—1993 年的断面变化显示（图 6.39），60 年代时，这里还存在明显的南北两条深槽，随后北侧深槽逐年淤浅，南侧深槽冲刷加深。1979 年以后，断面面积和深槽位置均没有大的变化。1993—2003 年间深槽有所淤浅，位置南移，但最大水深仍保持在 −17 m 以上（图 6.40）。

小庙洪尾部断面：1968—1989 年间，水道位置没有变化，但北部深槽明显淤浅并消失，南部深槽有冲刷之势。1989 年以来，深槽进一步冲刷，至 2003 年深槽最深点位置较 1989 年

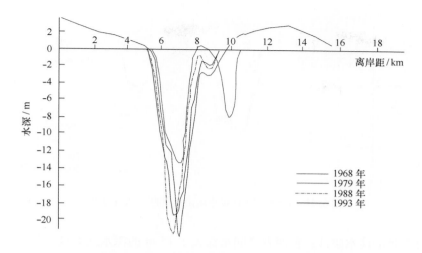

图 6.39　1968—1993 年大洋港断面水深变化

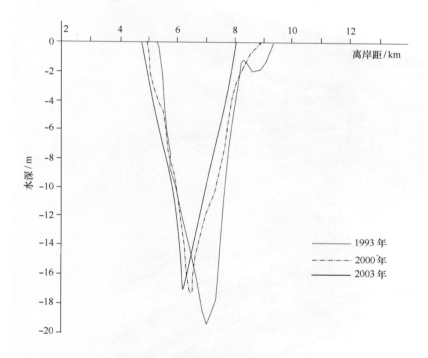

图 6.40　1993—2003 年大洋港断面水深变化

南移约 500 m（图 6.41）。

　　在小庙洪整体稳定的情况下，不同部位的断面变化进一步反映了水道内部北淤南冲、深槽南移的动态变化。其中小庙洪中段大洋港岸段深槽宽长，目前有进一步贴岸的发展趋势。口门蒿枝港岸段濒临的南水道南汊深槽一直处于冲刷发展过程，深槽向外海延伸，水深加大，南侧水下岸坡基本保持稳定。

6.2.4　辐射沙脊南翼外缘的冷家沙海域

　　由于冷家沙属于辐射沙脊南翼最东部的低潮出露沙洲，其东北侧面临开敞水域，北侧虽

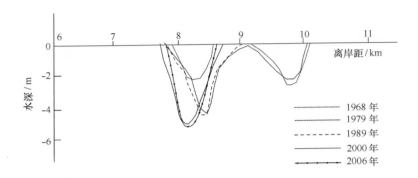

图 6.41 1968—2000 年小庙洪尾部断面水深变化

有太阳沙沙脊东延的浅水暗沙，但两者之间水深大于 15 m 的深水区宽度已接近 30 km，远远大于辐射沙脊群区的其他潮流通道，沙洲对水道的约束作用不再明显（图 6.42）。

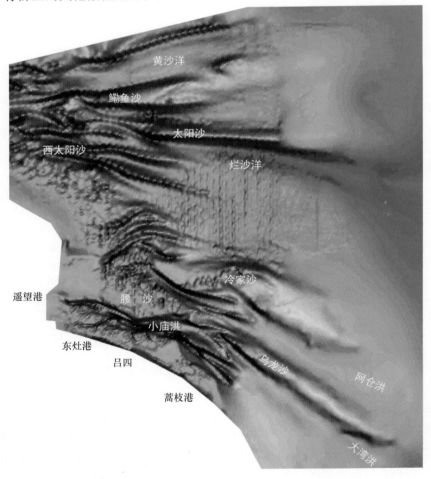

图 6.42 冷家沙附近水域水下地形及断面位置

2006 年水下地形图显示，冷家沙东北侧海床整体表现为西南高东北低，海床坡度在不同水深部位变化较大，主要表现为上陡下缓，深水区水下地形无明显起伏波动。其中 −16 ~ −18 m 水深部位为平均坡度不到 0.1‰的平坦海床，但冷家沙东北角向 NE 方向 0 ~ −12 m 之间为坡度 7.5‰（图 6.43 和图 6.44）①。

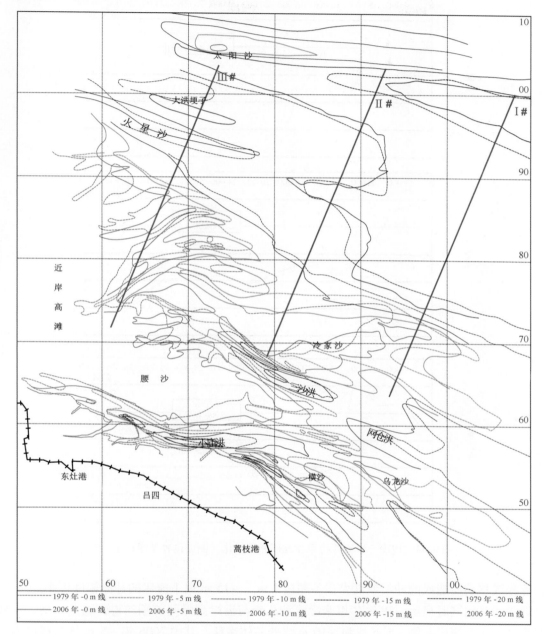

图 6.43　1979—2006 年冷家沙附近海域等深线对比

　　1979—2006 年地形和断面变化显示（图 6.43 和图 6.44），27 年间冷家沙以北 −16 ~
−18 m 的平坦海床非常稳定，水深变化幅度均不超过 1 m。靠冷家沙一侧近 WE 走向的
−15 m 线东段向南移动约 1 km。同时，−15 m 线 NS 走向段向火星沙南侧的烂沙南水道楔入
约 6 km，但楔入部分两侧均有不同程度的东移。尽管如此，由于 −15 m 线附近海床非常平

---

①　王艳红，江苏省吕四海洋经济开发区冷家沙深水码头基地暨横沙人工岛建设条件与方案初步研究．南京水利科学
研究院研究报告，2009 年。

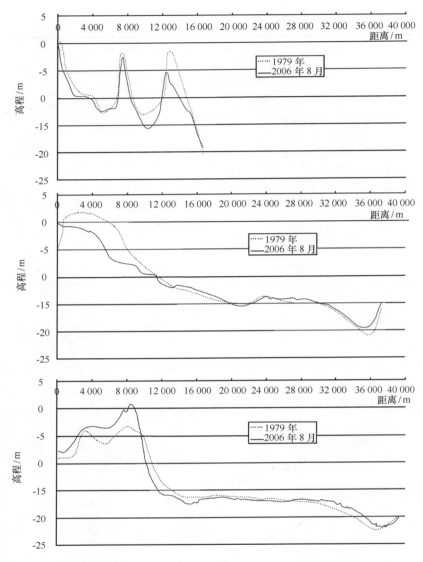

图 6.44 1979—2006 年冷家沙北侧断面变化（断面位置见图 6.43）

坦，等深线移动所造成的冲淤幅度大多不超过 1 m。－15 m 以下海床的冲淤幅度更小。

等深线对比同时显示，1979 年以来冷家沙北侧与近岸高滩间的潮沟得到迅速发展，主要表现为冷家沙中西段北侧 －5 m 线和 －10 m 线的整体南移，其中 2006 年 －5 m 等深线已南移至 1979 年 0 m 线附近。该潮沟尾部深槽最大深度已由 1979 年的 6.8 m 增大到 2006 年的－11.6 m。在冷家沙中西部整体侵蚀南移的同时，沙洲东端继续向东北淤长，东端 －5 m 线和 －10 m 线分别向东北推进约 1 km 和 0.5 km，在 －15 m 线南逼的情况下，岸坡坡度进一步变陡。

冷家沙以北海域自东向西水深逐渐变浅，水下地形也自东向西逐渐由平坦海床向脊槽相间的地形格局过渡（图 6.43）。根据固定断面变化对比（图 6.44），海床稳定性也由东部平坦海床的非常稳定逐渐过渡到西部脊槽相间水域的强烈动荡，冷家沙东部主体位置变化不大。

可见，冷家沙东北部深水区水深长期稳定，等深线有整体向南发展趋势，向西由于通向近岸的潮流水道，等深线局部西延。这与辐射沙脊外冲内淤、主轴南逼的宏观背景一致。同时，由于冷家沙以北海域的东部属开敞水域，已脱离辐射沙脊的韵律地貌系统，深水区海床平坦且长期稳定，但向西加入沙洲水道相间的区域，滩槽动态仍较为活跃。

6.2.5　太阳沙海域

太阳沙位于如东岸外约 30 km 处，呈细长形，走向近 WE，地势西高东低，现最高处约在理论基面 1.7 m，大潮低潮时局部出露成为明沙，0 m 以上面积约 2 km²。太阳沙南侧和北侧分别为烂沙洋水道和黄沙洋水道，两水道的 −15 m 线均能延伸至太阳沙附近，并在太阳沙附近分别形成深槽，南北两侧深槽最大水深分别约为 21.2 m 和 20.1 m，深槽外最浅水深分别约为 17.5 m 和 16.7 m，水深不足 18 m 的浅段长度分别约为 10 km 和 20 km（图 6.42）。

从 20 世纪 50 年代吕泗渔场图显示，太阳沙沙脊已基本成形，向西可延伸至鳓鱼沙附近。2007 年水下地形图显示，太阳沙出露部位西侧成为了黄沙洋水道和烂沙洋水道的交汇处，水深超过 10 m，切断了太阳沙与鳓鱼沙连接的水下沙脊（图 6.42 和图 6.45）。

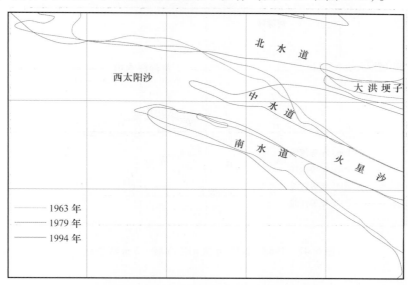

图 6.45　20 世纪 50 年代吕泗渔场图中的太阳沙

据张忍顺等，1992

1963 年、1979 年、2005 年、2007 年等深线对比显示，太阳沙海域的地形变化主要表现在如下方面：

（1）太阳沙 0 m 等深线近 40 年来变化幅度较大，1963—1979 年向西移动近 3 km，且 0 m 线的面积也有所增大。1979—2005 年整体北移约 0.5 km，长度缩小至一半，2005—2007 年间变化相对较小（图 6.46）。反映太阳沙因处于相对开阔的水域，浅水区受到波浪和潮流共同作用，0 m 以上区域甚不稳定。

（2）太阳沙 −2 m 线 1963 年以来南北位置和宽度变化较小，但东西向变化明显，1963 年、1979 年、2005 年和 2007 年太阳沙 −2 m 线的东西轴向长度分别约为 13 km、9 km、

7 km和6 km，表现出明显的逐年缩小趋势，但中心位置在几十年间相对较为稳定（图6.47）。

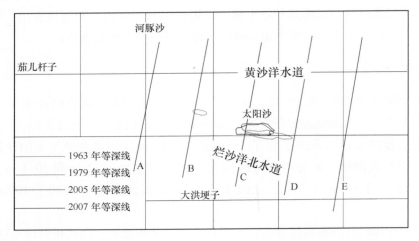

图 6.46　1963—2007 年太阳沙海域 0 m 线变化

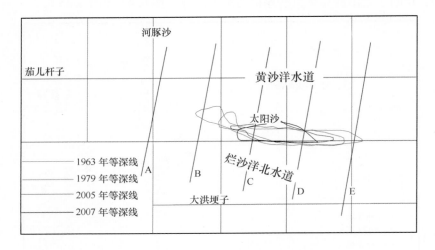

图 6.47　1963—2007 年太阳沙海域 −2 m 线变化

（3）太阳沙 −5 m 等深线在 1963 年以来的变化与 −2 m 线接近，即主要表现为 WE 向的冲淤波动，但幅度明显小于 −2 m 线的变化（图 6.48）。

（4）1979 年前，太阳沙沙脊与茄儿杆子之间的夹槽水深尚小于 10 m，太阳沙的 −10 m 线一直延伸至茄儿杆子，且 1963—1979 年 −10 m 线宽度在夹槽附近逐渐束窄；至 2005 年，该夹槽水深已大于 10 m，太阳沙南北两侧的 −10 m 水深贯通，太阳沙 −10 m 线成为孤立的封闭曲线；太阳沙西侧夹槽的冲刷发育，与同期太阳沙西侧 −2 m 线和 −5 m 线的退缩趋势一致，但太阳沙 −10 m 线在 NS 方向上并未发生明显变化（图 6.49）。

（5）太阳沙南北两侧均发育有 −15 m 深槽，其中北侧深槽在 1963 年时 −15 m 线尚未与外海贯通，1979 年后贯通，但向西发展趋势并不明显；南侧 −15 m 深槽一直与外海贯通，但随着太阳沙西侧夹槽的贯通， −15 m 线在 1979—2005 年间向东退缩约 10 km 至太阳沙主体位置，随后基本稳定（图 6.50）。

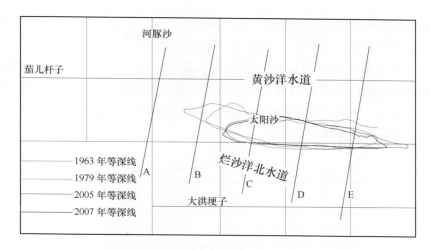

图 6.48　1963—2007 年太阳沙海域 –5 m 线变化

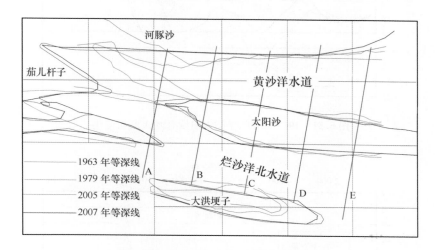

图 6.49　1963—2007 年太阳沙海域 –10 m 线变化

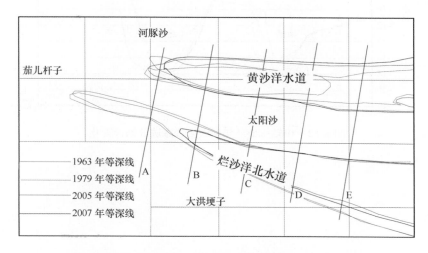

图 6.50　1963—2007 年太阳沙海域 –15 m 线变化

　　为进一步认识太阳沙脊、洲地形和深槽水深变化情况，布置了 5 条横切太阳沙及其两侧深槽的水深断面进行分析（图 6.51 ~ 图 6.55，断面位置见图 6.50）：

　　断面对比显示（图 6.51 ~ 图 6.55），太阳沙及其两侧深槽的在 1963 年以来的变化主要发生在太阳沙的西部，向东逐渐趋向稳定，且冲淤变化主要发生在 1963—1979 年间，1979 年以来的水深变化很小。表明尽管太阳沙海域的等深线在东西方向上变化幅度较大，但因这一方向地形平缓，水深波动并不明显。

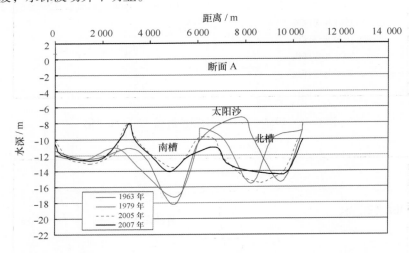

图 6.51　1963—2007 年间太阳沙海域 A 断面变化

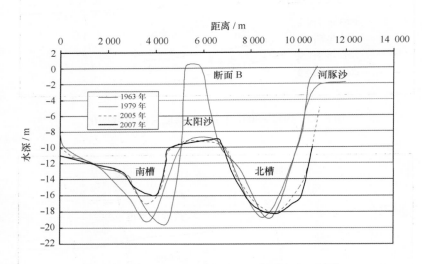

图 6.52　1963—2007 年间太阳沙海域 B 断面变化

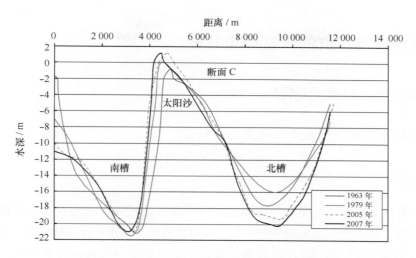

图 6.53　1963—2007 年间太阳沙海域 C 断面变化

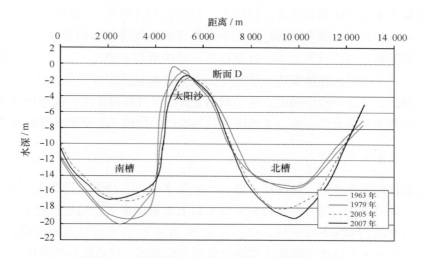

图 6.54　1963—2007 年间太阳沙海域 D 断面变化

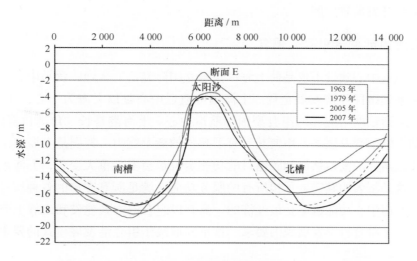

图 6.55　1963—2007 年间太阳沙海域 E 断面变化

6.3 辐射沙脊港口群的开发前景分析[①]

6.3.1 辐射沙脊港口群的功能

6.3.1.1 辐射沙脊港口功能定位的背景分析

1) 区位因素

辐射沙脊群区处于长江三角洲经济圈内,这一经济圈是以上海为核心,包括浙江、江苏在内的广大地区。它占全国土地面积的 1%、人口的 6%,却占全国 GDP 的 17%,在中央政府的税收中占 21%;20 世纪 90 年代以来,长江三角洲经济进入快速发展轨道,高新技术产业和以高新技术装备改造的传统产业得到空前发展,外资进入的规模更大、技术起点更高,世界 500 强企业中就有 400 多家进入,国际上已经把它列入世界六大城市经济群。目前,该经济圈正处在向工业化中后期发展的阶段,今后 5 年城市化进程将明显加快。未来 10 年内,长江三角洲经济圈将有可能成为世界制造业以及产品的重要基地之一,成为我国区域经济发展的重要增长极和亚太地区经济发达地区之一,成为具有较强国际竞争力的外向型经济示范区。辐射沙脊群区处于这一经济圈内,易于利用上海的经济辐射作用,加速自身经济的发展,这些优势有利于苏中和苏北综合实力不断增强,为港口的持续发展奠定良好的基础。

2) 潜在的港址资源优势

辐射沙脊近岸的西洋水道、烂沙洋水道、小庙洪水道、三沙洪水道等大型潮流通道是该海域港口建设的重要依托,均具有开发 5 万吨级以上航道的潜力;辐射沙脊外缘的冷家沙及太阳沙外围海域开敞,水深条件良好,具有开发 20 万～30 万吨级航道的前景,是辐射沙脊群区重要的港址资源。上述港口资源大部分仍属待开发状态,目前仅依托西洋水道的大丰港、烂沙洋水道的洋口港和小庙洪水道的吕四港已有开发,但均为起步工程,进一步开发利用潜力巨大,新港址开发前景广阔。

6.3.1.2 上海国际航运中心的侧翼

上海国际航运中心建设不仅是使上海尽快确立国际经济、金融、贸易中心之一地位的重要条件,更关系到国民经济发展全局。上海国际航运中心是以上海为中心,江、浙为两翼,内、支、干三级运输网络配套的组合型国际航运中心。上海港是长三角港口群的核心港口,现代化的基础设施配套及服务效率使其具有了超强的竞争能力。特别是上海洋山深水港建设投产后,长江三角洲的港口格局和各港口的功能定位都会发生重大变化,上海港将发挥更大作用。但是,这并不表明其需要承担所有的服务功能,满足所有客户的各种服务需求,同时承担所有国际航运中心功能也不是最经济的。只有以组合港方式建设和发展上海国际航运中心的发展战略,才符合科学发展观的要求。这不仅取决于组合港发展模式的要求,更是作为

[①] 本节由王艳红、陆培东执笔。

国际大型枢纽港口的各种功能的有效组合的需要。组合港的建立应以"统筹规划，功能互补，联合开发，利益共享，分步实施"为原则，在整体高度上一体化统筹考虑两省一市港口的地位、作用和功能，一体化统筹考虑它们的规划、发展和建设。

上海国际航运中心和南翼的宁波舟山港、北翼江苏港口是一个不可分割的完整的港口体系。南北两翼的发展将会对上海国际航运中心的建成起到巨大的作用。但目前江苏港口发展的不平衡现状，使其在组合港中的实际地位和作用不是一个翼，而只能是国内地区运输格局中的一个配角，只能当地区经济和长江经济带发展的二传手，提供间接的运输服务；在宁波港和上海港增开集装箱远洋航线和班轮的时候，只能为它们的班轮提供优质的喂给服务。

紧邻上海国际航运中心的辐射沙脊，要成为上海国际航运中心有力的侧翼，必须厘清江苏沿海港口与上海国际航运中心和浙江港口间的基本关系。按运输经济规律，仅从港口功能定位考虑，北翼江苏港口与上海国际航运中心的基本关系，在集装箱运输体系中，是喂给港与枢纽之间的关系，是完备的集装箱国际航线和地方性的近洋航线的关系，在条件成熟时直接开通干线；在其他大宗货物方面，是根据腹地、运输和地理等经济与自然规律，合理分工与分流的关系。与南翼宁波港的关系，应该是不同腹地、不同运输网络和不同港口功能之间的互补关系。南翼宁波港依托的主要是浙江省快速发展的经济腹地，北翼依托的腹地是江苏和长江中上游，与宁波港有比较明确的分工，这是腹地的互补；南翼的运输网络以海上运输和陆路公路铁路运输为主，北翼则主要以长江、内河集疏运为主，辅以铁路，这是运输网络上的互补；同上海一样，宁波基本上是腹地中转型的商港，而江苏港口都有工业项目作依托，兼有工业港和中转港两种性质，这是港口功能的互补。江苏沿海港口应从上述方向出发，积极推动各个港口的发展，发挥其优势，带动苏北经济的快速发展。

6.3.1.3　港口功能定位所需考虑的因素

1）港口的区位和自然条件

港口所处的地理位置不同，其功能和作用会有很大的差别；建港的自然条件对港口功能定位影响更大，如港口适宜开发的吨位等级、通航条件和后方陆域条件常常成为制约港口某些功能发展的"瓶颈"，成为港口功能定位的重要影响因素。

2）港口腹地及其产业布局

港口所依托的腹地是港口发展的生命线，对港口功能定位的影响主要表现在腹地范围的大小、腹地经济结构和腹地的开发水平。港口附近重大项目的布局对某一港口功能影响很大。例如，电厂、钢铁厂、石油化工、水泥厂等大型工业布局以及开发区、保税区等对港口功能定位有举足轻重的作用。在港口功能定位过程中，必须充分研究和分析国土规划和港口发展规划。

3）现有开发设施

港口现有的基础，是港口功能定位发展的基础因素之一。在港口功能定位中，应尽量发挥原有基础设施的作用。同时考虑新建基础设施使用率，以尽可能降低建设和运营成本，提高港口效益。

6.3.2 辐射沙脊港口群开发条件与功能定位

6.3.2.1 大丰港

1）基本条件与开发现状

大丰港位于辐射沙脊北翼近岸最大的潮流通道——西洋水道的西岸，西洋深槽走向与大丰海堤走向一致（近 S—N 向），水道 −5 m，−10 m 等深线距岸分别为 7.74 km 和 9.15～10.7 km，潮滩宽约 7.2 km。水道腹部最大水深超过 30 m。水道东侧有小阴沙及东沙掩护。

西洋水道长期稳定存在于距岸 10 km 左右处，港区附近主槽处于微冲的动态平衡状态，−5 m 和 −10 m 深槽略有冲深拓宽之势，腹地最大水深也有进一步加大的趋势。然而从苏北海岸整体淤蚀格局看，大丰港所在岸段属于淤长型岸滩，特别是码头引堤工程建设以来，滩面淤长迅速。

大丰港一期工程包括两个万吨级泊位，码头长 269 m，宽 35 m，设计能力为 81×10^4 t/a，项目总投资 3.2 亿元。一期工程已于 2005 年 10 月建成通航；二期工程位于一期工程以南的王港北侧，通过围填近岸 3 m 以上高滩，建设长约 1 km 的引堤和 2.8 km 的引桥至 −12 m 水深处。码头前沿水深与外航道浅段水深接近（约 −12 m），满足 5 万吨级船舶通航靠泊。

2）存在的主要问题

（1）西洋深槽潮滩宽度达 13 km 左右，深槽离岸较远，码头建设需通过近岸围填与突堤、长栈桥相结合的途径。近岸围填、突堤等工程建设区域浅滩随之淤长，势必减少维持西洋深槽的潮量。为避免近岸实体工程的不利影响，港口建设过程中需深入论证西洋水道整体的动态规律，合理确定近岸围填的规模和突堤的长度。此外，潮滩宽阔致使码头与陆域距离较远，港口平面布局和海−陆联运与常规有所不同，码头运行区域较大。

（2）西洋深槽含沙量较大，潮流强，给港口布局、码头布置以及船舶操作带来了一定的困难。港口建设中应科学论证码头前沿走向，以减少码头附近局部冲淤和船只靠离泊的难度。

在深槽拓宽、岸滩淤长并进一步匡围的情势下，大丰港海岸的深水区距离海堤越来越近。不过西洋水道的口门浅段近数十年来水深变化不大，数十千米的浅段一直保持在 −11～−13 m，这成为大丰港开发深水航道的主要制约因素。同时，大丰港潮差不足 4 m，且航道浅段在大丰港验潮站以北，潮差进一步减小，不利于乘潮通航。

3）港口发展的主要制约因素

尽管西洋水道口门浅段较长，但深槽的长期存在和口门浅段水深的稳定也为大丰港的进一步开发创造了一定条件。就目前所掌握的资料而言，口门段最浅水深约为 11.5 m，水深不足 15 m 的浅段长度约 50 km。由于辐射沙脊群区泥沙运动活跃，航道开挖后的回淤情况难以把握，而且至今尚无深水航道开挖的先例，因此首先需要考虑不开挖航道情况下乘潮通航。如果考虑 10 万吨级船舶乘潮通航，乘潮水位约为 4 m，根据目前大丰港所测的潮位资料统计，乘潮 3 h 的乘潮保证率在 80% 左右，但大丰港北部的航道浅段潮差更小，乘潮保证率可能更低。因此就目前情况看，开发 10 万吨级航道的通航条件并不十分理想。然而上述分析仅仅是借助 1979 年海图中粗略的水下地形资料进行的估算，浅段北部的水深在近 20 多年来的变化情况尚不明朗。大丰港 10 万吨级航道的开发条件有待根据更加全面的实测资料积累加以论证。

4）功能定位

（1）利用西洋水道深水资源，以现有万吨级码头为基础，逐步扩大港口的规模和航道吨位等级，服务于临港工业和苏中地区。

（2）充分发挥近岸滩涂淤长、后备土地资源丰富的有利条件，吸引外来投资，发展临港工业，带动港口发展。

（3）开展西洋口门浅段全面的地形测量和水深稳定性研究工作，在进一步认识港口和航道开发自然条件基础上，研究开发 10 万吨级航道的途径。

（4）打通海上通道，使腹地对外贸易通过大丰港直接进出，改变货物通过其他口岸中转或内河迂回运输的现状建成后的大丰港，将成为连接江苏南北公路、铁路和水运的重要枢纽，将成为苏北腹地贯通内陆与海上运输的通道；

（5）功能主要集中在能源和外贸进出口物资上，如煤炭、石油、钢材、液化气、化肥、农产品、矿建材料等。

6.3.2.2　洋口港

1）自然条件与开发现状

洋口港主要依托近岸滩涂和沙洲及岸外的烂沙洋水道。烂沙洋北水道和南水道水深条件较好，口门最浅处水深均在 −11 m 左右，加上本海域良好的乘潮条件，天然航道具备 10 万吨级船舶乘潮通航的条件，是本港区 10 万吨级港口开发的基本条件。

目前洋口港区已依托西太阳沙围填形成了 1.44 km^2 的人工岛，人工岛南侧的万吨级码头已投入运营，依托烂沙洋南水道通航；北侧依托烂沙洋北水道的 10 万吨级 LNG 码头也已建成。

由于运营距离较长，加之长栈桥方式建设离岸式码头占用深水岸线较多。因此，该港区正着手开展港区南侧有掩护的挖入式港口的可行性研究。

2）港口发展的主要制约因素

洋口港区通航条件较好的烂沙洋水道是沿古长江河谷发育的潮流通道，目前因无河沙下泄，而有强劲的潮流疏通，水深条件好，大部分达 16 m 水深（中段通道有 11 m 水深的浅滩），加之，潮流通道的两侧有水下沙脊掩护，不需修建防波堤，港域总体上是稳定的。其不足处是利用西太阳沙增建的人工岛面积较小，与岸陆以 11 km 长堤相连。但是，当前国际多利用外海岛屿或沙脊建港，如：杭州湾北部洋山港是利用栈桥长堤将距岸 27 km 的大、小洋山岛与陆相接，建成水深大于 15 m 的深水码头系列；渤海利用距岸 17 km 的曹妃甸沙岛与 22～30 m 水深的潮流通道建成 30 万吨级及系列 20 万吨级码头港口，是以 23 km 的长堤与陆相连。洋口港以地方资金，无需疏浚即建成 10 万吨级深水码头，实为在平原海岸建深水港的又一范例。现在，洋口港已列入国家发展规划，今后，应充分利用烂沙洋潮流通道深水海域，向外扩展，建设人工岛深水港口群。鉴于其无泥沙补给源与潮流动力自然刷深的优越条件，可以彻底疏通中段 11 m 水深的航道，发展 20 万～30 万吨级的港口群。同时，可以依托近岸边滩，通过建设有掩护的挖入式中、小型港口，也是港区未来发展的重要方面。

洋口港海域潮差较大，提供了良好的乘潮条件，强大的潮流也维系了水道深槽的水深。然而由于组成物质松散且活动性较强，工程建设引起的局部冲淤调整也是这一海域港口建设需要解决的关键问题之一。目前已建成的人工岛东北侧岛壁前沿的冲刷强度已超过 5 m，LNG 码头前沿最大水深更是已由 18 m 冲深至 32 m，码头引桥的桩基冲刷也和现状。上述工程建设引起的局部冲淤调整，需要在工程设计中加以充分考虑。

3）港口开发潜力

洋口港区起步工程及为 10 万吨级的 LNG 码头，吨位等级较高，洋口港海域的开发潜力主要是国家投资，进一步扩大港口的规模。

4）功能定位

依托在建的 LNG 接收站配套码头和人工岛工程，进一步利用烂沙洋北水道扩大港口规模；借鉴起步工程（LNG 接收站）建设和运营中积累的经验，进一步科学认识海域水道沙洲系统的工程稳定性，开发烂沙洋南水道，建设 10 万～20 万吨级的长三角北翼深水港口，服务临港工业和"长三角"北翼地区；开发近岸高涂，发展临港产业。

6.3.2.3　吕四港

1）自然条件与开发现状

吕四港所依托的小庙洪水道位于吕四岸外 5 km，该水道是辐射沙脊最南面，也是距岸最近的一条潮流通道。吕四港近岸大洋港、茅家港、新港、蒿枝港等岸段距深槽 0 m 线分别为 5.0 km、7.0 km、4.0 km 和 5.3 km，滩面坡度约为 1:1 000。

吕四港拟利用小庙洪南支水道为入海航道，规划航道沿程最浅点 −8.3 m（理论基面），深度不足 10 m 的区段长 8 km。对涉及船型，取乘潮 2 h 90% 保证率高潮位为乘潮水位；对兼顾船型，考虑相对较低的乘潮保证率水位，取 2 h 60% 保证率的高潮位为乘潮水位。已投产的大唐吕四港电厂设计船型为 3.5 万吨级肥大型运煤船，兼顾船型为 3.5 万吨级常规型散货船，现有规划航道不需开挖均可满足上述设计船型和兼顾船型乘潮通航的要求。

大唐吕四港电厂是吕四港开发的起步工程，该工程首先在小庙洪南岸新港附近滩涂围填宽 1.65 km、长 3 km 左右作为厂区、淡水水库、灰渣场和灰渣场扩建用地，围填区前沿滩地高程为理论基面 +2 m。电厂专用煤码头位于厂区前沿小庙洪南水道中段，前沿水深 −12 m，规划码头为两个 3.5 万吨级散货泊位，码头长 480 m，并通过长 3 405 m 的引桥与厂址围填区相连，利用小庙洪南支水道作为入海通道。目前，利用小庙洪尾部蛎蚜山深槽的海门东灶港区 2 万吨级码头也正在建设中。在开展吕四港区茅家港以东 10 万吨级航道和以西 5 万吨级航道开发的可行性研究，大洋港以东及小庙洪水道尾部的通州海门岸段也在开展近岸围填形成挖入式港口的规划和研究工作。

2）港口发展的主要制约因素

吕四港区依托的小庙洪水道水深和平面位置较为稳定，但小庙洪水道口门段最浅水深仅为 −8 m 左右，仅能满足 3.5 万吨~5 万吨级船舶的乘潮通航；通向通州、海门岸段的小庙洪航道还有水深不足 8 m 的横沙尾部浅段，水道自然通航水深是制约这一港区吨位等级的主要因素。

小庙洪水道深深槽相对较窄，目前已建和在建的码头均为近岸围填加长栈桥的离岸式码头，建设在深水区域的码头紧邻航道，在深水岸线有限的情况下，这种建港模式运营距离长、浪费深水岸线的弊端已有显现。采用近岸围填形成挖入式港口也是这一港区未来发展的重要方向，但挖入式港口建设后人工航道的可能淤积、防波挡沙堤与主航道的关系等均为挖入式港口开发中需要解决的关键问题。

3）港口开发潜力

小庙洪出海航道目前的水深能够满足吕四港电厂设计船型的通航要求。但据国内外船型现状和发展趋势分析：7 万吨~10 万吨级散货船比 10 年前增长 2.3 倍，散货船队大型化倾向明显，我国沿海煤炭运输的船型主要为 2 万吨~3.5 万吨级和 5 万吨~7 万吨级。为适应此形势，吕四港航道宜以 5 万吨级散货船为设计船型，兼顾 10 万吨级散货船通航。为满足此要求，规划航道沿程小庙洪与大湾洪之间的浅段需浚深 2 m 左右，开挖段长度约 10 km。通过人工疏浚提高航道等级，是吕四港区等级规模提升的必要途径。在靠近"长三角"、港口码头需求旺盛的背景下，吕四港区现有的自然深水岸线资源也较为紧缺。在港区开发规模上，通过近岸围填，形成挖入式港口，增加贴岸码头岸线，是这一港区在空间上进一步拓展的重要途径。同时，小庙洪北侧的腰沙围填成陆后，也可利用小庙洪水道航道通航，使小庙洪航道得到更加充分的利用。

4）功能定位

以电力工业发展为先导，为腹地能源工业发展服务，具有能源接卸、中转的功能；以在建的大唐吕四港电厂 3.5 万吨级煤码头为基础，发展服务临海工业，发挥其工业港功能，为腹地水上运输实现海河中转需要服务，应具有海河联运的功能、仓储及商贸信息服务功能。

6.3.2.4　冷家沙

冷家沙是辐射沙脊南翼最靠外海的沙洲，该沙洲发育历史悠久，沙洲 0 m 线基本与大陆岸滩相连，是一个长条形的并岸沙洲。冷家沙东端面向开敞海域，深水区紧靠沙洲，其中 −15 m 线距离沙洲 0 m 线仅约 3 km，−20 m 线距离沙洲 0 m 线不到 30 km。研究表明，已脱离辐射沙脊群区水道沙脊相间地形影响的冷家沙前沿深水区水深长期稳定，水体平均含沙量大大低于辐射沙脊群区潮流通道。为依托冷家沙及其前沿深水区建设 30 万吨级港口提供了较好的条件。同时，冷家沙和腰沙理论基面 0 m 以上的滩涂面积分别达 75 km^2 和 280 km^2。其中腰沙已并滩多年，呈半岛状向海延伸，大部分滩面低潮时出露，冷家沙主体也基本靠岸，开发利用前景广阔，是该岸段深水大港建设难得的后备土地资源[①]。

冷家沙及腰沙的开发目前尚处于前期规划和研究阶段。这一区域建港的关键制约因素是离岸相对较远，利用冷家沙前沿深水区建设大型港口，需要腰沙和冷家沙整体大规模开发，起步工程的规模和前期投资较大。

根据港口建设条件和区位条件，其港区功能应定位为30万吨级大型工业基地。依托冷家沙前沿深水及其后方广阔的沙洲滩涂后备土地资源，为产业布局调整提供新的场所；以产业发展规划和布局调整政策为依据，发挥水深条件和后备土地资源优势，吸引外来投资，发展临海石化基地。发挥冷家沙南侧三沙洪和小庙洪水道多处可开发3.5万～5万吨级中小港口的优势，为石化基地和深水大港提供配套的集疏运功能。鉴于该港址现场资料积累相对薄弱，研究基础尚属初步阶段，在港口工程起步之前，加强现场观测研究，进一步深入认识建港中可能遇到的问题，为港口设计、建设和运营提供基础。

6.3.2.5 太阳沙

太阳沙南北两侧均有水深条件较好的通航条件，沙洲 −5 m 以上主体位置较为稳定，通过围填太阳沙形成人工岛，具有开发20万～30万吨级港口的基本条件。但这一区域的港口建设条件尚在前期论研究证阶段。其开发利用可定位为：依托太阳沙南北两侧深水岸线，建设离岸人工岛，开发20万～30万吨级港口；利用丰富的深水岸线资源，结合离岸人工岛特点，形成于周边港口的水水转运体系；通过海底管道连接陆域，建设大型液体化工码头。

6.4 辐射沙脊群港口资源开发的途径与工程实践[②]

6.4.1 离岸人工岛式海港

水道沙洲相间分布是辐射沙脊群区主要的地形地貌特征。在岸外沙洲上建设人工岛，靠近通航条件较好的潮流通道，是充分利用辐射沙脊水道和沙洲资源的建港模式，洋口港起步工程即为这种建港模式的典型。

洋口港起步工程主要为建设10万吨级液化天然气（LNG）终端码头，利用西太阳沙相对稳定的沙洲建设人工岛，利用西太阳沙北侧的烂沙洋北水道自然水深满足10万吨级船舶乘潮通航的条件建设LNG终端码头。但由于西太阳沙离岸相对较远，且隔有烂沙洋南水道，工程还包括了一系列配套基础设施（图6.56），主要包括：① 近岸向海围填2.3 km形成20 km² 近岸围填区；② 围填区前沿建设1 km接岸引堤至滩面 +4 m高程；③ 自接岸引堤向西太阳沙建设长10 km的陆岛通道栈桥；④ 西太阳沙1.44 km² 人工岛；⑤ 陆岛通道栈桥与人工岛之间1.5 km的接岛引堤；⑥ 人工岛东北侧1.9 km的码头栈桥；⑦ 码头栈桥前端10万吨级LNG码头。

这种港口建设模式由于离岸距离相对较远，人工岛面积有限，但人工岛前沿水道深槽水

① 王艳红. 南通港腰沙—冷家沙港区建港自然条件研究（专题一），海岸稳定性与建港条件研究. 南京水利科学研究院研究报告，2011 年。

② 本节由王艳红，陆培东执笔。

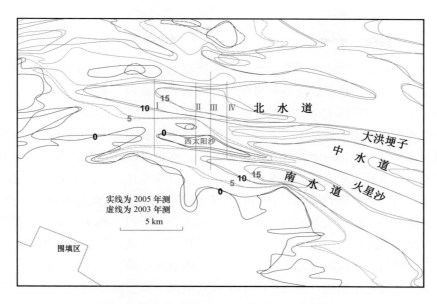

图 6.56　洋口港离岸人工岛式港口平面布置

深条件较好，具有建设大型深水码头的条件。因此，适于建设可供管道运输液态货品码头，如 LNG 码头、油品或化工码头等。该港口的起步工程即为中石油江苏 LNG 项目。

6.4.2　沿岸填筑式海港

辐射沙脊群区近岸边滩宽阔，潮流通道水深离岸相对较远。通过近岸高滩围填，使潮流通道深水进一步靠近陆域，能够充分利用滩涂和深水资源、规避深水离岸弊端，是辐射沙脊群区港口建设较为适宜的途径。西洋水道的大丰港、小庙洪水道的洋口港起步工程均采用这种模式（图 6.57），利用烂沙洋水道的洋口港也包括近岸向海填筑部分。

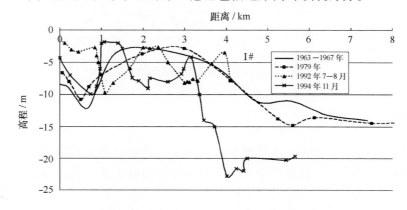

图 6.57　大丰港（上）和吕四港（下）近岸填筑式港口的平面布置

大丰港起步工程（一期万吨级码头）2005 年 10 月建成，包括向海填筑 2 km（建成后继续填筑 2.2 km），加上 4 km 接岸引堤和 2.2 km 栈桥至西洋水道；二期工程位于一期工程以南的王港北侧，通过围填近岸 3 m 以上高滩 2.6 km，建设长约 1 km 的引堤和 2.8 km 的引桥至 −12 m 水深附近。

339

6.4.3 挖入式海港

挖入式港口是通过近岸边滩匡围，形成有掩护港域，通过港域口门通航。这种港口建设模式可在深水岸线有限的情况下增加码头岸线，码头紧贴陆域，运营距离大大缩短。具有集约化利用深水岸线、缩短码头运营距离、提高码头泊稳条件等优势。

在近岸边滩通过围填形成挖入式港域，港池口门与主航道之间的浅水区需进行一定的开挖。但在辐射沙脊群区域，由于泥沙运动较为活跃，水道、沙洲及边滩在自然条件下仍有一定的冲淤波动，人工开挖航道的泥沙淤积风险较大，目前在建或投入运营的航道均利用水道自然水深，至今尚无人工航道先例。同时，由于水道深槽区的水流主轴向与水道走向一致，自边滩挖入式港池向深槽的支航道与水流主轴向近正交，不但不利于急流阶段船舶航行，横跨航道的水流也是航道回淤的重要隐患。因此，尽管挖入式港口具有诸多优势，但在辐射沙脊群区各港口建设的起步阶段尚无工程实践。仅吕四港区小庙洪水道尾部的海门东灶港中心渔港及其东侧，通过近岸围填，形成了两个挖入式港池，拟借助口门外的蛎岈山西侧港汊与小庙洪水道相通，是目前辐射沙脊群区第一个挖入式建港模式的港口（图6.58）。但蛎岈山西侧港汊水深仅为理论基面 − 1 m，自然航道的通航吨位等级非常有限，要提高港口的吨位等级，需对该港汊进一步人工浚深，并辅以北侧的围填或筑堤。

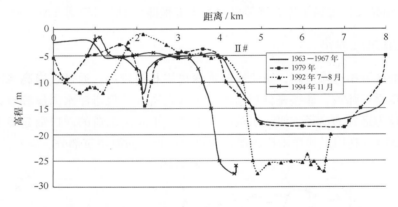

图 6.58　东灶港中心渔港挖入式港口平面布置

6.4.4 河口港

辐射沙脊群区沿岸河口众多，为挡潮和排涝需要，各河口均建有挡潮闸。在河闸排水和潮流作用下，闸下水道发育，这些闸下水道成为渔船进出的主要通道，也是渔港建设的重要依托（图6.59）。

辐射沙脊群区沿岸各渔港均为河口港，但渔船大多停泊在挡潮闸外。仅吕四渔港和小洋口中心渔港建有较大的船闸，渔船可停泊于闸内。小洋口中心渔港2007年建成，通过外迁小洋口闸至理论基面 +4 m 滩面附近，有利于闸下港道的水深维护，渔船可乘潮进出港。外迁后的小洋口新闸，渔港码头岸线 1 280 m 长，避风港池 30 万 m²，可同时容纳 2 500 艘渔船卸货和补充船上的渔具用物及生活给养。

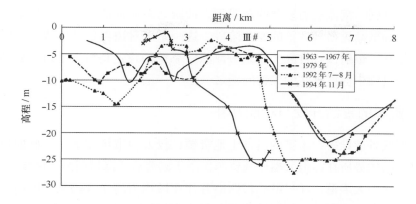

图 6.59　小洋口国家级中心渔港（河口港）平面布置

6.5　辐射沙脊群港口资源的可持续开发[①]

6.5.1　滩涂围垦与港口资源开发的互动和协调

辐射沙脊群区近岸边滩、潮汐水道和岸外沙洲相间分布，滩涂后备土地资源和潮汐水道深水港口资源是这一区域开发的重点。

尽管辐射沙脊群区的港口建设已取得了重大突破，大丰港、洋口港和吕四港等大型港口均已开工建设或已投入运营，但这些港口均无一例外的需要依托近岸潮流通道作为航道。大丰港所依托的西洋水道是辐射沙脊北翼近岸最大的潮流通道，水道中段深深槽最大水深可达 30 m 以上，但口门段水深近约 10 m，满足 5 万吨级船舶的乘潮通航。大丰港通过近岸围填加长栈桥形式在深槽西岸建设深水泊位，西洋水道及其口门段的水深是制约这一港口规模开发的主要因素。若水道水深淤积变浅或迁移摆动，将对大丰港构成致命影响。

洋口港依托辐射沙脊群中南部的烂沙洋水道和西太阳沙建设，通过建设西太阳沙人工岛和栈桥与烂沙洋北水道深槽连接建设 LNG 接收站码头，并通过长约 12 km 陆岛通道与大陆交通。烂沙洋北水道深槽水深可达 18 m 左右，水道口门浅段水深约 11 m，但可利用潮差大的优势实现 10 万吨级船舶的乘潮通航。不过由于港址地处南北两大潮波系统辐聚影响较大的辐射沙脊中南部区域，港址滩槽相间，冲淤动态较为活跃，烂沙洋水道深槽和口门段的水深条件以及港区的滩槽动态也是该港口开发的主要制约因素。

吕四港依托辐射沙脊群最南端的大型潮流通道小庙洪水道建设，目前已建成的大唐吕四港电厂煤码头，是采用近岸围填加栈桥的模式，利用小庙洪南水道的深槽建设的 3.5 万吨级煤码头。小庙洪水道北侧受已并岸的腰沙沙脊掩护，发育历史悠久，水道形态和水深较为稳定，但口门段水深最浅水深仅约 8 m，大大限制了港口的规模开发。

近岸潮流通道是辐射沙脊群区各海港的生命线，但这些潮流通道的形成和水深维持是广阔滩涂纳潮水体运动塑造的结果，潮流通道也是滩涂与外海物质交换的主要通道。因此，辐射沙脊群区的潮流通道和滩涂密不可分，构成了辐射沙脊群区独特的"水道—滩涂"系统。

---

① 本节由王艳红执笔。

在组成物质活动性强、潮流动力复杂的背景下，冲淤动态非常活跃，加之辐射沙脊目前仍处于进一步向辐聚辐散潮流格局调整的发育阶段，这一系统对边界条件的改变异常敏感。但作为沿海港口的依托，辐射沙脊群区"水道—滩涂"系统的稳定是沿海港口发展的前提，是沿海开发战略落实过程中值得关注的关键问题之一。

6.5.2　港口资源的集约开发与功能互补

辐射沙脊群区各港址中，丰富的后备土地资源、较大的市场需求和良好的通航条件是这一区域港口建设的优势所在。但天然岸线资源仅限于潮流通道深槽两侧，岸线资源较为有限。目前已建成和在建的大丰港、洋口港和吕四港各作业区均为离岸式码头，即通过近岸或沙洲未填加栈桥，码头布置在潮流通道深槽附近，码头占用岸线资源较多，且运营距离较长，深水岸线利用率较低。在港口资源需求日益增长的背景下，采用挖入式港口的建港模式，增加有效岸线资源，缩短码头运营距离，是辐射沙脊群区港口资源集约开发的必由之路。目前，吕四港区的茅家港作业区、通州作业区、东灶港作业区、塘芦港作业区以及洋口港金牛作业区均在开展挖入式港口的前期研究论证工作。

辐射沙脊群区港口资源在地域上相对集中，同属长江三角洲北翼，且港口建设均处于起步阶段。受同一市场体系的影响，各港口的功能定位接近，容易形成内部竞争。因此，统一规划各港口的功能定位，发挥各自优势，实现功能互补，对辐射沙脊群区港口资源良性发展是至关重要的。在港口总体规划中以"突出重点、全面利用、资源整合、错位竞争"为原则，以沿海港口开发为着力点，使沿海港口成为建设沿海经济带的重要支柱。根据我国经济崛起过程中对能源、原材料等上游资源日益增长的需求，和我国及江苏省新的生产力布局中侧重临海产业发展，重化工业逐步由沿江向沿海转移的情势，开发沿海港口，促进临海产业发展，以重大工程项目建设为依托，是加快沿海港口建设的重要途径。

根据沿海各港不同的地理区域、海域形势与港域自然条件，以深水大港开发为重点，形成具有竞争优势的国家级主枢纽港、集装箱干线港、区域内的综合性与专业性深水港口。通过深水大港建设，带动沿海各类港口开发的整体突破。在与港口开发同步进行临港工业区、商贸流通业、现代物流业、金融保险业、农渔业、海洋保护区、旅游区、特殊功能区等方面的规划过程中，坚持集约开发，实施港口开发和临港产业布局中首先考虑岸线资源和近岸土地资源的集约利用。宏观指导下整合港口和临港土地资源，防止港口开发中各自为政、低水平重复建设。充分发挥枢纽港、干线港、支线港、喂给港、地方性专业港等各自所长，根据经济发展与现代化建设的多方面需要，依托市场经济，鼓励各类港口在优势互补的基础上实行错位竞争。

6.5.3　港口建设中的工程稳定性问题

辐射沙脊群区潮流动力强，组成物质松散且活动性较强。港口工程建设以及码头、围堤、栈桥等新增固定边界设施建设后，动力调整引起的泥沙活动容易造成局部冲淤调整。目前已建设的几个港口工程中，大丰港码头前沿、洋口港人工岛东北角和西南角、洋口港 LNG 码头前沿及码头引桥桩基、吕四港大唐电厂围填区前沿等区域均出现局部较大幅度的冲刷。工程建设后动力场变化引起的局部冲淤调整是辐射沙脊群区港口工程建设中值得关注的工程稳定性问题。

6.5.4　推进辐射沙脊群航道升级建设

辐射沙脊群区各港址资源中，除沙脊区外缘的冷家沙和太阳沙海域外，其余均依托潮流通道深槽建港，航道均需途径水深相对较浅的潮流通道口门浅段，大大限制了各港址航道的吨位等级。西洋水道内部深槽水深可达 30 m 以上，但口门浅段水深仅约 11 m；烂沙洋水和小庙洪水道也均有水深分别在 11 m 左右和 8 m 左右的浅段，是这些潮汐通道港口建设中航道吨位等级提高的主要障碍，目前仅洋口港具有 10 万吨级船舶乘潮通航的自然条件。因此，人工开挖航道浅段，是辐射沙脊群区各港口吨位等级提升的关键所在。但因辐射沙脊群区泥沙运动活跃，潮流通道中航道的人工开挖至今尚无工程实践，人工航道开挖的研究、试挖、监测和试验分析有待进一步加强。

参考文献

顾民权 . 2002. 中国海港的建设与发展//严恺，梁其荀 . 海岸工程 . 北京：海洋出版社，340 – 341.

国家海洋局，2001，2007，2009. 中国海洋统计年鉴 . 北京：海洋出版社 .

王艳红，陆培东 . 2006. 江苏沿海港口开发机遇与挑战 . 水运管理，2006，28（12）：28 – 30.

任美锷主编 . 1986. 江苏省海岸带与海涂资源调查报告 . 北京：海洋出版社，122 – 125.

张东生，张君伦，张长宽，等 . 1998. 潮流塑造—风暴破坏—潮流恢复—试释黄海海底辐射沙脊群形成演变的动力机制——潮流运动平面特征 . 中国科学（D 辑），28（5）：392 – 402.

张忍顺 . 1990. 历史时期的江苏岸外沙洲及其演变 . 历史地理 . 上海：上海人民出版社，4（8）：45 – 58.

张忍顺，陈才俊 . 1992. 江苏岸外沙洲演变与条子泥并陆前景研究 . 北京：海洋出版社 .

第7章 辐射沙脊群滩涂资源[①]

7.1 滩涂资源与开发历史

由于历史上江苏沿海滩涂资源开发利用集中在沿岸地区，因此，本章有关江苏滩涂资源开发等内容不仅指辐射沙脊群区，应是以辐射沙脊群为主，范围涉及整个江苏沿海地区。

7.1.1 历史时期的滩涂演变

12世纪以前，江苏海岸曾长期处于相对稳定的状态，除全新世高海面时期海水入侵较深外，曾在相当长的时期内大体稳定在赣榆、板浦、阜宁、盐城至海安一线。今西冈、中冈和东冈分别为距今7 000~5 000年前、4 600年前和2 000年前江苏海岸的自然标志。北宋时期范仲淹发起修建的"范公堤"，是约1 000年前江苏海岸的人工标志（陈伯琳，1999）。江苏海岸线的变迁如图7.1所示（任美锷，1986）。

南宋建炎二年（1128年）至清咸丰五年（1855年），黄河下游夺淮，于江苏北部云梯关入海，这期间黄河河口向东推进90 km，平均每年130 m（沈焕庭，1990；凌申，2002）；其中淤涨最快的1578—1591年间，向外推进20 km余，平均每年1 540 m；不仅直接形成了北达灌河、南抵射阳河的黄河三角洲，而且通过潮流和波浪作用，在三角洲的两翼形成了北接赣榆沙质海岸、南接长江三角洲广阔的滨海平原。1855年黄河北徙后，泥沙来源骤减，黄河三角洲开始退蚀，南翼淤涨速度减慢；1855—1987年黄河河口共蚀退20 km，至沿海逐步实施海岸防护工程措施后才基本停止退蚀。黄河入海口的改道，使得江苏中部沿海发生了巨大的变化（任美锷，1986）。

南部海岸随着长江三角洲的形成和发育而变化。距今5 500年前后，长江北岸为扬州—泰州—青墩沙堤，南岸为镇江—常州—苏州—马家浜沙堤，泥沙以沙洲和浅滩的形式堆积于三角港内。长江主泓最初在瑯港入海，以后主泓逐渐南移，河口逐步向外延伸，沙洲依次并入北岸，陆地迅速向南挺进，海岸逐步向东推移。西汉时期，海岸已推移到海安以东至靖江一线，至唐末又向东推移至李堡、掘港、金沙和吕四一线。南通全市除西北部形成于新石器时期和通吕运河附近成陆于8世纪外，其他只有100~400年的成陆历史。

7.1.2 近50年来的滩涂演变

综合海岸带岸滩地貌与沉积特征、重点断面重复测量和历史岸线对比，海岸带岸滩冲淤动态类型分淤涨型、稳定型和侵蚀型三类，江苏岸滩冲淤动态总体轻微淤涨，主要集中在中部海岸和长江三角洲海岸，海州湾海岸总体稳定，废黄河三角洲海岸局部冲刷（图7.2）。

344　　　① 本章由张长宽、陈君、龚政执笔。

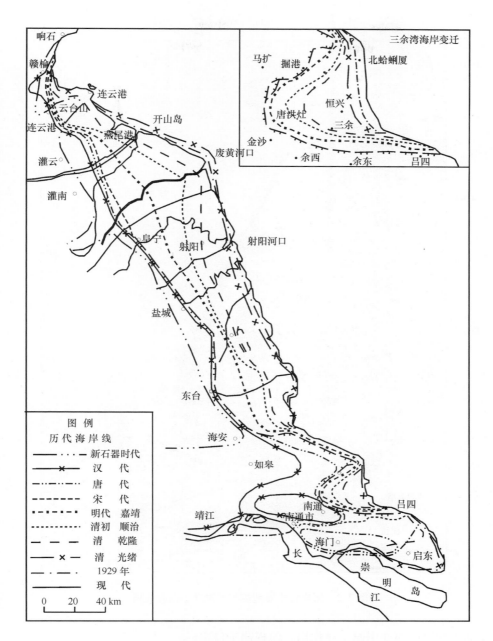

图 7.1 江苏海岸发育历史

2006 年 "908" 岸线与 1980 年岸线变化对比，中部海积平原以及长江三角洲都表现为淤涨，中部海积平原岸线向海推进宽度 1.26 km；废黄河三角洲岸线向陆后退宽度为 0.73 km（河海大学，2010）。

淤涨型岸滩面积 2 790.12 km²，占潮间带 89.55%，主要集中在中部盐城市射阳县到东台市（射阳河口—北凌河口）和南通市大部分地区（北凌河口—长江口北支），滩面最宽约 30 km。因辐射沙脊群掩护和长江冲积作用，发育大面积粉砂—淤泥质潮滩。

侵蚀型岸滩面积有 35.71 km²，占潮间带 1.15%，主要集中在盐城响水县、滨海县和射阳县一带（灌河口—射阳河口）。由于 1855 年黄河改道，该段岸滩淤涨的巨量泥沙急剧减

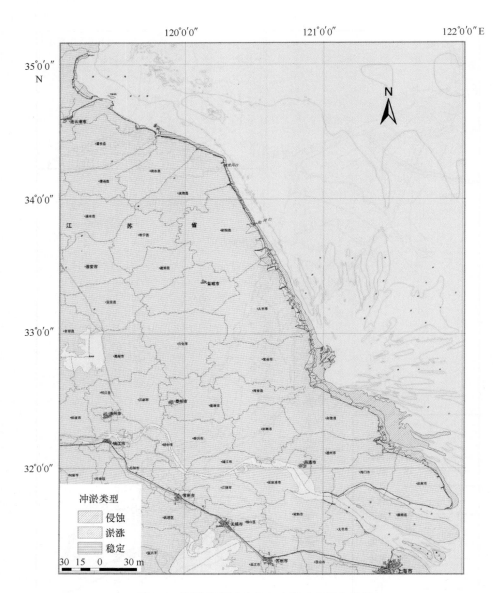

图 7.2　海岸带岸滩地貌与冲淤动态调查成果

少，海洋动力在海岸演变中起主导作用，但现趋于稳定。

稳定型岸滩面积有 289.82 km²，占潮间带 9.30%，主要集中在连云港市一带（兴庄河口北侧、西墅—埒子口）。西墅—烧香河口是云台山基岩海岸，烧香河口—埒子口是粉砂质海滩（图 7.2 和表 7.1）。

表 7.1　海岸带岸滩冲淤类型调查成果表

所属分区	冲淤类型统计/km²		
	淤涨	稳定	侵蚀
海州湾	142.71	47.35	4.52
废黄河三角洲	16.4	242.47	31.19
中部海积平原	965.42	—	—

续表

所属分区	冲淤类型统计/km^2		
	淤涨	稳定	侵蚀
长江三角洲	1 665. 59	—	—
总计	2 790. 12	289. 82	35. 71

7.1.3　滩涂资源综合评价

7.1.3.1　江苏省沿海滩涂资源丰富

江苏省沿海三市（连云港市、盐城市、南通市）均拥有丰富的滩涂资源，而且辐射沙脊群周围还分布有大规模的滩涂。

在江苏近海海洋综合调查与评价专项（"908 专项"）调查中，对近岸滩涂进行了实地测量；基于西洋和烂沙洋水域水下地形测量结果，通过可见光遥感测深技术建立水下地形遥感反演模型，获得辐射沙脊群海域水下地形，进而获得辐射沙脊群滩涂分布状况。据分析，全省沿海未围滩涂总面积750. 25 万亩（5 001. 68 km^2），约占全国滩涂总面积的1/4。其中，潮上带滩涂面积为 46. 12 万亩（307. 47 km^2），近岸潮间带滩涂面积 401. 50 万亩（2 676. 69 km^2），辐射状沙脊群理论最低潮面以上面积302. 63 万亩（2 017. 52 km^2）。连云港市沿海潮上带滩涂面积0. 07 万亩，潮间带面积29. 21 万亩；盐城市（不包括辐射沙脊群）沿海潮上带滩涂面积40. 1 万亩，潮间带面积170. 99 万亩；南通市（不包括辐射沙脊群）沿海潮上带滩涂面积5. 95 万亩，潮间带面积201. 3 万亩。

辐射沙脊群近岸滩涂主要分布在盐城市大丰、东台和南通市海安、如东、通州、海门一线。通过 2006 年实地测量，辐射沙脊群海域 0 m 等深线以上的沙脊面积为 2 047. 05 km^2；0～5 m 等深线间的沙脊面积为 2 877. 67 km^2；5～15 m 等深线间的沙脊面积为 3 961. 26 km^2。与1979 年实测地形相比，辐射沙脊群海域东沙、毛竹沙、外毛竹沙、蒋家沙、太阳沙、冷家沙、腰沙、条子泥等主要沙脊 0 m 以上面积变化见表 7. 2，沙脊位置见图 7. 3。

表 7. 2　辐射沙脊群主要沙脊 0 m 以上面积　　　　　　　　　单位：km^2

沙脊名称	1979 年图上面积	2006 年面积	冲淤面积
东沙	774. 99	577. 84	−197. 15
麻菜珩	22. 99	21. 60	−1. 39
毛竹沙	202. 14	161. 84	−40. 30
外毛竹沙	39. 32	44. 78	5. 46
蒋家沙	219. 03	272. 69	53. 66
太阳沙	37. 73	22. 33	−15. 40
冷家沙	138. 03	90. 00	−48. 03
腰沙	219. 38	327. 62	108. 24
条子泥	381. 51	528. 82	147. 31
总面积	2 035. 12	2 047. 52	12. 40

注：冲淤面积为正表示淤积，反之为冲刷。

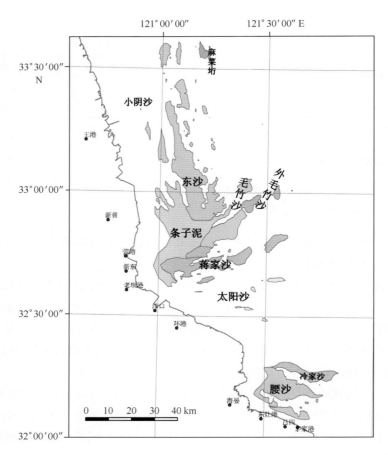

图 7.3　主要沙脊位置

　　辐射沙脊群冲淤分析表明，1979—2006 年调查区冲刷面积占 45.1%，淤积面积占 54.9%。调查区泥沙冲刷量为 153.03 × 10^8 m^3，淤积量为 230.10 × 10^8 m^3，泥沙净淤积量为 77.07 × 10^8 m^3。

　　辐射沙脊群调查区的潮滩可能淤长区域是条子泥、东沙周围的潮沟和近岸 0 m 线以上滩涂。条子泥 1979 年 0 m 线以上沙脊面积 381.51 km^2，2006 年 528.82 km^2，增加了 147.31 km^2，在此期间，条子泥及周边的潮沟淤积深度 0 ～ 15 m，东大港、江家坞东洋、王家槽、小洋港等地还出现部分水域深度达到 15 ～ 35 m 的淤积，这种现象还在继续。东沙周围的潮沟，如东北部的小北槽和大北槽，整个潮沟都处于淤积状态，淤积深度 5 ～ 35 m，集中分布在 15 ～ 30 m；在陈家坞槽、苦米树洋、苦水洋和烂沙洋等潮沟处也出现了深度从 15 ～ 35 m 的局部淤积，潮沟淤积有进一步加剧的趋势。

　　辐射沙脊群的可能冲刷区域为大部分沙脊，东沙沙脊边缘及西洋。在 1979—2006 年间，东沙 0 m 等深线以上的面积减少了 197.15 km^2，毛竹沙减少了 40.30 km^2，另外，麻菜珩、太阳沙、冷家沙等沙脊都出现了程度不等的面积减少，总体而言调查区范围内的沙脊都存在着冲刷，且冲刷还在继续。在东沙的西侧边缘，出现了长条状的冲刷，而且冲刷深度达 10 ～ 20 m。1979 年时的东沙观测站处于 0 m 线以内数千米，到 2006 年时已经处于 0 m 线边缘，说明此处冲刷深度大、冲刷范围广。西洋部分水域冲刷严重，甚至有超过 20 m 的冲刷深度，说明西洋深槽继续往纵向冲刷。

7.1.3.2　江苏省沿海滩涂资源的开发利用具有重大意义

1）深度开发后备土地资源，拓展发展空间

目前我国人均耕地面积仅为 1.41 亩，相当于世界平均水平的 40%，全国有 666 个县（区）人均耕地面积低于联合国粮农组织确定的 0.8 亩的警戒线。随着人口的持续增长以及社会经济发展水平的不断提升，我国因土地资源匮乏造成的各种矛盾不断凸现。妥善处理粮食安全对耕地保障的要求与工业发展和城镇化对土地资源大量需求之间的关系，事关国家经济社会发展全局。

江苏是一个人口大省，又是一个陆地资源小省，人多地少是制约经济发展的"瓶颈"。2007 年，江苏省人均耕地 0.93 亩/人，其中沿海 13 县（市）人均耕地面积 1.26 亩。虽然沿海地区的人均耕地面积要高于全省人均水平，但仍低于全国人均耕地面积指标。目前，江苏沿海的滩涂面积占全省现有耕地面积的 13.77%，而且苏北中部地区的海岸滩涂每年还以一定的速度向海淤长。在全国耕地资源短缺的情况下，对江苏沿海地区进行匡围开发建设是必需的，可为我国及江苏省的经济发展提供所需的后备土地资源。

2）实现沿海经济快速发展，促进全省经济均衡发展

由于历史原因，江苏的生产力布局过度集中于沿江八市，造成沿江与沿海经济社会发展的不平衡，也使得沿江地区的发展空间越来越小。在沿海地区通过滩涂开发创造良好的发展条件，将促进江苏省经济均衡发展。

据统计，"十五"期间，在江苏实施了新一轮百万亩沿海滩涂开发后，2005 年江苏省沿海滩涂的经济总量比 2001 年增加 90 亿元以上，初步建成了海淡水、工厂化养殖和无公害农业、苗种繁育、饵料加工等六大基地，而且在新围垦滩涂的基础上，又开工建设了大丰港、洋口港、大唐电厂、沿海风力发电、滨海化工园区等项目，成了国内外投资关注的热点。随着沿海开发热潮的掀起，沿海港口、能源、化工、物流、城镇、生态旅游等建设用地的围垦开发越来越多。因此，在江苏沿海地区通过滩涂围垦，不仅能有效地增加土地面积，而且能够促进江苏沿海地区港口业和临海工业等海洋产业的飞速发展，并成为江苏省东部沿海地区新的经济增长点，实现全省经济均衡发展。

7.1.3.3　江苏省实施滩涂围垦具有优势

从地理位置、自然环境和滩涂资源状况来看，江苏省实施滩涂围垦具有三大优势。

1）区位优势

江苏地处我国沿海经济带的中部，位于沿江经济带和沿陇海经济带的节点上，南有黄金水道长江，并受上海经济区辐射，北有连云港与新亚欧大陆桥相联系，东与日本、韩国隔海相望，西有 204 国道、新长铁路和沿海高速公路沟通南北，交通发达。随着铁路和高等级公路的兴建，受南北相对发达地区的辐射、带动作用不断加强，江苏沿海经济已开始迅速崛起，土地资源利用的矛盾将更加突出，沿海滩涂必将成为投资的热点和宝地。

2）气候优势

江苏沿海气候横跨北亚热带和北温带两个气候区，呈现海洋性季风气候特征，具有气候温和，雨量充沛，光热充裕，无霜期长的特点，极具生物多样性，滩涂垦区是发展绿色农业和蓝色农业的理想基地。

3）资源优势

江苏沿海滩涂面积居全国首位。江苏省滩涂起围高程是全国最高的，邻省（市）滩涂起围高程一般在理论深度基准面，并在理论最低基准面以下 2 m 进行促淤，而江苏的滩涂起围高程大多数是在理论最低潮面以上 3～4 m，差距很大。对于淤长型海岸，通过匡围又能促进滩涂的淤长，自然调节潮上带、潮间带之间的平衡，促使土地后备资源不断再生。滩涂地势平坦，污染很少，匡围后可用于发展种植、养殖业和综合开发，具有得天独厚的优势条件。同时，滩涂其他资源种类众多，如生物资源、港口资源、盐业资源、旅游资源、风能与潮汐能源等。通过围垦开发，这些资源优势将能较快地转化为经济优势。

7.1.3.4 江苏省滩涂围垦存在的问题

江苏省拥有近全国 1/4 的滩涂资源，在土地十分紧缺的情况下，滩涂围垦、拓展陆域是缓解我国土地资源不足问题的主要途径。新中国成立以来，全省滩涂围垦开发建设为国民经济的持续发展、增加有效耕地、促进农业结构调整、增强农业发展后劲、致富沿海农民等做出了积极贡献。但目前在实际开发中仍存在不少问题，严重制约了滩涂围垦及开发利用。主要体现在以下几方面。

1）滩涂资源利用和综合开发水平较低，规模较小，缺乏科学规划的指导

目前，江苏沿海滩涂开发的区域多局限于沿岸滩涂和少数沿海沙洲，滩涂开发多以农业、渔业等为主。发展空间较小，且开发利用方向较为单一，海洋高新技术产业刚刚起步，许多领域仍处于空白。

2）滩涂开发投入不足，投、融资机制不活

滩涂围垦开发的投资大、风险高、效益低，投资回收期长，金融部门很少参与投资围垦，只能靠政府引导，吸纳社会资本投入，但由于投入和产出关系难以明晰，有效的投、融资机制未能建立，制约了滩涂围垦的全面发展。另一方面，随着滩涂开发利用程度的逐步提高，围垦工程建设难度加大，工程造价提高；市场经济体制的逐步建立及财税体制的改革，各级财政对围垦的投入不断减少。目前每年的省级滩涂开发专项资金全部用于围垦也只能匡围 2 万～3 万亩，而主要靠企业和地方自筹围垦资金，围垦开发难度很大。

3）科研投入不足，海洋环境监测体系有待加强

加强科学研究，实施科技兴海是实现滩涂资源可持续利用的根本保证。尽管近几年科技推广工作力度逐步加大，推广应用到滩涂开发中的各种科技成果越来越多，但总体上看，由于经济效益的因素，科研投入不足，目前滩涂开发科技含量还不高，特别是对江苏沿海的滩

涂和水下地形、海洋水文等基础资料的调查和积累相对于其他沿海省市明显不足，严重制约了科研工作的顺利开展，科技兴滩力量亟待加强。

4）生态环境保护需要加强

随着沿海开发利用活动的加剧，滩涂生态环境问题日益突出，生物多样性受到严重威胁。生态环境的恶化给滩涂资源的持续利用和滩涂经济的持续发展带来直接影响，因此必须加强滩涂生态环境保护，严格控制工业废水和各种污染物的排放。

7.1.4　各时期围垦概况

江苏海岸带的近代大规模的开发肇始于 20 世纪初的"废灶兴垦"。1900 年，清政府首先放垦新兴、伍佑盐场。1901 年，清末状元张謇组建通海垦牧公司，开始废灶兴垦，改变熬盐经营为垦殖，初期多为植棉。1914 年，张謇出任北京政府农林工商总长，促成在财政部设淮南垦务总局，颁布放垦章程，委派垦荒事务官员，推动了江苏近代农垦事业的发展。

民国时期的围垦是规模最大的一次，主要大规模的开垦从 1913 年起，到 1936 年止，20 多年间的围垦总面积超过了 500 万亩。新中国成立以后，近一半面积的垦区围垦于 50 年代；而到 70 年代以后，社会经济的发展过程中出现了人多地少的矛盾，向海洋扩张、开辟新的土地资源的政策，使得这一时期的新增垦区面积超过了 90 万亩。这之后，垦区范围的增加相对平缓，而对垦区的利用则趋于多元化。1949 年以来的江苏沿海滩涂围垦情况如图 7.4 所示。

7.1.4.1　大力发展盐业生产阶段

新中国成立之初，滩涂开发的重点是开发海盐资源、发展盐业生产，重点对设施极为简陋的淮北盐场进行了改建和扩建。20 世纪 50 年代，先后围筑了灌东、新滩、灌西、台南、徐圩、台北等盐场挡潮大堤；废黄河以南地区新围了射阳、海安、如东、海门等盐场。60 年代，根据沿海地区经济建设和国防建设及社会治安的需要，匡围了兴垦、弶港、环东、海丰、畚套等垦区。70 年代，人多地少的矛盾已经出现，为了开辟后备土地资源，增加农业耕地，围建掘东、环港、海防、斗龙、王家谭、新北坎、海丰、渔舍、王港、新东、滨海、响水三圩、黄海，灌云县盐场等垦区。从新中国成立之初到 1980 年，全省新围滩涂达到 252 万亩。其中 10 万亩以上的垦区 7 个，5 万～10 万亩的垦区 7 个，2 万～5 万亩的垦区 17 个，1 万～2 万亩的垦区 20 个。

7.1.4.2　建设商品生产基地阶段

这一阶段全省匡围滩涂 58 万亩，除围建了大喇叭、东凌、竹港、北凌等大型垦区外，还匡围了一大批小型对虾养殖场。到"八五"期末，建成了初具规模的粮棉、对虾、鳗鱼、淡水鱼、林果、畜牧、盐业、文蛤、紫菜和芦苇十大商品生产和出口创汇基地。已围潮上带达到 295 万亩，形成耕地近 60 万亩，林地 13 万亩，桑果园 4 万亩，淡水鱼水面 17 万亩，对虾养殖水面 17 万亩，盐田生产面积 110 万亩。堤外养殖紫菜 6 万亩，人工护养文蛤 80 万亩，植苇 20 万亩。此外，以垦区为依托的港口建设和垦区内能源、工业及旅游业都有了相应的发展。

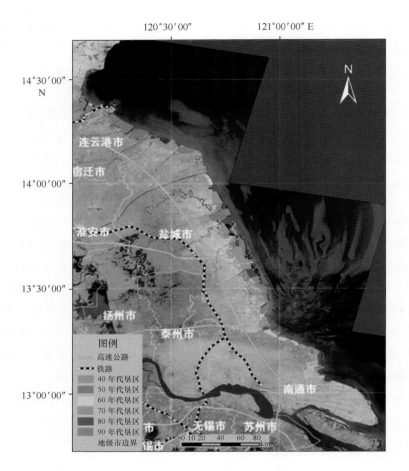

图 7.4　1949 年以来江苏沿海垦区分布

7.1.4.3　实施海上苏东发展战略阶段

1995 年 9 月，江苏省提出了建设"海上苏东"的发展战略，确定"九五"期间开发百万亩滩涂，建设新的粮棉基地。这项工程计划新围滩涂 54 万亩，开垦已围荒地 16 万亩，改造滩涂中低产田 30 万亩。项目建成后，新增粮食综合生产能力 5×10^8 kg，新增耕地 50 万亩。到 1999 年 6 月，全省已新围江海滩涂近 50 万亩（其中沿海滩涂 40 多万亩），围成了凌洋、笆斗、三仓片、罩网尖、东川、海北、东沙港等一批垦区。

7.1.4.4　推进滩涂资源可持续利用阶段

为进一步缓解人多地少、用地紧张的矛盾，"十五"期间，江苏实施了新一轮百万亩沿海滩涂开发，完成了匡围潮上带 20 万亩、开垦和改造已围垦区 50 万亩、发展高涂和潮间带养殖 30 万亩的目标任务，为耕地占补平衡提供了重要的土地后备资源保障。据统计，2005 年江苏省沿海滩涂的经济总量比 2001 年增加 90 亿元以上，初步建成了海淡水、工厂化养殖和无公害农业、苗种繁育、饵料加工等六大基地，每年吸纳上万名劳动力就业。在新围垦滩涂基础上，大丰港、洋口港、大唐电厂、沿海风力发电、滨海化工园区等项目，成了国内外投资关注的热点。各地还积极探索开发与保护生态环境并重的新路，促进滩涂资源可持续利用。

7.1.4.5　实现滩涂资源综合开发阶段

"十一五"期间江苏省规划围垦22块，总面积40万亩，经过数年土壤脱盐后约形成耕地面积28万亩。建设初期可新增耕地14万亩（种植业毛面积20万亩）；发展水产养殖14万亩（养殖毛面积20万亩），用于置换老垦区养殖水面进行复垦；建设海堤防护林带长达236 km，海堤防护林面积3万亩，新增农田防护林网2万亩（陈宏友，2005）。"十一五"进入了一个以工业用地为主围垦开发的新阶段，随着沿海开发热潮的掀起，沿海港口、能源、化工、物流、城镇、生态旅游等建设用地的围垦开发一个接一个实施。2006—2007年，全省共实施围垦20.47万亩，已完成"十一五"围垦规划面积40万亩的51%。

江苏省滩涂围垦力度的时空变化情况如图7.5和图7.6所示。自1951—2007年江苏沿海地区累计匡围滩涂203个垦区，匡围滩涂总面积403万亩（其中包括大丰境内的上海海丰垦区26.2万亩）。其中10万亩以上的垦区8个，5万~10万亩的垦区14个，1万~5万亩的垦区72个，1万亩以下的垦区109个。

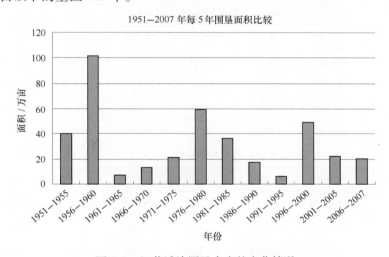

图 7.5　江苏滩涂围垦力度的变化情况

注：江苏沿海滩涂围垦开发规划，河海大学，2009 年．

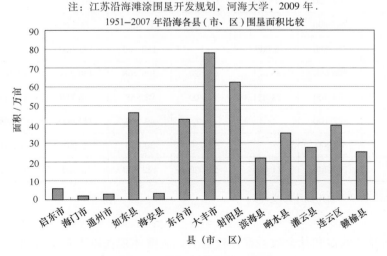

图 7.6　江苏沿海市县围垦面积比较

注：江苏沿海滩涂围垦开发规划，河海大学，2009 年．

7.1.5 滩涂围垦开发成效

江苏省已围垦区开发利用主要以种植、水产养殖、盐业、林业等农业开发为主，兼顾工商贸、城镇、港口、旅游开发等，已形成了大规模粮棉生产基地，海淡水养殖基地和盐业生产基地。新中国成立至 2004 年，全省已围的 337.5 万亩（不包括上海海丰垦区 26.2 万亩）土地中，已开发利用面积 327.2 万亩，占匡围面积的 96.9%。其中农业种植业面积 83.8 万亩，占匡围面积的 24.8%；水产养殖面积 124.9 万亩，占围垦面积的 37.0%；盐业面积 86.7 万亩，占匡围面积的 25.7%；林业及其他用地 31.8 万亩，占匡围面积的 9.4%；未利用或利用水平很低的土地 10.3 万亩（主要为近两年新围面积），占围垦总面积的 3.1%（表 7.3 和图 7.7）（江苏省农业资源开发局，1999）。

表 7.3 已围垦区利用情况表①　　　　　　单位：亩

县（区）	总面积	按用途分					
		种植业	淡水养殖业	海水养殖业	盐业	林业、其他	未开发
全省合计	3 375 400	838 049	512 992	736 257	866 718	318 143	103 241
南通合计	584 200	269 477	38 119	71 336	33 404	122 064	49 800
启东	103 500	36 007	4 969	37 936	18 604	5 984	
海门	18 400	4 000	1 200	5 700	2 100	3 500	1 900
通州	29 700	15 000	600	4 000	6 700	3 400	
如东	399 100	198 470	25 350	23 700	6 000	103 180	42 400
海安	33 500	16 000	6 000			6 000	5 500
盐城合计	1 884 600	534 751	407 053	358 153	376 945	168 898	38 800
东台	281 900	204 902	40 100	7 500		29 398	
大丰	458 000	160 100	191 800	90 400	12 500	3 200	
射阳	606 300	115 600	128 400	91 300	95 900	136 300	38 800
滨海	187 900	49 149	46 753	18 453	73 545		
响水	350 500	5 000			150 500	195 000	
连云港合计	906 600	33 821	67 820	306 768	456 369	27 181	14 641
灌云	274 300	22 821	15 800	93 858	116 169	11 011	14 641
连云区	302 100			49 200	252 900		
新浦区	90 000			30 880	52 000	7 120	
赣榆	240 200	11 000	52 020	132 830	35 300	9 050	

注：上海海丰垦区 26.2 万亩未统计在大丰市。

围垦开发的经济效益和社会效益都比较显著，主要体现在以下几个方面。

---

① 《江苏沿海滩涂围垦开发规划》，河海大学，2009 年。

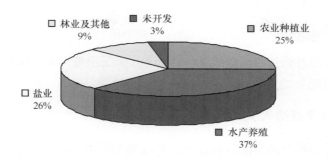

图 7.7　已围垦区各开发方式比例

7.1.5.1　滩涂围垦促进了滩涂经济稳定增长

"九五"以来，全省滩涂开发紧紧围绕"海上苏东"发展战略，坚持以市场为导向，以效益为中心，以结构调整为主线，以实现"两个根本性转变"为切入点，切实加大滩涂特别是已围垦区开发力度，从而有力地促进全省滩涂经济的持续、快速发展。2003 年，全省沿海滩涂社会总产值达 269 亿元，与 1995 年的滩涂社会总产值 114.2 亿元相比，年平均增长11.3%。特别是通过滩涂围垦，大丰港、洋口港、射阳港电厂、大唐电厂等一批港口、电力、工业得到了发展，并成为国内外商家投资的热点。滩涂经济已真正成为全省经济新的增长点，在全省经济发展中发挥着越来越大的作用。

7.1.5.2　滩涂围垦为江苏省增加了耕地，促进了全省耕地"占补平衡"

新中国成立至 2004 年，全省累计匡围的 337.5 万亩垦区，经过开发利用已形成各类农业用地面积约 209 万亩，其中增加耕地 83 万多亩。特别是随着新围垦区的增加，养殖用地逐步改造转换成耕地面积，有效地促进了全省耕地的"占补平衡"，为全省经济社会发展作出了重要贡献，为我国的粮食安全做出了贡献。

7.1.5.3　滩涂围垦增加了社会供给

沿海垦区是全省重要的粮棉油、畜禽、水产品、蔬菜等农副产品生产基地，也是无公害、绿色食品的密集区。2003 年，全省沿海滩涂垦区生产粮食近 18×10^4 t，棉花超过 2×10^4 t，油料近 3×10^4 t，水产品产量 43×10^4 t，出栏生猪 12.84 万头，肉牛 1 514 头，羊 18.2 万只，家禽 970 万羽，生产貂皮 18 万张，禽蛋 1.1×10^4 t，蚕茧 756 t 以及大量的蔬菜等农产品，极大地丰富了市场，增加了社会供给。

7.1.5.4　拓宽了就业渠道，提高了农、渔民收入

通过围垦开发，有效增加了劳动力就业。新中国成立后围垦的垦区，解决了 57.5 万人口（2003 年）的生存生活问题。全省滩涂每年吸纳各类劳动力就业上万人，大大减轻了社会就业压力。同时，农民增收、致富的渠道大大拓宽，沿海农渔民的收入水平普遍高于相邻内地农渔民的收入水平。

7.1.5.5 改善了沿海生态环境

江苏省千里海堤通过营造海堤防护林，已基本形成了沿海"绿色长城"，绿树成荫，空气新鲜，享有"绿色氧吧"之誉，使沿海生态环境大为改善。

7.1.5.6 有效保障了沿海人民的生命财产安全

江苏省沿海遭受台风及风暴潮危害较大，直接影响沿海人民的生产生活和安全。通过滩涂围垦，在原有的海堤外面新筑了高标准海堤，又增加了一道安全屏障，提高了抵御台风暴潮等灾害的能力，有效保障了沿海人民的生命财产安全。

7.2 滩涂资源开发潜力

7.2.1 滩涂资源开发范围

7.2.1.1 相关规划对起围高程的要求

海堤起围高程的选定，涉及自然条件、施工技术、资金投入、经济效益、环境影响等诸多因素。一般认为，在淤泥质平原海岸平均高潮线以上的滩面具有较好的植被，有利于垦殖；新海堤外还有一定宽度的滩面，筑堤仍可就地取土，穿堤的港汊不多，施工难度不大，防护和防汛不困难，一次匡围对环境的影响也较小；同时便于堤外促淤和再造盐沼。因此，《江苏省沿海滩涂围垦规划（2005—2015 年）》草案中建议 2005—2010 年围垦滩涂的起围高程一般应相对于当地的平均高潮位。

7.2.1.2 实际围垦中起围高程

江苏省滩涂起围高程是全国最高的，邻省滩涂起围高程一般在理论最低潮面，并在理论最低潮面以下 2 m 进行促淤，而江苏的滩涂起围高程大多数是在理论最低潮面以上 3 ~ 4 m，差距很大。

7.2.1.3 起围高程与沙石源建议

由于缺乏块石筑堤材料，江苏沿海潮滩起围高程一般在平均高潮线附近，有些则大大高于平均高潮线。因此，起围高程的调整，需要与沙石源研究相联系。根据《江苏沿海滩涂围垦开发利用规划纲要》（河海大学，2010），边滩围垦起围高程原则上控制在理论最低潮面以上 2 m，沙洲围垦和港区围填海起围高程可根据实际情况适当降低。由于辐射沙脊群海域潮沟系统总体具有淤积趋势，因此，通过建设促淤堤等，加快离岸沙洲淤积，为降低沙洲围垦和港区围填海起围高程创造了条件。

7.2.2 滩涂资源开发潜力

根据江苏近海海洋综合调查与评价专项调查（河海大学等，2011），辐射沙脊群近岸滩涂主要分布在盐城市大丰、东台和南通市海安、如东、通州、海门一线，通过辐射沙脊群海域的滩涂围垦，可以提供丰富的土地资源。另外，利用稳定的潮流通道，可以开发港口资源。

7.2.2.1　潜在的土地资源

辐射沙脊群冲淤分析表明，辐射沙脊群调查区潮滩可能淤长区域是条子泥、东沙周围的潮沟和近岸 0 m 线以上滩涂。据分析，全省沿海未围滩涂总面积 750.25 万亩（5 001.68 km²），约占全国滩涂总面积的1/4。其中，辐射状沙脊群理论最低潮面以上面积 302.63 万亩（2 017.52 km²）。因此，利用辐射沙脊群现有的高出理论基面的滩涂资源以及条子泥、东沙等周围不断淤长的潮沟和近岸滩涂，可为江苏沿海开发提供大量的土地资源（张长宽，2011；陈君，2011）。

7.2.2.2　港口资源

江苏沿海港口呈点状分布于江苏沿海滩涂，重要的港口有：连云港港、灌河诸港（陈家港港等）、滨海港、射阳港、大丰港、洋口港、吕四港等。目前真正成规模的仅有连云港，其吞吐量跻身中国十大港口之一，其他港口规模较小。

沙脊群与潮流通道组合是苏北淤泥平原海岸带宝贵的天然港口资源。辐射沙脊群海域沙沙脊之间的潮流深槽，是天然的从外海伸向沿岸浅滩的深水通道，是宝贵的深水港口资源。如南部的黄沙洋水道、烂沙洋水道，是东海前进潮波北上向岸的主要通道，该水道长 30 km，－17 m 等深线从外海直接通入水道内长约 30 km，是可以建设 10 万吨级码头的天然航道，辅以工程措施，可建 20 万吨级深水港口。北部的西洋水道，是旋转形潮波向南的主要通道，其－10 m 等深线从斗龙港到水道顶端长 55 km，宽度大于 5 km；－20 m 等深线宽 1.5 km、长5 km；－10 m 等深线与外海贯通，其水深条件可建 5 万吨级深水港。

目前，已经利用西洋深槽建成大丰港深水码头一期、二期工程，一期工程为两个万吨级泊位，二期工程为 6 个可靠泊 10 万吨级船舶的深水码头，2010 年启动的三期工程建设两个 5万吨级（兼靠 8 万吨）石化泊位和 1 个 5 000 吨级液体化工泊位，将成为江苏中部沿海最大的海河联运口岸和我国沿海中部的亿吨大港。另外，利用烂沙样—黄沙洋潮流通道为天然航道的洋口港，以小庙洪潮流潮汐水道为基础、辐射沙洲为掩护的天然海港吕四港，均具有建设 10 万吨级以上国际性海港的前景。

潮流通道稳定性是能否成功建港的关键。因此，可结合滩涂资源开发中高泥、东沙、腰沙—冷家沙等人工岛建设，论证进一步开发利用港口资源的可行性。

7.3　滩涂开发利用布局

7.3.1　滩涂开发的指导思想与原则

7.3.1.1　指导思想

按照国务院批复的江苏沿海开发战略的要求，结合江苏省委、省政府建设海洋经济强省和生态省的发展目标，以科学发展观为指导，维持滩涂资源的可持续利用，注重与自然、经济、环境、生态等协调。针对江苏海岸潮滩宽阔、淤长迅速等独特自然地理特征，尤其是辐射沙脊群海岸的潮流、泥沙和动力地貌等独特的特性，充分发挥滩涂资源丰富的资源优势，正确处理滩涂围垦建设与生态环境保护的关系，实现经济效益、社会效益与生态效益的统一，动态保护重要湿地，发挥滩涂围垦的综合效益，为全省经济社会可持续发展提供土地资源。

紧紧抓住江苏省实施"江苏沿海开发战略"的重大机遇，充分利用沿海滩涂资源和区位优势，依靠科技进步和全社会力量，加大投资力度，为优化生产力布局结构服务。以滩涂农业、港口海运、临海工业、滨海旅游等海洋产业为重点，建设区域性综合枢纽港、现代农业示范区、新型工业基地、生态旅游风景区等一系列开发项目，实现沿海滩涂经济可持续发展和集约化增长，全面提高沿海滩涂经济发展的规模和效益，使海洋经济成为江苏省国民经济的重要支柱。

7.3.1.2 规划原则

针对沿海滩涂地貌、动力特征及其冲淤特性，在考虑滩涂围垦与湿地保护、尤其是自然保护区与河口湿地保护的基础上，注重保护现有沿海港口、深水航道资源，满足未来深水港口以及产业、城镇发展的需求，确定围区布局和规模。

（1）以高滩围垦为主。尊重滩涂演变自然规律，边滩围垦起围高程原则上控制在理论最低潮面以上2 m，沙洲围垦和港区围填海起围高程可根据实际情况适当降低。

（2）保护和形成港口资源。既要稳定现有深水航道，保护沿海现有港口资源，又要通过匡围积极增加深水岸线资源，创造建设深水海港的新条件。

（3）维持潮流通道畅通。近岸面积较大滩涂和辐射沙洲的匡围，总体上不应改变海洋动力系统格局，预留足够的汇潮通道，保障两大潮波交汇畅通，努力使沙洲变得更高、港槽变得更深。

（4）注重生态保护。结合国家和省级自然保护区及河口治导线的要求，在珍禽自然保护区的核心区和缓冲区及麋鹿保护区向海一侧不进行围垦，原则上不在河口治导线范围内布局围区；边滩匡围采用齿轮状布局，增加海岸线长度，有效地保护海洋生态。

7.3.2 总体布局

规划垦区主要分边滩垦区和岸外沙脊垦区两类，边滩垦区是指在相邻入海河口之间、现海堤之外、三边匡围的垦区。边滩垦区具有滩涂地形高、滩地稳定、水流缓慢等特点。岸外沙脊垦区是指在辐射沙脊群地面高的沙脊中心区的垦区，该类垦区需四周匡围。岸外沙脊垦区主要布置在低潮滩面出露面积大、淤长迅速的东沙、高泥等沙脊上。沙脊垦区高潮时具有四周环水的特征。

至2020年，江苏沿海将新辟垦区21个，总面积270万亩（1 800 km²）（图7.8），其中连云港市4个垦区14.5万亩、盐城市9个垦区131万亩和南通市8个垦区124.5万亩（表7.4，图7.9~图7.11）。2010—2020年围垦方案将新筑围海堤防680 km；在条子泥、高泥、东沙、腰沙—冷家沙等修筑促淤导堤，加速沙洲淤积，2015年前，建设8条促淤导堤，总长度205 km，其中，2012年前建设条子泥、高泥纵堤、高泥横堤、腰沙南纵堤4条促淤导堤，长度80 km；分别在东大港、大腰门建设两座跨海大桥。

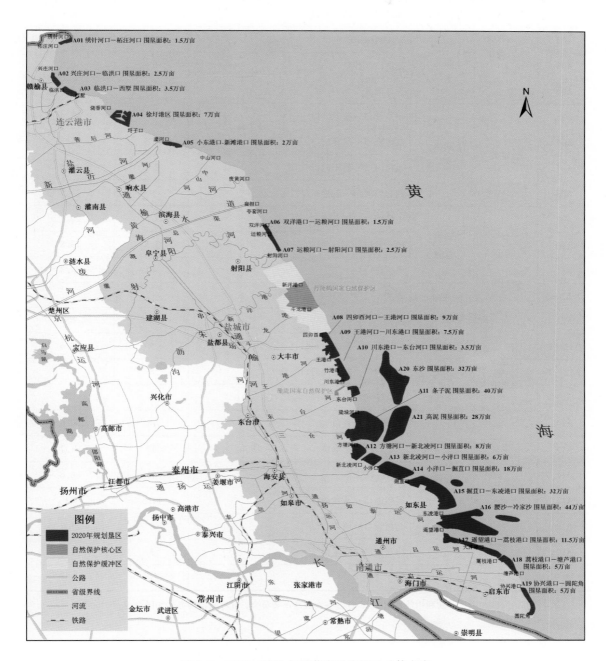

图 7.8　2009—2020 年江苏省沿海围垦总体方案

表 7.4　2009—2020 年江苏省沿海围垦总体方案

编号	行政区	类型	岸段（沙洲）	面积/万亩	围堤长/km
A01	连云港市	边滩垦区	绣针河口—柘汪河口	1.5	9.5
A02			兴庄河口—临洪口	2.5	11
A03			临洪口—西墅	3.5	10.6
A04			徐圩港区	7	54
A05	盐城市	边滩垦区	小东港口—新滩港口	2	11.4
A06			双洋港口—运粮河口	1.5	10
A07			运粮河口—射阳河口	2.5	14.5
A08			四卯西河口—王港河口	9	25.2
A09	盐城市	边滩垦区	王港河口—川东港口	7.5	22.5
A10			川东港口—东台河口	3.5	13.8
A11			条子泥	40	44.3
A20		沙洲垦区	东沙	32	84
A21			高泥	28	65
A12—1	南通市	边滩垦区	方塘河口—新北凌河口（东台）	5	10.6
A12—2		边滩垦区	方塘河口—新北凌河口（海安）	3	7
A13			新北凌河口—小洋口	6	20
A14	南通市	边滩垦区	小洋口—掘苴口	18	30.6
A15			掘苴口—东凌港口	32	61.7
A16			腰沙—冷家沙	44	86.6
A17			遥望港口—蒿枝港口	11.5	43
A18			蒿枝港口—塘芦港口	5	21.7
A19			协兴港口—圆陀角	5	23
总　　计				270	680

注：《江苏沿海滩涂围垦开发利用规划纲要》，江苏省发展改革委员会，江苏省沿海办，2010 年 9 月。

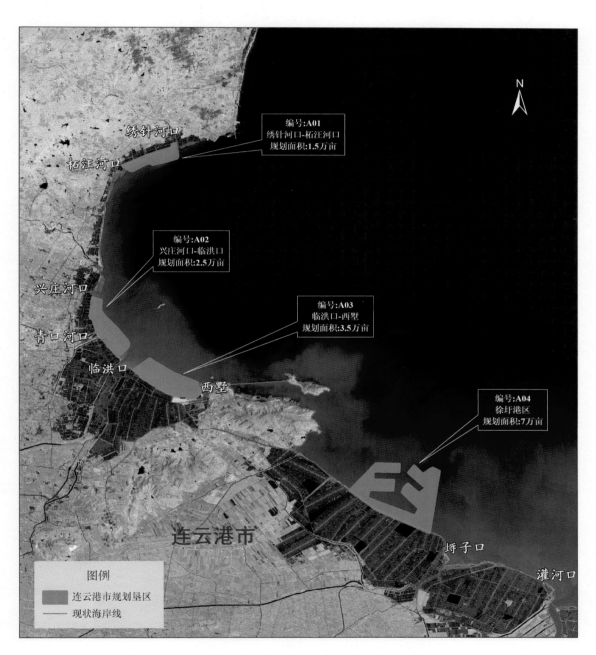

图 7.9　2009—2020 年连云港市沿海围垦方案

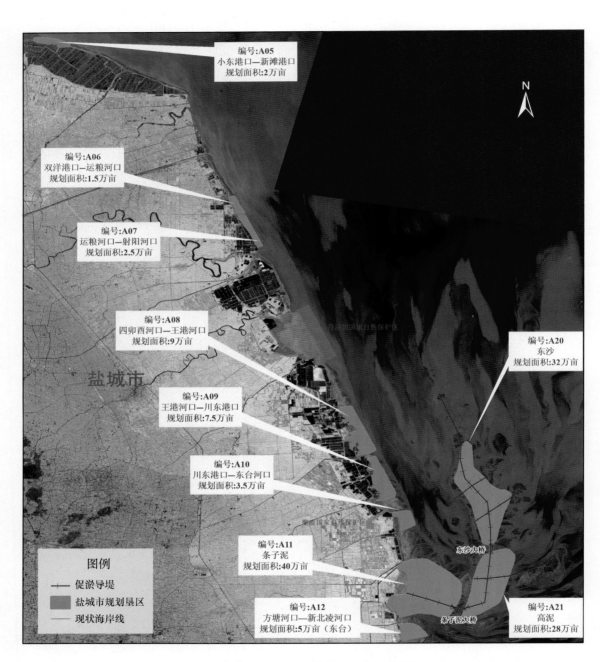

编号:A05
小东港口—新滩港口
规划面积:2万亩

编号:A06
双洋港口—运粮河口
规划面积:1.5万亩

编号:A07
运粮河口—射阳河口
规划面积:2.5万亩

编号:A08
四卯酉河口—王港河口
规划面积:9万亩

编号:A20
东沙
规划面积:32万亩

盐城市

编号:A09
王港河口—川东港口
规划面积:7.5万亩

编号:A10
川东港口—东台河口
规划面积:3.5万亩

图例

促淤导堤
盐城市规划垦区
现状海岸线

编号:A11
条子泥
规划面积:40万亩

东沙大桥

编号:A12
方塘河口—新北凌河口
规划面积:5万亩(东台)

条子泥大桥

编号:A21
高泥
规划面积:28万亩

图 7.10 2009—2020 年盐城市沿海围垦方案

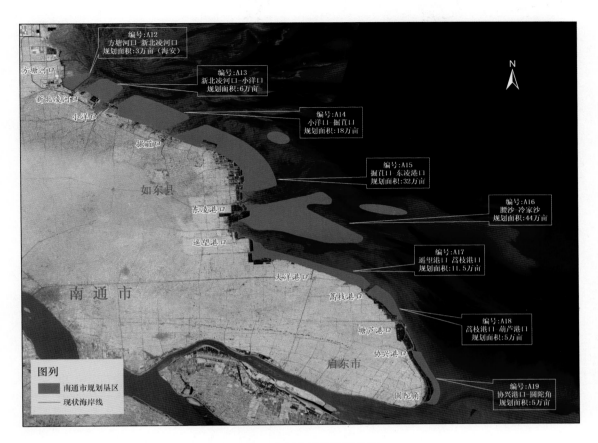

图 7.11 南通市沿海围垦方案

7.3.3 分期实施建议

2010—2020 年围垦 270 万亩方案分三阶段实施（表 7.5）。

表 7.5 沿海滩涂围垦实施时序方案 　　　　　　　　　　　　　　　单位：万亩

编号	垦区名称	总面积	2010—2012 年	2013—2015 年	2016—2020 年
A01	绣针河口—柘汪河口	1.5		1.5	
A02	兴庄河口—临洪口	2.5			2.5
A03	临洪口—西墅	3.5	3.5		
A04	徐圩港区	7	2.5	2	2.5
A05	小东港口—新滩港口	2	1		1
A06	双洋港口—运粮河口	1.5			1.5
A07	运粮河口—射阳河口	2.5	2.5		
A08	四卯酉河口—王港河口	9	3.5		5.5
A09	王港河口—川东港口	7.5	4		3.5

编号	垦区名称	总面积	2010—2012 年	2013—2015 年	2016—2020 年
A10	川东港口—东台河口	3.5		3.5	
A11	条子泥	40	20	20	
A20	东沙	32			32
A21	高泥	28			28
A12	方塘河口—新北凌河口（东台）	5	2	3	
A12	方塘河口—新北凌河口（海安）	3	3		
A13	北凌新闸—小洋口	6		6	
A14	小洋口—掘苴口	18	6	4.5	7.5
A15	掘苴口—东凌港口	32	6	6	20
A16	腰沙—冷家沙	44		8	36
A17	遥望港口—蒿枝港口	11.5	6	5.5	
A18	蒿枝港口—塘芦港口	5		5	
A19	协兴港口—圆陀角	5		5	
	总　　计	270	60	70	140

注：《江苏沿海滩涂围垦开发利用规划纲要》，江苏省发展改革委员会，江苏省沿海办，2010 年 9 月。

第一阶段（2010—2012 年），选择条件比较成熟的区域，实施边滩围垦 60 万亩，重点开发临洪口—西墅、徐圩港区、小东港口—新滩港口、运粮河口—射阳河口、四卯酉河口—王港河口、王港河口—川东港口、条子泥、方塘河口—新北凌河口、小洋口—掘苴口、掘苴口—东凌港口、遥望港口—蒿枝港口 11 个围区，建设 8 个省级滩涂围垦综合开发试验区，探索形成滩涂围垦开发新机制；5 万亩以上大型垦区，利用新围堤外滩地快速淤长的特点，从高滩向低滩分多期围垦。同时，开展沙洲围垦前期准备，主要是在条子泥、高泥、东沙等沙脊上，新筑促淤导堤，先促淤后围垦。"丰"字形、"十"字形促淤导堤的作用是阻流积沙，加速沙洲淤积，稳定沙洲空间布局。新筑促淤导长 110 km（图 7.12）。

第二阶段（2013—2015 年），实施沙洲围垦和大型垦区的低滩部分围垦，完成条子泥匡围工程，启动腰沙—冷家沙匡围工程，围垦滩涂 70 万亩，全面实施园区式综合开发。

第三阶段（2016—2020 年），主要是沙洲围垦和大型垦区的低滩部分围垦 140 万亩，实施东沙、高泥和腰沙—冷家沙开发，完成 270 万亩的围垦任务，将沿海滩涂建成新型港口工业区、现代农业基地、新能源基地、生态休闲旅游区和宜居的滨海新城镇。

条子泥是辐射沙脊群中最靠近陆岸的大型沙洲。据 2008 年完成的江苏近海海洋综合调查与评价专项（江苏"908 专项"）调查成果，条子泥面积约为 528.82 km^2。由于条子泥正位于辐射沙洲的中心，长期以来处于淤积环境中。在 2020 年前规划匡围的 270 万亩滩涂中，辐射沙脊群核心区的条子泥、高泥、东沙三者总匡围面积为 100 万亩，占全部匡围面积的37%。其中，条子泥匡围面积为 40 万亩，近期将率先启动条子泥 I 期匡围工程，匡围面积为10.55 万亩。

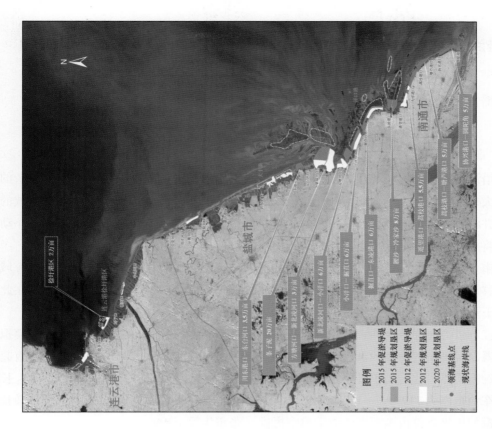

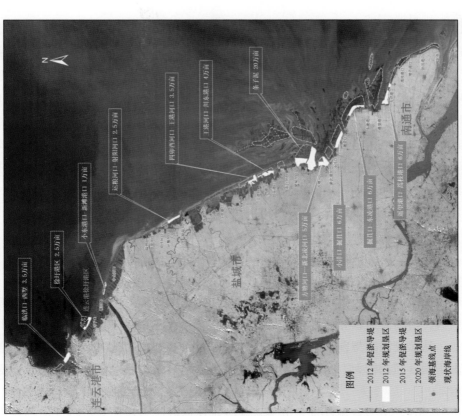

图 7.12　江苏省沿海滩涂围垦分步实施图

7.4 滩涂开发利用与环境和谐配置

7.4.1 滩涂资源开发环境影响

7.4.1.1 海岸动力环境

江苏沿海的海洋动力环境相当独特，对海岸线和水下地形的长期演变有着十分复杂的影响。沿海大规模滩涂围垦工程的实施在一定程度上改变了江苏海岸的轮廓以及近岸海域的海底地形，并将对海洋动力环境产生一定的影响。围垦方案实施后，海域地形条件和海洋动力环境之间将通过相互作用逐步达到一个新的平衡状态。

位于南黄海西部的江苏沿海海域具有独特的潮汐环境，旋转潮波与前进潮波在该海域辐聚，形成移动性驻潮波和以弶港为顶点的辐射状潮流场，弶港外侧的辐射沙脊群正是在此潮流场作用下形成的独特的海岸地貌形态（张东生等，1998）。

基于江苏近海海洋综合调查与评价所获水下地形资料和水文泥沙资料，采用数值模拟方法对沿海滩涂围垦引起的潮汐和潮流特征变化进行研究（陶建峰，2011）。模拟范围南起长江口南部的南汇嘴，北至山东日照港北部的石臼所，南北范围为 30°54′—35°24′N，间距长达 500 km，东西范围为 119°09′—123°00′E，宽度横跨 360 km，包括整个江苏近海水域以及长江口水域。模型边界条件由东海潮波数学模型提供（张东生等，1998）。

1）移动性驻潮波

图 7.13 和图 7.14 是现状岸线情况下江苏近海及长江口 M_2 分潮的同潮时线和等振幅线分布。由图 7.13 和图 7.14 可见，各条同潮时线在废黄河口外绕无潮点逆时针旋转，该点位于（34°34′36″N，121°12′30″E）；弶港外海的潮差较大，超过 3.0 m。围垦方案实施后，江苏近海的 M_2 分潮分布基本与现状岸线的 M_2 分潮分布一致，围垦方案实施后对近岸潮波系统几乎没有影响。远景围海方案实施后，其无潮点移至（34°37′52″N，121°21′32″E），即向 NE 方向偏移了约 15.0 km，M_2 分潮的分布特征有较大改变，废黄河口至弶港近岸区域，相邻两条同潮时线的间隔增大，表明该区域潮波传播的速度变快，其中 270°～330°之间各条同潮时线尤为明显，弶港外侧 345°同潮时线亦由东沙西侧传至近岸，近岸海域潮差有所增大。

2）辐射状潮流场

在移动性驻潮波的控制下，涨潮时涨潮流自 N、NE、E 和 SE 诸方向朝弶港集聚，水流漫滩；落潮时落潮流以弶港为中心成 150°的扇面角向外辐散，辐射脊群滩地露陆；落潮时由于漫滩水流归槽，落潮流速较涨潮流速为大，最大 M_2 分潮落潮流速接近 1.0 m/s。拟围垦区域基本为高滩，涨落潮流态与现状岸线流态基本一致；远景方案实施后，虽然各潮汐通道仍然贯通，但由于围垦面积较大，缩窄了各潮汐通道的纳潮断面，局部流态改变较大，西洋通道流速略有增加。

总体而言，2009—2020 年滩涂围垦方案实施后对江苏近岸潮汐和潮流特征影响较小；远

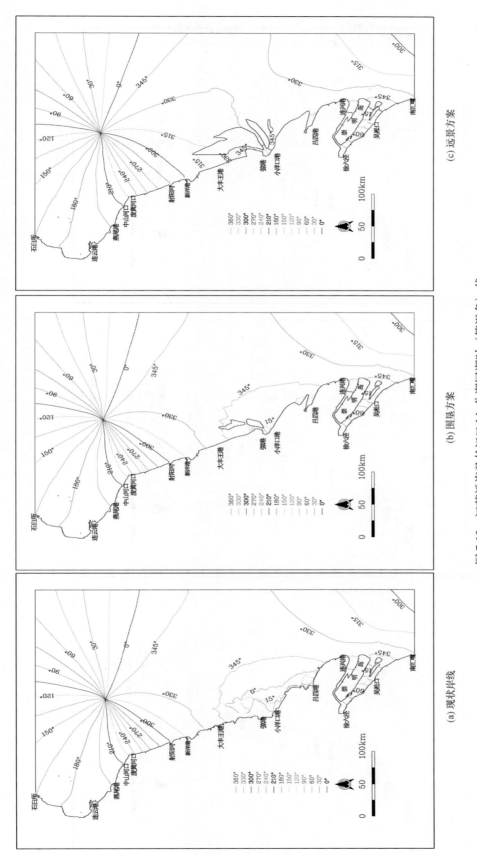

图 7.13　江苏近海及长江口 M_2 分潮同潮时（等迟角）线

(a) 现状岸线　　(b) 围垦方案　　(c) 远景方案

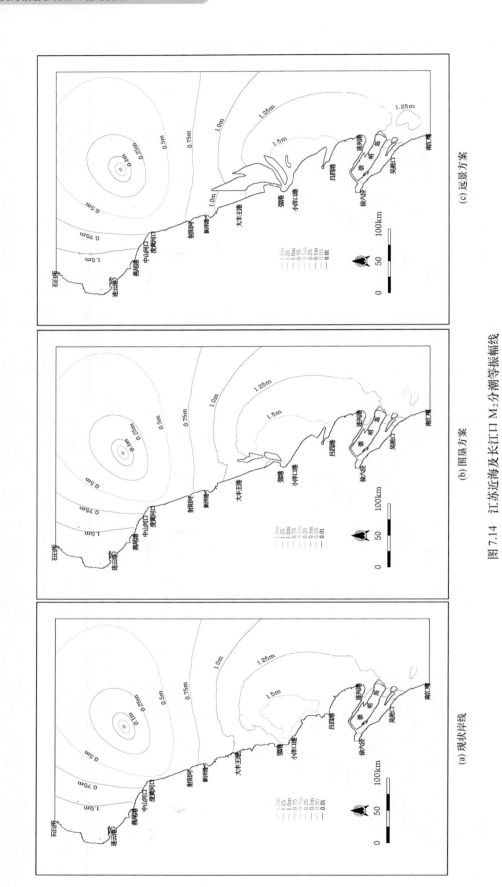

(a) 现状岸线　　(b) 围垦方案　　(c) 远景方案

图 7.14　江苏近海及长江口 M₂ 分潮等振幅线

景围海方案实施后会对江苏近岸潮汐和潮流产生一定的影响。

3）泥沙运动及海岸演变

江苏沿海海域含沙量高于南北两侧海域。在沙脊群区，由于浅水风浪作用，含沙量增加，沙脊之间潮流通道流速大，对边坡水底亦有冲刷作用，使水中含沙量增加，沙脊群北部区域，海水含沙量夏季为 0.1～0.2 kg/m³（冬季为 0.3～0.5 kg/m³），而靠近岸边，动力作用强，岸边松散沉积物丰富，致使海水垂线平均含沙量高达 1.0～2.5 kg/m³（新洋港、王港）。琼港是潮波辐合区域，并有涌潮现象，动力作用特强，含沙量可达 1.05～3.0 kg/m³，在涌潮后，可高达 6.6 kg/m³。沙脊群南部含沙量逐渐降低，小洋口外 0.4～1.3 kg/m³，吕四小庙洪 0.2～0.7 kg/m³。以上数据是夏季大潮测得的，一般小潮汛的平均含沙量仅为大潮汛的 1/2；冬季含沙量普遍大于夏季。

江苏沿海入海河流狭带的泥沙仅 526×10^4 t/a。近年来，长江入海泥沙逐年减少，2000 年大通站年输沙量只有 3.39×10^8 t，2001 年为 2.76×10^8 t，2002 年为 2.75×10^8 t，2003 年为 2.06×10^8 t，2004 年为 1.47×10^8 t；长江入海泥沙主要向东南运移，仅汛期有 10% 的水量（及泥沙）从长江口向东北（济州岛）方向运转，对本区影响较小。因此，目前江苏沿岸及近海，河流及外域供应的沉积物数量是很微小的。目前海水中含沙量与潮滩上沉积的物质，主要来自海底的古松散沉积物，受波浪潮流作用再搬运堆积的结果。

由辐射沙脊群实测水文泥沙结果可知，废黄河三角洲侵蚀每年约有 1×10^8 t 泥沙向南进入海底沙脊群区域；长江水下三角洲受侵蚀每年约有 2×10^8 t 泥沙从苦水洋、黄沙洋和烂沙洋进入沙脊群区域；而沙脊群区域，每年有 1.6×10^8 t 泥沙向 NE，从平涂洋向外输出。目前沙脊群区域靠岸部分在堆积增高成出露水面的沙洲，被沙脊群掩护的沿岸潮滩在淤长，从射阳河口至东灶港段海岸潮滩的堆积量为每年 7.7×10^8 t，因此，潮滩及近岸沙洲淤长的物质大部分来自海底及海底沙脊群区域的侵蚀。从海水含沙量分布看，近岸及沙脊群浅水处海水含沙量高，主要是当地沉积物被波浪潮流扰动的结果；沙脊群近岸出露水面的沙洲具有向海坡缓、向陆坡陡的横剖面，表明泥沙从邻近海底向陆运动的趋势。

江苏海岸的围垦开发将引起江苏沿岸大陆海岸线格局发生变化。一方面，沿岸围垦会导致海岸剖面的重塑。根据海岸动力学理论，潮间带围垦以后，如果滩面上有足够的泥沙，则海堤外会逐步形成新的高滩，但高滩的宽度小于围垦前的高滩宽度，潮间带和潮下带的坡度会出现明显的陡化倾向；如果滩面上没有足够的泥沙，则海堤外将不再形成新的潮上带，海堤就此成为人工海岸。另一方面，沙洲围垦后将阻隔或加强水、沙在多个方向的输移，导致辐射脊群的淤蚀趋势发生变化。

7.4.1.2　港口工程动力环境

为了分析滩涂围垦后对现状港口工程的影响，采用数学模型模拟围垦方案实施前后江苏及长江口海域潮流场分布（河海大学，2009；陶建峰，2011）。在西洋通道的大丰港附近、烂沙洋通道的洋口港附近以及小庙洪通道的吕四港附近分别选取 A1－A10、B1－B10、C1－C10 共 30 个流速采样点（图 7.15），统计围垦方案和远景方案实施前后，各点涨－落潮平均流速的变化和变幅百分比，并统计港口码头前沿的单宽潮量。根据江苏海域实测泥沙资料，该海域平均中值粒径 D_{50} 为 0.015 mm，平均含沙量为 0.50 kg/m³，计算围垦方案实施前后三个港区泥沙冲淤变化，给出泥沙冲淤分布场（图 7.16 ~ 图 7.18）。

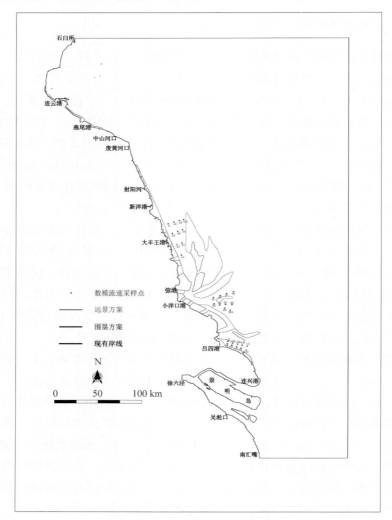

图 7.15　江苏沿海滩涂围垦方案流速采样点布置

1）对大丰港的影响

2009—2020 年围垦方案实施后，西洋潮流通道有所缩窄，涨、落潮平均流速有所增加，除个别点外，涨潮流增幅为 20% ~ 55%，落潮流增幅为 15% ~ 35%。远景方案进一步对弶港外侧沙洲和东沙进行围垦，潮流通道缩窄较大，且围垦工程改变了 NE 向、E 向进入西洋通道的涨潮流，涨落潮平均流速的增幅也较近期方案为大，涨潮流速增幅大于 35%，落潮流速增幅大于 45%，A3、A4 涨潮流及 A7 落潮流增幅均超过 100%。A9 因东沙大面积围垦后流态改变，导致该点涨潮平均流速减小。2009—2020 年围垦方案和远景方案实施后，大丰港区码头前沿 A2 点的涨落潮单宽潮量都较现状岸线增加。从图 7.16 泥沙冲淤分布场来看，2009—2020 年围垦方案和远景方案除在条子泥以及围堤边缘有少量的泥沙淤积外，整个大丰港区均处于流速增大区，不会产生淤积，对维持港区的航道和港池的水深是有利的。

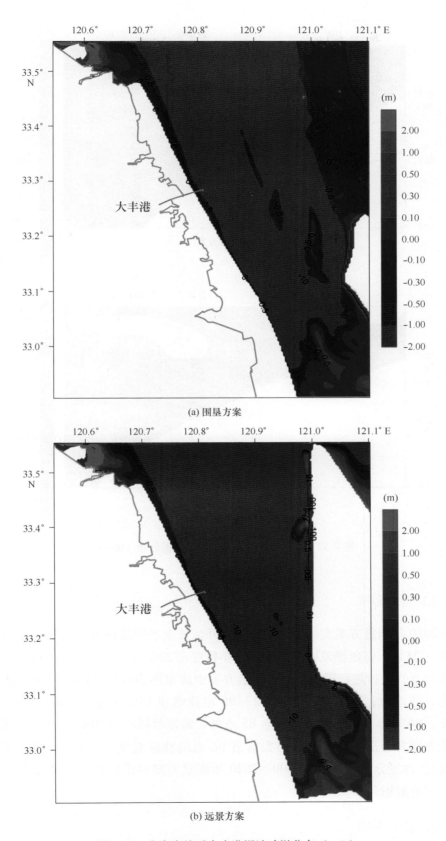

(a) 围垦方案

(b) 远景方案

图 7.16　方案实施后大丰港泥沙冲淤分布（m/a）

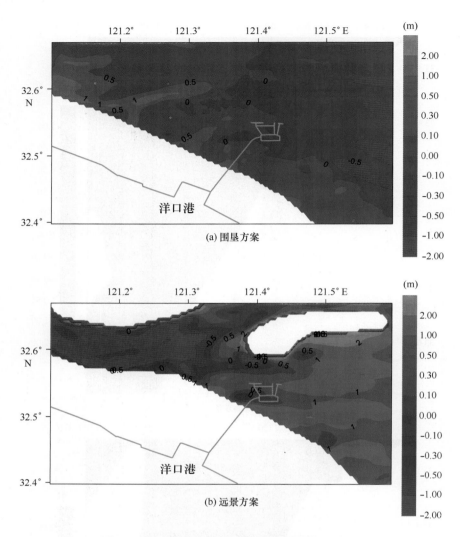

图 7.17　方案实施后洋口港泥沙冲淤分布（m/a）

2）对洋口港的影响

2009—2020 年围垦方案实施后，除个别点外，涨潮平均流速有所增加，涨潮平均流速增幅为 15% ~ 25%，但落潮流速均减小，减小幅度在 20% 以内。远景方案进一步在边滩外侧、蒋家沙以及竹根沙进行围垦。远景围垦方案中蒋家沙和竹根沙围垦，缩窄潮流通道并改变了流态，涨潮时，位于黄沙洋的 B2 ~ B5 流速增加 15% ~ 40%，B7 ~ B10 流速减小 10% ~ 20%，B6 基本不变；落潮时，除 B5 点外，流速都减小约 20%。2009—2020 年围垦方案和远景方案实施后，洋口港区码头前沿 B6 点的涨落潮单宽潮量都较现状岸线增加。从图 7.17 泥沙冲淤分布场来看，2009—2020 年围垦方案对洋口港区基本没有影响；远景方案则有一定的淤积。

3）对吕四港的影响

2009—2020 年围垦方案实施后，港区前沿部分点涨潮平均流速略有增加，落潮流速除个

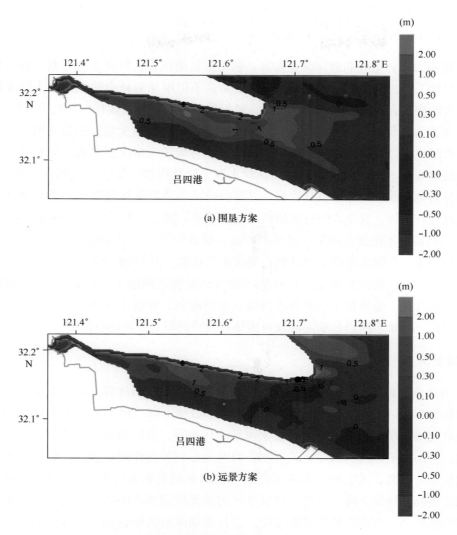

图 7.18　方案实施后吕四港泥沙冲淤分布（m/a）

别点外均减小，港区前沿各点减小幅度约 10%。远景方案进一步对腰沙进行围垦。港区前沿涨潮流速增加约 30%，其他点位增加约 10%。落潮流速总体减小，港区外侧减小幅度较大，为 20%~40%；港区前沿基本不变或略有增加。2009—2020 年围垦方案和远景方案实施后，吕四港区码头前沿 C3 点的涨落潮单宽潮量都较现状岸线增加。从图 7.18 泥沙冲淤分布场来看，2009—2020 年围垦方案和远景方案导致吕四港区有一定影响，但年淤积量较小。

7.4.1.3　海岸生态环境

根据江苏沿海地区的自然生态条件，规划围垦的滩涂仍以农、林、牧、水产用地为主，生态用地为辅，重点地区集中开发港口工业，兼顾生态环境与社会经济的双重效益。其中，农业开发利用的土地面积占 60%；生态保护的土地面积占 20%，建设用地的土地面积占 20%。

滩涂的开发利用在促进区域经济发展的同时，也会对规划范围内地域生态环境和生物多样性产生一定的影响。

1）围垦的有利影响

（1）促进海水养殖业和海洋渔业发展。利用围垦面积扩大特色水产养殖，积极建设特色水产品出口加工区，构建优势产业和优势产业带，不但增加对社会的供给，为江苏的经济发展提供巨大的推动力，同时也保留了水面，对保护环境、调节气候有一定的积极作用。

（2）强化自然保护区功能。作为林地以及生态保护的围垦土地，主要是用于扩大自然保护区、天然湿地、建设沿海防风林和护岸林草，这对维护海岸生态平衡、保护区域环境、促进旅游业的发展有一定的积极作用，如涵养水源、防风固沙、防止水土流失、美化环境等，尤其对围垦后剩余湿地的保护极其重要。经济价值低的滩涂湿地转变成兼具经济和生态效益的人工湿地与林地等，符合人与自然协调发展的要求，满足人类对经济和环境的双重需求。

（3）及时围垦不断淤长的岸段对保护环境有积极作用。如川东港早在 20 世纪 50 年代围垦后发展种植业，在很大程度上给沿海人民带来了效益。但 1998 年的再次围堤却因为围筑时间过晚，滞后于滩涂的淤长速度，以致两次围筑的海堤之间的土地远高于内陆的海拔高度，造成内涝不易外排，也不便于引灌淡水到垦区进行灌溉，导致土地的荒漠化，对环境造成不良影响。因此，对于不断淤长的岸段及时围垦对保护环境有积极的作用。

2）围垦的不利影响

（1）对滩涂湿地和生物多样性的影响。围垦会造成天然沼泽湿地面积减少，原来在潮间带和辐射沙脊生存的生物失去了栖息场所，种类和数量下降。但是，围垦规划中 60% 的面积将作为农业用地，用于种植、养殖、盐业和经济林地等，垦区内水田、盐田、水产养殖场属人工湿地，再加上垦区内河网等，又对失去的湿地起到补充作用。因此，海岸湿地面积在总体上变化较小。然而，人工种植和养殖使得单位面积的生物密度增大，但培育的物种单一，会造成滩涂生物多样性下降。另外，规划垦区为淤泥质潮滩，围垦将使海岸线向外扩展，提高了海岸的曲折率，改变潮滩的淤积过程。淤长型潮滩的匡围会加快潮滩的淤积，特别是辐射沙洲的围垦，能加快沙洲周边的淤积速度，造成沙洲面积不断扩大，新形成的潮间带不断增加，湿地植被将在新淤积的潮间带上形成群落，底栖生物也将迁移并占据新的领地，达到新的生态平衡。这些因素都会减弱围垦造成的滩涂湿地面积的变化和对生物多样性的不利影响。

（2）对海岸带生态环境的影响。沿海滩涂的开发利用及工业、农业、水产养殖业的发展，如果污染源控制不同步，将对海洋尤其是海岸带有一定的影响，如氮、磷、有机质等污染物的排放会导致水体的营养盐含量升高，致使海岸水质变差。规划中 60% 的农业用地将增加区域农业面源污染的负荷，如果控制措施不到位，将会增加海岸带污染物负荷量。

（3）对自然保护区的影响。规划围垦区包括盐城国家级珍禽自然保护区的实验区和大丰麋鹿国家级自然保护区的非核心区。这两个保护区面积广阔，资源丰富，主要保护生物——麋鹿和丹顶鹤都是世界珍稀物种，对区域内生物资源的保护有着非常重要的意义。但在当前"向海洋进军"、"加快滩涂开发、发展外向型经济"的形势下，盐城国家级自然保护区和大丰麋鹿保护区的缓冲区和实验区的一些开发项目正处在规划、设计、论证及实施阶段。围垦施工和围垦后的开发利用可能会造成濒危、稀有生物栖息地面积有所压缩，活动范围减小。

（4）对海岸生物资源的影响。江苏沿海有蒋家沙、竹根沙泥螺、文蛤国家级水产种质资源保护区，如东文蛤省级水产种质资源保护区，如东西施舌和大竹蛏县级水产种质资源保护区，启东西施舌种苗资源保护区。保护区的设立为有效保护珍稀生物种质资源和典型生态系统类型，维护生物资源的多样性提供了条件。围垦活动对生物的影响主要是对其生境的破坏和干扰，一个良好的自然生态系统的形成需要一定的时间尺度和较大的空间尺度的累积变化过程才能达到稳定，当围垦活动造成生物生存空间的累积性丧失和破碎化达到一定程度时，某些生物就会消失或者迁徙。围垦活动直接减少了底栖生物的栖息地，工程区范围内的底栖生物将彻底损失（围垦养殖除外）。围垦活动增加的污染物如果处理处置不当，会使周围底栖生物的栖息环境受到影响，耐污的多毛类会逐渐占优势，并向小型化发展，喜欢清洁环境的动物会减少。所以，围垦活动会使底栖生物生物量减少，生物多样性降低。

7.4.2　环境保护相关问题

滩涂围垦工程建设的主要负面影响是对入海河口稳定、滩涂湿地资源、生物多样性、沿海生态环境等方面的影响。因此，在滩涂围垦开发中，要以科学发展观为指导，正确处理滩涂围垦建设与入海河口治理、生态环境保护的关系，采取必要的工程措施和非工程措施，减少围垦对入海河口稳定、生态环境的不利影响，动态保护重要湿地及滩涂生物资源，发挥滩涂围垦的综合效益，保障滩涂资源的可持续利用。

7.4.2.1　入海河口治导线

江苏沿海入海河口众多，承担着江苏沿海及腹部地区防洪、排涝的重要任务。这些入海河口大部分已建挡潮闸控制，目前闸下淤积是一个普遍而严重的问题，水利部门采取了人工清淤、纳潮冲淤等多种措施，尽量维持入海河口的稳定，保证汛期洪涝水排海通畅。在入海河口两侧滩涂水域实施围垦，对于入海河口的纳潮能力具有一定的影响，容易加剧入海河口淤积退化，影响入海河口的稳定。水利部门组织开展了江苏入海河口治导线研究（河海大学，2010），在主要入海河口划定了治导线，对治导线控制区域内禁止实施围垦等人类开发活动。江苏滩涂围垦开发紧密结合入海河口治导线规划，在围垦岸段保留了 19 块河口湿地，将滩涂围垦对入海河口稳定的影响减小到最小。

7.4.2.2　湿地保护

河口湿地是海－陆交互作用的重要场所，是高生产力和高生物多样性的生态系统，也是洄游性鱼类及珍稀水禽如黑嘴鸥的活动场所。河口湿地处于咸淡水交界处，对入海河流和海岸水质有很好的净化功能。因此，要重点保护重要河口湿地及生物资源，发挥其净化水质、保护生物多样性的功能。另外，要分析海岸的性质，即侵蚀型或淤长型。对侵蚀型且稳定的海岸，要加以保护，适度围堤开垦；对淤长型海岸，可通过科学论证进行合理有序地开发利用。淤长型海岸的匡围能促进滩涂的淤长及重建湿地生态系统，自然调节潮上带、潮间带之间的平衡，能恢复因围垦而损失的底栖生物量，并吸引鸟类和其他生物的栖息。

江苏沿海湿地有两个国家级、3 个市县级自然保护区，根据国家环境保护法，对珍稀、濒危的野生动植物自然分布区域，应当采取措施加以保护，严禁破坏。因此，要对江苏的沿海滩涂进行分类，详细区分各级保护区的保护范围和类别，研究海岸的演替规律与演替速度，评估不同类型湿地对珍禽保护的适宜性；根据海岸湿地的动态变化，指导保护区范围的调整，适时合理地将淤长岸段已脱离潮水影响并已演化为陆地生态环境的土地置换为生产用地；探索在珍禽越冬期和非越冬期缓冲区湿地开发与珍禽保护轮流使用的方案及具体操作技术，以将缓冲区半原生湿地和人工湿地在冬季停业期有效地用于珍禽保护，缓解人鸟争地的矛盾。

江苏滩涂围垦规划直接保留河口湿地面积 100 余万亩（700 km²）（表 7.6），预留了射阳河口—四卯酉河口之间 60 km 长的沿海滩涂，直接保护了国家级丹顶鹤自然保护区（图 7.19）（河海大学，2010）。

表 7.6　近期（2009—2020 年）保留河口湿地面积统计

编号	保留河口湿地	边滩面积	
		面积/万亩	面积/km²
B01	绣针河口	0.3	2.0
B02	朱篷河口	0.3	2.0
B03	临洪河口	0.6	4.0
B04	埒子口	3.0	20.0
B05	灌河口	1.0	6.7
B06	双洋河口	0.3	2.0
B07	运粮河口	0.3	2.0
B08	射阳河口	1.5	10.0
B09	丹顶鹤保护区	45.0	300.0
B10	王港口	1.5	10.0
B11	川东港口	5.0	33.3
B12	东台河口	10.0	66.7
B13	方塘河口	6.2	40.0
B14	新川港口	3.0	20.0
B15	小洋口	3.0	20.0
B16	掘苴口	5.0	33.3
B17	东凌港口区	12.0	80.0
B18	蛎岈山保护区	13.5	90.0
B19	塘芦港口	0.5	2.3
合计		112	744.3

注：《江苏沿海滩涂围垦开发规划》，河海大学，2009 年。

7.4.2.3　生态功能区划措施

滩涂是宝贵的滨海湿地资源，其生态环境效益主要表现在调节气候、涵养水源、净化环境、保持生物多样性等多种生态功能上。围垦工程实施以后，将使原滩涂湿地生态功能发生很大的改变。

图 7.19　国家级丹顶鹤自然保护区两侧保留 60 km 岸线

由于历史的原因，江苏滩涂区域产业结构比较单一，以往滩涂围垦的利用模式主要是种植业和水产养殖，这种状况直接影响到江苏沿海经济的总体发展。根据《江苏省沿海地区综合开发战略研究》，沿海地区开发的战略目标是：国内新兴的工业基地，国家现代农业发展基地，重要旅游基地，国家重要的土地资源开发区，国家重要的生态功能保护区。因此，江苏滩涂资源的开发必须突破传统的"围垦—种植—养殖"的模式，提高滩涂开发与保护的科技含量，加速科技与产业结合，生产与外销结合。在对规划围垦滩涂调研的基础上，根据滩涂的地貌多样性和环境多样性的特点，按照人类需求和自然条件对滩涂生态功能进行重新区划，因地制宜、科学规划、合理布局，做到宜农则农、宜渔则渔、宜工则工，从而获取滩涂各类生物资源最有效的利用，推进滩涂生态服务功能定位的多元化，推动滩涂经济的健康发展。

7.4.2.4　生物资源保护

滩涂围垦工程建成后，由于资源利用类型的转变，原滩涂湿地自然成熟的生态系统将形成新的人工生态布局，外加正逐渐发育的、还较脆弱的新的滩涂湿地自然生态系统；原滩涂湿地种群的生存空间被压缩甚至破坏，滩涂水鸟的越冬栖息和觅食环境受到人类活动一定程度的干扰，但围区形成后，淤长型的海岸会促进新的潮间带形成，原有的底栖生物将重新在这些潮间带栖息。由于围区外新的滩涂淤长到平衡状态需要经历一个较长的时期，故短期内生物量有一定程度的损失。为促进新淤长潮间带生物群落的形成并达到稳定，尽可能在围垦区保留一定面积的自然滩涂，保留物种种源（特别是种质资源保护区），促进生物的繁衍和扩散。

沿海滩涂湿地是珍稀物种栖息和迁徙的廊道。沿海大面积滩涂围垦与风能开发，会影响鸟类和洄游性鱼类的生存和繁衍。因此，要考虑围垦与开发工程对生物产生的不利影响，在空间上尽可能采取斑块状的间隔围垦，时间上采取渐进围垦的方式，将物种丰富的滩涂湿地保留下来，避免同一时间大规模、大面积的围垦。

由于大多数滩涂围垦区的开发利用最初是以水产养殖为主，且规划用地中有一定的水利、水稻田、盐田、林业用地，原滩涂湿地转为人工湿地后，将增加经济类生物资源的数量，在某种程度上也有利于水鸟的栖息，可以减轻围垦带来的不利影响。

7.4.2.5 围垦区环境保护

每一围垦区的开发利用都应进行环境影响评价，对生产力低下、工艺落后、科技含量不高、物耗能耗大、污染物产生指标高的项目应限制进入围垦区建设。对围区内的建设项目应严格执行环境影响评价制度。

（1）对区域内生活、工业废水的水质、水量严格控制，根据工业结构及布局，合理设置排污口，建设相配套的管网系统，对污水进行集中处理，达标排放；推行科学施用化肥、农药、种植等措施，控制农业面源污染，尤其重视畜禽养殖污染控制，严格执行《畜禽养殖业污染物排放标准》（GB 18596—2001）。水产养殖实施科学引导，控制饵料污染。

（2）保护围区的空气质量。控制围垦建设施工期扬尘对空气质量的影响。在围区内工业布局时充分考虑工业废气特征，采用必要的技术手段处理废气并达标排放。

（3）注重垃圾等固体废物治理。对生产垃圾尽可能予以回收利用，生活垃圾集中处理。

（4）建立生态和环境补偿制度。围垦区生态环境的改变，破坏了原有生态平衡。建立生态和环境补偿制度，有利于调节区域内环境付出与收益脱节的矛盾，也是保障区域环境基础设施建设和生态保护的有效途径。

（5）加强对濒危物种的保护。充分发挥自然保护区的功能，根据经济建设与环境保护协调发展的原则，为减少围垦开发对生物资源的影响，应加强对剩余滩涂湿地、自然保护区、濒危物种栖息地的保护，保护动物繁殖地不被破坏，慎重开发生态敏感区。

（6）加强围区生态景观建设。在生态功能区划基础上，保护和开发利用现有的典型海涂生态类型，例如：多样性的海岸、独特的辐射沙脊群、淤长型海涂景观、南黄海景观、千里海堤风景线、大规模水产养殖基地、多个稀有动物保护区等都具有独特的生态景观风貌。适度开发以海洋为特色的旅游资源。实施堤岸和道路的绿化建设，保证区内有足够的水面和绿地，使其发挥生态廊道的作用。

（7）加强环境监督与管理。要加强各相关部门环境监管能力，建立有效的环境监测系统，对空气、水、固体废弃物等污染进行严密监控，严格控制污染的排放，对污染事件及时处理。严格执行对地方各级领导的环境考核制度。充分调动群众参与环保积极性，加强社会舆论监督。

参考文献

陈伯琳 . 1999. 江苏海堤建设史 . 江苏水利，（4）：48.

陈宏友 . 2005. 发挥滩涂资源优势　加大围垦开发力度//中国水利学会滩涂湿地保护与利用专委会 2005 学术年会论文集 . 中国浙江杭州：29 – 35.

陈君，等 . 2010. 江苏沿海潮滩剖面特征研究 . 海洋工程，28（4）：90 – 96.

陈君，张长宽，等 . 2011. 江苏沿海滩涂资源围垦开发利用研究 . 河海大学学报，39（2）：213 – 219.

河海大学 . 2009. 江苏沿海滩涂围垦开发利用研究 .

河海大学 . 2010. 江苏沿海滩涂围垦开发利用规划纲要 .

河海大学 . 2011. 江苏滩涂围垦开发利用规划纲要（第二专题报告）.

江苏省农业资源开发局 . 1999. 江苏沿海垦区 . 北京：海洋出版社 .

凌申 . 2002. 全新世苏北沿海岸线冲淤动态研究 . 黄渤海海洋，（2）：37 – 46.

沈焕庭 . 1990. 黄海沿岸河口过程类比 . 海洋与湖沼，（5）：449 – 457.

任美锷 . 1986. 江苏省海岸带和海涂资源综合调查报告 . 北京：海洋出版社 .

张东生，张君伦，张长宽，等 . 1988. 潮流塑造—风暴破坏—潮流恢复—试释黄海海底辐射沙脊群形成演变的动力机制 . 中国科学（D 辑：地球科学），28（5）：394 – 402.

张长宽，陈君，等 . 2011. 江苏沿海滩涂围垦空间布局研究 . 河海大学学报，39（2）：206 – 213.

陶建峰，等 . 2011. 江苏沿海大规模围垦对近海潮汐潮流的影响 . 河海大学学报，39（2）：225 – 230.

第8章 辐射沙脊群生态与生物资源^①

南黄海辐射沙脊群地形、水文状况复杂，受长江冲淡水影响，营养盐丰富，基础生产力高，生物资源丰富，孕育了优良的吕泗渔场、长江口渔场等重要渔场，生态系统独特，对物质循环和社会发展起着重要作用。

南黄海辐射沙脊群小型浮游生物 197 种，优势种主要有具槽直链藻、圆筛藻属部分种、盒形藻属部分种、布氏双尾藻等。大型浮游生物 159 种，主要优势种为小拟哲水蚤、针刺拟哲水蚤、真刺唇角水蚤、小长腹剑水蚤、百陶箭虫。大型底栖生物 167 种，优势种有不倒翁虫、衣笠曼蛇尾、伶鼬榧螺、纵肋织纹螺、葛氏长臂虾、中国毛虾等。鱼卵 16 种，仔鱼 29 种。游泳生物 132 种，优势种主要有小黄鱼、银鲳、三疣梭子蟹、日本蟳以及葛氏长臂虾等。潮间带底栖生物 140 种，优势种有四角蛤蜊、沙蚕、托氏蜎螺、海豆芽、泥螺、彩虹明樱蛤等。

小型浮游生物平均生物密度 9.82×10^5 个/m^3；大中型浮游生物平均生物量为 139.83 mg/m^3；大型底栖生物平均密度为 45 个/m^2，平均生物量 6.05 g/m^2；游泳生物四季重量 CPUE 平均为 19.49 kg/h，四季尾数 CPUE 平均为 2 169 个/h；潮间带生物的平均生物密度为 88.64 个/m^2，平均生物量为 41.98 g/m^2。

8.1 浮游生物

8.1.1 小型浮游生物

2006—2007 年对海域小型浮游生物、大型浮游生物以及大型底栖生物共进行 4 个航次调查，夏季航次（2006 年 7 月 17 日至 8 月 11 日）；冬季航次（2006 年 12 月 21 日至 2007 年 1 月 25 日）；春季航次（2007 年 4 月 3 日至 5 月 7 日）；秋季航次（2007 年 9 月 30 日至 11 月 6 日）。

调查站位：按规定要求，南黄海辐射沙脊群小型浮游生物、大型浮游生物以及大型底栖生物调查布设 40 个采样站位，覆盖整个辐射沙脊群（图 8.1）。

8.1.1.1 种类组成

1）总种类组成

辐射沙脊群海域小型浮游生物种类繁多，已鉴定的种类共有 197 种。其中，硅藻门 43 属

---

① 本章由刘培廷执笔。

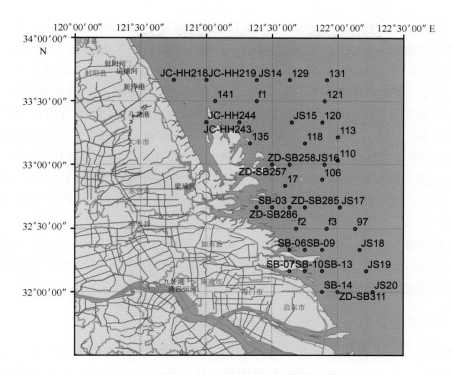

图 8.1　大、小型浮游生物、底栖生物采样站位布设

128 种，甲藻门 6 属 13 种，蓝藻门 3 属 3 种，金藻门 2 属 3 种，绿藻门 7 属 8 种，黄藻门 1 属 1 种，原生动物门 7 属 9 种。

从辐射沙脊群海域小型浮游生物种类组成看，浮游硅藻无论在细胞个数或种类数上都占绝对优势。其中圆筛藻属、双尾藻属等种类，出现时间长、分布广、数量大，是小型浮游生物的主要优势种。

2）种类季节变化

在四季的种类组成中，浮游硅藻在种类数上占绝对优势，四季所占百分比均在 75% 以上。小型浮游生物四季种类数量情况见表 8.1。

表 8.1　小型浮游生物四季种类数量情况　　　　　　　　　　　　单位：种

季节	硅藻	甲藻	蓝藻	金藻	绿藻	黄藻	原生动物
春	65	4	2	2	5	0	3
夏	107	13	1	2	3	1	8
秋	46	5	1	0	0	0	3
冬	49	4	0	1	3	0	3

8.1.1.2　生物密度

1）生物密度组成

辐射沙脊群海域小型浮游生物总平均密度为 9.82×10^5 个 $/m^3$，个体数以 2006 年 7—8 月

（夏季）最高，达 3.2×10^6 个/m³；2006 年 12 月至 2007 年 1 月（冬季）最低，6.9×10^4 个/m³。

春季平均密度为 7.86×10^4 个/m³。其中，硅藻类平均密度 7.25×10^4 个/m³，甲藻类平均密度为 1.23×10^3 个/m³，蓝藻类平均密度为 8.65×10^2 个/m³，金藻类平均密度为 38.5 个/m³，绿藻类平均密度为 8×10^2 个/m³，原生动物平均密度为 4.12×10^2 个/m³。

夏季平均密度为 3.2×10^6 个/m³。其中，硅藻类平均密度 5.24×10^6 个/m³，甲藻类平均密度为 1.14×10^5 个/m³，金藻类平均密度为 5.44×10^2 个/m³，绿藻类平均密度为 8.83×10^3 个/m³，黄藻类平均密度为 2.15×10^5 个/m³，原生动物平均密度为 4.55×10^3 个/m³。

秋季平均密度为 5.79×10^5 个/m³。其中，硅藻类平均密度 2.09×10^5 个/m³，甲藻类平均密度为 7.51×10^3 个/m³，绿藻类平均密度为 2.22×10^5 个/m³，原生动物平均密度为 6.18×10^2 个/m³。

冬季平均密度为 6.9×10^4 个/m³。其中，硅藻类平均密度 6.73×10^4 个/m³，甲藻类平均密度为 1.62×10^3 个/m³，金藻类平均密度为 6 个/m³，绿藻类平均密度为 5.76×10^2 个/m³，原生动物平均密度为 2.23×10^2 个/m³。

2）生物密度分布

从密度水平分布来看（图 8.2），春季辐射沙脊群海域小型浮游生物密度分布不均匀，密集区域主要分布在辐射沙脊群中部近岸海域。从各个站位小型浮游生物分布密度来看，以 ZD – SB286 站点数量最高，达到 6.08×10^5 个/m³；以 97 站点数量最低，为 4.29×10^3 个/m³。

夏季辐射沙脊群海域小型浮游生物密度分布呈现出领海基线外海域较近海海域大、南部海域大于北部海域的情况。从各个站位小型浮游生物分布密度来看，以 97 站点数量最高，达到 1.94×10^7 个/m³；以 141 站点数量最低，为 6×10^3 个/m³。

秋季辐射沙脊群海域小型浮游生物密度分布南部较北部高。从各个站位小型浮游生物分布密度来看，以 JS19 站点数量最高，达到 1.02×10^7 个/m³；以 JC – HH218 站点数量最低，为 6.63×10^3 个/m³。

冬季辐射沙脊群海域小型浮游生物密度分布呈南北高中间低，密集区域的分布在辐射沙脊群北部区域。从各个站位小型浮游生物分布密度来看，以 131 站点数量最高，达到 6.22×10^5 个/m³；以 ZD – SB257 站点数量最低，为 5.56×10^2 个/m³。

8.1.1.3 优势种

1）优势种季节变化

小型浮游生物各站位总的密度变化也是各优势种密度变化的反映。春季小型浮游生物优势种主要有：具槽直链藻、圆筛藻属部分种、盒形藻属部分种、布氏双尾藻等。优势种的生物量占有相当大的比例，如布氏双尾藻，在 33 个采样站点均有出现，生物量在这些站位中所占的比例平均为 17.2%，其中，在站点 97 所占的百分比更是达到了 44.5%。

夏季小型浮游生物优势种主要有：圆筛藻属、中肋骨条藻、布氏双尾藻、扭鞘藻、佛氏海毛藻、菱形海线藻、菱形藻属部分种、梭角藻、三角角藻等。优势种的生物量占有相当大的比例，出现频率较多、生物量较大的种类主要为中肋骨条藻、佛氏海毛藻、菱形海线藻，

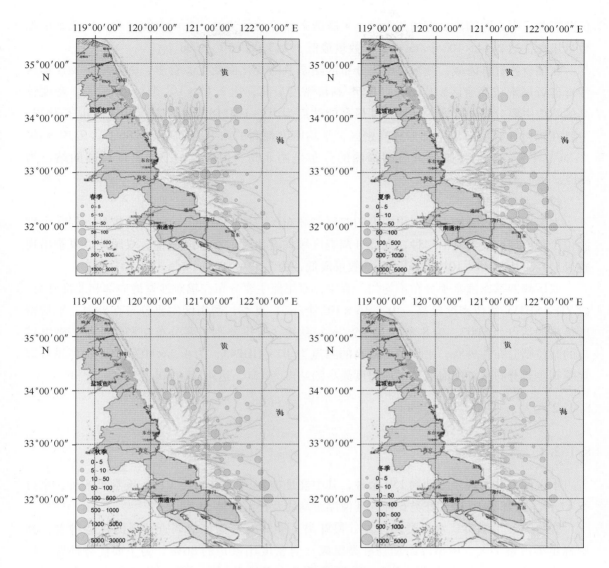

图 8.2　小型浮游生物密度四季时空分布

出现频次为 25~30，生物量在分布的站位中所占的比例平均为 10.56%。

　　秋季小型浮游生物优势种主要有：圆筛藻属部分种、根管藻属部分种、布氏双尾藻、梭角藻、颤藻等。出现频率较多、生物量较大的种类主要为圆筛藻属中的有棘圆筛藻、布氏双尾藻、颤藻，出现频次为 22~40，生物量在分布的站位中所占的比例平均为 12.9%~24.3%。

　　冬季小型浮游生物优势种主要有：直链藻属部分种、圆筛藻属部分种、笔尖根管藻、中华盒形藻、布氏双尾藻、佛氏海毛藻等。优势种的生物量占有相当大的比例，出现频率较多、生物量较大的种类主要为圆筛藻属中的辐射圆筛藻、虹彩圆筛藻、中心圆筛藻等，出现频次为 33~42，生物量在分布的站位中所占的比例为 17%~32%。

　　2）主要优势种

　　（1）圆筛藻属。

　　辐射沙脊群海域本属的种类数较多，共鉴定 19 种，其中，虹彩圆筛藻、蛇目圆筛藻、格氏圆筛藻、中心圆筛藻、有棘圆筛藻、星脐圆筛藻等为优势种。在调查海区中，以夏季出现数量最高，达 2.14×10^5 个/m³；春季数量最低，为 3.08×10^4 个/m³。

在辐射沙脊群海域，圆筛藻密集分布区随季节的变化而变化。春季，圆筛藻主要在辐射沙脊群近岸形成高密区，以 ZD-SB258 站位密度最高，达 2.13×10^5 个/m³；夏季，密度较高的站位主要分布在外海，平均密度最高的站点为 JC-HH218，达 8.81×10^5 个/m³；秋季，主要在辐射沙脊群海域中部形成高密区，平均密度最高的站点为 ZD-SB286，达 9.10×10^5 个/m³；冬季，辐射沙脊群海域圆筛藻的分布呈南北高、中间低，平均密度最高的站点为 JS17，达 1.32×10^5 个/m³。

（2）双尾藻属。

本属在辐射沙脊群海域仅出现太阳双尾藻和布氏双尾藻两种，前者是热带种，仅在个别站位少量出现，后者是沿岸种，大部分调查区域均有出现。在该海域中，双尾藻以夏季出现数量最高，达 7.49×10^4 个/m³；冬季数量最低，为 7.83×10^3 个/m³。

双尾藻四季密度水平分布不均匀。春季，双尾藻主要分布在辐射沙脊群中部和北部外海，以 ZD-SB311 站位密度最高，为 1.16×10^5 个/m³；夏季，密集区主要分布在外海，平均密度最高的站点为 SB07，为 8.89×10^5 个/m³；秋季，双尾藻则主要分布在海域北部，密度较高的站位则分布在外海，平均密度最高的站点为 JC-HH243，为 4.2×10^4 个/m³；冬季，双尾藻则主要分布在外海海域，平均密度最高的站点为 131，达 4.65×10^4 个/m³。

8.1.2 大、中型浮游生物

8.1.2.1 种类组成

本次调查共发现浮游动物 159 余种，其中桡足类 34 种，枝角类 3 种，毛颚类 8 种，水母类 47 种，糠虾类 10 种，虾类 6 种，其他浮游动物及浮游幼体 51 种。

桡足类、毛颚类、水母类、虾类（樱虾类＋糠虾类）为该次调查结果的优势种群，其中桡足类占整个大、中型浮游动物种类组成（总密度比重）的 86%，为主要优势种群，虾类次之，约占整个种类组成的 3%，毛颚类再之，水母类再次。其他种又以夜光虫所占比重最大，约为整个种类组成的 8%，其他浮游动物及浮游幼虫约占整个种类组成的 1%（图8.3）。

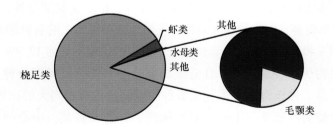

图8.3 大、中型浮游动物的各大种类组成

其中五角水母、小拟哲水蚤、针刺拟哲水蚤、背针胸刺水蚤、火腿许水蚤、真刺唇角水蚤、小长腹剑水蚤、百陶箭虫等为优势种，桡足类为整个浮游动物群落的优势种群。

8.1.2.2　生物密度

1）生物密度组成

2006—2007 年调查 4 个航次的大中型浮游动物生物密度差别显著，其中夏季航次生物密度最高，高达 1 549.08 个/m³，冬季航次生物密度最低，仅为 147.85 个/m³，总体情况由大到小依次为夏季生物密度、春季生物密度、秋季生物密度、冬季生物密度。

该项调查的大型浮游动物平均生物量为 139.83 mg/m³，其中春季航次最高，平均湿质量为 196.52 mg/m³，冬季航次平均湿重仅为 64.96 mg/m³。春季航次 17 号站位平均湿质量为整个调查最高，2 695.24 mg/m³；夏季航次 SB09 站位湿质量则最低，仅为 6.75 mg/m³。

2）生物密度分布

整个辐射沙脊群浮游动物生物密度的空间分布：高密度区主要分布在辐射沙脊群的外围——外海海域，南部海域生物密度高于北部海域。其中中部海域的射阳河河口区密度也比较高。其中 JS19 站位平均密度高达 1 929.03 个/m³，为整个调查海域最高，位于辐射沙脊群区的 F3 站位平均密度最低，仅为 159.42 个/m³。

桡足类的生物密度最高为 JS19 站位，高达 1 824.67 个/m³，F3 号站位桡足类的生物密度为整个调查海域最低，仅为 134.89 个/m³。从整个密度分布情况来看，桡足类在外海海域的总密度要高于近岸海域（图 8.4）。

水母类高密度区主要集中于辐射沙脊群南部海域以及外海海域。其中，JS20 站位水母类生物密度最高，为 10.57 个/m³，其次为 SB – 07 站位，密度为 10.24 个/m³；135 号站位的水母类生物密度仅为 0.09 个/m³，为整个调查海域最低。整个调查海域总体而言，水母类的分布情况为南部海域大于北部海域，外海大于近岸。

虾类的分布情况，JS19 站位以 65.96 个/m³ 的生物密度，列整个调查海域最高，121 号站位其次，生物密度为 58.41 个/m³；141 号站位虾类的生物密度仅为 1.53 个/m³，为整个调查海域最低。

毛颚类的密度最高为 ZD – SB311 站位，高达 59.82 个/m³，辐射沙脊群北部 JCHH218 站位的毛颚类密度最低，仅为 1.37 个/m³。毛颚类的密集区集中在外海海域。

8.1.2.3　优势种

1）优势种季节变化

优势种群生物密度在整个调查 4 个航次的比重变化情况，桡足类在夏季航次所占比重最大，约占整个调查桡足类总生物密度的 60% 之多，春季航次次之，约为 19%，夏季航次再之，秋季航次所占比重最低，仅为优势种群总生物密度的 4%；毛颚类的变化趋势由大到小依次为夏季航次、秋季航次、冬季航次、春季航次；水母类在秋季航次所占比重最大，约为42%，春季以 41% 的比重次之，在冬季航次所占比重最小，在整个优势种群总密度中的比重几乎为 0；虾类（樱虾类 + 糠虾类）在夏季航次所占比重最大，约为 71%，秋季航次为19%，春季航次约为 10%，冬季航次几乎为 0（图 8.5）。

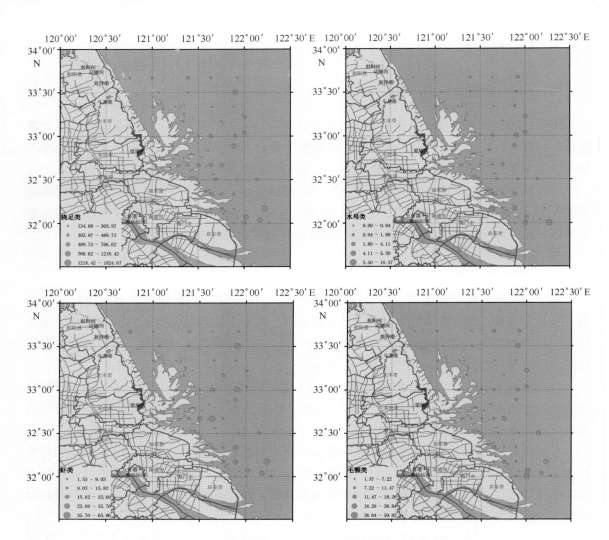

图 8.4　大型浮游动物主要类群生物密度空间分布

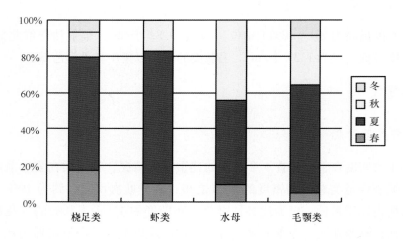

图 8.5　浮游动物各大种类 4 个航次的比重变化

2）主要优势种

本次调查的大、中型浮游动物主要优势种为：小拟哲水蚤、针刺拟哲水蚤、真刺唇角水蚤、小长腹剑水蚤、百陶箭虫。其中，小拟哲水蚤、小长腹剑水蚤、针刺拟哲水蚤均属小型桡足类，真刺唇角水蚤属于大型桡足类。小型桡足类以小拟哲水蚤为例，夏季航次生物密度最高，为 603.39 个/m³，秋季航次次之，冬季航次生物密度最低，仅为 70.71 个/m³。百陶箭虫 4 个航次的生物密度变化情况由高到低依次为夏季航次、秋季航次、冬季航次、春季航次。

小拟哲水蚤在整个调查海域的分布情况，JS19 站位的生物密度最高，为 923.27 个/m³，F3 站位的小拟哲水蚤平均密度为整个调查海域最低，仅为 40.78 个/m³。小拟哲水蚤的分布较均匀。

百陶箭虫的分布比较集中，空间分布差异显著。ZD – SB311 站位的百陶箭虫密度最高，为 34.04 个/m³，接下来 121 站位以 23.73 个/m³ 次之，JC – HH218 站位的百陶箭虫密度为 0.62 个/m³，为整个调查海域最低（图 8.6）。

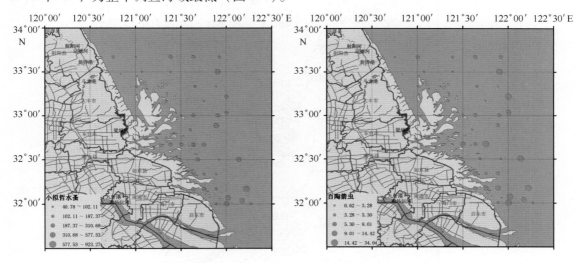

图 8.6　大型浮游动物优势种生物密度空间分布（个/m³）

8.1.2.4　小结

整个调查的浮游动物群落结构特征为：

（1）季节变化。浮游动物主要出现在春、夏两个季节，其中以夏季的平均生物量最高，水温可能是影响诸多生物指标的重要环境因子。

（2）空间分布。整个辐射沙脊群总体而言，南部海域的生物量要高于北部海域。

江苏近海岸海域浮游动物的种类组成以暖温带近岸低盐种为主，此外，由于外海高温高盐水的消长以及暖流的影响，在夏秋航次出现了一些热带外海种，如伯氏平头水蚤、肥胖箭虫。

整个辐射沙脊群浮游动物生物密度的空间分布：高密度区主要分布在辐射沙脊群的外围——外海海域，南部海域生物密度高于北部海域。其中中部海域的射阳河河口区密度也比较高。与 1983 年调查结果对比，其分布格局一致。本次调查出现种类 159 种，比 1983 年调查出现的 98 种高出 50% 以上。"908 专项"调查的大型浮游动物平均生物量为 139.83 mg/m³，

1983 年调查的浮游动物平均生物量为 126 mg/m³，两个时期生物量水平相当。

8.1.3 鱼类浮游生物

按照调查任务分别进行了 4 个航次的调查，鱼卵仔鱼和游泳生物调查以及潮间带生物调查：按夏、冬、春、秋进行，夏季航次（2006 年 7 月 16 日至 8 月 7 日）；冬季航次（2006 年 12 月 20 日至 2007 年 1 月 12 日）；春季航次（2007 年 4 月 5 日至 5 月 3 日）；秋季航次（2007 年 9 月 28 日至 11 月 3 日）。

调查站位：按规定要求，南黄海辐射沙脊群游泳动物、鱼类浮游生物各 22 个站位、潮间带生物调查布设 20 个断面（60 个站位，图 8.7）。

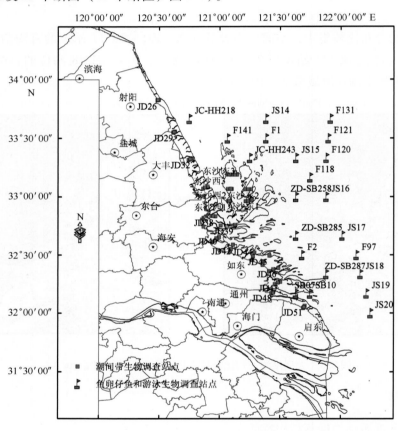

图 8.7　鱼卵仔鱼、游泳生物、潮间带生物调查站位

8.1.3.1　鱼卵

1）水平网的种类组成和数量分布

2006—2007 年对辐射沙脊群 4 个航次调查期间水平拖网实际共采集到鱼卵 3 737 粒，经鉴定共 16 种以上，隶属于 4 目 9 科。其中 9 种鉴定到种，2 种鉴定到属，3 种仅鉴定到科及 7 粒鱼卵无法鉴定。以鲈形目（Perciformes）出现种类最多，共 5 科 6 种；鲱形目（Clupeiformes）次之，为 2 科 5 种。其余各目依次为：灯笼鱼目（Myctophiformes）、鲻形目（Mugiliformes）和鲽形目（Pleuronectiformes）。其中，4 个季节的鱼卵中以近海型的鱼卵种类居多。

春季采集鱼卵数量 1 085 粒，占总量的 29.03%，共 12 种以上，隶属于 3 目 6 科，数量上以鲭科鱼卵所占比例最高，其次为石首鱼科。鱼卵分布较广泛，出现频率为 59.09%，平均密度 49.32 粒/站。夏季采集鱼卵数量 2 650 粒，占总量的 70.91%，共 12 种以上，隶属于 4 目 8 科，鳀科鱼卵数量最高，其次为鲹科。鱼卵分布最为广泛，平均密度为 120.46 粒/站，辐射沙洲南部鱼卵数量较多；秋季水平拖网未采集到鱼卵；冬季有两粒鱼卵零星分布，占总量的 0.05%。

2）水平网的鱼卵优势种分析

由于秋、冬两季的鱼卵数量极少，故仅对春、夏季的鱼卵优势种进行分析。其中，春季以日本鲭（*Scomber japonicus*）鱼卵占优势（62.77%），平均密度为 30.96 粒/站，仅在 3 个站位点出现；夏季以小公鱼属（*Stolephorus*）的鱼卵占绝对优势（66.94%），平均密度为 80.64 粒/站，分布在辐射沙洲南部海域分布较多。

3）垂直网的种类组成和数量分布

在 2006—2007 年辐射沙脊群海域 4 个航次调查期间垂直拖网实际共采集到鱼卵 25 粒，经鉴定共 5 种以上，隶属于 2 目 4 科。其中 2 种鉴定到种，2 种仅鉴定到科及 1 粒鱼卵无法鉴定。出鲈形目鱼卵数量为 14 粒，鲽形目数量为 10 粒。其中春季出现的种类主要为石首鱼科（Sciaenidae）和日本鲭，夏季则为鳀科和带鱼，秋季仅采集到一粒带鱼鱼卵，冬季则没有采集到鱼卵。

8.1.3.2　仔稚幼鱼

1）水平网的种类组成和数量分布

在调查期间，辐射沙脊群 4 个航次实际共采集到仔稚鱼 786 尾，经鉴定共 29 种以上。其中 29 种鉴定到种，隶属于 8 目 17 科；2 种仅鉴定到属。以鲈形目出现种类最多，共 9 科 12 种；其次为鲱形目，2 科 8 种。其余各目依次为：鲑形目（Salmoniformes）、鲻形目、颌针鱼目（Beloniformes）、灯笼鱼目、银汉鱼目（Atheriniformes）、刺鱼目（Gasterosteiformes）。其中，未发现同时出现在 4 个季节的种类，仅有少数种类同时出现在三个季节：凤鲚（*Coilia mystus*）为春、夏、秋季的共同种，黄吻棱鳀（*Thryssa vitirostris*）为春、秋、冬季的共同种，中华小公鱼（*Stolephorus chinensis*）为夏、秋、冬季的共同种。

春季共采集到 273 尾仔稚鱼，占 4 个航次仔稚鱼总量的 34.73%，共 12 种以上，隶属于 5 目 9 科。仔稚鱼分布较为广泛，出现频率 72.73%，平均密度为 12.41 尾/站，其中大量仔鱼集中出现在南部近岸区域 F118 站位。春季最优势种为云鳚（*Enedrias nebulosa*），占春季总量的 80.95%；其次为鳓鱼（*Ilisha elongata*），占 11.72%。

夏季共采集到 245 尾仔稚鱼，占总量的 31.17%，隶属于 2 目 7 科，共 12 种以上，10 种鉴定到种，还有 2 种仅鉴定到属。仔稚鱼分布广泛，仔稚鱼的出现频率 54.55%，平均密度为 11.14 尾/站。其中，中华小公鱼为最优势种，占夏季总量的 55.10%，其次为多鳞鱚（*Sillago sihama*），占 15.10%。

秋季共采集到 45 尾仔稚鱼，占总量的 5.73%，共 7 种，且 7 种都鉴定到种，隶属于 5 目

5 科。仔稚鱼主要分布在辐射沙洲北部和南部，北部数量要高于南部，出现频率 36.36%，平均密度为 2.05 尾/站。最优势种为中华小公鱼，占秋季总量的 53.33%；其次为安氏新银鱼（*Neosalanx anderssoni*），占 15.55%。

冬季共采集到 223 尾仔稚鱼，占总量的 28.37%，共 8 种，且 8 种都鉴定到种，隶属于 4 目 4 科。辐射沙洲中部仔稚鱼分布较为多。冬季仔稚鱼出现频率 72.73%，平均密度为 10.14 尾/站。最优势种为太湖新银鱼（*Neosalanx taihuensis*），占冬季总量的 81.17%，其次为赤鼻棱鳀（*Thryssa kammalensis*），占 10.31%。

2）水平网仔稚鱼的优势种分析

4 个季节相比，春季优势种为云鰶，平均密度为 10.05 尾/站，主要分布在辐射沙洲北部；夏季优势种为中华小公鱼，平均密度为 6.14 尾/站；秋季优势种为中华小公鱼，平均密度为 1.09 尾/站；中华小公鱼的分布呈南北分布，辐射沙洲中部几乎没有；冬季优势种为太湖新银鱼，平均密度为 8.23 尾/站，主要分布为北部和中部。

3）垂直网的种类组成和数量分布

调查期间以垂直网共采集到仔稚鱼 27 尾，经鉴定共 10 种以上，隶属于 5 目 7 科；7 种鉴定到种，2 种仅鉴定到属，还有 1 种仅鉴定到科。以鲈形目出现种类最多 4 种 11 尾，其次为鲱形目 3 种 11 尾，其余鲑形目、刺鱼目和鲽形目等只有 1 种。其中，垂直网采集到的仔稚鱼在春、夏两季于辐射沙洲零星分布，而秋、冬两季未采集到仔稚鱼。

4）仔稚鱼生态类型的划分

江苏沿海南部辐射沙脊群仔稚鱼的群落组成复杂多样，基于水温和盐度等环境因子对于它们分布的影响以及参照其成鱼的生态类型，将江苏省沿海仔稚鱼划分为三类。

（1）河口型：共采集到 4 科 9 种。它们对河口水体的盐度变化有较强的适应能力，如鲛、虾虎鱼科的鱼类等。调查中，该生态类型的仔稚鱼多出现在冬季，主要为太湖新银鱼。

（2）沿岸型：共采集到 5 科 9 种。它们的分布较为广泛，且其中多为各季节的优势种，如云鰶、中华小公鱼、赤鼻棱鳀。该生态类型的仔稚鱼多出现在春、夏季，其中夏季出现的最多。

（3）近海型：共采集到 11 科 16 种。该生态类型出现的种类最多，它们的适应温、盐度的范围较宽，如鳓（*Ilisha elongata*）、日本鳗及石首鱼科的一些鱼类。该生态类型的仔稚鱼多出现在春、夏两季，以夏季居多。

8.1.3.3　基本特征与评价

辐射沙脊群的鱼卵和仔稚鱼的种类组成中，基本与黄海南部海域的种类和长江口种类相同。鱼卵的季节变化总体趋势明显呈现夏季最高、春季次之，秋、冬季几乎没有分布的变化规律，这说明，该海域内硬骨鱼类主要的繁殖季节为春、夏两季，秋、冬季产卵的种类甚少。鱼卵的分布集中分布在辐射沙洲的南部。

仔稚鱼的季节变化春、夏、冬季数量相当，秋季仔稚鱼明显减少。各季节优势种变化不一，春季以沿岸型云鰶，夏季以沿岸型中华小公鱼为最优势种，冬季以河口型太湖新银鱼为最优。仔鱼的分布主要集中辐射沙洲中北部。仔稚鱼组成当中，季节优势种中多数为中小型鱼类，经济性鱼类的数量明显减少。

带鱼、小黄鱼、银鲳等经济鱼类的产卵场很大一部分位于机轮拖网禁渔区线内，尽管本次调查位于机轮拖网禁渔区线内，但这些传统主要经济鱼类的鱼卵、仔稚鱼数量仍较少。主要由于近年来捕捞压力不断增大，主要经济鱼类资源衰退，产卵鱼群密度下降的缘故。

8.2　大型底栖生物

8.2.1　种类组成

2006—2007 年的 4 个航次共采集到 167 种大型底栖生物，其中多毛类 49 种，软体动物 50 种，甲壳动物 44 种，棘皮动物 7 种，其他动物 17 种，各主要门类百分比为：29.3%；30%；26.3%；10.2%；4.2%。

站位的物种数 3 ~ 34 种，平均每个 14 种，其中物种数：20 以上的站位有 7 个、10 ~ 19 的站位有 16 个、3 ~ 9 种的站位 17 个。优势种有不倒翁虫、衣笠曼蛇尾、伶鼬榧螺、纵肋织纹螺、葛氏长臂虾和中国毛虾等。

8.2.2　生物密度分布

密度分布情况：4 个航次平均底栖生物总平均栖息密度为：45 个/m^2，最大密度 220 个/m^2，最小密度 3 个/m^2，其中密度 100 个/m^2 以上的站位有 4 个，50 ~ 95 个/m^2 的站位有 8 个，45 ~ 20 个/m^2 的站位 14 个，15 个/m^2 以下的站位 14 个。密度组成：环节动物 51.2%、软体动物 25.8%、甲壳动物 15.7%、棘皮动物 6.3%、其他动物 1%。

生物量分布情况：四季平均生物量 6.05 g/m^2，最大生物量 33.4 g/m^2，最小生物量 0.21 g/m^2，大于 10 g/m^2 的站位有 7 个，1 ~ 10 g/m^2 的站位 20 个，小于 1 g/m^2 的站位 13 个。生物量组成：环节动物 22.9%、软体动物 16.6%、甲壳动物 19.7%、棘皮动物 38.8%、其他动物 2%（图 8.8）。

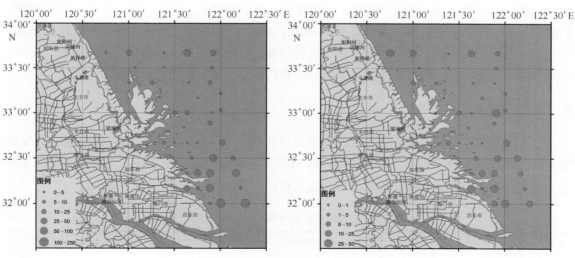

图 8.8　各站位生物密度生物量四季平均分布（g/m^2）

8.3 潮间带生物

8.3.1 种类组成

8.3.1.1 总种类组成

4个季节共采集到潮间带底栖生物140种，在所有样品中，软体动物最多，为62种，占44.29%；其次是甲壳类，40种，占28.57%；多毛类居第三位，21种，占15.0%；鱼类6种，占4.29%；棘皮类6种，占4.29%；腔肠类2种，占1.43%，纽形类、星虫类以及腕足类均为1种，各占0.71%。

4个季节其中夏季种类最多为81种，其次为春季70种，秋季63种，冬季最少只有39种，各季节种类组成和总种类组成相似，均是以软体动物居首位，甲壳类其次，多毛类第三位。可见软体类、甲壳类以及多毛类是组成江苏省辐射沙洲潮间带底栖生物的主要类群（表8.2）。

表8.2　辐射沙脊群潮间带种类组成　　　　　　　　　　　单位：种

季节	多毛类	棘皮类	甲壳类	纽形类	腔肠类	软体类	腕足类	星虫类	鱼类	总计
春季	13	3	14	1	2	33	1	1	2	70
夏季	1	3	30		2	40	1		4	81
秋季	14	1	15	1	2	28	1		1	63
冬季	2	2	11		2	21	1			39
总计	21	6	40	1	2	62	1	1	6	140

各季节主要种类：春季泥螺、托氏蜎螺、加州齿吻沙蚕、沙蚕、四角蛤蜊、长吻沙蚕、朝鲜笋螺、长叶索沙蚕、日本大眼蟹、豆形拳蟹、秀丽织纹螺；夏季泥螺、沙蚕、托氏蜎螺、彩虹明樱蛤、四角蛤蜊、海豆芽、日本大眼蟹、文蛤、红线黎明蟹；秋季泥螺、托氏蜎螺、长叶索沙蚕、四角蛤蜊、加州齿吻沙蚕、长吻沙蚕、彩虹明樱蛤、海葵、半褶织纹螺、文蛤；冬季沙蚕、托氏蜎螺、彩虹明樱蛤、泥螺、四角蛤蜊、圆球股窗蟹、朝鲜笋螺。

8.3.1.2 种类区域分布

江苏省辐射沙脊群潮间带区域可以分为近岸区域和东沙区域两个区域，其中近岸区域共发现潮间带底栖生物123种，东沙区域只有55种。软体动物在两个区域均为优势类群，其次为甲壳类，多毛类居第三位，和总的种类组成相同（表8.3）。

表8.3　辐射沙脊群潮间带不同区域种类组成　　　　　　　单位：种

区域	多毛类	棘皮类	甲壳类	纽形类	腔肠类	软体类	腕足类	星虫类	鱼类	合计
东沙	7	5	16	1	2	22	1	1		55
近岸	18	4	35	1	2	56	1		6	123

近岸主要种类有：沙蚕、托氏蜎螺、泥螺、四角蛤蜊、彩虹明樱蛤、日本大眼蟹、长吻沙蚕、加州齿吻沙蚕、朝鲜笋螺、文蛤、海豆芽、半褶织纹螺、宽身大眼蟹、小囊螺、青蛤、豆形拳蟹、海葵、秀丽织纹螺、长叶索沙蚕、扁玉螺、红线黎明蟹、沙蛇尾、纽虫、福氏乳玉螺、圆球股窗蟹。

东沙主要种类有泥螺、沙蚕、托氏蜎螺、长叶索沙蚕、海葵、彩虹明樱蛤、海豆芽、朝鲜笋螺、沙蛇尾、圆球股窗蟹等。

8.3.2 栖息密度

8.3.2.1 总栖息密度

4 个季节调查，潮间带生物的平均生物密度为 88.64 个/m²。其中以软体类最高，生物密度为 40.09 个/m²，占总平均生物密度的 45.23%；其次是腕足类生物密度为 25.17 个/m²，占 28.39%；多毛类居第三为 15.29 个/m²，占 17.25%；甲壳类为 5.28 个/m²，占 5.95%；棘皮类为 2.03 个/m²，占 2.29%；腔肠类、纽形类、星虫类以及鱼类各占 0.51%、0.32%、0.04% 以及 0.02%。

4 个季节调查，辐射沙洲潮间带生物的平均生物量为 41.98 g/m²，其中以软体动物生物最高，为 30.46 g/m²，占总平均生物量的 72.57%；其次棘皮类为 3.12 g/m²，占 7.43%；腕足类生物量为 3.09 g/m²，占 7.35%；甲壳类为 2.73 g/m²，占 6.51%；多毛类为 2.30 g/m²，占 5.49%；腔肠类为 0.24 g/m²，占 0.58%；纽形类、星虫类以及鱼类较少各占 0.05%、0.02% 以及 0.004%。

8.3.2.2 栖息密度季节变化

4 个季节中生物密度以夏季最高为 141.17 个/m²；其次为冬季密度为 93.98 个/m²；秋季 72.60 个/m²；春季密度少 46.80 个/m²。

4 个季节中生物量以夏季最高为 49.15 g/m²；其次为冬季生物量为 43.41 g/m²；秋季为 37.50 g/m²；春季生物量为 37.85 g/m²。

8.3.2.3 不同区域栖息密度

全省潮间带生物密度分布，在区域之间存在着一定的差异，近岸 4 个季节平均生物密度为 91.07 个/m²；东沙平均生物密度 82.96 个/m²。近岸潮间带生物量明显高于东沙区域。

全省潮间带生物量分布，在区域之间存在着一定的差异，近岸 4 个季节平均生物量为 55.37 g/m²；东沙平均生物量为 10.72 g/m²。近岸潮间带生物量明显高于东沙区域。

8.3.2.4 不同潮区栖息密度

各潮区以中潮区生物密度最高为 125.66 个/m²，高潮区次之为 86.19 个/m²，低潮区最少只有 49.04 个/m²。各潮区不同季节生物密度差异显著，一般以夏季生物密度高，春季生物密度低。

全省潮间带生物的数量分布，在各潮区之间也不尽相同，就 4 个季节的平均生物量而言，

3 个潮区中，中潮区生物量最高为 64.50 g/m²，其次是高潮区为 24.99 g/m²，低潮区生物量为 23.89 g/m²。高潮区 4 个季节生物量变动在 18.30～32.52 g/m²；中潮区各季节生物量差异显著，其中冬季生物量最高为 81.66 g/m²，春季生物量最少为 56.70 g/m²。低潮区各季节生物量也有一定的波动，夏季生物量较高分别为 64.01 g/m²，春、秋、冬季生物量分别为 24.34 g/m² 和 29.70 g/m² 以及 23.89 g/m²。

8.3.2.5　不同底质栖息密度

全省潮间带生物的数量分布，不同底质之间也不尽相同，就 4 个季节的平均生物密度而言，其中泥质底质生物密度为 93.63 个/m²；泥沙底质生物密度分别为 92.13 个/m²；沙质底质生物密度为 87.87 个/m²。

全省潮间带生物的数量分布，不同底质之间也不尽相同，就 4 个季节的平均生物量而言，其中泥质底质生物量为 72.90 g/m²；泥沙底质生物量为 57.94 g/m²；沙质底质生物量为 37.22 g/m²。

8.3.3　栖息密度分布

8.3.3.1　生物量和生物密度总分布

近岸基础调查 20 条断面 60 个站点 4 个季节的潮间带底栖生物调查结果，平均生物密度范围为 5～524.5 个/m²，其中生物密度最高为东沙东 3 号断面高潮区，生物密度最低为东沙西 2 号断面低潮区。平均生物量范围为 0.29～206.78 g/m²，其中生物量最高为 JD48 号断面中潮区，生物量最低为 JD35 号断面低潮区（图 8.9）。

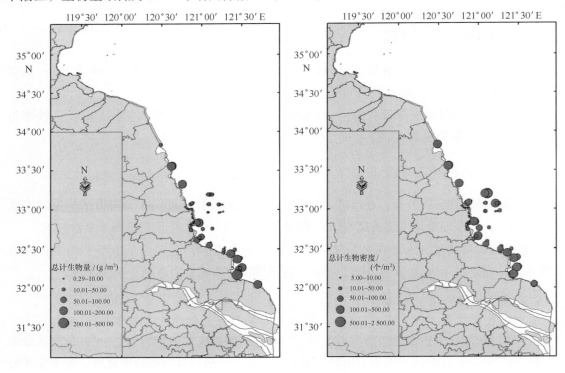

图 8.9　辐射沙脊群潮间带底栖生物总生物量和生物密度分布

8.3.3.2　各季节栖息密度分布

春季生物密度范围为 0 ~ 280 个/m²，其中生物量最高为 JD47 号断面中潮区。夏季生物密度范围为 4 ~ 2 026 个/m²，其中生物量最高为东沙东 3 号断面高潮区，生物量最低为 JD40 号断面低潮区。秋季生物密度范围为 0 ~ 768 个/m²，其中生物量最高为 JD48 号断面高潮区。冬季生物密度范围为 0 ~ 1 232 个/m²，其中生物量最高为东沙东 2 号断面高潮区。

8.3.3.3　各季节生物量分布

春季生物量范围为 0 ~ 309.4 g/m²，其中生物量最高为 JD51 号断面中潮区，其中东沙西 3 号断面低潮区、东沙西 2 号断面低潮区以及东沙西 2 号断面中潮区生物量为 0。

夏季生物量范围为 0.04 ~ 497.12 g/m²，其中生物量最高的为 JD29 号断面低潮区，生物量最低的为 JD40 号断面低潮区。

秋季生物量范围为 0 ~ 254.08 g/m²，其中生物量最高的为 JD48 号断面中潮区，其中 JD26 号断面高潮区 JD44 号断面低潮区以及东沙西 2 号断面高潮区生物量为 0。

冬季生物量范围为 0 ~ 389.68 g/m²，其中生物量最高为 JD46 号断面中潮区，其中东沙西 2 号断面低潮区以及东沙西 1 号断面中潮区生物量为 0。

8.3.4　优势种

辐射沙脊群优势种有四角蛤蜊、沙蚕、托氏蜎螺、海豆芽、泥螺、彩虹明樱蛤（表 8.4）。

表 8.4　辐射沙脊群潮间带底栖生物优势种

季节	种名	生物密度 /（个/m²）	生物量 /（g/m²）	占总生物密度 /%	占总生物量 /%	出现频率 /%	相对优势度 /%
总计	四角蛤蜊	8.07	12.82	9.10%	30.55	20.83	8.26
	沙蚕	9.32	1.11	10.52	2.65	52.08	6.86
	托氏蜎螺	12.95	4.87	14.61	11.59	23.75	6.22
	海豆芽	25.17	3.09	28.39	7.35	11.67	4.17
	泥螺	2.13	1.91	2.41	4.56	23.75	1.65
	彩虹明樱蛤	3.38	0.28	3.82	0.67	26.67	1.20
春季	四角蛤蜊	2.33	13.26	4.99	35.04	18.33	7.34
	托氏蜎螺	6.67	2.03	14.25	5.37	21.67	4.25
	沙蚕	4.27	1.14	9.12	3.02	23.33	2.83
	青蛤	0.40	8.28	0.85	21.87	8.33	1.89
	加州齿吻沙蚕	2.33	0.05	4.99	0.13	31.67	1.62
	长吻沙蚕	2.53	0.08	5.41	0.21	26.67	1.50
	蛇尾	2.00	2.46	4.27	6.50	11.67	1.26
	海豆芽	3.73	1.79	7.98	4.73	8.33	1.06

季节	种名	生物密度 /（个/m²）	生物量 /（g/m²）	占总生物密度 /%	占总生物量 /%	出现频率 /%	相对优势度 /%
夏季	四角蛤蜊	21.33	14.46	9.10	30.55	25.00	11.13
	海豆芽	61.27	3.68	28.39	7.35	20.00	10.18
	泥螺	4.80	5.01	2.41	4.56	43.33	5.89
	沙蛇尾	4.07	8.00	1.58	5.88	13.33	2.55
	托氏蝐螺	4.93	2.05	14.61	11.59	23.33	1.79
	彩虹明樱蛤	3.40	0.35	3.82	0.67	40.00	1.25
	青蛤	0.80	4.59	0.62	11.89	11.67	1.15
秋季	托氏蝐螺	13.60	3.86	18.73	10.29	21.67	6.29
	四角蛤蜊	3.60	6.59	4.96	17.57	21.67	4.88
	光滑河兰蛤	24.80	1.64	34.16	4.36	6.67	2.57
	加州齿吻沙蚕	6.40	0.20	8.82	0.53	26.67	2.49
	泥螺	1.20	1.82	1.65	4.86	20.00	1.30
	长叶索沙蚕	1.87	0.59	2.57	1.57	30.00	1.24
	彩虹明樱蛤	3.67	0.19	5.05	0.51	18.33	1.02
冬季	托氏蝐螺	26.60	11.52	28.30	26.53	28.33	15.54
	沙蚕	12.68	1.32	13.49	3.04	83.33	13.77
	四角蛤蜊	5.00	16.99	5.32	39.13	18.33	8.15
	海豆芽	31.60	4.99	33.62	11.50	11.67	5.26
	彩虹明樱蛤	4.87	0.47	5.18	1.07	35.00	2.19

春季优势种有四角蛤蜊、托氏蝐螺、沙蚕、青蛤、加州齿吻沙蚕、长吻沙蚕、蛇尾、海豆芽。

夏季优势种有四角蛤蜊、海豆芽、泥螺、沙蛇尾、托氏蝐螺、彩虹明樱蛤、青蛤。

秋季优势种有托氏蝐螺、四角蛤蜊、光滑河蓝蛤、加州齿吻沙蚕、泥螺、长叶索沙蚕、彩虹明樱蛤。

冬季优势种有托氏蝐螺、沙蚕、四角蛤蜊、海豆芽、彩虹明樱蛤。

1) 四角蛤蜊

四角蛤蜊是江苏近岸潮间带的主要经济贝类，分布范围广，数量最多，以中潮区和低潮区分布最为广泛，尤其中潮区的下部密度最大，在4个季节调查中总出现频率为20.83%，平均生物量为12.82 g/m²，占总生物量的30.55%。平均生物密度为8.07 个/m²，占总生物密度的9.10%。

其中中潮区生物量最高为23.64 g/m²，生物密度为8.25 个/m²，低潮区生物量为13.11 g/m²，生物密度为15.70 个/m²，高潮区生物量为1.73 g/m²，生物量密度为0.25 个/m²。

各季节中冬季平均生物量最高为16.99 g/m²，秋季最少为6.59 g/m²。夏季北部JD29号断面低潮区生物量最高为466.24 g/m²。

2）泥螺

泥螺分布很广,数量也很多,中、低潮区均有分布,其中中潮区分布最密。泥螺总的出现频率为 23.75%,平均生物量为 1.91 g/m²,占总生物量的 4.65%,平均生物量密度为 2.13 个/m²,占总密度的 2.41%。

其中中潮区生物量为 3.19 g/m²,生物密度为 3.25 个/m²;高潮区生物量为 1.83 g/m²,生物密度为 2.25 个/m²;低潮区生物量为 0.72 g/m²,生物量密度为 0.91 个/m²。

各季节夏季泥螺生物量最高为 5.01 g/m²,冬季最少为 0.38 g/m²。夏季东沙西 3 号断面高潮区泥螺生物量最高为 41.52 g/m²。

3）托氏蝐螺

托氏蝐螺是一种小型单壳类软体动物,它既可以食用有可以做饵料,分布范围很广,数量也较多。主要出现在中、低潮区,以中潮区为最密。托氏蝐螺总的出现频率为 23.75%,平均生物量为 4.87 g/m²,占总生物量的 11.59%,平均生物量密度为 12.95 个/m²,占总密度的 14.61%。

其中中潮区生物量为 13.49 g/m²,生物密度为 36.05 个/m²;高潮区生物量为 0.91 g/m²,生物密度为 1.90 个/m²;低潮区生物量为 0.20 g/m²,生物量密度为 0.90 个/m²。

各季节冬季生物量最高为 11.52 g/m²,夏季最少为 2.05 g/m²。冬季 JD46 号断面中潮区生物量最高为 387.92 g/m²。

4）彩虹明樱蛤

彩虹明樱蛤栖息在表层有软泥的滩面,各潮区均有分布。总的出现频率为 26.67%,平均生物量为 0.28 g/m²,占总生物量的 0.67%,平均密度为 3.38 个/m²,占总密度的 3.82%。

其中中潮区生物量为 0.44 g/m²,生物密度为 5.75 个/m²;高潮区生物量为 0.22 g/m²,生物密度为 2.50 个/m²;低潮区生物量为 0.18 g/m²,生物量密度为 1.90 个/m²。

各季节冬季生物量最高为 0.47 g/m²,春季最少只有 0.11 g/m²。秋季 JD26 号断面中潮区生物量最高为 5.72 g/m²。

5）海豆芽

腕足类海豆芽是一种低值小型饵料生物,目前尚未被人们所重视。主要分布在江苏南部区域,总的出现频率为 11.67%,平均生物量为 3.09 g/m²,占总生物量 7.35%,平均生物密度为 25.17 个/m²,占总密度的 28.39%。

其中中潮区生物量为 4.15 g/m²,生物密度为 28.30 个/m²,高潮区生物量为 3.21 g/m²,生物密度为 40.60 个/m²,低潮区生物量为 1.89 g/m²,生物量密度为 6.60 个/m²。

各季节中生物量为冬季最高 4.99 g/m²,春季最少为 1.79 g/m²。冬季东沙东 2 号断面高潮区生物量最高为 140.8 g/m²。

8.3.5　小结

2006—2007 年间 4 个季节共采集到潮间带底栖生物 140 种,在所有样品中,软体动物最多，为 62 种，占 44.29%；其次是甲壳类，40 种，占 28.57%；多毛类居第三位，21 种，占 15.0%；鱼类 6 种，占 4.29%；棘皮类 6 种，占 4.29%；腔肠类 2 种，占 1.43%，纽形类、星虫类以及腕足类均为 1 种，各占 0.71%。

4 个季节其中夏季种类最多为 81 种，其次为春季 70 种，秋季 63 种，冬季最少只有 39 种，近岸区域共发现潮间带底栖生物 123 种，东沙区域只有 55 种。高潮区出现总的种类为 88 种，低潮区出现总的种类为 84 种，中潮区出现 75 种。泥沙底质发现的种类多为 122 种，泥质底质发现 61 种。

辐射沙脊群优势种有四角蛤蜊、沙蚕、托氏蝐螺、海豆芽、泥螺、彩虹明樱蛤。

4 个季节调查，辐射沙脊群潮间带生物的平均生物量为 41.98 g/m²，其中以软体动物生物最高，为 30.46 g/m²，占总平均生物量的 72.57%；其次棘皮类为 3.12 g/m²，占 7.43%；腕足类生物量为 3.09 g/m²，占 7.35%；甲壳类为 2.73 g/m²，占 6.51%；多毛类为 2.30 g/m²，占 5.49%；腔肠类为 0.24 g/m²，占 0.58%；纽形类、星虫类以及鱼类较少各占 0.05%、0.02% 以及 0.004%。

4 个季节调查，潮间带生物的平均生物密度为 88.64 个/m²。其中以软体类最高，生物密度为 40.09 个/m²，占总平均生物密度的 45.23%；其次是腕足类生物密度为 25.17 个/m²，占 28.39%；多毛类居第三为 15.29 个/m²，占 17.25%；甲壳类为 5.28 个/m²，占 5.95%；棘皮类为 2.03 个/m²，占 2.29%；腔肠类、纽形类、星虫类以及鱼类各占 0.51%、0.32%、0.04% 以及 0.02%。

4 个季节中生物量和生物密度均以夏季最高分布为 49.15 g/m²，141.17 个/m²；其次为冬季生物量和密度分别为 43.41 g/m²，93.98 个/m²；秋季分别为 37.50 g/m²，72.60 个/m²；春季生物量和密度少分别为 37.85 g/m²，46.80 个/m²。

近岸 4 个季节平均生物量和生物密度为 55.37 g/m²，91.07 个/m²；东沙平均生物量和生物密度近岸为 10.72 g/m²，82.96 个/m²。三个潮区中，中潮区生物量最高为 64.50 g/m²，其次是高潮区为 24.99 g/m²，低潮区生物量为 23.89 g/m²。泥质底质生物量和生物密度分别为 72.90 g/m² 和 93.63 个/m²；泥沙底质生物量和生物密度分别为 57.94 g/m² 和 92.13 个/m²；沙质底质生物量和生物密度分别为 37.22 g/m² 和 87.87 个/m²。

8.4　游泳生物与渔业资源

8.4.1　种类组成

鱼类出现种类 85 种，隶属 14 目、45 科、67 属。其中春季 43 种、夏季 59 种、秋 55 种、冬季 43 种，四季共 22 种。虾类共出现 24 种，隶属 3 目、8 科、14 属。其中春 13 种、夏 18 种、秋 15 种、冬 16 种，四季共有种 13 种。蟹类出现种类 18 种，隶属 1 目、7 科、12 属，其中春季 8 种、夏季 9 种、秋季 10 种、冬季 5 种，四季共有 4 种。头足类出现种类 5 种，隶属 2 目、4 科，其中春季 4 种、夏季 1 种、秋季 3 种、冬季 5 种，四季共有 1 种。

8.4.2　资源密度指数

四季重量 CPUE（单位捕捞力量渔获量，Catch Per Unit Effort，kg/h）平均为 19.49 kg/h。

三疣梭子蟹最高 5.00 kg/h，占总渔获量的 25.68%，其次为小黄鱼 1.78 kg/h（9.13%），第三位为红线黎明蟹 1.69 kg/h（8.67%）。其余重量 CPUE 从高到低依次为银鲳、鮸鱼、口虾蛄、日本蟳、赤魟、海鳗、半滑舌鳎、棘头梅童鱼、细点圆趾蟹、黄鲫、龙头鱼、葛氏长臂虾、刺鲳、赤鼻棱鳀、日本枪乌贼、中颌棱鳀、皮氏叫姑鱼，平均 CPUE 为 0.17 ~ 1.40 kg/h，平均渔获比例为 0.88% ~ 7.21%。

四季尾数 CPUE 平均为 2 169 个/h。小黄鱼最高 479 个/h，占总渔获尾数的 22.11%，其次为细螯虾 179 个/h（8.24%），第三位为红线黎明蟹 161 个/h（7.43%）。其余尾数 CPUE 从高到低依次为葛氏长臂虾、三疣梭子蟹、龙头鱼、口虾蛄、鮸鱼、中颌棱鳀、细巧仿对虾、赤鼻棱鳀、银鲳、凤鲚、脊腹褐虾、双斑蟳、皮氏叫姑鱼、日本枪乌贼、中国毛虾、疣背宽额虾、日本蟳。各品种平均 CPUE 为 32 ~ 143 个/h，平均渔获比例为 1.46% ~ 6.61%。

8.4.3　资源量

根据所有调查站位的扫海面积，每个鱼类品种的捕获系数、渔获量、渔获尾数，确定各个鱼类品种重量资源量和资源尾数，累加作为鱼类总的资源量。虾类、蟹类、头足类也是如此，分别根据各个品种的捕捞系数、渔获量和渔获尾数确定各个品种的资源量和资源尾数。

南黄海辐射状沙脊群（调查评估区域）以夏季资源量最高，为 2.26×10^4 t，其次为秋季 0.72×10^4 t，春季资源量 0.46×10^4 t，冬季资源量 0.30×10^4 t，为最低。就资源尾数而言，夏季资源尾数最多，26.248×10^8 尾，其次为春季 8.358×10^8 尾，秋季资源尾数 4.541×10^8 尾，冬季最低 4.170×10^8 尾（表 8.5）。

表 8.5　游泳生物资源量

类群		夏季	冬季	春季	秋季
资源量 /t	鱼类	15 606.1	1 616.6	1 586.3	4 013.4
	虾类	874.6	314.9	697.7	452.1
	蟹类	5 679.7	864.0	2 227.7	2 662.4
	头足类	417.8	165.7	122.3	24.3
	小计	22 578.2	2 961.2	4 634.1	7 152.2
资源尾数 /亿尾	鱼类	21.162	2.255	2.578	1.938
	虾类	1.880	1.554	4.594	1.299
	蟹类	2.477	0.330	1.113	1.269
	头足类	0.729	0.030	0.072	0.034
	小计	26.248	4.170	8.358	4.541

鱼类夏季资源量最高 1.56×10^4 t，秋季次之 0.40×10^4 t，冬季为 0.16×10^4 t，春季资源量最低。鱼类资源尾数同样以夏季最高，21.16×10^8 尾，春季次之为 2.58×10^8 尾，冬季资源尾数为 2.26×10^8 尾，秋季资源尾数最低 1.94×10^8 尾。

虾类夏季资源量最高 0.087×10^4 t，春季次之 0.070×10^4 t，秋季为 0.045×10^4 t，冬季资源量最低 0.032×10^4 t。虾类资源尾数以春季最高，4.59×10^8 尾；夏季次之，资源尾

数为 1.88×10^8 尾；冬季为 1.55×10^8 尾，秋季资源尾数为 1.30×10^8 尾，在各季度月中最低。

蟹类夏季资源量最高 0.57×10^4 t，秋季次之 0.26×10^4 t，春季为 0.22×10^4 t，冬季资源量最低 0.086×10^4 t。蟹类资源尾数各季度间的差异与资源量一样，以夏季最高，2.48×10^8 尾，秋季次之为 1.27×10^8 尾。春季资源尾数列第三，为 1.11×10^8 尾，冬季蟹类资源尾数最低 0.33×10^8 尾。

头足类夏季资源量最高 0.042×10^4 t，冬季次之 0.017×10^4 t，春季为 0.012×10^4 t，冬季资源量最低 0.002×10^4 t。头足类资源尾数以夏季最高，0.729×10^8 尾，春季次之为 0.072×10^8 尾。秋季资源尾数为 0.034×10^8 尾，居第三位，冬季头足类资源尾数最低 0.030×10^8 尾。

8.4.4　优势种

8.4.4.1　小黄鱼

1）重量资源密度指数

春季：小黄鱼重量资源密度指数为 $0 \sim 1.121$ kg/h，站位平均为 $0.283\ 4$ kg/h，最高为 JC-HH243 站位。F118、F131、JS15 这 3 个站位小黄鱼没有出现。其余站位小黄鱼单位时间重量资源密度一般仅为 $0.021 \sim 0.814$ kg/h。小黄鱼重量占春季调查总重量的 2.56%。

夏季：小黄鱼重量资源密度指数为 $0 \sim 20.509$ kg/h，站位平均为 6.709 kg/h，最高为 JS19 站位，超过 20 kg/h 的站位仅 JS19。其余站位重量资源密度指数介于 $0.140 \sim 14.154$ kg/h 之间。小黄鱼重量占夏季调查总重量的 15.47%。

秋季：小黄鱼重量资源密度指数为 $0 \sim 0.586$ kg/h，站位平均为 0.110 kg/h，最高为站位 ZD-SB287；SB-10、SB-07、F118、F120、JC-HH218、ZD-SB258、ZD-SB285、JS14、JS16、JS17、JS20 这 11 个站位小黄鱼没有出现。其余站位的小黄鱼重量资源密度指数从 $0.015 \sim 0.472$ kg/h 不等。小黄鱼重量占秋季调查总重量的 0.66%。

冬季：小黄鱼重量资源密度指数为 $0 \sim 0.270$ kg/h，站位平均为 0.012 kg/h，最高为 JC-HH218 站位；其余站位没有小黄鱼出现。小黄鱼重量占秋季调查总重量的 0.17%。

2）重量资源量

根据单位面积资源尾数、扫海面积、调查评价面积，求算各季度资源量。春季小黄鱼资源量 165.7 t，夏季 3 620.2 t，秋季 61.5 t，冬季 7.2 t，夏季资源量最高，春季次之，冬季资源量最低（表8.6）。

表8.6　小黄鱼各季节资源量

数据	春	夏	秋	冬
单位面积资源量/（kg/km²）	8.108 1	177.115 6	3.008 4	0.352 9
总资源量/kg	165 729.9	3 620 243.7	61 491.5	7 213.6

8.4.4.2　银鲳

1）重量资源密度指数

春季：航次银鲳渔获量为0。

夏季：银鲳重量资源密度指数为0～44.5 kg/h，站位平均为5.459 kg/h，最高为SB－10站位，F1、JC－HH243、ZD－SB258、ZD－SB287共4个站位银鲳没有出现。重量资源密度指数为10～50 kg/h的站位有SB－10、JS14、JS15；重量资源密度指数为1～10 kg/h的站位有JS20、JS19、JS17、SB－07共4个站点，其余站位银鲳重量资源密度指数低于1 kg/h。银鲳占总渔获量的12.59%。

秋季：银鲳重量资源密度指数为0～0.853 kg/h，站位平均为0.105 kg/h，最高为F131站位。重量资源密度指数为大于0.5 kg/h的站位有F131站位，其余站位银鲳重量资源密度指数低于0.5 kg/h。银鲳占总渔获量的0.63%。

冬季：银鲳重量资源密度指数为0～0.375 kg/h，站位平均为0.055 kg/h，最高为JS16站位，所有银鲳出现的站位均低于1 kg/h。银鲳占总渔获量的0.80%。

2）重量资源量

根据单位面积资源尾数、扫海面积、调查评价面积，求算各季度资源量。春季银鲳资源量为0，夏季490.94 t，秋季9.78 t，冬季5.40 t，夏季资源量最高，秋季次之，春季资源量最低（表8.7）。

表8.7　银鲳各季节资源量

数据	春	夏	秋	冬
单位面积资源量/（kg/km²）	0	240.186 6	4.782 8	2.640 1
总资源量/kg	0	4 909 414.6	97 761.0	53 964.4

8.4.4.3　三疣梭子蟹

1）重量资源密度指数

春季：春季航次三疣梭子蟹重量资源密度指数为0～21.433 kg/h，站位平均为4.206 kg/h。最高为ZD－SB258站位。三疣梭子蟹重量资源密度指数大于10 kg/h的站位仅ZD－SB258、JS15；其余站位三疣梭子蟹重量资源密度指数低于10 kg/h。三疣梭子蟹重量占本航次总渔获量的37.99%。

夏季：春季航次三疣梭子蟹重量资源密度指数为0～55.489 kg/h，站位平均为10.069 kg/h。最高为ZD－SB258站位。三疣梭子蟹重量资源密度指数大于50 kg/h的站位仅ZD－SB258；重量CPUE介于10～50 kg/h的有JS20、F2、JS19、JS17共4站位；其余站位三疣梭子蟹重量CPUE低于10 kg/h。三疣梭子蟹重量占本航次总渔获量的23.22%。

秋季：三疣梭子蟹重量资源密度指数为0～16.268 kg/h，站位平均为4.608 kg/h，最高为F97站位，仅SB－07站位三疣梭子蟹没有出现。三疣梭子蟹重量资源密度指数大于

10 kg/h的有 F97、F131 这 3 个站点。其余站位重量资源密度指数低于 10 kg/h。秋季航次三疣梭子蟹重量占总渔获量的 27.73%。

冬季：冬季航次三疣梭子蟹重量资源密度指数为 0～4.669 kg/h，站位平均为 1.136 kg/h，最高为 ZD-SB258 站位，重量资源密度指数为 1～5 kg/h 的站位有 ZD-SB258、JS14、F120、F131、F1、F121、F2、ZD-SB285、JS16 站位。其余站位低于 1 kg/h。三疣梭子蟹重量占总渔获量的 16.42%。

2）重量资源量

根据单位面积资源尾数、扫海面积、调查评价面积，求算各季度资源量。春季资源量 1 532.7 t，夏季 3 395.5 t，秋季 1 611.9 t，冬季 417.0 t。夏季资源量最高，秋季三疣梭子蟹次之，冬季资源量最低（表 8.8）。

表 8.8　三疣梭子蟹各季节资源量

数据	春	夏	秋	冬
单位面积资源量/（kg/km²）	74.985 8	166.122 8	78.860 0	20.402 3
总资源量/kg	1 532 709.0	3 395 549.8	1 611 897.5	417 023.8

8.4.4.4　日本蟳

1）重量资源密度指数

春季：春季航次日本蟳重量资源密度指数为 0～4.861 kg/h，站位平均为 1.042 kg/h。最高为 JS20 站位，F118、F120、F121、F131、JS16 共 5 个站位日本蟳未出现。有日本蟳出现的站位重量资源密度指数均小于 5 kg/h。日本蟳重量占本航次总渔获重量的 9.42%。

夏季：夏季航次日本蟳重量资源密度指数为 0～9.860 kg/h，站位平均为 1.570 kg/h。最高为 SB-07 站位，JS14 站位日本蟳没有出现。日本蟳重量资源密度指数均小于 10 kg/h，日本蟳重量占总渔获量的 3.62%。

秋季：日本蟳重量资源密度指数为 0～10.759 kg/h，站位平均为 1.055 kg/h，最高为 SB-10 站位。日本蟳没有出现的站位有 SB-07、F118。日本蟳重量资源密度指数大于 10 kg/h 仅 SB-10 站点。其余站位重量资源密度指数低于 3 kg/h。秋季航次日本蟳重量占总渔获量的 6.35%。

冬季：冬季航次日本蟳重量资源密度指数为 0～3.703 kg/h，站位平均为 0.444 kg/h，最高为 JC-HH149 站位，所有站位日本蟳重量资源密度指数均小于 5 kg/h。日本蟳重量占总渔获量的 5.23%。

2）重量资源量

根据单位面积资源尾数、扫海面积和调查评价面积，求算各季度资源量。春季日本蟳资源量 379.9 t，夏季 529.4 t，秋季 369.0 t，冬季 132.8 t，夏季资源量最高，春季次之，冬季资源量最低（表 8.9）。

表 8.9　日本□各季节资源量

数据	春	夏	秋	冬
单位面积资源量/（kg/km²）	18.585 9	25.900 5	18.053 9	6.495 6
总资源量/kg	379 895.2	529 407.1	369 021.6	132 769.7

8.4.4.5　葛氏长臂虾

1）重量资源密度指数

春季：春季航次葛氏长臂虾重量资源密度指数为 0～2.379 kg/h，站位平均为 0.469 kg/h。最高为 F2 站位。所有站位重量资源密度指数均小于 5 kg/h。葛氏长臂虾重量占本航次总渔获重量的 4.24%。

夏季：夏季航次葛氏长臂虾重量资源密度指数为 0～0.527 kg/h，站位平均为 0.087 kg/h。最高为 JS19 站位，F1、F141、F2、SB－10、ZD－SB258 共 5 个站位葛氏长臂虾没有出现。葛氏长臂虾重量资源密度指数均小于 1 kg/h，葛氏长臂虾重量占总渔获重量的 0.20%。

秋季：葛氏长臂虾重量密度指数为 0～0.590 kg/h，站位平均为 0.127 kg/h，最高为 F2 站位。所有站位葛氏长臂虾重量资源密度指数均低于 1 kg/h。秋季航次葛氏长臂虾重量占总渔获量的 0.76%。

冬季：冬季航次葛氏长臂虾重量资源密度指数为 0～1.031 1 kg/h，站位平均为 0.234 kg/h，最高为 JC－HH149 站位；除 JS18 站位外，葛氏长臂虾重量资源密度指数均小于 1 kg/h。葛氏长臂虾重量占总渔获量的 3.39%。

2）重量资源量

根据单位面积资源尾数、扫海面积、调查评价面积，求算各季度资源量。春季葛氏长臂虾资源量 171.0 t，夏季 29.3 t，秋季 44.4 t，冬季 86.0 t，春季资源量最高，冬季次之，夏季资源量最低（表 8.10）。

表 8.10　葛氏长臂虾各季节资源量

数据	春	夏	秋	冬
单位面积资源量/（kg/km²）	8.367 1	1.435 6	2.170 8	4.207 0
总资源量/kg	171 024.5	29 343.4	44 371.0	85 990.7

8.5　生物资源保护与开发利用对策

8.5.1　生物资源开发利用分析

8.5.1.1　海洋捕捞产量变动

1990—1999 年江苏海洋捕捞产量年平均为 514 697 t，其中，1997 年为历史最高产量，达到 711 395 t。鱼类产量年平均 329 037 t，虾蟹类产量年平均为 84 306 t，贝类产量年平均为 61 365 t，海蜇产量年平均 32 932 t；2000—2009 年海捕年平均总产量为 594 696 t，鱼类为 368 772 t，虾蟹类为 113 806 t，贝类产量为 54 964 t，海蜇产量为 29 175 t，与上一个 10 年相比，产量平均值增加 8×10^4 t，增幅 15.54%，鱼类增加 12.08%，虾蟹类增加 34.99%，贝类减少 10.43%，海蜇减少 11.41%。

海洋捕捞总产量从 1990 年一路上升至 1997 年，之后逐渐下滑，目前维持在 56×10^4 t；鱼类产量超过总产量的 60%，产量的变化与总产量息息相关，变化趋势与总产量相似，但最高峰在 1999 年达到 46×10^4 t，目前维持在 35×10^4 t；虾蟹类产量在江苏省海洋捕捞产量有着举足轻重的地位，总体上是增加趋势，2006 年达到 13×10^4 t，目前在 11×10^4 t；贝类产量总体上起伏较大，尤其是 20 世纪 90 年代，最低为 1996 年，2.3×10^4 t，最高为 1997 年，达到 11.6×10^4 t，目前在 4×10^4 t 左右（图 8.10 和图 8.11）。

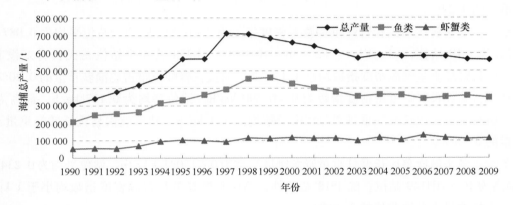

图 8.10　1990—2009 年江苏海洋捕捞总产量

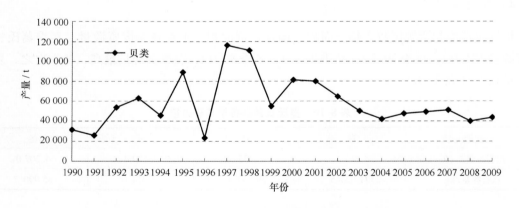

图 8.11　1990—2009 年江苏海洋捕捞贝类产量

江苏海蜇产量 1990—2009 年间，最低为 1992 年，仅 1 565 t，最高为 1997 年，达到 109 368 t，1998 年骤降至 27 450 t，年间波动起伏较大。至 2000 年以后，年平均产量不足 3×10^4 t，2004 年跌至 13 694 t，2005 年又增至近 5×10^4 t，之后连续 3 年下降，2009 年较 2008 年增加 2 550 t（图 8.12）。

2009 年与 1990 年相比，总产量、鱼类、虾蟹类、贝类、海蜇产量分别增加了 83.38%、67.83%、120%、39.26%、43%；与 2000 年相比，则分别减少 14.74%、18.45%、1.91%、

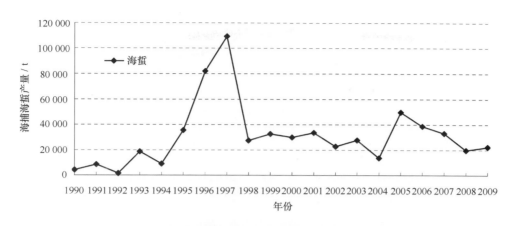

图 8.12　1990—2009 年江苏海洋捕捞海蜇产量

46.20%、25.45%。

8.5.1.2　海洋捕捞力量变化

1990 年江苏海洋捕捞拥有船只数为 12 284 艘，总吨位 221 882 t，总功率 376 045 kW；至 1997 年海洋捕捞船只数为 23 030 艘，总吨位 376 815 t，总功率 746 476 kW，达到历史最高位，较 1990 年分别增加了 87.48%、69.83%、98.51%。到 2000 年有所下降，船只、吨位、功率分别为 19 105 艘、330 772 t、722 212 kW。在国家减船转产宏观政策指导下，至 2009 年江苏省海捕船只降至 10 312 艘、232 652 t、554 944 kW，与 1990 年相比，船只减少 16.05%，吨位增加 4.85%，功率增加 47.57%；与 2000 年相比，船只、吨位、功率均有较大幅度下降，分别减少 46.02%、29.66%、22.08%（图 8.13～图 8.15）。

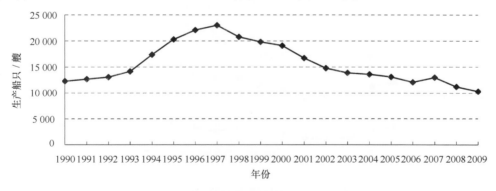

图 8.13　1990—2009 年江苏海洋捕捞船只数量

虽然目前江苏海洋捕捞船只数量较 1990 年和 2000 年有较大幅度下降，但船只的平均吨位和平均功率有较大幅度的提升。2009 年与 1990 年相比，船只的平均吨位和平均功率分别增加了 24.91% 和 75.79%；与 2000 年相比，每艘船只增加 30.31% 和 44.36% 的吨位和功率。说明虽然船只数量在减少，但捕捞能力较 2000 年和 1990 年显著增强（图 8.16）。

9.5.1.3　单位捕捞力量渔获量变化

单位捕捞力量渔获量从 1990—2002 年单位千瓦产量年间呈波动状态，2003 年后趋于平

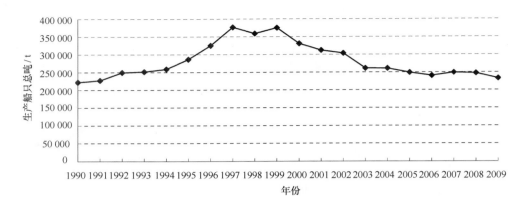

图 8.14　1990—2009 年江苏海洋捕捞船只总吨位

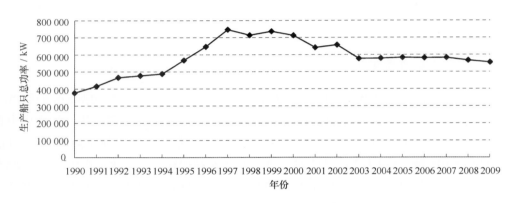

图 8.15　1990—2009 年江苏海洋捕捞船只总功率

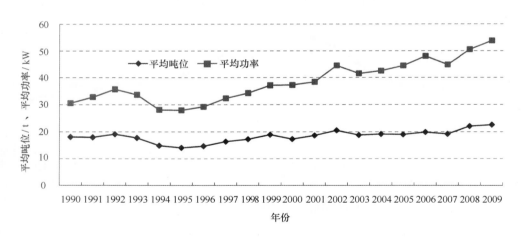

图 8.16　1990—2009 年江苏海洋捕捞船只平均吨位和功率

稳；单位船只产量总体上呈上升趋势。我省海洋捕捞单位船只产量 1990 年、2000 年、2009 年分别为 25.0 t/艘、34.5 t/艘、54.6 t/艘，2009 年与 1990 年和 2000 年相比分别增加 1.18 倍、58.0%；单位千瓦产量 1990 年、2000 年、2009 年分别为 0.82 t/kW、0.93 t/kW、1.01 t/kW（图 8.17），2009 年较 1990 年和 2000 年分别增加 24.27%、9.42%（图 8.18）。目前 CPUE 虽然较 1990 年和 2000 年有一定幅度的增加，表面反映目前渔业资源形势尚可，其实有深层次的原因，主要是捕捞能力较以前得到加强，捕捞能力体现在生产时间延长，携带的网具数量大大增加，助渔设备的先进也是因素之一。

图 8.17 1990—2009 年江苏海洋捕捞单位船只产量

图 8.18 1990—2009 年江苏海洋捕捞单位千瓦产量

8.5.1.4 主要经济品种单位捕捞力量渔获量变动分析

小黄鱼：江苏海洋捕捞单位船只小黄鱼渔获量 1990 年、2000 年、2009 年分别为 0.44 t/艘、2.28 t/艘、3.06 t/艘；单位千瓦渔获量分别为 0.014 t/kW、0.061 t/kW、0.057 t/kW。2009 年单位船只和单位千瓦小黄鱼渔获量与 1990 年相比增加了 6 倍和 3 倍；与 2000 年相比分别增加了 34.43%、减少了 6.88%。

银鲳：单位船只银鲳渔获量 1990 年、2000 年、2009 年分别为 1.03 t/艘、1.94 t/艘、3.40 t/艘；单位千瓦渔获量分别为 0.033 t/kW、0.052 t/kW、0.063 t/kW。2009 年单位船只和单位千瓦银鲳渔获量与 1990 年相比增加 2.3 倍和 88.77%；与 2000 年相比分别增加了 75.20% 和 21.36%。

带鱼：单位船只带鱼渔获量 1990 年、2000 年、2009 年分别为 4.65 t/艘、4.45 t/艘、7.14 t/艘；单位千瓦渔获量分别为 0.152 t/kW、0.119 t/kW、0.133 t/kW。2009 年单位船只和单位千瓦带鱼渔获量与 1990 年相比增加了 53.54% 和减少 12.66%；与 2000 年相比分别增加了 60.41%、11.12%（图 8.19 和图 8.20）。

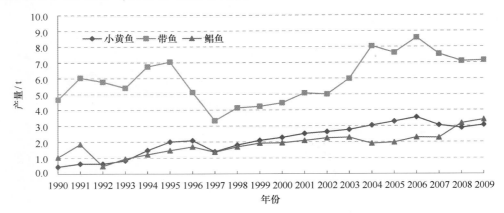

图 8.19　1990—2009 年江苏小黄鱼、银鲳、带鱼单船产量

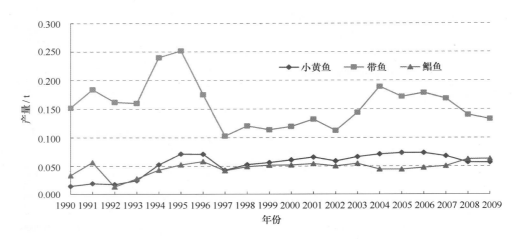

图 8.20　1990—2009 年江苏小黄鱼、银鲳、带鱼单位千瓦产量

8.5.2　资源管理措施

8.5.2.1　伏季休渔

拖网、帆张网休渔期：经国务院批准从 1995 年起贯彻执行"在 7—8 月实施拖网和帆式张网全面休渔管理"。1998 年再经国务院同意，农业部《关于修改〈东、黄、渤海主要渔场渔汛生产安排和管理的规定〉的通知》规定：从 1998 年起，35°N 以北黄海海域，每年 7 月 1 日 0 时至 8 月 31 日 24 时禁止所有拖网和帆张网作业；35°—26°N 的东、黄海海域，每年 6 月 16 日 0 时至 9 月 15 日 24 时禁止所有拖网（桁杆拖虾网暂除外）和帆张网作业。2000 年，农业部《关于调整东、黄海和南海休渔规定的通知》，再次对东海区伏季休渔时间进行微调，休渔起止时间统一后推 12 h，即 26°30′—35°00′N 海域休渔时间为 6 月 16 日 12 时至 9 月 16 日 12 时，休渔对象不变。

桁杆拖虾休渔期：从 2003 年起，国家对东海区的桁杆拖虾作业实行休渔，时间为每年 6 月 16 日至 7 月 16 日，2006 年休渔期延长到 6 月 16 日至 8 月 16 日，2007 年提前到 6 月 1 日至 8 月 1 日。

2009 年从 6 月 1 日 12 时起，35°30′—26°30′N 的黄海和东海海域的休渔时间截止到 9 月 16 日 12 时，按规定，除单层刺网和钓具外的所有作业类型，休渔期间禁止作业，

以上管理措施的出台对保护和恢复包括吕泗渔场在内的我国沿海各大渔场的渔业资源起到了很好的保护作用，吕泗渔场小黄鱼、银鲳和其他经济品种得到了有效的恢复。

8.5.2.2　减船转产

江苏省海洋与渔业局 2001 年 12 月出台《江苏省海洋捕捞减船转产试点方案》，江苏省至 2004 年减少渔船 854 艘，减少了 5.79%，大部分转产的渔民改为搞养殖或渔业二三产业。

发挥优势，积极引导转产渔民发展养殖业。江苏省境内潮间带滩涂面积 588 万亩。其中可利用发展海水养殖生产的约 300 万亩，目前已利用的只有 170 万亩，在已利用的潮间带滩涂中，大部分仍是粗放经营，生产水平较低。因此，安排转产渔民开发利用潮间带滩涂资源，发展海水养殖业具有很大潜力，重点引导渔民发展浅海滩涂贝藻类养殖和海水网箱养殖。并严格制止非渔业生产者从事近海捕捞生产，并做好清理工作，妥善处理好农副业渔船退渔还农工作。

自 2002 年实施"减船转产"政策以来，海洋捕捞强度有所减轻，合理养护渔业资源，实施捕捞渔民减船转产等方面取得了一定成果，对实现渔业的可持续发展具有深远的历史意义。

8.5.2.3　海洋捕捞产量零增长、负增长

1999 年国家提出海洋捕捞实行"零增长"的要求，2000 年进一步提出海洋捕捞产量实行"负增长"的目标，结合海洋捕捞减船转产工程，为海洋渔业的可持续发展奠定了政策基础。江苏在渔业产业结构的调整上狠下工夫，因地制宜进行渔业产业结构调整，取得了显著的效果。紧紧围绕"以渔农民增收为中心，继续加快结构调整步伐，进一步强化管理与服务，保持渔业经济持续健康发展"为目标，减轻海洋捕捞压力，大力提倡发展海水养殖业。

8.5.2.4　保护区建设

2009 年 12 月 17 日，农业部公布了第三批国家级水产种质资源保护区名单（中华人民共和国农业部公告第 1308 号）。由农业部东海区渔政局组织申报的"吕泗渔场小黄鱼银鲳国家级水产种质资源保护区"（以下简称"保护区"）获准建立，保护区编号 0005。保护区的建立，为吕泗渔场及周边海域渔业资源及生态环境保护提供平台，并对渔区社会经济发展起到积极促进作用。东海区局围绕保护区渔业资源保护和可持续开发利用，开展相关工作。

保护区位于黄海南部，以吕泗渔场为基础，总面积为 $135 \times 10^4 \ hm^2$，其中核心区面积为 $71.8 \times 10^4 \ hm^2$，实验区面积为 $63.2 \times 10^4 \ hm^2$。核心区保护期为 5 月 1 日至 9 月 16 日。保护区地理范围为 32°12′—34°00′N，122°40′E 向西至机轮拖网禁渔区线止。主要保护对象有小黄鱼、银鲳、大黄鱼、带鱼、灰鲳、蓝点马鲛、哈氏仿对虾、葛氏长臂虾等重要经济品种，其他保护物种包括海蜇、海鳗、鳓鱼、鲐鱼、鮸鱼、中华管鞭虾、三疣梭子蟹以等。

8.5.3 资源保护与开发利用分析评价

8.5.3.1 经济品种多数未达到可捕标准即被捕获，不利于资源的保护及利用

2006 年吕泗渔场小黄鱼产卵群体平均体长和平均体质量分别为 116.18 mm 和 24.36 g，超过 100 g 的个体没有。2007 年平均体长和平均体质量分别为 138.44 mm 和 39.59 g，超过 100 g 的个体占 0.67%。2008 年平均体长和平均体质量分别为 130.62 mm 和 35.09 g，超过 100 g 的个体比例仅为 0.33%。

2006—2008 年吕泗渔场银鲳产卵群体体质量超过 150 g 的比例分别为 49.0%、78.0%、55.4%。

从管理角度，经济幼鱼比例超过 20% 须转移渔场或停止生产，但在实际管理过程中，并未严格按此标准执行。

8.5.3.2 开发利用过度，资源密度呈下降趋势

1）资源总体密度下降

自 1990 年以来江苏帆张网作业平均网产除部分年份波动较大以外，总体上呈下降趋势。1990 年平均网产 453.68 kg，至 2000 年已降至 332.53 kg，2009 年平均网产仅 251.83 kg。与 1990 年相比，平均网产减少 44.49%，与 2000 年相比，减少 24.27%。2009 年较前两年有所增加，但仍为 2000 年以来较低水平（图 8.21）。

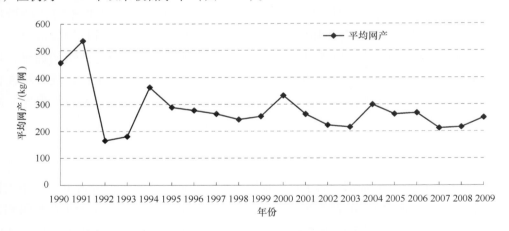

图 8.21　1990—2009 年江苏帆张网作业监测平均网产

2）经济品种资源密度下降

小黄鱼：自 1990—2000 年，帆张网作业小黄鱼产量呈现波动中上升趋势，尤其是自 1995 年实施新的伏季休渔政策，对小黄鱼起了很好的保护作用，1996 年平均网产即达到 127.92 kg，1997 年又降至 1995 年水平，之后小黄鱼平均网产持续增长到 2000 年的 165.23 kg。2000—2009 年帆张网作业小黄鱼平均网产呈下降趋势，2009 年仅为 55.01 kg，与

1990年相比，平均网产减少46.08%，与2000年相比，平均网产减少66.71%（图8.22）。

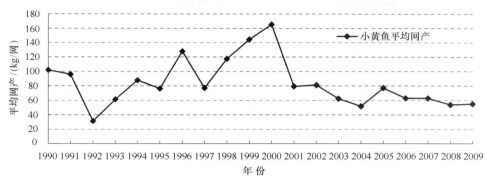

图8.22 1990—2009年江苏帆张网作业监测小黄鱼平均网产

银鲳：1990—2000年，1991年帆张网作业银鲳平均网产最高，达140.2 kg，1992年暴跌至19.2 kg，基本维持到1996年。1997年和1998年逐渐增加至34.2 kg。自1998年开始，帆张网作业银鲳平均网产除个别年份外持续走低，至2009年仅为5.75 kg。2009年与1990年相比，平均网产减少94.79%，与2000年相比，减少48.26%（图8.23）。

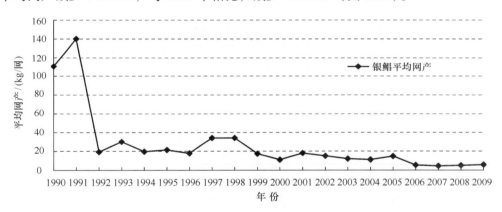

图8.23 1990—2009年江苏帆张网作业监测银鲳平均网产

带鱼：作为东海区单品种产量最高的经济品种，江苏省省带鱼产量1995年曾达到近 14×10^4 t，1995年是新伏休制度实施的第一年。江苏帆张网作业带鱼平均网产年间有一定幅度的波动，2009年平均网产接近1991年和1992年的水平，仅为47.97 kg，较1990年106.8 kg减少55.08%，较2000年75.6 kg减少36.53%（图8.24）。

8.5.3.3 海洋捕捞作业结构需调整，刺网类船只数增长过快

2006年江苏海洋捕捞共有作业船只12 089艘，拖网、围网、刺网、张网、钓业、其他作业船只数为1 398艘、69艘、2 206艘、3 697艘、17艘、4 702艘，分别占11.56%、0.57%、18.25%、30.58%、0.14%、38.89%。至2009年总作业船数为10 312艘，拖网、围网、刺网、张网、钓业、其他作业船只数为748艘、62艘、3 950艘、1 836艘、20艘、3 696艘。比例分别占7.25%、0.60%、38.30%、17.80%、0.19%、35.84%。2009年拖网类、张网类作业船数明显减少，刺网类船数较2008年增加766艘，比例增加近10个百分点。

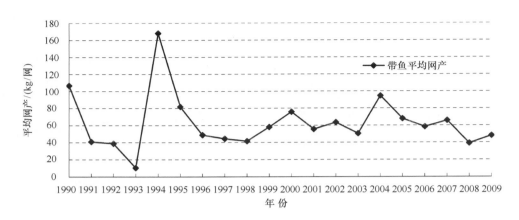

图 8.24　1990—2009 年江苏帆张网作业监测带鱼平均网产

刺网产量比重由 2006 年的 18.46% 增加到 2009 年的 26.47%，增加了 8 个百分点。

　　由于目前刺网以三层刺网占绝大多数，在春夏汛以利用产卵亲体为主，在伏休开捕后，以利用当年生群体为主，幼鱼根本无法从三层刺网（网目大小不一）逃逸，且网具携带数量太多，加大捕捞力量（表 8.11）。

表 8.11　2006—2009 年江苏海洋捕捞各类船只数比例 %

年份	拖网	围网	刺网	张网	钓业	其他渔具	合计
2006	11.56	0.57	18.25	30.58	0.14	38.89	100
2007	10.69	0.71	20.29	28.32	0.21	39.79	100
2008	14.23	0.13	28.40	25.23	0.34	31.66	100
2009	7.25	0.60	38.30	17.80	0.19	35.84	100

　　目前利用的仍是传统的经济品种，尚未发现量级较大的种类供开发利用。

　　近年来，值得关注的是部分品种如鮸鱼和鮟鱇在渔获物中的比例有增加的趋势，且经济价值较高，但仅限于产量在增加，江苏鮸鱼年捕捞量为千吨级。

8.5.4　存在的问题与对策建议

8.5.4.1　存在的问题

　　海洋生物资源在高强度开发利用、环境污染等因素作用下，生态系统变化明显，优势种更替速度加快，渔业资源衰退严重。

　　1）资源问题

　　（1）生物多样性遭受破坏。

　　鱼类多样性是生物多样性的组成部分，包括物种多样性、生态系统多样性和遗传多样性三个层次，影响生物多样性的原因包括自然因素和人为因素，生物多样性的降低主要归咎于人类的开发活动。排污导致的富营养化对物种丧失起重要作用，涉海工程使海洋生物栖息地支离破碎。近年来，由于鱼类栖息环境生态的破坏、污染和过度的捕捞利用等原因，渔业资源正受到前所未有的威胁。国家先后颁布了《渔业法》、《野生动物保护法》、《海洋环境保护法》、《自然保护区条例》等法律法规，使鱼类多样性的保护工作纳入了法制化的轨道。但目前存在着有法不依、执法不严的现象，处于放任自流的局面，导致一些鱼类资源处于濒危状态，由于缺乏经常性的调查，生物多样性的丢失尚不得而知。

（2）经济种类种群衰退。

目前大部分渔业资源出现不同程度的衰退，主要源于人类对资源无节制、不合理的利用。江苏海域的情况也不例外，主要经济品种如小黄鱼、银鲳、带鱼呈现衰退特征。种群衰退的表征为渔获群体生物学小型化、性早熟、低龄化，年龄组成序列缩短，高龄鱼在渔获物中比例在逐年减小或几乎不存在。伏季休渔对渔业资源只是起到了暂养的作用，开捕后，各类作业一哄而上，短短一个半月时间，几乎又到无鱼可捕的境地，所以须从根本上解决捕捞压力引起资源衰退的问题。

（3）渔业生态环境恶化。

由于陆源的生活污水、工业污水、农业污水及养殖污水、海损事故污染等损害了海洋渔业资源的生存环境。目前沿海各地纷纷将化工园区、工业园区移向海边，将大海作为藏污纳垢之地。由于污染，海水富营养化越来越严重，引发赤潮。自1995年以来，尤其是近年来，霞水母暴发成为海洋渔业的一大公害，与生态环境恶化存在一定的关联性。海洋的自净能力其实也有限，海洋污染的长期积累，使得海洋渔业生态环境遭受破坏，尤其是近海海域，是海洋经济品种的主要产卵场和索饵场，主要洄游通道，如果不加强环境监理，势必影响渔业资源的栖息环境和生存环境，引发灾难性的生态后果。

（4）资源增殖品种、数量未能形成规模。

增殖放流是恢复和缓解海洋渔业资源衰退的有效手段，增殖渔业资源，建立海洋牧场，是生态修复的一项重要措施。虽然各级政府开始重视，但放流工作基础研究薄弱，体系建设尚待完善，放流品种少、规模小，远不能满足资源恢复及生态修复的需要，与周边省份仍存在较大差距，在这方面有待借鉴国外增殖放流的先进经验，资源增殖利国利民，利用资源保护费进行增殖放流，取之于民，用之于民。

2）渔业问题

（1）海洋捕捞力量基数庞大，捕捞强度存在增加趋势，对资源过度捕捞。

曾经闻名的吕泗渔场小黄鱼汛、鲳鱼汛，旺发时间长，近年来，汛期不明显或鱼汛消失。海洋渔业资源的可持续利用主要依赖于资源的补充，而补充的主要来源是依靠亲体的数量。鱼汛期消失的主要原因是海洋捕捞力量基数庞大，捕捞强度仍存在增加趋势。捕捞力量是不能单纯的以船只数量或功率数量来衡量，就帆张网而言，现在一艘帆张网作业船其捕捞强度可抵上帆张网发展初期的2～3艘船，流刺网单船携带网具数量近1 000片，总长度绵延数十海里，海洋捕捞强度总体上存在增加趋势。

捕捞过度体现为单位捕捞努力量渔获量降低，渔获品质下降。江苏海区主要经济品种都存在不同程度的生长型捕捞过度，对渔业资源的利用仅以当年生群体为主，根据渔获物分析，2龄以上的群体数量占各类经济品种的比例已经不足10%。伏休开捕以后，自9—12月份经济幼鱼占同类比重几乎达到80%以上，伏休后开捕生产，经济幼鱼比例居高不下，大量幼鱼来不及生长即被利用，造成资源极大浪费，形成生长型捕捞过度。

如果捕捞力量和捕捞强度得不到有效的控制和逐步降低，主要经济品种渔业资源的生长型捕捞过度将演变成补充型捕捞过度，亲体量减少，补充群体利用殆尽，渔业资源后续无力，则由衰退趋向衰亡，资源恢复十分不易。

（2）作业结构不合理。

吕泗渔场、海州湾渔场底层鱼类资源属于过度捕捞，中上层鱼类属比较充分利用，虾蟹类资源也已充分利用并有过度捕捞迹象。伏休开捕后至冬汛期间，大规模集中捕捞，不利于资源休养生息。诸如底扒网等对经济幼鱼杀伤力很强的渔具难以清理和取缔，幼鱼资源得不到有效的保护。目前一船多具的现象较为严重，兼作力强，从事流刺网作业的船只发展迅猛，数量难以控制，海洋捕捞作业结构不合理。

（3）渔场面积缩小，外省籍渔船入侵江苏海域生产，近海捕捞压力加大。

中日和中韩渔业协定的生效，传统的连东渔场、沙外渔场和江外渔场全部丧失，连青石渔场、大沙渔场、长江口渔场也将失去大部分渔区，估计江苏将失去面积达 $16.5 \times 10^4 \ km^2$ 的传统渔场，占原渔场面积的 1/3。将使靠近日本和韩国一侧作业的大量渔船撤离原先的作业渔场，渔民只能在近海从事作业，从而加大了近海捕捞压力。

此外，北方和南方地区的大量渔船在生产旺汛期到海州湾、吕四、大沙渔场进行生产，使得本已不堪重负的江苏省渔场更是雪上加霜，生产形势十分严峻。

3）管理问题

（1）管理的科学性、系统性和全面性问题。

我国的渔业管理尚未实行产出控制，主要是一些投入控制的方法，由于渔业资源结构复杂，且多属于复合型渔业，在多鱼种产出控制方面的工作尚未开展，主要依靠传统的管理模式，仍存在以下问题：渔政体制不完善，渔民数量与渔政人员的比例严重失调，渔政执法经费、人员经费缺乏，往往以罚代管；《幼鱼繁殖保护条例》中主要经济幼鱼的可捕标准对资源现状已不再适用；海洋捕捞各类网具的网目尺寸难以控制；流刺网网片携带数量，帆张网携带网具（锚）数量问题；定置作业伏季休渔制度的完善问题；"三无"船只的清理问题；产量统计存在问题；执法中存在地方保护主义问题等。诸多问题都是管理中存在的漏洞，说明海洋渔业管理需从科学性、系统性和全面性上加以解决。

（2）渔业外来人口增加。

20 世纪 90 年代以来，"非渔业劳动力"进入水产业、捕捞业、加工业的打工人数呈逐年增加态势，且增长速度加快。"非渔业劳动力"渗透到渔业中来，在很大程度上加大了捕捞力量。如何遏止"非渔业劳动力"的盲目增加，是海洋捕捞业面临的新的困惑，要通过完善渔业法规从根本上解决这一问题。

（3）减轻捕捞出路不通畅。

海洋捕捞是渔区的支柱产业，产值超过渔区社会总产值的一半以上，而二、三产业的产值低。在实施"转产转业"的过程中，虽说可以安排部分人员从事滩涂、浅海养殖、水产品加工、流通领域，但缺乏转产的基本技能及技术，如从事滩涂、浅海养殖，只能是粗放型的养殖模式，效益低下，无法取得竞争。而水产品加工的劳力又基本是以年轻人为主。

（4）海洋调查与科研投入不足。

海洋渔业资源的管理离不开科研，管理措施的制订源于科研成果。但长期以来海洋渔业资源研究滞后于生产发展，科研投入严重不足。海洋渔业资源研究公益性特征非常明显，需要大量的投入，并长期持续开展。但目前国家对该领域的投入远不能满足科研的需要，使工作无法系统地进行，往往只能局限于某些单一的专业范围内，以至资源开发升温现象出现时不能提供及时、有效的技术支持。近 20 年来，很少开展渔具、渔法的科研项目，并且很难立项，从事渔具渔法研究的科技人员纷纷跳槽和改行，真正从事渔具渔法研究的人员越来越少。传统观念是一旦从事渔具渔法研究，渔业资源利用能力增加，不利于资源的可持续利用和渔业可持续发展。

4）其他问题

沿海海洋工程增加，对环境和资源造成负面影响，沿海大面积围垦对经济品种的栖息地形成破坏，污染排放量未能得到有效控制。休渔制度仍需从科学层面上加以完善等。

8.5.4.2　管理建议

（1）在目前的资源形势和捕捞强度下，有必要制定新的可捕标准。

1979 年 6 月 26 日《江苏省水产资源繁殖保护实施办法》中规定若干种主要经济品种最低可捕标准，在捕捞生产的渔获物中，不符合可捕标准的幼体超过 20％ 时，要立即转移渔场或停止生产。

1989 年 2 月 3 日江苏省水产局关于《江苏重点保护的渔业资源品种及其最低可捕标准、主要渔具网目规格和禁渔区、禁渔期》的通知中重新规定了有关品种的最低可捕标准，小黄鱼、银鲳最低可捕标准为分别为 100 g 和 150 g。

伏休开捕后主要经济渔获物的幼鱼占同类比例很大，因此目前的资源利用现状与现行的法规严重不符，必须通过调查研究制订新的可捕标准，并重新制订各类渔具的最低网目尺寸标准，释放幼鱼，严格执行幼鱼比例检查制度，重新制订新的渔业实施细则，以适应资源现状和渔业可持续发展需要。

农渔发〔2003〕23 号文件《关于做好全面实施海洋捕捞网具最小网目尺寸制度准备工作的通知》，2004 年 7 月 1 日起全面实施最小网目尺寸制度。禁止使用低于最小网目尺寸的网具从事渔业生产。凡使用低于最小网目尺寸网具从事渔业生产的，由各级渔业行政执法机构依据《渔业法》第三十八条及其他相关法规予以处罚。最低可捕标准、最小网目尺寸、伏休开捕幼比检查必须同时实施。

（2）建议沿岸定置作业的休渔时间可根据资源监测结果来确定当年休渔时间，降低对幼鱼资源的破坏。

根据历年来的监测结果，5 月下旬开始小黄鱼幼鱼开始在沿岸浅水区域出现，6 月上旬已有大量的幼鱼出现在包括帆张网在内的各类定置作业中，体长在 25～40 mm，体质量在 0.3～1.0 g。如 2009 年，根据调查，小黄鱼幼鱼，幼鱼发现的时间为 2009 年 4 月 30 日，作业位置为 153/5～153/9 海区，当时每网的产量为 2.5 kg 左右，从 5 月 14 日开始就增加到每网 60 kg 左右，船舶携带网具 35 套，出港船只从事定置网作业的渔船达 49 艘，单日产量达 68 t 左右，生产时间共持续了 24 d，产量有增无减，至月底仅大洋港 26 家冷库小黄鱼幼鱼库存量达

6 000 t，平均体质量仅为 0.34 g，数量十分惊人。如果根据监测结果来确定休渔时间，可使大量经济幼鱼资源免遭破坏，对幼鱼资源起到有效的保护作用。

（3）试行单鱼种捕捞产出控制，为主要经济品种实施捕捞限额制度提供经验。

海洋渔业管理模式有投入控制与产出控制，投入控制主要是划定一定范围的保护区、休渔区和禁渔区，规定休渔期，对渔具渔法进行规范等一系列措施。但这些措施的实施没有从根本上解决捕捞技术提高、捕捞强度增加、渔船功率增大后所产生捕捞能力加大的问题。伏季休渔结束以后，为渔业资源的集中利用时间，捕捞时间延长，携带网具增加，使得大量当年生补充群体被利用。

渔业发达国家已经由投入控制型转为产出控制型，《渔业法》中规定实施限额捕捞制度，但目前实施总可捕量（Total Allowable Catch）制度存在很大的困难，需确定某些单品种试行捕捞限额，对实施过程中存在的问题和经验进行总结，为将来主要经济品种实施捕捞限额制度提供参考。

（4）完善渔业统计制度。

渔业统计资料是海洋渔业资源管理与科研必不可少的基础资料，必须重视渔业统计，认真进行渔获物上岸量的统计，规范和完善统计制度，为今后实施海洋捕捞的产出控制打下基础。

（5）沿岸涉渔工程生态补偿款主要用于生态修复。

随着沿海经济大开发战略的逐步推进，江苏省沿岸涉渔工程建设项目将会越来越多，应严格审批沿岸涉渔工程项目立项，拒绝高污染、高能耗项目，加大违规查处力度。渔业行政主管部门应跟踪企业补偿资金到位情况，将生态补偿款用于区域性的海洋生态环境修复和恢复，如经济品种的增殖放流、人工鱼礁和海洋牧场建设。

（6）利用保护区功能，逐步恢复保护对象渔业资源。

目前江苏省有海州湾中国对虾和吕泗渔场小黄鱼、银鲳两个国家级水产种质资源保护区，保护区规划和管理规划须针对近期和中长期设立的目标，从长远角度设计和规划，加大管理和科研的投入，逐步恢复海州湾中国对虾资源和吕泗渔场小黄鱼、银鲳资源，并兼顾恢复其他经济品种。

（7）鼓励渔民转产转业，完善社会保障制度。

由于渔民文化层次普遍较低，对其他生产经营领域的知识、技能较为缺乏，经济基础比较脆弱，减船转产难度较大，减船转产是一项十分艰巨而漫长的社会工程。鼓励从捕捞业转向养殖业、流通加工业，给予政策性扶持，加强专业技能培训，建立健全服务体系，提供相关的技术和信息服务，切实提高渔民转产转业后的就业能力，以此来维护渔区的稳定，促进社会和谐发展。逐步将渔民纳入全社会保障体系，解决后顾之忧。

参考文献

张秋华，程家骅. 2007. 东海区渔业资源及其可持续利用：上海：复旦大学出版社，617 – 633.

江苏 908 办公室. 2011. 江苏近海基础调查报告.

江苏 908 办公室. 2011. 南黄海辐射沙脊群调查报告.

江苏省海洋水产研究所. 2010. 南黄海渔业资源利用调查报告（江苏部分）.

任美锷，等. 1986. 江苏省海岸带和海涂资源综合调查报告，北京：海洋出版社，153 – 155.

第9章 辐射沙脊群地区可再生能源与油气资源[①]

江苏省经济发达，但也是资源消耗大省。煤炭、天然气等一次性能源最为匮乏，其中原煤消费量在能源消费总量中所占比重保持在76%左右，大量消耗原煤对资源、环境造成很大的压力，这与目前所倡导的低碳经济不相符合（姚晓霞，2009）。因此，必须大力发展可再生能源，逐步替代对环境造成污染的化石燃料。江苏拥有888.945 km长的海岸线，有滩涂面积750万亩[②]，在新能源开发利用方面具有很大优势，大力开发诸如风能、太阳能、海洋能、生物质能等新能源对促进江苏经济又好又快发展具有重大意义。

江苏沿海除了积极开发新能源以外，需要争取油气资源开发的新突破。南黄海盆地位于江苏岸外，从20世纪60年代开始勘查，80年代又和国外公司搞过区块合作勘探，但一直没有取得突破，至今没有获得工业油气流。目前，南黄海盆地大规模勘探工作暂告一段落，但整个盆地勘探程度仍然较低，还有许多工作可以做。

9.1 太阳能

目前国内对太阳能资源的评价多从太阳能总辐射、日照时数及可照时数等方面来分析各区域太阳能资源的丰富程度、可利用价值、日最佳利用时段及资源稳定程度等时空分布特征（周扬等，2010）。太阳能资源的丰富程度按如下标准划分：资源丰富区，年辐射总量大于6 700 MJ/m²；资源较丰富区，年辐射总量为5 400~6 700 MJ/m²；资源较贫乏区，年辐射总量为4 200~5 400 MJ/m²；资源贫乏区，年辐射总量小于4 200 MJ/m²。

江苏沿海属于太阳能资源较贫乏地区，太阳辐射总量在4 200~5 400 MJ/m²之间，自北向南呈梯度式变化，其中废黄河三角洲以北太阳资源相对较丰富，年均介于4 903~5 045 MJ/m²·a之间，废黄河三角洲至射阳河口介于4 779~4 903 MJ/m²·a之间，射阳河口至如东介于4 633~4 779 MJ/m²·a之间，长江口以北最低，介于4 532~4 633 MJ/m²·a之间。年均日照时数废黄河口以北在2 306~2 455 h之间，属于资源较丰富区；废黄河口以南在2 184~2 306 h之间，不及北部丰富。江苏沿海太阳能总辐射与日照时数都存在自北向南逐渐减少的趋势，太阳能资源具北丰南贫的特点（图9.1）。

一天中日照时数如大于6 h，则认为太阳能具有利用价值；如果小于6 h，则认为太阳能不具有利用价值。因此，可用各月日照时数大于6 h的天数来评价太阳能利用价值。江苏沿海1999—2008年气象观测站显示，年均各月日照时数大于6 h天数最多的是连云港市的赣榆，平均为218 d，吕四和射阳均为203 d。评价结果显示，江苏沿海太阳能资源较为丰富的

---

① 本章由殷勇执笔。
② 江苏近海海洋综合调查与评价专项——海岸带调查研究报告，2011。

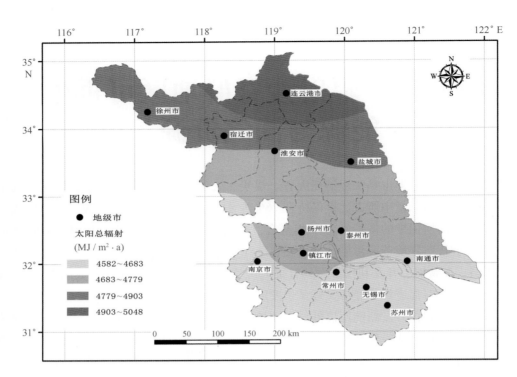

图 9.1　江苏省总太阳辐射分布图

资料来源：周扬等，2010

连云港地区资源稳定性较高，亦有较高的可利用价值，而其他地区，资源稳定程度及可利用价值较低（图 9.2）。

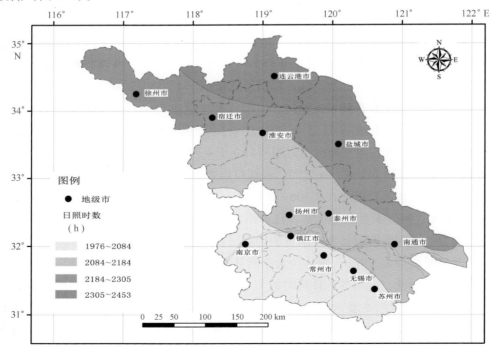

图 9.2　江苏省日照时数分布图

资料来源：周扬等，2010

目前，太阳能已在江苏沿海得到广泛应用，一定程度上弥补了广大农村缺煤少柴的状况。太阳能热水器在沿海城镇受到普遍欢迎，依靠太阳能热水器，部分农户解决了家庭热水的供应问题。同时，太阳能开发催生了一批太阳能产业，以盐城为例，太阳能光伏产业现有企业三家，其中位于阜宁的江苏特华新材料科技有限公司于 2008 年 11 月建成投产，为全国第八家投产的多晶硅生产企业。位于亭湖区的江苏盛发伯乐达光伏有限公司主攻太阳能光伏电池研发，目前已有两条生产线竣工，生产能力已经形成。江苏宏大光电科技有限公司主要生产太阳能单晶硅电池及太阳能电池组，总投资 2.5 亿元。目前厂房已建成，10 台熔柱炉、10 台切片机正在组装，现已试生产。另外还有包括江苏恒科新能源科技有限公司等在内的 4 个在建项目（郭宗林等，2010）。

9.2　风能

江苏沿海地处江淮下游，黄海、东海之滨，沿海地带风能资源丰富，资源禀赋好，开发价值极高，大片浅海沙脊是最适合发展风能产业的区域。来自江苏电力公司的资料表明，2005 年江苏电力缺口达 450×10^4 kW 左右，占华东电网缺口的一半以上，为全国之首。因此，大力开发江苏沿海风能资源，对于缓解长三角地区用电紧张的情况是具有重大意义的（顾为东，2006）。

9.2.1　江苏沿海风能资源的时空及季节分布

江苏沿海地处典型的季风气候区，年平均风速在 2.95～5.7 m/s 之间，普遍大于 3 m/s。海岸线附近风速达 4～5 m/s，近海岛屿在 5～8 m/s 之间，风速等值线平行于海岸线，呈现东西差异大、由东向西逐渐递减的趋势（图 9.3）。另据统计，江苏沿海年均有效风能密度超过 60 W/m²，在 63.4～381.560 W/m² 之间（图 9.4），年有效风速时数超过 4 000 h（4 300～7 900 h），在观测的 21 个站点中，有 17 个站点有效密度在 60～10 060 W/m²，年有效风速时数在 4 300～5 900 h 之间。

江苏沿海风能资源的空间分布呈现出两个重要特点：一是有效风能由陆地向海洋增大，如黄海达山岛，有效风能密度为 381.5 W/m²，有效风能时数为 7 926.5 h；近海的东西连岛有效风能密度为 271.4 W/m²，有效风能时数为 6 632.6 h 。二是有效风能密度淮北沿海大于淮南沿海。如灌河口以北一般在 100 W/m²，灌河口以南一般在 100 W/m² 以下（表 9.1）。

表 9.1　江苏沿海有效风能分布

风能参数	达山岛	东西连岛	燕尾港	赣榆	大丰	吕四	海门	启东
有效风能密度/（W/m²）	381.5	271.4	167.8	81.7	80.05	96.1	63.9	71.8
有效风能时数/h	7 926.5	6 632.6	6 295.6	3 760.8	5 486.0	5 771.0	3 404.0	3 946.8

资料来源：凌申，2010。

根据风能分布地域、资源状况和利用条件，可将江苏沿海地区分为 3 个区域：① 沿海岛屿区，该区是江苏风能资源最为丰富的地区，包括东西连岛、达山岛等沿海岛屿，有效风能密度在250 W/m²，有效风能时数在 6 600 h 以上，但该区岛屿面积有限，难以大规模开发利

图 9.3　江苏年平均风速分布

资料来源：《江苏省地图集》编撰委员会，2004

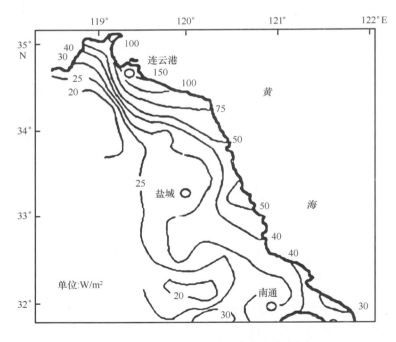

图 9.4　江苏沿海年平均风能密度分布图

资料来源：凌申，2010

用；② 沿海岸区，该区是江苏沿海风能资源较为丰富的区域，如燕尾港有效风能密度 167.8 W/m²，有效风能时数达 6 295.6 h，同时该区也是开发风能最为有利的地区，该区沿海滩涂宽广，面积巨大，是建设大型风力发电厂的理想地；③ 近海陆地区，包括连云港—盐城—南通一线以东至海边，是风能可利用地区，该区分布有大量农田、沿海城镇、经济开发区和工业园区，不宜建设大型风力发电设施（凌申，2010）。

江苏沿海属亚热带、温带季风气候，夏季盛行东南风，冬季盛行西北风，风能季节分配表现为冬、春季大，夏、秋季小，季节变化十分显著。春季沿海大部分地区平均风能密度都在 50 W/m² 以上，而夏秋两季除废黄河三角洲及其以北地区风能密度达 50 W/m² 以上外，中、南部大部分地区都在 50 W/m² 以下（凌申，2010）。

9.2.2　江苏沿海建设风电场的优势条件

江苏沿海海岸线长达 888.945 km，多数为淤涨型岸段，地势平坦，平均高程在 −1～5 m 之间（废黄河基面），沿海可利用滩涂面积超过 6 000 km²，占全国滩涂总面积的 1/4。其中潮上带沿岸滩涂约有 400 km²，70 m 高平均风速达 7.2 m/s；潮间带滩涂约 900 km²，70 m 高平均风速达 8.2 m/s；向东延伸，近海辐射沙脊群面积约 1 300 km²，70 m 高平均风速达 8.4 m/s。此外，江苏沿海滩涂还以每年约 13.34 km² 的速度增加（周翔等，2009）。江苏沿海滩涂人口相对较少，地形也较为平坦，风电设施建设受干扰因素少，是沿海建设风电设施的最佳区域。

据计算，江苏岸外的辐射沙脊群可承载达 9.7×10^{11} W 的风电装机容量，可发电量为 2.2×10^{15} W·h（周翔等，2009）。其中位于东台市和大丰市东端附近的东沙更是难得的建设大型海上风电场的理想场区，东沙面积达 693.73 km²（0 m 线以上），东沙滩面以 10 cm/a 的速度增高，以 7.6 km²/a 的速度淤涨。东沙、条子泥海域 70 m 高度的年平均风速达 8 m/s 以上，年平均风能有效密度达 400 W/m²，全年可正常发电，属风能资源丰富区，具有很大的开发价值（周翔等，2009）。

另外，江苏沿海地质条件好，可降低风电场地基工程的建设难度和造价。根据水利勘探部门勘测，东台沿海地区埋深 1 m 以下地层承载力达到 10～14 t，8 m 以下达到 18 t，16 m 以下达 23 t，具备发展海上风电的理想地质条件。

9.2.3　江苏沿海风电发展重点区域

根据调查，江苏沿海风能资源主要分布在南通市的启东、如东，盐城市的大丰、射阳、滨海、响水、东台，连云港的高公岛和赣榆。这些地区海上风速大，风能资源稳定，是江苏沿海发展风电产业的重点区域。

南通海岸线长达 210.365 km，沿海滩涂面积 2 001 km²，属淤涨型的滩涂岸段 176 km，每年向外淤涨 10～200 m，平均每年新增滩涂面积 6.67 km² 左右，南通市所属的启东和如东风能资源丰富，是天然的风电场所。

盐城市海岸线总长 377.885 km，沿海滩涂面积 4 550 km²（含辐射沙脊群）。2006 年 2 月份，国家发改委专门召开了江苏沿海风电建设会议，明确将江苏作为国家风电建设示范基地。按照这一规定，江苏省确定在响水、滨海、射阳各建一个 200 MW 的风电场，加上已获得国家同意的东台、大丰各 200 MW 的风电项目，盐城将形成 1 GW 的风电基地（周翔等，2009）。

连云港市大陆海岸线全长 146.587 km，滩涂总面积 2 935 km²。该市年平均风速 5.9 m/s，年有效风能 1 871 kW·h/m²。《连云港市"十一五"新型工业化发展规划纲要》中提出，在赣榆县宋庄、连云区徐圩、灌云县燕尾港 3 个区域建设陆上风电场，并在浅海域规划北部赣榆和南部灌云两个海上风电场。《连云港市国民经济和社会发展第十一个五年规划纲要》也提出建设 1.2 GW 连云港、100 MW 燕尾港风力发电项目（周翔等，2009）。

9.2.4 江苏沿海风电场建设及发电现状

截至 2007 年底，江苏沿海累积装机台数达 188 台，位居全国第十位。根据江苏省风电发展规划，到 2020 年，江苏沿海装机容量将达到 1 800 × 10⁴ kW。自 2003 年以来，江苏省已进行三期风电项目特许权招投标。一期装机容量 100 MW、二期装机容量 150 MW、三期装机容量 865 MW，3 期共计 8 个风电场，总装机容量达到 1 215 MW，总投资达 121.43 亿元（高金锐，2009）（表 9.2）。一、二期各建有一风电发电厂，目前已全部投产，三期有 6 个风电场在建，其中部分机组已并网发电，已在"十一五"末投产。拟建风电场 5 个，装机容量达 470 MW，计划在"十二五"内全部投产。上述 13 个风电场分布在连云港、盐城、南通如东和启东的沿海地区（图 9.5）。

表 9.2　江苏沿海各风电场基本情况一览

序号	项目名称	装机容量/MW	单机容量/kW	装机台数	总投资/亿元	投资主体	项目所在地	利用海岸线/km	备注
1	如东联能风电场	100	2 000	50	9.16	汉能控股集团	如东县洋北垦区	11	第一批特许项目
2	如东龙源风电场	250.5	1 500	167	25.0	中国国电集团	如东县洋北凌洋垦区	21	第二批特许项目
3	启东龙源风电场	100.5	1 500	67	10.09	中国国电集团	启东东元镇	12	参照第三批特许项目
4	国华东台风电场	201	1 500	134	18	神华国际集团	东㙍台港镇以东一线海堤外	20.1	第三批特许项目
5	中电投大丰风电场	200.25	750 1 500	174	21.9	中电投集团	大丰市	15	第三批特许项目
6	启东华能风电场	91.5	1 500	61	10.29	华能集团	启东市黄海海堤	15.2	参照第三批特许项目
7	响水长江风电场	201	1 500	134	20	三峡集团公司	响水县陈家港镇	27	第三批特许项目
8	江苏东凌风电场	70.5	1 500	47	7.19	江苏国信集团	如东县东凌垦区外滩滩涂	13.7	参照第三批特许项目
合计		1 215.25		834	121.43			135	

资料来源：高金锐，2009。

按照江苏省《2006—2020 风力发电发展规划》，海上风电是江苏省未来的发展方向。2007 年年初，国家发改委明确在如东开发 30 × 10⁴ kW 近海风电示范项目，几大发电公司也

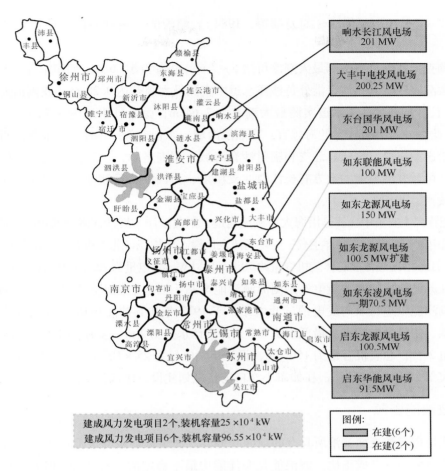

图9.5　江苏风电在建和已建项目分布

资料来源：据高金锐，2009

分别在海上建立了测风塔，对近海风力资源进行了调查，为下一步近海风电开发创造条件。"十一五"期间，又分别在响水、如东和东台进行了海上风电场的前期调查，充分说明江苏省风电由沿海逐步转向近海发展。

9.3　浪、潮能

江苏海岸类型多样，既有潮汐控制的开敞型粉砂淤泥质海岸、也有波浪控制的砂质海岸，具有丰富的海洋能资源，包括潮汐能和波浪能。虽然目前开发条件尚不十分成熟，但今后开发利用的前景广阔。

9.3.1　潮汐能资源

潮汐能分为潮差能和潮流能，江苏沿海潮汐能分布较广，其中吕四和弶港近海，潮汐能在 10×10^6 erg[①]/cm² 以上，是江苏沿海潮汐能最大的地区，而燕尾港、废黄河口附近潮汐能

---

① erg 为非法定计量单位，$1\,\mathrm{erg} = 10^{-7}\,\mathrm{J}$。

约为 $5 \times 10^6 \sim 7 \times 10^6$ erg/cm^2（刘爱菊等，1984）。潮汐能中两种不同的能量在江苏沿海的分布。

根据调查，江苏沿海南部最大潮差可达 $5 \sim 7$ m，外海为 $5 \sim 6$ m。如东岸外，黄沙洋、兰沙洋是最大潮差区域，在洋口港外黄沙洋水道中实测最大潮差达 9.28 m（我国沿海最大的潮差记录），长沙港外烂沙洋水道实测最大潮差为 7.64 m，弶港外水道为 5.72 m（叶和松等，1986）。除此之外，潮差较大的海域有：小庙泓海域、东台南部—小洋口—北坎附近海域、江苏潮滩的淤进型岸段、长江口北支和辐射沙脊海域。调查显示，江苏沿海潮差能区多集中在南部海域，可开发潮差能的地方有长江口北支汊道、吕四港、黄沙洋、灌河口的燕尾港和射阳河口（凌申，2010）。

潮流能资源主要集中在江苏沿海大型潮流通道，如黄沙洋—烂沙洋潮流通道、小庙洪潮流通道、斗龙港南侧、王港以东西洋主潮；另外河流入口段，如长江口北支也是潮流能集中分布区域。根据计算，江苏沿海潮流能总体装机容量约 70.4×10^4 kW，发电量为 22.8×10^8 kW·h。

目前江苏已建成的潮汐能电站是浏河潮汐能电站。该电站位于苏州市太仓县浏河口，是利用长江潮汐能量进行双向发电的试验电站，于 1973 年初兴建，1976 年 8 月建成。该电站具有水头低、能量大的特点。最低水头 0.3 m，设计水头 1.2 m。装有 75 kW 卧轴半贯流式水轮发电机组 2 台，总装机容量为 150 kW，设计年发电量为 25×10^4 kW·h。1978 年 7 月并网远行（许寅等，2010）。另外，在如东小洋口港将规划建设一座潮汐电站。

9.3.2　波浪能资源

波浪能是指海洋表面波浪所具有的动能和势能。波浪的能量与波高的平方、波浪的运动周期以及迎波面的宽度成正比。波浪能是海洋能中最不稳定的一种能源，但其品位最高、分布最广且能流密度大。

江苏沿海波能分布较广，整个江苏沿岸波能总通量为 70×10^4 kW，具有巨大的开发利用价值，尤其是辐射沙脊群海域，波浪较高，波浪蕴藏的能量较大（刘美琴等，2010）。连云港波能主要分布在连云港港区和开山岛附近；盐城波能主要分布在废黄河口、射阳河口以及弶港以东，上述区域是江苏沿海波能开发的首选区域。另外，随着波浪发电技术的提高，波浪发电可以成为分布式[①]的高效、可靠的发电单元，为外海航道、航标灯以及小型海岛提供持续的电力供应。

9.4　生物质能

江苏沿海地区属苏北沿海平原，北部光热资源丰富，夏秋两季日照强，温差大，有利于夏、秋作物有机物的积累和农产品品质的提高。南部雨量丰富，气温较高，无霜期长，对生物质能源作物生长极为有利。再加上滩涂资源广阔，江苏沿海具有发展生物质能的优越条件。

---

① 分布式发电通常是指发电功率在几千瓦至数百兆瓦的小型模块化、分散式，布置在用户附近的高效、可靠的发电单元。主要包括：以液体或气体为燃料的内燃机、微型燃气轮机、太阳能发电（光伏电池、光热发电）、风力发电、生物质能发电等。

9.4.1　江苏沿海生物质能源开发利用条件

9.4.1.1　沿海草本能源植物种类繁多

　　江苏沿海属平原地区，地势低平，降雨丰沛，四季分明，植物种类繁多，年生长量大，多种木本、草本植物在沿海地区都有分布，加之沿海地区水网密布，滩涂面积大，发展生物质能源具有得天独厚的条件。沿海地区有 300 种以上的本土植物含有丰富的油脂，可作为生物质能资源的作物有海滨锦葵、蓖麻、菊芋、碱蓬、麻风树、乌桕等。其中，碱蓬是一年生肉质草本盐生植物，适合于海水灌溉的潮间带、海滨盐碱地带生长，其种子富含油脂和蛋白质，是品质优良的食品与工业用油料。麻风树适应性强，种子出油率高，也是生物柴油的理想原料。菊芋也是一种具有发展前景的淀粉植物，其碳水化合物的 70% 是菊糖，适宜在滩涂盐碱地上种植。盐生植物如柽柳、芨芨草及芦苇等，均为较好的纤维原料。柽柳植株内的碳氢化合物含量较高，可构成灌木林。芨芨草为高大的多年生密丛性草本植物，生物产量大，茎皮纤维含量为 40%，利用价值高（凌申，2010）。

　　江苏沿海地带是我国重要的商品棉生产基地，也是粮食的重要产区。全区如水稻、小麦、玉米、油菜、棉花种植面积大，各类农作物秸秆年生产量达 3.9×10^7 t，而农作物秸秆是发电的理想原料，同时随着秸秆气化技术的提高，秸秆经过热解和还原反应后生成可燃性气体，通过管网送到农户家中，可解决炊事和采暖问题。江苏沿海地区也是我国重要的家禽养殖基地，2006 年，江苏沿海地区生猪存栏量达 797.19 万头，家禽 17 091.36 万只，羊 659.48 万头，大牲畜 34.3 万头，年产生各种粪便达 $1\,400 \times 10^4$ t，而这些也是宝贵的生物资源，这些粪便是沼气发电的良好原料（凌申，2010）。

9.4.1.2　沿海林业资源丰富

　　江苏沿海地区林业资源丰富，森林覆盖率高。2006 年，连云港覆盖率为 15.9%、盐城市 16.55%、南通市 12.2%。三市造林面积 16 386 hm^2，其中连云港 4 209 hm^2、盐城市 7 398 hm^2、南通市 4 779 hm^2。区内活木总蓄积量为 $1\,196 \times 10^4$ m^3，其中连云港 416×10^4 m^3，盐城市 700×10^4 m^3，南通市 80×10^4 m^3，林木年生长量 120×10^4 m^3。内有水杉、意杨、刺杉、刺槐、柳树、枫树、白榆、苦楝、乌桕等木本植物 100 余种，其中杨树、柳树、枫树等速生树木可以作为主要能源植物，杨树种植总面积达 16.67×10^4 hm^2 以上，活林木蓄积量达 870×10^4 m^3，占总活林木蓄积量的 72.7%。另有草本植物上千种，林木产品加工废弃物量约为 54×10^4 m^3（凌申，2010）。

9.4.2　江苏沿海地区生物质能源利用状况

　　目前江苏生物质能源的利用主要是秸秆发电和沼气利用。秸秆发电主要集中在射阳、如东等市县，投入运行的秸秆气化集中供气工程多处，可供 1 万多农户生活用气，年供气量多达 $1\,500 \times 10^4$ m^3。通过工程建设，利用秸秆气化技术，让富裕的农村实现了炊事燃气化、管道化，提高了农民生活，开辟了农作物秸秆利用的新途径。一个气化站每年产气达 40×10^4 m^3，可替代 200 多吨煤或 40 多吨液化气，满足 200~300 农户的生活用燃料。以盐城为例，目前有两家生物质发电企业，其中能生物发电射阳有限公司于 2007 年 9 月投产，总投资 2.58 亿元。江苏国信盐城生物质发电有限公司预计项目投资为 2.7 亿元。目前盐城已建成两台 75 t/h 秸秆直燃锅炉和两台 15 MW 汽轮发电机组及相应辅助设施。此外，还有包括上海宏东集团生物质能发电在内的 5 家在建项目（郭宗林等，2010）。

江苏沿海在连云港、滨海港、大丰港、洋口港等靠近港口地区已开始生物柴油的开发利用，相继建设了一批生物柴油加工厂（凌申，2010），生物柴油原料包括油棕、橡胶籽、小桐籽等，但原料采购主要来自海外，因此，必须依靠省内外科研力量，积极培育适合江苏沿海滩涂的生物柴油作物，满足未来新能源开发的需求。

最后，需要指出的是江苏沿海可再生能源的空间和时间分布存在较大差异，例如，连云港太阳能辐射资源最为丰富，为大规模光伏发电提供了基础。连云港近海也是江苏沿海波浪作用最强的区域，可为波浪发电提供动能。而江苏南部沿海潮流能和潮差能突出，可以弥补江苏沿海北部潮汐能不足的缺憾。虽然江苏沿海风能资源突出，但对某一区域来讲并不是全年 365 天都存在有效风速，风力发电可能会存在间歇性。为了弥补单一可再生能源发电系统的不足，这就需要将各种可再生能源（太阳能、风能、潮汐能、波浪能、生物质能）形成的分布式发电系统联网，互相配合发挥出最佳效益。

9.5 南黄海油气资源

南黄海新生界盆地位于扬子准地台中北部，夹持于北部的千里岩隆起与南部勿南沙隆起之间，西部邻接陆上的苏北盆地（图 9.6）。南黄海盆地属新生代裂陷盆地，面积 13×10^4 km²，新生界平均沉积厚度 5 000 m，最大沉积厚度 8 200 m①（图 9.7）。黄海是我国近海目前唯一尚未获得商业性油气发现的海区。目前已钻井 24 口，没有任何工业性油气流，仅个别探井见油气显示。无论中国和韩国，在南黄海盆地均没有实现突破。

9.5.1 油气勘探概况（勘探程度低，至今未获工业油气流）

我国在南黄海海域的地球物理调查从 1961—1998 年，大体走过了自营普查勘探、合作勘探和后续评价研究三个阶段。1996—2005 年由国土资源部、国家发改委等单位组织国内 14 家石油单位和科研院所开展了全国新一轮油气资源评价，其中包括南黄海盆地的油气资源评价。经过多年的勘探，我国在南黄海完成地震 53 843 km、磁力 41 491 km，钻井 18 口（其中南部坳陷 12 口、北部坳陷 6 口、勿南沙隆起 1 口），总进尺 51 550.6 m。多为新生界浅井，古生界少有钻井钻达，揭露的最老的古生界层位是石炭系（全区仅 1 口井钻达）。有 6 口井见到了油气显示，主要显示层位有戴南组、阜宁组、泰州组和白垩系。目前，南黄海盆地大规模的勘探工作暂告一段落，就整个盆地而言勘探程度仍然较低，大部分海域特别是前新生界发育的隆起区及前第三系领域工作不多，资料少，基本上处于评价的空白区。

9.5.1.1 自营勘探阶段（1961—1979 年）

自营勘探从 1961—1979 年，经历了早期试验准备（1961—1967 年）、区域概查（1968—

---

① 新一轮全国油气资源评价——常规油气资源评价（各盆地）成果汇编，2005。

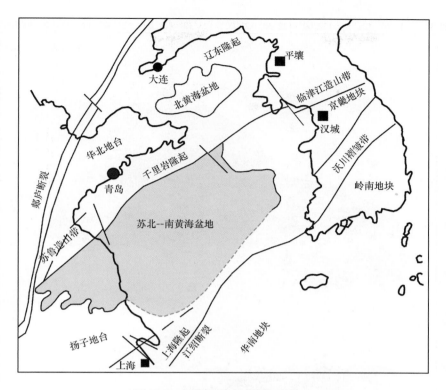

图 9.6　南黄海盆地周缘构造单元

1970 年）以及区域普查、详查阶段（1971—1979 年）[①]。共完成面积 16.5×10^4 km^2 的石油地球物理勘探普查、概查和局部半详查工作，当时的地质部做了大量的地震、重力和磁力测量工作，并在详查的基础上钻了 7 口预探井。查明南黄海盆地有 5 个一级构造单元，即千里岩隆起、北部坳陷、中部隆起、南部坳陷和勿南沙隆起。进一步划分出 21 个凹陷、9 个构造区、14 个凸起。南黄海盆地新生界最大厚度 6 000 m，主要属陆相沉积。上白垩统和新生界存在三套有利油气生成的暗色岩系，即泰州组、阜宁组和戴南组。勘探领域在盆地内以中生界和新生界为主。中部隆起和勿南沙隆起上的古生界是含油远景区。盆地具箕状凹陷结构，南部坳陷为南断北超，北部坳陷为北断南超。发现 46 个局部构造成排成带，总圈闭面积 6 353 km^2。

9.5.1.2　对外合作勘探阶段（1979—1992 年）

对外合作勘探阶段自 1979—1992 年。1979—1982 年为区域普查期，中国石油天然气勘探开发公司分别与法国埃尔夫—阿奎坦、道达尔石油公司、英国石油有限公司（BP）签订合同，在南黄海北部、南部海域开展地震普查工作。普查结束后，南、北坳陷区数字地震测网密度已达到 4 km×8 km，共完成地震工作量 19 575.15 km，重力、磁力工作量各 9 538 km。南部坳陷还完成了两口地层参数井，井底深度分别为 3 500 m 和 3 259.84 m，前者探明了新生代地层，后者钻穿了第三系和下三叠统，并钻遇上二叠统煤系地层。在研究区域内，共发现背斜、断鼻、潜山构造圈闭 286 个，圈闭面积累计达 5 765 km^2。1983—1992 年为区块勘探

---

① 南黄海盆地油气勘探潜力分析，（中石化勘探研究院报告）2004。

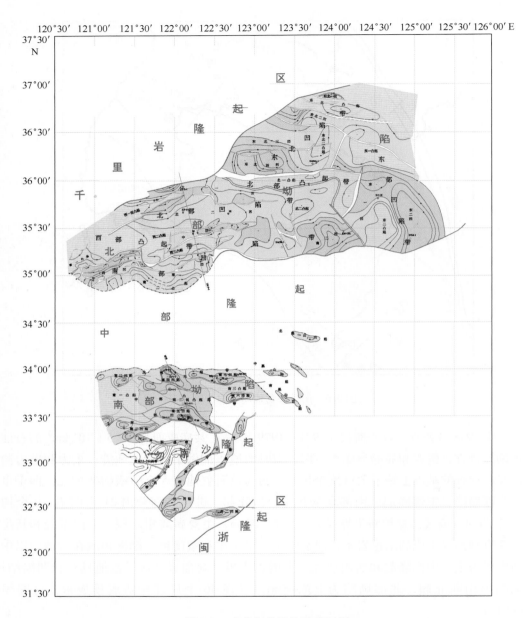

图 9.7　南黄海盆地构造单区划

期，中海油与英国石油（BP）等外国公司经过了 10 年的对外油气勘探合作。累计完成地震测线 8 564.4 km，新发现局部构造 8 个，累计圈闭面积 81 km²。截至 1992 年，在南黄海盆地共钻探井 17 口，有 4 口井见油气显示，1 口井见低产油流。大量的地震剖面揭示南黄海盆地上白垩统上部和老第三系厚度大、局部构造多，有的局部构造生、储、盖配置较好，表明南黄海盆地具有较好的成油条件和找油前景。

9.5.1.3　后续评价研究阶段（1993—1998 年）

1993—1998 年进入后续评价研究阶段，南黄海盆地共签订了 5 个合同区块，获得 8 564 km 的地震剖面，发现各类圈闭 286 个，钻探井 10 口，只在一口井中见低产油流，油气勘探没有大的突破，勘探效果不理想。在合同区的勘探活动停止后，东海石油公司专门组织南黄海盆地资料研究组进行物探资料精细解释、钻后分析、油气资源的再评价，提出新的勘探方向，与外方进行技术交流，争取新的合作机会。此外，对勿南沙隆起也进行了研究。1991 年 5 月东海石油公司与美国太阳石油公司达成联合研究"南黄海北部坳陷 11/33 区块的石油地质规律与找油、找气方向协议"。1996 年 11 月 25 日，东海石油公司又与美国 TRITON 石油公司签订"南黄海勿南沙隆起 24/10 区块的联合研究协议"，重新处理地震资料，进行物探解释评价研究。发现有勘探前景的挤压背斜 44 个，面积一般在 30 km^2 以上。

9.5.1.4　新一轮油气资源调查（1996 年至今）

从 1996 年至今进入新一轮油气资源调查阶段，勘探工作主要以盆地结构及中、古生界为调查对象，共完成地震 6 054.5 km，钻井 2 口。1996 年 1 月至 1997 年 10 月，"我国专属经济区和大陆架勘测"专项，在南黄海海域进行了地质地球物理补充调查和资源评价。共完成 60 道 30 次覆盖地震测线 820 km，资料品质较好，为再次评价南黄海盆地提供了部分基础资料。1996—2000 年，我国再次进行南黄海油气的补充调查，完成地震采集 4 484.5 km，对区域构造格局和中、古生界海相地层的分布有了进一步的了解。2000 年 8 月，我国"215"专项在北部坳陷完成地震 500 km。同年，中国海洋石油总公司东海公司在南部坳陷和勿南沙隆起施工探井各一口，目的层是海相中—古生界，但均未见到油气显示。

9.5.1.5　韩国在南黄海油气勘探（1968 年至今）

韩国在南黄海的石油勘探大致起步于 1968 年，勘探区域位于南黄海的东部海域，韩国政府于 1979 年成立了石油开发公司（PEDCO），并单方面在该海域划分了 3 个区 8 个区块；其中南黄海有 4 个区块，主要采取对外合作的方式开展油气勘探活动。到 1990 年，已钻井 6 口，完成地震剖面 2 1152 km，仅两口井在白垩系见少量显示。

9.5.2　盆地区域地质特征

9.5.2.1　盆地类型及构造演化

南黄海盆地位于扬子准地台的东北部，属扬子准地台向海域的延伸，北靠山东半岛，以苏鲁—临津江造山带与华北—狼林地块相接；南以江绍—沃川接合带与华南—岭南地块为邻。南黄海新生代盆地是在中生代残余盆地的基础上，于晚白垩—第四纪形成的裂陷盆地，其基底由震旦系、古生界和中下三叠系的海相碳酸盐岩、陆相碎屑岩和煤层组成。研究结果表明，南黄海盆地主要经历了古生代稳定地台沉积阶段，中生代为前陆盆地（T_{2+3} – J_{1+2}）、走滑拉分盆地时期（J_2 – K_{1-2}），晚白垩世—新生代为断陷（K_3 – E）、坳陷盆地时期（N – Q）。

早古生代，苏北—南黄海盆地广泛发育稳定的海相地台型沉积建造，以浅海台地、浅海陆棚及较深海盆地碳酸盐岩相为主，加里东运动使扬子板块与华南板块拼合后，发育浅海陆棚相—开阔台地相沉积。印支期，扬子板块与华北板块碰撞，海水全面退出，在原古生代台地的基础上发育陆相中生代前陆（类前陆）盆地（T_{2+3} – J_{1+2}）。从晚侏罗世至早白垩世，随着郯庐断裂的多次活动、转换，形成走滑拉分盆地，在北部坳陷的东部还有火山喷溢活动。

晚白垩世，受环太平洋构造域的影响，岩石圈转为伸展，构造应力场由原来的挤压转变为拉张。在南黄海地区，在下扬子海相残留盆地和中生代（类）前陆盆地的基础上，分别在中部隆起的南、北两侧各形成一个箕状断陷盆地群（图9.7和图9.8）。晚白垩世—始新世是断陷盆地伸展拉张最强烈时期，发育泰州组、阜宁组的广湖相沉积。古新世末，南黄海盆地发生了吴堡运动，它是随着太平洋板块扩张中脊方向的改变而产生的，波及全区。吴堡运动在南黄海造成盆地的抬升，进入拉张裂陷的萎缩期。地层遭受剥蚀，阜宁组与上覆地层呈明显的区域性不整合，导致苏北—南黄海盆地同苏南隆起和勿南沙隆起的进一步分割。在此期间中部隆起急剧抬升，使其南、北两侧最终成为两个独立的坳陷。进入始新世后，南黄海盆地以块断运动为主，北东东向断层继续控制凹陷和凸起，中部隆起隆升，南、北两个坳陷进一步下降。

渐新末期的三垛运动使苏北盆地再次遭受强烈的挤压和区域性抬升剥蚀，有大规模基性岩浆侵入和玄武岩流喷溢，缺失晚始新世到渐新世地层，形成长达16 Ma的沉积间断（周玉琦等，2004）。晚第三纪以来，盆地进入裂陷后的拗陷阶段，发育盐城组河流相沉积和东台组浅海相沉积。

9.5.2.2 构造单元划分

南黄海盆地自北向南由五个一级构造单元组成，依次为千里岩隆起、北部拗陷、中部隆起、南部拗陷和勿南沙隆起（图9.7和图9.8）。

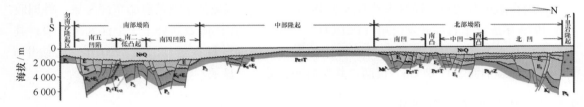

图9.8 南黄海盆地地质构造剖面

（1）千里岩隆起：位于本区最北部走向NE，其南以千里岩断裂与北部盆地相邻，是陆上胶南隆起的海域延伸部分。这里相当元古界的胶南群埋深一般均小于1 000 m。除局部有白垩系的小片残留外，广大地区仅有N－Q的盖层（蔡乾忠，2005）。

（2）北部坳陷：总体呈近WE走向，北部以千里岩断裂与千里岩隆起为界，其南和西南以超覆关系与中央隆起相邻，东界目前尚属不详（蔡乾忠，2005）。可进一步划分为东北凹陷带、北部凹陷带、南部凹陷带、东部凹陷带和北部凸起带、西部凸起带6个次级构造单元。

（3）中部隆起：位于南黄海盆地的中部，是一个自印支—燕山运动以来长期隆升为主的地区。与南部、北部坳陷之间以地层超覆或断层为界，面积约 3.5×10^4 km²。第三系和白垩系基底为海相中—古生界和元古界，隆起中部主要为上第三系所覆盖，隆起的西部可能分布有以白垩系为主的中生界凹陷，其内可能分布有下第三系和白垩系。

（4）南部坳陷：南部坳陷北以下第三系超覆线及断层与中部隆起相接，南以断层与勿南沙隆起为界，东西长约180 km，南北宽80 km，面积约 1.14×10^4 km²。呈WE走向，可分为北部凹陷带、中部凸起带和南部凹陷带三个二级构造单元以及南二凹陷、南三凹陷、南四凹陷、南五凹陷、南六凹陷、南七凹陷、南一凸起、南二低凸起、南三凸起 9 个三级构造单元。坳陷内充填有陆相中—新生代和海相中—古生界两套地层。

（5）勿南沙隆起：勿南沙隆起东西长 140 km，南北宽 130 km，面积约 1.85×10^4 km²。勿南沙隆起为一 NE 走向的复式向斜，并发育了三排 NE 走向的逆冲背斜断垒带和两个小型断陷，可划分为勿一凹陷、勿二凹陷、一号断垒带、二号断垒带、三号断垒带、四号断垒带 6 个三级构造单元。基底为海相中—古生界地层，估计最大厚度超过 4 000 m，上覆第四系—上第三系地层厚度超过 1 000 m。

9.5.3　油气成藏条件

9.5.3.1　生油层条件

目前南黄海存在三套生油层系，下第三系阜宁组，在北部坳陷及南部坳陷均较发育，钻井揭露较多；陆相中生界在北部坳陷较为发育，以白垩系为主，南部坳陷钻井揭示的主要是泰州组；海相中—古生界烃源岩，在南黄海南部地区的一部分钻井有揭露，以二叠系栖霞组、龙潭组、大隆组和三叠系青龙组为主，南黄海南部地区已揭示的二叠、三叠系烃源岩具有较好的生烃条件。在北部坳陷，钻井仅揭示下三叠统青龙组，岩性为白云岩[①]。

南黄海盆地海相古生界发育碳酸盐岩类烃源岩，在南黄海的南部地区比较发育，以浅海台地相为主，其中以浅海陆棚、局限台地相为优，尤其是下二叠统栖霞组的灰黑色灰岩，富含有机质。泥质岩类烃源岩在古生界主要形成于海陆交互相，上二叠统龙潭组的灰黑色泥岩、碳质泥页岩，有机碳含量非常高，其次分布于陆棚边缘盆地相，如孤峰组、大隆组的灰黑色硅质泥岩及碳质泥岩富含有机质。

南黄海盆地的陆相中生界具有一定厚度的暗色泥岩发育，主要分布在北部坳陷，以白垩系为主，其次是南部坳陷的深凹区。泰州组上部黑色层发育有 327.5 m 厚的灰、深灰、黑灰色泥岩夹粉细砂岩、鲕状灰岩、泥灰岩等层系；下部红色层厚 738.46 m（未见底），岩性为棕红色、咖啡色泥岩、粉砂质泥岩与浅棕灰、棕色粉砂岩、细砂岩频繁互层，暗色泥岩厚达 277 m。泰州组上部中深湖—深湖相暗色泥岩是北部坳陷的主力烃原岩，有机质类型为 Ⅱ 型，已达到好—较好烃原岩标准。

南黄海盆地发育的新生界烃源岩主要为阜宁组，在一些深凹地带有戴南组成熟的烃源岩发育。在阜宁组见有多层厚度较大的暗色泥页岩，属半深湖—深湖相沉积。阜一段为厚 48～398 m 的深灰、暗紫色泥岩夹粉砂岩、砂岩；阜二段见有 260～390 m 的灰色泥岩、砂质泥岩，局部夹油页岩；阜三段为厚 290～330 m 的灰、灰黑色泥岩，细砂岩，局部夹油页岩；阜宁组四段为 80～500 m 的深灰色泥岩，夹薄层灰白色砂岩及少量油页岩。总体上，阜宁组二段、四段深湖相泥岩，有机质丰度高、类型好（Ⅲ 型），为好的生油层。但烃源岩的热演化程度偏低。

[①]　南黄海盆地油气勘探潜力分析，（中石化勘探研究院报告），2004。

9.5.3.2　储集条件

1）海相中–古生界

南黄海地区海相中–古生界有多套储集层（体）发育，目前钻井揭示主要有黄龙组、船山组和栖霞组的生物碎屑灰岩、粉晶和微晶灰岩。碳酸盐储集性能取决于原生基质孔隙保存状况以及成岩后生阶段改造的次生孔隙和裂缝，孔、洞、缝是碳酸盐岩储层的主要储集空间。研究结果表明，南黄海海相中、古生界碳酸盐岩储层物性可能较苏北地区要好。

南黄海盆地钻井钻遇的海相中、古生界碎屑岩储层主要分布在下石炭统和上二叠统，岩性为中细–中粗粒砂岩，灰质、泥质胶结，砂岩颗粒分选性较好。下石炭统高骊山组粉砂岩、含泥粉细砂岩由于成岩作用，往往因石英次生加大导致原生孔隙大量丧失，物性较差。上二叠统龙潭组为海陆交互、三角洲沉积，储层以灰色中–细砂岩及粉砂岩为主。由于长时间的压实和热变质作用，该套储层原生孔隙变得很小，次生孔隙也不发育，这些特征均表明在南黄海盆地砂岩储层的原生物性条件较差。

2）陆相中新生界

南黄海盆地新生界主要储层有泰州组—阜宁组的滨浅湖、扇三角洲及河流相山体，三垛组—戴南组滨浅湖及河流相砂体。① 泰州组下段 + 赤山组为河流相的砂、泥岩互层，以粉–细砂岩为主。孔隙度平均为 6%，渗透率小于 0.1×10^{-3} μm^2，物性一般。在诸城 1 – 2 – 1 井泰州组泥岩裂隙中见有原油渗出。② 阜宁组：为湖相沉积，水下扇和三角洲发育，砂层厚度大，是盆地内主要储集层。常 6 – 1 – 1A 井于阜三段获低产油流。③ 戴南组为滨浅湖相沉积，砂岩更为发育，该组砂岩厚度占地层的百分比大于 29%，单层厚为 5~8 m，以粉细砂岩为主。常 6 – 1 – 1A 井于戴南组底部见到含油砂岩（李国玉和吕鸣岗，2002）。④ 三垛组为盆地张裂阶段邻近结束时所沉积的一套地层，主要为河流相，下部砂岩较发育，分布广泛。储层物性比阜宁组明显变好，属于中孔中渗的储层。⑤ 盐城组为网状河流—蛇曲河流相沉积，砂岩十分发育。其中，下盐城组砂岩占地层厚度的 62.5%~79.8%；上盐城组砂岩占地层厚度的百分比也在 34%~54%。盐城组砂岩颗粒粗且胶结疏松，物性好—非常好。

9.5.3.3　盖层条件

盖层是控制油气藏形成和保存的重要因素之一，南黄海盆地有效盖层主要是泥质岩，层位多、分布广，储盖配置关系好，其次是石膏、盐岩，但层位少，分布局限。

1）海相中–古生界盖层

南黄海盆地的海相中–古生界是下扬子地台在海上的延伸，进入海域的海相中–古生界地层较稳定，保存完好。高家边组泥岩厚度大，分布广，保存较为完整，后期断裂对其破坏不大，应是下古生界的直接区域盖层。上二叠统大隆组和龙潭组泥页岩、硅质泥岩等岩性组成，岩性稳定，分布较广，可作盖层。按照盖层的评价标准，龙潭组泥岩属于良好的区域盖层。另外，下石炭统高骊山组泥岩泥岩及中三叠统周冲村组膏云岩、青龙群顶部膏盐可作为地区和局部性盖层。

2）陆相中生界盖层

南黄海盆地的陆相中生界盖层较发育，区域盖层有浦口组，局部盖层有下白垩统。浦口组主要为砂质泥岩、泥岩、含膏泥岩，局部地区夹有盐岩层，是南黄海盆地品质优良的区域盖层。最厚达千米，一般有数百米厚，超覆不整合在其之前的各时代地层之上，无论是对中生代的油气，还是对古生代的油气，都能起遮挡作用，尤其对晚期形成的或次生的油气，它的覆盖对晚期形成的油气及次生运移的油气具有重要的遮挡作用，可作为油藏的有效盖层；浦口组含膏泥岩对油气的聚集与分布具有一定的控制作用，江苏地区中生界烃类主要富集在浦口组含膏泥岩层以下的砂岩储层中，在含膏泥岩分布区油气显示活跃，含膏泥岩分布区之外，一般无显示，反映了浦口组含膏泥岩具有良好的封盖能力。

泰州组在北部坳陷较发育，厚265～574 m，南部坳陷常州24-1-1井泰州组的厚度亦有241 m，泥岩厚度较大，分布稳定，是较好的区域盖层。

3）新生界盖层

对新生界而言，阜宁组二、四段泥岩、占地层总厚度的90%；下第三系戴南组，泥岩占地层总厚度的70%，是比较好的盖层。

盐城组在南黄海地区分布广泛，泥岩厚度逾千米，是最上部层系较好的区域盖层。除南、北坳陷外，盐城组在中部隆起、勿南沙隆起上都有广泛分布，往往直接不整合覆盖在海相中、古生界之上，在中、古生界突起上也有盐城组披覆构造存在，可以对其下部的油气起到良好的封闭作用，应该是重要的区域盖层。

其他组段的局部泥岩段，它们在区域分布上因不具备广泛性而受到限制，这种类型盖层在局部地区较为发育，可作为局部盖层。

9.5.3.4　圈闭类型

南黄海盆地圈闭类型以断层型为主，其次为潜山和背斜型圈闭，圈闭面积小，较为破碎（图9.9和图10.10）。目前，盆地内发现各类圈闭286个，总圈闭面积5 765 km²，其中面积大于50 km²的圈闭有20个，圈闭面积为1 714.2 km²；面积小于15 km²的圈闭有156个，圈闭面积为11 282 km²（李国玉和吕鸣岗，2002）。

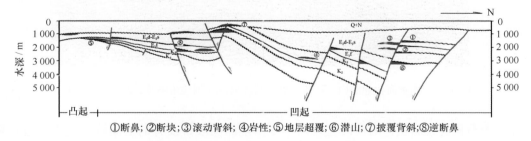

①断鼻；②断块；③滚动背斜；④岩性；⑤地层超覆；⑥潜山；⑦披覆背斜；⑧逆断鼻

图9.9　南黄海盆地北部坳陷油气成藏类型预测

按照成因分成以下几类：

（1）海相中-古生界内幕构造型：包括舒缓的褶皱及与推覆伴生的断背斜两类，在油源

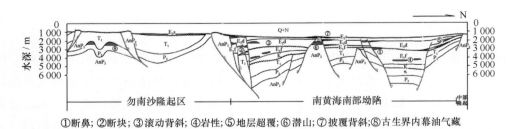

①断鼻;②断块;③滚动背斜;④岩性;⑤地层超覆;⑥潜山;⑦披覆背斜;⑧古生界内幕油气藏

图 9.10　南黄海盆地南部油气藏类型预测

及保存条件允可的情况下即可成藏。如勿南沙隆起常州 35 - 2 构造。

（2）对冲复向斜：对冲复向斜的轴（核）部发育背斜构造，勿南沙隆起西部的对冲复向斜带。

（3）古潜山：新生代断陷断阶带上的潜山构造，两侧断层直接与中 - 新生代沉积较厚的凹陷连接，上部被盖层封盖（图 9.11），断裂及不整合面作为运移通道，油气来自凹陷内下第三系陆相生油岩，形成"新生古储"的油气藏。

（4）披覆构造：浦口组、阜宁组、盐城组等盖层不整合在海相中 - 古生界地层隆起或凸起之上，形成披覆构造（图 9.11）。两侧紧邻中、新生代坳陷，后期产生断层和不整合面为油气运移提供通道，也是油气聚集的有利场所。

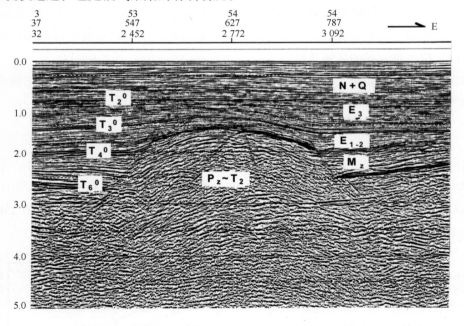

图 9.11　南黄海盆地潜山、披覆背斜及断块构造（据姚永坚等，2003，修改）

（5）断鼻构造或断块：南黄海盆地内众多凹陷的陡坡带发育的低断阶，断块构造发育，由不同时期、不同方向两组或两组以上倾向相反的正断层及其所夹持的断块构造所组成，其四周被断层封堵，无明显的褶皱形态。断块构造通常与潜山、断背斜等构造共生。

（6）滚动背斜：主要发育于北部坳陷西南地区的断陷内（图 9.12），晚白垩世至早第三纪时，同生正断层控制沉积，沉积过程中因差异压实及重力滑脱而形成上陡下缓不协调的滚动背斜。如诸城 7 – 2 构造和 Kachi – 1 构造。

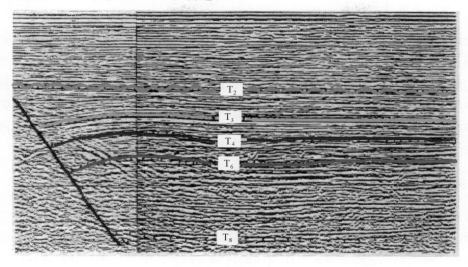

图 9.12　南黄海盆地滚动背斜

（7）走滑断裂引起的局部挤压构造：由走滑断裂的剪切活动形成局部应力场而形成挤压构造，在北部坳陷的东部发育。

（8）地层圈闭：包括不整合圈闭和超覆圈闭，也与基岩密切相关。

9.5.3.5　生储盖组合

自震旦纪晚期以来，南黄海盆地在漫长的地质历史发展过程发育了由海相到陆相的各种地层，具有较为丰厚的生烃物质基础、发育多套储层和良好盖层，具备较好的含油（气）组合。

1）海相层下部含油（气）组合

上震旦统灯影组、下寒武统幕府山组、上奥陶统五峰组和下志留统高家边组为本组合中的主要烃源岩；灯影组、寒武系、奥陶系的碳酸盐岩和志留系的砂岩为本组合的储集岩；高家边组是本组合的区域盖层，五峰组和幕府山组下部泥页岩是地区性的局部盖层。苏北已发现这种类型的油气田，南黄海同属于下扬子地台区，海相中 – 古生界发育，应该存在此种类型。

2）海相层上部含油（气）组合

烃源岩主要有船山组、栖霞组、青龙组的碳酸盐岩和孤峰组、龙潭组及大隆组的泥质岩，其次为黄龙组灰岩及和州组泥质灰岩，其中二叠系是主力生烃层系。储层有五通组、高骊山组、龙潭组的砂岩和黄龙组、船山组、栖霞组和青龙组的碳酸盐岩。本组合存在三套盖层，下部为下石炭统泥页岩，中部为龙潭组、大隆组及孤峰组的泥质岩，上部为周冲村组的膏盐岩层。它们可组成自生自储（石炭系、二叠系、三叠系）和下生上储（志留系生，上泥盆统储）或上生下储（石炭、二叠系生，上泥瓮统储）等组合形式，在一定条件下可形成由三套盖层有效封盖的三套完整的含油组合。

435

3）陆相中生界含油组合

主力烃源岩层系为泰州组，部分为浦口组及葛村组，烃源岩为泥岩；储集岩主要为砂岩和砂砾岩，主要分布在赤山组、泰州组、浦口组、葛村组及象山组，此外，上侏罗统火山岩系也可作储集层；盖层以浦口组和泰州组为主，此外还包括象山组、西横山组及葛村组泥页岩。这些层系组成完整的含油组合，苏北盐城地区已有泰州组气田发现；北黄海西朝鲜湾盆地中生界有多套成油（气）组合，白垩系、侏罗系之间没有成因联系，而是各自成藏，属于中生界自生自储型。南黄海应该存在此种类型，且已有油气显示。

4）新生界含油组合

烃源岩以阜宁组为主，此外还包括断陷深部位的戴南组泥岩；储层有阜宁组、戴南组、三垛组砂岩，阜宁组裂缝型泥岩也可作为有效储层；区域性盖层主要有阜宁组泥岩及盐城组泥岩，另外，戴南组、三垛组泥岩可作为局部盖层。属于新生界自生自储，在凹陷内，新生界烃源岩生成的油气运移至新生界内部的各种圈闭中形成油气藏。

9.5.4 油气远景评价

南黄海盆地是目前我国近海油气勘探程度较低的沉积盆地，早在20世纪80年代中期我国在该地区的勘探就已证实了南黄海盆地的含油气性，但对盆地生烃量、资源量评价没有统一的权威数据，结果差异很大。

以苏北盆地的高邮凹陷、金湖凹陷为标准区，对南黄海盆地的11个新生界凹陷采用面积丰度类比法进行评价[①]。共选取15项参数。评价结果显示，南黄海盆地的新生界石油远景资源量为 7.39×10^8 t，石油地质资源量为 $0.78 \times 10^8 \sim 3.74 \times 10^8$ t，石油可采资源量为 $0.19 \times 10^8 \sim 0.91 \times 10^8$ t。总体上看，南黄海盆地的石油地质条件尚存在较多的不确定性。从目前的评价结果分析，南黄海盆地存在一定的勘探潜力，但考虑到海上勘探开发的难度和较高的成本，其油气资源的经济潜力较小。

2002—2003年，中海石油研究中心（蔡东升等，2003）根据苏皖下扬子中－古生界的资源丰度对南黄海前第三系盆地的远景资源量进行了预测，其结果为 29.76×10^8 t油当量。同时采用圈闭法计算得出勿南沙隆起、南部坳陷、中部隆起、北部坳陷范围内的天然气地质资源量4 918亿方。评价显示中、古生界的油气远景要比新生界优越，因此今后勘探方向应该以中、古生界为主，盆地北部的中生界以及南部的古生界海－相地层可能具有较好的油气远景。

参考文献

《江苏地图集》编撰委员会. 2004. 江苏地图集. 北京：中国地图出版社，28 - 29.

蔡乾忠. 2005. 中国海域油气地质学. 北京：海洋出版社，406.

高金锐. 2009. 蓬勃发展中的江苏沿海风力发电产业. 电器工业，(6)：28 - 34.

顾全，陈根军，唐国庆. 2010. 江苏沿海风电场接入系统后影响分析. 电力需求侧管理，12（4）：19 - 22.

① 新一轮全国油气资源评价——常规油气资源评价（各盆地）成果汇编，2005。

顾为东.2006.我国风能利用潜力及江苏沿海风力发电的前景.宏观经济研究,(4):45-47.

郭宗林,等.2010.盐城大力发展新能源产业.区域经济,11:36-38.

李国玉,吕鸣岗.2002.中国含油气盆地图集.北京:石油工业出版社,492.

凌申.2008.对我国沿海风能资源开发利用的思考.资源开发与市场,24(7):635.

凌申.2010.江苏沿海地区生物质能源开发利用对策研究.资源与产业,12(5):117-121.

凌申.2010.江苏沿海地区新能源产业经济增长极的培育.科技管理研究,(3):70-72.

凌申.2010.江苏沿海风能资源禀赋与开发利用研究.资源开发与市场,26(1):48-51.

凌申.2010.江苏沿海生物柴油开发利用条件与对策.江苏农业科学,(3):8-10.

刘爱菊,尹逊福,卢铭.1984.黄海潮汐特征（Ⅱ）.黄渤海海洋,2(2):24-27.

王承煦,张源.2008.风力发电.北京:中国电力出版社.

肖国林.2002.南黄海盆地油气地质特征及其资源潜力再认识.海洋地质与第四纪地质,22(2):81-87.

许寅,王培红.2010.潮汐能利用及江苏省潮汐能发展概况.上海电力,(3):188-190.

姚晓霞.2009.江苏新能源发展现状及对策.经贸实务,6-7.

叶和松,姜太良,房宪英,等.1986.河北省海岸带浅滩海域潮流及余流分析.黄渤海海洋,4(3):23-24.

周翔,潘晓春.2009.江苏沿海地区风电发展刍议.电力科学与工程,25(11):31-34.

周扬,吴文祥,胡莹,等.2010.江苏省可用太阳能资源潜力评估.可再生能源,28(6):10-13.

第 10 章　辐射沙脊群旅游资源[①]

本章对辐射沙脊群旅游资源特点以及开发的潜力进行了评价，提出了辐射沙脊群旅游资源保护与开发的建议，探讨了重点旅游区的开发。辐射沙脊群范围为射阳河口以南、长江口以北的海岸外围区域，但考虑到了旅游资源的开发离不开陆域范围，因此，本章旅游资源的范围为射阳河口以南、长江口以北的海岸外围及邻近陆域地区。

10.1　辐射沙脊群旅游资源的特点

10.1.1　辐射沙脊群特色旅游资源

10.1.1.1　滩涂地貌与生物旅游资源

滩涂兼具海洋和大陆的特性，因此生物种类丰富。开阔坦荡的视野，朴实无华的自然风光，以及滩涂中特有的多种生物资源都能给人以新奇的感受和情趣。在潮流的作用下，淤泥质和粉沙质为主的滩面被侵蚀成奇特的"塬"、"墚"、"峁"等黄土地貌形态，形成一个袖珍的"黄土高原"景观。另一个特点是贝壳堤发育，在高潮线附近发育的贝壳堤可看成是海岸后退的一个标志，游客可以在上面看到各种令人爱不释手的贝壳。

10.1.1.2　草场旅游资源

辐射沙脊群盐沼滩地上生长着茂盛的草本植物，形成壮观的草原风光。面积较大的草场主要有白茅草甸草场、大穗结缕草甸草场、獐毛草甸草场和芦苇草甸草场。

10.1.1.3　森林旅游资源

由于土地资源丰富，气候条件适宜，辐射沙脊群地区植被覆盖率较高，大多集中于射阳、大丰、东台等县市。辐射沙脊群周边地区森林的都是人工林，主要分布在射阳县林场（1 833 hm^2）、大丰林场（2 973 hm^2）和东台市林场（2 933 hm^2）。当今，森林生态旅游已成为旅游热点，"森林浴"是一项必不可少的旅游项目，人们在生机盎然的森林中进行各种活动，如漫步、歌舞、野营、游览、娱乐等，直接接受绿色植物所散发出的各种物质，以求对自身肌肤、脏腑产生积极的作用，达到康体健身的作用。

10.1.1.4　河流旅游资源

辐射沙脊群地区有许多大小河流，组成纵横交错的内河水网，具有旅游、灌溉、排洪和

航运等功能。长江河口段脊群浅滩众多，深浅相差悬殊，水面辽阔，江海汇流，气象万千。在大多数河口处建有挡拦闸，河闸两侧景观迥然不同，向陆一侧为宽阔平直的水道，两岸芦苇摇曳，波光粼粼，既可泛舟其上，也可悠然垂钓；向海一侧附近常常形成简易的小型渔港，一派纯朴自然的滨海渔乡风情，可随渔船出海捕捞，体验收获的喜悦。

10.1.1.5　辐射沙脊群旅游资源

由于独特的生态环境，这一地区旅游资源丰富，种类繁多，渔业资源丰富，人在沙脊群上可以亲身感受海陆交替过程。在辐射沙脊群中心弶港附近海区，由于南北两股强大的潮流辐合、辐散，在此形成奇特、壮观的"二分水"水文景观。辐射沙脊群落潮后潮滩上有多种微地貌发育奇特的水流泥沙作用形成繁多复杂的滩面图案，潮沟急流及壮观的涨潮潮头也令人惊心动魄。

10.1.1.6　江海生态旅游资源

江海交汇生态旅游资源，位于启东市东南角江海交汇处的启东圆陀角，为江苏省大陆陆地的最东端，这里是江苏省最早见到日出的地方。同时，可观赏到"江海合流"景观。

10.1.1.7　特色文化旅游资源

文化是旅游的灵魂，是旅游不可或缺的内容。辐射沙脊群地区悠久的历史和深厚的文化积淀为发展文化旅游提供了丰厚的土壤。主要文化资源有：文物古迹、名人名著、民俗风情、建设成就和红色文化资源等。在开发海滨旅游资源的过程中，应大力挖掘海洋特色显著的文化、历史、风俗、民族、宗教等文化旅游资源，应将文化艺术与旅游结合起来，使旅游者学习、研究、考察、欣赏旅游地的文化获得更大的文化教益，丰富旅游经历，促进生态环境保护和旅游地的可持续发展。

10.1.2　旅游资源分级

根据国家标准化委员会《中华人民共和国旅游资源分类、调查与评价》（GB/T 18972—2003），对滨海旅游资源单体的优良级进行初步评价，逐条逐项进行赋值，初步确定了辐射沙脊群地区的旅游资源等级。

辐射沙脊群地区旅游资源总体质量较高，五级旅游资源（特品级，得分值域不小于90分）有5个，分别为：吕四渔港、盐城国家级珍禽自然保护区、大丰麋鹿国家自然保护区、辐射沙脊群、沿海滩涂湿地。四级旅游资源（得分值域80~90分）有20个，分别为：盐蒿湿地、互花米草和大米草、射阳滩涂风光带、射阳盐场、射阳林场、射阳县洋马镇十里菊香景区、大丰东沙滩、大丰市斗龙庄园、东台古范公堤、东台林场、东台天仙配传说、黄海滩涂、东海黄海长江三水交汇处、圆陀角观日出、蛎岈山礁石、"海上迪斯科"、通派盆景、黄海海市蜃楼现象、国清寺和黄海岸滩。

10.1.3　旅游资源评价

10.1.3.1　旅游资源类型丰富，旅游功能多样

辐射沙脊群地区有各种成因类型的自然和人文旅游资源。从风景构成的角度讲，自然景

439

观是海滨生态旅游景观的主体。绚丽多彩的景色给人以直接的愉悦感受。组成自然景观的地质地貌、水文、气象和生物四个要素之间相互联系和相互作用，造就了具有不同美学、娱乐和科学价值的自然景观。历史文化内涵丰富，尤其是红色文化、盐文化、传说故事等。生态旅游资源的多样化特征，为满足旅游者多样化的旅游需求、开发功能多样的生态旅游产品（如生态观光、生态科考与科普旅游、生态度假旅游、生态健身娱乐游和生态购物旅游等）提供了有利条件。

10.1.3.2 具有海洋特色的自然生态旅游资源，特色鲜明，观赏性强

辐射沙脊群地区海洋特色明显，观赏价值高，尤其表现在以下几方面：① 海岸线漫长，生物丰富，景观优美，观赏性强。漫长的海岸是滨海地区旅游资源中最重要的组成部分，淤泥质海岸，面积广阔，拥有大片的滩涂，有丰富的生物资源。② 弥足珍贵的生物资源，湿地景观独特，自然保护区等级很高。生物既可以单独成为旅游资源，也可以和其他因素组成综合旅游资源。辐射沙脊群地区平原植被主要是经济作物和特种经济作物，它们组成了海滨的3 个大型林场，到林区旅游、度假和疗养，沐浴在大自然的气息中，可使人神清气爽，心旷神怡。辐射沙脊群地区湿地广阔，生态环境优越，为大量的生物提供了理想的憩息繁衍场所，形成了充满生机的独特的生态景观。盐城市珍禽自然保护区和大丰麋鹿保护区被列入国际重要湿地名录，并已成为国家级自然保护区，具有很高的等级和较高的知名度。保护区的许多珍稀动物和特殊景观，恰好能满足游人这种猎奇的欲望，因而成为颇具吸引力的生态旅游资源。③ 辐射沙脊群独一无二，生态科考旅游资源丰富。在盐城、南通二市海岸之外的辐射沙脊群绝大部分为粉沙细沙滩，潮水淹没时间长，盛产文蛤、西施舌和大竹蛏等名贵贝类，有很大开发利用价值。沙脊群成因复杂，变化迅速，是海洋水文和海洋地区的重要研究课题，对中外学术界很有吸引力。

10.1.3.3 旅游资源组合良好，景区特色初步形成

辐射沙脊群地区，不仅有良好的自然生态资源，而且有丰富的人文生态旅游资源。两者有机组合，相得益彰，使得自然增辉，景区旅游信息量大增。从地域组合来看，已经形成了盐城以盐文化和海滨湿地生态为特色、南通以江海文化为主导的旅游空间格局。且彼此之间既个性鲜明，又相互呼应，初步构建了辐射沙脊群地区生态旅游的地域系统。

10.1.3.4 旅游资源开发程度低，资源潜力远未发挥

辐射沙脊群地区旅游开发程度还很低，旅游资源大部分处于待开发状态，临海优势有待发挥，旅游项目有待开发，旅游资源的潜力还有待深入挖掘。总体看来，旅游资源的开发利用还存在以下问题：① 规划相对滞后，开发缺乏整体性和有序性；② 对旅游资源调研、宣传不够，开发利用水准低；③ 旅游配套设施不全，旅游功能不够完善；④ 旅游开发重点不突出，尚未形成具有较大影响力的旅游产品；⑤ 旅游产品结构不合理，旅游资源效益较低；⑥ 旅游专业人才匮乏，影响到旅游资源的深度开发和旅游业的进一步发展；⑦ 旅游交通条件有待改善；⑧ 旅游资源开发过程中资源与环境保护意识有待加强。

10.2　辐射沙脊群旅游资源潜力评价[①]

10.2.1　旅游资源潜力评价指标体系的构建

将旅游景观资源、客源状况、生态环境和外在开发条件系统作为生态旅游资源潜力评价系统的综合层，遵循动态与静态相结合、实用和典型相结合、定量和定性相结合的原则，经多次比较、筛选，确定采用11项要素层指标和41项具体评价层指标作为对系统综合层的具体阐述，指标的选择较多地考虑了生态旅游资源与其他类型旅游资源的区别，并结合了生态系统的特点而更侧重于对未来发展方向的描述（图10.1）。

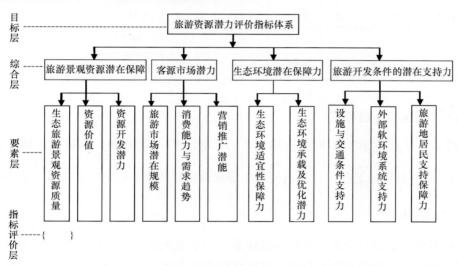

图 10.1　旅游资源潜力评价指标层次结构框架

10.2.2　指标体系权重确定

本研究采用的权重计算方法是基于主成分分析法（PCA）修正提出的"准主成分分析法"。就主成分个数提取问题提出以第一主成分各指标系数归一化后作为综合评价指标中各指标相应的权数，即以第一主成分值作为综合评价值，这种评价方法称为"准主成分法"，并根据等级相关理论将该方法与综合指数法、灰色关联法、准秩和比法以及距离综合评价法进行比较研究，认为准主成分在这几种多指标综合评判方法中效果最优。

其测算过程通过设计旅游资源潜力评价体系指标权重系数问卷表，邀请专家学者对指标体系中各因素赋分。

第一步：评判集的确立

问卷中对图10.1制约层、要素层、指标评价层确定评判集：V = ｛9（非常重要），7（重要），5（一般重要），3（不重要），1（很不重要）｝。

---

① 吕龙. 生态旅游地开发潜力评价与区划研究——以江苏海滨地区为例. 南京师范大学硕士论文. 2008，部分修改。

第二步：评价函数

采用的权重评估模型为：

$$g(i) = \sum wi \times xi \qquad (10.1)$$

式中，wi 为因子得分系数；xi 为各专家对同一指标的打分值。

第三步：权重系数的确立

将每个专家对指标打分结果作为样本，运用 SPSS 软件进行主成分分析，根据准主成分法，提取第一主成分值作为样本的权重系数（表10.1）。

表 10.1　第一主成分因子权重系数（wi）

项目	1	2	3	4	5	6	7	8	9
因子权重系数	0.488	0.555	0.518	0.684	0.599	0.503	0.197	0.468	0.534
项目	10	11	12	13	14	15	16	17	18
因子权重系数	0.474	0.053	0.559	0.585	0.485	0.587	0.557	0.550	0.530

第四步：指标权重的计算

运用公式 $f_i = gi / \sum_{i=1}^{n} gi$ 对不同层次指标 $f(i)$ 进行归一化处理，得到权重数集 $F = (f_1, f_2, \cdots, f_n)^{\mathrm{T}}$，并且满足 $\sum_{i=1}^{n} f_i = 1$，从而得到生态旅游指标体系各层的要素权重（表10.2）。

10.2.3　数据获取

测算和给出"旅游资源潜力评价指标体系"中涉及的各个评价因子值是辐射沙脊群地区旅游资源潜力量化评价的前提和基础。本研究用于潜力评价模型各项指标的基础数据主要来源于野外考察、调研数据，部分数据来源于政府公布的统计资料、相关的课题成果和地方性的旅游规划文本，以及 2005—2007 年江苏省旅游资源普查过程中南通、盐城地区提供的相关资料。对于难以直接量化或难以获得的数据，根据相关的问卷调查中的基础数据处理得到。评价数据做到了尽可能以客观数据为主，减少使用主观资料产生的偏差，以提高评价结果的公正性和可靠性。

10.2.4　评价过程

潜力评价模型将旅游资源潜力评价指标体系因素权重分配表中各项因子权重综合考虑其中。指标评价层（D层）因子按照10分制评分方法，运用 SPSS 软件将原始数据进行标准化，引入计算公式：

$$E_{ij} = S_{ij} \times f_i, E = \sum_{i=1}^{n} S_{ij} f_i \qquad (10.2)$$

式中，S 表示某个评价因素的评分值；f 表示某个评价因素的权重值（即表10.2中确定的权重值）；i 表示第 i 项因素；j 表示第 j 个旅游资源评价单元；E 表示综合得分。计算求得每个资源评价单元的潜力评价综合分值。

表 10.2　旅游资源潜力评价指标体系因素权重分配表

目标层（A）	综合层（B）		要素层（C）		指标评价层（D）	
	指标内容	权重	指标内容	权重	指标内容	权重
旅游资源潜力评价（A）1.00	旅游景观资源潜在保障力（B1）	0.261	生态旅游景观资源质量（C1）	0.351	原真性（D1） 稀有性（D2） 完整性（D3） 物种多样性（D4） 知名度和影响力（D5） 规模与丰度（D6）	0.221 0.173 0.163 0.185 0.126 0.132
			资源价值（C2）	0.336	观赏游憩价值（D7） 科学文化价值（D8） 生态经济价值（D9）	0.326 0.317 0.357
			资源开发潜力（C3）	0.313	资源整合优化潜力（D10） 资源向产品转化能力（D11） 品牌价值潜力（D12） 开发制约因素（D13）	0.249 0.270 0.258 0.223
	客源市场潜力（B2）	0.226	旅游市场潜在规模（C4）	0.355	国内游客增长率（D14） 海外游客增长率（D15） 客源空间格局变化（D16）	0.476 0.185 0.339
			消费能力与需求趋势（C5）	0.342	旅游者可支配收入增长率（D17） 出游频度变化（D18） 旅游消费结构调整（D19） 市场需求总体趋势的影响（D20）	0.251 0.214 0.261 0.274
			营销推广潜能（C6）	0.303	营销手段的多样化程度（D21） 营销资金投入力度（D22） 宣传促销频度（D23） 区域联合营销和行业联合营销能力（D24）	0.229 0.252 0.241 0.278
	生态环境潜在保障力（B3）	0.302	生态环境适宜性保障力（C7）	0.485	旅游气候舒适度与适游期（D25） 环境要素质量（D26） 植被覆盖率（D27） 环境安全系数（D28）	0.222 0.294 0.229 0.255
			生态环境承载力及优化潜力（C8）	0.515	生态承载力（D29） 生态环境保护（D30） 控污能力（D31） 景观协调程度（D32）	0.261 0.266 0.237 0.236
	旅游开发条件的潜在支持力（B4）	0.211	设施与交通条件支持力（C9）	0.315	交通通达便捷程度（D33） 基础设施支持力（D34） 旅游服务设施建设强度（D35）	0.388 0.259 0.353
			外部软环境系统支持力（C10）	0.335	政策扶持管理力度（D36） 旅游投资建设强度（D37） 与相关产业关联互补度（D38）	0.363 0.362 0.275
			旅游地居民支持保障力（C11）	0.350	居民受教育程度（D39） 居民对旅游关注程度与支持力度（D40） 社区居民参与程度（D41）	0.273 0.337 0.390

　　在评价过程中，选取辐射沙脊群地区特色鲜明的旅游点（区）的 21 处资源载体作为潜力评价单元。为反映资源的潜力价值差别，根据旅游区（点）的评分结果划分为 5 个潜力等

级：Ⅰ级：≥8.5；Ⅱ级：7.0～8.5；Ⅲ级：5.5～7.0；Ⅳ级：3.0～5.5；Ⅴ级：＜3.0，如表10.3所示。

表10.3　江苏滨海旅游资源开发潜力评价结果

序号	旅游点（区）	所属城市	评分值	潜力等级
1	大丰麋鹿国家级自然保护区	盐城大丰市	9.34	
2	盐城国家珍禽自然保护区	盐城射阳县	9.23	Ⅰ
3	海盐文化	盐城	8.62	
4	吕四渔港风情区	南通启东市	8.17	
5	圆陀角风景区	南通启东市	7.56	
6	如东"海上迪斯科"	南通如东市	7.87	
7	东灶港蛎岈山	南通海门市	7.36	
8	辐射沙脊群	盐城东台市	8.49	Ⅱ
9	东沙二分水	盐城东台市	7.79	
10	沿海滩涂风光带	沿海地区	7.78	
11	射阳河流域低地生态区	盐城射阳县	8.3	
12	海鲜美食	辐射沙脊群地区	8.32	
13	黄海、东海、长江三水交汇	南通启东市	5.87	
14	东台林场森林公园	盐城东台市	6.64	
15	东台中华鲟自然保护区	盐城东台市	5.97	
16	大丰港旅游区	盐城大丰市	6.19	Ⅲ
17	大丰林场森林公园	盐城大丰市	6.03	
18	射阳林场森林公园	盐城射阳县	6.25	
19	海滩草地	盐城	6.23	
20	弶港镇渔港	盐城东台市	5.31	Ⅳ
21	洋马十里菊香园	盐城射阳县	5.43	

10.2.5　定量评价结果分析

依据评价结果，辐射沙脊群地区主要景区的旅游资源潜力等级集中于Ⅰ，Ⅱ，Ⅲ级，资源开发空间大。潜力等级为Ⅰ的旅游资源3处；Ⅱ级、Ⅲ级旅游景区（点）16处；此外，还有2处旅游资源属于Ⅳ级。其中，旅游发展潜力地区最突出的是盐城地区，其中，自然保护区是盐城海滨范围内潜力等级最高的资源，多样化的湿地栖息地和湿地范围内野生动物是滨海生态旅游产品的独特卖点。

潜力等级为Ⅱ的资源有南通地区的吕四渔港风情区、圆陀角风景区、如东"海上迪斯科"、东灶港蛎岈山；盐城地区的辐射沙脊群、东沙二分水、射阳河流域低地生态区、沿海滩涂风光带以及整个地区的海鲜美食。这9处作为Ⅱ级旅游资源，既有开发利用潜能也存在限制因素，如辐射沙脊群规模大，形态特殊，海区水动力及地质地貌多变，海洋生物链丰富，资源优势明显，自然环境好，但存在客源市场条件一般，旅游开发的基础条件稍次的限制条件；射阳河流域低地生态区水体质量好，水上交通便利，但存在环境要素质量一般，绿化覆盖率不高，外部软环境支持力度需进一步加强的弱点；沿海滩涂风光带生态条件优越，资源原真性、独特性强，环境质量较好，但主要配套设施和外部软环境有待改善。这几处目前旅游发展规模有限，应在处理好环境保护与旅游开发、旅游设施建设与景观协调性等问题的基础上，将此类旅游资源作为Ⅰ类重点产品的延伸与发展。

潜力等级为Ⅲ、Ⅳ的9处旅游资源区旅游功能发展相对滞后，潜在观赏价值和吸引力不如Ⅰ、Ⅱ类，开发限制性因素较多。例如，地属盐城的东台、大丰、射阳森林公园均属于林地类生物景观，功能结构、发展条件相似，相互间存在较大的竞争和替代性；中华鲟自然保护区作为目前地球上最古老、最原始的辐鳍鱼类中华鲟的天然栖息繁育地，动植物种类丰富，属于典型的生态环境敏感区，存在基础建设和外部交通落后等问题；洋马十里菊香园作为全国农业示范点观光农业资源品位突出，但旅游功能尚未凸显。

因此，在辐射沙脊群地区旅游开发中应根据资源条件和市场实际需求，选择旅游资源等级与市场前景均良好的资源进行优先开发，并作为重点景区进行建设，以期获得理想的效益。等级为一般的旅游资源可稍缓开发或作为后备潜力景区加以培育，以免浪费投资和破坏资源，当然也可通过针对性高强度的开发投入来提升景区等级。

10.2.6　旅游资源潜力评价结论

结合潜力评价的结果以及考虑到影响资源潜力的诸多要素，根据辐射沙脊群主要旅游资源现状和发展趋势，得出以下结论：

（1）滨海特色生态旅游资源发展空间巨大。辐射沙脊群地区环境质量较好，生物多样性鲜明，且开发程度较低，滨海民风淳朴、民俗优雅、文化异质性突出，完全具有发展生态旅游的后发优势。该地区以海滨湿地生态系统、山林生态系统、农（渔）业生态系统等为主的绿色生态旅游资源，可为旅游者提供丰富多样的生态体验，将有着巨大的旅游开发潜力。滨海地区应在充分利用现有的田园生态景观、海滨生态资源、山水生态资源、湿地生态资源、沙洲海岛生态资源的基础上，挖掘有丰富内涵的旅游主题，吸引游客到生态旅游地休闲度假，领略生态旅游的大自然情趣。进一步开发射阳—新洋港流域国家湿地公园；以两个国家级自然保护区为依托，利用滩涂资源，建设国家湿地生态公园；大力推进如东沿海旅游经济区建设；加快建立启东圆陀角江海生态旅游区，并在此基础上，结合毗邻滩涂和海上生态旅游资源，适度进行生态旅游开发。

（2）根据资源发展潜力制定开发时序。参考评价结果，辐射沙脊群地区旅游资源可以根据发展潜力等级分时序开发，在"近、中、远"三个阶段分别采取"点、线、面"的开发格局。近阶段应围绕潜力等级为Ⅰ的旅游资源是最具潜力的景区重点建设，中期遵循滨海旅游资源带状分布这一特征，沿轴线形成包括重点景区在内的旅游开发带，有选择有时序开发带内的Ⅱ、Ⅲ级潜力资源。远期进一步扩大辐射范围，形成以盐城、南通旅游中心为核心的旅游发展区，从而形成了辐射沙脊群地区旅游发展层次分明的条带状格局。

10.3　重点旅游区的开发①

10.3.1　盐城丹顶鹤沿海旅游经济区

10.3.1.1　范围

规划中的丹顶鹤生态旅游经济区毗邻珍禽自然保护区的核心区，包括射阳林场、射阳芦苇公司、射阳盐场、射阳新洋港集镇等部分，其中控制性规划面积为 30.10 km²。

10.3.1.2　主题定位

集中在优质的环境上，定位于国际鸟类和湿地研究中心、东亚地区观鸟的旅游活动中心与湿地生态教育中心。

10.3.1.3　开发思路

盐城国家级珍禽自然保护区以开展生态旅游、科学普及、环境培育、度假娱乐等活动为主题，倡导人与自然的和谐统一，注重旅游活动中人与自然的情感交流，使人们在滩涂、旷野、滨海领略大自然的野趣，探索大自然的规律，认识大自然是生命的源泉和人类发展的基础，使人们在生态旅游的过程中增强热爱自然、保护自然的意识和责任感。

10.3.1.4　项目建设

1）科研赏鹤区

位于丹顶鹤生态旅游区的中心区域，主要包括珍禽自然保护区的鹤场、鸟禽湖、沿海堤路西侧 20 hm² 已征用土地和保护区沿新洋港河南侧向大海延伸区域等。该区为丹顶鹤生态旅游区的核心区域，是开展生态旅游、科学研究、环境教育等活动的理想场所，能满足人们领略大自然的野趣，使人们在生态旅游的过程中增强热爱自然、保护自然的意识和责任感。该区域分为游客集散中心与科普知识区，占地约 20 hm²；群鹤放飞区，含湿地步道、丹顶鹤放飞等，占地约 400 hm²；湿地科普观鸟研究通道。沿新洋港河南侧区域开辟湿地科普观鸟研究通道，沿途修建若干个观鸟点或特制的观鸟亭。该通道长约 10 km，宽约 1.2 km，主要参照香港米埔公园建立湿地学校的模式，为湿地学员提供科研教育、鸟类研究。对进入该区域的游客实行总量控制，并实行学员制或会员制，以加强对环境的保护。区内通过游步道连接各观鸟区，进行湿地科研、观鸟。本区域主要开展生态旅游、科学普及、环境教育等活动。

2）鹤姑娘森林公园

位于丹顶鹤生态旅游区的西部区域，主要依托射阳林场。该区森林资源丰富，为度假休养提供了良好的环境，不仅具有较强的观赏性，而且是开展森林生态游的好去处，让人体验

---

①　本节部分内容参考相关景区的规划和政府报告，在此不一一列举。

亲近自然、回归自然的感受。本区主要开展休闲度假、野炊烧烤等活动。

3）新河滨区

位于丹顶鹤生态旅游区的北部区域。该区芦苇资源丰富，成片的芦苇总面积达 60 hm^2，与规划中的苏东自然农园融为一体，夏天碧绿成片，秋天芦花飞舞。规划中的新河滨公园紧邻新洋港河，与科研赏鹤区隔河相望，相互补充。要发挥该区芦苇资源优势，开辟芦苇迷宫等参与性旅游项目。本区主要开展生态观光和疗养等活动。

4）游客接待中心

游客接待中心是游客进入景区的门户，是游客到丹顶鹤自然保护区旅游获取旅游信息、服务和帮助的场所。根据保护区总体规划和旅游发展的需要，该区域主要由拟建的游客管理中心、信息中心、商务中心、停车场等组成。游客接待中心主要提供游客及车辆集散、票务、购物、医疗和行政管理等服务，同时进入丹顶鹤自然保护区进行生态旅游的各种设备和服务也将在这里取得。如：电瓶车、自行车、飞艇、热气球、望远镜和帐篷等。

在非迁徙季节，部分游客可以乘坐飞艇、热气球观看丹顶鹤自然保护区全景，乘电瓶车、自行车畅游丹顶鹤自然保护区。

游客们也可以到当地优美的小镇享受自然和人文风情，回味一段特殊的历史，满足人们休闲度假和放松自己的需要。

游客除了在丹顶鹤自然保护区观光旅游，还能品尝当地的特色菜肴和体验盐文化。

考虑到丹顶鹤自然保护区生态旅游发展和保护的需要，必须将丹顶鹤自然保护区有影响的活动都控制在保护区外。同时结合丹顶鹤自然保护区发展规划中的实验生态社区和新型农村社区的建设，把旅游活动中的餐饮、住宿等服务规划在该区域。

5）湿地研究和教育中心

湿地研究和教育中心主要进行科学研究和考察活动，是进行天然湿地体验、鸟类考察等旅游活动的主要区域，虽然对旅游业的效益贡献不大，但是该区域是提升整个湿地旅游品牌的重要因子。

6）新生态中心

深入湿地、体验湿地是游客前往保护区的主要动力，结合保护区目前状况和现有科研监测站的设置，建立两条通海湿地科考观光步道，在严格的管理下，让部分游客在保护区工作人员的指导下进入湿地，体验湿地植被的变化、湿地生态系统的演替和湿地的功能。由于步道前端近海处是迁徙水鸟停息的区域，因此该区域的旅游活动应在水鸟迁徙区之外，同时要加强管理，将游客的数量和活动都局限在一定范围内，在水鸟迁徙季节要停止相关的旅游活动。

7）观鸟区

观鸟是游客前往鸟类保护区旅游的主要感召力之一，特别是渴望目睹鸟类迁徙的宏大场面。由于保护区禁止一般游客进入，因此，结合保护区鸟类监测的需要，可以根据游客的不同提供不同的考察方式：一种是对普通游客在观鹤亭设立一观察点，通过望远镜观察；另一种是专业人士可以在水鸟栖息的泥滩前沿设立移动伪装浮船。

8）群鹤放飞区

鹤是长寿的动物，人们都用它来比喻长寿、吉祥。在一片蓝蓝的天空中，掠过一队白色的仙鹤，远处是无边无际的绿色苇塘，营造一幅让游人如醉如痴巧夺天工的画卷。

9）湿地科研观鸟通道

通过提供一些具有仿生功能的物品给进行珍禽研究的人员建设的特殊通道，严格控制游人的数量和活动内容，设置专门的员工来进行旅游项目的解说和引导。

10）生态度假村

生态度假村是丹顶鹤自然保护区生态旅游的主要阵地和利润的最大贡献区，该区域产生的利润将直接贡献于湿地的保护和可持续经营。

11）现有村落

在原有村庄的基础上设立居民点，第一要能够体现传统文脉的延续，突出本区水乡环境建筑上主要采用院落围合的空间布局，滨水部分安排少量独立式小住宅规划通过几个主题园的设计进一步突出自然的主题。规划注意对环境进行整理，通过细部的精心规划设计实施再现传统生活的场所。建筑上采用院落组合的空间布局和湿地建筑风格体现轻巧灵动的设计意向，塑造宁静的场所环境，为人与自然对话创造良好氛围。

12）森林公园

在树丛之中布置若干特色小屋，有竹楼、木屋和茅草房。清新的环境四季宜居。可以在树林里开展露营烧烤此类休闲活动。提供帐篷等露营设施感受野趣回归自然。

13）新海堤公路

将新海提公路建设成为盐城市独具特色的蓝色景观大道，景观大道设置多处自然和人文景观作为节点，使用具有湿地特征的道路标识等。

14）鸟园

根据丹顶鹤自然保护区的建设规划和国家野生动物保护工程的建设，保护区将建设水鸟招引救护中心，中心除了对保护区及周边的丹顶鹤等鸟类实重点保护外；中心将积极进行科学研究和珍稀鸟类的人工繁育，不断扩大珍稀濒危鸟类的人工种群；同时对中心及周边进行湿地恢复和野生鸟类栖息地的重建，使中心成为珍稀濒危鸟类的良好人工栖息地；在人工种群和人工栖息地的基础上，通过一些适当的技术手段，使一些具有吸引力的珍稀鸟类能长期散养在半野生的人工栖息地里。届时，游客便可以在此观看到许多生活在自然环境中的珍稀鸟类，如：丹顶鹤、白鹤等，满足游客来湿地观鸟的需要，使观鸟区成为东亚湿地生态旅游的重要品牌。

15）野餐和休闲区

野餐和休闲区周围主要是芦苇和其他人工植被，给人以天宽地阔、心旷神怡的感觉，能直接看见大海和周边的景点，周边没有公路和人为活动，空气清新，是进行野营的理想环境。

16）河滨绿地公园

结合水景创造宜人的滨水植被景观选用观赏效果佳的挺水植物和湿生植物形成滨水植被特色。

17）芦苇迷宫

利用芦苇沼泽观赏芦苇迷宫风景可进行叉鱼、钓鱼、撒网、脚踏水车等游乐项目。

18）射阳盐场盐文化公园

盐文化在封建社会后期所凝结的精品或者说是对中国文化史的贡献主要有两方面：一是美轮美奂的私家造园艺术。如卞家枯枝牡丹园，扬州何园、个园；一是带有资本主义萌芽之社会经济色彩的明清小说。

公园中可进行盐文化陈列。

盐民俗篇：煮盐、工艺、历史、工具、灶铁。

灶民习俗：生产、生活、礼仪、节令。

盐政篇：盐运使司、场大使、盐御史、票盐、纲引。

盐与明清小说：《红楼梦》、《镜花园》、《儒林外史》、《水浒》。

19）射阳洋马十里菊香生态园

洋马镇是全国知名的药材之乡，其菊花产量位居全国第一。"十里菊香"景区，每年 10 月下旬至 11 月上中旬，十数里菊花竞相开放，菊香四溢。有数百药园景点，占地百余亩，种养各类药材千余种，园内有药文化展览馆，展有药材标本、名人字画、药材加工工具等。另外还开发了菊花系列袋泡茶、菊花米酒、药膳、药枕等旅游产品。药乡一游，可以沐药香，赏药花，品药茗，吃药膳，洗药浴，观药景，娱乐休闲，尽享田园之趣。

10.3.2   大丰麋鹿沿海旅游经济区

10.3.2.1   范围

规划中的麋鹿生态旅游区毗邻大丰麋鹿国家级自然保护区核心区，控制性规划面积 2 315 hm^2。保护区内先后兴建了科研培训中心、旅游接待中心、会议活动中心、宣传教育中心，建立了"大丰麋鹿苑"，苑内有系列景点和停车场等服务设施。

10.3.2.2   主题定位

集中在优质的环境上，定位于国际麋鹿研究、保护中心和沿海湿地生态旅游活动的中心。

10.3.2.3 发展思路

在对麋鹿生态旅游区自然人文景观资源、人文历史、民俗风情的深刻认识，以及对湿地这一特殊区域理解的基础上，对景区进行全面规划设计，并实行分区控制，分步实施。做到空间次序和时间次序的合理性。麋鹿生态旅游区可细分为：麋鹿野生园、大丰麋鹿村和运河滨水村。

麋鹿生态旅游区集中在野生动物和生态教育解说上。开发度假村和住宿设施的时候，应利用麋鹿的形象进行宣传推介，体现野生特色，成为国际麋鹿研究、保护中心和沿海湿地生态旅游活动的中心。

10.3.2.4 项目建设

1）麋鹿野生园

位于麋鹿生态旅游区的南部，主要包括麋鹿国家级自然保护区的第一核心区的部分区域和大丰林场南部的竹园等，占地约为 270 hm², 为麋鹿生态旅游区的主要区域，是开展生态旅游、科普教育、环境保护、科学研究于一体的综合性旅游示范区。本区的规划设计要突出野趣，提升现有景点（羡城兹圃）档次，使之成为野生动物真正的家园。本区主要开展麋鹿野生放养等活动。

2）大丰麋鹿村

位于麋鹿生态旅游区的中部，主要包括大丰林场南部部分区域。该区域林业资源丰富，与规划中的麋鹿野生园相临近。可建设野生动物中心，采用高科技声、光、电等技术及图片、标本展示模拟麋鹿的演变、繁衍及生态环境，展示麋鹿在不同季节的不同习性和行为，让游客对麋鹿有全面的了解及认识；同时开展生态农业观光、休闲度假等活动。本区主要开展科普教育和观光等活动。

3）运河滨水村

位于麋鹿生态旅游区的北部，主要包括大丰林场北部部分区域，濒临大丰市建川河畔，是游客亲水戏水的好地方。本区主要开展度假和观光等活动。

4）游客接待中心

游客接待中心是游客进入景区的门户，是游客到麋鹿自然保护区旅游获取旅游信息、服务和帮助的场所。根据保护区总体规划和旅游发展的需要，该区域主要由拟建的游客管理中心、信息中心、商务中心、停车场等组成。游客接待中心主要提供游客及车辆集散、票务、购物、医疗和行政管理等服务，同时进入麋鹿自然保护区进行生态旅游的各种设备和服务也将在这里取得。如：电瓶车、自行车、飞艇、热气球、望远镜和帐篷等。

5）大丰海洋生态研究和教育中心

利用高科技的人为手段，建立仿造海洋的自然条件的水族馆、实现人造海洋状况的场所，并把它作为研究海洋的示范区，进行科学教育、学习海洋知识以及感受海洋风情的地方。淡水生物，海兽表演，珊瑚礁生物，海洋剧场，海洋民俗，海洋历史文化探索展，海洋旅游文化服务店，展示海洋生物，对儿童、青少年和成年人进行海洋生物、海洋生态学和海洋环境方面的教育，帮助人们认识、爱护大自然。向人们反映了陆地和海洋的联系，在海洋生态与人类发展的关系上给人们留下思考和联想的空间；为人们提供丰富多彩的学习形式，真正做到教育和娱乐功能的紧密结合，向人们传达着保护生态与热爱自然的思想。充分发挥其旅游观光、科普教育等多项社会功能。

6）绿色生态林度假休闲中心

以大丰林场为依托，修建具有自然特色的生态公路直达度假休闲中心，建造环境幽雅宁静的绿色生态度假中心。有效地整合项目区内的旅游资源，提高现有旅游资源质量，治理成林地，整合零散土地，优化更新果树品种等，搞规模经营，规范项目区内各种旅游接待项目的开发行为，使项目区内旅游资源得到有效和可持续开发利用，达到珍惜保护利用资源的目标。该项目的实施，将有力地推动民俗接待的规模和数量，进一步改善提高当地民俗旅游业的档次和规模。实现旅游和当地经济发展的双赢。

7）野生动物保护研究中心

利用当地的自然生态和景观建设具有动物观赏、物种保护与繁育以及休闲、娱乐、科普、科研等综合功能的研究中心。动物展出以较大规模的自然圈养形式为主，以放养和笼养形式为辅。

8）蓝色景观大道

将新海提公路建设成为盐城市独具特色的蓝色景观大道，大丰景观大道设置多处具有麋鹿自然保护区的自然和人文景观的节点，使用具有麋鹿自然保护区特征的道路标识等。

9）河滨绿地公园

结合水景创造宜人的滨水植被景观，选用观赏效果佳的挺水植物和湿生植物形成滨水植被特色。

10）斗龙庄园

有生机无限的各类花卉苗木，日本进口的锦鲤鱼，有蒙古风情的客房、餐厅及炕房、榻榻米等，万亩水面上，水生睡莲娇姿百态，水上栈桥、观荷亭、玫瑰廊和诱人葡萄廊，各类生态水产养殖，苏北最大的梅花鹿场，无污染无刺激的绿色蔬菜和食品，荷兰进口的郁金香种群，引进桂花之乡——湖北咸宁有 160 年历史的桂花树，法国冬青组成的有八卦之象的绿色迷宫等。

11）大丰港湾旅游区

修建和完善旅游设施，开放观光灯塔，开办海边休闲观光、度假、学习等活动项目。

10.3.3　东台沿海旅游度假经济区

10.3.3.1　范围

包括东台林场、中华鲟保护区及弶港镇等，控制性规划面积为 1 035 hm²。规划区包括中华鲟自然保护区，有一些非常肥沃的土地，农作物包括小麦、茅草和芦苇。水产业包括鱼、虾和蚌的养殖。规划区域还包括几个林场，林场内种植了大量有经济价值的树种，包括意大利杨、美洲杉、洋槐、竹子、银杏和果树。同时还有国家一类渔港，为国内和世界市场提供大量海鲜，包括各种海鱼、鳗鱼、螃蟹和软体动物。

10.3.3.2　主题定位

"长三角"地区重要的湿地度假休闲地。

10.3.3.3　开发思路

利用当地优质的自然条件，开发生态度假村，将东台的文化和湿地的利用结合起来，弘扬历史传统，充分体现出鲜明的地方特色。东台沿海旅游度假经济区可细分为：东台森林旅游度假区、新港村和东台海洋文化中心。

10.3.3.4　项目建设

1）东台森林旅游度假区

位于弶港滨海旅游度假区西北部，主要依托东台林场。该林场现为省级森林公园，资源丰富，在盐城三大林场中资源品质最好，是开展休闲、度假的好去处。因盐城湿地生态国家公园南北跨度较大，为解决游客休闲、娱乐等需求，拟依托东台林场的资源优势，规划建设森林旅游区。本区主要开展游客休闲、娱乐、度假等活动。

2）新港村

位于弶港滨海旅游度假区中部，主要依托东台市梁垛河及其三角洲。梁垛河水面宽阔，周围环境宜人，其入海通道双桥双闸。三角洲四面环水，资源丰富。拟规划建设休闲船港、湿地植物园。本区主要开展船港休闲、亲水戏水、生态观光等活动。

3）东台海洋文化中心

位于弶港滨海旅游度假区东南部，依托弶港镇渔港及东台中华鲟自然保护区。中华鲟是目前地球上最古老、最原始的辐鳍鱼类，距今已有 1.5 亿年的历史，素有"水中大熊猫"之称，为国家一级保护动物，列入《濒危物种红皮书》。本区主要开展科普研究和科普旅游等活动。

4）游客接待中心

游客接待中心为是游客进入景区的门户，是游客到弶港滨海旅游度假区旅游获取旅游信息、服务和帮助的场所。该区域主要由拟建的游客管理中心、信息中心、商务中心、停车场等组成。游客接待中心主要提供游客及车辆集散、票务、购物、医疗和行政管理等服务。

5）新港村

新港村建设的项目主要有给游客体验渔港文化的船港，新湿地中心主要向游客展示湿地方面的科学知识和保护的重要性，展示港口渔民生活和新农村风貌的新港口村，完全按照城市规划标准规划与建设，拥有完善的基础设施和娱乐休闲设施。保护能够体现传统文化的现有村落，开发具有浓郁乡情的乡村旅游。新度假村的风格主要是体现蓝色海洋文化和绿色湿地生态文化。建设具有弶港滨海旅游度假区的蓝色风景大道，具有与射阳段、大丰段不同的道路标识和风格。建设能够体现渔港文化特色的标志性建筑，把弶港滨海旅游度假区打造成一个休闲渔港。为了搭建生态旅游的特色，培育地方代表性的植物为主导物种的地方植物园。

6）森林旅游度假区

森林度假区外部交通状况良好，夏天常温比附近城市低6～7℃，而且森林绿海，空气清新，负离子含量高，可以说是森林度假胜地。森林度假旅游区有广阔的市场前景。森林旅游度假区内开设度假木屋、狩猎场、赛马场等活动项目。

7）东台永丰林农业生态园

北邻大丰麋鹿保护区，东依江苏森林公园——东台市林场，南靠国家级无公害西瓜生产示范区，西靠生态螺旋藻养殖区。集无公害水产养殖和果品蔬菜种植，循环复始，种养加于一体；集生态农业、生态观光、生态旅游于一体。

现建有有机蔬菜园、银杏园、葡萄园、香樟园、农趣园、垂钓中心、跑马场、狩猎场、万头猪场、雕塑群像、湖滨广场、观湖曲桥及生态科研教育中心等旅游景点。充分体现现代农业、生态农业、生态湿地旅游观光和游客参与采摘的农家乐特点。其旅游纪念品有野菜、小鱼、青虾、中华绒蟹、草鸡蛋、干果银杏等。

10.3.4　启东圆陀角江海生态文化旅游区

10.3.4.1　范围

启东圆陀角江海生态文化旅游区规划面积3.106 km²。

10.3.4.2　主题定位

利用江海交汇、长江之口、寅阳日出、滩涂风光等独特的自然奇观，以生态文化为核心，以生态旅游、江海观光、江海科普、环保教育、青少年野营示范区等为主要内容，重点面向上海、南通及苏南旅游市场，把本区建成景观独特、环境优美、内涵丰富、知识性、趣味性、科普性强的特色旅游区。

10.3.4.3　开发思路

以"三园一区一示范区"构建圆陀角江海生态文化旅游区的旅游格局，即滨海日出乐园、长江口湿地生态园、环保主题园、休闲度假区和青少年野营示范区。

10.3.4.4 项目建设

1）海滨日出乐园

海滨日出乐园主要突出海上日出与海滩特点，表现大海的气息，该区主要在景区北边和东北边沿海一侧。包括海滨观日、海滨浴场、海上拾贝区、豪华游轮、海洋生物展览馆等。

2）长江口湿地生态园

在沿江一侧建长江口湿地生态园，包括世界淡水植物园、花卉生态园、水生与陆生食用、药用、观赏动物养殖园、长江水展示馆、观江亭、东疆寺、天文馆、隔离绿带与背景绿带等。同时设立旅游码头，开辟至兴隆沙和上海的旅游航线。包括湿地花卉植物园、展示馆区、观"江"亭、绿色生态廊道等。

3）环保主题园

在海滨日出乐园与长江口湿地生态园之间建环保主题园，建议在现有的生态休闲风景园区的基础上进行改扩建。目前园区占地面积 23.33 hm^2，累计已完成投资 1 000 万元。园区以自然景观和植物景观为基础，充分运用各种造园手法，营造出具有多种风格情趣的景区。目前已完成的主入口广场、大禹石像、纪念碑、寅阳楼、人工湖、垂钓鱼塘、海堤人道等景点错落有致，有机地分布于园内。园区景点以江和海为基础，突出弘扬江海交融的文化特色，也是整个旅游区的中心区域，是江海文化旅游线相交汇的所在。高耸的长江江堤达标纪念碑，国内规模最大的大禹石像就是人类驯服长江、大海和团结治水精神的最好体现，而寅阳楼、海堤土道则是人们充分利用长江、大海赋予的自然条件，朝观日出，暮赏日落配之以万里长江入海的气势，耳听滔滔入海生生不息的波涛声，具有浓厚的江海文化氛围。园区围绕人工湖有曲有直，有开有合，既为久居闹市的居民提供了充满自然气息的生态休闲场所，又可作为欣赏中国园林文化，园艺文化的旅游功能区。

本园区在开发中应重点突出生态环境保护与人文关怀的特色，以人与自然、环境灾害、江海环境、环保科技、绿色未来等为主要内容，体现环境保护的知识性、科普性和趣味性。可以适当向滩地延伸，保护目前滩地中的生态系统，让旅游者亲身体验滩地的特色，了解保护湿地资源的重要性，整治滩地目前存在的卫生问题，尽量不布置人工建筑，但要有安全保护措施，防止出现伤害事故。

4）休闲度假区与青少年野营示范区

休闲度假区与青少年野营示范区主要包括圆陀角旅游度假村、度假别墅区、青少年野营示范区等项目。

5）节事活动与商品策划

结合当地特色，举办旅游节庆活动。例如，利用每年的元旦前后举办圆陀角"迎新年曙光"等活动、利用当地丰富的江海生态资源举办"江海生态旅游节"、利用三水之分的特殊地理位置举办"海上观潮"等节庆活动。使活动内容新颖、丰富，注重趣味性、新奇性、参与性、知识性，形成亮点来吸引游客，激发他们的游兴。此外，还可以完善会议设施，承办小型的地区性或单位内部会议，以此来扩大度假区的影响。

旅游商品生产与销售是旅游业发展的一个重要组成部分，设立专门力量组织研究、创意、设计和开发富有当地特色的旅游产品十分重要。

在南通市内乃至全省范围内广泛征集圆陀角旅游商品设计方案，选出优秀的设计作品推荐给信誉好的厂家生产，或招标定制。注重地方特色商品的设计、包装，鼓励启东民间传统工艺品的手工制作和产品创新，在确保质量的前提下推向市场。

利用该区的渔业资源优势，探索新的加工工艺，开发出便于游客品尝和携带的当地江海鲜等土特产品，要以旅游食品和旅游礼品为定位进行设计、生产。

拓宽思路，将不是商品的东西进行包装，变成旅游商品，比如可以将长江源头和入海口的水分成两小罐包装，出售给旅游者，以"共饮一江水"的诗句代表着恋人们的忠贞爱情，罐的形状要特殊，注重装饰性。

10.3.5　黄海渔湾旅游区

10.3.5.1　范围

本区主要由通州湾和东灶港蛎蚜山组成。

10.3.5.2　主题定位

黄海渔湾旅游区的开发策划应紧紧围绕"蛎蚜山"这一世界罕见的海上牡蛎礁自然景观，在充分保护的前提下，坚持"以山为（礁）魂，以海为脉，以人为尊，以绿为根"的创意策划理念，发挥东灶港海滨渔港的特色，做好渔港休闲与海鲜美食的文章，整体上形成海上探险/科考、海滨观光娱乐、休闲度假以及蛎蚜海鲜美食于一体的生态休闲旅游区。

10.3.5.3　开发思路

构建以蛎蚜山为旅游区的自然景观核心，以海滨生态休闲娱乐区为其旅游功能相配套的旅游示范区，形成自然奇特景观与人性化需求景观呼应互补的特色海滨旅游景区。根据旅游区自然资源条件、市场条件和区位条件，东灶港蛎蚜山海滨生态休闲旅游区将按"51工程"即"五区一线"的格局进行开发建设。

10.3.5.4　项目建设

1）休闲娱乐美食旅游街区

在新垦村的中部地段向东延伸，开发建设海滨休闲娱乐旅游街区。该街区将作为蛎蚜山海滨生态休闲旅游区的核心街区，其主要功能包括：海乐楼、SPA水疗中心、蛎蚜海鲜馆、董竹君美食馆、河上夜画舫、海洋珍品购物店、海洋博物馆。

2）蛎蚜奇岛探秘区

蛎蚜岛作为世界罕见的奇岛，其形成、生长的过程可谓自然奇观，科考、探险价值极高，因此，充分保护是旅游开发的前提。由此，将引进国际先进自然重要保护区旅游开发理念，具有开发投资小、保护充分的特点，即蛎蚜岛将以自然观光、探秘、科考为主，完全以蛎蚜奇岛原汁原味的感觉奉献给游客。岛上一律不得建设相关建筑，只配置相关可移动的小商品/食品服务亭、可供游客休息的活动遮阳伞/亭/木桩式坐凳、大型快餐篷（餐饮）、岛上海边危险地带防护栏（绳索）、环保型垃圾箱、一些特殊地质造型的命名牌（供游客照相留念）以及其他相关配套设施、指示系统等。

3）海滨休闲度假区

含旅游地产项目，包括仿生态海滨度假村、海滨浴场、海泥康体中心、别墅区、景观房产。

4）海上游乐区

在海边修建游船码头，并分三类游乐项目：直接由旅游区提供的大、中型蛎蚜岛探秘游船；划定海上活动区域，提供中、小游艇，供游客海上吹风、寻求刺激；利用东灶港海滨天然渔场、江苏重要的海产品示范区为依托，以"当一天渔民"为主题，提供让游客亲身体验渔民出海打鱼的体验式旅游项目。

综合服务区（含游客接待中心）和海上旅游观光专线［华夏第一龙桥（景观长廊）］，以海上游乐区为起点，开辟海上旅游观光专线游。

10.3.6　如东南黄海旅游区

10.3.6.1　范围

如东南黄海旅游区规划总面积 8 km^2。

10.3.6.2　主题定位

以闻名海内外的"海上迪斯科"（踩文蛤）项目为主体，依托得天独厚的滩涂资源，与洋口渔港进行一体化开发，将本区建成江苏沿海旅游新亮点和建设省级旅游度假区。

10.3.6.3　开发思路

整个旅游区以"海、陆、空"三维开发理念在突出主题特色前提下，构建"12112"开发格局（战略）即一个中心（游客接待服务中心），二条街（村）（黄海渔村、黄海风情旅游街），一条绿色文化廊道（黄海文化景观廊道），一个人工湖（金沙湖），两个区（海上迪斯科游乐活动区、滨海休闲度假区）。

10.3.6.4　项目建设

（1）在滨海人工围养文蛤（面积 1 333.33 hm^2），举办踩文蛤旅游活动和放风筝比赛及沙滩排球赛；以丰富的海产品为优势，推出全海鲜美食，筹备举办天下第一鲜——文蛤节（可延伸为"海上迪斯科"生态旅游节），岸上建设综合服务区，逐步形成游乐、观光、休闲、美食于一体的综合旅游区。

（2）在洋口渔港围海造湖，将海水过滤、沉淀后，可显蓝色海水美景，开辟人工浴场，建水上运动中心，开辟摩托艇、空中飞人、帆板、潜水等运动项目。填补江苏沿海淤泥海滩无蓝色海景之空白，以蓝天碧海银沙滩的优美景观而成为南通沿海新的旅游卖点。

（3）改进出海乘载工具，增加游客专乘的牛车，扩大接待区容量，新建大型停车场。扩大服务区范围，在滩涂外停泊观光艇，解决服务设施和餐饮、娱乐功能，建设海上渔村和滨海度假设施。建设主题度假村，营造独特的度假氛围，满足度假客人的需要。

（4）加强旅游购物品建设，开设旅游纪念品商店。本旅游区特色旅游纪念品有：贝类吐沙蒸煮速冻真空包装系列产品，文蛤粉、四角蛤粉、鲜虾粉、海鲜醉制品、紫菜加工品、贝壳工艺品等纪念品。

（5）提高本区旅游交通通达能力，提高公路等级，增强景区的可进入性。在滨海港口开辟旅游码头，提供海轮供游客乘船出海，供游客进行海上旅游活动，如海上垂钓、"做一天渔民"，学习捕鱼等旅游活动。

（6）将洋口渔港和老坝港、角斜镇进行一体化开发，使之成为南通连接盐城旅游的门户。老坝港可开发卡丁车、赛车场、赛马等运动休闲旅游项目和海鲜美食与特色水产等旅游产品；角斜镇可利用国防部定点的预备役示范区和过去是知名度较高的红旗民兵场的优势，围绕海防和军事旅游做文章，开发黄海民兵度假村、海防和军事科普园、打靶场等旅游项目。

（7）大力进行度假区绿化建设，建成 100 m 宽的如东沿海绿色走廊。形成大范围的绿色空间，使度假区空气清新，环境幽静，成为人们回归自然、修身养性的理想场所。

10.3.7　吕四渔港旅游示范镇

10.3.7.1　范围

吕四港镇全镇总面积 66.08 km^2，总人口 10.09 万人。

10.3.7.2　目标定位

江苏沿海地区独具特色的旅游重镇。

10.3.7.3　开发思路

吕四是中国四大渔场之一，以黄海渔港风情为特色，以鹤城公园（吕祖文化）、吕四渔港、渔家风情与海鲜美食为代表的旅游资源较为丰富。要进一步挖掘其道教文化旅游资源，建设吕祖宫。做强做大启东海鲜节，重点开发吕四渔家风情游、海鲜美食游和夜游渔港等旅游产品；进一步完善吕四的旅游服务设施，尤其要大力发展美食和特色休闲娱乐设施，使之成为对旅游者具有较强吸引功能的旅游设施与旅游产品；要重视渔港环境美化和亮化；通过渔港的建设和旅游开发，使吕四成为江苏沿海地区独具特色的旅游重镇。

第 3 篇　南黄海辐射沙脊群环境保护与生态建设

第11章　辐射沙脊群区域自然灾害

辐射沙脊群海域气象、水动力、地质条件复杂，极易受到气象灾害、海洋环境灾害、海洋生态灾害和海洋地质灾害的侵袭。

11.1　气象灾害[①]

11.1.1　气象要素概况及时空特征分析

辐射沙脊群区域受亚热带季风气候控制，天气气候复杂，气象灾害频次高、灾种多、成灾率高，是我国自然灾害出现较多的地区之一。主要气象灾害有暴雨洪涝、大风、热带气旋、寒潮等。辐射沙脊群区域暴雨洪涝灾害主要出现在3—10月，出现的几率为4~5年一遇；热带气旋主要出现在5—11月，影响集中期是7—9月，其中8月份最多。由热带气旋造成的暴雨每年2次，其中一半以上为大暴雨和特大暴雨，热带气旋造成的6级以上的大风平均每年2.5次，主要集中在7—9月；寒潮的频次为年平均5.1次，最多为12次，出现在1962年，最少为2次，寒潮一般出现在晚秋至早春季节；辐射沙脊群区域也是江苏省的大风多发地带，平均每年出现大风14~16次，时间分布以1—5月、8月和10—11月频次较高（卞光辉等，2008）；该区域海雾一年四季均有发生，但4—8月出现的频次较高，给海上交通和生产作业带来较大影响。

11.1.2　气象灾害历史情况统计

11.1.2.1　暴雨

暴雨是辐射沙脊群区域的主要灾害气象之一，统计分析显示，该区域全年各月均会出现暴雨。但存在明显的月变化，1—4月暴雨日较少，进入5月以后逐渐增多，6—8月是暴雨最多的季节，9月以后，暴雨日数逐月锐减。历史上出现的重大洪涝灾害年大多是暴雨日较多的年份，特别是1954年和1991年的特大洪涝，给全省造成了严重损失（卞光辉等，2008）。

统计分析1950—2000年致灾区域性暴雨显示，出现致灾区域性暴雨最多的年份是1954年，共发生致灾区域性暴雨13次，其次是1980年（10次）和1960年（9次）（卞光辉等，2008）。致灾区域性暴雨年代季变化分析表明：1954—1965年和1979—1991年是出现致灾区域性暴雨较多的两个时段，1950—1953年、1966—1978年和1992—2000年是出现致灾区域性暴雨较少的时段（图11.1）。18个未出现洪涝灾害的年份主要在此期间。致灾区域性暴雨出现最早的是1964年4月5日，兴化、高邮、大丰等5县市出现暴雨，最晚出现在1987年

---

　① 本节由黄祖英、赵爱博执笔。

10 月 14 日，苏北出现大范围暴雨到大暴雨过程，日降水量 50 mm 以上的有 25 站（次），100 mm以上的 5 站次。1961—2000 年间，各月出现致灾性暴雨次数分别为 4 月 4 次、5 月 5 次、6 月 24 次、7 月 45 次、8 月 12 次、9 月 4 次、10 月 1 次（图 11.2）。

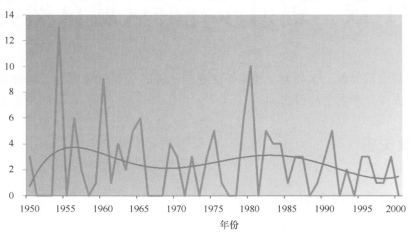

图 11.1　年致灾区域性暴雨次数

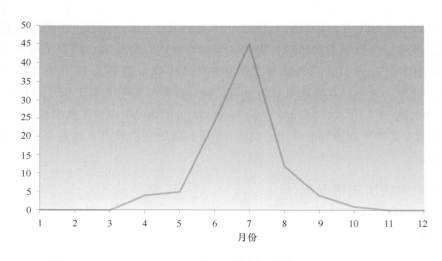

图 11.2　各月致灾暴雨分布

11.1.2.2　热带气旋

辐射沙脊群区域地处黄海南部，每年夏季都会受到热带气旋的影响，是造成该区域气象灾害的重要天气系统。由于热带气旋的强度和移动路径不同，影响程度和范围大小有所差异。

热带气旋对辐射沙脊群区域的影响一是热带气旋本身；二是热带气旋与西风带系统共同作用。影响该区域热带气旋的源地 89% 位于菲律宾以东的西太平洋洋面，6% 位于南海海面，其余 5% 的源地纬度较高，位于琉球群岛附近。影响该区域的热带气旋为 3 个/a，最多年份可达 7 个。热带气旋造成的暴雨每年 2 次，其中 51% 为大暴雨或特大暴雨。暴雨主要出现在 7—9 月，其中达到特大暴雨的主要集中在 8—9 月，且以 9 月最多。热带气旋造成 6 级以上大风平均每年 2.5 次，主要集中在 7—9 月（卞光辉等，2008）。影响该区域的热带气旋路径主要有登陆北上型、登陆消失型、正面登陆型、近海活动型和南海穿出型等五类。

11.1.2.3　温带气旋

造成辐射沙脊群区域海洋灾害的温带气旋主要是江淮气旋和黄淮气旋，尤以江淮气旋影响最大，江淮气旋一年四季均可形成，但以春季和初夏较多。根据 1961—1980 年资料统计，共发生江淮气旋 310 次，年平均 15.5 次，最多年份（1965 年，1972 年）为 23 次，最少年份（1978 年）为 6 次，4 月最多达 56 次，10 月最少仅 11 次，其中 30 次为发展气旋（卞光辉等，2008）。江淮气旋的源地集中在淮河上游、大别山区东北侧及黄山北麓的苏皖平原、洞庭湖盆地、鄱阳湖盆地 4 个地区，其移动路径主要有两条：一条由淮河上游经洪泽湖从盐城南部入海；另一条路径由洞庭湖出发经黄山北部、皖中平原到江苏南部沿海。影响辐射沙脊群区域的江淮气旋，58.7% 可造成该区域的暴雨过程，21% 可造成大暴雨，2.7% 可造成特大暴雨。迅速发展的江淮气旋伴有较强的大风，暖锋前有偏东大风，暖区有偏南大风，冷锋后有偏北大风。

11.1.2.4　寒潮

辐射沙脊群区域寒潮年平均出现次数 5.1 次，出现寒潮最多年份是 1962 年，共计 12 次，最少年份为 1964 年、1973 年、1975 年和 1999 年，只有 2 次，寒潮最早出现年份 1981 年 10 月 8 日，最迟年份 1993 年 4 月 24 日。时间分布上，冬季最多占 47.0%，秋季 28.5%，春季 24.5%，90% 的寒潮集中在 11 月至次年 3 月（卞光辉等，2008），寒潮入侵后，24 ~ 36 h 降温幅度一般为 8 ~ 12℃，最大 24 h 降温达 20℃ 以上。

11.1.2.5　大风

大风是辐射沙脊群区域主要的气象灾害之一。大风严重影响交通运输，特别是船舶的航行安全，严重的会导致海难事故。辐射沙脊群区域大风主要分为热带气旋大风、温带气旋大风和冷空气大风三类。热带气旋造成 6 级以上大风平均每年 2.5 次，主要出现在 5—11 月，其中 7—9 月最为集中，热带气旋的移动路径不同，对辐射沙脊群区域的影响也存在差异，正面登陆的台风形成大风的概率为 100%；且大风范围广、强度大，热带气旋在浙江、福建沿海登陆后，北上至 30°—35°N 的内陆活动，这类移动路径的台风出现大风的概率为 59%；热带气旋登陆浙江福建后，在 30°N 以南大陆活动或消失，辐射沙脊群区域出现大风的概率为 57%；热带气旋中心在 125°E 以西的我国东部沿海海域活动或北上，产生大风的概率约 50%；热带气旋中心在广东沿海登陆后向 NE 方向移动，并自浙江、福建出海，出现大风的概率约为 32%。冬半年是受北方强冷空气影响的集中时段，是冷空气大风频次较多的时段。春秋过度季节受冷暖空气共同影响，易形成江淮气旋，江淮气旋在入海前强烈发展，与外围冷空气结合，有 63% 会产生大风。且具有风力大，突发性强的特点，极易造成海洋灾害。区域性大风以 1—5 月、8 月和 10—11 月频次较高（卞光辉等，2008）。

11.1.2.6　海雾

黄海是我国近海海雾较多的海域，全年雾日在 20 ~ 80 d 之间；其发生范围也是我国 4 个海域中最广的，有时整个海域都被雾所笼罩。但各个海区相差很大，黄海海区有 3 个多雾中心，两个在北黄海，即成山头至青岛一带的山东南部沿岸和辽东半岛东岸大鹿岛至大连一带；另一个是黄海南部沿岸石臼所至吕四一带，年雾日为 22～44 d，其中，东台沿岸较多，年雾日为 44 d，最长连续雾日为 7 d。黄海海区虽全年各月均有雾出现，但雾主要集中出现在 3—8 月。4 月在黄海中部出现一个明显的多雾区，雾日在 10 d 左右。5 月与 4 月相比，变化不大。6 月，多雾区域北移，此时黄海北部海区的雾日由 4—5 月的 4～5 d，增加到 10 d 左右，成山头的雾日则接近 20 d。7 月，本海区南、北部的雾日分布呈相反的变化，北部海区雾继续增多，达到全年最盛时期，雾日在 10 d 以上，成山头雾日可达 25 d，成为全年海雾最盛的月份；而南部海区的雾则开始减少。8 月，整个黄海的雾明显减少，南部海区雾日减少更为迅速，此时多雾区推进到黄海北部。9 月以后整个海区的雾几乎绝迹，可谓海上的"秋高气爽"天气，标志着黄海海雾的结束。

11.1.3　气象灾害的形成机制

辐射沙脊群区域地处亚热带到温带的过渡区，影响的天气系统复杂，是造成各类气象灾害的主要原因。

当冷暖气流在辐射沙脊群区域上空剧烈交汇，产生强而持续的上升运动，低层又有足够的水汽供给，往往就产生暴雨，该区域产生暴雨的天气系统主要有热带气旋、梅雨锋、江淮气旋、副高边缘以及其他中纬度地区的低值系统等，通常情况下往往是两个以上天气系统共同作用的结果。

热带气旋（台风）是发生在热带海洋上空的一种具有暖心结构的强烈气旋性涡旋，总是伴有狂风暴雨，热带气旋的生成和发展必须满足以下条件：① 有足够大的海面或洋面，同时海面水温必须达到 26～27℃ 以上，这是扰动形成暖心结构的基础；② 底层有初始扰动，将不稳定能量释放使其转变为发展热带气旋的动能；③ 有一定的地转偏向力作用，使辐合气流逐渐形成强大的逆时针旋转的水平涡旋；④ 对流层风速垂直切边要小，使得积云、积雨云所产生的凝结潜热集中在一个有限的空间范围内。热带气旋的移动主要受引导气流操纵，影响辐射沙脊群区域的热带气旋，其移动路径，主要受西太平洋副热带高压和西风带环流的影响，西太平洋副热带高压和西风带槽脊的位置及其强度的变化，导致了影响该区域热带气旋路径的差异。

温带气旋的形成大致可以分为两类：一是静止锋面上的波动。当江淮流域出现近似 WE 向的静止锋时，如其上空有短波槽从西部移来，槽前下方由于正涡度平流的减压而形成气旋式环流，偏南气流使锋面北抬，偏北气流使锋面南压，静止锋演变为冷暖锋。波动中心持续降压形成闭合环流，则江淮气旋形成；另外一类是倒槽锋生气旋。是北支槽与西南涡结合，河西冷锋进入地面倒槽与暖锋相接，在高空槽前正涡度平流下方，形成江淮气旋。

寒潮天气过程是一种大规模的强冷空气活动过程。其主要特点是剧烈的降温和大风，有时还伴有雨、雪、雨凇或霜冻。寒潮的暴发，一是要有深厚的冷气团在西伯利亚到蒙古地区堆积；二是有适当的流场引导冷空气大举南下。晚秋到早春季节，西伯利亚到蒙古经常有强大的冷高压存在，一旦东亚环流调整，经向低槽发展，槽后西北气流引导强冷空气大举南下，如果冷空气南下前的基础温度较高，就会形成寒潮。入侵辐射沙脊群区域的冷空气源地主要有 4 个，① 新地岛以西洋面；② 新地岛以东洋面；③ 冰岛以南洋面；④ 鄂霍茨克海和西伯利亚东部。

形成大风的主要原因是水平气压梯度加大和高低空湍流的能量交换。造成辐射沙脊群大风的主要天气系统是强冷空气、江淮气旋和热带气旋。冬半年受强冷空气影响，冷空气大风的频次较多。春秋季节，是江淮气旋活动频繁的时段，江淮气旋在入海前强烈发展，与外围冷空气配合，极易形成大风，且具有风力大，突发性强的特点。夏、秋季节，热带气旋活动频繁，热带气旋无论以何种方式影响辐射沙脊群区域，均会给该区域造成强降雨和大风天气。

11.1.4　气象灾害的演变机制

近年来，我国气象异常的情况越来越频繁，台风、暴雨、洪水、高温、干旱，种种极端灾害气候时有发生，尤其是相对经济比较发达的东南沿海地区，人口密度大，社会财富密集度高，同时也是渔业生产集中的地区，近 3 年来，台风以及由台风引起的海啸、风暴潮、洪水等极端性气象灾害对渔业生产形成严重的威胁，造成的损失巨大，对渔业生产的负面影响具有普遍性。

极端性灾害气候的形成具有一定条件，因此，它的发源也在特定的地区。我国地处东亚季风区，是典型的大陆季风气候，季风影响十分明显，气候灾害频繁。东南沿海多是大江大河的下游地区，受副热带高压与热带气旋影响最大。主要灾害是台风、风暴潮、洪涝，其次为地震、冰雹、地面沉降。以台风为例，台风是热带洋面上的"特产"，是世界上最严重的自然灾害之一，经常发生在南、北纬 5°～25° 的热带洋面上，台风伴随着风暴潮和强降水，呈现带状分布。北半球台风主要发生在 7—10 月，形成以后，具有一定的移动路径。以西北太平洋台风为例，在冬、春季节（11 月至翌年 5 月），台风主要在 130°E 以东的海面上转向北上，在 16°N 以南往西进入南海中南部或登陆越南南部，还有少数在 120°—125°E 的近海转向北上，少数台风也可能在 5 月和 11 月登陆广东；在 7—9 月的盛夏季节，台风路径更往北、往西偏移，可能侵袭我国从广西到辽宁的沿海地区；在 6 月和 10 月的过渡季节，台风主要在 125°E 以东海面上转向北上，西行路径较偏北，在 15°—20°N 之间，少数台风会登陆广东和台湾、福建、浙江、江苏。因此，我国沿海地区极易受到台风的威胁。

海洋面临着气象灾害的威胁非常严重，而且灾害的强度有逐年增大的趋势。综合分析各种海洋性灾害的自然风险性和经济损失：20 世纪 50 年代平均每年不足 1 亿元，60 年代为每年 1 亿～2 亿元，70 年代为 5 亿～6 亿元，80 年代每年十几亿元至数十亿元，1990 年超过 500 亿元。这些损失的 80%～90% 发生在沿海地带。沿海地带在全部自然灾害经济损失中的比例，在 80 年代初和 90 年代初，已达到大约 10%，近年已大大超过这一比例。尤其是近几年来，台风次数增加，从 2004 年的 14 号强台风"云娜"，到 2005 年的"麦莎"，2006 年的"碧利斯"、"格美"、"桑美"，巨型超强台风不断登陆我国浙江、广东、福建等沿海地区，破坏也呈现逐年加大的态势，给沿海的渔业生产和渔民生活带来严重的损害。以 2004 年的"云娜"为例，台风十级风圈达 180 km，降雨量大于 50 mm 的区域 $8.2 \times 10^4 \text{ km}^2$，占浙江省陆域面积的 82%，大于 300 mm 区域面积为 $0.7 \times 10^4 \text{ km}^2$，占浙江省陆地面积的 7%；强降雨量集中在沿海区域，给浙江省特别是台州、温州地区造成惨重损失，是 1956 年以来登陆我国大陆强度最大的台风，因灾造成死亡 164 人，失踪 24 人，直接经济损失超过 181 亿元。而 2006 年台风"桑美"，最高风力已经达到 19 级，造成的人员伤亡和经济损失比"云娜"更为惨重。

11.1.5　气象灾害的评估与对策

11.1.5.1　气象灾害评估

　　根据气象灾害特征、致灾因子和天气现象类型，可将我国气象灾害分为7类20种。由于地理位置、特定的地形、地貌和气候特征，造成了我国气象灾害的种类之多是世界少见的。气象灾害评估的基本思路主要有以下几点：① 确定区划单元。② 确定气象灾害评估的主要内容：孕灾环境敏感性、致灾因子危险性、承灾体易损性和防灾减灾能力，并选择四者相应的指标，确定各指标的权重。③ 选择气象灾害风险评估所需要的基础图件，收集选定区域的地理信息系统（GIS，即 Geographic Information System）资料、气象数据、社会经济数据及灾情数据，建立相应的灾害数据库。④ 构建单种气象灾害的敏感性、危险性、易损性和防灾减灾能力的评估模型，在 GIS 的支持下，利用其空间叠加、分析、图斑合并以及属性数据库操作功能，对四者进行评估。⑤ 同理，建立单灾种风险评估模型，进行单灾种风险区划，最后得到气象灾害综合风险区划。

　　随着灾害研究的不断深入以及各种新技术的应用，灾害风险评价正逐渐由定性分析走向定量评价。常用的风险评价技术方法有专家打分法、德尔菲法、层次分析法 。① 专家打分法是一种最常见的、最简单的、易于应用的分析方法。主要由以下两步组成：首先，辨识出某一特定灾害可能遇到的所有风险，列出风险调查表；其次，利用专家经验，对可能的风险因素的重要性进行评价，进而综合成整个项目风险。优点：此法适用于决策前期，此时期缺乏项目具体的数据资料，主要依据专家经验和决策者的意向，得出的结论是一种大致的程度值，只能是进一步分析的基础。缺点：主观性强。② 德尔菲法是在预测领导小组的主持下，就某个科学技术课题向有关专家发出征询意见的调查表，通过匿名函询的方法请专家提出看法，然后由领导小组汇总整理，把整理结果作为参考意见再发给这些专家，进一步分析判断，提出新的论证。如此多次反复，按意见收集情况作出预测。优点：匿名性、反馈性、收敛性、统计性 。缺点：预测结果易受专家的主观意识和思维局限性的影响；调查表的设计对预测结果的影响较大。③ 层次分析法（AHP）的主要思想是通过将复杂问题分解为若干层次和若干因素，对两两指标之间的重要程度作出比较判断，建立判断矩阵，通过计算判断矩阵的最大特征值以及对应特征向量，就可得出不同方案重要性程度的权重，为最佳方案的选择提供依据 。优点：定性和定量分析相结合，定性向定量的转化。缺点：权重结果的准确性值得怀疑。

11.1.5.2　对策

　　（1）建立综合性的、密度适合社会发展需求的、现代化的立体大气监测系统，提高大气监测能力。气象灾害预警水平依赖于大气监测能力的提高。美国和我国短期天气预报水平第一次快速、显著提高分别发生在20世纪60年代中期和70年代初期，分析其原因，气象卫星从太空监测地球大气，所提供的云图等新的地球大气探测信息极大地丰富了过去常规大气探测资料，特别是丰富了海洋、极地和高原、沙漠等人迹稀少地方的探测信息。自有气象卫星探测后，活动在大洋上的台风再也不会漏测了。我国目前的大气监测网基本上是以监测天气尺度以上系统为原则规划组建的，数十千米至数千米的中小天气尺度系统因目前站网距离大，成了漏网之鱼。为了监测中小天气尺度系统，提高对局地致灾暴雨、雷雨大风、冰雹预报水平，减轻山地灾害造成的人民生命财产的损失，很有必要增加站网密度，建设自动气象站。另外，还要建设气象雷达站，提高卫星探测能力，建立起综合性的、密度适合社会发展需求的、现代化的立体大气监测系统，以提高大气监测能力。

（2）建立能力较强、满足自然灾害预警需要的信息加工处理系统，提高气象信息传输和加工处理能力。大气监测站网分布范围广，常规监测信息、尤其是气象卫星和气象雷达探测、自动气象站获取的大气监测资料时间间隔短、信息量大，需要建立自动化的卫星气象通信和网络通信系统，提高气象信息传输能力。我国短期天气预报水平第二次快速、显著提高发生在 20 世纪 80 年代中期。这次水平的提升主要依赖于计算机加工处理能力提高、短期数值天气预报业务模式的建立并投入业务运行。因大气监测信息快速增加以及空间分辨力和时间步长较短的新的数值天气预报模式投入业务运行，需要不断建立新的计算机系统，提高气象信息加工处理能力。

（3）建设综合性的气象灾害预警信息采集加工、监视平台和自动化程度较高的自然灾害预警系统，提高气象灾害预警能力。减轻和防御气象灾害的影响，首先是要做好灾害的预报预警工作。这意味着在灾害发生前，提前预测气象灾害可能的发生和发展，使减灾防灾措施有的放矢，效益显著。为了更好地做好气象灾害的预报预警工作，提高气象灾害的预警能力，需要不断加强天气气候预报预测新方法的研制，提高对天气气候变化规律的认识。同时还需要加强天气气候变化监视系统建设，改进天气、气候变化监视手段，达到各种天气、气候探测信息采集及时，分析加工准确，自动化程度高，综合能力强，效率高，使之能反应迅速，为减轻和防御气象灾害赢得宝贵时间。

11.2　海洋环境灾害[①]

11.2.1　海洋环境灾害概况

辐射沙脊群海区水深 0 ~ 25 m，由 70 多条沙脊组成了以弶港为中心向外呈辐射状分布的沙洲系统，面积近 3×10^4 km²。该海域水深差异大，海底沟壑纵横交错，水动力、地质条件异常复杂，是典型的海洋灾害及海难事故频发区，巨浪、风暴潮等各类海洋灾害所造成的安全事故时有发生。

11.2.2　海洋环境灾害统计分布

从历史资料来看，江苏省遭受的海洋灾害频次虽不及福建、浙江等省高，但由于江苏省地形地貌的特殊性，加之江苏省海洋预警报体系建设滞后，致使防范和应急抢险救灾能力较低，一旦发生海洋灾害，所造成的人员伤亡和财产损失却极其惨重，1939 年的风暴潮灾害死亡失踪 13 000 多人，2000 年的特大风暴潮灾害，导致了 640.7 万人受灾，农作物受灾面积达335.3 万亩，在短短的几天时间内，全省 37% 的海洋产值顷刻间化为乌有，直接经济损失达56 亿多元，占当年全国海洋灾害直接经济损失的 45%（表 11.1）。近 10 年来，江苏省因海

---

①　本节由罗锋、梁晓红执笔。

洋灾害所造成的直接经济损失高达 100 亿元（年均 10 亿元）。因海洋灾害造成的死亡人数也逐年增加：2000 年死亡 20 人，到 2005 年则上升至 29 人（含失踪人数），灾难性的海洋灾害造成了巨大的社会影响和生命财产损失。据近 50 年的重大风暴潮灾害统计分析，江苏省的重大风暴潮灾害几乎全部由台风、强台风和超强台风引起，发生在 8 月份台风密集期的重大风暴潮灾害占了 80%，灾害持续时间多为 2~4 d，风暴增水导致的高潮位普遍超过历史最高纪录，对人民群众的生命财产造成了重大危害。

表 11.1　江苏省重大风暴潮灾害统计（1956—2009 年）

编号	发生时间	持续时间/d	高潮情况	死亡人数/人	直接经济损失/亿元
5612 号风暴潮灾害	8 月 2 日	3		3	
5622 号风暴潮灾害	9 月 6 日		连云港高潮位超历史纪录	75	
7413 号风暴潮灾害	8 月 19 日	4	长江干流江阴以下出现历史最高潮位	4	
7708 号风暴潮灾害	9 月 9 日	4	吕四增水 2.5 m，响水口 2.13 m	42	
8114 号风暴潮灾害	8 月 31 日	3	沿海沿江普遍出现历史最高潮位	8	
9015 号风暴潮灾害	9 月 5 日	2		3	0.225
9608 号风暴潮灾害	8 月 1 日		沿江仪征以下普遍超过历史最高潮位 10~50 cm	2	
9711 号风暴潮灾害	8 月 18 日	3	沿江魏村以下各潮位站高潮普遍超历史最高纪录	33	53.4
0012 号风暴潮灾害	8 月 31 日	2		14	55
0908 号风暴潮灾害	8 月 8 日	2		1	0.965 8

11.2.2.1　风暴潮灾害

1）风暴潮灾害增水情况

（1）台风风暴潮：连云港（1951—2005 年）台风最大增水达 185 cm（5116 号台风造成），最高潮位 648 cm（9711 号台风造成），超过当地警戒潮位 18 cm。燕尾站（1950—2002 年）台风最大增水达 243 cm（8114 号台风造成），最高潮位 428 cm（8114 号台风造成），超过当地警戒潮位 98 cm。响水口站（1951—2002 年）台风最大增水达 284 cm（7123 号台风造成），最高潮位 403 cm（8114 号台风造成），超过当地警戒潮位 53 cm。吕四站（1959—2005

年）台风最大增水达 246 cm（9711 号台风造成），最高潮位 467 cm（8114 号台风造成），超过当地警戒潮位 87 cm。

（2）温带风暴潮：据 1951—1996 年，连云港共出现 942 次 50 cm 以上温带天气系统增水，平均每年发生 20.5 次，100 cm 以上增水全年每个月份均有发生，其中秋季频数最高，占总数的 40.8%，2 次 150 cm 以上增水均发生在 11 月份。1970 年 1 月 30 日一次温带过程，吕四站出现 196 cm 的最大增水。1988 年 5 月 7 日一次温带过程，燕尾站出现 203 cm 的最大增水。

2）风暴潮灾害损失情况

从 1956 年到现在，江苏省出现的风暴潮有数十次，风暴潮造成的灾害比较严重。

（1）5612 号风暴潮灾害：1956 年 8 月 2—4 日，受第 12 号台风影响，盐城市暴雨、海潮齐袭，射阳大喇叭口、滨海二罾以北海堤倒塌，全市农田受损均严重。连云港市蔷薇河堤决口 5 m，工厂停产，死 3 人，伤 14 人，倒房 958 间，损坏 4 660 间，24 万亩农田受灾。

（2）5622 号风暴潮灾害：受第 22 号台风影响，9 月 6 日连云港市沿海高潮位超过历史纪录。海、河堤防决口数十处，燕尾港镇海堤冲毁，洋桥镇堤防漫溢，平地水深 2 m，大浦口堤防决口。冲毁盐场，损失盐 9 万担。连云港市区倒房 2 907 间，损坏 3 221 间，死亡 75 人，重伤 20 人。

（3）7413 号风暴潮灾害：1974 年 13 号台风（8 月 19—22 日）影响江苏省沿江沿海，台风与天文大潮相遇，长江干流江阴以下出现历史最高潮位。苏州市主江堤毁坏 43 处 22.21 km，港堤决口漫水 33 处，外围圩堤破圩 79 个，受淹农田 1.9 万亩，倒塌房屋 209 间，死亡 4 人，损失粮食 12.05 × 10⁴ kg，紧急转移人口 8 025 人，南通市受灾人口 1.6 万人，淹没农田 3.4 万亩，倒房 2 300 间，死亡 4 人，堤防决口 32 处。

（4）7708 号风暴潮灾害：1977 年第 8 号台风（9 月 9—12 日）影响江苏省苏北沿海，11 日在上海崇明登陆西行，江苏省沿海各港出现台风最大增水值，吕四为 2.5 m，响水口为 2.13 m。南通市受淹农田 70 万亩，倒房 13.2 万间，损失堤防土方 140 × 10⁴ m³，石方 8 × 10⁴ m³，死亡 42 人，伤 3 085 人。

（5）8114 号风暴潮灾害：1981 年第 14 号台风 8 月 27 日生成后，向西北偏西方向移动，9 月 1 日穿越浙江嵊泗诸岛北上。8 月 31 日至 9 月 2 日影响江苏，适逢农历八月初三大潮汛，致使沿海沿江普遍出现历史最高潮位，带来严重损失。连云港市沿海最大风力 11 级，浪高 4 m 以上，赣榆县沙旺河以北海堤全部被冲毁，决口 49 处，台南、灌西盐场决口，总损失 1 000 万元。东台县决军工堤，溃三仓河闸下引江河大坝，毁三仓闸门一孔，射阳、滨海块石、护岸冲毁多处。吕四段海浪高达 2~3 m，损坏海堤 28 处，长 45 km，江堤 9 处 20 km，洲堤 3 处 12 km，共损失块石 43.93 × 10⁴ t，土方 434.6 × 10⁴ m³，刮倒房屋 682 间，损坏 1 340 间，死亡 6 人，苏州市长江干流浒浦、浏河均出现超历史高潮位，浪高达 2~2.5 m，沿江三县冲坏堤防 75 处，26.4 km，淹没农田 6 900 亩，倒塌房屋 665 间，死亡 2 人。

（6）9015 号风暴潮灾害：9015 台风 8 月 31 日 10 时 30 分在浙江椒江登陆，后北上由苏北大丰出海。盐城市滨海县海口闸至六合庄海堤多处发生险情，盐场受损严重，冲走成盐 7.6 × 10⁴ t，块石护坡损坏严重，死亡 44 人，伤 143 人，倒房 4.76 万间；15 号台风影响期间，南通市淹没农田 156 万亩，倒房 5 566 间，江海堤防损失土方 15.5 × 10⁴ m³，石方

$0.9 \times 10^4 \text{ m}^3$，死 5 人，伤 36 人，直接经济损失 2 250 万元。9 月 5—6 日 17 号台风期间，南通市淹没农田 182 万亩，倒房 4 249 间，江海堤防损失土方 $9 \times 10^4 \text{ m}^3$，石方 $0.95 \times 10^4 \text{ m}^3$，死 3 人，伤 6 人。

（7）9608 号风暴潮灾害：1996 年第 8 号台风 8 月 1 日 10 时 50 分在福建省福清县登陆。受其外围影响，江苏沿江沿海及苏南地区风力达 7～9 级，阵风 10 级。适逢农历六月天文大潮，江苏省沿江潮位猛涨，普遍增水 50～100 cm，长江干流仪征以下普遍出现超过历史最高潮位 10～50 cm 的高潮位。沿江 7 个市、24 个县（市）区被水围困 4.7 万人，紧急转移 1.79 万人，损坏房屋 5 690 间，倒房 660 间，死亡 2 人，受淹农田 3.89 万亩，受淹工厂 474 家，居民进水 2 063 户，损坏堤防 395 处，长达 189 km。

（8）9711 号风暴潮灾害：1997 年第 11 号强台风于 8 月 18 日 21 时 30 分在浙江省温岭市登陆后北上，8 月 21 日由徐州市进入山东境内，影响江苏时间长达 3 d 之久。受台风增水和 7 月半天文大潮的影响，8 月 19 日江苏省沿江魏村以下各潮位站高潮普遍超历史最高纪录。

江苏省 81 个市、县、区，1 381 个乡镇，1 473 万人口；有 25.7 万人被洪水围困，紧急转移 13.8 万人，倒房 3.3 万间，损坏房屋 9.3 万间，死亡 33 人，受灾农田 1 466 万亩，成灾 804 万亩，损坏江海堤防 418.5 km，损坏水闸 196 座，桥涵 817 座，直接经济损失 53.4 亿元。

（9）0012 号风暴潮灾害：受第 12 号强台风（派比安）及北方冷空气和农历初三大潮汛的共同影响，江苏省盐城、连云港等地遭受了大范围、高强度的特大暴雨和风暴潮的袭击。根据连云港、盐城和南通三个沿海市的统计，直接经济损失约 55 亿元。

响水县城一片汪洋，积水平均深 1.40 m，积水最深达 1.7 m；连云港城区积水在 0.4～0.5 m，局部最深达 0.8 m。全省受淹农田 1 069.9 万亩，灌南、灌云、响水 3 县农田几乎全部受淹，其中响水县 87 万多亩农作物受灾，农田普遍积水 0.80 m；全省受灾农田 999.8 万亩，死亡 14 人，倒房 5.07 万间，损坏房屋 9.15 万间。

（10）0908 号风暴潮灾害：第 8 号超强台风（莫拉克）造成江苏省直接经济损失 9 658 万元，间接损失 3 000 余万元。其中：南通市养殖面积受损 20 262 hm^2，水产品损失 12 830 t，损毁堤坝 40 000 m，损毁涵洞 1 座，经济损失 8 128 万元；盐城市受损渔船 186 艘，其中沉没 2 艘，死亡 1 人，失踪 1 人，港口码头损坏 46 处，经济损失 120 万元，滩涂养殖损失 760 万元，其他损失 200 万元，合计直接经济损失 1 530 万元。内陆养殖设施、堤坝损坏、房屋倒塌等间接损失 3 000 余万元；连云港市未有灾情报告。

11.2.2.2 "怪潮"灾害

江苏省南通、盐城一带海域地形复杂，海岸外侧辐射沙脊群分布范围广，遍及南黄海内陆架。从北至南长达 199.6 km，跨越 32°00′—33°48′N；东西宽达 140 km，自 120°40′—122°10′E，因此，潮汐涨落的时间与传播方向均有差异。加之，海底脊、槽相间，地形变化大，因此，对潮汐涨落及波浪传播均有影响。当一方仍有涨潮时，另一方已开始落潮，加上风浪影响与浪流变化，使局部海域水位、水流变化非一般规律可循，被当地老百姓称之为"怪潮"。近 20 多年来，每逢大小潮汛、台风、温带气旋等恶劣天文气象因素影响时，因缺乏准确、及时的观测、预警预报信息，"怪潮"造成的人员伤亡事故屡屡发生，2003 年 9 月 26 日 9 名紫菜养殖工人因"怪潮"撤离不及时而遇难，2007 年"4·15"如东海难更是造成

19 人死亡的惨剧，人民群众生命财产安全因此蒙受了巨大损失。

11.2.3　海洋灾害的形成机制

11.2.3.1　风暴潮

风暴潮灾害居海洋灾害之首位，世界上绝大多数因强风暴引起的特大海岸灾害都是由风暴潮造成的。风暴潮是发生在沿岸的一种海洋灾害。风暴潮是由台风、温带气旋、冷锋的强风作用和气压骤变等强烈的天气系统引起的海面异常升降现象，又称为风暴增水或气象海啸。风暴潮是一种重力长波，周期从数小时至数天不等，介于地震海啸和低频的海洋潮汐之间，振幅（即风暴潮的潮高）一般数米，最大可达二三千米，风暴潮分为温带气旋引起的温带风暴潮（如中国北方海区）和热带风暴（台风）引起的热带风暴潮（如中国东南沿海）两类。风暴潮是一种灾害性的自然现象。由于剧烈的大气扰动，如强风和气压骤变（通常指台风和温带气旋等灾害性天气系统）导致海水异常升降，使受其影响的海区的潮位大大地超过平常潮位的现象，称为风暴潮。

台风风暴潮，多见于夏、秋季节。其特点是：来势猛、速度快、强度大、破坏力强。凡是有台风影响的海洋国家、沿海地区均有台风风暴潮发生。台风发生在热带海洋上，他的破坏力很强，国际上称其为热带气旋，在西太平洋和东北太平洋等地区称为飓风。全球平均每年出现台风约 80 个，其中有 1/3 能造成台风风暴潮。

温带风暴潮，多发生于春、秋季节，夏季也时有发生。其特点是：增水过程比较平缓，增水高度低于台风风暴潮。主要发生在中纬度沿海地区，以欧洲北海沿岸、美国东海岸及我国北方海区沿岸为多。温带气旋又称为温带低气压，或叫锋面气旋。这种气旋形成的大风虽不及台风强，但影响的范围却比台风还大，平均 1 000 km，大的可达到 3 000 km 以上。因此，由温带气旋引发的风暴潮也是比较常见的。

当热带风暴所引起的风暴潮传到大陆架或港湾中时将呈现出一种特有的现象，它大致可分为为三个阶段。

第一阶段在台风和飓风还远在大洋或外海的时候亦即在风暴潮尚未到来以前，我们在验潮曲线中往往已能觉察到潮位受到了相当的影响，有时可达到 20 cm 或 30 cm 波幅缓慢的波动。这种在风暴潮来临前趋岸的波，谓之"先兆波"。先兆波可以表现为海面的微微上升，有时也表现为海面的缓缓下降。然而必须指出，先兆波并非是必然显现和存在的现象。

第二阶段风暴已逼近或过境时，该地区将产生急剧的水位升高，潮高能达到数米，故谓之主振阶段，招致风暴潮灾发生。但这一阶段时间不太长，一般为数小时或 1 d 的量阶。

第三阶段当风暴过境以后，即主振阶段过去之后，往往仍然存在一系列的振动——假潮或（和）自由波。在港湾乃至大陆架上都会发现这种假潮；特别当风暴平行于海岸移行的时候，在大陆架上，往往显现出一种特殊类型的波动——边缘波。这一系列事后的振动，谓之"余振"，长达 2～3 d。这个余振阶段最危险的情形在于它的高峰若恰巧与天文潮高潮相遇时，则实际水位（即余振曲线对应地叠加上潮汐预报曲线）完全有可能超出该地的"警戒水位"，从而再次泛滥成灾，因其不确定性，要特别警惕。

11.2.3.2　灾害性海浪

通常灾害性海浪指在海上引起灾害的海浪。灾害性海浪常能掀翻船只，摧毁海洋工程和海岸工程，给航海、海上施工、海上军事活动、渔业捕捞带来灾难。它是在台风、温带气旋，寒潮的强风作用下形成的。

目前，灾害性海浪仍没有一个确切的定义。台风浪是灾害性海浪的一种，由台风的强风引起，其波高有时可超过 20 m。台风浪对海洋船舶构成很大威胁。当台风浪移到近海岸时，它相伴风暴潮可使堤岸决口，农田受淹，房摧船毁。台风浪一形成就有涌浪传出，其传播速度快于台风移动速度，因此当台风还在外洋时，涌浪已经传播到近海，出现海底淤泥被搅起，海水发臭，海洋动物表现异常等现象，从而可以提前预报台风浪的来临。台风浪区域分布特征是台风移动方向右半圆波高最大，因为该区域海面上的海浪始终在同一方向风的作用下，得到充分发展；另外该区域海面上的风浪向和涌浪向一致；相互叠加使海浪越来越大。平常人们常说的危险半圆就是对该区域的狂风恶浪而言的。灾害性异常浪也是灾害性海浪的一种，波高明显大于甚至数倍于相邻波况，波形随时间变化，波峰高而陡且常以单峰出现，存在时间很短，与地震等因素无必然联系。灾害性异常浪的形成机制目前尚无系统的科学解释，其突发时的强危害性，不可预测性及出现频次今年来均呈现迅速增加的态势，及易对航行船舶和海上建筑物造成巨大的危害，近 10 年来，国外对异常浪的报道越来越多。但由于它多在未知的和不可预料的情况下出现，可靠的测量记录很少，因而导致了对其发生机理研究和定义的不完善。

11.2.4　海洋环境灾害观测及预警

11.2.4.1　海洋环境灾害观测

国务院制定的《国家中长期科学和技术发展规划纲要》（2006—2020）中将海洋环境立体监测（即在空中、岸站、水面、水中对海洋环境要素进行同步监测）技术列为前沿技术，指出了重点研究海洋遥感、声学探测、浮标和岸基远程雷达技术的发展思路。目前，现代海洋调查立体观测系统主要分以下六个方面。

一是浮标技术，主要包括锚系海洋资料浮标、漂流浮标及潜标。锚系海洋资料浮标在海洋动力环境监测、海洋污染监测、卫星遥感数据真实性校验、水声环境监测、水声通信和水下 GPS 定位等方面正发挥着越来越重要的作用，海洋资料浮标技术的发展对海洋观测和海洋环境监测起着举足轻重的作用；漂流浮标可以测量风速、风向、气温、气压、表层水温、各层水温、全向环境噪声、波浪方向谱等多种海洋气象参数；潜标技术的发展为完善我国海洋立体观测网和参加国际性的海洋调查活动提供了重要的观测手段。潜标应用技术已成为一种重要的海洋水下观测技术，正逐步发展成熟。

二是岸基观测技术，主要包括岸基台站、岸基高频地波雷达。岸基台站观测是指在沿岸或石油平台设站，作为固定式的海洋观测平台，对沿岸海域的水文气象环境进行观测，或对环境质量进行监测。岸基台站是我国海洋环境监测网的主要组成部分，发展岸基台站观测技术是发展我国海洋观测技术的重要内容。岸基台站观测主要靠海洋观测仪器设备来实现，目前，我国用于观测仪器设备主要有 SCA222 型压力式无井验潮仪、浮子式数字记录有井验潮仪、空气声学水位计、声学测波仪、加速度计式遥测波浪仪、自动测风仪、感应式实验室盐度计、电极式实验室盐度计、pH 计、DO 测定仪、ZQA 型海洋水文气象自动观测系统等；岸基高频地波雷达可用于测量海冰、海面风场、海浪场、海流场等海面环境参数，它是利用高频电磁波沿导电海水表面的绕射特性，实现对大面积海表状态和海上移动目标的超视距探测。

三是船基海洋观测技术，利用船舶作业活动平台进行海洋调查和观测是海洋调查观测技术发展的重要方面，是建设海洋环境立体监测网的重要内容。船基海洋观测技术可以测量海洋水文气象等参数。

四是海洋遥感技术，海洋遥感技术主要包括航空遥感和卫星遥感，它具有宏观大尺度、快速、同步和高频度动态观测等优点，因其大范围高效率的优势正受到科技工作者的青睐，成为海洋表面环境观测的首选技术，是现代海洋观测技术的主要发展方向。航空遥感主要用于海岸带环境和资源监测、赤潮和溢油等突发事件的应急监测、监视及卫星遥感器的模拟校飞和外定标，其离岸应急和机动监测能力、良好的分辨率、较大的空间覆盖面积及较高的检测效率，是其他监测手段不能替代的，主要的遥感器有侧视雷达、成像光谱仪、红外辐射计、激光荧光计、激光测深仪等；卫星遥感应用于生物初级生产力、赤潮监测和溢油等与海洋水色有关的海洋现象的研究。卫星遥感可监测的海洋环境要素越来越多。此外，在可见光和红外遥感方面，发展了海洋赤潮监测和速报技术，悬浮泥沙浓度、初级生产力、海冰厚度和范围的反演等技术；在微波遥感方面，发展了潮汐、海面风浪场、海底地形的反演技术；在遥感数据同化方面，发展了表面流场和温度场的同化技术。

五是海床基观测技术，海床基观测技术是放置在海底的观测系统，主要采用各种仪器探测海底附近的海洋参数，还可以采用声学仪器测量海洋的剖面参数。主要用于近海动力要素的监测，提供潮汐、潮流、波浪、风速等参数，要求能在水下长期监测，并保证可靠回收。

六是水下自航式海洋观测平台技术，是 20 世纪 80 年代末、90 年代初期在载人潜器和无人有缆遥控潜器（ROV）的技术基础上迅速发展起来的一种新型海洋观测平台，主要用于无人、大范围、长时间水下环境监测，包括海洋物理学参数、海洋地质学和地球物理学参数、海洋化学参数、海洋生物学参数及海洋工程方面的现场接近观测。

11.2.4.2　海洋环境灾害预警

2006 年 7 月，在国家海洋局、江苏省海洋与渔业局的领导部署下，在国家海洋环境预报中心、东海预报中心的技术指导下，江苏省海洋预警报体系筹建工作正式启动。

根据全省海洋预警报体系一规划、分步实施、稳步推进的建设原则，统筹规划了江苏省海洋观测预报业务体系发展方向，通过省、地、重点县三级海洋观测预报机构及海上观测平台的建设，构建起与国家体系相衔接的江苏省海洋观测预报业务体系，全面承担江苏省海洋环境、海洋灾害和海洋突发公共事件应急处置的观测预警预报工作。

2009 年底至 2010 年初，卫星通信系统、视频会商系统、数值预报系统、网络系统、声像制作发布系统、预警报业务系统、静止气象卫星和极轨气象卫星接收处理系统等一系列业务系统均建设完成，并在日常业务、管理工作中发挥积极作用；2010 年，完成江苏海洋灾害短信发布平台的建设任务，实现与中国移动、中国联通和中国电信三大运营商短信网关的对接。短信发布平台的建设完成极大提高了海洋灾害发布的效率和准确性。为扩大海洋灾害信息发布的受益面，目前，海洋灾害信息发布人员已经从 200 多人增加到 12 000 多人。涵盖了省、市、县、乡政府相关职能部门，渔船船主等。

以服务海洋经济发展、海洋防灾减灾和海洋综合管理为宗旨，省海洋环境监测预报中心研制开发了江苏海洋预报发布平台、江苏重点海域赤潮监测预警管理软件等海洋预警报业务系统，吸收引进了国家海洋环境预报中心研发的台风风暴潮数值预报模式。现制作发布的预警报产品包括海洋环境常规预报和海洋灾害警报两类，其中常规预报内容包括江苏近海及连云港、盐城、南通沿岸海域海浪、视程、海温预报，连云港、射阳港、吕四港港口潮汐预报等；海洋灾害警报包括风暴潮警报、海浪警报等。为科学防范赤潮灾害，最大限度地减轻灾害造成的损失，中心在开展赤潮灾害监视监测的基础上，经深入分析研究，凝练水文、气象、生物、化学预警指标，开展连云港海州湾海域赤潮生消趋势预测，取得了良好的效果。

11.2.5 海洋环境灾害评估与应急措施

组织开展风暴潮预报警报工作，通过电视、广播、网络、电话、传真等多种手段将风暴潮预报预警信息高速、实时、优质地传递到各级政府有关部门和海上作业渔船。制订应急预案，以高科技装备实现预警系统的自动化、现代化，加强风暴潮的监测、监视、通信、预警、服务等。加强灾害管理和应急自救等宣传。建立监测网络，配备先进的仪器和计算设备，利用电话、无线电、电视和基层广播网等传播手段，进行灾害信息的传输。发展风暴潮业务化系统，发布风暴潮预报和警报，同时组织沿海市县有关部门积极加强防范并制定有效对策，如核定警戒潮位，提高堤防标准，兴建防潮海堤等。

11.3 海洋生态灾害①

11.3.1 海洋生态环境灾害概况

海洋生态灾害是指海洋环境由于开发利用方式不当、破坏生物链或在自然条件下某种海洋生物的过多、过快繁殖（生长）等因素而发生异常或激烈变化，导致在海上或海岸带发生的严重危害社会、经济和生命财产的事件。海洋生态灾害主要为赤潮与绿潮。

江苏沿海辐射沙洲海域由于海洋地形特殊，滩涂地貌发育密集，平均水深较浅，海洋环境相对脆弱，易受人类活动的影响。近年来，随着江苏"沿海大开发"战略的全面推进，海洋经济迅猛发展，近岸海域海洋污染不断加剧，辐射沙脊群海域海洋生态灾害发生频次显著上升，影响范围和程度日趋严重。

11.3.2 海洋生态灾害统计分布

11.3.2.1 赤潮灾害

赤潮作为一种海洋生态灾害，给沿海地区人民的生活和经济生产带来巨大的影响。我国有害赤潮的发生呈明显上升趋势。据不完全统计，自 20 世纪 70 年代起，我国有记录的赤潮有 300 多次，发生次数以每 10 年增加 3 倍的速度上升，赤潮发生规模也呈不断扩大的趋势。

---

① 本节由彭模执笔。

1998—2001 年，在渤海、东海都发生了面积达到数千平方千米的特大赤潮，这在国际上都非常罕见。2005 年江苏海域发现了 4 次赤潮，其中 1 次达到 1 000 km² 以上，发现发生赤潮次数和面积较 2004 年（发现 2 次赤潮）大幅度增加。引起赤潮发生的新的藻种不断出现，有毒赤潮藻比例增加，毒素广泛分布。赤潮频发对我国沿海的海洋生态、资源、环境造成了严重的问题和重大的经济损失。据不完全统计，我国因赤潮造成的经济损失每年在 10 亿元以上，一次大规模的赤潮就可能带来几亿元的直接经济损失。两种主要的藻毒素污染普遍存在于我国沿海，近年有记录的贝毒事件中，有几百人中毒，数十人死亡。欧盟出于食品卫生考虑，曾于 1997 年中止过从中国进口贝类。1992 年 5 月，江苏连云港市发生使用染毒泥螺，造成 14 人中毒，其中 1 人死亡的事件；1991—1995 年，连云港市发生 4 起食用染毒荔枝螺的 5 人死亡中毒事件。

随着近岸海域营养盐污染和有机物污染的逐年增加，江苏海域赤潮发生越来越频繁。自 2003 年开始，江苏省海洋与渔业局根据国家海洋局的统一部署，在赤潮高发期针对江苏海域进行高频次、高密度的业务化监视监测。从 2003—2010 年间，江苏海域共记录发生赤潮 15 次，累计面积超过 3 500 km²，对海洋生态系统、海洋渔业、滨海旅游业和人民群众生命财产安全造成不同程度的影响，经济损失超过 1 500 万元。其中，2005 年赤潮发生次数要多于其他年份，为 4 次；该年累计赤潮成灾面积也达到有监测记录年份中的极值，为 1 275 km²。其后的数年，赤潮发生次数和成灾面积均有所下降（表 11.2 和图 11.3）。

表 11.2　2003—2010 年度江苏海域赤潮灾害发生情况

年份	次数	面积/km²	主要赤潮生物种类
2003	0	0	—
2004	2	100	多纹膝沟藻、夜光藻
2005	4	1 275	中肋骨条藻、链状裸甲藻
2006	1	600	短角弯角藻、链状裸甲藻
2007	3	459.4	赤潮异弯藻、海链藻
2008	2	670	赤潮异弯藻、短角弯角藻
2009	1	210	凯伦藻
2010	2	220	链状裸甲藻

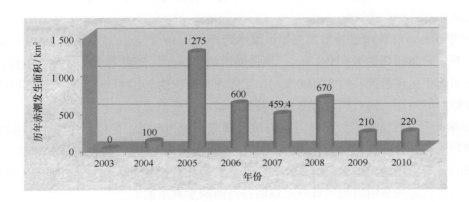

图 11.3　2003—2010 年度江苏海域赤潮灾害发生面积

从 2003—2010 年间，达到 1 000 km² 的大面积赤潮仅在 2005 年发生 1 次，持续时间为 3 d。从赤潮发生的时间分布来看，发生时段基本集中在每年的 5—10 月间，其中 2005 年、2006 年及 2008 年的 6 次赤潮基本都在气象条件颇为类似的春末夏初和夏末秋初暴发，尤以 9—10 月发生最为频繁，这可能与该时段海水中营养物质含量较高，海水表层温度适中等因素有关，而 2007 年、2009 年、2010 年 6 次赤潮的发生时段则有所提前。从赤潮发生的持续时间来看，集中在 1~7 d 之间，以持续时间 3 d 最为常见，随着持续天数的增加，赤潮发生次数也随之降低。值得引起注意的是，近年来每次赤潮过程的持续时间和年赤潮发生总天数呈现振荡延长的趋势，持续时间长达 6 d、7 d 的赤潮相继出现，2007 年赤潮发生总天数为近几年的高峰，达 14 d。2005—2010 年发生的赤潮多属原发型，即赤潮生物在本海域暴发繁殖而形成灾害。从生物特征角度分析，除 2007 年和 2008 年以外，其余年份均有有毒赤潮发生，2005—2007 年、2009 年、2010 年赤潮生物多为甲藻和硅藻，甲藻类赤潮多为有毒赤潮，可产生麻痹性贝毒（PSP）和腹泻型贝毒（DSP）等毒素，对生态环境、海洋生物和人类健康危害较大。硅藻类赤潮属于无毒类赤潮，对水质会产生一定程度的影响，但对各类海洋生物危害不大。黄藻门的赤潮异弯藻为 2007 年和 2008 年出现的赤潮种类，规模较小，持续时间也较短。

11.3.2.2 绿潮灾害

随着社会经济的发展，海洋污染程度和富营养化状况不断加剧，绿潮灾害在全球沿岸海域暴发并造成严重危害的现象变得越来越频繁，已经成为一种世界性的海洋生态灾害。不同于有毒微藻，通常大型藻类不会产生高毒性的毒素，但是，大型藻华仍然会对生态系统、渔业资源和娱乐设施造成影响。大型藻华对生态系统的危害包括：导致当地生物群落结构和生物量的变化，生境破坏，缺氧，生物地球化学循环的变化，当地海藻和珊瑚礁的绝迹等。除此之外，大量的海藻在沿岸沙滩上堆积，也会给当地旅游业和景观造成巨大损失，藻华的清理也需要耗费大量的人力、物力。

有关辐射沙脊群海域绿潮灾害的发生，在 2008 年之前鲜有报道，但自 2008 年起，绿潮灾害连年现身，对海洋渔业、海洋环境、景观和生态服务功能产生了严重影响。

2008 年 5—8 月间，我国黄海海域发生大面积浒苔，影响面积约 12 000 km²，实际覆盖面积 100 km²。随着浒苔的漂移、生长，其中 6 月底浒苔的分布面积达到最大，约 25 000 km²，实际覆盖面积 650 km²。

2009 年 3 月，江苏南通外海发现零星漂浮浒苔。6 月，江苏盐城以东约 100 km 海域处发现漂浮浒苔，分布面积约为 6 550 km²，覆盖面积约 42 km²。随着浒苔的漂移、生长，7 月初浒苔的分布面积达到最大，约 58 000 km²，实际覆盖面积约 2 100 km²。进入 8 月份以后，包括辐射沙脊群海域在内的我国黄海海域浒苔逐渐减少直至消失。

2010 年 4 月，江苏如东太阳岛以东海域发现零星漂浮浒苔。6 月，江苏连云港以东海域发现大面积浒苔，分布面积约为 5 500 km²，覆盖面积约 183 km²。随着浒苔的漂移、生长，7 月初浒苔的分布面积达到最大，约 29 800 km²，实际覆盖面积约 530 km²。进入 8 月份以后，包括辐射沙脊群海域在内的我国黄海海域浒苔逐渐减少直至消失。

11.3.3　海洋生态灾害的形成机制

11.3.3.1　赤潮形成机制

赤潮是指海洋中一些浮游生物在一定环境条件下暴发性增殖或聚集引起海水变色的现象。它包括所有能改变海水颜色的有毒藻种或无毒藻种，以及那些虽然生物量低且不能改变海水颜色，但却因含有藻毒素而具有危险性的藻华。

赤潮是一种复杂的生态异常现象，发生的原因也比较复杂。关于赤潮发生的机理虽然至今尚无定论，但是赤潮发生的首要条件是赤潮生物增殖要达到一定的密度，否则尽管其他因子都适宜也不会发生赤潮。在正常的理化环境条件下赤潮生物在浮游生物中所占的比重并不大，有些鞭毛虫类（或者假藻类）还是一些鱼虾的食物。但是由于特殊的环境条件，使某些赤潮生物过量繁殖而暴发为赤潮。大多数学者认为，赤潮发生与下列环境因素密切相关（张洪亮等，2002）。

（1）海水富营养化是赤潮发生的物质基础和首要条件。由于城市工业废水和生活污水大量排入海中，使营养物质在水体中富集造成海域富营养化。此时水域中氮、磷等营养盐类；铁、锰等微量元素以及有机化合物的含量大大增加，促进赤潮生物的大量繁殖。

（2）水文气象和海水理化因子的变化是赤潮发生的重要原因。海水的温度是赤潮发生的重要环境因子，20~30℃ 是赤潮发生的适宜温度范围。科学家发现 1 周内水温突然升高大于2℃ 是赤潮发生的先兆。海水的化学因子如盐度变化也是促使赤潮生物大量繁殖的原因之一。监测资料表明，赤潮发生时水域多为干旱少雨，天气闷热，水温偏高，风力较弱，或者潮流缓慢等水域环境。

（3）海水养殖的自身污染亦是诱发赤潮的因素之一。随着全国沿海养殖业的大力发展，产生了严重的自身污染问题。在对虾养殖中，人工投喂大量饲料和鲜活饵料。由于投饵量偏大，池内残存饵料增多，严重污染了养殖水质，这样为赤潮生物提供了适宜的生态环境。

11.3.3.2　绿潮形成机制

绿潮是一种在世界沿岸国家中普遍发生的有害藻华，是一种可以造成次生环境危害的生态异常现象，主要是由石莼属、浒苔属、刚毛藻属、硬毛藻属等大型定生绿藻脱离固着基后漂浮并不断增殖，而导致生物量迅速扩增形成的藻类灾害，通常发生在河口、潟湖、内湾和城市密集的海岸等富营养化程度相对较高的水域环境中，在美国、法国、南非、菲律宾、日本及中国等多国沿海都有报道。近年来，世界范围内绿潮的发生频率和影响规模呈明显的上升趋势。绿潮是由多种因素综合作用的结果。

（1）绿潮海藻自身的生物学特点。绿潮海藻本身具有较高的营养盐吸收能力。在富营养化的水域环境中，绿潮海藻在营养盐的刺激下可成倍增长，且光能利用效率高，具有较强的竞争优势。绿潮海藻的繁殖方式多样，包括有性生殖、无性生殖、营养繁殖等；繁殖能力强，在生活史的任何一个中间形态都可以单独发育为成熟的藻体。同时绿潮海藻的孢子和藻体具有较强的抗胁迫能力。由于绿潮海藻具有上述特点，所以导致在一个水域环境中绿潮海藻往往成为竞争的优胜者，目前报道的绿潮中大都只有一种优势海藻，如黄海绿潮的优势种为浒苔。

477

（2）海水富营养化一直被认为是引起绿潮暴发及泛滥的最直接因素。

（3）环境因子主要包括温度、光强、盐度、溶解氧、摄食动物等，它们是绿藻能否在营养充足的条件下快速繁殖的重要因素。

11.3.4　海洋生态灾害信息发布平台

江苏海洋环境脆弱，滩涂、浅海面积大，掩护条件差，极易受到风暴潮、台风浪、"怪潮"等海洋环境灾害及赤潮、绿潮、浒苔等海洋生态灾害的侵袭。频繁发生的海洋灾害制约着江苏海洋经济的发展，海洋防灾减灾形势严峻。所以建立和健全海洋灾害信息发布平台，不断提高海洋防灾减灾的信息化水平刻不容缓。

海洋灾害信息发布平台是集成风暴潮、台风浪、怪潮等海洋环境灾害及赤潮、绿潮、浒苔等海洋生态灾害信息的统一发布平台。平台主要是利用沿海无人值守监测台站、验潮站、浮标、支援船等观测设施设备及国家海洋局与气象相关部门下发与传输的实时气象与水文数据，经过海洋灾害信息发布平台的应用与分析，发布相关海洋灾害信息。平台初步分为3个子系统：① 风暴潮预警预报发布系统，通过对风暴潮预报技术研究，编制灾害风险图，实现风暴潮淹没动态过程演示，实现减灾分析、预报会商等可视化功能，为风暴潮预报预警、抢险救灾等减灾活动提供辅助决策支持。② 海浪预警预报发布子系统，实现海浪进行预报预警，同时支持对任何时间段内海浪数据的查询、比对分析等功能，通过设置预警信息，系统自动进行海浪信息的即时预警。③ 赤潮灾害预警预报发布子系统，以地理信息系统、网络通信等为支撑，实现赤潮灾害信息的数据归档、可视化查询、赤潮灾害漂移扩散模拟、养殖灾损评估、统计报表生成等功能，为赤潮灾害动态管理提供网络化、信息化管理平台，为赤潮灾害的应急处理提供科学辅助决策支持。以便政府部门能够及时掌握赤潮的发生、发展、影响范围、藻类的毒性等信息，指导渔民进行防范工作，减少渔业经济损失，保障人民的生命和财产安全，达到防灾减灾的目的。

11.3.5　海洋生态灾害评估与应急措施

由于赤潮、绿潮灾害损失评估涉及的范围很广泛，包括实物损失、人员伤亡、生态损失及各种经济影响因素等，特别是生态损失评估的困难较大，因此各国对赤潮、绿潮灾害损失评估并没有统一的标准，各国评估的分类及评估方法也有所不同。

美国在灾害评估时，将灾害经济损失划为四类：公众健康经济损失、水产养殖业经济损失、娱乐和旅游业经济损失及监测和管理费用。根据不同赤潮和绿潮种类的特点，统计伤亡人数、人均治疗费用、渔业损失、监测费用等数据，并进行分析、加权等处理，对各项损失进行评估。荷兰将总经济损失分为消耗性损失评估和非消耗性损失评估。消耗性损失评估包括直接消耗性损失评估，间接消耗性损失评估和选择消耗性损失评估。在我国，张洪亮等（2002）根据传灾介质的不同将赤潮、绿潮灾害损失分为直接损失、间接损失、资源恢复费用和生态损失四部分。赵冬至等（2000）将赤潮和绿潮损失分为人口的经济损失、水产养殖业的经济损失、渔业的经济损失和旅游业的经济损失四类，采用市场价格法、间接推算法、专家打分法等对我国赤潮和绿潮灾害进行损失评估。

赤潮、绿潮会带来巨大的损失已引起沿海国家的高度重视，有的国家已严格控制污水和污染物的入海量，取得比较明显的效果。从现有条件看，一旦大面积赤潮和绿潮出现后，还没有特别有效的方法加以制止。从发展趋势看，生物控制法，即分离出对赤潮藻类合适的控制生物，以调节海水中的富营养化环境将是较好的选择。日本科学家发现人工养殖的铜藻藻体、江蓠藻体等海藻在茂盛期，可以大量吸收海水中的氮和磷，如果在易发生赤潮的富营养化海域，大量养殖这些藻类，并在生长最旺盛时及时采收，能较好地降低海水富营养化的程度。此外利用动力或机械方法搅动底质，促进海底有机污染物分解，恢复底栖生物生存环境，提高海区的自净能力，也是一种比较可行的方法。利用黏土矿物对赤潮生物的絮凝作用，和黏土矿物中铝离子对赤潮生物细胞的破坏作用来消除赤潮也取得了很好进展，并有可能成为一项较实用的防治赤潮的途径。当然，开展赤潮有关形成机理和预测、防治应用技术的研究，是标本兼治的良策。目前，赤潮对生物资源的影响已成为联合国有关组织所关注的全球性问题之一，已召开多次国际性赤潮问题研讨会，制订出长期研究计划，重点是赤潮发生机制、赤潮的监测和预报，以及治理赤潮的方法等。

参考文献

卞光辉，等 . 2008. 中国气象灾害大典：江苏卷 . 北京：气象出版社 .

国家海洋局 . 2001. 2000 年中国海洋灾害公报 .

张洪亮，张爱君 . 2002. 赤潮灾害损失调查评估方法的研究 . 青岛：国家海洋局北海分局 .

赵冬至，李亚楠 . 2000. 赤潮灾害经济损失评估技术研究//渤海赤潮灾害监测与评估研究文集 . 北京：海洋出版社，144 – 150.

第 12 章　辐射沙脊群海域环境现状^①

12.1　污染源状况

12.1.1　污染源类型及其分布

海洋污染源是指海洋中各种污染物的直接来源地，主要有陆源污染源和海上污染源两大类。陆地上各种生产和生活废弃物，包括污水、固体废物和废气等，通过地表和地上径流，大气沉降等多种途径，终流归大海，是海洋污染物的主要来源。本节重点描述陆源污染状况。

江苏近岸海域陆源污染源类型主要有：沿海 14 个县（市、区）的区域生产和生活废弃物排放，河流入海排污，临海企业直接入海排污。农业上有化肥、农药和水产养殖废水排放等。区域排放和农田化肥、农药流失，具有面源排放的性质。

2007 年对江苏省主要陆源污染源开展了调查，共调查全省主要陆源污染源 58 个（图 12.1）。

12.1.2　各类污染源排污状况

排海污染物的来源虽然有很多种类型，但是海洋中的陆域污染物基本上都是通过河流或者临海企业直排两个途径进入的，其中又以河流输送为最主要的途径。这些污染物主要有 COD、氨氮、磷酸盐、石油类、挥发酚、汞、镉、铅等。

2007 年实际监测的 58 个陆源污染源中，有径流总量的有 50 个。其中河流输送 41 个，临海直排企业 9 个（表 12.1）。

表 12.1　2007 年排海主要污染物入海量统计

污染物	河流输送		临海企业直排	
	统计河流数 /条	污染物入海量 /t	统计企业数 /家	污染物入海量 /t
COD	41	1 223 804.91	8	148 890.11
氨氮	41	46 061.62	8	4 922.72
磷酸盐	41	8 345.82	3	468.96
悬浮物	38	485 238.41	3	72 984.77
六价铬	38	238.05	6	105.93
氰化物	38	46.18	6	5.30

---

① 本章由魏爱泓执笔。

续表

污染物	河 流 输 送		临 海 企 业 直 排	
	统计河流数 /条	污染物入海量 /t	统计企业数 /家	污染物入海量 /t
石油类	16	2 166.98	2	429.91
BOD$_5$	1	14 336.82	2	9 039.90
粪大肠菌群	1	205 205.00	2	959 272.60
挥发酚	1	2.00	2	23.23
汞	4	12.66	2	0.34
镉	4	23.66	2	10.19
铅	4	245.87	2	39.42
砷	4	150.17	2	8.58
锌	4	1 316.82	0	0.00
铜	4	513.87	0	0.00

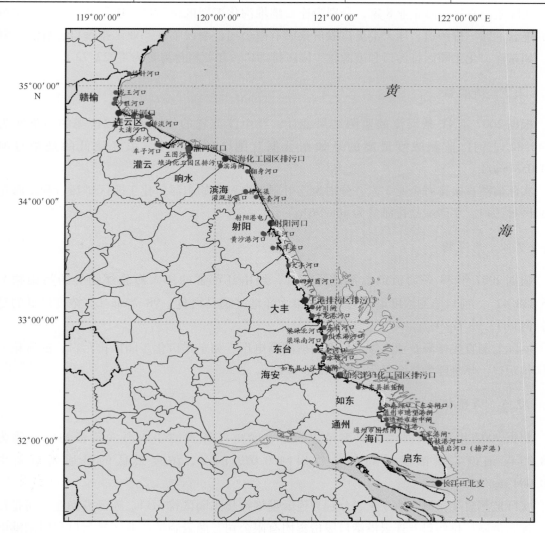

图 12.1　2007 年江苏省部分主要陆源入海排污口分布

12.1.2.1 COD

根据 2007 年 41 条河流的监测结果统计，经由江苏省的年入海 COD 类的污染物为 1 223 804.91 t。河口监测浓度最高的是沙旺河 3 976.39 mg/L，浓度最低的是淮河入海水道10.7 mg/L。

实际监测直接排海企业 8 家，分别为连云港堆沟化工园区排污口、连云港渔业公司排污口、连云港碱厂排污口、连云港港口股份集团有限公司、灌云临港产业区排污口、射阳港电厂、如东洋口化工园区排污口、滨海化工园区排污口。年 COD 排海量为 148 890.11 t。

12.1.2.2 氨氮

根据 2007 年 41 条河流监测结果的统计，经由江苏省的年入海氨氮的污染物为 46 061.62 t。河口监测浓度最高的是滨海闸 0.242 mg/L，浓度最低的是苏北灌溉总渠口 0.166 mg/L。

实际监测直接排海企业 8 家，分别为连云港堆沟化工园区排污口、连云港渔业公司排污口、连云港碱厂排污口、连云港港口股份集团有限公司、灌云临港产业区排污口、射阳港电厂、如东洋口化工园区排污口和滨海化工园区排污口。年氨氮排海量为 4 922.72 t。

12.1.2.3 磷酸盐

根据 2007 年 41 条河流的监测结果统计，经由江苏省的年入海磷酸盐类的污染物为 8 345.82 t。河口监测浓度最高的是如东县掘苴闸 2.046 mg/L，浓度最低的是翻身河口0.053 mg/L。

实际监测直接排海企业 3 家，分别为连射阳港电厂、如东洋口化工园区排污口和滨海化工园区排污口。年磷酸盐排海量为 468.96 t。

12.1.2.4 悬浮物

根据 2007 年 38 条河流的监测结果统计，经由江苏省的年入海悬浮物类的污染物为 485 238.41 t。河口监测浓度最高的是启东市大洋港（通吕河口）98.7 mg/L，浓度最低的是绣针河口 13.98 mg/L。

实际监测直接排海企业 3 家，分别为射阳港电厂、如东洋口化工园区排污口、滨海化工园区排污口。年悬浮物排海量为 72 984.96 t。

12.1.2.5 六价铬

根据 2007 年 38 条河流的监测结果统计，经由江苏省的年入海六价铬的污染物为 238.05 t。河口监测浓度最高的是竹川闸 0.079 mg/L，浓度最低的是通州市新中闸0.004 mg/L。

实际监测直接排海企业 6 家，分别为连云港堆沟化工园区排污口、连云港渔业公司排污口、连云港碱厂排污口、连云港港口股份集团有限公司、灌云临港产业区排污口和射阳港电厂。年六价铬排海量为 105.93 t。

12.1.2.6　氰化物

根据 2007 年 38 条河流的监测结果统计，经由江苏省的年入海氰化物的污染物为 46.18 t。河口监测浓度最高的是竹川闸、夸套河口是 0.008 mg/L，其余河流都小于 0.006 mg/L。

实际监测直接排海企业 6 家，分别为连云港堆沟化工园区排污口、连云港渔业公司排污口、连云港碱厂排污口、连云港港口股份集团有限公司、灌云临港产业区排污口、射阳港电厂。年氰化物排海量为 5.30 t。

12.1.2.7　石油类

根据 2007 年 16 条河流的监测结果统计，经由江苏省的年入海石油类的污染物为 2 166.98 t。河口监测浓度最高的是通启河口（搪芦港）0.110 mg/L，浓度最低的是长江口北支 0.024 mg/L。

实际监测直接排海企业 2 家，分别为如东洋口化工园区排污口和滨海化工园区排污口。年石油类排海量为 429.91 t。

12.1.2.8　其他污染物

其他污染物的入海量一般只有 1 个或少数污染源的监测资料，不能很好地反应它们的入海情况。

1）BOD_5、粪大肠菌群和挥发酚

2007 年 BOD_5、粪大肠菌群和挥发酚只有 1 条临洪河口入海口河流的监测资料。BOD_5 浓度为 14.323 mg/L，年入海量为 14 336.8 t，粪大肠菌群浓度为 205 个/L，年入海量为 205 205.0 个，挥发酚 0.002 mg/L，年入海量为 2.0 t。

实际监测直接排海企业年入海 2 家，分别为如东洋口化工园区排污口和滨海化工园区排污口。BOD_5 年入海量为 9 039.90 t，粪大肠菌群为年入海量为 959 272 个。挥发酚年入海量为 23.23 t。

2）汞、镉、铅、砷

根据 2007 年临洪河、灌河、射阳河、长江口北支 4 条河流的监测结果的统计，汞的年入海污染物为 12.66 t。镉的年入海污染物为 23.66 t。铅的年入海污染物为 245.87 t。砷的年入海污染物为 150.17 t。

实际监测直接排海企业 2 家，分别为如东洋口化工园区排污口和滨海化工园区排污口。汞的年入海污染物为 0.34 t。镉的年入海污染物为 10.19 t。铅的年入海污染物为 39.42 t。砷的年入海污染物为 8.58 t。

3）铜和锌

根据 2007 年临洪河、灌河、射阳河、长江口北支 4 条河流的监测结果的统计，铜的年入海的污染物为 513.87 t。锌的年入海的污染物为 1 316.82 t。

12.2 海域水体环境状况

12.2.1 站位布设及调查内容

本次南黄海辐射沙脊群海域调查共设海洋水环境化学要素调查站位40个（表12.2）。其中：水温、盐度、溶解氧、pH、总碱度、悬浮物、硝酸盐 - 氮、亚硝酸盐 - 氮、铵盐、无机氮、活性磷酸盐、活性硅酸盐（海水化学 a）调查站位40个；溶解态氮、溶解态磷、总有机碳、总氮、总磷（海水化学 b）调查站位24个；石油类、铜、铅、锌、铬、镉、汞、砷（海水化学 c）调查站位24个。

表 12.2　南黄海辐射沙脊群海域海洋化学要素调查站位

站号（国家下达）	纬度（N）	经度（E）	海水化学 a	海水化学 b	海水化学 c
JC – HH218	33°40′	120°45′	√	√	√
JC – HH219	33°40′	121°00′	√		
JC – HH243	33°20′	121°15′	√	√	√
JC – HH244	33°20′	121°00′	√		
SB – 03	32°40′	121°23′	√	√	√
SB – 06	32°20′	121°38′	√		
SB – 07	32°10′	121°38′	√	√	√
SB – 09	32°20′	121°45′	√		
SB – 10	32°10′	121°45′	√	√	√
SB – 13	32°10′	121°53′	√		
SB – 14	32°00′	121°53′	√	√	√
ZD – SB257	33°00′	121°30′	√		
ZD – SB258	33°00′	121°38′	√	√	√
ZD – SB284	32°40′	121°45′	√		
ZD – SB285	32°40′	121°38′	√	√	√
ZD – SB286	32°40′	121°30′	√		
ZD – SB287	32°20′	121°53′	√	√	√
ZD – SB311	32°00′	122°00′	√		
JS14	33°40′	121°23′	√	√	√
JS15	33°20′	121°39′	√	√	√
JS16	33°00′	121°54′	√	√	√
JS17	32°40′	122°01′	√	√	√
JS18	32°20′	122°10′	√	√	√
JS19	32°10′	122°13′	√	√	√
JS20	32°00′	122°16′	√	√	√
129	33°40′	121°38′	√		

站号（国家下达）	纬度（N）	经度（E）	海水化学 a	海水化学 b	海水化学 c
131	33°40′	121°55′	√		
141	33°30′	121°04′	√	√	√
F1	33°30′	121°23	√	√	√
121	33°30′	121°54′	√		
120	33°20′	121°53′	√		
135	33°10′	121°20′	√		√
118	33°10′	121°45′	√	√	√
113	33°13′	122°00′	√		
17	32°50′53″	121°36′25″	√	√	√
106	32°53′	121°53′	√	√	√
110	33°02′	122°00′	√		
F2	32°30′	121°41′	√	√	√
F3	32°30′	121°55′	√	√	√
97	32°30′	122°08′	√		

12.2.2　主要环境因子分布特征

12.2.2.1　基本化学要素

1）水温

水温变化介于 5.62 ~ 31.00℃之间，平均温度为 17.54℃。表层水温介于 5.70 ~ 31.00℃之间，平均水温为 17.53℃。

根据 2006 年 7 月至 2007 年 11 月间 4 个航次形成的 149 条垂线监测结果分析，约有75.2%的测点表现为水温随深度增加而降低，9.4%的测点表现为水温随深度增加而升高，15.4%的测点水温无明显变化趋势。4 个季节相比夏季水温垂向分布变化趋势最为明显，约有 90.0%的站位水温垂向分布变化趋势是随深度增加而降低，且表层、底层水温相差较大（表 12.3）。

表 12.3　南黄海辐射沙脊群海域水温变化　　　　　　　　　　　　　　单位：℃

季节	表层				底层			垂直平均变幅
	最大值	最小值	平均值（1）	平均值（2）	最大值	最小值	平均值	
春季	18.33	11.73	13.91	13.96	15.62	11.56	13.09	0.87
夏季	31.00	23.70	27.26	27.26	30.00	22.60	26.29	0.97
秋季	26.07	18.99	21.77	21.73	26.09	18.59	21.66	0.07
冬季	8.99	5.70	7.19	7.26	8.65	5.62	7.12	0.14

注：有垂线站位是指采样层次不小于 2 的站位。平均值（1）为海域所有测站平均值；平均值（2）为有垂线站位的平均值（下同）。

南黄海辐射沙脊群水温季节变化特征显著，夏季水温较高，冬季水温较低（图12.2）。

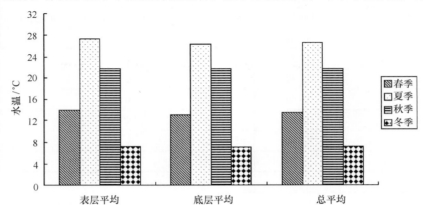

图 12.2　南黄海辐射沙脊群海域水温季节变化

2）盐度

盐度介于 24.2 ~ 33.99 之间，平均值为 29.76。表层盐度介于 24.2 ~ 32.28 之间，平均值为 29.65。

根据 4 个航次 149 条垂线监测结果分析，约有 28.9% 的测点表现为盐度随深度增加而降低，45.0% 的测点表现为盐度随深度增加而升高，26.2% 的测点盐度无明显变化趋势。4 个季节相比夏季盐度垂向分布变化趋势最为明显，约有 75.0% 的站位盐度垂向分布变化趋势是随深度增加而升高，且表层、底层盐度相差较大（表 12.4）。

表 12.4　南黄海辐射沙脊群海域水体中盐度变化

季节	表层				底层			垂直平均变幅
	最大值	最小值	平均值（1）	平均值（2）	最大值	最小值	平均值	
春季	32.28	27.92	30.79	30.83	32.17	28.56	30.84	0.01
夏季	31.20	24.20	28.53	28.53	31.20	25.70	29.10	0.57
秋季	30.92	26.95	29.43	29.42	33.99	27.17	29.63	0.21
冬季	31.85	27.68	29.86	29.91	31.91	27.65	30.01	0.09

南黄海辐射沙脊群水体盐度季节变化特征为春季、冬季盐度较高，夏季、秋季盐度较低（图 12.3）。

3）溶解氧

溶解氧含量介于 2.13 ~ 10.12 mg/L 之间，平均含量为 6.82 mg/L。表层溶解氧含量介于 2.97 ~ 10.12 mg/L 之间，平均含量为 7.05 mg/L。

根据 4 个航次 149 条垂线监测结果分析，约有 55.7% 的测点表现为溶解氧含量随深度增加而降低，22.1% 的测点表现为溶解氧含量随深度增加而增加，22.1% 的测点溶解氧含量无明显变化趋势。4 个季节相比春季溶解氧垂向分布变化趋势最为明显，约有 73.0% 的站位溶解氧垂向分布变化趋势是随深度增加而降低（表 12.5）。

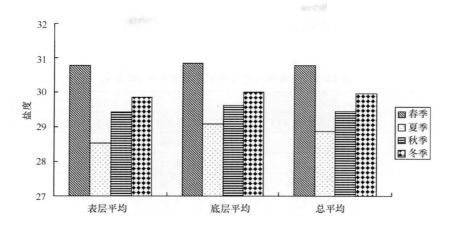

图 12.3　南黄海辐射沙脊群海域水体中盐度季节变化

表 12.5　南黄海辐射沙脊群海域水体中溶解氧含量变化　　　　　　　　单位：mg/L

季节	表层				底层			垂直平均
	最大值	最小值	平均值（1）	平均值（2）	最大值	最小值	平均值	变幅
春季	10.12	6.79	8.36	8.45	9.53	7.20	8.07	0.38
夏季	6.81	2.97	4.71	4.71	5.99	2.49	4.06	0.65
秋季	8.27	5.92	7.20	7.25	7.90	6.05	7.09	0.16
冬季	8.61	7.34	7.92	7.91	8.89	7.41	7.88	0.03

　　南黄海辐射沙脊群水体溶解氧含量季节变化特征为春季、冬季较高，夏季最低（图 12.4）。

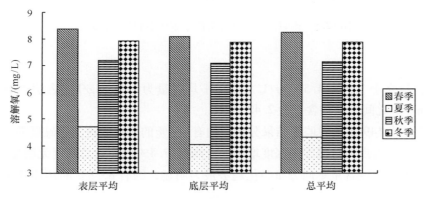

图 12.4　南黄海辐射沙脊群海域水体中溶解氧含量季节变化

　　4）pH

　　pH 介于 7.78~8.96 之间，平均值为 7.99。表层 pH 含量介于 7.79~8.96 之间，平均含量为 8.00。

　　根据 4 个航次 149 条垂线监测结果分析，约有 27.8% 的测点表现为 pH 随深度增加而降低，36.1% 的测点表现为 pH 随深度增加而升高，36.1% 的测点 pH 无明显变化趋势。4 个季节相比春季 pH 垂向分布变化趋势最为明显，约有 75.7% 的站位 pH 垂向分布变化趋势是随深度增加而升高（表 12.6）。

表 12.6　南黄海辐射沙脊群海域水体中 pH 变化

季节	表层				底层			垂直平均变幅
	最大值	最小值	平均值（1）	平均值（2）	最大值	最小值	平均值	
春季	8.04	7.88	7.97	7.97	8.04	7.89	7.99	0.02
夏季	8.24	7.79	7.97	7.97	8.11	7.79	7.93	0.04
秋季	8.07	7.85	7.96	7.97	8.15	7.82	7.96	0.01
冬季	8.96	7.97	8.09	8.07	8.23	8.00	8.08	0.01

南黄海辐射沙脊群水体 pH 季节变化规律不明显。其中冬季海域水体 pH 最高（图 12.5）。

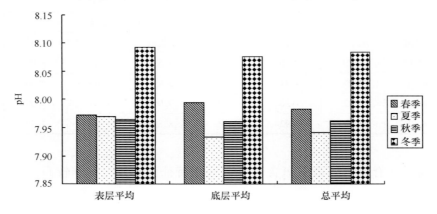

图 12.5　南黄海辐射沙脊群海域水体中 pH 季节变化

5）总碱度

总碱度含量介于 1.91 ~ 4.58 mg/L 之间，平均含量为 2.50 mg/L。表层总碱度含量介于 1.91 ~ 3.81 mg/L 之间，平均含量为 2.42 mg/L。

根据 4 个航次 149 条垂线监测结果分析，约有 9.4% 的测点表现为总碱度随深度增加而降低，73.2% 的测点表现为总碱度随深度增加而升高，17.4% 的测点总碱度无明显变化趋势。4 个季节相比春季总碱度含量垂向分布变化趋势最为明显，约有 83.8% 的站位随深度增加而升高（表 12.7）。

表 12.7　南黄海辐射沙脊群海域水体中总碱度含量变化　　　　　　　　　　单位：mg/L

季节	表层				底层			垂直平均变幅
	最大值	最小值	平均值（1）	平均值（2）	最大值	最小值	平均值	
春季	2.87	2.23	2.44	2.43	3.08	2.29	2.65	0.21
夏季	2.72	2.14	2.28	2.28	4.17	2.22	2.42	0.14
秋季	2.77	1.91	2.21	2.19	3.11	1.95	2.39	0.20
冬季	3.81	2.31	2.75	2.75	4.58	2.34	3.03	0.28

南黄海辐射沙脊群水体总碱度含量季节变化不大，相对而言冬季较高。秋季最低（图 12.6）。

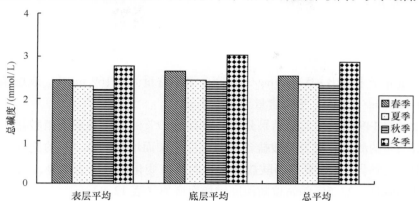

图 12.6　南黄海辐射沙脊群水体中总碱度含量季节变化

6）悬浮物

悬浮物含量介于 2.00~1 078.00 mg/L 之间，平均含量为 181.61 mg/L。表层悬浮物含量介于 2.00~682.00 mg/L 之间，平均含量为 116.94 mg/L。

根据 4 个航次 149 条垂线监测结果分析，约有 3.4% 的测点表现为悬浮物含量随深度增加而降低，94.0% 的测点表现为悬浮物含量随深度增加而升高，2.7% 的测点悬浮物含量无明显变化趋势。4 个季节相比，春季、冬季悬浮物含量垂向分布变化趋势最为明显，全部站位均随深度增加而增加（表 12.8）。

表 12.8　南黄海辐射沙脊群海域水体中悬浮物含量变化　　　　　　单位：mg/L

季节	表层				底层			垂直平均变幅
	最大值	最小值	平均值（1）	平均值（2）	最大值	最小值	平均值	
春季	531.00	2.00	113.20	108.89	1 078.00	29.00	292.17	183.27
夏季	197.00	5.00	32.14	32.14	335.00	43.00	148.35	116.21
秋季	646.00	11.00	100.83	84.47	785.00	5.00	198.83	114.36
冬季	682.00	31.00	221.61	214.79	971.00	51.00	454.85	240.06

南黄海辐射沙脊群水体悬浮物含量季节变化特征为冬季较高，夏季最低（图 12.7）。

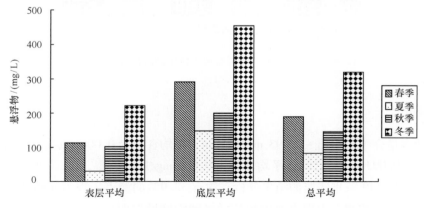

图 12.7　南黄海辐射沙脊群海域水体中悬浮物含量季节变化

12.2.2.2 营养盐类

1）硝酸盐

硝酸盐含量介于未检出～0.619 mg/L之间，平均含量为0.169 mg/L。表层硝酸盐含量介于未检出～0.619 mg/L之间，平均含量为0.180 mg/L。

根据4个航次149条垂线监测结果分析，约有40.9%的测点表现为硝酸盐含量随深度增加而降低，27.5%的测点表现为硝酸盐含量随深度增加而增加，31.5%的测点硝酸盐含量无明显变化趋势。4个季节相比夏季硝酸盐含量垂向分布变化趋势较为明显，约有47.5%的站位随深度增加而降低，22.5%的站位随深度增加而增加（表12.9）。

表 12.9　南黄海辐射沙脊群海域水体中硝酸盐含量变化　　　　　　　　　　　　单位：mg/L

季节	表层				底层			垂直平均变幅
	最大值	最小值	平均值（1）	平均值（2）	最大值	最小值	平均值	
春季	0.619	0.007	0.202	0.199	0.486	0.051	0.196	0.003
夏季	0.368	0.001	0.119	0.119	0.334	0.001	0.098	0.021
秋季	0.574	0.001	0.152	0.152	0.615	0.002	0.148	0.005
冬季	0.451	0.057	0.238	0.225	0.427	0.056	0.217	0.008

南黄海辐射沙脊群水体硝酸盐含量季节变化特征为冬季、春季较高，夏季较低（图12.8）。

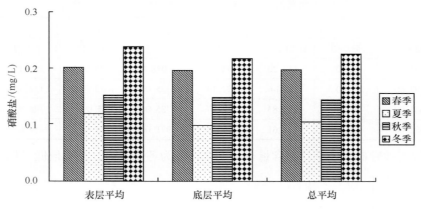

图 12.8　南黄海辐射沙脊群海域水体中硝酸盐含量季节变化

2）亚硝酸盐

亚硝酸盐含量介于未检出～0.093 mg/L之间，平均含量为0.006 mg/L。表层亚硝酸盐含量介于未检出～0.093 mg/L之间，平均含量为0.006 mg/L。

根据4个航次149条垂线监测结果分析，约有32.9%的测点表现为亚硝酸盐含量随深度增加而降低，23.5%的测点表现为亚硝酸盐含量随深度增加而增加，43.6%的测点亚硝酸盐含量无明显变化趋势。4个季节相比，春季亚硝酸盐含量垂向分布变化趋势较为明显，约有

37.8% 的站位随深度增加而降低，24.3% 的站位随深度增加而增加（表 12.10）。

表 12.10　南黄海辐射沙脊群海域水体中亚硝酸盐含量变化　　　　单位：mg/L

季节	表层				底层			垂直平均变幅
	最大值	最小值	平均值（1）	平均值（2）	最大值	最小值	平均值	
春季	0.010	0.001	0.003	0.003	0.009	0.000	0.002	0.000
夏季	0.084	0.000	0.010	0.010	0.070	0.001	0.012	0.002
秋季	0.093	0.001	0.009	0.007	0.024	0.000	0.004	0.003
冬季	0.007	0.001	0.003	0.003	0.006	0.001	0.003	0.000

南黄海辐射沙脊群水体亚硝酸盐含量季节变化特征为夏季最高，春季、冬季较低（图 12.9）。

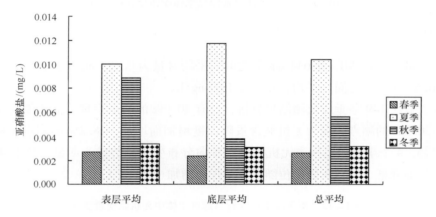

图 12.9　南黄海辐射沙脊群海域水体中亚硝酸盐含量季节变化

3）铵盐

铵盐含量介于未检出 ~0.200 mg/L 之间，平均含量为 0.017 mg/L。表层铵盐含量介于未检出 ~0.200 mg/L 之间，平均含量为 0.018 mg/L。

根据 4 个航次 149 条垂线监测结果分析，约有 30.9% 的测点表现为铵盐含量随深度增加而降低，40.3% 的测点表现为铵盐含量随深度增加而增加，28.9% 的测点铵盐含量无明显变化趋势。4 个季节相比冬季铵盐含量垂向分布变化趋势较为明显，约有 27.8% 的站位随深度增加而降低，44.4% 的站位随深度增加而增加（表 12.11）。

表 12.11　南黄海辐射沙脊群海域水体中铵盐含量变化　　　　单位：mg/L

季节	表层				底层			垂直平均变幅
	最大值	最小值	平均值（1）	平均值（2）	最大值	最小值	平均值	
春季	0.036	0.002	0.013	0.013	0.030	0.001	0.015	0.003
夏季	0.200	0.001	0.026	0.026	0.094	0.001	0.020	0.006
秋季	0.160	0.001	0.021	0.020	0.046	0.001	0.015	0.005
冬季	0.031	0.002	0.012	0.011	0.039	0.001	0.012	0.001

南黄海辐射沙脊群水体铵盐含量季节变化特征为夏季最高，冬季最低（图12.10）。

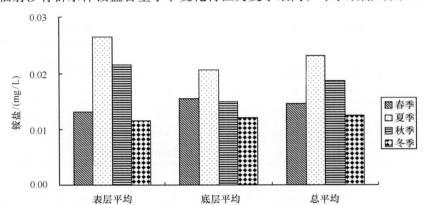

图12.10　南黄海辐射沙脊群海域水体中铵盐含量季节变化

4）无机氮

无机氮含量介于0.001～0.634 mg/L之间，平均含量为0.184 mg/L。表层无机氮含量介于0.001～0.634 mg/L之间，平均含量为0.197 mg/L。

根据4个航次149条垂线监测结果分析，约有40.9%的测点表现为无机氮含量随深度增加而降低，30.9%的测点表现为无机氮含量随深度增加而增加，28.2%的测点无机氮含量无明显变化趋势。4个季节相比秋季无机氮含量垂向分布变化趋势较为明显，约有44.4%的站位随深度增加而降低，33.3%的站位随深度增加而增加（表12.12）。

表12.12　南黄海辐射沙脊群海域水体中无机氮含量变化　　　　　单位：mg/L

季节	表层				底层			垂直平均
	最大值	最小值	平均值（1）	平均值（2）	最大值	最小值	平均值	变幅
春季	0.634	0.011	0.217	0.215	0.501	0.055	0.214	0.001
夏季	0.544	0.001	0.131	0.131	0.347	0.004	0.110	0.021
秋季	0.589	0.011	0.182	0.179	0.628	0.010	0.167	0.012
冬季	0.473	0.071	0.262	0.248	0.443	0.064	0.232	0.016

南黄海辐射沙脊群水体无机氮含量季节变化特征为冬季、春季较高，夏季最低（图12.11）。

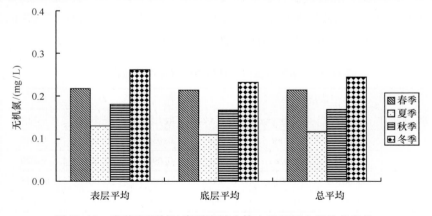

图12.11　南黄海辐射沙脊群海域水体中无机氮含量季节变化

5）活性磷酸盐

活性磷酸盐含量介于 0.001~0.226 mg/L 之间，平均含量为 0.030 mg/L。调查海域水体中表层活性磷酸盐含量介于 0.001~0.226 mg/L 之间，平均含量为 0.032 mg/L。

根据 4 个航次 149 条垂线监测结果分析，约有 35.6% 的测点表现为活性磷酸盐含量随深度增加而降低，30.2% 的测点表现为活性磷酸盐含量随深度增加而增加，34.2% 的测点活性磷酸盐含量无明显变化趋势。4 个季节相比冬季活性磷酸盐含量垂向分布变化趋势较为明显，约有 36.1% 的站位随深度增加而降低，36.1% 的站位随深度增加而增加（表12.13）。

表 12.13　南黄海辐射沙脊群海域水体中活性磷酸盐含量变化　　　　　单位：mg/L

季节	表层				底层			垂直平均变幅
	最大值	最小值	平均值（1）	平均值（2）	最大值	最小值	平均值	
春季	0.049	0.004	0.017	0.016	0.039	0.004	0.015	0.002
夏季	0.022	0.002	0.007	0.007	0.017	0.001	0.006	0.001
秋季	0.055	0.001	0.013	0.013	0.047	0.001	0.012	0.001
冬季	0.226	0.001	0.090	0.096	0.215	0.001	0.091	0.005

南黄海辐射沙脊群水体活性磷酸盐含量季节变化特征为冬季最高，夏季最低（图12.12）。

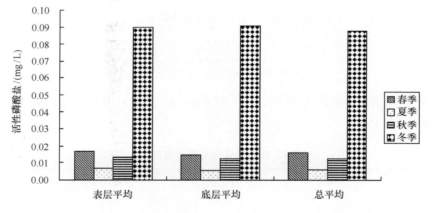

图 12.12　南黄海辐射沙脊群海域水体中磷酸盐含量季节变化

6）活性硅酸盐

活性硅酸盐含量未检出~2.090 mg/L 之间，平均含量为 0.697 mg/L。表层活性硅酸盐含量介于未检出~2.090 mg/L 之间，平均含量为 0.723 mg/L。

根据 4 个航次 149 条垂线监测结果分析，约有 35.6% 的测点表现为活性硅酸盐含量随深度增加而降低，26.8% 的测点表现为活性硅酸盐含量随深度增加而增加，37.6% 的测点活性硅酸盐含量无明显变化趋势。4 个季节相比冬季活性硅酸盐含量垂向分布变化趋势较为明显，约有 44.4% 的站位随深度增加而降低，25.0% 的站位随深度增加而增加（表12.14）。

表 12.14   南黄海辐射沙脊群海域水体中活性硅酸盐含量变化   单位：mg/L

季节	表层				底层			垂直平均变幅
	最大值	最小值	平均值（1）	平均值（2）	最大值	最小值	平均值	
春季	1.740	0.128	0.513	0.486	1.960	0.145	0.463	0.022
夏季	1.570	0.016	0.691	0.691	1.500	0.001	0.704	0.014
秋季	1.570	0.163	0.594	0.586	1.380	0.154	0.561	0.025
冬季	2.090	0.473	1.093	1.117	2.030	0.382	1.022	0.095

南黄海辐射沙脊群水体活性硅酸盐含量季节变化特征为冬季最高，春季最低（图 12.13）。

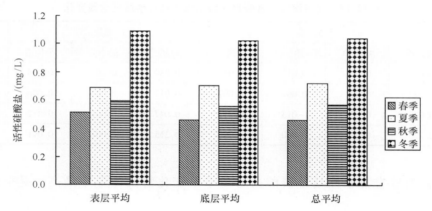

图 12.13   南黄海辐射沙脊群海域水体中磷酸盐含量季节变化

7）总氮

调查区内的总氮含量介于 0.048 ～ 0.873 mg/L 之间。表层海水中总氮平均值为 0.395 mg/L（表 12.15）。

表 12.15   调查区总氮含量变化   单位：mg/L

季节	表层				底层			垂直平均变幅
	最大值	最小值	平均值（1）	平均值（2）	最大值	最小值	平均值	
夏季	0.757	0.203	0.411	0.411	0.703	0.196	0.386	0.025
冬季	0.693	0.186	0.450	0.434	0.693	0.206	0.409	0.025
春季	0.871	0.048	0.372	0.363	0.873	0.136	0.422	0.059
秋季	0.598	0.079	0.346	0.355	0.729	0.085	0.343	0.012

调查海区总氮垂直分布规律不明显。总氮垂直平均变幅存在着季节变化。最大垂直平均变幅出现在春季，为 0.059 mg/L；秋季为最小，达 0.012 mg/L。

调查海区总氮平均含量最低出现在秋季，春季、夏季和冬季总氮平均含量分别为秋季的 1.08 倍、1.19 倍和 1.30 倍（图 12.14）。

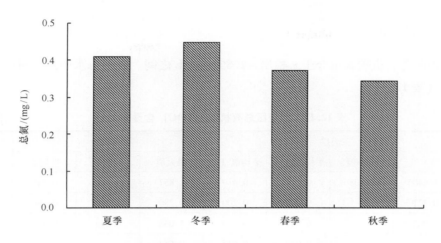

图 12.14　南黄海辐射沙脊群海域水体中总氮含量季节变化

8）总磷

调查区内的总磷含量介于 0.007 ~ 0.360 mg/L 之间。表层海水中总磷平均值为
0.064 mg/L（表 12.16）。

表 12.16　调查区总磷含量变化　　　　　　　　　　　　单位：mg/L

季节	表层				底层			垂直平均变幅
	最大值	最小值	平均值（1）	平均值（2）	最大值	最小值	平均值	
夏季	0.360	0.012	0.057	0.057	0.331	0.015	0.074	0.017
冬季	0.210	0.030	0.095	0.092	0.334	0.097	0.152	0.060
春季	0.185	0.007	0.052	0.052	0.218	0.044	0.109	0.057
秋季	0.195	0.015	0.054	0.047	0.238	0.010	0.104	0.057

调查海区总磷含量垂直分布一般表层小于底层。垂直平均变幅存在着明显的季节变化，以
夏季为最小，仅为 0.017 mg/L；而其他三个季节垂直平均变幅均较大，达 0.057 ~ 0.060 mg/L。

调查海区总磷平均含量最高都出现在冬季，春季、夏季和秋季总磷平均含量变化不大
（图 12.15）。

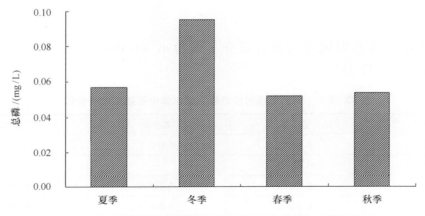

图 12.15　南黄海辐射沙脊群海域水体中总磷含量季节变化

12.2.2.3 总有机碳

调查区内的总有机碳含量介于未检出~1.857 mg/L 之间。表层海水中总有机碳平均值为 0.245 mg/L（表12.17）。

表 12.17 调查区总有机碳（TOC）含量变化

单位：mg/L

季节	表层				底层			垂直平均变幅
	最大值	最小值	平均值（1）	平均值（2）	最大值	最小值	平均值	
夏季	1.640	0.108	0.419	0.419	1.857	0.111	0.435	0.016
冬季	0.321	—	0.199	0.200	0.280	—	0.186	0.014
春季	1.042	—	0.341	0.318	1.033	0.046	0.400	0.082
秋季	0.145	—	0.020	0.018	0.652	—	0.059	0.041

调查海区总有机碳含量垂直分布规律不明显。垂直平均变幅存在着明显的季节变化，以秋季为最大，达0.082 mg/L；夏季、冬季的垂直平均变幅较小，仅为0.014~0.016 mg/L。

调查海区总有机碳平均含量年内季节变化较大，季节间平均值变化分别介于9.95~20.95 倍（图12.16）。

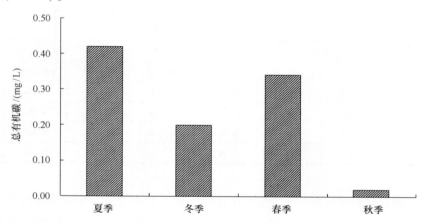

图12.16 南黄海辐射沙脊群海域水体中有机碳含量季节变化

12.2.2.4 石油类

南黄海辐射沙脊群海域石油类含量介于未检出~0.090 8 mg/L 之间，平均值为 0.023 3 mg/L。如表12.18。

表 12.18 南黄海辐射沙脊群海域水体中石油类含量变化

单位：mg/L

季节	最大值	最小值	平均值
夏季	0.069 5	0.007 2	0.025 1
冬季	0.029 2	—	0.009 5
春季	0.090 8	0.013 8	0.035 0
秋季	0.046 2	0.008 9	0.023 7

南黄海辐射沙脊群海域石油类含量总体上是春季偏高，冬季较低（图 12.17）。

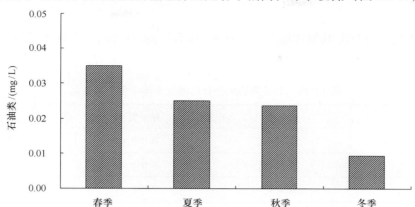

图 12.17　南黄海辐射沙脊群海域水体中石油类含量季节变化

12.2.2.5　重金属类

1）砷

南黄海辐射沙脊群海域砷含量介于 0.81～6.86 μg/L 之间，平均值为 2.24 mg/L。见表 12.19。

表 12.19　南黄海辐射沙脊群海域水体中砷含量变化　　　　　　　　单位：μg/L

季节	最大值	最小值	平均值
春季	3.19	0.99	0.002 03
夏季	3.79	1.03	0.002 17
秋季	6.86	1.61	0.003 25
冬季	3.19	0.81	0.001 52

南黄海辐射沙脊群海域砷含量由大到小依次为秋季、夏季、春季、冬季（图 12.18）。

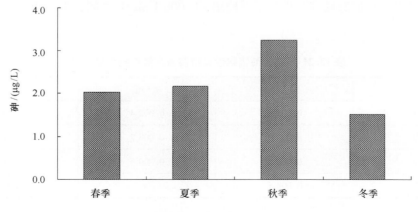

图 12.18　南黄海辐射沙脊群海域水体中砷含量季节变化

2）汞

南黄海辐射沙脊群海域汞含量介于 0.008 ~ 0.777 μg/L 之间，平均值为 0.182 μg/L。见表 12.20。

表 12.20　南黄海辐射沙脊群海域水体中汞含量变化　　　　　　　　　单位：μg/L

季节	最大值	最小值	平均值
春季	0.304	0.008	0.113
夏季	0.454	0.058	0.150
秋季	0.777	0.098	0.321
冬季	0.314	0.032	0.143

南黄海辐射沙脊群海域汞含量由大到小依次为秋季、夏季、冬季、春季（图 12.19）。

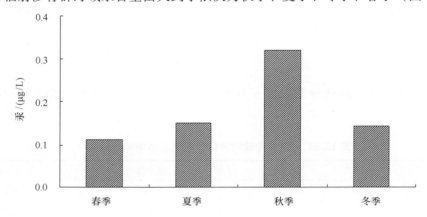

图 12.19　南黄海辐射沙脊群海域水体中砷含量季节变化

3）铜

南黄海辐射沙脊群海域铜含量介于未检出 ~ 0.008 1 mg/L 之间，平均值为 0.001 2 mg/L。见表 12.21。

表 12.21　南黄海辐射沙脊群海域水体中铜含量变化　　　　　　　　　单位：mg/L

季节	最大值	最小值	平均值
春季	0.003 1	0.000 4	0.001 2
夏季	0.005 0	0.000 2	0.001 3
秋季	0.003 6	0.000 6	0.001 3
冬季	0.008 1	—	0.001 1

南黄海辐射沙脊群海域铜含量总体上 4 个季度相差不大，夏季与秋季略高（图 12.20）。

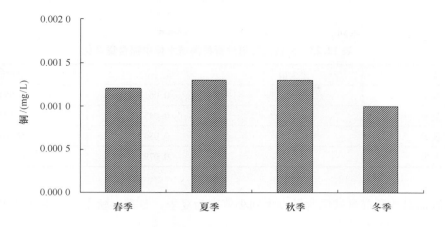

图 12.20　南黄海辐射沙脊群海域水体中铜含量季节变化

4）铅

南黄海辐射沙脊群海铅含量介于 0.001 5 ~ 0.031 9 mg/L 之间，平均值为 0.003 1 mg/L 位（表 12.22）。

表 12.22　南黄海辐射沙脊群海域水体中铅含量变化　　　单位：mg/L

季节	最大值	最小值	平均值
春季	0.002 9	0.000 8	0.001 4
夏季	0.031 9	0.002 3	0.007 0
秋季	0.002 8	0.000 4	0.001 3
冬季	0.008 4	0.001 5	0.002 7

南黄海辐射沙脊群海域铅含量由大到小依次为夏季、冬季、春季、秋季（图 12.21）。

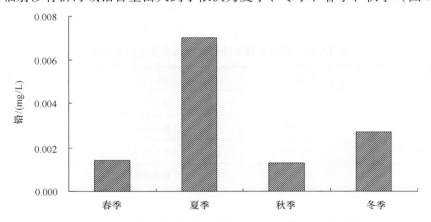

图 12.21　南黄海辐射沙脊群海域水体中铅含量季节变化

5）镉

南黄海辐射沙脊群海域镉含量介于 0.045 ~ 0.246 μg/L 之间，平均值为 0.107 μg/L（表

12.23）。

表 12.23　南黄海辐射沙脊群海域水体中镉含量变化　　　　　　　单位：μg/L

季节	最大值	最小值	平均值
春季	0.182	0.061	0.084
夏季	0.246	0.045	0.126
秋季	0.176	0.084	0.106
冬季	0.233	0.079	0.113

南黄海辐射沙脊群海域镉含量由大到小依次为夏季、冬季、秋季、春季（图12.22）。

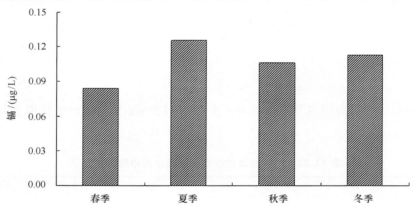

图 12.22　南黄海辐射沙脊群海域水体中镉含量季节变化

6）锌

南黄海辐射沙脊群海域锌含量介于 0.003 4 ~ 0.046 4 mg/L 之间，平均值为 0.023 6 mg/L（表 12.24）。

表 12.24　南黄海辐射沙脊群海域水体中锌含量变化　　　　　　　单位：mg/L

季节	最大值	最小值	平均值
春季	0.029 3	0.013 5	0.020 9
夏季	0.041 2	0.003 4	0.027 9
秋季	0.024 6	0.016 7	0.020 8
冬季	0.046 4	0.012 5	0.024 9

南黄海辐射沙脊群海域锌含量由大到小依次为夏季、冬季、春季、秋季（图12.23）。

7）总铬

南黄海辐射沙脊群海域总铬含量介于未检出 ~ 4.78 μg/L 之间，平均值为 0.58 μg/L（表 12.25）。

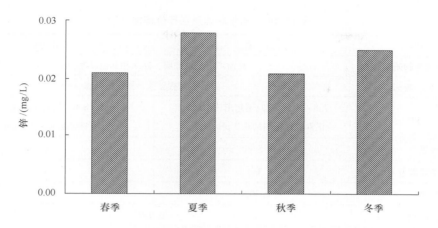

图 12.23　南黄海辐射沙脊群海域水体中锌含量季节变化

表 12.25　南黄海辐射沙脊群海域水体中总铬含量变化　　　　　　　单位：μg/L

季节	最大值	最小值	平均值
春季	1.15	—	0.36
夏季	4.78	0.13	0.91
秋季	2.14	0.16	0.59
冬季	1.85	—	0.48

南黄海辐射沙脊群海域总铬含量由大到小依次为夏季、秋季、冬季、春季（图 12.24）。

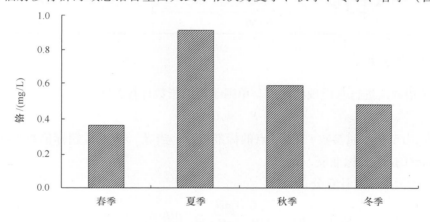

图 12.24　南黄海辐射沙脊群海域水体中铬含量季节变化

12.2.3　水环境质量状况评价

12.2.3.1　评价标准

根据江苏省"908 专项"总体实施方案的要求，采用《海水水质标准》（GB 3097—1997）二类和三类标准对海水环境质量进行评价，由于《海水水质标准》中无总氮、总磷标准值，因此采用《第二次全国海洋污染基线调查技术规程（第二分册）》给出的标准进行评价（表 12.26）。

表 12.26　海水环境质量评价标准　　　　　　　　　　　　　　　　　　单位：mg/L

序号	项目		第二类	第三类
1	漂浮物质		海面不得出现油膜、浮沫和其他漂浮物质	
2	色、臭味		海水不得有异色、异臭、异味	
3	pH		7.8~8.5　同时不超出该海域 正常变动范围的 0.2 pH 单位	6.8~8.6　同时不超出该海域 正常变动范围的 0.5 pH 单位
4	溶解氧	>	5	4
5	化学需氧量	≤	3	4
6	无机氮	≤	0.30	0.40
7	活性磷酸盐	≤	0.030	
8	总氮（TN）	≤	0.4	
9	总磷（TP）	≤	0.03	
10	汞	≤	0.000 2	
11	镉	≤	0.005	0.010
12	铅	≤	0.005	0.10
13	六价铬	≤	0.010	0.020
14	总铬	≤	0.010	0.020
15	砷	≤	0.030	0.050
16	铜	≤	0.0100	0.050
17	锌	≤	0.050	0.10
18	石油类	≤	0.050	0.30

12.2.3.2　评价方法

用单因子指数法进行水质现状评价。单因子污染指数计算公式为：

$$S_{i,j} = C_{i,j}/C_{sj}$$

式中，$S_{i,j}$ 为单项水质参数 i 在第 j 点的标准指数，当 $S_{i,j} > 1$ 时，超标倍数为 $S_{i,j} - 1$；$C_{i,j}$ 为实测值，mg/L；C_{si} 为标准值，mg/L。

其中 pH 的污染指数计算公式为：

$$S_{pH,j} = \frac{7.0 - pH_j}{7.0 - pH_{sd}} \qquad pH_j \leqslant 7.0$$

$$S_{pH,j} = \frac{pH_j - 7.0}{pH_{su} - 7.0} \qquad pH_j > 7.0$$

式中，pH_j 为实测值；pH_{su}、pH_{sd} 为分别为 pH 标准值的上限、下限。

溶解氧（DO）污染指数计算公式为：

$$S_{DO,j} = \frac{|DO_f - DO_j|}{DO_f - DO_s} \qquad DO_j \geqslant DO_s$$

$$S_{DO,j} = 10 - 9\frac{DO_j}{DO_s} \qquad DO_j < DO_s$$

$$DO_f = 468/(31.6 + T)$$

式中，DO_j 为实测值；DO_s 为标准值；DO_f 为实测条件下溶解氧的饱和值；T 为水温，℃。

12.2.3.3 评价结果分析

2006 年 7 月至 2007 年 11 月夏、冬、春、秋季 4 个航次水体污染情况详见表 12.27。

表 12.27 调查海域水体污染状况

项目	季节	平均值/（mg/L）	二类评价		三类评价	
			超标率/（%）	最大超标倍数	超标率/（%）	最大超标倍数
溶解氧	夏季	4.40	79.10	3.22	31.34	1.78
	冬季	8.06	0	0	0	0
	春季	8.08	0	0	0	0
	秋季	7.11	0	0	0	0
pH 值	夏季	7.94	0	0	0	0
	冬季	8.10	1.49	0.31	1.49	0.09
	春季	8.00	0	0	0	0
	秋季	8.01	0	0	0	0
总氮	夏季	0.384 4	34.15	1.76	34.15	1.76
	冬季	0.395 8	46.34	1.005	46.34	1.005
	春季	0.453	53.66	1.565	53.66	1.565
	秋季	0.394	41.46	1.502 5	41.46	1.502 5
总磷	夏季	0.058 4	54.35	8.4	54.35	8.4
	冬季	0.111 6	92.68	6.2	92.68	6.2
	春季	0.074	80.49	5.433	80.49	5.433
	秋季	0.071	70.73	6.9	70.73	6.9
无机氮	夏季	0.121 9	10.45	1.21	4.48	0.66
	冬季	0.221 5	28.36	0.71	10.45	0.285
	春季	0.342 9	26.87	5.93	16.42	4.198
	秋季	0.214 5	28.36	2.47	17.91	1.603
活性磷酸盐	夏季	0.005 5	0	0	0	0
	冬季	0.059 1	37.31	6.18	37.31	6.18
	春季	0.013	2.99	0.13	2.99	0.13
	秋季	0.013	5.97	0.70	5.97	0.70
石油类	夏季	0.024 3	2.44	0.39	0	0
	冬季	0.013 3	7.32	0.23	0	0
	春季	0.038 8	17.07	1.75	0	0
	秋季	0.022 2	0	0	0	0

续表

项目	季节	平均值/（mg/L）	二类评价		三类评价	
			超标率/（%）	最大超标倍数	超标率/（%）	最大超标倍数
砷	夏季	0.002 3	0	0	0	0
	冬季	0.001 6	0	0.00	0	0
	春季	0.002 1	0	0.00	0	0
	秋季	0.003 1	0	0	0	0
汞	夏季	0.000 2	17.07	2.74	17.07	2.74
	冬季	0.000 1	21.95	0.57	21.95	0.57
	春季	0.000 1	19.51	0.52	19.51	0.52
	秋季	0.000 3	53.66	3.02	53.66	3.02
铜	夏季	0.001 5	0	0	0	0
	冬季	0.001 1	0	0	0	0
	春季	0.001 2	0	0	0	0
	秋季	0.001 3	0	0	0	0
铅	夏季	0.005 9	41.46	5.38	4.88	2.19
	冬季	0.002 9	9.76	0.68	0	0
	春季	0.001 3	0	0	0	0
	秋季	0.001 2	0	0	0	0
镉	夏季	0.000 1	0	0	0	0
	冬季	0.000 1	0	0	0	0
	春季	0.000 1	0	0	0	0
	秋季	0.000 1	0	0	0	0
锌	夏季	0.031 0	0	0	0	0
	冬季	0.024 5	0	0	0	0
	春季	0.021 2	0	0	0	0
	秋季	0.020 3	0	0	0	0
总铬	夏季	0.000 7	0	0	0	0
	冬季	0.001 3	0	0	0	0
	春季	0.000 2	0	0	0	0
	秋季	0.000 6	0	0	0	0

1）pH 值

夏、春、秋季航次全部站位水质 pH 值均达到二类海水水质标准；冬季航次辐射沙脊群海域 SB－07 站位水质 pH 值超出三类海水水质标准，最大超标倍数为 0.09，其余站位均达二类海水水质标准。

2）溶解氧

夏季航次 14 个站位水质溶解氧含量超过三类海水水质标准，最大超标倍数为 3.22，其余站位溶解氧含量符合三类海水水质标准，其中 9 个站位符合二类海水水质标准；冬、春、秋季航次所有站位均符合二类海水水质标准。

3）营养盐类

（1）总氮

夏季航次 10 个站位水质总氮含量超标，最大超标倍数是 1.755；冬季航次 16 个站位水质总氮含量超标，最大超标倍数是 1.005；春季航次 11 个站位水质总氮含量超标，最大超标倍数是 1.565；秋季航次 8 个站位水质总氮含量超标，最大超标倍数是 1.503。

（2）总磷

夏季航次 20 个站位水质总磷含量超标，最大超标倍数是 8.4；冬季航次 31 个站位水质总磷含量超标，最大超标倍数是 6.2；春季航次 23 个站位水质总磷含量超标，最大超标倍数是 5.43；秋季航次 20 个站位水质总磷含量超标，最大超标倍数是 6.9。

（3）无机氮

夏季航次 4 个站位水质无机氮含量超过二类海水水质标准，最大超标倍数是 1.21；其中 1 个站位水质无机氮含量超过三类海水水质标准，最大超标倍数是 0.66。冬季航次 16 个站位水质无机氮含量超过二类海水水质标准，最大超标倍数是 0.71；其中 5 个站位水质无机氮含量超过三类海水水质标准，最大超倍数是 0.285。春季航次 8 个站位水质无机氮含量超过二类海水水质标准，最大超标倍数是 5.93；其中 2 个站位水质无机氮含量超过三类海水水质标准，最大超标倍数是 4.198。秋季航次 9 个站位水质无机氮含量超过二类海水水质标准，最大超标倍数是 2.47；其中 6 个站位水质无机氮含量超过三类海水水质标准，最大超标倍数是 1.603。

（4）活性磷酸盐

夏季航次所有站位符合二类海水水质标准；冬季航次 25 个站位超过二类海水水质标准，最大超标倍数为 6.18，其余站位符合二类海水水质标准；春季航次 2 个站位超过二类海水水质标准，最大超标倍数是 0.13，其余站位符合二类海水水质标准；秋季航次 2 个站位超过二类海水水质标准，最大超标倍数是 0.7，其余站位符合二类海水水质标准。

4）石油类

4 个航次所有站位水质石油类含量均符合三类海水水质标准；夏季航次辐射沙脊群海域的 SB-03 站点超过二类海水水质标准，最大超标倍数为 0.39，其余站位均符合二类海水水质标准；冬季符合二类海水水质标准；春季航次 2 个站位超过二类海水水质标准，最大超标倍数为 1.75，其余站位符合二类海水水质标准；秋季航次所有站位均符合二类海水水质标准。

5）重金属

（1）砷、铜、镉、锌、总铬

4 个航次所有站位水质砷、铜、镉、锌、总铬的含量均达到二类海水水质标准。

（2）汞

夏季航次 4 个站位超过二类海水水质标准，最大超标倍数是 2.74，其余站位符合二类海水水质标准；冬季航次 5 个站位超过二类海水水质标准，最大超标倍数是 0.57，其余站位符合二类海水水质标准；春季航次 3 个站位超过二类海水水质标准，最大超标倍数是 0.52，其余站位符合二类海水水质标准；秋季航次 13 个站位超过二类海水水质标准，最大超标倍数是 3.02，其余站位符合二类海水水质标准。

（3）铅

夏季航次 2 个站位超过三类海水水质标准，最大超标倍数是 2.19，余下站位中 11 个站位超出二类海水水质标准，最大超标倍数为 5.38，其他站位符合二类海水水质标准；冬季航次所有站位均符合三类海水水质标准，其中 2 个站位超出二类海水水质标准，最大超标倍数为 0.68，其余站位符合二类海水水质标准；春、秋季航次所有站位符合二类海水标准。

12.2.3.4 主要污染物含量分析

1）总氮

总氮含量介于 0.092~0.78 mg/L 之间。调查区水质总氮含量季节变化如图 12.25。

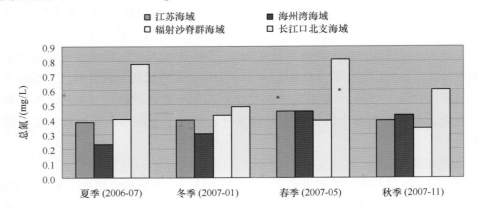

图 12.25　调查区总氮含量季节变化图（均值）

根据 4 个航次的水质监测结果，辐射沙脊群海区总氮含量年内季节性变化不是很明显，其中冬季总氮含量水平最高，分别是夏季、春季和秋季的 1.07 倍、1.1 倍和 1.27 倍；与其他海区相比，辐射沙脊群海区总氮含量夏季、冬季高于海州湾海区，春季、秋季低于海州湾海区，4 个航次均低于长江口北支海区。

2）总磷

调查区域内的总磷含量介于 0.015~0.282 mg/L 之间，调查区水质总磷含量变化见图 12.26。

如图 12.26 所示，辐射沙脊群海区总磷含量存在明显的季节性变化，呈现冬高夏低的趋势，辐射沙脊群海区冬季总磷含量分别是春季、秋季和夏季的 1.62 倍、1.62 倍和 2.17 倍；与其他海区相比，辐射沙脊群海区总磷含量 4 个季节均高于海州湾海区，均低于长江口北支海区。

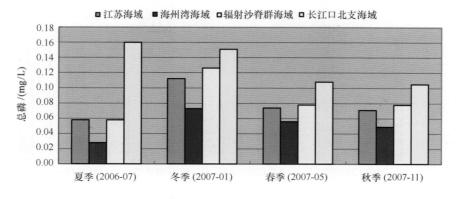

图 12.26　调查区水质总磷含量年内季节性变化图

3）石油类

调查区域内的石油类含量介于未检出 ~0.090 8 mg/L 之间，季节变化如图 12.27。

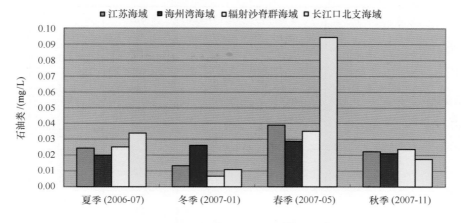

图 12.27　调查区水质石油类含量季节变化图

从整体上看，辐射沙脊群海区，石油类含量春季较高，夏秋两季较低，冬季最低，其中春季石油类含量是夏季的 1.39 倍，是冬季的 5.22 倍，是秋季的 1.48 倍；与其他海区相比，辐射沙脊群海区石油类含量夏季、春季高于海州湾海区，低于长江口北支海区，冬季为 3 个海区最低，秋季为 3 个海区最高。

4）汞

汞含量介于 0.008 ~0.777 μg/L 之间，调查区水质汞含量季节变化见图 12.28。

从整体上看，辐射沙脊群海区秋季汞含量是夏季的 2.14 倍，是冬季的 2.24 倍，是 2.84 倍；与其他海区相比，辐射沙脊群海区汞含量夏季、冬季、春季含量最低，秋季含量最高。

13.2.3.4　趋势分析

1）与 20 世纪 80 年代海岸带调查比较

与 20 世纪 80 年代海岸带调查相比，南黄海辐射沙脊群海域氮、磷营养盐含量显著增加，最高

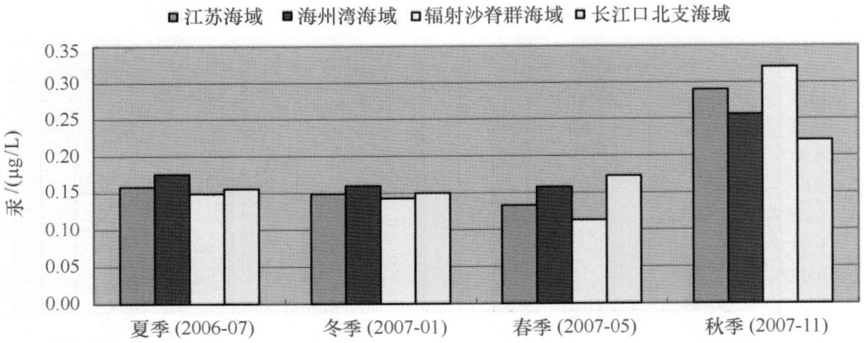

图 12.28 调查区水质汞含量季节变化

增幅达超过 100 倍（表 12.28），污染范围逐步扩大，大部分河口和大中城市邻近海域污染加重。

表 12.28 与 20 世纪 80 年代相比硝酸盐、亚硝酸盐和活性磷酸盐含量比较   单位：μg/L

	季节	年份	表层平均值	变化倍数	底层平均值	变化倍数
硝酸盐含量比较	春季	1981	3	126	2	181
		2007	320		330	
	夏季	1981	2	75	1	62
		2006	121		88	
	秋季	1981	2	97	2	91
		2007	185		167	
	冬季	1981	2	115	2	106
		2007	205		176	
亚硝酸盐含量比较	春季	1981	0	29	0	29
		2007	6		6	
	夏季	1981	0	55	0	38
		2006	15		12	
	秋季	1981	0	44	0	19
		2007	13		6	
	冬季	1981	0	28	0	17
		2007	5		4	
活性磷酸盐含量比较	春季	1981	1	22	1	16
		2007	14		12	
	夏季	1981	0	13	1	7
		2006	6		5	
	秋季	1981	2	7	2	5
		2007	14		12	
	冬季	1981	1	61	1	52
		2007	60		60	

2）与 1998 年江苏省海洋污染基线调查结果比较

（1）总氮

将 1998 年度江苏省海洋污染基线调查得到的春季（1998 年 5 月）、秋季（1998 年 10 月）水质总氮含量等值线图，与 2007 年度同季节航次调查结果对比分析可见，2007 年春季水质总氮浓度为 500 μg/L 的包络线范围较 1998 年春季有所升高，但 300 μg/L 包络线范围变化不大（图 12.29）；而 2007 年秋季水质总氮浓度分布范围与 1998 年秋季相比则有显著的提升，总氮污染明显加重（图 12.30）。

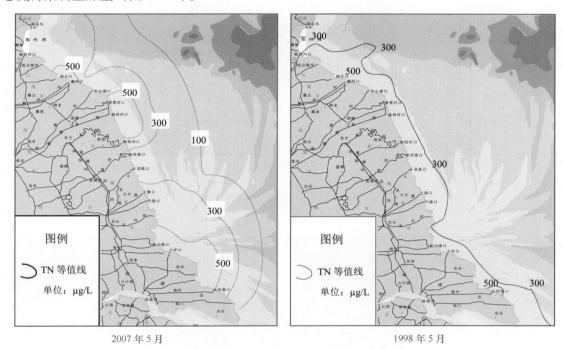

2007 年 5 月　　　　　　　　　　　　　　　1998 年 5 月

图 12.29　春季水质总氮含量等值线比较（μg/L）

（2）总磷

将 1998 年度江苏省海洋污染基线调查得到的春季、秋季水质总磷含量等值线图，与 2007 年度同季节航次调查结果对比分析可见（图 12.31 和图 12.32），2007 年度春、秋季航次总磷含量相对较低，其中秋季航次总磷含量的降低较为明显，污染程度较 1998 年度同季节航次有所减轻。

（3）石油类

将 1998 年度江苏省海洋污染基线调查得到的春季、秋季水质石油类含量等值线图，与 2007 年度同季节航次调查结果对比分析可见（图 12.33 和图 12.34），在海州湾区域，2007 年度石油类浓度明显低于 1998 年度；但在其他海域 2007 年度石油类浓度则略有升高，但整体变化不是很明显。

（4）汞

将 1998 年度江苏省海洋污染基线调查得到的春季、秋季水质汞含量等值线图，与 2007 年度同季节航次调查结果对比分析可见（图 12.35 和图 12.36）2006—2007 年度江苏近海水

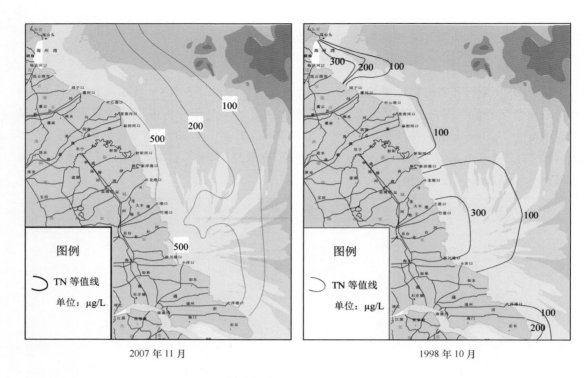

2007 年 11 月　　　　　　　　　　　　1998 年 10 月

图 12.30　秋季水质总氮含量等值线比较（μg/L）

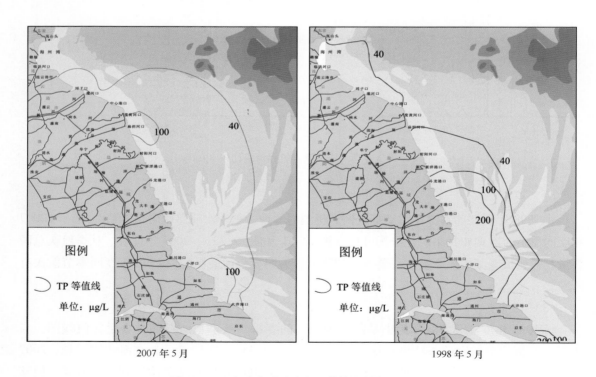

2007 年 5 月　　　　　　　　　　　　1998 年 5 月

图 12.31　春季水质总磷含量等值线比较（μg/L）

质中汞含量 0.1 μg/L 与 0.05 μg/L 浓度包络线范围远高于 1998 年度，污染明显加重。

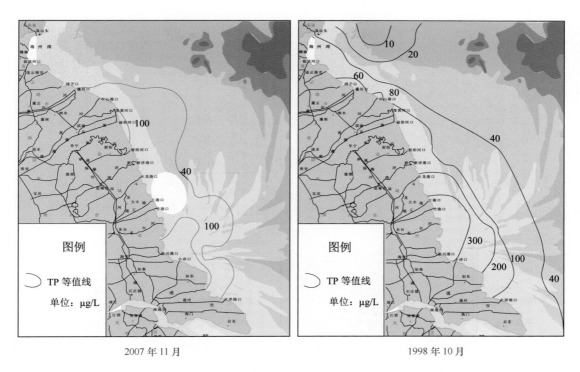

2007 年 11 月　　　　　　　　　　　　　1998 年 10 月

图 12.32　秋季水质总磷含量等值线比较（μg/L）

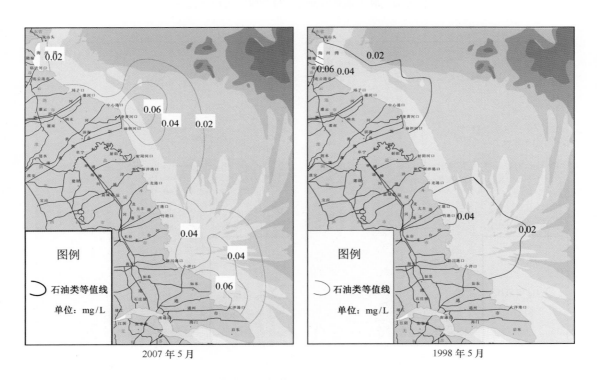

2007 年 5 月　　　　　　　　　　　　　1998 年 5 月

图 12.33　春季水质石油类含量等值线比较（μg/L）

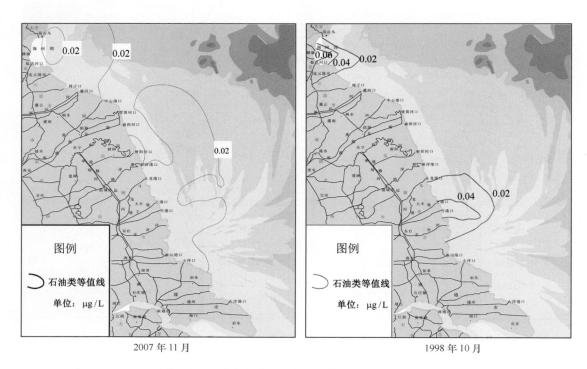

图 12.34　秋季水质石油类含量等值线比较（μg/L）

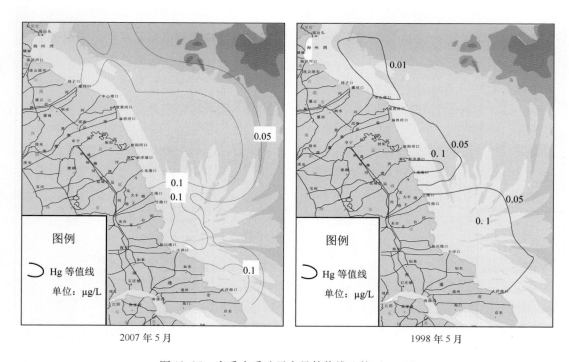

图 12.35　春季水质油汞含量等值线比较（μg/L）

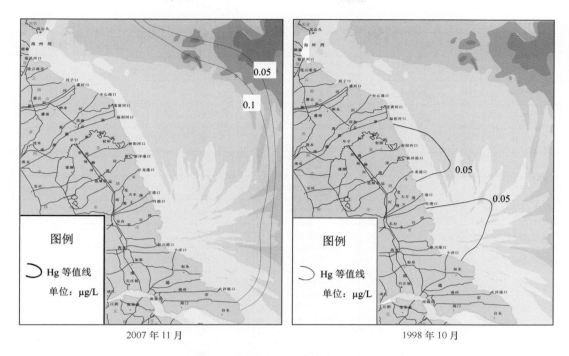

2007 年 11 月　　　　　　　　　1998 年 10 月

图 12.36　秋季水质汞含量等值线比较（μg/L）

12.3　沉积物环境状况

12.3.1　站点分布及调查内容

本次南黄海辐射沙脊群海域调查共设海洋沉积化学（有机碳、石油类、总氮、总磷、铜、锌、铅、镉、总铬、总汞、砷）调查站位 23 个；沉积化学中长效有机物（有机氯农药、多氯联苯、多环芳烃）调查站位 9 个。

海洋沉积化学调查站位见表 12.29。

表 12.29　南黄海辐射沙脊群海域海洋化学要素调查站位

站号（国家下达）	纬度（N）	经度（E）	沉积化学	沉积化学中长效有机物
JC – HH218	33°40′	120°45′	未采到样品	√
JC – HH243	33°20′	121°15′	√	√
SB – 03	32°40′	121°23′	√	√
SB – 07	32°10′	121°38′	√	√
SB – 10	32°10′	121°45′	√	√
SB – 14	32°00′	121°53′	√	√
ZD – SB258	33°00′	121°38′	√	√
ZD – SB285	32°40′	121°38′	√	√

续表

站号（国家下达）	纬度（N）	经度（E）	沉积化学	沉积化学中长效有机物
ZD - SB287	32°20′	121°53′	√	√
JS14	33°40′	121°23′	√	
JS15	33°20′	121°39′	√	
JS16	33°00′	121°54′	√	
JS17	32°40′	122°01′	√	
JS18	32°20′	122°10′	√	
JS19	32°10′	122°13′	√	
JS20	32°00′	122°16′	√	
141	33°30′	121°04′	√	
F1	33°30′	121°23	√	
135	33°10′	121°20′	√	
118	33°10′	121°45′	√	
17	32°50′53″	121°36′25″	√	
106	32°53′	121°53′	√	
F2	32°30′	121°41′	√	
F3	32°30′	121°55′	√	

12.3.2 各要素分布特征

12.3.2.1 氧化还原环境

1）Eh

在辐射沙脊群调查海域内，沉积物氧化还原电位介于 151～300 mV 之间，平均值为 194 mV。整体分布趋势为盐城射阳海域含量最高，向南含量缓慢降低（图 12.37）。

2）硫化物

在辐射沙脊群调查海域内，沉积物硫化物含量介于 1.12×10^{-6}～45.37×10^{-6} 之间，平均值为 9.21×10^{-6}。所有测站均小于 300.0×10^{-6}，符合 GB 18668—2002《海洋沉积物质量》中一类海域标准。整体分布趋势为盐城大丰海域出现较大范围的低浓度区，然后向南缓慢增高，至长江口北支海域快速增高（图 12.38）。

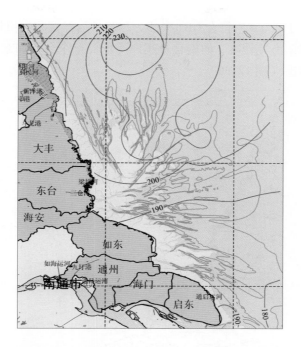

图 12.37　辐射沙脊群海域沉积物 Eh 等值线（mV）

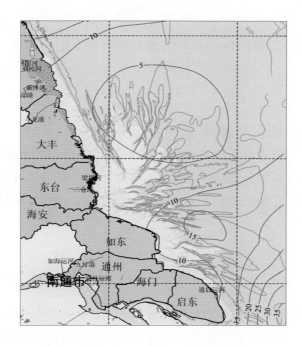

图 12.38　辐射沙脊群海域沉积物硫化物含量等值线（×10⁻⁶）

12.3.2.2　有机污染

1）有机碳

在辐射沙脊群调查海域内，沉积物有机碳含量介于 0.01% ~ 0.39% 之间，平均值为

0.12%。所有测站均小于2.0%，符合 GB 18668 - 2002《海洋沉积物质量》中一类海域标准。整体分布趋势为盐城射阳海域较高，向南含量逐渐降低，至东台和如东海域出现较大范围低浓度区，向南又逐渐增高（图 12.39）。

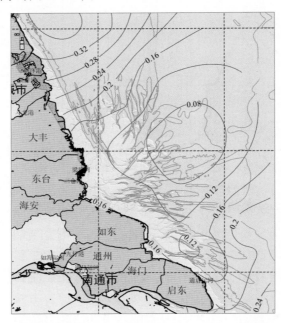

图 12.39 辐射沙脊群海域沉积物有机碳含量等值线（×10^{-6}）

2）石油类

在辐射沙脊群调查海域内，沉积物石油类含量介于 57.167 × 10^{-6} ~ 209.485 × 10^{-6} 之间，平均值为 94.406 × 10^{-6}。所有测站均小于 500.0 × 10^{-6}，符合 GB 18668—2002《海洋沉积物质量》中一类海域标准。整体分布趋势为射阳河外海域含量最高，向南海域含量逐渐降低，至大丰、东台海域出现大范围低浓度区，再向南又缓慢增高（图 12.40）。

12.3.2.3 营养元素

1）总氮

在辐射沙脊群调查海域内，沉积物总氮含量介于 0.070 × 10^{-3} ~ 0.410 × 10^{-3} 之间，平均值为 0.169 × 10^{-3}。整体分布趋势为盐城射阳河外海域含量较高，向南逐渐降低，至东台和如东海域出现较大范围的低浓度区，再向南又逐渐增高（图 12.41）。

2）总磷

在辐射沙脊群调查海域内，沉积物总磷含量介于 0.501 × 10^{-3} ~ 0.847 × 10^{-3} 之间，平均值为 0.669 × 10^{-3}。整体分布趋势为盐城大丰以北海域含量基本稳定；大丰海域由岸向海含量递增；辐射沙脊群南部海域由岸向海递减，长江口北支海域最高（图 12.42）。

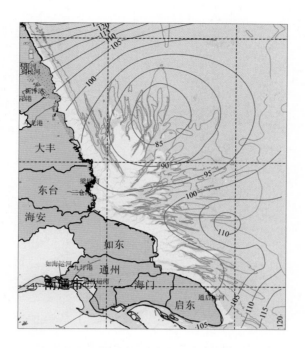

图 12.40　辐射沙脊群海域沉积物石油类含量等值线 （×10⁻⁶）

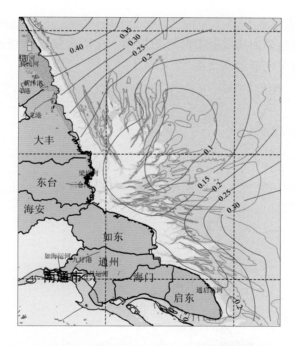

图 12.41　辐射沙脊群海域沉积物总氮含量等值线 （×10⁻⁶）

12.3.2.4　重金属

1） 铜

在辐射沙脊群调查海域内，沉积物铜含量介于 $6.65 \times 10^{-6} \sim 21.12 \times 10^{-6}$ 之间，平均值为

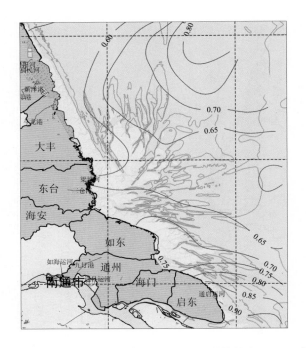

图 12.42　辐射沙脊群海域沉积物总磷含量等值线（×10⁻⁶）

12.56×10^{-6}。所有测站均小于 35.0×10^{-6}，符合 GB 18668—2002《海洋沉积物质量》中一类海域标准。整体分布趋势为盐城射阳河海域最高，向南含量逐渐降低，至东台和如东海域出现低浓度区，再向南又逐渐增高（图 12.43）。

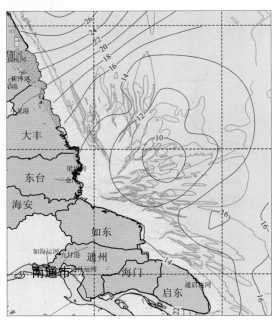

图 12.43　辐射沙脊群海域沉积物铜含量等值线（×10⁻⁶）

2）锌

在调查海域内，沉积物锌含量介于 $21.34 \times 10^{-6} \sim 45.68 \times 10^{-6}$ 之间，平均值为 33.56×10^{-6}。所有测站均小于 150.0×10^{-6}，符合 GB 18668—2002《海洋沉积物质量》中一类海域标准。整体分布趋势为盐城射阳河海域最高，向南海域含量逐渐降低，在东台和如东海域出现低浓度区，再向南含量又逐渐增高（图 12.44）。

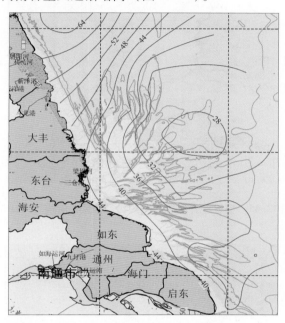

图 12.44　辐射沙脊群海域沉积物锌含量等值线（$\times 10^{-6}$）

3）铅

在辐射沙脊群调查海域内，沉积物铅含量介于 $8.01 \times 10^{-6} \sim 44.61 \times 10^{-6}$ 之间，平均值为 14.79×10^{-6}。所有测站均小于 60.0×10^{-6}，符合 GB18668—2002《海洋沉积物质量》中一类海域标准。整体分布趋势为盐城射阳河外海域含量最高，向南含量逐渐降低，在大丰、东台、启东海域出现大范围的低浓度区，再向南含量又逐渐增高（图 12.45）。

4）镉

在辐射沙脊群调查海域内，沉积物镉含量介于 $0.12 \times 10^{-6} \sim 0.32 \times 10^{-6}$ 之间，平均值为 0.19×10^{-6}。所有测站均小于 0.50×10^{-6}，符合 GB 18668—2002《海洋沉积物质量》中一类海域标准。整体分布趋势为盐城射阳河海域最高，向南含量逐渐降低，至东台和如东海域出现低浓度区，长江口北支海域由岸向海逐渐增高（图 12.46）。

5）总铬

在辐射沙脊群调查海域内，沉积物总铬含量介于 $13.38 \times 10^{-6} \sim 65.22 \times 10^{-6}$ 之间，平均值为 30.32×10^{-6}。所有测站均小于 80.0×10^{-6}，符合 GB 18668—2002《海洋沉积物质

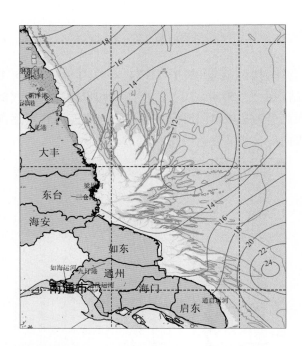

图 12.45　辐射沙脊群海域沉积物铅含量等值线（$\times 10^{-6}$）

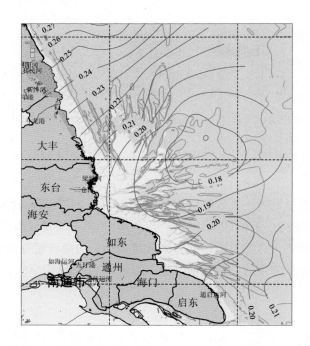

图 12.46　辐射沙脊群海域沉积物镉含量等值线（$\times 10^{-6}$）

量》中一类海域标准。整体分布趋势为盐城射阳海域含量最高，向南含量逐渐降低，至东台南部和如东北部海域出现低浓度区，再向南含量又快速增高，在南通通州外海域出现一片含量较高的海域，然后向南含量又快速降低，在启东近岸海域出现低浓度区域（图 12.47）。

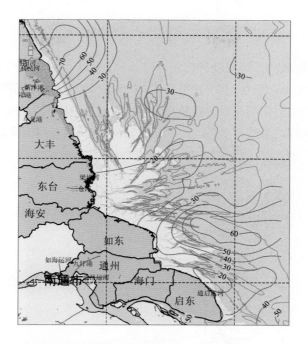

图 12.47　辐射沙脊群海域沉积物总铬含量等值线（$\times 10^{-6}$）

6）总汞

在辐射沙脊群调查海域内，沉积物总汞含量介于 $0.017 \times 10^{-6} \sim 0.079 \times 10^{-6}$ 之间，平均值为 0.036×10^{-6}。所有测站均小于 0.20×10^{-6}，符合 GB 18668—2002《海洋沉积物质量》中一类海域标准。整体分布趋势为射阳河海域含量最高，向南含量逐渐降低，至东台和启东北部海域出现较大范围低浓度区，再向南含量又逐渐增高（图 12.48）。

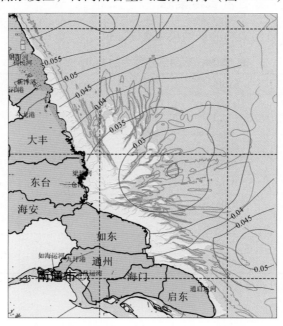

图 12.48　辐射沙脊群海域沉积物总汞含量等值线（$\times 10^{-6}$）

7）砷

在辐射沙脊群调查海域内，沉积物砷含量介于 $2.212 \times 10^{-6} \sim 11.968 \times 10^{-6}$ 之间，平均值为 6.007×10^{-6}。所有测站均小于 20.0×10^{-6}，符合 GB 18668—2002《海洋沉积物质量》中一类海域标准。整体分布趋势为盐城射阳河海域含量最高，向南含量逐渐降低，在东台和启动海域出现较大范围的低浓度区，再向南含量略有增高；长江口北支由内向外含量逐渐降低（图 12.49）。

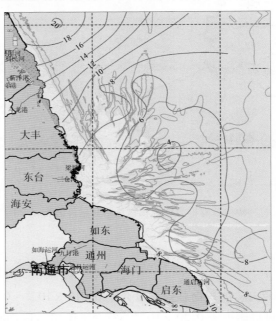

图 12.49　辐射沙脊群海域沉积物砷含量等值线（$\times 10^{-6}$）

12.3.2.5　沉积物中的长效性有机污染物

沉积物中的长效性有机污染物分析结果如表 12.30。

表 12.30　表层沉积物中的 POPs 浓度　　　　　　　　单位：ng/g（干重）

站号	∑OCPs	∑PCBs*	∑PAHs
JS 21	1.04	—	10.0
JS 24	2.01	—	34.8
SB07	0.25	—	13.3
SB10	0.53	—	31.8
ZD – SB258	0.16	—	16.7
ZD – SB285	1.06	—	17.1
ZD – SB287	0.95	—	10.0
JC – HH 218	5.48	—	19.5
JC – HH 243	0.98	—	10.3

注：* 为 ∑PCBs 的浓度单位为 pg/g 干重。

1）有机氯农药

表层沉积物中的有机氯农药浓度范围为 0.160 ~ 5.48 ng/g（干重）。各个表层沉积物中六六六类农药的浓度均低于检测限，滴滴涕类农药的浓度较高。有机氯农药含量最高点出现在盐城新洋港港口附近（JCHH218 站）（图 12.50）。

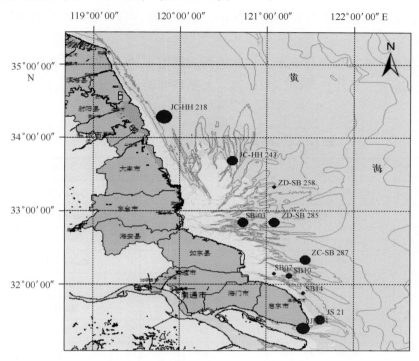

图 12.50　辐射沙脊群表层沉积物有机氯农药分布（ng/g）

　　本研究结果同其他地区相关值进行比较（表 12.31），辐射沙脊群表层沉积物中的 OCPs 范围和大连湾和通惠河的接近，低于珠江三角洲、大亚湾和钱塘江等地的报道值。DDTs 范围低于厦门港、维多利亚港和渤海、黄海等地的测量值。同其他国家相比，辐射沙脊群表层沉积物中 OCPs 的浓度低于俄罗斯的 Guba Pechenga 和新加坡等地，DDTs 浓度也较美国 Casco 湾、Nicaragua 和 Tazania 等地低。

　　综上所述，辐射沙脊群表层沉积物中 OCPs 和 DDTs 的浓度属于中等偏低水平。

表 12.31　江苏近海表层沉积物中 OCPs 和 DDTs 与其他地区比较　单位：ng/g（干重）

研究地点	OCPs 范围	DDTs 范围	参考文献
厦门港		4. 45 ~ 311	Kannan K et al.，1995
维多利亚港		13. 8 ~ 30. 3	Kannan K et al.，1995
珠江三角洲	12 ~ 158		Mohn W M et al.，1992
渤海和黄海		nd ~ 1 417. 08	Hong H et al.，1995
大连湾	1. 276 ~ 15. 07		Mai B X et al.，2002
大亚湾	18. 2 ~ 579. 0		Ma M et al.，2001
钱塘江	23. 11 ~ 316. 5		刘现明等，2001
通惠河	1. 79 ~ 13. 98		丘耀文等，2002
太湖		0. 3 ~ 5. 3	Zhou R B et al.，2006
江苏近海	0. 088 4 ~ 21. 9	0. 088 4 ~ 21. 9	

2）多氯联苯

辐射沙脊群表层沉积物中均未检测出 PCBs，说明辐射沙脊群表层沉积物中的 PCBs 处于安全水平。

与国内其他地区相关值比较显示，江苏近海表层沉积物中的 PCBs 范围低于西厦门海、通惠河、珠江三角洲、长江三角洲、大连湾、大亚湾和渤海的报道值，处于较低水平（表12.32）。

表 12.32　不同地区表层沉积物中 PCBs 比较　　　　单位：pg/g

研究地点	PCBs 范围	PCBs 种类	参考文献
西厦门海	nd ~ 0.32	12	Nakata H et al.，2003
珠江三角洲	11 ~ 486	86	Guzzella L et al.，2005
渤海和黄海	nd ~ 14.9	10	Hong H et al.，1995
长江三角洲	0.92 ~ 9.69	23	Maskaoui K et al.，2005
大连湾	0.452 ~ 6.686	9	Mai B X et al.，2002
大亚湾	1.48 ~ 27.37	11	Ma M et al.，2001
闽江	15.14 ~ 57.93	21	Mai B X，2005
通惠河	0.78 ~ 8.47	12	丘耀文等，2002
江苏近海	nd ~ 0.081 8	10	

3）多环芳烃

辐射沙脊群表层沉积物中的多环芳烃的浓度范围为 10.3 ~ 34.8 ng/g（干重）。表层沉积物中多环芳烃最高点出现在长江口北支（JS24 站）（图 12.51）。

与国内其他地区报道值比较显示，江苏海域表层沉积物 PAHs 浓度低于珠江三角洲、长江三角洲、渤海和黄海等地的报道值，属于较低水平（表12.33）。

表 12.33　不同地区表层沉积物中 PAHs 比较　　　　单位：ng/g

研究地点	PAHs 范围	PAHs 种类	参考文献
西厦门海	247 ~ 480	16	Nakata H et al.，2003
珠江三角洲	156 ~ 10 811	16	Guzzella L et al.，2005
渤海和黄海	20.4 ~ 5 534	10	Hong H et al.，1995
长江三角洲	80 ~ 11 740	14	Budzinski H et al.，1997
闽江	112 ~ 877	16	Mai B X，2005
通惠河	127.1 ~ 927.7	16	丘耀文等，2002
太湖梅梁湾	1 207 ~ 4 754	16	Hartmann P C et al.，2004
江苏近海	2.13 ~ 87.4	10	

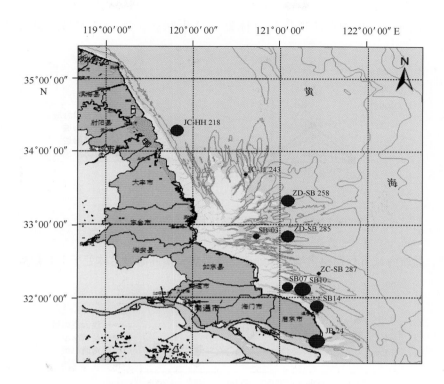

图 12.51 辐射沙脊群表层沉积物多环芳烃分布（ng/g）

12.3.3 沉积物质量状况评价

辐射沙脊群海区沉积物质量总体状况良好。有机碳、硫化物、石油类、重金属铜、锌、铅、镉、总铬、汞、砷全部符合第一类海洋沉积物质量标准。长效有机物（POPs）中多环芳烃（PAHs）、多氯联苯（PCBs）、有机氯农药（OCPs）、多溴联苯醚（PBDEs）浓度较低。

生态风险评价结果表明，盐城新洋港近岸出现滴滴涕含量超过风险评价低值。可见辐射沙脊群海区有机氯农药，尤其是滴滴涕类农药的污染现状需紧密关注。

12.3.4 趋势分析

将本次调查与2003年以来江苏省海洋与渔业局《江苏省海洋环境质量公报》中沉积物结果进行比较，5年间连云港、盐城、南通海域沉积物总汞含量总体均处于上升趋势（图12.52）。

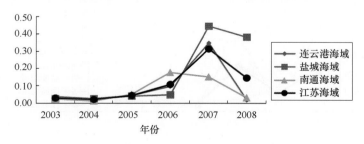

图 12.52 江苏近岸海域沉积物总汞含量变化

盐城、南通海域沉积物石油类含量总体处于持平状态，连云港海域总体处于上升趋势（图 12.53）。

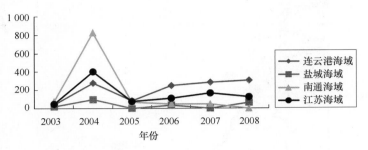

图 12.53　江苏近岸海域沉积物石油类含量变化

连云港、盐城海域沉积物铅含量总体处于下降趋势，南通海域总体处于上升趋势（图 12.54）。

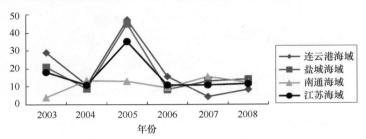

图 12.54　江苏近岸海域沉积物铅含量变化

连云港、盐城海域沉积物砷含量总体处下降趋势，南通海域总体处于上升趋势（图 12.55）。

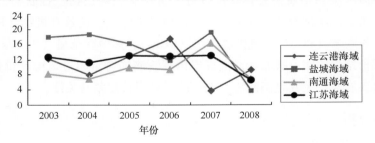

图 12.55　江苏近岸海域沉积物砷含量变化

连云港、盐城、南通海域沉积物镉含量总体均处于下降趋势（图 12.56）。

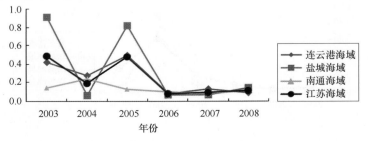

图 12.56　江苏近岸海域沉积物镉含量变化

12.4　综合评价结论及建议

12.4.1　综合评价结论

12.4.1.1　污染源

江苏近岸海域陆源污染源类型有沿海 14 个县（市、区）的区域生产和生活废弃物排放、河流入海排放和临海企业直接排放，农业上有化肥、农药和水产养殖废水排放等。主要的污染途径是通过河流或者临海企业直排入海，其中又以河流输送为最主要的途径。这些污染物主要有 COD、氨氮、磷酸盐、悬浮物、六价铬和氰化物。

12.4.1.2　海水环境质量

南黄海辐射沙脊群海域总体水质状况良好，但近岸主要入海河口附近海域存在不同程度的污染，主要污染物为氮、磷营养盐。海水重金属含量总体较低，其中铜、镉、砷、铬均符合第一类海水水质；锌、铅、汞有少量站位超过第一类海水水质。

污染物的分布总体呈近岸高、远岸低，表层高、底层低，夏季高、冬季低、自北向南逐渐增加的趋势。总体上看，辐射沙脊群海区水质总氮含量相对较低；总磷含量呈现辐射沙脊群海区低于长江口北支海区，高于海州湾海区；各海区水质汞含量变化不大；冬季航次辐射沙脊群海区石油类含量最低。

与 20 世纪 80 年代海岸带调查相比（任美锷，1986），南黄海辐射沙脊群海域氮、磷营养盐含量显著增加，最高增幅超过 100 倍，污染范围逐步扩大，大部分河口和大中城市邻近海域污染加重。

与 1998 年江苏省海洋污染基线调查结果相比，总氮浓度与分布范围有不同程度的增加；总磷含量低于 1998 年度同季航次，其中秋季航次总磷含量的降低较为明显；石油类浓度则略有升高，但整个海域变化不是很明显；2007 年度江苏近海水质中汞含量分布范围远高于 1998 年度。

12.4.1.3　沉积物环境质量

辐射沙脊群海域海底沉积物环境质量总体状况良好。所有测站有机碳、硫化物、石油类、重金属铜、锌、铅、镉、总铬、汞均符合 GB 18668—2002《海洋沉积物质量》中一类海域标准。长效有机物（POPs）中多环芳烃（PAHs）、多氯联苯（PCBs）、有机氯农药（OCPs）、多溴联苯醚（PBDEs）浓度较低，毒性和生态风险处于较安全水平。

将本次调查与 2003 年以来江苏省海洋与渔业局《江苏省海洋环境质量公报》中沉积物结果进行比较，5 年间连云港、盐城、南通海域沉积物总汞含量总体均处于上升趋势；盐城、南通海域沉积物石油类含量总体处持平状态，连云港海域总体处于上升趋势；连云港、盐城海域沉积物铅含量总体处于下降趋势，南通海域总体处于上升趋势，连云港、盐城海域沉积物砷含量总体处下降趋势，南通海域总体处于上升趋势；连云港、盐城、南通海域沉积物镉含量总体均处于下降趋势。

12.4.2　对策建议

12.4.2.1　加强陆源入海污染物控制，协调海洋功能区管理

近20年来，随着社会经济的迅猛发展，人口快速增加，城镇化水平的不断提高，尤其是近些年来一些造纸、制药等化工企业向沿海的转移，由工业、生活、农业等排放的各类污染物大量排海，超标排污现象普遍，是造成近海环境污染的主要原因。根据统计，2007年江苏省实施监测的56个陆源入海排污口（含40条入海河流）中，98.2%出现污染物超标现象①。受陆源入海污染物输入的影响，部分海域富营养化现象严重，主要表现为无机氮和磷酸盐污染。海水富营养化是引发近岸海洋生态环境变化和生态灾害的重要原因。

除陆源入海排污（包括排污口和河流）外，海洋倾倒、海洋（涉海）建设工程和大规模的围填海已成为江苏省近岸海域新的环境压力。

为遏制江苏省海洋生态环境进一步恶化，切实保护海洋环境，保障海洋经济的可持续发展，各级政府应加强陆海统筹规划，调整海洋生态敏感区附近产业结构，协调好排污口设置和海洋功能区划的关系，加大污染物达标排放的管理力度，对超标严重的排污口实施严格的监督管理，减少陆源入海污染物的输入。

12.4.2.2　加强海洋生态修复，推进海洋保护区建设

推动生态补偿和生态修复的试点工作，积极控制氮、磷等污染物质的陆源入海总量，加强重金属污染防治规划。推动海洋公园的建设，维护海洋生态系统健康。推进海洋生物物种、自然历史遗迹、近海生态岛屿、领海基点等保护区建设与管理，落实海洋生态监管职能。

12.4.2.3　加大对入海排污企业、特别是临海工业园区的监管力度

目前污染企业迅速向沿海集中，工业废水不经处理就大量向海排放，造成海洋污染物总量不断上升。环境保护和海洋主管部门要密切配合，严格控制污染项目进入沿海，加强对入海排污企业、特别是化工企业的监管，坚决实行"谁开发，谁保护，谁排污，谁治理"的方针，建立企业生产、污水处理和排放情况报告制度，定期向有关部门备案，以备核查和监察。

12.4.2.4　完善海洋环境应急管理体系

海洋生态环境面临着巨大的压力，市、县两级在近海生态和环境方面的监察和监测能力表现出严重不足。个别地方是有资金而人员和编制不足；有的地方是有人员而设备、资金欠缺；不少地方是人员、设备、资金基本上是空白。建议国务院和国家海洋主管部门要求各级政府尽快加大人员、设备、资金的投入，部门上下合作，全面提高海洋生态监测能力，以适应海洋环境保护工作的需要。由于海洋环境监察和监测工作的展开，应该在企业缴纳的排污费中设立一定比例的资金，专项用于海洋环境监察和监测工作。海洋行政主管部门积极制定重大污染事故应急计划。对沿海石油储备、危险化学品仓库、石化基地等海洋环境事故易发区域，开展风险排查和评估。加强溢油、化学品泄漏等突发海洋环境污染事件应急处置资源

---

① 据江苏省海洋与渔业局《2007年江苏省海洋环境质量公报》。

储备，强化应急预案演练，积极防控突发海洋环境污染事件。

参考文献

刘现明，徐学仁，张笑天，等 . 2001. 大连湾沉积物中 PAHs 的初步研究 . 环境科学学报，21（4）：507 - 509.

丘耀文，周俊良 . 2002. 大亚湾海域多氯联苯即有机氯农药研究 . 海洋环境科学，21（1）：46 - 51.

任美锷 . 1986. 江苏省海岸带和海涂资源综合调查报告 . 北京：海洋出版社 .

Budzinski H, Jones I, Belloeq J, et al. 1997. Evaluation of sediment contamination by polycyclic aromatic hydrocarbons in the Gironde estuary . Mar Chem, 58：85 - 97.

Guzzella L, Roscioli C, Vigano L, et al. 2005. Evaluation of the concentration of HCH, DDT, HCB, PCB and PAH in the sediments along the lower stretch of Hugli estuary, West Bengal, northeast India. Environment International, 31：523 - 534.

Hartmann P C, Quinn J G, Cairns R W, et al. 2004. The distribution and sources of polycyclic aromatic hydrocarbons in Narragansett Bay surface sediments. Marine Pollution Bulletin, 48：351 - 358.

Hong H, Xu L, Zhang L. et al. 1995. Environmental fate and chemistry of organic pollutions in the sedimental of Xiamen and Victoria Harbours , Marine Pollution Bullein, 31：229 - 236.

Kannan K, Tanabe S, Tatsukawa R, et al. 1995. Geographical distribution and accumulation features of organochlorine residues in fish in tropical Asia and Oceania. Environmental Science and Technology, 29（10）：2673 - 2683.

Mai B X, Fu J M, Sheng G Y, et al. 2002. Chlorinated and polycyclic aromatic hydrocarbons in riverine and estuarine sediments from Pearl River Delta, China. Environmental Pollution, 117：457 - 474.

Mai B X, Fu J M, Sheng G Y, et al. 2005. Abundances, depositional fluxes, and homologue patterns of Polychlorinated biphenyls in dated sediment cores from the Pear River Delta, China. Environmental Science and Technology, 39：49 - 56.

Ma M, Feng Z, Guan C, et al. 2001. DDT, PAH and PCB in sediments from the intertidal zone of the Bohai Sea and the Yellow Sea . Marine pollution bulletin, 42：132 - 136.

Maskaoui K, Zhou J L, Zheng T L, et al. 2005. Organochlorine micropollutants in the Jiulong River Estuary and Western Xiamen Sea, China. Marine Pollution Bulletin, 51（8 - 12）：950 - 959.

Mohn W M, Tiedje J M. 1992. Microbial reductive dechlorination. Microbiol Review. 56：482 - 507.

Nakata H, Sakai Y, Miyawaki T. et al. 2003. Bioaccumulation and toxic potencies of polychlorinated biphenyls and polycyclic aromatic hydrocarbons in tidal flat and coastal ecosystem of the Ariake Sea, Japan. Environmental Science and Technology, 37（16）：3513 - 3521.

Zhou R B, Zhu L Z, Yang K, et al. 2006. Distribution of organochlorine pesticides in surface water and sediments from Qiantang River, East China. Journal of Hazardous Material, 137：68 - 75.

第13章　辐射沙脊群区自然保护区建设与保护①

江苏沿海拥有全国1/4的海滨湿地，绵延成片的芦苇群落，构成浩瀚无边的"芦苇荡"；五彩缤纷的碱蓬群落，形成一望无际的"红色地毯"；直逼海浪的米草群落，构成波澜壮阔的"绿色海堤"；时隐时现的光滩，呈现出生机盎然的"动物乐园"。广袤的滩涂，丰富多样的滩涂生物资源，不仅是珍禽鸟类的理想生境，而且是区域社会经济发展的重要基础。

生物多样性丰富，珍稀濒危及国际贸易公约保护的物种较多，保护区内各类动物1 665种，其中Ⅰ级保护动物12种，Ⅱ级保护动物84种；植物559种，国家重点保护野生植物4种。拥有全球野生丹顶鹤种群的60%以上，我国80%~90%的丹顶鹤在此越冬；约有90%的东亚候鸟经本区域迁徙，每年有约300万只鸻鹬类涉禽经停本区域；拥有世界最大的野生麋鹿种群，建立了世界最大的麋鹿基因库。到2010年，江苏沿海共建立了8个自然保护区，其中国家级自然保护区2个，包括大丰麋鹿国家级自然保护区、盐城湿地珍禽国家级自然保护区；省级自然保护区2个，县级自然保护区4个，另有多处海岸海域生态系统具有重要的保护价值，规划拟建保护区。

自然保护区的建设，有效地保护了重要的生物资源，同时也提升了区域环境质量。但是，该区域发展与保护的矛盾非常尖锐，加强保护区建设是实现生态环境保护与社会经济发展协调和谐的重要举措。

13.1　盐城湿地珍禽国家级自然保护区

13.1.1　盐城湿地珍禽国家级自然保护区湿地概况

江苏盐城国家级珍禽自然保护区又称盐城生物圈保护区，是中国最大的海岸带自然保护区之一。以苏北灌溉总渠为界，总渠以南为北亚热带气候带，总渠以北为南暖温带气候带。整个保护区位于古北界华北区黄淮平原亚区，与东洋界华东区接邻，动植物区系以温带为主。独特的淤泥质海岸带、丰富多样的滩涂湿地生态系统，使它成为国际上重要的湿地，特别是鸟类的栖息地。盐城沿海滩涂湿地是东南亚及澳大利亚与西伯利亚苔原南北候鸟迁徙的重要停歇地，也是水禽重要的越冬地，许多雁鸭类及鹤类在寒带和温带繁殖区迁飞到这里越冬。因此，盐城沿海滩涂湿地是连接不同的生物界区鸟类的重要环节（图13.1）。

2007年调整后江苏盐城湿地珍禽国家级自然保护区总面积为2 842 km²。其中，核心区219 km²，缓冲区557 km²，实验区20 km²。保护区位于32°36′51″—34°28′32″N，119°51′25″—121°5′47″E之间，由3块组成。① 北块以响水县省灌东盐场浦港工区内试验场大桥至浦港闸

---

① 本章由王国祥、刘金娥执笔。

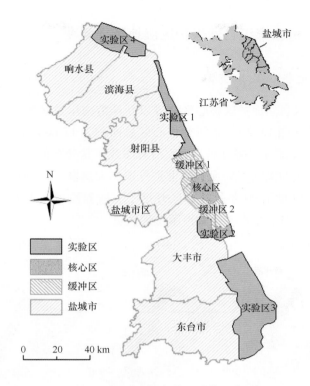

图 13.1　盐城自然保护区功能区位置

的浦港盐河为界，向东沿浦港闸入海河延伸至海域，向内陆方向至陈李线公路，再沿陈李线向东南至头罾；沿新海堤公路向北至新建头罾闸下游 500 m 处，跨中山河向东南延伸2.2 km，折向南至劳改河，沿河向东 2.5 km，再折向南至新海堤公路；沿公路至省新滩盐场高水库养殖场与二洪养殖场之间折向北，直至海域。② 中块以翻身河闸南侧海岸基准点起，向东至海域，向南沿新海堤公路跨淮河入海水道，沿淮海农场外分场和副食品基地西侧海堤河，跨八丈河沿河堤向东约 2 km 向南，沿 Y 头港农场、水产养殖总公司西侧海堤河至临海农场一分场二大队南，再沿支沟折向东至新海堤公路；沿公路向南跨射阳河口，至黄沙港闸下游2 km处跨河，沿南侧河堤向东 3.5 km，折向南至射阳盐场北堤；沿堤向西至海堤公路，沿公路向南跨新洋港河，沿西潮河至方强农场场部里道河，沿里道河向东南直至斗龙港河北一排河折向东至海堤河，折向南跨斗龙港河至新海堤公路西海堤复河；向南至市稻麦良种场，折向西南至海丰农场场部东侧海堤复河，沿海堤复河至三卯西河折向东，沿三卯西向东至新海堤公路，沿公路至 5 号井折向东，在同一纬度至海域。③ 南块以新海堤公路与七中沟交汇点起，向东沿七中沟延长线至海域，向西至 20 世纪 50 年代海堤复河；沿王港垦区、竹川垦区西海堤向南，跨川东港河，向西至老海堤复河，沿老海堤折向东南；沿老海堤复河，从原东台河闸跨东台河沿金东台农场西老海堤河向南；沿老海堤向南跨三仓河至新海堤公路，沿新海堤公路至南通市界，沿市界向东进入海域。调整后保护区中块设一处核心区。

盐城保护区蕴含的湿地资源面积大，分布广泛。其规划面积为 4 530 km²，分布于整个盐城海滨区域。2006 年遥感调查显示，该保护区湿地总面积为 2 037 km²。其中自然湿地面积为 941 km²，占保护区总湿地面积的 43.67%；人工湿地面积为 1 096 km²，占保护区湿地总面积的 50.87%。

13.1.2 盐城湿地珍禽国家级自然保护区湿地特征演变

13.1.2.1 核心区湿地特征及其演变

盐城湿地珍禽国家级自然保护区核心区北界以新洋港南岸及其延长线为界，南以斗龙港出海河及其延长线为界（图 13.2）。本研究核心区总面积为 17 806 hm²，占保护区研究总面积的 8.28%。核心区内大部分保持自然景观，沿海岸线带状分布的芦苇群落、米草群落、盐蒿群落以及泥质海滩构成的潮间带景观。这里是丹顶鹤大集群经常栖息、越冬区域。核心区内目前没有常住居民。20 世纪 90 年代核心区开挖了一些养殖塘，人为活动干扰开始逐渐增加。人为活动主要是挖沙蚕、水产养殖和芦苇湿地恢复。

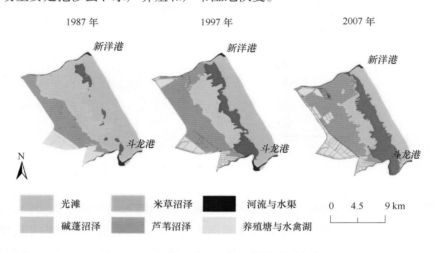

图 13.2　保护区核心区湿地景观类型变化

表 13.1 是 3 个年份核心区湿地景观类型和面积情况。1987 年核心区湿地景观以光滩、碱蓬沼泽和芦苇沼泽为主，三者面积比例达到 96% 以上，保护区内全部是自然湿地景观。1997年核心区湿地景观仍然以光滩、碱蓬沼泽和芦苇沼泽为主，但是比例下降为 80.76%，自然湿地的比例也下降。为了增加核心区内丹顶鹤适宜生境，保护区内湿地类型改造使芦苇沼泽的面积有所增加。自然湿地类型中的米草和碱蓬—米草沼泽类型比例增加；人工湿地的比例增加为 3.77%，增加的类型主要为淡水养殖塘；核心区内由于人工养殖塘的增加，堤埂和道路等非湿地类型面积增加，所占比例为 1.44%。2006 年核心区湿地自然景观组成比例下降为85.65%，主要是由于光滩和碱蓬沼泽的比例下降，但芦苇沼泽和米草沼泽的比例仍然上升米草的比例上升为 1997 年的 3 倍以上；人工湿地和非湿地景观组成比例上升，比例分别为10.97% 和 1.44%。

表 13.1　核心区湿地景观面积及其比例 单位：hm²

湿地类型	1987 年	比例/（%）	1997 年	比例/（%）	2006 年	比例/（%）
芦苇沼泽	2 905.8	16.32	3 529.4	19.82	5 690.8	31.96
碱蓬沼泽	6 883.1	38.67	4 695.4	26.37	2 379.2	13.36

湿地类型	1987 年	比例/（%）	1997 年	比例/（%）	2006 年	比例/（%）
碱蓬—米草沼泽			826.5	4.64		
米草沼泽	297.3	1.67	1 057.2	5.94	3 284.6	18.45
光滩（滩涂）	7 313.2	41.06	6 155.2	34.57	3 383.1	19.0
米草—光滩沼泽					512.6	2.88
獐茅草地	2.9	0.02				
河流	404.8	2.27	632.8	3.55	345.4	1.94
自然湿地	17 807.1	100	16 896.6	94.89	15 250.3	85.65
淡水养殖塘			671.6	3.77	1 569.1	8.81
海水养殖塘					383.7	2.16
人工湿地			671.7	3.77	1 953.4	10.97
非湿地			238.1	1.34	257.2	1.44
合计	17 806.2	100	17 806.3	100	17 806.3	100

总之，1987—2006 年核心区湿地景观结构变化是：自然湿地结构中，米草沼泽和芦苇沼泽的面积增加，而光滩和碱蓬沼泽的面积减少；自然湿地面积趋于减少，而人工湿地和非湿地面积逐渐增加；从湿地景观结构变化来看，人类活动对核心区的干扰逐渐增加（图 13.2）。

人工湿地空间分布在核心区的西部边界，主要是由芦苇沼泽转化而来。1987 年，核心区湿地空间分布基本呈现南北延伸的 3 个带：芦苇沼泽—碱蓬沼泽—光滩；随着米草沼泽的迅速扩张、芦苇沼泽转为人工养殖塘，到 2006 年，湿地景观呈现五个带：人工养殖塘—芦苇沼泽—碱蓬沼泽—米草沼泽—光滩（图 13.2）。

13.1.2.2　缓冲区湿地特征及其演变

保护区核心区南北各有一块缓冲区，研究区内的缓冲区面积为 44 394 hm²，占研究区内保护区总面积 20.64%。北缓冲区南界以新洋港出海河北岸为界，北界到射阳盐场以北。南缓冲区位于斗龙港与四卯酉港北岸，并且向陆地延伸（图 13.3）。该区内有居民居住，人口密度约 80 人/km²，主要经营农、林、盐、渔业。缓冲区仍保留有相当面积的自然景观，如芦苇群落、米草群落等，是多种水鸟寻食、栖息、越冬的区域。

表 13.2 是缓冲区湿地景观类型和面积情况。1987 年缓冲区自然湿地景观以光滩、芦苇沼泽为主，两者面积比例达到 74.14%；人工湿地景观中的海水养殖塘、盐田和水田均占有一定比例。到 1997 年，在缓冲区的自然湿地景观中，光滩比例由 1987 年的 53.18% 下降为 28.2%，芦苇沼泽比例也由 1987 年 20.96% 下降为 13.13%，而米草—碱蓬沼泽（包括米草沼泽）比例由 1987 年的 1.06% 上升为 11.86%。人工湿地中，海水养殖塘的比例由 1987 年的 7.87% 下降为 1.35%，而盐田比例由 1987 年的 6.98% 上升为 7.32%，水田比例也由 1987 年的 4.04% 上升为 8.24%，同时新增类型的淡水养殖塘的面积占 14.29%。到 2006 年，光滩和芦苇沼泽比例仍然减小，淡水养殖塘和水田的比例继续增大，而盐田和海水养殖塘的比例

减小。

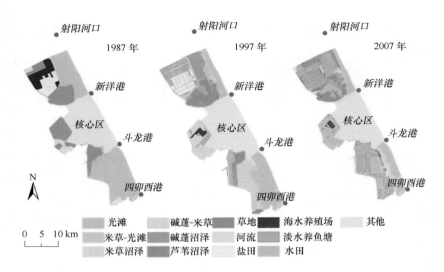

图 13.3 缓冲区湿地景观格局空间变化

表 13.2 缓冲区湿地景观面积及其比例

单位：hm²

缓冲区	1987 年	比例/（%）	1997 年	比例/（%）	2006 年	比例/（%）
芦苇沼泽	9 304.9	20.96	5 830.9	13.13	3 581.0	8.07
碱蓬沼泽	115.8	0.26	3 558.5	8.02		
碱蓬 - 米草沼泽			4 846.1	10.92		
米草沼泽	468.6	1.06	418.0	0.94	2 487.6	5.60
光滩（滩涂）	23 610.5	53.18	12 517.4	28.20	6 589.6	14.84
米草 - 光滩沼泽					128.0	0.29
獐茅草滩	1 822.5	4.11				
河流	678.8	1.53	1 106.3	2.49	1 466.0	3.30
自然湿地合计	36 001.0	81.09	28 277.3	63.70	14 252.2	32.1
淡水养殖塘			6 343.8	14.29	17 275.9	38.91
海水养殖塘	3 494.3	7.87	601.2	1.35	550.5	1.24
盐田	3 097.8	6.98	3 250.9	7.32		
水田	1 795.1	4.04	3 659.5	8.24	7 670.2	17.28
人工湿地合计	8 387.2	18.89	13 855.4	31.21	25 496.6	57.43
非湿地	6.0	0.01	2 261.9	5.10	4 645.2	10.46
合计	44 394.3	100	44 394.6	100	44 394.0	100

从自然湿地和人工湿地比例来看，自然湿地面积呈现持续减少的趋势，1987 年的比例为81.09%，1997 年下降为 63.70%，2006 年下降为 32.1%，下降呈现加剧趋势。人工湿地面积呈现持续迅速上升势头，1987 年的比例为 18.89%，1997 年上升到了 31.21%，2006 年上升到 57.43%，2006 年人工湿地的面积超过自然湿地面积。与此同时，非湿地（道路、旱地

等）的面积也出现迅速增加，由 1987 年占缓冲区面积的 0.01%，上升到了 1997 年 5.10%，
到 2006 年上升到 10.46%。

13.1.2.3　实验区湿地特征及其演变

保护区实验区总面积为 153 606 hm², 占保护区研究总面积的 71.42%（图 13.4）。实验
区内生境类型较多，以光滩、养殖塘、农田和盐田等为主，也有少量的建设用地。由于人类
活动的影响，最近 10 年发现越冬、栖息鸟类在此区活动逐年减少。实验区内人口密度较大，
开发活动也较大。

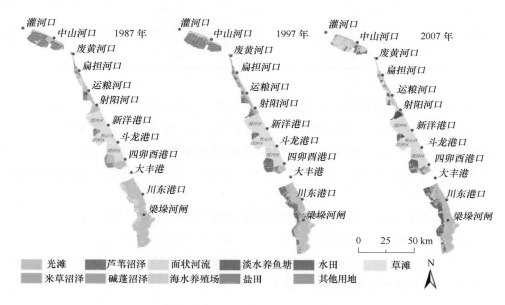

图 13.4　实验区湿地格局空间变化

实验区湿地景观结构变化情况与缓冲区相似（表 13.3）。1987—2007 年间，光滩面积比
例持续急剧下降，1987 年占实验区总面积的 62.06%，下降到了 1997 年的 36.30%，到 2006
年下降到 27.37%，光滩在实验区自然湿地景观变化最显著。实验区内米草沼泽和芦苇沼泽
面积较小，米草沼泽面积也一直持续增加，芦苇沼泽面积先增加后减小。

表 13.3　实验区湿地景观面积及其比例　　　　　　　　　　单位：hm²

湿地类型	1987 年	比例/（%）	1997 年	比例/（%）	2007 年	比例/（%）
芦苇沼泽	8 210.0	5.34	10 560.3	6.87	5 635.3	3.67
碱蓬沼泽	1 031.4	0.67	6 242.2	4.06		
米草沼泽	743.0	0.48	7 294.8	4.75	7 985.7	5.20
光滩（滩涂）	95 324.9	62.06	55 764.0	36.30	42 044.7	27.37
米草－光滩沼泽			243.9	0.16	3 123.4	2.03
獐茅草滩	16 414.4	10.69				
河流	3 607.7	2.35	4 442.7	2.89	3 642.6	2.37

湿地类型	1987 年	比例/（%）	1997 年	比例/（%）	2007 年	比例/（%）
自然湿地	125 331.5	81.59	84 547.8	55.04	62 431.7	40.64
淡水养殖塘	1 403.1	0.91	21 967.8	14.30	27 012.4	17.59
海水养殖塘	4 115.5	2.68	1 638.4	1.07	21 443.5	13.96
盐田	21 281.5	13.85	20 585.7	13.40		
水田	1 174.9	0.76	13 933.9	9.07	28 678.0	18.67
人工湿地	27 974.9	18.21	58 125.9	37.84	77 134.0	50.22
非湿地	299.8	0.20	10 932.6	7.12	14 040.8	9.14
合计	153 606.2	100	153 606.3	100	153 606.5	100

人工湿地中，淡水养殖塘面积比例持续急剧上升，1987 年占实验区总面积的 0.91%，上升到了 1997 年的 14.30%，到 2006 年上升到 17.59%；海水养殖塘面积先减少后增加，总体上面积还是大量增加；水田的面积比例持续急剧上升，1987 年占实验区总面积的 0.76%，1997 年上升为 9.07%，2006 年上升到 18.67%。以上 3 类是人工湿地景观的主要部分。

从自然湿地和人工湿地比例来看，自然湿地面积比例持续下降，1987 年自然湿地占实验区总面积的 81.59%，1997 年下降为 55.04%，到 2006 年下降到 40.64%；人工湿地面积比例持续上升，1987 年人工湿地占实验区总面积的 18.21%，下降到了 1997 年 37.84%，到 2006 年上升到 50.22%；非湿地面积比例也持续上升。

13.1.3 鸟类种类组成及区系特点

经过调查分析，盐城沿海滩涂珍禽自然保护区共记录到鸟类 394 种，隶属于 19 目 52 科。从生态类型来看，保护区内有留鸟 30 种，占保护区鸟类总数的 7.61%；夏候鸟 56 种，占鸟类总数的 14.21%；冬候鸟 119 种，占鸟类总数的 30.20%；迁徙经过的旅鸟 204 种，占鸟类总数的 51.78%。在保护区内繁殖的鸟类有 66 种，占鸟类总数的 16.75%（表 13.4）。

保护区内鸣禽类较多，约占保护区鸟类总数的 37% 左右；其次是涉禽类，约占保护区鸟类总数的 25% 左右；游禽种类次之，约占保护区鸟类总数的 19% 左右；猛禽类在保护区内也有一定的数量，约占保护区鸟类总数的 11% 左右；其他类型的鸟类相对较少，其总数约占保护区鸟类总数的 8% 左右。

保护区内有丹顶鹤（*Grus japonensis*）、白头鹤（*Grus monacha*）、白鹤（*Grus leucogeranus*）、白尾海雕（*Haliaeetus albicilla*）、东方白鹳（*Ciconia boyciana*）等国家一级重点保护鸟类 10 种；黑脸琵鹭（*Platalea minor*）、大天鹅（*Cygnus cygnus*）、鸳鸯（*Aix galericulata*）、白枕鹤（*Grus viopio*）、灰鹤（*Grus grus*）、大𫚈（*Buteo hemilasius*）、红隼（*Falco tinnunculus*）等国家二级重点保护鸟类 65 种。在列入《中国濒危物种红皮书》的鸟类中，保护区内有稀有种 15 种，濒危种 7 种，易危种 11 种，不确定种 3 种。在濒危鸟类名录中（Birds to watch：

the ICBP World Checklist of Threatened Birds，Collar and Andrew，1988，1994），保护区内的易危种有 22 种，濒危种 5 种，极危种 1 种；接近受危种 15 种。此外，保护区内有中日候鸟保护协定鸟类 190 种，占协定保护鸟类总数的 83.70%；有中澳候鸟保护协定鸟类 58 种，占协定保护鸟类总数的 71.60%。可见，保护区无论在珍禽保护还是在候鸟迁徙栖息地保护上都有非常重要的意义。

表 13.4　盐城沿海滩涂珍禽自然保护区鸟类组成

序号	目	科数	物种数	百分比
1	潜鸟目 Gaviiformes	1	2	0.51%
2	䴙䴘目 Podicipediformes	1	5	1.27%
3	鹈形目 Pelecaniformes	2	7	1.78%
4	鹳形目 Ciconniformes	3	21	5.33%
5	雁形目 Anseriformes	1	36	9.14%
6	隼形目 Falconiformes	2	34	8.63%
7	鸡形目 Galliformes	1	2	0.51%
8	鹤形目 Gruiformes	3	15	3.81%
9	鸻形目 Charadriiformes	8	60	15.23%
10	鸥形目 Lariformes	2	25	6.35%
11	鸽形目 Columbiformes	1	8	2.03%
12	鹦形目 Psittaciformes	1	2	0.51%
13	鹃形目 Cuculiformes	1	8	2.03%
14	鸮形目 Strigiformes	2	7	1.78%
15	夜鹰目 Caprimulgiformes	1	2	0.51%
16	雨燕目 Apodiformes	1	4	1.02%
17	佛法僧目 Coraciformes	2	8	2.03%
18	鴷形目 Piciformes	1	4	1.02%
19	雀形目 Passeriformes	18	144	36.55%
合　计		52	394	100.00%

13.1.4　丹顶鹤分布与种群数量

丹顶鹤为古北区的大型涉禽，IUCN 濒危物种红皮书中易危种类，国家一级重点保护野生动物。丹顶鹤主要分布在中国、日本和俄罗斯等国。丹顶鹤的繁殖分布仅限于中国的东北，俄罗斯的西伯利亚南部和日本北海道的东部（冯科民等，1986）。在我国主要栖息繁殖地在东北的扎龙与向海自然保护区。丹顶鹤于 3 月中、下旬到达繁殖地，在 10 月中、下旬、11 月上旬迁飞至越冬地，在繁殖地生活 7 个月以上。丹顶鹤在我国境内的繁殖地比较集中分布于松嫩平原的乌裕尔河流域沼泽地、吉林省向海沼泽地和三江平原七星河、都鲁河、小兴凯湖、抚远南部等沼泽地。我国的越冬栖息地主要在江苏盐城市沿海五县（响水、滨海、射阳、大丰、东台）的沼泽滩涂地带，被称为丹顶鹤的第二故乡（周宗汉等，1986）。此外，在江西、安徽为冬候鸟，台湾为罕见冬候鸟。丹顶鹤每年10月底至11月初由北方陆续飞来盐城沿海滩涂越冬，12月中旬是成批飞入的高峰，12月下旬群体数量基本稳定。每年始见日有7日左右的差异。秋季在丹顶鹤的繁殖地北方地区受寒潮影响，日平均气温稳定降低至3℃以下时，丹顶鹤便开始向南方越冬地迁飞，集群则以迁徙中后期为主，每次都在北方强冷空气的影响下向南推进，直至到达越冬地（吕士成等，1996）。春季在越冬地日平均气温稳定通过3℃以后，日最高气温达10℃以上时（潘凤翔，1990）晴天或少云，静风或5级以下的偏南风等基本的气候条件下，丹顶鹤便开始春季迁徙。有关盐城丹顶鹤的种群及分布已有报道（李文军等，1999；王会等，1993），但种群数据多零散。保护区是世界上丹顶鹤最重要的越冬地，弄清其越冬种群数量及其分布特点，对丹顶鹤这一物种及其栖息地的保护有非常重要的意义。

13.1.4.1 丹顶鹤越冬种群数量

从1982年冬到2009年冬，盐城自然保护区丹顶鹤越冬种群数量曾发生一定的波动。盐城沿海滩涂丹顶鹤越冬种群数量在1982—2000年间，呈整体上升趋势，最多时达1 128只；在2000—2009年间，种群数量呈现下降的趋势。在种群数量的上升与下降过程中，并不是呈现逐年增多或减少，往往具有一个年周期的数量上升，随后一年又呈现数量的下降。丹顶鹤越冬种群数量变化如图13.5。

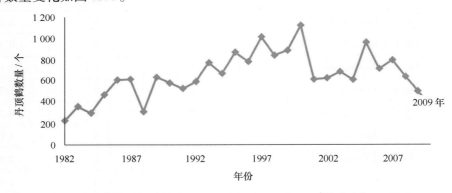

图13.5　盐城沿海滩涂珍禽自然保护区丹顶鹤越冬种群数量变化
（1982—2009年，吕士成，2009）

13.1.4.2 丹顶鹤越冬小群及栖息地分布特点

通过对固定觅食地和夜宿地范围的丹顶鹤数量统计，可以发现盐城沿海滩涂珍禽自然保护区的越冬丹顶鹤种群可分为8个小群（图13.6）。① 灌东盐场。灌东盐场的盐田、水库扬水滩、虾塘是丹顶鹤主要的栖息地。② 射阳盐场及滩涂。黄沙港外芦苇滩与射阳盐场北外原生滩涂、射阳盐场1~3号水库、夹滩水库的浅水泥滩是丹顶鹤主要的栖息地。③ 核心区及射阳芦苇基地。目前，这里保存了江苏最大的一块原生滩涂，也拥有近5万亩（33.3 km²）芦苇荡和1万亩（6.7 km²）水稻田。这里越冬的鹤称为第Ⅲ小群，也是盐城保护区鹤类越冬的核心群。④ 四卯酉及王港。这里经历了滩涂围而未垦、种植、水产养殖等过程。水产养殖面积的增加，鹤类原生栖息地逐步缩小。⑤ 竹川垦区。这里的丹顶鹤为第 Ⅴ 小群。⑥ 东川垦区。1999 年冬开始围垦 6.5 万亩（43.3 km²）原生滩涂，部分滩涂围垦后种植水稻，有 1 万多亩（6.7 km²）进行水产养殖。越冬丹顶鹤的数量在逐渐减少。⑦ 笆斗垦区及滩涂。这里的鹤为第 Ⅶ 小群。多栖息于麦地与滩涂。围垦滩涂和互花米草快速蔓延导致丹顶鹤栖息地减少。主要威胁是麦地的农药拌种。⑧ 六灶滩涂。这里的鹤为第 Ⅷ 小群。数量在 31～100 只。这小群鹤在 1998 年因滩涂围垦而部分与第 Ⅶ 小群合并，大部分迁移在东川垦区外滩涂越冬。1998 年冬季至今，调查时未见再分布。

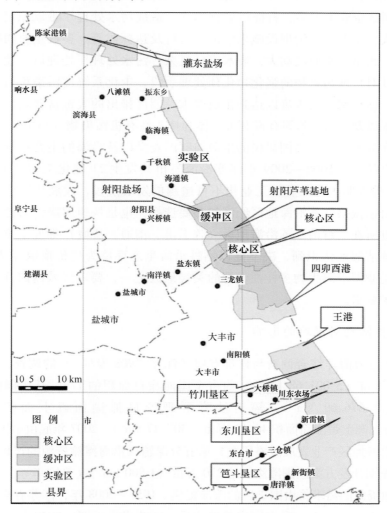

图 13.6　盐城沿海滩涂珍禽自然保护区丹顶鹤越冬种群分布

13.1.5　区域开发对湿地的影响

13.1.5.1　化工园区建设对湿地的影响

目前江苏省沿海地区布设有省级以上开发区 11 个（连云港 3 个、盐城 2 个、南通 6 个，2 个为国家级、9 个为省级），申报中的开发区 21 个，规划面积合计 620.16 km²，已开发面积合计 208.94 km²。另外还有中小规模工业集中区近百个（张振昌等，2010）。这些开发区和工业集中区绝大部分都是化工园区或以化工为主，化工产业已成为响水、滨海、灌南等地区的"命脉"产业。仅灌河入海口附近就相继建成了连云港化学工业园区、双港化工园区、燕尾化工区、陈家港化工园区 4 个化工业集中区。在江苏沿海南通、盐城、连云港三市海岸线上，为地区经济建设输送动力的同时，这些化工园区也给当地环境造成了巨大的压力。如国家二级渔港燕尾港渔船枯泊，新滩盐场所产海盐全部只能用作工业用盐，当地田垄曾出现"豆子不结荚，水稻不结穗"的现象（马瑞等，2006）。

沿海化工园区企业类型多，特征污染物多样，造成污水处理厂难以稳定达标排放，污染治理难度加大，企业污染治理设施难以正常运行及达标监管。多数企业间歇式向污水处理厂排放废水，水量、水质波动大，废水成分复杂；污水处理厂处理以生化为主，工艺相对简单，缺乏针对特征污染物的强化物化预处理手段，生化系统抗污染负荷冲击能力和脱氮除磷能力差，使污水厂出水难以达到排放要求。园区排出的大量富含氮、磷、COD 等污染物的工业废水以及 HCl、苯等有毒有害气体和持久性有机污染物（POPS）对区域的环境有着长期、潜在的影响。给周围居民的生命与财产安全以及沿海的生态系统造成了潜在的风险。据不完全统计，2006—2009 年江苏沿海三市共发生 21 起化工污染事故（凌虹等，2010）。国际经验表明，化工业是工业化不可逾越的发展阶段，发展化工业是产业发展的一般规律，是目前振兴江苏沿海地区经济的必要选择，也是快速解决沿海地区民生问题的有效途径和关键所在。目前江苏沿海地区（连云港、南通、盐城）都处于重化工的发展阶段，但是也必须清醒地认识到，决不能以牺牲沿海生态环境为代价换取经济的一时发展。江苏海滨湿地是我国沿海生物多样性保护的关键地区之一，要求区域内的开发活动必须兼顾自然生态保护要求。

13.1.5.2　围垦活动对湿地的影响

根据江苏省近海海洋综合调查与评价专项（江苏"908 专项"）的调查，全省沿海滩涂总面积 750.25 万亩（5 001.68 km²），约占全国滩涂总面积的 1/4。其中潮间带滩涂面积 401.50 万亩（2 676.69 km²），辐射沙脊群理论最低潮面以上面积 302.63 万亩（2 017.52 km²），潮上带滩涂面积 46.12 万亩（307.47 km²）。2007 年底由中国工程院牵头完成的《江苏省沿海地区产业发展战略研究》第五分课题《沿海滩涂资源的评价及合理开发利用研究》计划先期开发方案匡围滩涂土地 270 万亩（1 800 km²）（徐国华等，2009）。江苏沿海大开发对土地资源的需求将由围垦后的滩涂提供。1951—2008 年，江苏省累计匡围滩涂面积 2 750 km²。江苏沿海开发上升至国家战略之后，江苏沿海近期（2020 年前）将围垦滩涂约 1 800 km²（钱正英，2008）。如何协调滩涂开发与生态环境保护是江苏沿海开发中必须长期关注的重点。无序的围垦活动对海滨湿地的保护造成的影响包括以下方面。① 湿地减少、生物多样性下降。围垦造成天然沼泽湿地面积减少，原来在潮间带和辐射沙脊群生存的生物失去了栖息场所，种类和数量下降。人工种植和养殖使得单位面积的生物密度增大，但培育的物种单一，会造成滩涂生物多样性下降。② 海岸水质恶化。沿海滩涂的开发利用将促进工业、农业、水产养殖业的发展，但如果污染源控制不同步，将对海洋尤其是海岸带来一定的影响，如氮、磷、有机质等污染物的排放会导致水体的营养物含量升高，致使海岸水质变差（魏有兴，2010）。③ 自然保护区面积压缩。沿海滩涂特有的自然环境便于成立自然保护区。

这些保护区面积广阔，资源丰富，对区域内生物资源的保护有着非常重要的意义。但围垦施工和围垦后的开发利用可能会造成濒危、稀有生物栖息地面积有所压缩，活动范围减小。④ 减少和恶化底栖生物的栖息地。围垦活动对生物的影响主要是对生态环境的破坏和干扰。沿海地区分布有多个水产种植资源保护区，围垦活动会造成生物生存空间的累积性丧失和破碎化，直接减少底栖生物的栖息地。围垦活动增加的污染物如果处理不当，会使周围底栖生物的栖息环境受到影响。

产业发展是沿海开发的核心，节约资源、保护环境和维护生态平衡是沿海开发的重要任务。规划或项目建设，优先考虑环境保护因素，把环境保护作为沿海滩涂资源开发的重要前提，创新开发模式，积极推广循环经济，努力降低和减少对环境的负面影响。同时集中产业布局，资源节约利用，提高沿海滩涂资源开发的集约化水平。在生态节点区域进行生态恢复与人工湿地建设。在沿海滩涂匡围区，建设的人工湿地能有效地改善生态环境。

13.1.5.3　风电建设对鸟类保护的影响

江苏沿海目前已建、在建（或已获批准）风电场共 12 个，规划风电场多个。其中规划风电场主要位于东台市、大丰市的沿海滩涂、海上辐射沙脊群以及浅海地区。全世界候鸟迁徙通道主要有 6 条，经过中国的鸟类有 3 条秋季迁徙路线（吕士成等，2007），其中第 3 条路线经过江苏盐城，既是中国境内主要的候鸟迁徙通道，又是世界最重要的候鸟迁徙通道。保护区滩涂地是候鸟迁徙的停靠站和觅食处。风电场对鸟类的影响包括栖息地的破坏，风机对鸟类飞行的影响，鸟类受到风机撞击伤亡等方面。

盐城自然保护区分布最常见的种类为黑腹滨鹬和红胸滨鹬，其最大数量种群分布在潮间带泥滩和盐场的水库扬水滩；灰斑鸻和蒙古沙鸻分布类似于黑腹滨鹬；鹤鹬、泽鹬和红胸滨鹬分布主要集中在盐场一带；绝大多数半蹼鹬分布在保护区中部的泥滩，这些区域均距离风电场所在区域较远，受到影响较小。

另外江苏已建风场建风机的转速在 11.0 ~ 20 r/min，速度较慢，而鸟类的视觉极为敏锐，反应机警，加之鸟类主要集中在核心区，风电场周围鸟类不密集，因此发生鸟类碰撞风机致死现象的可能性很小；也可能与此次观测时间较短有关。同时，风机运行造成空气振动的影响要大于风机高度。因此，长时期对鸟类进行连续观测是很重要的，在风电场周围建立鸟类观测站，加强风电场区域鸟类生活习性（栖息、觅食、迁飞）等行为是必要的。

江苏省沿海地区滩涂迁徙鸟类以雁鸭类、鸻鹬类及鹤类等候鸟为主，这些候鸟的迁飞高度均远远高于风机（100 m 以下）高度，因此风电场风机对鸟类造成的伤害较小（许遐祯等，2010）。在迁徙途中，一般鸟类的飞行高度为 300 m 左右，候鸟的迁飞高度在 300 m 以上，如燕为 450 m、鹤为 500 m、雁为 900 m（苏文斌等，2002）。丹顶鹤在春秋长途迁徙中飞行高度在 100 ~ 400 m，而在保护区栖息地内部活动时飞行高度会低于 100 m。因此风电场对这些鸟类迁徙过程的影响相对较小，但是对保护区内鸟类栖息、觅食可能会有影响，有待进行系统的观测研究。

风电场建设需要占用一定的土地面积，因而直接破坏原生环境，迫使栖息在风电场范围内的鸟类迁移到别处。大丰、东台及响水 3 个区域，虽然距离盐城珍禽保护区核心区较远，但是这 3 个区域风电场的建设可能迫使栖息于风电场范围内的越冬丹顶鹤及各种鸟类迁移到其他地方，从而使其他区域如核心区鸟类的承载压力加大。因此，风电场对鸟类最大的影响是占用鸟类栖息地，从而影响风电场周围鸟类的栖息和觅食。风机转速较慢及保护区鸟类飞行高度均高于风机高度，风机与鸟类的碰撞风险较低；为了保护鸟类的安全及保障其正常生存，需要采取合理布局风电场、建立鸟类观测站、协调区域滩涂及邻近地区的开发建设等措施。可以通过有效利用淡水资源，实施生态蓄水，人为创造生境多度空间，修复原生生境的破坏（崔保山等，2001），从而为风场范围内的鸟类提供更多生境。

13.1.5.4 港区建设对保护区的影响

海岸带环境具有不稳定性和脆弱性，港口的建设和经营活动必然会对环境和资源产生影响。主要表现在底栖生物丧失，浮游生物和鱼类减少，船舶溢油事故及建设和运营期三废的排放导致海域生态环境质量下降；溢油使鸟类生境遭到破坏，保护区结构和功能受阻等方面。

工程围填海将湿地生境转变为陆地生境，彻底改变原有底栖生物的生境，导致占地范围内的底栖生物全部丧失。据调查，射阳港区建设，导致底栖生物量变化范围为 0.76 ~ 864.52 g/m²，港区永久占地将直接损失的底栖生物量为 3.57 ~ 4 063.2 t/a（石崇等，2010）。

疏浚、吹填取土均需要临时占用海域，该范围内的底栖生物由于被挖除而全部损失。底栖生物所受影响是可逆的，自然修复期较长。河口潮滩底栖动物是迁徙鸟类的重要饵料，维持着潮滩湿地生态系统的许多重要生态过程，工程占地使潮滩湿地生境退化，影响了底栖动物的生存，使迁徙鸟类的栖息地和饵料来源受到破坏。

疏浚和吹填造陆悬浮物入海，造成海水透明度下降、透光度减少，影响浮游植物的光合作用，使得附近海域初级生产力下降。填海工程会直接改变区域的潮流运动特性，引起泥沙冲淤和污染物迁移规律的变化，减小水环境容量和污染物扩散能力，加快污染物在海底积聚。

溢油或化学品泄漏、火灾和爆炸等。其中海上溢油或化学品泄漏虽然发生概率小，泄漏量较大，难以处理。

溢油主要发生在港池、航道和锚地。港池内事故溢油量相对较少，且主要影响港池内水质，对港池外海域的敏感目标影响相对较小。锚地溢油事故发生概率很低。航道溢油多由事故造成，单次事故溢油量较大，事故概率高于锚地，对海域危害很大。溢油事故对环境影响巨大，除海域环境污染外，还会引发浮游生物、鱼类、鸟类的大量死亡。一旦发生事故性溢油，将对鸟类生存造成严重影响。油污破坏鸟类羽毛结构，使其无法游动并丧失飞翔能力。鸟类将吸油污吞食下去，导致部分组织坏死，甚至死亡。溢油造成海域浮游生物死亡，使得鸟类的食物减少，正常的觅食生存环境遭到破坏。

港区的选址虽然避开核心区，该范围内丧失栖息地的鸟类会迁移到其他地区，由于港区边界距缓冲区边界和核心区边界较近，会对核心区及缓冲区栖息的鸟类生存造成压力。疏浚及吹填造陆悬浮物入海引起工程附近海域水质恶化和初级生产力下降，占用海域直接造成底栖生物损失，建设期和营运期产生的"三废"和光污染等都会影响到鸟类的觅食生境，从而影响鸟类的生存繁殖。

做好临港工业布局调整和功能互补衔接规划，以形成功能明确的生态式组团布局和现代化临港工业基地。解决好生态保护，树立生态优先的发展理念。由于临港重化工业一般是大运量、大吞吐量、高耗能的工业项目，临港工业区要特别注重生态环境保护和区域可持续发展。要从环保的角度遴选项目，对重大工业项目认真进行环境评估，优先发展高科技、低污染的项目，要采用国际先进的环保工艺和技术，严格控制沿海近岸的工业污染，建造一个环境优美的新型生态工业园区。

13.1.6　保护区建设

13.1.6.1　进行科学合理的保护区建设规划

根据形势的发展及自身实际，科学制定保护区建设和发展的总体思路。一方面，积极和主管部门及地方政府沟通和协调，理顺体制，实施统一规划、归口管理，妥善处理经济建设和野生动物保护的关系。另一方面，合理调整保护区的布局，加大对野生动物的保护力度，适当扩大核心区和缓冲区范围，扩大珍稀野生动物的栖息空间，改善其生存环境。另外，应进一步明确保护工作的建设目标，严格保护珍稀濒危野生动物，保存对国民经济持续发展有重大影响的生态系统和生物群落，恢复和扩大珍稀濒危野生动物的种群和数量，充分保持和体现盐城滩涂生态系统的科学价值。

13.1.6.2　加强保护能力建设

从维护生态平衡和有利于珍稀物种保护的需要出发，强化自然保护区的建设和管理。① 完善保护区的基础设施和软件建设。② 完善保护区管理机构、建立健全保护管理体系。充分调动保护区工作人员的积极性，对现有人员加强培训，不断提高他们的管理水平和业务素质，引进急需的专业人才。③ 扩大交流与协作，学习和借鉴国内外保护区管理和野生动物保护工作中的成功经验，引入国际上有效的管理手段。④ 加强宣传和进行科普教育，提高人们对野生动物保护重要性的认识。⑤ 加强法制建设与科学管理，完善野生动物执法网络。

13.1.6.3　寻求开发与保护的平衡

根据生态功能区划，按照湿地的生态保护功能，在不同的功能区布局相应强度的农业模式。基本的理念是根据保护对象的生境需求配置农业类型。农、林、渔、牧分别按比例布局，满足保护对象对森林植被、湿地草本植被、水体面积的需要，实现栖息觅食繁殖生境需求。核心思想是避免大面积单一产业类型，力求提供多样性的景观生境类型。友好型的农业活动对野生动物的影响是可以忍受的，在进行环境教育、贯彻环保措施的前提下，保护动物对一定程度的人类活动具有适应性，在国外已经有成功的驯化先例。因此，在合理布局的条件下，实现保护与开发的和谐并非不可能。

13.1.6.4　加强野生动物的栖息地保护

滩涂湿地是生物多样性赖以存在的基础。滩涂开发要兼顾生态效益、经济效益和社会效益的平衡。其次，严格控制污染源。工矿企业的"三废"必须做到达标排放，农业上减少化肥农药的施用量。通过建设人工湿地，合理改造滩涂的生态环境，改善植被状况。

13.1.6.5　加强生物多样性资源开发与建设

盐城滩涂自然条件较优越，野生动物种质资源丰富。首先是建立盐城滩涂野生动物资源动态数据库，定期对盐城滩涂野生动物（至少是国家重点保护的野生动物）的数量、繁殖情况、生境的数量和质量等进行统计，建立盐城滩涂野生动物资源的动态数据库。其次，利用 GIS 技术建立空间保护信息平台。重点保护丹顶鹤、麋鹿、中华鲟等濒于灭绝的重要野生动物，迅速提高其种群密度。也要加强野生动物资源的普遍保护，逐步将本地区所拥有的国家保护野生动物及与人类生产、生活关系密切的重要经济野生动物纳入保护范围，不断加大保护力度，采取切实有效措施加以保护，努力增加其资源量。

13.1.6.6　加强野生动物保护的科学研究

盐城滩涂的动物种质资源丰富，但科研基础较薄弱，需加强和教育、科研机构的合作开展野生动物资源保护和利用方面的研究。如滩涂生态系统功能；生物多样性及保护多样性的对策研究；珍稀濒危物种的生态习性、繁殖规律、致危因素、抢救措施等的研究；重要经济野生动物种群复壮研究；滩涂湿地保护和管理的规划及湿地生态环境改良研究；生态农业发展模式探讨等。

13.2　麋鹿自然保护区

13.2.1　概况

大丰麋鹿国家级自然保护区坐落于 $33°05'N$，$120°49'E$，总面积 780 km^2，其中核心区 26.7 km^2。经我国国家林业局和世界自然基金会（WWF）的共同努力，1986 年 8 月从英国 7 家动物园引进了 39 头麋鹿（*Elaphurus davidianus*），并选择在野生麋鹿的最后灭绝地——江苏省大丰市建立了自然保护区，实行野生放养。种群数量以 22.7% 每年的速度迅猛增长，目前麋鹿种群已超过 1 000 头，成为世界上最大的麋鹿种群。保护区建立以来，麋鹿种群递增率、产仔率和成活保存率均居世界首位，并建立了世界上第一个麋鹿基因库。保护区于 1995 年加入人与生物圈保护网络，1997 年晋升为国家级自然保护区，1998 年被中国科学院定为保护生物学博士研究生实验基地，1999 年被中国科协定位全国科普教育基地，2000 年被团中央定为全国青少年爱国主义教育基地。2001 年被国家旅游局定为 AA 级国家旅游景区，2002 年被联合国湿地保护组织列入国际重要湿地名录。

该保护区属于亚热带向暖温带过渡的海陆交界的黄海滩涂，以季风气候为背景，夏季多东南风，冬季多西北风，7—9 月份为多台风季节。年均降水量 1 068 mm，年均温度为 14.1℃，无霜期 216 d，全年日照时数 2 267 h，日照百分率为 57%。保护区的地貌为平原，植被比较完整，以盐成植被为主，其中落叶阔叶林及灌木占 21%，刚竹林占 1%，盐生草甸占 53%，盐沼植被占 11%，水生植被占 3%，半熟地和摞荒地植被占 11%。在所有植物中，高等植物有 233 种，隶属 55 科 148 属，以禾本科、莎草科、菊科、豆科和藜科居多。保护区陆脊椎动物有 221 种，尤其是鸟类资源非常丰富，达 182 种。保护区土壤含盐分 0.3% ~ 1.8%，pH 值 7.7 ~ 8.4，土壤有机质含量 0.3% ~ 1.4%。水的含盐质量分数 0.16% ~ 16.2%，降雨季节，水的含盐量下降。

13.2.2　生境建设与麋鹿野放

13.2.2.1　生境建设

保护区原生植被为盐渍化草甸和盐土草甸，根据植被类型可分为，白茅群落草地、刺槐林白茅草地、刺槐林、莠竹草地、翻耕抛荒地、芦苇盐沼、水域、盐裸地等生境类型（表13.5）。多样的生境类型为麋鹿提供不同的栖息场所，翻耕抛荒地和盐裸地由于盐渍化，缺乏食物和林荫环境，麋鹿仅在运动时出现，且数量较少。较为适宜的生境是白茅群落、刺槐林白茅草、刺槐林莠竹草地。核心区建区时种群密度为 0.093 头/hm²，由于食物丰富、无人为干扰，有利于麋鹿繁衍，1997 年达 0.638 头/hm²，平均每头占地 1.57 hm²。为适应觅食和栖息需要，自然条件下每头麋鹿需占地 2.6 hm² 才能基本满足需求，为此，已将该区扩建至 2 667 hm²，密度降到 0.19 头/hm²。当麋鹿种群数量继续增加，必将会超过放养区内生境的承载能力。缓冲区面积 2 220 hm²，在原有湿地的基础上，通过植树种草、疏通水系形成疏林、草场、人工水系交错分布的生境改良区，为麋鹿提供了较好的生态环境，未来可以缓解麋鹿种群的扩张压力。但缓冲区易发生土壤盐渍化，影响牧草生长，需选择高产耐盐的植物，种植刺槐、白茅等以扩大最适生境面积。

表 13.5　生境类型与麋鹿种群个体

项目	核心区		缓冲区		实验区		活动
	生境斑数	麋鹿数量	生境斑数	麋鹿数量	生境斑数	麋鹿数量	
白茅群落草地	6	55	5	58	3	24	摄食、运动
刺槐林白茅草地	4	51	6	57	2	18	摄食、憩息
刺槐林莠竹草地	3	44	5	54	2	16	摄食、憩息
翻耕撂荒地	2	10	0	0	0	0	运动
芦苇沼泽	4	26	5	30	4	26	摄食
水域	5	28	6	31	4	24	饮水
盐裸地	3	15	2	12	1	7	运动

资料来源：陈盈盈等，2004。

因此，麋鹿保护区应从以下方面着手进行生境的改善。① 采取轮放饲养，有利于牧草生长，能最大限度地提供青绿饲料。当达到一定承载量时，应将部分麋鹿疏散到缓冲区、甚至实验区内，进一步扩大保护区面积，或迁移到新的保护区，扩大其分布范围，为麋鹿种群的壮大提供基础。② 改善植被状况，提高单位面积饲料产量。扩大适宜生境面积。通过人工种植高产优质草种和耐盐碱、产量高、麋鹿喜食草种，如白茅等牧草，以保证麋鹿食物资源。同时通过植树造林。为麋鹿提供取食、栖息场所，又可以改善区内的生态环境。

13.2.2.2　麋鹿野放

随着麋鹿种群的不断壮大，在麋鹿野生种群的最后灭绝地恢复其自然种群的工作随之提上议事日程。根据建区宗旨和原国家林业部的要求，保护区先后进行了三次野生放养。历经引种扩群期、半散放养期和恢复野生种群期三个时期，成功地恢复了野生麋鹿种群。① 引种扩群期（1986—1988 年）。在世界自然基金会和原国家林业部主持下，组织野生动物专家考察、选址，确定在江苏省大丰市境内沿海建立起世界上第一个野生放养基地——江苏大丰麋鹿保护区。该地区滩涂广阔，水草丰盛，气候温和，适合麋鹿生活栖息。1986 年 8 月从英国挑选 39 头麋鹿，于 1987 年产仔 7 头，1988 年产仔 12 头。这标志着麋鹿重引进繁殖扩群的成功。② 半散放养期（1989—1998 年）。引进的麋鹿原本豢养于小范围的公园及动物园，全年依赖人工补饲，活动空间小。而在大丰麋鹿保护区生活空间广，麋鹿群采食植物选择范围拓宽。进行了麋鹿栖息地的生境改造，为麋鹿可持续发展提供了保障。麋鹿在 420 hm^2 大栏中正常繁衍生息，适应了当地生活环境，逐步恢复了它们祖先的生活行为。③ 恢复野生种群期（1998 年至今）。从 1998 年开始，保护区开展了多次麋鹿野生种群恢复试验，2003 年野外放养的麋鹿成功地繁殖出子二代，分别于 2000 年、2001 年、2002 年在野外顺利产仔，表明大丰麋鹿保护区生态环境适应麋鹿生存，经过麋鹿重引进、风土再驯化、行为再塑，麋鹿已能在野外生息繁衍。

13.2.3　问题与对策

麋鹿是一种大型沼泽型动物，水是麋鹿生存不可缺少的要素。在大丰麋鹿栖息地中，由于种群密度的增大，常年践踏对栖息地内原有的水系造成了很大的影响，泥土淤积十分严重，加之外围水源由于水路淤塞而无法引进，导致麋鹿栖息地中的湿地破碎化，湿地面积趋向丧失的速度加快，随之严重影响了麋鹿生存环境的质量。因此宜从实际出发，尽快解决麋鹿栖息地水源问题，保护麋鹿。

半散养麋鹿密度太高，环境趋于恶化；野生放养麋鹿生存空间较小，到其栖息地周边社区农田里采食农作物的事件时有发生，和当地居民的生产活动产生冲突。这是在黄海湿地恢复野生麋鹿种群不可避免的事，应建立常规的补偿机制，保证麋鹿和当地居民的和谐关系。我们人类应该给麋鹿及其他野生动物足够的生存空间。

野生放养麋鹿种群逐年扩大，活动地点不断变化，不同生理阶段组群情况存在较大差异，不利于野外跟踪观察。建议业务主管部门及科技部门继续给予大力支持以确保恢复野生麋鹿种群的科学研究和保护工作能得到顺利开展。

另外，麋鹿野放种群面临以下环境问题：① 植物群落的变化。随着数量的增加，种群密度不断增大，造成麋鹿可食植物严重不足。同时，麋鹿对地表植物有选择性地反复践踏和啃食，又影响了草本植被的生长以及生物量的变化。② 土壤理化性质改变。麋鹿长期活动对土壤造成了践踏，使得土壤板结（钱玉皓等，2008）。对保护区的土壤物理性质造成了影响。③ 沟塘淤积。开挖的沟、河易塌坡淤积，致使排水不畅，地下水位偏高，导致了土壤的次生盐渍化，影响到牧草的生长。夏季梅雨季节期间，由于地势低洼沟塘淤积而导致的排水不畅又容易引发涝灾，这不仅威胁到麋鹿的生境安全，也容易给麋鹿种群的稳定产生消极的影响。

环境改良措施：① 种植白茅、芦苇，人工翻耕土地，调整狼尾草群落；改良麋鹿的食物资源。② 增施有机肥，人工翻耕板结土壤；为相关植物的种植创造条件。③ 兴修水利，合理布置狼尾草和芦苇，构造芦苇湿地，提供良好的栖息地，也为麋鹿提供了大量的可食植物。

13.3　牡蛎礁的保护

13.3.1　牡蛎礁的地貌特征

牡蛎是一种海洋底栖生物，生长在盐淡水交汇的河口海域（张忍顺，2004），其发育主要受温度、盐度、底质形态和泥沙沉积速率的影响（Carbotte et al.，2004）。影响牡蛎礁生物格架生长（个体生长和种群增长）的因素，如基底条件（Gangnery et al.，2003）、干露时间（于瑞海等，2006）、流速、光强、溶解氧（Lenihan & Peterson，1998）、营养盐、水温、盐度和悬沙浓度（Dekshenieks et al.，2000）等因素。我国长有活牡蛎的现生牡蛎礁多出现在河口区或海湾内，其高程多低于低潮水位。古牡蛎礁（滩）几乎遍布于我国沿海。古牡蛎礁从潮间带分布到距海岸数十千米的滨海平原上，一般埋藏于粉砂层之下 1 ～ 4.5 m 深处。渤海湾北岸滨海平原的俵口剖面，7.1 m 厚的牡蛎礁沉积层有 7 层，最大埋藏深度为 6.9 m，其底板高程有的比现今海面低 6 m 多。地层中的造礁牡蛎以近江牡蛎（*Ostrea rivalaris*）、长牡蛎（*Crassostrea gigas*）和褶牡蛎为主（*Ostrea plicatula*）（王宏，1996；谢在团等，1986）。

江苏海门东灶港小庙洪牡蛎礁区处于小庙洪西段南侧的潮间下带，是发育在粉砂淤泥质滩涂上、生长于沙洲潮间带、现代牡蛎发育在古牡蛎礁上堆积成的礁体，并形成较大的种群规模和种群密度。小庙洪牡蛎礁是国内罕见的鲜活牡蛎附生在牡蛎礁体上的区域，且牡蛎礁（oyster reef）与现代贝壳堤（chenier）共存的海岸地貌，是在古长江三角洲沉积基础上发育的粉砂淤泥质平原海岸。滩面干出时间，在大潮汛时为每潮次 6 ～ 7 h，中潮汛时为 2 ～ 4 h，每个小潮汛有 1 ～ 2 d 不干出。其滩面高程为 0.5 ～ 1.5 m（黄海平均海面）（张忍顺等，2007）。礁区分布在 32°08′10.8″—32°09′29.4″N，121°32′00″—121°33′51.6″E 的范围内，面积为 3.5 km²，其中密集区约为 1.5 km²。小庙洪牡蛎礁的造礁牡蛎有明显的沉积层次。暴露出的礁剖面表明，下部长牡蛎壳长可达 30 cm 以上。胶结状态下的长牡蛎壳的产状以正立位为主，斜立位居次，无平卧位。分布在附近滩面上脱离礁体的较完整的个体为平卧位。两瓣闭合和单瓣叠合两种状态均存在。向上渐变为以近江牡蛎为主，其产状既有立位，也有卧位，但以斜位居多，多为单瓣叠合状态。显然，这是因为长牡蛎生成时以左壳顶部固着和壳体上翘的缘故。表层则有一层颜色发暗的鲜活褶牡蛎。可见，小庙洪牡蛎礁是没有经过搬运的原生礁沉积。牡蛎礁所在的岸滩由岸向海大致可分为礁后潮间带，礁后潮沟、礁体生长带及礁前斜坡带（张忍顺，2004）。礁间潮滩分布有贝壳质大沙波、潮汐水道边缘坝、贝壳堤、潮沟等地貌形态。以波浪作用沉积为主。牡蛎礁中有活软体动物生长，底栖动物、甲壳类动物和游泳动物种类动物繁多。主要是由泥螺（*Cantharus ceullei*）、文蛤（*Meretrix meretrix*）、白脊藤壶（*Balamns albicostatus*）和青蛤（*Barbartia virescens*）。除牡蛎外，泥螺、文蛤、青蛤、毛蚶（*Scapharca subcrenata*），还有海葵（*Gonactinia prolifera*）、锯缘青蟹（*Scylla serrata*）、竹节虾（*Penaeus japonicus*）寻常可见。曾观测到伪虎鲸成群在礁区活动。

表 13.6　小庙洪牡蛎礁区面积参数

分布区	面积/km²
小庙洪牡蛎礁总面积	3.557
蛎岈山牡蛎礁分布区	3.414
洪西堆牡蛎礁分布区	0.143
淤泥滩斑状礁区	1.346
活体礁群区	0.735
高潮滩零星分布区	0.594
其中带状、环状礁区	0.56
潮沟内零星分布区	0.216
边缘坝	0.06
贝壳堤	0.046

资料来源：顾勇等，2005。

13.3.2　牡蛎礁的景观特征

　　蛎岈山牡蛎礁，又名蛎岈岛，是我国海岸滩涂上唯一独特的活体牡蛎礁瑰宝。由黄泥灶、泓西堆、大马鞍、扁担头、十八跳等大小不等的 60 余个牡蛎礁堆积而成，整个岛礁呈 WE 走向，东西长约 1.43 n mile，南北宽 0.9 n mile，岛面沙丘起伏。平均高出海平面 4.5 m，入水为礁，出水为岛，蔚为奇观。礁体迄今已有 1 690 多年的地质年龄，是探测地球中纬度地区海洋地质变化的唯一观照体。礁区景观异质性突出，生物多样性明显。蛎岈山被认为是中国唯一、世界罕见的海洋奇观，具有极高的科学考察和旅游开发价值。生态脆弱性显著，处于较为明显的退化状态。为了保护这一奇观，已经建立了海门市蛎岈山牡蛎礁海洋特别保护区。

　　海门市蛎岈山牡蛎礁海洋特别保护区位于江苏辐射沙脊群南翼东灶港镇潮间带滩涂的东北侧，于 2006 年 10 月由国家海洋局批准建设国家级海洋特别保护区。海门市蛎岈山牡蛎礁海洋特别保护区总面积为 12.229 km²，其中海域面积 8.669 km²，岛陆面积 3.56 km²。包含两个海岛，蛎岈山和洪西堆，面积分别为 3.42 km² 和 0.14 km²。它的建成既保护了蛎岈山牡蛎礁周边的原生态岛礁及其生物资源的多样性，保护了岛礁和海洋生态系统，又可以通过合理开发海域资源，促进岛礁经济可持续发展。

13.3.3　环境变化对牡蛎礁的影响

　　人类活动及环境变化对牡蛎礁产生负面影响，主要包括以下几个方面：① 海洋活动严重影响牡蛎生存环境。礁区附近的岸滩及腰沙沙洲滩面展开大面积的养殖活动，大量投放化学品，影响牡蛎的生存环境。沿海分布的渔业港口排放的污水，油轮洗舱油污等也排入海中，影响礁区的海域水质，吕四海域是江苏污染较为严重的海域。当地渔民的牡蛎采集活动，不仅影响现代牡蛎的生存，也破坏裸露的古牡蛎礁自然遗迹。② 沉积环境变化的影响。蛎岈山礁区原为一沙洲，其南侧与岸间有一条潮汐水道，近年淤积严重，经於涨为潮沟。东南部有大面积粉沙滩，掩埋礁体，加速活体牡蛎的死亡。现存礁体约为 40 年前的 25%，大部分为褶牡蛎古礁体。③ 人为活动加速退化过程。当地渔民有食用牡蛎海鲜的习惯，大量批挖牡蛎活体，掠夺性的采集方式严重破坏牡蛎资源。④ 化学侵蚀。由于死牡蛎介壳含有大量的钙质在海水周期性淹没下，受海水的溶蚀作用，在礁体上产生了类喀斯特化过程，在小庙洪牡蛎礁退化过程中起着重要的作用。⑤ 浪流侵蚀作用。在礁区的水道边缘及礁体稀疏的中西部，浪流侵蚀对礁体退化起主要作用。

　　总体而言，目前人类的活动尤其是野蛮采集活动是导致牡蛎礁面临的最大威胁。活牡蛎生长层保护其下垫的古礁体，人类的采捕活动正是破坏了这一保护层。如果人类的活动超过了活牡蛎的再生速度，牡蛎礁必将进一步退化。因此，仅从保护古礁体而言，也必须采取措施，限制，在近期甚至要严加禁止牡蛎礁上的采捕活动，并在古牡蛎礁上人工移苗，以增加活牡蛎的覆盖面积，保护牡蛎礁。

13.4　辐射沙脊群自然遗产的保护

13.4.1　辐射沙脊群地貌特征与形成过程

　　辐射沙脊群（32°00′—33°48′N，120°40′—122°10′E），北起射阳河口，南至长江口，由辐射潮流沙脊、改造的古河道堆积沙体、侵蚀堆积成因的沙体所组成，南北长 200 km，东西宽 140 km，面积达 2.8×10^4 km^2，是世界上规模最大的辐射状沙脊群之一（王颖，2002）。黄河和长江提供的泥沙是辐射沙脊群最为主要的物质来源。黄河汇入黄渤海的泥沙以含有黏土的粉砂为主，而长江则为细砂及粉砂质黏。辐射沙脊主体是长江系统的细砂物质，而细颗粒的黏土、粉砂物质明显地受到废黄河（北部）和现代长江（南部）的补给（王颖等，1998）。潮流辐聚辐散是辐射沙脊群群发育的主要动力。东海前进潮波和南黄海旋转潮波系统，在弶港外海辐合，潮能集聚增强，辐合带发生潮涌，持续上升的海平面使潮流动力与潮流系统加强，辐射沙脊群外海域海区成为太平洋西海岸著名的以半日潮为主的大潮差、强潮流海区之一，也是全球最有代表性的辐合潮流系统。辐射沙脊群主要以潮流动力为主，同时也存在波浪作用参与，形成过程复杂。

　　整个沙脊群由 70 多条向外辐射延伸的水下沙脊与沙脊之间的潮流深槽组成，以弶港为中心向外辐射状分布，暗沙面积占沙洲总面积的 86%，各沙脊的近岸部分在低潮时出露，0 m以上沙脊面积超过 2 200 km^2。整个辐射沙脊群区域脊槽相间分布，一般外围沟槽水道宽深，最大水深达 48 m，向内沟槽逐渐变浅，10～15 m，沙脊高度从外围向中心逐渐变高。大致以弶港为界，南部沙脊较小，深槽水深较大，伸展顺直，纵向坡度大，延伸距离短，出露沙洲少；北部则脊宽槽阔，末端常向北偏转，纵向坡度小，延伸距离长，出露沙洲多。各沙脊个体除方向、高度和体积不同外，均是近岸端宽，远岸端窄；沙脊两侧边坡也很少对称，弶港以北海区沙脊北坡多陡于南坡，以南海区则相反。

13.4.2　辐射沙脊群的景观

　　沙脊群是大型的海底条带状的堆积体与潮流通道的组合，有足够的砂质沉积物与强潮流作用，保存着晚第四纪以来海陆变迁与堆积型大陆架发展演变的历史纪录。前进潮波与反射潮波辐聚的旋转型潮流作用，形成辐射状或旋转型沙脊群。由于受众多沙槽海流冲击以及沿岸流系的变化，导致局部沙洲滩涂年际消长明显，造就了辐射沙脊群海域特殊的地理地貌。东台琼港"两分水"位于东台琼港滩外条子泥滩脊西端小灯桩—内王家槽北侧的死生港会潮处，是一种两股潮流交汇又离散的独特现象。辐射沙脊群的独特价值体现在以下几个方面。

（1）记录全球海平面变化过程。潮流沙脊沉积在层序地层中属海侵体系域，其发育与海平面密切相关，研究古潮流沙脊可以确定当时的海洋动力环境。潮流沙脊泥沙沉积的方式与沉积物的输入和运输方式有关，反映了地质年代特别是全新世以来海平面波动的情况。

（2）体现大河变迁对海岸的深刻影响。辐射沙脊群即黄河变迁改造中国海岸地貌之极好例证。对辐射沙脊群区潮间带碳酸盐含量的分析表明，本地区沉积物中含有大量废黄河三角洲侵蚀沉积物及黄河输入的沉积物，黄河变迁是塑造本区地貌形态的最重要因素。

（3）揭示变化中的太平洋西岸复杂水沙条件。现代辐射沙脊群的演变情况直接反映了整个江苏沿海水动力条件、泥沙条件和沉积环境的变化，同时也是全球变化在中国海区的表现。

（4）独特的景观。江苏沿岸拥有全球最为典型的淤泥质海岸，平均坡度一般小于1∶1 000，辐射沙脊群与江苏海岸紧紧相连，辽阔而平坦，一望无际，是世界上最大的潮间带辐射状沙脊群。为了保护特殊的地貌景观，已经规划了两个海洋特别保护区。

东沙海洋特别保护区。东沙位于亮月沙、太平沙的向岸侧，地处32°54′—33°18′N，121°01′—121°17′E。处于江苏岸外辐射沙脊群的西北部。西部与盐城市所辖的东台、大丰两县（市）隔洋相望，相距仅20～30 km；南端由较浅的潮流通道东大港相隔，与条子泥为邻；东南、东、北部被一系列水下沙脊所包围，它们依次为毛竹沙、麻菜珩、泥螺珩、亮月沙等。动力环境隐蔽，沙体大，是晚更新世与全新世沙体的叠加，并接受现代外海的泥沙（沙脊群外侧受侵蚀，部分泥沙向岸搬运）的补给。东沙是江苏岸外辐射沙脊群中面积最大、高程最高的一个沙滩，根据卫片量算，海图0 m线以上面积694 km²，其中高潮滩（海图高程大于5.1 m）面积8 km²，中潮滩（5.1～3.3 m）面积185 km²，低潮滩（3.3～0 m）面积501 km²。东沙海洋特别保护区的面积为932.3 km²。东沙为呈扇骨状的主干沙脊，两侧潮流通道为NW走向的西洋和NS走向的小北槽，沙脊延伸方向与辐射状潮流近似，沙脊尾端略呈逆时针方向偏移。

东沙的东西两侧流速相差较大，东侧流速小而西测流速大，差值可达4～5倍。东侧海域表层流通常为10～20 cm/s，较大时为30～40 cm/s。至底层沿沙脊群外缘呈气旋环状分布。南部海域为东南向流，至沙脊群外缘分成两股，一部分往E—NE流，另一部分往S—NE流。从垂直分布看，沙脊群水域多逆流层。东沙主要由分选良好的细砂组成，细砂含量达90%以上。沙脊与潮流通道主要为细砂，局部低洼部分含有少量粉砂，但是沉积物粒度级配与分布，亦反映出现代动力与沉积物来源的差异。由于波浪的扰动作用，浅水区波浪效应明显，沉积颗粒较粗，深水区波浪扰动弱，细颗粒沉降增多。东沙拥有丰富的生物资源，包括贝类资源、鱼类资源和生物饵料资源等，东沙滩上还有世界珍禽黑嘴鸥、国家一类保护鸟类丹顶鹤、国家二类保护鸟类天鹅以及普通鸟类海鸥等鸟类资源，所以在东沙建立保护区，可以保护生物生存的生态系统，保持东沙的生物多样性。

竹根沙海洋特别保护区。竹根沙位于江苏岸外辐射沙脊群的中部。竹根沙主要由3列呈扇面状向东北辐射的沙脊群组成。其扇面角为36°～40°。每一列均以竹根沙为顶点向东北射出，依顺时针分别为竹根沙—北条子泥—三角沙—十船珩、竹根沙—元宝沙、竹根沙—里磕脚—外磕脚，沙脊均被较深的水道隔开。面积为146.6 km²。竹根沙在20世纪80年代还是10多个分散的小沙脊，现在已连成一片，说明辐射沙脊群在不断地运动变化中。竹根沙周围海域拥有丰富的生物资源，贝类尤其丰富，盛产泥螺、文蛤。湿地是天然的过滤器，又是多种生物的栖息场所，在维持区域生态平衡中有良好的作用，竹根沙作为天然的湿地滩涂，建立海洋特别保护区，可以有效地维持沙洲生态系统的稳定，保存良好的自然生态环境，保护生物资源。

13.4.3　环境变化对辐射沙脊群的影响

辐射沙脊群逐渐成为江苏沿海开发的重点区域之一，这些开发活动或者规划有可能对辐射沙脊群造成一定的影响。主要活动包括围垦及人工岛的建设、风电场的建设、贝类、藻类的养殖等。

如东的人工岛工程计划影响。拟建人工岛工程建设引起的水流动力变化主要在西太阳沙附近的浅水区，并局限在1.5倍人工岛直径范围内，对邻近水道深槽区的潮流动力没有影响。人工岛工程没有改变西太阳沙周边各水道潮流动力场格局，没有引致水道间潮流动力此消彼长的变化、未改变控制西太阳沙"水道—沙脊"系统演变的动力泥沙环境，西太阳沙核心部位的稳定主要取决于西太阳沙北侧潮流动力增强的自然演变过程。就人工岛建设而言，东北岛壁前沿有效的防冲护底措施对沙洲核心部位稳定和减少北水道深槽淤积泥沙来源均有积极意义。

风电建设。风电作为清洁能源，未来是沿海的绿色产业方向之一。但是风电场占用土地资源，以及风机的运转可能会影响生物的栖息，对生物多样性资源造成一定的破坏。

养殖活动的影响。养殖活动为当地居民的经济增收提供了良好的渠道。养殖管理活动，化学品的使用也会对水域水质造成影响。另外，缺乏规划的过渡养殖也会破坏生物资源。比如大面积的紫菜养殖占用贝类的繁育场所，导致贝类资源的破坏。长期看来，显然得不偿失。因此，应进行科学规划，引进生态养殖技术，以提高品种的品质为目标，实施绿色品牌战略。

港口建设的影响。港口建设在海洋战略规划中是必要的。建设及运营中会对辐射沙脊群的水动力条件、沉积环境、水域质量等造成影响。因此，建设过程中宜充分考虑各种因素，并有补偿或者处理设计。比如，港口建设规划中预留生态缓冲带，减缓对环境的负面影响。

13.4.4　自然遗产保护与地方经济发展

辐射沙脊群的资源开发应有一个高起点，合理规划，避免盲目开发而导致资源的破坏和枯竭，造成负面的生态效果，破坏资源的可持续性。

（1）适度开发沿海自然保护区景观生态旅游。自然保护区的建立对保护自然历史遗产，维持景观异质性，促进科研、旅游事业的发展具有重要意义。江苏沿海地区自然生态景观独特，目前已建或拟建的自然保护区较多。加强景观生态建设，维持景观的异质性，建设射阳河—新洋港流域的荷兰式国家低地生态公园和盐城国家海洋湿地生态公园，适度开发沿海自然保护区景观生态旅游，打造北部山海景观生态旅游特色项目，深入开发南部江海交汇景观，挖掘海岸带旅游景观资源的文化异质性以及建设八项生态旅游规划。

（2）启动辐射沙脊群海洋世界自然遗产的申报。江苏岸外辐射沙脊群中最大的沙洲（东沙景观段）及其与隔西洋相对的沿海滩涂组成的自然地理综合体，在地貌形态和水文动力条件上具有特殊性，区内生物具有多样性、动态性等特征，与西欧和美国的海底沙脊群不同，其形成和演变已引起国内外科学家的广泛关注，具有很高的科研价值和旅游价值，完全符合联合国教科文组织世界自然遗产申报的要求，若能申报成功，则有望实现我国世界海洋自然遗产"零"的突破（葛云健等，2009）。因此，成立专门机构，加强辐射沙脊群的生态环境保护，开展对辐射沙脊群自然综合体景观的全面调查，启动世界自然遗产申报程序是非常必要的。

（3）促进辐射沙脊群资源的合理利用。辐射沙脊群临近浅水区，水体交换方便，营养丰富，适合贝类、藻类生长，是发展养殖生产的良好场所。保护贝类资源，修复贝类天然附苗场，维持原有生态系统，发挥贝类种群优势，形成特色产业，实现资源的可持续利用。宜统一布局，合理规划，分区设立贝、藻类增殖区和育苗场，实现综合效益。

（4）立足战略规划全局，建设绿色产业带。辐射沙脊群连接陆地滩涂与水域，是一块得天独厚的宝地，在未来江苏的海洋战略中可以承担海洋建设与开发的平台和跳板。同时，该区域也具有生态脆弱性，宜发展绿色、高效的绿色产业和生态产业为追求，实现经济、环境效益的双赢。

13.5 海岸海洋自然环境资源管理

江苏海滨位于我国沿海地区中部，南部毗邻我国最大的经济中心上海，是长江三角洲的重要组成部分；北部拥有新亚欧大陆桥东桥头堡连云港，是陇海—兰新地区的重要出海门户；东与日本、韩国隔海相望。

长期以来，由于多方面的原因，江苏海滨发展一直相对滞后，成为我国东部沿海地区的一个经济"洼地"。20世纪90年代江苏提出建设"海上苏东"，沿海进入"四沿"（沿江、沿沪宁线、沿东陇海线、沿海）生产力布局，开发的层次与力度不断升级。2006年编制的《江苏省沿海开发总体规划》明确要求，通过沿海开发使江苏沿海地区与沿江、沿沪宁线、沿东陇海线共同构建全省生产力布局的主体框架，形成海陆联动、区域联动发展态势，江苏海滨发展进入快车道。2009年6月《江苏沿海地区发展规划》上升为国家战略，鲜明地提出要把江苏沿海地区建设成为"我国东部地区重要的经济增长极和辐射带动能力强的新亚欧大陆桥东方桥头堡"。加快江苏沿海地区的发展，不仅对提升江苏经济社会整体发展水平、缩小苏南苏北发展差距，具有举足轻重的作用，更重要的是，对我国实施中部崛起和西部大开发战略，促进区域协调发展，具有积极和重要的作用。江苏海滨面临着千载难逢的开发好机会。但是，江苏海滨具有区域环境容量有限、陆源污染严重、区域环境污染转移严重、自然保护区开发与保护矛盾突出、生态与环境保护投入严重不足和城镇化加剧生态与环境压力等问题。为了协调保护与开发的关系，应在充分分析其优势与劣势后，采取相应的开发与保护对策，建立科学的管理体系，对自然资源进行统一规划与管理。

13.5.1 建立合理的海滨湿地管理体系

湿地资源保护和合理利用管理是生态环境建设的重要组成部分，是一项跨部门、多学科、综合性的系统工程，关系多方利益。目前湿地管理主体偏多，涉及水务、国土、林业、农业和环保等多个部门，多头管理的结果是管理混乱，甚至出现管理盲区。

建议进一步明确县、乡各部门及各级人民政府对湿地保护与合理利用的管理职权和责任，规范部门行为，建立协调机制；鼓励和引导当地居民参加湿地保护工作；建立对湿地开发以及用途变更的生态影响评估、审批管理制度，并严格论证，依法审批和检查监督。遵循自然生态原理和农村经济原理，吸收当地居民参加自然保护区管理工作。实行统一管理和分类分层管理相结合、一般管理和重点管理相结合的管理模式，成立区域湿地开发与保护领导小组，建立高效的协调机制，强调从整体上分析问题，强化统一和综合管理，协调海洋、水务、渔业、农业、林业、国土和环保等主管部门的职能。同时，要注意做好分类、分层管理。建立和完善湿地综合分类系统和湿地评价指标体系，划分出一般湿地、国家重点湿地、国际重要湿地等类型，区别对待、分类管理，以更好地利用和保护湿地资源和生态系统。

13.5.2　建立健全的政策法规体系

建立湿地开发利用与保护的政策法规体系，做到湿地管理有法可依。我国在湿地管理方面起步较晚，缺乏专门法律法规，相应政策体系也不完善。在国家层面，主要有《中华人民共和国水污染防治法》、《中华人民共和国土地管理法》、《中华人民共和国野生动物保护法》、《中华人民共和国水法》、《中华人民共和国环境保护法》、《中华人民共和国海洋环境保护法》等 15 部法律以及《中华人民共和国陆生野生动物保护实施条例》、《中华人民共和国水生野生动物保护实施条例》、《中华人民共和国自然保护区条例》等 18 部法规条例与湿地管理相关。在区域层面，江苏省制订了若干与湿地生物多样性保护有关的地方性法规和规章，主要包括《江苏省环境保护条例》、《江苏省海岸带管理条例》、《江苏省滩涂开发利用管理办法》、《江苏省土地管理条例》、《江苏省渔业管理条例》、《江苏省海域使用管理条例》等。但总的来讲，立法和政策保护力度仍不够，缺少直接针对湿地保护的国家或江苏省《湿地保护条例》。出台相应政策和法规，规范湿地开发利用和管理行为，从法律法规和政策角度为湿地管理提供依据和保障是当务之急。

13.5.3　加强海滨湿地科学研究，促进湿地的持续利用

由于湿地保护与合理利用是新兴事业，所以科研力量和基础工作较薄弱。因此，应尽快开展湿地资源保护与合理利用的基础和应用技术研究，进行重点攻关，为湿地保护与管理提供依据。

根据江苏海滨湿地环境现状和沿海经济发展需求以及区域经济增长与资源约束、环境污染的矛盾，及时掌握陆源污染物排放情况，合理确定区域环境容量，弄清污染物在湿地生态系统中的环境行为和迁移转化规律，寻求合理的陆源排污控制措施；进行区域环境承载力研究，建立各典型生态—经济功能区的环境承载力研究案例，寻求科学的江苏海滨开发利用与保护模式，建立相应的试验示范区；促进海洋资源环境的可持续利用和海洋经济的可持续发展，为政府制定可持续海洋开发战略、实现海洋产业结构优化和海洋经济健康增长方式提供决策依据。

建立江苏海滨湿地信息数据库、江苏海滨环境数据库以及江苏海滨土地利用数据库等专项数据库；建立重点区域资源、环境、灾害和管理信息系统，保障国家和地方政府及时获得有关海滨资源和环境管理信息，实现信息共享。

13.5.4　积极开展湿地资源保护与利用的国际交流与合作

借鉴国际湿地保护与利用的先进经验和做法，围绕循环经济发展、生态环境建设、清洁

生产技术与工艺、区域性环境管理的法律和政策、环境污染防治、生态保护、湿地资源保护与利用等，在资金、技术、人才、管理等方面开展全方位对外交流与合作。积极利用世行、亚行、全球环境基金、联合国开发计划署等国际组织以及各国政府贷款、赠款，积极开展有关项目的合资合作。制定出科学合理的江苏海滨湿地资源保护、管理对策和生态恢复措施，为有效管理和合理利用湿地资源提供科学依据。

13.5.5　加强宣传教育，提高公众参与意识，增强湿地保护的自觉性

各级政府及有关部门要将与湿地保护有关的科学知识和法律常识纳入宣传教育计划，充分利用广播、电视、报刊、网络等新闻媒体，开展多层次、多形式的舆论宣传和科普教育，提高全民的湿地保护意识和法制观念。加强湿地保护管理人员的职业教育和岗位培训，提高管理队伍素质。实施政府湿地保护行为、环境行为和企业环境行为信息公开化制度，定期向社会公布湿地环境质量、生态状况和环境污染信息，建立和完善有奖举报等激励机制，为公众和民间团体提供参与和监督湿地保护的信息渠道与反馈机制，为公众行使监督权、议事权创造条件，积极推动公众参与。运用"湿地日"、"爱鸟周"等时机开展形式多样的湿地保护宣传活动，传播湿地知识，增强公众参与意识，提高公众参与湿地保护和管理的有效性和积极性。

参考文献

崔保山，刘兴土.2001.黄河三角洲湿地生态特征变化及可持续性管理对策.地理科学.21（3）：250－256.

冯科民，李金录.1986.丹顶鹤的繁殖生态.东北林业大学学报，14（3）：39－45.

葛云健，杨桂山，张忍顺，等.2009.江苏沿海辐射沙脊群申报世界自然遗产预研究.南京师范大学报（自然科学版），32（3）：125－131.

顾勇，齐德利，葛云健，等.2005.江苏小庙洪牡蛎礁生态评价与保护区建设.海洋科学，29（3）：42－47.

李文军，马志军，王子健，等.1999.自然保护区栖息地影响因素的研究.生态学报，19（3）：427－430.

吕士成，陈浩.1996.越冬期丹顶鹤集群行为研究.中国生物圈保护区，1996（4）：6－9.

吕士成，孙明，邓锦东，等.2007.盐城沿海滩涂湿地及其生物多样性保护.农业环境与发展.（1）：11－13.

吕士成.2009.盐城沿海丹顶鹤种群动态与湿地环境变迁的关系.南京师大学报（自然科学版），32（4）：89－93.

凌虹，孙翔，朱晓东，等.2010.江苏沿海化工快速发展下区域生态风险评价模型研究.生态环境学报，19（5）：1138－1142.

马瑞，周仕凭.2006.苏北化工园区：考验政府环保能力.环境保护，（1A）：26－30.

石崇，钱谊，许燕华，等.2010.射阳港区规划对盐城自然保护区的生态影响研究.环境监测管理技术，22（3）：31－34.

潘凤翔.1990.丹顶鹤的迁徙万气候.黑龙江省林业厅//国际鹤类保护与研究.北京：中国林业出版社，59－60.

钱正英.2008.江苏沿海地区综合开发战略研究：综合卷.南京：江苏人民出版社，17.

钱玉皓，王亮，陈洪全.大丰麋鹿放养后的生境问题及对策研究.科技情报开发与经济，2008，18（32）：98－99.

王宏.1996.渤海湾全新世贝壳堤和牡蛎礁的古环境.第四纪地质，16（1）：71－79.

王会，杜进进.1993.射阳盐均湿地禽类资源考察初报.动物学杂志，28（4）：21－24.

王颖. 2002. 黄海陆架辐射沙脊群. 北京：中国环境科学出版社.

王颖，朱大奎，周旅复，等. 1998. 南黄海辐射沙脊群沉积特点及其演变. 中国科学（D 辑），28（5）：385–393.

魏有兴. 2010. 沿海滩涂开发的生态环境响应模式. 河海大学学报（自然科学版），38（5）：598–602.

谢在团，邵合道，陈峰，等. 1986. 中国海平面变化. 北京：海洋出版社，156–165.

徐国华，王鹏. 2009. 江苏省沿海滩涂大规模围垦工程规划工作的初步研究. 水利规划与设计，（4）：5–11.

许遐祯，郑有飞，杨丽慧，等. 风电场对盐城珍禽国家自然保护区鸟类的影响. 生态学杂志，2010，29（3）：560–565.

于瑞海，王昭萍，孔令锋，等. 2006. 不同发育期的太平洋牡蛎在不同干露状态下的成活率研究. 中国海洋大学学报，36（4）：617–620.

张忍顺. 2004. 江苏小庙洪牡蛎礁的地貌—沉积特征. 海洋与湖沼，35（1）：1–7.

张忍顺，王艳红，张正龙，等. 2007. 江苏小庙洪牡蛎礁的地貌特征及演化. 海洋与湖沼，38（3）：259–265.

张振昌，孙翔，李杨帆，等. 2010. 江苏沿海地区化工事故时空变化分析与对策研究. 中国安全科学学报，20（8）：129–135.

周宗汉，还宝庆. 1986. 江苏盐城滩涂丹顶鹤越冬分布的初步调查. 四川动物，（2）：22–23.

Carbotte S M，Bell R E，Ryan W B F，et al. 2004. Environmentla change and oyster colonization within the Hudson River estuary linked to Holocene climate. Geo-Mar Lett，24：212–224.

Dekshenieks M M，Hofmann E E，Klinck J M，et al. 2000. Quantifying the effects of environmental change on an oyster population：A modeling study. Estuaries，23（5）：593–610.

Gangnery A，Chabirand J，Lagarde F，et al. 2003. Growth model of the Pacific oyster, *Crassostrea gigas*, cultured in Thau Lagoon（Méditerranée，France）. Aquaculture，215：267–290.

Lenihan H S，Peterson C H. 1998. How habitat degradation through fishery distrurbance enhances impacts of Hypoxia on oyster reefs. Ecological Applications，8（1）：128–140.

第4篇　南黄海辐射沙脊群区域开发与政策保障

第14章 辐射沙脊群区域开发历史与现状

辐射沙脊群位于苏北海岸线外侧、射阳河口以南、长江口北部蒿枝港以北的海域，由10条沙脊与分隔沙脊的潮流通道组成。辐射沙脊出露海面的沙洲面积约3 782 km²，与水下部分合计投影面积22 470 km²（王颖，2002）。据文献资料，至迟自元代始人们就已注意到这些沙洲，并可能在这一海域进行活动，近现代以来对辐射沙脊群海域的利用日增。从人类活动空间联系考虑，将辐射沙脊群及其联系范围统称为辐射沙脊群区域。其中，辐射沙脊群区的自然地理范围包括沙脊、潮流通道和岸滩，即辐射沙脊群海域的概念；辐射沙脊群区的经济范围可以延伸到江苏沿海市县。

14.1 沙脊群区开发历史[①]

14.1.1 盐业生产

辐射沙脊群区海岸带古为淮南盐区。盐业生产在我国历史悠久，两淮盐场占有重要地位。春秋时代的吴王阖闾（公元前514年）开始煮海为盐。汉武帝时（公元前140－87年），募民煮盐，提供器具，发给费用，使制盐开始成为正式的职业，还设盐渎县（今盐城），专管产盐的"亭户"。隋唐时期，青州置灶546座，盐城县有盐亭123所。唐代盐铁吏兼江苏盐运使刘晏曾制订两淮榷盐政策，采取激励盐业发展的措施，建立专场产盐，其中包括涟水盐场，并在淮北设监院。唐大和五年（831年），增设如皋盐场。

宋代产盐机构有三：大者为监，中者为场，小者为务。监辖场，场辖务。宋末，两淮共有25个盐场，其中通州丰利监，辖盐场7座；泰州海陵监，辖盐场8座；楚州盐城监，辖盐场7座；海州设两场，涟水设海口一场。南宋建炎二年（1128年）黄河夺淮入海，滩涂东涨，淮南范公堤西盐场废置，煎灶东移。随着新滩的不断淤现，元代时淮北盐场先后扩建板浦场，废除了洛要、惠泽两场，变成草滩，供板浦场柴草煎盐。元代两淮共有盐场29个，其中25个在淮南。两淮盐税占全国总盐税一半，而全国盐税又占全国总租赋的80%，可见盐业在当时的重要性（江苏省地方志编纂委员会，1996a）。

明代，海盐生产已经由煎盐发展到晒盐，两淮共有盐场30个。自清代中叶起，淮南盐场由于海岸逐渐向东延展，旧有煎盐亭场离海渐远，潮水不到，土壤渐渐淡化而被围垦。而淮北盐场由于优越的自然因素和较好的交通条件，日晒盐田发展较快。民国时期，淮南废灶兴垦，建立盐垦公司，盐场陆续裁并。民国20年（1931年）两淮盐区共有10个盐场，其中淮南6个，即丰掘场、余中场、安梁场、草堰场、伍佑场和新兴场（江苏省海岸带和海涂资源

---

① 本节由陈爽执笔。

综合考察队，1986）。

中华人民共和国成立以后，江苏盐业作为关系到国计民生的重要产业得到迅速发展。1956 年年底，集中纳潮、储水工程已基本完成。20 世纪 60 年代，全省建设大队口式盐田，改造零乱滩地，逐步建设规格化和机械化的新盐场，产量质量得到很大提高。第一次建成了 10 万吨规模的射阳盐场，南通、海门、如东、启东等盐场也成为江苏盐区南部的重要淮盐产地。1977 年，在启东、海门、南通、如东、大丰、东台、射阳、滨海、响水等县市及农垦系统部分农场新建盐田 1 400 多份，使县、乡盐场达 15 000 hm²，占全省滩地面积的 1/4。到 1987 年，江苏盐场从建国初期的 21 256 hm² 零星分散的盐田，发展到 88 000 hm² 新式盐田。原盐年生产能力达到 269.07 × 10⁴ t，比 1949 年增长近 6 倍（江苏省地方志编纂委员会，1996a）。

综上所述，辐射沙脊群区近岸滩涂具有悠久的盐业生产历史，春秋时期就有文字记载古人煮海煎盐，至隋唐开始设专场产盐，建立盐务机构，并在宋代得到进一步完善。南宋黄河夺淮入海后，因滩涂淤长盐场逐步东移，至明清原有盐场部分变为农田，而在制盐技术和组织方式上，明代开始晒盐逐步取代煎盐，民国时期开始出现盐垦公司。1949 年后，区内盐业得到快速发展，国营、省、县、乡等各级盐场兴建，盐田面积成倍增长，至 20 世纪 80 年代后期，盐业一直是该区域最重要的产业活动之一。

14.1.2 围垦与水利建设

14.1.2.1 海涂开发

盐业生产的发展，使人口逐步向沿海转移，渔猎、樵采及种植等生产活动的范围和规模不断扩大。唐代以前，现今的串场河以东皆为沧海，随着滩涂向外淤长，在河东形成大片陆地，盐灶东迁，至南宋和元朝堤东滩涂成为我国主要产盐区。12 世纪时，一般潮水已不到范公堤，堤西滩地含盐量逐步下降，给林业栽培创造条件，而以役牛、生猪为代表的畜牧业也逐渐发展起来。海涂上开挖的原盐外运的驳盐河道，把上游淡水引进海涂，使两岸脱盐速度加快，促进了海涂垦殖业发展。由于淮南滩涂继续淤长，堤东盐业日渐衰退，灶民开始零星垦殖（江苏省地方志编纂委员会，1996b）。

元、明两代，政府实行屯田垦荒。明万历六年（1578 年），黄河全流夺淮，入海泥沙陡增，海涂淤长加快，盐场逐步东移，形成堤东煎盐，堤西垦殖，盐农并举的生产格局。明末以后，两淮盐场亭灶不断东移，旧有盐场老荡继续放垦，范公堤东灶荡也陆续出现私垦。清代光绪二十六年（1900 年），清政府批准伍佑、新兴两场以东灶樵荡地首先放垦。

民国时期，取消淮南盐场禁垦的规定，创设淮南垦务局。两淮盐垦区先后成立盐垦、垦殖公司 70 余家，掀起近代大规模围垦开发滩涂的热潮。至 20 世纪 30 年代中期，两淮境内先后成立盐垦公司 63 个，经营面积 302 万亩左右，实际垦殖超过 112 万亩。盐垦公司普遍建"条田"、蓄淡植苇，引进大量的农作物品种，营造农田防护林，特别是启东、海门地区的棉农把植棉技术和生产工具带进垦区，农业生产技术水平显著提高，棉花生产面积迅速扩大，为沿海日后成为全国著名的棉花生产基地打下了基础。

新中国成立后，政府重视海涂开发，组织了前所未有的开发活动。修筑了灌东盐场、新滩盐场和射阳盐场的海堤，匡围盐田 55.94 万亩；创办了淮海农场、上海农场。垦殖业的发展带动了海涂林业和畜牧业的发展。60 年代初，境内十几个大型农场采用先进技术，加速垦区盐土改良，大片荒滩被开垦成良田，同时先后建立射阳、大丰、东台 3 县林场，利用堤内荒地，大规模营造农田防护林。70 年代起，开展了大规模的围垦造田，在垦区内实行水、土、田、林、路综合治理，建成了比较完善的排灌水系，结合土壤改良进行农田林网建设，主要围建了掘东、环港、海防、斗龙、王家潭、新北坎、海丰、渔舍、王港、新东等垦区。80 年代后，随着改革开放的发展，滩涂开发坚持因地制宜，农林牧渔盐综合开发，农工商运建全面发展的开发方针，重点开发已围滩地，进行水电路等基础工程设施的配套，创造生产条件，使其发挥效益（盐城市地方志编纂委员会，1998）。

14.1.2.2 挡潮海堤建设

水利建设是发展围垦的前提，而兴筑海堤就是水利建设的重要措施，也是发展滩涂垦殖的重要保障。淮北修筑海堤早于淮南。隋代以后，兴筑海堤不断。

1）古海堤

古代劳动人民为了生存，曾在两淮盐垦区修筑了一系列捍海工程，经历代不断修缮、延伸，逐步形成古海堤的雏形。唐代宗大历年间（766—770 年），黜陟使李承为淮南节度判官，因海潮漫为碱卤，为害农田，奏置捍海堰于淮南，北起阜宁沟墩，南抵海陵（今大丰县刘庄镇附近），长 142 里。该堤堤线定在东冈上，虽为土堤，由于堤基比周围高，御潮能力较好，使屯田垦荒，农作物产量增加，故取名常丰堤，为古代里下河地区的挡潮屏障。北宋开宝年间（968—975 年），泰州知州王文祐再修常丰堰，该堰屏蔽民灶，遮护农田，作用很大。北宋天圣初年，范仲淹支持修筑捍海堰工程，堤线在今大丰县草堰镇以南丁溪、东台、梁垛、安丰一线。北宋庆历年间（1041—1048 年），通州知州狄遵礼主持修筑海堰，西北起南通县石港经西亭、金沙镇向东到余西镇一线，人称狄堤。北宋至和年间（1054—1055 年），海门知县沈起筑堤七十里，西接狄堤，以障卤潮。元大德五年（1301 年），兴化令詹士龙请集九郡人夫，兴工 16 个月，修筑捍海堰并延亘 300 余里。明万历四十三年（1615 年），巡盐御史谢正蒙再修并南延，形成南至吕四，北讫庙湾，全长 500 余里的挡潮海堤，后人称之为"范公堤"。范公堤历史悠久，影响很大，为淮南的重要捍海工程。

2）盐垦区海堤

清末民初，一些工商业者、地主、盐商等纷纷投资兴办沿海垦殖事业。从民国二一二十四年（1913—1935 年），南至吕四场，北至庙湾场，在绵亘数百里的范公堤外约 2 000 多万亩的滩涂上进行废灶、垦田、开河、筑堤。大有晋、大豫、华丰、泰源、东兴、大丰、华成等 20 多个万亩以上的大公司及一些小公司，为保护垦殖事业，都筑有围海挡潮的外堤和通海河道两岸的防潮堤、各区周围的小格堤。据统计，这些公司筑的捍海堤堰总长约 227 km，为以后修筑海堤创造了条件。但各公司堤互不连接，且没有完全起到御潮作用，阻碍里下河涝水下泄。新中国成立前夕，大部分堆堤已濒临坍塌。新中国成立初期，经多次加高培厚，连线补缺，提高标准，方形成系统的挡潮屏障。

561

3）宋公堤

民国二十八年（1939 年），苏北北部沿海地区发生风暴潮，使沿海50 华里长，15 华里宽的条形地带，全部荒废。民国三十年（1941 年）2 月，盐阜抗日根据地的阜宁县参议会通过修建海堤的决议，并成立了以宋乃德县长为主席的修堤委员会。北段海堤5 月15 日正式开工，至6 月5 日完成，全长27 km，堤底宽18 m，顶宽2.5 m，高3.3 m。南段海堤于6 月20至7 月31 日完成，堤长18 km，底宽19 m，顶宽4 m，高4 m。民国三十年8 月，海堤工程刚刚结束，就发生"海啸"，海潮翻腾而至，水位较民国二十八年还高20 cm，但新堤高大坚实，屡经冲刷，堤身冲刷1/4 ~ 1/2，但未成灾，民感其德，称这段海堤为"宋公堤"。

4）老海堤

新中国成立后，结合治淮，在沿海开展大规模的治水兴垦生产运动，完建了北起绣针河，南至长江口的沿海挡潮堤闸工程体系。为区别以后堤外新围垦的区堤，通常把新中国成立初期完建的这一海堤称之为老海堤，总长572.60 km。

5）新海堤

新中国成立后，党和政府非常重视海堤建设，从1949 年冬季开始陆续进行海堤的复堤、修建工程。到1987 年，随着滩地淤涨结合围垦发展建设的沿海海堤，形成全长565.8 km 的一线海堤，其中盐城市361.1 km，南通市204.7 km。一线海堤的堤顶高程一般为5.5 ~ 9 m，堤顶宽5 ~ 10 m，内坡1:3，外坡1:5 ~ 1:1.15，成为沿海地区挡潮抗台的主要屏障（江苏省地方志编纂委员会，1996c）。

14.1.3 海洋渔业

我国海洋渔业历史悠久，早在距今五六千年前，人们就开始在海涂拾贝、浅海捕鱼。苏浙近海渔场开发最早记录见于春秋。据历史资料记载，吴国君王阖闾，在公元前505 年已开始利用黄鱼资源，当时名"石首鱼"。隋唐时期，吴郡的鲚鱼及海虾子等已作为贡品。宋朝，海洋汛期捕捞已形成较大规模，南通一带海洋捕捞也已发展起来，《元丰九域志》即记载通州进贡鳔胶。南宋乾道淳照年间，冰鲜石首鱼已远销金陵以西。明朝初期，已开始利用鲥鱼资源。清朝初期，顺治十二年（1655 年）起实行海禁，海洋捕捞受到很大限制。康熙二十三年（1684 年）才开海禁，允许渔民出海捕鱼。到嘉庆年间，新洋口、琼港、栟茶等已成为海洋捕捞生产很发达的港口（江苏水产局史志办公室，1993）。新中国成立前，江苏的渔业生产发展不快，渔业经济落后。至1949 年，海洋渔船仅有1 500 多艘，渔业生产基础非常薄弱。

新中国成立后，海洋捕捞生产得到快速恢复。1952 年，全省出海渔船2 819 艘，年捕捞量7.13×10⁴ t。60 年代，春夏汛由捕捞小黄鱼为主转为捕捞大黄鱼为主；由木帆船张网为机动渔船大洋网为主；广泛采用化学纤维网具；同时注意开发鲳鱼资源，扭转了海洋捕捞的滑坡局面。70 年代，海洋捕捞重点加快了机动渔船的建设。1980 年全省海洋捕捞总产量20.55×10⁴ t，比1970 年增长90%。其中机动渔船产量18.02×10⁴ t，占87.7%（江苏省地方志编纂委员会，1996d）。80 年代以来，近海渔业的重点转入保护和增殖水产资源，规定了禁渔期，继续调整作业；同时，积极发展外海渔业，着重更新渔轮，木质机帆船逐步更换为钢壳机动渔船，提高外海作业能力。远洋渔业亦已起步。

14.1.4　农业生产

沙脊群陆域地区气候温和，由于沙洲成陆，土质疏松，土地肥沃，有利于农业生产，尤宜植棉。唐宋时期，沿海常丰堰、范公堤、串场河等水利设施兴建，"农事、盐科两受其益"。明朝以后，该区逐步成为著名的产棉区。封建朝代至民国时期，受生产关系、传统技术的约束和战争的影响，农业生产较为落后。中、西部地区老汘田常因洪涝灾害，一般亩产粮食 50 kg 左右；东部盐碱地常遇海潮侵袭，卤水倒灌，一般亩产皮棉 10 kg 左右，农村经济萧条，人民生活贫困。民国初期，由张謇等民族企业家兴办 63 家盐垦（垦殖公司），在沿海 430 多万亩的滩涂上，进行大规模的开荒垦殖，兴办了一批水利设施，大力发展棉垦事业。但由于半封建半殖民地社会制度以及帝国主义入侵等原因，垦殖业发展艰难，20 世纪 40 年代，公司纷纷破产倒闭。

20 世纪 50 年代，全区农村逐步实行互助组、初级社、高级社，走合作化道路。同时，在境内沿海陆续创办了 12 个大型农场，并有组织、有规模地开展农田水利建设，开挖灌溉、行洪渠道，兴建沿海大中型涵闸，提高抗御旱、涝、洪、卤等自然灾害的能力；重视农业科技推广，有效提高了粮棉产量。20 世纪 60—70 年代，受政治运动影响全区农业经济发展缓慢，农业结构比例失调，农民生产积极性受到压抑，生活水平提高缓慢。1979 年起全面推行以家庭联产承包责任制为中心的农村经济体制改革，农村经济由单一经营向专业化、商品化经营转变。农业发展进入一个新的时期，沿海地区利用特有的滩涂资源，建立多种海产品综合经营，贸工农一体的商品生产基地（盐城市地方志编纂委员会，1998）。

14.1.5　现代开发活动

14.1.5.1　港口开发

辐射沙脊群区域海岸类型齐全，港口航道资源比较丰富，有着广阔的开发前景。该区沿海气候温和，港口常年不冻；波浪较小，泊稳条件较好；受台风和海雾的影响也小。大部分海岸陆域广阔，建港库场用地富足，利于现代港口开发。江苏沿海发展战略的实施极大地推动了该区域海港建设，利用辐射沙脊区潮流通道建港的技术日渐成熟，随着大丰港、射阳港、滨海港和洋口港的建设，即将改变江苏连云港以南近 800 km 海岸线无大港的局面。

1）滨海港

在滨海新废黄河口两侧一段 10 km 长，距 10 m 等深线只有 3.5 km 的海岸，该处为沙脊群区域距深水最近的岸段。该段海岸顺直，潮差小，滩面窄，潮流弱，直通外海，不受拦门沙和沙脊的限制，具有建设万吨级及 10 万～20 万吨级泊位大型海港的条件。2008 年开始启动 10 万吨级航道工程，2009 年中电投江苏滨海港务有限公司成立，滨海港开发建设全面启动。

2）射阳港

民国二十六年（1937 年），美、英、日、法、荷等国 3 000～5 000 吨级海轮曾停靠射阳小庙口，装卸棉花、粮食等货物。民国二十七年（1938 年），日本侵略军轰炸小庙口，刚刚形成的海港港口遭到破坏。1978 年由江苏省政府批准建港，1980 年在射阳河口 12 km 处建成 500 吨级码头 1 座，后陆续建成 5 000 吨级煤炭专用码头和 3 000 吨级集装箱码头等设备及基础设施。

3）大丰港

位于大丰市岸外，利用辐射沙脊群北部西洋水道建设而成的深水港。2005 年建成两座万吨级泊位，2007 年完成货物吞吐量 70 万吨。2010 年建成大丰港二期工程 6 个可靠泊 10 万吨级船舶的深水码头。三期码头建设于 2010 年启动，包括两个 5 万吨级石化泊位和 1 个 5 000 吨级液体化工泊位。

4）洋口港

位于如东县岸外、辐射沙脊群南部烂沙洋水道附近。2008 年初步通航，已建有长 12.6 km 的黄海大桥连接陆地，建成 1.44 km² 的太阳岛、10 km² 的临港工业区一期和 10 万吨级通航的液化天然气（LNG）码头，基本利用天然潮流通道建成烂沙洋深水航道。

14.1.5.2　旅游景点景区建设

辐射沙脊群所在盐城南通沿海地区旅游资源丰富，东部沿海滩涂自然风光线、中部通榆路（204 国道）沿线人文景观线和西部里下河水乡民俗风情线三位一体，体现了自然化、历史化、民俗化的独特风貌，具有良好的开发前景。岸外沙脊群区的滩涂湿地景观资源得到一定程度开发，盐城国家级珍禽自然保护区和大丰麋鹿国家级自然保护区已形成一定规模和影响，但更具海洋特色的海岛游和水上项目在该区域内基本没有开发。

1）盐城国家级珍禽自然保护区

1983 年经江苏省政府批准建立，1992 年经国务院批准晋升为国家级自然保护区。保护区北起响水县灌河口，南至东台市与海安县的交界处；核心区位于新洋港与斗龙港出海河流之间，占地 174 km²，2006 年保护区范围调整后核心区面积有所增加。核心区以自然生境为主，西部有少量为改善丹顶鹤栖息地而设的人工湿地；缓冲区位于核心区外，自然植被分布于沿海未围垦区域，部分滩涂已被围垦并开发成农田、人工湿地，并有少量居民点分布；实验区主要位于 50 年代海堤以东，除沿海仍保存有一些未围垦滩涂外，绝大多数区域已被围垦并开发为农田、人工林地、盐田、水产养殖用地等。每年来保护区越冬的丹顶鹤近千只，约占全世界野生种群的 60%。保护区设有游客服务中心，利用物种资源丰富的优势，因地制宜地开展生态旅游，接待来自国内外的专家、学者和游客。开发了海洋世界、水禽湖、千顷湖和万亩芦苇湿地景点，驯养了河麂、麋鹿、孔雀、天鹅、丹顶鹤等多类动物，修建了珍禽标本馆、蝴蝶馆、海洋馆等科普教育场馆，逐步实现将保护区建成为科普的基地、物种的基因库、鸟类的天堂、天然的博物馆的目标，实现保护与旅游的完美结合。

2）大丰麋鹿国家级自然保护区

始建于 1986 年，1997 年晋升为国家级自然保护区。保护区位于盐城大丰市东南沿海，核心区面积 26.67 km²，是我国目前最大的麋鹿饲养区，也是世界上最大的重返大自然野生麋鹿保护区。保护区在海堤内的堤脚，除大片意杨林、刺槐林、少量水杉林、刚竹林及刺槐、紫穗槐疏灌林外，尚有少量半熟地和抛荒地植被。该区属于北亚热带向暖温带过渡地区，气候温和，适合麋鹿生长。麋鹿数量由 1986 年初建时的 39 头增加至 2001 年的 512 头（江苏省海洋与渔业局，2002）。经过 20 多年的建设，大丰保护区已经形成了林、草、水、鹿、鸟共生的生态模式和完整的麋鹿生态系统，成为滩涂旅游的重要景点，并在 2006 年被国家旅游局评定为 AAAA 级旅游景区。

3）海门蛎蚜山牡蛎礁

位于海门市东灶港闸东北 8 km 的小庙泓水道南滩，面积 354 hm²，其中牡蛎礁集中区 133 hm²。礁体由长牡蛎和近江牡蛎残壳胶结而成，表面为褶牡蛎活体。牡蛎属介壳类软体动物，长牡蛎和近江牡蛎通常生活在河口附近或滨海内湾的低潮线以下，在粉砂淤泥质潮间带分布有这样大面积的牡蛎礁，在江苏尚属首见。牡蛎礁表面起伏不平，有礁盘和礁湖等形态。北部和东北侧礁体受波浪侵蚀和洗刷，低潮时露出 2 m 多高洁白美丽的剖面，一个个 10 ~ 30 cm 长的完整壳体排列有序的叠置在一起，很富观赏价值。牡蛎礁及其西侧沙洲上由牡蛎壳和贝壳碎屑构成的白色贝壳堤，共同构成了奇特的海洋景观。鉴于该牡蛎礁的独特性、稀有性、生态脆弱性，以及在研究海面变化和恢复古环境中的重要作用，2007 年国家海洋局批准建立海洋特别保护区，合理安排牡蛎礁的保护、资源增殖和观光旅游事业。2006 年，在海门市东灶港镇沿海滩涂上建成一座长 1 200 m，宽 7 m 的栈桥。栈桥造型独特，平面上略呈"S"形，酷似游龙形态，被誉为"黄海第一龙桥"。龙桥除方便了当地渔民和养殖户的渔业生产外，还是游人观海、下滩游览的设施，也改善了前往蛎蚜山观光的条件。

4）吕四风情园

吕四是启东市第二大镇，历史上海洋盐渔业发达，有"赛扬州"一说。唐高祖三年（620 年）这里就辟为盐场，清末生产的精盐曾三次获国际大奖；隋唐时期就有海洋捕捞，又因有我国四大渔场之一的吕泗渔场而富庶繁盛，闻名中外。该镇现在是启东市北部的经济和商贸基地，有省级海洋经济开发区，有全省第一个中心渔港，有全省沿海最大的水产品生产、加工和交易中心。吕四镇海洋文化气息浓郁，不仅有渔港、渔村、渔船、渔市和海鲜等风情，还有不少与海洋有关的古迹。主要有：三圣殿（又名北三清殿）、魁星楼（又名文昌阁、夫子庙）、城隍庙、碧云寺鹤城书院、洞宾楼（即慕仙楼）等。吕四风情度假旅游区，总面积 0.67 km²，位于大洋港外口东侧，建有 0.10 km² 的渔业休闲区和滨海公园，造型别致的望海楼。风情区内有供休息、度假、娱乐的滨海公园、度假村等休息运动娱乐场。为了适应现代化开放型经济发展和吕四海洋经济开发区的需要，规划在开发区北侧，大洋港港口东侧，建成占地 1.25 km²，集娱乐、餐饮、休闲为一体的吕四海滨旅游休闲渔业基地，使其成为中外客商和启东人民娱乐、健身、休闲的好去处，成为启东旅游休闲渔业经济发展的新亮点。

5）新四军重建军部纪念馆

国家级爱国主义教育示范基地。位于盐城市区建军东路北侧，于 1986 年 10 月 10 日落成开放。馆内南北长 330 m，东西宽 110 m，建有展览大厅和石雕群像等。展览大厅分 8 个展厅，展出新四军 8 年抗战的 1 000 多幅图片和大批文物史料。此外，还辟有新四军资料馆、音像馆、书画馆、碑廊和园林等。这是国内目前最大的也是最有影响的新四军纪念设施之一。

6）九龙口风景区

省级风景名胜区。位于盐城市建湖县蒋营乡沙庄镇，总面积 3.5 万亩，中心区面积 2.5 万亩。因该地区处蚬河、莫河、林上河、钱沟河、安丰河、新舍河、溪河、涧河、城河 9 条河道的汇合处而得名，九龙口形成时间约在公元前 2000 多年，属于里下河古潟湖三个发展阶段（河口湾—潟湖—淡水湖）的第三个阶段。九龙口是古潟湖特征在中国保存完好的地区之一。保护区内有水面 1 万亩，是一个大型的滩地聚水过水性湖荡。有两个较高的圆形滩地，其一为龙王庙旧址，其二原为两三户居民旧址，后建起古典式"九龙楼"。"九龙口"自然景观美丽诱人，"龙楼倒影"、"晨雾轻纱"、"荷塘观鱼"、"绿波泛舟"等 11 处自然景观。

7）狼山风景名胜区

狼山风景名胜区位于南通市区南郊，距市中心约 8 km 的长江边上，由狼山、剑山、军山、马鞍山、黄泥山、啬园等组成。五山沿江成弧形排列，绵延 3.5 km，庙宇苍松，古朴秀丽，山水相映，景色清雅。经历历朝的修建，特别是新中国成立后的重点建设，狼五山更加瑰丽多姿，1984 年江苏省人民政府批准为省级风景区。狼山风景名胜区主要景点有：紫琅禅院，法乳堂，骆宾王、金应、刘南庐墓，金沧江墓，幻公塔，抚台平倭碑，望江亭，葵竹山房，御碑亭，支云塔院等。

14.1.5.3　渔业资源开发

江苏省海洋捕捞历史悠久，长期是海洋渔业的主体。2005 年，全省海洋捕捞产量为 58.28×10^4 t，在全国 11 个沿海省、市、自治区中居第 8 位。从捕捞品种看，鱼类占 60.40%，甲壳类占 18.02%。从捕捞地区看，90.60% 产自黄海，9.13% 产自东海。"九五"以来，根据近海经济鱼类资源下降的新情况，国家实行"减船转产"和海洋捕捞产量"零增长"的政策，江苏海洋捕捞产量一直稳定在这个水平上。在大力发展海水养殖业的同时，在严格执行禁渔区和休渔期制度的前提下，积极开拓，发展大马力远洋渔船，用好用足海洋捕捞配额，提高捕捞产品质量，保持海洋捕捞产量在海洋渔业总量中占有一定比重。

江苏海洋渔业历史上只捕不养，海水养殖是新中国成立后逐步发展起来的。1958 年连云港市连云区开始移养海带，1972 年启东县开始试养紫菜，1975 年赣榆县开始试养对虾，1978 年如东县开始试养鳗鱼，各地还陆续试养鲻梭鱼、罗非鱼、黑鲷、海参、扇贝等，护养或移养文蛤、缢蛏等滩涂贝类，先后都获得成功并形成了一定生产规模（周松亭等，1987）。但在 20 世纪 80 年代及之前的海水养殖业产量不高，一般在 2×10^4 t 以下，且品种单一，主要是紫菜和对虾，属于起步开发期。

20 世纪 80 年代以后，海水养殖进入发展期，实现了养大于捕的历史性转变。形成对虾、文蛤、紫菜、鳗鱼四大优势养殖品种，1986年时对虾、文蛤、紫菜这三个出口品种产量占全省海水养殖产量的75%。近几年通过引进新品种，开发培育有市场前景的野生品种，全省海水养殖贝、虾、蟹、藻类和鱼类品种约37个，其中贝类除文蛤、青蛤等传统品种外，缢蛏、泥蚶、青蛤、泥螺等高效益品种发展较快。养殖方式和技术方面，在稳定和发展海堤内池塘养殖的同时，大力推广了潮间带的贝类围栏养殖、高涂蓄水养殖，浅海域的底播贝类养殖、网箱鱼类养殖和浮筏（绳）式紫菜、牡蛎养殖等。通过示范推广紫菜冷藏网技术和加工新技术，南通紫菜现已成为国内同行的龙头，2001—2002年度"条斑紫菜"产量已占全国总产量的65.88%。

海水养殖区可分为海堤内滩涂养殖区，海堤外滩涂养殖区和浅海养殖区。辐射沙脊群区多属海堤外滩涂养殖区，主要有大丰亮月沙养殖区、大丰三丫子养殖区、大丰东沙养殖区、大丰泥螺珩养殖区、东台梁方滩涂养殖区、东台东沙养殖区、东台高泥养殖区、省管蒋家沙竹根沙养殖区等。

14.1.5.4　人工岛建设

人工岛即人工建造而非自然形成的岛屿，一般在小岛沙洲和暗礁基础上建造。辐射沙脊群区人工岛建造历史可追溯到明代的渔墩、潮墩、烟墩。这些建造于明代的土墩台，原修建于潮间带靠近低潮位的潮滩上，涨潮时耸立于海涛之中，后随着海岸线东移并入陆地。其中渔墩是渔民候潮、贮存淡水与食物、整理渔具、躲避暴风雨的临时活动场所，筑有可以居住的棚舍；潮墩为盐民作业时，躲避大潮或风暴以保障生命安全的墩台；烟墩又称烽火墩，是保卫海防的一种军事设施，每墩有2~5名士兵看守，遇有紧急情况燃烽火报警。

现代人工岛用途广泛，较常见的是用于兴建深水港和机场。辐射沙脊群区南部洋口港建设中利用水下沙脊建成了面积1.44 km^2、海拔+10 m的西太阳沙人工岛（图14.1），用以建设濒临深水航道的码头、堆场及海洋监测用地，并形成新的岸线资源。

图14.1　建设中的洋口港西太阳沙人工岛

洋口港官方网站 http://www.ntykg.com/site/jsjz/index.shtml

14.2 江苏沿海行政区划沿革①

14.2.1 沿海行政区划现状

　　江苏沿海城市包括连云港市、盐城市、南通市三个省辖市（图14.2），除连云港市外，辐射沙脊群均位于盐城与南通市外海域，借此，将江苏沿海行政区划、人口与城镇化情况，一并予以阐述。三个省辖市拥有海岸线的沿海县（市）和市辖区共15个。分别是连云港市的连云区、赣榆县、东海县、灌云县、灌南县；盐城市的响水县、滨海县、射阳县、东台市、大丰市；南通市的海安县、如东县、启东市、通州市、海门市。沿海三个城市共辖47个沿海乡镇，其中，连云港11个，分别是柘汪镇、海头镇、前三岛乡、宿城乡、高公岛乡、连岛镇、板桥镇、徐圩镇、浦南镇、燕尾港镇、堆沟港镇；盐城16个，分别是陈家港镇、大有镇、滨滩镇、滨海港镇、振东乡、临海镇、千秋镇、海通镇、三龙镇、新丰镇、裕华镇、南阳镇、草庙镇、大桥镇、新曹镇、弶港镇；南通市20个，分别是老坝港镇、兵房镇、栟茶镇、长沙镇、大豫镇、丰利镇、苴镇、洋口镇、三余镇、北兴桥镇、海晏镇、东灶港镇、吕四港镇、天汾镇、海复镇、向阳镇、东元镇、近海镇、寅阳镇、东海镇（表14.1）（江苏政区通典编撰委员会，2007）。

表14.1　江苏沿海行政区划概况

沿海地区	沿海城市	沿海地带	沿海乡镇
江苏省	连云港市	连云区、赣榆县、东海县、灌云县、灌南县	柘汪镇、海头镇、前三岛乡、宿城乡、高公岛乡、连岛镇、板桥镇、徐圩镇、浦南镇、燕尾港镇、堆沟港镇
	盐城市	响水县、滨海县、射阳县、东台市、大丰市	陈家港镇、大有镇、滨滩镇、滨海港镇、振东乡、临海镇、千秋镇、海通镇、三龙镇、新丰镇、裕华镇、南阳镇、草庙镇、大桥镇、新曹镇、弶港镇
	南通市	海安县、如东县、启东市、通州市、海门市	老坝港镇、兵房镇、栟茶镇、长沙镇、大豫镇、丰利镇、苴镇、洋口镇、三余镇、北兴桥镇、海晏镇、东灶港镇、吕四港镇、天汾镇、海复镇、向阳镇、东元镇、近海镇、寅阳镇、东海镇

14.2.2 沿海行政区划调整

　　总体上看，新中国成立以来江苏沿海城市所涉及的行政区划调整主要服从于江苏省行政区划管理的统一安排。改革开放以来，江苏沿海城的行政区划调整基本上与江苏省在各个阶段调整的内容和要求相一致，并未体现出沿海地区海洋经济发展的特殊要求。具体而言可以划分为三个阶段。

　　（1）地市合并与市领导县改革阶段。改革开放初期，计划经济体制下"块块"分割严重制约区域经济发展的矛盾日益凸显，且随着社会对于中心城市地位和作用认识水平的提高，

---

　　① 本节由张落成执笔。

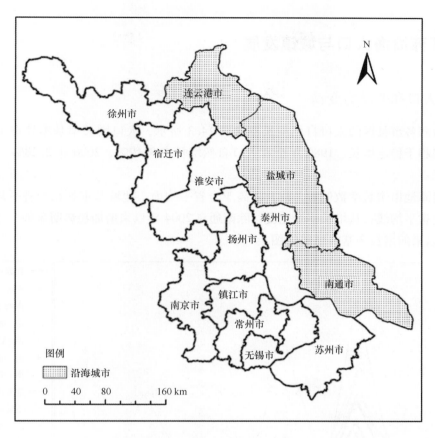

图 14.2　2006 年江苏省地级市

出于加快城乡一体化建设步伐、推进行政机构改革等考虑，中共中央于 1982 年 51 号文件发出了改革地区体制、实行市管县体制的通知。1983 年，国务院批准江苏省改革地市领导机制，连云港、盐城和南通分别设为地级市。

（2）撤县设市与增设地级市阶段。进入 20 世纪 80—90 年代，为贯彻落实"严格控制大城市规模，合理发展中等城市和小城市"的城市发展方针，促进城镇体系趋于完善，合理布局大中小城市，推动城乡社会经济全面繁荣，江苏有序开展了撤县设市的工作。该时期江苏沿海的各个地级市下属的东台县、大丰县、启东县、如皋县、海门县改设为同名县级市，南通县改设为通州市。

（3）撤县（市）设市辖区。进入新世纪以来，江苏各地经济快速发展，省内各中心城市规模迅速扩大，集聚和辐射功能不断增强，但中心城市的进一步发展受到"市县同城"的制约，市、县基础设施重复建设，多头管理矛盾重重，影响产业规模化和产业结构调整，制约中心城市健康发展。为扩大中心城市发展空间，促进资源优化配置，增强中心城市辐射带动作用，加快城市化进程，江苏省委、省政府决定对存在"市县同城"问题的部分市开展撤县（市）设区的工作。在此背景下，连云港于 2001 年撤销连云港市云台区并将相关单位划归连云区和新浦区管辖；盐城市于 2003 年撤销盐城市盐都县，设立盐都区，并将盐城市城区更名为亭湖区，步凤、伍佑、便仓三镇划入亭湖区。南通通州市也被撤销，并入南通市区，这样南通"市县同城"问题得到解决。

14.3   江苏沿海人口与城镇发展[①]

14.3.1   人口和劳动力变动

江苏沿海各市县区的人口自然增长率如图 14.3 所示，人口增长率基本处在全省平均水平，近年来趋于稳定增长。1980 年全省人口自然增长率 8.12‰，2006 年 2.28‰，1990 年以后持续降低。

从各沿海地市增长率数值看，连云港高于全省平均值，盐城基本处在全省平均线，盐城一直低于全省平均线；从增长率变化看，除南通自 2004 年以来增加趋势明显外，盐城与连云港 1995 年以来的增长率基本稳定（图 14.3）。

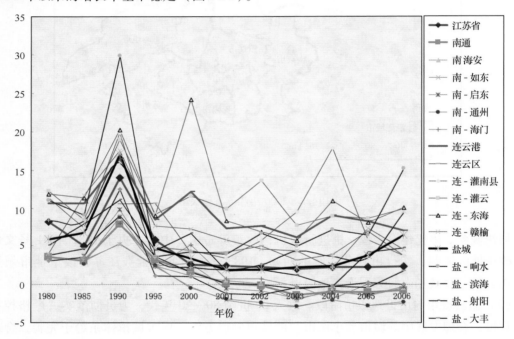

图 14.3   江苏沿海城市及其县市区人口自然增长率

各沿海城市的县区之间也具有上述特点：即连云港的县、市、区人口增长率均高于全省平均水平，而盐城各县、区处在全省平均水平附近，南通则低于全省平均水平。

全省人口流动的趋海性不明显，但近年迅速增加。进入 2000 年以来，全省流动人口增加很快，2000 年全省流动人口 369.94 万人，2005 年达 905.32 万人。

从沿海差异来看，南通流动人口数量最多，增加趋势也最明显。盐城流动人口增加缓慢。连云港 2000 年以来增加较快，2005 年流动人口数量已经超过盐城，可能与其第三产业比重增加快，服务人员的需求旺盛有关（表 14.2）。

---

① 本节张落成执笔。

表 14.2　江苏沿海城市及其县市区流动人口　　　　单位：万人

年份	江苏省	南通	连云港	盐城
1990	124.3	7.72	4.53	
1995	316.5	25.49	9.42	17.64
2000	369.94	25.31	13.2	22.7
2005	905.32	44.6	30.92	29.31

资料来源：908 调查资料。

　　从流动趋势变化来看，过去剩余劳动力主要转移到市境外，近年来特别是去年以来，劳动力市场出现了新的变化。一是在城镇，劳动力的供给由过去的供大于求逐步向求大于供转变，许多企业、很多工种，包括服务行业招不到理想的劳动力；二是外流的劳动力开始出现回流的现象，回家乡投资办实业，回家乡企业打工的越来越多。三是外省市来打工就业的人数越来越多。全省进入 2000 年以来流动人口增加很快，2000 年全省 369.94 万，2005 年达 905.32 万。各地市流动人口 2005 年增加都很快，与全省比较，南通进入 2000 年，尤其 2005 年以来增加最快，而盐城与连云港增加幅度相对南通明显较小，但 2000 年以后增加较快。

14.3.2　人口结构

14.3.2.1　年龄结构

　　根据人口普查资料，全省老年人口（65 岁及其以上）有所增加，青壮年仍占主导。从沿海各城市老年人比例来看，南通比例最大，高于全省平均水平，而连云港和盐城较低。沿海各地市年龄结构各有差异，南通老龄化趋势明显，连云港和盐城青壮年劳动力资源充足。图 14.4 从左至右分别为全省、南通、连云港和盐城，1990 年、1995 年、2000 年、2005 年的年龄结构分布图。

14.3.2.2　文化结构

　　把不识字或识字很少与 6 岁以下人口的比重称作文盲率，把大专以上与 6 岁以上人口的比重称作高文凭率。全省 2005 年大专以上人口比 2000 年增加了 18 倍，相对总人口的增加比例 2% 而言，差距很大。

　　沿海地区文盲率逐年下降，高文凭人口比重上升缓慢，各地区情况有所差别。从沿海城市内部差异来看，文盲率基本呈现下降趋势，高文凭率则呈现增加趋势，但增加缓慢。2005 年沿海各市的文盲率都高于全省平均水平，连云港文盲率最高；高文凭率大大低于全省平均水平，尤其盐城的高文凭人才比重更低。2005 年大专以上人口比 2000 年增加了 18 倍，相对总人口的增加比例 2% 而言，差距很大。各地市大专以上人口低于全省平均水平，增加比率也低于全省（表 14.3）。

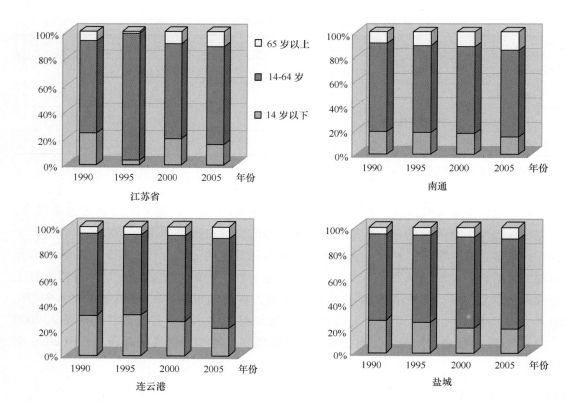

图 14.4　江苏沿海城市及其县市区人口年龄结构

表 14.3　江苏沿海城市及其县市区人口文化程度　　　　　　　　　　%

地区	年份	文盲率	高文凭率
全省	1990 年	20.27	1.65
	2000 年	12.39	3.83
	2005 年	8.76	7.29
南通	1990 年	21.79	2.20
	2000 年	9.67	5.08
	2005 年	10.21	4.85
连云港	1990 年	26.05	0.96
	2000 年	10.48	2.71
	2005 年	14.54	4.27
盐城	1990 年	21.25	0.77
	2000 年	9.32	2.40
	2005 年	9.21	2.47

资料来源：根据地市人口普查资料整理。

总体来看，沿海地区大专以上的就业劳动力比例偏低，劳动者文化水平以小学、初中和高中学历为主体，相对而言，南通大专以上劳动力较多，农村剩余劳动力丰富。从各产业的劳动力文化水平来看，一产以小学、初中学历的为主，文盲率也主要集中在一产；二产以初中和高中为主；三产以初中、高中学历的为主，同时大专以上学历的主要集中在三产。从各市比较来看，一产、二产的文化水平相差不多，三产的文化水平南通明显高于其他两市（图14.5）。

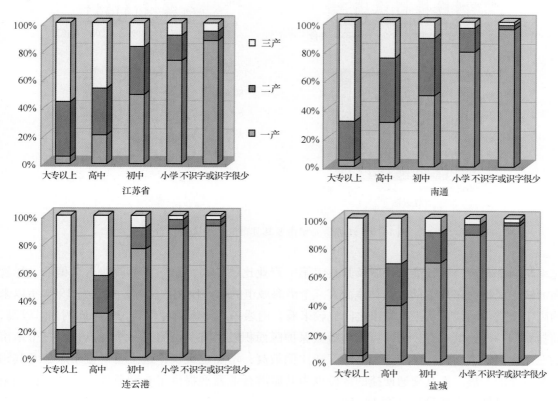

图 14.5　江苏沿海城市及其县市区产业文化构成

14.3.2.3　城乡结构

全省城镇人口 2000 年以来超过乡村人口，2005 年城镇人口 3 774.62 万，乡村人口 3 699.88 万，2000 年前乡村人口多于城镇人口。

各地级市农业人口仍然占主导，但非农业人口都在持续增长（图 14.6）。其中连云港 2005 年非农业人口增加最快。与全省相比，差距太大。各地市城镇人口有所增加，但占总人口的比例比全省平均水平落后。南通进入 2000 年以来城镇人口增加最快①。

14.3.2.4　就业结构

沿海地区一产仍占主导，三产发展均衡快速，其中各地区有所差异：南通二产相对比例较高，连云港三产相对比例较高且发展最快。从各地市来看，南通进入 2000 年以后三产就业

---

①　江苏第一、二、三、四次人口普查资料。

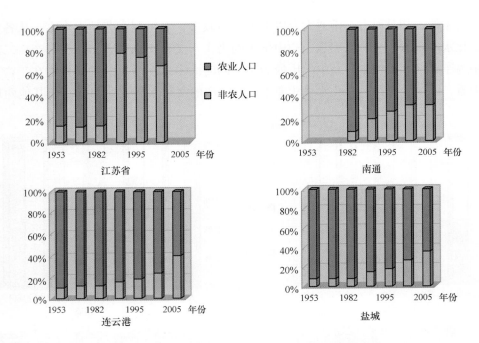

图 14.6　江苏沿海城市及其县市区非农人口比重

比率与全省相近，连云港与盐城及其县市第一产业比例较高，第三产业就业人口偏低。尽管南通缺乏完整的序列数据，但总体而言三个沿海城市的一产比例占主导，尤其自 1990 年以来均高于全省平均线，从三个城市之间比较来看，南通一产比例相对较低，二产比例相对较高，而盐城的一产比例一直较高，可能与盐城保护区面积较广有关。另外一个特点是，三个地市的三产比例一直增加，其中连云港的三产比例最高，增加也最快，这主要得益于旅游及其相关服务业的发展，而其交通便捷的区位也为其旅游行业发展提供了有利条件。从二产比例来看，盐城最低，南通最高（图 14.7）。

14.3.3　城市化过程

14.3.3.1　城市化发展历程

1）1949—1978 年：非国家重点建设地区，城市化进程缓慢

解放初期的江苏沿海地区城市发展基本处于封闭状态，城市化水平极低。第一个"五年计划"期间，江苏沿海没有得到国家相应的投资，城市发展的动力不足。1949 年非农业人口仅占全部人口的 7.48%，"一五"期末城市化水平达到 8.98%（1957 年），之后出现下滑，1978 年城市化水平（7.55%）也仅为 1949 年的水平，整体发展缓慢。[①]

2）1979—1992 年：沿海开发开放，城市化发展迅速

十一届三中全会以后，农村联产承包责任制使农村释放出大量人力和物力从事第二、第

---

　　　　① 江苏省沿海地区综合开发战略研究专题报告。

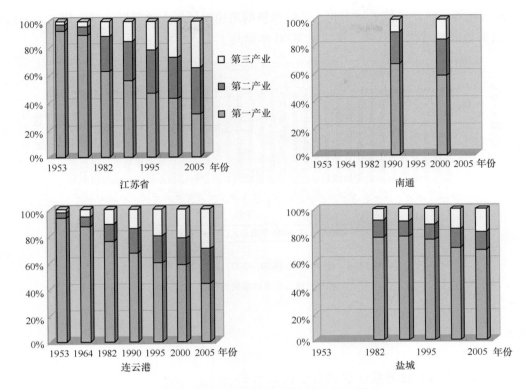

图14.7 江苏沿海城市及其县市区产业结构

三产业，并向小城镇集聚，就业的非农化水平显著提高，农村城市化水平逐步提高。市带县管理模式促进了城乡间资源、信息的对流，增强了城市的中心地位。随着改革开放政策效应的逐步显现，沿海整体城市化率由1978年的7.55%提高到1984年的14.91%，城市化水平稳步提高。

随着连云港、南通被国务院列为首批沿海开放城市，城市财政体制、税收、外贸和流通体制的改革以及1983年开始的市管县体制等因素极大地促进了沿海地区的城市化建设发展速度，城市化率由1984年的14.91%提高到1992年的18.07%。

3) 1993—2000年：经济快速增长，城市化水平稳步提升

1992年邓小平南巡讲话后，改革步入深化期。乡镇企业如雨后春笋般遍地开花，外引内联更增加了经济发展的活力。在改革开放的政策效应带动下，沿海地区城市化水平稳步上升，从1992年的18.07%提高到2000年的29.11%。

4) 2000年至今：多种因素促进城市化快速增长

经济全球化和区域经济一体化的发展使得国际资本和产业在全球范围内寻找落脚点，2000年以来，江苏沿海外向型经济的发展成为城市化的主要推动力，政府一系列推进城市化的政策起到催化剂作用，城市化表现为"优势空间集聚"的态势。在这个阶段，城市的经济职能和服务功能得到重视，外资引进、开发区建设，使城市化和城市发展再度活跃。同时，江苏省将城市化战略作为全省经济社会发展的五大战略之一，各地运用经济、行政、规划引

575

导、资源调控等系统政策推进城市化。区域经济的迅速发展极大地促进了城市化水平的提升，2008年沿海地区城市化率为46.2%，比2000年提高了17个百分点。

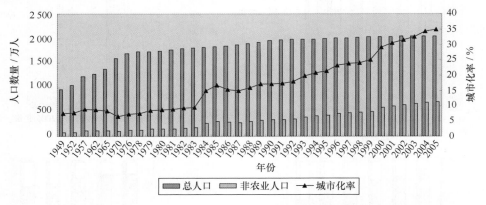

图14.8　沿海地区1949—2005年城市化水平

据江苏统计年鉴数据资料整理

14.3.3.2　城镇化发展特征

1）城镇化进入加速阶段，但仍处于较低水平

近些年来，沿海地区城镇化水平不断提高。2000年，沿海地区城镇化水平为31.7%，到2008年，城镇化水平达到46.2%。增长速度较快。具体而言，连云港市城镇化水平由2000年的28%提高到2008年的42%，年均提高1.75个百分点；盐城市城镇化水平由2000年的35.6%提高到2008年的44.8%，年均提高1.15个百分点；南通市城镇化水平由2000年的33.5%提高到2008年的50.3%，年均提高2.1个百分点。

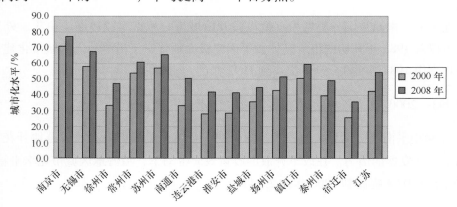

图14.9　2000年和2008年江苏省辖市城市化水平

资料来源：江苏统计年鉴，2009

根据世界城市化的发展规律，城市化进程符合一条平置"S"形曲线，分为3个阶段：城市化水平低于30%，属缓慢发展阶段；30%～70%属加快发展阶段；高于70%属稳定发展阶段。江苏沿海地区城镇化进程已进入加速发展阶段。

然而，同江苏省平均水平相比，沿海地区城镇化水平仍处于较低水平。2008年，连云港、盐城、南通城镇化水平分别为42%、44.8%、50.3%，低于同期江苏省城镇化的平均水平（54.3%），连云港和盐城与全省平均水平相差大约10个百分点。与省内发达的城市相比，差距更加明显。如南京、无锡、苏州2008年的城镇化水平分别为77%、67.5%、66%（江苏统计年鉴，2009）。

表14.4　沿海地区城镇化水平变化 %

城市	2000 年	2006 年	2007 年	2008 年
南通	33.5	46.9	48.6	50.3
连云港	28.0	39.0	40.5	42
盐城	35.6	42.5	43.6	44.8

资料来源：江苏统计年鉴，2000，2006，2007，2008。

2）城镇化滞后于经济发展

从经济发展水平来看，钱纳里在《发展的型式：1950—1970》（李京文，1998）中通过对101个国家的综合分析得出，在常态发展过程中一定的人均国民生产总值（GDP）发展水平上有一定的生产结构、劳动力配置结构和城市化水平相对应。如人均GDP为500美元时，标准城市化率为52.7%；人均GDP为1000美元时，标准城市化率为63.4%；人均GDP大于1000美元时，标准城市化率应大于65.8%。2008年，江苏沿海地区年GDP总量突破4863亿元，人均GDP为23324元，按现行汇率折算约3300美元，标准城市化率应大于52.7%，而实际城镇化水平仅为46%，可以说城镇化水平滞后于经济发展水平。

3）城镇化发展南北差异明显

由于江苏沿海地区各城镇间的地理环境、历史条件、自然条件和社会经济发展、科技文化区域间的差异，城镇化水平呈现出发展不平衡的态势。沿海三市中南通城镇化水平最高，盐城次之，连云港最低。

沿海三市区域内部的城镇化发展也不平衡，各县区城镇化进程差别明显。在连云港市，市区城镇化增长速度最快，其次为赣榆县，城镇化水平较高，并且增幅也较快，灌云城镇化水平最低。

在盐城市，亭湖区城镇化水平最高，2006年达78.09%，居全市县（市、区）之首；盐都区、东台市、大丰市的城镇化水平较高，居第二层次；建湖县、射阳县、阜宁县的城镇化水平居第三层次；响水县、滨海县的城镇化水平较低，居第四层次。第一层次与第四层次城镇化水平相差近50个百分点，区域间的城镇化水平差异明显。

南通市区城镇化水平较高，周边所辖县市区相对较低；南部沿江地区（市区、通州、海门、启东）城市化较高，北部地区（海安、如皋、如东）城镇化水平较低，这些与经济发展水平的空间差异紧密相关。

4）城镇发展轴线正在形成

从空间分布上看，沿海地区各级城镇布局与交通关系密切，多数集中于沿204国道和沿

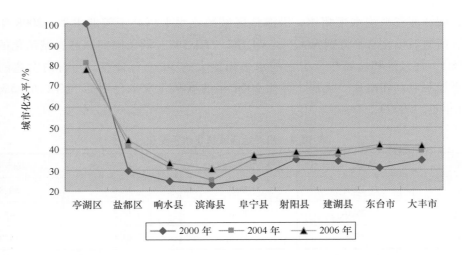

图 14.10　盐城市各地区城镇化水平

资料来源：盐城统计年鉴 2000，2004，2006.

海高速公路地区。从南到北分布着南通的海门、通州、如皋、海安，盐城的东台、大丰、射阳、阜宁、滨海、响水，连云港的灌云、赣榆等城镇。

同时，204 国道和沿海高速公路沿线地区也是沿海产业密集地带，沿海地区的省级开发区，大多都是沿沿海高速和 204 国道布置的。经济技术开发区、出口加工区和高新技术开发区等各种类型的新区开发，不仅促进了城市经济的快速发展，也深刻影响着城镇布局，成为沿海地区城镇空间结构沿路轴向发展的重要动力。

目前，204 国道和沿海高速公路已经成为沿海地区城镇分布的主轴，表现为初级阶段的"点－轴"分布状态。但沿路地区城镇发展水平与成熟的轴线地区相比处于较低层次，有待提高。

（1）城镇体系。

江苏沿海地区城镇规模等级体系已经基本形成，但规模结构还不完善。2008 年，江苏 13 个省辖市中，3 个市区人口规模在 100 万以下，连云港和南通位列其中。总体来看，江苏沿海地区缺乏辐射和带动能力强的特大城市，一级中心城镇和次一级中心城镇的规模明显偏小。城市首位度偏高，属于典型的"小马拉大车"。大城市发展能力不足制约着沿海地区经济的发展。

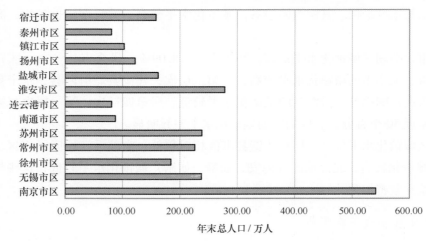

图 14.11　江苏省辖市 2008 年市区人口统计

无论人口规模还是经济规模三市市区在各市均占首位，但是三市中心城市的综合实力不强，职能不够完善。目前，盐城市二、三产业职能薄弱，作为市域中心城市对区域发展的带动作用受到限制。南通中心城首位度较高，但同苏南城市相比规模仍偏小，服务业发展滞后，不足以带动区域整体发展。连云港城市配套设施建设不足，且城市的产业基础相对薄弱，城市中心职能得不到充分发挥。

（2）城镇空间布局。

随着江苏沿海大开发战略的实施，沿海各市都将港口作为全市最重要的经济增长极。由于沿海基础设施的建设、港口及其周边地区的开发使得江苏沿海地区的城镇空间格局出现了港城这一新的发展要素。它与中心城、县城等传统城镇节点重组形成不同形式的空间结构，并相互承担不同的职能，呈现出中心城、县城和港城三者联动发展的态势。

港城一体，辐射两翼的连云港都市区

连云港拥有深水港口的战略优势，但长期以来城市发展未能与港口互动发展。如今随着连云港战略重心实现历史性东移，东部滨海城区规划建设工作业已展开，港城一体的格局初步形成。

以连云港滨海新城为核心，由滨海新城、连云城区、新海城区共同构成的中心城区，强化物流、商贸和商务功能，打造带动陇海—兰新地带经济发展的口岸中心城市和新亚欧大陆桥桥头堡。拓展南北两翼，南翼逐步开发板桥、燕尾港、堆沟港，发展以重化工、港口物流为主导的临港产业区，北翼以赣榆县城（青口镇）为增长中心，成为增强都市区综合实力的产业支撑空间。

港城联动，轴带发展的盐城都市区

盐城"十一五"规划中明确提出建设四大沿海港口经济区。在大丰港和滨海港等沿海港口为引擎的发展带动下，临港产业集中区、临海城镇以及港城等载体将发展成为盐城新的经济增长极。这些新增长极首先通过集疏运交通线与临近的县域中心城市相连接，再通过区际快速交通体系与市域中心城联系。由此，市域内形成以中心城为核心，沿海县域中心城市为节点，沿海港口为外围终点的轴带状空间结构，并具有明显的港城联动指向性。

近中期发展将引导盐城中心城区南向发展，大丰市区西向发展，培育由盐城市区、大丰市区构成的都市区。随着大丰港城的逐步发展完善，未来将与盐城市区、大丰市区双核共同组成轴带状都市区，打造带动淮河流域经济发展的门户型中心城市。

江海联动，一体发展的南通都市区

南通位于沿江地区，同时接受上海和苏南的辐射发展，城镇发展基础在沿海地区中相对较好。目前南通市已经形成由 1 个中心城区、6 个县（市）城、121 个建制镇组成的三级城镇体系，全市拥有 10 个全国重点镇和 11 个江苏省省级重点镇。随着跨江交通的彻底改善，南通融入大上海已成为必然，是长三角产业扩散转移和空间拓展的首选地区。未来人口、产业的快速聚集将使南通的城镇形成类似苏南的连绵式发展，形成网络化的城乡空间结构。

目前沿江地区已经初步显现这种势头，中心城和县城、沿江港城在市域城镇空间结构中作为主要节点，在不同地域范围内发挥辐射带动作用。而随着洋口港的启动建设和重大石化项目的产业布局，南通将迎来新的发展动力。

579

近中期洋口港将以据点式开发布置临港工业,形成与南通都市区的港城互动协作的一个重点发展节点,远景培育中心城——洋口发展轴,使得南通逐步走向依托沿海港口的东西向的新发展轴,形成多轴多中心的网络化城镇空间格局,成为"长三角"北部的经济中心。

带状集聚,以南北主通道为依托的城镇带

南北向以204国道和沿海高速公路为依托,形成以三个中心城市和县级市市区和县城等城镇为骨架的城镇带,为沿海城镇带内主要的城镇人口集聚、现代制造业和服务业集聚的主要区域,沿204国道城镇带是临海产业带发展的重要依托,临海以制造业为主,沿204国道地区以城镇发展为主,为临海产业发展提供信息、技术和人才等服务。

14.4 江苏沿海经济发展[①]

14.4.1 经济发展水平

14.4.1.1 江苏经济发展水平和发展速度在全国领先,但沿海地区发展滞后

江苏经济总量连续多年保持两位数的快速增长。到2008年,江苏省GDP总量30 313亿元,在全国排3位,仅次于广东和山东;人均GDP 39 622元,按当前汇率折算已经超过5 800美元,在全国省(市)中仅低于上海、北京、天津和浙江,居第5位。总体来看,经济发展在全国处于领先地位(中国统计年鉴,2005—2009)。

从增长速度比较看。江苏GDP总量从2004年的15 004亿元增加到2008年的30 313亿元,年增长率为19.2%,高于同期全国17.1%的平均水平,增长速度在全国各省、直辖市和自治区中排在第3位。人均GDP从2004年的20 223元增加到2008年的39 622元,年增长率为18.3%,也高于全国同期16.5%的平均水平,增长速度在全国各省、直辖市和自治区中排在第4位(江苏统计年鉴,2005—2009)。

江苏省内经济发展存在沿海和沿江差异以及南北差异。2008年,江苏省全省人均GDP呈现自南而北逐渐递减态势。沿海三个地市中南通最高,人均GDP为32 815元,盐城、连云港人均GDP分别为19 775元和15 458元,沿江地区的苏州、无锡、常州、南京人均GDP依次为106 863元、95 460元、61 504元、60 807元。可见,江苏沿海与沿江经济发展水平差距还比较大,苏北地区的连云港和盐城与苏中地区南通发展差距也很明显(图14.12)。

14.4.1.2 工业化快速推进,南通与连云港、盐城处于不同发展阶段

2008年江苏省人均GDP约合5 800美元,三次产业结构的比例为6.9∶55.0∶38.1,采用人均GDP、产业构成比例、农业就业人口占比三个主要指标来评价江苏省所处的经济发展阶段可以发现,江苏省目前已经处于工业化中后期阶段。

从江苏各省辖市的现状看,苏南地区的苏州市、无锡市、常州市、南京市和镇江市的人均GDP已经超过9 000美元,第一产业的比例低于10%、第二产业比重高于第三产业,第一

---

① 本节由张落成执笔。

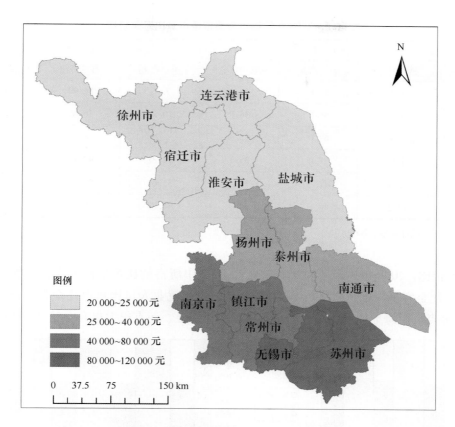

图 14.12　江苏省人均 GDP 空间差异

资料来源: 江苏统计年鉴, 2008

产业从业人口在 10% ~ 20% 之间, 整体上看, 这些地区已进入工业化后期阶段。以南通为代表的苏中地区人均 GDP 已经超过 4 000 美元, 第一产业的比例低于 10%、第二产业比重高于第三产业, 第一产业就业人口比重在 20% 左右, 整体上看, 这些地区已经进入工业化中期向后期迈进阶段。以连云港和盐城为代表的苏北地区, 人均 GDP 超过 2 000 美元, 第一产业比重为 20% 左右、第二产业比重高于第三产业, 第一产业就业人口比重大于 30%, 整体看, 这些地区尚处于工业化中期阶段。

14.4.2　产业结构

14.4.2.1　沿海产业结构变化

1978—2008 年以来, 江苏 GDP 构成中三次产业结构从 1978 年的 27.6 : 52.6 : 19.8 转变为 2008 年的 6.9 : 55.0 : 38.1, 实现了 "二、一、三" 到 "二、三、一" 的历史性转变。2008 年江苏沿海三个地市三次产业结构均表现为 "二、三、一" 的结构形态。从就业结构看, 三次产业就业结构从 1978 年的 69.7 : 19.6 : 10.7 转变为 2008 年的 26.3 : 35.6 : 38.1, 表明在工业化进程中大量劳动力从第一产业逐步转向了第二产业和第三产业, 但第一产业中就业人口高达 30%, 显示出依然有较多的劳动力资源沉淀在农村地区 (表 14.5)。

表 14.5　2008 年江苏省主要省辖市三次产业结构　　　　　%

地区	地区生产总值构成			就业人数构成		
	第一产业	第二产业	第三产业	第一产业	第二产业	第三产业
无锡	1.4	57.6	41.0	7.33	56.99	35.68
常州	3.1	58.9	38.0	10.21	56.09	33.69
苏州	1.6	62.0	36.4	6.20	58.71	35.09
南通	7.9	57.0	35.1	19.88	44.18	35.94
连云港	16.4	47.3	36.3	33.61	29.91	36.48
盐城	17.2	48.6	34.3	36.83	30.06	33.11

资料来源：江苏统计年鉴，2009。

同全省相比，2008 年连云港和盐城农业在 GDP 中所占的比重依然偏大，分别为 16.4%和 17.2%，比全省平均水平高出约 10 个百分点，农业就业人口比重也比全省平均水平高出近 10 个百分点。沿海地区产业结构与全省相比差距明显，还有很大提升空间（图 14.13）。

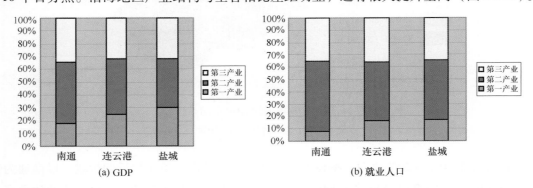

图 14.13　2000 年和 2008 年江苏沿海三市 GDP 与就业人口构成变化

资料来源：江苏统计年鉴 2001 年、2009 年

14.4.2.2　海洋产业结构变化

1998—2008 年间，江苏海洋第一产业比重由 1998 年的 75.7%降低至 2008 年的 19.9%，减少了 57.8 个百分点，下降趋势明显；海洋第二产业比重总体呈上升之势，由 1998 年的 12.2%增加至 2008 年的 65.1%，提高了 52.9 个百分点；海洋第三产业由 1998 年的 12.1%上升到 17%（图 14.14）。

从内部结构变化看，传统海洋产业所占比重大幅度下降。其中，海洋渔业比重由 2001 年的 65%下降到 2008 年的 17.9%，海洋盐业比重由 2001 年的 3%下降到 2008 年的 0.4%，海洋交通运输业所占比重保持在 3%左右，海洋船舶工业产值增加了近 40 个百分点；滨海旅游业比重由 2001 年的 19%下降到 2008 年的 14.3%[①]（图 14.15）。

---

① 江苏海洋经济统计 2008 年。

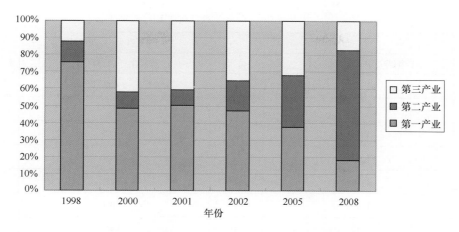

图 14.14　1998—2008 年江苏海洋产业结构变化

资料来源：据江苏省海洋局海洋经济统计 1998—2008 年

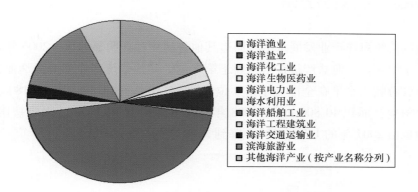

- ■ 海洋渔业
- ■ 海洋盐业
- □ 海洋化工业
- □ 海洋生物医药业
- ■ 海洋电力业
- ■ 海水利用业
- ■ 海洋船舶工业
- □ 海洋工程建筑业
- ■ 海洋交通运输业
- ■ 滨海旅游业
- □ 其他海洋产业（按产业名称分列）

图 14.15　2008 年江苏海洋产业结构

资料来源：据江苏省海洋局海洋经济统计 2008 年

14.4.3　海洋经济

"十五"期间，江苏省海洋经济呈现出快速平稳的增长态势，海洋产业增加值年均增长率达 32.1%，高于同期地区经济发展速度 15.7 个百分点。到 2007 年，全省海洋生产总值达 1 873 亿元，占全国海洋生产总值比重的 7.5%，在我国 11 个沿海省、市、自治区中排名第 6 位，在全国的地位有所提升，但仅为山东、广东、上海的 40% 左右，海洋经济总量仍然偏低（表 14.6）。

表 14.6　2006 年、2008 年江苏海洋经济总量在全国的位次变化

地区	2006 年		2008 年	
	海洋生产总值/亿元	位次	海洋生产总值/亿元	位次
广东	4 114	1	5 826	1
山东	3 679	3	5 346	2
上海	3 988	2	4 793	3

续表

地区	2006 年		2008 年	
	海洋生产总值/亿元	位次	海洋生产总值/亿元	位次
福建	1 743	5	2 688	4
浙江	1 857	4	2 677	5
江苏	1 287	8	2 115	6
辽宁	1 479	6	2 074	7
天津	1 369	7	1 889	8
河北	1 092	9	1 397	9
海南	312	10	430	10
广西	301	11	398	11

资料来源：中国海洋统计年鉴，2007、2009。

几乎所有的传统海洋产业发展水平与周边其他省区均存在明显差距。2006 年江苏造船完工量在全国处于第 4 位，海盐产量在全国处于第 5 位，其他传统产业如海洋渔业在全国处于 7~8 位，滨海旅游收入水平在全国处于第 8 位（图 14.16，图 14.17，图 14.18）。2007 年江苏沿海地区盐田生产面积 40 800 hm^2，2008 年急剧下降到 16 400 hm^2。大批盐田面临转产。海盐生产能力也由 2007 年的 147 × 10^4 t 下降到 2008 年的 133 × 10^4 t。

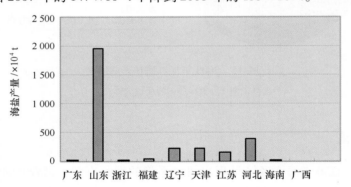

图 14.16 2006 年沿海省市海盐产量对比

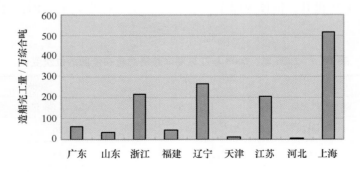

图 14.17 2006 年沿海省市造船完工量对比

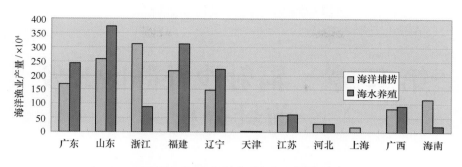

图 14.18　2007 年沿海省市海洋渔业对比

从新兴海洋产业来看，2008 年江苏沿海海洋化工产值为 32. 18 亿元，同 2005 年相比，海洋化工业产值增长了 59% ，但同山东、天津等省市相比差距很大。

2006 年江苏风电装机容量仅 11×10^4 kW，2007 年江苏沿海风电发电能力 $29. 38 \times 10^4$ kW，居全国第 2 位，仅次于山东省。根据江苏新能源产业发展规划，到 2020 年，江苏风电装机容量将达到 $1\ 000 \times 10^4$ kW，占全国 1×10^8 kW 的 10% 。

海洋生物医药、海水利用、海洋电力等产业发展在全国水平也比较滞后。

参考文献

江苏省地方志编纂委员会 . 1996a. 江苏省志·盐业志 . 南京：江苏科学技术出版社，32 – 49.

江苏省地方志编纂委员会 . 1996b. 江苏省志·海涂开发志 . 南京：江苏科学技术出版社，4 – 5.

江苏省地方志编纂委员会 . 1996c. 江苏省志·水利志 . 南京：江苏科学技术出版社，162 – 169.

江苏省地方志编纂委员会 . 1996d. 江苏省志·水产志 . 南京：江苏古籍出版社，25 – 26.

江苏水产局史志办公室 . 1993. 江苏省渔业史 . 南京：江苏科学技术出版社，36 – 37.

江苏省海洋与渔业局 . 2002. 江苏省大比例尺海洋功能区划报告 . 北京：海洋出版社，73.

江苏省洋口港经济开发区 . 建设进展：人工岛［EB/OL］.［2011 – 03 – 01］. http：//www. ntykg. com/site/jsjz/index. shtml.

江苏省海岸带和海涂资源综合考察队 . 1986. 江苏省海岸带和海涂资源综合调查报告，北京：海洋出版社 .

江苏政区通典编撰委员会 . 2007a. 江苏政区通典 . 北京：中国大百科全书出版社，385 – 539.

李京文 . 1998. 21 世纪大趋势 . 沈阳：辽宁人民出版社，110 – 116.

南通市地方志编纂委员会 . 2000. 南通市志 . 上海：上海社会科学出版社，1323 – 1324.

王颖 . 2002. 海陆架辐射沙脊群 . 北京：中国环境科学出版社，8.

盐城市地方志编纂委员会 . 1998. 盐城市志 . 南京：江苏科学技术出版社，572 – 573.

盐城市地方志编纂委员会 . 1998. 盐城市志 . 南京：江苏科学技术出版社，706 – 708.

周松亭，邵奇峰 . 1987. 江苏海水养殖业的历史现状与前景 . 现代渔业信息，（12）：1 – 4.

第 15 章　辐射沙脊群区开发前景分析

随着世界人口增加、土地资源减少、环境恶化以及对资源、能源需求的急剧增加，世界各国都出台了面向 21 世纪的海洋发展战略，人类进入大规模开发利用海洋的时代。地处长江三角洲边缘的辐射沙脊群不可避免地被卷入这波开发大潮中。

15.1　沙脊群区开发机遇[①]

15.1.1　国家战略下的沙脊群区开发

东部沿海地区以其良好的地理区位和发展基础，长期以来是国家发展战略的重点地区，担当全国经济实力增长的主体、国家高新技术产业发展和产业创新的基地，是我国经济融入世界经济体系的纽带和增强我国国际竞争力的决定性地区。自改革开放之初的深圳经济特区和沿海 14 个开放城市到京津冀、"长三角"和"珠三角"三大城市群，沿海地区一直是国家政策和基础设施重点投入的区域。为进一步完善沿海经济布局，至 2010 年国务院相继批准了河北曹妃甸循环经济示范区产业发展总体规划、天津滨海新区综合配套改革试验总体方案、广西北部湾经济区发展规划、珠江三角洲地区改革发展规划纲要、江苏沿海地区发展规划、辽宁沿海经济带发展规划、黄河三角洲高效生态经济区发展规划、长江三角洲地区区域规划等，到 2020 年我国全面进入小康社会时，沿海的整体经济框架将形成。

发展海洋经济是我国参与世界经济大循环、使中国经济走向世界的一条战略途径，同时也是解决我国资源短缺环境恶化等重大难题的重要途径。由于长期的经济高速增长和大规模城市化，加上土地特别是耕地资源和水资源短缺，沿海地区的生态和环境问题突出。新近出台的国民经济和社会发展第十二个五年规划纲要中将海洋经济作为现代产业体系的重要构成，专门强调坚持陆海统筹，制定和实施海洋发展战略，大力发展海洋油气、运输、渔业等产业，合理开发利用海洋资源，保护生态环境。

江苏沿海地区开发是提升长江三角洲地区整体实力、促进全国区域协调发展的重要战略。2009 年 6 月 10 日国务院批准通过的《江苏沿海地区发展规划》"立足沿海，依托长三角，服务中西部，面向东北亚"，把江苏沿海发展放在全国和全球视野，具备真正意义上的国家战略地位；规划将江苏沿海建设为"我国重要的综合交通枢纽，沿海新型的工业基地，重要的后备土地资源开发区，生态环境优美、人民生活富足的宜居区，成为我国东部地区重要的经济增长极和辐射带动能力强的新亚欧大陆桥东方桥头堡。"而江苏沿海开发的核心就是系列深水岸线及广袤滩涂资源的开发。位于江苏盐城和南通海域的辐射沙脊群区域面积

---

①　本节由陈爽执笔。

$2.247 \times 10^4 \ \mathrm{km}^2$，其中约 $2\,000\ \mathrm{km}^2$ 的高出理论基面部分是宝贵的潜在土地资源；沙脊群区域，沙脊之间的潮流深槽是天然的从外海伸向沿岸浅滩的深水通道，可开发建设深水港。独特的区位和资源优势是江苏沿海发展上升为国家战略的基础，而全球海洋经济发展宏观背景下的国家战略是加速江苏沿海及沙脊群区开发的驱动力。

表 15.1　2008 年以来国务院批准的沿海地区发展规划基本情况

批准时间	名称	所涉地市	面积 /×10⁴ km²	人口 /万人	人均 GDP /元	战略定位
2009 – 06 – 10	江苏沿海地区发展规划（2009—2020 年）	连云港、盐城、南通	3.25	1 964（2008 年）	24 760.7（2008 年）	我国重要的综合交通枢纽、沿海新型的工业基地、重要的土地后备资源开发区、生态环境优美、人民生活富足的宜居区
2009 – 12 – 01	黄河三角洲高效生态经济区发展规划	东营市，滨州市，潍坊寒亭区，烟台莱州市，寿光市，昌邑市、德州乐陵市、庆云县，淄博高青县	2.65	983.9（2006 年）	33 092.8（2006 年）	山东省重要的现代农业经济区、现代物流区、技术创新示范区和全国重要的高效生态经济区，成为全省对接天津滨海新区、发挥环渤海经济圈重要成员作用的桥头堡
2009 – 07 – 01	辽宁沿海经济带发展规划（2009—2020 年）	大连、丹东、锦州、营口、盘锦、葫芦岛	5.65	1 800（2008 年）	38 605（2008 年）	东北地区对外开放的重要平台、东北亚重要的国际航运中心、具有国际竞争力的临港产业带、生态环境优美和人民生活富足的宜居区
2008 – 01 – 25	河北曹妃甸循环经济示范区产业发展总体规划	唐山市曹妃甸工业区、南堡经济开发区、唐山市唐海县和唐山市曹妃甸新城	0.1943	22（2006 年）	27 846（2006 年）	能源、矿石等大宗货物的集疏港、新型工业化基地、商业性能源储备基地和国家级循环经济示范区，中国北方商务休闲之都和生态宜居的滨海新城
2008 – 03 – 13	天津滨海新区综合配套改革试验总体方案	天津滨海新区	0.227	202（2008 年）	79 635（2008 年）	我国北方对外开放的门户、高水平的现代制造业和研发转化基地、北方国际航运中心和国际物流中心，环境优美的宜居生态型新城区
2008 – 04	海峡西岸城市群协调发展规划（获得住房和城乡建设部）批准	福州、厦门、泉州、漳州、龙岩、莆田、三明、南平、宁德、温州、丽水、衢州、上饶、鹰潭、抚州、赣州、梅州、潮州、汕头、揭阳	18.871	5 558.8（2007 年）	17 088（2007 年）	促进祖国统一大业的前沿平台，推动国际合作的重要窗口，衔接"长三角"、"珠三角"，辐射中西部的沿海增长极

续表

批准时间	名称	所涉地市	面积 /×10⁴ km²	人口 /万人	人均 GDP /元	战略定位
2009 - 01 - 18	珠江三角洲地区改革发展规划纲要（2008—2020年）	广州、深圳、珠海、佛山、江门、东莞、中山、惠州、肇庆	4.169 8	4 230（2007 年）	69 450（2007 年）	世界先进制造业和现代服务业基地，全国重要的经济中心，探索科学发展模式试验区，深化改革先行区，扩大开放的重要国际门户
2008 - 02 - 21	广西北部湾经济区发展规划	南宁、北海、钦州、防城港	4.25	1 279（2006 年）	13 906（2006 年）	中国—东盟开放合作的物流基地、商贸基地、加工制造基地和信息交流中心，成为带动、支撑西部大开发的战略高地和重要国际区域经济合作区
2010 - 05 - 22	长江三角洲地区区域规划	上海、南京、苏州、无锡、常州、扬州、镇江、南通、泰州、杭州、宁波、湖州、嘉兴、绍兴、舟山、台州	11.0	9 698.7（2005 年）	34 949.7（2005 年）	我国最具综合实力的经济中心、全球重要的先进制造业基地、亚太地区重要的国际门户、我国最具国际竞争力的世界级城市群

注：笔者根据各规划文本内容整理。

15.1.2 "长三角"一体化发展促进沙脊群区开发

"长三角"持续发展需要沙脊群区后备土地资源保障。长江三角洲土地总面积109 600 km²，占全国国土总面积的1.1%，人均土地面积0.14 hm²，约为全国平均水平的1/5。该区域以平原为主，占陆地面积的55.1%，低山丘陵占44.9%。土地面积的12%为江河湖塘。经过长期开发，该区域的耕地垦殖率达38.5%，是全国平均水平的4倍，包括建设用地在内的全区域土地开发利用率更高达57%，未利用土地中可作为土地后备资源的仅占土地总面积的1%。自20世纪80年代以来，"长三角"地区进入工业化和城市化快速发展阶段，交通、能源、基础设施建设快速推进，建设用地需求迅速增加，土地供需矛盾非常突出。1997—2004年间，"长三角"地区平均每年新增建设用地45 000 hm²，2004年建设用地总量达1 840 000 hm²，占全部土地面积的16%。据"长三角"综合规划课题组研究（国家发展和改革委员会地区经济司，2011），根据国家基本农田保护要求、生态用地和不宜建设用地量测算，不考虑开发的经济可行性前提下"长三角"地区理论上可转化为建设用地的数量2004年约1 350 000 hm²，将在30年内全部开发完毕。而现实中，由于耕地多分布于平原地区的城市周边，新增建设用地中80%来源于耕地。"长三角"现状3 590 000 hm²的耕地中受到绝对保护的基本农田占到90%，可供释放的耕地数量非常有限，直接造成目前"长三角"地区用地紧缺的状况。而地处"长三角"边缘与上海有着千丝万缕联系的南通、东台沿海地区，拥有广阔的沙脊群，可开发为后备土地资源。通过区域统筹实现耕地占补动态平衡，促进临近的苏北沿海沙脊群开发，就成为"长三角"寻求持续发展的重要选择。

"长三角"区域规划奠定了利于沙脊群区开发的政策环境。根据国务院2010年6月批准通过的《长江三角洲地区区域规划》，包括沙脊群区在内的苏北沿海成为"长三角"统筹发展的地区。规划通过区域空间和产业布局、城镇体系发展及系列用地政策，大力推动苏北沿海地区的发展。在区域布局上，规划依托临海港口建设新兴临港产业和海洋经济发展带，辐射带动苏北地区经济发展，充分利用苏北地区的土地、劳动力和能源资源优势，建立"长三角"地区优质农产品、能源、先进制造业基地和承接劳动密集型产业转移基地；在城镇发展方面，着力将南通打造为江海交汇的现代化国际港口城市，将盐城建设为沿海地区现代工商城市；基础设施建设方面，规划以连云港港为核心，联合南通港、盐城港共同建设沿海港口群，成为上海国际航运中心北翼重要组成部分；在用地政策方面更体现了明显的区域倾斜，实行差别化土地政策，统筹保有耕地，优化用地布局。在严格保护耕地、确保"长三角"核心区耕地面积（不低于 $333 \times 10^4 \ hm^2$）和口粮自给的同时，要求在严禁跨省域易地占补平衡的前提下，探索耕地占补平衡的有效途径，并严格控制上海、南京、苏州、无锡、杭州、宁波的城市建设用地增量，对沿江、沿湾和沿海发展带，优先安排建设用地指标，科学利用滩涂资源，满足重点产业发展和基础设施建设需求。这将在政策层面上促进核心区产业向外围的苏北沿海转移，带动就业机会及人口分布格局变化，为苏北沿海开发创造了良好的外部环境。

"长三角"发展辐射带动苏北沿海发展。根据区域发展的增长极理论，在区域经济增长过程中，经济增长总是首先出现在少数区位条件优越的点上并不断发展成为经济增长中心（极），在增长极形成的后期，扩散效应逐步增强，通过向周围输出劳动力、资金、技术、设备、信息等辐射带动周边发展。目前以上海为中心的"长三角"地区已成长为全国性的增长极，规划发展成为亚太地区重要的国际门户、全球重要的现代服务业和先进制造业中心、具有较强国际竞争力的世界级城市群，其辐射功能开始惠及苏北沿海，不断向这些地区输出技术、信息和产业转移，刺激基础设施投入和用地需求的增长。

15.1.3　苏北沿海地区发展加快沙脊群区开发

江苏沿海包括连云港、盐城和南通三市，面积 32 500 km²，人口 1 964 万，2008 年人均 GDP 24 000 元，低于"长三角"但高于全国平均水平。农业开发历史悠久，是黄淮河平原和江淮地区国家粮食主产区的重要组成部分；工业具有一定规模，以纺织、机械、汽车、医药、化工等为主；基础设施建设较好，由港口、机场、高速公路、铁路、航运构成的区域综合交通体系初步形成。随着经济全球化和区域经济一体化的深入发展，国际间产业转移和区域间经济合作不断深化，为江苏沿海地区加快发展提供了有利条件。在"长三角"地区经济一体化进程推动下，江苏沿海地区全部纳入"长三角"区域范围，将进一步促进生产要素合理流动和优化配置，加快该地区的发展。江苏沿海发展在 20 世纪末就是区域发展"四沿"（沿长江、沿沪宁线、沿海、沿东陇海线）战略之一，直至约 10 年后在有利的宏观经济和政策环境下上升为国家战略，引起开发热潮。根据《江苏沿海地区发展规划》（2009—2020 年），沿海开发的空间布局为"三极、一带、多节点"框架。其中"三极"指连云港、盐城和南通三个中心城市，增强其辐射带动作用；"一带"指连接三中心城市的沿海高速公路、沿海铁路、通榆河等主要交通通道，促进沿线产业集聚；"多节点"指沿海大小港口，以此为节点促进人口和产业集聚，推进港口、产业和城镇联动发展，提升沿海区域整体发展水平。这种开发更多的是一种自上而下的开发，各级政府纷纷以岸线和丰富的滩涂资源为诱饵吸引投资、争

589

取国家重大工程项目布局，并以此为极点进一步吸纳产业和人口集聚。而围填海往往成为沿海市县全面启动区域开发的第一步。

在经济发展相对超前的区域，强大的发展压力进一步刺激区域性大开发。港口等重大基础设施建设、城市建设和产业园区建设对岸线和土地资源提出了更多需求，围填海则成为缓解土地资源紧缺状况的共同选择。据初步统计，近五年来，我国每年平均围填海面积超过15 000 hm²，形成的土地主要用于新城镇建设、港口建设、滨海旅游及石化、电力、造船等临海工业（吴晶晶，2010）。荷兰、日本、新加坡等国家也都靠填海来解决土地矛盾。

江苏沿海丰富的滩涂资源、潜在深水岸线和连接"长三角"与环渤海经济区的地位决定了它的开发特色，主要体现在重大基础设施建设、产业选择与布局、滩涂围填等方面。《江苏沿海地区发展规划》确定建设沿海港口群，以连云港为核心包括南通港和盐城组合港，通过完善港口体系、扩大港口能力和提升服务功能，形成上海国际航运中心北翼重要组成部分；规划重点推进大丰、东台、如东、灌云等陆地风电项目和沿海滩涂海上风电开发，建设"长三角"能源供应储备基地。产业规划方面，重点利用海域滩涂围填增加耕地资源，支持盐城等地建立优质商品粮棉生产基地和"长三角"农副产品供应基地；发展临港产业，在沿海布局石化项目，引导沿江及内陆特别是城市钢铁企业向连云港转移。海域滩涂开发方面，规划在2020年前围填270万亩海域滩涂，建设国家大型商品粮棉基地，适度用于临港产业发展。

辐射沙脊群是江苏沿海滩涂的重要构成，也是江苏沿海开发上升为国家战略的重要因素，而沿海开发战略的实施正在改变着沙脊群，并且必将对其产生更加深远的影响。

15.2 沙脊群区开发战略[①]

15.2.1 目标与定位

沙脊群区以其丰富的滩涂资源、港航资源、渔业资源和生态环境资源，一直以来经历着不同程度的开发。从新中国成立初期的围海晒盐到20世纪60年代中期至70年代围垦海涂扩展农业用地，80年代中后期到90年代中期的滩涂围垦养殖到21世纪初开始的本轮开发热潮，滩涂资源开发模式日趋多样化，开发目标综合化。从全国来看，自2002年《海域使用管理法》实施以来至2009年底，国务院和地方各级政府共批准实施的填海面积为741 km²，主要用于建设临海工业、滨海旅游区、新城镇和大型港口基础设施等。基于沙脊群区资源环境特征和陆域经济社会发展趋势，结合已经或正在实施的《江苏沿海地区发展规划》、《江苏沿海滩涂围垦及开发利用总体规划》、《江苏省海洋功能区划》等，沙脊群区开发主要目标可归纳如下几方面。

（1）利用优越的港航资源，建设江苏沿海港口群。江苏沿海属淤泥质海岸，宽广的潮间带浅滩使深水区远离海岸。辐射沙脊群区域，沙脊之间的潮流深槽从外海伸向沿岸形成天然的深水通道，包括黄沙洋、烂沙洋、西洋深槽等临近大丰、东台、如东、通州等沿海县市（区），形成优越的港航资源。目前已建成大丰港和洋口港，正在进行腰沙、冷家沙建港条件论证，规划建设启海、通海港区。利用淤泥质海岸潮流通道建设的深水港将改变江苏沿海自

---

① 本节由陈爽执笔。

连云港以南近 800 km 区域无大港的局面，逐步形成江苏沿海港口群。根据江苏沿海地区发展规划，江苏沿海将形成以连云港为核心，包括南通港和盐城港的港口群，其中南通港由 11 个港区组成，两个沿海港区为洋口港区和吕四港区，定位为国家沿海主要港口、上海国际航运中心北翼重要组成部分。盐城港包括大丰港区、滨海港区、射阳港区、响水港区，定位为上海国际航运中心的喂给港和连云港的组合港。沿海港口发展不仅促进港口群的形成，还将带动临港产业的发展，利于形成港口、产业、城镇联动开发的格局，有力促进沿海区域整体发展。

（2）利用海域滩涂资源优势，形成"长三角"土地后备资源库。位于江苏中部射阳港口至蒿枝港口之间的辐射沙脊群南北长达 200 km，东西宽 90 km，主要由 10 条形态完整的大型水下沙脊构成。多数沙脊在近岸部分，低潮时出露成为沙洲，1 km² 以上的沙洲有 50 余个，理论最低潮面以上面积约 2 000 km²，可通过匡围成为后备土地资源。辐射沙脊群区域紧靠"长三角"核心城市之一的南通，距上海、苏州、无锡等城市直线距离不超过 200 km。而作为全国经济重心的"长三角"核心区土地资源紧缺状况日趋严重，全部可建设用地将在 20 ~ 30 年内消耗完，通过区域统筹，包括沙脊群在内的苏东滩涂将成为大"长三角"区域平衡农业用地、承接产业转移的重要地区。由于滩涂匡围从用于养殖业到形成可供种植的良田需要 20 ~ 30 年的周期，即早围垦是解决未来区域性土地资源短缺的必要举措。根据规划江苏沿海在 2020 年前将围垦 270 万亩滩涂，其中以东沙、高沙、条子泥、冷家沙、腰沙等岸外沙洲为主的离岸围垦面积约占 53%[①]。

（3）立足良好的生态环境与自然保护区，建设我国生态旅游基地。江苏沿海滩涂开发程度相对较低，产业和人口密度均低于江苏平均水平，虽然近年受沿海养殖业和工业的发展，海域受到一定程度污染，但生态环境总体良好，岸外沙脊群区适合发展绿色、无公害养殖业。位于射阳和大丰的两个国家级自然保护区具有国际影响，经多年保护已形成良好的自然湿地景观，生物多样性得以显著提升。在我国经济发达的东部沿海地区，自然景观和保护区均属于稀缺资源，从长远来看具有重大发展优势，沙脊群区开发要注重生态环境的深度保护和质量提升，着力打造我国生态旅游基地。

15.2.2　指导思想

（1）因地制宜布局，环境优先。沙脊群区开发应根据区域自然特征和稳定性，确定开发适宜区域，确保生态环境影响最小化，生态系统安全稳定性不受影响。注重对重要湿地和自然岸线的保护，防止对生物多样性及渔业资源造成严重损害；加强对养殖场的管理，防止海水有机污染，减少赤潮危害；高度重视对洪水、台风、海啸等自然灾害的防范措施，保障围填区安全。

（2）多功能综合开发，港口优先。在适度集中的同时，根据资源特征和环境条件进行功能分区配置，确定合适的开发形态、功能布局，多宜性地区港口优先选择，充分利用和保护优质建港空间资源，以港兴工，以工兴城，采用港、工、城联动发展模式；同时兼顾旅游业的发展，保护稀有珍贵的自然遗存。正确处理围垦、防洪排涝、航运、养殖等之间的关系，发挥开发的最佳综合效益。

---

① 《江苏省沿海滩涂围垦开发规划（2009—2020 年）》。

（3）总体规划，适时分步实施。在全面进行资源环境调查研究的前提下，对区域进行适宜性评价，制定开发总体规划，并与相关规划相衔接；根据资源环境条件规划基础设施建设内容和时序，设立分区开发方针和政策。

15.3 海洋经济与新兴海洋产业发展前景[①]

15.3.1 港口与海洋运输业

国内主要沿海城市非常注重港口建设。尽管由于自身发展阶段和发展条件不同，其临港产业的发展具有很大的差异性。但是，无一例外，港口是石化、装备制造、仓储、运输等具备大进大出特点的基础产业以及物流产业发展的重要依托（表15.2）。

目前，江苏省沿江港口较多，规模也较大，共有生产性泊位636个，其中万吨级175个，总吞吐能力达到 3.35×10^8 t，成为全国港口最为密集的区域。但这些港口大部分是作为上海国际化港口的喂给港，同构化现象严重。

江苏广阔的沿海地区无论是港口数量还是规模都相对较小，还没有形成规模较大的国际化港口。

江苏沿海除连云港港附近约44 km的岩质海岸以外，绝大多数都是淤泥质海岸，通常情况下，岩质海岸利于天然良港的形成，淤泥质海岸港口则存在着航道浅、淤积严重、拦门沙等诸多问题的困扰，这些港口的建设需要在疏通航道，修建栈桥等基础设施上投入巨大资金，因此影响了江苏沿海诸多港口建设的经济性，从而限制了港口的发展。

江苏港口功能单一，港城脱节。运煤成为沿海港口的主要任务。连云港建有专用煤码头，为陇海沿线、特别是华北地区运煤服务，射阳港的首要任务就是为盐城地区从山西转运煤炭，陈家港港、滨海港都是为了当地运煤而建，为了就近消化煤炭，建有射阳港电厂、陈家港港电厂、滨海港电厂等统一模式，随着华东电网的不断完善，以及连云港核电站的建设，苏北沿海能源紧张的矛盾将有根本好转。连云港港离市区20 km余，射阳港离县城近20 km，大丰港、陈家港港、滨海港离县城都有30 km，这样的一港一城布局，阻碍了港口的发展，也不利于带动城市经济的发展。

为适应国家总体发展战略和腹地经济发展的需要，服务江苏沿海产业开发，沿海地区需要加快建设深水大港和完善集疏运体系，逐步形成以连云港港为区域中心港，盐城港和南通港两大港口为主体的九大港区，集约开发，协调发展，逐步建立布局合理与服务高效的现代化港口体系。

连云港港：国家主要港口和长三角地区三个区域中心港之一，是连接南北的重要节点与纽带。根据"一体两翼"的整体构架，以连云主体港区（连云港区和徐圩港区）为核心，提升港口发展水平和服务能力，打造集装箱干线港。以集装箱和大宗物资中转为重点，发展综合物流，形成以物资转运、商贸流通为主的核心港区。徐圩港区以干散货、液体散货和散杂货为主，以30万吨原油码头为战略要点，抓紧推进深水航道与原油码头建设，并预留集装箱运输功能、物流园区建设和进口原油储备基地建设用地。

---

① 本节由张落成执笔。

南通港：国家主要港口，具有沟通江海的特殊区位优势。以 LNG 发电项目为依托，重点建设洋口港区 LNG 码头起步工程，尽快建设人工岛和陆岛通道以及码头工程，积极推进港区公共基础设施建设步伐，逐步形成规模开发。积极开发建设吕四港区电厂码头和大宗物资码头建设。

盐城港：江苏沿海中部的地区性重要港口，由大丰、滨海和灌河口响水港区组成。加快大丰港区二期工程建设；充分发挥滨海港区深水优势，布局建设 10 万吨级以上深水港口，逐步使之成为江苏沿海中部地区的综合性港区；积极促进射阳河口港区开发建设，与连云港灌河口港群整合发展。

表 15.2　"长三角"、"珠三角"主要港口建设和规划目标

港口	建设目标
上海港	重点建设洋山深水港，依托大、小洋山岛链形成南、北两大港区。到 2010 年，北港区（小洋山一侧）可形成约 11 km 深水岸线，布置 30 多个泊位，最大通过能力超过 1 500 万标箱
宁波港	正在成为"长三角"地区继上海后的第二级，目前是内地大型和特大型深水泊位最多的港口，是一个能提供全天候、全方位、多货种装卸服务的综合性港口
深圳港	2004 年港口集装箱吞吐量达到 1 365 万标箱，和上海港的差距缩小到 100 标准箱
广州港	将在短期内再投资人民币 50 亿元以上来改造及扩建现有的南沙港，将广州港区建成一个国际亿吨大港和华南地区现代物流最大的中心节点
珠海港	洪湾港码头（一期）将在今年内全面完工。高栏港两个 5 万吨级集装箱码头和 8 万吨级石化码头刚刚获得国家发改委核准，将在近日开工
苏州港	目前苏州正大力整合长江岸线资源，将张家港港、常熟港、太仓港实行三港合一，其发展目标是建成长江三角洲地区的集装箱干线港，成为上海国际航运中心集装箱枢纽港的重要组成部分
南京港	南京港经济地位突出，交通条件优越，是长江三角洲地区的主枢纽港，目前已成为华东地区及长江流域地区江海换装、水陆中转、货物集散和对外开放的多功能的江海型港口，原油、煤炭、外贸、集装箱装卸均是内河最大的港口
镇江港	镇江港现拥有高资港区、龙门港区、镇江老港区、谏壁港区、大港港区五大港区，规划发展高桥和扬中港区
江阴港	江阴港围绕完善提高老港区（A 区），随着 7 号正式对外开放，A 区已拥有万吨级泊位 5 个，万吨级集装箱多用途泊位 1 个，其功能定位是集装箱码头、物流交易中心、配套商业设施等；加快建设新港区（B 区）；2 号码头 2 个万吨级泊位和后方货物堆场基本建成后，年可吞吐货物 500×10^4 t；3 号码头规划的 3 个万吨级泊位建成后，年吞吐量可达 $1\ 000 \times 10^4$ t；其功能定位为集装箱、散货码头等，还有与之配套的保税物流中心

注：根据各地市相关资料整理。

15.3.2　临港产业

在中国 39 个工业门类中，制造业、冶金、机械、化工的比重达到 50%，这标志着中国工业经济已经进入新的经济增长平台，工业进入重化工阶段。这个阶段目前还远未结束，从其他发达国家的工业化历史来看，这一发展过程预计还将持续 15～20 年。

随着"长三角"、"珠三角"的劳动成本、商务成本（主要是土地）的快速上升，这些地区的资本、产业开始外移，而其中的临港产业有向沿海转移的趋势。上海、苏州、南京等城市在自身产业结构不断升级的同时，一些重化工业、基础制造工业等规模较大的生产制造环节有向沿海转移的趋势（表 15.3）。

表 15.3　我国沿海地区主要城市基础产业和临港工业的发展重点

城市	发展重点
上海	目前上海的临港产业主要是以物流、石化、船舶制造以及微电子产业为主，随着洋山深水港和临港新城的建设，今后上海还在现有临海产业的基础上，发展装备制造、汽车及零部件、精密仪器制造等产业，形成外高桥—临港新城—金山临海产业带
山东	目前山东临港经济带呈现出由中心城市带动的梯次发展格局，即一个中心城市（青岛）、三个区域中心城市（烟台、潍坊、威海）、三条产业聚集带（德烟铁路、蓝烟铁路和 204 国道）；基本构筑起了大、中、小城市和城镇 4 个层次相互配套的现代城市化建设格局；形成了以石油、重化、轻纺、电子、海盐和盐化、滨海农业、海洋港口运输业、滨海旅游业和高新技术产业为依托的临海产业体系
宁波	以石化、钢铁、造纸、修造船、能源五大重工业基地为重点形成临港工业带
舟山	以船舶工业、海水产品精深加工业、环杭州湾重要的临港重化工、大宗货物加工业、深水港口物流基地为重点，构筑"一轴两翼"的临海产业发展格局
天津	构建临港工业产业带，大力发展港口加工业，扩大冶金工业基地的规模，形成石油、海洋化工、钢铁上下游产业集群；利用物流成本低和积极效应，建立轻工业品产业，结合保税区的政策优势，发展保税仓储、加工贸易；发挥港口和海洋优势，大力发展仓储业，运输中介、服务等综合服务业，最终以东部海岸线和海河海岸、京津唐高速公路形成"π"字形布局
大连	临港工业基础雄厚，整体工业总产值在东北地区实力第一，着力打造石化、船舶制造、装备制造、电子信息产业和软件四大临海产业基地

注：根据连云港临港产业发展规划整理。

近年来江苏沿海顺应产业发展和转移的发展趋势，各市纷纷提出"以港兴市，以港兴工"的战略，临海开发正从原来以农业滩涂开发为主向以港口开发和工业园区建设带动的发展模式转变。其中从南到北，南通启东有吕四港经济开发区和滨海工业集中区；如东有洋口港经济开发区（含港区和 LNG 项目建设）、小洋口化工集中区。盐城有大丰港经济开发区、滨海化工园区、响水陈家港化工园区。连云港有灌河口临港产业区、连云港经济开发区、出口加工区、临港开发区和赣榆海洋经济开发区等。这些海洋经济开发和临港工业集中区均以基础性产业和临港工业为重点。

15.3.3　新能源产业

江苏省作为我国经济最为发达的地区之一，电力需求十分旺盛。但受制于资源分布和电力体制，江苏电力需求的大部分只能依靠本省的燃煤发电来满足。2001—2004 年江苏省能源消费总量 1.1×10^8 t，4 年间年均净增 936.9×10^4 t，是 20 世纪 90 年代年均增量的 4.1 倍，而同期 GDP 增长 2.3 倍，江苏一次能源消费增长速度明显快于经济总量增长速度。

能源短缺带来诸多方面的问题：一是江苏作为煤炭资源的纯输入地区，电力生产受价格、运力等因素的影响很大，抗风险能力极差。目前主要电厂均为燃煤电厂，电源结构形式单一，发电用煤需求量大，而由于本省产煤能力有限，每年的发电用煤自给量仅 $(300 \sim 500) \times 10^4$ t，80% 需区外来煤解决；二是环境负荷大，江苏大部分地区处于"两控区"内，燃煤电厂的大量兴建使 SO_2、CO_2 排放大量增加，降低了空气质量，加剧了温室效应；三是江苏燃煤电厂普遍依靠长江或内河航道运输煤炭，挤占了日渐稀缺的码头及岸线资源。因此，江苏发展绿色清洁的可再生能源产业，在全国具有更加明显的紧迫性和必要性，是对江苏省能源消耗的有益补充，符合我国能源可持续发展的战略要求，对江苏沿海增长极的培育具有重要推动作用。

江苏沿海海岸和近海海域风能资源丰富，有三个极具潜力的风能开发区，同时具备发展风电的地形和自然条件。第一批特许权项目如东风电场一期（10×10^4 kW）和第二批特许权项目如东风电场二期（15×10^4 kW）已部分投产。第三批特许权项目东台风电场（20×10^4 kW）和大丰风电场（20×10^4 kW）正在建设中。以上项目计划 2010 年之前全部投产，成为全国最大风电产业基地之一。能源短缺的状况将会在很大程度上得到缓解。根据江苏风电产业发展规划，到 2020 年，江苏风电装机容量将达到 1 000 kW，成为名副其实的风电大省（潘晔，2010）。

江苏沿海地区发展规划明确提出，鼓励发展可再生能源和清洁能源，优化能源产业布局，改善能源结构，形成以风电和核电为主体、生物质能发电为补充的新能源产业体系。风电近期以陆地风电为主，同时加快海上风电技术攻关，远期重点发展近海风电；核电以田湾核电为基础，扩大规模；生物质能发电重点推进秸秆资源综合利用，积极开展滩涂生物质燃料发电的前期研究，发展清洁高效的生物质气化技术。支持江苏省与中国科学院在能源动力研究方面的合作，促进技术成果转化，建设清洁能源创新产业园。鼓励发展新能源装备制造业，提高零部件研发设计和生产加工能力；优化太阳能光伏电池及原材料制造业发展，提高自主创新能力。支持设立沿海新能源产业发展基金，促进新能源产业发展。到 2020 年，建设成为国家重要的新能源基地和新能源装备制造基地，新能源发电（含核电）装机占江苏沿海地区的比重提高到 40% 左右。

15.3.4　滩涂围垦与现代农渔业

江苏省沿海未围滩涂总面积 750.25 万亩，其中潮上带滩涂面积为 46.12 万亩，潮间带滩涂面积 704.13 万亩，含辐射沙脊群区域理论最低潮面以上面积 302.63 万亩[①]。

连云港市沿海潮上带滩涂面积 0.07 万亩，潮间带面积 29.21 万亩；盐城市（不包括辐射沙脊群）沿海潮上带滩涂面积 40.10 万亩，潮间带面积 170.99 万亩；南通市（不包括辐射沙脊群）沿海潮上带滩涂面积 5.95 万亩，潮间带面积 201.30 万亩。

江苏的滩涂开发历史悠久，滩涂围垦始于汉代，到"范公堤"建成后，围垦规模不断扩大，20 世纪初期，张謇等兴办垦牧公司，进行规模垦殖以来，滩涂资源不断得到开发利用。但全省沿海滩涂仍有广阔的空间，根据资料，1950—2008 年累计匡围滩涂 211 个垦区，匡围面积 421 万亩，其中 10 万亩以上垦区 8 个，5 万 ~ 10 万亩垦区 15 个，1 万 ~ 5 万亩垦区 81 个，1 万亩以下垦区 107 个。从地域分布看，大丰围垦面积最大，占总面积的 20% 以上。

江苏沿海滩涂开发需要走集中开发之路，改变长期以来"谁开发、谁受益"的传统开发模式，充分发挥滩涂资源的规模效益。对围填形成的土地资源，探索新的开发模式，促进土地集约高效利用。统筹考虑产业开发、城镇建设、农业生产和生态保护，合理确定建设用地、

---

① 908 专项调查结果。

农业用地和生态用地的比例，其中农业用地、生态用地、建设用地分别占围填面积的 60%、20% 和 20% 左右[①]。海域滩涂围填利用以综合开发为方向，优先用于发展现代农业、耕地占补平衡和生态保护与建设，适度用于临港产业发展。

利用海域滩涂围填增加耕地资源，稳定粮食种植面积，提高粮食生产能力，重点支持盐城等地建立优质商品粮棉生产基地和"长三角"农副产品供应基地。坚持区域化、规模化、标准化连片种植，建设双低油菜生产基地。以市场为导向，积极发展设施农业和园艺业。建立健全农产品质量安全体系，提高无公害、绿色和有机农产品比重，创建沿海生态农业品牌。充分发挥国有农场在调整农业结构、发展现代农业中的作用。大力发展高产、优质、高效、生态、安全的现代农业，实现由传统农业向现代农业的转变，建成国家重要的商品粮基地、农产品生产加工和出口基地、农业观光休闲基地。打造一批农业产业化国家级和省级重点龙头企业、全国农产品加工示范基地和创业基地、农产品加工研发分中心；依托南通、射阳、东海等外向型农业综合开发区，大力发展出口农业。

海洋渔业直接关系民生，生产品种丰富、品质优良的海产品，满足市场需求，是海洋开发的重要目的之一。江苏在稳定海洋捕捞产量，提高捕捞产品质量的同时，要大力发展海水养殖业，提高海水养殖业在海洋渔业中的比重。要优化养殖品种结构，加快养殖品种的改良，提高海洋水产品的市场竞争力。堤内养殖仍以虾、贝、蟹、鱼等品种养殖为主，逐步发展单品种或多品种的高产精养；堤外养殖目前主打品种是贝类，但产出率较低，要改进养殖方式、养殖技术和养殖品种，提高养殖档次；浅海养殖有网箱、筏式、垂挂和底播等方式，养殖鱼、贝和藻类，要大力增加海珍品的养殖面积和产量。

15.3.5　沿海旅游业

沙脊群海区沙洲星罗棋布，潮流作用强劲，生态环境多样，自然风光独特；内缘海岸因有沙脊群掩护，绝大部分是淤涨型的淤泥质海岸，湿地宽广，有大量的自然和人文景观，旅游资源丰富。要集中人力、财力，加大开发力度，建设一批规模较大、功能较全、配套设施较完善的滨海旅游区。盐城市沿海要利用珍稀濒危生物保护区集中和湿地广布的条件，大力开展形式多样、各具特色的滨海观光、度假、文体娱乐等生态旅游活动。

旅游活动是一种益智、审美和陶冶情操的活动。在开发沿海旅游资源过程中，除了利用"阳光、海水、沙滩"之外，还应大力挖掘海洋特色显著的历史、民俗、宗教等文化资源，开展沿海地区特有的海洋渔业文化旅游、盐文化旅游、民俗风情文化旅游、宗教文化旅游等，加强对高品质的集"参与性"、"娱乐性"和"文化性"于一体的特色旅游项目的创意与营造。

---

① 江苏沿海地区发展规划，2008。

参考文献

国家发展和改革委员会地区经济司．2011．长江三角洲地区区域规划研究报告（上）．北京：科学技术文献
　　出版社，140－142．

潘晔．2020年江苏风电并网发电量将达1000万千瓦［EB/OL］．（2010－07－22）　［2011－03－10］
　　http：//news. xinhuanet. com/fortune/2010－07/22/c_ 12363108. htm.

吴晶晶．从海洋大国加快走向海洋强国——专访国家海洋局局长孙志辉：近五年平均每年围填海面积超
　　15000公顷［EB/OL］．（2010－09－05）［2011－03－20］．http：//news. xinhuanet. com/2010－09/05/c_
　　12519151_ 4. htm.

第16章 辐射沙脊群开发政策和保障措施

16.1 组织机构与管理模式创新[①]

16.1.1 明晰沙脊群区各级政府管理权、开发权和使用权

根据我国海域使用管理法，辐射沙脊群海域属国家所有，国务院代表国家行使海域所有权。经省、自治区、直辖市人民政府授权，所属县级以上人民政府具有部分管辖权。单位和个人可以向县级以上人民政府海洋行政主管部门申请使用海域。填海项目竣工后形成的土地属于国家所有，需要办理土地产权登记。沙脊群开发涉及使用主体变更、产权类型变更等行为，需要在遵循国家法律前提下制定明确的产权管理制度，产权的排他性、安全性、可交易性、可实现性等完善与否是有效利用、交换、保存、管理资源以及对资源进行投资的先决条件。

16.1.2 设立多层协调机构

沙脊群开发的主要目标是完善区域综合交通体系、促进区域一体化和地方经济快速发展，总体开发管理宜采用政府主导下的统一管理模式，保证资源开发科学、规范、有序和有效。沙脊群区范围大、开发涉及的利益主体较多，可借鉴国际通用的多方合作机制，设立多层协调机构：首先，由省、市政府高层组成联合协调理事会，负责协调开发建设中的重大问题，制定目标、建立机制、协调政策，理事会定期召开会议；其次，成立管理会员会等常设机构，贯彻执行理事会决议，负责日常行政管理工作；第三，引入市场机制，分离行政管理和开发管理，采用企业集团行使开发管理职能，克服公共物品的市场失灵问题，防止政府行为滥用导致的低效。

16.1.3 建立新型的政府主导管理服务机制

成立专门的沙脊群区管理委员会，依法行使管理职能。管委会的主要职能是：根据国家法律法规和上级行政部门的授权，自主行使行政管理和经济管理权；作为理事会的常设机构，负责有关政策和管理办法起草，组织编制发展规划，并监督检查发展规划的实施；加强社会管理职能，创造良好的社会发展环境，保证开发建设、日常管理工作正常运行。管委会要负责协调相关部门利益群体，化解利益冲突，做好全面系统的信息收集、分析和处理等基础性工作，为综合决策服务。管委会通过树立"亲商亲民"理念、增强一站式服务功能、实行社会服务承诺制等途径，形成"精简、统一、效能"的服务型管委会，"全过程、全方位、全

---

① 本章由陈爽、张落成执笔。

天候"的服务体系，"公开、公正、公平"的市场秩序和"科学、规范、透明"的法制化环境。

16.1.4　建立新型的开发机制

由各县市共同组建沙脊群区开发有限公司，公司是开发的主体，主要进行土地开发和基础设施建设，吸引国际资本，进行各类投资，发展各类产业。公司集团化管理可以从经济功能上直接实现产业合理布局和产业结构优化，有效地避免条块分割，实现资源的统一调配。

16.2　市场激励与政策补偿

16.2.1　建立滩涂湿地生态系统功能科学评价体系

湿地是具有多功能的生态系统对其服务功能进行评估，是湿地保护与合理开发的基础。生态系统服务功能是指生态系统及其生态过程所形成与所维持的人类赖以生存的环境条件与效用。它不仅包括各类生态系统为人类所提供的食物、医药及其他工农业生产的原料，更重要的是支撑与维持了地球的生命支持系统、维持生命物质的生物地球化学循环与水文循环，维持生物物种与遗传多样性、净化环境、维持大气化学的平衡与稳定。

江苏沿海滩涂湿地的生态功能是所具有的潜在或实际维持、保护人类活动以及人类未被直接利用的资源，或维持、保护自然生态系统的过程的能力。包括：涵养水源、调蓄洪水功能；调节气候功能；降解污染，固定碳和释放氧气；控制侵蚀、保护土壤；营养循环和生物栖息地以及科教娱乐等社会功能。需要对其生态系统服务功能进行科学评价，以真实反映湿地价值。

16.2.2　遵循"污染者付费、利用者补偿、开发者保护、破坏者恢复"原则，实施生态补偿

针对我国湿地资源所有权和使用收益权分离的情况，只有建立和完善湿地生态税费制度才能够使湿地资源的利用者将耗竭性利用方式（如围湖造田、排水开垦、开采泥炭等）转变为可持续利用方式，促进湿地保护和湿地恢复。我国的环境税费制度已经为生态补偿的开展奠定了一定的基础。目前正在征收的环境税费包括排污费、矿产资源补偿费、水资源费、土地损失补偿费、耕地占用税、城乡维护建设税等。征收方式主要有按项目投资总额、产品销售总额、产品单位产量、生态破坏的占地面积征收、综合性收费和押金制度六种。湿地生态补偿税费应从以下 6 个方面开展，按照征占用面积征收湿地占用税：① 按照生态破坏的面积征收湿地生态恢复费；② 按照养殖面积、水和生物资源使用量征收资源使用费；③ 按照渔业资源捕捞量征收渔业增殖保护费；④ 按照污染排放量征收排污费；⑤ 以颁发许可证的方式对资源进行监督和管理；⑥ 征收上来的税费应纳入湿地保护专项事业经环境的治理和恢复。

16.2.3　加大国家财政对湿地保护的投入力度

财政转移支付是当前中国政府最主要的生态补偿投入方式。与森林等其他生态系统相

比，国家财政用于湿地保护的资金投入严重不足。"十一五"期间计划投入资金仅为90亿元，用于湿地保护的全部资金还不足公益林生态补偿这一项森林保护措施的投入。因此，今后政府应逐步加大对湿地生态补偿的力度，防止湿地生态的进一步恶化。由于我国经济正处于快速转型的过程中，政府的财力有限，今后应积极引导社会各界参与到湿地保护中来，鼓励企业、个人和非政府组织对湿地进行投入，拓宽湿地生态补偿的资金筹措渠道。对于具有国际生态保护意义的重要湿地，应鼓励国际生态保护组织如湿地公约、世界自然保护基金、全球鹤类基金会等设立专项保护工程和项目，鼓励社会资本参与生态补偿。

16.3　规划协调与空间统筹

16.3.1　设立区域用海总体规划制度

沙脊群区地跨盐城、南通两市，涉及多个沿海县（市、区），由于沙脊群开发的自然特性，须在区域层面上综合考虑滩涂冲淤平衡、城市防洪防潮以及海洋功能区划；由于开发中涉及经济、社会、技术、生态多方面因素，须进行总体规划，统筹开发与建设行为，实现科学开发和综合效益最大化。

我国现行海域使用管理办法中涉及空间规划的内容主要包括海洋功能区划和区域建设用海总体规划。其中海洋功能区划由县级以上人民政府组织编制，是我国目前进行海域使用管理的主要依据。海洋功能区划按照海域的区位、自然资源和自然环境等自然属性确定海域功能，根据经济和社会发展的需要，统筹安排各有关行业用海。在此基础上，对于用海面积在50 hm^2 以上的区域建设用海实行总体规划管理，要求区域内的建设项目进行整体规划和合理布局，确保科学开发和有效利用海域资源。由用海单位根据用海的实际需要，编制区域建设用海总体规划，并呈交海域使用主管部门组织规划论证。所编制的总体规划必须符合海洋功能区划，并与城市总体规划、土地利用总体规划等相衔接。

沙脊群区开发范围广，涉及多个利益主体，开发功能包括养殖、工业、城镇、港口交通等多方面，超出一般区域建设用海总体规划内容，而省级海洋功能区划的空间尺度不足以具体指导开发行为，因此沙脊群区开发需建立新的规划管理办法，在区域建设用海总体规划之上设立高一层次的区域用海总体规划。根据实际需要和区域发展需求对目标海域使用功能进行统一规划，确定建设范围和功能布局，大型基础设施和安防工程布局，协调建设与资源环境保护的关系，提出适宜的环境保护对策。

16.3.2　加强各级、各类规划间的衔接

用海规划要符合海洋功能区划，在功能布局、基础设施建设等方面与现有城市总体规划、土地利用总体规划、社会经济发展规划对接，并将规划内容纳入新一轮城市总体规划修编和社会经济发展规划。区域建设用海总体规划和项目用海申请等需符合区域用海总体规划。在规划管理上，应设立专门人员负责监督规划实施情况，在对建设用海规划进行论证、对项目用海申请进行审核时要将是否符合用海规划纳入论证或审核内容。

16.4　生态环境保护对策

16.4.1　建立环境保护新机制

实施最严格的环境保护制度，在沙脊群开发和项目引进中实行环境保护"一票否决"和问责制。加强产业政策、环境准入和污染排放标准的约束机制，从源头防止环境污染和生态破坏。加快围填海区环保基础设施建设，加大工业废弃物和生活垃圾的综合利用。

编制海洋环境保护和生态建设规划，维护海洋资源的可持续利用。在农渔业区、海洋保护区，尤其是湿地珍禽保护区、麋鹿保护区等重点保护区内不得从事工业与城镇建设开发活动；开发活动不得造成海洋生态环境破坏，对新上项目要严格进行海洋环境影响评价；注重保护河口湿地生态系统，维护沿海湿地生态系统的稳定。

完善海洋环境监测预报体系，保护和改善沙脊群海域生态环境。定期评价沙脊群区海洋环境质量，实行污染总量控制，强化对海洋开发和排污倾废的管理；设立专门的海洋观测和预报台站，开展海况的预测预报，发展并完善海洋灾害的预警预报和减灾防灾系统，为生态环境灾害预报和治理决策提供信息服务。

16.4.2　加强环境治理与灾害防治

加强赤潮防治。严格控制沙脊群区经河口入海的富含营养盐的污水量，减少新的污染源产生，并采取相应措施控制排放总量，防止海水富营养化，预防赤潮发生，减轻损失。在开发功能布局上，根据环境自净能力合理安排养殖用海规模，限制养殖密度，倡导高附加值、低污染养殖技术应用，制定有关养殖区废物、废水处理管理条例，切实防止养殖业对海洋环境的污染。开展赤潮的监视和预报，加强科学研究，掌握赤潮发生的机理和防治手段，最大程度地减小赤潮危害。

加强风暴潮和水旱灾害防治。在沙脊群开发规划和建设中注重海防工程建设，加强围海造地工程内部的排灌系统建设，确保重点工业和城镇建设项目安全，最大程度地减小风暴潮和水旱灾害对围填区的影响。

加强地下水资源开发利用研究，防止地面沉降。尽快开展沙脊群区地下水资源调查评价工作，进行地下水可采资源计算及评价，编制中长期地下水资源开发利用规划，为开发建设项目的淡水资源需求服务。加强地质环境监测，建立和完善地下水动态监测网络，为地下水合理开发利用和保护、防止地面沉降提供科学依据。

加强地震地质灾害研究，制定防震对策。加强对沙脊群海域内地震构造研究，充分利用已有的海域勘探资料和地震部门研究活动断层的技术，分析掌握海域活动断层情况，研究活动断层的破坏作用及量级、可能造成的灾难性地震海啸形成条件等，为防震对策制定提供依据。

16.4.3　强化生物多样性保护措施

辐射沙脊群海域是南黄海旋转潮波系统与东海前进潮波系统相遇之处，在强大的潮流聚散作用下使海域内不同层位的营养充分混合，过渡带的自然条件有助于生物多样性，成为多

601

种鱼虾类产卵场和幼鱼育肥场，渔业资源量丰富。海区有大小黄鱼、带鱼、鲳鱼、鱿鱼、海鳗等100多种经济鱼类，沙洲上广泛分布文蛤、青蛤、四角蛤、泥螺、蛏子等经济贝类，是全国贝类的重要产区。鳗鱼苗资源丰富，为全国鳗鱼苗主要产地。盐城海岸湿地为丹顶鹤等珍稀鸟类和国宝麋鹿的栖息繁衍场所，建有盐城国家级珍禽自然保护区、大丰国家级麋鹿自然保护区，对区域生态环境保护和可持续发展具有重要意义。近年来由于沿海滩涂湿地变化及港口建设开发，国家对自然保护区缓冲区和实验区进行部分调整，协调发展与保护的矛盾。

为加强对沙脊群区生物多样性的保护力度，应进一步明确受保护地区的范围，建立不同层次和不同类别的自然保护区加以重点保护，并纳入用海规划、海洋功能区划、滩涂开发规划等规划之中。对自然保护区的核心区和缓冲区不布置围填海项目，在其他围填海区域要加强人工、半人工湿地建设，维护海岸生态平衡。对海洋特别保护区要严格限制改变海域自然属性，恢复湿地生态系统，合理利用自然资源。对各种重要渔种种质资源保护区要严格执行休渔制度，控制捕捞网具和捕捞方式，确保资源的可持续利用。

加强对经济鱼类和贝类资源、野生动植物资源的调查与评价工作，制定和完善可行的野生动植物资源保护政策，设立相应的管理机构，依法打击破坏野生动植物的各种违法犯罪行为；加强公众宣传教育，普及野生动植物方面的基础知识，提高全社会保护野生动植物的自觉性。

16.5　海洋意识与海洋利用宣传

在21世纪的第一个十年中，中国海洋事业经历了积极的变革与发展，海洋战略地位日渐重要，海洋经济发展迅速，海洋管理也迈出了新步伐。但是，受长期以来形成的"黄色文明"影响，全民族的海洋意识相对薄弱。加强海洋利用宣传和海洋意识教育，是推动沙脊群区合理开发与利用的重要措施。

16.5.1　强化国人的海权意识，将海洋规划纳入国家和区域战略规划

海洋不仅关系着国家的海洋权益，还关系着国家的政治利益、经济利益和安全利益，是国家和民族的重大战略性问题。海洋是蓝色的领土，在进行国家和区域的社会经济发展规划和国土规划时应将海洋规划纳入其中，并在空间上进行统筹规划。而目前我们的大多数沿海规划仅将海洋经济作为一种产业发展途径，没有上升到战略问题，沿海市县的空间规划也很少涉及海堤以外的范围。

16.5.2　增强对海洋价值的认识，加强海洋科学研究

海洋有着比陆地更为丰富的自然资源，是解决当今全球资源短缺、人口膨胀、环境恶化的重要出路。海洋经济潜力无限，我们要拓展发展空间，获取更多资源，就必须强化对海洋的科学研究。我国在20世纪80年代进行了海岸带资源调查，近年又完成了新的海洋资源调查，奠定了海洋开发的基础，但研究成果由于各种原因利用率不高，不能很好地转化为生产力。要大规模向海洋进军仍需加强有关海洋科学研究和开发利用的能力建设，包括科学考察、勘探船队和海洋工程技术队伍的建设，海上导航测量、打捞救生、环境监测、污染防治等技术和装备建设。

16.5.3　加强海洋教育，广泛宣传海洋知识

借鉴美国等海洋强国把海洋知识列为基础教育核心课程的做法，在我们的义务教育中灌输科学系统的海洋知识，打造国民海洋意识的根基。同时展开多种形式进行海洋知识渗透：主流媒体传播海洋理论、阐释国家海洋战略；政府建立海洋制度，加强海洋政策的实施、国内国际海事活动的组织与引导；鼓励民间海洋研究机构开展研究活动；推广普及海洋知识的书刊，培植丰富多彩的海洋广告文化；通过航海竞赛、海洋旅游、海洋探险等情景参与活动的推广，让国民的生活充满海的气息，在生活中养成海洋意识，在海洋意识中积极生活。

第 5 篇　南黄海辐射沙脊群测量与监测运行系统

第 17 章　辐射沙脊群地形测量[①]

17.1　潮位站布设及潮位测量

17.1.1　潮位站布设

17.1.1.1　测区概况及长期潮位站

沙脊群地形测量包括两个测量水域，其一为包含斗龙港和大丰港在内的西洋水域，其二为包含小洋口港和外磕脚在内的烂沙洋水域（图 17.1）。

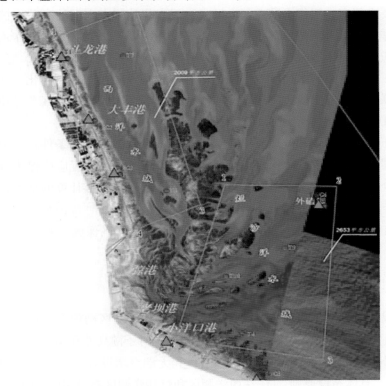

图 17.1　沙脊群地形测量水域及潮位站布设位置示意图

西洋水域总面积 2 009 km²，距岸边约 25 km，纵向约 70 km，包含两个港口，相对烂沙洋水域，水下地形测量条件优越。烂沙洋水域总面积 2 653 km²，北边线长度约 30 km，南边

---

　　① 本章由周丰年执笔。

线长度约 45 km，除小洋口港外，其他地方很难布设固定验潮站。

已有资料表明，距离烂沙洋水域约 100 km 设有吕四长期验潮站。为满足水下地形测量垂直控制需要，需收集吕四站位潮位、水准点及其与潮位站零点间关系等资料。利用吕四站 21 年潮位资料，计算吕四站长期平均海面和深度基准面，并基于传递法计算测区内各短期验潮站长期平均海平面和理论深度基准面。

17.1.1.2　临时潮位站布设要求

临时验潮站布设需遵循如下原则（国家标准化管理委员会，1998；国家海洋局 908 专项办公室，2009；中华人民共和国交通部，2001）。

（1）临时验潮站布设需满足如下条件：① 能够充分反映测区潮位变化特征；② 无沙洲、浅滩阻隔，无壅水、回流现象；③ 不直接受风浪、急流冲击影响，不易被船只碰撞；④ 能牢固设置水尺或自记水位计，便于潮位观测和岸边验潮站的水准联测。

（2）水尺设置应符合：① 稳固且垂直于水面。布设两根或两根以上水尺时，相邻水尺重叠部分不小于 0.3 m。水尺的设置范围应高于高潮位，低于低潮位，避免干出。② 沿岸设置潮位站的同时应埋设主要水准点和工作水准点。③ 主要水准点与工作水准点间高差应按国家三等水准测量要求测定；工作水准点与水尺或自记水位计零点之间的高差应按三等水准测量要求测定（中华人民共和国国家质量监督检验检疫总局等，2009）。用瞬时水面法求取水尺间相互关系时，应在水面平静时连续观测三次，其高差互差不应大于 20 mm。④ 潮位观测过程中应经常检查工作水准点与水尺零点、便携式验潮仪零点间相互高差变化。如发现变化，应及时进行高差联测。当零点变化超过 3 cm 时，应立即确定相互关系。工作结束后应进行水尺零点的复测。④ 经常检查水尺是否垂直于水面。

（3）采用压力式验潮仪和波潮流仪自记水位计布设应满足如下条件：自记水位计的工作环境需满足仪器的标程要求；确保水位计的稳固安装；布设的位置应确保水域潮位的监测以及整个测区各个潮位站有效覆盖范围的重叠，确保后续潮位分带计算的精度；为确保将平均海面外延以用于邻近自记水位计观测潮位零点的确定精度，临时自记水位计间距离应控制在 20 km 左右；自记水位计安放尽量选择海底底质理想位置，确保潮位观测精度和方便于仪器回收。

17.1.1.3　测区潮位站布设原则及潮位站布设

潮位站布设的总原则：验潮站布设密度应能够控制全测区潮汐变化；潮位站间最大潮差应小于 1 m、最大潮时差小于 2 h，潮汐性质应相同；对于潮高差和潮时差较大水域，除需布设长期验潮站外，还需在湾顶、河口外、水道口和无潮点增设临时验潮站（中华人民共和国交通部，2001）。具体布设原则：① 在西洋测区和烂沙洋测区布设 10 个潮位站，站间平均距离约 20 km（图 17.1）；② 西洋水域大丰港附近的 T2 和烂沙洋水域外磕脚的 T6 为长期验潮站，观测周期 1 年；③ 临时验潮站与长期验潮站同步观测时间不少于 10 d；④ 在烂沙洋水域，考虑潮汐的变化特征，布设 T3、T8 和 T6 潮位站近似为一直线，与潮汐梯度变化方向一致；T10、T9 和 T6 近似为一直线，与 T8 联合控制烂沙洋水域中线及其左侧部分潮位；T4、T9 和 T6 近似为直线，连同 T5 控制烂沙洋水域中线及右侧水域潮位。⑤ 岸边临时验潮站均采用水尺和压力式验潮仪联合验潮，海中验潮采用波潮流仪。

17.1.2　潮位站验潮

17.1.2.1　采用的验潮仪及其工作原理

水下地形测量中，潮位主要采用人工水尺、自记验潮仪观测。人工水尺观测用于岸边临时验潮站水位观测，自记验潮仪用于远离岸边的海中临时、长期验潮站潮位观测。自记验潮仪采用压力传感器，根据压力变化反算水位变化，其水位观测零点即为压力传感器中心。综合上述两种设备，可实现近岸潮位观测。深水区安置自记潮位观测设备，浅水区安置水尺，利用二者同步观测潮位，为压力式验潮仪零点引入绝对垂直基准（如国家 85 高程），同时实现两套观测成果的相互检校。潮位观测采用的仪器设备及其功能参数如表 17.1。

表 17.1　水位观测主要设备及技术指标

仪器名称	测量范围及功能	分辨率	精度
水尺	近岸潮位站验潮	—	0.01 m
STS 水位计	0～250 m	0.01 m	≤ ±0.25% FS
SONTEK 波潮仪	0～690 kPa	7Pa（约 0.07 cm）	±210 Pa（约 ±2 cm）
Leica NA28NA2 Topcon 水准仪	水准联测	—	0.001 m

17.1.2.2　潮位观测

（1）潮位观测时间。潮位观测应采用北京时间，每日早、晚需对时。临时潮位站应在每日观测后对时，误差不应大于 1 min，超限时应拨正，对时及拨正情况应记入手簿。采用自记水位计进行潮位观测时，走时误差应符合规定要求。

（2）自记验潮仪水位观测。读数精度为 1 cm，时间对比精度为 1min；记录仪读数与校对水尺读数差值最大应小于 2 cm，每日检查一次；应经常检查水尺零点与工作水准点或主要水准点间高差有无变化，最长不得超过 7 d 联测一次；自记验潮仪采样间隔不得大于 2 min；应及时提取潮位记录数据，避免数据丢失和存储溢出。

（3）水尺水位观测。每隔 10 min 观测一次潮位，整点时必须进行潮位观测；在波浪大时，潮位读数应取波峰、波谷读数的平均值，记录水尺编号和水位；当水尺瞬时水深小于 0.3 m 时，应更换水尺读数，同时读取两根水尺的读数，水位差应小于 2 cm，同时记录两水尺的编号和读数；各水尺读数均应归算为基尺零点上的潮位；观测人员应准时到现场测记潮位，不得追记。因故漏测潮位时，应按实际观测时间测记，严禁涂改伪造。同步潮位观测时，应在每日北京时间 01：00、07：00、13：00 和 19：00 观测风向、风速、气压，并记录天气情况，如阴、雨、晴等。验潮站所使用的时钟应每天与北京时间校对 1 次，并记录，确保表差小于 1 min。

（4）水位计水位观测。使用前首先检查设备是否有损坏和腐蚀现象；检查取样时间间隔选择开关是否与要求一致；检查完毕后，根据海区实际情况选择合适的布放方式；记录结束后，在磁带盘上注明所用仪器编号、观测时间和潮位站坐标；将磁盘中读数转换为各时刻的水位。

17.1.2.3　潮位数据质量控制

潮位观测数据的质量控制采用人 – 机交互式处理方法。质量控制包括异常观测数据的剔除、段时空缺记录的插补、零点漂移及纠正等项内容。

17.1.3　GPS 在航潮位测量

17.1.3.1　GPS PPK 技术

GPS PPK 只需记录基准站和流动站 GPS 原始观测数据，无需在站间进行实时数据通信；事后，利用 IGS 提供的精密星历、原始记录数据和基准站的已知坐标，解算出基准站的相位改正数。利用基准站的相位改正数，对流动站相位观测数据进行改正，进而获得流动站准确的三维位置。载波相位观测的校正值 Δs 可描述为：

$$\Delta s = R_0^i - \left[\lambda N_0^i(t) + \lambda C_0^i(t) + \varphi_0^i(t) \right] \tag{17.1}$$

式中：R_0^i 为第 i 颗卫星 t 时刻与基准站间的距离；$N_0^i(t)$、$C_0^i(t)$ 和 $\varphi_0^i(t)$ 为基准站起始相位模糊度、始历元至观测历元相位整周数。相位观测小数部分；λ 为波长。

将校正值代入载波相位观测方程可得：

$$\lambda N_r^i(t) + \lambda C_r^i(t) + \varphi_r^i(t) + \Delta s$$

$$= \sqrt{ \left[X^i(t) - X_r(t) \right]^2 + \left[Y^i(t) - Y_r(t) \right]^2 + \left[Z^i(t) - Z_r(t) \right]^2 } + d\rho \tag{17.2}$$

式中：$N_r^i(t)$、$C_r^i(t)$ 和 $\varphi_r^i(t)$ 为流动站起始相位模糊度、起始历元至观测历元相位整周数和相位观测小数部分；$d\rho$ 为同一观测历元各项残差。

流动站和基准站同步观测 5 颗及 5 颗以上卫星，利用最小二乘法即可获得流动站三维解。

17.1.3.2　GPS 在航潮位测量原理

精密单点定位（Precise Point Positioning，PPP）需借助双频观测值进行电离层延迟消除，因此，在潮位观测中需选用双频 GPS 接收机。观测期间，基准站架设在岸边已知点上，流动站架设于测船重心上方，基准站与流动站接收机采样率保持一致；姿态传感器固定于测船重心位置。测量开始前，应严格测定流动站 GPS 天线到水面的垂直距离及测量船的吃水。同时在岸边设立水尺，采用传统验潮方法进行潮位观测，用于检验 GPS 潮位观测的准确性（中华人民共和国国家质量监督检验检疫总局，2009）。GPS 在航潮位各仪器架设见图 17.2。

GPS 潮位解算的基本思想是利用 GPS 瞬时三维坐标，结合 GPS 天线在船体坐标系 VFS（Vessel Frame System）下的坐标以及 VFS 原点到海面的垂直距离，获得海面瞬时高程，并通过一定的滤波处理，最终获得潮位。受风浪等因素影响，船体会发生横摇、纵摇等姿态变化，给 GPS 潮位观测带来较大影响，需通过姿态改正消除其影响。姿态参数（h：Heave；p：Pitch；r：Roll）通过 MRU 获得，姿态改正在船体坐标系下进行。理想情况下，若 GPS 天线与换能器在 VFS 下的坐标矢量为 (x_0, y_0, z_0)，则二者间的瞬时矢量 (x, y, z) 为：

$$\begin{bmatrix} x \\ y \\ z \end{bmatrix} = R_r R_p \begin{bmatrix} x_0 \\ y_0 \\ z_0 \end{bmatrix} \tag{17.3}$$

若 H_{GPS} 为 GPS 天线处的瞬时大地高，h 为吃水改正，则 GPS 确定的瞬时海面高程 H_s 为：

$$H_s = H_{GPS} - z - h \tag{17.4}$$

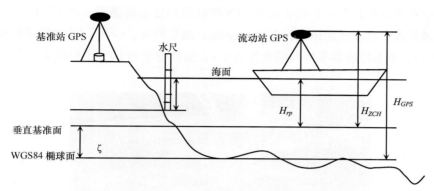

图 17.2　GPS PPK 潮位观测仪器架设及原理示意图

GPS 测定的是大地高，而潮位采用海图高。因此需将大地高转换为海图高。

该转换需通过两步转换来实现。

第一步即为大地高到正常高转换。利用 GPS 控制网中一定密度和数量的 GPS/水准点高程和平面坐标 (B, L)，可建立如下几何模型反映整个网区高程异常 $\zeta (B, L)$ 的变化。式中 f 为由已知点的坐标 (B, L) 与高程异常 ζ 拟和出的高程异常模型。

$$\zeta(B,L) = f(B,L) \tag{17.5}$$

海图深度基准定义是离散的且具有较强地域特征，因此实现第二步转换需建立一个连续的海图高基准模型。该模型可通过线性内插方法获得（图 17.3）。若已知相邻潮位站 $D_1 (x_1, y_1)$ 和 $D_2 (x_2, y_2)$ 的海图深度基准面高 h_1 和 h_2，站间任一点 $M_1 (x, y)$ 在两已知点连线上投影为 $M_2 (x, y)$。M_2 到点 D_1 和 D_2 的距离分别为 S_1、S_2，则 $M_1 (x, y)$ 的海图深度基准高为：

$$h = h_1 + S_1 \frac{(h_2 - h_1)}{(S_1 + S_2)} \tag{17.6}$$

在获得海图深度基准高模型后，基于下式实现 WGS-84 大地高到海图高的转换。

$$H = H_s - \zeta - h \tag{17.7}$$

图 17.3　线性内插

瞬时海面高不代表潮位，潮位反映的是一个稳定变化的水位面，但 H 是潮汐 T 和波浪 w 综合作用结果。为了得到其中的潮位项 T，还需要进行低通滤波，提取出潮位部分。潮位周期一般均大于 1 h，涌浪影响项周期为 10 ~ 60 s，采用低通滤波器提取其中、长周期信号，即可得到在航潮位。

17.1.3.3 GPS PPK 在航潮位测量及所用设备

GPS 潮位测量需在测量船上安装双频 GPS 接收机和姿态传感器（图 17.4，图 14.5）。测量前，严格测量各传感器在船体坐标 VFS 下坐标；测量期间，GPS 采用 PPK 定位模式，采样间隔设置为 5 s；姿态传感器采样间隔设置为 1 s。提取姿态和 GPS 定位结果，用于后续在航潮位解算。

图 17.4　DMS – 10 型运动传感器

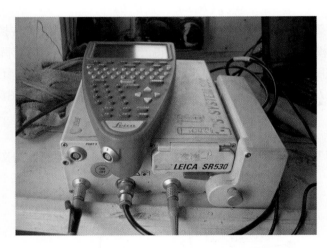

图 17.5　LEICA SR530 型 GPS 接收机

运动传感器各项指标见表 17.2。Leica SR530 GPS 主要性能：① 双频同步接受 12 颗卫星信号，内置 RTK，初始化时间 20 s；② 采用 Leica 专利信号净化技术，确保获取最佳信噪比；③ 拥有抗无线电信号干扰技术及多路径影响抑制技术；④ 提供彼此独立的 L1 与 L2 跟踪环，保证了高精度的伪距与全波长的载波相位观测值的精确性、可靠性和独立性；⑤ 厘米级 PPK 定位精度，5 mm ±1 ppm 快速静态精度，3 mm ±0.5 ppm 静态精度；⑥ 小于 50 ms 的点位延迟，定位成果可靠率达 99.99%。

表 17.2　DMS – 10 型运动传感器的主要技术指标

参数	HEAVE	ROLL，PITCH
范围	± 10 m	± 30°
分辨率	1 cm	0.01°
带宽（ > 10 Hz）	0.05	0
精度	5 cm 或 5% 中的较大值	± 0.01°/ ± 0.01°（动态/静态）
干扰	< 1 cm　r. m. s	< 0.05° r. m. s
垂直加速度	2 g	—
角度更新率	—	100°/s
交叉耦合	—	< 1%

17.1.3.4　GPS 在航潮位测量及其精度

比较 3 d 的 GPS 在航潮位和潮位站内插潮位，对二者差值统计，统计结果如表 17.3。

表 17.3　GPS 在航潮位测量精度　　　　　　　　　　单位：± cm

日期	8 月 22 日	8 月 25 日	8 月 26 日
均方根	9.8	16.7	12.9

从表 17.3 中统计结果可以看出，相对传统潮位站潮位，GPS 在航潮位偏差的均方根在 20 cm 以内，从而表明该方法用于远离岸边的在航潮位测量是可行的，与潮位站潮位的一致性也表明了上述垂直基准转换方法及其模型的正确性。

17.2　当地平均海平面和理论深度基准面确定

17.2.1　潮汐调和分析

潮汐调和分析是长期平均海平面、理论深度基准面确定的基础。潮汐是由一系列谐和振动组成，每一谐和振动称为一个分潮，分潮周期同引潮力各分量的周期对应。每个分潮可由表示为 $h = H\cos(\sigma t + v - g)$，其中 H 为分潮振幅，σ 为角速率，v 为格林尼治零时天文相角，g 为分潮专用迟角。若将实际水位看做是许多分潮的叠加，则潮汐调和分析模型为：

$$T(t) = MSL_0 + \sum_{i=1}^{m} H_i\cos(\sigma_i t + \nu_{0i} - g_i) \qquad (17.8)$$

式中：$T(t)$ 为 t 时刻观测潮位；MSL_0 为平均海平面；m 为分潮个数，一般取 M_2、S_2、N_2、K_2、K_1、O_1、P_1、Q_1 等分潮。

基于最小二乘，可解算出各分潮调和常数（国家标准化管理委员会，1998）。

$$T(t) = MSL_0 + \sum_{i=1}^{m} H_i\cos(-\nu_{0i} + g_i)\cos\sigma_i t + \sum_{i}^{m} H_i\sin(-\nu_{0i} + g_i)\sin\sigma_i t \qquad (17.9)$$

613

令 $H_i \cos(-\nu_{0i} + g_i) = X_i$ ；$H_i \sin(-\nu_{0i} + g_i) = Y_i$ ，上式可简化为：

$$T(t) = MSL_0 + \sum_{i=1}^{m} X_i \cos \sigma_i t + \sum_{i}^{m} Y_i \sin \sigma_i t \qquad (17.10)$$

$$H_i = \sqrt{X_i^2 + Y_i^2} \qquad (17.11)$$

$$g_i = \arctan \frac{Y_i}{X_i} + \nu_{0i} \qquad (18.12)$$

17.2.2 平均海平面确定

17.2.2.1 长期潮位站平均海平面确定

1）潮汐调和分析法

基于潮汐调和分析，利用最小二乘法解算式（17.8），计算得到各分潮调和常数的同时，也得到了当地长期平均海平面 MSL_0。

2）算术平均法

验潮站潮位观测数据是离散的，根据潮高的算术平均值可计算其长期平均海平面。

设潮高观测序列为 $T(t)$（$t = 0$，1，2，…，n），则基于式（17.3）可计算（0，$n-1$）时段 MSL。

$$MSL = \frac{1}{n} \sum_{0}^{n-1} T(t) \qquad (17.13)$$

该方法要求潮位观测等时间间隔，且需要一定长度 。

17.2.2.2 短期潮位站平均海平面确定

对于短期验潮站，由于潮位观测时间长度较短，直接利用上述理论方法计算平均海平面的精度较低，而需根据短期站与长期站间的潮波关系，通过传递来获得高精度的平均海平面（国家标准化管理委员会，1998）。

1）水准联测法

水准联测法的空间结构及基本原理见图 17.6。

若 A、B 分别为长期和短期验潮站，各自的海面地形为 $T(x_A, y_A)$ 和 $T(x_B, y_B)$，则假设：

$$T(x_A, y_A) = T(x_B, y_B) \qquad (17.14)$$

若 Δh_{AB} 为两站水准点之高差，e_A、e_B 为两站水准点分别到各自水准尺零点的垂直距离，将 $T(x_A, y_A) = MSL_A - [e_A - H_A]$ 和 $T(x_B, y_B) = MSL_B - [e_B - H_B]$ 代入上式可得：

$$MSL_B = MSL_A - [e_A - H_A] + [e_B - H_B] \qquad (17.15)$$

由于 $\Delta h_{AB} = h_A - h_B$，则：

$$MSL_B = MSL_A - [e_A - e_B] - \Delta h_{AB} \qquad (17.16)$$

根据上述递推模型，在测定了两个水准点高差 Δh_{AB} 和 e_A、e_B 后，即得到临时站 B 以验潮

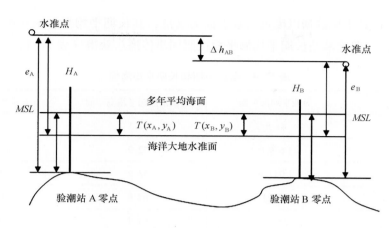

图 17.6　水准联测

站零点起算的多年平均海平面。

2）同步改正法

若 A、B 分别为长期、短期验潮站（图 17.7），M 为短期平均海平面，则有：

$$MSL_B - M_B = MSL_A - M_A \qquad (17.17)$$

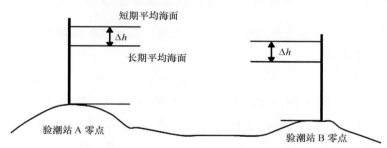

图 17.7　同步改正法

该方法假定短期平均海面与长期（多年）平均海面差值（距平）在两个验潮站相等，即认为两个站的平均海面的滤波能力相同。

临时验潮站 B 一般只有 3~5 d 潮位观测数据，据此可计算出短期平均海平面 M_B；同理，根据长期验潮站潮位观测数据，可计算出其短期平均海平面 M_A 和长期平均海平面 MSL_A。则临时站 B 的多年平均海平面 MSL_B 为：

$$MSL_B = MSL_A - M_A + M_B \qquad (17.18)$$

若在临时站周围有多个长期验潮站，采用距离倒数加权平均可计算其长期平均海平面。

$$\overline{MSL} = \frac{\displaystyle\sum_{i=1}^{n} \frac{MSL_i}{S_i}}{\displaystyle\sum_{i=1}^{n} \frac{1}{S_i}} \qquad (17.19)$$

17.2.2.3　测区各潮位站平均海平面确定

根据以上理论，利用吕四长期潮位站多年潮位观测资料，采用调和分析方法，计算该站长期平均海平面，其水位数据以废黄河基准面为基准，其长期平均海平面在废黄河基准面上30 cm。测区内各短期验潮站长期平均海平面按照同步传递法获得（表17.4）。

表 17.4　各站短期和长期平均海面　　　　　　　　单位：cm

验潮站	短期平均海平面	吕四站短期平均海平面	长期平均海平面
T2	41.8	61.1	10.7
T7	1 679.0	52.9	1 656.1
T8	1 047.9	53.9	1 024.0
G4	178.4	67.9	140.5
T4	235.3	64.4	200.9
T9	1 613.8	60.0	1 583.8
T10	584.2	60.7	553.5

17.2.3　理论深度基准面的确定

17.2.3.1　基于弗拉基米尔斯基模型的当地理论深度基准面确定

根据潮汐调和分析获得各分潮调和常数，基于弗拉基米尔斯基模型，可以计算其理论深度基准面。计算模型如下：

$$L_8 = \min[K_1\cos\phi_{k_1} + K_2\cos(2\phi_{k_1} + 2g_{k_1} - g_{k_2} - 180) - (R_1 + R_2 + R_3)] \quad (17.20)$$

$$R_1 = (M_2^2 + O_1^2 + 2M_2O_1\cos\tau_1)^{1/2}, M_2 = f_{M_2}H_{M_2}, O_1 = f_{O_1}H_{O_1}$$

$$R_2 = (S_2^2 + P_1^2 + 2S_2P_1\cos\tau_2)^{1/2}, S_2 = f_{S_2}H_{S_2}, P_1 = f_{P_1}H_{P_1}$$

$$R_3 = (N_2^2 + Q_1^2 + 2N_2Q_1\cos\tau_3)^{1/2}, N_2 = f_{N_2}H_{N_2}, Q_1 = f_{Q_1}H_{Q_1}$$

$$\tau_1 = \phi_{k_1} + (g_{K_1} + g_{O_1} - g_{M_2}), K_2 = f_{K_2}H_{K_2}$$

$$\tau_2 = \phi_{k_1} + (g_{K_1} + g_{P_1} - g_{S_2}), K_1 = f_{K_1}H_{K_1}$$

$$\tau_3 = \phi_{k_1} + (g_{K_1} + g_{O_1} - g_{N_2})$$

上式中仅考虑了8个分潮，若顾及浅海分潮 M_4、MS_4、M_6，则有：

$$L_{11} = L_8 + M_4\cos\varphi_{M_4} + MS_4\cos\varphi_{MS_4} + M_6\cos\varphi_{M_6} \quad (17.21)$$

$$\varphi_{M_4} = 2\varphi_{M_2} + 2g_{M_2} - g_{M_4}, \varphi_{S_2} = \tan^{-1}\left[\frac{P_1\sin\tau_2}{S_2 + P_1\cos\tau_2}\right]$$

$$\varphi_{MS_4} = \varphi_{M_2} + \varphi_{S_2} + g_{M_2} + g_{S_2} - g_{MS_4}$$

$$\varphi_{M_6} = 3\varphi_{M_2} + 3g_{M_2} - g_{M_6}, \varphi_{M_2} = \tan^{-1}\left[\frac{O_1\sin\tau_1}{M_2 + O_1\cos\tau_1}\right]$$

17.2.3.2　理论深度基准面传递

基于潮汐调和分析，可以获得当地平均海平面 MSL 及各分潮调和常数；基于弗拉基米尔模型，可以确定当地理论深度基准面 L。以上方法适合于长期验潮站平均海平面和深度基准面的确定。下面介绍短期验潮站的深度基准面传递方法（国家标准化管理委员会，1998）。

1）直接传递法

若 A 站为长期验潮站，B 站为临时验潮站，短距离范围内，认为 B 站理论深度基准面 L_B 与 A 站理论深度基准面 L_A 相等。

$$L_B = L_A \tag{17.22}$$

基于前面的平均海平面传递技术，可以确定 B 站的多年平均海平面。顾及站 A 的多年海平面，则根据上述模型可计算 B 站深度基准面。该方法简单、方便，但深度基准面传递精度较差，适合潮位站间相隔较近、所受天文气象效应影响相同情况。

2）潮差比法

深度基准面传递多采用潮差比法。深度基准面数值等效于最大半潮差，假定两站短期潮差比与其理论最大潮差比相等，则有：

$$\frac{R_B}{R_A} = \frac{L_B}{L_A} = r \tag{17.23}$$

则根据两站同步期间的最大潮差比 r，B 站深度基准面 L_B 为：

$$L_B = r \times L_A \tag{17.24}$$

上式所得深度基准面 L_B 相对于平均海平面。

为进一步提高潮差比法深度基准面传递精度，可借助临时站周围多个长期验潮站同步潮位观测资料，通过综合潮差比传递，最终获得短期验潮站深度基准面。

$$L = \frac{\sum_{i=1}^{n} \dfrac{L_i}{S_i}}{\sum_{i=1}^{n} \dfrac{1}{S_i}} \tag{17.25}$$

17.2.3.3　各潮位站理论深度基准面的确定

吕四站、T2 站和 T4 站观测数据的时间长度在 1 个月以上，故采用中期资料的潮汐调和分析方法计算其调和常数；其余验潮站潮位观测时间长度为 10～15 d，故采用短期资料的准调和分析方法。实际计算中，采用吕四长期站 21 年调和分析结果所提供的分潮差比关系，具有较高的精度。各站主要分潮调和常数计算结果以及理论深度基准面计算结果如表 17.5。其中，理论深度基准面的数值为长期平均海面下的量值。

表 17.5　各潮位站调和常数及深度基准面

分潮	西洋测区						烂沙洋测区									
	T2		T7		T8		G4		T4		T9		T10		吕四	
	振幅/cm	迟角/（°）	振幅/cm	迟角/（°）	振幅/cm	迟角/（°）	振幅/cm	迟角/（°）	振幅/cm	迟角/（°）	振幅/cm	迟角/（°）	振幅/cm	迟角/（°）	振幅/cm	迟角/（°）
Sa	15.8	218.6	16.5	220.3	16.0	218.0	16.0	227.6	16.0	227.6	14.3	227.1	14.2	226.9	16.0	227.6
Q_1	5.5	312	2.4	301.5	3.1	322.6	1.8	338.2	3.1	1.3	1.9	5.5	1.8	344.2	3.0	30.5

续表

分潮	西洋测区						烂沙洋测区									
	T2		T7		T8		G4		T4		T9		T10		吕四	
	振幅/cm	迟角/(°)	振幅/cm	迟角/(°)	振幅/cm	迟角/(°)	振幅/cm	迟角/(°)	振幅/cm	迟角/(°)	振幅/cm	迟角/(°)	振幅/cm	迟角/(°)	振幅/cm	迟角/(°)
O_1	20.7	354	19.7	344.5	25.5	5.6	8.6	54.2	13.2	55.4	15.9	48.5	15.0	27.2	13.4	76
P_1	9.4	57.5	5.0	56.3	6.3	68.8	5.8	118.9	7.2	115.3	6.4	115.9	6.8	103.2	8.1	137.9
K_1	28.3	61.3	18.8	59.2	27.4	71.7	17.5	122.7	18.6	119	27.7	118.8	29.4	106.1	24.6	141.6
N_2	38.4	292.5	23.8	290.9	39.7	325.4	50.7	348.9	48	336.2	35.4	324.8	40.5	333.1	39.1	335
M_2	170.0	319.8	128.1	308.5	214	343	208.6	9.5	203.4	352.4	190.7	342.4	218.2	350.7	175.7	349.4
S_2	66.7	19.4	55.8	5.8	93.3	38.8	90.0	51.3	86.4	32.6	81.8	27.4	91.7	34.3	78.8	25.4
k_2	18.2	23.5	15.9	359	26.6	32.0	24.5	55.4	23.5	36.6	23.3	20.6	26.2	27.5	18.5	29.5
M_4	17.4	135.7	5.1	108.5	5.1	202.7	22.8	312.4	7.5	322.2	10.2	302.3	12.7	318.4	3.7	115.5
MS_4	17.5	193.5	19.5	167.3	22.8	258.8	22.9	348.2	4.7	345.3	6.0	315.7	13.7	299.0	6.0	222.6
M_6	4.3	22.3	1.1	353.1	2.9	75.6	6.2	332.3	2.3	298.2	4.9	241.8	6.2	320.6	0.8	46.5
理论深度基准面/cm	353		279		424		389		384		361		409		357	

17.3 水下地形测量

17.3.1 测线布设

水下地形测量比例尺为1:100 000，测线布设遵循如下原则（国家标准化管理委员会，1998；国家海洋局908专项办公室，2009）：

（1）主测线间隔为1.0 km，测点间距为0.8 km，测线垂直于岸线。

（2）检查线间隔为10 km，与主测线正交，总长度为主测线总长度1%。

比较主、检测线交叉点水深，深度差值在水深0~20 m时应小于等于0.5 m，水深20~30 m时应小于等于0.6 m，水深30~50 m时应小于等于0.7 m。超限点数不应大于总点数15%。

17.3.2 水深测量

1）水下地形测量设备及其安装

"908专项"水下地形测量采用的仪器设备见表17.6所示。

表 17.6　水下测量采用的仪器设备及其作用

设备	数量	功能
Leica 530 GPS 接收机 /台套	5	定位
ASHTECH BR2G 型 信标 GPS 接收机 /台	5	导航
单频测深仪 HY1600 /台套	4	测深
涌浪补偿器 /台	4	涌浪监测和补偿
姿态传感器（TSS　MRU）/台	2	船姿监测及补偿
声速剖面仪 SVP /台套	1	声速测量

测深设备安装遵循如下原则：① 换能器固定于测深杆上，测深杆垂直固定于船舷中央位置；换能器导流罩大头面向前。② GPS 天线需同换能器安装在同一垂线上。若不能实现，需测量 GPS 天线相对换能器中心位置的垂直、水平和横向距离，利用航向和姿态参数实现坐标归算。③ 涌浪补偿器安装在测船重心附近，用于对测深数据进行涌浪补偿。④ 测深仪安放在船舱内，避免海水损坏。

2）吃水参数的测定

对参与水下地形测量的所有船只进行动态吃水测定。测定方法如下：① 单波束换能器固定在船只中央位置；② 选择平坦、底质坚硬海床，水深为船吃水 7 倍左右；③ 抛投一浮标，船停于浮标旁，用测深仪精确的测量水深；然后以不同速度在同一位置测量水深，相同速度下测量 3 组以上深度，消除潮汐影响后，取平均值；④ 比较船只不同速度下测量深度与锚定时测量深度，二者差值即为船只在该速度下的动吃水，记录这些参数，联合静吃水，用于后续水深测量中深度改正；⑤ 吃水测定在海况相对较好情况下进行，避免风浪等因素对吃水确定造成影响，测量船在船速稳定后进入测定航线，避免加速或减速，消除波浪的影响。

3）水深测量及其注意的事项

水深测量遵循如下原则：① 每次测深前、后应对测深仪进行现场比对，求取测深仪总改正量；② 测量每隔 0.5～1.0 h 记录一次班报，测线开始和结束时刻应进行班报记录；③ 测深期间，船速小于 7 kn；测深仪记录纸走纸速度应与测量船速度接近，记录纸上的回波信号应清晰反映水底地貌变化，测深应在风浪较小情况下进行；④ 从一条测线转入另一测线时，遇不可回避或预测情况而使得测量船必须改变航线和较大的改变航速时，应停止记录，待正常后再打开记录器进行记录；⑤ 不同测量组间应设一条重合测线，同组不同时段间应设置两条重合测线；⑥ 记录数字信号的同时，应在模拟信号图中按测线、时间、区间值等进行数据标注；⑦ 使用模拟和数字记录的测深仪，应以模拟信号为准，校验数字信号；⑧ 测量前后和期间，定期检查换能器吃水，以引入吃水改正；测深仪转速偏差不应大于 1%，工作电压和额定电压差直流电源不应大于 10%，交流电源不应大于 5%；⑨ 更换测深纸时应及时地标注相关内容。

如下情况下应进行补测：① 实际测深线间距大于设计测线间距 1.5 倍；② 测深纸上记录模糊不清且在纸上的长度超过 3 mm；③ 测深仪零线模糊不清，无法量取水深；④ GPS 接收机卫星信号少于3颗，难以进行DGPS定位；⑤ 测深点与定位点记录号不对应，且无法纠正；⑥ 深度比对超限点数超过参加对比总点数的15%和确认有系统误差时应进行重测。

4）野外测深数据质量控制

质量控制主要包括：① 数据编辑。剔除突变的错误数据；② 现场编辑。以人机交互方式剔除突变的错误数据并作班报记录，对已编辑文件进行百分之百的检查，以确保数据文件和调查成果的质量；③ 检查数据是否存在漏测漏记现象；④ 现场资料质量评价内容。测量的连续性、准确性、班报质量的全面性、数据预处理的可靠性、测区地形草图的完善性。

17.3.3 声速测量

声速直接影响着测深精度。海底波束投射点位置需根据波束入射角、结合声速，通过声线跟踪才能准确获得。声速与温度、盐度相关。垂直剖面内的声速采用声速剖面仪来测量。声速剖面仪借助环鸣法测量不同深度层的声速，进而形成声速剖面。

测量过程中，根据测区温度和盐度变化，利用声速剖面仪定期进行声速测量。"908专项"水下地形测量期间，利用HY1200A型声速剖面仪完成声速测量（图17.8）。

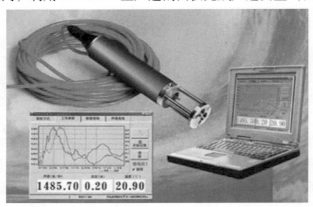

图 17.8　HY1200A 直读式声速剖面仪

声速剖面站布设遵循如下原则：① 在满足声速改正精度前提下，布设最少的声速剖面站获取测深水域声速剖面结构；② 水深测量期间，应注意测量水域水文环境变化，复杂水域应加测声速剖面；③ 在声速时空变化较剧烈水域，应加密声速剖面测量；④ 声速剖面测量需在每日早晨、中午和下午三个时段、现场进行。

17.3.4 水下地形测量数据处理

17.3.4.1 数据质量控制

为确保最终成果的质量，需要对测深过程中涉及的各类观测量进行质量控制，剔除粗差，确保计算成果的正确性。

水下地形测量采用HY1600单波束测深仪，输出数字水深。为确保数字水深成果的正确性，将数字水深与记录纸上的图示水深进行比较，发现并剔除异常水深。

对于潮位数据，根据已有潮位数字化成果，利用软件计算不同位置和时刻的潮位，并输出水位曲线，检核不同验潮站潮位观测资料。

定位数据质量控制主要包括异常定位点检测和修正。

17.3.4.2　测深数据的各项改正处理

测深数据处理主要包括吃水改正、转速改正、声速改正和水位改正等。

1）吃水改正 ΔH_b

水面至换能器活性面的垂直距离称为换能器吃水改正 ΔH_b。若 H 为水深；H_S 为换能器实测深度，则 ΔH_b 为：

$$\Delta H_b = H - H_S \tag{17.26}$$

换能器吃水改正数 ΔH_b 由两部分组成，即静吃水和动吃水。

2）转速改正 ΔH_n

ΔH_n 是由于测深仪实际转速 n_s 不等于设计转速 n_0 造成。记录器记录水深由记录针移动速度和回波时间决定。转速变化时，记录水深将随之改变，从而产生 ΔH。

$$\Delta H_n = H_S \left(\frac{n_0}{n_s} - 1 \right) \tag{17.27}$$

3）声速改正 ΔH_c

ΔH_c 是由于输入声速 C_m 不等于实际声速 C_0 造成的测深误差。

$$\Delta H_c = H_S \left(\frac{C_0}{C_m} - 1 \right) \tag{17.28}$$

单波束测深仪深度总改正数 ΔH 为：

$$\Delta H = \Delta H_b + \Delta H_n + \Delta H_c \tag{17.29}$$

4）水位改正

$$H_b = T - (H - \Delta H) \tag{17.30}$$

水位改正采用分带改正法。分带改正法又分为两站、三站水位分带改正。

两站水位分带改正法见图17.9所示。水位分带的实质是利用内插法求得 C、D 区水位改正数。与线性内插法不同，分带所依据的假设条件是两站间潮波传播均匀，潮高和潮时变化与其距离成比例。当测区有潮波图时，可以判断主要分潮的潮波传播是否均匀，能否进行分带。若测区无潮波图，可根据海区自然地理（海底地貌、海岸形状等）条件，以及潮流等因素加以分析。分带的基本原则是分带的界线方向与潮波传播方向垂直。

分带数由下式确定：

$$K = \frac{\Delta \zeta}{\delta_z} \tag{17.31}$$

式中：K 为分带数；δ_z 为测深精度；$\Delta \zeta$ 为两验潮站间深度基准面重叠时，站间最大水位差。

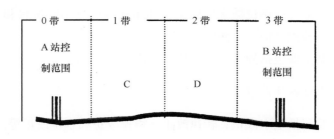

图 17.9　两站分带改正

分带时，相邻带的水位改正数最大差值不超过测深精度 δ_z。则根据某时刻 A 或 B 站的水位数推算出 C、D 带的水位改正数。

三站水位带改正法（又称三角分带法）分带原则、条件、假设与两站水位分带改正法基本相同，其主要是为了加强潮波传播垂直方向的控制 。

三站水位分带改正法的基本原理为（图 17.10）：先进行两两站间水位分带，在计算分带时应注意使其闭合。这样在每一带的两端都有一条水位曲线控制。如在第 II 带，一端为 C 站水位曲线，另一端为 A、B 边的第 2 带水位曲线。若两端水位曲线同时刻的 $\Delta \zeta$ 值大于测深精度 δ_z，则该带还需进一步分区。

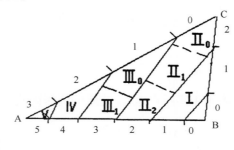

图 17.10　三站分带改正

图 17.11 中，分区数为 2，各区分别为 II_0、II_1 和 II_2。II_1 水位曲线是由 C 站和 AB 边第 2 带的水位曲线内插获得。

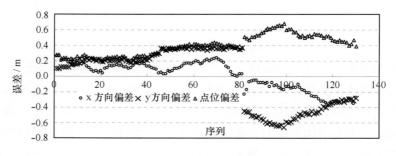

图 17.11　信标 GPS 定位误差分布

17.3.4.3　基准转换

地形测量最终成果采用 WGS－84 坐标。信标 GPS 可输出各测点 WGS－84 坐标，直接用于成图。为提高水深测量中定位精度，测量中，测量船上还架设了双频 Leica 530 GPS 接收机实施 PPK（Post Processing Kinematic）测量，联合流动站和基准站数据，解算得到各测点 WGS－84 解，用于成图。

地形测量采用的垂直基准主要有国家 1985 高程基准、当地理论深度基准面和当地平均海平面。为此，在各个验潮站进行了水准联测，将国家 1985 高程引测到水尺零点；通过理论计算或传递，实现长期站平均海平面及理论理论深度基准面的确定，以及向短期站的传递，该工作确保了各潮位站潮位观测序列和最终成果图件在三个垂直基准下的表示。

17.3.4.4　精度评估

1）信标 GPS 定位精度

水下地形测量导航定位采用 ASHTECH BR2G 信标 GPS，输出 WGS84 坐标。

为了验证该仪器输出 WGS－84 坐标与本项目首级控制网点 WGS－84 坐标系统间的差异，测量前，使用信标 GPS 在首级控制网点上进行了 20 min 的比测，坐标误差分布见图 17.11 所示。图 17.11 表明，E 向和 N 向坐标偏差均小于 1 m，E 向坐标偏差的标准偏差为 ±0.21 m，N 向为 ±0.72 m，从而表明信标机定位稳定、可靠，动态情况下的定位精度可以满足本次水下地形测量定位需要。

2）测深仪测深精度评估

测深仪测深精度评估在水流缓慢、海底较平坦水域进行。将测深仪实测水深与测深锤所测深度进行比较，统计二者差值（表 17.7），评价测深仪测深精度。

表 17.7　测深检测表　　　　　　　　　　　　　　　　　单位：m

比测日期	测深仪水深	测深锤水深	差值
2006－08－21	5.33	5.29	0.04
2006－08－22	6.45	6.40	0.05
2006－08－23	7.12	7.19	－0.07
2006－08－24	4.66	4.62	0.04
2006－08－25	6.89	6.95	－0.06
2006－08－26	5.21	5.25	－0.04
2006－08－27	4.73	4.70	0.03
2006－08－28	3.98	3.95	0.03
2006－08－29	4.52	4.56	－0.04
2006－08－30	2.78	2.76	0.02

表 17.7 表明，回声测深仪设置正确，测深精度可靠。

3）潮位推算精度评估

为检验水位改正方法的准确性，假设烂沙洋测区 T4 验潮站潮位数据未知，利用 G4、T9、

T10 和吕四潮位站潮位观测资料恢复 T4 水位，与实测值比较，检验水位改正精度。图 17.12 为 T4 站实测值与推算值比较图，统计二者偏差，均方根为 ±11.34 cm。

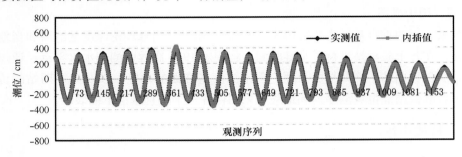

图 17.12　T4 站实测与内插值比较

4）图载水深精度评估

图载水深精度基于交叉点不符值进行评估。计算主、检查线交叉点深度偏差，统计其标准偏差和均方差，以此作为水深准确度评估依据。图 17.13 和图 17.14 分别是西洋测区和烂沙洋测区交叉点深度不符值分布图。表 17.8 是深度不符值的统计结果。从以上图表可以看出，95% 以上的交叉点水深不符值符合要求，极少数交叉点水深不符值偏大。检查发现，由于测量比例尺较小，理论上的交叉点二次测深成果较少。若认为一定距离范围内两次测深成果为交叉点水深成果，则必然会在地形变化复杂水域引起较大的水深不符值。

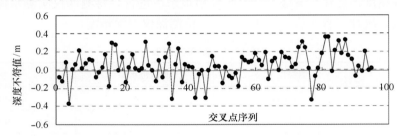

表 17.13　西洋测区交叉点水深不符值分布

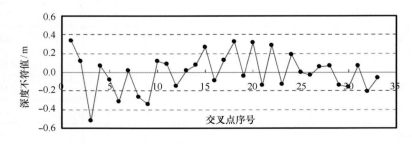

图 17.14　烂沙洋测区交叉点水深不符值分布

表17.8　两个测区交叉点水深不符值统计结果　　　　单位：m

测区	深度不符值			
	最大	最小	均值	均方根
西洋测区	0.36	− 0.37	0.02	0.15
烂沙洋测区	0.33	− 0.52	0.003	0.18

17.4　岸线及海岸带地形测量

17.4.1　岸线测量

岸线测量采用 GPS PPK 技术。PPK 测量需要基准台站和流动台站，无需无线电通信。基准站架设于 GPS 控制点上，采用 WGS – 84 坐标；流动台站采用测量杆，实施人工行进式测量。PPK 数据处理采用 SKI Pro 软件，联合基准台站静态观测数据以及流动台站动态观测数据，采用 PPK 处理模式，计算流动站每个历元相对基准台站的三维坐标矢量，再根据基准台站三维坐标，最终获得流动站测点 WGS – 84 坐标。

海岸带地形测量采用国家 1985 高程基准，因此需将 WGS – 84 大地高转换为国家 1985 高程。在测区 GPS 控制网施测时，对每个控制网点均进行了Ⅳ等水准联测，获得了国家 1985 高程。根据每个控制点的 WGS – 84 坐标 (B, L) 和国家 1985 高程 H，构建如下高程异常模型。

$$\zeta(\Delta B, \Delta L) = f(\Delta B, \Delta L) \tag{17.32}$$

式中：ξ 为高程异常，$\xi = h - H$；(B_0, L_0)、(B, L) 为 GPS/水准点大地坐标和基点大地坐标；$\Delta B = B - B_0$、$\Delta L = L - L_0$。

式（17.32）是一个关于位置 (B, L) 的曲面模型，借助该模型，可获得海岸带似大地水准面模型，实现 WGS84 大地高向国家 1985 高程转换。

$$H(\Delta B, \Delta L) = h(\Delta B, \Delta L) - \zeta(\Delta B, \Delta L) \tag{17.33}$$

17.4.2　海岸带地形测量

海岸带地形测量是测量海洋与陆地相互邻接、交互作用地带的地物和地貌工作，包括海岸及海岸线以上狭窄陆地地带、潮间带干出滩和浅海地带三部分。

对于干出的陆地地带，测量采用 GPS RTK 和 PPK 技术，基准台站的控制范围均小于 10 km，在该范围内首先利用 PPK 引测控制点，为控制点提供 WGS – 84 平面坐标及大地高。实际测量中，利用人工手持带有 GPS 流动站的测量杆实施地形测量。对于 RTK 测量，由于地形测量比例尺为 1∶100 000，测点相对稀疏，定位数据直接存储在 RTK 手部内；对于 PPK 测量，由于需要在整个过程中保证卫星连续跟踪，避免卫星失锁，观测数据量相对较大，因此，观测数据存储在接收机内。为确保测点三维解质量，RTK 和 PPK 测量时，需在测点上至少观测 20 个以上历元，并在后续处理中取算术平均作为最终测点三维坐标。

测量水域浅滩地带多为淤泥，直接测量相对艰难。在实际测量中，采用较多的流动站在高潮时对其实施测量。高潮期，利用小木舟，借助信标 GPS 导航，行驶到测点，将测杆底部触及浅滩上表面，借助 PPK 或 RTK 技术，对其进行定位。由于高潮期相对较短，在浅滩干出

625

时，利用人工进行测量。人工测量因行进艰难，易导致卫星失锁，为确保测量精度，期间采用 RTK 作业模式 。

类似岸线测量数据处理，海岸带地测量数据也需进行高程转换。

17.5　调查水域地形图和水深图综合绘制

利用前面数据处理得到的测区三维水深、岸线及海岸带地形数据，绘制测区地形图和水深图。自动化制图的内业整理应根据成图需要确定图幅分幅和坐标格网，打印的定位点、特征点的时间和编号与测深仪记录纸一致，根据航迹图决定测深线的取舍，并输入计算机，特征点、助航标志、重要地形和地物齐全。资料齐全后，基于自动化制图技术，绘制调查水域地形图和水深图。

参考文献

国家标准化管理委员会 . GB 12327—1998 海道测量规范［S］.

国家海洋局 908 专项办公室 . 2009 海底地形地貌调查技术规程［S］.

中华人民共和国交通部 . JTJ 203—2001 水运工程测量规范［S］.

中华人民共和国国家质量监督检验检疫总局，中国国家标准化管理委员会 . GB/T 12898—2009 国家三、四等
水准测量规范［S］.

中华人民共和国国家质量监督检验检疫总局，中国国家标准化管理委员会 . GB/T 18314—2009 全球定位系统
（GPS）测量规范［S］.

第18章 辐射沙脊群遥感测量技术[①]

18.1 水深遥感探测

可见光遥感测深技术的原理是建立在太阳光能够穿透浅水水体的基础上，卫星传感器接收到的辐射亮度中包含有水底反射信息，即水深。利用工作区域的遥感水体反射率和实测水深之间的良好相关性，建立统计回归模型，用该回归模型作为水深反演来计算水深值。由于辐射沙脊群水体含沙量值较高，通过分析现场悬沙浓度与光谱反射率之间的关系，采取削弱或消除悬沙后向散射对水体反射率的影响，以提高水深反演的精度。

18.1.1 模型构建思路

水深遥感反演模型有多种，其中统计模型主要是利用所测区域水深与多光谱数据之间的相关性建立模型，外推其他区域的水深（李铁芳等，1991；Dirks，1987；张鹰，1998）。它无需水体内部的光学参数，直接寻找预处理后遥感影像光谱值和实测水深之间的相关关系，建立相关方程。因此，该方法简便易行，对需要了解大面积区域的水下地形分布情况具有实际应用价值，只要从现场测量具有代表性的用来定标的水深数据，就可以反演出整个水域的水深，从而节约大量的测量成本。

辐射沙脊群水域的水下地形是用烂沙洋水域的水体遥感反射率和实测水深之间的良好相关性，建立统计模型，用该模型来反演出整个辐射沙脊群水域的水深值。另外，由于辐射沙脊群水域具有高含沙量的特点，通过分析现场悬沙浓度与光谱反射率之间的关系，确定适合该水域的泥沙遥感参数，在水深反演模型中加入该泥沙遥感参数，以此消除或削弱悬沙后向散射对水体反射率的影响，提高水深反演的精度（张鹰等，2008a）。基于以上模型构建的思路，建立沙脊群水域遥感测深模型的基本步骤是：① 建模资料的收集与处理；② 选取出适合辐射沙脊群水域的水深因子；③ 建立水深反演模型1，分析模型1的平均相对误差；④ 选取出适合辐射沙脊群水域的泥沙遥感参数 Xs；⑤ 在反演模型中引入表层泥沙遥感参数 Xs，建立削弱泥沙影响的水深反演模型2；⑥ 模型验证与精度分析。

18.1.2 测深模型建立的资料及其处理

模型建立以及验证模型的可靠性时所需要的数据涉及遥感数据、实测水深数据、海水含沙量数据等，在建立模型前，还要针对各自特点和模型建立的需要进行处理。

[①] 本章由张鹰执笔。

18.1.2.1 遥感数据

选择 Terra 卫星的 MODIS 图像作为本次应用遥感数据。根据无云或少云、图像日期为大潮且尽可能接近于水深实测日期的要求选择，确定使用的图像日期和时间为 2006 年 10 月 7 日上午 10：30；选择使用 MODIS 的 1B 数据。

考虑到实测水深样点的点间距，本次遥感反演的 MODIS 选用空间分辨率 500 m 的数据，其波段组成、光谱分辨率和信噪比如表 18.1 所示。

表 18.1 MODIS 各波段特征

波段	波段宽度/nm	中心波长/nm	光谱灵敏度 W/m^2 – μm – sr	信噪比	空间分辨率/m
M1	620～670	645	21.8	128	250
M2	841～876	859	24.7	201	250
M3	459～479	469	35.3	243	500
M4	545～565	555	29.0	228	500
M5	1 230～1 250	1 240	5.4	74	500
M6	1 628～1 652	1 640	7.3	7.3	500
M7	2 105～2 155	2 130	1.0	1.0	500

18.1.2.2 水深数据

建立遥感反演模型的水深数据，是用 2006 年 8 月下旬在辐射沙脊群烂沙洋水域现场的实测数据；基准面采用理论最低低潮面。实测水深样点为 3 318 个，水深点的间隔 500 m。建模用水深数据取自烂沙洋水域位置的研究区（图 18.1）。

验证用水深数据是 2006 年实测地形图中的 258 个水深点数据，用以对水深遥感模型进行验证。验证区位于烂沙洋测量区的东侧（图 18.1），潮沟潮滩相间分布，面积 1 128 km^2。

低潮时（2006 – 07 – 31）的 MODIS 图像沙脊出露多，与反演的地形比较，可以对模型反演效果进行验证（图 18.2）。

18.1.2.3 海水含沙量数据

海水含沙量数据是用在建立辐射沙脊群含沙水体的遥感测深模型中，作为确定泥沙遥感参数的依据。

本次工作使用的数据由长江水利委员会长江口水文水资源勘测局，于 2006 年 8 月 24 日至 9 月 1 日测得。工作中设置了 12 个测点，每小时取样，获得水体 6 层即表层、0.2 h、0.4 h、0.6 h、0.8 h 和底层（h 为实测水深）的含沙量数据。

测量时间：2006 – 08 – 24，06：00 至 2006 – 08 – 25，09：00（大潮）；2006 – 08 – 31，08：00 至 2006 – 09 – 01，12：00（小潮）。

测点主要分布在新洋港口外（1 个）、大丰王港口外（3 个）、川东港附近（3 个）、小洋口外侧与洋口港以东水域（5 个），位置见图 18.3。

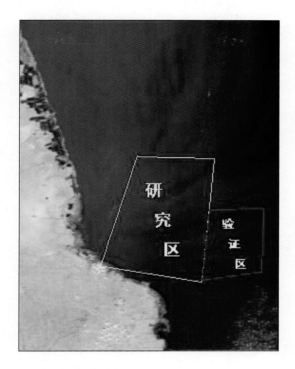

图 18.1　研究区与验证区位置示意

图 18.2　2006 – 07 – 31 MODIS 影像

悬沙现场同步光谱测量：和水文测量同时，小洋口港口外。

图 18.3　工作区内泥沙测点空间分布

18.1.2.4　遥感影像数据处理

2006 年 10 月 7 日的 MODIS 遥感数据在成像时，天气晴朗，图像清晰，只有极少部分区域被云覆盖（图 18.4）。遥感图像处理内容包括遥感图像的辐射校正（吴赛等，2005）、几何校正、水陆分离及增强处理等。

图 18.4　研究区的遥感图像彩色合成

考虑到大气校正的不确定性较大，且仅用一景影像数据，因此未对影像进行大气校正。

1）辐射校正

MODIS 1B 数据对反射太阳光波段（M1～M19 和 M26）生成两个经过定标的数据产品：辐亮度和反射率。由于 MODIS 信号数据的精度很高，用浮点数据存储，文件将会很大，为了节省空间，进行尺度转换用 16 bit 整数表示法，其中有效的整数型数据的范围是 [0，32 767]。这种表示方法，可利用 SI（Scaled Integer）和两对自带的参数（scale，offset）计算出原来的反射率和辐射率。

反射率产品计算公式：

$$R_{B,T,FS} = reflectance\_scale_B(SI_{B,T,FS} - reflectance\_offset_B) \tag{18.1}$$

式中：$SI_{B,T,FS}$ 为波段的记录数值；$reflectance\_scale_B$ 为定标参数增益；$reflectance\_offset_B$ 为定标参数偏移。

其中，$SI_{B,T,FS}$，$reflectance\_scale_B$ 和 $reflectance\_offset_B$ 的值可在相应波段的科学数据集的属性域中获得。

MODIS 1B 数据在 ENVI 遥感图像处理软件根据 HDF 格式文件中基本参数，自动将图像各波段的 SI 转换为反射率。

2）几何校正

MODIS 影像存在几何畸变和 Bowtie 效应。MODIS 的探测器是一种被动式摆动扫描探测器，由于 MODIS 探测器对地球观测的视野几何特性、地球表面的曲率、地形起伏和探测器运动中的抖动等因素的共同影响，MODIS 的 1B 数据存在几何畸变。由于像素的实际地面大小随着观测角的增大而增大，除了星下点数据外，相邻两行的像素存在彼此重叠的 Bowtie 效应（俗称"双眼皮"）。

几何精校正一般通过地面控制点来进行校正。由于 MODIS 1B 数据的 HDF 文件中含有经度和纬度信息，可以直接应用这些经、纬度数据进行校正，而不需要人工选取 GCP 点，使得几何校正的速度和自动化程度大大提高。具体操作是使用 ENVI 遥感影像处理软件中 Goereference，MODIS 1B 模块根据 HDF 格式文件的参数进行几何校正，并可以同时对图像中的"双眼皮"进行去除处理，使得影像更加清晰，并具有几何信息。使用该方法进行几何校正，精度可以满足研究的需要。

选用的是 GK-21 投影和 WGS-84 坐标系。

3）条带噪声去除

条带噪声是影像中具有一定周期性、方向性且呈条带状分布的一种特殊噪声。这种噪声是卫星传感器光和电器件在反复扫描地物的成像过程中，受扫描探测元正反扫描响应差异、传感器机械运动和温度变化等影响造成的（蒋耿明等，2003）。MODIS 条带噪声有两大特点：条带噪声呈水平方式分布，其宽度基本为一个像素；相邻两个条带噪声的中心线之间的距离等于扫描条带宽度。

常用的条带去除算法有直方图匹配法、傅里叶变换、小波变换和插值法，前三者较复杂，且都对非条带噪声区域产生负面作用，而插值算法相对简单、有效。选用插值去除条带，基

631

本思路是定位条带噪声所在行，在反演的辐射沙脊群水域悬浮泥沙浓度图或水深图上，用上下两行数据均值代替条带噪声。

4）水陆分离

在近红外波段，植被的反射率明显高于水体的反射率，而在红波段，水体的反射率高于植被的反射率。因此，在可见光和近红外波段，水体与植被、城市和土壤之间的光谱反射率存在差异，可以用水陆分离方法从可见光遥感数据中提取水体信息。

本节是利用 NDVI 方法进行水陆分离。将 NDVI 结果图进行水陆分离的掩膜（图 18.5），再用人工手段剔除陆地上的河流水域（图 18.6）。

图 18.5　利用 NDVI 制作的掩模图像

图 18.6　水陆分离后的图像

5）云检测

对辐射沙脊群海域的遥感影像作云检测，即从水域将云剔除。在可见光波段，云和浓度较高的悬浮泥沙水体的反射率都较高，光谱差异小。而云对波长大于 1 000 nm 的波段具有很高的反射率，水体在此波段的反射较小，两者对比强烈，在 M5 波段可以设置域值将云和水体分离开，但本节使用的这景影像的云比较集中，可以使用手工勾绘的方法，将云所在的区域勾绘出来进行掩膜，再将图像进行裁减，结果如图 18.7 所示。

图 18.7　去除云的结果

表 18.2 和表 18.3 是辐射沙脊群水域和烂沙洋水域遥感数据经以上影像处理后的基本统计特征。

表 18.2　辐射沙脊群水域遥感数据的基本统计特征

波段	最小值	最大值	平均值	标准差
M1	0.058 8	0.128 8	0.094 0	0.013 7
M2	0.018 4	0.139 0	0.036 1	0.014 0
M3	0.114 4	0.144 9	0.126 9	0.007 8
M4	0.094 1	0.128 1	0.109 6	0.007 7
M5	0.001 1	0.120 8	0.008 3	0.010 4
M6	0.002 7	0.095 6	0.006 2	0.003 3

表 18.3　沙洋水域遥感数据的基本统计特征

波段	最小值	最大值	平均值	标准差
M1	0.065 4	0.120 1	0.097 3	0.010 9

续表

波段	最小值	最大值	平均值	标准差
M2	0.019 9	0.079 2	0.037 0	0.010 6
M3	0.118 2	0.135 4	0.125 7	0.003 9
M4	0.098 1	0.120 4	0.109 5	0.004 8
M5	0.004 3	0.015 1	0.009 2	0.001 3
M6	0.003 2	0.011 5	0.005 4	0.000 8

18.1.2.5　水下地形数据处理

按照遥感图像像元的空间分辨率对水深数据进行了插值，提取插值点数据作为水深数据。用于构建模型的样点数为 3 318。

表 18.4 给出了实测水深的基本统计特征。根据实测数据，水深范围在 -5.4~38.4 m 之间，不同样点之间水深差异较大。

表 18.4　实测水深的基本统计特征

测量水域	样本数/个	最小值/m	最大值/m	方差
烂沙洋	3 318	-4.5	21.3	33.3
验证水域	258	1.9	20.8	24.6

18.1.3　可见光水深遥感反演模型 1 建立

可见光遥感测深是建立在太阳可见光对水体穿透基础上的，太阳辐射能到达水底并反射到传感器，传感器接收的辐亮度中包含有水深信息，通过建立水深遥感反演模型的方法，可以从这些辐射亮度中提取出水深信息。

18.1.3.1　水深反演因子的选取

沙脊群水域水深反演因子的选取，是根据遥感影像反射率和实测水深之间的相关性。因为根据水体光学特性，不同波段的光谱反射率，对应于不同水深值的相关程度不同，将两者相关程度最高的波段值，作为水深反演因子。

实测水深与遥感影像数据的相关性分析见表 18.5。就单波段而言，烂沙洋水域与水深线性相关较大的是 1、2 波段和 3、4 波段；在沙脊群水域内的东北部西洋水域，与水深的线性相关性较好的是 3 波段。考虑到烂沙洋和西洋水域水深都与影像的 3 波段相关系数大，建立水深反演模型中的水深因子应该考虑用 M3。另外，由于蓝光、绿光对水体的透射性较好，对于清洁水可达几十米，比较适用于水深遥感，这也是选用 3 波段作为水深反演因子的重要原因。

表 18.5 水深与遥感数据各波段的反射率的相关系数

区域	M1	M2	M3	M4	M5	M6
西洋	− 0.382	− 0.416	0.536	0.133	0.364	0.346
烂沙洋	− 0.767	− 0.736	− 0.653	− 0.656	− 0.545	− 0.491

18.1.3.2 水深反演模型的建立

依据整个辐射沙脊群的水深与该区域遥感数据的相关性分析，选择了 MODIS 影像的蓝波段 M3，将 M3 对应的光谱反射率（R_3）作为水深因子，与水深（H）分别建立线性、指数、倒数、二次回归等类型水深遥感模型（表 18.6），认为统计检验 F 值较高的线性水深反演公式适用于沙脊群水域的水深反演：

$$H = 127.093 - 967.375R_3 \tag{18.2}$$

式中：H 为水深；R_3 为光谱反射率。

表 18.6 R_3 与水深的定量反演模型

模型类型	公 式	r^2	F
线性	$H = 127.093 - 967.375R_3$	0.44	7 348
对数	$H = -246.973 - 121.713\ln R_3$	0.44	7 344
倒数	$H = -116.326 + 15.3/R_3$	0.44	7 336
二次回归	$H = 103.78 - 593.531R_3 - 1\,484.48R_3^2$	0.44	3 674

模型数据点及关系式拟合如图 18.8；模型的误差分析情况如表 18.7 至表 18.9。

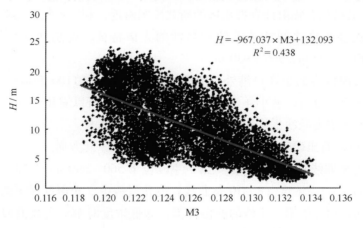

图 18.8 水深 H 与 M3 反射率的散点拟合

表 18.7 模型 1 参数

R	R^2	F	常数项	变量系数
0.662	0.438	7 348	132.093	− 967.375

表 18.8　模型 1 不同水深的绝对误差

水深	数量	最小值	最大值	平均值	标准差
0~5	1 345	0.01	10.66	2.91	2.28
5~10	3 357	0.00	10.35	3.23	2.44
10~15	2 250	0.00	7.67	2.32	1.58
15~20	2 015	0.00	10.90	3.87	2.16
20~25	462	3.44	12.42	6.44	1.38

表 18.9　模型 1 不同水深的相对误差

水深	数量	最小值	最大值	平均值	标准差
0~5	1 345	0.00	3.44	0.83	0.58
5~10	3 357	0.00	2.04	0.46	0.39
10~15	2 250	0.00	0.65	0.19	0.13
15~20	2 015	0.00	0.61	0.22	0.12
20~25	462	0.17	0.58	0.30	0.06

18.1.4　建立削弱悬沙影响的水深反演模型

18.1.4.1　水体悬浮泥沙光谱特性分析

关于辐射沙脊群水域悬沙水体的光谱特征，许多人做了深入的分析（宋召军等，2006；韩震等，2003）。王晶晶在辐射沙脊群水域的新北凌闸附近，利用现场和实验室数据，根据水体光谱反射率与泥沙浓度之间相关系数和悬沙的光谱特征，将悬沙浓度的敏感波段定为 730~750 nm、800~820 nm、900~930 nm[①]。

我们在地形反演区内的小洋口港外，使用悬沙测量仪 LISST100 和地物光谱仪 ASD 现场实测，并对数据进行了分析，从小洋口悬沙水体的光谱测量可以看出不同浓度的水体光谱反射率明显不同，不同浓度悬沙水体的光谱反射率曲线见图 18.9。

从图 18.9 上可以看出研究区水体的光谱特征主要为以下几方面。

（1）光谱反射率曲线具有双峰特征。第一主峰位于 560~690 nm 之间。当悬沙浓度由低浓度（1~7 条曲线）向高浓度（8~10 条曲线）变化过程中，光谱反射率曲线表现为两种类型的光谱曲线，其差别在于第一主峰的波段范围，即低浓度时第一主峰波段范围较窄，而高浓度时第一主峰的波段范围较宽。

（2）悬沙水体的光谱反射率随着浓度的增加而增大，但增幅不同，反射率增幅最大的波长与反射率峰值所在的位置基本吻合。光谱反射率最大值约为 16%，最小值低于 4%。

（3）随着悬沙浓度的增加，在 400~500 nm 波段范围内，光谱反射率很快达到饱和，而

---

① 王晶晶. 2005. 悬浮泥沙光谱特性及其浓度的遥感反演模式研究. 南京师范大学硕士学位论文。

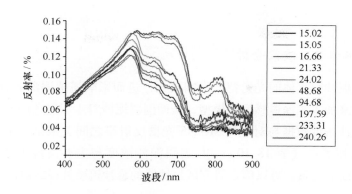

图 18.9　不同浓度的悬沙水体光谱反射率曲线

在 560～690 nm 范围内，光谱反射率出现较大的变化，该变化过程中低浓度变化幅度大于高浓度变化幅度。

（4）随着浓度的增加，第一主峰的峰值波长出现细微"红移"现象，即向长波方向移动。

总的来说，研究区海水的遥感反射率均低于 16%；同一悬浮泥沙浓度，可见光波段反射率随着波长的增大而逐渐增大，达到峰值后又逐渐降低；随着含沙量的增大，反射率也随之增大，曲线峰值逐渐向长波方向移动，高反射率的波段区域也不断加宽；可见光波段对中低悬沙浓度的变化反应敏感，近红外波段则很好地表现了高悬浮水体的特征。

18.1.4.2　悬沙浓度与光谱值的相关分析

将光谱数据标准化后与 LISST 同步测量悬浮泥沙表层体积浓度作相关分析（如图 18.10），在 400～600 nm 波长范围内，反射率和悬沙浓度呈现负相关，且相关系数的绝对值随波长的增加而增大到较大值后又下降；在 600～900 nm 范围内，反射率和悬沙浓度呈现正相关，相关系数随波长的增加而增大到一定的程度后又降低，650～730 nm 范围内相关系数保持在 0.9 以上。在 550～600 nm、630～800 nm 范围内，反射率和悬沙浓度的相关性较好，

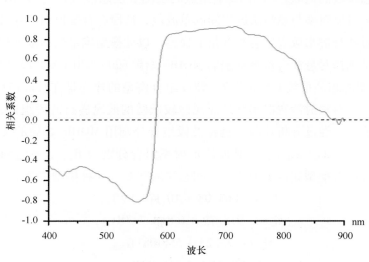

图 18.10　标准化反射率与悬沙浓度相关系数

对悬沙浓度较敏感。

18.1.4.3　悬沙水体敏感波段分析

海水中的悬浮泥沙对水体的光谱特征影响较大,进而影响遥感测深的分析与计算,需要选取泥沙遥感参数来加入水深遥感反演模型,从而削弱泥沙对水深遥感的影响。研究区 12 个站点的实测表层泥沙浓度数据与对应的 MODIS 光谱反射率之间关系是:① 表层泥沙浓度与各单波段反射率的相关性(表 18.10);② 表层泥沙浓度与主要波段组合反射率的相关性(表 18.11)。依据以上关系,可以确定研究区最敏感的悬沙遥感波段或波段组合。

表 18.10　表层泥沙浓度与各单波段反射率的相关系数

波段	M1	M2	M3	M4	M5	M6
相关系数	0.877	0.875	0.794	0.838	0.766	0.619

表 18.11　表层泥沙浓度与波段组合的相关系数

波段组合	M1 + M2	M1 + M4	M2 + M4	M2 + M5	M1 × M3	M2 × M5
相关系数	0.879	0.890	0.897	0.898	0.902	0.914

从表 18.10 和表 18.11 可以看出,波段组合能够提高泥沙浓度与各个波段的相关性,由此也表明表层泥沙遥感参数 $Xs = M2 × M5$ 与泥沙浓度的相关性很高,可达到 0.914。由此建立的泥沙浓度与泥沙遥感参数的模型为:

$$S = -0.073\,2 + 558.081 × Xs \qquad R^2 = 0.835,\ F = 50 \qquad (18.3)$$

式中,S 为泥沙浓度。

18.1.4.4　研究区悬沙浓度遥感参数的选取

悬沙浓度遥感参数的选取,利用 12 个站点的实测表层悬沙数据与 MODIS 影像各个波段的反射率,建立波段反射率与悬沙浓度之间的单波段、波段组合等模型,并且进行对比分析,选取最适合于辐射沙脊群水域表层悬沙含量的模型,以此模型确定悬沙浓度遥感参数。

单波段模型是选择对悬沙含量最敏感的 MODIS 影像 620 ~ 670 nm 波段(M1),令其波段反射率为 R_1,模型的相关系数 r 为 0.877。波段组合模型的建立是在长江口所做的水深遥感方法的基础上,选取对辐射沙脊群水域悬浮泥沙较敏感的波段进行波段组合,组合的方式有加法、乘法、比值等。经过分析比较,选择波段组合分别用 MODIS 影像的 $\lambda_{M2} + \lambda_{M3}$,$\lambda_{M2} × \lambda_{M5}$ 和 $[\lambda_{M1} + \lambda_{M4}] / [\lambda_{M3}/\lambda_{M4}]$。令其波段反射率组合分别为 R_{2+3},$R_{2×5}$ 和 $R_{(1+4)/(3/4)}$,对应的单波段与波段组合模型如以下公式;实测悬沙浓度 C 与 4 种模型拟合结果见图 18.11。

$$C = -863.08 + 10\,474.89R_1, \qquad (18.4)$$

$$C = -975.79 + 6\,818.747R_{2+3}, \qquad (18.5)$$

$$C = -73.23 + 558\,081R_{2×5}, \qquad (18.6)$$

$$C = -1\,100.53 + 6\,916.44R_{(1+4)/(3/4)}, \qquad (18.7)$$

用相关系数的二次方、平均绝对误差、平均相对误差 3 个指标对比分析以上 4 种模型,

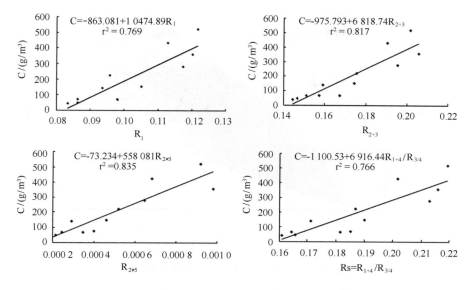

图 18.11　MODIS 影像悬沙含量的 4 种模型拟合曲线比较

结果见表 18.12。由表 18.12 可以看出，公式（18.6）的 r^2 最大，平均绝对误差与平均相对误差都最小，模型的精度最高，即选用 $R_{2 \times 5}$ 作为本次反演辐射沙脊群水域水下地形的悬沙遥感参数。

表 18.12　四种模型对比分析

评价指标	公式（18.4）	公式（18.5）	公式（18.6）	公式（18.7）
r^2	0.769	0.817	0.835	0.766
平均绝对误差/m	66.00	55.41	47.43	64.72
平均相对误差	44.5	37.7	30.0	42.6

18.1.4.5　引入悬沙浓度遥感参数的水深反演模型

1）模型建立

辐射沙脊群水域的悬浮泥沙对光在水中的传播影响较大，从而影响到遥感测深的效果。为了削弱泥沙对遥感测深的影响，我们选择了适合沙脊群水域的悬沙遥感参数 $R_{2 \times 5}$，将其加入到水深反演模型。

本节中已讨论了用 MODIS 影像反演辐射沙脊群的水下地形，对于这种地形适合用线性水深反演模型，模型的自变量为光谱反射率 R_3，因此引入悬沙遥感参数 $R_{2 \times 5}$ 的水深反演模型是

$$H = -7.833 + 0.0326 R_3 / R_{2 \times 5}, \tag{18.8}$$

模型的拟合情况见图 18.12。

2）引入悬沙遥感参数的公式与未引入的公式对比

采用相关系数二次方、统计检验值 F 值、绝对误差、相对误差等指标，对比分析考虑和

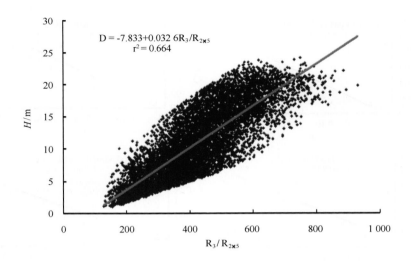

图 18.12　公式（18.8）与实测水深拟合

不考虑悬沙影响这两种模型的计算精度。引入悬沙遥感参数的式（18.8）的相关系数二次方明显比没有引入悬沙遥感参数的式（18.2）的要高，而 F 值是没有引入悬沙遥感参数的 2 倍多（表 18.13）。引入悬沙遥感参数后模型的平均绝对误差从 3.26 m 减小到 1.52 m（表 18.14），平均相对误差从 39% 降到 24%（表 18.15）。对分段水深误差进行分析，模型对 5～15 m 水深段的水深反演最好，绝对误差和相对误差都比较小。

表 18.13　两种水深遥感模型的精度对比

公式	r^2	F
$H = 127.093 - 967.375R_3$	0.438	7 348
$H = -7.833 + 0.032\ 6R_3/R_{2\times5}$	0.664	18 662

表 18.14　两种水深遥感模型的平均绝对误差比较　　　　　　　　　　　　　　单位：m

水深/m	数据量/个	式（18.2）	式（18.8）
−5～0	1 345	2.91	0.86
0～5	3 357	3.23	1.42
5～10	2 250	2.32	1.28
10～15	2 015	3.87	2.13
15～20	462	6.44	2.73
平均		3.26	1.52

表 18.15　两种水深遥感模型的平均相对误差比较　　　　　　　　　　　　　　　%

水深/m	数据量/个	式（18.2）	式（18.8）
−5～0	1 345	83	38

水深/m	数据量/个	式（18.2）	式（18.8）
0～5	3 357	46	26
5～10	2 250	19	18
10～15	2 015	22	18
15～20	462	30	18
平均		39	24

　　从以上分析可以看出，考虑悬沙影响的模型精度比不考虑悬沙影响的要高，前者更适合用于反演辐射沙脊群的水下地形，因此用式（18.8）反演出辐射沙脊群水域的水下地形，反演结果如图 18.13。

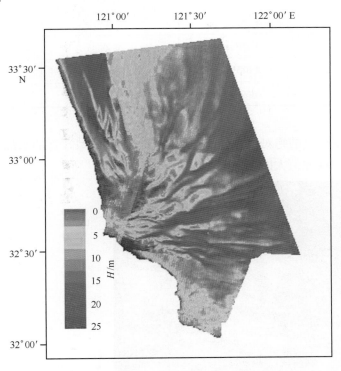

图 18.13　反演出的辐射沙脊群海域水下地形

18.1.5　水深遥感反演模型的验证和精度分析

18.1.5.1　模型精度分析

　　引入悬沙遥感参数的辐射沙脊群水域水深反演模型，其反演精度能够达到设计任务的要求。表 18.16 和表 18.17 给出了模型的相对误差和绝对误差。不同的水深平均相对误差不同，其中，10～25 m 之间水深的相对误差为 18%，0～10 m 之间误差大一些。绝对误差在深水区（大于 10 m）为 2～4 m，在浅水区的误差小于 1.5 m。

表 18.16　模型相对误差　　　　　　　　　　　　　　　　　　%

水深/m	数量/个	平均值	标准差
0 ~ 5	1 345	0.38	0.31
5 ~ 10	3 357	0.26	0.25
10 ~ 15	2 250	0.18	0.13
15 ~ 20	2 015	0.18	0.12
20 ~ 25	462	0.18	0.10

表 18.17　模型绝对误差　　　　　　　　　　　　　　　　　　%

水深/m	数量/个	平均值	标准差
0 ~ 5	1 345	1.86	1.23
5 ~ 10	3 357	2.42	1.67
10 ~ 15	2 250	2.28	1.63
15 ~ 20	2 015	3.13	2.05
20 ~ 25	462	3.73	2.12

图 18.14 是反演模型的绝对误差分布图，图 18.15 是模型计算的水深图，从图 18.15 中可以看出，水深绝对误差值大的都分布在深槽内。

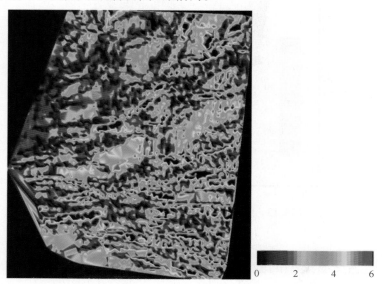

图 18.14　模型绝对误差分布

18.1.5.2　模型验证

通过比较遥感测深模型计算结果与同期（2006 - 07 - 31）低潮位的 MODIS 影像图，以及比较验证区地形反演结果与同期实测水深数据，对模型的可靠性进行验证分析。

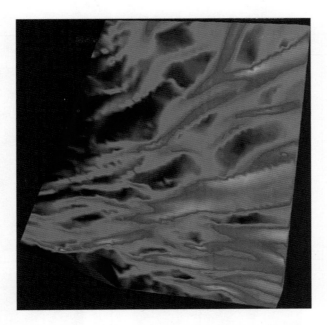

图 18.15　烂沙洋区域水深分布

1）计算结果与 MODIS 影像比较

图 18.16 是模型反演的水深图。选择小阴沙、条子泥、竹根沙、蒋家沙、东沙附近水域
的影像与实测的水深图进行比较，结果见表 18.18。

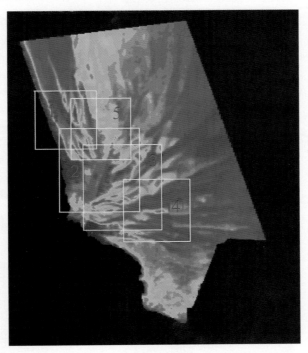

图 18.16　模型反演的水深

643

表 18.18　遥感图像和反演图比较

样区地点	遥感影像图	反演成果图
小阴沙附近		
条子泥附近		
竹根沙附近		
蒋家沙附近		

续表

样区地点	遥感影像图	反演成果图
东沙附近		

2）验证区地形反演结果与实测水深的比较

分别计算验证区 4 个断面（图 18.17）的反演与实测水深关系（图 18.18），得到其平均相对误差和绝对误差（表 18.19）。

图 18.17　验证断面位置

误差的计算方法：

$$绝对误差\ \varepsilon = |\ H - H_0\ | \qquad (18.9)$$

$$相对误差\ \varepsilon_r = |\ \varepsilon/H_0\ | \qquad (18.10)$$

式中：H_0 为实测数据；H 为反演的水深数值。

X_1、X_2、Y_1、Y_2 4 个断面有 258 个水深数据，按各断面水深数计算权重系数（表

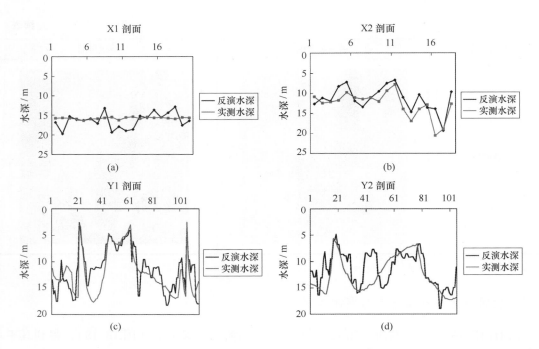

图 18.18 验证断面反演与实测水深关系

18.20)，得到验证区反演水深与实测水深的平均绝对误差为 1.92 m，平均相对误差为 13.8%。

表 18.19 断面检验误差分析

剖面	样点数	水深范围	平均相对误差	平均绝对误差
X_1	20	15.37 ~ 16.37	0.10	1.60
X_2	18	7.77 ~ 20.57	0.16	2.09
Y_1	115	2.57 ~ 17.67	0.17	2.25
Y_2	105	5.67 ~ 17.27	0.18	2.27
平均			0.138	1.92

表 18.20 验证区误差分析权重分配

验证断面	水深数	权重系数
X_1	20	0.40
X_2	18	0.45
Y_1	115	0.07
Y_2	105	0.08

另外，本次验证所用数据是 1:100 000 地形图，对于 1:25 万水下地形图来说，该误差更小。

根据以上精度分析和验证，认为所建水深遥感模型是可用的，由该模型反演出的辐射沙脊群水域水下地形真实。因此，本次水深反演成果满足了 1∶25 万水下地形图的制图要求，完成了任务要求。

18.2　沙脊遥感测量与分析

山脊是由两个坡向相反、坡度不一的斜坡，相遇组合而成凸形脊状延伸的地貌形态，山脊最高点的连线就是两个斜坡的交线，叫做山脊线。沙脊线的概念就是来源于山脊线，是沙脊最高点的连线。

南黄海辐射沙脊群大小沙体有 70 余个，由东沙沙脊等 10 余条大型海底沙脊向 N、E 和 SE 方向放射状伸展，而且在潮流、波浪的作用下不断变化，通过运用遥感技术对这些沙脊变化进行监测，可以定性和定量认识沙洲，进而认识整个辐射沙脊群的冲淤状况（王颖，2002；李海宇等，2002；刘永学等，2004）。

18.2.1　沙脊遥感测量—潮滩含水量方法介绍

许多学者研究表明（Lobell，et al.，2002；Whiting，et al.，2004；Liu，et al.，2002），土壤含水量升高，土壤光谱反射率会相应降低。光谱受土壤母质、有机质、水分等多种因素的影响，在母质等因素一致的情况下，土壤含水量直接影响着土壤光谱反射率的变化，特别是在水汽吸收峰处尤为明显，因此根据土壤光谱反射率的量值就能确定土壤水分含量。

由于沙脊线在沙滩中位置相对最高，退潮时它最早出露水面，退潮过程中沙脊线处的土壤含水量较其他地方始终最小，这也是该潮滩滩面高程相对最高处。所以若用遥感技术自动获取潮滩沙脊线，则需确定潮滩对应的土壤光谱反射率最大值的位置，将这些位置相连，则得到滩地的沙脊线。当然，在对实际沙脊线进行提取时，还要考虑滩地的自身特点和滩地间的差异，在依靠遥感技术自动提取滩面最高点的同时，有时需要辅以地理信息系统技术来完善沙脊线的提取（张鹰等，2008b）。

18.2.2　代表沙沙脊测量实例

18.2.2.1　试验区选择及地形测量

选择了辐射沙脊群西北水域的泥螺坨作为实验区（图 18.19），并在泥螺坨滩面上作了断面高程的测量，所测的高程数据作为遥感方法提取滩面沙脊线结果的验证。

泥螺坨位于东沙的西侧偏北，受东沙掩护，大丰沿岸围海造地等人为的工程设施对滩地地形几乎没有影响，滩面高程变化只受周边水域的潮流和波浪影响，保持了自然状态，适合作为探讨含水量法提取沙脊线的试验区。

试验是用水准仪在泥螺坨进行相对高程的测量，共测了 50 站，每个站位利用 GPS 定位，平面定位精度为 10 m，高程测量精度 1 cm，如图 18.19（b）中红色点状断面为高程测量的站位断面。图 18.20 为该断面的垂向剖面图，最低点位于 1 号站位，高度为 0 cm，最高点位于 33 号站，高度为 224 cm。

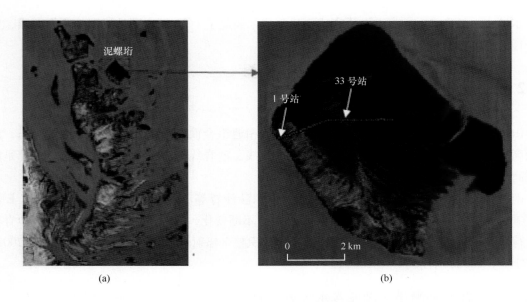

(a)　　　　　　　　　　　　　(b)

图 18.19　研究区位置及实测高程断面

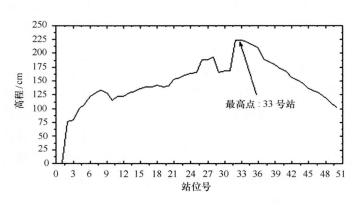

图 18.20　实测断面高程

18.2.2.2　光谱实验及实验分析

光谱实验目的是，通过对沉积物进行实验室的光谱分析，找到对潮滩沉积物含水量敏感的波段范围，以此确定适合于通过卫星遥感影像来提取潮滩沉积物含水量信息，进而得到潮滩的高程分布和沙脊线位置。

将在海岸潮滩现场采集的 25 个沉积物（土壤）表层样品，分别放入直径 90 mm 的培养皿，加蒸馏水使土壤含水量至饱和状态。随着时间的推移，在土壤里的水分逐渐减少过程中，用 ASD 的 FieldSpec® Pro FR 光谱仪不断测量培养皿中土壤样品的光谱反射率（图 18.21），并通过电子秤称取样品重量以计算逐时的土壤含水量，共测得 398 条光谱曲线及与之对应的土壤含水量（图 18.22）。

分析所测 398 条光谱曲线及与之对应的土壤含水量 θ，发现在中心波长 λ 为 2 224 nm 处的光谱反射率与土壤含水量呈显著负相关，相关系数 r 高达 -0.89。从图 18.22 可以看出：在退潮初期至含水量 θ 为 0.35 段，光谱反射率与土壤含水量的相关性不明显；这是因为土壤

图 18.21　光谱实验示意图

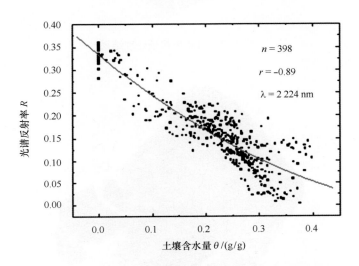

图 18.22　2 224 nm 处的光谱反射率与土壤含水量的关系

含水量较高时，土壤表层有可能形成水膜，水膜的镜面反射会导致光谱反射率 R 升高。在土壤含水量小于 0.35 段，光谱反射率随土壤含水量的减小而增大。因此在 2 224 nm 波长附近的波段，适合用于潮滩沙脊线的提取。

18.2.2.3　沙脊线的提取

用 2008 年 2 月 28 日的 Landsat/TM 影像来做实验区泥螺圻的沙脊线提取试验，由于 TM7 波段（2 080 ~ 2 350 nm）的中心波长在 2 220 nm（很接近 2 224 nm），对土壤含水量变化敏感，所以选择 Landsat/TM7 波段用于沙脊线提取。

（1）影像处理：用 LGCP 法对 TM 影像做几何校正（Zhang，et al.，2007）；用暗像元法做大气校正（Mausel，2002）和将实验区做水陆分离，影像处理结果见图 18.23。

（2）沙脊线提取：根据光谱反射率与潮滩土壤含水量的负相关性，对处理后的 TM7 波段影像逐行判断，将每行中光谱反射率最大值所在像元置 1，其余的像元置 0，得到影像中各行反射率最大点的位置，也就是图 18.24 中所示点（红点）的位置。

由以上方法能够确定沙脊线上绝大多数点的位置，但个别行的"最高点"还不一定是在

649

图 18.23　TM 影像预处理结果

图 18.24　影像反射率最大值分布

需要提取的沙脊线上，如图 18.24 上虚框（蓝色）区域内的点，这些点明显没有沙脊特征，因此在沙脊线生成过程中，应将这些点剔除。为了生成连续的沙脊线，对这一类散点做缓冲区分析［图 18.25（a）］，利用 ArcScan 工具提取出缓冲区中轴线，以此来代表泥螺圩的沙脊线［图 18.25（b）］。

（3）实测断面验证：将运用以上遥感方法提取出的泥螺圩沙脊线与现场实测泥螺圩断面高程值作对比，33 号测站作为整条剖面的最高点正位于沙脊线处（图 18.26），可以证明利用遥感方法提取沙脊线是可行的。

18.2.3　东沙沙脊变化分析

运用以上介绍的沙脊遥感测量－潮滩含水量方法，分别从 1988—2008 年之间的 6 景 Landsat 卫星影像提取出 6 个时期的东沙沙脊线（图 18.27）。从沙脊线的时间变化，可以反

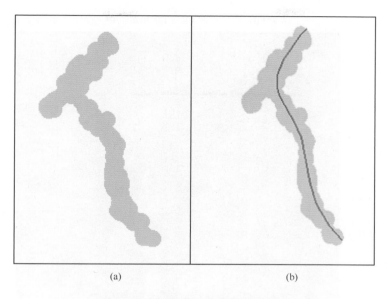

(a)   (b)

图 18.25 缓冲区分析及中轴线提取

33 号站

图 18.26 遥感提取沙脊线与实测地形的对比

映出近 20 年中沙脊的摆动情况。

（1）东沙主沙脊线 N—S 向延伸，在 1988—2008 年间，主线南部不断东移且东移幅度明显；主线北部 2003 年前略有西移，2003 年后开始往东移动。

（2）以 33°8′30″N 为界，主沙脊线的南部和北部情况不一样，南部变化剧烈，移动幅度较大，北部变化平缓，移动幅度小。

（3）主沙脊线东西移动的分界点不断往北移动，从 1992 年的 33°3′20″N 一直到 2008 年的 33°5′4″N。

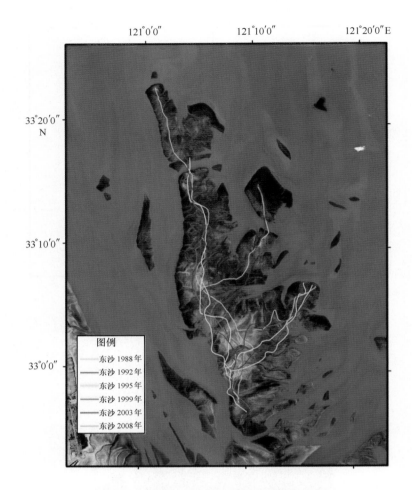

图 18.27   东沙 1988—2008 年沙脊线变化示意图

（4）1988—2008 年主沙脊线南部东移最大值出现在 33°1′43″N，往东移动了 6 000 m。

18.3   潮汐水道遥感测量

18.3.1   潮汐水道遥感测量——中轴线方法介绍

18.3.1.1   中轴线概念及意义

多边形中轴也叫多边形的对称轴（symmetric axis）、骨架线（skeleton），或多边形的中线（center line）。在某种程度上，多边形的中轴结构可以反映出原多边形的形状特征，因为中轴捕捉到了平面形体最本质的几何特征，可方便地代表形体的构成方式，可作为形体的分析工具，用于形体的描述和特征识别（胡鹏等，2006）。

1）中轴线概念

多边形的中轴线定义：设多边形 P 的中轴线为 P 内的点集，则该点集中的点与多边形中不同边（或多边形边的延长线）中两个或两个以上点距离相等（图 18.28）。

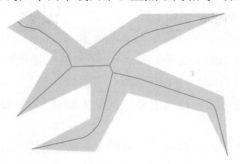

图 18.28　多边形中轴线

　　文中探讨的潮汐水道从平面角度看是凸多边形，没有涉及边的延长线，因此中轴线就是到多边形两个或两个以上的基本元素（顶点和边）距离相等的点的轨迹。

　　多边形中轴特点：多边形的中轴是几何学中的普遍问题，计算几何的内容是属于欧几里得几何构造范畴。在某种程度上，从多边形 P 的中轴结构可以反映出多边形的形状特征，多边形的中轴是一棵树，它是具有特定性质的点的轨迹。

　　2）中轴线和 Voronoi 图的关系

　　Voronoi 结构的概念是由俄国数学家 M. G. Voronoi 于 1908 年发现并以他名字命名的。它实质是一种在自然界中宏观和微观实体以距离相互作用的普遍结构，是计算几何的一个重要分支。在计算几何中，Voronoi 图（简称 V 图）理论成功地解决了找最近点等问题。

　　3）V 图生成方法

　　多边形的中轴实际就是边界 Voronoi 图的邻边的集合，提取中轴线的方法就等同于 V 图的生成方法。目前生成 V 图有诸多方法，但归纳起来有两种：矢量方法和栅格方法。

　　4）潮汐水道中轴线的意义

　　河流中轴线是对河系进行地图综合和空间分析的基础（乔庆华等，2004）。结合遥感手段，利用中轴线可以从平面直观地得到潮汐水道的轨迹及几何轮廓，将面元素转变成线元素，通过线元素的变化掌握潮汐水道的摆动情况，实现对其的空间分析。

18.3.1.2　潮汐水道中轴线的提取

　　目前提取面状要素中轴线，主要采用垂线族法和栅格形态变换法两种传统方法，以及基于矢量数据的利用约束 Delaunay 三角网/Voronoi 图法。此外还有基于 ArcGIS 软件的中轴线提取方法。

　　ArcGIS 是一个全面、完善、功能强大的 GIS 软件平台。该法可以用于利用遥感技术的专题制图和遥感影像中专题信息的自动提取等特点，将遥感信息的动态性和地理信息系统的分析功能相结合实现演变分析（魏士春等，2007）。

　　运用 ArcScan 模块的自动矢量化功能，提取遥感影像中水道的中轴信息，得到其矢量化数据，从而进行空间统计与分析，大大减少矢量化的工作，又提高了数字化的准确率。

ArcGIS 中的 ArcScan 模块是 ArcInfo、ArcEditor 和 ArcView 的扩展，它为栅格到矢量的转换提供了全面有效而易于使用的工具集。ArcScan 是扫描矢量化模块，具有栅矢一体化编辑功能，可自动消除噪音、剔除色斑、自动识别断点、虚线、符号、自动角度取直。交互与自动相结合，既可跟踪单线，也可跟踪色块边界，其最大的优势是对地图线性特征的半自动或自动跟踪矢量化。

由前述定义可知，多边形的中轴是其边界的 Voronoi 图的 Voronoi 邻边的有序集合，呈树状结构，具有连续性、中间性和唯一性三个性质。特别是由于它的中间性（中轴上的点到边界两个或两个元素以上的距离精确相等），可以用它来确定河流、湖泊、海洋的中轴，即其到潮沟两边界的距离相等。

针对矢量化提取得到的树状结构，将提取结果中较细的分支去除，同时对照影像去除延伸上岸滩的多余分支，得到潮汐水道的中轴主轴线。提取的结果是每条中轴线都由若干条细小的线段组成，因此将它们合并，并做平滑处理，得到最终的提取结果（图 18.29 和图 18.30）。

图 18.29 2003 年小洋口港二值图像

图 18.30 2003 年小洋口港水道中轴线

18.3.2　RSMA 法运用于潮汐水道测量实例

遥感中轴线（RSMA）法结合了遥感技术与几何中轴线，通过将不同年份影像的潮汐水道中轴线叠合，获取一个时间序列的潮汐水道动态演变过程，从而实现对其的空间分析。利用遥感影像提取的中轴线能否反映水道的实际摆动，与水道遥感中轴线提取误差的大小有关。本节用 ENVI 软件处理 TM 遥感影像，几何校正精度控制在 0.3 个像元内。但是，利用 RSMA 法提取水道中轴线的精度不仅受影像几何校正精度的影响，还受到影像水陆分离、中轴线提取方法等因素的影响，因此用以下方法对 RSMA 法所获取的中轴线误差进行分析。

误差的分析方法如下：假设在很短的时间内，潮汐水道摆动非常小，水道位置的变化可以忽略不计；提取水道短时间的两景 RSMA，将其叠合，同时在 RSMA 上选择固定断面，分别量算各段中轴线间的偏差值，并将偏差值取平均，即 RSMA 法提取中轴线的平均误差。具体的做法是，选择江苏如东小洋口港外潮汐水道区域的两组 TM 影像，分别为 A 组：2003 年 1 月 21 日（20030121）和 2003 年 2 月 26 日（20030226），相隔时间 36 d；及 B 组：2008 年 2 月 28 日（20080228）和 2008 年 4 月 24 日（20080424），相隔时间 55 d。通过查阅气象资料得知这两个时间段此地均没有出现寒潮等剧烈的天气变化，可见两个时间段内因天气因素影响小洋口港潮汐水道的变化非常小。分别提取 A、B 两组水道的中轴线，其误差的分析如下。

18.3.2.1　A 组 2003 年潮汐水道中轴线误差分析

将 20030226 和 20030121 的影像作相同的预处理，并提取小洋口港外水道中轴线。从图 18.31 可以看出，两条中轴线近似重合。比较而言，1 月份的中轴线更为曲折，局部线条与 2 月份的有细小差异，2 月份的中轴线头部向陆延伸，中间位置稍向北偏移，在分支末端处的偏差值约为 70 m，尾部较为平直，吻合度高，总体偏差很小。

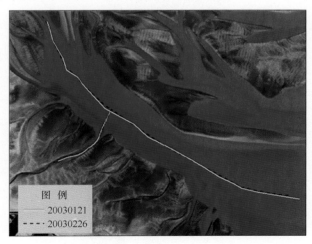

图 18.31　2003 年小洋口港水道中轴线对比

对中轴线选择 9 个固定断面，见图 18.32 所示。统计出各断面的中轴线偏差值，具体见表 18.21。2003 年 9 个断面的偏差介于 0.0 和 102.5 之间，剔除异常偏差的 5# 断面，将 8 个偏差值求平均，得到小洋口港水道中轴线的平均误差为 35.1 m。

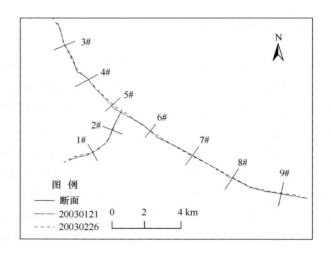

图 18.32　2003 年小洋口港水道中轴线

表 18.21　2003 年小洋口港水道中轴线平均误差　　　　　　　　　　单位：m

断面	1#	2#	3#	4#	5#	6#	7#	8#	9#
偏差	34.0	28.3	0.0	47.3	102.5	17.9	47.8	53.3	52.1
平均误差	35.1								

18.3.2.2　B 组 2008 年潮汐水道中轴线误差分析

图 18.33 是 2008 年小洋口港水道叠加对比图。通过对比得到结果：2 月份和 4 月份的两条中轴线均较为平直，叠合程度较高；4 月份中轴线的头部北偏约 60 m，中间部分在向小洋口港延伸的分支处偏差较大，尾部位置在北偏较小。

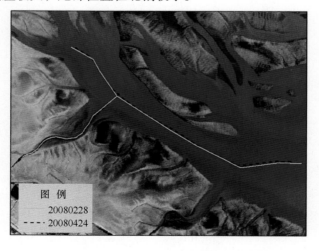

图 18.33　2008 年小洋口港水道中轴线对比

同样，对 2008 年的中轴线选择 9 个固定断面（图 18.34），统计各断面中轴线的偏差值。偏差值范围 18.3 ~ 75.2 m，剔除异常偏差的 9#断面，得到 2008 年该水道中轴线提取的平均误差 37.3 m（表 18.22）。

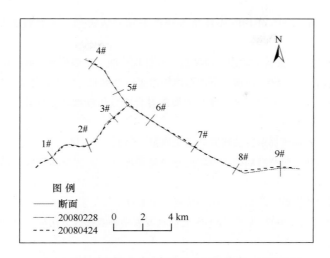

图 18.34　2008 年小洋口港水道中轴线断面分布

表 18.22　2008 年小洋口港水道中轴线平均误差　　　　单位：m

断面	1#	2#	3#	4#	5#	6#	7#	8#	9#
偏差	18.3	42.7	53.2	59.1	23.2	19.4	60.7	21.6	75.2
平均误差	37.3								

综合 A、B 两组的分析结果来看，采用两幅准同步遥感影像获取的中轴线位置基本一致，得到中轴线提取的平均误差分别为 35.1 m 和 37.3 m。

如此看来，用 RSMA 法提取潮汐水道的中轴线是合适的，相对于辐射沙脊群潮汐水道摆动，不到 40 m 的提取误差可以满足演变分析。误差分析结果揭示了利用遥感中轴线法进行中轴线提取是可行的，利用此方法做动态空间分析合适。

18.3.3　小结

本节的主要思想是将潮汐水道作为平面多边形，通过确定其边界以获取中轴线，利用中轴线的摆动来描述整个潮汐水道的摆动，并在实现潮汐水道中轴线的自动提取后，进一步展开对 RSMA 法的提取误差的分析。

从中轴线定义入手，在深入了解其原理及意义的基础上引入 V 图，继而得知多边形的中轴线是由 Voronoi 边和 Voronoi 顶点组成的，求多边形的中轴线就是求多边形的 Voronoi 图，最后选择利用 ArcScan 模块提取中轴线。

通过从准同步的 TM 影像中提取小洋口港潮汐水道的中轴线，叠合进行平面位移误差分析，并通过选择 9 个固定断面来获取中轴线的平面位移偏差值，最后得到整个水道的平均误差不到 40 m。定量的提取误差，表明了 RSMA 法用于提取中轴线、进而用于水道演变的定量化研究具有可行性。

参考文献

韩震，恽才兴，蒋雪中 . 2003. 悬浮泥沙反射光谱特性实验研究 . 水利学报，（12）：118 – 122.

胡鹏，游涟，杨传勇，等 . 2006. 地图代数 . 武汉：武汉大学出版社，149 – 161.

蒋耿明，牛铮，阮伟利，等.2003.MODIS 影像条带噪声去除方法研究.遥感技术与应用，18（6）：393
　　－398.

李海宇，王颖.2002.GIS 与遥感支持下的南黄海辐射沙脊群现代演变趋势分析.海洋科学，26（9）：61－65.

李铁芳，易建春，厉银喜，等.1991.浅海水下地形地貌遥感信息提取与应用.环境遥感，6（1）：22－29.

刘永学，张忍顺，李满春.2004.应用卫星影像系列海图叠合法分析沙洲动态变化——以江苏东沙为例，地
　　理科学，24（2）：199－203.

乔庆华，吴凡.2004.河流中轴线提取方法研究.测绘通报，（5）：14－18.

宋召军，黄海军，刘芳.2006.南黄海辐射沙洲附近海域悬浮泥沙的遥感反演研究.高技术通讯，16（11）：
　　1185－1189.

王颖.2002.黄海陆架辐射沙脊群.北京：中国环境科学出版社.

魏士春，张红日，苏奋振，等.2007.基于 ArcGIS 的面状要素中轴线提取方法研究.地理空间信息，5（2）：
　　45－47.

吴赛，张秋文.2005.基于 MODIS 遥感数据的水体提取方法及模型研究.计算机与数字工程，33
　　（7）：1－4.

张鹰.1998.水深遥感方法研究.河海大学学报，26（6）：68－72.

张鹰，张东，王艳姣，等.2008a.含沙水体水深遥感方法的研究.海洋学报，30（1）：51－58.

张鹰，张东，胡平香.2008b.海岸带潮滩土壤含水量遥感测量.海洋学报，30（5）：29－34.

Dirks A. 1987. Shallow sea – floor reflectance and water depth derived by unmixing multispectral imagery. Photogram-
　　metric Engineering & Remote Sensing , 59（2）：221－228.

Lobell D B，Asner G P. 2002. Moisture Effects on Soil Reflectance. Soil Science Society of America Journal. 66（3）：
　　722－727.

Liu W D，Baret F，Gu X F，et al. 2002. Relating soil surface moisture to reflectance. Remote Sensing of Environ-
　　ment，81（2）：238－246.

Mausel P D，Brondizio E，Moran E. 2002. Assessment of atmospheric correction methods for L andsat TM data appli-
　　cable to amazon basin LBA reaearch. International Journal of remote sensing，23（13）：2651－2671.

Whiting M L，Li L，Ustin S L. 2004. Predicting water content using Gaussian model on soil spectra. Remote Sensing of
　　Environment，89（4）：535－552.

Zhang Y，Zhang D，Gu Y，et al. 2006. Impact of GCP distribution on the rectification accuracy of Landsat TM imag-
　　ry in a coastal zone. Acta Oceanologica Sinica. 25（4）：14－22.

第 19 章　海岸海洋"4S"技术与应用[①]

在辐射沙脊群的研究中，不断开发、应用新的技术与方法，研究潮汐水道的演变过程，分析、预测其演变趋势，特别是把全球定位系统（GPS）、遥感（RS）、地理信息系统（GIS）和浅地层剖面系统（SBP）四项技术相结合，合称"4S"技术，进行潮汐水道演变研究与趋势性预测，利用信息系统强大的空间数据获取、管理与分析功能，以所取得的有限资料把研究范围扩展到整个辐射沙脊群区域，从而建立大范围平坦海域的"4S"立体监测系统的新方法，并取得积极的和富有价值的成果。

19.1　海岸海洋"4S"技术

19.1.1　GPS 全球定位系统

GPS 属于全球卫星定位系统的一种，有别于传统的陆基微波定位等技术，它是以卫星测距为基础，即通过测量相对太空一组导航卫星的距离，为使用者提供其所在地球上的准确位置，具有高度的可靠性与全天候的特点，可以覆盖全球地表及近地表所有对空无遮蔽区域。GPS 系统由美国国防部于 1973 年开始研制，1989 年发射第一颗卫星，1994 年完成第 24 颗卫星发射并全面启用。尽管 GPS 的研制一开始出于军事目的，但发生在 1983 年的大韩航空 007空难促使当时的美国里根政府决定将 GPS 系统向民用领域开放（NRC，1995），并很快在民用领域得到了广泛应用，拥有数十亿的用户。2000 年美国取消了针对民用 GPS 的 SA（Selective Availability）限制，使得普通 GPS 的定位精度大大提高，由 100 m 提升至 10 m 左右。2005 年进行了 GPS 现代化升级，至 2009 年已经发射了 8 颗新的 GPS Block IIR – M 卫星，每颗卫星发射第二个民用信号 L2C（USNO，2010）。目前 GPS 由美国政府管理，可以通过 GPS接收机自由使用（Pellerin，2006）。

GPS 应用由三部分组成。

（1）导航卫星系统，是由分布于地球不同太空轨道上的 24～32 颗绕地球运转的人造卫星构成的星系，分 6 个轨道面，每条轨道 3～4 颗卫星，卫星高度约 26 600 km（图 19.1）。

（2）卫星地面控制系统，包括一个主控站和一个备用主控站，6 个监测站组成，主控站位于美国科罗拉多州的 Schriever 空军基地，是整个地面监控系统的管理中心和技术中心。另外还有一个位于马里兰州 Gettysburg 的备用主控站，在发生紧急情况时启用。监控站分别位于南太平洋马绍尔群岛的 Kwajalein 环礁，英属大西洋 Ascension 岛，英属印度洋 Diego Garcia岛，以及位于美国本土 Colorado Springs，Hawaii，Cape Canaveral（USNO，2010）。

卫星地面控制系统负责跟踪、监视全部卫星的运转，并在计算相应的星历、时间漂移、

[①]　本章由李海宇执笔。

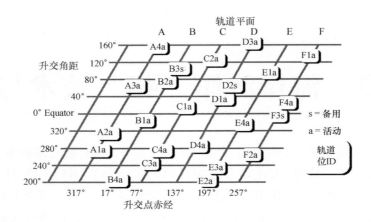

图 19.1 GPS 星座图

传播延迟等数据后，由主控站将各卫星导航电文发射至卫星。

（3）地面接收系统，包括接收机及外围设备。用户利用接收机跟踪接收卫星码相位或载波相位信号，获得导航电文，再通过对导航电文的解译，计算确定接收机到卫星的伪距，从而确定所在的位置。这种定位方式称伪距法。为计算一个准确的二维坐标，包括经度和纬度，至少需要跟踪测量 3 颗卫星的信号，而计算一个三维坐标，则至少需要 4 颗卫星。一般伪距法定位精度为 10 m 左右。另一种更加完善的定位方式采用相对定位技术，即动态差分定位。差分定位是依靠从位于已知位置的参考站发来的误差修正数据工作的。参考站计算出卫星距离的修正数据，并将这些修正数据传输到同一地区的 GPS 接收机，GPS 测量中的大部分误差可由这些修正信息与 GPS 接收机结合而消除。差分定位可以达到 1～3 m 的测量精度，随着新的 GPS 定位技术的出现，目前在民用领域亦可以达到厘米级精度（李德仁，2003；李德仁等，1998；朱大奎等，1999）。

目前正在使用及处于研发阶段的卫星定位系统还包括：① Galileo 系统，由欧盟及它合作国家研发，拟 2014 年投入使用；② GLONASS 系统，俄罗斯；③ 北斗系统，中国；④ IRNSS，印度，覆盖印度及北印度洋地区；⑤ QZSS，日本，覆盖亚太地区。

19.1.2 RS 遥感技术

遥感本意是遥远感知，即在远距离不直接接触物体的情况下取得其相关信息的技术。广义的遥感则包括了空对地、地对空、空对空等各种形式，把整个地球大气圈、水圈、岩石圈作为遥感对象，甚至扩展到地球以外的日地空间。本项研究则是建立在卫星遥感的基础上，以电磁波为媒介，对地表实施观测。当代遥感技术的发展主要表现在它的多传感器、高分辨率和多时相特征。光学遥感可包含可见光、近红外和短波红外区域。热红外遥感的波长可至 8～14 mm，地面分辨率可至 10 cm，光谱细分可达到 5～6 nm 的水平。目前使用的卫星资料主要有以下几种（表 19.1）。

表 19.1　主要民用业卫星图像

卫星	发射时间	波段/μm	最大分辨率	国家
QuickBird	2001 – 10 – 18	Blue：0. 45 ~ 0. 52 Green：0. 52 ~ 0. 660 Red：0. 63 ~ 0. 69 Near IR：0. 76 ~ 0. 9	0. 67 m 全色 2. 69 m 多光谱	美国 DigitalGlobe Inc.
World View II	2009 – 10 – 8	Coastal：0. 40 ~ 0. 45 Blue：0. 45 ~ 0. 51 Green：0. 51 ~ 0. 58 Yellow：0. 585 ~ 0. 625 Red：0. 63 ~ 0. 69 Red Edge：0. 705 ~ 0. 745 Near – IR1：0. 77 ~ 0. 895 Near – IR2：0. 86 ~ 1. 04	0. 46 m 全色 1. 85 m 多光谱	美国 DigitalGlobe Inc.
Ikonos	1999 – 9 – 24	Blue：0. 445 ~ 0. 516 green：0. 506 ~ 0. 595 red：0. 632 ~ 0. 698 near IR：0. 757 ~ 0. 853	0. 82 m 全色 3. 28 m 多光谱	美国 GeoEye Inc.
Spot 4	1998 – 3 – 24	Green：0. 50 ~ 0. 59 Red：0. 61 ~ 0. 68 Near IR：0. 79 ~ 0. 89 Middle IR 1. 58 ~ 1. 75	10 m 全色 20 m 多光谱	法国 空间研究中心
Spot 5	2002 – 5 – 4	B1：0. 50 ~ 0. 59 B2：0. 61 ~ 0. 68 B3：0. 79 ~ 0. 89 SWIR：1. 58 ~ 1. 75	2. 5 ~ 5 m 全色 10 m 多光谱	法国 空间研究中心
Landsat – 5 TM	1984 – 3 – 1	B 1：0. 45 ~ 0. 52 B 2：0. 52 ~ 0. 60 B 3：0. 63 ~ 0. 69 B 4：0. 76 ~ 0. 90 B 5：1. 55 ~ 1. 75 B 6：10. 40 ~ 12. 50 B 7：2. 08 ~ 2. 35	30 m 多光谱	美国 NASA
Landsat – 7 ETM	1999 – 4 – 15	B 1：0. 45 ~ 0. 52 B 2：0. 52 ~ 0. 60 B 3：0. 63 ~ 0. 69 B 4：0. 77 ~ 0. 90 B 5：1. 55 ~ 1. 75 B 6：10. 40 ~ 12. 50 B 7：2. 08 ~ 2. 35	15 m 全色 30 m 多光谱	美国 NASA

资料来源：

http：// www. digitalglobe. com/digitalglobe2/file. php/784/QuickBird – DS – QB. pdf

http：// www. digitalglobe. com/downloads/spacecraft/WorldView2 – DS – WV2. pdf

http：// www. geoeye. com/CorpSite/products – and – services/imagery – sources/Default. aspx#ikonos

http：// www. spotimage. com/web/en/173 – spot – scene. php

http：//landsat. usgs. gov/about_ landsat7. php

http：//landsat. usgs. gov/about_ landsat5. php

遥感信息的应用已从单一遥感资料分析走向多时相、多数据源的融合与分析，从静态分析向动态监测过渡，从对资源与环境的定性调查、对各种现象的表面描述向软件分析和计量探索过渡。使用卫星进行探测辐射沙脊群潮流水道的变化有几个优势：① 对地表事物重复的、概要性的覆盖；② 相同的轨道参数，如：时间、角度、比例；③ 对于监测大范围地区的变化是唯一可行的办法。

美国陆地卫星 Landsat 自 1972 年第一次发射，迄今已获取了上百万幅的地球图像资料，在科学与经济上都获得了具大成功。Landsat TM 采用了一种改进型的多光谱扫描仪，其空间、光谱、辐射性能比原有 MSS 均有明显提高，使数据质量与信息量大大增加。TM 有 7 个较窄的、更适用的光谱段，一景图像的总数据量约为 230 M 字节，空间分辨率在可见光与近中红外波段为 30 m，应用广泛（表 19.2）（陈述彭，1990）。

表 19.2　Landsat TM 波段应用

波段/μm	光谱	主要应用
TM1 (0.45~0.52)	蓝波段	对水体穿透能力强，对叶绿素与叶色素浓度反应敏感，有助于判别水深、水中叶绿素分布、沿岸水和进行近海水域制图等
TM2 (0.52~0.60)	绿波段	对健康茂盛植物绿反射敏感，对水体有一定的透视能力，用于探测健康植物绿色反射率，评价植物生活力，区分林型，能判读水下地形，透视深度一般可达 10~20 m
TM3 (0.63~0.69)	红波段	为叶绿素的主要吸收波段，反映不同植物的叶绿素吸收、植物健康状况，用于区分植物种类与植物覆盖度；对水体有一定的透视能力，对海水中的泥沙流、悬浮物质、混浊度有明显的反应，对沙地、沼泽地可明显区分
TM4 (0.76~0.90)	近红外波段	对绿色植物类别差异最敏感，为植物通用波段，用于生物量调查、作物长势测定、水域判别等
TM5 (1.55~1.75)	中红外波段	处于水吸收带内，反映含水量敏感，用于土壤湿度、植物含水量调查、水分状况的研究，作物长势分析等，提高了区分不同作物类型的能力，易于区分云与雪
TM6 (10.4~12.5)	热红外波段	可以根据辐射响应的差别，区分农林覆盖类型，辨别表面湿度、水体、岩石，以及监测与人类活动有关的热特征，进行热制图
TM7 (2.08~2.35)	远红外波段	为地质学家追加的波段，处于水的强吸收带，水体呈黑色，可用于区分主要岩石类型、岩石水热蚀变，探测与交代岩石有关的黏土矿物等

在海岸海洋地区，海水和陆地具有明显的光谱特性差异，因而在遥感图像上可以非常清楚地反映出来。在有滩涂的平原海岸，在卫星图像上的色调由岸边向外渐变，沙滩表现为浅色调，泥滩的色调深些。沿岸的泥沙流在 TM 的几个波段上一般呈烟雾状的浅色调。细粒的泥质与粉沙质组成的泥沙流，色调浅而宽度大；而较粗粒的沙质泥沙流，其图像色调较深，宽度小。

利用卫星遥感图像研究南黄海沙脊群潮汐水道的演变，可以补充 GIS 中测量资料不足的缺陷，同时可以获取对研究区域的直观认识。

19.1.3　GIS 地理信息系统

GIS 作为地理信息技术的一种，具有从各种渠道汇集、存储信息的强大功能，并能重新索引、利用所存储的信息作进一步的分析整理，从而产生人们所需要的结果（图 19.2）。自 20 世纪 60 年代由 Roger Tomlinson 为加拿大联邦林业与农村发展部（Canada's Federal Department of Forestry and Rural Development）研制出第一个 CGIS（Canada Geographic Information System）系统（Tomlinson，2008），到现在只不过短短几十年时间，在应用和研究领域得到迅速发展，并且作为一门新兴学科为世界所广泛接受（Goodchild，2010）。

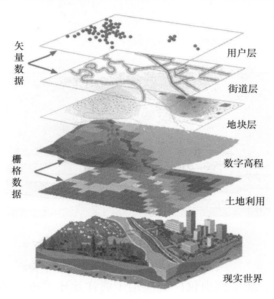

图 19.2　GIS 空间描述模型（Fu et al，2010）

GIS 的发展主要由学科推动，如地理学、制图学、区域规划、景观建筑、遥感等。随着 GIS 在 20 世纪 80 年代的快速发展，计算机科学及其分支学科如：计算机图形学、计算几何、数据库理论等也融入 GIS 领域；而且为了使 GIS 更易于使用，认知学、环境心理学也加入 GIS 研究行列。越来越多的学科融入 GIS，使得 GIS 的研究和应用变得空前繁荣。20 世纪 90 年代 GIS 又作为技术创新和应用的年轻领域，进入了全球信息产业的主流，成为 IT 产业中新生的、快速成长领域的重要部分。随着 GIS 逐渐被接受为信息科学与技术领域重要的一员，计算机硬件和软件的发展和进步对 GIS 有着根本的影响。就在 10 年前 UNIX 图形工作站还是 GIS 的主流平台，现在 PC 运行的 GIS 已被广泛使用。在软件方面，Microsoft、Oracle、Autodesk 等主要软件公司正在进入 GIS 这一市场。特别是随着关系型数据库（Relational Database Management System，RDBMS）技术的迅速发展，关于性能、多用户存取、数据压缩等问题已基本解决，许多软件开发者开始使用 RDBMS 管理地理和非地理数据。而面向对象的关系型数据库（Object-Relational DBMS）的出现，使得管理更加复杂的数据成为可能，正在成为新的标准（Longley，et al，1999）。

19.1.4　SBP 浅地层剖面系统

SBP 是利用声波在水中和水下沉积物内传播和反射的特性来探测海底地层的设备，是在主动声呐技术的基础上发展起来的。系统主要由换能器、信号接收处理器、图像记录仪组成。在走航过程中，发射器向水下发射大功率脉冲声波，声波遇到水底及海底以下的地层界面时产生回波。由于反射界面的深度不同，回波信号到达接收器的时间也不同，而地层介质均匀性的差别则决定了回波信号的强弱。接收器经过信号放大、滤波等处理在图像记录仪上描绘出地层剖面结构。浅地层剖面仪的地层探测深度通常为几十米，中层和深层剖面仪分别为几百米和数千米（图 19.3）。

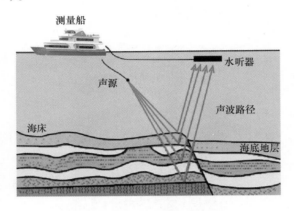

图 19.3　SBP 工作原理

20 世纪 60 年代以后，地层剖面仪广泛应用于海洋地质调查、港口建设、航道疏浚、海底管线布设以及海上石油平台建设等方面。与钻孔取样相比，利用剖面仪进行地质调查具有操作方便，探测速度快，记录图像连续且经济等优点。

在辐射沙脊群的海上勘测工作中，使用的是英国 ORE 公司生产的高分辨率 GEOPULSE 系统，其特点是发射频率高，穿透浅层的分辨率高。GEOPULSE 的分辨率与所发射的波长有关。波长可由波速及周期得出，周期是发射频率的倒数，波速可测得，由此可得到波长。波长（L）、波速（V）、频率（λ）的关系为：

$$\lambda = V \cdot L$$

分辨率 $R = 1/4 - 1/8L$。此处的分辨率是指分辨沉积层的上下界面，若波速为 1 500 ~ 2 000 m/s，发射频率为 50 周，波长为 30 ~ 40 m，则分辨率可达到 4 ~ 5 m，这对厚度大于 5 m 的沉积层，所测界面清晰，小于 5 m 者则分辨不清。若采用高频，如 3.5 kHz，则波长为 0.4 m，R 取 1/4，则分辨率为 0.1 m。当然在技术要达到 0.1 m 是比较困难的，高频声波穿透力低，如 3.5 kHz 的穿透力一般只达 30 ~ 50 m。勘测使用的 GEOPULSE 穿透力可达到 100 m 深度，但受水深及地层的影响，在 40 ~ 50 m 范围内，图像清晰，50 m 以下图像较不易分辨（朱大奎等，1999）。

19.1.5　"4S" 技术集成

4S 集成技术是由 GPS、RS、GIS、SBP 这 4 种主要的对地观测新技术及其他相关技术如测流、测深、测温、有机地集成在一起应用于海洋带研究。其核心思想是在不同的技术之间建立一种有机的联系，从而形成不同时间、空间、类型的多源信息能够在同一坐标系统和框架下进行有效的管理、分析与应用，为科学研究、政府管理、社会生产提供帮助。

在南黄海辐射沙脊群的地形演变过程及趋势性分析研究中，通过 SBP 进行海底沉积层勘测，获得浅地层剖面，从而解译出该区域自晚更新世至全新世的演变过程，即千年尺度的分析；通过 GIS 对现在的和历史的测深数据及相关资料的对比分析，可以发现近几十年来的演变过程，即百年尺度的分析；通过 RS 对遥感图像的分析可以掌握自遥感技术出现以来近 20～30 年来的演变，即 10 年尺度的分析。在进行不同尺度的分析研究的过程中，各项技术并非单独使用，而是互相支持形成的一体化系统，形成自空中至地表以至海底以下地层的全方位观测与分析。而综合各演变分析的结果，相互比对、印证，可以最终取得该区域的演变过程及趋势性发展的较完整和准确的结论。

"4S" 技术是在海岸带研究中形成的，目前尚属起步与研究探索阶段，随着信息技术与海洋勘测技术的飞速发展，"4S" 集成技术将不断地进一步发展和完善，成为海洋研究探索的重要手段。

19.2 辐射沙脊群的现代冲淤变化研究

研究探索辐射沙脊群地形的演变规律，特别是近几十年来的变化与未来若干年的变化趋势，可以为该地区有关重大项目决策与政策法规制定的科学依据和支持。应用 GIS 的空间数据处理与分析功能，通过不同时代的地形资料间的对比研究，建立数字高程模型（DEM, Digital Elevation Model），作叠置（Overlay）分析可以知道研究区域内过去几十年间的冲淤变化及其变化模式，再通过对该变化及其模式的研究和分析，可以对未来若干年内的变化作出合理的判断与预测。

19.2.1 空间数据获取

为研究辐射沙脊群过去几十年间所发生的冲淤变化，需利用 GIS 对比分析不同年代的海图及测深数据。但辐射沙脊群面积广，地形变化复杂，浅海作业条件不稳定。历史上该地区仅有两次的全面测量工作，分别于 20 世纪 60 年代和 70 年代，为海司航保部门施测。90 年代局部地区有小规模少量测深数据，是当地政府部门为港口建设所测。用于地形对比的资料为南部洋口港海域与北部东沙海域 1965—1968 年测量 1:200 000 海图各一张，1979 年测量海图各一张，1992 年洋口港外烂沙洋水道及王港外西洋水道测量图各一张。

由于地理数据通常存在大量的不确定性因素，地图的高度美学价值也往往使人们对它的可靠性作出过高的估计。而且在数据采集到数据再现、数据分析的过程当中，也存在大量的不确定因素，即不同性质和种类的误差，故在利用 GIS 处理时，需尽可能地消除已知的和未知的误差。本节的数据处理流程与误差校正过程如下。

19.2.1.1 数据准备

（1）等深线修正。由于海图一般都是为航海服务的，为确保航行安全，其制图综合采用舍深取浅，沟浅不沟深的原则，所以图上等深线并未完全准确反映实际地形状况，为此按实际水深对原等深线加以修改。

（2）增加辅助线。由于所采用的海图等深线间距较大（5 m），而该区平原淤泥质海岸，坡降平缓，为减少计算机运算可能产生与实际地形的误差，在局部地区增加 1 m 间距的等深线。

19.2.1.2　数字化

数字化的过程是一个人—机交互的过程，不可避免地会产生一些差错。特别是在使用数字化仪的过程当中，工作较枯燥，易产生疲劳，在等深线密集的地方，极易产生视觉疲劳，造成串线、重复或遗漏等错误。对此类问题一般是在数据编辑阶段解决。现在由于技术的进步，大幅面扫描仪和高效的矢量化软件的出现使这项工作产生了根本性的变化。对于扫描仪而言，它的系统误差非常小（0.1 mm 以下），对于地图而言，可以忽略不计。因此可以采用 300 像素扫描精度得到原图的精确数字图像拷贝，然后在计算机上用手工、人—机交互方式或自动方式进行矢量信息提取。借助于图像处理软件的帮助，采用图像无级缩放、边缘增强、色彩平衡等处理技术，在计算机监视器上看到的图像比实际地图更清楚。而矢量化软件的应用可以得到完全位于地图等深线中心线位置的矢量线段。因此扫描数字化方式大大减轻了劳动强度，同时数据的提取精度得到保障，处理速度也大大提高。

19.2.1.3　数据编辑

数据编辑阶段主要用来处理两类误差。一类是非几何误差，如线条的重复和错位等，比照原图可以解决。第二类属于几何误差，这是由于计算机精度远高于人的视觉能力所引起的，如一个人眼看上去闭合的多边形，由于存在一个极小的间隙，在计算机看来，几何上并不构成多边形。数据编辑阶段同时完成数据编码与改校正工作。编码的内容包括等深线和等深点等。

19.2.2　空间数据的误差纠正

经过编辑处理的空间数据仍存在两类误差：系统性误差与非系统性误差。系统性误差是由在投影过程当中，由二维的平面大地坐标表示地球表面的三维曲面坐标造成的必然性误差；非系统性误差是在制图与数据获取过程中存在的大量偶然性误差。对于这两类误差的纠正采用地图投影变换与几何纠正的方法予以改正。

19.2.2.1　地图投影变换

地图投影变换主要是研究将一种地图投影点的坐标变换为另一种地图投影点的坐标的理论和方法。也可以狭义地理解为建立两个坐标平面场之间点的一一对应关系。在将地球表面的三维曲面坐标投影为平面坐标的过程中，误差是必然的并表现在面积、角度、长度三个方面，不同的投影方法中，这三项系统误差是不同的，并不能完全消除。因此，对系统误差的改正就是选取最适合的投影方法，使误差的影响控制在有限的范围之内。本项研究主要涉及三个坐标系统。

（1）地理坐标系。以经度（L）、纬度（B）描述地表物体的空间位置，属于球面坐标系统，因此面积、角度、长度的量算需使用曲面算法，不易使用。GPS 获得的定位信息即是以经纬度来表示的。

（2）墨卡托（Mercator）投影坐标。又称等角圆柱投影，墨卡托投影以其简单、无角度变形的特性广泛应用于海图中供航海使用，该投影在赤道地区变形较小，但在中高纬地区，面积变形较大。

其投影公式为：$x = r_0 lnU$，$y = r_0 l$

$$U = \text{tg}\left(\frac{\pi}{4} + \frac{B}{2}\right)\left(\frac{1 - e\sin B}{1 + e\sin B}\right)^{e/2}$$

（3）高斯－克吕格（Gauss-Kruger）坐标系，又称等角横切椭圆柱投影。为我国标准比例尺地形图所采用，它没有角度变形，使用分带投影的方法，使各投影区内的长度、面积变形也相当小，适宜于各种量算。不足之处是不同投影带之间的地图需要拼幅处理。

其投影公式为：

$$x = s + \frac{l^2 N}{2}\sin B\cos B + \frac{l^4 N}{24}\sin B\cos^3 B(5 - \text{tg}^2 B + 9\eta^2 + 4\eta^4)$$

$$y = lN\cos B + \frac{l^3 N}{6}\cos^3 B(1 - \tan^2 B + \eta^2) + \frac{l^5 N}{120}\cos^5 B(5 - 18\tan^2 B + \tan^4 B)$$

$$N = \frac{a}{(1 - e^2\sin^2 B)^{1/2}}$$

$$s = a(1 - e^2)\int_{B1}^{B2}(1 - e^2\sin^2 B)^{-3/2}dB$$

$$e^2 = \frac{a^2 - b^2}{a^2}$$

$$e'^2 = \frac{a^2 - b^2}{b^2}$$

$$\eta = e'\cos B$$

式中：a，b 为地球长短轴半径。

辐射沙脊群位于中纬地区，所用的海图为墨卡托投影，面积与长度变形较大，不适宜于地形变化的精确量算。而高斯－克吕格投影系统误差很小，而且研究区域位于高斯投影第51区，无需拼幅处理，因此将不同来源的该地区地图资料均统一变换至高斯－克吕格坐标系下，建立数据库。

19.2.2.2　几何纠正

空间数据的非系统性误差主要是由以下几个方面引起的。

（1）资料图的误差。视资料的具体情况而定。

（2）展绘地图数学基础的误差。取决于所使用的仪器设备和工艺方法。

（3）转绘地图内容的误差。取决于所使用的仪器设备和工艺方法。

（4）制图综合产生的误差。包括描绘误差、移位误差和由形状概括引起的误差。

（5）复照和印刷产生的误差。取决于所使用的仪器设备和工艺方法。

（6）图纸伸缩造成的误差。取决于介质的性质和保存使用的环境。

据几幅中等质量的 1∶1 000 000 印刷地形图，对几种有明确位置的点位量算有如下结果（表 19.3）（祝国瑞等，1982）。

表 19.3　地形图制图误差

点位名称	中误差/mm
经纬线网交点	0.28
独立居民地中心点	0.69
河流交叉点	0.45
道路交叉点	0.56
高程点	0.57

对于上述误差必需设法尽可能予以校正，否则势必影响后继的分析结果。可采用数值变换的方法对以上误差予以修正。本项研究当中使用了以下算法用于不同类型的误差校正。

（1）线性变换。用于解决平移、缩放、旋转三个方面的变形。适宜于具有相同投影性质而比例尺不同的图形资料间的相互校正。

$$x' = a_0 + a_1 x + a_2 y$$
$$y' = b_0 + b_1 x + b_2 y$$

（2）双线性变换。主要解决平移、缩放、旋转三个方面的变形，同时还可以做与 x 和 y 方向相关的不规则变形，可以用来部分校正纸张变形引起的误差。

$$x' = a_0 + a_1 x + a_2 y + a_3 xy$$
$$y' = b_0 + b_1 x + b_2 y + b_3 xy$$

（3）二阶多项式变换。主要用于解决不规则变形。在区域不大的情况下，也可以用来解决不同投影地图资料之间的变换。不足之处系统误差分布不均匀。

$$x' = a_0 + a_1 x + a_2 y + a_3 x^2 + a_4 xy + a_5 y^2$$
$$y' = b_0 + b_1 x + b_2 y + b_3 x^2 + b_4 xy + b_5 y^2$$

（4）最小二乘法。在获取的数据与真实数据之间的解析式未知的情况下，采用若干个点之间的对应关系应用上述多项式，建立二者之间的关系，并使所有采样点平均误差为最小。在使用以上所有变换方法时，均同时采用最小二乘法，以期提高误差的校正精度，并避免产生新的不确定误差。最小二乘法的求解过程如下：

假定 $\varphi_0(x)$，$\varphi_1(x)$，$\cdots$，$\varphi_n(x)$，分别是给定的零次，一次，$\cdots$，次多项式，用 $P_n(x)$ 表示它们的线性组合：

$$P_n(x) = a_0 \varphi_0(x) + a_1 \varphi_1(x) + \cdots + a_n \varphi_n(x)$$

其中 a_i 是系数。

为使均方差最小就是要找出 a_0，a_1，$\cdots$，a_n 使

$$I = \int_a^b \left[f(x) - \sum_{k=0}^n a_k \varphi_k(x) \right]^2 \mathrm{d}x$$

为最小。

据微分学原理，如果参数存在，则必满足下列 $n+1$ 阶线性代数方程组：

$$\frac{1}{2} \frac{\partial I}{\partial a_k} = \sum_{j=0}^n (\varphi_j, \varphi_k) a_j - (f, \varphi_k) = 0 \quad (k = 0, 1, \cdots, n)$$

或

$$\sum_{j=0}^{n}(\varphi_j,\varphi_k)a_j=(f,\varphi_k)\qquad(k=0,1,\cdots,n)$$

通常称之为法方程组，它的 $n+1$ 阶系数矩阵，记为 A，

$$A=\begin{bmatrix}(\varphi_0,\varphi_0)(\varphi_0,\varphi_1)\cdots(\varphi_0,\varphi_n)\\(\varphi_1,\varphi_0)(\varphi_1,\varphi_1)\cdots(\varphi_1,\varphi_n)\\\cdots\\(\varphi_n,\varphi_0)(\varphi_n,\varphi_1)\cdots(\varphi_n,\varphi_n)\end{bmatrix}$$

解此法方程组求出参数。一般使均方差达到图约上 0.5 mm 以下（陈公宁等，1988；杨启和，1989）。

19.2.3　数字高程模型（Digital Elevation Model，DEM）及可视化

DEM 一般是定义于二维区域上的有限项的网点序列，它以离散分布的平面点序模拟连续分布的地形，并载负相关的高程数据。DEM 的生成有多种方法，如：① 全数字自动航空摄影测量的方法；② 交互式数字摄影测量的方法；③ 解析摄影测量方法；④ 基于地形图等高线、高程点进行插值拟合方法，其中等高线插法精度最高（李德仁，1998）。随着现代遥感技术的兴起，特别是干涉合成孔径雷达（Interferometric synthetic aperture radar）技术的出现，使用雷达卫星（TerraSAR-X，TanDEM-X）或航天飞机（SRTM，Shuttle Radar Topography Mission）制作全球陆地高精度 DEM 数据计划正逐步实现，目前的精度为水平 12 m，高程 2 m（Nikolakopoulos，2006）。

南黄海辐射沙脊群地区的大部分区域位于海平面以下，研究其水下地形的变化，雷达遥测的方法是不适用的，需要使用双频测深仪和多波速测深仪这些声呐探测设备实地采集数据，制作海图以供使用。因此，大范围的测量周期相对缓慢。对于该区域 DEM 生成，有别于陆地的高程数据，使用的是水深数据，其本质仍然是相同的。但由于陆地高程与海域水深的基点并不相同，制作过程需加以调整，从而形成一体。其制作方法与地形图插值法基本一致。由于地形本身的非解析性，不可能用某种公式或算法来拟合整个区域的地形，一般采用局部采样逐点拟合或建立局部曲面方程拟合的方法。依插值方法的不同，有：① 最近邻法（Nearest Neighbor）；② 算术平均值法（Arithmetic Mean）；③ 距离反比法（Inverse Distance Weighted）；④ 多项式插值法（Polynomial）；⑤ 样条插值法（Spline）；⑥ 克里金插值法（Kriging）（苏奋振等，2005）。

本例使用按距离加权均法建立辐射沙脊北部及南部地区 20 世纪 60 年代、70 年代及 90 年代 DEM，其中 90 年代只有局部航道地区测深数据。北部区域的 DEM 以王港附近海附西洋通道及东沙顶部为代表，南部以洋口港附近海域西太阳沙地区为代表。通过 DEM 的分层设色表示，可以清楚地看出区域的地形特征。

地形的可视化技术一直是 GIS 研究的前沿领域，发展极快。应用可视化技术制作的三维地形视图可以使人们获得对区域地形的直观感受和整体概念，因此得到广泛的应用。由于自然景物表面包含有丰富的细节或具有随机变化的形状，它们很难用传统的解析曲面来描述。为简化计算，一般使用三角形或矩形网格模拟地形。使用 DEM 制作三维地形视图，是通过一系列连续的几何变换，包括窗口和视图的裁剪、平移、旋转、缩放、透视等，再经过隐藏线的消除过程制作完成的。经拉伸高度方向的比例尺，可以清楚地看到潮流水道脊槽相间的格

局以及辐射状的特征（图19.4）。

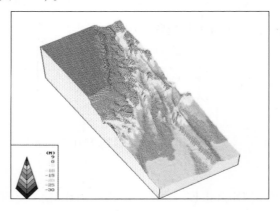

图 19.4　烂沙洋海域 DEM 及可视化

19.2.4　叠置分析

叠置分析是进行时间序列变化分析的重要手段。这里通过将不同时代的 DEM 相叠加后相减，得到不同时间段内地形的冲淤变化。在冲淤变化图中可以清楚地看出该地区地形冲淤演化呈条带状，具有明显的区域特征。由于资料的限制，下面着重讨论北部西洋水道与南部烂沙洋大洪水道。

沙脊群北部小阴沙东侧西洋水道自 20 世纪 60 年代起一直处于不断的堆积过程中，局部地区的堆积厚度在 10 m 以上。而小阴沙西侧的西洋水道处于稳定的侵蚀过程，局部地区侵蚀深度在 5 m 以上。如此强烈的侵蚀、堆积变化表现为地形的迁移。小阴沙西侧堆积最大的地方在 60 年代原是一处潮流深槽，而在 70 年代该深槽明显缩小，至 90 年代基本消失。地质资料揭示西洋水道是全新世海侵过程中，潮流冲刷海底形成，属于年轻的冲刷型潮流通道。DEM 叠置冲淤分析也证明了该地区的变化比较强烈，局部地区地形变动很大。从小阴沙东西两侧水道的冲淤演变情况可以推断出小阴沙东侧侵蚀较重，西侧泥沙堆积，因此整条沙脊表现为逐步西移，而西洋西水道受这一地形变化的影响，主槽向西迁移，地潮滩地区造成侵蚀（图19.5 和图19.6）。

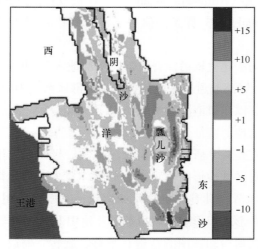

图 19.5　西洋海域 20 世纪 60—70 年代冲淤变化

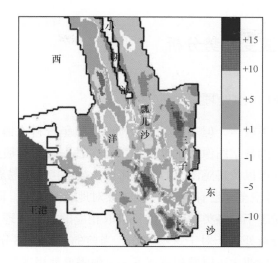

图 19.6 西洋海域 20 世纪 70—90 年代冲淤变化

　　沙脊群南部烂沙洋地区，图 19.7 和图 19.8 冲淤分析显示该区东西两部分不同。东部地区接近外海，相对稳定，大部分地区冲淤变化不甚明显，而西部地区，受潮滩及北边大片沙洲的影响，变化较强烈，冲淤变化仍表现为相间的条带状分布，显示出脊槽空间位置的摆动造成局部地形的强烈变化。就西太阳沙及其相邻烂沙洋大洪水道变化分析，1960—1970 年西太阳沙北部深槽处于淤积过程，而 20 世纪 70—90 年代的变化显淤积过程减弱，而侵蚀作用增强。说明潮流水道局部深槽有摆动变化过程，但潮流水道本身相对稳定于该地区。西太阳沙主体则在冲淤分析图中显示处于不断地淤积过程之中，东北部有较强烈冲蚀现象。

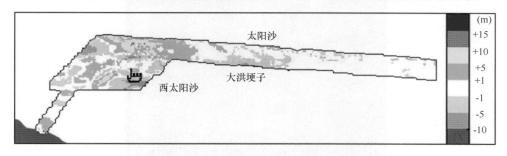

图 19.7 西太阳沙海域 1960—1970 年冲淤变化

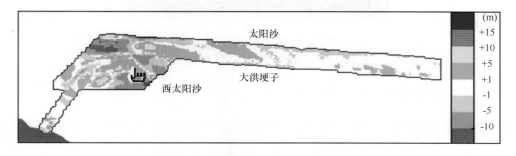

图 19.8 西太阳沙海域 1970—1990 年冲淤变化

19.3 沙脊群现代演变趋势分析

19.3.1 遥感影像获取和预处理

目前遥感卫星图像种类较多，但多数高分辨率商业卫星资料价格还是比较昂贵，普通用户购买大范围的经过处理的数字图像还比较困难。而在过去几十年遥感卫星的发展过程中累积起来的大量历史遥感图像以及遥感图像的照片拷贝、数字拷贝较易获得，特别是 Landsat 卫星图像，自 1972 年首次升空至今已有近 40 年的连续对地观测历史，而 30 m 的分辨率在海岸带研究中亦十分适中。对于不同各类的遥感资料采取相应的数字处理手段恢复其承载的各类信息，然后作进一步的分析处理。对于这项工作，当前的主流遥感分析软件如 ERDAS、PCI 等均提供了大量的工具手段使之可以顺利进行下去，但需要使用者具有较强的专业技术知识。如图 19.9 为 Landsat TM 图像，1988 年 4 月 9 日采集，相片拷贝，波段信息缺失，色调偏黄，色光偏红绿。水中沙脊清晰，水流烟状特性明显，说明使用了对水体透射作用强的波段以及能较好反映水中悬浮泥沙的波段，即 TM1 与 TM3。经使用专业级扫描仪以 300DPI 分辨率扫描数字化成为 TIFF 格式文件，再使用 PCI GeoGateway 导入成为 PCIDSK 格，并恢复其波段信息形成原始图像。

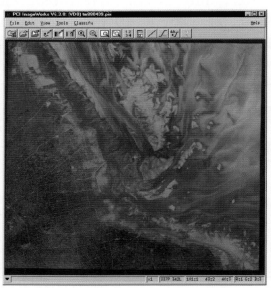

图 19.9　1988 年 TM 遥感图像

19.3.2 图像地理配准（Geo-Registration）

原始资料仅以图像形式存在，没有地理坐标信息（Geo Reference），需运用数字处理软件予以恢复。这一过程一般有两种方法。

（1）将未校正的遥感图像与具有坐标系统的矢量地图相配准。如 1995 年 ERS1 SAR 图像，该图像为 RAW 格式数字信息，12.5 m 分辨率，使用 UTM 投影，与地图上的高斯－克吕格投影具有相同的投影性质，仅存约 0.4% 的系统误差，可以忽略。因辐射沙脊群大部分海域面积处于不断地变化过程中，经沿岸选取地面控制点（Ground Control Points，GCP），采用最小二乘法一阶线性变换，可以恢复该图像的空间地理坐标系统，误差小于一个像素。

（2）将未校正的遥感图像与已校正的遥感图像相配准。由于遥感图像与矢量地图之间存在性质的不同，GCP 的选取较为困难，特别是在海岸带地区，因为使用地形图则海域部分要素不足；使用海图则陆地部分内容往往行缺失。而覆盖同一地区的两幅遥感图像之间具有更多的相同特征地物，因而 GCP 的选取相对容易。因此，将未校正的遥感图像与已校正的遥感图像进行配准较易进行，精度也相对高些，如图 19.10 和图 19.11，配准精度均方差为 0.38 和 0.42，小于半个像素。

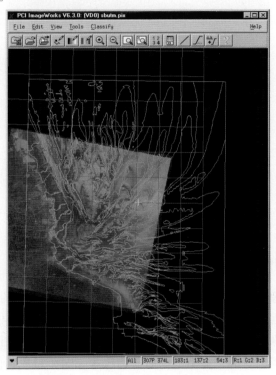

图 19.10　1995 年 SAR 影像配准

19.3.3　遥感图像重采样

原始的遥感图像经过配准后具有了相同的空间坐标系统，但图像的比例与场景依然有差别，并不完全一致。这表现在图像的像素大小与每像素代表的实地距离不一样。在进行进一步的遥感分析的过程中，如遥感多通道复合时，往往是以像素为基础，并不考虑其实际坐标。由于遥感图像之间场景的不同，亦即并不是所有区域在各年代的图像上都有数据，这样会导致在图像处理与分类过程中产生严重的偏差，比如大面积的黑色或白色无效区域会使图像增强过程复杂化。因而使用不同分辨率的图像复合分析是没有意义的，需要进行图像的重采样和剪切处理。在本例中，经审慎比较每幅图共同的区域，尽量保持最大的研究区域和影响最小的空白面积，划定进一步分析的范围为 32°25′—33°20′N，120°40′—121°30′E，并据此对图像进行剪切，同时按照 TM 图像初始的每像素代表实地 30 m × 30 m 的分辨率对图像重采样，得到具有相同大小和分辨率的图像。

673

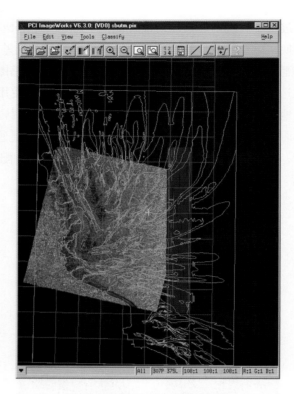

图 19. 11　1988 年 TM 影像配准

19. 3. 4　遥感图像的增强处理

图像增强是对原图像灰度值的二次量化过程，使图像中各物体的灰度界线更加分明，改善图像的质量，突出所需要的信息，达到黑的更黑，白的更白的效果。常用的图像增强处理方法有：灰度增强；边缘增强；彩色增强。通过增强处理可以改善图像的灰度等级，提高图像的对比度，平滑滤波消除噪声，突出地物对象边缘等。对于目视判读来说，可以看到更多、更清楚的信息。在增强后的图像上复合经纬网及 1979 年等深线图，更易于目视解译（图19. 12）。

19. 3. 5　遥感图像主成分分析

主成分分析（Principal Component Analysis）的功能是分析遥感图像每一通道的变化并决定每一波段在整个图像全变化中所占的比例，通常以百分比表示。该值也指示了每一通道所包含的信息量在全部图像中所占的比例。主成分分析实际上是在图像空间上的一种线性变换，它旋转图像空间的坐标轴，使其沿着最大的变化方向。

现假设集群在多光谱特征空间中性多维正态分布，其概率密度函数 f 为：

$$f(I_{B_1}, I_{B_2}\cdots I_{B_N}) = \frac{\left|\sum\right|^{-\frac{1}{2}}}{(2\pi)^{\frac{N}{2}}} \cdot e^{\left[-\frac{1}{2}\Delta I^T(\sum)^{-1}\Delta I\right]}$$

式中，$(I_{B1}, I_{B2}\cdots I_{Bn})$ 为各波段图像灰度值，N 为波段数。

图 19.12　1988 年增强遥感图像

$$\Delta I \pounds \frac{1}{2} \begin{bmatrix} I_{B_1} - M_1 \\ I_{B_2} - M_2 \\ \vdots \\ I_{B_N} - M_N \end{bmatrix}$$

式中：M_i 为第 i 波段图像亮度均值。

$$M_i = \frac{1}{n} \sum_{K=1}^{n} I_{B_i} K$$

$$\sum = \begin{bmatrix} \sigma_{11} \sigma_{12} \cdots \sigma_{1n} \\ \sigma_{21} \sigma_{22} \cdots \sigma_{2n} \\ \vdots \\ \sigma_{n1} \sigma_{n2} \cdots \sigma_{nn} \end{bmatrix}$$

其中

$$\sigma_{ij} = \frac{1}{n} \sum_{k=1}^{n} (I_{B_{ik}} - M_i)(I_{B_{jk}} - M_j)$$

由概率密度函数可写出等概率曲面，即集群椭球体的表面方程：

$$Q = \Delta I^T \sum{}^{-1}$$

由线性代数可知，确定该椭球体结构轴的方向，问题就是求协方差矩阵 $\sum$ 的特征向量问题。

主成分变换的算法可归结为：

675

（1）计算多波段图像的亮度协方差矩阵$\sum$。

（2）计算协方差矩阵$\sum$的特征值λ与特征向量C。

其中：$\sum \cdot C = \lambda \cdot C$

即

$$\begin{bmatrix} \sigma_{11}\sigma_{12}\cdots\sigma_{1n} \\ \sigma_{21}\sigma_{22}\cdots\sigma_{2n} \\ \vdots \\ \sigma_{n1}\sigma_{n2}\cdots\sigma_{nn} \end{bmatrix} \begin{bmatrix} C_1 \\ C_2 \\ \vdots \\ C_n \end{bmatrix} = \lambda_i \begin{bmatrix} C_1 \\ C_2 \\ \vdots \\ C_n \end{bmatrix}$$

$$i = 1,2,\cdots N$$

把各特征向量按特征值之绝对值由大至小排序后，组成主成分变换矩阵Q：

$$Q = \begin{bmatrix} C_1 \\ C_2 \\ \vdots \\ C_n \end{bmatrix} = \begin{bmatrix} C_{11}C_{12}\cdots C_{1n} \\ C_{21}C_{22}\cdots C_{2n} \\ \vdots \\ C_{n1}C_{n2}\cdots C_{nn} \end{bmatrix}$$

利用Q矩阵，逐个对多光谱图像中的每个像素实施主成分变换（华瑞林，1990）。

$$\begin{bmatrix} I_{pc_1} \\ I_{pc_2} \\ \vdots \\ I_{pc_n} \end{bmatrix} = Q \begin{bmatrix} I_{B_1} \\ I_{B_2} \\ \vdots \\ I_{B_n} \end{bmatrix}$$

该变换是基于协方差矩阵的正交特征向量，而该矩阵则来自于输入通道的图像数据样本，变换的输出结果是一系列新的图像通道集合（Eigenchannels）。

主成分变换的意义在于可以使遥感图像在不损失地物类别信息的情况下，减少总的数据量。也就是说在保持图像足够清晰的同时，减少不必要的数据冗余。这些冗余实际上体现为噪音。对于有7个原始波段的Landsat TM图像，一般使用主成分分析处理后，产生3个Eigenchannel就包含了原来的几乎所有信息。

1988年TM图像。图像经主成分分析处理后（表19.4），产生三个Eigenchannel通道，其中Eigenchannel 1具有86.08%的信息，沙脊、潮水沟与海水悬沙产生的泥沙烟状色调十分清楚；Eigenchannel 2占有12.91%的信息，可以较好地分辨出陆地与沙洲部分地物的细节，但水域部分分辨力较差，大部分地区没有层次感，东北区域可见条带状噪音。而Eigenchannel 3只占有1.01%的信息，图像色调差异很小，几乎无法分辨出任何地面景物。在经过线性增强处理后可以十分清楚地看出杂乱不均的色斑、各种细小的划痕与图像中间一道长的划痕，实际上该通道信息主要是噪音，没有使用价值，因此在进一步的分析当中，该通道是可以完全抛弃的。

1992年TM图像经主成分分析处理后（表19.5），Eigenchannel 1具有78.48%的信息，陆地部分具有较浅色调，可以分辨出沙洲上潮水沟等细节，水部色调也较好，较深的水域呈深色调。Eigenchannel 2具有20.22%的信息，陆地部分分辨力较弱，但潮滩外沿与沙洲部分分辨力较强。Eigenchannel 3只占有1.31%的信息，但是在增强的图像上，沙脊的轮廓线却较其他两个通道异常清楚，原因有待进一步的分析。

表 19.4　1988 年 TM 影像 PCA 分析报告

特征通道	特征值	方差	方差百分比/%
1	1 752. 145 6	41. 858 6	86. 08
2	262. 821 1	16. 211 8	12. 91
3	20. 492 8	4. 526 9	1. 01

表 19.5　1992 年 TM 影像 PCA 分析报告

特征通道	特征值	方差	方差百分比/%
1	2 183. 864 7	46. 731 8	78. 48
2	562. 563 4	23. 718 4	20. 22
3	36. 381 5	6. 031 7	1. 31

1994 年 TM 图像经主成分分析处理后（表 19.6），Eigenchannel 1 占有 64.90% 的信息，陆地与沙洲具有较深色调，可以分辨出其中的细节，水域部分也较清楚，同时云层被明显地分离出来；Eigenchannel 2 占有 27.78% 的信息，但云层与地物之间的界线不易分辨；Eigenchannel 3 占 7.32% 的信息，在增强的图像上可以看出水陆界线十分清楚，同时可见云层产生的高亮度噪音。

表 19.6　1994 年 TM 影像 PCA 分析报告

特征通道	特征值	方差	方差百分比/%
1	1 899. 729 0	43. 585 9	64. 90
2	813. 266 4	28. 517 8	27. 78
3	214. 181 3	14. 634 9	7. 32

通过以上分析可知本项研究所采用的遥感图像，经过主成分分析，可以去除其中噪音成分，并使图像中的大部分信息向单通道集中，这将有利于图像的目视解译以及多时的图像比较和分类。

19.3.6　遥感信息复合

遥感信息复合（Write Function Memory Insertion）是一种图像叠置。它把不同时间原始的、未经变形改动的图像相互插入在一起，可以将不同的通道与不同的色枪相联系在监视器上显示出来用于目视解译。该方法原理简单，并且界面十分的友好。使用遥感信息复合进行变化探测（Change Detection）对遥感图像有很高的要求，如一般要求时间跨度不能太长，也不能太小，太长则变化太大，太小则变化不明显；最好是使用相同卫星在一年当中相同的日期获取的数据，这样，可消除季相变化与太阳高度角带来的影响；使用相同的波段，因为同一物体在不同波段上的灰度是不一样的，使用不同波段的信息复合，可能会造成测量中的假象。

这样的要求一般是很难都得到满足的，对于南黄海地区所使用的 TM 遥感图像而言，面临两个特殊的问题：一是潮差的影响；一是波段的使用。该地区位于强潮动力区，潮流作用强，潮差大，地形变化也大，同时潮滩地区岸坡平缓，只有约 0.1% 的坡度，对水位变化敏感，而且区域内部各处潮位也不一致，为图像的精确解译带来困难。修正潮位一般需要结合该地区的 DEM 与潮位资料，但该地区处于不断地变化当中，将过去的 DEM 用于现在的遥感图像中显然是不适当的。应用遥感图像进行变化探测一般要求使用相同的波段信息，当引用历史遥感资料时，由于来源与格式的原因往往造成部分波段信息的缺失，当图像为纸质拷贝时，还存在一定的偏色与失真，对其原始波段的认定较为困难。

对于潮位的影响而言，由于 TM1、TM2、TM3 三个波段对水体都具有一定的透视能力，透视深度可达 10~20 m，而研究海域绝大多数地区水深在 15 m 以下，局部地区最大水深也只有 20 m 左右。因此抛去制图的要求，只研究地形的变化，则潮位的影响不构成实质障碍。而波段的选择可以使用各时相的 Eigenchannel 1 进行信息复合。因为各年份影像的 Eigenchannel 1 分别包含了其影像中绝大部分的信息，是图像各波段信息的综合与内容的主体，在陆域与水域部分都有较好的表现力。在使用 Eigenchannel 时不单纯以其灰度的变化来确定地形的变化，而必顺同时参考其形态特征的改变。

在遥感图像复合的基础上再叠加经纬网络以及沙脊群 1979 年测量的 0 m、5 m、10 m、15 m、20 m 等深线作为辅助定位信息，同时供判读所显示的图像与 1979 年相比的变化。由于等深线是以理论深度基准面起算，较水边线为底，而且等深线是以人工方式由测深点数据勾绘而成，与实际地形有较大出入，特别是沙脊的轮廓线，故比对时作定性判断，如是否存在沙脊或深槽，而不作实际变化量算之用。

19.3.6.1　辐射沙脊群枢纽地区的演变分析

沙脊群中心部分位于弶港外附近海域，地形复杂，潮流场在这里辐聚辐散，水流条件十分复杂，导致沟槽水道多变。从 1988 年、1992 年、1994 年三个时相的遥感图像可以清楚地看出在沙脊群中心地带，弶港外部的沙洲在呈不断扩大之趋势。从 1988 年图像上还可看出：高泥与东沙之间还有较宽的潮水沟，1992 年的图像已显示出东沙与高泥已基本并为一体，1994 年图像显示该离岸的沙洲已与潮滩并为一体。图 19.13 揭示了东沙与高泥的合并过程。从图 19.13 中可以看出：这一过程受到西洋潮流通道南部一分支潮流通道的强烈影响。该通道稳定于东沙西南一侧，不断切割沙洲体形成大小不等的潮水沟。如果该潮流通道动力减弱，沙脊区将迅速完成合并过程，如果该潮流作用增强，新的潮水沟将再度切割沙脊体，形成横穿沙脊中心的潮流通道。不过从图中显示潮流的冲刷作用呈减弱趋势，泥沙逐步堆积完成并陆过程。

沙脊中心部分以东是蒋家沙向海一侧的延伸，在遥感图像的比对中发现也处于向海淤进的过程当中，竹根沙与新泥逐渐合并。但这部分海域的 1994 年遥感图像受到云层遮蔽及云层在海上阴影的影响，不能确定该处的潮流通道是如何改造这里的地形的。

19.3.6.2　辐射沙脊群南部的演变分析

1）沿岸潮滩区

研究区域南部潮滩正在向海淤进。以洋口港附近潮滩为例，1988 年遥感图像上还可见部

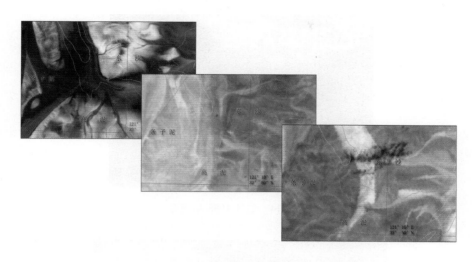

图 19.13　东沙与条子泥并陆

分小型沙洲散布于潮滩外的海水中，至 1992 年已基本并入潮滩，连为一起。潮滩外有一条约 10 m 深的潮流通道，对比 1979 年测量的等深线与 1988 年和 1992 年遥感图像，该潮流通道主槽位置大约向北移动了约 900 m，即约 100 m/a。但在靠近外部的西太洋沙地区，受一条宽约 2 km 的稳定的强潮流通道影响，潮滩的延伸受到阻碍，但在该潮流通道北侧，陆地生成过程却仍在继续，对该通道形成夹峙的形态，显示出潮滩淤进的物质应是由北向南运移而来。地震剖面该通道是烂沙洋—黄沙洋潮流通道的西部内段，而该通道自晚更新世末或全新世初以来就稳定于该处，是沿古河谷发育的潮流通道。

2）内端烂沙海域

该段为南部黄沙洋—烂沙洋潮流通道顶部，北部是蒋家沙主体部分，南部紧邻潮滩。从不同时相的遥感图像（图 19.14 和图 19.15）可以看出：蒋家沙南部的沙脊体相当稳定，其形态基本保持不变，紧邻其下是一条潮水通道，约 1 km；通道下方有一小型沙脊体，称烂沙（32°37′22.80″N，121°10′45.18″E），在 1979 年测深图与 1988 年遥感图像的对比中可见烂沙的位置基本未变。在 1992 年遥感图中可见烂沙已变为暗沙区，而其北面有三处沙脊正逐渐形成；至 1994 年，烂沙已完全消失，而其上方三条沙脊完全出露水面。在 1979 年测深图上可以看到烂沙下方有一条潮流通道，紧临烂沙下部有 15 m 以上水深。故可知该潮流通道受地形影响在局部形成较强水流，将烂沙完全掏蚀，深槽中心在北移。而上下两条潮流通道之间的三条沙脊的形成显然是由于涨潮流携运的泥沙在落潮时堆积形成。从三条沙脊的形成过程可以看出这里的流速较小，潮流冲刷作用受到局部地形的影响。

3）外端鳓鱼沙海域

从遥感图像上可以清晰地看到：沙脊在潮流作用下的演变过程。在 1979 年测深图上，该海域标注有三条沙脊，沙脊上下各有一条潮流通道，分属黄沙洋与烂沙洋。1988 年遥感图像可见三条沙脊只有鳓鱼沙出露水面，其左侧两条已成为暗沙。至 1992 年，暗沙的轮廓已不甚清楚，鳓鱼沙的形状亦发生改变；1994 年，左侧暗沙已完全消失，而鳓鱼沙有新生沙体形

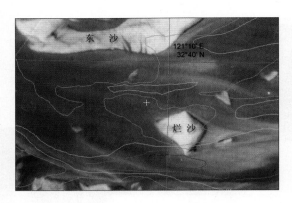

图 19.14　烂沙 1988 年图像

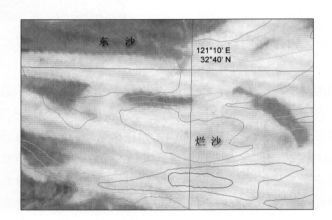

图 19.15　烂沙 1994 年图像

成。在三者合成图上还可以发现鳓鱼沙向西部偏移了约 900 m。从该图上还可以清晰地看出沙脊演化不同阶段在合成通道中反映出颜色的变化。新生沙脊表现为暗色调，沙脊共同区域表现为蓝紫色，冲蚀掉的区域表现为紫色（图 19.16）。

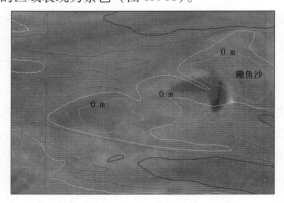

图 19.16　鳓鱼沙遥感复合图像

19.3.6.3　辐射沙脊群北部的演变分析

为研究沙脊群北部地区地形演变的特征，特选取以下代表性地段加以分析。

1）近岸潮滩区

从遥感图像分析，研究区域北部潮滩正在后退。以王港附近潮滩为例，西洋通道西侧，潮滩在向岸方向后退，而西洋通道以东，即孤儿沙以西海域，新的沙脊正在形成。说明西洋通道主槽位置正在东移。对比 1988 年 TM 遥感图像与 1979 年测量等深线图，王港口海域西洋通道主槽大约向东摆动了约 1.8 km，至 1992 年又向西摆动。测量资料证实该区海底为砂与粉砂、黏土物质，潮流掏蚀形成陡坎、冲刷槽与涡穴。地层剖面（图 19.17）显示出该区海底为现代冲刷形态，潮流冲刷槽宽达数百米，推断西洋潮流通道是全新世海侵过程中，潮流冲刷原陆地或海底形成的。

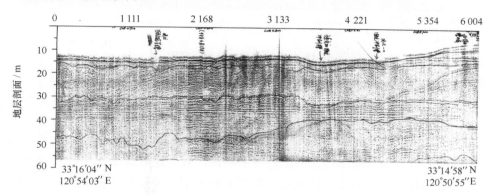

图 19.17　西洋水道浅地层剖面

2）东沙顶部区域

东沙顶部被小夹槽水道分为东西两支，从各时相的遥感图像及 1979 年等深线相互对比，该水道相当稳定，而且有不断加强的趋势。该水道对东侧沙洲泥螺圩造成较强烈的冲刷，形成平直的侧壁。西侧沙洲顶部则不断向北方淤长。造成这种状态的原因是该地区潮流通道较为宽大顺直，潮流与沙脊相间分布，形成涨潮流水道与落潮流水道，且涨潮流流速较落潮流流速快，因此在涨潮流水道内形成冲蚀，而落潮流水道夹带泥沙沉积形成暗沙。

3）陈家坞槽海域

陈家坞槽西部是东沙扇子地沙脊及其延伸，东部是毛竹沙。在 1979 年测深图与 1988 年遥感图像可以清楚地看到陈家坞槽西有三个小型沙脊出露水面，东部有一个小型沙脊体。从 1979 年测深图与 1988 年遥感图像可以看出：沙脊出露的数量与相对位置基本一致，但沙脊中心位置全部向北偏移，东部的沙脊体偏移的更大一些。这反映出该地区水流作用正在加强，落潮流带动沙脊的泥沙物质向外部延伸，由于东部区域毗邻外海，阻碍少，因而流速更强一些。1992 年的遥感图像在该区域细节分辨较差，但脊槽相间的格局仍十分清楚。1994 遥感图像显示出西部地区只有两个沙脊出露，南边的一个已经消失；东部的沙脊体也已完全消失，水道较前更为宽阔。这表明陈家坞槽的水动力十分活跃，并且在逐年增强。因此它将对其西南方向的东沙主体部分产生较强的冲蚀作用。地震剖面表明（图 19.18），陈家坞槽的基底是埋藏于现代海底 40 m 以下的低缓起伏的晚更新世地层，在低洼处堆积有厚层全新世早期及中期沙层，均有小型脊与洼谷起伏形态；脊、槽起伏在中期沉积中更为显著。说明陈家坞槽是冲刷全新世沙脊层形成的潮流冲刷槽。

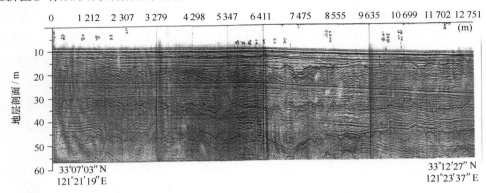

图 19.18　陈家坞槽浅地层部面

19.3.7　非监督分类与分类后处理

在上述的分析中，对一些重要的区段，在相关背景知识及辅助信息的支持下，用目视方法进行人工解译。目视解译要求图像清楚，易于辨认，故上述分析多围绕沙脊的变化展开分析。实际上，遥感图像上还有很多区域只有色调上的差别，缺少其他辅助信息，如海域；或是色调凌乱，变化剧烈，如沙脊区；单纯的目视解译很难察觉其中的变化或细微的差别。为此，在经过目视分析的基础上，进一步使用计算机数字处理的方法对研究区域加以分类研究。常用的遥感分类方法有监督分类法与非监督分类法。经比较试验，使用监督分类的方法误差很大，因此以下着重阐述非监督分类。

遥感图像的非监督分类是在没有先验类别的情况下将样本分类，所以在计算机分类过程中，不需要经过学习过程，而是边学习边建立并改进分类决策。每一样本被鉴别时，由误差检测器显示分类正确与否，同时修改决策规划，直到满足分类要求为止。这种方法的理论依据是：各类样本具有内在的相似性。在相同条件下，同类物体在遥感图像上应具有相似的光谱特征，因此将集群在一定的空间位置。不同的物体由于不具有内在的相似性，因此不同的物体集群于不同的空间位置。进行非监督分类就是应用这一基本原理，在样本空间，依据样本的相似性对样本进行分割或合并成集群。但每个集群所表示的内容或含义是什么并不能由该分类得出，而要根据实地调查或已知类型的数据加以比较和解释。在遥感图像的叠置分析中，已经获取了对区域的基本认识，因此可以在叠置分析所获取经验的基础上对分类结果进行进一步的处理。

19.3.7.1　多时相和多波段非监督分类

比较分析各时相遥感图像不同波段的清晰度，去掉一些噪音成分比较大的波段或是有云层覆盖影响较大的波段，选择有代表性的多个时相的 7 个不同波段进行 K-Means 非监督分类处理，采用默认 16 种集群方式。

表 19.7　多时相多波段非监督分类结果

集群	像素	均值	均方差
1，2，3	0	0.000 00	0.000 00
4	423 242	127.887 24 / 62.810 69 / 145.711 56 / 18.875 90 / 125.077 57 / 51.611 48 / 114.576 62	21.090 44 / 24.013 08 / 12.570 68 / 18.950 49 / 8.701 00 / 25.646 06 / 11.892 31
5	469 934	109.991 36 / 80.490 40 / 161.820 87 / 96.806 16 / 125.119 84 / 70.938 14 / 118.982 12	18.197 79 / 23.046 24 / 19.524 79 / 25.622 76 / 5.724 45 / 27.283 48 / 12.650 79
6	310 666	157.198 59 / 92.428 07 / 139.322 80 / 33.056 33 / 132.106 64 / 150.683 97 / 114.675 89	29.290 44 / 33.218 08 / 22.841 17 / 28.491 64 / 13.196 04 / 34.768 47 / 13.352 86
7	510 373	120.332 63 / 133.833 98 / 153.557 13 / 140.382 66 / 127.058 57 / 84.199 88 / 114.462 60	26.900 43 / 28.044 70 / 23.115 15 / 22.524 89 / 4.861 60 / 22.786 77 / 12.068 58
8	2 249 120	115.950 78 / 104.295 56 / 96.016 93 / 136.538 63 / 124.485 25 / 120.315 98 / 134.726 36	18.997 24 / 13.000 58 / 15.799 81 / 18.491 03 / 4.450 75 / 21.189 58 / 12.639 92
9	794 718	93.943 41 / 143.887 58 / 174.798 89 / 151.074 74 / 126.839 23 / 129.999 65 / 133.263 27	19.662 33 / 22.388 12 / 24.829 57 / 17.026 77 / 5.713 13 / 19.320 21 / 14.445 19
10	728 610	56.284 01 / 204.070 49 / 185.835 01 / 143.720 31 / 131.046 66 / 124.095 35 / 136.954 45	16.999 28 / 19.554 12 / 11.093 96 / 15.834 78 / 2.828 24 / 23.944 26 / 9.335 52
11	1 498 283	179.002 27 / 142.449 34 / 79.342 47 / 125.253 81 / 128.099 64 / 118.580 67 / 129.276 40	18.195 14 / 21.423 24 / 17.832 87 / 14.436 09 / 4.544 37 / 24.003 91 / 12.070 93
12	642 080	106.924 86 / 121.283 14 / 123.122 65 / 155.080 82 / 124.511 03 / 191.725 16 / 120.517 97	22.902 09 / 23.136 32 / 22.349 20 / 21.107 89 / 5.849 62 / 24.796 67 / 11.539 41
13	737 068	182.696 58 / 179.111 40 / 113.002 09 / 151.538 53 / 129.065 10 / 176.569 80 / 115.706 50	25.624 08 / 19.336 97 / 20.769 13 / 18.624 27 / 4.959 69 / 32.636 32 / 11.904 48
14	526 307	129.912 85 / 85.505 70 / 180.976 66 / 133.491 48 / 129.638 61 / 168.274 20 / 124.361 17	22.946 46 / 23.753 43 / 19.129 06 / 23.299 91 / 5.028 22 / 31.067 03 / 9.735 98
15，16	0	0.000 00	0.000 00

　　表 19.7 中可以看出：16 种集群中的 1、2、3、15、16 五个集群是空类，说明信息相对集中，再从分类后的伪彩色图像上（图 19.19）可以看出岸线以外的海域部分，包括潮滩、沙脊与水域面积，主要有 6 种分类。而从该区的实际情况分析，应该存在侵蚀、堆积、稳定与过渡 4 种不同的类型。从右下方鱼沙演变的分类情况可以看出海域 6 种类型中确已包含了侵蚀、堆积与稳定 3 种类型。结合前述的遥感复合分析可知，在潮滩内侧、东沙脊部与沙脊群中心部的分类应同属稳定类型，外围部分为新生沙脊，属堆积类型，余者为过渡类型。据此，除去陆地部分将岸外的类型予以合并，得到所需的侵蚀、堆积、稳定与过渡 4 种类型的分布图。图中存在一处明显的分类错误，图像下部的烂沙被确定为稳定类型，实际上该沙脊在 1994 年的图像上已完全消失，应属侵蚀类型。

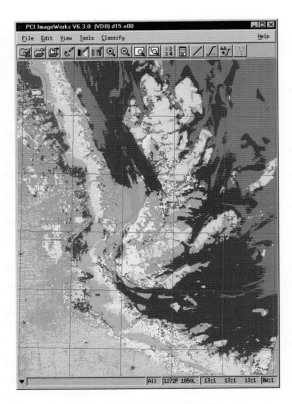

图 19.19　非监督遥感分类

19.3.7.2　多时相 Eigenchhangle 1 非监督分类

由于各不同时相的 Eigenchannel 1 占有大部分的信息，在陆地部分与海水细节方面都有较好表现，而且在遥感通道复合分析中也取得了较好的结果，故采用各时相的 Eigenchannel 1 共三个通道进行 K-Means 非监督分类。使用默认 16 种集群。

表 19.8　多时相 Eigenchanne l 非监督分类结果

集群	像素	均值	均方差
1，2，3	0	0.000 00	0.000 00
4	248 668	135.832 94 / 127.423 36 / 76.029 73	23.817 02　/ 22.481 45 / 12.611 75
5	772 950	98.744 98　/ 109.235 77 / 134.977 84	15.517 07　/ 15.780 38 / 15.617 41
6	657 294	53.638 18　/ 185.940 80 / 54.209 00	14.140 80　/ 9.713 46　/ 14.174 53
7	533 741	98.281 72　/ 186.062 24 / 57.529 93	14.089 48　/ 11.341 02 / 13.499 74
8	1 033 979	101.039 93 / 144.351 34 / 110.592 76	16.990 20　/ 10.981 08 / 10.106 71
9	1 639 911	119.295 90 / 92.164 88 / 170.229 06	16.631 10　/ 12.430 76 / 10.244 87
10	625 324	194.516 96 / 104.284 66 / 124.247 18	17.584 40　/ 15.240 93 / 15.750 59
11	1 376 591	179.134 64 / 74.741 51 / 179.072 79	18.524 94　/ 13.470 03 / 11.834 82
12	875 072	151.417 53 / 131.694 04 / 117.508 12	15.532 81　/ 14.776 42 / 11.428 01

续表

集群	像素	均值	均方差
13	482 035	92. 871 35　/ 186. 123 45 / 106. 040 97	17. 392 87　/ 14. 461 57 / 14. 157 13
14	447 418	143. 203 19 / 178. 647 26 / 90. 981 37	17. 911 33　/ 14. 816 27 / 15. 987 51
15	197 418	126. 185 16 / 177. 682 56 / 136. 283 14	15. 786 48　/ 16. 304 24 / 15. 580 17
16	0	0. 000 00	0. 000 00

　　从表 19.8 可以看出，16 种集群中 1、2、3、16 四个集群是空类，说明分类信息相对集中。分类后的伪彩色图像总体格局与前一分类结果相似，但分类区域显得更为完整。同样的，海域部分，包括潮滩、沙脊与水域，图像显示主要有 6 类信息。从右下方鳓鱼沙演变的分类情况可以看出这 6 种类型中已包含了侵蚀、堆积与稳定 3 种类型。采取与上述相同的过程作分类后处理得到所需的侵蚀、堆积、稳定与过渡 4 种类型的分布图。在该图上，烂沙被准确的划分为侵蚀类型。而且可以看出该图较使用普通多波段信息所生成的图示，沙脊群的演变过程与趋势更为明显（图 19.20）。

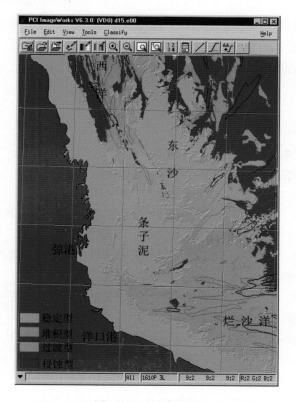

图 19.20　遥感分类

19.4　应用 "4S" 技术对辐射沙脊群的分析总结

　　综合以上分析过程与结果，对南黄海辐射沙脊群的现代演变研究有如下结论。

685

（1）南黄海沙脊群的演变以弶港外沙脊群枢纽地区为界分为南北两种不同的类型。在目前的海洋动力与泥沙供应条件下，排除大的灾难性事件的影响，其演变特征与趋势如下。

① 沙脊群枢纽地区处于不断地增长和扩张的过程中，其生长方式以沙脊间的合并及沙脊与潮滩的合并为特征，整个沙脊呈现出逐渐向海域突出变化趋势。

② 南部区域主要是堆积与侵蚀作用都较弱的过渡性海域，局部地区受地形变化的影响有较强烈的侵蚀或堆积过程。沿岸潮滩逐渐向海淤进，潮流通道顶部有新的沙脊形成，但总体格局比较稳定。

③ 北部地区变化较强烈，并继续脊槽相间的模式，沙脊基本保持其原有走向逐渐向外延伸，潮流通道内深槽则继续向纵深方向发展，并在沙脊两侧及通道顶部区域侵蚀；西洋西侧潮滩遭到侵蚀。NE 方向的海域潮流通道由于毗邻外海，侵蚀作用明显，沙脊逐步后退消失。

（2）应用"4S"系统监测大陆架浅海地区地形演变过程及趋势性分析，具有很强的实用价值。联合"4S"技术手段互相提供支撑进行现场调查测量，可以有效地提高研究的效率与精确性。通过 SBP 剖面的分析可以掌握区域千年以上较长时间尺度的演变过程；通过 GIS 对已有的测深数据及相关资料的整理分析，掌握近几十年来的演变；通过 RS 对遥感图像的分析掌握近 30 年来的演变；而综合各演变分析的结果，相互比对、印证，最终取得区域演变过程及趋势性较完整的结论。

参考文献

陈公宁，沈嘉骥．1988．计算方法导引．北京：高等教育出版社．

陈述彭，赵英时．1990．遥感地学分析．北京：测绘出版社．

李德仁．2003．数字地球与"3S"技术．中国测绘，（2）：28－31．

李德仁，龚健雅，等．1998．我国地球空间数据框架的设计思想与技术路线．武汉测绘科技大学学报，23（4）：298－303．

苏奋振，周成虎，等．2005．海洋地理信息系统——原理、技术与应用．北京：海洋出版社，84－87．

杨启和．1989．地图投影变换原理与方法，北京：解放军出版社．

朱大奎，李海宇，等．1999．深圳湾海底沉积层的研究．地理学报，54（3）：224－233．

祝国瑞，尹贡白．1982．普通地图编制，北京：测绘出版社．

Pellerin C, United States Updates Global Positioning System Technology ［EB/OL］. U. S. Department of State's Bureau of International Information Programs，（2006－2－3）［2011－4－10］. http：//www. america. gov/st/washfile－english/2006/February/20060203125928lcnirellep0. 5061609. html.

Goodchild M. 2010. Twenty years of progress：GIScience in 2010. Journal of Spatial Information Science ［J］，（1）：3－20.

National Research Council（U. S. ）Committee on the Future of the Global Positioning System，National Academy of Public Administration，1995. The global positioning system：a shared national asset ：recommendations for technical improvements and enhancements ［R］. USA ：National Academies Press ：16. .

Nikolakopoulos K G，Kamaratakis E K，Chrysoulakis N. 2006. SRTM vs ASTER elevation products. Comparison for two regions in Crete，Greece. International Journal of Remote Sensing，27（21）：4819－4838.

The United States Naval Observatory，gpsb2. txt ［EB/OL］，（2010 - 8）［2011 - 4 - 10］. http：//tycho. usno. navy. mil/ftp - gps/gpsb2. txt，http：//tycho. usno. navy. mil/gpsinfo. html.

Longley P，Goodchild M，et al. 1999. Geographical Information Systems，New York：John Wiley.

Tomlinson R F. 2008. Thinking about GIS：Geographic information system planning for manager. 3rd ed. Redlands，Calif：Esri Press.

Pinde Fu，Jiulin Sun. 2010. Web GIS：Principles and Applications. Redlands：Esri Press：6.

第20章 "数字辐射沙脊群"资源 与环境系统建设[①]

20.1 系统总体架构

20.1.1 系统建设内容

"数字海洋"是随着"数字地球"战略的提出应运而生的（Core，1998），是"数字地球"理论和技术在海洋工作领域的体现和再创新（陈述彭，1999；苏纪兰等，2006）。当前主要的海洋国家如美国、俄罗斯、英国、法国、德国、日本、加拿大等国都正在积极推进各自的"数字海洋"信息系统建设。所谓"数字海洋"，是指通过海洋调查、海洋监测监视（包括：卫星、飞机、船舶、浮标、岸站等）、社会普查统计等数据获取手段，利用计算机把它们和相关的所有其他数据及其实用模型结合起来，在计算机网络系统中实现真实的海洋重现，形成的一个总体系统（石绥祥，2005）。在这个总体系统中包括了海洋数据的采集与传输、数字海洋信息基础设施、信息资源开发与利用、数字海洋再现与预现、数字海洋应用系统5个部分，各部分内容与关系如图20.1所示（夏登文，2006）。

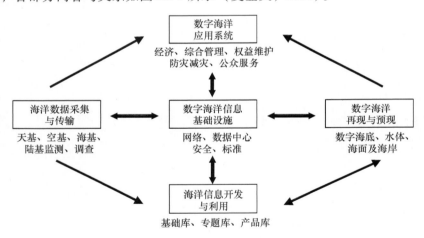

图20.1 "数字海洋"总体框架结构

我国从20世纪末提出构建"数字海洋"的战略目标、总体构想和战略步骤，按计划分期进行建设，先期实现"数字海洋"信息基础框架，目的是为最终的"数字海洋"建设奠定信息、技术和应用基础。"数字海洋"信息基础框架围绕以下4个方面进行建设：①"三个体

---

① 本章由张东、谢伟军执笔。

系"——海洋信息标准与质量管理体系、海洋信息获取与更新体系、海洋地理空间数据仓库体系；②"一个中心"——国家海洋信息资源交换共享服务中心；③"八大系统"——海域管理、海岛海岸管理、海洋环境、海洋灾害、海洋经济、海洋执法、海洋权益、海洋科技管理专题应用系统；④"一个原型"——"数字海洋"原型系统（夏登文，2006）。到 2010 年底，我国"数字海洋"信息基础框架建设基本完成，初步实现了对海洋自然状况信息、海洋相关社会经济信息的有效管理和展示（张新等，2010）。

　　围绕我国"数字海洋"信息基础框架的构建需求，"数字辐射沙脊群"资源与环境系统作为江苏"数字海洋"建设中的主要特色系统之一进行建设，并实现与国家"数字海洋"信息基础框架间的数据共享与系统集成。对辐射沙脊群的海洋综合调查研究，已有 40 多年历史，主要有：1980—1985 年的《江苏省海岸带和海涂资源综合调查》、1993—1996 年的《南黄海辐射沙洲形成演变研究》以及 2006—2010 年的 JS908 专项《南黄海辐射状沙脊群调查与评价》（任美锷，1986；王颖等，2002）。这些项目的实施，从海底地形、海水化学、海底沉积、海洋生物资源以及水动力条件调查和流场模拟等方面，对辐射沙脊群开展了广泛调查，积累了大量的基础资料，基本摸清了土地资源、港口资源、生物资源等现状。为了有效管理和利用这些资源与环境基础数据，需要对其进行充分的信息疏理、信息挖掘和信息表达。为此，"数字辐射沙脊群"资源与环境系统的建设全面应用"3S"技术、数据仓库技术、虚拟现实技术、信息网络技术等技术手段，按照国家"数字海洋"信息基础框架统一的技术标准和平台建设要求，以辐射沙脊群海洋信息管理和决策分析为目标，首先通过收集、整理和汇总辐射沙脊群海域的近海海洋综合调查基础数据以及历史调查资料，构建"数字辐射沙脊群"空间基础数据平台，形成对基础数据的统一管理；然后通过与专题应用模型相结合，完成各类海洋信息的查询、分析与可视化表达，逐步实现辐射沙脊群海底地形信息管理，重点海域海底地形冲淤动态分析，海洋生物、海洋化学、海洋沉积和海洋水动力过程数据管理的信息化和数字化，为辐射沙脊群海域的海洋综合管理、海洋环境保护、海洋权益维护和海洋科学研究提供全面、多层次的海洋信息共享服务。

20.1.2　系统框架结构

　　"数字辐射沙脊群"资源与环境系统建设包括五个方面的内容，分别是：通信网络平台、开发软件平台、数据管理平台、应用支撑平台和综合业务运行系统。系统建设框架如图 20.2 所示。

　　（1）通信网络平台：位于系统建设框架的底部，是系统建设的物理基础。通信网络平台分为两个部分，一部分是节点单位业务内网，运行 C/S（Client/Server）架构下的辐射沙脊群资源与环境系统，实现资源与环境基础数据的管理与维护；另一部分是国家"数字海洋"四级网络传输平台（指：国家、省、市、县四级），运行 B/S（Brower/Server）架构下的信息网络发布系统，实现辐射沙脊群资源、环境信息及可视化信息的网络浏览与发布。

　　（2）开发软件平台：包括操作系统平台、数据库软件平台、GIS 基础软件平台等，平台的选择直接关系到构建相关应用的效率、规模、可伸缩性和可扩展性。

　　（3）数据管理平台：通过收集和汇总历史调查资料数据与最新调查与评价数据，建立辐射沙脊群资源与环境信息数据库，为海洋数据共享和应用奠定基础。

　　（4）应用支撑平台：由基础数据处理平台和可视化动态模拟平台共同构成，实现数据分

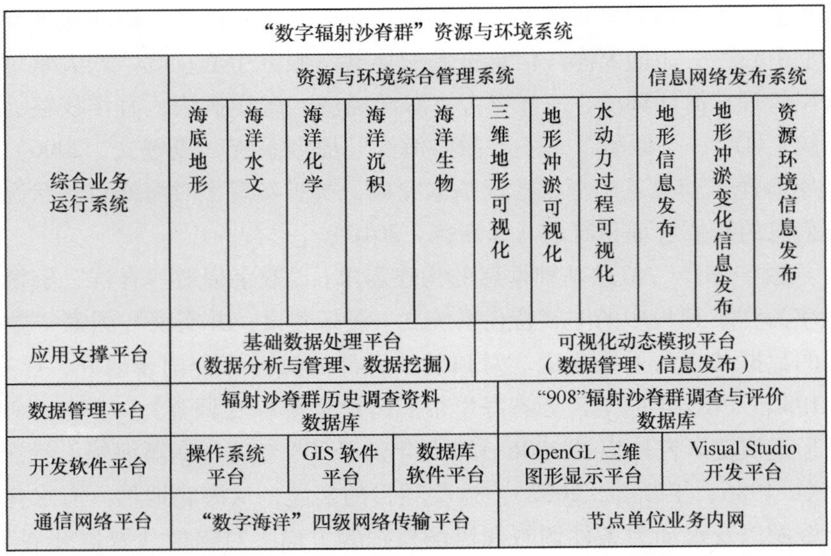

"数字辐射沙脊群"资源与环境系统
资源与环境综合管理系统
信息网络发布系统
综合业务运行系统
海底地形
海洋水文
海洋化学
海洋沉积
海洋生物
三维地形可视化
地形冲淤可视化
水动力过程可视化
地形信息发布
地形冲淤变化信息发布
资源环境信息发布
应用支撑平台
基础数据处理平台（数据分析与管理、数据挖掘）
可视化动态模拟平台（数据管理、信息发布）
数据管理平台
辐射沙脊群历史调查资料数据库
"908"辐射沙脊群调查与评价数据库
开发软件平台
操作系统平台
GIS 软件平台
数据库软件平台
OpenGL 三维图形显示平台
Visual Studio 开发平台
通信网络平台
"数字海洋"四级网络传输平台
节点单位业务内网

图 20. 2　"数字辐射沙脊群"资源与环境系统建设内容

析与管理、数据挖掘、信息可视化表达及信息网络发布。

（5）综合业务运行系统：在应用支撑平台之上搭建，实现辐射沙脊群海底地形、海洋水文、海洋化学、海底沉积、海洋生物 5 个调查专题的数据管理与分析，实现辐射沙脊群海底地形的三维可视化及冲淤演变分析，完成辐射沙脊群静态调查信息、动态可视化信息以及海洋专题数据产品的网络发布。

"数字辐射沙脊群"资源与环境系统的设计采用三层模式，根据系统建设内容，分别定义为数据层、服务层和应用层，各层之间的关系如图 20. 3 所示。

应用层
辅助决策
信息挖掘
信息管理
信息查询
信息发展
"数字辐射沙脊群"资源与环境系统
服务层
基于 B/S 结构的万维网应用服务
ActiveX 可视化控件
基于 C/S 结构的局域网应用服务
ArcEngine 组件
资源环境管理与可视化应用支撑平台
海洋动力场可视化动态模拟平台
地形可视化动态模拟平台
基础数据处理平台
数据层
资源与环境基础数据库
空间地理基础数据库
影像、专题图件数据库
ArcSDE 空间数据库引擎

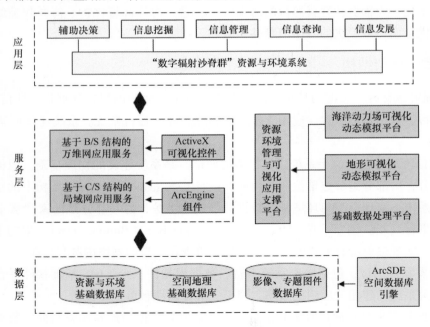

图 20. 3　"数字辐射沙脊群"资源与环境系统框架结构

（1）数据层：由资源与环境基础数据库、空间地理基础数据库和影像、专题图件数据库为主构成，利用 ArcSDE 空间数据库引擎进行空间数据和属性数据的统一管理。

（2）服务层：采用 C/S 模式与 B/S 模式混合结构。C/S 结构部分由 ArcEngine 组件和自主开发的 ActiveX 可视化控件组成，实现图形、图像和数据库操作以及海洋信息的管理、维护与数据挖掘；B/S 结构部分由 ActiveX 可视化控件和动态网页支持，实现网络开放式访问，进行辐射沙脊群资源环境信息的网络共享与发布。这种混合结构能够在对现有软硬件资源利用最大化的基础上，有效实现辐射沙脊群资源与环境数据的信息化和数字化。

（3）应用层：构建两个方面的应用，一方面是面向节点单位业务内网海洋管理人员和专业技术人员的应用服务，实现在信息查询、管理、挖掘基础上的海洋辅助决策管理；另一方面是面向普通用户的广域网信息发布服务，实现辐射沙脊群资源与环境信息的网络浏览与共享。

20.2　应用支撑平台建设

在地学领域，作为信息技术和空间应用的集合体，GIS 成为地理信息管理、分析和加工的一种重要技术手段。ComGIS（组件式地理信息系统）、VR-GIS（虚拟现实地理信息系统）、WebGIS（万维网地理信息系统）技术的发展走向成熟，面向服务的体系结构（Service – oriented architecture，SOA）、公共虚拟世界（Public Virtual World）、云计算（Cloud Computing）等新技术的出现，引领 GIS 技术发展的未来。对于一门新技术来说，其发展分为五个阶段，即萌芽期、过热期、低谷期、复苏期和成熟期。以技术应用成熟度为横轴，显示度为纵轴，可以绘制新技术发展的生命周期光环曲线（Hype Cycle），图 20.4 显示了至 2009 年 9 月为止，各项计算机技术与 GIS 技术相结合的发展周期（宋关福，2010）。随着技术的发展以及技术应用成熟度的提高，SOA 架构与三维 GIS 的结合将是"数字海洋"下一阶段的技术发展趋势。但是在目前阶段，采用 ComGIS 与空间数据库技术相结合、二维 GIS 和三维 GIS 相结合的方式实现基础数据的获取、管理、查询、分析、空间建模与可视化，是一种高效和可行的方案，在此基础上搭建"数字辐射沙脊群"应用支撑平台，可以使面向辐射沙脊群的数字化管理与应用变得快速和简洁。

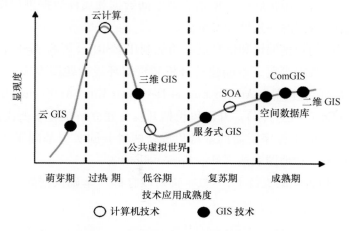

图 20.4　主要 GIS 平台软件技术的发展曲线（至 2009 年 9 月）

20.2.1 基础数据处理平台

基础数据处理平台采用 ArcSDE 空间数据库引擎与 ArcEngine Com 组件相结合的方式开发，前者用于空间数据与属性数据的统一管理和维护，后者用于多源信息的图形界面显示、数据分析以及数据挖掘，两者共同完成辐射沙脊群海洋基础数据的编辑、分析、处理与加工。

ArcSDE 是 ESRI 公司推出的中间件空间数据库引擎，采用两层模式或三层模式实现客户端与数据库之间的交互，其体系结构如图 20.5 所示。ArcSDE 一方面将客户端应用程序的要求转化为空间图形和属性数据的 SQL 语句，转发给 RDBMS；另一方面将满足搜索条件的数据在服务器端缓冲存放，并转换为可读格式发回到客户端，供客户端分析和显示。

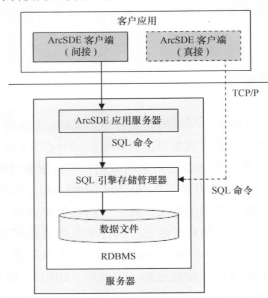

图 20.5　ArcSDE 体系结构

因为 ArcSDE 是一种有效的空间数据库解决方案，所以基础数据处理平台中的数据管理采用 ArcSDE 来完成，实现海量空间数据的存储与管理、事务处理、记录锁定、并发控制以及数据仓库等功能。同时利用扩展的 SQL 语言对空间数据和属性数据进行操作，实现长事务处理和版本管理，保证数据的一致性和安全性。

基础数据处理平台的数据编辑和信息挖掘功能利用 ESRI 公司的 ArcEngine 开发工具包来搭建，实现完整的空间数据浏览、空间建模分析和资源环境专题图生成。ArcEngine 是 Com-GIS 技术的代表，包含两种产品：ArcGIS Engine Developer Kit（ArcEngine 开发包）和 ArcGIS Engine Runtime（ArcEngine 运行库）。开发包包括开发者建立解决方案所需的组件和工具集，运行库用来运行定制的应用程序所需的基础设施，两者共同实现基础服务（Base Service）、数据存取（Data Access）和地图表达（Map Presentation）。

在 ArcSDE 和 ArcEngine 的支持下，"数字辐射沙脊群"基础数据处理平台的具体功能见图 20.6 所示。

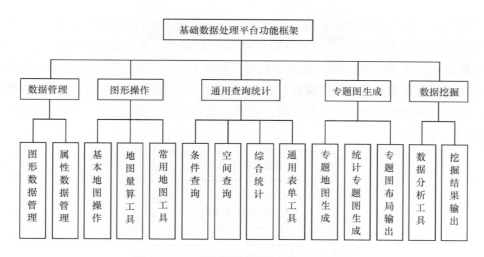

图 20.6　基础数据处理平台功能框架设计

20.2.2　地形可视化动态模拟平台

随着计算机技术的迅猛发展以及计算机图形学理论的日渐完善，地形三维可视化技术的研究和应用使传统的二维、静态的平面表达向三维、动态的虚拟环境表达方向发展。利用虚拟现实技术，在空间数据库的支持下，可以对复杂的三维空间对象进行详细、直观地表达和分析；同时通过对不同时间段三维空间对象的变化对比，可以了解目标对象的动态演变规律或趋势，为科学研究、开发利用、规划等提供综合分析和决策支持。

在应用支撑平台体系中，地形可视化动态模拟平台（Visual Terrain management Platform，VTP）主要针对海底地形 DEM 数据进行设计，实现两大功能模块：一是三维地形的分析、管理和可视化表达；二是地形冲淤演变分析与地形动态演进模拟。VTP 平台的功能框架如图 20.7 所示（谢伟军等，2009）。

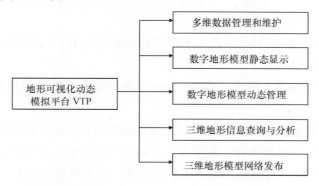

图 20.7　VTP 平台功能框架

20.2.2.1　三维地形显示驱动引擎

VTP 平台的三维地形显示驱动引擎利用 OpenGL（Open Graphics Library）开发。OpenGL 是一个标准的三维计算机图形软件接口，由于具有接近真实感的高超表现能力、准实时性的动态显示性能和独立于各硬件平台的可移植性，OpenGL 已成为开放式的三维图形和交互式视景处理工业标准。在三维图形绘制和交互的动态场景显示方面，OpenGL 采用的主要技术有：① 几何建模与几何变换技术；② 交互式反馈技术；③ 颜色、光照和材质处理技术；④ 动画与动态消隐技术；⑤ 位图显示和图像增强技术。基于 OpenGL 在交互式三维图形建模能力和图形可视化方面具有无可比拟的优越性，在 VTP 平台中，采用 OpenGL 技术进行三维地形建模和显示驱动，实现数据加载、三维建模、光照处理以及三维动画显示，完整的技术流程如图 20.8 所示。

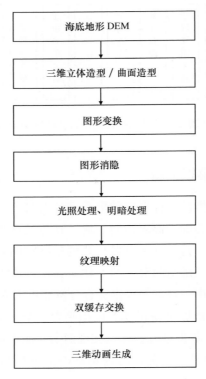

图 20.8　三维地形显示驱动引擎处理流程

根据上述流程，在 OpenGL 中进行主要的图形操作直至在计算机屏幕上实现三维图形景观的渲染绘制，基本步骤如下。

（1）坐标变换，生成基本图元：根据基本图形单元建立三维景物模型，对模型进行数学描述。

（2）裁剪变换，视图变换和投影变换：把景物模型放在三维空间中的合适位置，设置合适的视点（Viewpoint）和投影方向：利用视点变换改变视点的位置和方向，利用投影变换确定视图体的大小以及物体在计算机屏幕上的投影方式，观察所感兴趣的三维地形场景。

（3）色彩与光照处理：根据应用要求，计算模型中所有物体的色彩，确定模型光照条件、纹理粘贴方式。

（4）光栅化，生成图形片段：通过光栅化（Rasterization）处理，把景物模型的数学描述及色彩信息转换为计算机屏幕上的像素，利用双缓存技术，实现三维地形的动态显示。

20.2.2.2　多分辨率 LOD 地形简化绘制

当三维地形模型的复杂程度或者超大数据量远远超过计算机的实时图形处理能力时，运用细节层次技术（Level of Detail，LOD）可以有效降低模型的复杂度，减少图形系统需处理的多边形数目，达到实时交互和快速、平滑浏览的效果。

LOD 技术由 Clark（1976）首次提出，其基本思想是：如果用具有多层次结构的物体集合描述一个场景，即场景中的物体具有多个模型，其模型间的区别在于细节的描述程度，那么实时显示时，选用细节较简单的物体模型可以提高显示速度。实时显示时，模型的选择取决于物体的重要程度，而物体的重要程度由物体在图像空间所占面积等多种因素确定，在计算机图形学中，表现为多边形网格的复杂程度。

针对近海大范围分布式地形数据，VTP 平台采用瓦片式金字塔（Tiled Pyramid）技术来实现 LOD 简化。该方法通过对 DEM 数据逐层合并取样（样品称为瓦片），形成如金字塔构造的多分辨率地形表达。在金字塔中，第 0 层为原始地形数据，首先对其进行分块，形成第 0 层瓦片矩阵；然后在第 0 层的基础上，按每 2×2 个栅格合成为 1 个栅格的方法生成第 1 层，并对其进行分块，形成第 1 层瓦片矩阵；如此下去，构成整个瓦片金字塔模型（图 20.9）。瓦片的大小一般采用 $2^n \times 2^n$，n 为正整数，当瓦片金字塔模型中的栅格地形层小于或等于 $2^n \times 2^n$ 时，停止构建过程。

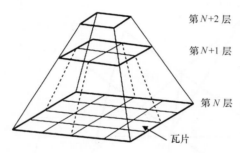

图 20.9　地形瓦片式金字塔模型示意图

在实际浏览过程中，根据地形显示中的视相关原则，距离视点近的或变化曲率大的区域，采用较高的细节层次瓦片；距离视点很远的区域，可以采用较低分辨率的细节层次瓦片。这样在没有视觉损失的前提下，对同一场景的不同区域分别采用不同分辨率层次的瓦片来表达，减少数据处理量，加快大面积地景的渲染速度，实现数据的快速浏览，并满足所需的图像质量要求。图 20.10 显示了不同分辨率层次的 DEM 模型在运用了 LOD 技术后的显示效果。在基于 LOD 的多分辨率模型简化绘制技术基础上，可以实现近海水下地形三维模型的数据抽稀，加快显示速度，平滑显示效果。

20.2.2.3　三维地形空间分析

1）格点空间位置解析技术

三维地形空间分析的基础是实现在三维地形模型中量测任意点的地面空间坐标（X，Y，Z），这一过程可以通过投影变换原理来解算（图 20.11），其实质是透视投影成像的逆过程，即从任一屏幕像点出发，逆向投影光线，交出地面点（第一个交点）的空间位置的过程，其数学基础是摄影测量学中的单片后交算法（黄燕，2002）。

（1）透视投影成像过程：图 20.11 中，DEM 上任意点 M 在地面坐标系 $O_T - X_T Y_T Z_T$ 中的

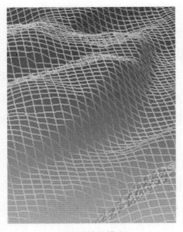
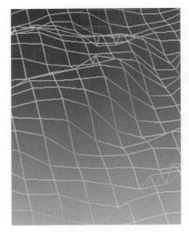

(a) 原始分辨率　　　　　　　　　　　(b) 原始分辨率 4 倍抽稀

图 20.10　三维数字地形模型的 LOD 显示效果

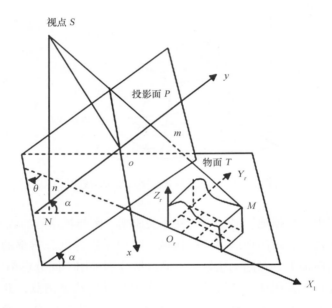

图 20.11　投影变换模型原理图

坐标为 (X_M, Y_M, Z_M)，它在投影面 P 上的像点为 m，则 m 点在投影坐标系 $o-xy$ 中的坐标 (x_m, y_m) 由下式求出：

$$
\begin{cases}
x_m = \dfrac{(X_M - X_S)\cos\theta - (Y_M - Y_S)\sin\theta}{-(X_M - X_S)\sin\alpha\sin\theta - (Y_M - Y_S)\sin\alpha\cos\theta + (Z_M - Z_S)\cos\alpha} \\[3mm]
y_m = \dfrac{(X_M - X_S)\cos\alpha\sin\theta(Y_M - Y_S)\cos\alpha\cos\theta + (Z_M - Z_S)\sin\alpha}{-(X_M - X_S)\sin\alpha\sin\theta - (Y_M - Y_S)\sin\alpha\cos\theta + (Z_M - Z_S)\cos\alpha}
\end{cases}
\tag{20.1}
$$

式中：X_S，Y_S，Z_S 为视点 S 在地面坐标系 $O_T - X_T Y_T Z_T$ 中的坐标；α 为投影面与地面坐标系平面之间的夹角；θ 为地面坐标系的 X_T 轴与投影坐标系的 X 轴之间的夹角。

投影坐标系中 m 点的坐标 (x_m, y_m) 与屏幕坐标 (x_c, y_c) 之间可以通过平面相似变换得到：

$$\begin{bmatrix} x_c \\ y_c \end{bmatrix} = \begin{bmatrix} \lambda_x & 0 \\ 0 & \lambda_y \end{bmatrix} \begin{bmatrix} x_m \\ y_m \end{bmatrix} + \begin{bmatrix} x_0 \\ y_0 \end{bmatrix} \tag{20.2}$$

式中：λ_x，λ_y，x_0，y_0 为计算机显示屏的值域，在绘制立体透视图的过程中确定。

（2）透视投影成像逆过程：生成三维地形图的透视投影变换公式由公式（21.3）计算，可以解算像点（x_p，y_p）对应的地面点物方坐标（X，Y，Z）：

$$\begin{cases} X = X_S + (Z - Z_S) \dfrac{(x_p - x_0)\lambda_x\cos\theta + (y_p - y_0)\lambda_y\cos\theta\sin\alpha + f\sin\theta\sin\alpha}{(y_p - y_0)\lambda_y\sin\alpha - f\cos\alpha} \\ Y = Y_S + (Z - Z_S) \dfrac{-(x_p - x_0)\lambda_x\cos\theta + (y_p - y_0)\lambda_y\cos\theta\sin\alpha + f\cos\theta\sin\alpha}{(y_p - y_0)\lambda_y\sin\alpha - f\cos\alpha} \end{cases} \tag{20.3}$$

式中：f 为视点距投影面的距离；其余变量含义同式（20.1）和式（20.2）所述。

式（20.3）是个不定方程，其中高程 Z 的计算需要借助三维地形模型通过迭代的方法实现，其迭代过程如图 20.12（a）所示。

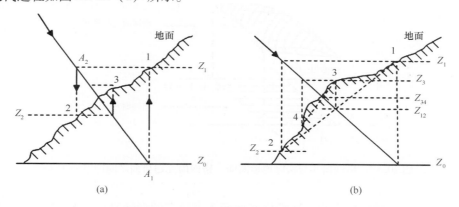

图 20.12　高程解算的迭代过程示意图

假定 $Z_{(i)}$ 表示第 i 次迭代的高程，迭代步骤如下：①从屏幕上得到任意像点（x_p，y_p），并设定对应地面的高程近似值为 $Z_{(0)}$；②代入式（20.3），计算（X，Y）；③根据（X，Y）从 DEM 中内插得到 $Z_{(1)}$；④设 $Z_{(1)}$ 为初值，ΔZ 为限差，重复①~③，直至 $|Z_{(i-1)} - Z_{(i)}| < \Delta Z$ 为止；⑤输出最后计算结果（X，Y，Z），完成格点空间位置解算。

需要注意的是，当投影光线的倾斜度（投影光线与水平面的夹角）与坡度相等或小于地面坡度时，迭代会出现死循环或者迭代发散的现象。对于以上两种现象，采用图 20.12（b）所示的方法解决：首先给出近似高程初值 Z_0，求出 1 点；再用 1 点高程 Z_1 求出 2 点。用 1 点与 2 点的连线和投影光线相交，显然其交点更接近于所求的目标点。

过 1、2 点的直线方程为：

$$\begin{cases} X - X_1 = (Z - Z_1) \dfrac{X_2 - X_1}{Z_2 - Z_1} \\ Y - Y_1 = (Z - Z_1) \dfrac{Y_2 - Y_1}{Z_2 - Z_1} \end{cases} \tag{20.4}$$

消去 Z 后，可得：

$$(Y_2 - Y_1)X - (X_2 - X_1)Y = (Y_2 - Y_1)X_1 - (X_2 - X_1)Y_1 \tag{20.5}$$

将式（20.5）与式（20.3）联立，可求得交点的平面坐标（X，Y），然后根据得到的

（X，Y）值在 DEM 中取得相应的高程值 Z_{12}，按重复求 1、2 点的方法，得到 3、4 点，并可获得 3 点和 4 点连线与投影光线的交点，依此迭代计算，直至收敛。

2）格网面元/体元量算技术

在格点空间位置坐标解算的基础上，可以实现格网面元量算，包括格网面元的面积量算和面元对应的体积元体积量算，它们是计算近海三维地形冲淤变化范围和冲淤量的基础。

格网面元是指在格网数字地形模型（Grid）的水平投影面上，相邻格点（i，j）、（i，$j+1$）、（$i+1$，$j+1$）和（$i+1$，j）围成的平面范围。由格网面元四个角点高程支撑的曲面为实际地形面，格网面元趋势面是由最小二乘法用格点面元 4 个角点高程拟合得到的一个倾斜平面，它们之间的空间关系如图 20.13 所示。

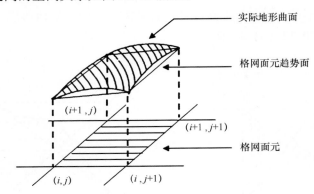

图 20.13　格网面元与实际地形曲面、格网面元趋势面之间的空间关系

采用格点空间位置解析方法，获得格网面元 4 个角点的大地坐标（X，Y，Z），然后利用角点的大地坐标计算出格网面元所包围区域的面积。格网面元对应的体积元为由某一高程基面与格网面积趋势面之间共同围成的三维立体，计算体积元的体积，作为该格网面元对应的体积。

3）任意断面/区域地形信息提取技术

任意断面对应的地形信息提取采用断面线与地形切割的方法实现。在二维地形模型上指定一系列控制点，形成二维任意曲线断面，采用格点空间位置解析方法获得控制点的大地坐标，利用相邻两格点与三维地形模型相割，插值获得位于相邻两格点连线下的格网位置和高程信息。图 20.14 显示了二维任意曲线断面在三维网格地形模型上的显示以及海底地形断面提取结果。

任意区域内三维地形信息的统计与分析采用区域与地形切割的方法实现（图 20.15）。在二维地形模型上指定一系列控制点，围成二维封闭区域。针对三维地形模型 Grid 数据，根据数据的空间位置关系，判断位于任意区域多边形内的格网面元，形成区域内格网面元数组，然后利用格网面元/体元量算技术，提取区域内的三维地形信息。

根据一维断面地形信息提取结果形成的数组，可以统计任意剖面的地形变化；根据二维区域地形信息提取结果形成的数组，可以统计任意区域的面积属性；根据不同时期一维断面地形信息提取结果形成的数组，可以分析剖面的冲淤变化状况；根据不同时期二维区域地形

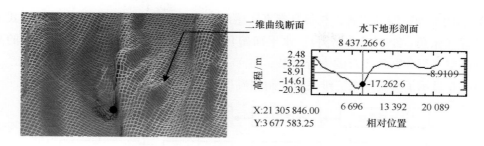

图 20.14　二维任意曲线断面在三维地形模型上的显示

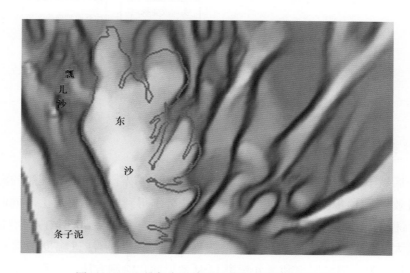

图 20.15　二维任意区域在三维地形模型上的显示

信息提取结果形成的数组,可以分析区域的冲淤面积;利用冲淤面积和冲淤深度,可以分析区域的冲淤量,从而满足对任意指定区域的冲淤变化规律分析、监测和预测。

20.2.2.4　真实地景三维飞行控制

真实地景三维飞行控制技术用于实现对三维地形数据的管理、浏览和动态模拟。以三维地形空间分析技术为依托,实现步骤如下。

(1) 首先由用户在二维地形模型上指定一系列的控制点,形成飞行路线,把点的屏幕坐标转换为大地坐标,再把这些点存储在一个数组对象中。

(2) 对控制点作三次样条曲线拟合,在曲线上等间隔取插值点,把得到的插值点存储在另外一个数组对象中。

(3) 依次取出插值点,根据大地坐标推算出插值点在三维地形模型中的行列号位置,经过对 4 个角点的高度作双线性插值运算,求出插值点的高度,得到该插值点的空间坐标,并把该点作为观察者的位置。

(4) 用同样的方法得到下一个点的空间坐标,把由上一点指向当前点的矢量作为观察方向,竖直方向作为向上的方向,完成视角变换操作。

(5) 调用 OpenGL 三维地形绘制方法,完成整个场景的绘制。

(6) 循环执行 (3) ～ (5),完成沿指定路线的飞行。

（7）利用纹理贴图的方式，获得具有真实感的三维地形模型；利用三维透视模式下相机参数的设置（张角、距离远近比例）、水平面俯角的设置以及飞行控制点相对地面的高程设置，实现高空飞行和贴地飞行的飞行效果。

图 20.16 显示了真实地景三维飞行控制的流程。

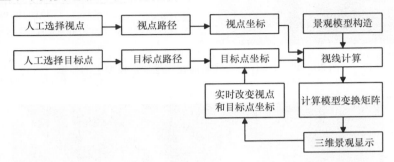

图 20.16　真实地景三维飞行显示流程

20.2.2.5　三维地形动态演进显示

针对同一区域不同时间段的两组三维地形数据，根据以下步骤实现理想的海底地形冲淤变化动态演进效果：① 根据格点位置空间解析方法分别得到同一个格点上不同时期的高程数据。② 根据高程差确定该格网面元所处的冲刷或淤积状态。③ 统计区域内所有格网面元的高程差，根据最大高程差确定地形动态演进的幅度。④ 设定地形演进幅度的动画演示高差步长，利用三维地形显示驱动引擎和多分辨率 LOD 地形简化绘制方法，实现从前一时期到后一时期地形的地形动态演进。

如果在同一区域有三组以上的三维地形数据，重复步骤① ~ ④，可以按照最近的时间间隔，两两进行动态演进，实现多时间段的地形变化动态模拟。

需要说明的是，这种地形演进模式采用了趋势面模拟的方式实现了相邻时间段的地形之间的动态变化，提供的是地形的宏观渐变演进趋势，可以用来显示地形的累积冲淤变化状态，但是并不代表地形的真实变化，比如由于潮汐和风暴潮过程引起的时间尺度小于该模拟时间段的地形变化。

20.2.2.6　地名动态标注

二维平面状态下，地名信息的标注取决于标注点的平面位置 (X, Y)、标注内容和标注样式效果，但是三维地形是高低起伏不平的，在三维立体状态下，地面信息的标注效果还与标注点的高度信息密切相关。处理方式是按照地形的高差比例关系，设定一个距离地面比较合适的高度 Z，缺省状态下所有地名标注都采用这一高度。地名标注则显示在 (X, Y, Z) 的位置，每一个地名或每一个标注都当成一个点对象来看待。

由于地形高差不等，因此会产生目标对象之间的阻挡关系，实时显示时根据可视范围分析来动态决定所有标注点的可视与否。其原理为：判断视点 V 与标注点 P 的连线上是否有其他地形点经过，若有，则该标注点不可见，标注内容被阻挡，不显示；否则，该标注点可见，标注内容可显示。利用这一方法，可实现地名的动态标注，特别是在三维飞行浏览过程中的地名动态显示。

20.2.3　海洋动力场可视化动态模拟平台

二维海洋动力场的显示包括潮流场、潮汐场和水质污染扩散场显示三部分。数据格式分两种，一种是规则格网数据，提供研究区的四至坐标、格网行列号的分布以及格网上的动力场属性数据；另外一种是不规则散点数据，提供散点的地理坐标和对应的动力场属性数据。对于不规则散点数据，先建立规则格网，然后以每一格网为中心搜索落在一定半径范围内的散点，利用反距离平方加权法、趋势面拟合法等方法将散点数据插值到格网上，最终形成规则格网数据，然后进行动态显示。

在应用支撑平台体系中，二维海洋动力场可视化动态模拟平台（Visual 2-D Hydrodynamic Platform，V2HP）针对海洋动力场数据进行设计，实现潮流场、潮汐场和水质污染扩散场的可视化动态模拟。V2HP 平台的功能框架如图 20.17 所示。

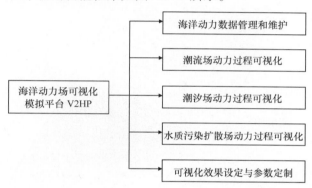

图 20.17　V2HP 平台功能框架

可视化潮流场为欧拉场，欧拉场内质点的运动规律用箭矢图表示，箭头的方向为水流流动方向，箭矢长度为水流流速大小。每一帧表示一个瞬时的流场状态，通过不同帧的连续显示，实现流场运动的可视化。可视化流场具有以下特征。

（1）可实现在屏幕上复演实际的潮流运动，不仅可以播放连续的流场变化状况，而且播放状态可以人为控制，可以随意截取任一帧静态流场图。

（2）可对整个研究区进行流场可视化显示，也可对研究区中的任意区域进行单独的流场可视化显示。

（3）可视化流场显示时的屏幕画面和流场箭头的大小可按显示窗口的大小同步缩放。

（4）可视化流场显示屏幕画面上可增加标题、图例、日期、地名等信息，可加入实际地理边界，实现可视化效果的定制和布局输出。

潮汐场的可视化模拟显示采用颜色梯度渲染法实现。首先采用空间插值的方法得到每一帧的潮位数据，然后建立潮位数据与颜色梯度显示区间之间的对应关系，给每一个潮位数据赋予相应的颜色值，得到用颜色梯度表示的瞬时潮位空间分布。对各帧数据进行动态播放，即可显示研究区的潮位变动效果。

水质污染扩散场的可视化模拟显示采用点源污染扩散显示方法。在同一格网内，点源污染扩散规律按照指数关系衰减的模式进行污染值的插值处理，然后采用颜色梯度法进行渲染绘制，实现水质污染场的扩散模拟。对各帧污染场数据进行动态播放，即可模拟研究区的污染物浓度扩散效果。

图 20.18 显示了某一时刻射阳河口潮流场和水质污染扩散场叠加的显示效果，箭矢图显示的是该时刻潮流的流速与流向，颜色梯度图显示的是该时刻点源污染扩散的空间分布状况。

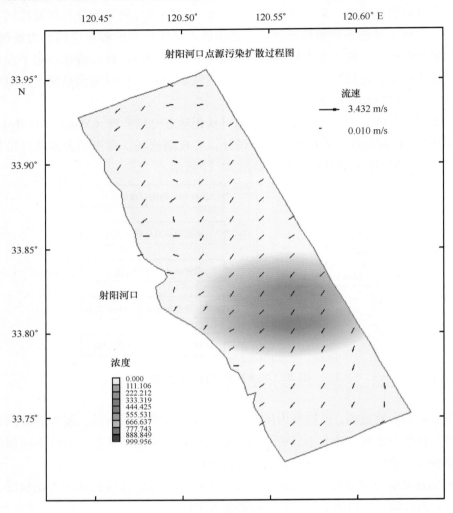

图 20.18 海洋动力场可视化显示效果

20.2.4 数据信息网络共享与发布平台

根据基础数据处理分析可以看出，数据主要有两种类型，一种是静态的辐射沙脊群资源与环境基础信息，采用 HTML 静态网页的方式进行信息共享与发布；另一种是动态的辐射沙脊群三维海底地形信息，采用以下两种方法实现信息共享，即基于 VRML（Virtual Reality Modeling Language）虚拟现实建模语言的三维信息发布和基于 ActiveX 可视化控件方式的三维信息发布。

VRML 是一种用于制作包含有交互式动画的三维网页编程语言，利用 VRML 可以建设虚拟场景，浏览者可以使用控制器在场景内移动，模拟人们在真实空间中的运动。浏览

VRML 文件需要使用专门的 VRML 浏览器，用于翻译 VRML 命令，并且让用户与虚拟世界交互，这种浏览器通常采用在传统网络浏览器中外挂插件的方式实现，比如，对于 Windows 系统用户来说，可选择 Cosmo 或 Cortona 等。这样，如果将三维地形数据在 VTP 平台下设计好合适的显示效果和纹理贴图，然后将该显示状态下的数据输出成 VRML 能够翻译的 WRL 文件格式，就可以借助 VRML 浏览器，实现三维地形信息的浏览，包括放大、缩小、平移、旋转等多角度、多视野浏览效果。这种方式的优点是不需要额外编程，借助商用的网络浏览插件即可实现三维地形信息共享；缺点是数据的安全性难以保证，同时外部功能拓展困难。

三维地形信息网络发布的另一种方式可以通过开发专门的客户端 COM 组件，采用 B/S 方式嵌入页面，实现地形信息浏览和网络发布。ComGIS 在很大程度上推动了 GIS 软件的系统集成化和应用大众化，同时也很好地适应了网络技术的发展，是一种有效的 WebGIS 解决方案。其中，ActiveX 作为一种可编程、可重用的基于 COM 的对象，它通过属性、事件、方法等接口与应用程序交互，使软件组件可以在网络环境中进行互操作而不必考虑该组件是由何种语言创建（宋关福等，1998）。通过开发 VTP ActiveX 三维地形管理控件和 TCFP（Terrain Cut and Fill analysis Platform）ActiveX 地形冲淤分析控件，在客户端将控件嵌入 JavaScript 动态网页，向 Web 服务器发送数据请求，访问数据库服务器，下载三维地形数据和相关配置参数，并写入本地内存，实现地形数据的本地计算，可以使公众用户利用传统的网络浏览器来实现近海三维地形信息的查询、分析、统计和动态模拟。这种方式的优点是数据的安全性好，三维信息浏览、发布功能由控件在客户端实现，功能强大，并且具有很强的功能扩展性；缺点是控件的开发量比较大。

20.3 资源与环境管理综合业务运行系统建设

20.3.1 辐射沙脊群资源与环境数据库建设

辐射沙脊群资源与环境数据库是综合业务运行系统的后台支撑。数据来源有两部分：一部分是 1980—1985 年《江苏省海岸带和海涂资源综合调查》获得的历史调查数据；另一部分是 JS908 专项《南黄海辐射状沙脊群调查与评价》专题中获得的最新调查数据。按数据专题和数据内容区分（表 20.1）。

表 20.1 辐射沙脊群资源与环境基础数据描述

数据专题	主要数据内容
海底地形	实测水下高程点、水深等深线、海底地形 DEM、遥感反演地形数据
海洋水文	CTD、ADCP、潮位、流速流向、风速风向、水温、盐度、悬沙浓度
海洋化学	海水化学、沉积化学、生物体质量、生物体有机物污染
海底底质	粒度、碎屑、微古、黏土矿物数据、沙脊区钻孔资料数据
海洋生物	浮游植物、浮游动物、游泳生物、底栖生物、潮间带生物、鱼卵及仔稚鱼
空间数据	基础地理数据、遥感影像数据、多学科专题图数据

针对上述数据，采用图形化数据库建模工具 PowerDesigner 进行数据库设计，并将数据存储到 Oracle 数据库中（刘红玉等，2007）。

（1）概念模型 CDM（Conceptual Data Model）设计：把辐射沙脊群资源与环境基础数据信息抽象成实体和联系，产生实体联系图（E-R 模型），通过实体与属性以及实体与实体之间的关系，抽象出系统内部的数据结构，设计出概念模型 CDM。

（2）物理模型 PDM（Physical Data Model）生成：PDM 包括软件和数据存储结构，生成的对象主要有：表（Table）、表中的列（Table Column）、主键和外键（Primary key and Foreign key）、参照（Reference）、索引（Index）和视图（View）等。PDM 以图形的形式表示数据的物理组织，并生成用于数据库创建和修改的脚本，定义完整性触发器和约束，生成扩展属性，使得数据在数据库中能够保持完整性和一致性。

（3）CDM 转换为 PDM：将 CDM 中的实体转换为 PDM 中的表，实体属性转换为表的列，主标示符转换为关键字或外键，规则转换为数据库约束或触发器。具体包括一对一、一对多和多对多关系的转换、递归关系的转换和继承关系的转换。

（4）PDM 转换为数据库：运用 PowerDesigner 生成的 SQL 语句，直接在数据库中建立数据表、触发器和规则，生成所需的数据库。

对于辐射沙脊群资源与环境数据库来说，首先将相关的历史数据和最新调查数据按照不同的数据专题分类存储，利用 PowerDesigner 设计对应的概念模型；然后参照国家《海洋环境基础数据库结构》[①] 标准，生成物理模型，并将概念模型转换为数据库存储。

下面以海底底质专题调查中的碎屑矿物为例，说明数据库的建设过程。经分析可知，海底底质调查主要的数据实体包括航次信息、站位信息、样品信息、统计信息、分析信息和鉴定信息，调查过程涉及多个航次，每个航次会在多个不同站位进行调查，每个站位都会获得一批调查数据信息。此外，数据信息中的成果都是通过一定的调查方法获得的，各调查数据又与相关的分析方法代码、分析单位代码和计量单位代码发生关联，其实体关系见图 20.19 所示。

在众多实体中，航次和站位信息中包含了地理空间信息，是联结空间数据与属性数据的纽带。为了保证信息查询与管理的唯一性，构建底质—航次站位信息表来描述调查航次与站位信息之间的映射关系，该表同时也记录了航次站位的有关基础信息。如某站位调查时的水深、取样器类型等基础信息。

针对所有的数据内容，分别进行数据库结构设计，然后利用数据整编导库工具，把基于 Excel 格式的江苏"908 专项"南黄海辐射状沙脊群调查数据以及基于 Foxpro 的历史调查数据导入 Oracle 数据库，完成辐射沙脊群资源与环境数据库建设，通过属性数据检查以及属性、空间数据之间的匹配检测，实现数据资料的质量控制。

20.3.2 "数字辐射沙脊群"资源与环境系统建设

在辐射沙脊群资源与环境数据库和应用支撑平台的基础上，综合业务运行系统采用 C/S 和 B/S 混合结构进行搭建，实现辐射沙脊群海底地形 DEM 的生成、海底地形数据管理、地

---

① 东北大学海洋"908"项目组．海洋数据体系规划和海洋数据仓库构建技术——海洋环境基础数据库结构，2007.10。

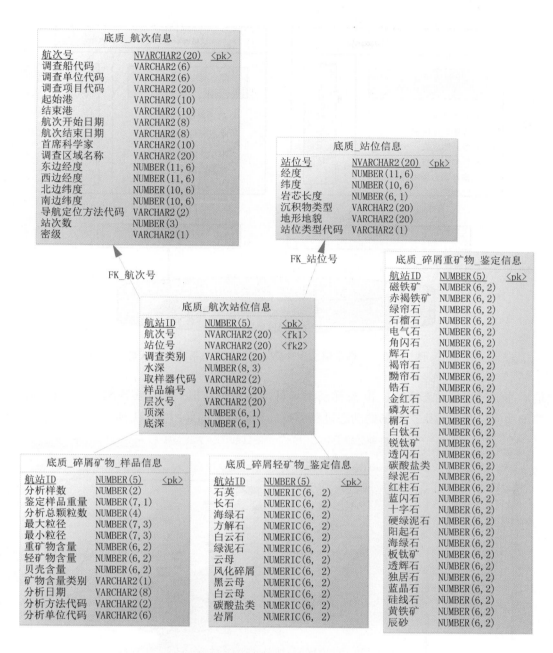

图 20.19　海底底质调查数据的实体及其关系

形冲淤分析与动态模拟、海洋水动力过程动态模拟、海洋资源综合管理（海洋化学资源、海洋沉积资源、海洋生物资源）以及多学科专题图的综合管理（专题图动态生成与表达、布局管理及整饰输出）。系统开发框架见图 20.20 所示。

20.3.2.1　资源与环境综合管理系统建设

资源与环境综合管理系统基于 C/S 模式开发，由三个平台支撑系统功能的实现：① 基础数据处理平台，实现与辐射沙脊群海洋基础数据有关的所有分析、管理、编辑和加工功能；② 地形可视化动态模拟平台，实现辐射沙脊群海底地形信息的管理、查询、统计、可视化以

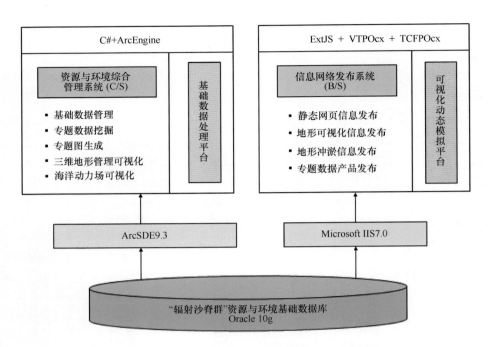

图 20.20　"数字辐射沙脊群"资源与环境系统开发框架

及地形冲淤过程的动态模拟；③ 海洋动力场可视化动态模拟平台，实现辐射沙脊群潮流场、潮汐场和河口水质污染扩散场的动态过程模拟。其运行界面如图 20.21 所示。

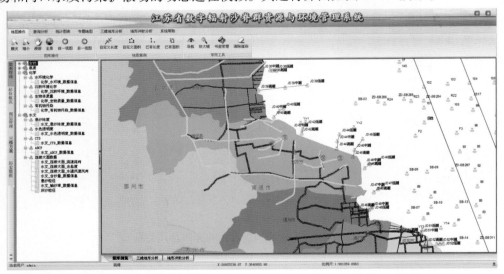

图 20.21　"数字辐射沙脊群"资源与环境综合管理系统主界面

资源与环境综合管理系统基于 GIS 实现了多源异构数据的集成与管理、专题调查成果数据的关联与可视化以及海洋专题数据产品的自动生成。细分功能模块有 11 个，分别是：数据管理模块、图层管理模块、垂向分布统计图模块、水文时序统计图模块、专题地图生成模块、专题地图布局输出模块、数据挖掘模块、三维地形分析模块、地形冲淤分析模块、海洋动力场动态模拟模块和 BS 系统信息发布方案编辑模块。

综合来看，基础数据管理模块实现了以下主要功能：① 针对海洋生物、海洋底质、海洋化学和海洋水文等分类调查成果数据的查看、检索、统计图表等数据管理功能；② 以站位和航次为视角的成果数据查看与管理功能；③ 专题地理数据和基础地理数据的显示模式、地理注记等的图层管理功能；④ 历史调查数据管理功能。

地图操作模块实现了以下主要功能：① 以放大、缩小、漫游、全景、前一视图、后一视图为主的地图操作功能；② 以长度和面积测量为主的地图量测功能；③ 地图导航、放大镜、书签管理等常用地图工具。

查询分析模块实现了以下主要功能：① 单表数据按条件过滤查询管理与统计图表生成；② 面向站位的点、矩形和多边形等空间查询功能；③ 站位信息、航次信息以及调查方法信息的通用查询功能；④ 专题调查数据多维度、多条件的分析挖掘与制图显示功能。

统计图表模块实现了以下主要功能：① 面向 CTD 温盐密声、ADCP 流速流向、悬沙浓度和悬沙粒度等数据的垂向统计图制图功能；② 面向含沙量、盐度、输沙率、风速风向和水温气温的水文时序过程图制图功能。

专题地图模块实现了以下主要功能：① 单值图、等级符号图、比例符号图的生成；② 饼图、柱状图、柱状堆图的生成；③ 流速流向图的生成；④ 等值线图的生成；⑤ 专题图表现形式的多样化设置；⑥ 专题地图的屏幕输出和地图输出。

三维地形分析模块实现了以下主要功能：① 三维地形方案生成、管理与编辑维护；② 视图管理与显示控制；③ 单点、断面、区域信息查询与统计；④ 飞行路线生成、编辑、保存和真实地景三维飞行模拟控制；⑤ 三维飞行模拟动画录制输出。

地形冲淤分析模块实现了以下主要功能：① 地形冲淤方案生成、管理与编辑维护；② 视图管理与显示控制；③ 单点、断面、区域冲淤状况分析与统计；④ 地形三维冲淤动态演进过程模拟；⑤ 地形三维冲淤动画录制输出。

海洋动力场动态模拟模块实现了以下主要功能：① 海洋动力场模拟方案的生成、管理与编辑维护；② 潮汐场、潮流场、水质污染扩散场动力过程可视化模拟；③ 界面可视化效果的定制和布局输出。

BS 系统信息发布方案编辑模块实现了以下主要功能：① 三维地形信息网络发布方案的生成、管理与编辑维护；② 地形冲淤信息网络发布方案的生成、管理与编辑维护；③ 更新后的方案与服务器的同步。

20.3.2.2　信息网络发布系统建设

信息网络发布系统负责辐射沙脊群数据信息的静态网页发布和动态网页发布。静态网页发布内容包括六个部分，即：地貌组成与动力环境、地形特征与演变、水动力特征、海洋化学状况、沉积组成与分布和生物资源分布。动态网页发布内容包括三个部分，即：专题图分析、三维地形分析和地形冲淤分析。其中，专题图分析中的专题图由 C/S 下的资源与环境综合管理系统生成，通过 XML 文档配置，实现专题图的网络发布；三维地形分析和地形冲淤分析通过 VTP ActiveX 控件、TCFP ActiveX 控件与用户进行交互，在万维网上实现辐射沙脊群区域的三维地形信息查询以及地形和冲淤变化过程的可视化。系统运行的主页面见图 20.22 所示。

点击主页面上的静态网页发布内容对应的链接图标，可以分别弹出相应的内容供用户浏览。以"地形特征与演变"为例，点击链接图标，弹出"地形特征与演变"页面（图

图 20.22   "数字辐射沙脊群"信息网络发布系统主页面

20.23）。页面上有三个部分，左上角为"返回首页"，左侧为"内容目录"，右侧为"内容介绍"。在网页中点击"返回首页"链接，返回上一级主网页，执行其他操作，比如浏览其他静态网页、浏览动态网页等。"内容目录"以目录树的方式组织本专题拟发布的内容。点击目录树中对应的子目录，则可以调用对应的静态网页，在右侧"内容介绍"中显示和浏览相关内容。图 20.23 显示了"地形特征与演变"页面中辐射沙脊群西洋海域和烂沙洋海域的实测海底地形信息。

点击主页面上的"专题图分析"，弹出专题图发布页面（图 20.24）。专题图发布页面主要用于辐射沙脊群海域六个专题的海洋信息发布，分别是：① 地形；② 生物；③ 水动力；④ 水化学；⑤ 遥感；⑥ 沉积。图 20.24 显示了专题图发布页面中辐射沙脊群海域的生物信息。

点击主页面上的"三维地形分析"，弹出三维地形分析页面（图 20.25）。三维地形分析页面主要实现了以下五个方面的功能。

（1）数据集管理：地形数据以工程数据集的方式进行管理，实现包括三维海底地形、纹理、颜色表、标注点、热点、三维飞行数据等的统一管理。

（2）近海地形三维浏览：① 利用数据抽稀模型和高差缩放模型，实现数字地形模型数据的动态操作，加快海量地形数据的显示速度和三维显示效果；② 提供三维地形的放大、缩小、平移和旋转，方便从不同的角度观察地形的细节特征；③ 根据正射投影和透射投影模型，通过网格模式和实体模式显示三维地形；④ 提供三维地形纹理贴图显示功能，通过加载不同类型的图像或者遥感影像，增强地形的真实效果；⑤ 提供文字动态标注功能，在地形三维浏览过程中，动态显示对应的地名和相关提示信息。

（3）三维地形信息的查询和分析，提供了四种方式的信息查询与分析功能：① 任意点的高程和位置查询功能；② 任意断面的距离查询和高程查询功能，根据划定的任意查询断面，可以动态显示断面高程线和高程值；③ 任意区域的面积、最大最小高程信息统计；④ 热点查

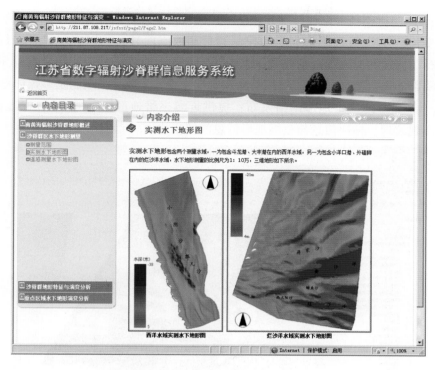

图 20.23　地形特征与演变页面

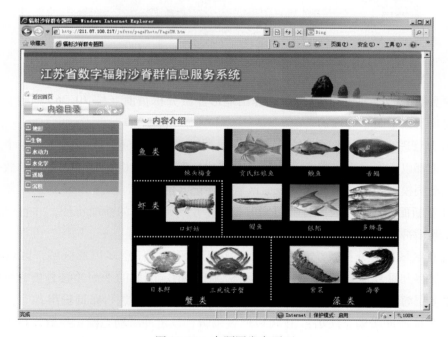

图 20.24　专题图发布页面

询功能，通过在三维动态飞行过程中点击感兴趣区域，可以查看相关的图像、视频和文档信息，了解近海海洋的相关地理状况。

（4）真实地景三维动态飞行模拟：系统内嵌了真实地景三维动态飞行模拟功能，① 通过飞行参数设置，具有高空飞行和贴地飞行模式，可实现高空俯视以及贴近地面飞行的三维动态模拟效果；② 飞行路径可以动态设置和编辑，通过预设飞行路径，从不同角度、不同路线观测地形的变化；③ 飞行控制分为手动控制和自动控制两种，可以实现单步飞行、自动飞行、循环飞行、快速和慢速飞行等效果；④ 在飞行模拟过程中，同时提供鹰眼显示功能，可看到全局和局部的飞行变化关系；⑤ 三维动态飞行过程可实现动画录制及多媒体格式输出。

（5）基于 VRML 的三维地形网络发布：提供近海三维地形数据的 WRL 标准格式输出，输出时可以实现纹理、标注信息与三维地形信息的同步输出。

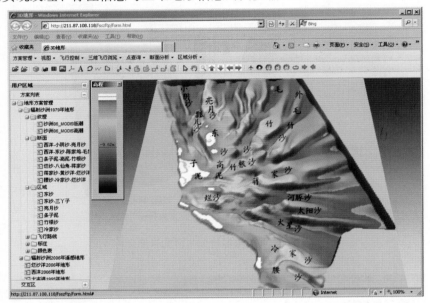

图 20.25　三维地形分析页面

点击主页面上的"地形冲淤分析"，弹出地形冲淤分析页面（图 20.26）。地形冲淤分析页面主要实现了以下 5 个方面的功能。

（1）方案管理：地形冲淤分析数据集以方案的模式进行管理，一个区域、一个工程或者一个选择子集都以方案的形式存在，在一个方案中，管理与之相关的多时相地形数据、冲淤结果数据、动画模拟参数、断面线、断面区域、注记等信息。

（2）任意断面冲淤分析及统计：可同时提取多层海底地形的断面特征，并且以图表方式统计和显示断面冲淤结果。

（3）任意区域冲淤分析及统计：① 可添加矩形区域和任意多边形区域，区域可任意设置、编辑、保存和重复加载；② 可进行全区域和任意指定区域的平面冲淤分析，可同时提取指定区域内多层海底地形的冲淤特征；③ 区域冲淤分析结果可进行布局输出。

（4）三维地形冲淤动态演示：① 可以通过编辑、设定冲淤动态演示参数，显示从前一时期地形到后一时期地形的冲淤动态过程模拟；② 冲淤动态过程可以人工干预进行单步模拟，得到前后两时间段内任意日期的地形空间分布，同时也可以自动演示，循环播放；③冲淤动态过程可以动画录制及多媒体格式输出。

（5）冲淤分析统计结果输出打印：三维地形冲淤分析支持图表显示及输出、统计结果文件输出以及屏幕打印输出。

作为我国"数字海洋"信息基础框架的重要组成部分，"数字辐射沙脊群"信息网络发

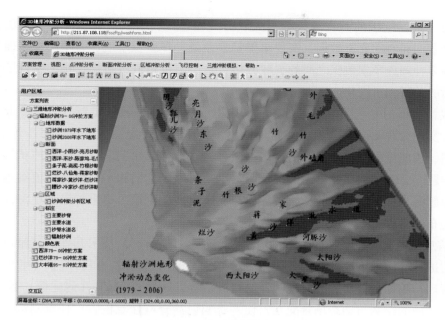

图 20.26　地形冲淤分析页面

布系统实现了与国家"数字海洋"信息基础框架间的数据共享与系统集成。图 20.27 显示了"数字辐射沙脊群"信息网络发布系统在中国数字海洋框架系统下的集成界面。

图 20.27　"数字辐射沙脊群"信息网络发布系统与中国数字海洋框架系统集成界面

20.3.3　系统主要特色

（1）辐射沙脊群资源与环境多源异构数据的集成与管理：采用 GIS 技术，实现了江苏省辐射沙脊群海域的海洋生物、海底沉积、海洋化学、海洋水文和海底地形等资源与环境相关的空间位置数据、调查成果数据、水文时序数据、三维地形数据、专题图数据、遥感图数据等多源异构数据的集成与管理，实现了专题地图、统计图、时序图、二维表格、三维图形等成果数据的多维展示。

（2）基于数据挖掘的调查成果数据关联与可视化：利用数据场空间挖掘方法，综合站位、航次、水深和专题要素数据，实现单要素多站位、多站位单航次、单站位多航次、多站位多航次等多种调查要素数据之间的关联分析，从不同视角进行数据挖掘，实现了调查成果专题数据间的关联和可视化。

（3）灵活多样的专题图生成与布局输出能力：基于 ArcEngine 定制开发了专业的专题图生成工具，实现专题图的自动生成和布局输出。可生成的专题图有：单值图、等级符号图、比例符号图、流速流向图、数据等值线图等多种专题地图，饼图、柱状图、柱状堆图等多种空间统计专题图，海洋水文数据垂向统计图、水文时序统计图和水文剖面插值图等统计专题图。上述专题图支持丰富灵活的样式整饰和布局输出功能，输出结果可以满足海洋专题数据产品公众发布的需求。

（4）信息可视化与数据管理分析的有机结合：基于 OpenGL 技术开发的三维可视化动态模拟平台在进行近海水下地形三维可视化展示与动态模拟的同时，可以提供专业的三维地形数据综合管理与数据分析功能，实现两者的有机结合。通过 OpenGL 几何建模，提供基于点、断面和任意区域的绘制与动态场景交互，使调查辐射沙脊群任意位置、任意潮沟、任意沙脊的冲淤和摆动状况分析变得简单而且精确。通过设置相机视角和观测位置的高低，可以实现指定路径的真实地景飞行浏览，观测辐射沙脊群的地形变化规律。借助不同时间段同一区域的地形变化趋势面模拟，可以模拟辐射沙脊群多年来的地形演变趋势，为辐射沙脊群空间资源的开发利用提供辅助决策。平台采用 ActiveX 组件方式开发，有利于平台功能的扩展和二次开发，而且平台能够实现可视化信息的网络发布，使得在万维网上浏览辐射沙脊群地形信息能够得到更丰富、更强大的功能支持。

参考文献

陈述彭 . 1999. 数字地球战略及其制高点 . 遥感学报，3（4）：247 – 253.

黄燕 . 2002. 三维地形地貌的可视化研究 . 北京：北京工业大学硕士学位论文，35 – 42.

刘红玉，杜清运，蔡忠亮 . 2007. 基于 PowerDesigner 的空间数据库建库技术 . 测绘信息与工程，32（3）：24 – 26.

任美锷 . 1986. 江苏省海岸带和海涂资源综合调查 . 北京：海洋出版社，66 – 100.

石绥祥 . 2005. 数字海洋中多渠道不确知性信息软融合策略研究 . 沈阳：东北大学博士学位论文，1 – 15.

宋关福，钟耳顺 . 1998. 组件式地理信息系统研究与开发 . 中国图像图形学报，3（4）：313 – 317.

宋关福 . 2010. 三维 GIS 的困境与出路 . 程序员，（1）：104 – 107.

苏纪兰，黄大吉 . 2006. 我国的海洋环境科技需求 . 海洋开发与管理，23（5）：44 – 46.

王颖 . 2002. 黄海陆架辐射沙脊群 . 北京：中国环境科学出版社，7 – 368.

夏登文 . 2006. 数字海洋基础数据及业务流程建模方法及相关技术研究 . 沈阳：东北大学博士学位论文，4 – 6.

谢伟军，张东，张鹰，等 . 2009. 南黄海辐射沙脊群水下地形遥感反演及三维可视化 . 海洋通报，28（4）：164 – 167.

张新，刘健，石绥祥，等 . 2010. 中国"数字海洋"原型系统构建和运行的基础研究 . 海洋学报，32（1）：153 – 160.

Core. A. 1998. The Digital Earth：understanding our place in the 21St century. The Australian Surveyor, 43（2）：89 – 91.

Clark J. 1976. Hierarchical Geometric Models for Visible Surface Algorithms. Communications of the ACM, 19（10）：547 – 554.